Technische Hydro- und Aeromechanik

Von

Walther Kaufmann

Dr.-Ing. habil. Dr.-Ing. E. h.
em. o. Professor der Mechanik an der Technischen Hochschule
München

Dritte verbesserte und ergänzte Auflage

Mit 271 Abbildungen

Springer-Verlag Berlin Heidelberg GmbH

1963

Library of Congress Catalog Card Number: 62–20469

ISBN 978-3-662-13102-2   ISBN 978-3-662-13101-5 (eBook)
DOI 10.1007/978-3-662-13101-5

Vorwort zur dritten Auflage

Der in der ersten und zweiten Auflage (1954 und 1958) gewählte Grundaufbau dieses Buches sowie die darin getroffene Stoffauswahl scheinen sich im wesentlichen bewährt zu haben, was schon daraus hervorgehen dürfte, daß jetzt, nach wiederum vier Jahren, eine Neuauflage erforderlich wurde. Außerdem ist inzwischen die zweite Auflage im Auftrag der „McGraw-Hill Book Company", New York, von Herrn Professor Dr. E. G. CHILTON, Stanford Research Institute, Menlo Park, California, auch in die englische Sprache übersetzt worden und wird voraussichtlich in Kürze in den USA erscheinen. Für ein derartiges, sich an einen relativ begrenzten Leserkreis wendendes Spezialwerk darf dieses wohl als ein günstiges Zeichen gewertet werden. Ich habe deshalb bei der Bearbeitung der dritten Auflage keinen Anlaß gesehen, von der Grundkonzeption des Buches abzugehen. Freilich wird es dabei immer schwieriger, den Leser mit den neuesten Forschungsergebnissen auf bestimmten Spezialgebieten hinreichend vertraut zu machen. Es war also (besonders in der zweiten Hälfte des Buches) auch jetzt wieder eine weitgehende Beschränkung auf das Wesentliche geboten, derart, daß wenigstens die grundlegenden Ansätze der verschiedenen Probleme gebracht und gegebenenfalls noch durch theoretisch gewonnene Ergebnisse erläutert wurden.

In den ersten Abschnitt des Buches (Eigenschaften der Flüssigkeiten und Gase) ist ein kurzer Abriß „Dimensionen und Maßsysteme" aufgenommen worden, da bei der immer enger werdenden Verknüpfung von „technischer" und „physikalischer" Strömungsmechanik das Nebeneinander vom technischen und physikalischen Maßsystem gerade den Ingenieuren mancherlei rechnerische Schwierigkeiten bereitet. Im übrigen ist dieser Abschnitt, ebenso wie der zweite, sowie die Absätze I und II A des dritten, abgesehen von einigen mehr formalen Änderungen, nahezu unverändert aus der zweiten Auflage übernommen worden.

Im Absatz II B des dritten Abschnitts wurde im Anschluß an die Ableitung der NAVIER-STOKESschen Bewegungsgleichen für zähe (viskose) Flüssigkeiten ein kurzes Kapitel über die durch innere Reibung in Wärme umgesetzte Energie (Dissipation) neu hinzugefügt, da diese Frage neuerdings bei gewissen Problemen der Grenzschichttheorie (S. 250) und der Wirbeltheorie für zähe Flüssigkeiten (S. 290) auch praktische Bedeutung erlangt hat.

In einem ebenfalls neu aufgenommenen, etwas umfangreicheren Kapitel wird die Wirbelbewegung in zähen Flüssigkeiten behandelt, soweit man heute darüber schon etwas Genaueres aussagen kann.

Einige Verbesserungen und Erweiterungen hat auch der Absatz III des dritten Abschnitts (Gasdynamik) erfahren. Das gilt insbesondere hinsichtlich der Ableitung der POISSONschen Gleichung für isentrope Zustandsänderung und des Wirbelsatzes von CROCCO. In dem Kapitel „Tragflügel von endlicher Spannweite bei Unterschallanströmung" wurde die *Kármánsche Regel* für den Grenzfall $Ma \to 1$ kurz besprochen und auf deren Bedeutung für die Berechnung der „Druckbeiwerte" von Tragflügeln mit verschiedenem Dickenverhältnis hingewiesen. Schließlich fand'noch das Kapitel „Strömungen mit Überschallgeschwindigkeit" eine Ergänzung durch die Aufnahme des „Stoßpolarendiagramms" von BUSEMANN und einige praktisch wichtige Bemerkungen zur Überschallströmung um schlanke Profile.

Ich hoffe, daß die obengenannten Verbesserungen und Ergänzungen eine Bereicherung des gebotenen Stoffes bedeuten und dem Buche auch in Zukunft einen bescheidenen Platz in der umfangreichen Literatur über Strömungsmechanik sichern werden.

Abschließend habe ich allen Kollegen, Fachgenossen und auch Studierenden zu danken, die mich auf Druckfehler in der zweiten Auflage aufmerksam gemacht oder mir Anregungen für sonstige Verbesserungen gegeben haben. Herrn H. STEFARNIAK danke ich besonders für seine Hilfe beim Lesen der Bogenkorrektur und dem Springer-Verlag für die bereitwillig erteilte Zustimmung zu der erforderlichen Vergrößerung des Buchumfanges sowie für die bekannt mustergültige Ausstattung des Werkes.

München, im Juli 1962

W. Kaufmann

Inhaltsverzeichnis

Eigenschaften der Flüssigkeiten und Gase

1. Ideale und natürliche Flüssigkeiten

Hydromechanik ist die Lehre vom Gleichgewicht und von der Bewegung der Flüssigkeiten. Unter einer „Flüssigkeit" versteht man einen materiellen, stetig zusammenhängenden Körper, der durch leichte Verschieblichkeit seiner Teilchen ausgezeichnet ist oder, anders ausgedrückt, der — im Gegensatz zum „festen" Körper — einer Formänderung nur geringe Widerstände entgegensetzt[1]. Dieses Verhalten der Flüssigkeit läßt vermuten, daß zwischen den einzelnen in Bewegung befindlichen Flüssigkeitselementen nur kleine Tangentialkräfte auftreten, so daß in erster Näherung die Annahme berechtigt erscheint, von solchen Tangentialkräften überhaupt abzusehen. Die Erfahrung hat gelehrt, daß sich auf Grund dieser Hypothese der Gleichgewichtszustand sowie gewisse Bewegungsvorgänge in guter Übereinstimmung mit der Wirklichkeit beschreiben lassen, andere dagegen nicht. Das abweichende Verhalten im letzteren Falle führt man darauf zurück, daß tatsächlich zwischen den sich berührenden, bewegten Flüssigkeitsschichten Tangentialkräfte (ähnlich den Schubspannungen der Elastizitätstheorie) auftreten, die man als *Reibungsspannungen* oder *Reibungswiderstände* bezeichnet und die wesentlich von der *Geschwindigkeitsänderung* der strömenden Flüssigkeit normal zur Bewegungsrichtung abhängig sind. Solche Reibungswiderstände treten z. B. auf bei der Bewegung des Wassers in Rohren, Flüssen und Gerinnen, ebenso bei der Bewegung fester Körper in Flüssigkeiten. Aus der Erfahrung ist ja bekannt, daß zur Bewegung eines solchen Körpers relativ zur Flüssigkeit eine Kraft aufgewendet werden muß, um die dabei auftretenden Reibungswiderstände zu überwinden. Eine Flüssigkeit, welcher innere Reibung als nicht zu vernachlässigende physikalische Eigenschaft beigelegt werden muß, heißt eine *zähe* (viskose) oder *reibende* Flüssigkeit.

Tropfbar-flüssige Körper oder Flüssigkeiten im engeren Sinne erfahren in einem entsprechend widerstandsfähigen Gefäß oder Behälter selbst unter sehr hohem Druck nur eine verschwindend kleine Volumenänderung, so daß man bei fast allen praktisch wichtigen Vorgängen der Hydromechanik die tropfbaren Flüssigkeiten als *nicht zusammendrückbar* (inkompressibel) ansehen kann. So beträgt z. B. die Raumverminderung des Wassers bei 0 °C für je 1 kp/cm² Druck nur etwa 0,05⁰/₀₀ des ursprünglichen Volumens, bei steigender Temperatur sogar noch weniger[2]. Ein solcher Flüssigkeitskörper besitzt also praktisch ein unveränderliches Volumen und somit eine (nahezu) *konstante Dichte* (Masse : Volumen).

Eine Flüssigkeit, die in dem oben erläuterten Sinne als frei von inneren Reibungen und außerdem als unzusammendrückbar oder raumbeständig an-

---

[1] Das gilt für gewöhnliche Flüssigkeiten, wie Wasser, Alkohol, Quecksilber usw., dagegen weniger für Öl und noch weniger für sehr „zähe" Stoffe, wie Teer, Asphalt und dergleichen. Sollen bei solchen Stoffen die zur Formänderung notwendigen Kräfte klein bleiben, so muß diesen Flüssigkeiten im weiteren Sinne genügend Zeit für ihre Formänderung zur Verfügung stehen.

[2] Über die Kompressibilität verschiedener Stoffe vgl. AUERBACH-HORT: Handb. d. physik. u. techn. Mechanik Bd. 5 (1931) S. 2 u. f.

gesehen werden kann, wird im Gegensatz zur *natürlichen* (realen) als *ideale* oder *vollkommene* Flüssigkeit bezeichnet.

Die oben beschriebene Eigenschaft der tropfbaren Flüssigkeiten, einer Formänderung nur geringe Widerstände entgegenzusetzen, besitzen auch die *Gase*, von denen in dem vorliegenden Buche insbesondere die *Luft* interessiert. Im Gegensatz zu ersteren sind letztere jedoch *nicht raumbeständig*. Sie suchen vielmehr jeden ihnen zur Verfügung stehenden Raum unter Änderung ihrer Dichte gleichförmig zu erfüllen und können nur durch die Wirkung äußerer Druckkräfte auf einen bestimmten Raum beschränkt werden. Außerdem ist ihr Volumen bei konstant gehaltenem Druck wesentlich von der Temperatur abhängig.

Indessen hat die Erfahrung gelehrt, daß die Dichteänderungen, welche bei der Bewegung eines Gases relativ gegen einen festen Körper bzw. bei der Bewegung eines festen Körpers in einem an sich ruhenden Gase auftreten, nur gering sind, solange es sich um Geschwindigkeiten handelt, die wesentlich kleiner sind als die Schallgeschwindigkeit in dem betreffenden Gase. So ergibt sich z. B. für Luft bei normalem Druck und normaler Temperatur bei einer Geschwindigkeit von $50\ \mathrm{m/s} = 180\ \mathrm{km/h}$ in der Nähe der Erdoberfläche eine Dichteänderung von wenig mehr als 1%. Vernachlässigt man derartige Schwankungen der Dichte, so können auch die Gase unter den obigen Voraussetzungen angenähert als raumbeständig angesehen werden ($\varrho \approx$ const), und die Bewegungsgesetze der *Hydrodynamik* gelten dann unverändert auch für Gase (Aerodynamik, vgl. S. 49).

2. Dimensionen und Maßsysteme

Alle in der Mechanik auftretenden dimensionsbehafteten Größen (Länge, Zeit, Kraft, Masse, Arbeit usw.) lassen sich bekanntlich durch drei *Grundeinheiten* ausdrücken, aus denen die übrigen abgeleitet werden können. Den Grundbegriffen Raum und Zeit entsprechen die Einheiten der Länge und der Zeit: das *Meter* [m] bzw. die *Sekunde* [s], wobei die eckigen Klammern lediglich zum Ausdruck bringen sollen, daß es sich dabei um die Angabe der „Dimension" für die betreffende mechanische Größe handelt.

Es erhebt sich nun die Frage, welche Einheit als *dritte Grundeinheit* eingeführt werden soll. Bedingt durch die historische Entwicklung haben sich daraus zwei verschiedene Maßsysteme eingebürgert: das *technische*, bei dem die *Krafteinheit*, und das *physikalische*, bei dem die *Masseneinheit* als dritte Grundeinheit gewählt wird.

Als *technische Krafteinheit* 1 Kilopond [kp]* dient das „Gewicht" (d. h. der Schweredruck) des im Internationalen Büro für Maß und Gewicht in Sèvres bei Paris aufbewahrten Kilogrammprototyps, das die „normale" Erdbeschleunigung $g_n = 9{,}80665\ \mathrm{m\ s^{-2}}$ erfährt. Mit großer Annäherung ist dies das Gewicht eines Liters Wasser bei $4\ ^\circ\mathrm{C}$. Aus dem Kraftgesetz Gewicht = Masse $\times$ Erdbeschleunigung folgt somit als Dimension der *Masse* $[\mathrm{kp\ m^{-1}\ s^2}]$. Daraus ergibt sich folgerichtig als Dimension der *Dichte* ϱ (Masse : Volumen) der Wert $[\mathrm{kp\ s^2\ m^{-4}}]$.

Da nun die *Masse* eines Körpers eine vom Ort unabhängige Größe, sein *Gewicht* aber mit der Erdbeschleunigung veränderlich ist[1], liegt es eigentlich näher, die *Masseneinheit* als dritte Grundeinheit einzuführen und die Krafteinheit als abgeleitete Einheit zu betrachten. Das geschieht im physikalischen Maßsystem durch Wahl der Masse des oben genannten Kilogrammprototyps, die mit 1 kg bezeichnet wird. Die Dichte ϱ erhält damit die Dimension $[\mathrm{kg\ m^{-3}}]$. Dieser

---

* Früher wurde hierfür die Bezeichnung „1 kg-Gewicht" verwendet.

[1] Nach dem Gravitationsgesetz nimmt die Erdbeschleunigung g bekanntlich mit wachsendem Abstand vom Erdmittelpunkt ab.

Definition entsprechend wird in diesem Buche das Maß 1 kg nur noch zur Bezeichnung derjenigen Masse (Stoffmenge) verwendet, welche das Gewicht 1 kp besitzt, d. h. es ist

$$1 \text{ kp} = 1 \text{ kg} \times 9{,}81 \, \frac{\text{m}}{\text{s}^2} = 9{,}81 \, \frac{\text{kg m}}{\text{s}^2} \,, \tag{1}$$

wenn — wie in der Technik üblich — $g_n \approx 9{,}81 \, \frac{\text{m}}{\text{s}^2}$ gesetzt wird. Als (abgeleitete) *Krafteinheit* gilt im physikalischen Maßsystem (ausgedrückt durch die im „Internationalen Einheitensystem" vorgeschlagenen Maßeinheiten) die Kraft *1 Newton* [N], welche der Masse 1 kg die Beschleunigung $1 \, \frac{\text{m}}{\text{s}^2}$ erteilt, d. h. es ist

$$1 \text{ N} = 1 \text{ kg} \times 1 \, \frac{\text{m}}{\text{s}^2} = 1 \, \frac{\text{kg m}}{\text{s}^2} \,. \tag{2}$$

Damit ergibt sich aus (1) und (2) sofort der zwischen kp und N bestehende Zusammenhang

$$1 \text{ kp} \equiv 9{,}81 \text{ N} \,. \tag{2a}$$

Hinsichtlich der Dichte ϱ folgt aus (1)

$$1 \text{ kp} \, \frac{\text{s}^2}{\text{m}^4} \equiv 9{,}81 \, \frac{\text{kg m}}{\text{s}^2} \cdot \frac{\text{s}^2}{\text{m}^4} = 9{,}81 \, \frac{\text{kg}}{\text{m}^3} \,. \tag{3}$$

Dieser Zusammenhang ermöglicht sofort die Umrechnung von tabellarisch gegebenen Werten $\varrho \left[\frac{\text{kp s}^2}{\text{m}^4} \right]$ in $\varrho \left[\frac{\text{kg}}{\text{m}^3} \right]$ und umgekehrt.

Bei Strömungen *tropfbarer* Flüssigkeiten (Wasser usf.), wo der Einfluß der Schwerkraft gewöhnlich eine erhebliche Bedeutung besitzt, wird in der Technik vielfach neben der Dichte $\varrho \left[\frac{\text{kp s}^2}{\text{m}^4} \right]$ *noch das spezifische Gewicht* $\gamma \left[\frac{\text{kp}}{\text{m}^3} \right]$ — auch *Wichte* genannt — verwendet, worunter das auf die Raumeinheit bezogene Körpergewicht verstanden wird. Nach der dynamischen Grundgleichung gilt also

$$\gamma = \varrho \, g \,,$$

mit g als (örtlicher, s. oben) Erdbeschleunigung. Sofern es sich dabei um Vorgänge auf (oder in unmittelbarer Nähe) der Erdoberfläche handelt, wird g in der Technik als eine vom Ort unabhängige Größe angesehen und gleich $9{,}81 \, \frac{\text{m}}{\text{s}^2}$ gesetzt.

In der Strömungsmechanik wird der Druck p (d. h. die Druckkraft je Flächeneinheit) i. a. in $\frac{\text{kp}}{\text{m}^2}$ oder in $\frac{\text{kp}}{\text{cm}^2}$ gemessen. Bei Einführung des *Newton* [N] als Krafteinheit ist also wegen (2a)

$$1 \, \frac{\text{kp}}{\text{m}^2} \equiv 9{,}81 \, \frac{\text{N}}{\text{m}^2} \,.$$

Entsprechend gilt für die „technische Atmosphäre"

$$1 \text{ at} = 1 \, \frac{\text{kp}}{\text{cm}^2} = 10^4 \, \frac{\text{kp}}{\text{m}^2} \equiv 9{,}81 \cdot 10^4 \, \frac{\text{N}}{\text{m}^2} \,.$$

In dem vorliegenden Buche wird vorerst das *technische* Maßsystem mit der Kraft [kp] als dritter Grundeinheit und der Masse [kp s² m⁻¹] als abgeleiteter Einheit beibehalten. Sofern von dieser Regel einmal abgewichen wird, und das ist bei denjenigen Problemen der Fall, wo thermodynamische Größen eine Rolle spielen — wird an diesen Stellen besonders darauf hingewiesen. Im übrigen können erforderliche Umrechnungen von Zahlenwerten beim Übergang vom technischen zum physikalischen Maßsystem mit Hilfe der obigen Gln. (1) bis (3) ohne Schwierigkeit vollzogen werden[1].

Die meisten Anwendungen der Hydromechanik beziehen sich — wie ja bereits ihr Name sagt — auf das Wasser. Sein spezifisches Gewicht (Wichte) ist bekanntlich etwas mit dem Druck und der Temperatur veränderlich, indessen sind diese Unterschiede so gering, daß sie für die meisten technischen Anwendungen unberücksichtigt bleiben dürfen. In dem vorliegenden Buche soll deshalb das spezifische Gewicht des Wassers als eine konstante Größe angesehen und mit dem Werte $\gamma = 1000$ kp/m^3 eingeführt werden. Gleiches gilt von seiner Dichte ϱ. Die größte Dichte besitzt luftfreies Wasser bei 4 °C. Im übrigen gelten für γ und ϱ bei Temperaturen zwischen 0° und 100 °C folgende Werte[2].

Temperatur in °C	0°	10°	20°	40°	60°	80°	100°
γ [kp/m^3]	1000	1000	998	992	983	972	958
ϱ [kp s^2/m^4]	101,9	101,9	101,7	101,1	100,2	99,1	97,8

Bezüglich der Umrechnung auf [kg/m^3] vgl. Gl. (3).

Das spezifische Gewicht und die Dichte der *Luft* haben bei einem Barometerstand von 760 mm Quecksilbersäule folgende Werte[2]. (Vgl. dazu im übrigen Ziffer 3.)

Temperatur in °C	−20°	0°	20°	40°	60°	80°	100°	200°	500°
γ [kp/m^3]	1,40	1,29	1,20	1,12	1,06	1,00	0,95	0,746	0,393
ϱ [kps^2/m^4]	0,142	0,132	0,123	0,115	0,108	0,102	0,096	0,076	0,040

Bezüglich der Umrechnung auf [kg/m^3] vgl. Gl. (3).

3. Die thermische Zustandsgleichung für vollkommene Gase

Strömungsvorgänge von Gasen, die mit größeren Dichteänderungen verbunden sind, können nicht mehr unter der Vorstellung einer inkompressiblen Flüssigkeit (Ziffer 1) behandelt werden. Vielmehr ist bei ihnen die Veränderlichkeit der Dichte in Abhängigkeit vom Druck und der Temperatur in Betracht zu ziehen. Solche Strömungen fallen in das Gebiet der sogenannten *Gasdynamik* und werden in einem besonderen Kapitel dieses Buches behandelt (vgl. S. 361 ff.). Der Zusammenhang zwischen den Größen Druck p, Dichte ϱ und Temperatur T ist durch die *Zustandsgleichung der vollkommenen Gase*

$$p\,v = R\,T \tag{4}$$

bestimmt (GAY-LUSSAC-MARIOTTEsches Gesetz). Darin stellt v das „spezifische" Volumen und R die sogenannte *Gaskonstante* des betreffenden Gases dar. $T = 273° + t$ °C ist die *absolute* Temperatur, mit $-273°$ des absoluten Nullpunkts und t °C als Temperatur über dem Nullpunkt der Celsius-Skala. Neuerdings wird dafür auch die *Kelvin*-Skala benutzt und einfacher T [°K] geschrieben (Kelvingrade).

Unter einem *vollkommenen* Gase ist dabei ein Gas zu verstehen, für welches Gl. (4) bei allen Drücken p erfüllt ist. Die wirklichen Gase zeigen ein von (4)

---

[1] Anwendungsbeispiele über die Anwendung des kg (Masse) und kp (Kraft) in technischen Berechnungen sind zu finden bei W. HAEDER: kg-kp-Fibel, Berlin-Charlottenburg 1960.

[2] Hütte Bd. I, 28. Aufl. (1955) S. 765.

etwas abweichendes Verhalten. Diese Abweichung ist jedoch um so geringer je kleiner der Druck ist[1].

Je nachdem man nun als „spezifisches" Volumen den *Rauminhalt der Gewichtseinheit* $v = \dfrac{1}{\gamma}\left[\dfrac{m^3}{kp}\right]$ oder denjenigen der *Masseneinheit* $v = \dfrac{1}{\varrho}\left[\dfrac{m^3}{kg}\right]$ wählt, nimmt Gl. (4) eine entsprechend verschiedene Form an.

Im *technischen* Maßsystem ist mit $\gamma = \varrho\, g\left[\dfrac{kp}{m^3}\right]$

$$\frac{p}{\varrho\, g} = R\, T \tag{4a}$$

und somit die Dimension der Gaskonstante $R\left[\dfrac{kp\, m}{kp\, grd}\right]$.

Im *physikalischen* Maßsystem dagegen ist

$$\frac{p}{\varrho} = R\, T \tag{4b}$$

mit $\varrho\left[\dfrac{kg}{m^3}\right]$, und die Gaskonstante hat jetzt die Dimension $R\left[\dfrac{kp\, m}{kg\, grd}\right]$. Da nun nach Gl. (3) der *Zahlenwert* von $\varrho\left[\dfrac{kg}{m^3}\right]$ in Gl. (4b) das 9,81-fache von $\varrho\left[\dfrac{kp\, s^2}{m^4}\right]$ der Gl. (4a) ist — was offenbar mit dem Zahlenwert von $\gamma\left[\dfrac{kp}{m^3}\right]$ übereinstimmt — so müssen bei gleichem Druck p auch die *Zahlenwerte* von R in den beiden Gln. (4a) und (4b) übereinstimmen.

In diesem Buche soll bei *gasdynamischen* Betrachtungen — der neueren Entwicklung folgend — die Zustandsgleichung in der Form (4b) (d. h. unter Benutzung der Masseneinheit 1 kg) verwendet werden.

Für *trockene Luft* hat die Gaskonstante in (4b) den Wert $R = 29{,}27$, für *mittelfeuchte* $R = 29{,}4\,\dfrac{kp\, m}{kg\, grd}$. In (4a) ist nach dem oben Gesagten $R = 29{,}27$ bzw. $29{,}4\,\dfrac{kp\, m}{kp\, grd}$. Sie kann aus (4a) oder (4b) durch Messung der Größen p, ϱ und T bestimmt werden.

Im Falle konstant gehaltener Temperatur (*isotherme* Zustandsänderung) folgt aus (4b) das Boyle-Mariottesche Gesetz

$$\frac{p}{\varrho} = \text{const}, \tag{5}$$

während bei konstant gehaltenem Druck das Gay-Lussacsche Gesetz

$$T\,\varrho = \text{const} \tag{6}$$

gilt.

Bei den in diesem Buche durchgeführten Betrachtungen ist — neben der *isothermen* — die *adiabatische* Zustandsänderung von besonderer Bedeutung. Man versteht darunter einen Vorgang, der durch wärmedichten Abschluß einer bestimmten Gasmenge von ihrer Umgebung gekennzeichnet wird oder — anders gesagt — bei welcher ein Wärmeaustausch mit der Umgebung nicht stattfinden kann. Erfolgt dabei der Strömungsablauf bei *konstanter Entropie*, so nennt man die Zustandsänderung *isentrop* (vgl. dazu S. 375), und es gilt die sogenannte Poissonsche Gleichung

$$\frac{p}{\varrho^{\varkappa}} = \text{const}, \tag{7}$$

worin der Exponent

$$\varkappa = \frac{c_p}{c_v} \tag{8}$$

---

[1] Vgl. dazu E. Schmidt: Einführung in die Technische Thermodynamik, 8. Aufl. (1960) S. 38 und 43.

das Verhältnis der „spezifischen Wärmen"[1] bei konstantem Druck bzw. bei konstantem Volumen bezeichnet. Für Luft von Atmosphärendruck ist $\varkappa = 1{,}405$.

In der Atmosphäre ist weder die isotherme noch die isentrope Zustandsänderung streng verwirklicht. Man hat deshalb eine zwischen beiden Zuständen liegende, durch die Gleichung

$$\frac{p}{\varrho^n} = \text{const} \tag{9}$$

gekennzeichnete *polytrope* Zustandsänderung eingeführt, wobei für den Exponenten die Beziehung

$$1 < n < \varkappa$$

gilt. $n = 1$ entspricht der isothermen $n = \varkappa$ der isentropen Zustandsänderung. Im übrigen hängt n in der Atmosphäre wesentlich vom Temperaturgradienten $\frac{dT}{dZ}$ ab ($Z = \text{Höhenkoordinate}$)[2].

4. Der Flüssigkeitsdruck

Denkt man sich aus dem Innern einer raumbeständigen Flüssigkeit ein Teilchen herausgeschnitten, so müssen auf dessen Oberfläche von der es umgebenden Flüssigkeit Kräfte ausgeübt werden, die in Verbindung mit den am Teilchen außerdem wirksamen Massenkräften dessen Bewegungs- oder Ruhezustand bedingen. Diese an der Oberfläche des Teilchens angreifenden Kräfte können bei reibungsfreier Flüssigkeit offenbar nur *Normaldrücke* sein, da Schubbzw. Reibungskräfte ausgeschlossen sein sollen und Zugkräfte im Innern der Flüssigkeit i. allg. nicht übertragen werden können. Bezeichnet nun dF ein durch einen beliebigen Punkt A der Oberfläche des Teilchens gehendes Flächendifferential und dD die auf dF entfallende Druckkraft (Abb. 1), so heißt der Quotient

$$p = \frac{dD}{dF}$$

der auf die Flächeneinheit entfallende *Flüssigkeitsdruck* oder kurz der *Druck* an der Stelle A. Er ist seinem Wesen nach eine Spannung (entsprechend der Normalspannung σ der Festigkeitslehre) und hat wie diese die Dimension $[\text{kp/m}^2]$. Von ihm läßt sich zeigen, daß seine Größe in einem beliebigen Punkte A unabhängig von der durch A gelegten Schnittrichtung ist (man beachte dabei den Unterschied gegenüber den Normalspannungen der Festigkeitslehre, die sich i. allg. mit der Schnittrichtung ändern).

Um dieses zu beweisen, schneide man aus dem Innern der Flüssigkeit ein unendlich kleines Tetraeder mit den Kantenlängen dx, dy, dz heraus, dessen eine Ecke der Punkt A mit den Koordinaten x, y, z sei, bezogen auf ein festes, rechtwinkliges Achsenkreuz mit dem Ursprung 0 (Abb. 2). Bezeichnen nun p_x, p_y, p_z die Einheitsdrücke in Richtung der Koordinatenachsen und p denjenigen normal zur schiefen Tetraederfläche mit dem Inhalt dF, so ergeben sich die aus Abb. 2 ersichtlichen, an der Tetraederoberfläche angreifenden Normaldrücke. Die auf das Flüssigkeitsteilchen außerdem wirkenden Massenkräfte, z. B. die Schwere, sind proportional dem Tetraedervolumen und somit klein von der dritten Ordnung. Demgegenüber sind die Normalkräfte den Inhalten

---

[1] Spezifische Wärme $\left[\dfrac{\text{kcal}}{\text{kg grd}}\right]$ ist die Wärmemenge, welche notwendig ist, um die Temperatur von 1 kg der betreffenden Gasmasse um 1 °C zu erhöhen.

[2] Weitere Einzelheiten über n sind zu finden in SCHLICHTING-TRUCKENBRODT: Aerodynamik des Flugzeuges Bd. 1 (1959) S. 5ff.

der Tetraederflächen proportional und demnach klein von der zweiten Ordnung. Die Massenkräfte können somit gegenüber den Normalkräften als kleine Größen gestrichen werden. Daraus folgt aber unter Anwendung des Prinzips von D'ALEMBERT, daß die auf das unendlich kleine Tetraeder wirkenden Normalkräfte für sich allein die statischen Gleichgewichtsbedingungen erfüllen müssen.

Bezeichnen α, β, γ die Winkel, welche die Normale zur Fläche dF mit den Richtungen x, y, z bildet, dann bestehen gemäß Abb. 2 folgende Beziehungen:

$$dF \cos\alpha = \frac{dy\,dz}{2}\,; \quad dF \cos\beta = \frac{dx\,dz}{2}\,; \quad dF \cos\gamma = \frac{dx\,dy}{2}\,. \tag{10}$$

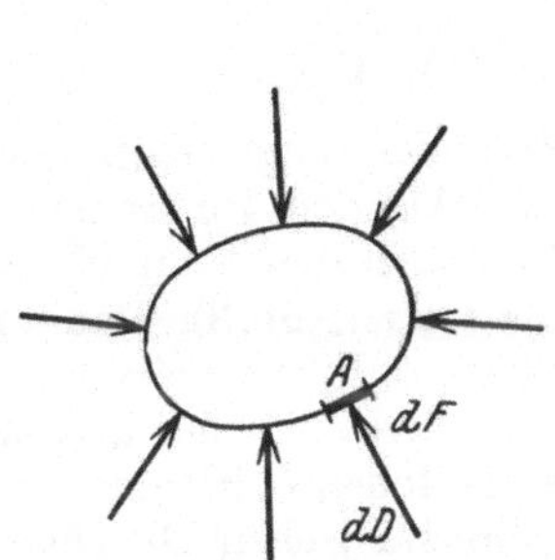

Abb. 1. Zur Definition des Flüssigkeitsdruckes
$$p = \frac{dD}{dF}$$

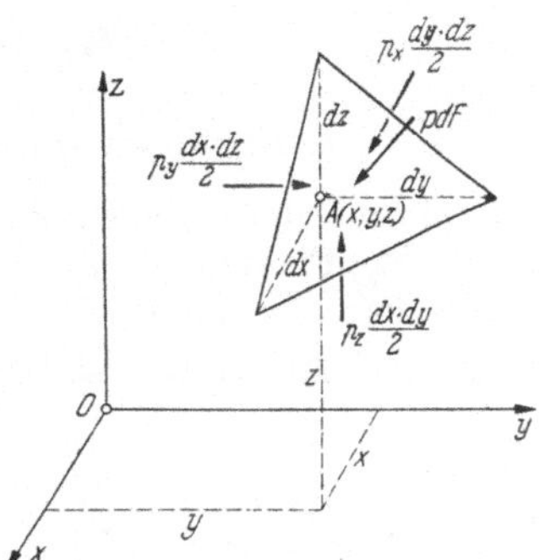

Abb. 2. Gleichgewicht am unendlich kleinen Tetraeder

Andererseits folgt aus den Gleichgewichtsbedingungen für die am Tetraeder angreifenden Oberflächenkräfte:

$$p_x \frac{dy\,dz}{2} - p\,dF \cos\alpha = 0\,,$$

$$p_y \frac{dx\,dz}{2} - p\,dF \cos\beta = 0\,,$$

$$p_z \frac{dx\,dy}{2} - p\,dF \cos\gamma = 0\,.$$

Unter Beachtung der Ausdrücke (10) folgt daraus:

$$p = p_x = p_y = p_z\,.$$

Das heißt also: am Orte A herrscht in den durch die vier Tetraederflächen bestimmten Schnittrichtungen der gleiche Druck p. Da aber die Richtung der schiefen Tetraederfläche ganz beliebig wählbar ist, so folgt, daß p für *jede* durch A gehende Richtung den gleichen Wert hat oder, mit andern Worten, in der reibungsfreien Flüssigkeit ist der Druck eine reine *Ortsfunktion* $p = p\,(x, y, z)$ (hydrostatischer Spannungszustand). Bei *strömenden* Flüssigkeiten ist der Druck i. allg. auch mit der Zeit veränderlich, also $p = p\,(x, y, z, t)$.

Die vorstehenden Überlegungen gelten nicht nur für *Flüssigkeitsteilchen*, die aus dem Innern eines stetig zusammenhängenden Flüssigkeitskörpers herausgeschnitten sind, sondern auch dann, wenn eine Flüssigkeit mit einem festen Körper, etwa einer Gefäßwand, in unmittelbarer Berührung steht. Die Druckkraft, welche auf ein Flächenelement dF der Gefäßwand ausgeübt wird, ist unabhängig von der Wandrichtung, sie steht normal zu dieser und besitzt die Größe $p\,dF$, wenn p den Einheitsdruck an der betreffenden Stelle bezeichnet.

Das hier gefundene Ergebnis gilt für *ideale* Flüssigkeiten ganz allgemein, gleichgültig, ob sie sich im Zustand der Ruhe oder der Bewegung befinden, für *zähe* Flüssigkeiten dagegen nur dann, wenn keine Formänderungen des Flüssigkeitskörpers auftreten, da nur in diesem Falle die Tangentialkräfte verschwinden (vgl. hierzu S. 61).

Zweiter Abschnitt

Gleichgewicht

(Hydro- bzw. Aerostatik)

1. Gleichgewichtsbedingungen von L. Euler[1]

In einem ruhenden Gefäße oder Behälter mit festen Wandungen befinde sich eine raumbeständige Flüssigkeit ($\varrho = \gamma/g = $ const) in Ruhe. Aus dem Innern der Flüssigkeit trenne man ein unendlich kleines Parallelepiped von den Kantenlängen dx, dy, dz heraus (Abb. 3). Dann müssen die an diesem Flüssigkeitselement angreifenden Oberflächendrücke mit den auf das Teilchen wirkenden Massenkräften die statischen Gleichgewichtsbedingungen erfüllen. Der im Punkte A (x, y, z) herrschende Druck ist nach Ziffer 4 des ersten Abschnitts unabhängig von der Schnittrichtung durch A, also lediglich eine Funktion des Ortes.

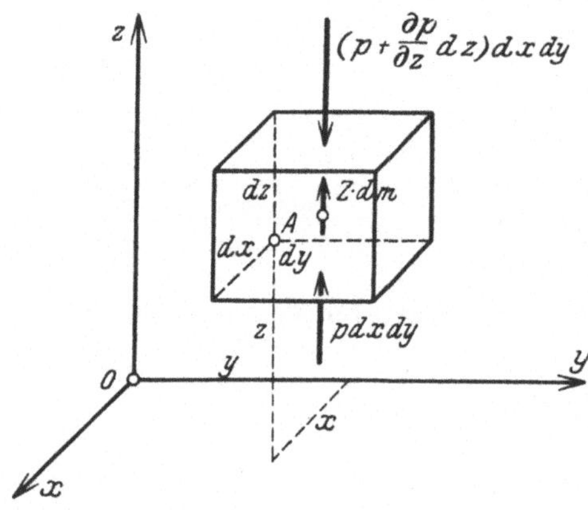

Abb. 3. Gleichgewicht am unendlich kleinen Parallelepiped in z-Richtung

Auf die untere Quaderfläche wirkt die Normalkraft $p\,dx\,dy$ gleichmäßig über die Fläche $dx\,dy$ verteilt, da die *Kantenlängen unendlich klein* angenommen sind. Geht man in Richtung der z-Achse von der unteren zur oberen Quaderfläche über, so ändert sich z um dz, während x und y unverändert bleiben. Der Druck ändert sich also um $\dfrac{\partial p}{\partial z}\,dz$, weshalb an der oberen Quaderfläche die Druckkraft $\left(p + \dfrac{\partial p}{\partial z}\,dz\right)$ $dx\,dy$ wirksam ist. Entsprechende Ausdrücke gelten für die seitlichen Quaderflächen.

Außer diesen Oberflächenkräften greifen an dem betrachteten Flüssigkeitskörperchen noch Massenkräfte an, und zwar kommt dabei i. allg. nur die Schwere in Frage. Hier soll indessen ganz allgemein zunächst eine beliebig gerichtete Massenkraft (Trägheitskraft) angenommen werden, deren Komponenten nach den Koordinatenrichtungen, bezogen auf die Masseneinheit, mit X, Y, Z bezeichnet seien. Mit $dm = \varrho\,dx\,dy\,dz$ als Masse des Körperchens ist dann die in die Z-Richtung fallende Massenkraft

$$Z\,dm = Z\,\varrho\,dx\,dy\,dz. \tag{11}$$

Im Gegensatz zu den Überlegungen in Ziffer 4 des ersten Abschnitts darf hier die Massenkraft nicht vernachlässigt werden, da sie zwar gegenüber den am

---

[1] EULER, L.: Principes généraux de l'état de l'équilibre des fluides. Hist. de l'Acad. Bd. 11, Berlin 1755.

Flüssigkeitskörperchen wirkenden Oberflächendrücken immer noch beliebig klein ist, dagegen von der gleichen Größenordnung wie deren Änderungen beim Übergang von einer Quaderfläche zur gegenüberliegenden.

Als Gleichgewichtsbedingung in Richtung der z-Achse ergibt sich somit (Abb. 3):

$$p\,dx\,dy + Z\,\varrho\,dx\,dy\,dz - \left(p + \frac{\partial p}{\partial z}\,dz\right)dx\,dy = 0$$

oder

$$Z\,\varrho\,dz = \frac{\partial p}{\partial z}\,dz. \tag{12}$$

Entsprechend wird für die beiden übrigen Koordinatenrichtungen

$$X\,\varrho\,dx = \frac{\partial p}{\partial x}\,dx, \tag{13}$$

$$Y\,\varrho\,dy = \frac{\partial p}{\partial y}\,dy. \tag{14}$$

Durch Addition der Gln. (12) bis (14) folgt

$$\varrho\,(X\,dx + Y\,dy + Z\,dz) = \frac{\partial p}{\partial x}\,dx + \frac{\partial p}{\partial y}\,dy + \frac{\partial p}{\partial z}\,dz.$$

Da aber die rechte Seite dieses Ausdrucks das totale Differential des Druckes ist, so wird

$$dp = \varrho\,(X\,dx + Y\,dy + Z\,dz). \tag{15}$$

Kürzt man in den Gln. (12) bis (14) $dx,\,dy$ und dz weg, so erkennt man, daß zwischen den Ableitungen der Massenkraftkomponenten nach den Koordinatenrichtungen folgende Beziehungen bestehen

$$\frac{\partial X}{\partial y} = \frac{\partial Y}{\partial x};\quad \frac{\partial X}{\partial z} = \frac{\partial Z}{\partial x};\quad \frac{\partial Y}{\partial z} = \frac{\partial Z}{\partial y}. \tag{16}$$

Das sind aber die drei notwendigen und hinreichenden Bedingungen dafür, *daß sich X, Y, Z aus einem Potentiale $U = U\,(x,\,y,\,z)$ ableiten lassen*, d. h.

$$X = -\frac{\partial U}{\partial x};\quad Y = -\frac{\partial U}{\partial y};\quad Z = -\frac{\partial U}{\partial z}. \tag{17}$$

Setzt man nämlich die Ausdrücke (17) in (16) ein, so sieht man, daß letztere damit identisch befriedigt werden. Da aber die Gln. (16) unmittelbar aus den Gleichgewichtsbedingungen (12) bis (14) folgen, so erhält man den wichtigen Satz, *daß in einer idealen Flüssigkeit nur dann Gleichgewicht bestehen kann, wenn die eingeprägten Kräfte X, Y, Z ein Potential U besitzen.* Solche Kräfte heißen *energieerhaltende* oder *konservative* Kräfte.

Mit den Ausdrücken (17) lautet Gl. (15)

$$dp = -\varrho\left(\frac{\partial U}{\partial x}\,dx + \frac{\partial U}{\partial y}\,dy + \frac{\partial U}{\partial z}\,dz\right) = -\varrho\,dU,$$

woraus durch Integration folgt

$$p = -\varrho\,U + C. \tag{18}$$

Dabei sind $p\,(x,\,y,\,z)$ und $U(x,\,y,\,z)$ zusammengehörige Werte am Orte $A\,(x,\,y,\,z)$. Bezeichnen p_0 und U_0 die entsprechenden Größen am Orte A_0, so folgt aus (18)

$$p_0 = -\varrho\,U_0 + C$$

und somit

$$p = p_0 - \varrho\,(U - U_0)$$

als Druck an der Stelle $A\,(x,\,y,\,z)$.

Im allgemeinen sind die Drücke p an verschiedenen Stellen der Flüssigkeit verschieden groß. Denkt man sich alle Punkte, für welche der *gleiche Druck* p gilt, durch eine Fläche

$$f\,(x,\,y,\,z) = \text{const}$$

verbunden und legt der Konstanten nacheinander verschiedene Werte bei, so erhält man eine Schar sogenannter *Niveauflächen* oder Flächen gleichen Drucks, die dadurch ausgezeichnet sind, daß in jeder von ihnen ein kon-

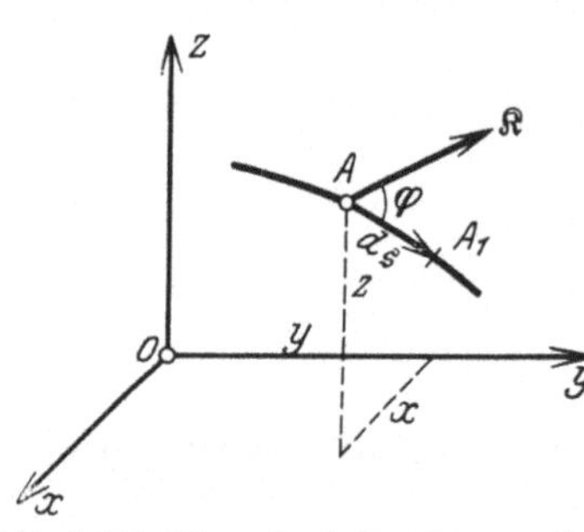

Abb. 4. Die Massenkraft $\mathfrak{R}$ steht normal zu einer Fläche gleichen Druckes ($\varphi = 90°$)

stanter Druck p herrscht. Durch jeden Punkt der Flüssigkeit geht immer nur *eine* Niveaufläche, was sofort aus der Definition dieser Flächen folgt. Wegen der zwischen p und dem Kräftepotential U bestehenden Beziehung (18) sind die Niveauflächen identisch mit den *Flächen gleichen Potentials* (Äquipotentialflächen).

Da beim Fortschreiten auf einer Niveaufläche eine Änderung des Druckes nicht erfolgt, demnach $dp = 0$ ist, so gilt für eine solche Fläche wegen (15)

$$X\,dx + Y\,dy + Z\,dz = \mathfrak{R}\,d\mathfrak{s} = 0, \qquad (19)$$

wenn $\mathfrak{R}$ die auf die Masseneinheit bezogene Massenkraft am Orte $A\,(x,\,y,\,z)$ bezeichnet, deren Komponenten $X,\,Y,\,Z$ sind, und $d\mathfrak{s}$ ein Längenelement der durch den Punkt A gehenden Niveaufläche mit den Komponenten $dx,\,dy,\,dz$ (Abb. 4). $\mathfrak{R}\,d\mathfrak{s}$ stellt das innere Produkt der Vektoren $\mathfrak{R}$ und $d\mathfrak{s}$ dar. Damit dieses zu Null wird, muß $\mathfrak{R}$ normal zu $d\mathfrak{s}$ stehen ($\varphi = 90°$). Das heißt also, *daß eine Niveaufläche in jedem Punkte des Flüssigkeitsgebietes rechtwinklig zur Richtung der dort herrschenden Massenkraft steht.*

Kürzt man in den Gln. (12) bis (14) die Längenelemente $dx,\,dy,\,dz$ weg und bildet die geometrische Summe der so verbleibenden Ausdrücke, so erhält man

$$\varrho\,(\mathfrak{i}\,X + \mathfrak{j}\,Y + \mathfrak{k}\,Z) = \mathfrak{i}\,\frac{\partial p}{\partial x} + \mathfrak{j}\,\frac{\partial p}{\partial y} + \mathfrak{k}\,\frac{\partial p}{\partial z}\,,$$

wenn $\mathfrak{i},\,\mathfrak{j},\,\mathfrak{k}$ die Einheitsvektoren in Richtung der Koordinatenachsen bezeichnen. Die linke Seite der vorstehenden Gleichung stellt den Vektor $\varrho\,\mathfrak{R}$ dar, die rechte Seite heißt der *Gradient* des Druckes p. Man schreibt dafür „grad p" und erhält somit

$$\varrho\,\mathfrak{R} = \operatorname{grad} p\,.$$

Nun ist

$$d\,m = \varrho\,dx\,dy\,dz$$

die Masse des in Abb. 3 betrachteten Flüssigkeitsteilchens. Man kann also an Stelle der vorstehenden Gleichung auch schreiben

$$\frac{\mathfrak{R}\,dm}{dx\,dy\,dz} = \mathfrak{P} = \operatorname{grad} p\,, \qquad (20)$$

wobei jetzt $\mathfrak{P}$ die auf die *Raumeinheit* bezogene Massenkraft ist. Gl. (20) sagt also aus: *Der Druckgradient ist an jeder Stelle gleich der auf die Raumeinheit bezogenen Massenkraft und mit dieser gleichgerichtet.* Als Betrag des Druckgradienten ergibt sich

$$|\operatorname{grad} p\,| = \sqrt{\left(\frac{\partial p}{\partial x}\right)^2 + \left(\frac{\partial p}{\partial y}\right)^2 + \left(\frac{\partial p}{\partial z}\right)^2}\,.$$

2. Der Druck in einer Flüssigkeit unter Einwirkung der Schwere

a) Homogene Flüssigkeit

In einem beliebig gestalteten, oben offenen Gefäße (Abb. 5) befinde sich eine homogene Flüssigkeit in Ruhe. Die auf die Flüssigkeit wirkende Massenkraft, die Schwere, läßt sich aus einem Potentiale ableiten. Läßt man nämlich die xy-Ebene mit der unteren Behälterwand zusammenfallen und legt die z-Achse lotrecht nach aufwärts, so ist das Potential (oder die potentielle Energie) der Masseneinheit $U = gz$ und somit wegen (17) $X = Y = 0$, $Z = -g$, d. h. gleich dem Negativen der Schwerebeschleunigung. Dabei ist angenommen, daß die Gefäßabmessungen klein gegenüber denjenigen der Erde sind, so daß die Schwere als eine lotrecht nach abwärts gerichtete Kraft angesehen werden darf. Daraus folgt aber (s. oben), daß die Niveauflächen sämtlich horizontale Ebenen sind (genauer Kugelschalen), da sie normal zur Massenkraft stehen müssen. Das gilt auch für die „freie Oberfläche" der Flüssigkeit, auf welche der konstante atmosphärische Luftdruck p_0 wirkt.

Für den Druck in der Höhe z erhält man aus (15)

$$dp = -\varrho g \, dz = -\gamma \, dz \qquad (21)$$

oder

$$p = -\gamma z + C. \qquad (21\,\mathrm{a})$$

Nun ist $p = p_0$ für $z = H$ (freie Oberfläche), also $C = p_0 + \gamma H$. Damit geht (21a) über in

$$p = p_0 + \gamma(H - z) = p_0 + \gamma h, \qquad (22)$$

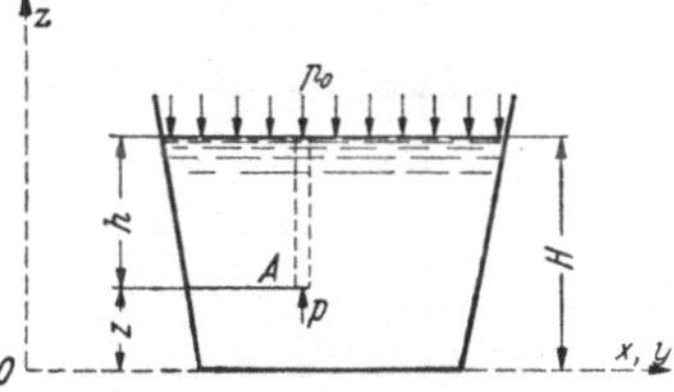

Abb. 5. Gleichgewichtsdruck der „schweren" Flüssigkeit

wenn $H - z = h$ gesetzt wird. Man erkennt daraus, daß der Druck linear mit der Tiefe h zunimmt. Alle Punkte, die sich in gleicher Tiefe unter der freien Oberfläche befinden, erleiden denselben Druck p, bilden also eine Niveaufläche[1].

Im allgemeinen interessiert man sich nur für den *Überdruck* über den atmosphärischen Luftdruck

$$p_\ddot{u} = p - p_0$$

und erhält dann

$$p_\ddot{u} = \gamma h. \qquad (23)$$

Der Ausdruck

$$h = \frac{p - p_0}{\gamma} = \frac{p_\ddot{u}}{\gamma} \qquad (24)$$

wird als „*Druckhöhe*" bezeichnet und liefert ein Maß für die Differenz der an den Grenzen der betreffenden Flüssigkeitssäule herrschenden Drücke.

Aus Gl. (24) läßt sich sofort diejenige Wassersäule [W.S.] berechnen, deren Gewicht gerade den Druck $p_\ddot{u} = 1\,\mathrm{kp/cm^2} = 1$ at (eine „technische" Atmosphäre)[2] erzeugt. Mit $\gamma = 1000\,\mathrm{kp/m^3} = 10^{-3}\,\mathrm{kp/cm^3}$ erhält man aus (24)

$$h^* = 10^3\,\mathrm{cm} = 10\,\mathrm{m}.$$

---

[1] In dem einfachen Falle der Schwere läßt sich die Gl. (22) sofort aus dem Gleichgewicht einer Flüssigkeitssäule von der Höhe h und dem Querschnitt $1\,\mathrm{cm^2}$ ableiten. Da das Gewicht dieser Säule gleich γh ist, liefert das Gleichgewicht der vertikalen Kräfte sofort

$$p = p_0 + \gamma h.$$

[2] Die „physikalische" Atmosphäre beträgt $1\,\mathrm{atm} = 1{,}0333$ at. Der Wert $1/760$ atm heißt *1 Torr*.

Zur Erzeugung des Atmosphärendruckes ist also eine Wassersäule von 10 m Höhe erforderlich. Entsprechend liefert eine Wassersäule von 1 mm Höhe einen Druck von $p_{\ddot{u}} = 1\ \mathrm{kp/m^2}$. Man merke also:

$$1\ \frac{\mathrm{kp}}{\mathrm{cm^2}} \triangleq 10\ \mathrm{m\ W.S.}; \quad 1\ \frac{\mathrm{kp}}{\mathrm{m^2}} \triangleq 1\ \mathrm{mm\ W.S.}^{[1]}$$

b) Mehrere Flüssigkeiten von verschiedenem spezifischem Gewicht

In einem beliebig gestalteten, oben offenen Gefäße mögen sich mehrere Flüssigkeiten von verschiedenem spezifischem Gewicht, die sich nicht mischen, in Ruhe befinden. Die Erfahrung lehrt, daß solche Flüssigkeiten horizontale Schichten bilden, derart, daß die spezifisch schwerste Flüssigkeit zuunterst, die leichteste zuoberst liegt. Dieses Verhalten erklärt sich sofort, wenn man bedenkt, daß statisches Gleichgewicht der ganzen Flüssigkeitsmasse nur dann möglich ist, wenn der Gesamtschwerpunkt die tiefste Lage einnimmt.

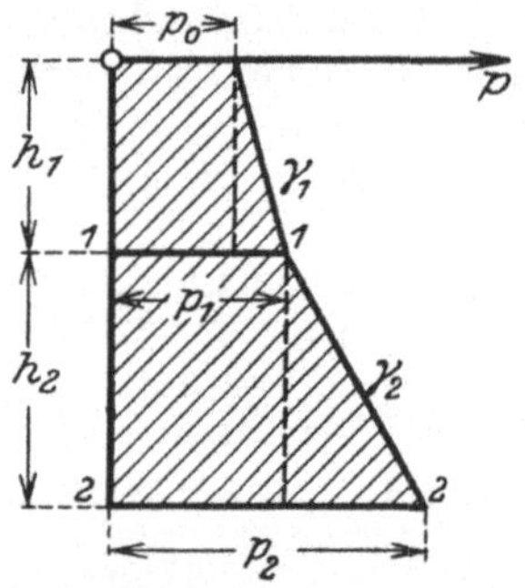

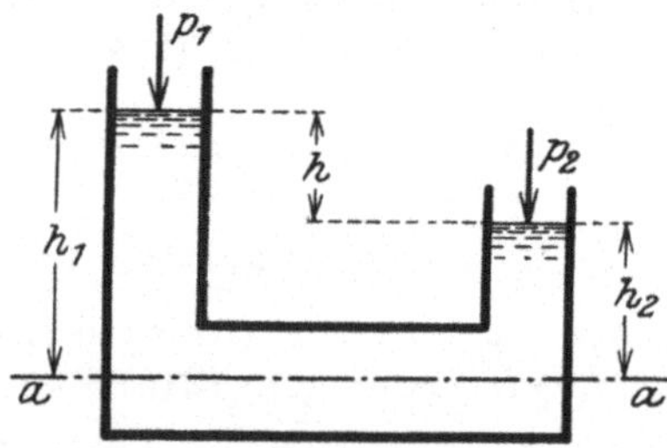

Abb. 6. Druckdiagramm für Flüssigkeiten von verschiedenem spezifischem Gewicht γ

Abb. 7. Kommunizierendes Gefäß. Bei $p_1 = p_2$ steht die Flüssigkeit in beiden Schenkeln gleich hoch

Die horizontalen Trennungsschichten zwischen zwei Flüssigkeiten verschiedener Dichte sind, wie alle übrigen Horizontalebenen, Niveauflächen.

Bezeichnen $\gamma_1, \gamma_2, \ldots$ die spezifischen Gewichte von oben gerechnet, $(\gamma_1 < \gamma_2, \ldots)$, so gilt für den Druck in der ersten Trennungsschicht (Abb. 6)

$$p_1 = p_0 + \gamma_1 h_1 .$$

für denjenigen in der zweiten Trennungsschicht

$$p_2 = p_1 + \gamma_2 h_2 = p_0 + \gamma_1 h_1 + \gamma_2 h_2$$

usw.

c) Kommunizierende Gefäße

In einem kommunizierenden Gefäße mit zwei oben offenen Schenkeln befinde sich eine homogene Flüssigkeit in Ruhe. Dabei mögen auf die freien Oberflächen der beiden Schenkel die Drücke p_1 bzw. p_2 wirken (Abb. 7). Auch hier sind alle Horizontalebenen Niveauflächen. Der Druck in der beliebigen Ebene $a-a$ läßt sich also sowohl durch

$$p_a = p_1 + \gamma h_1$$

als auch durch

$$p_a = p_2 + \gamma h_2$$

darstellen. Aus der Gleichheit beider Werte folgt

$$p_2 - p_1 = \gamma (h_1 - h_2) = \gamma h .$$

---

[1] Das Zeichen $\triangleq$ soll angeben „entspricht" oder „bedeutet".

Wird insbesondere $p_2 = p_1$, so folgt $h = 0$, d. h. bei gleichem Oberflächendruck stehen die Flüssigkeitsspiegel beider Schenkel gleich hoch.

1. Beispiel. *Manometer.* Die vorstehenden Überlegungen finden Anwendung bei den *Flüssigkeitsmanometern* zur Messung von Druckunterschieden. Soll z. B. der Druck p gemessen werden, der innerhalb eines mit Dampf oder Gas gefüllten, allseitig geschlossenen Gefäßes herrscht, so ordne man gemäß Abb. 8 eine Vorrichtung $A-B$ an, welche mit Flüssigkeit gefüllt und deren Standrohr bei B offen ist. Dann ergibt sich der auf den Flüssigkeitsspiegel A wirkende Dampfdruck zu

$$p = p_0 + \gamma\,h$$

bzw. der Überdruck im Behälter gegen die äußere Luft zu

$$p_ü = p - p_0 = \gamma\,h\,,$$

wobei p_0 den Atmosphärendruck und γ das spezifische Gewicht der Meßflüssigkeit bezeichnet.

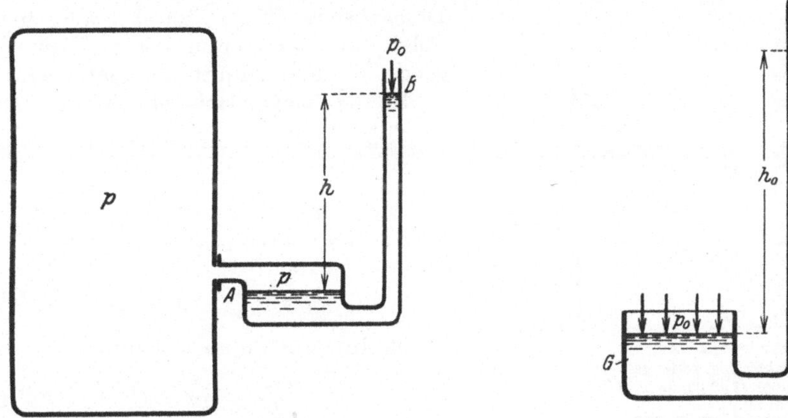

Abb. 8. Schematische Darstellung eines Manometers Abb. 9. Barometer

2. Beispiel. *Barometer.* Abb. 9 stelle ein oben offenes, mit Flüssigkeit gefülltes Gefäß G dar, das mit einem lotrechten, oben geschlossenen Rohre R verbunden ist. Wäre das Rohr oben ebenfalls offen, so würde die Flüssigkeit beiderseits gleich hoch stehen (kommunizierende Gefäße). Denkt man sich jedoch die Luft aus dem Rohre R entfernt und schließt dieses oben ab, so steigt die Flüssigkeit in ihm entsprechend dem Drucke p_0 um $h_0 = p_0/\gamma$ hoch.

Setzt man $p_0 = 1$ atm $= 1{,}0333$ kp/cm² $= 10333$ kp/m² (S. 11), so erhält man mit Quecksilber als Meßflüssigkeit wegen $\gamma_q = 13\,600$ kp/m³

$$h_0 = \frac{10333}{13600} = 0{,}76 \text{ m} = 760 \text{ mm}\,.$$

Ändert sich der Luftdruck p_0, so muß sich auch h_0 entsprechend ändern. Auf dieser Überlegung beruht das *Barometer.*

3. Flüssigkeit in gleichförmiger Drehung um eine feste Achse

In einem feststehenden, oben offenen zylindrischen Gefäße vom Radius r befinde sich eine homogene Flüssigkeit in gleichförmiger Drehbewegung um die Gefäßachse. Die Bewegung denke man sich etwa dadurch erzeugt, daß lotrechte Flügel mit konstanter Winkelgeschwindigkeit ω um die Gefäßachse rotieren (in Abb. 10 punktiert angedeutet). Nach Eintritt der gleichförmigen Drehbewegung zeigt sich, daß der anfangs (d. h. im Zustand der Ruhe) horizontale Flüssigkeitsspiegel in der Mitte abgesenkt, nach den Gefäßwandungen zu aber angehoben ist. Zur Untersuchung des Flüssigkeitsdruckes p bringe man an jedem Flüssigkeitselement von der Masse m die D'ALEMBERTsche Trägheitskraft (Zentrifugal- oder Fliehkraft) an und setze sie mit der Schwere zur Massenkraft $m\mathfrak{q}$ zusammen.

Dann kann nach dem „Prinzip von D'ALEMBERT" die Aufgabe als eine solche der Statik behandelt werden, wofür die oben abgeleiteten Gesetze gelten. Zunächst sei ein beliebiger, in der xz-Ebene liegender Punkt A der Spiegelfläche im Abstand x von der Drehachse betrachtet. Die ihm entsprechende Zentrifugalkraft ist $m x \omega^2$, und zwar von der Drehachse weggerichtet. Als resultierende Massenkraft aus dieser und der Schwere ergibt sich die gegen die Lotrechte unter dem Winkel α geneigte Kraft mq (Abb. 10). Da in der Spiegelfläche überall der äußere Luftdruck p_0 herrscht, ist sie eine *Niveaufläche* und muß nach den Ausführungen auf S. 10 an jeder Stelle senkrecht zu der dort herrschenden Massenkraft mq stehen. Die Spiegelfläche muß also am Orte A unter dem Winkel α gegen die Horizontale geneigt sein. Gleiches gilt offenbar für alle Punkte der Spiegelfläche mit gleichem Abstand x von der Drehachse. Daraus folgt, daß die Spiegelfläche eine Umdrehungsfläche mit z als Drehachse ist. Es genügt also, wenn in der Folge nur noch der in der xz-Ebene liegende Meridianschnitt betrachtet wird.

Da die Spiegelfläche eine Niveaufläche ist, gilt für sie nach Gl. (19)

$$X \, dx + Y \, dy + Z \, dz = 0,$$

und zwar ist im vorliegenden Falle mit $m = 1$ zu setzen $X = x \omega^2$; $Y = 0$; $Z = -g$, weshalb

$$x \omega^2 \, dx - g \, dz = 0.$$

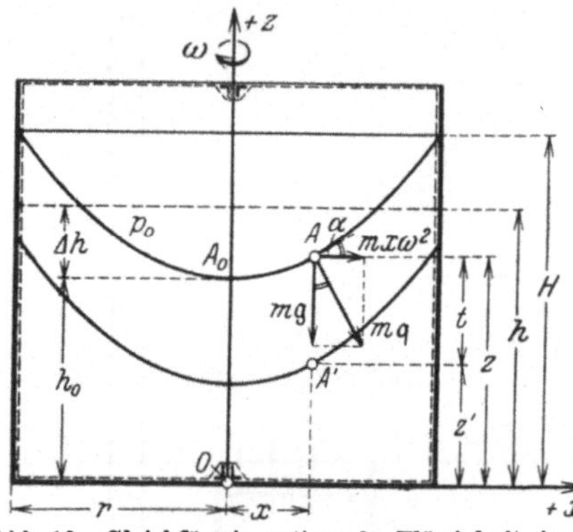

Abb. 10. **Gleichförmig rotierende Flüssigkeit in einem zylindrischen Gefäß**

Durch Integration folgt daraus

$$\frac{x^2 \omega^2}{2} - g z = C. \tag{25}$$

Speziell wird für den Scheitelpunkt A_0 mit $x = 0$ und $z = h_0$

$$C = -g h_0,$$

weshalb (25) übergeht in

$$x^2 \omega^2 = 2 g (z - h_0). \tag{26}$$

Die Meridiankurve stellt also eine Parabel mit lotrechter Achse dar, deren Scheitel in A_0 liegt. Die Spiegelfläche selbst ist das zugehörige Umdrehungsparaboloid.

Für den Druck p im Punkte A', der um die Höhe t lotrecht unter A liegt, gilt nach (15)

$$dp = \varrho (x \omega^2 \, dx - g \, dz)$$

oder

$$p_{A'} = \varrho \left(\frac{x^2 \omega^2}{2} - g z' \right) + C',$$

wenn z' die z-Koordinate für A' bedeutet. Entsprechend wird für den Punkt A

$$p_A = p_0 = \varrho \left(\frac{x^2 \omega^2}{2} - g z \right) + C',$$

weshalb

$$p_{A'} - p_0 = \gamma (z - z') = \gamma t$$

oder

$$p_{A'} = p_0 + \gamma t. \tag{27}$$

Für alle Punkte in gleicher Tiefe t unter der Spiegelfläche gilt also derselbe Druck[1].

Zur Bestimmung der Spiegelform bedarf es jetzt noch einer Angabe über die Größe h_0, durch welche erst die Spiegelabsenkung bestimmt ist. Dazu dient die Bedingung, daß das Flüssigkeitsvolumen im Ruhezustand das gleiche sein muß wie während der Drehbewegung. Bezeichnet h die Höhe der ruhenden Flüssigkeit, H die maximale Steighöhe am Gefäßrand während der Drehbewegung, so liefert der Vergleich der Volumina

$$\pi\, r^2\, h = \pi\, r^2\, H - \frac{1}{2}\, \pi\, r^2\, (H - h_0)$$

oder

$$2\, h = H + h_0 \, .$$

Nun folgt aus (26)

$$\frac{r^2\, \omega^2}{2\, g} = H - h_0 \, ,$$

also wird

$$h_0 = h - \frac{r^2\, \omega^2}{4\, g} \, . \tag{28}$$

Bisher wurde vorausgesetzt, daß die Drehung der Flüssigkeit durch die Anordnung von Flügeln bewirkt werden sollte. Bei den natürlichen (nicht idealen) Flüssigkeiten genügt indessen schon die Flüssigkeitsreibung an den Gefäßwandungen und im Innern der Flüssigkeit, um die Drehung des Gefäßes auf die Flüssigkeit ohne besondere Vorrichtungen zu übertragen. Gelangt das Gefäß zur Ruhe, so hört infolge der Reibung nach einiger Zeit auch die Drehung der Flüssigkeit wieder auf.

Gl. (28) kann benutzt werden zur Messung der Geschwindigkeit schnell umlaufender Wellen. Denkt man sich nämlich durch ein Vorgelege ein mit Flüssigkeit gefülltes zylindrisches Gefäß mit der Welle gekoppelt, so daß deren Umdrehung auf das Gefäß übertragen wird, so kann aus der Höhe $\varDelta h = h - h_0$ der Spiegelabsenkung sofort auf die Größe von ω geschlossen werden, nämlich

$$\omega = \frac{2}{r}\, \sqrt{g\, \varDelta h} \, . \tag{29}$$

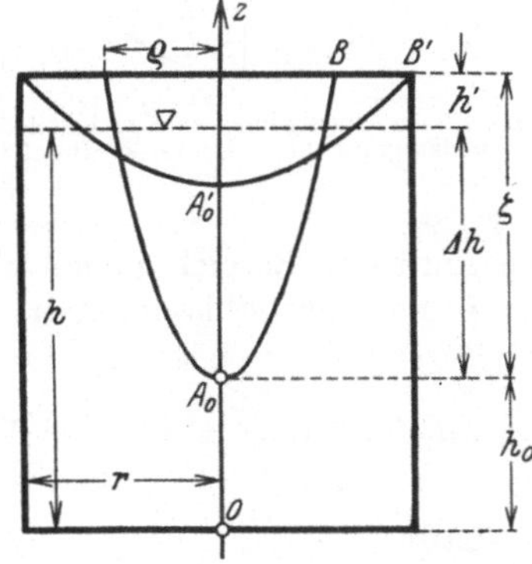

Abb. 11. Gleichförmig rotierende Flüssigkeit in einem oben geschlossenen zylindrischen Gefäß

In dieser Form besitzt die Anordnung jedoch den Nachteil, daß bei großen Drehzahlen die Steighöhe H sehr groß wird. Dieser Übelstand läßt sich vermeiden, wenn man das Gefäß oben durch einen Deckel abschließt, so daß nur ein geringer Luftraum von der Höhe h' über dem ruhenden Flüssigkeitsspiegel vorhanden ist (Abb. 11)[2]. Die Spiegelfläche bleibt auch jetzt ein Umdrehungsparaboloid, dessen Höhe mit ζ und dessen oberer Radius mit ϱ bezeichnet sei. Für den Punkt B des Meridianschnittes der Spiegelfläche gilt nach (26)

$$\varrho^2\, \omega^2 = 2\, g\, \zeta \, ,$$

außerdem besteht die geometrische Bedingung

$$\pi\, r^2\, h' = \frac{\pi}{2}\, \varrho^2\, \zeta \, .$$

Durch Elimination von ϱ folgt daraus

$$\omega = \frac{\zeta}{r}\, \sqrt{\frac{g}{h'}} \, .$$

---

[1] Dies Ergebnis hätte man auch sofort aus Gl. (22) folgern können.
[2] LORENZ, H.: Technische Hydromechanik (1910) S. 373.

Der untere Grenzwert von ω, für den die vorstehende Gleichung gerade noch gilt, ergibt sich, wenn die Spiegelfläche durch den Punkt B' geht (Abb. 11). Dann ist $\zeta = 2\,h'$ und somit

$$\omega = \frac{2}{r}\sqrt{g\,h'}\,.$$

Für kleinere Winkelgeschwindigkeiten gilt Gl. (29).

4. Druck in einer gepreßten Flüssigkeit bei Vernachlässigung der Schwere

In einem ringsum geschlossenen, vollkommen mit einer ruhenden, raumbeständigen Flüssigkeit gefüllten Gefäße (Abb. 12) befinde sich bei A' eine Öffnung, durch welche vermittels eines verschiebbaren Kolbens eine Pressung (Druck) p' auf die Flüssigkeit ausgeübt werden kann. Die Größe von p' sei bekannt. Dann

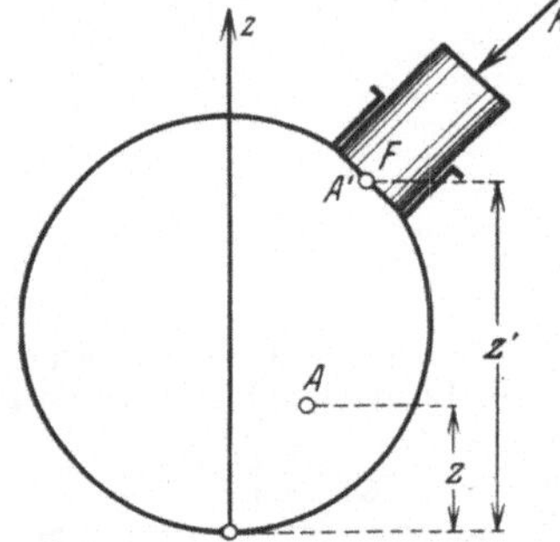

Abb. 12. In einer gepreßten Flüssigkeit ist bei Vernachlässigung der Schwere der Druck konstant

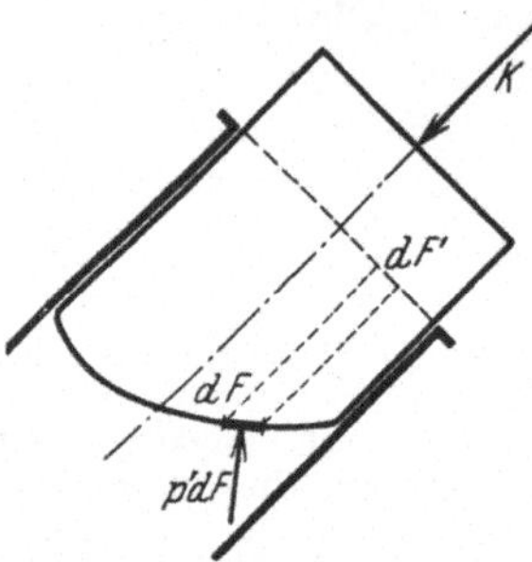

Abb. 13. Der resultierende Flüssigkeitsdruck in Richtung der Kolbenachse ist unabhängig von der Form des Kolbens

wird mit den Bezeichnungen von Abb. 12 der Druck p an der beliebigen Stelle A im Innern der Flüssigkeit nach Gl. (21a)

$$p = -\gamma z + C\,.$$

Da an der Stelle $z = z'$ der Druck $p = p'$ wirkt, so gilt entsprechend

$$p' = -\gamma z' + C\,,$$

weshalb

$$p = p' + \gamma(z' - z)\,.$$

In einzelnen Fällen der praktischen Anwendung ist die Pressung p' so groß, daß ihr gegenüber der Einfluß der Schwere — d. h. das zweite Glied der vorstehenden Gleichung — unbedeutend gegenüber p' ist und deshalb unberücksichtigt bleiben kann. Man erhält dann einfach

$$p = p'\,,$$

und da dieser Wert für jeden beliebigen Punkt A der Flüssigkeit gilt, so ergibt sich der Satz: *In einer im Gleichgewicht befindlichen, gepreßten Flüssigkeit herrscht bei Vernachlässigung der Schwere an jeder Stelle und nach jeder Richtung der gleiche Druck* (Satz von PASCAL).

Die Flüssigkeit drückt auf jedes Flächenelement dF der Kolbenfläche — soweit sie mit dieser in Berührung steht — mit der Kraft $p'dF$. Die Form des Kolbens sei an der der Flüssigkeit zugewandten Seite ganz beliebig angenommen (Abb. 13). Bezeichnet α den Winkel der Flächennormalen gegen die Kolbenachse, so wird die Komponente von $p'dF$ nach der Richtung dieser Achse $p'dF\cos\alpha$. Da aber, wie ersichtlich, $dF\cos\alpha = dF'$ die Projektion von dF auf die zur Kolbenachse senkrechte Querschnittsfläche des Kolbens darstellt, so wird die gesamte, von der Flüssigkeit auf den Kolben in Richtung seiner Achse ausgeübte Druckkraft

$$D = \int p'\, dF' = p'F,$$

wenn F den Kolbenquerschnitt bezeichnet. Sie ist demnach von der besonderen Form der Kolbendruckfläche unabhängig, vielmehr allein durch den Kolbenquerschnitt F bestimmt. Bei reibungsfreier Führung des Kolbens muß also zur Erzeugung des Druckes p' in der Flüssigkeit auf den Kolben eine äußere Kraft von der Größe $K = p'F$ ausgeübt werden.

Die vorstehenden Überlegungen finden Anwendung bei der *hydraulischen Presse*, die in Abb. 14 schematisch dargestellt ist. Wird der kleine Kolben K_1 vom Querschnitt F_1 vermittels eines im Gelenk O befestigten Hebels angehoben, so schließt sich das Druckventil a, dagegen öffnet sich das Saugventil b, und es strömt Flüssigkeit aus dem Behälter B in den kleinen Zylinder ein. Wird dagegen der Kolben K_1 herabgedrückt, so schließt sich b, und a öffnet sich, so daß jetzt Flüssigkeit in den großen Zylinder einströmt und den Kolben K vom Querschnitt F anhebt. Den großen Pressungen gegenüber, um die es sich dabei handelt, spielt das Flüssigkeitsgewicht keine Rolle, der Druck kann also in dem ganzen Gefäß als konstant angesehen werden.

Drückt man mit der Kraft P auf den Hebel, so erhält der Kolben K_1 die Axialkraft $P' = \dfrac{P\,l}{a}$, demnach wird die Pressung in der Flüssigkeit

$$p = \frac{P\,l}{a\,F_1}.$$

Auf den großen Kolben wirkt von unten her die Druckkraft

$$D = pF = P\,\frac{l}{a}\,\frac{F}{F_1}.$$

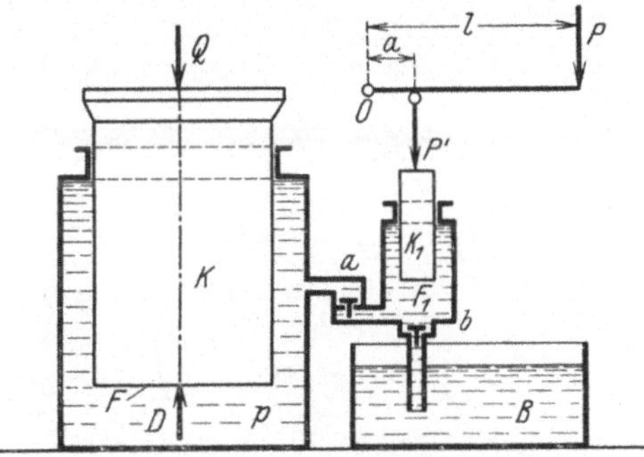

Abb. 14. Schematische Darstellung der hydraulischen Presse

Damit die Last Q angehoben werden kann, muß $D \geqq Q$ werden. Im Grenzfall $D = Q$ muß also sein

$$Q = P\,\frac{l}{a}\,\frac{F}{F_1} \qquad \text{oder} \qquad P = Q\,\frac{a}{l}\,\frac{F_1}{F}.$$

Wird der Kolben K_1 um die Höhe h_1 herabgedrückt, so ist unter der Voraussetzung raumbeständiger Flüssigkeit und starrer Gefäßwandungen eine Flüssigkeitsmenge $F_1 h_1$ in den großen Zylinder eingetreten. Dadurch wird der Kolben K um die Höhe h angehoben, die sich aus der Bedingung

$$h = \frac{F_1 h_1}{F}$$

errechnet. Dabei leistet die Kraft D eine Arbeit

$$D\,h = P\,\frac{l}{a}\,\frac{F}{F_1}\,\frac{F_1}{F}\,h_1 = P\,\frac{l}{a}\,h_1.$$

Dies ist aber die gleiche Arbeit, welche von der Kraft P' auf dem Wege h_1 geleistet wird.

In Wirklichkeit treffen die oben gemachten Voraussetzungen nicht genau zu. Insbesondere erfolgt die Bewegung der Kolben nicht reibungsfrei. Es muß deshalb die aufgewendete (effektive) Arbeit A_e stets größer sein als die nutzbare Arbeit A_n. Das Verhältnis beider, nämlich $\eta = \dfrac{A_n}{A_e} < 1$, stellt den *Wirkungsgrad* der Presse dar.

5. Druck der ruhenden Flüssigkeit gegen Behälterwände

a) Druck auf ebene Flächen

Ein beliebig gestaltetes, oben offenes Gefäß sei mit Flüssigkeit gefüllt. In einer unter dem Winkel α gegen die Lotrechte geneigten ebenen Seitenwand sei eine Fläche F abgegrenzt, die in Abb. 15 durch Umklappung in die Zeichenebene dargestellt ist. Bezeichnet η den lotrechten Abstand eines Flächenelements dF von der Spiegelfläche, so entfällt auf dF nach (22) von innen her der Normaldruck

$$p\, dF = (p_0 + \gamma\eta)\, dF .$$

Im allgemeinen steht die gedrückte Fläche von außen her unter dem Einfluß des atmosphärischen Luftdrucks. Dann wirkt auf das betrachtete Flächenelement von außen her die Kraft $p_0 dF$, und als resultierender Überdruck bleibt übrig $\gamma\eta\, dF$. Durch Integration über die ganze Fläche F ergibt sich daraus der resultierende Gesamtdruck auf diese Fläche zu

$$D = \gamma \int\limits_{(F)} \eta\, dF .$$

Bezeichnet η_s den lotrechten Abstand des Flächenschwerpunktes S vom Flüssigkeitsspiegel, so ist

$$\int\limits_{(F)} \eta\, dF = \eta_s F$$

und demnach

$$D = \gamma\, \eta_s F . \qquad (30)$$

Die auf die Fläche F entfallende Druckkraft der ruhenden Flüssigkeit ist somit gleich dem Produkt aus der gedrückten Fläche und dem für den Flächenschwerpunkt geltenden Einheitsdruck $\gamma\eta_s$.

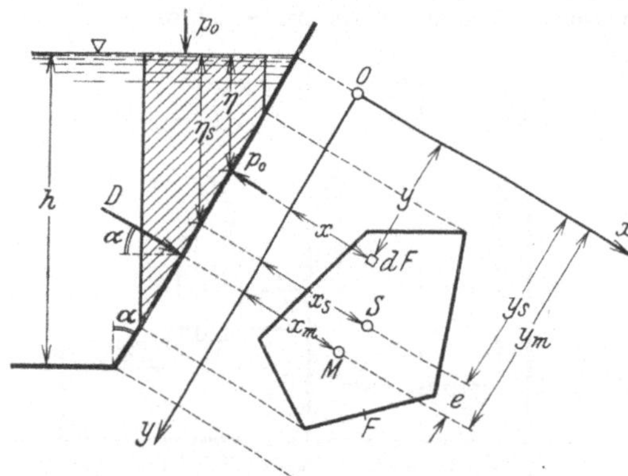

Abb. 15. Druck der ruhenden Flüssigkeit auf eine ebene Fläche

Da nun, wie ersichtlich, die Druckverteilung über die Fläche nicht gleichförmig, sondern vielmehr eine Funktion der Höhe η ist, geht die Druckresultante D nicht durch den Flächenschwerpunkt, sondern durch einen anderen Punkt M, den sogenannten *Druckmittelpunkt*, dessen Lage noch zu bestimmen ist. Zu diesem Zwecke denke man sich F auf ein in der Gefäßwand liegendes rechtwinkliges Achsenkreuz x, y bezogen, dessen x-Achse in der Höhe der Spiegelfläche liegt. Bezeichnen x_m und y_m die Koordinaten des gesuchten Druckmittelpunktes M, dann gilt nach dem Momentensatz

$$D\, x_m = \int\limits_{(F)} dD\, x ; \qquad D\, y_m = \int\limits_{(F)} dD\, y ,$$

wo

$$D = \gamma\, \eta_s F = \gamma F\, y_s \cos\alpha ; \qquad dD = \gamma\, \eta\, dF = \gamma\, dF\, y \cos\alpha .$$

Mit diesen Werten gehen die beiden Momentengleichungen über in

$$F\, y_s\, x_m = \int\limits_{(F)} x\, y\, dF ; \qquad F\, y_s\, y_m = \int\limits_{(F)} y^2\, dF .$$

Das erste der vorstehenden Integrale gibt das Zentrifugalmoment Z_{xy} der gedrückten Fläche F in bezug auf das gewählte Koordinatenkreuz an, während das zweite Integral das Trägheitsmoment J_x in bezug auf die x-Achse bedeutet. Demnach erhält man als Koordinaten des Druckmittelpunktes

$$x_m = \frac{Z_{xy}}{F\, y_s} ; \qquad y_m = \frac{J_x}{F\, y_s} . \qquad (31)$$

Beachtet man, daß

$$J_x = J_s + F\, y_s^2$$

ist, wobei J_s das Flächenträgheitsmoment in bezug auf die zu x parallele Schwerachse bezeichnet (STEINERscher Satz), dann kann die zweite Gl. (31) auch wie folgt geschrieben werden

$$y_m = \frac{J_s}{F\,y_s} + y_s,$$

weshalb

$$e = y_m - y_s = \frac{J_s}{F\,y_s} \tag{32}$$

wird. Dabei gibt e den in der y-Richtung gemessenen Abstand der Punkte S und M an. Da J_s stets positiv ist, liegt M stets tiefer als S.

Für den Fall, daß die gedrückte Fläche parallel zur y-Achse eine Symmetrieachse besitzt, wird Z_{xy} in (31) zu Null, wenn man die Symmetrieachse zur y-Achse macht. Dann wird $x_m = 0$ und M liegt auf der Symmetrieachse im Abstand e unter S.

Bodendruck. Der auf den Gefäßboden ausgeübte Flüssigkeitsdruck wird als Bodendruck bezeichnet. Ist h die Höhe der Spiegelfläche über dem *horizontalen* Gefäßboden, so ergibt sich als Bodendruck nach (30) wegen $\eta_s = h$

$$D = \gamma\,h\,F$$

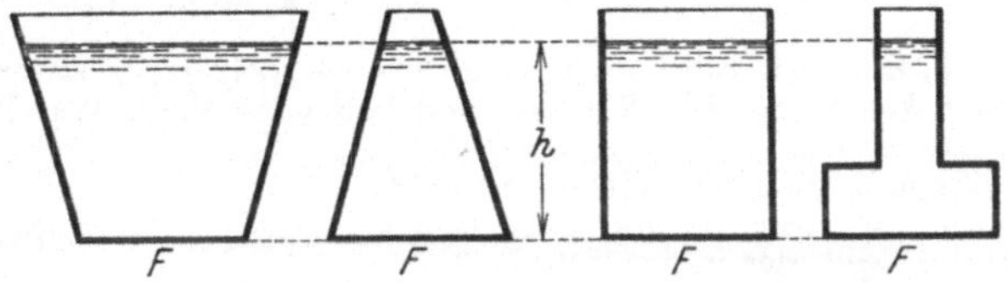

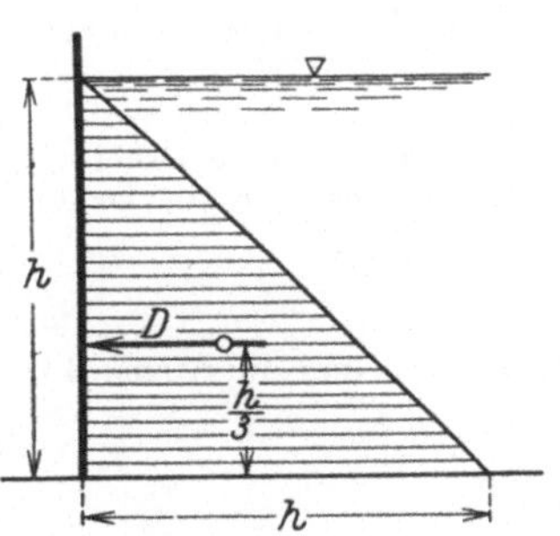

Abb. 16. Der Bodendruck ist nur von der Größe der Bodenfläche F abhängig, nicht aber von der Gefäßform

mit F als Bodenfläche. Da hier der Flüssigkeitsdruck p gleichmäßig über diese Fläche verteilt ist, so geht D durch deren Schwerpunkt, M und S fallen somit zusammen. Im übrigen ist die Größe von D nur von der Größe der Bodenfläche abhängig, nicht aber von der besonderen Gefäßform (Abb. 16, hydrostatisches Paradoxon).

1. Beispiel. Als Überdruck auf eine rechteckige, lotrecht stehende Fläche von der Breite b und der Höhe h, deren Oberkante den Abstand t vom Flüssigkeitsspiegel hat (Abb. 17), erhält man nach (30) mit $\eta_s = y_s = h/2 + t$

$$D = \gamma\,b\,h\left(\frac{h}{2} + t\right).$$

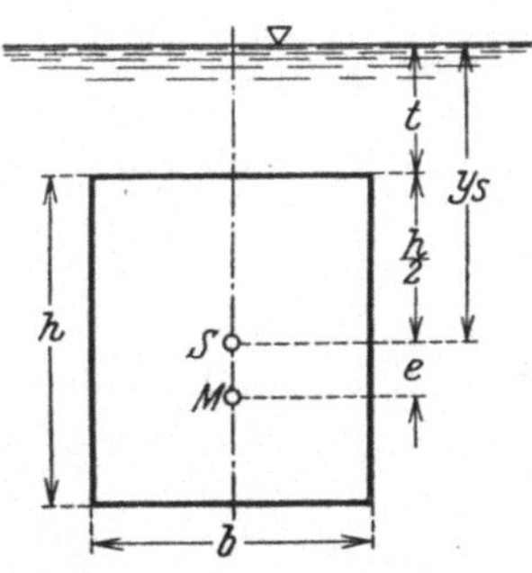

Abb. 17. Seitendruck auf eine Rechteckfläche und Lage des Druckmittelpunktes M

Abb. 18. Druckverteilung an einer lotrechten Wand

Der Druckmittelpunkt M liegt auf der lotrechten Symmetrieachse, sein Abstand e vom Schwerpunkt S ist nach (32)

$$e = \frac{b\,h^3}{12\,b\,h\left(\dfrac{h}{2} + t\right)} = \frac{h^2}{12\left(\dfrac{h}{2} + t\right)}.$$

Liegt die Oberkante des Rechtecks in der Spiegelfläche, so wird mit $t = 0$

$$D = \gamma\,b\,\frac{h^2}{2}; \quad e = \frac{h}{6}.$$

Der Druckmittelpunkt fällt hier in den unteren Drittelpunkt der Rechteckhöhe. Bezieht man den Wert für D auf die Breite $b = 1$ m, so wird

$$D = \gamma \frac{h^2}{2} \left[\frac{\text{kp}}{\text{m}}\right]. \tag{33}$$

Somit läßt sich der Flüssigkeitsdruck D darstellen als Inhalt eines gleichschenkligen, rechtwinkligen Dreiecks von der Schenkellänge h, wenn man diesen mit $\gamma \left[\frac{\text{kp}}{\text{m}^3}\right]$ multipliziert (Abb. 18).

2. Beispiel. Der Überdruck auf eine lotrechte Kreisfläche (Abb. 19) vom Radius r, deren Schwerpunkt den Abstand t vom Flüssigkeitsspiegel besitzt, ist nach (30)

$$D = \gamma\, t\, \pi\, r^2.$$

Für die Lage des Druckmittelpunktes erhält man aus (32)

$$e = \frac{\pi\, r^4}{4\,\pi\, r^2\, t} = \frac{r^2}{4\, t}.$$

3. Beispiel. Eine „Spundwand" stehe beiderseits unter Wasserdruck; die Spiegelhöhen seien h_1 und h_2 (Abb. 20). Auf den laufenden Meter Wand entfällt nach (33) von links der Wasserdruck $D_1 = \gamma h_1^2/2$, dessen Angriffspunkt von der Sohle um $h_1/3$ entfernt ist, von rechts der Druck $D_2 = \gamma h_2^2/2$, der in der Höhe $h_2/3$ von

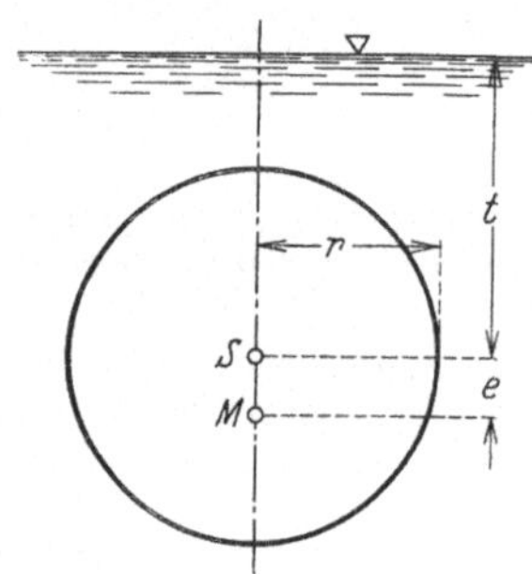

Abb. 19. Seitendruck auf eine lotrechte Kreisfläche

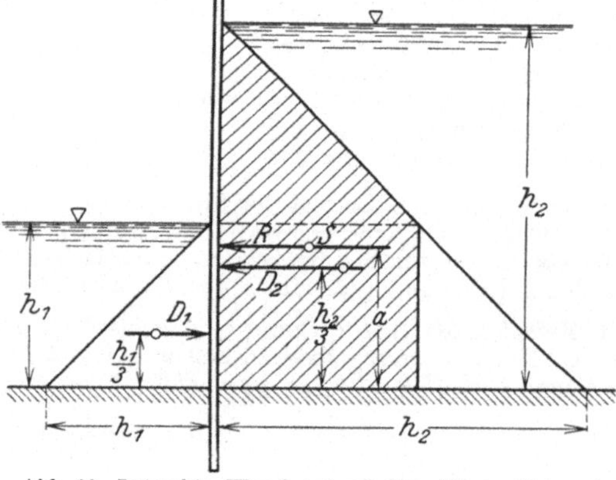

Abb. 20. Lotrechte Wand unter beiderseitigem Wasserdruck von verschiedener Druckhöhe

der Sohle angreift. Beide Drücke werden durch gleichschenklige, rechtwinklige Dreiecke dargestellt. Der resultierende Druck auf die Wand ist also

$$R = \frac{\gamma}{2}\,(h_2^2 - h_1^2).$$

Der Abstand a seines Angriffspunktes von der Sohle ergibt sich aus der Momentengleichung

$$R\, a = D_2 \frac{h_2}{3} - D_1 \frac{h_1}{3}$$

zu

$$a = \frac{D_2\, h_2 - D_1\, h_1}{3\, R}.$$

b) Druck auf gekrümmte Flächen

Das in Abb. 21 dargestellte Flächenstück F möge ein Teil der Wandung eines beliebig geformten oben offenen Gefäßes sein, das mit Flüssigkeit gefüllt ist, während außen der atmosphärische Luftdruck wirkt. Die betrachtete Fläche sei auf ein rechtwinkliges Koordinatensystem bezogen, dessen xy-Ebene mit der Spiegelfläche der Flüssigkeit zusammenfällt. Die z-Achse ist lotrecht abwärts gerichtet. Ein beliebiges im Abstand z vom Spiegel liegendes Flächenelement dF erfährt einen inneren Überdruck $dD = p\, dF = \gamma z\, dF$, dessen Richtung durch die Normale zu dF bestimmt ist. Bezeichnen λ, μ, ν die Richtungswinkel dieser Normalen gegen die Koordinatenachsen, dann sind

$$dD_x = \gamma\,z\,dF\cos\lambda; \quad dD_y = \gamma\,z\,dF\cos\mu; \quad dD_z = \gamma\,z\,dF\cos\nu \qquad (34)$$

die Druckkomponenten in Richtung dieser Achsen. λ, μ, ν sind aber auch die Winkel, welche das Flächenelement mit den Koordinatenebenen yz, xz und xy einschließt, so daß

$$dF\cos\lambda = dF_x; \quad dF\cos\mu = dF_y; \quad dF\cos\nu = dF_z$$

die Projektionen von dF auf die entsprechenden Koordinatenebenen darstellen. Die Gln. (34) können also in der Form geschrieben werden

$$dD_x = \gamma\,z\,dF_x; \quad dD_y = \gamma\,z\,dF_y; \quad dD_z = \gamma\,z\,dF_z. \qquad (34\,a)$$

Drei solche Ausdrücke gelten für jedes Flächenelement der krummen Fläche F. Durch Integration über F erhält man somit als Gesamtdrücke in Richtung der drei Koordinatenachsen

$$D_x = \gamma\int z\,dF_x; \quad D_y = \gamma\int z\,dF_y; \quad D_z = \gamma\int z\,dF_z.$$

Bezeichnet nun F_x die Projektion der Fläche F auf die yz-Ebene und ζ_s den Schwerpunktsabstand von F_x in bezug auf die y-Achse, so ist

$$\int z\,dF_x = \zeta_s F_x$$

und somit

$$D_x = \gamma\,\zeta_s F_x. \qquad (35)$$

Die Richtungslinie von D_x möge die yz-Ebene im Punkte M schneiden, ζ_m und η_m seien dessen Koordinaten (Abb. 21). Dann ist nach dem Momentensatz

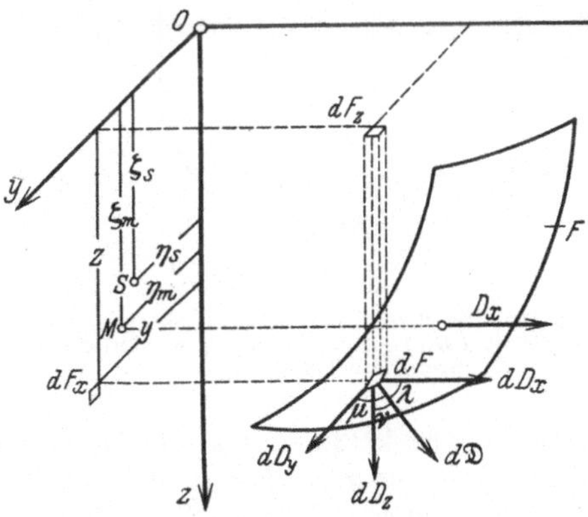

$$D_x\zeta_m = \int dD_x\,z; \quad D_x\eta_m = \int dD_x\,y,$$

Abb. 21. Druck auf eine gekrümmte Fläche

woraus unter Beachtung der Gln. (34a) und (35) folgt

$$\zeta_m = \frac{\int z^2\,dF_x}{\zeta_s F_x} = \frac{J_y}{\zeta_s F_x}; \quad \eta_m = \frac{\int y\,z\,dF_x}{\zeta_s F_x} = \frac{Z_{yz}}{\zeta_s F_x}, \qquad (36)$$

und zwar stellt J_y das Trägheitsmoment der Flächenprojektion F_x in bezug auf die y-Achse, Z_{yz} ihr Zentrifugalmoment in bezug auf die Achsen y und z dar.

Unter Beachtung der in Absatz a) dieses Kapitels gefundenen Ergebnisse erkennt man aus (35) und (36), daß die Druckkraft D_x genau so zu bestimmen ist, als handele es sich um eine der yz-Ebene parallele *ebene* Fläche von der Größe F_x.

Entsprechende Überlegungen gelten für die Druckkomponente D_y, nur daß jetzt an die Stelle der Fläche F_x die Projektion F_y von F auf die xz-Ebene tritt. Da nun die Lage des Achsenkreuzes xy in der Spiegelfläche ganz beliebig angenommen werden kann, so läßt sich das Ergebnis der vorstehenden Betrachtungen wie folgt zusammenfassen: *Der in einer beliebigen Richtung gemessene Horizontaldruck einer ruhenden Flüssigkeit auf eine gekrümmte Behälterfläche ist gleich dem Drucke, welchen die Projektion dieser Fläche auf eine zur angenommenen Richtung normale Ebene erleidet.*

Zeigt sich beim Projizieren, daß einzelne Flächenteile sich überschneiden, so sind diese Teile bei der Bestimmung von F_x bzw. F_y auszuschalten, da die auf

sie entfallenden Horizontaldrücke sich gegenseitig tilgen. So kommt z. B. bei der
Berechnung des Horizontaldruckes auf die krumme Fläche ABC in Abb. 22 als
Projektion F_x nur die Fläche $A'C'$ in der yz-Ebene in Betracht.

Als *vertikale* Komponente des auf das Flächenelement dF entfallenden Druk-
kes dD ergab sich nach (34a)

$$dD_z = \gamma\, z\, dF_z.\tag{37}$$

Dies ist aber nichts anderes als das Gewicht des auf dem Flächenelement dF
lastenden Flüssigkeitsprismas (Abb. 21), so daß

$$D_z = \gamma \int z\, dF_z = \gamma\, V\tag{37a}$$

durch das Gewicht des auf der Fläche F ruhenden Flüssigkeitskörpers vom
Volumen V bestimmt wird. Die Richtungslinie von D_z geht durch den Schwerpunkt von V, womit D_z nach Größe und Lage bestimmt ist.

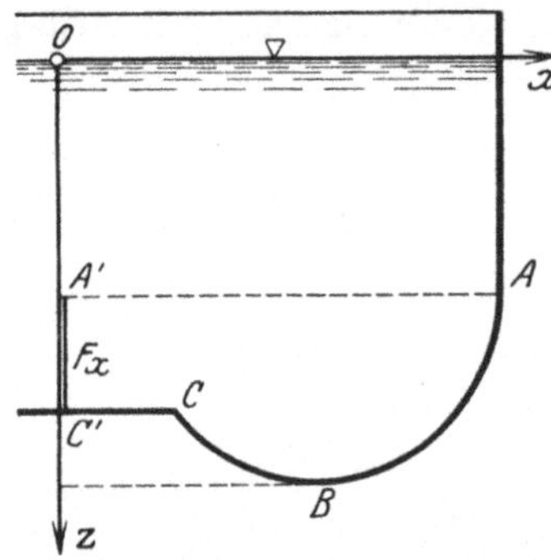

Abb. 22. Für die Berechnung des Horizontaldruckes
auf die Fläche ABC ist nur die lotrechte Projektion F_x
dieser Fläche maßgebend

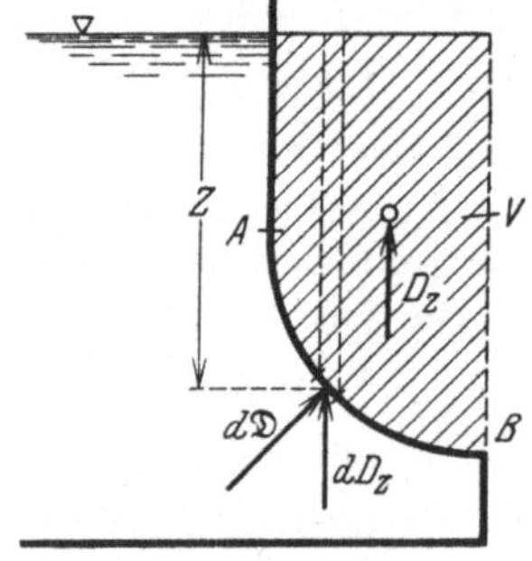

Abb. 23. Zur Berechnung des Vertikaldruckes D_z auf
die Zylinderfläche $A-B$

Der Ausdruck (37) gilt auch für ein Flächenelement, das — wie in Abb. 23
angegeben — einen *aufwärts* gerichteten Vertikaldruck dD_z erfährt. Soll also
der Vertikaldruck auf die endliche Fläche AB bestimmt werden, so hat man nur
das Volumen V einer über AB als Druckfläche „ruhend gedachten" Flüssigkeitsmenge zu bestimmen, durch dessen Schwerpunkt der Vertikaldruck (nach oben
gerichtet) geht.

Bei ganz beliebiger Form der gekrümmten Fläche F gehen die drei Druckkomponenten
D_x, D_y, D_z im allgemeinen nicht durch einen Punkt und können deshalb auch nicht zu einer
resultierenden Einzelkraft zusammengesetzt werden. Nach den Methoden der räumlichen
Kräftezusammensetzung lassen sich diese Drücke aber stets auf eine *Einzelkraft* und ein
Moment reduzieren, wobei die Wahl des Reduktionspunktes beliebig ist. Unter den unendlich
vielen Möglichkeiten dieser Reduktion gibt es eine, bei welcher der Druck und der Momenten-
vektor gleiche Richtung haben. Sie bilden zusammen eine *Druckdyname*[1].

In einzelnen Fällen ist die Zusammensetzung der Druckkomponenten zu einer Einzelkraft jedoch möglich, so z. B., wenn die gedrückte Fläche nach einer Kugel gekrümmt ist,
da in diesem Falle alle Elementardrücke durch den Kugelmittelpunkt gehen müssen. Auch bei
Zylinderflächen, bei denen alle Teildrücke in parallelen Ebenen liegen, kann der Gesamtdruck
als Einzelkraft dargestellt werden. Es genügt dann die Angabe seiner Horizontal- und Vertikal-
komponente.

6. Auftrieb einer ruhenden Flüssigkeit

Ein fester Körper von beliebiger Gestalt sei gemäß Abb. 24 vollkommen in
eine homogene, ruhende Flüssigkeit getaucht und durch Aufhängen an einem

---

[1] Vgl. W. KAUFMANN: Einführung in die techn. Mechanik Bd. 1, Berlin/Göttingen/Heidel-
berg: Springer 1949, S. 53.

Faden im Gleichgewicht gehalten. Dann übt die Flüssigkeit auf den Körper Drücke aus, die sich in ähnlicher Weise berechnen lassen wie die Drücke auf die Gefäßwandungen der Ziffer 5 b. Insbesondere zeigt sich, daß die dort mit F_x bzw. F_y bezeichneten Flächenprojektionen für den ganzen Körper wegen vollkommener Überschneidung zu Null werden, und daß demnach in horizontaler Richtung keine Druckresultante auftreten kann.

Zur Bestimmung des Vertikaldruckes D_z der Flüssigkeit gegen den eingetauchten Körper betrachte man zwei lotrecht übereinanderliegende Oberflächenelemente. Die auf sie entfallenden Vertikaldrücke sind

$$dD'_z = (p_0 + \gamma z')\,dF_z$$

bzw.

$$dD''_z = (p_0 + \gamma z'')\,dF_z\,,$$

weshalb als resultierende Kraft ein nach oben gerichteter Druck von der Größe

$$dD_z = \gamma\,(z'' - z')\,dF_z$$

entsteht. Der Ausdruck $(z'' - z')\,\mathrm{d}F_z$ stellt das Volumen des von den beiden betrachteten Flächenelementen begrenzten vertikalen Prismas dar. Durch Summation über den ganzen Körper erhält man somit wegen $\gamma = \mathrm{const}$ als gesamte, aufwärts gerichtete Druckkraft

$$D_z = A = \gamma\,V\,,$$

wo V das Körpervolumen bzw. das „Volumen der vom Körper verdrängten

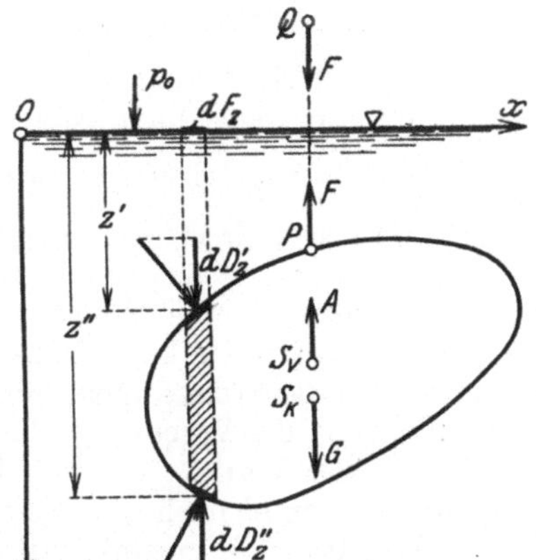

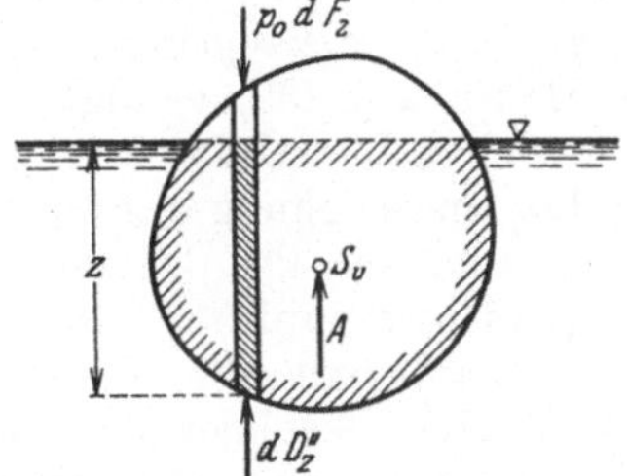

Abb. 24. Hydrostatischer Auftrieb A auf einen in Flüssigkeit getauchten Körper

Abb. 25. Auftrieb auf einen teilweise eingetauchten Körper

Flüssigkeit" bezeichnet. Dieser Vertikaldruck heißt der *Auftrieb*, den der Körper durch die ruhende Flüssigkeit erfährt. Da er sich als Resultante einer aus lauter parallelen und gleichgerichteten Kräften dD_z bestehenden Kräftegruppe ergibt, muß er als solche durch den „Mittelpunkt" dieser Kräftegruppe gehen, d. h. durch den Schwerpunkt des Volumens V. Man erhält somit das wichtige, bereits von ARCHIMEDES erkannte Gesetz:

Der Auftrieb einer ruhenden Flüssigkeit gegen einen in sie eingetauchten Körper ist seiner Größe nach gleich dem Gewicht der vom Körper verdrängten Flüssigkeit (auch kurz „Verdrängung" genannt). Er ist aufwärts gerichtet und geht durch den Schwerpunkt des verdrängten Volumens.

Der vorstehende Satz gilt auch für Körper, die nur teilweise in Flüssigkeit eingetaucht sind (Abb. 25). In diesem Falle ist sinngemäß

$$A = \gamma\,V'$$

zu setzen, wobei V' das Volumen des eingetauchten Teiles bezeichnet. A geht durch den Schwerpunkt S_v des verdrängten Volumens.

Es möge jetzt noch einmal der in Abb. 24 dargestellte, vollkommen eingetauchte Körper betrachtet werden. An diesem greifen als äußere Kräfte an: im Körperschwerpunkt S_k das Körpergewicht G, im Schwerpunkt S_v des verdrängten Volumens der Auftrieb $A = \gamma V$ und schließlich die Fadenspannung F. Die Bedingung des vertikalen Gleichgewichts lautet also

$$F = G - \gamma V, \tag{38}$$

und zwar müssen die drei genannten Kräfte in dieselbe Lotrechte fallen. Der Ausdruck $G' = F$ wird auch als „scheinbares Gewicht" des in die Flüssigkeit getauchten Körpers bezeichnet.

Mit Hilfe der vorstehenden Gleichung kann das spezifische Gewicht (Wichte) γ_1 eines homogenen Körpers bestimmt werden, wenn $\gamma_1 > \gamma$ ist. Zu diesem Zwecke ermittle man zunächst das wahre Gewicht $G = \gamma_1 V$, darauf durch Messung der Fadenspannung das scheinbare Gewicht $G' = F$.

Dann wird

$$G' = G - \gamma V = G - \gamma \frac{G}{\gamma_1}$$

oder

$$\gamma_1 = \gamma \frac{G}{G - G'}.$$

Für sehr genaue Messungen ist bei der Wägung von G und G' zu beachten, daß sowohl der Körper als auch die Gewichtsstücke, mit deren Hilfe die Fadenspannung gemessen wird, in der Luft einen — wenn auch geringen — Auftrieb erfahren.

7. Stabilität schwimmender Körper. Metazentrum

Wird der Auftrieb A, welcher von einer Flüssigkeit auf einen ganz oder teilweise in sie eingetauchten Körper ausgeübt wird, gerade gleich dem Körpergewicht G, ist also

$$G = A = \gamma V, \tag{39}$$

so wird die Fadenspannung F in Gl. (38) zu Null. Man sagt dann: *der Körper schwimmt in der Flüssigkeit.*

Die Bedingung (39) genügt allein noch nicht zur Aufrechterhaltung seines Gleichgewichts. Dazu ist weiter erforderlich, daß die Kräfte G und A kein Moment bilden, das eine Drehung des Körpers zur Folge hätte. Die Richtungslinien dieser Kräfte müssen sich also decken, und das ist der Fall, wenn die Verbindungslinie des Körperschwerpunkts S_k und des Schwerpunkts S_v der Verdrängung — die sogenannte *Schwimmachse* — senkrecht steht. Schließlich muß noch untersucht werden, ob das Gleichgewicht des Körpers auch *stabil* ist, d. h. unempfindlich gegen kleine Störungen, die ihn aus seiner Gleichgewichtslage herauszudrängen suchen.

Zur Entscheidung dieser besonders für die Schiffstechnik wichtigen Frage kann man folgendermaßen vorgehen: Man denkt sich den als „starr" angesehenen Körper durch irgendeine äußere Ursache aus seiner Gleichgewichtslage um ein geringes Maß entfernt und untersucht, ob die am Körper in dieser neuen Lage wirkenden Kräfte das Bestreben haben, den ursprünglichen Gleichgewichtszustand wiederherzustellen oder nicht. Ist dieses der Fall, so nennt man das Gleichgewicht *stabil*. Haben die angreifenden Kräfte dagegen das Bestreben, die störende Ursache zu verstärken, d. h. den Körper noch weiter aus der Gleichgewichtslage zu entfernen, so ist die letztere *labil*. Schließlich nennt man das Gleichgewicht *indifferent*, wenn die äußeren Kräfte bei der betrachteten kleinen Lageänderung weder das eine noch das andere Bestreben haben.

Ein schwimmender, nicht vollständig eingetauchter Körper, der die oben genannten zwei Bedingungen ($G = A$, Schwimmachse vertikal) erfüllt, befindet sich hinsichtlich einer Parallelverschiebung in lotrechter Richtung im stabilen Gleichgewicht. Bei einer Abwärtsverschiebung (tieferes Eintauchen) vergrößert sich nämlich der Auftrieb und sucht den Körper in seine ursprüngliche Lage zurückzuführen. Beim Austauchen wird der Auftrieb verkleinert, so daß jetzt

$G > A$ wird, was wiederum eine Rückführung des Körpers in die anfängliche Lage zur Folge hat.

Hinsichtlich einer Parallelverschiebung in Richtung seiner Längs- oder Querachse und hinsichtlich einer Drehung um die Schwimmachse ist das Gleichgewicht indifferent, da — unter der Voraussetzung einer idealen Flüssigkeit — in keinem dieser Fälle die äußeren Kräfte das Bestreben haben, eine derartige Lageänderung aufzuhalten oder zu vergrößern. Maßgebend für die Beurteilung der Stabilität bleibt also nur eine Drehung um zwei die Schwimmachse rechtwinklig schneidende Achsen.

Abb. 26a stelle den schwimmenden Körper in der Gleichgewichtslage dar. Die Ebene $E-E$, in welcher der Flüssigkeitsspiegel den Körper schneidet, wird als *Schwimmebene*, die in ihr liegende Körperschnittfläche als *Schwimmfläche* (auch Wasserlinienfläche) bezeichnet. O sei der Schnittpunkt von Schwimmachse und Schwimmebene, V die Verdrängung. Zur Untersuchung der Stabilität denke man sich jetzt den Körper um die durch O gehende, zur Bildebene normale Achse

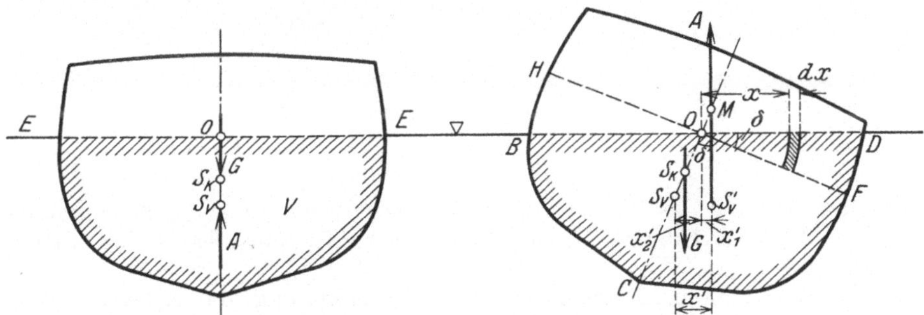

<table>
<tr><td>Abb. 26a. Stabilität schwimmender Körper</td><td>Abb. 26b. Definition des Metazentrums M</td></tr>
</table>

um den als klein angenommenen Winkel δ gedreht (Abb. 26b). Bezeichnet dF ein beliebiges Flächenelement der Schwimmfläche im Abstand x von der Drehachse O, dann wird die durch die kleine Drehung bedingte Änderung der Verdrängung

$$\varDelta V \approx \int x\,\delta\,dF = \delta \int x\,dF,$$

wobei das Integral über die ganze Schwimmfläche zu erstrecken ist. Nun wird $\varDelta V = 0$, wenn $\int x\,dF = 0$, d. h. wenn die Drehachse O eine Schwerachse der Schwimmfläche ist. In diesem Falle ändert auch der Auftrieb A seine Größe nicht. Dagegen ändert sich seine relative Lage gegen den schwimmenden Körper. Der Auftrieb geht jetzt durch den Schwerpunkt S_v' der Verdrängung, die für die gedrehte Lage des Körpers maßgebend ist, und bildet mit dem Körpergewicht G ein Kräftepaar. Sofern dieses wie im Falle der Abb. 26b rückdrehend wirkt, ist die betrachtete Gleichgewichtslage stabil, im anderen Falle labil.

Um die Lage des Punktes M, in dem der Auftrieb die Schwimmachse schneidet, zu bestimmen, sei zunächst der horizontale Abstand x' des Schwerpunktes S_v' vom Punkte S_v berechnet. Wegen $\varDelta V \approx 0$ stellt der durch S_v' gehende Auftrieb $A = \gamma \times \text{Vol}\,(BCD)$ die Resultante aus dem durch S_v gehenden Auftrieb $A = \gamma \times \text{Vol}\,(HCF)$, dem durch das zusätzliche Volumen (OFD) bedingten Auftrieb und dem durch das ausgetauchte Volumen (OBH) bedingten negativen Auftrieb dar. Nach dem Momentensatz folgt also mit den Bezeichnungen der Abb. 26b, wenn O als Drehachse benutzt wird, für kleine Winkel δ

$$- \gamma\,V\,x_1' \approx \gamma\,V\,x_2' - \gamma \underset{(r)}{\int} (x\,\delta\,dF)\,x - \gamma \underset{(l)}{\int} (x\,\delta\,dF)\,x,$$

wobei die Integrale $\int\limits_{(r)}$ und $\int\limits_{(l)}$ sich über den rechten Keil (OFD) bzw. den linken Keil (OBH) erstrecken. Mit $x' = x_1' + x_2'$ folgt daraus

$$V\,x' = \delta \int\limits_{(F)} x^2\, dF$$

oder

$$x' = \frac{\delta J_0}{V}, \qquad\qquad (40)$$

wobei

$$J_0 = \int\limits_{(F)} x^2\, dF$$

das Trägheitsmoment der Schwimmfläche F in bezug auf die Drehachse O ist. Andererseits kann bei kleinem Winkel δ

$$x' \approx \overline{MS_v}\,\delta$$

gesetzt werden, woraus mit den Längen

$$h_m = \overline{MS_k} \quad \text{und} \quad e = \overline{S_k S_v}$$

folgt

$$x' = (h_m + e)\,\delta\,.$$

Setzt man diesen Wert in (40) ein, so wird schließlich

$$h_m = \frac{J_0}{V} - e\,, \qquad\qquad (41)$$

womit der Abstand des Punktes M vom Körperschwerpunkt S_k bestimmt ist. Für $h_m > 0$ liefern A und G ein rückdrehendes Kräftepaar, also stabiles Gleichgewicht.

Nach (41) ist h_m bei kleinem Drehwinkel unabhängig von δ, bei stärkeren Neigungen trifft dies jedoch nicht mehr zu. Andererseits hängt h_m vom Trägheitsmoment J_0 der Schwimmfläche, von der Verdrängung V und dem Abstand e der Punkte S_k und S_v ab, wird also bei anderen als der hier angenommenen Tauchtiefe seinen Wert ändern. Der auf der Schwimmachse im Abstand h_m von S_k liegende Punkt M heißt das *Metazentrum* des Körpers für die hier betrachtete Drehung um die *Längsachse*. Die Strecke h_m wird entsprechend als *metazentrische Höhe* bezeichnet. Für die Drehung um die *Querachse* gibt es ein zweites Metazentrum, das in entsprechender Weise zu berechnen ist.

Bei Schiffen kann h_m auch durch einen Versuch festgestellt werden. Verschiebt man nämlich auf dem anfänglich gerade schwimmenden Schiff eine schwere Last Q um die Strecke s nach der Seite, so erleidet die vertikale Schwimmachse eine Neigung δ (Krängung), während G und A ein rückdrehendes Moment von der Größe

$$G\,h_m\,\delta = Q\,s$$

liefern. Nachdem δ durch Beobachtung bestimmt ist, kann h_m aus vorstehender Gleichung berechnet werden. Die metazentrische Höhe der Schiffe ist je nach dem Zwecke, dem sie dienen, verschieden und schwankt etwa zwischen 0,3 und 1,5 m.

Bei vollkommen untergetauchten Körpern, für welche die Bedingung $A = G$ erfüllt ist, verlieren die vorstehenden Betrachtungen ihre Bedeutung, da eine Schwimmebene nicht mehr vorhanden ist. In diesem Falle kann stabiles Gleichgewicht nur bestehen, wenn der Körperschwerpunkt S_k lotrecht unter dem Schwerpunkt S_v der Verdrängung liegt.

8. Oberflächenspannung[1]

Auf jedes Teilchen einer ruhenden Flüssigkeit werden von seiner Umgebung molekulare Kohäsionskräfte ausgeübt, die allerdings nur innerhalb eines kleinen

---

[1] POCKELS, F.: Kapillarität, in Winkelmanns Handb. d. Phys. Bd. 1, Leipzig 1908. — MINKOWSKI, H.: Kapillarität, in der Enzykl. d. math. Wiss. Bd. 5, 1 (1907). — GYEMANT, A.: Kapillarität, in Handb. d. Physik von GEIGER u. SCHEEL Bd. 7, Berlin: Springer 1927.

Wirkungsbereiches vom Radius r bemerkbar sind. Befindet sich ein solches Teilchen mindestens um die Länge r von einer Grenzfläche entfernt, so werden sich diese von allen Richtungen her wirkenden Kräfte gegenseitig aufheben, das betreffende Teilchen also unbeeinflußt lassen. Anders ist es jedoch bei einem Molekül, dessen Abstand a von der Grenzfläche kleiner ist als r. Legt man nämlich zu der horizontal angenommen freien Oberfläche $N-N$ (Abb. 27) eine in bezug auf das Teilchen m symmetrische Ebene $N'-N'$, so heben sich an diesem die Wirkungen aller Flüssigkeitsmoleküle auf, welche zwischen den Ebenen $N-N$ und $N'-N'$ liegen. Dagegen üben diejenigen Flüssigkeitselemente, welche — innerhalb des in Frage kommenden Bereiches — unterhalb $N'-N'$ liegen, auf das Molekül einen Zug nach unten aus.

Die Tangentialkomponenten der molekularen Anziehungskräfte erzeugen in der Oberfläche eine Spannung, welche — auf die Längeneinheit des Linienelements normal zur Spannungsrichtung bezogen — als *Oberflächenspannung* T bezeichnet wird[1]. Diese hat an allen Punkten der Oberfläche unabhängig von der Richtung dieselbe Größe und besitzt die Dimension $\left[\dfrac{\text{kp}}{\text{cm}}\right]$. Auf ihr Vorhandensein ist das Bestreben einer Flüssigkeit, einen Körper kleinster Oberfläche zu bilden, zurückzuführen (Tropfenbildung).

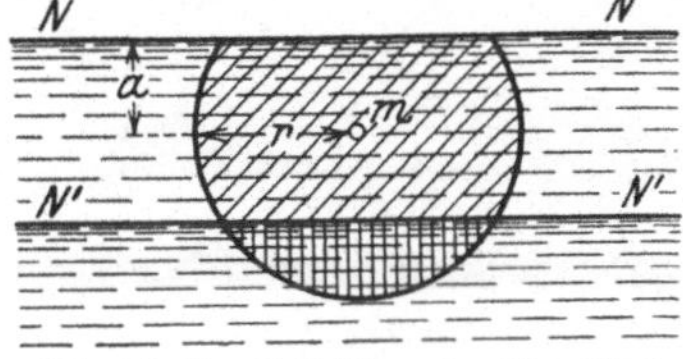

Abb. 27. Zur Definition der Oberflächenspannung

Grenzen mehrere Medien aneinander, z. B. Flüssigkeiten, die sich nicht mischen, oder Flüssigkeiten und Gase, so unterliegen die Moleküle in der Nähe der Grenzfläche der Wirkung der Molekularkräfte beider Medien. Die Grenzflächenspannung T und mit ihr die Form der Grenzfläche hängt dann von der Natur der beiden aneinandergrenzenden Medien ab. Hierauf beruht z. B. die bekannte Erscheinung, daß bei gegebenen Voraussetzungen ein auf eine Flüssigkeit gebrachter Tropfen einer leichteren Flüssigkeit als Tropfen erhalten bleibt (Wassertropfen auf Schwefelkohlenstoff), während in anderen Fällen ein solcher Tropfen infolge der Oberflächenspannung in die Länge gezogen wird und schließlich sich als dünne Haut über die Oberfläche der schwereren Flüssigkeit ausbreitet (Öl auf Wasser, Wasser auf Quecksilber). In der nachstehenden Tabelle sind die Werte der Größe T, die auch als *Kapillarkonstante* bezeichnet wird, für einige Flüssigkeiten angegeben[2].

Weiter oben war gezeigt, daß die Oberflächenspannung T als eine in der Oberfläche liegende, normal zu den Begrenzungslinien eines Flächenelements wirkende Kraft aufzufassen ist. Bei einem gekrümmten Flächenelement liefern die an ihm wirksamen

Wasser gegen Luft	0,077 · 10^{-3}	$\dfrac{\text{kp}}{\text{cm}}$
Quecksilber gegen Luft . . .	0,470	,,
Alkohol gegen Luft	0,026	,,
Olivenöl gegen Luft	0,033	,,
Olivenöl gegen Wasser. . . .	0,021	,,
Alkohol gegen Wasser	0,0023	,,

Oberflächenspannungen eine in die Richtung der Flächennormale fallende Resultante, die als *Krümmungs-* oder *Kapillardruck* bezeichnet wird und der Krümmung proportional ist.

Zur Ermittlung dieses Krümmungsdrucks sei das in Abb. 28 skizzierte, räumlich gekrümmte Flächenelement dF betrachtet, welches durch die — zwei normalen Hauptschnitten entsprechenden — Linienelemente ds_1 und ds_2 begrenzt sei. Die zugehörigen Krümmungsradien seien mit ϱ_1 und ϱ_2, die Öffnungswinkel

---

[1] Daß es sich hierbei tatsächlich um eine Spannung handelt, ist von L. Prandtl in überzeugender Weise gezeigt worden. Vgl. Ann. Phys. Bd. 6, 1 (1947) S. 59.
[2] Nach G. Gehlhoff: Lehrb. der techn. Physik Bd. 1, Leipzig 1924, S. 107.

mit ϑ_1 und ϑ_2 bezeichnet. Infolge der Krümmung liefern die Oberflächenspannungen T eine normal zur Fläche dF stehende Resultante von der Größe (Abb. 28a)

$$N = T\,ds_2\,\vartheta_1 + T\,ds_1\,\vartheta_2,$$

woraus mit

$$\vartheta_1 = \frac{ds_1}{\varrho_1}; \quad \vartheta_2 = \frac{ds_2}{\varrho_2}; \quad N = P\,ds_1\,ds_2$$

folgt

$$P = T\left(\frac{1}{\varrho_1} + \frac{1}{\varrho_2}\right). \tag{42}$$

P ist der gesuchte Krümmungsdruck, bezogen auf die Flächeneinheit, seine Dimension ist $\left[\dfrac{\text{kp}}{\text{cm}^2}\right]$. Er wird positiv, also nach innen gerichtet, sofern das Flächenelement wie in Abb. 28 einer nach außen konvexen Oberfläche angehört. Im andern Falle sind die Krümmungsradien negativ einzuführen, und das Flächen-

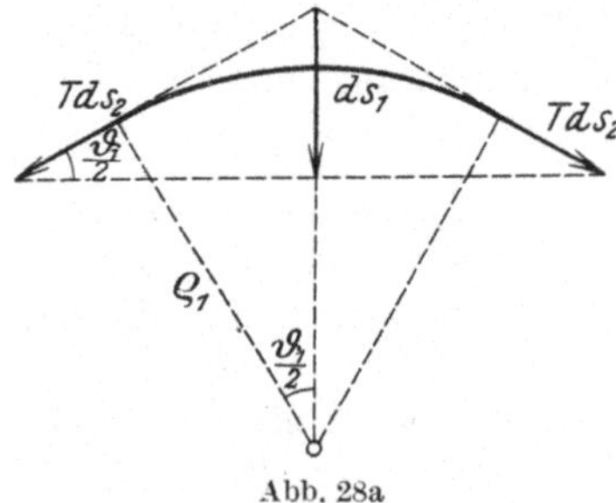

Abb. 28. Gekrümmtes Oberflächenelement unter der Wirkung von Oberflächenspannungen

element erfährt einen Zug nach außen. Da an dem in Abb. 28 dargestellten Flächenelement Gleichgewicht bestehen muß, so ist der Krümmungsdruck P das Entgegengesetzte der Druckdifferenz $p_1 - p_2$, die sich in der gewölbten Grenzfläche zweier Flüssigkeiten mit verschiedenen spezifischen Gewichten γ_1 bzw. γ_2 einstellt[1].

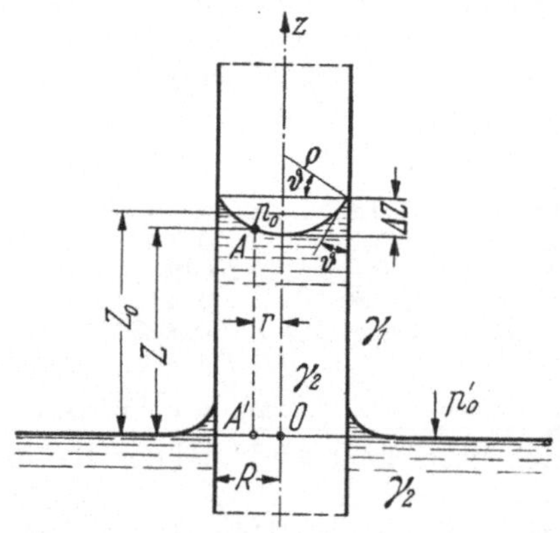

Abb. 29. Benetzende Flüssigkeit steigt im Kapillarrohr

Kapillarrohre. Taucht man ein zylindrisches Kapillarrohr vom Radius R in eine „benetzende" Flüssigkeit, so steigt letztere erfahrungsgemäß um ein gewisses Maß im Rohre in die Höhe. Die Oberfläche der Flüssigkeit im Innern des Rohres bildet dabei eine nach innen konvexe Umdrehungsfläche (Abb. 29). Ein beliebiger Punkt A dieser Fläche im Abstand r von der Rohrachse möge in bezug auf den äußeren, normalen Flüssigkeitsspiegel um die Höhe z angehoben sein. Bezeichnen nun p_0 den äußeren Luftdruck in der Höhe z, γ_1 das spezifische Gewicht der Luft und γ_2 dasjenige der Flüssigkeit, so herrscht an der Stelle A', lotrecht unter A im Niveau der äußeren Oberfläche unter Beachtung von (42) der Druck

$$p_{A'} = p_0 + \gamma_2 z - T\left(\frac{1}{\varrho_1} + \frac{1}{\varrho_2}\right).$$

---

[1] Vgl. L. PRANDTL: Führer durch die Strömungslehre, 3. Aufl. (1949) S. 26.

Da aber $p_{A'}$ gleich dem Druck p_0' auf den äußeren horizontalen Flüssigkeitsspiegel sein muß, so wird mit $p_0' = p_0 + \gamma_1 z$

$$z\,(\gamma_2 - \gamma_1) = T\left(\frac{1}{\varrho_1} + \frac{1}{\varrho_2}\right). \tag{43}$$

Nimmt man angenähert eine kugelförmige Oberfläche an, vernachlässigt außerdem γ_1 gegenüber γ_2 sowie die kleinen Höhenunterschiede der Punkte A gegenüber ihrem Mittelwert z_0 (Abb. 29), so geht (43) mit $\varrho_1 = \varrho_2 = \varrho$ und $z = z_0$ über in

$$T = \frac{\varrho}{2}\,\gamma_2 z_0 = \frac{\gamma_2 z_0}{2}\,\frac{R}{\cos\vartheta}, \tag{44}$$

wo ϑ den „Randwinkel" der Oberfläche gegen den Rohrmantel darstellt. Aus dieser Gleichung kann die Kapillarkonstante T berechnet werden, wenn z_0 und der Winkel ϑ gemessen sind. Letzterer ergibt sich aus der Höhe $\varDelta z$ des sogenannten *Meniskus* mittels der Beziehung

$$\varDelta z = \varrho\,(1 - \sin\vartheta) = \frac{R}{\cos\vartheta}\,(1 - \sin\vartheta)\,.$$

Aus (44) folgt schließlich

$$z_0 = \frac{2\,T}{\gamma_2\,R}\,\cos\vartheta\,,$$

woraus sich ergibt, daß die Steighöhe z_0 dem Rohrradius R umgekehrt proportional ist. Nimmt man näherungsweise für sehr enge Rohre die Oberfläche der Flüssigkeit im Rohr als Halbkugel an, so wird $\vartheta = 0$ und

$$z_0 = \frac{2\,T}{\gamma_2\,R}\,.$$

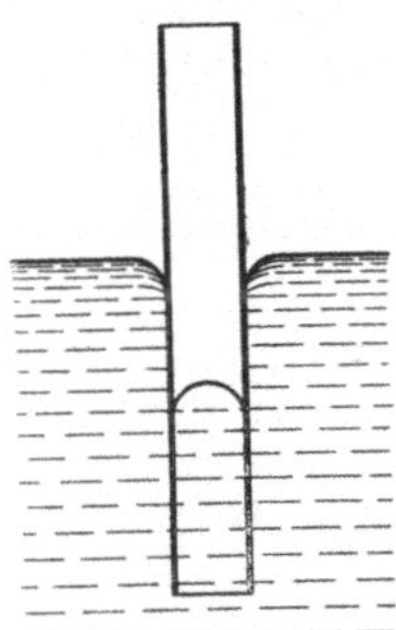

Abb. 30. Nichtbenetzende Flüssigkeit sinkt im Kapillarrohr

Nach der weiter oben stehenden Tabelle ist für Wasser gegen Luft $T = 0{,}077 \cdot 10^{-3}\,\frac{\text{kp}}{\text{cm}}$. Mit $\gamma_2 = 10^{-3}\,\frac{\text{kp}}{\text{cm}^3}$ erhält man somit in einem Kapillarrohr von 0,1 cm Durchmesser eine Steighöhe von

$$z_0 = \frac{2 \cdot 0{,}077}{0{,}05} \approx 3{,}1\ \text{cm}\,.$$

Der vorstehenden Betrachtung war eine die Rohrwandung „benetzende" Flüssigkeit zugrunde gelegt, bei der ein *Ansteigen* im Kapillarrohr zu beobachten ist. Handelt es sich dagegen um eine das Rohr nichtbenetzende Flüssigkeit (z. B. Quecksilber), so tritt eine sogenannte „Kapillardepression" ein, d. h. ein Absinken der Flüssigkeit im Rohr, wobei der Meniskus nach außen konvex ist (Abb. 30). In diesem Falle ist der Randwinkel $\vartheta > \frac{\pi}{2}$, und die obigen Rechnungen können auch hier sinngemäße Anwendung finden.

Ähnliche Erscheinungen, die auf Kapillarwirkung beruhen, sind das Emporsteigen von Flüssigkeit in porösen Körpern sowie in den Fasern der Pflanzen.

9. Gleichgewicht der Atmosphäre (Aerostatik)

Die in Ziffer 1 dieses Abschnitts angestellten Überlegungen hinsichtlich des Gleichgewichts einer Flüssigkeit gelten grundsätzlich auch für das *Gleichgewicht eines Gases*, solange man annehmen darf, daß dessen Dichte ϱ entweder konstant oder nur eine Funktion des Druckes ist. Mit annähernd konstantem spezifischem Gewicht γ [kp/m³] und somit konstanter Dichte $\varrho = \gamma/g$ kann man rechnen, wenn es sich nur um eine relativ kleine Höhenausdehnung des betreffenden Gases (etwa der Luft) handelt. Bei größeren Höhen kann ϱ nicht mehr als konstant angesehen werden, und es bedarf dann einer zusätzlichen Annahme, um über das Gleichgewicht des Gases eine Aussage machen zu können.

a) Isothermer Zustand

Sieht man sowohl g als auch die Temperatur innerhalb des betrachteten Bereiches als annähernd konstant an, indem man eine „mittlere" Temperatur für die betreffende (nicht zu große) Höhe einführt, so gilt nach Gl. (5) das BOYLE-MARIOTTEsche Gesetz

$$\frac{p}{\varrho} = \text{const}$$

oder

$$\frac{p}{p_0} = \frac{\varrho}{\varrho_0} = \frac{\gamma}{\gamma_0}, \tag{45}$$

wo p_0 und γ_0 zusammengehörige Ausgangswerte — etwa an der Erdoberfläche angeben. Nun gilt für das Druckdifferential dp nach Gl. (21)

$$dp = -\varrho\, g\, dz, \tag{46}$$

woraus wegen (45) folgt

$$-g\, dz = \frac{dp}{\varrho} = \frac{dp}{p}\frac{p_0}{\varrho_0}$$

oder nach Integration

$$-g\, z = \frac{p_0}{\varrho_0}\ln p + C.$$

Bezeichnet p_1 den Druck in der Höhe z_1, so wird

$$-g\, z_1 = \frac{p_0}{\varrho_0}\ln p_1 + C,$$

so daß

$$z - z_1 = \frac{p_0}{\gamma_0}\ln\frac{p_1}{p}. \tag{47}$$

Durch diese sogenannte „barometrische Höhenformel" ist der Zusammenhang zwischen Höhe und Druck bei isothermer Schichtung der Luft gegeben. Der Quotient p_0/γ_0 stellt offenbar die Höhe einer Flüssigkeitssäule von konstantem spezifischem Gewicht γ_0 dar, die einem „Überdruck" p_0 entspricht [vgl. Gl. (23)]. Sie wird als „Höhe der gleichförmigen Atmosphäre" bezeichnet.

Für die Zwecke der barometrischen Höhenmessung, z. B. in der Luftfahrt, kann man Gl. (47) noch etwas umformen. Mit $z_1 = h_1$, $z = h_2$, $p = p_2$ und nach Einführung des BRIGG-schen an Stelle des natürlichen Logarithmus erhält man

$$\varDelta h = h_2 - h_1 = 2{,}303\,\frac{p_0}{\gamma_0}\log\frac{p_1}{p_2}. \tag{47a}$$

Aus der „Zustandsgleichung" (4a) folgt mit $T = (273 + t)^\circ$ und $\gamma = \varrho g$

$$\frac{p}{\gamma} = R\,(273 + t)^\circ$$

und

$$\left(\frac{p}{\gamma}\right)_{t=0^\circ} = R\cdot 273^\circ,$$

wo p und γ zusammengehörige Werte bei $t = 0^\circ$ sind.

Somit wird

$$\frac{p}{\gamma} = \left(\frac{p}{\gamma}\right)_{t=0^\circ}\left(1 + \frac{t_m^\circ}{273^\circ}\right),$$

wenn man für t den Mittelwert t_m über die Höhe $\varDelta h$ setzt. Da aber allgemein

$$\frac{p_0}{\gamma_0} = \frac{p}{\gamma}$$

ist (siehe oben), so wird die „Höhe der gleichförmigen Atmosphäre"

$$\frac{p_0}{\gamma_0} = \left(\frac{p}{\gamma}\right)_{t=0°}\left(1 + \frac{t_m^°}{273°}\right).$$

Führt man diesen Wert in (47a) ein, so ergibt sich

$$h_2 - h_1 = 2{,}303\left(\frac{p}{\gamma}\right)_{t=0°}\left(1 + \frac{t_m^°}{273°}\right)\log\frac{p_1}{p_2}.$$

Für $p = 1{,}0333 \text{ kp/cm}^2 = 10333 \text{ kp/m}^2$ und $\gamma_{t=0°} = 1{,}29 \text{ kp/m}^3$ (vgl. die Tabelle auf S. 4) ist $(p/\gamma)_{t=0°} = 8010 \text{ m}$.

Mit diesen Werten erhält man schließlich

$$h_2 - h_1 = 18447\left(1 + \frac{t_m^°}{273°}\right)\log\frac{p_1}{p_2} \quad [\text{m}]$$

$$\approx (18{,}4 + 0{,}067\, t_m^°)\log\frac{p_1}{p_2} \quad [\text{km}].$$

b) Adiabatischer Zustand

In atmosphärischer Luft ist erfahrungsgemäß mit wachsender Höhe i. allg. eine mehr oder weniger starke Temperaturabnahme vorhanden. Nimmt man an, daß in einer Luftsäule von bestimmter Ausdehnung jegliche Wärmezu- oder -abführung ausgeschlossen ist, so hat man es mit *adiabatischer* Schichtung der Atmosphäre zu tun. Dann ist nach Gl. (7) — solange g als konstant angenommen werden kann — und wegen $\gamma = \varrho g$

$$\gamma \approx \gamma_0\left(\frac{p}{p_0}\right)^{1/\varkappa}. \tag{48}$$

Setzt man diesen Wert in (46) ein, so folgt

$$dz = -\frac{1}{\gamma}\,dp = -\frac{1}{\gamma_0}\left(\frac{p_0}{p}\right)^{1/\varkappa}dp = -\frac{p_0}{\gamma_0}\left(\frac{p}{p_0}\right)^{-1/\varkappa}d\left(\frac{p}{p_0}\right)$$

und durch Integration

$$z = -\frac{p_0}{\gamma_0}\left(\frac{p}{p_0}\right)^{1-1/\varkappa}\cdot\frac{1}{1-1/\varkappa} + C = -\frac{p_0}{\gamma_0}\frac{\varkappa}{\varkappa-1}\left(\frac{p}{p_0}\right)^{\frac{\varkappa-1}{\varkappa}} + C$$

mit

$$C = \frac{\varkappa}{\varkappa-1}\frac{p_0}{\gamma_0}, \quad \text{wegen} \quad p = p_0 \text{ für } z = 0.$$

Somit wird

$$z = \frac{\varkappa}{\varkappa-1}\frac{p_0}{\gamma_0}\left[1 - \left(\frac{p}{p_0}\right)^{\frac{\varkappa-1}{\varkappa}}\right]$$

und daraus

$$\frac{p}{p_0} = \left(1 - z\frac{\gamma_0}{p_0}\frac{\varkappa-1}{\varkappa}\right)^{\frac{\varkappa}{\varkappa-1}}, \tag{49}$$

womit (48) übergeht in

$$\frac{\gamma}{\gamma_0} = \left(1 - z\frac{\gamma_0}{p_0}\frac{\varkappa-1}{\varkappa}\right)^{\frac{1}{\varkappa-1}}. \tag{50}$$

Die „Zustandsgleichung" (4a) liefert

$$R\,T = \frac{p}{\gamma}.$$

Führt man (49) und (50) in diesen Ausdruck ein, so wird

$$R\,T = \frac{p_0}{\gamma_0}\left(1 - z\frac{\gamma_0}{p_0}\frac{\varkappa-1}{\varkappa}\right) = \frac{p_0}{\gamma_0} - z\frac{\varkappa-1}{\varkappa}. \tag{51}$$

Damit ist der Zusammenhang zwischen der absoluten Temperatur T und der Höhe z gefunden. Für Luft ist $R \approx 29{,}4\,\dfrac{\text{kp m}}{\text{kp grd}}$ und $\varkappa = 1{,}405$. Setzt man $T = T_1$

für $z_1 = z + 100$ m, so folgt aus (46) mit $T - T_1 = \varDelta t$

$$\varDelta t = \frac{100 \cdot 0{,}288}{29{,}4} = 0{,}98 \approx 1\,°\mathrm{C}\,.$$

Man erkennt aus dieser Rechnung, daß die Lufttemperatur bei adiabatischer Zustandsänderung auf je 100 m Höhe um rund 1 °C abnimmt. Bei *stabiler* Schichtung[1] der Atmosphäre beträgt die Temperaturabnahme mit der Höhe für je 100 m i. allg. weniger als 1 °C.

c) Normalatmosphäre

Luftdichte und Temperatur sind in der Atmosphäre ständigen Schwankungen unterworfen. Sie ändern sich von Tag zu Tag und sind an verschiedenen Orten der Erde i. allg. verschieden. Auch die Luftfeuchtigkeit spielt dabei eine gewisse Rolle. Da diese indessen nur einen geringeren Einfluß auf die Dichte ϱ hat, bleibt sie bei praktischen Rechnungen gewöhnlich unberücksichtigt.

Für die Zwecke der Luftfahrt, inbesondere für vergleichende Rechnungen über erzielte Flugleistungen an verschiedenen Tagen und Orten, hat man zur Umgehung der sich aus der Verschiedenheit von ϱ ergebenden Schwierigkeiten eine internationale „Normalatmosphäre" eingeführt[2]. Dieser sind als Bodenwerte folgende Größen zugrunde gelegt: $p_0 = 10\,332$ kp/m^2, $t_0 = 15\,°\mathrm{C}$, $\gamma_0 = 1{,}225$ kp/m^3, $\varrho_0 = 0{,}125$ kp s^2/m^4, $R = 29{,}3\,\dfrac{\mathrm{kp\,m}}{\mathrm{kp\,grd}}$ und eine Temperaturabnahme auf je 1000 m von $\vartheta = \dfrac{6{,}5°}{1000\,\mathrm{m}}$ bis zu einer Höhe von 11 000 m. Von da ab wird $t = -\,(6{,}5 \cdot 11 - 15)° = -\,56{,}5\,°\mathrm{C}$ als konstant angenommen[3].

Wegen $\vartheta = \mathrm{const}$ gilt dann (für $z \leqq 11\,000$ m)

$$T = T_0 - \vartheta z\,,$$

wo $T_0 = (273 + 15)\,°\mathrm{C}$ die absolute Temperatur am Boden und z die Höhenkoordinate, vom Boden aus gerechnet, bezeichnen. Mit diesem Wert lautet die Zustandsgleichung (4 a)

$$R\,(T_0 - \vartheta z) = \frac{p}{\gamma}\,,$$

woraus folgt

$$\gamma = \frac{p}{R\,\vartheta\left(\dfrac{T_0}{\vartheta} - z\right)}\,. \tag{52}$$

Nun ist nach (46) für den Gleichgewichtsdruck

$$dp = -\,\gamma\,dz$$

oder, wenn man hier γ aus (52) einsetzt,

$$\frac{dp}{p} = -\,\frac{dz}{R\,\vartheta\left(\dfrac{T_0}{\vartheta} - z\right)}\,.$$

Dafür kann man schreiben

$$d\,(\ln p) = \frac{d\,(T_0/\vartheta - z)}{R\,\vartheta\,(T_0/\vartheta - z)} = \frac{1}{R\,\vartheta}\,d\,[\ln\,(T_0/\vartheta - z)]\,,$$

woraus durch Integration folgt

$$\ln p = \frac{1}{R\,\vartheta}\,\ln\left(\frac{T_0}{\vartheta} - z\right) + C\,.$$

---

[1] Siehe L. Prandtl: Führer durch die Strömungslehre, 3. Aufl. (1949) S. 16.

[2] ICAO Standard-Atmosphäre, wo ICAO die Abkürzung für International Civil Aviation Organization bedeutet.

[3] Es ist zu erwarten, daß durch die Auswertung der von den verschiedenen Erdsatelliten erzielten Meßergebnisse unsere Kenntnisse über die Temperaturen in Höhen $z > 11\,000$ m wesentlich erweitert werden.

Mit $p = p_0$ für $z = 0$ folgt daraus

$$\ln p_0 = \frac{1}{R\vartheta}\ln\left(\frac{T_0}{\vartheta}\right) + C$$

und demnach

$$R\vartheta\ln\left(\frac{p}{p_0}\right) = \ln\left(1 - \frac{z\vartheta}{T_0}\right) = \ln\left[\left(\frac{p}{p_0}\right)^{R\vartheta}\right],$$

weshalb für den Druck p in Abhängigkeit von der Höhe z die Beziehung besteht

$$\frac{p}{p_0} = \left(1 - \frac{z\vartheta}{T_0}\right)^{\frac{1}{R\vartheta}}. \tag{53}$$

Weiter ergibt sich aus (52), wenn man dort den vorstehenden Ausdruck p einsetzt,

$$\gamma = \frac{p_0\left(1 - \dfrac{z\vartheta}{T_0}\right)^{\frac{1}{R\vartheta}}}{R\vartheta\left(\dfrac{T_0}{\vartheta} - z\right)} = \frac{p_0}{RT_0}\left(1 - \frac{z\vartheta}{T_0}\right)^{\frac{1}{R\vartheta} - 1}.$$

Nun ist aber nach der Zustandsgleichung

$$\frac{p_0}{RT_0} = \gamma_0,$$

so daß

$$\frac{\gamma}{\gamma_0} = \frac{\varrho}{\varrho_0} = \left(1 - \frac{z\vartheta}{T_0}\right)^{\frac{1}{R\vartheta} - 1} = \left(1 - \frac{z\vartheta}{T_0}\right)^{\frac{1 - R\vartheta}{R\vartheta}}, \tag{54}$$

sofern die Veränderlichkeit der Schwerebeschleunigung mit der Höhe z außer Betracht bleiben darf. Damit ist auch die Veränderlichkeit der Dichte ϱ mit der Höhe z gefunden. Schließlich folgt aus dem Vergleich von (53) und (54) die Abhängigkeit des Druckes p von der Dichte ϱ

$$\frac{p}{p_0} = \left(\frac{\varrho}{\varrho_0}\right)^{\frac{1}{1 - R\vartheta}}. \tag{55}$$

Mit $R = 29{,}3\,\dfrac{\text{kp m}}{\text{kp grd}}$ und $\vartheta = \dfrac{6{,}5}{1000}\,\dfrac{\text{grad}}{\text{m}}$ (s. oben) werden die Exponenten der Gln. (53) bis (55) $\dfrac{1}{R\vartheta} = 5{,}25$; $\dfrac{1}{R\vartheta} - 1 = 4{,}25$ und $\dfrac{1}{1 - R\vartheta} = 1{,}235$. In Höhen über 11 km (Stratosphäre), in denen die Temperatur zunächst konstant bleibt (s. oben), treten wesentliche Abweichungen von den oben angegebenen Werten auf.[1]

Dritter Abschnitt

Bewegung der Flüssigkeiten

(Hydro- bzw. Aerodynamik)

Einführung: Begriff der strömenden Flüssigkeit

Während in der Dynamik „starrer" Körper die Lehre von der Bewegung eines einzelnen (freien oder in bestimmter Weise geführten) Massenpunktes einen breiten Raum einnimmt und auf eine große Reihe technischer Probleme unmittelbar anwendbar ist, handelt es sich in der *Hydrodynamik* um die Bewegung einer *kontinuierlich* über bestimmte Räume verteilten Flüssigkeitsmasse, deren

---

[1] Vgl. hierzu auch SCHLICHTING-TRUCKENBRODT: Aerodynamik des Flugzeuges Bd. 1 (1959) S. 4ff.

einzelne Teilchen in jedem Augenblick unter der Wirkung ihrer Umgebung stehen und somit ihre Bewegung gegenseitig ständig beeinflussen. Zu einer bestimmten Zeit t besitzt jedes Flüssigkeitselement von der Masse dm — das man sich als beliebig klein vorzustellen hat — eine bestimmte an die Masse dm gebundene Geschwindigkeit $\mathfrak{v}$. Im allgemeinen werden die Geschwindigkeiten der einzelnen Massenelemente (nach Größe und Richtung) verschieden sein. Ordnet man nun jedem Teilchen zur Zeit t bestimmte Lagekoordinaten x, y, z zu[1], so ist das *Strömungsfeld*, d. h. das gesamte von Flüssigkeit erfüllte Gebiet, durch die Angabe der an jeder Stelle (x, y, z) herrschenden Geschwindigkeit $\mathfrak{v}$ gekennzeichnet. Bleibt die Geschwindigkeit $\mathfrak{v}$ am Orte A unabhängig von der Zeit stets die gleiche — wobei der Ort A ständig von neuen Flüssigkeitselementen durchlaufen wird —, so nennt man die Strömung *stationär*, im anderen Falle, d. h. wenn $\mathfrak{v}$ am Orte A mit der Zeit t veränderlich ist, hat man es mit einer *instationären* Strömung zu tun.

Eine stationäre Strömung liegt z. B. vor, wenn ein homogener Luftstrom von gleichbleibender Geschwindigkeit eine in ihm festgehaltene Kugel umströmt, denn in diesem Falle bleibt die Geschwindigkeit an einer beliebigen Stelle des Strömungsfeldes stets die gleiche. Betrachtet man dagegen den umgekehrten Fall einer mit konstanter Geschwindigkeit in ruhender Luft bewegten Kugel, so ist die Strömung instationär, da sich mit dem Fortschreiten der Kugel an einem bestimmten Raumpunkt die Strömungsgeschwindigkeit mit der Zeit ändert.

Die Geschwindigkeit $\mathfrak{v}$ ist ein *Vektor*, dessen drei Komponenten nach drei rechtwinkligen Koordinatenachsen x, y, z mit u, v, w bezeichnet werden sollen, d. h. es ist

$$\mathfrak{v} = \mathfrak{i}\, u + \mathfrak{j}\, v + \mathfrak{k}\, w, \tag{56}$$

wenn $\mathfrak{i}$, $\mathfrak{j}$, $\mathfrak{k}$ die Einheitsvektoren in Richtung der Koordinatenachsen bezeichnen, und der Betrag von $\mathfrak{v}$ ist

$$|\mathfrak{v}| = \sqrt{u^2 + v^2 + w^2}. \tag{57}$$

Zur kinematischen Darstellung der strömenden Bewegung einer Flüssigkeit ist die Angabe des Geschwindigkeitsvektors $\mathfrak{v}$ an jeder Stelle des Strömungsfeldes und zu jeder beliebigen Zeit t erforderlich.

Zur dynamischen Beschreibung dieser Bewegung bedarf es außerdem noch der Angabe des Strömungsdruckes p und — bei kompressiblen Medien — auch der Dichte ϱ an jeder Stelle und zu jeder Zeit, wenn von Flüssigkeitsreibung zunächst noch abgesehen wird.

Zur Lösung dieser Aufgabe kann man von zwei verschiedenen Gesichtspunkten aus vorgehen: Bei der einen Betrachtungsweise, die sich dem Sinne nach an die in der allgemeinen Mechanik der Systeme übliche Methode anschließt, faßt man die bewegte Flüssigkeit als einen „Punkthaufen" auf, dessen einzelne Massenpunkte gewissen, durch den Zusammenhang der Flüssigkeit bedingten Bewegungsbeschränkungen unterworfen sind, und fragt nach dem zeitlichen Ablauf der Bewegung jedes einzelnen Massenpunktes. Dies kann derart geschehen, daß man jedem Massenteilchen von der Masse dm bestimmte „Lagegrößen" a, b, c zuweist — etwa seine Anfangskoordinaten x_0, y_0, z_0, die es zur Zeit $t = 0$ besitzt — und daß man darauf seine Koordinaten x, y, z zur Zeit t als Funktionen von a, b, c und der Zeit t darstellt, also

$$\left.\begin{aligned}
x &= f_1\,(a, b, c, t), \\
y &= f_2\,(a, b, c, t), \\
z &= f_3\,(a, b, c, t).
\end{aligned}\right\} \tag{58}$$

---

[1] Bezogen auf ein ortsfestes Koordinatensystem.

Die „Koordinaten" a, b, c und die Zeit t sind also die unabhängigen, x, y, z dagegen die abhängigen Veränderlichen des Problems.

Entsprechendes gilt für den Druck p und — sofern es sich um eine kompressible Flüssigkeit handelt — auch für die Dichte ϱ. Aus der zeitlichen Lageänderung des Massenelements dm ergeben sich dann in bekannter Weise die Beschleunigungskomponenten in Richtung der drei Koordinatenachsen als die partiellen Ableitungen $\frac{\partial^2 x}{\partial t^2}$, $\frac{\partial^2 y}{\partial t^2}$, $\frac{\partial^2 z}{\partial t^2}$ (bei festgehaltenen a, b, c). Wendet man nun auf das betrachtete Massenelement für jede der drei Koordinatenrichtungen die NEWTONschen Grundgleichungen der Bewegung an, wobei als Kräfte die auf das Teilchen wirkenden Massenkräfte und die aus dem Flüssigkeitsdruck resultierenden Oberflächenkräfte (bei reibungsfreier Flüssigkeit) in Frage kommen, so gelangt man zu den sogenannten LAGRANGEschen hydrodynamischen Gleichungen.

Die Auflösung bzw. numerische Auswertung dieser Gleichungen bietet jedoch, von einigen Sonderfällen abgesehen, erhebliche mathematische Schwierigkeiten, so daß sie für die hier zu behandelnden Anwendungen wenig geeignet sind[1].

Wesentlich vorteilhafter ist eine andere, von LEONHARD EULER begründete Betrachtungsweise, die bewußt darauf verzichtet, den zeitlichen Verlauf der Bewegung jedes Flüssigkeitsteilchens in allen Einzelheiten kennenzulernen, sondern nur danach fragt, welche Geschwindigkeit $\mathfrak{v}$ und welcher Druck p an jedem Orte A (x, y, z) des Strömungsfeldes zu jeder beliebigen Zeit t herrscht. Während also bei der LAGRANGEschen Betrachtungsweise die hydrodynamischen Größen an ein bestimmtes *Massenelement* dm gebunden sind, erscheinen sie in der EULERschen Darstellung als Funktionen des Ortes und der Zeit t, z. B. die Geschwindigkeitskomponenten in der Form

$$\left.\begin{aligned} u &= g_1\,(x, y, z, t)\,, \\ v &= g_2\,(x, y, z, t)\,, \\ w &= g_3\,(x, y, z, t)\,. \end{aligned}\right\} \tag{59}$$

Im Falle *stationärer* Strömung entfällt dabei noch die Abhängigkeit von der Zeit t, da ja an einem bestimmten Orte stets der gleiche Strömungszustand herrscht.

In der EULERschen Betrachtungsweise geben die Differentialquotienten $\frac{du}{dt}$, $\frac{dv}{dt}$ und $\frac{dw}{dt}$ die zeitlichen Änderungen der Geschwindigkeitskomponenten u, v, w an, die ein bestimmtes Teilchen der „Substanz", welches sich augenblicklich am Orte A (x, y, z) befindet, bei seiner Bewegung in Richtung x, y, z erleidet; sie stellen also die *materiellen* oder *substantiellen* Beschleunigungen dieses Teilchens dar. Dabei sind du, dv, dw die *totalen* Differentiale von u, v, w, weshalb mit Rücksicht auf die erste Gleichung von (59) folgt:

$$du = \frac{\partial u}{\partial x}\,dx + \frac{\partial u}{\partial y}\,dy + \frac{\partial u}{\partial z}\,dz + \frac{\partial u}{\partial t}\,dt\,.$$

Demnach erhält man als substantielle Beschleunigung in der x-Richtung wegen $u = \frac{dx}{dt}$, $v = \frac{dy}{dt}$, $w = \frac{dz}{dt}$,

$$\frac{du}{dt} = u\,\frac{\partial u}{\partial x} + v\,\frac{\partial u}{\partial y} + w\,\frac{\partial u}{\partial z} + \frac{\partial u}{\partial t}\,. \tag{60}$$

Dabei stellt $\frac{\partial u}{\partial t}$ die *lokale* Beschleunigung dar, d. h. die zeitliche Änderung von u an einer bestimmten Stelle A (x, y, z) des Strömungsfeldes. Im Falle stationärer

---

[1] Vgl. dazu Handb. d. Physik von GEIGER u. SCHEEL Bd. 7, Berlin: Springer 1927, S. 11, und A. SOMMERFELD: Vorl. über theoret. Physik Bd. 2 (1945) S. 234.

Strömung ist diese Größe gleich Null. Der Unterschied $\dfrac{du}{dt} - \dfrac{\partial u}{\partial t}$ zwischen substantieller und lokaler Beschleunigung gibt den sogenannten *konvektiven* Differentialquotienten von u an, d. h. die Änderung, welche u infolge *Ortsveränderung* (Konvektion) des Teilchens erleidet und die i. allg. auch bei stationärer Strömung eintritt. Betrachtet man z. B. die oben angeführte stationäre Strömung eines Luftstromes um eine in ihm festgehaltene Kugel, so ist an einer beliebigen Stelle des Strömungsgebietes zwar $\dfrac{\partial u}{\partial t} = 0$, nicht aber $\dfrac{du}{dt}$, weil die ursprünglich (d. h. ohne das Vorhandensein der Kugel) maßgebende Strömungsgeschwindigkeit bei der Annäherung an die Kugel eine ständige Änderung nach Größe und Richtung erfährt. Nachdem nun durch (60) der Ausdruck für die substantielle Beschleunigung $\dfrac{du}{dt}$ des Flüssigkeitsteilchens dm am Orte A (x, y, z) zur Zeit t definiert ist und analoge Gleichungen auch für die beiden anderen Koordinatenrichtungen y und z gelten, kann man wieder auf das betrachtete Teilchen die NEWTONschen Bewegungsgleichungen anwenden und gelangt auf diese Weise zu den von LEONHARD EULER für reibungsfreie Flüssigkeiten aufgestellten *Grundgleichungen der Hydrodynamik*, welche den Ausgangspunkt aller weiteren in diesem Buche angestellten Betrachtungen bilden (vgl. S. 39 und S. 130).

Aus den vorstehenden Überlegungen geht bereits hervor, daß es sich bei diesen Gleichungen um eine Gruppe partieller — und zwar nichtlinearer — Differentialgleichungen handelt, so daß auch deren Integration für dreidimensionale Strömungen nur unter bestimmten Voraussetzungen möglich ist. Die dabei auftretenden mathematischen Schwierigkeiten werden noch vergrößert, wenn man den Einfluß der Flüssigkeitsreibung berücksichtigt, was — wie später gezeigt wird — in bestimmten Fällen zur unbedingten Notwendigkeit wird.

Wesentlich einfacher als die *räumlichen* (dreidimensionalen) Strömungen sind die *ebenen* (zweidimensionalen) zu behandeln. Zu dieser Gruppe gehören alle jene Bewegungen, bei denen sich sämtliche Flüssigkeitsteilchen in Ebenen bewegen, die einer vorgegebenen, festen Ebene parallel sind, und zwar derart, daß in jeder Parallelebene die gleiche Strömung herrscht. Sofern derartige Strömungen als *reibungsfrei* angesehen werden dürfen — und das ist für verschiedene praktisch wichtige Vorgänge der Fall —, lassen sich mit Hilfe dafür entwickelter spezieller Methoden Lösungen angeben, durch welche der Strömungsverlauf in guter Übereinstimmung mit der Wirklichkeit dargestellt werden kann (vgl. dazu S.149 ff.).

Bei den Strömungen in Rohren, Gerinnen und ähnlichen Aufgaben verläuft die Strömung hauptsächlich in einer vor den andern ausgezeichneten Richtung, nämlich in Richtung der Rohr- oder Gerinneachse. Man kann dabei die senkrecht zu dieser Achse noch auftretenden kleineren Querbewegungen in erster Näherung außer Betracht lassen und die Strömung als *linear* (eindimensional) auffassen. Durch Beifügung von gewissen, experimentell zu ermittelnden Beiwerten müssen dann die aus dieser mehr summarischen Darstellung gewonnenen Ergebnisse mit den wirklichen Vorgängen so gut als möglich in Übereinstimmung gebracht werden. Das umfangreiche Lehrgebiet, das sich auf dieser vereinfachten, eindimensionalen Betrachtung aufbaut, wird als *Hydraulik* bezeichnet.

Bei der EULERschen Betrachtungsweise kommt es — wie oben bereits erläutert wurde — auf die Kenntnis der Strömungsgeschwindigkeit $\mathfrak{v}$ an jeder Stelle des Strömungsfeldes an. Das Gesamtbild der Geschwindigkeitsverteilung wird besonders anschaulich durch die Einführung der sogenannten *Stromlinien*. Darunter versteht man diejenigen Linien, die an jeder Stelle des Flüssigkeitsgebietes in der Richtung der dort herrschenden Geschwindigkeit verlaufen. Mit anderen Worten heißt das: die Geschwindigkeiten stellen die Tangenten der Stromlinien dar. Bei *stationären* Strömungen, bei denen ja am gleichen Orte stets die gleiche Geschwindigkeit herrscht, sind diese Stromlinien ihrer Gestalt nach unveränderlich, und die Bahnen der Flüssigkeitsteilchen fallen dann mit den Stromlinien zusammen. Bei *instationären* Strömungen dagegen ändern die Stromlinien dauernd ihre Gestalt, entsprechend der zeitlichen Änderung von $\mathfrak{v}$ an einem bestimmten Orte des Strömungsfeldes. Sie stellen also nur ein *momentanes* Bild der Geschwindigkeitsverteilung dar, das mit den von den einzelnen Flüssigkeitsteilchen durchlaufenen Bahnlinien nicht mehr identisch ist. Zwei Stromlinien können sich niemals schneiden und auch keinen „Knick" haben, da andernfalls an der betreffenden Stelle gleichzeitig zwei verschiedene Geschwindigkeiten existieren müßten, was bei endlichen Geschwindigkeiten nicht möglich ist. (Über Sonderfälle vgl. S. 149ff.)

Bei den in den folgenden Kapiteln angestellten Überlegungen soll das strömende Medium zunächst als *raumbeständig*, seine Dichte ϱ also als konstant angenommen werden. Wie bereits in Ziffer 1 des ersten Abschnitts dargelegt wurde, darf diese Annahme auch noch bei der Strömung von Gasen (insbesondere der Luft) gemacht werden, wenn die dabei auftretenden Druckänderungen in geringen Grenzen bleiben, was bei nicht zu großen Strömungsgeschwindigkeiten und nur geringen Höhenausdehnungen der betrachteten Gasmasse der Fall ist (vgl. dazu S. 29). Wenn somit in der Folge von Flüssigkeiten die Rede ist, sollen darunter i. allg. nicht nur tropfbare Flüssigkeiten, sondern im erweiterten Sinne auch Gase unter den oben angedeuteten Einschränkungen verstanden werden. Dagegen werden die Grundzüge der Strömungen mit erheblichen Dichteänderungen im letzten Kapitel dieses Buches besonders besprochen.

I. Eindimensionale Strömung (Stromfadentheorie)

A. Reibungsfreie Strömung

1. Stromröhre und Kontinuitätsgleichung

Wie oben bereits gezeigt wurde, erhält man ein besonders anschauliches Bild des Strömungsfeldes durch Einführung der „Stromlinien". Man denke sich nun im Innern der Flüssigkeit eine kleine geschlossene Kurve (Abb. 31) und ziehe durch jeden ihrer Punkte die zugehörige Stromlinie. (Bei instationärer Strömung betrachte man zur Erlangung eines Momentanbildes einen bestimmten Zeitpunkt.) Die Gesamtheit der auf diese Weise gezeichneten Stromlinien bildet eine sogenannte *Stromröhre*, deren flüssiger Inhalt als *Stromfaden* bezeichnet wird. Ist die Bewegung stationär, so hat die Stromröhre unveränderliche Gestalt. Dann bewegt sich die Flüssigkeit, die sich einmal in der Stromröhre befindet, geradeso wie in einem Rohre mit festen Gefäßwandungen. Denkt man sich schließlich die ganze Flüssigkeit in lauter derartige Stromfäden aufgeteilt, so ist die Bewegung der Flüssigkeit vollkommen bekannt, wenn dieses für jeden Stromfaden der Fall ist. In vielen Fällen der praktischen Anwendung — insbesondere bei Strömungen in Rohren und Gerinnen — betrachtet man den ganzen Rohr- bzw. Gerinneinhalt als einen einzigen Stromfaden und rechnet dann mit dem über den Querschnitt der Stromröhre genommenen *Mittelwert* der Geschwindigkeit. Diese Darstellungsweise ist kennzeichnend für *eindimensionale* Strömungen. In Abb. 31 stellen z.B.

v_1 und v_2 die „mittleren" Geschwindigkeiten[1] für die beiden senkrecht zu v_1 bzw. v_2 gelegten Querschnitte F_1 und F_2 des dort gezeichneten Stromfadens dar. Wie man sieht, wird das Bild des Strömungsfeldes um so genauer werden, je kleiner man die Querschnitte der Stromröhre wählt.

Zur Ableitung einer für die Folge wichtigen Beziehung sei jetzt ein bestimmtes Stück S der Stromröhre abgegrenzt, das zur Zeit t die beiden (kleinen) Endquerschnitte F_1 und F_2 besitzen und die Flüssigkeitsmasse M enthalten möge. Die Flüssigkeit sei wieder als raumbeständig angenommen, außerdem sei vorausgesetzt, daß sie die Stromröhre zu jeder Zeit lückenlos ausfüllt. Während des auf t folgenden Zeitelementes dt verschieben sich die Flüssigkeitsteilchen, die zusammen die Masse M bilden, um ein gewisses Stück innerhalb der Stromröhre, erfüllen also nach Ablauf der Zeit dt einen anderen Raum S' als zur Zeit t. Da die den Raum S erfüllende Masse M sich bei konstanter Dichte ϱ nicht ändern kann, so ist $S = S'$. Während der Zeit dt verschieben sich die zur Zeit t den Quer-

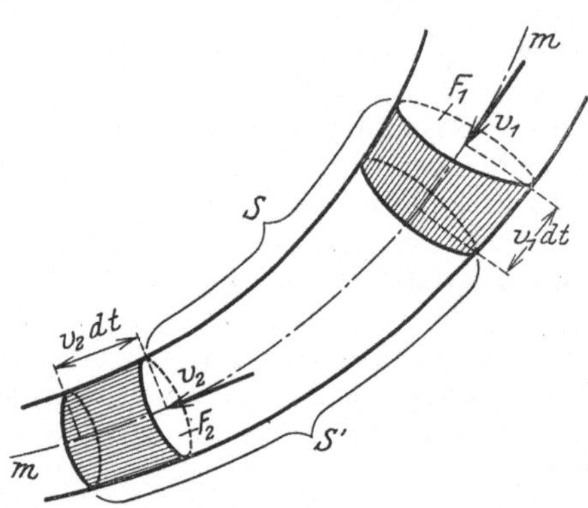

Abb. 31. Darstellung der Kontinuität in einer Stromröhre

schnitt F_1 bildenden Flüssigkeitsteilchen um die Strecke $v_1\,dt$, die im Querschnitt F_2 liegenden um $v_2\,dt$. Nach Definition der Stromlinien kann durch die Wandungen der Stromröhre Flüssigkeit weder aus- noch eintreten. Demnach muß das während der Zeit dt oben in die Stromröhre eintretende Flüssigkeitsvolumen $F_1 v_1 dt$ geradeso groß sein wie das unten austretende, es ist also

$$F_1 v_1 = F_2 v_2.$$

Da aber F_1 und F_2 zwei ganz beliebige Querschnitte des Stromfadens sind, so kann die vorstehende Gleichung auch in der Form geschrieben werden

$$Q = F\,v = \text{const}. \qquad (61)$$

Die Konstante $Q\left[\dfrac{\mathrm{m}^3}{\mathrm{s}}\right]$ gibt dabei offenbar das Flüssigkeitsvolumen an, das in der Zeiteinheit durch jeden Querschnitt des Stromfadens tritt, und heißt deshalb das *sekundliche Durchflußvolumen*.

Gl. (61) wird als *Kontinuitätsgleichung* der raumbeständigen Flüssigkeit bezeichnet, da durch sie die Kontinuität der Strömung in einem Stromfaden zum Ausdruck gebracht wird. Sie gilt sowohl für stationäre als auch für instationäre Strömungen, denn auch bei den letzteren kann zu keiner Zeit durch einen beliebigen Querschnitt der Stromröhre mehr Flüssigkeit hindurchgehen als durch irgendeinen anderen.

Bei *nicht raumbeständigen* Flüssigkeiten ist Gl. (61) dahin abzuändern, daß an Stelle des konstanten Durchflußvolumens Q die in der Zeiteinheit durch einen Querschnitt geförderte *Flüssigkeitsmasse* tritt, wodurch das Gesetz von der Erhaltung der Masse seinen Ausdruck findet. Da aber Masse = Dichte $\times$ Volumen ist, so lautet *die Kontinuitätsgleichung für nicht raumbeständige Flüssigkeiten*

$$\varrho\,F\,v = \text{const}. \qquad (62)$$

Dabei ist ϱ i. allg. für die einzelnen Querschnitte F verschieden und von der Druckverteilung in der Stromröhre abhängig.

---

[1] Es sei hier bereits darauf hingewiesen, daß später die „mittlere" Geschwindigkeit zur Vermeidung von Verwechslungen mit der „örtlichen" Geschwindigkeit i. allg. mit $\bar{v}$ bezeichnet wird. (vgl. Ziffer 12 ff.).

2. Die Eulerschen Bewegungsgleichungen[1]

In einer reibungsfreien, nur der Wirkung der Schwere unterworfenen Flüssigkeit denke man sich in einer bestimmten Stromlinienrichtung ein prismatisches Flüssigkeitselement von der Länge ds — positiv in Strömungsrichtung gemessen — und dem Querschnitt dF (senkrecht zu ds) abgegrenzt (Abb. 32). Auf dieses Element wende man das Newtonsche Kraftgesetz

$$K_s = dm\,\frac{dv}{dt} \tag{63}$$

an, wo K_s die Resultante der in die Stromlinienrichtung fallenden, an dem betrachteten Teilchen wirkenden äußeren Kräfte, v die Strömungsgeschwindigkeit und $dm = \varrho\,ds\,dF$ die Masse des Teilchens bezeichnen. An äußeren Kräften kommen bei reibungsfreien Flüssigkeiten lediglich die tangentiale Schwerekomponente $dm\,g\,\cos\varphi = g\,\varrho\,ds\,dF\,\cos\varphi$ und die Druckdifferenz $-\frac{\partial p}{\partial s}\,ds\,dF$ zwischen oberer und unterer Stirnfläche in Frage. φ bezeichnet den Winkel, den die Schwere mit der Stromlinienrichtung einschließt. Damit lautet Gl. (63)

$$g\,\varrho\,ds\,dF\,\cos\varphi - \frac{\partial p}{\partial s}\,ds\,dF = \varrho\,ds\,dF\,\frac{dv}{dt}$$

oder, wenn man beachtet, daß $\cos\varphi = -\dfrac{\partial z}{\partial s}$ ist,

$$\frac{dv}{dt} = -g\,\frac{\partial z}{\partial s} - \frac{1}{\varrho}\,\frac{\partial p}{\partial s}. \tag{64}$$

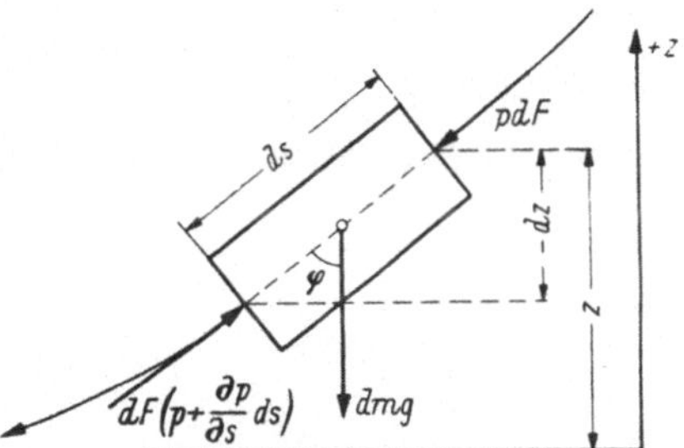

Abb. 32. Flüssigkeitselement unter Wirkung der Schwere und der in die Stromlinienrichtung fallenden Druckkräfte

Die Geschwindigkeit v ist im allgemeinen eine Funktion des Ortes s und der Zeit t, wenn s die Lage des Teilchens auf der Stromlinie zur Zeit t angibt, weshalb für das *totale* Differential von v gilt

$$dv = \frac{\partial v}{\partial s}\,ds + \frac{\partial v}{\partial t}\,dt.$$

Andererseits ist $v = \dfrac{ds}{dt}$, so daß die *substantielle* Beschleunigung (S. 35) des Teilchens in der Stromlinienrichtung wie folgt lautet:

$$\frac{dv}{dt} = v\,\frac{\partial v}{\partial s} + \frac{\partial v}{\partial t} = \frac{1}{2}\,\frac{\partial}{\partial s}(v^2) + \frac{\partial v}{\partial t}.$$

Damit geht (64) über in

$$\frac{1}{2}\,\frac{\partial}{\partial s}(v^2) + \frac{\partial v}{\partial t} = -g\,\frac{\partial z}{\partial s} - \frac{1}{\varrho}\,\frac{\partial p}{\partial s}. \tag{65}$$

Im Falle *stationärer* Strömung verschwindet der *lokale* Differentialquotient $\dfrac{\partial v}{\partial t}$ (S. 35), so daß die übrigbleibenden Glieder nur Funktionen des Ortes (s) sind. Man kann dann in (65) das partielle durch das gewöhnliche Differentialzeichen ersetzen und erhält

$$\frac{1}{2}\,\frac{d(v^2)}{ds} + g\,\frac{dz}{ds} + \frac{1}{\varrho}\,\frac{dp}{ds} = 0. \tag{66}$$

Zur Ermittlung der Beschleunigung *quer* zur Stromlinienrichtung (Zentripetalbeschleunigung) betrachte man ein prismatisches Flüssigkeitsteilchen von der Länge dn, in Richtung der Hauptnormalen zur Stromlinie, und dem in Richtung

---

[1] Vgl. hierzu die allgemeineren Ausführungen auf S. 130 ff.

der Stromlinie gemessenen Querschnitt dF' (Abb. 33). Die positive Normalenrichtung n sei nach dem Krümmungsmittelpunkt hin angenommen, r bezeichne
den Krümmungshalbmesser. Dann lautet das NEWTONsche Kraftgesetz in Richtung der Hauptnormalen

$$K_n = dm \frac{v^2}{r}, \tag{67}$$

wobei K_n die Resultante der am Teilchen wirkenden Kräfte in der Richtung von n
darstellt. Bezeichnet jetzt φ' den spitzen Winkel, den die Schwere dmg mit der
Hauptnormalen einschließt, so wird unter Beachtung von Abb. 33

$$K_n = -\frac{\partial p}{\partial n} dn \, dF' - g\varrho \, dn \, dF' \cos\varphi'$$

mit $\cos\varphi' = \dfrac{\partial z}{\partial n}$. Aus (67) folgt somit, wenn noch durch $dm = \varrho \, dn \, dF'$ gekürzt
wird,

$$\frac{v^2}{r} = -\frac{1}{\varrho} \frac{\partial p}{\partial n} - g \frac{\partial z}{\partial n}. \tag{68}$$

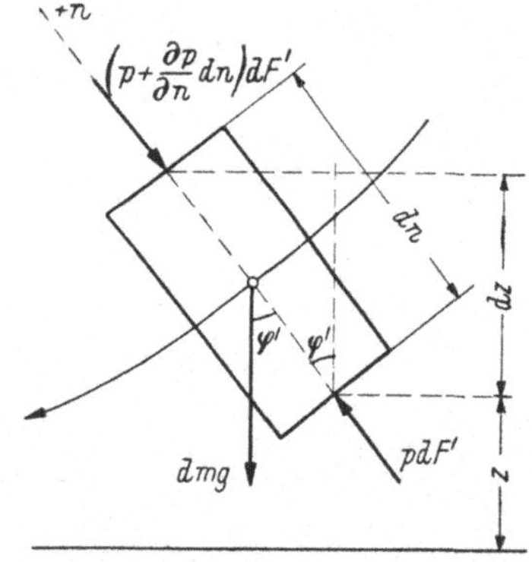

Abb. 33. Flüssigkeitselement unter Wirkung der Schwere und der quer zur
Stromlinienrichtung auftretenden Druckkräfte

Die Gln. (65) bzw. (66) und (68) stellen die
Eulerschen Bewegungsgleichungen der eindimensionalen Bewegung dar.

Bei manchen Strömungen ist der Einfluß
der Schwere ohne praktische Bedeutung. Er
entfällt vollkommen, wenn es sich um Strömungen in horizontalen Ebenen handelt ($\cos\varphi' = 0$).
Dann wird aus (68) einfacher

$$\frac{v^2}{r} = -\frac{1}{\varrho} \frac{\partial p}{\partial n}, \tag{68a}$$

und man erkennt daraus, daß ein Druckabfall
quer zur Stromlinienrichtung nach dem Krüm-
mungsmittelpunkt hin stattfindet. Bei geraden Stromlinien ist dieser gleich
Null, da $r = \infty$.

3. Die Bernoullische Druck- oder Energiegleichung

Da in Gl. (66) sämtliche Glieder Differentialquotienten nach s sind (stationäre
Strömung), so läßt sich dieser Ausdruck unmittelbar nach der Stromlinienrichtung
integrieren, und man erhält

$$\frac{v^2}{2} + \frac{p}{\varrho} + g\,z = \text{const} \tag{69}$$

oder, nach Division durch g und unter Beachtung von $\varrho = \gamma/g$,

$$\frac{v^2}{2g} + \frac{p}{\gamma} + z = \text{const}. \tag{69a}$$

Die vorstehende Gleichung wird gewöhnlich als *Druckgleichung der stationären
Strömung* bezeichnet. Sie wurde erstmalig von DANIEL BERNOULLI aufgestellt[1],
schon bevor EULER seine Theorie der idealen Flüssigkeit entwickelt hatte, und
ist von grundlegender Bedeutung für die ganze Hydrodynamik geworden (vgl.
auch S. 140 ff.).

Die drei Glieder der linken Seite von (69a) stellen ihrer Dimension nach Längen
dar, und zwar ist das erste Glied die aus der Punktmechanik bekannte *Ge-*

---

[1] BERNOULLI, DAN.: Hydrodynamica, Straßburg 1738.

schwindigkeitshöhe, das zweite Glied wird als *Druckhöhe* bezeichnet (vgl. S. 11), und das letzte Glied stellt die *geometrische* oder *Ortshöhe* des Flüssigkeitsteilchens über einer beliebig gewählten horizontalen Bezugsebene dar. Gl. (69a) spricht demnach das wichtige Gesetz aus: *Bei der stationären Bewegung einer idealen, nur der Schwere als Massenkraft unterworfenen Flüssigkeit ist für alle Punkte einer Stromlinie die Summe aus Geschwindigkeits-, Druck- und Ortshöhe eine konstante Größe*[1]. Dabei ändert sich der Wert der Konstanten i. allg. beim Übergang von einer Stromlinie zur anderen. Dagegen hat sie in dem besonderen Falle einer stationären und *wirbelfreien* Strömung — wie später gezeigt wird — für das ganze Flüssigkeitsgebiet einen unveränderlichen Wert (vgl. S. 141).

Eine graphische Darstellung des Gesetzes (69a) zeigt Abb. 34, in der über den Ortshöhen zweier Stromlinienpunkte die zugehörigen Geschwindigkeits- und Druckhöhen aufgetragen sind. Die Endpunkte dieser Streckensummen liegen in einer horizontalen Ebene, dem *ideellen Niveau* der betreffenden Stromlinie.

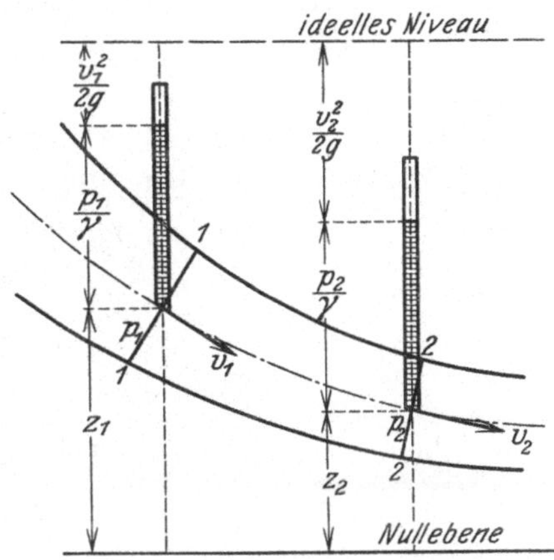

Abb. 34. Schematische Darstellung der BERNOULLIschen Gleichung

Die Druckhöhen $h_1 = \dfrac{p_1}{\gamma}$ und $h_2 = \dfrac{p_2}{\gamma}$ stellen dabei die Höhen derjenigen Flüssigkeitssäulen dar, deren Gewichte — bezogen auf die Flächeneinheit — gerade die Drücke $p_1 = \gamma h_1$ bzw. $p_2 = \gamma h_2$ erzeugen (vgl. S. 11). Aus diesem Grunde wird der in der BERNOULLIschen Gleichung auftretende Flüssigkeitsdruck p gewöhnlich auch als *statischer Druck* bezeichnet.

Die BERNOULLIsche Gleichung läßt noch eine andere wichtige Deutung zu, wenn man beachtet, daß in (69) die Ausdrücke $\dfrac{v^2}{2}$ die *kinetische* und $g z$ die *potentielle* Energie eines Flüssigkeitsteilchens von der Masse „eins" darstellen. Aus Dimensionsgründen folgt dann, daß auch das Glied $\dfrac{p}{\varrho}$ eine auf die Masseneinheit bezogene Energieform ist. In diesem Zusammenhang heißt Gl. (69) auch die *Energiegleichung der stationären Strömung*, wonach die sogenannte *Strömungsenergie*, d. h. die linke Seite von Gl. (69), für alle Punkte einer Stromlinie den gleichen Wert besitzt.

4. Einige einfache Anwendungen der Bernoullischen Gleichung

a) Venturirohr

Zur Messung von Wassermengen in Rohrleitungen bedient man sich vielfach der sogenannten VENTURIschen Wassermesser. Diese bestehen im wesentlichen aus einem horizontalen, sich in Strömungsrichtung von dem vollen Rohrquerschnitt F allmählich auf einen etwa nur halb so großen Querschnitt F_1 verjüngenden Rohr mit daran anschließender Erweiterung auf den normalen Querschnitt F (Abb. 35). An den Stellen A und B können die in den betreffenden Querschnitten herrschenden Drücke p bzw. p_1 mit Hilfe von Manometern gemessen werden, sind also als bekannte Größen anzusehen. Bezeichnen nun v die „mittlere" Geschwin-

---

[1] Diese Summe wird häufig auch als „hydraulische Höhe" bezeichnet.

digkeit (vgl. S. 38) im Querschnitt F und v_1 diejenige des Querschnitts F_1, so folgt aus der BERNOULLIschen Gleichung für die mittlere Stromlinie wegen $z = z_1$

$$\frac{v^2}{2g} + \frac{p}{\gamma} = \frac{v_1^2}{2g} + \frac{p_1}{\gamma}.$$

Außerdem liefert die Kontinuitätsgleichung (61)

$$v_1 = v \frac{F}{F_1},$$

wobei das ganze Rohr als eine einzige Stromröhre angesehen wird. Setzt man v_1 in die BERNOULLIsche Gleichung ein, so folgt

$$\frac{p - p_1}{\gamma} = \frac{v^2}{2g}\left[\left(\frac{F}{F_1}\right)^2 - 1\right]$$

oder

$$v^2 = 2g\,\frac{p - p_1}{\gamma\left[\left(\frac{F}{F_1}\right)^2 - 1\right]},$$

so daß sich als sekundliches Durchflußvolumen ergibt

$$Q = F\,v = F\sqrt{2g\,\frac{p - p_1}{\gamma\left[\left(\frac{F}{F_1}\right)^2 - 1\right]}}.$$

Ist nun die Druckdifferenz $p - p_1$ wie oben angegeben manometrisch bestimmt, so kann Q aus vorstehender Gleichung berechnet werden. Zur Erlangung möglichst genauer Ergebnisse ist eine *Eichung* der Vorrichtung erforderlich, da Querschnittsänderungen eines Rohres, wie

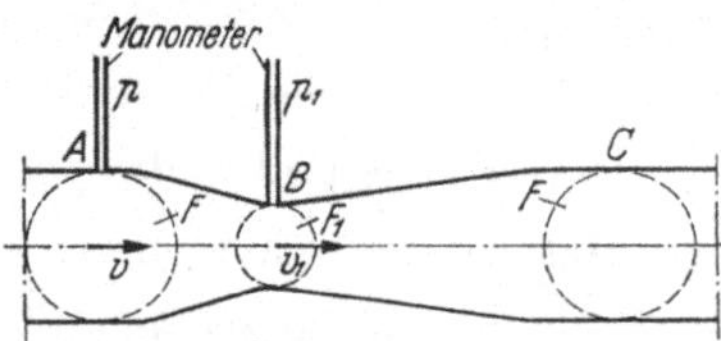

Abb. 35. Venturirohr

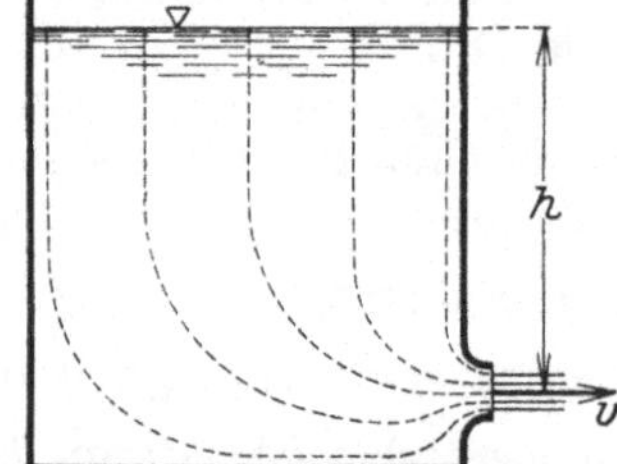

Abb. 36. Ausfluß aus einem Gefäß mit kleiner Öffnung

später gezeigt wird (vgl. S. 101), stets gewisse Verluste an Strömungsenergie zur Folge haben. Da diese bei einer allmählichen Verengung des Rohres wesentlich geringer sind als bei allmählicher Erweiterung, muß die Druckdifferenz für die sich *verjüngende* Rohrstrecke $A—B$ gemessen werden und nicht für die darauffolgende Erweiterung $B—C$.

b) Ausfluß aus einem Gefäß mit kleiner Öffnung unter der Wirkung der Schwere

Aus einem Gefäße, dessen Flüssigkeitsspiegel durch entsprechenden Zufluß auf konstanter Höhe gehalten wird, möge durch eine im Verhältnis zur Spiegelfläche *kleine* Öffnung im Abstand h vom Spiegel Flüssigkeit ausströmen (Abb. 36). Die Bewegung ist in diesem Falle *stationär*. Die Gefäßwandung sei vorerst an der Ausflußstelle mit einem gut abgerundeten Ansatzstück versehen, an das sich die austretenden Stromlinien anschmiegen können. Bezeichnen nun p_0 und v_0 die Werte für Druck und Geschwindigkeit in der Höhe des Spiegels, p und v die entsprechenden Werte an der Ausflußöffnung, so liefert die BERNOULLIsche Gleichung für Anfangs- und Endpunkt einer beliebigen Stromlinie innerhalb des Gefäßes,

wenn man die durch den Schwerpunkt der Ausflußöffnung gehende Horizontalebene als Bezugsebene einführt,

$$\frac{v_0^2}{2g} + \frac{p_0}{\gamma} + h = \frac{v^2}{2g} + \frac{p}{\gamma}. \tag{70}$$

Als *ideelle Ausflußgeschwindigkeit* folgt daraus

$$v = v_i = \sqrt{v_0^2 + 2g\left(\frac{p_0 - p}{\gamma} + h\right)}. \tag{70a}$$

Unter Benutzung der Kontinuitätsgleichung (61) läßt sich v_0 durch v ausdrücken,
nämlich $v_0 = vF/F_0$, wenn F_0 den Spiegel- und F den Ausflußquerschnitt bezeichnen. Da im vorliegenden Falle F klein gegenüber F_0 sein soll, so wird v_0 klein
gegenüber v, so daß v_0^2 in (70) gegen v^2 vernachlässigt werden kann. Grenzen außerdem Flüssigkeitsspiegel und Ausflußöffnung an die freie Atmosphäre, so herrscht
an beiden Stellen der atmosphärische Luftdruck p_0, und man kann (unter Vernachlässigung des geringen Gewichtes der Luftsäule von
der Höhe h) $p = p_0$ setzen, womit (70a) übergeht in

$$v_i = \sqrt{2gh} \qquad \text{(TORRICELLISches Theorem)}. \tag{71}$$

Die dieser Geschwindigkeit entsprechende sekundliche Ausflußmenge ist

$$Q = F v_i = F\sqrt{2gh}.$$

Aus Versuchen hat sich ergeben, daß die wirkliche Ausflußgeschwindigkeit v etwas kleiner ist als v_i, was auf die
Vernachlässigung der Flüssigkeitsreibung zurückzuführen

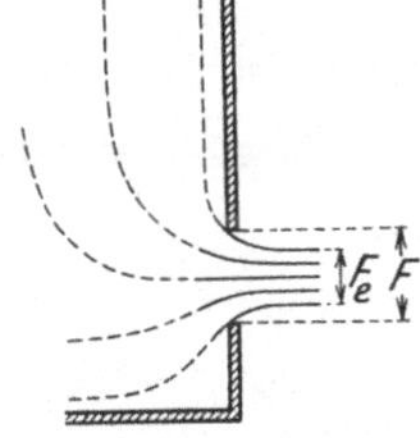

Abb. 37. Einschnürung
des Ausflußstrahles

ist, die einen Verlust an Strömungsenergie zur Folge hat.
Man kann dieses durch Einführung eines Korrekturfaktors φ zum Ausdruck
bringen, indem man an Stelle von (71) schreibt

$$v = \varphi\sqrt{2gh}. \tag{71a}$$

Nach Versuchen von J. WEISBACH ist φ von der Druckhöhe h abhängig und
hat für Wasser je nach der Größe von h den Wert 0,96 bis 1,0.

Mit dem Ausfluß in enger Verbindung steht eine andere Erscheinung, die man
als *Einschnürung* oder *Kontraktion* des austretenden Strahles bezeichnet. Sieht
man nämlich nicht wie in Abb. 36 ein abgerundetes Ansatzstück vor, sondern läßt
die Flüssigkeit unmittelbar durch eine scharfkantige Öffnung in der Gefäßwand
austreten (Abb. 37), so können die nach der Gefäßöffnung zu konvergierenden
Stromlinien nicht plötzlich in die horizontale Richtung umbiegen. Der Strahl
erfährt vielmehr eine Einschnürung, d. h. sein Querschnitt F_e ist kleiner als der
Querschnitt F der Ausflußöffnung. Der Quotient

$$\psi = \frac{F_e}{F}$$

wird als *Einschnürungsziffer* (Kontraktionskoeffizient) bezeichnet. Als sekundliche Ausflußmenge erhält man somit wegen

$$Q = v F_e = \psi\varphi F\sqrt{2gh}$$

oder, wenn man die *Ausflußziffer* $\mu = \psi\varphi$ einführt,

$$Q = \mu F\sqrt{2gh}.$$

Der Koeffizient μ kann i. allg. nur empirisch bestimmt werden. Für kreisförmige Öffnungen, die sich in größerer Entfernung von den seitlichen Gefäßwandungen und vom Flüssigkeitsspiegel befinden, ist $\mu = 0,61$ bis 0,63.

Bei größeren (nicht waagerechten) Öffnungen ist die Druckhöhe für die einzelnen Stromfäden verschieden groß, weshalb in solchen Fällen Q gewöhnlich in etwas anderer Form dargestellt wird. Man faßt zu diesem Zwecke jeden Stromfaden als selbständigen Ausflußstrahl auf und integriert über die Ausflußöffnung. Dann wird mit Rücksicht auf Gl. (70a), wenn hier wieder $p = p_0$ gesetzt wird, und unter Beachtung der Bezeichnungen von Abb. 38

$$Q' = \int\limits_{(F)} v\,dF = \frac{1}{\sin\vartheta} \int\limits_{z=h_1}^{z=h_2} y\,\sqrt{v_0^2 + 2gz}\,dz, \tag{72}$$

wo y als Funktion von z eingeführt werden muß. Dabei ist zunächst angenommen, daß der Druck in allen Punkten des Strahlquerschnitts gleich dem äußeren Luftdruck p_0 ist, und daß alle Stromfäden ohne gegenseitige Beeinflussung rechtwinklig zur Ebene der Öffnung austreten, zwei Voraussetzungen, die sicher nicht erfüllt sind. Um diesen Vernachlässigungen Rechnung zu tragen, führt man wieder eine Ausflußziffer μ' ein und setzt

$$Q = \mu' Q'.$$

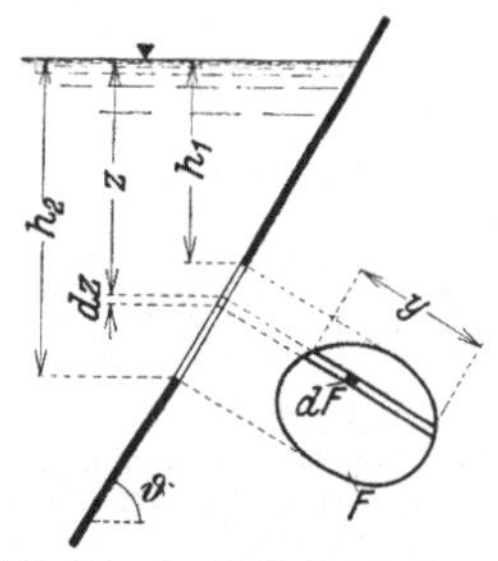

Abb. 38. Ausfluß durch eine große Öffnung in schräger Wand

Für den Sonderfall $\vartheta = \dfrac{\pi}{2}$ und $y = b = \text{const}$ (Rechteck in lotrechter Wand) erhält man auf diese Weise den Ausdruck

$$Q = \mu' b \sqrt{2g} \int\limits_{z=h_1}^{z=h_2} \left(\frac{v_0^2}{2g} + z\right)^{1/2} dz$$

$$= \frac{2}{3} \mu' b \sqrt{2g} \left[\left(\frac{v_0^2}{2g} + h_2\right)^{3/2} - \left(\frac{v_0^2}{2g} + h_1\right)^{3/2}\right]. \tag{73}$$

Die Aufgabe läuft also auch hier wieder auf die Bestimmung der Ausflußziffer μ' hinaus[1].

c) Ausfluß aus einem geschlossenen Gefäße, in dem ein innerer Überdruck herrscht

In einem allseits geschlossenen Gefäße befinde sich eine Flüssigkeit unter innerem Überdruck gegenüber der äußeren Luft. Beim Öffnen eines in der Gefäßwand angeordneten Ventils oder einer sonstigen kleinen Ausflußöffnung strömt die Flüssigkeit mit einer bestimmten Geschwindigkeit v nach außen ab. Betrachtet man nun auf einer Stromlinie, die horizontal durch die lotrecht angenommene Ausflußöffnung geht, einen Punkt im Gefäßinnern und einen Punkt des austretenden Strahles, dann lautet Gl. (69)

$$\frac{v_1^2}{2} + \frac{p_1}{\varrho} = \frac{v^2}{2} + \frac{p_0}{\varrho},$$

wenn p_0 wieder den atmosphärischen Luftdruck, v_1 und p_1 die Werte für Geschwindigkeit und Druck im Gefäßinnern bezeichnen. Sieht man weiter v_1^2 als klein gegenüber v^2 an, was bei kleinen Ausflußöffnungen zulässig ist, so wird mit $\Delta p = p_1 - p_0$

$$\frac{v^2}{2} = \frac{\Delta p}{\varrho}$$

---

[1] Angaben über die Größe von μ bzw. μ' sind an folgenden Stellen zu finden: R. v. Mises: Berechnung von Ausfluß- und Überfallzahlen. Z. VDI (1917) S. 471. — Ph. Forchheimer: Hydraulik, 2. Aufl. (1924) S. 265, 269, sowie Grundriß der Hydraulik S. 79 und 80. Vgl. auch Hütte Bd. 1, 28. Aufl. (1955) S. 801.

oder

$$v = \sqrt{\frac{2\,\varDelta p}{\varrho}}\,.$$

Der vorstehende Ausdruck gilt strenggenommen nur für raumbeständige Flüssigkeit. Er kann jedoch auch für Gase angewendet werden, solange der Unterschied zwischen der Dichte im Gefäßinnern und derjenigen im freien Strahl nur gering, d. h. solange $\varDelta p$ nicht zu groß ist.

d) Saugwirkung einer strömenden Flüssigkeit

In einem Rohre, das gemäß Abb. 39 einen stark eingeschnürten Querschnitt F_e besitzt, führe eine raumbeständige Flüssigkeit eine stationäre Bewegung aus. F_a sei der Querschnitt der Ausflußöffnung, h deren Tiefe unter dem Flüssigkeitsspiegel des Zuleitungsgefäßes. Das im Querschnitt F_e angeschlossene, senkrechtstehende Rohr denke man sich zunächst entfernt. Mit den Bezeichnungen der Abb. 39 lautet die Bernoullische Gleichung, bezogen auf je einen Punkt des Flüssigkeitsspiegels und des Querschnitts F_e,

$$\frac{v_0^2}{2g} + \frac{p_0}{\gamma} + h_e = \frac{v_e^2}{2g} + \frac{p_e}{\gamma}$$

oder

$$\frac{p_0 - p_e}{\gamma} = \frac{v_e^2 - v_0^2}{2g} - h_e\,.$$

Aus der Kontinuitätsgleichung folgt

$$v_e = v_a \frac{F_a}{F_e}; \qquad v_0 = v_a \frac{F_a}{F_0},$$

womit obige Gleichung lautet

$$\frac{p_0 - p_e}{\gamma} = \frac{v_a^2 F_a^2}{2g}\left(\frac{1}{F_e^2} - \frac{1}{F_0^2}\right) - h_e\,. \qquad (74)$$

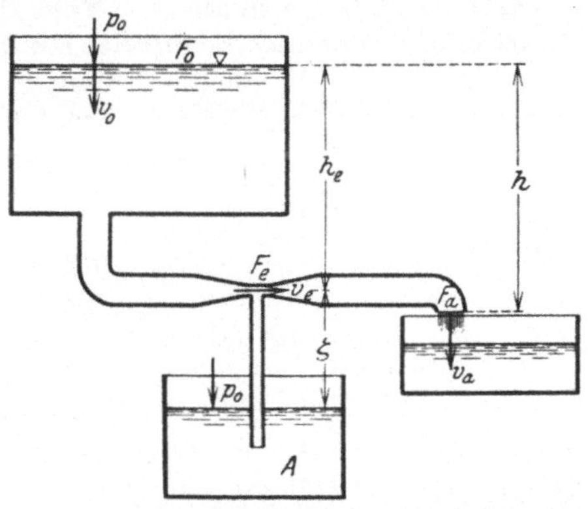

Abb. 39. Bei entsprechend kleinem Querschnitt F_e wird Flüssigkeit aus dem Behälter A angesaugt

Nun ist $F_e \ll F_0$, weshalb $1/F_0^2$ gegenüber $1/F_e^2$ unberücksichtigt bleiben kann. Setzt man außerdem — unter vorläufiger Vernachlässigung aller Strömungsverluste — für die Ausflußgeschwindigkeit $v_a = \sqrt{2\,g\,h}$, so folgt aus (74)

$$\frac{p_0 - p_e}{\gamma} = h \left(\frac{F_a}{F_e}\right)^2 - h_e\,. \qquad (75)$$

Dieser Ausdruck wird positiv, d. h. $p_e < p_0$, wenn $h_e < h\left(\frac{F_a}{F_e}\right)^2$. Würde man in diesem Falle das Rohr bei F_e anbohren, so könnte dort keine Flüssigkeit ausströmen; vielmehr würde von außen her durch den überwiegenden Atmosphärendruck Luft in das Rohr gepreßt.

Man denke sich nun im Querschnitt F_e ein lotrecht stehendes Rohr angeschlossen, das mit seinem unteren Ende in ein Gefäß A taucht, welches mit der gleichen Flüssigkeit gefüllt ist wie das Zuleitungsgefäß. Dann steigt die Flüssigkeit infolge des auf dem Spiegel des Gefäßes A lastenden Druckes p_0 in dem lotrechten Rohr in die Höhe und wird, sofern $\zeta\gamma < (p_0 - p_e)$, durch den bei F_e herrschenden Unterdruck angesaugt und in dem horizontalen Rohre mit fortgeführt.

Setzt man hier $p_0 - p_e$ aus Gl. (75) ein, so erhält man als Bedingung für diese Saugwirkung

$$\zeta < h \left(\frac{F_a}{F_e}\right)^2 - h_e$$

oder

$$\frac{F_a}{F_e} > \sqrt{\frac{\zeta + h_e}{h}}\,.$$

Auf dieser Saugwirkung der strömenden Flüssigkeit an entsprechend angeordneten Einschnürungsstellen beruht die Wirkungsweise der *Saugstrahlpumpe*. Allerdings wird durch die vorstehende Ableitung das Verhalten der Flüssigkeit nur in qualitativer Hinsicht beschrieben, da infolge der praktisch auftretenden Reibungs- und Mischverluste nicht unerhebliche Abweichungen von der Theorie auftreten. (Vgl. hierzu die Ausführungen auf S. 60ff.)

5. Staudruck und Gesamtdruck

Man denke sich in eine gleichförmige Parallelströmung, deren ungestörte Geschwindigkeit v_0 und deren Druck p_0 sei, ein Hindernis von zylindrischer Form gebracht (etwa einen Brückenpfeiler in einem Flußlauf, Abb. 40).

Dann handelt es sich um eine *ebene* Strömung, und es gibt in jedem Horizontalschnitt eine Stromlinie, die auf das Hindernis stumpf aufstößt (Punkt A in Abb. 40) und sich dort gabelt, da die Flüssigkeit das Hindernis nach beiden Seiten umströmen muß. Im Punkte A hat also die Verzweigungsstromlinie einen Knick, was nach der Definition der Stromlinien (S. 36) nur möglich ist, wenn an der Stelle A die Geschwindigkeit zu Null wird. Der Punkt A wird als „Staupunkt" bezeichnet, wodurch das „Aufstauen" der Flüssigkeit vor dem Hindernis zum Ausdruck gebracht wird. Wendet man jetzt auf einen Punkt der Verzweigungsstromlinie in großer Entfernung vor dem Hindernis und auf Punkt A die BERNOULLIsche Gleichung an, so folgt aus (69), da der Höhenunterschied der beiden betrachteten Punkte gleich Null ist, wegen $v_A = 0$

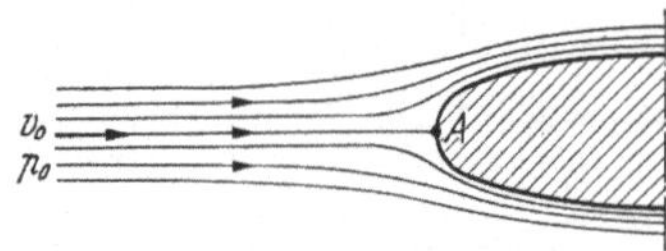

Abb. 40. Zur Definition des Staupunktes A

$$\frac{\varrho}{2}\,v_0^2 + p_0 = p_A\,. \tag{76}$$

Gegenüber dem ungestörten Druck p_0 ergibt sich also im Punkte A ein Druckanstieg um $\varrho/2 \cdot v_0^2$, d. h. um die auf die Volumeneinheit bezogene kinetische Energie der ungestörten Strömung. Dieser Druckanstieg wird als *Staudruck* oder *dynamischer* Druck bezeichnet, während p_0 den *statischen Druck* angibt (vgl. S. 41). Die Summe aus beiden, also $\varrho/2 \cdot v_0^2 + p_0$, heißt der *Gesamtdruck* p_g.

Die Begriffe „Staudruck" und „Gesamtdruck" werden nun nicht nur in dem hier behandelten Fall einer „gestauten" Strömung, sondern ganz allgemein in jeder beliebigen Strömung verwendet. Schreibt man also Gl. (69) nach Multiplikation mit ϱ in der Form an

$$\frac{\varrho}{2}\,v^2 + p + \gamma z = \text{const}\,, \tag{77}$$

so wird auch hier $\varrho/2 \cdot v^2$ als Staudruck oder dynamischer Druck und die Summe $\varrho/2 \cdot v^2 + p = p_g$ als Gesamtdruck an der betreffenden Stelle der strömenden Flüssigkeit bezeichnet. Führt man letzteren in (77) ein, so wird

$$p_g = \text{const} - \gamma z\,,$$

und man erkennt, daß für Stromlinien, die in Horizontalebenen liegen, wegen $z = \text{const}$ auch der Gesamtdruck p_g konstant ist, der in diesem Falle die Konstante der BERNOULLIschen Gleichung angibt.

Für die beiden Punkte *1* und *2* der in Abb. 34 skizzierten Stromlinie kann man Gl. (77) in der Form schreiben

$$\frac{\varrho}{2}\, v_1^2 + p_1 + \gamma\,(z_1 - z_2) = \frac{\varrho}{2}\, v_2^2 + p_2\,. \tag{78}$$

Darin stellt das Glied $\gamma\,(z_1 - z_2)$ offenbar das Gewicht einer Flüssigkeitssäule — bezogen auf die Flächeneinheit — dar, deren Höhe durch die Höhendifferenz der beiden Punkte *1* und *2* bestimmt ist. Mit anderen Worten heißt das: $\gamma\,(z_1 - z_2)$ gibt die *Druckzunahme infolge der Schwere* beim Übergang vom Punkte *1* zum Punkte *2* an, ist also eine rein statische Größe, die verschwindet, wenn $z_1 = z_2$ ist. Bei gewissen Strömungsvorgängen, z. B. dann, wenn ein fester Körper in eine unendlich ausgedehnte Flüssigkeit eingetaucht ist, spielen das Gewicht der Flüssigkeit und die damit zusammenhängenden (statischen) Druckänderungen innerhalb der näheren Umgebung des Körpers (z. B. Flugzeugtragflügel in Luft) nur eine untergeordnete Rolle, weshalb in Gl. (78) in solchen Fällen das Glied $\gamma\,(z_1 - z_2)$ unterdrückt werden kann. Man schreibt dann einfacher

$$\frac{\varrho}{2}\, v^2 + p = \text{const}\,, \tag{79}$$

was darauf hinauskommt, daß p den Druck in einer zwar mit Masse behafteten, aber als schwerelos angesehenen Flüssigkeit angibt.

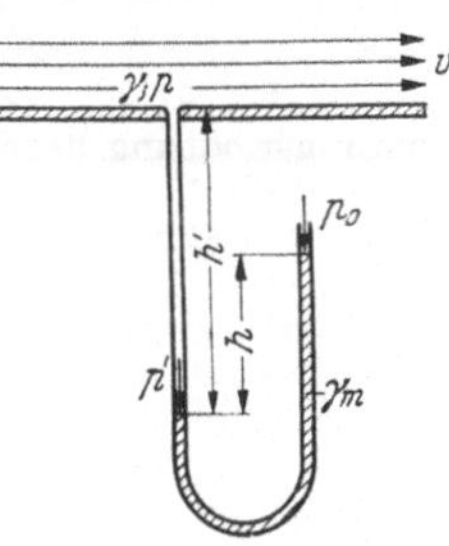

Abb. 41. Messung des „statischen" Druckes

Aus Gl. (77) geht hervor, daß bei konstant gehaltenem z der Druck sinkt, wenn die Geschwindigkeit steigt. Nähert sich dabei der Druck dem Werte Null, so zerreißt die Strömung und scheidet bei tropfbaren Flüssigkeiten unter Hohlraumbildung Dampf- bzw. Gasblasen aus (*Kavitation*). Dadurch wird der Strömungsvorgang vollständig verändert, und Gl. (77) besitzt keine Gültigkeit mehr[1,2].

Die experimentelle Bestimmung des Staudrucks

$$\frac{\varrho}{2}\, v^2 = p_g - p$$

kann zur Berechnung der Geschwindigkeit an einem bestimmten Orte der strömenden Flüssigkeit benutzt werden. Dazu ist nach vorstehender Gleichung nur die Ermittlung der Differenz zwischen dem Gesamtdruck p_g und dem statischen Druck p an der betreffenden Stelle erforderlich.

Zur Bestimmung des *statischen* Druckes einer Strömung längs einer Wand kann man in der Wand ein sauber bearbeitetes Bohrloch (ohne Grat) anbringen und an dieses ein U-förmig gebogenes Manometerrohr anschließen, dessen freier Schenkel oben offen ist (Abb. 41). In dem U-Rohr befindet sich eine Meßflüssigkeit vom spez. Gewicht γ_m [kp/m³]. Je nach der Größe des an der Anschlußstelle herrschenden Druckes wird der Spiegel der Meßflüssigkeit im linken Rohrschenkel gehoben oder gesenkt, bis im Manometerrohr Gleichgewicht vorhanden ist. Mit den Bezeichnungen der Abb. 41 erhält man nach Gl. (22)

$$p' = p + \gamma\, h' = p_0 + \gamma_m\, h\,,$$

woraus sich als *statischer* Druck an der Anschlußstelle des U-Rohres ergibt

$$p = p_0 + \gamma_m\, h - \gamma\, h'\,,$$

bzw. als *Überdruck* über den atmosphärischen Luftdruck

$$p - p_0 = \gamma_m\, h - \gamma\, h'\,.$$

Bei Luftströmungen wird als Meßflüssigkeit gewöhnlich Wasser oder Alkohol verwendet. In solchen Fällen darf bei nicht zu großem h' das Glied $\gamma\, h'$ vernachlässigt werden, da $\gamma \ll \gamma_m$.

---

[1] Vgl. hierzu L. Prandtl: Führer durch die Strömungslehre, 3. Aufl. (1949) S. 293, wo entsprechende Angaben über Kavitationserscheinungen zu finden sind.

[2] Betz, A: Einführung in die Theorie der Strömungsmaschinen (1959) S. 12ff.

Soll der Druck im Innern der Strömung, oder überhaupt in einer „freien" Strömung, bestimmt werden, so kann man (an Stelle der hier nicht vorhandenen Wand) eine dünne, in der Mitte durchbohrte Scheibe verwenden, an die ein dünnes Röhrchen angeschlossen ist, das jetzt zur Druckentnahme an der Stelle der Bohrung dient und das genau wie oben mit einem U-Rohr in Verbindung gebracht wird. Diese Vorrichtung heißt SERsche Scheibe (Abb. 42). Damit sie den Druck richtig anzeigt, ist es wichtig, daß die Scheibenebene genau in die Richtung der strömenden Flüssigkeit fällt. Das Manometer ordnet man dabei zweckmäßig außerhalb des Flüssigkeitsstromes an, um Störungen der Strömung nach Möglichkeit

<table>
<tr><td>Abb. 42. SERsche Scheibe</td><td>Abb. 43. Drucksonde (Hakenrohr)</td></tr>
</table>

zu vermeiden. Häufig verwendet man auch *Drucksonden* nach Abb. 43, die aus einem in der Strömungsrichtung liegenden, vorn geschlossenen, aber mit seitlichen Schlitzen versehenen dünnen Meßrohr bestehen, an das ein rechtwinklig abgebogener Schenkel angeschlossen ist, der mit dem Manometer in Verbindung steht. Der in der Strömungsrichtung liegende Rohrschenkel ersetzt dabei wieder die oben besprochene durchbohrte Wand. Auch dieses Gerät ist stark richtungsempfindlich, wenn auch etwas weniger als die SERsche Scheibe[1].

Zur Bestimmung des *Gesamtdruckes* einer Strömung benutzt man i. allg. ein sogenanntes *Pitotrohr*, d. h. ein rechtwinklig abgebogenes Meßrohr, welches an beiden Enden offen ist

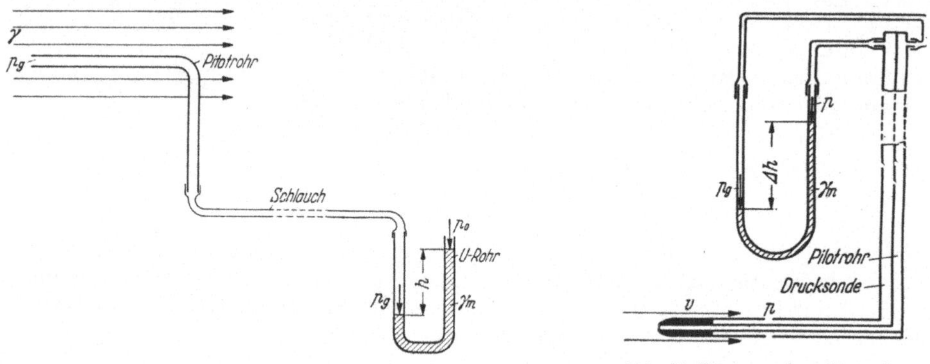

<table>
<tr><td>Abb. 44. Pitotrohr</td><td>Abb. 45. PRANDTLsches Staurohr</td></tr>
</table>

(Abb. 44). In dem abgebogenen Rohrschenkel findet ein „Aufstau" der Strömung statt, so daß der im Horizontalschenkel vorhandene Druck den Gesamtdruck p_g der Strömung an der betreffenden Stelle angibt, entsprechend dem Drucke p_A im Punkte A der Abb. 40. Verbindet man nun den senkrechten Schenkel — etwa mittels eines Gummischlauches — mit dem außerhalb der Strömung liegenden Manometerrohr, so liefert die Spiegeldifferenz der Meßflüssigkeit eine Aussage über den Gesamtdruck. Im Falle strömender Luft und Wasser oder Alkohol als Meßflüssigkeit erhält man aus Abb. 44 wegen $\gamma \ll \gamma_m$ sofort

$$p_g - p_0 = \gamma_m\, h\,.$$

Hat man nun den statischen Druck etwa mit Hilfe einer Drucksonde (Abb. 43) und den Gesamtdruck gemäß Abb. 44 bestimmt, so liefert die Druckdifferenz

$$p_g - p = \frac{\varrho}{2}\, v^2$$

---

[1] U-Rohre oder Gefäßmanometer (mit Alkohol, Wasser oder Quecksilber als Meßflüssigkeit) eignen sich nur zur Bestimmung kleiner oder mäßiger Drücke. Bei größeren Drücken verwendet man zweckmäßig Federmanometer.

den *Staudruck* $\varrho/2 \cdot v^2$, aus dem v berechnet werden kann. ϱ ist dabei die Dichte der strömenden Flüssigkeit, $\gamma_m \left[\dfrac{\text{kp}}{\text{m}^3}\right]$ dagegen das spez. Gewicht der Meßflüssigkeit.

Eine von L. Prandtl angegebene Verbindung von Drucksonde und Pitotrohr zeigt Abb. 45. Mit Hilfe dieses sogenannten *Staurohres* ist es möglich, den Staudruck unmittelbar aus der Druckhöhendifferenz $\varDelta h = \dfrac{p_g - p}{\gamma_m}$ der beiden Schenkel des mit dem Staurohr verbundenen U-Rohres (oder eines anderen Manometers) zu bestimmen. Dieses Gerät ist relativ unempfindlich gegenüber (kleineren) Abweichungen der Staurohrachse von der Strömungsrichtung und wird heute in Verbindung mit hochempfindlichen Mikromanometern fast ausschließlich zur Staudruckmessung bei Windkanaluntersuchungen verwendet[1].

6. Luft als inkompressible (raumbeständige) Flüssigkeit

Im Gegensatz zu den tropfbaren Flüssigkeiten ist die atmosphärische Luft (wie alle Gase) *nicht raumbeständig*. Es wurde jedoch bereits in Ziffer 1 des ersten Abschnitts darauf hingewiesen, daß die Dichteänderungen, welche bei der Bewegung eines festen Körpers (z. B. unserer Luft-, Schienen- und Straßenfahrzeuge) in an sich ruhender Luft auftreten, gering sind, solange die Relativgeschwindigkeit des betreffenden festen Körpers gegen die Luft wesentlich kleiner ist als die Schallgeschwindigkeit in der Luft. Trifft dieses zu, so kann man angenähert diese kleinen Dichteschwankungen vernachlässigen und die Luft genauso behandeln wie eine raumbeständige Flüssigkeit. Die Bernoullische Gleichung bietet nun die Möglichkeit, die Größe der Dichteänderung bei verschiedenen Geschwindigkeiten wenigstens schätzungsweise anzugeben.

Zuvor sei bemerkt, daß die Strömungsvorgänge um einen mit der Geschwindigkeit v translatorisch *in ruhender Luft bewegten* festen Körper für einen Beobachter, der die Bewegung des Körpers mitmacht, die gleichen sind als wenn der *ruhende* Körper von einem Luftstrom getroffen wird, dessen Geschwindigkeit die gleiche Größe, aber die entgegengesetzte Richtung hat wie v. Es entsteht also auch beim bewegten Körper — analog zu Abb. 40 — ein vorderer Staupunkt und somit ein Druckmaximum im Punkte A. Betrachtet man also die stationäre Strömung der Abb. 40, so kommt es nur darauf an, die Dichteänderung festzustellen, die beim Übergang von dem Drucke p_0 der ungestörten Strömung zu dem Druck p_A im Staupunkt erfolgt.

Bei der hier anzustellenden Betrachtung spielen Temperaturänderungen in der Luft keine oder doch nur eine sehr untergeordnete Rolle. Es genügt also im Rahmen dieser Abschätzung, den Strömungsvorgang als *isotherm* anzusehen. Dann gilt das Boyle-Mariottesche Gesetz (5) des ersten Abschnitts

$$\frac{p}{\varrho} = \text{const}$$

oder, auf die Drücke p_0 und p_A angewandt,

$$\frac{p_0}{\varrho_0} = \frac{p_A}{\varrho_A} \quad \text{bzw.} \quad \varrho_A = \varrho_0 \frac{p_A}{p_0}.$$

Setzt man hier p_A aus Gl. (76) ein, so wird

$$\varrho_A = \varrho_0 \left(1 + \frac{\varrho_0 \, v_0^2}{2 \, p_0}\right),$$

und man sieht, daß die Dichteänderung um so größer wird, je größer v_0 ist.

---

[1] Über Geschwindigkeits- und Druckmessungen sowie die dabei notwendigen Korrekturen vgl. im übrigen: Handb. d. Experimentalphysik von W. Wien und F. Harms Bd. 4, 1. Teil, S. 489 und 513, ferner L. Prandtl: Führer durch die Strömungslehre, 3. Aufl. (1949) S. 44, 52 und 234.

In Erdbodennähe ist die Luftdichte ungefähr $\varrho_0 = \dfrac{1}{8}\,\dfrac{\text{kp s}^2}{\text{m}^4}$. Nimmt man die Körpergeschwindigkeit zu $v_0 = 50\ \text{m/s} = 180\,\dfrac{\text{km}}{\text{h}}$ an, so ist bei einem Atmosphärendruck von $1\ \text{kp/cm}^2 = 10^4\ \text{kp/m}^2$

$$\frac{\varrho_0\,v_0^2}{2\,p_0} = 0{,}0156\,,$$

womit

$$\varrho_A \approx 1{,}016\,\varrho_0$$

wird. Die Dichteänderung im Staupunkt beträgt somit nur rund 1,6% gegenüber der ungestörten Strömung. Bei einer Körpergeschwindigkeit von $v_0 = 100\,\dfrac{\text{m}}{\text{s}} = 360\,\dfrac{\text{km}}{\text{h}}$ ergibt sich bereits eine Dichteänderung von rund 6%. Handelt es sich um noch größere Geschwindigkeiten, wie sie z. B. in der modernen Luftfahrt erreicht werden, so sind die Dichteschwankungen so erheblich, daß man die Luft nicht mehr als raumbeständige Flüssigkeit auffassen kann (vgl. dazu den Abschnitt über Gasdynamik S. 361).

7. Die Energiegleichung für instationäre Strömungen

Die Energiegleichung (69) der *stationären* Bewegung einer raumbeständigen reibungsfreien Flüssigkeit war gefunden als Integral der Bewegungsgleichung (66), in welcher der von der Zeit abhängige lokale Differentialquotient $\dfrac{\partial v}{\partial t}$ nicht mehr enthalten ist. Um einen entsprechenden Ausdruck für *instationäre* Strömungen zu erhalten, gehe man auf die allgemeinere Gl. (65) zurück, die auch wie folgt geschrieben werden kann

$$\frac{\partial}{\partial s}\left(\frac{v^2}{2} + \frac{p}{\varrho} + g\,z\right) + \frac{\partial v}{\partial t} = 0\,,$$

wobei $\dfrac{\partial v}{\partial t}$ i. allg. auch eine Funktion des Ortes (s) auf der Stromlinie ist. Integriert man nun bei festgehaltener Zeit t längs der Stromlinie, so erhält man aus vorstehender Gleichung

$$\frac{v^2}{2} + \frac{p}{\varrho} + g\,z + \int\limits_{s=0}^{s=s} \frac{\partial v}{\partial t}\,ds = \text{const}\,. \tag{80}$$

Die ersten drei Glieder haben die gleiche Bedeutung wie die entsprechenden Werte in Gl. (69), während das vierte Glied die zeitliche Veränderlichkeit der Strömung zum Ausdruck bringt.

Faßt man zwei beliebige Punkte *1* und *2* einer Stromlinie ins Auge, wobei der Punkt *1* im Sinne der Strömung „oberhalb", der Punkt *2* „unterhalb" liegen soll, so erhält man aus (80)

$$\frac{v_1^2}{2} + \frac{p_1}{\varrho} + g\,z_1 + \int\limits_{s=0}^{s=s_1} \frac{\partial v}{\partial t}\,ds = \frac{v_2^2}{2} + \frac{p_2}{\varrho} + g\,z_2 + \int\limits_{s=0}^{s=s_2} \frac{\partial v}{\partial t}\,ds$$

oder

$$\frac{v_1^2}{2} + \frac{p_1}{\varrho} + g\,z_1 = \frac{v_2^2}{2} + \frac{p_2}{\varrho} + g\,z_2 + \int\limits_{s=s_1}^{s=s_2} \frac{\partial v}{\partial t}\,ds\,. \tag{81}$$

In dieser Form eignet sich die Energiegleichung besonders für die Untersuchung instationärer Strömungsvorgänge.

1. Beispiel. *Schwingung einer Flüssigkeit in einem offenen U-Rohr unter dem Einfluß der Schwere.* In einem U-förmig gebogenen Rohre von konstantem Querschnitt F (Abb. 46), dessen Schenkel oben offen sind, befinde sich eine reibungsfreie Flüssigkeit in Ruhe. Dann steht die Flüssigkeit nach dem Gesetz der kommunizierenden Röhren in beiden Rohrschenkeln gleich hoch. Denkt man sich das Gleichgewicht durch irgendeine äußere Ursache vorübergehend gestört, so führt die Flüssigkeit nach Fortfall der Störung unter dem Einfluß der Schwere im Rohre Schwingungen aus. Es liegt somit der Fall einer *instationären* Strömung vor. Wegen des konstanten Rohrquerschnitts hat die Strömungsgeschwindigkeit zu einer bestimmten Zeit in jedem Querschnitt die gleiche Größe v, die im übrigen mit der Zeit veränderlich ist. Demnach ist aber auch $\dfrac{\partial v}{\partial t}$ vom Orte unabhängig, weshalb dafür $\dfrac{dv}{dt}$ geschrieben werden kann.

Bezeichnet man einen Stromlinienpunkt der linken Spiegelfläche mit *1*, den entsprechenden Punkt des rechten Spiegels mit *2*, so lautet Gl. (81) wegen $v_1 = v_2 = v$, $p_1 = p_2$, $z_1 = h + \zeta$, $z_2 = h - \zeta$

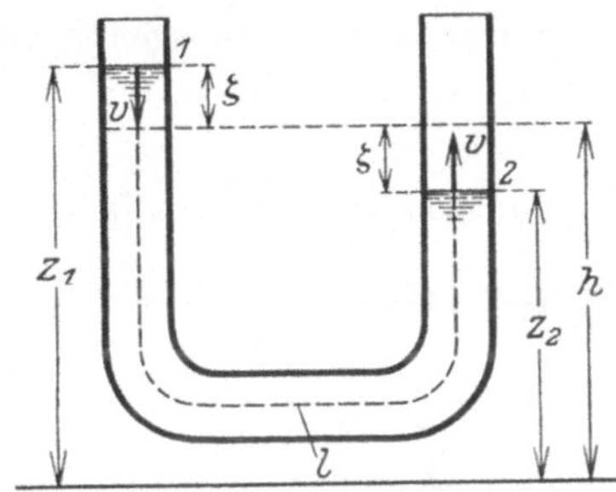

Abb. 46. Schwingende Flüssigkeit in einem U-Rohr

$$2g\,\zeta = \int\limits_{s=s_1}^{s=s_2} \frac{\partial v}{\partial t}\,ds = \frac{dv}{dt}\int\limits_{s_1}^{s_2} ds = \frac{dv}{dt}\,l, \qquad (82)$$

wenn l die Länge der schwingenden Flüssigkeitssäule angibt. Nun ist $v = -\dfrac{d\zeta}{dt}$, da nach Abb. 46 dem positiven Sinne von v eine Abnahme von ζ entspricht. Man erhält also aus (82)

$$\frac{d^2\zeta}{dt^2} = -\frac{2g}{l}\,\zeta.$$

Der vorstehende Ausdruck stellt die Differentialgleichung einer *einfachen harmonischen Schwingung* dar, deren Integral mit $\zeta = 0$ für $t = 0$ und $\alpha = \sqrt{\dfrac{2g}{l}}$ den Wert hat

$$\zeta = A \sin(\alpha\,t),$$

wovon man sich durch Ausdifferenzieren sofort überzeugen kann. Die Amplitude A gibt den größten Schwingungsausschlag ζ_{max} über der Ausgleichslage $z = h$ an. Für die Dauer einer vollen Schwingung erhält man die Schwingungszeit

$$T = \frac{2\pi}{\alpha} = 2\pi\sqrt{\frac{l}{2g}},$$

während $T' = T/4$ die Zeit zwischen dem größten Ausschlag ζ_{max} und der Nulllage $z = h$ angibt. Theoretisch würde diese Bewegung unendlich lange andauern. Tatsächlich wird sie jedoch bei natürlichen Flüssigkeiten infolge der dabei auftretenden Strömungsverluste gedämpft, so daß die Flüssigkeit nach einiger Zeit im Rohre wieder zur Ruhe gelangt.

2. Beispiel. *Gefäßentleerung und Ausflußzeit.* Ein beliebig gestaltetes, oben offenes Gefäß sei mit einer reibungsfreien Flüssigkeit gefüllt, deren Spiegel anfangs um die Höhe z_0 über der Ausflußöffnung F_2 liegt (Zustand der Ruhe zur Zeit $t = 0$, Abb. 47). Nach Öffnung des Ausflußquerschnitts tritt eine *instationäre* Strömung ein, in deren Verlauf der Spiegel sinkt. Zur Zeit t habe er die Höhe z_1 über der Ausflußöffnung erreicht. Der zu dieser Zeit von ihm erfüllte Gefäßquerschnitt sei F_1, die zugehörige (mittlere) Spiegelgeschwindigkeit $\bar{v}_1$, während F und $\bar{v}$ die entsprechenden Werte eines beliebigen anderen Querschnitts unter dem Spiegel und $\bar{v}_2$ die Ausflußgeschwindigkeit bezeichnen mögen.

Zur Darstellung des Bewegungsvorganges schreibe man die Energiegleichung (81) an, bezogen auf einen Punkt *1* des zur Zeit t maßgebenden Spiegels F_1 und einen Punkt *2* des Ausflußquerschnitts. Wirkt auf den freien Spiegel der atmosphärische Luftdruck und erfolgt, wie hier angenommen sei, der Ausfluß ebenfalls in die freie Luft, so ist $p_1 = p_2$, und Gl. (81) lautet einfacher, wenn man die Ebene der Ausflußöffnung als Bezugsebene wählt,

$$\frac{\bar{v}_1^2}{2g} + z_1 = \frac{\bar{v}_2^2}{2g} + \frac{1}{g} \int_{s=s_1}^{s=s_2} \frac{\partial \bar{v}}{\partial t}\, ds.\ * \tag{83}$$

Nach der Kontinuitätsgleichung ist

$$\bar{v}_2 = \bar{v}_1 \frac{F_1}{\mu F_2}; \qquad \bar{v} = \bar{v}_1 \frac{F_1}{F}, \tag{84}$$

wenn μ wieder die „Ausflußziffer" bezeichnet (S. 43). Wegen des zweiten Ausdrucks von (84) wird

$$\int_{s=s_1}^{s=s_2} \frac{\partial \bar{v}}{\partial t}\, ds = \int_{s_1}^{s_2} \frac{\partial}{\partial t} \left(\frac{\bar{v}_1 F_1}{F} \right) ds.$$

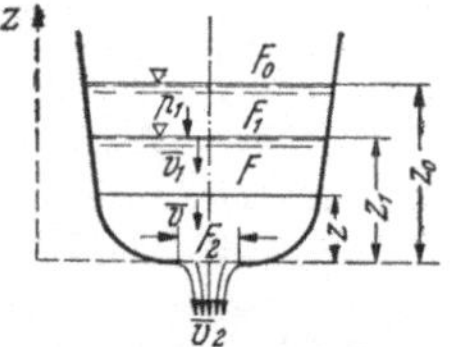

Abb. 47. Zur Berechnung der Ausflußzeit

Dieses Integral ist längs einer Stromlinie vom *augenblicklichen* Spiegel F_1 bis zur Ausflußöffnung zu nehmen. $\frac{\partial \bar{v}_1}{\partial t} = \frac{d \bar{v}_1}{dt}$ und F_1 sind also für den betrachteten Zeitpunkt t unabhängig von s, so daß der vorstehende Ausdruck auch wie folgt geschrieben werden kann,

$$\int_{s_1}^{s_2} \frac{\partial \bar{v}}{\partial t}\, ds = F_1 \frac{d \bar{v}_1}{dt} \int_{s_1}^{s_2} \frac{ds}{F}. \tag{85}$$

Dabei ist der Querschnitt F bei beliebiger Behälterform eine Funktion von s bzw. z.

Unter Beachtung von (84) und (85) geht Gl. (83) über in

$$\frac{\bar{v}_1^2}{2g} \left[1 - \left(\frac{F_1}{\mu F_2} \right)^2 \right] + z_1 = \frac{F_1}{g} \frac{d \bar{v}_1}{dt} \int_{s_1}^{s_2} \frac{ds}{F}. \tag{86}$$

Zur Abkürzung setze man jetzt

$$\frac{1}{2g} \left[\left(\frac{F_1}{\mu F_2} \right)^2 - 1 \right] = f(z_1) \tag{87}$$

und

$$\frac{F_1}{g} \int_{s_1}^{s_2} \frac{ds}{F} = g(z_1), \tag{87a}$$

wo $f(z_1)$ und $g(z_1)$ zwei von der Gefäßform abhängige Funktionen von z_1 sind. Führt man noch die Beziehungen

$$\bar{v}_1 = -\frac{dz_1}{dt}; \qquad \frac{d\bar{v}_1}{dt} = -\frac{d^2 z_1}{dt^2}$$

---

* Die praktisch nur geringe Höhe von der Ausflußöffnung bis zur vollständigen Strahleinschnürung ist hier unterdrückt. Hinsichtlich einer Gefäßentleerung durch lange Abflußrohre vgl. S. 113.

ein, so geht (86) über in

$$- \left(\frac{dz_1}{dt}\right)^2 f(z_1) + z_1 + \frac{d^2 z_1}{dt^2} g(z_1) = 0.$$

Schließlich erhält man daraus, wenn

$$\frac{f(z_1)}{g(z_1)} = \varphi(z_1); \quad \frac{z_1}{g(z_1)} = \psi(z_1) \tag{88}$$

gesetzt wird, als Bewegungsgleichung des Ausflußvorganges

$$\frac{d^2 z_1}{dt^2} - \left(\frac{dz_1}{dt}\right)^2 \varphi(z_1) + \psi(z_1) = 0. \tag{89}$$

Durch die Substitution

$$\frac{dz_1}{dt} = u; \quad \frac{d^2 z_1}{dt^2} = \frac{du}{dt} = \frac{dz_1}{dt}\frac{du}{dz_1} = u\frac{du}{dz_1}$$

wird (89) übergeführt in die lineare Differentialgleichung erster Ordnung

$$\frac{du}{dz_1} - u\,\varphi(z_1) = -\frac{\psi(z_1)}{u}, \tag{90}$$

welche nach der Methode von BERNOULLI integriert werden kann. Zu diesem Zwecke setze man

$$u = v\,w; \quad \frac{du}{dz_1} = v\frac{dw}{dz_1} + w\frac{dv}{dz_1},$$

womit (90) übergeht in

$$v\frac{dw}{dz_1} + w\left[\frac{dv}{dz_1} - v\,\varphi(z_1)\right] = -\frac{\psi(z_1)}{v\,w}. \tag{91}$$

Von den Funktionen v und w kann *eine* willkürlich gewählt werden. Es sei also v so bestimmt, daß in vorstehender Gleichung die eckige Klammer verschwindet. Dann wird

$$\frac{dv}{dz_1} = v\,\varphi(z_1) \quad \text{oder} \quad \frac{dv}{v} = \varphi(z_1)\,dz_1,$$

woraus folgt

$$\ln v = \int \varphi(z_1)\,dz_1 \quad \text{oder} \quad v = e^{\int \varphi(z_1)\,dz_1}.$$

Weiter ergibt sich aus (91)

$$v\frac{dw}{dz_1} = -\frac{\psi(z_1)}{v\,w} \quad \text{oder} \quad w\,dw = -\frac{\psi(z_1)}{e^{2\int \varphi(z_1)\,dz_1}}\,dz_1$$

und daraus durch Integration

$$w^2 = -2\int \left[\psi(z_1)\,e^{-2\int \varphi(z_1)\,dz_1}\right] dz_1 + C.$$

Demnach wird

$$u = v\,w = \pm\, e^{\int \varphi(z_1)\,dz_1} \sqrt{C - 2\int \left[\psi(z_1)\,e^{-2\int \varphi(z_1)\,dz_1}\right] dz_1}. \tag{92}$$

Da aber

$$u = \frac{dz_1}{dt} = -\bar{v}_1, \tag{93}$$

so bestimmt sich die Integrationskonstante C aus der Bedingung $u = 0$ für $z_1 = z_0$. Schließlich erhält man die Zeit t_1, welche verstreicht, bis der Spiegel von der Höhe z_0 auf die Höhe z_1 gesunken ist, aus (92) und (93) zu

$$t_1 = \pm \int \frac{dz_1}{e^{\int \varphi(z_1)\,dz_1} \sqrt{C - 2\int \left[\psi(z_1)\,e^{-2\int \varphi(z_1)\,dz_1}\right] dz_1}} + C'. \tag{94}$$

Die Integrationskonstante C' findet man aus der Bedingung $t = 0$ für $z_1 = z_0$. Durch die Gln. (92) und (94) sind prinzipiell die Spiegelgeschwindigkeit $\bar{v}_1$ und die Ausflußzeit t_1 bestimmt, sobald F_1 als Funktion von z_1 gegeben ist. Die *gesamte* Entleerungszeit erhält man aus (94), wenn man dort nach Ausführung der Integration $z_1 = 0$ setzt.

Beschränkung auf kleine Ausflußquerschnitte.

Sind die Behälterquerschnitte durchweg groß gegenüber dem Ausflußquerschnitt, was praktisch fast stets der Fall sein wird, so ist die Beschleunigung der Spiegelbewegung klein und hat keinen wesentlichen Einfluß auf den Ausflußvorgang, so daß man in Gl. (89) das Glied $\frac{d^2 z_1}{d t^2}$ vernachlässigen kann[1]. Dann lautet diese einfacher

$$\left(\frac{d z_1}{d t}\right)^2 = \frac{\psi(z_1)}{\varphi(z_1)},$$

woraus wegen (87), (88) und (93) folgt

$$\bar{v}_1 = \sqrt{\frac{z_1}{f(z_1)}} = \sqrt{\frac{2 g z_1}{\left(\frac{F_1}{\mu F_2}\right)^2 - 1}} \approx \frac{\mu F_2}{F_1} \sqrt{2 g z_1}. \tag{95}$$

Wegen der Kontinuität besteht zwischen $\bar{v}_1$ und der Ausflußgeschwindigkeit $\bar{v}_2$ die Bedingung

$$F_1 \bar{v}_1 = \mu F_2 \bar{v}_2,$$

so daß

$$\bar{v}_2 = \sqrt{2 g z_1}$$

wird, d. h. $\bar{v}_2$ ergibt sich in dem hier behandelten Sonderfall *kleiner* Ausflußquerschnitte einfach nach dem Gesetz von TORRICELLI (S. 43).

Für die Ausflußzeit t_1 erhält man jetzt aus (93), wenn dort der Wert für $\bar{v}_1$ nach Gl. (95) eingesetzt wird,

$$t_1 = - \int \frac{F_1 \, d z_1}{\mu F_2 \sqrt{2 g z_1}} + C. \tag{96}$$

Die Ausflußziffer μ ist streng genommen *auch* eine Funktion von z_1, jedoch ist ihre Veränderlichkeit nicht erheblich, so daß μ im Rahmen dieser Näherungsrechnung als konstante Größe angesehen werden darf. Unter dieser Voraussetzung wird

$$t_1 = - \frac{1}{\mu F_2 \sqrt{2 g}} \int F_1 z_1^{-1/2} \, d z_1 + C.$$

Bei zylindrischen oder prismatischen Behältern ist $F_1 = \text{const} = F$ und somit

$$t_1 = - \frac{2 F_1 \sqrt{z_1}}{\mu F_2 \sqrt{2 g}} + C.$$

Für $t_1 = 0$ ist $z_1 = z_0$ also $C = \frac{2 F_1 \sqrt{z_0}}{\mu F_2 \sqrt{2 g}}$

und somit

$$t_1 = \frac{2 F_1}{\mu F_2 \sqrt{2 g}} \left(\sqrt{z_0} - \sqrt{z_1}\right).$$

Die gesamte Entleerungszeit t_0 wird dann mit $z_1 = 0$

$$t_0 = \frac{2 F_1}{\mu F_2} \sqrt{\frac{z_0}{2 g}}.$$

Bei nichtprismatischen Behältern hat man in Gl. (96) F_1 als Funktion von z_1 einzuführen. Im übrigen bleibt der Rechnungsgang der gleiche.

---

[1] Vgl. W. KAUFMANN: Angew. Hydromechanik Bd. 2 (1934) S. 29.

8. Die Impulssätze der Hydrodynamik

Bei vielen technischen Strömungsvorgängen kommt es weniger auf die Kenntnis der Bewegung jedes einzelnen Flüssigkeitsteilchens an, sondern vielmehr auf die Vorgänge an den Grenzflächen eines in bestimmter Weise abgegrenzten Flüssigkeitsgebietes. In solchen Fällen leisten die *Impulssätze* häufig gute Dienste, die im wesentlichen nichts anderes darstellen als den *Schwerpunkts-* und *Flächensatz* der Mechanik der Punktsysteme.

Um zu einer Formulierung dieser Sätze zu gelangen, denke man sich eine bestimmte Flüssigkeitsmasse M aus der strömenden Flüssigkeit abgetrennt, die zur Zeit t einen bestimmten Raum S erfüllen möge. Nach dem *Satz von der Bewegung des Schwerpunkts* eines Punkthaufens ist bekanntlich

$$\sum \Re = M \frac{d\mathfrak{v}_0}{dt} = \frac{d\,(M\,\mathfrak{v}_0)}{dt} = \frac{d}{dt} \sum (m\,\mathfrak{v}), \tag{97}$$

wenn $\sum \Re$ die vektorielle Summe der an der Masse M angreifenden äußeren Kräfte, $\mathfrak{v}_0$ den Geschwindigkeitsvektor des Massenmittelpunktes ($d\mathfrak{v}_0/dt$ also dessen Beschleunigung), m die Masse eines beliebigen, der Masse M angehörigen Flüssigkeitsteilchens und $\mathfrak{v}$ dessen Geschwindigkeitsvektor bezeichnen. (Die inneren Kräfte heben sich bei der Summierung nach dem Wechselwirkungsgesetz gegenseitig auf.) Das Produkt $m\mathfrak{v}$ heißt die *Bewegungsgröße* oder der *Impuls* des Flüssigkeitsteilchens m und hat die Richtung der zugehörigen Geschwindigkeit $\mathfrak{v}$. Gl. (97) spricht also den Satz aus: *Die zeitliche Änderung des Impulses der Masse* $M = \Sigma m$ *ist gleich der vektoriellen Summe der an ihr angreifenden äußeren Kräfte.* Als solche kommen in Betracht: die Schwere (sofern andere Massenkräfte ausgeschlossen sind) und die *auf die Berandung der Masse M wirkenden Oberflächenkräfte.* Letztere werden im Falle einer reibungsfreien Flüssigkeit gebildet von den Normalkräften, welche etwaige feste Gefäßwandungen auf die Masse M ausüben, und von den Flüssigkeitsdrücken, die auf irgendwelche die Masse M begrenzende Schnittflächen wirken. Es sei hier noch besonders darauf hingewiesen, daß die Gültigkeit der Impulssätze — wie übrigens schon aus ihrer Ableitung folgt — nicht an die Voraussetzung einer idealen Flüssigkeit gebunden ist, sondern auch für Strömungen besteht, die mit „Energieverlusten" verbunden sind. In solchen Fällen sind bei den *äußeren* Kräften $\Re$ auch die Reibungskräfte in den Begrenzungsflächen der Masse M mit in Ansatz zu bringen (vgl. S. 60ff.).

Ein zu (97) analoger Satz gilt hinsichtlich der Momente. Bezeichnet $\mathfrak{r}$ den Radiusvektor von einem beliebigen Festpunkt O des Raumes nach dem beliebigen Massenpunkt m, so ist $\Sigma\,[(m\,\mathfrak{v})\,\mathfrak{r}]$ die Summe der statischen Momente aller Impulse $m\mathfrak{v}$ in bezug auf den Punkt O. [Die eckige Klammer gibt an, daß es sich dabei um das äußere Produkt der Vektoren $(m\mathfrak{v})$ und $\mathfrak{r}$ handelt.] Der allgemeine *Flächensatz* für den Punkthaufen lautet

$$\sum \mathfrak{M} = \frac{d}{dt} \sum [(m\,\mathfrak{v})\,\mathfrak{r}], \tag{98}$$

wobei $\Sigma\,\mathfrak{M}$ die vektorielle Summe der auf O bezogenen statischen Momente aller auf die Masse M wirkenden äußeren Kräfte darstellt. Gl. (98) sagt also aus: *Die zeitliche Änderung des Impulsmomentes der Masse M in bezug auf einen beliebigen Festpunkt O ist gleich der geometrischen Summe der Momente aller an der Masse M wirkenden Kräfte in bezug auf O.*

Jede der Vektorgleichungen (97) und (98) kann durch drei Komponentengleichungen ersetzt werden. In vielen Fällen genügt bereits *eine* Komponentengleichung zur Lösung der gestellten Aufgabe.

Beschränkung auf stationäre Strömungen. Eine Anwendung der Gln. (97) und (98) auf die Bewegung der Flüssigkeiten wird nur dann einfach, wenn man sich auf *stationäre* oder doch „im Mittel stationäre" Strömungen (vgl. S. 79) beschränken kann[1]. Um dieses zu zeigen, betrachte man eine raumbeständige Flüssigkeit, die in einem stetig gekrümmten Kanal eine stationäre Bewegung ausführt. Von der ganzen Flüssigkeit denke man sich eine Masse M abgegrenzt, die zur Zeit t einen „Kontrollraum" mit den Endquerschnitten F_1 und F_2 erfüllen möge (Abb. 48), und deren Gesamtimpuls zu dieser Zeit $\mathfrak{J}$ sei. Während des Zeitelements dt findet eine Fortbewegung aller die Masse M bildenden Flüssigkeitsteilchen in dem Kanale statt, und zwar tritt durch F_2 die Masse $\varrho F_2 ds_2$ aus dem Kontrollraum aus, durch F_1 dagegen strömt „fremde" Masse (die nicht zu M gehört) von der Größe $\varrho F_1 ds_1$ in den Raum nach. Bezeichnet $d\mathfrak{J}_2$ den durch F_2 in der Zeit dt austretenden Impuls und entsprechend $d\mathfrak{J}_1$ den durch F_1 in den Raum eintretenden (fremden) Impuls, so wird — da im Falle stationärer Strömung der Gesamtimpuls $\mathfrak{J}$ im Kontrollraum unverändert bleibt — die *Impulsänderung* der (fortbewegten) Masse M in der Zeit dt

$$\mathfrak{J} + d\mathfrak{J}_2 - d\mathfrak{J}_1 - \mathfrak{J} = d\mathfrak{J}_2 - d\mathfrak{J}_1 \,,$$

d. h. gleich dem *Überschuß* des durch F_2 aus dem Kontrollraum austretenden über den durch F_1 eintretenden Impuls. Nun ist, da Impuls = Masse mal Geschwindigkeitsvektor, und wegen $ds_2 = v_2 dt$

$$d\mathfrak{J}_2 = \varrho F_2 v_2 dt \, \mathfrak{v}_2 = \varrho Q \mathfrak{v}_2 dt \,,$$

Abb. 48. Zur Erklärung des Impulssatzes

wenn Q das in der Zeiteinheit durch den Querschnitt gehende Durchflußvolumen bezeichnet (S. 38).

Entsprechend wird unter Beachtung der Kontinuitätsgleichung (61)

$$d\mathfrak{J}_1 = \varrho F_1 v_1 dt \, \mathfrak{v}_1 = \varrho Q \mathfrak{v}_1 dt \,,$$

weshalb die *auf die Zeiteinheit bezogene* Impulsänderung der Masse den Wert

$$\frac{d\mathfrak{J}_2}{dt} - \frac{d\mathfrak{J}_1}{dt} = \varrho Q (\mathfrak{v}_2 - \mathfrak{v}_1) \tag{99}$$

annimmt.

Diese Impulsänderung ist nach Gl. (97) gleich der geometrischen Summe aller zur Zeit t auf die abgegrenzte Masse M wirkenden äußeren Kräfte. Es mögen nun bezeichnen: $\mathfrak{G}$ das Gewicht der Masse M, $\mathfrak{P}_w$ die Resultante der von den Kanalwandungen auf M ausgeübten Kräfte und $\mathfrak{P}_1$ bzw. $\mathfrak{P}_2$ die in den Querschnitten F_1 bzw. F_2 auf M übertragenen Druckkräfte. Wird von Tangentialkräften in diesen Querschnitten abgesehen, dann ist

$$\sum \mathfrak{K} = \mathfrak{G} + \mathfrak{P}_w + \mathfrak{P}_1 + \mathfrak{P}_2$$

und somit wegen (97) und (99)

$$\sum \mathfrak{K} = \varrho Q (\mathfrak{v}_2 - \mathfrak{v}_1) \,. \tag{100}$$

In ähnlicher Weise ist bei der Anwendung von Gl. (98) zu verfahren, die im Falle stationärer Strömung einfach besagt, daß das Moment des aus dem abgegrenzten Bereich in der Zeiteinheit austretenden Impulses in bezug auf einen beliebigen Festpunkt, vermindert um das Moment des eintretenden Impulses, gleich der Summe der Momente aller an der Masse M angreifenden äußeren Kräfte ist. Ein Beispiel dafür findet sich auf S. 59.

Aus der obigen Darstellung geht hervor, daß die Impulssätze bei stationären Strömungen bestimmte Aussagen über die Zustände an den Grenzflächen einer

---

[1] Über den Impulssatz für instationäre Strömungen vgl. Handb. d. Physik von GEIGER u. SCHEEL Bd. 7 (1927) S. 22.

strömenden Flüssigkeit liefern, ohne daß dabei die Kenntnis der Vorgänge im Innern des betreffenden Flüssigkeitsbereiches erforderlich wäre. Aus diesem Grunde bilden sie, besonders in Verbindung mit der BERNOULLIschen Energiegleichung, ein wertvolles Hilfsmittel zur Lösung einer großen Anzahl technisch wichtiger Strömungsvorgänge.

9. Einige Anwendungen der Impulssätze

a) Druck der strömenden Flüssigkeit auf die Wandungen eines Rohrkrümmers

Abb. 49 stelle ein gekrümmtes Stück eines in einer Horizontalebene verlegten Rohres dar. Dann gilt hinsichtlich des resultierenden Druckes $\mathfrak{P}_w$ der Rohrwandung auf die durch den Krümmer strömende Flüssigkeit Gl. (100). Sieht man von der (auch im Ruhezustand der Flüssigkeit vorhandenen) Schwerewirkung ab, so übt die strömende Flüssigkeit nach dem Wechselwirkungsgesetz auf den Krümmer eine Kraft $\mathfrak{R} = -\mathfrak{P}_w$ aus, die als *Reaktionsdruck* der Flüssigkeit bezeichnet wird. Für diese wird nach (100) mit den Bezeichnungen der Abb. 49

$$-\mathfrak{R} + \mathfrak{P}_1 + \mathfrak{P}_2 = \varrho\,Q\,(\mathfrak{v}_2 - \mathfrak{v}_1)$$

oder, wegen $Q = F_1 v_1 = F_2 v_2$,

$$\mathfrak{R} = (\varrho\,F_1\,v_1\,\mathfrak{v}_1 + \mathfrak{P}_1) + [\varrho\,F_2\,v_2\,(-\mathfrak{v}_2) + \mathfrak{P}_2]\,.$$

Der Reaktionsdruck der Flüssigkeit gegen die Krümmerwand ergibt sich danach als geometrische Summe zweier Kräfte, welche die Richtung der Querschnitts-normalen beim Ein- und Austritt in den Krümmer besitzen und beide nach dem Innern der Flüssigkeit gerichtet sind. Ihre Beträge sind $F_1\,(\varrho\,v_1^2 + p_1)$ bzw. $F_2(\varrho\,v_2^2 + p_2)$, da $|\mathfrak{P}_1| = p_1 F_1$ und $|\mathfrak{P}_2| = p_2 F_2$, womit die Resultante $\mathfrak{R}$ nach Größe und Lage bestimmt ist.

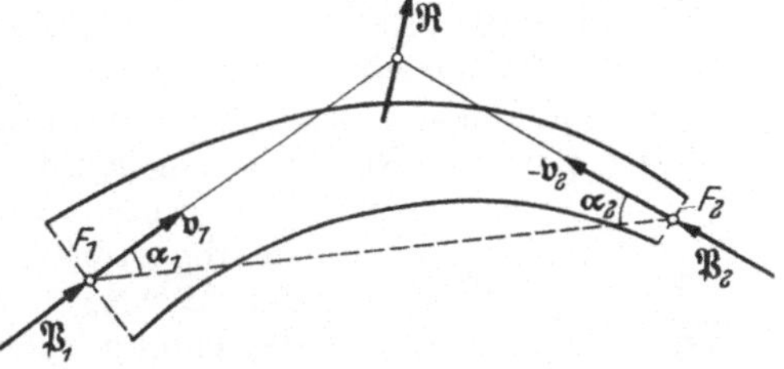

Abb. 49. Reaktionsdruck der strömenden Flüssigkeit auf die Wandung eines Rohrkrümmers

Für den Sonderfall des kreisförmig gekrümmten Rohres von konstantem Querschnitt F wird $v_1 = v_2 = v$ und bei reibungsfreier Strömung nach der BERNOULLIschen Gleichung auch $p_1 = p_2 = p$. Dann wird, wenn α den Neigungswinkel der Rohrsehne gegen die Normalen der Endquerschnitte bezeichnet, der Betrag des Reaktionsdruckes

$$R = 2F\,(\varrho\,v^2 + p)\sin\alpha\,;$$

speziell für den Halbkreiskrümmer mit $\alpha = \pi/2$

$$R = 2F\,(\varrho\,v^2 + p)\,.$$

(Über die in Rohrkrümmern auftretenden „Verluste" bei *nichtidealen* Flüssigkeiten vgl. S. 104.)

b) Rückdruck austretender Strahlen (Strahlreaktion)

Ein Behälter von der in Abb. 50 dargestellten Form besitze eine Ausflußöffnung F, die um die Höhe h unter dem Flüssigkeitsspiegel liegt und als klein gegenüber dem Behälterquerschnitt angesehen werden soll. Unter dieser Voraussetzung kann der Ausflußvorgang — wenn man nur kurze Zeiten ins Auge faßt — als nahezu stationär angesehen werden (S. 43), und die ideelle Ausflußgeschwindigkeit beträgt nach Gl. (71) $v = \sqrt{2\,gh}$. Die zeitliche Impulsänderung der den

Behälter augenblicklich erfüllenden Flüssigkeitsmasse in horizontaler Richtung
ist bedingt durch den aus dem Gefäße in der Zeiteinheit austretenden Impuls
$\varrho\,Q\,v = \varrho F\,v^2$. Diese Impulsänderung ist nach Größe, Sinn und Lage gleich der
von den Gefäßwandungen auf die Flüssigkeit in horizontaler Richtung ausgeübten Druckresultante. (Der äußere Luftdruck hält sich an den lotrechten Gefäßwandungen einschließlich der Öffnung F das Gleichgewicht.) Umgekehrt übt die
strömende Flüssigkeit auf die Behälterwände eine der Ausflußgeschwindigkeit

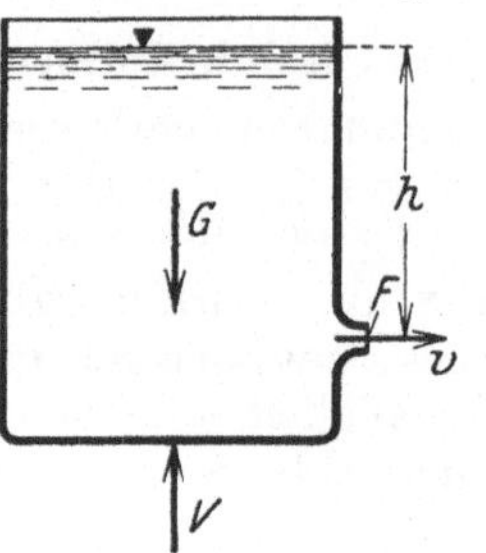

entgegengesetzt gerichtete Horizontalreaktion aus, deren
Größe gleich derjenigen des austretenden Impulses ist, also

$$R = \varrho F\,v^2 = 2\,\varrho\,F\,g\,h = 2F\,\gamma\,h,$$

d. h. doppelt so groß, als dem *hydrostatischen* Druck auf
die Öffnung F entsprechen würde.

Bei beweglicher Anordnung des Behälters kann die
Strahlreaktion einen entsprechenden Widerstand überwinden, also zur Arbeitsleistung herangezogen werden.
Die durch sie hervorgerufene Verschiebung des Gefäßes
erfolgt dann in entgegengesetzter Richtung zur Ausflußgeschwindigkeit.

Abb. 50. Reaktionsdruck der
aus einem Gefäß austretenden
Flüssigkeit

c) Druck eines freien Strahles gegen eine Wand

Trifft ein etwa aus einer Düse mit der Geschwindigkeit v austretender Flüssigkeitsstrahl auf eine gegen ihn unter dem Winkel α geneigte feste Wand von
hinreichend großer Ausdehnung auf (Abb. 51), so übt er auf diese einen Druck
aus, der als *Strahldruck* bezeichnet wird. Beim Auftreffen auf die Wand ändern
die einzelnen Flüssigkeitsteilchen ihre anfängliche Richtung und werden in die
zur Wand parallele Richtung abgelenkt. Man denke sich nun gemäß Abb. 51

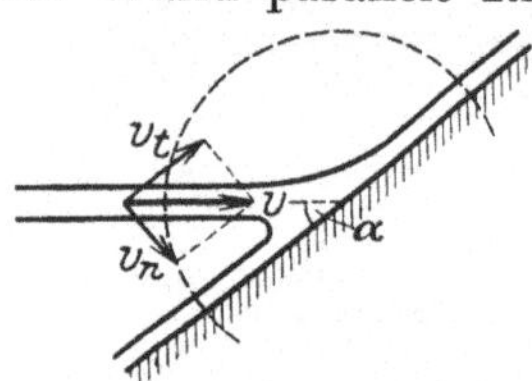

eine Flüssigkeitsmasse M durch eine punktierte Linie
so abgegrenzt, daß die Grenzfläche sowohl den von
der Wand noch nicht beeinflußten Strahl als auch
die bereits abgelenkte Flüssigkeit trifft. Nun zerlege
man die Geschwindigkeit v in ihre Normalkomponente
$v_n = v \sin\alpha$ und in die Tangentialkomponente
$v_t = v \cos\alpha$ und wende auf die abgegrenzte Flüssigkeitsmasse M den Impulssatz für die Richtung der
Wandnormalen an.

Abb. 51. Strahldruck auf eine
schiefe Wand

Bei Vernachlässigung der Schwere ist der Normaldruck N der Wand gegen
die Flüssigkeit die einzige in normaler Richtung auf die Masse M wirkende äußere
Kraft, und zwar stellt er das Entgegengesetzte der Normalkomponente N' des
gesuchten Strahldrucks dar. Der in den abgegrenzten Raum pro Zeiteinheit eintretende Impuls in der Strahlrichtung ist $\varrho\,Q\,v$, seine normale Komponente also
$\varrho\,Q\,v \sin\alpha$. Die Normalkomponente des aus dem Bereich austretenden Impulses
dagegen ist Null. Nach dem Impulssatz, bezogen auf die Richtung der Wandnormalen, ist somit unter Beachtung des Vorzeichens von v_n

$$N = \varrho\,Q\,v_n = \varrho\,Q\,v \sin\alpha,$$

und dieser Wanddruck ist nach dem Wechselwirkungsgesetz dem Betrage nach
gleich der Normalkomponente N' des gesuchten Strahldrucks. Dabei stellt Q
das in der Zeiteinheit in den abgegrenzten Bereich eintretende Flüssigkeitsvolumen dar. Bezeichnet F den Querschnitt des Strahles, so ist dieses $Q = F\,v$.

Ginge die Bewegung der längs der Wand abfließenden Flüssigkeit reibungsfrei vor sich, dann könnte in der Wandrichtung auf die Flüssigkeit keine äußere

Kraft wirken, und N' wäre der gesamte Strahldruck auf die Wand. Tatsächlich hat jedoch der Strahldruck auch eine Komponente nach der Wandrichtung.

Die in die Strahlrichtung fallende Seitenkraft von N' — der sogenannte Paralleldruck — hat, wie ersichtlich, die Größe

$$N' \sin\alpha = \varrho\,Q\,v \sin^2\alpha\,.$$

Für den Sonderfall, daß der Flüssigkeitsstrahl eine zu ihm senkrecht stehende Wand trifft, ist wegen $\alpha = 90°$ (Abb. 52)

$$N' = \varrho\,Q\,v\,.$$

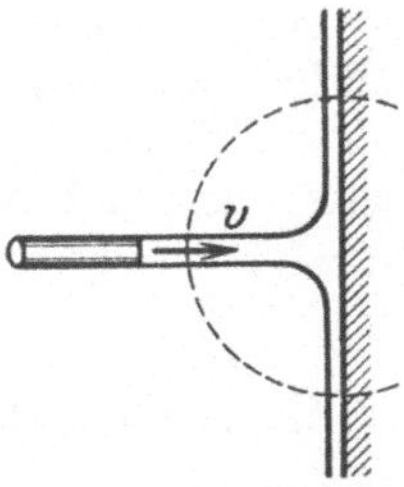

Wird die Wand (bzw. Platte) selbst mit einer Geschwindigkeit $u < v$ in der Strahlrichtung bewegt, so ist der Vorgang instationär. Man kann ihn stationär machen, indem man ein Bezugssystem einführt, das relativ zur Wand in Ruhe ist, d. h. deren Bewegung mitmacht. Für die Berechnung des Strahldruckes kommt jetzt nur die Relativgeschwindigkeit $v - u$ des Strahles gegen die (lotrechte) Wand in Betracht, und man erhält

$$N' = \varrho\,Q'\,(v - u)\,,$$

Abb. 52. Strahldruck auf eine lotrechte Wand

wobei $Q' = F\,(v - u)$ ist, wenn F wieder den Strahlquerschnitt bezeichnet.

d) Druck der strömenden Flüssigkeit auf gleichförmig rotierende Kanäle (Eulersche Turbinengleichung)

Abb. 53 stelle einen durch zwei Schaufeln einer Wasserturbine (Radialturbine) gebildeten „Kanal" dar, der sich in gleichförmiger Drehbewegung um die feste (lotrechte) Achse O des Laufrades befindet. Die relativen Ein- bzw. Austrittsgeschwindigkeiten des Wassers seien $\mathfrak{w}_1$ und $\mathfrak{w}_2$, die entsprechenden Umfangs-(Führungs-) Geschwindigkeiten $\mathfrak{u}_1$ bzw. $\mathfrak{u}_2$. Dann gilt für die absoluten Geschwindigkeiten $\mathfrak{c}_1 = \mathfrak{u}_1 + \mathfrak{w}_1$ und $\mathfrak{c}_2 = \mathfrak{u}_2 + \mathfrak{w}_2$.

Nach dem Impulsmomentensatz (98) ist im Falle stationärer Strömung das Moment des in der Zeiteinheit bei B aus dem Kanal austretenden Impulses, vermindert um das Moment des bei A eintretenden Impulses, in bezug auf den Punkt O, gleich dem Moment der äußeren Kräfte, welche auf die augenblicklich im Kanale vorhandene Flüssigkeitsmasse wirken. Letzteres wird, da die Schwere keinen Beitrag zu diesem Moment liefert, nur von den Schaufeldrücken auf das Wasser gebildet [1]. Ein entgegengesetzt gleich großes Moment übt die strömende Flüssigkeit auf die Schaufelwandungen aus. Nach dem Impulsmomentensatz wird somit das gesamte *Reaktionsmoment*, d. h. das an die Turbinenwelle abgegebene Drehmoment,

$$M_d = \varrho\,Q\,(c_1\,r_1 \cos\delta_1 - c_2\,r_2 \cos\delta_2)\,, \tag{101}$$

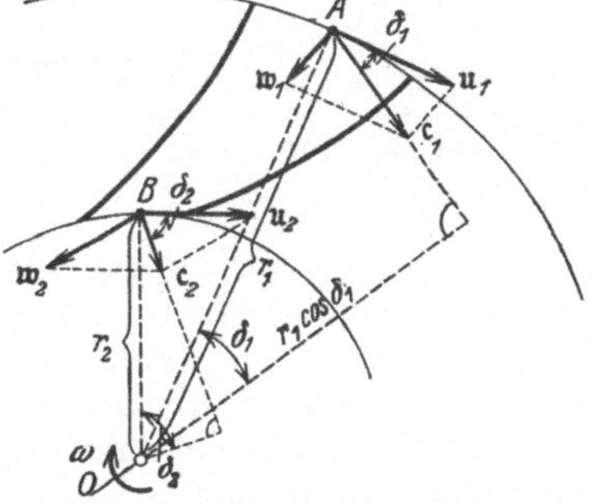

Abb. 53. Zur Ableitung der Eulerschen Turbinengleichung

wenn Q die in der Sekunde durch *sämtliche* Schaufeln des Turbinenlaufrades strömende Wassermenge bezeichnet. Mit ω als Winkelgeschwindigkeit der Welle ergibt sich somit die Leistung der Turbine zu $L = M_d\,\omega$. Beachtet man noch, daß $u_1 = r_1\omega$ und $u_2 = r_2\omega$ ist, so folgt aus (101) nach Multiplikation mit ω

$$L = \varrho\,Q\,(c_1\,u_1 \cos\delta_1 - c_2\,u_2 \cos\delta_2)\,. \tag{101a}$$

---

[1] Reibungskräfte sollen hier außer Betracht bleiben.

Die günstigste Leistung erhält man danach für den Fall, daß der Winkel δ_2 gerade zu 90° wird, die absolute Austrittsgeschwindigkeit also radial gerichtet ist. Dann wird einfach

$$L = \varrho\, Q\, c_1\, u_1 \cos\delta_1 .$$

Gl. (101) wird als *Eulersche Turbinengleichung* (Hauptgleichung der Turbinentheorie) bezeichnet. Ihrer Ableitung liegt die Voraussetzung zugrunde, daß die in einen Schaufelkanal eintretenden Wasserteilchen sich sämtlich in Richtung der Mittellinie dieses Kanals bewegen, d. h. durch die Schaufeln in gleicher Weise geführt bzw. abgelenkt werden. Es ist einleuchtend, daß diese Annahme nur bei kleinen Schaufelabständen zulässig ist, bei größeren dagegen nicht, weil dann keine eigentlichen „Kanäle" mehr vorliegen. (Vgl. dazu die Ausführungen auf S. 342.)

B. Strömung mit Energieverlusten. Einfluß der Zähigkeit

10. Verallgemeinerte Bernoullische Gleichung für nichtideale Flüssigkeiten

Durch die BERNOULLISche Gl. (69) kommt — wie bereits auf S. 41 hervorgehoben wurde — *die Konstanz der „Strömungsenergie"* einer reibungsfreien Flüssigkeit längs einer beliebigen Stromlinie zum Ausdruck. Die natürlichen

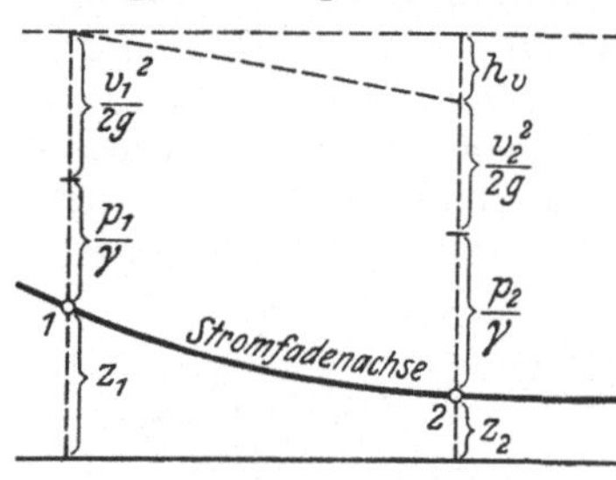

Abb. 54. Zur Definition der „Verlusthöhe" h_v

(tropfbaren) Flüssigkeiten sind nun zwar mit großer Annäherung *raumbeständig* (ϱ = const), aber *nicht reibungsfrei*. Durch die Flüssigkeitsreibung (Zähigkeit) wird ein Teil der Strömungsenergie in andere Energieformen (Wärme, Schall) umgesetzt, geht also für die eigentlichen mechanischen Vorgänge „verloren", so daß er als *„Energieverlust"* bezeichnet wird. In der BERNOULLISchen Gl. (69a) äußert sich dieser Verlust darin, daß die Summe aus der Geschwindigkeitshöhe $v^2/2\,g$, der Druckhöhe p/γ und der Ortshöhe z bei einer reibenden Flüssigkeit für beliebige Punkte einer Stromlinie nicht mehr konstant ist, sondern in der Strömungsrichtung ständig abnimmt.

Diese Abnahme kann aus Dimensionsgründen wieder durch eine Höhe dargestellt werden, die als *Verlusthöhe* h_v bezeichnet werden soll. Man kann also die BERNOULLISche Gleichung der idealen Flüssigkeit für die *natürliche* Flüssigkeit dahin erweitern, daß man auf der rechten Seite von (69a) die Verlusthöhe h_v hinzufügt (Abb. 54), ohne zunächst über deren Größe etwas aussagen zu können, also

$$\frac{v_1^2}{2\,g} + \frac{p_1}{\gamma} + z_1 = \frac{v_2^2}{2\,g} + \frac{p_2}{\gamma} + z_2 + h_v . \tag{102}$$

Dieser Ausdruck gilt zunächst nur für *stationäre* Strömungen. Er kann aber auch bei solchen an sich nicht stationären Bewegungen angewandt werden, deren *zeitliche Mittelwerte* als stationäre Strömung angesehen werden dürfen. Ist dieses nicht der Fall, so muß man auf die Gl. (81) der *instationären Strömung* zurückgehen und in dieser auf der rechten Seite die Verlusthöhe h_v hinzufügen, also schreiben

$$\frac{v_1^2}{2\,g} + \frac{p_1}{\gamma} + z_1 = \frac{v_2^2}{2\,g} + \frac{p_2}{\gamma} + z_2 + \frac{1}{g}\int_{s=s_1}^{s=s_2} \frac{\partial v}{\partial t}\, ds + h_v . \tag{103}$$

Die Gln. (102) und (103) gelten ihrer Ableitung entsprechend nur für Stromfäden von so kleinen Querschnittsabmessungen, daß die Geschwindigkeit v für alle Punkte des Querschnitts den gleichen Wert hat. Bei den technischen Anwendungen werden sie jedoch gewöhnlich auch auf Stromfäden von endlichen — mitunter sogar sehr großen — Querschnitten angewandt (z. B. bei der Bewegung des Wassers in Rohren und Gerinnen). Man faßt dann v und p als *Mittelwerte* des betreffenden Querschnitts auf und führt als geometrische Höhe z die Höhe des Querschnittsschwerpunktes über einer entsprechend gewählten Nullebene ein.

Bei der praktischen Anwendung der Gln. (102) und (103) kommt es wesentlich darauf an, für die Verlusthöhe h_v einen geeigneten Ausdruck zu finden. Von Sonderfällen abgesehen (vgl. S. 100ff) ist man dabei i. allg. auf die Benutzung experimenteller Ergebnisse angewiesen.

11. Der Newtonsche Elementaransatz für die Flüssigkeitsreibung

Die Tatsache des Energieverlustes bzw. der Bedarf an Energieaufwand zur Aufrechterhaltung einer Strömung führt zu dem Schluß, daß bei der Formänderung der natürlichen Flüssigkeiten Widerstandskräfte ausgelöst werden, welche durch die den Flüssigkeiten eigene *Zähigkeit* oder *Viskosität* bedingt sind. Unter Zähigkeit versteht man dabei die Eigenschaft einer natürlichen Flüssigkeit, tangential gerichtete Spannungen in den Berührungsflächen zweier Flüssigkeitsteilchen übertragen zu können. Diese Tangentialspannungen werden als *Flüssigkeitsreibung* bezeichnet.

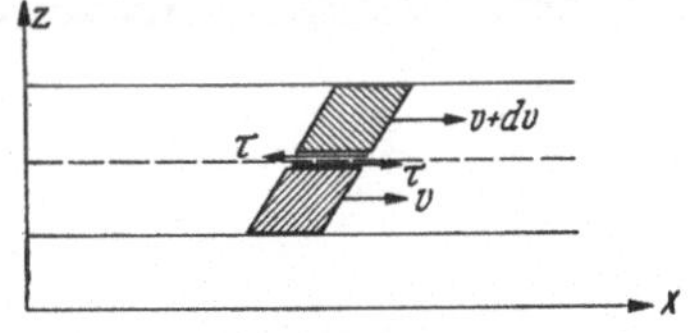

Abb. 55. Zur Definition der Schubspannung

Bereits auf NEWTON geht die Vorstellung zurück, daß die innere Reibung zwischen zwei aneinander grenzenden Flüssigkeitsteilchen unabhängig von dem dort herrschenden Normaldruck, dagegen proportional der Geschwindigkeitsänderung beim Übergang von dem einen zum andern Teilchen ist (im Gegensatz zur „trockenen" Reibung zwischen festen Körpern). Betrachtet man also zwei derartige Teilchen, deren Bewegung parallel einer beliebigen x-Richtung erfolgt, deren Geschwindigkeit aber in der zu x senkrechten z-Richtung um das Differential dv verschieden ist (Abb. 55), so läßt sich die auf die Einheit der Berührungsfläche entfallende Reibungskraft (Schubspannung) wie folgt definieren:

$$\tau = \mu \frac{dv}{dz}, \tag{104}$$

wobei der Proportionalitätsfaktor $\mu \left[\dfrac{\mathrm{kp\,s}}{\mathrm{cm^2}}\right]$* als *Zähigkeitskoeffizient* (dynamisches Zähigkeitsmaß) bezeichnet wird, eine Materialkonstante, die für verschiedene Flüssigkeiten verschieden groß und im übrigen wesentlich von der Temperatur abhängig ist.

Von den beiden benachbarten Elementen zweier nebeneinander strömenden Flüssigkeitsschichten wird also dasjenige, welches die größere Geschwindigkeit besitzt, durch die innere Reibung unter gleichzeitiger Formänderung verzögert, das andere dagegen beschleunigt.

12. Laminare Strömung. Gesetz von Hagen-Poiseuille

Mit Hilfe des obigen Elementaransatzes für die Flüssigkeitsreibung gelingt es, die Vorgänge bei einer gewissen Klasse von Strömungen, den sogenannten

---

* In der Physik wird an Stelle von μ gewöhnlich die Bezeichnung η gebraucht.

Laminar- oder *Schichtenströmungen*, rechnerisch zu erfassen und auch die oben eingeführte Verlusthöhe h_v eines Stromfadens zu bestimmen. Man versteht darunter solche Flüssigkeitsbewegungen, bei denen sich alle Teilchen in geordneten, nebeneinanderlaufenden Schichten bewegen, die sich weder durchsetzen noch miteinander vermischen. Derartige Strömungen treten z. B. auf bei der Bewegung von Flüssigkeiten in geraden Kreisrohren oder zwischen parallelen Wänden, sofern die Größe der Geschwindigkeit unter einer gewissen, später noch festzustellenden Grenze bleibt.

Um dieses zu zeigen, sei zunächst die stationäre Strömung in einem geraden, zylindrischen Kreisrohr vom Radius r betrachtet, dessen Achse gegen die Horizontale um den Winkel α geneigt sei. Die Geschwindigkeiten aller Flüssigkeitsteilchen haben bei der hier vorausgesetzten Laminarbewegung offenbar die gleiche, durch die Rohrachse festgelegte Richtung. Im Gegensatz zu den reibungsfreien Flüssigkeiten *haftet eine natürliche Flüssigkeit erfahrungsgemäß an festen Wänden*[1]. An den Rohrwandungen besitzt also die Strömungsgeschwindigkeit überall den Wert Null. Im übrigen darf die Geschwindigkeitsverteilung innerhalb eines Querschnitts als axial-symmetrisch angenommen

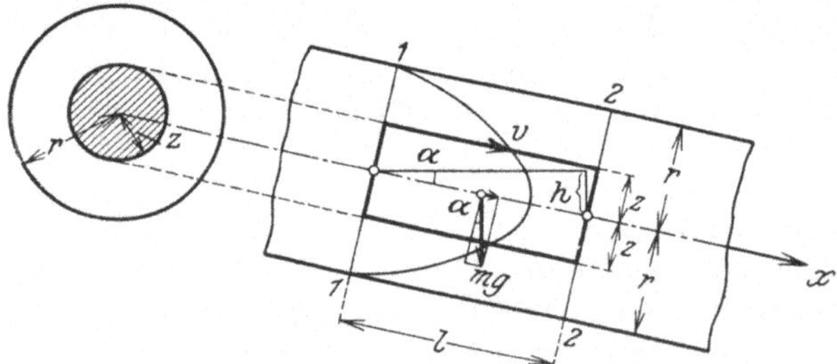

Abb. 56. Laminarströmung im Kreisrohr

werden, wonach alle im gleichen Abstand von der Rohrachse liegenden Teilchen die gleiche Geschwindigkeit besitzen.

Man denke sich nun einen koaxialen Flüssigkeitszylinder von der Länge l und dem Radius z herausgeschnitten (Abb. 56). Bezeichnen p_1 und p_2 die Drücke auf die obere und untere Stirnfläche dieses Zylinders, ferner mg sein Gewicht, so wirkt auf ihn in Richtung der Rohrachse aus Druck und Schwere eine beschleunigende Kraft von der Größe

$$P = \pi z^2 (p_1 - p_2) + m g \sin\alpha = \pi z^2 (p_1 - p_2) + \pi z^2 l \gamma \frac{h}{l},$$

wo h den Höhenunterschied der Mittelpunkte der beiden Stirnflächen des Zylinders bezeichnet. Etwas anders geschrieben lautet dieser Ausdruck

$$P = \pi z^2 \gamma l \left(\frac{p_1 - p_2}{\gamma l} + \frac{h}{l} \right). \tag{105}$$

Setzt man in allen Querschnitten des betrachteten (geraden) Rohrstücks gleiche Strömungsverhältnisse voraus, so darf das *Druckgefälle* $\dfrac{p_1 - p_2}{l}$ (Druckabfall in Strömungsrichtung, bezogen auf die Längeneinheit) längs der Rohrachse als konstant angesehen werden. Der Ausdruck

$$J = \frac{p_1 - p_2}{\gamma l} + \frac{h}{l} \tag{106}$$

ist somit wegen $h/l = \sin\alpha$ eine konstante Größe, die sich aus dem „Druckhöhengefälle" und dem „geometrischen Höhengefälle" des Rohres zusammensetzt und kurz als „*Gefälle*" der Rohrströmung bezeichnet werden soll.

[1] Diese Behauptung ist für die meisten „tropfbaren" Flüssigkeiten und für Gase unter normalen Drücken experimentell bestätigt. Bei stark verdünnten Gasen können, wie molekulartheoretische Überlegungen zeigen, gewisse Gleitbewegungen längs einer festen Wand auftreten. (Vgl. dazu S. 389.)

Auf die Mantelfläche des betrachteten Flüssigkeitszylinders wirkt als Resultante der an dieser angreifenden Schubspannungen eine tangentiale Kraft T, deren Größe durch den Ansatz (104) bestimmt ist. Da nun aus Kontinuitätsgründen in allen Querschnitten des Rohres gleiche Geschwindigkeiten herrschen, so erhält man die Kraft T einfach durch Multiplikation der Zylindermantelfläche mit der Schubspannung τ, also

$$T = 2\,\pi\,z\,l\,\mu\,\frac{dv}{dz}\,.$$

Im vorliegenden Falle ist $\frac{dv}{dz}$ negativ (die Geschwindigkeit v fällt ja von der Rohrmitte nach der Rohrwandung zu auf den Wert Null ab), weshalb auch T negativ wird, also *gegen* die Bewegung des Flüssigkeitszylinders gerichtet.

Bei stationärer Strömung können Beschleunigungen nicht auftreten, d. h. die Kräftesumme $P + T$ muß verschwinden. Es muß also wegen (105) und (106) sein

$$\pi\,z^2\,\gamma\,l\,J + 2\,\pi\,z\,l\,\mu\,\frac{dv}{dz} = 0$$

oder

$$\frac{dv}{dz} = -\frac{\gamma\,J}{2\,\mu}\,z\,.$$

Durch Integration folgt daraus

$$v = -\frac{\gamma\,J}{4\,\mu}\,z^2 + C\,.$$

An der Rohrwand haftet die Flüssigkeit, wie oben bereits bemerkt wurde, d. h. es ist $v = 0$ für $z = r$, so daß $C = \frac{\gamma\,J\,r^2}{4\,\mu}$ wird. Damit ergibt sich

$$v = \frac{\gamma\,J}{4\,\mu}\,(r^2 - z^2)\,. \tag{107}$$

Die Geschwindigkeit ist somit nach einem *Rotationsparaboloid* über den Rohrquerschnitt verteilt, dessen Scheitel in die Rohrachse fällt (Abb. 56). Führt man hier noch die sogenannte *kinematische Zähigkeit*[1]

$$\nu = \frac{\mu}{\varrho}\left[\frac{\text{cm}^2}{\text{s}}\right]$$

ein, so kann (107) wegen $\gamma = \varrho g$ auch wie folgt geschrieben werden

$$v = \frac{J\,g}{4\,\nu}\,(r^2 - z^2)\,. \tag{107a}$$

Danach erreicht v seinen größten Wert für $z = 0$, d. h. in der Rohrachse, und zwar wird

$$v_{(z=0)} = v_{\max} = \frac{J\,g\,r^2}{4\,\nu}\,.$$

Zur Bestimmung der in der Zeiteinheit durch den Rohrquerschnitt strömenden Flüssigkeitsmenge Q betrachte man jetzt einen Ringquerschnitt vom inneren Radius z und der Dicke dz. Dann wird die durch ihn sekundlich strömende Flüssigkeitsmenge wegen (107a)

$$dQ = v\,2\,\pi\,z\,dz = \frac{\pi\,J\,g}{2\,\nu}\,(r^2\,z - z^3)\,dz$$

und somit

$$Q = \frac{\pi\,J\,g}{2\,\nu}\int\limits_{z=0}^{z=r}(r^2\,z - z^3)\,dz = \frac{\pi\,J\,g\,r^4}{8\,\nu}\,. \tag{108}$$

---

[1] Diese Bezeichnung rührt daher, daß ν nur die kinematischen Größen Länge und Zeit, dagegen nicht die Kraft enthält.

Danach ist bei der *laminaren* Rohrströmung die sekundliche Durchflußmenge Q proportional dem Gefälle J und der vierten Potenz des Rohrradius r. Dieses Ergebnis wird nach seinen Entdeckern als das HAGEN-POISEUILLEsche Gesetz bezeichnet[1].

Definiert man nun als *mittlere Geschwindigkeit* der Rohrströmung den Ausdruck

$$\bar{v} = \frac{Q}{\pi\, r^2}$$

und führt für Q den Wert aus Gl. (108) ein, so wird

$$\bar{v} = \frac{J\,g\,r^2}{8\,\nu},$$

d.h. halb so groß wie die maximale Geschwindigkeit $v_{\max}$ in der Rohrachse.

Schließlich erhält man aus vorstehender Gleichung für das Gefälle J den Wert

$$J = \bar{v}\,\frac{8\,\nu}{g\,r^2}, \tag{109}$$

also proportional der mittleren Geschwindigkeit $\bar{v}$.

Wendet man nun die erweiterte Energiegleichung (102) auf die hier behandelte Strömung in einem zylindrischen Rohre an, wobei jetzt v_1 und v_2 durch die mittleren Geschwindigkeiten $\bar{v}_1$ und $\bar{v}_2$ zu ersetzen wären (S. 38), und beachtet, daß wegen der Kontinuität $\bar{v}_1 = \bar{v}_2$ sein muß, so lautet (102), wenn man noch durch die Rohrlänge l dividiert,

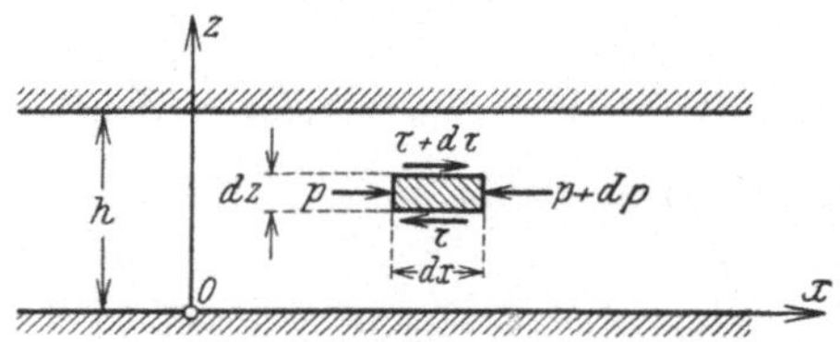

Abb. 57. Laminarströmung zwischen parallelen Wänden

$$\frac{p_1 - p_2}{\gamma\,l} + \frac{z_1 - z_2}{l} = \frac{h_v}{l}. \tag{110}$$

Da aber $z_1 - z_2 = h$ den Höhenunterschied der beiden Rohrquerschnitte bezeichnet, so stellt die linke Seite der vorstehenden Gleichung das Gefälle J dar, und man erhält unter Beachtung von (109)

$$h_v = J\,l = \bar{v}\,\frac{8\,\nu\,l}{g\,r^2} \tag{110a}$$

als *Verlusthöhe* der laminaren Rohrströmung. Man erkennt daraus, daß zur Aufrechterhaltung der Strömung ein solches Gefälle notwendig ist, im Gegensatz zur Idealtheorie, nach welcher wegen $h_v = 0$ auch $J = 0$ wäre.

Strömung zwischen zwei parallelen Wänden. In ähnlicher Weise wie die Rohrströmung läßt sich auch die stationäre Laminarbewegung einer Flüssigkeit zwischen zwei parallelen Wänden vom Abstande h behandeln (Abb. 57). Die Bewegung sei auf ein rechtwinkliges Achsenkreuz bezogen, dessen x-Achse in Richtung der Strömung mit der unteren Wand zusammenfällt, während die z-Achse dazu senkrecht steht. Von der zu x und z senkrechten Richtung sei die Strömung unabhängig (ebene Bewegung). Dann sind alle Geschwindigkeiten parallel der x-Achse gerichtet und in der x-Richtung konstant ($\partial v/\partial x = 0$). An einem Flüssigkeitsteilchen von der Länge dx, der Höhe dz und der Breite „eins" müssen sich also die in den Seitenflächen $1 \cdot dx$ wirkenden Reibungskräfte und die auf die Stirnflächen wirkenden Druckkräfte Gleichgewicht halten. Daraus folgt unter Beachtung der aus Abb. 57 ersichtlichen Bezeichnungen

$$- d\,p\,dz + d\,\tau\,dx = 0$$

oder wegen Gl. (104)

$$\frac{d\,p}{d\,x} = \frac{d\,\tau}{d\,z} = \mu\,\frac{d^2 v}{d\,z^2}. \tag{111}$$

a) Beide Wände sind fest. Bei der gleichförmigen Bewegung der Flüssigkeit durch den Spalt ist — ebenso wie bei der Rohrströmung — das Druckgefälle konstant. Da hier außer-

---

[1] Vgl. dazu W. OSTWALD: Kolloid-Z. (1925) S. 99.

dem kein Höhengefälle h/l vorhanden ist, so wird nach Gl. (106)

$$J = \frac{p - (p + dp)}{\gamma\, dx} = -\frac{1}{\gamma}\frac{dp}{dx} = \text{const},$$

und der Ausdruck (111) lautet jetzt wegen $\mu = \nu \varrho$

$$\frac{d^2 v}{d z^2} = -\frac{J\gamma}{\mu} = -\frac{Jg}{\nu}.$$

Durch zweimalige Integration folgt daraus

$$v = -\frac{Jg}{\nu}\frac{z^2}{2} + C_1 z + C_2.$$

Die Integrationskonstanten bestimmen sich aus den Bedingungen $v = 0$ für $z = 0$ und $v = 0$ für $z = h$ zu $C_2 = 0$ und $C_1 = \frac{Jg}{\nu}\frac{h}{2}$, so daß

$$v = \frac{Jg}{2\nu}\,(hz - z^2).$$

Schließlich erhält man als sekundliche Durchflußmenge Q', bezogen auf die Tiefe „eins",

$$Q' = \int\limits_{z=0}^{z=h} v\, dz = \frac{Jg}{2\nu} \int\limits_{z=0}^{z=h} (hz - z^2)\, dz = \frac{Jg h^3}{12\nu} \quad \left[\frac{\text{m}^2}{\text{s}}\right].$$

b) Die untere Wand ruht, die obere wird in ihrer Ebene mit der Geschwindigkeit V bewegt. Infolge des Haftens der zähen Flüssigkeit an den Wänden muß die oberste Flüssigkeitsschicht die gleiche Geschwindigkeit V annehmen wie die bewegte Wand, während die unterste Schicht ruht. War die Flüssigkeit anfangs in Ruhe, so kann sich hier ein Druckgefälle in der Strömungsrichtung nicht einstellen, weshalb $\frac{dp}{dx} = 0$ ist. Damit liefert Gl. (111) $\frac{dv}{dz} = $ const, d. h. die Geschwindigkeit verteilt sich geradlinig über den Querschnitt, so daß

$$v = V\frac{z}{h}$$

wird.

Die zwischen den einzelnen Flüssigkeitsschichten übertragene Schubspannung ist

$$\tau = \mu\frac{dv}{dz} = \mu\frac{V}{h},$$

also unabhängig von z. Zur Bewegung der oberen Wand mit der Geschwindigkeit V ist eine Kraft erforderlich, die — auf die Flächeneinheit bezogen — die Größe von τ haben muß. Diese besonders einfache Strömungsart wird gewöhnlich als COUETTE-Strömung bezeichnet[1].

Die oben abgeleitete Gl. (108), welche durch den Versuch mit großer Genauigkeit bestätigt wird, kann zur experimentellen Bestimmung des Zähigkeitsmaßes $\mu = \nu\varrho$ einer Flüssigkeit benutzt werden. Verwendet man dabei ein horizontal gestelltes Meßrohr, so ist das Gefälle J reines Druckhöhengefälle, wofür man nach (106) erhält

$$J_{(h=0)} = \frac{p_1 - p_2}{\gamma\, l}.$$

Die Bestimmung dieses Gefälles kann mit Hilfe von Manometern erfolgen (vgl. S. 47). Dabei ist darauf zu achten, daß die Rohrstrecke l, an welcher die Messung vorgenommen wird, hinreichend weit von der Ein- und Auslaufstelle der Flüssigkeit entfernt ist. Es hat sich nämlich gezeigt, daß die parabolische Geschwindigkeitsverteilung sich erst nach einer bestimmten Einlaufstrecke einstellt. Beim Eintritt der Flüssigkeit aus dem Zulaufbehälter in das Rohr ist eine nahezu gleichmäßige Geschwindigkeitsverteilung über den Querschnitt vorhanden, die erst allmählich in die parabolische übergeht. Nach L. SCHILLER[2] ist die dazu erforderliche *Einlaufstrecke* $l \approx 0{,}0288\, d \cdot \dfrac{\bar{v}\, d}{\nu}$ ($\bar{v}$ = mittlere Geschwindigkeit, d = Rohrdurchmesser[3]).

---

[1] Vgl. dazu auch S. 286.

[2] SCHILLER, L.: Z. angew. Math. Mech. Bd. 2 (1922) S. 96.

[3] Auf analytischem Wege ist dieser Strömungsvorgang von H. SCHLICHTING für einen breiten rechteckigen Kanal behandelt worden [Z. angew. Math. Mech. (1934) S. 368], während B. PUNNIS den entsprechenden Vorgang für Kreisrohre untersucht hat (Zur Berechnung der laminaren Einlaufströmung im Rohr. Diss. Göttingen 1947). Vgl. dazu auch N. SCHOLZ: Berechnung des laminaren und turbulenten Druckabfalles im Rohreinlauf. Chemie-Ingenieur-Technik 32 (1960) S. 404–409.

Führt man den obigen Wert für J in Gl. (108) ein und setzt dort außerdem $v = \dfrac{\mu}{\varrho}$, so erhält man

$$Q = \frac{p_1 - p_2}{l}\,\frac{\pi\,r^4}{8\,\mu}$$

oder, nach μ aufgelöst,

$$\mu = \frac{p_1 - p_2}{l}\,\frac{\pi\,r^4}{8\,Q}\,.$$

Man hat also nur die sekundlich durch das Meßrohr strömende Flüssigkeitsmenge zu messen und kann auf diese Weise μ bestimmen. Die Geräte, welche zur Ermittlung der Zähigkeit verwendet werden, heißen Viskosimeter oder Zähigkeitsmesser.

Nachstehend sind einige Werte von $v = \dfrac{\mu}{\varrho}$ für Wasser und Luft zusammengestellt[1]:

Wasser von . . .	0°	10°	20°	40°	60°	80°	100°
$10^3\,v\left[\dfrac{\mathrm{cm}^2}{\mathrm{s}}\right]$ . . .	17,9	13,1	10,1	6,58	4,78	3,66	2,95

Luft bei 760 mm QS von	—20°	0°	20°	40°	60°	80°	100°
$10^3\,v\left[\dfrac{\mathrm{cm}^2}{\mathrm{s}}\right]$ . . .	116	133	151	169	189	209	231

13. Turbulente Strömung. Reynoldssche Zahl[2]

Die im vorhergehenden Kapitel behandelte Laminarbewegung umfaßt nur eine relativ kleine Gruppe der praktisch wichtigen Flüssigkeitsbewegungen, und zwar solche, bei denen entsprechend kleine Geschwindigkeiten und kleine Abmessungen der Stromfadenquerschnitte vorliegen. Sie stellt sich außerdem je eher ein, desto größer die kinematische Zähigkeit der Flüssigkeit ist.

Während die laminare Bewegung — wie oben bereits bemerkt wurde — durch ihr geordnetes Verhalten in nebeneinander laufenden Schichten gekennzeichnet ist, hat man es bei der nun zu besprechenden *turbulenten* Strömungsform mit einer Bewegung zu tun, bei welcher sich die nebeneinander fließenden Schichten ständig miteinander vermischen, wodurch der Eindruck einer unruhigen, wirbeligen Bewegung — scheinbar ohne jegliche Gesetzmäßigkeit — entsteht. Dabei besitzt die Geschwindigkeit jedes Flüssigkeitsteilchens — sofern die Strömung als Ganzes betrachtet von der Zeit unabhängig ist — einen *stationären Mittelwert*, welcher durch unregelmäßige Schwankungen in der Längs- und Querrichtung der Strömung überlagert ist. Die Geschwindigkeitsverteilung in einem kreiszylindrischen Rohre ist nicht mehr wie bei der laminaren Bewegung parabolisch, sondern im mittleren Flüssigkeitskern (nahe der Rohrachse) wesentlich gleichmäßiger, während der Geschwindigkeitsabfall nach dem Rande zu entsprechend steiler ist (Abb. 58). Zwischen dem Gefälle J und der mittleren Geschwindigkeit $\bar{v}$ besteht nicht mehr die durch Gl. (109) zum Ausdruck kommende lineare Abhängigkeit, vielmehr ist J bei der turbulenten Strömung eher dem Quadrat der Geschwindigkeit verhältnisgleich, d. h. es stellen sich hier erheblich größere

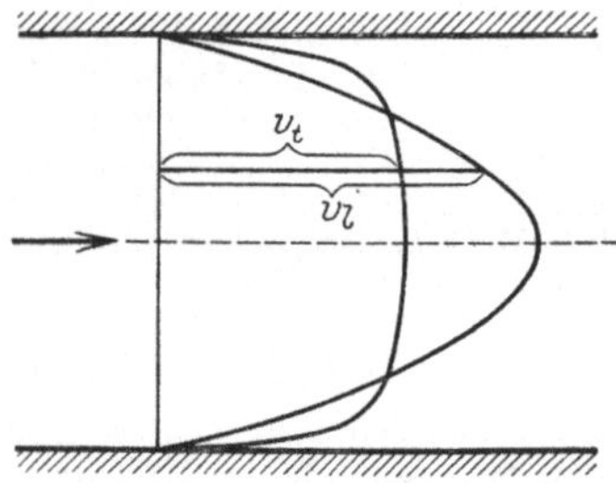

Abb. 58. Geschwindigkeitsverteilung bei laminarer (v_l) und turbulenter (v_t) Strömung

---

[1] Weitere Angaben findet man in Hütte Bd. 1, 28. Aufl. (1955) S. 765 und 1270.
[2] Vgl. hierzu W. Tollmien im Handb. d. Experimentalphysik IV,1 S. 289 und L. Prandtl: Führer durch die Strömungslehre, 3. Aufl. (1949) S. 105.

Strömungswiderstände ein als im laminaren Bereich, da ja durch J auch die Verlusthöhe h_v bestimmt ist. Die Ursache dieser größeren Widerstände ist in den *Mischbewegungen* zu suchen, welche durch die oben erwähnten Geschwindigkeitsschwankungen entstehen, die einen *Impulsaustausch* zwischen benachbarten Flüssigkeitsschichten zur Folge haben. Die charakteristischen Unterschiede der beiden Strömungsarten sind schon von HAGEN und POISEUILLE beobachtet worden. Die theoretische Grundlage, welche für das Verständnis und die richtige Beurteilung des Problems von Bedeutung geworden ist, verdankt man indessen erst OSBORNE REYNOLDS[1]. Dieser ließ Wasser durch Glasrohre von verschiedener Weite fließen, dem er mit Hilfe eines Kapillarröhrchens gefärbte Flüssigkeit in Richtung der Rohrachse zuführte. Dabei zeigte sich, daß bei kleinen Durchflußgeschwindigkeiten die gefärbte Flüssigkeit einen glasartigen, geraden Faden innerhalb der ungefärbten Flüssigkeit bildete, was auf *laminare* Bewegung schließen läßt. Bei Erreichung einer gewissen „*kritischen*" Geschwindigkeit zerriß dieser gefärbte Stromfaden und durchsetzte mit seinen Farbteilchen nahezu alle übrigen Stromfäden des Rohres, ein Zeichen dafür, daß sich jetzt die *turbulente* Strömungsform eingestellt hatte. Außerdem stellte REYNOLDS bei seinen Versuchen fest, daß die kritische Geschwindigkeit um so kleiner war, je größer die Rohrweite gewählt wurde. Aus dieser Beobachtung schloß er zunächst auf die Existenz einer zahlenmäßig feststellbaren Grenze für den Übergang von der laminaren zur turbulenten Strömungsform. Aus Ähnlichkeitsbetrachtungen(vgl. Ziffer 14) erkannte er weiter, daß diese Grenze durch eine *dimensionslose* Kombination aus der mittleren Durchflußgeschwindigkeit $\bar{v}\left[\dfrac{\text{cm}}{\text{s}}\right]$, dem Rohrdurchmesser d [cm] und der kinematischen Zähigkeit $v\left[\dfrac{\text{cm}^2}{\text{s}}\right]$ der Flüssigkeit bestimmt ist. Diese später nach ihm benannte REYNOLDSsche Zahl hat die Form

$$Re = \frac{\bar{v}\,d}{v}. \tag{112}$$

Unter der Voraussetzung gleicher Versuchsbedingungen — besonders hinsichtlich des Zulaufes zum Rohr — tritt danach der Umschlag der laminaren in die turbulente Strömungsform bei einer bestimmten „*kritischen*" REYNOLDSschen Zahl

$$Re_{kr} = \left[\frac{\bar{v}\,d}{v}\right]_{kr} \tag{112a}$$

ein.

REYNOLDS sprach weiter die Vermutung aus, daß die laminare Bewegung — da sie mathematisch eine mögliche Strömungsform darstellt — jenseits der oben angegebenen Grenze *labil* werden müsse und zugunsten der turbulenten Form geändert werde. Diese Auffassung hat sich in der Tat bestätigt, wie später noch gezeigt wird.

Als kritische Zahl für die Rohrströmung ermittelte REYNOLDS aus eigenen und älteren Versuchen von DARCY den Wert $\left[\dfrac{\bar{v}\,d}{v}\right]_{kr} \approx 2000$, mit geringen Streuungen nach beiden Seiten. Nach späteren Messungen von SCHILLER[2] ist für technisch glatte, gerade Rohre $Re_{kr} = 2320$, bei scharfkantigem Anschluß des Rohres an eine lotrechte Wand 2800.

REYNOLDS beobachtete auch, daß sich bei entsprechend vorsichtigem Experimentieren die laminare Strömung wesentlich länger aufrechterhalten läßt, als den vorstehend angegebenen Werten entspricht. Systematische Versuche verschiedener Forscher haben die REYNOLDSschen Beobachtungen bestätigt und unter tunlicher Vermeidung aller störenden Einflüsse bei der Zuleitung der

---

[1] REYNOLDS, O.: Phil. Trans. roy. Soc. Bd. 174 (1883) S. 935; Bd. 186 (1895) S. 123.
[2] Z. angew. Math. Mech. (1921) S. 436.

Flüssigkeit aus dem Flüssigkeitsbehälter in das Versuchsrohr kritische REYNOLDS-sche Zahlen bis zu 50000 erreicht. SCHILLER[1] untersuchte daraufhin den Einfluß der Einlaufstörung, d. h. die Beunruhigung der Flüssigkeit vor dem Eintritt ins Meßrohr. Er stellte fest, daß in technisch glatten Rohren zu jeder REYNOLDS-schen Zahl oberhalb 2320 ein bestimmter Störungsbetrag gehört, um die Turbulenz hervorzurufen, und daß dieser Betrag um so kleiner ist, je größer Re wird. Unterhalb der kritischen Zahl 2320 bleibt die laminare Strömung bei allen Störungen stabil.

Für die experimentelle Untersuchung von Rohrströmungen ist noch die turbulente *Einlauflänge* von Bedeutung. Darunter versteht man den Abstand der Meßstrecke vom Rohreinlauf, der notwendig ist, damit die Turbulenz sich voll ausbilden kann. Nach Versuchen von KIRSTEN[2] ist zur einwandfreien Messung der ausgebildeten Turbulenz eine Einlauflänge $l = 50$ bis $100\,d$ erforderlich. Dagegen hat NIKURADSE[3] das voll ausgebildete Geschwindigkeitsprofil bereits nach einer Länge von $l = 25$ bis $40\,d$ festgestellt[4].

Entsprechend der kritischen Kennzahl Re_{kr} benutzt man mitunter auch die *kritische Geschwindigkeit* $\bar{v}_{kr}$ und versteht darunter jene mittlere Durchflußgeschwindigkeit, welche bei gegebenem Rohrdurchmesser und einem bestimmten Werte von v dem Ausdruck (112a) entspricht, d. h. diejenige Geschwindigkeit, unterhalb welcher die Strömung auf jeden Fall laminar ist. Danach würde für Wasser von 10 °C mit einer kinematischen Zähigkeit $v = 13,1 \cdot 10^{-3}\,\dfrac{\mathrm{cm^2}}{\mathrm{s}}$ bei einem Rohrdurchmesser $d = 10$ cm und $Re_{kr} = 2320$ die kritische Geschwindigkeit

$$\bar{v}_{kr} = \frac{2320 \cdot 13,1}{10^4} = 3,04\,\frac{\mathrm{cm}}{\mathrm{s}}$$

betragen. Man erkennt daraus, daß Strömungen in Wasserleitungsrohren i. allg. turbulent verlaufen, da bei ihnen gewöhnlich wesentlich größere Geschwindigkeiten auftreten.

Die turbulente Strömungsform stellt übrigens keine Besonderheit der Rohr- oder Gerinneströmung dar, sondern tritt auch bei anderen Strömungsvorgängen in Erscheinung, so insbesondere bei der Umströmung fester Körper, und zwar in der Nähe der Körperwände. Auch in solchen Fällen gibt es eine kritische REYNOLDSsche Zahl, die dann auf eine charakteristische Geschwindigkeit v der betreffenden Strömung, eine charakteristische Länge l (Längen- oder Breiten-koordinate) und die kinematische Zähigkeit v der Flüssigkeit bezogen wird, also $Re_{kr} = \left[\dfrac{v\,l}{v}\right]_{kr}$. In den nachfolgenden Betrachtungen wird zunächst lediglich die sogenannte *ausgebildete* Turbulenz behandelt, während die wichtige Frage nach der *Entstehung* der Turbulenz erst in einem späteren Kapitel erörtert werden kann (vgl. S. 259).

Neuerdings haben W. MEISSNER und G. U. SCHUBERT die Frage nach der Größe von Re_{kr} als *thermodynamisches* Problem behandelt, indem sie den Verlauf der *Entropie* in Abhängigkeit von der REYNOLDSschen Zahl in einem schwach konischen Rohr untersuchten. Dabei stellte sich heraus, daß unterhalb von $Re = 1900$ die laminare Strömungsform eine größere Entropie ergab als die turbulente, oberhalb von $Re = 1900$ dagegen hatte die turbulente Strömungsform den größeren Entropiewert. Daraus schlossen sie, daß für $Re < 1900$ die laminare Strömungsform die thermodynamisch berechtigte ist, für $Re > 1900$ dagegen die turbulente[5].

---

[1] SCHILLER, L.: Untersuchungen über laminare und turbulente Strömungen. VDI-Forsch.-Heft 248 (1922).

[2] KIRSTEN, H.: Experimentelle Untersuchung der Entwicklung der Geschwindigkeits-verteilung bei der turbulenten Rohrströmung. Diss. Leipzig 1927.

[3] NIKURADSE, J.: Gesetzmäßigkeiten der turbulenten Strömung in glatten Rohren. Forsch.-Arb. Ing.-Wes. Heft 356 (1932).

[4] Eine theoretische Untersuchung des Einlaufvorganges hat W. SZABLEWSKI im Ing.-Arch. Bd. 21 (1953) S. 323 mitgeteilt. Vgl. dazu auch das Literaturzitat 3 auf S. 65 (Arbeit von N. SCHOLZ).

[5] Ann. Phys. Bd. 3 (1948) S. 163; vgl. auch O. LAUER: Z. angew. Phys. Bd. 5 (1953) S. 81.

14. Das Reynoldssche Ähnlichkeitsgesetz

Bevor in eine weitere Besprechung der vorstehend mitgeteilten Erscheinungen eingetreten wird, soll zunächst die für die Folge wichtige Frage behandelt werden, unter welchen Bedingungen zwei verschiedene Flüssigkeitsströmungen a und b bei *geometrisch ähnlichen* äußeren Umständen auch *dynamisch ähnlich* verlaufen. Die geometrische Ähnlichkeit verlangt, daß jeder Stromlinie der Bewegung a eine geometrisch ähnliche der Strömung b entspricht. So ist z. B. bei Strömungen in Rohren und Kanälen eine geometrische Ähnlichkeit der beiden Rohre bzw. Kanäle erforderlich, die sich auch auf die Wandbeschaffenheit (Rauhigkeit) zu erstrecken hat. Mit anderen Worten heißt das: für alle Längen l_a und l_b der beiden betrachteten Strömungen muß ein einheitlicher Längenmaßstab $\lambda = l_a/l_b$ vorhanden sein, der das Verhältnis entsprechender Längen ausdrückt. Damit nun derartige Strömungen in allen Einzelheiten *dynamisch* ähnlich verlaufen, müssen auch für die beiden anderen Grundeinheiten der Mechanik — Zeit und Kraft — entsprechende Verhältniswerte bestehen. Das Verhältnis entsprechender Zeiten t_a und t_b muß also durch den gleichen Zeitmaßstab $\vartheta = t_a/t_b$, das Verhältnis entsprechender Kräfte K_a und K_b durch den Kräftemaßstab $\varkappa = K_a/K_b$ ausdrückbar sein.

An Kräften, welche auf die hier in erster Linie interessierenden Strömungsvorgänge von wesentlichem Einfluß sind, kommen *Trägheitskräfte* und *Reibungskräfte* in Betracht. Erstere lassen sich allgemein auf die Form bringen

$$m\,b \sim \varrho\,l^3\frac{l}{t^2}\,*,\qquad(113)$$

wenn ϱ wieder die Dichte der Flüssigkeit, l eine charakteristische Länge und t die Zeit bezeichnen. Die Reibungskräfte bestimmen sich aus der Schubspannung τ nach Gl. (104), wenn man diese mit einer Fläche multipliziert, also

$$\mu\frac{dv}{dz}\,F \sim \mu\frac{l^2}{t} = \nu\,\varrho\,\frac{l^2}{t}.\qquad(113\,\text{a})$$

Der Kräftemaßstab der Trägheitskräfte für die Strömungen a und b ist also

$$\varkappa = \frac{\varrho_a\,l_a^4}{t_a^2}\,\frac{t_b^2}{\varrho_b\,l_b^4} = \frac{\varrho_a}{\varrho_b}\,\frac{\lambda^4}{\vartheta^2},\qquad(114)$$

derjenige der Reibungskräfte

$$\varkappa = \frac{\nu_a\,\varrho_a\,l_a^2}{t_a}\,\frac{t_b}{\nu_b\,\varrho_b\,l_b^2} = \frac{\nu_a\,\varrho_a\,\lambda^2}{\nu_b\,\varrho_b\,\vartheta}.\qquad(114\,\text{a})$$

Da beide $\varkappa$-Werte im Falle dynamischer Ähnlichkeit einander gleich sein müssen, so folgt durch Gleichsetzen von (114) und (114a) zunächst

$$\frac{\lambda^2}{\vartheta} = \frac{\nu_a}{\nu_b}.\qquad(115)$$

Da aber definitionsgemäß $\lambda = l_a/l_b$ und $\dfrac{\lambda}{\vartheta} = \dfrac{v_a}{v_b}$ ist, wenn v_a und v_b entsprechende Geschwindigkeiten der beiden Strömungen bezeichnen, so erhält man aus (115)

$$\frac{v_a\,l_a}{\nu_a} = \frac{v_b\,l_b}{\nu_b}.\qquad(116)$$

Mit anderen Worten heißt das: *die beiden betrachteten Strömungen, die unter dem Einfluß von Reibungs- und Trägheitskräften stehen, sind dynamisch ähnlich,*

---

* Das Zeichen $\sim$ bedeutet proportional.

wenn für beide die Reynoldssche Zahl $Re = \dfrac{v\,l}{v}$ *die gleiche ist.* Dieses wichtige Gesetz wird nach seinem Entdecker als *Reynoldssches Ähnlichkeitsgesetz*[1] bezeichnet.

Das vorstehende Ergebnis ist von großer Bedeutung für die Ausführung von Modellversuchen, welche an entsprechend kleinen Modellen angestellt werden, um allgemeine Schlüsse auf Strömungsvorgänge bei Großausführungen ableiten zu können. Insbesondere erkennt man daraus, daß bei der Bewegung von Flüssigkeiten gleicher kinematischer Zähigkeit die Produkte $v_a\,l_a$ und $v_b\,l_b$ gleich sein müssen, wenn dynamische Ähnlichkeit beider Vorgänge bestehen soll. Bei kleinen Abmessungen (Modell) muß also die Geschwindigkeit entsprechend vergrößert werden, wodurch derartige Modellversuche mitunter erheblich erschwert, ja teilweise unmöglich gemacht werden.

Aus Gl. (116) folgt, daß bei sonst gleichen Verhältnissen die REYNOLDSsche Zahl groß wird, wenn v klein ist. Einer kleinen kinematischen Zähigkeit entspricht also eine große REYNOLDSsche Zahl, während umgekehrt Strömungen sehr zäher Flüssigkeiten durch kleine Re-Zahlen gekennzeichnet sind. Natürlich hängen diese Verhältnisse auch wesentlich von den Längenabmessungen und den Geschwindigkeiten ab.

15. Ansatz für die turbulente Strömung im Kreisrohr

Im Anschluß an die in Ziffer 12 durchgeführte Untersuchung der stationären Laminarströmung soll jetzt ein Ansatz von H. A. LORENTZ[2] für die turbulente Strömung in kreiszylindrischen Rohren besprochen werden, der auf eine Betrachtung von O. REYNOLDS zurückgeht. Auf S. 66 war bereits gesagt, daß die Geschwindigkeit v der turbulenten Strömung an jeder Stelle einen stationären Mittelwert besitzt, der durch unregelmäßige Schwankungen überlagert ist. Dieser der Rohrachse x parallele stationäre Mittelwert sei mit v_s bezeichnet, während die Schwankungskomponenten in der Richtung x die Größe v', senkrecht dazu w' haben mögen (Abb. 59). In axialer Richtung herrscht somit die wahre Geschwindigkeit

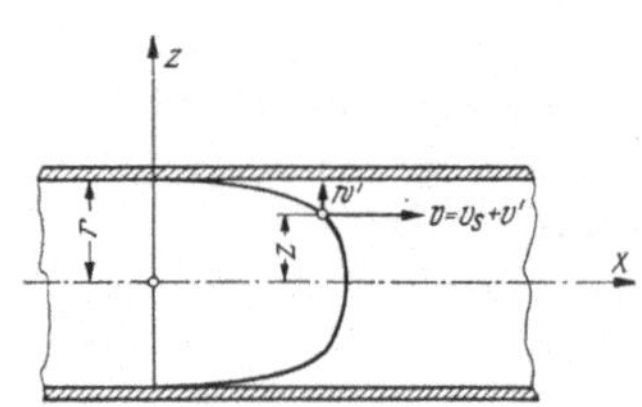

Abb. 59. Zur Definition der turbulenten Schwankungsbewegung

$$v = v_s + v'$$

in radialer Richtung

$$w = w'.$$

An der Rohrwand ($z = r$) *haftet* die Flüssigkeit. Dort ist also $v_s = 0$, aber auch $v' = w' = 0$.

Es sei jetzt wieder ein der x-Richtung koaxialer Flüssigkeitszylinder von der Länge l und dem Radius z betrachtet (Abb. 56). Bildet man — bei festgehaltener Zeit — die über die Zylindermantelfläche $z = $ const, deren Inhalt mit O bezeichnet sei, die Mittelwerte aus den obigen Geschwindigkeiten v und w', also

$$\left. \begin{aligned} v_s &= \frac{1}{O}\int\limits_{(O)} (v_s + v')\,dO = v_s + \frac{1}{O}\int\limits_{(O)} v'\,dO \\ 0 &= \frac{1}{O}\int\limits_{(O)} w'\,dO, \end{aligned} \right\} \tag{117}$$

---

[1] Vgl. dazu die Literaturangabe auf S. 67.
[2] LORENTZ, H. A.: Abh. über theoret. Physik Bd. 1 (1907) S. 43, 66.

so erkennt man, daß die Mittelwerte $\bar{v}' = \dfrac{1}{O} \int v' \, dO$ und $\overline{w}' = \dfrac{1}{O} \int w' \, dO$ der Schwankungskomponenten zu Null werden.

Auf die Flüssigkeitsmasse, welche augenblicklich den durch die Querschnitte 1 und 2 begrenzten Zylinder vom Radius z erfüllt, wende man jetzt den Impulssatz an. Danach muß die Summe der am Zylinder in der x-Richtung wirkenden äußeren Kräfte gleich dem Überschuß des aus ihm in der Zeiteinheit austretenden x-Impulses über den eintretenden sein, da die gesamte Impulsmenge in dem abgegrenzten Raume nur von der Hauptbewegung abhängt, innerhalb dieses Raumes also konstant ist.

Soweit die äußeren Kräfte vom Druck und der Schwere herrühren, handelt es sich dabei offenbar um die gleichen Werte wie bei der Laminarströmung, wofür auf S. 62 der Wert

$$P = \pi z^2 \gamma l J \tag{118}$$

gefunden war, wenn J das „Gefälle" der Rohrströmung bezeichnet [Gl. (106)]. Dazu tritt noch die durch die Zähigkeit bedingte Reibung, deren über den Zylindermantel genommener Mittelwert nach (104) die Größe

$$T = \mu \int\limits_{(O)} \frac{dv_s}{dz} \, dO = \mu \, \frac{dv_s}{dz} \, 2 \, \pi \, z \, l \tag{119}$$

besitzt.

Während nun bei der stationären Laminarbewegung die Summe der äußeren Kräfte $P + T = 0$ sein muß, da bei ihr ein zeitlicher Impulsüberschuß der austretenden über die eintretenden Flüssigkeitsteilchen nicht vorliegt, ändert sich das Bild bei der *turbulenten* Strömung infolge der seitlichen Schwankungsbewegung, die einen Impulsaustausch zwischen benachbarten Schichten zur Folge hat. In der Zeiteinheit tritt durch ein beliebiges Flächenelement dO der Zylindermantelfläche die Flüssigkeitsmasse $\varrho \, dO \, w'$. Da w' positiv nach außen angenommen ist (Abb. 59), entspricht dieser Masse ein austretender x-Impuls $\varrho \, dO \, w' \, (v_s + v')$, für den ganzen Zylindermantel also wegen der bestehenden Symmetrie

$$\varrho \int\limits_{(O)} dO \, w' \, (v_s + v') = \varrho \, v_s \int\limits_{(O)} w' \, dO + \varrho \int\limits_{(O)} v' \, w' \, dO = \varrho \int\limits_{(O)} v' \, w' \, dO, \tag{120}$$

da $\int\limits_{(O)} w' \, dO$ nach (117) verschwindet. Das Integral $\int\limits_{(O)} v' \, w' \, dO$ hat i. allg. einen von Null verschiedenen Wert, was qualitativ leicht einzusehen ist.

Das in Abb. 59 dargestellte Teilchen bewegt sich infolge der Schwankungskomponente w' nach der Rohrwandung zu, wobei es seine ursprüngliche Geschwindigkeit v_s nahezu beibehält. Da es jetzt in eine Zone von kleinerer mittlerer Geschwindigkeit v_s gelangt, erzeugt es dort ein positives v'. Ein von der Wand nach der Rohrachse zu wanderndes Teilchen mit der Schwankungskomponente $- w'$ gelangt umgekehrt in eine Zone von größerem v_s und erzeugt somit dort ein negatives v'. Insgesamt kann also daraus geschlossen werden, daß der Mittelwert $\dfrac{1}{O} \int\limits_{(O)} v' w' dO$ von Null verschieden, und zwar positiv ist.

Setzt man noch

$$\frac{1}{O} \int\limits_{(O)} v' \, w' \, dO = \overline{v' \, w'}, \tag{121}$$

so erhält man für den in der Zeiteinheit durch den Zylindermantel austretenden X-Impuls wegen (120) und (121)

$$\varrho \int\limits_{(O)} v' \, w' \, dO = \varrho \, \overline{v' \, w'} \, 2 \, \pi \, z \, l \,. \tag{122}$$

Durch die Stirnflächen des Zylinders treten auf beiden Seiten unter der Voraussetzung, daß in allen Rohrquerschnitten gleiche Strömungszustände herrschen, zeitlich die gleichen Impulsmengen; eine Impulsänderung wird dadurch nicht bewirkt. Der Impulssatz liefert somit unter Zusammenfassung der Werte (118), (119) und (122)

$$\pi z^2 \gamma\, l\, J + \mu\, \frac{d v_s}{d z}\, 2\,\pi z\, l = \varrho\, \overline{v'\, w'}\, 2\,\pi z\, l$$

oder, wegen $\gamma = \varrho g$ und $\mu = \varrho \nu$,

$$\frac{z\, g\, J}{2} + \nu\, \frac{d v_s}{d z} = \overline{v'\, w'}. \tag{123}$$

Der Ausdruck $\nu\, \dfrac{d v_s}{d z}$ hat wegen (104) die Dimension von $\dfrac{\tau}{\varrho}$. Somit muß auch das Glied auf der rechten Seite von Gl. (123) eine durch ϱ geteilte Schubspannung darstellen. Man erkennt daraus, daß infolge der Schwankungsbewegung zusätzliche — sogenannte „turbulente" — Schubspannungen[1] durch Impulsaustausch ausgelöst werden, welche den Charakter der Strömung maßgebend beeinflussen. Insbesondere bewirken sie den gegenüber der Laminarbewegung wesentlich stärkeren Geschwindigkeitsabfall in der Nähe der Rohrwand, dem ein sehr geringer Abfall im mittleren Teil des Rohres gegenübersteht (Abb. 58). Es darf daraus geschlossen werden, daß durch die Turbulenz ein Ausgleich der Geschwindigkeit über den Rohrquerschnitt bewirkt wird. Während das Verhältnis der mittleren Geschwindigkeit $\bar{v} = \dfrac{Q}{F}$ (Q = sekundliches Durchflußvolumen, F = Rohrquerschnitt) zur Maximalgeschwindigkeit $v_{\max}$ bei der laminaren Rohrströmung 0,5 beträgt (S. 64), ist es bei der turbulenten Bewegung wesentlich größer; bei technisch glatten Rohren etwa 0,8*.

Die genaue Analyse der Schwankungsbewegung stellt ein theoretisch äußerst schwieriges Problem dar, das bis heute in seinen Einzelheiten noch nicht hinreichend geklärt werden konnte. Immerhin haben die darüber angestellten, sehr sorgfältigen experimentellen Untersuchungen für die weitere Forschung bereits wertvolle Erkenntnisse geliefert. Insbesondere hat man erkannt, daß nicht einzelne Flüssigkeitsmoleküle die Schwankungsbewegungen ausführen, sondern ganze Molekülhaufen, die zu Flüssigkeitsballen von verschieden großer Ausdehnung zusammengeschlossen sind, und die im Bewegungsablauf ständig neu entstehen und sich wieder auflösen.

Für die technischen Anwendungen besitzen bei der turbulenten Strömung neben den Drücken in erster Linie die zeitlichen Mittelwerte v_s der Geschwindigkeit praktisches Interesse, so daß man sich dort um die Schwankungsgeschwindigkeiten v' und w' nicht zu kümmern hat. Dagegen ist es vom theoretischen Standpunkt aus doch sehr wesentlich, eine Vorstellung über die Größe von v' und w', und besonders des Mittelwertes $\overline{v'w'}$, zu erlangen, was ohne weiteres einleuchtet, wenn man etwa an eine Integration der Gl. (123) herangehen wollte.

Messungen der turbulenten Schwankungsbewegung einer Luftströmung in einem rechteckigen Kanal von 1 m Breite und $h = 24{,}4$ cm Höhe von REICHARDT[2] geben über die Größe der Schwankungskomponenten wertvolle Aufschlüsse. Abb. 60 veranschaulicht die Ergebnisse dieser Messungen, wobei die zeitlichen Mittelwerte $\sqrt{\overline{v'^2}}$ der Längs- und $\sqrt{\overline{w'^2}}$ der Querschwankung in $\left[\dfrac{\text{cm}}{\text{s}}\right]$ bei einer Maximalgeschwindigkeit $v_{\max} = 100\,\dfrac{\text{cm}}{\text{s}}$ in Kanalmitte über den Abszissen der halben Kanalbreite aufgetragen sind. Beachtenswert ist dabei besonders der relativ große Wert der Längsschwankung von etwa $0{,}13\, v_{\max}$ in unmittelbarer Nähe der

---

[1] Man bezeichnet diese Spannungen auch als „*scheinbare*" Schubspannungen, da sie keine Spannungen im eigentlichen Sinne darstellen (wie die durch Zähigkeit bedingten Schubspannungen τ), andererseits aber in der Strömung Widerstände hervorrufen, so als ob die Flüssigkeit „scheinbar" eine erhöhte Zähigkeit besäße.

* NIKURADSE, J.: VDI-Forsch.-Heft 356 (1932).

[2] REICHARDT, H.: Messungen turbulenter Schwankungen. Naturwiss. (1938) S. 404; Z. angew. Math. Mech. (1933) S. 177 und (1938) S. 358.

Kanalwand und der starke Abfall nach der Wand zu. Dagegen ist die Querschwankung kleiner und wesentlich gleichmäßiger über die Kanalbreite verteilt. Schließlich ist in der Figur noch der durch (121) definierte zeitliche Mittelwert $\overline{v'w'}$ in $\left[\dfrac{\mathrm{cm}^2}{\mathrm{s}^2}\right]$ aufgetragen, der nach den Ausführungen auf S. 72 und unter Beachtung von Gl. (123) bis auf den Faktor $1/\varrho$ die „turbulente" Schubspannung τ' darstellt. In der Nähe der Kanalwand fällt $\overline{v'w'}$ und damit τ' steil gegen Null ab. Dort wird also die Schubspannung fast ausschließlich durch die Zähigkeit erzeugt (laminare Reibung).

16. Der Prandtlsche Mischungsweg und die Kármánsche Ähnlichkeitshypothese

Zur Berechnung der Geschwindigkeitsverteilung im Kreisrohr könnte man — ähnlich wie im Falle der Laminarbewegung (Ziffer 12) — so vorgehen, daß man Gl. (123) nach z integriert, nämlich

$$v_s = \frac{1}{\nu}\int \overline{v'\,w'}\,dz - \frac{g\,J}{4\,\nu}z^2 + C\,, \quad (124)$$

wobei die Konstante C aus der Bedingung $v_s = 0$ für $z = r$ (Abb. 59) zu bestimmen wäre. Da aber die funktionale Abhängigkeit des Wertes $\overline{v'w'}$ von z nicht bekannt ist, kann auch das in der vorstehenden Gleichung auftretende Integral nicht berechnet werden. Daraus sind die Schwierigkeiten zu verstehen, die sich einer mathematischen Behandlung des Problems — das übrigens bei *allen* turbulenten Bewegungen grundsätzlich das gleiche ist — entgegenstellen. Man ist also vorläufig gezwungen, sich bei der quantitativen Behandlung turbu-

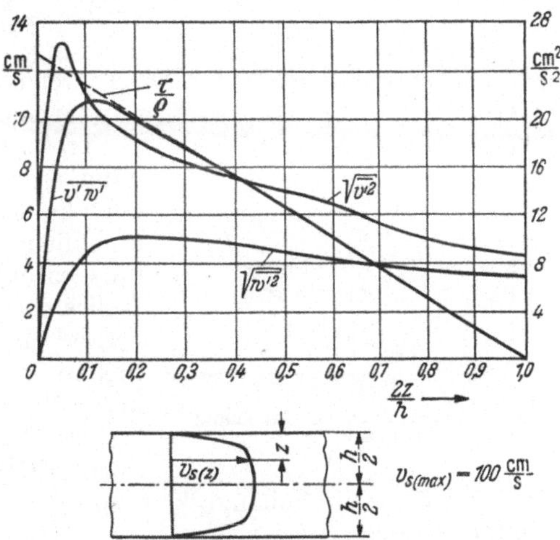

Abb. 60. Verteilung der turbulenten Schwankungsgeschwindigkeiten nach Reichardt

lenter Strömungsvorgänge entweder empirisch gewonnener Ansätze oder gewisser zusätzlicher Hypothesen zu bedienen, um zu einer Lösung zu gelangen. Die dabei zu bewältigende Aufgabe besteht offenbar darin, die unbekannten Schwankungsgeschwindigkeiten — bzw. deren Produkte $\overline{v'w'}$ — zu eliminieren und Ansätze für die turbulente Schubspannung τ' aufzustellen, in denen diese unmittelbar durch die Geschwindigkeit v_s oder deren Ableitung ausgedrückt werden kann, womit dann eine Integration der Bewegungsgleichungen — in dem obigen Sonderfalle etwa der Gl. (124) — möglich würde.

Einen ersten Vorstoß nach dieser Richtung hat bereits Boussinesq[1] unternommen. Betrachtet man zunächst der Einfachheit halber die Strömung längs einer ebenen, festen Wand und bezeichnet jetzt mit z den Abstand einer Flüssigkeitsschicht von der Wand (Abb. 61), so kann man nach Boussinesq analog zum Newtonschen Reibungsansatz (104) der Laminarströmung die *turbulente* Schubspannung durch den Ausdruck

$$\tau' = \varrho\,\varepsilon\,\frac{d v_s}{d z} = -\,\varrho\,\overline{v'\,w'} \quad (125)$$

---

[1] Boussinesq, J.: Théorie de l'écoulement tourbillonant, Paris 1897.

darstellen. Das negative Zeichen muß hier eingeführt werden, da einem positiven Wert von $\dfrac{d v_s}{d z}$ (Abb. 61) offenbar ein negativer$\rfloor$ Wert von $\overline{v' w'}$ entspricht (im Gegensatz zu S. 71).

In Gl. (125) ist $v_s(z)$ wieder der zeitliche Mittelwert der Geschwindigkeit am Orte z. Die Größe $\varepsilon \left[\dfrac{\text{cm}^2}{\text{s}}\right]$ besitzt die gleiche Dimension wie die kinematische Zähigkeit ν der Flüssigkeit und wird deshalb als ,,scheinbare'' kinematische Zähigkeit der turbulenten Strömung bezeichnet. Um die formale Übereinstimmung der Gl. (125) mit der für reine Zähigkeitswirkung gültigen Gl. (104) noch mehr hervortreten zu lassen, kann man in (125)

$$\varrho \, \varepsilon = A \left[\frac{\text{kp s}}{\text{cm}^2}\right] \tag{126}$$

setzen, womit

$$\tau' = A \frac{d v_s}{d z} \tag{127}$$

wird. Die so entstehende Größe A, welche dem dynamischen Zähigkeitsmaß μ der Gl. (104) entspricht, wird als (turbulente) *Austauschgröße* bezeichnet.

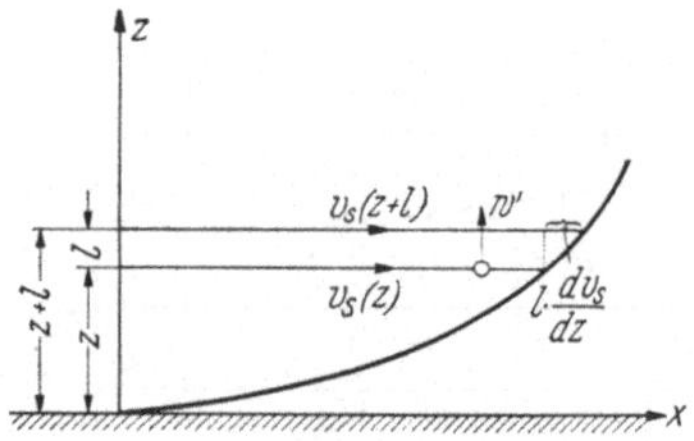

Abb. 61. Zur Definition des Mischungsweges l

Trotz der formalen Übereinstimmung der Schubspannungsansätze (104) und (127) bestehen doch zwischen den beiden Größen μ und A ganz erhebliche Unterschiede: einmal ist die Austauschgröße A im allgemeinen um ein Vielfaches größer als μ und außerdem mit z stark veränderlich[1], während μ (abgesehen von eventuellen Temperaturschwankungen) vom Orte unabhängig, d. h. eine reine Materialkonstante ist. Der Ansatz (127) bietet also gegenüber dem rechten Glied von (125) so lange keinen Vorteil, als man A nicht in Abhängigkeit von der mittleren Geschwindigkeit $v_s(z)$ darzustellen vermag.

Diese Schwierigkeit hat PRANDTL[2] dadurch zu beheben versucht, indem er einen mit der turbulenten Mischbewegung in unmittelbarem Zusammenhang stehenden, neuen Begriff in die Theorie einführt: den sogenannten *Mischungsweg*, d. h. eine Länge, die — wie sich noch zeigen wird — nur vom Orte (z) abhängt und für welche auf Grund umfangreicher Messungen theoretisch befriedigende Annahmen gemacht werden können.

Um die Bedeutung des Mischungsweges zu verstehen, betrachte man einen Flüssigkeitsballen, der sich augenblicklich an der Stelle z befindet (Abb. 61) und dort parallel zur x-Achse die mittlere Geschwindigkeit $v_s(z)$ besitzt. Infolge der Querschwankung $w' > 0$ durchlaufe er in der z-Richtung den Weg l, bis er sich mit der Schicht an der Stelle $z + l$ vermischt hat. Unter der Annahme, daß er bei dieser Querbewegung seinen x-Impuls angenähert beibehält, besitzt er an der Stelle $z + l$ eine kleinere Geschwindigkeit v_s, als dieser Stelle entspricht, so daß eine Geschwindigkeitsdifferenz $\varDelta v_s(z)$ in der x-Richtung entsteht, für die

---

[1] Die Austauschgröße A ist von J. NIKURADSE [Forsch.-Arb. Ing.-Wes. Heft 356 (1932)] aus den für glatte Rohre gemessenen Geschwindigkeitsprofilen als Funktion des Wandabstandes z bestimmt worden. Dabei zeigt sich, daß A an der Rohrwand den Wert Null besitzt, darauf mit wachsendem z schnell ansteigt, bei $z/r = 0{,}5$ ein Maximum erreicht und dann bis zur Rohrmitte ($z/r = 1$) wieder schnell abfällt, ohne dort jedoch den Wert Null zu erreichen. Insbesondere ergab sich, daß A für REYNOLDSsche Zahlen $Re > 10^5$ praktisch unabhängig von Re ist.

[2] PRANDTL, L.: Über die ausgebildete Turbulenz. Z. angew. Math. Mech. (1925) S. 137; vgl. auch: Führer durch die Strömungslehre, 3. Aufl. (1949) S. 112.

man näherungsweise $l\dfrac{dv_s}{dz}$ setzen kann. Die infolge der Querbewegung in der Schicht z entstehende Geschwindigkeitsdifferenz kann nun als Längsschwankung v' an der Stelle z gedeutet werden, wobei die Länge l den *Mischungsweg* bezeichnet. Man erhält also

$$v' = l\,\frac{dv_s}{dz}. \tag{128}$$

Um etwas über die Größe der Querschwankung w' aussagen zu können, denke man sich zwei Flüssigkeitsballen, die sich infolge der Schwankungsbewegung in der Schicht z mit verschieden großer Geschwindigkeit v bewegen. Besitzt der hintere Ballen eine größere Geschwindigkeit als der davorliegende, so stoßen sie aufeinander, im anderen Falle werden sie sich voneinander entfernen. Ihre Relativgeschwindigkeit beträgt dann, da sie aus verschiedenen Schichten oberhalb und unterhalb von z kommen, $2\,l\dfrac{dv_s}{dz}$, wenn man die beiden Mischungswege l zunächst als gleich groß annimmt. In beiden Fällen entstehen in der Schicht z Querbewegungen, deren Werte w' der Größenordnung nach mit den Längsschwankungen v' übereinstimmen, denn beim Zusammenstoß der beiden oben betrachteten Flüssigkeitsballen weichen diese nach beiden Seiten aus, während bei der Entfernung beider Ballen voneinander Flüssigkeit aus der Umgebung in die entstandene Lücke eindringt. Man kann also wegen (128) setzen

$$w' = -\alpha\,v' = -\alpha\,l\,\frac{dv_s}{dz}\,*, \tag{129}$$

wobei α eine zunächst unbekannte Zahl darstellt.

Als zeitlichen Mittelwert $\overline{v'w'}$ der Schwankungsbewegung erhält man somit unter Zusammenfassung der Ausdrücke (128) und (129)

$$\overline{v'w'} = -\alpha\left(l\,\frac{dv_s}{dz}\right)^2, \tag{130}$$

oder, wenn man zunächst $\alpha = 1$ setzt — was lediglich einer Abänderung der ohnehin noch unbekannten Länge l entspricht —,

$$\overline{v'w'} = -\left(l\,\frac{dv_s}{dz}\right)^2. \tag{131}$$

Damit kann die turbulente Schubspannung nach Gl. (125) in der Form angeschrieben werden

$$\tau' = \varrho\left(l\,\frac{dv_s}{dz}\right)^2.$$

Um schließlich noch zum Ausdruck zu bringen, daß — wie in Abb. 61 — einem positiven Wert dv_s/dz eine positive Schubspannung entspricht und umgekehrt, schreibt man besser

$$\tau' = \varrho\,l^2\left|\frac{dv_s}{dz}\right|\frac{dv_s}{dz}, \tag{132}$$

wobei $\left|\dfrac{dv_s}{dz}\right|$ den absoluten Betrag des Differentialquotienten angibt, während dv_s/dz mit seinem Vorzeichen einzusetzen ist. Die durch Gl. (127) definierte turbulente Austauschgröße A nimmt damit die Form an

$$A = \varrho\,l^2\left|\frac{dv_s}{dz}\right|\left[\frac{\text{kp s}}{\text{cm}^2}\right], \tag{133}$$

---

* Das negative Zeichen ist hier erforderlich, da — wie aus Abb. 61 hervorgeht — einem positiven w' ein negatives v' entspricht und umgekehrt. Zwischen den beiden Schwankungskomponenten der Geschwindigkeit besteht, wie man sagt, eine *Korrelation*.

womit die scheinbare kinematische Zähigkeit wegen (126) übergeht in

$$\varepsilon = l^2 \left| \frac{d v_s}{d z} \right| . \tag{133a}$$

Die PRANDTLsche Formel (132) für den Mischungsweg der turbulenten Strömung ermöglicht — wie weiter unten noch gezeigt wird — die theoretische Behandlung der Strömung in Rohren und Gerinnen sowie die Strömung längs fester Wände. Im Falle der sogenannten „freien Turbulenz", d. h. bei der turbulenten Vermischung zweier Flüssigkeitsgebiete, die mit verschieden großen Geschwindigkeiten aneinander vorüberstreichen, haben sich für die scheinbare kinematische Zähigkeit ε andere Ansätze als (133a) als vorteilhaft erwiesen (vgl. dazu S. 280).

Es mag hier besonders noch darauf hingewiesen werden, daß die durch (132) zum Ausdruck kommende turbulente (scheinbare) Schubspannung nur den Einfluß der Schwankungsbewegung erfaßt, nicht aber die Wirkung der Zähigkeit. Bei wenig zähen Flüssigkeiten (Wasser, Luft) ist der Einfluß der Zähigkeit wesentlich nur auf eine schmale Schicht in Wandnähe beschränkt $\left(\text{großes } \frac{d v_s}{d z} \right)$, während in einiger Entfernung von der Wand praktisch nur die turbulente Schubspannung τ' eine Rolle spielt (vgl. dazu S. 77).

Eine prinzipielle Schwierigkeit — vom theoretischen Standpunkt aus — liegt bei der Anwendung der Gl. (132) darin, daß man zunächst über die Abhängigkeit des Mischungsweges l vom Orte z nichts auszusagen vermag. TH. v. KÁRMÁN[1] gelang es, mit Hilfe einer Ähnlichkeitsbetrachtung über den Schwankungsmechanismus nicht nur die PRANDTLsche Gl. (132) zu bestätigen, sondern darüber hinaus noch eine wichtige Beziehung für den Mischungsweg l abzuleiten. Seiner Betrachtung legte er, wie in Abb. 61, eine Parallelströmung zugrunde, in der — analog der PRANDTLschen Überlegung — zunächst alle Zähigkeitseinflüsse vernachlässigt werden. Für diese turbulente Strömung untersuchte er mit Hilfe der hydrodynamischen Gleichungen für ebene Strömungen die Bedingung, unter der die Schwankungsbewegung der Flüssigkeit in der Nähe zweier Punkte mit verschiedenen Lagen z *ähnlich* verläuft, d. h. sich nur um einen Multiplikator der Schwankungsgeschwindigkeiten und durch einen Längenmaßstab unterscheidet. Als Ähnlichkeitsbedingungen der v. KÁRMÁNschen Überlegung (auf die hier nicht weiter eingegangen werden kann) ergaben sich

1. daß den Schwankungsbewegungen eine bestimmte Länge zugeordnet ist, welche die Größe

$$l = \varkappa \, \frac{d v_s / d z}{d^2 v_s / d z^2} \tag{134}$$

besitzt ($\varkappa = $ const), und

2. daß die turbulente Schubspannung τ' proportional $\varrho \left(l \, \frac{d v_s}{d z} \right)^2$ ist, womit Gl. (132) bestätigt wird.

Durch Gl. (134) ist eine wichtige neue Beziehung für den Mischungsweg l gefunden, welche insbesondere erkennen läßt, daß l in der Tat eine Ortsfunktion ist, die nur von der Art der Geschwindigkeitsverteilung an der betreffenden Stelle abhängt. Die Zahl $\varkappa$ ist, wie sich später an Hand umfangreichen Versuchsmaterials herausgestellt hat, eine von der physikalischen Beschaffenheit der Flüssigkeit unabhängige Konstante von der Größe $\varkappa \approx 0{,}4$.

---

[1] v. KÁRMÁN, TH.: Mechanische Ähnlichkeit und Turbulenz. Nachr. Ges. Wiss. Göttingen, math.-phys. Kl. (1930) S. 58 sowie Verhandl. des 3. Intern. Kongr. f. Techn. Mech. Stockholm Bd. 1 (1930) S. 85.

17. Geschwindigkeitsverteilung der turbulenten Strömung längs einer ebenen Wand

Als erste Anwendung der Gl. (132) soll nun ein allgemeines Gesetz für die Geschwindigkeitsverteilung abgeleitet werden, die sich in einer Parallelströmung längs einer ebenen Wand einstellt (Abb. 61). Da in der Folge nur noch mit den stationären Mittelwerten der Geschwindigkeit gerechnet wird (ohne die Schwankungsgrößen v' bzw. w' weiter zu erwähnen) und da ferner bei der hier zu betrachtenden Strömung dv_s/dz durchweg positiv ist, soll in Gl. (132) fortab $v_s = v$ und $\left|\dfrac{dv_s}{dz}\right| = \dfrac{dv}{dz}$ gesetzt werden, womit

$$\tau' = \varrho\, l^2 \left(\frac{dv}{dz}\right)^2 \tag{135}$$

wird.

Dieser Ausdruck gibt lediglich den Einfluß der Mischbewegung auf die Schubspannung an. Zur Darstellung der *gesamten* Schubspannung muß also noch der aus der Zähigkeitswirkung resultierende Anteil (104) hinzugefügt werden, so daß

$$\tau = \mu\, \frac{dv}{dz} + \varrho\, l^2 \left(\frac{dv}{dz}\right)^2 \tag{136}$$

wird. Bei wenig zähen Flüssigkeiten und nicht zu kleinen REYNOLDSschen Zahlen spielt der erste Summand, abgesehen von einer schmalen Zone in unmittelbarer Nähe der Wand, nur eine sehr geringe Rolle. Er soll deshalb hier zunächst ganz vernachlässigt werden. Nimmt man nun nach PRANDTL[1] weiter an, daß die Schubspannung τ' in dem betrachteten Gebiet konstant sei und setzt dafür die an der Wand herrschende Schubspannung τ_0, so lautet jetzt Gl. (136)

$$\tau_0 = \varrho\, l^2 \left(\frac{dv}{dz}\right)^2 = \text{const},$$

woraus folgt

$$\frac{dv}{dz} = \frac{1}{l} \sqrt{\frac{\tau_0}{\varrho}}\,. \tag{137}$$

Wie man leicht feststellt, besitzt der Wert $\sqrt{\tau_0/\varrho}$ die Dimension einer Geschwindigkeit, die hinfort als *Schubspannungsgeschwindigkeit*

$$v_* = \sqrt{\frac{\tau_0}{\varrho}} \tag{138}$$

bezeichnet werden soll, weshalb für (137) auch

$$\frac{dv}{dz} = \frac{v_*}{l} \tag{139}$$

geschrieben werden kann. Um aus dieser Gleichung die Geschwindigkeit $v = v\,(z)$ berechnen zu können, bedarf es noch einer Angabe über den Mischungsweg l. Handelt es sich um eine „glatte" Wand (ohne praktisch wirksame Wandunebenheiten, vgl. S. 90), und sieht man, wie gesagt, zunächst von allen Zähigkeitseinflüssen ab, so ist die einzige Länge, die auf l einen Einfluß haben kann, der Wandabstand z. Aus Dimensionsgründen soll also für l die einfache Beziehung

$$l = \varkappa z \tag{140}$$

gesetzt werden, wo $\varkappa$ eine Zahl bezeichnet[2]. Damit geht (139) über in

$$\frac{dv}{dz} = \frac{v_*}{\varkappa z},$$

---

[1] PRANDTL, L.: Führer durch die Strömungslehre, 3. Aufl. (1949) S. 118.

[2] Hinsichtlich der Anwendung von Gl. (134) siehe Ziffer 18d. Setzt man (140) in Gl. (139) ein, so wird $dv/dz = \text{const}\,\dfrac{1}{z}$ und $\dfrac{d^2 v}{d z^2} = -\dfrac{\text{const}}{z^2}$. Somit folgt aus (134) wieder, bis auf das hier

woraus durch Integration folgt

$$v = \frac{v_*}{\varkappa}\,(\ln z + C)\,. \tag{141}$$

Bei Annäherung an die Wand ($z \to 0$) geht danach die Geschwindigkeit v gegen $-\infty$. Tatsächlich besitzt aber v bei einer natürlichen Flüssigkeit an der Stelle $z = 0$ den Wert Null. In einer schmalen Randschicht herrscht nämlich laminare Strömung, in der nur noch das Schubspannungsgesetz (104) gilt, d.h. der erste Summand von Gl. (136). Zur Bestimmung der Integrationskonstanten C in (141) hat man also so vorzugehen, daß man die Geschwindigkeit v der turbulenten Strömung am Rande $z = z_0$ der Laminarschicht, deren Dicke z_0 sei, gleich der Geschwindigkeit der laminaren Randströmung an der Stelle $z = z_0$ macht. Die Länge z_0 muß offenbar von den die Strömung bestimmenden Größen abhängen, wobei nun auch die Zähigkeit zu berücksichtigen ist. Diese Größen sind hier die kinematische Zähigkeit v und die Schubspannungsgeschwindigkeit v_*, deren Quotient v/v_*, wie man leicht feststellt, die Dimension einer Länge hat. Setzt man nun die Länge z_0 diesem Quotienten proportional, also

$$z_0 = n\,\frac{v}{v_*},$$

und schreibt unter Einführung der neuen Konstanten n die obige Integrationskonstante C in der Form an

$$C = -\ln\frac{n\,v}{v_*},$$

so geht (141) über in

$$v = \frac{v_*}{\varkappa}\left(\ln z - \ln\frac{n\,v}{v_*}\right) = \frac{v_*}{\varkappa}\left(\ln\frac{z\,v_*}{v} - \ln n\right). \tag{142}$$

Damit ist das gesuchte Geschwindigkeitsgesetz (im turbulenten Bereich) gefunden. Es ist, wie man sieht, vom logarithmischen Typus und steht — wenigstens bei größeren REYNOLDSschen Zahlen — in guter Übereinstimmung mit den Versuchsergebnissen, auch dann noch, wenn die oben gemachte Annahme $\tau' = \tau_0$ = const nicht mehr zutrifft, sondern $\tau = \tau\,(z)$ eine Funktion von z ist, was z. B. für Strömungen in Rohren und Kanälen gilt. (Bezüglich der Konstanten $\varkappa$ und n vgl. Ziffer 18, d, β.)

18. Turbulente Strömung in kreiszylindrischen Rohren[1]

a) Einführung

In Ziffer 15 dieses Abschnitts wurde bereits ein Ansatz für die Geschwindigkeitsverteilung der turbulenten Strömung in geraden Rohren von kreisförmigem Querschnitt entwickelt, welcher jedoch zur zahlenmäßigen Bestimmung der Geschwindigkeit nicht ausreicht, solange über den Mittelwert $\overline{v'w'}$ der Schwankungsbewegung keine konkreten Angaben gemacht werden können. Damit entfällt aber auch die Möglichkeit, eine Beziehung zwischen der sekundlichen Durchflußmenge Q und dem „Gefälle" J der Rohrströmung — ähnlich wie bei der Laminarbewegung von Ziffer 12 — ohne Zuhilfenahme empirischer Daten aufzustellen[2].

unwesentliche Vorzeichen, $l = \varkappa z$. Der v. KÁRMÁNsche Ausdruck (134) stimmt also mit dem PRANDTLschen (140) überein. [Vgl. L. PRANDTL: Führer durch die Strömungslehre, 3. Aufl. (1949) S. 122.]

[1] Vgl. hierzu die ausführliche Darstellung in H. SCHLICHTING: Grenzschichttheorie, 3. Aufl. (1958) S. 464.

[2] Wie man zur Lösung dieser Aufgabe die KÁRMÁNsche Bedingung (134) für den Mischungsweg l verwenden kann, wird weiter unten gezeigt werden.

Nun besitzt aber gerade die turbulente Strömung in Rohren und Kanälen eine große praktische Bedeutung für die Technik, so daß besonders die Ingenieure dem Studium dieser Vorgänge schon lange ihr besonderes Interesse gewidmet haben. Erschwerend tritt dabei noch die Frage nach der *Wandbeschaffenheit* des Rohres in Erscheinung. Erfahrungsgemäß besteht nämlich hinsichtlich der Größe des *Rohrwiderstandes* ein Unterschied, je nachdem es sich um „glatte" oder „rauhe" Rohrwandungen handelt. Nun gibt es zwar absolut glatte Flächen selbst bei feinster Polierung der Oberfläche in der Natur nicht. Indessen hat sich gezeigt, daß auch „annähernd glatte" Rohre, die gewöhnlich als „technisch oder hydraulisch glatt" bezeichnet werden, sich anders verhalten als rauhe Rohre, jedoch untereinander gleich, selbst wenn sie hinsichtlich des Grades ihrer Glätte gewisse Abweichungen voneinander aufweisen. Auch darüber sollen die nachfolgenden Betrachtungen — soweit dies heute überhaupt möglich ist — einige Aufschlüsse geben.

b) Die Widerstandsziffer der turbulenten Rohrströmung

Analog zur Laminarströmung sei wieder ein Rohrstück von der Länge l und dem Halbmesser r betrachtet (Abb. 56), in dem jetzt eine „mittelstationäre" voll ausgebildete turbulente Strömung herrschen soll (Ziffer 13). Der über den Querschnitt πr^2 genommene Mittelwert $\bar{v}$ der Geschwindigkeit ist definiert durch den Ausdruck

$$\bar{v} = \frac{Q}{\pi r^2}, \tag{143}$$

wo $Q \left[\frac{\mathrm{m}^3}{\mathrm{s}}\right]$ das sekundliche Durchflußvolumen bezeichnet. Während nun bei laminarer Bewegung der Flüssigkeit das Gefälle J [Gl. (106)] nach (109) proportional der mittleren Geschwindigkeit $\bar{v}$ ist, erweist sich bei der turbulenten Rohrströmung der Druckabfall $\frac{p_1 - p_2}{l}$ mehr oder weniger proportional dem Quadrat von $\bar{v}$.

Zur Darstellung eines möglichst einfachen Ansatzes für den Rohrwiderstand geht man von der Vorstellung aus, daß an der von Flüssigkeit benetzten inneren Wandfläche des Rohres als Widerstandskraft eine Oberflächenreibung wirkt, die sich ergibt als Produkt aus der mittleren Wandschubspannung

$$\tau_0 = \psi \frac{\varrho}{2} \bar{v}^2 \tag{144}$$

und der benetzten Wandfläche des Rohres $U l$, wo U den „benetzten Umfang" (hier der Kreis $2 \pi r$) angibt. Die Schubspannung τ_0 ist dabei ausgedrückt durch den mittleren Staudruck $\frac{\varrho}{2} \bar{v}^2 \left[\frac{\mathrm{kp}}{\mathrm{m}^2}\right]$ und eine dimensionslose Größe (reine Zahl) ψ. Danach erhält man als Rohrwiderstand auf die Länge l den Wert

$$W = \tau_0 \, U \, l = \psi \frac{\varrho}{2} \bar{v}^2 \, U \, l \quad [\mathrm{kp}]. \tag{145}$$

Hinsichtlich der Größe ψ sei bemerkt, daß es sich dabei zunächst nicht um eine Konstante handeln soll, sondern um einen Faktor, welcher i. allg. von einer dimensionslosen Kombination der die Strömung bestimmenden Größen Geschwindigkeit, Querschnittsabmessungen, Dichte, Zähigkeit und Wandrauhigkeit abhängen kann. Mit anderen Worten heißt das: durch Gl. (145) soll zunächst keine Proportionalität zwischen W und $\bar{v}^2$ zum Ausdruck gebracht werden. Das Widerstandsgesetz ist vielmehr, wie sich später zeigen wird, viel verwickelter und läßt sich überhaupt nicht für alle vorkommenden Fälle durch einen einzigen Ansatz erfassen. Wie schon aus diesen Bemerkungen hervorgeht, hängt die Lösung der gestellten Aufgabe wesentlich von der Bestimmung der Zahl ψ ab, welche in der Hydraulik als *Widerstandsziffer* bezeichnet wird.

Man betrachte nun die das Rohr erfüllende Flüssigkeitssäule vom Gewicht $F\,l\,\gamma$ (F = Rohrquerschnitt). Sind wieder p_1 und p_2 die auf die Stirnflächen der Säule von der Länge l wirkenden Drücke, so muß im Falle gleichförmiger Bewegung die aus der Schwere und den Druckkräften resultierende Kraft gerade gleich dem Rohrwiderstand W sein. Man erhält also in ähnlicher Weise wie auf S. 62 (Abb. 56)

$$(p_1 - p_2)\,F + F\,\gamma\,l\,\frac{h}{l} = \psi\,\frac{\varrho}{2}\,\bar{v}^2\,U\,l$$

oder nach Division mit $F\gamma l$

$$\frac{p_1 - p_2}{\gamma\,l} + \frac{h}{l} = J = \psi\,\frac{\bar{v}^2}{2\,g}\,\frac{U}{F}\,.$$

Der Quotient

$$r_h = \frac{F}{U}$$

stellt eine Länge dar und wird gewöhnlich als *hydraulischer Radius* oder *Profilradius* bezeichnet. Damit besteht zwischen dem Gefälle J und der Widerstandsziffer ψ die Beziehung

$$J = \psi\,\frac{\bar{v}^2}{2\,g\,r_h}\,, \tag{146}$$

wobei J durch Gl. (106) definiert ist. Der Ausdruck (146) bildet die Grundlage für alle Berechnungen turbulenter Rohrströmungen. Wäre die Widerstandsziffer ψ bekannt, so könnte man bei gegebenem Gefälle J die mittlere Geschwindigkeit $\bar{v}$ und damit die sekundliche Durchflußmenge Q unmittelbar berechnen.

Um schließlich noch die in der erweiterten BERNOULLIschen Druckgleichung (102) auftretende Verlusthöhe h_v durch die Widerstandsziffer ψ ausdrücken zu können, beachte man, daß zwischen J und h_v nach (110) die Beziehung

$$h_v = J\,l \tag{147}$$

besteht. Setzt man J aus (146) ein, so folgt

$$h_v = \psi\,\frac{\bar{v}^2}{2\,g\,r_h}\,l\,. \tag{148}$$

Für die hier zunächst betrachteten *Rohre mit Kreisquerschnitt* ist $F = \pi\,r^2$ und $U = 2\,\pi\,r$, somit wird *der hydraulische Radius für Kreisrohre* $r_h = \dfrac{r}{2} = \dfrac{d}{4}$, d. h. gleich dem halben Rohrradius oder einem Viertel des Rohrdurchmessers d. Damit folgt aus (146)

$$J = 4\,\psi\,\frac{\bar{v}^2}{2\,g\,d} = \lambda\,\frac{\bar{v}^2}{2\,g\,d}\,, \tag{149}$$

wenn jetzt der Einfachheit halber als neue Widerstandsziffer für Kreisrohre der Wert $\lambda = 4\,\psi$ eingeführt wird. Entsprechend lautet dann die Verlusthöhe nach (148)

$$h_v = \lambda\,\frac{\bar{v}^2}{2\,g\,d}\,l \tag{149a}$$

und die Wandschubspannung nach (144)

$$\tau_0 = \frac{\lambda}{8}\,\varrho\,\bar{v}^2\,. \tag{149b}$$

Es kommt also jetzt darauf an, bestimmte Aussagen über Wesen und Größe der Widerstandsziffer λ zu machen.

c) Experimentelle Gesetze für das hydraulisch glatte Rohr[1]

Weiter oben wurde bereits darauf hingewiesen, daß die Widerstandsziffer λ (bzw. ψ) keine Konstante ist, sondern i. allg. von den die Strömung bestimmenden Größen abhängt. Bei „hydraulisch glatten" Rohren kommen als solche nur die Geschwindigkeit, der Rohrdurchmesser und die Zähigkeit in Frage. Da λ eine reine Zahl sein muß, kann es aus Dimensionsgründen nur von einer solchen Kombination der genannten Größen abhängen, die selbst dimensionslos ist, und das ist die REYNOLDSsche Zahl

$$Re = \frac{\bar{v}\,d}{\nu}, \tag{150}$$

die hier auf die mittlere Geschwindigkeit $\bar{v}$ und den Rohrdurchmesser d bezogen werden soll. Mit anderen Worten heißt das: λ *ist eine Funktion der Reynoldsschen Zahl.*

Auf Grund des reichhaltigen Versuchsmaterials von SAPH und SCHODER[2] stellte H. BLASIUS[3] die Abhängigkeit der Zahl λ von der REYNOLDSschen Zahl Re durch die Potenzformel

$$\lambda = \frac{0{,}3164}{\sqrt[4]{Re}} \tag{151}$$

dar, womit man für das Gefälle J nach (149) und (150) erhält

$$J = \frac{0{,}3164}{\sqrt[4]{\dfrac{\bar{v}\,d}{\nu}}}\,\frac{\bar{v}^2}{2\,g\,d} = \frac{0{,}3164}{\sqrt[4]{\dfrac{d}{\nu}}}\,\frac{\bar{v}^{7/4}}{2\,g\,d}. \tag{152}$$

J ist danach proportional der $\frac{7}{4}$-Potenz der mittleren Geschwindigkeit $\bar{v}$. Zum Vergleich sei daran erinnert, daß im Falle *laminarer* Strömung nach Gl. (109)

$$J = \frac{8\,\nu}{g\,r^2}\,\bar{v}$$

war, also direkt proportional $\bar{v}$. Man erkennt daraus den wesentlich größeren Druckabfall der turbulenten Strömung gegenüber der laminaren. Außerdem ist wegen (149) im laminaren Bereich

$$\lambda\,\frac{\bar{v}^2}{2\,g\,d} = \frac{32\,\bar{v}\,\nu}{g\,d^2}$$

oder

$$\lambda_{lam} = 64\,\frac{\nu}{\bar{v}\,d} = \frac{64}{Re}$$

im Gegensatz zu (151).

Spätere Versuche von JAKOB und ERK[4], die sich in guter Übereinstimmung mit den etwas weiter zurückliegenden Versuchen von STANTON und PANNELL[5] befinden, sowie von HERMANN und BURBACH[6] haben gezeigt, daß das sogenannte BLASIUSsche Widerstandsgesetz (151) kein für beliebig große Re-Zahlen gültiges Gesetz ist, sondern für Werte $Re > 80\,000$ bis $100\,000$ seine Gültigkeit verliert. Danach geht der Abfall von λ mit wachsendem Re langsamer vor sich, als der Gl. (151) entsprechen würde. Auf Grund ihrer Versuche (bis etwa $Re = 4 \cdot 10^5$) geben JAKOB und ERK das empirische Gesetz

$$\lambda = 0{,}00714 + 0{,}6104\,Re^{-0{,}35} \tag{153}$$

---

[1] Bezüglich einer Abgrenzung der Begriffe „glatt" und „rauh" vgl. S. 90.
[2] Trans. Amer. Soc. civ. Engrs. Bd. 51 (1903) S. 253.
[3] BLASIUS, H.: VDI-Forsch.-Arb. Heft 131 (1913).
[4] VDI-Forsch.-Arb. Heft 267. (1924).
[5] Phil. Trans. roy. Soc. Lond. Bd. 214 (1914) S. 199.
[6] Strömungswiderstand und Wärmeübergang in Rohren, Leipzig: Akadem. Verlagsges. 1930.

an, während SCHILLER[1] aus eigenen Versuchen und denen von HERMANN und BURBACH im Bereiche von $Re = 2 \cdot 10^4$ bis $2 \cdot 10^6$ die empirische Formel

$$\lambda = 0{,}0054 + 0{,}396\ Re^{-0{,}3} \tag{154}$$

ableitet. Schließlich gibt J. NIKURADSE[2] auf Grund umfangreicher Versuche für REYNOLDSsche Zahlen zwischen $Re = 10^5$ bis 10^8 die folgende Formel an

$$\lambda = 0{,}0032 + 0{,}221\ Re^{-0{,}237} \tag{155}$$

Mit Hilfe der vorstehenden λ-Werte kann nun auch die Wandschubspannung τ_0 nach Gl. (144) berechnet werden. Im Gültigkeitsbereich des BLASIUSschen Gesetzes (151) erhält man z. B. mit $\psi = \dfrac{\lambda}{4}$ und $Re = \dfrac{\bar{v}\,d}{\nu}$

$$\tau_0 = \frac{\lambda}{8}\,\varrho\,\bar{v}^2 = 0{,}03955\,\varrho\,\bar{v}^2 \left(\frac{\nu}{\bar{v}\,d}\right)^{1/4}$$

oder, wenn man den Rohrhalbmesser $r = \dfrac{d}{2}$ einführt,

$$\tau_0 = 0{,}03324\,\varrho\,\bar{v}^{7/4} \left(\frac{\nu}{r}\right)^{1/4}.$$

Für den hier betrachteten Bereich REYNOLDSscher Zahlen ist die mittlere Geschwindigkeit $\bar{v}$ etwa gleich dem 0,8fachen der maximalen (S. 72). Setzt man also $\bar{v} = 0{,}8\,v_{\max}$, so geht obige Gleichung mit $0{,}8^{7/4} = 0{,}6767$ über in

$$\tau_0 = 0{,}0225\,\varrho\,v_{\max}^{7/4} \left(\frac{\nu}{r}\right)^{1/4}.$$

Nun darf angenommen werden, daß dieser Ausdruck nicht nur für $v_{\max}$ und r (Rohrmitte), sondern allgemein für die Geschwindigkeit $v_{(z)}$ im Abstand z von der Rohrwand und diesen Abstand z gilt, so daß auch

$$\tau_0 = 0{,}0225\,\varrho\,v_{(z)}^{7/4} \left(\frac{\nu}{z}\right)^{1/4} \tag{155a}$$

geschrieben werden kann. Dieser Ausdruck wird durch die Messungen im Bereich des BLASIUSschen Gesetzes gut bestätigt.

Durch die Gln. (151) und (155) ist die gesuchte Abhängigkeit $\lambda = f(Re)$ für alle praktisch vorkommenden Bereiche REYNOLDSscher Zahlen auf experimentellem Wege festgelegt. Dessenungeachtet bestand daneben aber doch das Bestreben, auch durch *theoretische* Überlegungen ein allgemein gültiges Gesetz für λ aufzustellen. Mit dieser Frage haben sich insbesondere TH. v. KÁRMÁN und L. PRANDTL beschäftigt. Bevor über die Ergebnisse ihrer Untersuchungen berichtet wird, sollen erst einige Bemerkungen über die Geschwindigkeitsverteilung im Rohrquerschnitt gemacht werden.

d) Geschwindigkeitsverteilung

α) Das v. Kármánsche Gesetz. Um über die Verteilung der Geschwindigkeit $v = v(z)$ über den Rohrquerschnitt etwas aussagen zu können, soll jetzt wieder die Gl. (123) betrachtet werden. Wie früher bereits bemerkt wurde, ist der Einfluß der Zähigkeit bei wenig zähen Flüssigkeiten in der Hauptsache auf eine dünne Randschicht beschränkt, während im übrigen nur die durch die Schwankungsbewegung entstehende turbulente Schubspannung τ' von maßgebendem Einfluß ist. Unterdrückt man also zunächst in (123) das mit ν behaftete Glied,

<hr>

[1] Ing.-Arch. Bd. 1 (1930) S. 392.
[2] VDI-Forsch.-Heft 356 (1932) S. 32.

so kann diese Gleichung unter Beachtung von (125) wie folgt geschrieben werden

$$z\,g\,J = -\,2\,\frac{\tau'}{\varrho}\,. \tag{156}$$

Führt man hier für die turbulente Schubspannung den Wert (132) ein und verwendet für den Mischungsweg l die KÁRMÁNsche Beziehung (134)[1], so erhält man, wenn jetzt wieder $v_s = v$ gesetzt wird (S. 76),

$$\tau' = \varrho\,\varkappa^2 \left(\frac{d\,v/d\,z}{d^2v/d\,z^2}\right)^2 \left|\frac{d\,v}{d\,z}\right|\frac{d\,v}{d\,z}\,.$$

Da bei der eingeführten Richtung von z (Abb. 56) $\dfrac{d\,v}{d\,z}$ negativ wird, ist die rechte Seite von (156) positiv. Damit lautet diese Gleichung, wenn man jetzt $\dfrac{d\,v}{d\,z}$ mit seinem absoluten Betrag einsetzt,

$$z\,g\,J = 2\,\varkappa^2\,\frac{(d\,v/d\,z)^4}{(d^2v/d\,z^2)^2}\,.$$

Mit $\dfrac{d\,v}{d\,z} = \zeta$ und $\dfrac{d^2v}{d\,z^2} = \dfrac{d\zeta}{d\,z}$ geht dieser Ausdruck über in

$$\frac{z\,g\,J}{2\,\varkappa^2} = \frac{\zeta^4}{\left(\dfrac{d\zeta}{d\,z}\right)^2} \qquad \text{oder} \qquad \frac{d\zeta}{d\,z} = \pm\,\zeta^2\,\sqrt{\frac{2\,\varkappa^2}{z\,g\,J}}\,.$$

Nach Trennung der Variablen folgt daraus

$$\frac{d\zeta}{\zeta^2} = \pm\,\sqrt{\frac{2\,\varkappa^2}{g\,J}}\,z^{-1/2}\,d\,z$$

und durch beiderseitige Integration

$$-\,\frac{1}{\zeta} = \pm\,2\,\sqrt{\frac{2\,\varkappa^2}{g\,J}}\,\sqrt{z} + C_1\,.$$

Bei Annäherung an die Rohrwand ($z \to r$) nimmt $\zeta = \dfrac{d\,v}{d\,z}$ für große REYNOLDSsche Zahlen sehr große (negative) Werte an. Man kann somit die Konstante C_1 aus der Bedingung bestimmen, daß man, vorbehaltlich einer späteren Korrektur der wandnahen Geschwindigkeit, $\zeta = -\infty$ für $z = r$ setzt. Dann wird $C_1 = \mp\,2\,\sqrt{\dfrac{2\,\varkappa^2}{g\,J}}\,\sqrt{r}$ und somit

$$\frac{1}{\zeta} = -\,2\,\varkappa\,\sqrt{\frac{2}{g\,J}}\,(\sqrt{r} - \sqrt{z})\,.$$

Hier gilt für die Wurzel das negative Vorzeichen, da ζ negativ sein muß. Nach (144) ist $\tau_0 = \psi\,\dfrac{\varrho}{2}\,\bar{v}^2$ und nach (149) $J = \psi\,\dfrac{\bar{v}^2}{g\,r}$. Somit wird $\dfrac{g\,J}{2} = \dfrac{\psi\,\bar{v}^2}{2\,r} = \dfrac{\tau_0}{\varrho\,r}$ und demnach

$$\frac{1}{\zeta} = -\,2\,\varkappa\,\sqrt{\frac{\varrho\,r}{\tau_0}}\,(\sqrt{r} - \sqrt{z}) = \frac{d\,z}{d\,v}$$

oder

$$d\,v = -\,\frac{d\,z}{2\,\varkappa\,\sqrt{\dfrac{\varrho\,r}{\tau_0}}\,(\sqrt{r} - \sqrt{z})}\,.$$

---

[1] Der Ableitung von Gl. (134) liegt zwar eine *ebene* Strömung zugrunde, jedoch hat sich gezeigt, daß sie auch bei den rotationssymmetrischen Rohrströmungen durch die Messungen gut bestätigt wird.

Durch Integration folgt daraus

$$v = \frac{1}{\varkappa\sqrt{\dfrac{\varrho\, r}{\tau_0}}}\left[\sqrt{r}\,\ln\left(\sqrt{r} - \sqrt{z}\right) - \sqrt{r} + \sqrt{z}\right] + C_2.$$

Bezeichnet nun wieder $v_{\max}$ die maximale Geschwindigkeit in der Rohrachse $z = 0$, so bestimmt sich C_2 aus der Bedingung $v = v_{\max}$ für $z = 0$ zu

$$C_2 = v_{\max} + \frac{1}{\varkappa\sqrt{\dfrac{\varrho\, r}{\tau_0}}}\left(\sqrt{r} - \sqrt{r}\,\ln\sqrt{r}\right),$$

womit nach einfacher Zwischenrechnung folgt

$$v = v_{\max} + \frac{1}{\varkappa}\sqrt{\frac{\tau_0}{\varrho}}\left[\ln\left(1 - \sqrt{\frac{z}{r}}\right) + \sqrt{\frac{z}{r}}\right]. \tag{157}$$

Führt man hier schließlich noch die der Wandschubspannung τ_0 entsprechende Schubspannungsgeschwindigkeit $v_* = \sqrt{\dfrac{\tau_0}{\varrho}}$ ein [Gl. (138)], so ergibt sich als *Geschwindigkeitsverteilung der turbulenten Rohrströmung* der Ausdruck [1]

$$\frac{v_{\max} - v}{v_*} = -\frac{1}{\varkappa}\left[\ln\left(1 - \sqrt{\frac{z}{r}}\right) + \sqrt{\frac{z}{r}}\right]. \tag{158}$$

Danach ist die mit der Schubspannungsgeschwindigkeit v_* dimensionslos gemachte Differenz aus $v_{\max}$ (Rohrmitte) und der Geschwindigkeit $v = v(z)$ an der Stelle z eine universelle Funktion von z/r. Da in Gl. (158) weder die REYNOLDSsche Zahl noch die Wandrauhigkeit auftritt, gilt dieses KÁRMÁNsche Gesetz — wenn man von kleinen Re-Zahlen absieht, bei denen sich die Zähigkeit bemerkbar macht — für alle REYNOLDSschen Zahlen und für alle Rauhigkeiten.

Die Übereinstimmung dieses Ergebnisses mit Messungen von DÖNCH [2] und NIKURADSE [3] ist recht befriedigend, wenn für die zunächst unbekannte Konstante $\varkappa$ der Wert $\varkappa \approx 0{,}38$ gewählt wird. Abweichungen treten natürlich am Rande auf, insbesondere wird $v = -\infty$ für $z = r$. Das kann insofern nicht überraschen, als in der obigen Rechnung vollständige Reibungsfreiheit vorausgesetzt war, während tatsächlich in einer schmalen Zone in Wandnähe die Zähigkeit sich erheblich bemerkbar macht (vgl. S. 77). Um diese Unstimmigkeit zu beseitigen, kann man nach v. KÁRMÁN [4] an der Rohrwand eine dünne Laminarschicht von der Dicke δ annehmen, an welche sich die oben errechnete turbulente Geschwindigkeit anschließen muß. Diese Dicke δ, welche mit der auf S. 78 eingeführten Länge z_0 identisch ist, läßt sich in der Form $\delta = \text{const}\dfrac{v}{\sqrt{\tau_0/\varrho}} = \text{const}\dfrac{v}{v_*}$ darstellen, während die Wandschubspannung τ_0 unter Beachtung von (104) angenähert den Wert $\tau_0 = \dfrac{v\,\varrho\,v_l}{\delta}$ annimmt, wo v_l die Geschwindigkeit am Rande der Laminarschicht bezeichnet. Durch Verbindung der beiden Gleichungen für δ und τ_0 ergibt sich nach Elimination von δ die einfache Beziehung $v_l = B_1 v_*$, wo $B_1 = \text{const}$. Man kann jetzt den Wert v_l als Geschwindigkeit v in Gl. (157) für die Stelle $z = r - \delta$ einsetzen (Rand der Laminarschicht) und erhält auf diese Weise

$$v_{\max} = B_1 v_* - \frac{v_*}{\varkappa}\left[\ln\left(1 - \sqrt{\frac{r-\delta}{r}}\right) + \sqrt{\frac{r-\delta}{r}}\right]$$

[1] v. KÁRMÁN, TH.: Fußn. 1, S. 76.
[2] VDI-Forsch.-Arb. Heft 282 (1926).
[3] VDI-Forsch.-Arb. Heft 289 (1929).
[4] v. KÁRMAN, TH.: Fußn. 1, S. 76.

oder, da $\delta \ll r$, also $\dfrac{r-\delta}{r} \approx 1$ und $\sqrt{\dfrac{r-\delta}{r}} \approx 1 - \dfrac{\delta}{2\,r}$ gesetzt werden kann,

$$\frac{v_{\max}}{v_*} = B_1 - \frac{1}{\varkappa}\left(\ln\frac{\delta}{2\,r} + 1\right).$$

Bezeichnet man noch die in dem Ausdruck für δ auftretende Konstante mit B_2, setzt also $\delta = B_2\dfrac{v}{v_*}$, so wird

$$\frac{v_{\max}}{v_*} = \frac{1}{\varkappa}\left(B_1\varkappa - \ln\frac{B_2\,v}{2\,r\,v_*} - 1\right) = \frac{1}{\varkappa}\left(\ln\frac{r\,v_*}{v} + C\right) \tag{159}$$

mit $C = B_1\varkappa - 1 + \ln\dfrac{2}{B_2}$. Damit ist die maximale Geschwindigkeit $v_{\max}$, welche zu einer bestimmten Schubspannungsgeschwindigkeit $v_* = \sqrt{\tau_0/\varrho}$ gehört, bis auf die Konstante C festgelegt, welche durch Versuche gefunden werden muß. Die obige Gl. (157) gilt nur bis zum Rande der Laminarschicht ($z = r - \delta$); von dieser Stelle an fällt die Geschwindigkeit nach der Rohrwand zu auf den Wert Null ab.

β) **Das Prandtlsche Gesetz.** Das in Ziffer 17 abgeleitete Geschwindigkeitsgesetz (142), das zunächst nur für Strömungen längs einer ebenen Wand gelten sollte, kann auch zur Darstellung der Geschwindigkeitsverteilung in Rohren benutzt werden, wie nachstehend gezeigt wird. Ein prinzipieller Unterschied besteht zwar zwischen diesen beiden Strömungen insofern, als der Gl. (142) eine vom Wandabstand z unabhängige Schubspannung $\tau = \tau_0$ zugrunde gelegt wurde, während bei der Rohrströmung die Schubspannung eine lineare Funktion von z ist[1]. Indessen hat die Erfahrung gelehrt, daß Gl. (142) auch für Rohrströmungen mit gutem Erfolg angewandt werden kann, wenn die Konstanten ln (n) und $\varkappa$ entsprechend gewählt werden.

Schreibt man (142) wegen $n = $ const in der Form

$$\frac{v}{v_*} = \frac{1}{\varkappa}\ln\frac{z\,v_*}{v} + C', \tag{160}$$

wo z jetzt den Abstand von der Rohrwand (nicht von der Rohrmitte) bezeichnet, so erscheint die mit v_* dimensionslos gemachte Geschwindigkeit als lineare Funktion der dimensionslosen Größe $\ln\dfrac{z\,v_*}{v}$. Trägt man nun die aus Messungen von J. NIKURADSE[2] gewonnenen Geschwindigkeiten v/v_* als Ordinaten über den Werten $\ln\dfrac{z\,v_*}{v}$ als Abszissen auf, so erhält man für Werte $\dfrac{z\,v_*}{v} > 50$ in der Tat mit guter Näherung eine Gerade, wobei sich die Konstanten zu $\dfrac{1}{\varkappa} = 2{,}5$ (also $\varkappa = 0{,}4$) und $C' = 5{,}5$ ergeben, weshalb

$$\frac{v}{v_*} = 2{,}5\ln\frac{z\,v_*}{v} + 5{,}5. \tag{161}$$

Aus diesem experimentellen Ergebnis folgt, daß die zunächst nur für Punkte in Wandnähe aufgestellten Beziehungen angenähert für den ganzen Strömungsbereich bis zur Rohrmitte gelten[3]. Geht man, was für die Zahlenrechnung meist bequemer ist, vom natürlichen Logarithmus (ln) zum Logarithmus zur Basis 10

---

[1] Man kann diese Tatsache sofort aus Gl. (111), Ziffer 12, ableiten, die auch für Rohrströmungen gilt. Aus $dp/dx = d\tau/dz = $ const folgt $\tau = z \cdot \text{const} + C$ und wegen $\tau = \tau_0$ für $z = 0$ und $\tau = 0$ für $z = r$ (Symmetrie) $\tau = \tau_0\,(1 - z/r)$.

[2] Vgl. dazu J. NIKURADSE: Gesetzmäßigkeiten der turbulenten Strömung in glatten Rohren. Forsch.-Arb. Ing.-Wes. Heft 356, Berlin 1932.

[3] Ergebn. der Aerodynam. Versuchsanstalt Göttingen, 4. Lief. (1932) S. 21.

(log) über, so lautet (161) wegen $\ln x = 2{,}3026 \log x$

$$\frac{v}{v_*} = 5{,}75 \log \frac{z\,v_*}{v} + 5{,}5 \,. \tag{161a}$$

Für wandnahe Punkte liefern die Messungen

$$\frac{v}{v_*} = 5{,}52 \log \frac{z\,v_*}{v} + 5{,}84 \tag{161b}$$

und für die der Rohrmitte nahen Punkte bei größeren REYNOLDSschen Zahlen

$$\frac{v}{v_*} = 5{,}52 \log \frac{z\,v_*}{v} + 6{,}68 \,.$$

Mit $z = r$ erhält man daraus für die *maximale* Geschwindigkeit

$$\frac{v_{\max}}{v_*} = 5{,}52 \log \frac{r\,v_*}{v} + 6{,}68 \,, \tag{161c}$$

und man erkennt, daß dieser Ausdruck prinzipiell mit der v. KÁRMÁNschen Gl. (159) übereinstimmt.

Die Gln. (161a) und (161b) gelten für alle REYNOLDSschen Zahlen (bei turbulenter Strömung), allerdings nur für Wandabstände z, bei denen die laminare Reibung gegenüber der turbulenten keine Rolle spielt. Bei sehr kleinen Werten von z findet ein Übergang von der turbulenten zur laminaren Strömung statt. In dieser Zone fällt die Geschwindigkeit schnell auf den Wert Null ab[1].

Für den Gültigkeitsbereich des BLASIUSschen Widerstandsgesetzes (151) läßt sich aus Gl. (155a) noch eine einfache *Potenzformel* für die Geschwindigkeitsverteilung ableiten, wenn man beachtet, daß $\tau_0/\varrho = v_*^2$ ist. Man erhält dann

$$v_*^2 = 0{,}0225\, v_z^{7/4} \left(\frac{v}{z}\right)^{1/4}$$

oder

$$v_*^{7/4} = 0{,}0225\, v_z^{7/4} \left(\frac{v}{v_*\,z}\right)^{1/4}$$

und daraus

$$\frac{v_z}{v_*} = \left(\frac{v_*\,z}{v}\right)^{1/7} \cdot 0{,}0225^{-4/7} = 8{,}7 \left(\frac{v_*\,z}{v}\right)^{1/7}, \tag{161d}$$

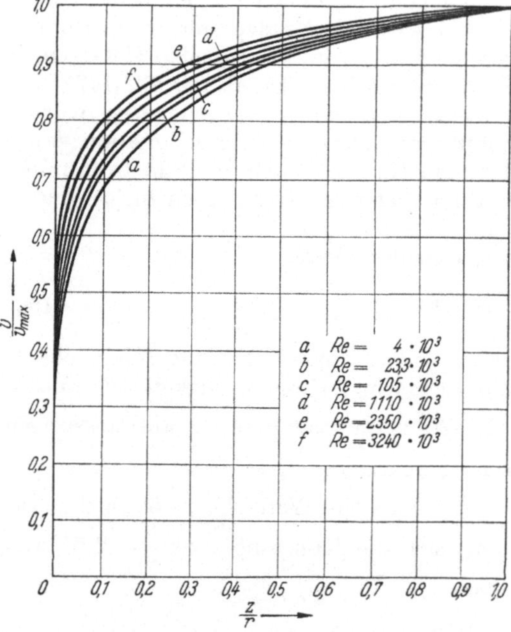

Abb. 62. Geschwindigkeitsverteilung in hydraulisch glatten Rohren nach NIKURADSE

die für *Re-Zahlen* bis etwa 100 000 Gültigkeit besitzt.

Die Geschwindigkeitsverteilung bei verschiedenen REYNOLDSschen Zahlen zeigt Abb. 62[2], aus der besonders ersichtlich ist, daß sich mit wachsendem Re eine immer gleichmäßigere Verteilung der Geschwindigkeit über den Querschnitt einstellt.

---

[1] Eine theoretische Untersuchung dieser Vorgänge ist von W. SZABLEWSKI gegeben: Z. angew. Math. Mech. Bd. 31 (1951) Heft 4/5.

[2] Nach NIKURADSE: Fußn. 2, S. 85.

Um eine Beziehung zwischen der *maximalen* und der *mittleren* Geschwindigkeit zu bekommen, beachte man, daß nach Gl. (158)

$$v_{max} - v = - \frac{v_*}{\varkappa}\left[\ln\left(1 - \sqrt{1 - \frac{z}{r}}\right) + \sqrt{1 - \frac{z}{r}}\right] = v_* f\left(\frac{z}{r}\right).$$

ist, wenn man hier z durch $r - z$ wegen der anderen Bedeutung von z ersetzt. Für die *mittlere* Geschwindigkeit $\bar{v}$ muß also eine Beziehung von der Form

$$v_{max} - \bar{v} = m\,v_*$$

bestehen, wobei m eine Zahl bezeichnet. Aus den vorliegenden Messungen wurde diese zu $m = 4{,}07$ ermittelt[1], so daß

$$\bar{v} = v_{max} - 4{,}07\,v_* . \tag{162}$$

Da nun aus (144) und (149) $v_* = \sqrt{\dfrac{\tau_0}{\varrho}} = \sqrt{\dfrac{J\,g\,d}{4}}$ folgt, so kann bei gegebenem Gefälle J die mittlere Geschwindigkeit durch die maximale ausgedrückt werden und umgekehrt.

An dieser Stelle sei noch eine Bemerkung über den Mischungsweg eingeschaltet, für welchen bei der Ableitung von Gl. (142) der lineare Ansatz $l = \varkappa z$ gemacht wurde. Nach (133a) ist

$$l = \sqrt{\frac{\varepsilon}{dv/dz}} ,$$

wobei $\varepsilon = A/\varrho$ die durch ϱ dividierte Austauschgröße A darstellt. Mit Hilfe dieser Beziehung hat J. NIKURADSE[2] den Mischungsweg als Funktion von z/r berechnet. Abb. 63 veranschaulicht diesen Verlauf für REYNOLDSsche Zahlen $Re > 10^5$, wobei sich praktisch eine Unabhängigkeit von Re erweist. Weiter zeigt diese Darstellung, daß der Mischungsweg für sehr kleine Werte z/r linear ansteigt, dann aber langsamer zunimmt, bis er in der Rohrmitte ein Maximum erreicht. Als Interpolationsformel ergibt sich daraus

$$\frac{l}{r} = 0{,}14 - 0{,}08\left(1 - \frac{z}{r}\right)^2 - 0{,}06\left(1 - \frac{z}{r}\right)^4 .$$

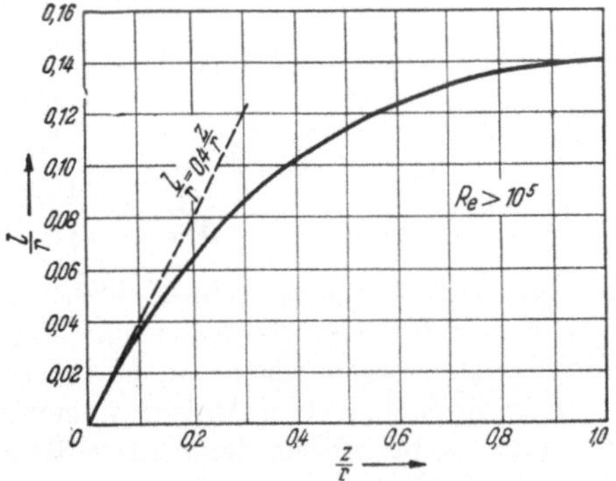

Abb. 63. Verteilung des Mischungsweges über den Rohrhalbmesser nach NIKURADSE

Für kleine Werte von z können die Glieder mit $\left(\dfrac{z}{r}\right)^3$ und $\left(\dfrac{z}{r}\right)^4$ gestrichen werden, so daß dieser Ausdruck übergeht in

$$\frac{l}{r} \approx 0{,}4\,\frac{z}{r} - 0{,}44\left(\frac{z}{r}\right)^2 .$$

Für *sehr kleine* Wandabstände folgt daraus der PRANDTLsche Ansatz $l \approx \varkappa z$ mit $\varkappa = 0{,}4$.

NIKURADSE[3] hat ferner die wichtige Feststellung gemacht, daß die gleiche Verteilung des Mischungsweges, wie sie für glatte Rohre gefunden wurde, bei größeren REYNOLDSschen Zahlen auch für rauhe Rohre gilt. Daraus ist zu folgern, daß in diesem Re-Bereich die Wandbeschaffenheit des Rohres auf die Schwankungsbewegung der Strömung ohne Einfluß ist, solange man von den Vorgängen in einer schmalen — von der Zähigkeit stark beeinflußten — Zone in Wandnähe absieht.

e) Das Widerstandsgesetz für glatte Rohre

Für die technischen Anwendungen interessieren i. allg. weniger die genauen Geschwindigkeitsverteilungen $v(z)$ über den Rohrquerschnitt, als vielmehr die

---

[1] Ergebn. der Aerodynam. Versuchsanstalt Göttingen, 4. Lief. (1932) u. J. NIKURADSE: VDI-Forsch.-Heft 356 (1932).

[2] NIKURADSE, J.: Forsch.-Arb. Ing.-Wes. Heft 356 (1932) und Heft 361 (1933).

[3] VDI-Forsch.-Heft 361 (1933).

Größe der *mittleren* Geschwindigkeit $\bar{v}$, da durch diese gemäß Gl. (143) auch die von dem Rohr pro Zeiteinheit geförderte Durchflußmenge Q bestimmt ist. Andererseits ist nach Gl. (149) die Geschwindigkeit $\bar{v}$ bei gegebenem Gefälle J von der Widerstandsziffer λ abhängig. Es besteht also ein Bedürfnis nach einem allgemein gültigen Gesetz für $\lambda = f(Re) = f\left(\dfrac{\bar{v}\,d}{v}\right)$. Zur Ableitung eines solchen *Widerstandsgesetzes* können nun die unter Ziffer d) gefundenen Geschwindigkeitsgesetze benutzt werden.

Nach Gl. (144) läßt sich die Wandschubspannung in der Form $\tau_0 = \dfrac{\psi}{2}\,\varrho\,\bar{v}^2$ ausdrücken. Statt dessen möge, einer Darstellung v. Kármáns[1] folgend, $\tau_0 = \dfrac{\varphi}{2}\,\varrho\,v^2{}_{\text{max}}$ geschrieben, d. h. die mittlere durch die maximale Geschwindigkeit ersetzt werden, bei entsprechender Änderung der Widerstandsziffer. Außerdem soll an Stelle der bisher benutzten Reynoldsschen Zahl $Re = \dfrac{\bar{v}\,d}{v}$ die etwas abgewandelte Größe $Re^* = \dfrac{v_{\text{max}}\,r}{v}$ eingeführt werden. Beachtet man nun, daß in Gl. (159) die Schubspannungsgeschwindigkeit $v_k = \sqrt{\dfrac{\tau_0}{\varrho}} = v_{\text{max}}\sqrt{\dfrac{\varphi}{2}}$ ist, so läßt sich diese Gleichung wie folgt umformen

$$\sqrt{\frac{2}{\varphi}} = \frac{1}{\varkappa}\left[\ln\left(\frac{r\,v_{\text{max}}}{v}\sqrt{\frac{\varphi}{2}}\right) + C'\right] = \frac{1}{\varkappa}\left[\ln\left(\frac{Re^*\,\sqrt{\varphi}}{\sqrt{2}}\right) + C'\right]$$

oder

$$\frac{1}{\sqrt{\varphi}} = \frac{1}{\varkappa\,\sqrt{2}}\ln\left(Re^*\,\sqrt{\varphi}\right) + C. \tag{163}$$

Für größere Reynoldssche Zahlen (bei denen die Zähigkeit praktisch ohne Einfluß ist) steht dieser Kármánsche Ausdruck in sehr guter Übereinstimmung mit den Versuchsergebnissen von Nikuradse[2].

Für die technischen Anwendungen ist Gl. (163) jedoch insofern wenig geeignet, als man es bei diesen fast ausschließlich mit der mittleren Geschwindigkeit $\bar{v}$ und nicht mit der maximalen v_{max} zu tun hat. Außerdem wird bei solchen Rechnungen lieber der Zehnerlogarithmus (log) an Stelle des natürlichen (ln) verwendet. J. Nikuradse[2] hat nun gezeigt, daß man an Stelle der Gl. (163) auch schreiben kann

$$\frac{1}{\sqrt{\lambda}} = a\,\log\left(Re\,\sqrt{\lambda}\right) + b,$$

wenn man wieder zur Widerstandsziffer λ und zur Reynoldsschen Zahl $Re = \dfrac{\bar{v}\,d}{v}$ zurückkehrt. Der vorstehende Ausdruck stellt die Gleichung einer Geraden zwischen den Veränderlichen $\dfrac{1}{\sqrt{\lambda}}$ und $\log\left(Re\,\sqrt{\lambda}\right)$ dar. Dieser lineare Zusammenhang wird durch die Versuche von Nikuradse sehr gut bestätigt, wobei sich die Konstanten zu $a = 2$ und $b = -\,0{,}8$ ergeben, so daß

$$\frac{1}{\sqrt{\lambda}} = 2\,\log\left(Re\,\sqrt{\lambda}\right) - 0{,}8 \tag{164}$$

wird. Damit ist ein universelles Widerstandsgesetz gefunden, das praktisch für alle Reynoldsschen Zahlen der turbulenten Rohrströmung gilt, sofern die Rohre als „hydraulisch glatt" angesehen werden können (vgl. dazu S. 90). Um λ aus

---

[1] v. Kármán, Th.: Fußn. 1, S. 76.   [2] VDI-Forsch.-Heft 356 (1932) S. 32.

(164) zu bestimmen, hat man zunächst $\sqrt{\lambda}$ abzuschätzen — etwa nach einer der empirischen Formeln von Abschnitt c) — und in (164) einzusetzen. Das Verfahren muß so lange wiederholt werden, bis die Abweichung innerhalb der gewünschten Genauigkeit liegt, wozu i. allg. nur *eine* Wiederholung erforderlich ist.

f) Rauhe Rohre

Für die Erforschung des Wesens der turbulenten Rohrströmung sind die vorstehend mitgeteilten, an *glatten* Rohren gewonnenen Erkenntnisse von großer Wichtigkeit. Indessen handelt es sich dabei, vom Standpunkt der Technik aus gesehen, immerhin um Sonderfälle. Die in der Praxis verwendeten Rohre sind eben *nicht* glatt (ideale glatte Flächen gibt es ja in der Natur überhaupt nicht), sondern besitzen mehr oder weniger *rauhe* Wandungen, z. B. unbearbeitete gußeiserne Rohre, verrostete oder durch chemische Einwirkungen angegriffene Stahlrohre, Zementrohre usw. Es erhebt sich dann die Frage: unter welchen Umständen kann ein derartiges Rohr gegebenenfalls als „hydraulisch glatt" angesehen werden oder, wenn nicht, wie muß das Widerstandsgesetz formuliert werden, damit von Fall zu Fall die Verschiedenartigkeit der Wandbeschaffenheit berücksichtigt werden kann?

Als Grundlage der nachfolgenden Betrachtungen gelten wieder die Gl. (146) für nichtkreisförmige bzw. (149) für kreiszylindrische Rohre. Während nun für glatte Rohre die Widerstandsziffern ψ bzw. λ nur Funktionen der REYNOLDSschen Zahl sind, tritt hier die Frage nach der Abhängigkeit dieser Größen von der Wandbeschaffenheit neu hinzu.

Die Erfahrung hat gelehrt, daß der Widerstand bei rauhen Rohren größer ist als bei glatten. Im einzelnen bestehen aber bei sonst gleichen Verhältnissen je nach der Art der Rauhigkeit (Größe und Anzahl der Wandunebenheiten, Entfernung derselben voneinander, eventuelle Neigung gegen die Strömungsrichtung usw.) wieder erhebliche Unterschiede. Rohre von geometrisch ähnlicher Form weisen bei gleicher Re-Zahl verschieden große Widerstandsziffern auf, wenn die Wandbeschaffenheit oder der Profilradius verschieden sind. Daraus folgt zunächst, daß ψ bzw. λ nicht nur Funktion von Re sein können, sondern auch von einer anderen dimensionslosen Größe abhängen müssen, welche die Wandrauhigkeit zum Ausdruck bringt. Als solche führt man die sogenannte *relative Rauhigkeit* $\dfrac{k}{r_h}$ ein und versteht darunter das Verhältnis einer von Fall zu Fall verschieden großen Rauhigkeitslänge k [cm] zum Profilradius $r_h = \dfrac{F}{U}$ [cm]. Damit läßt sich die Widerstandsziffer ψ in der Form anschreiben

$$\psi = \psi\left(Re, \frac{k}{r_h}\right). \tag{165}$$

Zur Bestimnung der Funktion ψ haben L. HOPF[1] und K. FROMM[2] systematische Versuche an rechteckigen Kanälen von verschiedener Höhe und unter Benützung verschiedenen Wandmaterials (Drahtnetz, sägeartig bearbeitetes Zinkblech, zwei Arten von Waffelblech) durchgeführt. Der rechteckige Querschnitt wurde gewählt, um bei gleicher Wand lediglich durch eine Änderung der Querschnittshöhe den Profilradius beliebig variieren zu können. Diese Versuche haben einige wichtige Aufschlüsse geliefert.

Aus seinen eigenen und den FROMMschen Versuchen sowie aus dem sonst noch zum Vergleich herangezogenen Versuchsmaterial anderer Forscher glaubt HOPF den Schluß ziehen zu dürfen, daß bei der turbulenten Strömung zwei Arten von Rauhigkeit unterschieden werden müssen, die zwei verschiedenen Ähnlichkeitsgesetzen gehorchen und die er als *Wandrauhigkeit* schlechthin und als *Wandwelligkeit* bezeichnet.

---

[1] HOPF, L.: Z. angew. Math. Mech. (1923) S. 329.
[2] FROMM, K.: Z. angew. Math. Mech. (1923) S. 339.

Die *Wandrauhigkeit* wird beherrscht durch die relative Rauhigkeit $\dfrac{k}{r_h}$. Bei ihr ist — abgesehen von kleinen Re-Zahlen — die Widerstandsziffer ψ unabhängig von Re. Diese Art von Rauhigkeit zeigt sich bei besonders groben und dicht nebeneinanderliegenden Wandunebenheiten (z. B. rauhe Eisen- oder Zementrohre). Auf Grund der FROMMschen Versuche gibt HOPF[1] für ψ die empirische Potenzformel

$$\psi = 10^{-2} \left(\frac{k}{r_h}\right)^{0,314} \tag{166}$$

an, wobei die Rauhigkeitsgröße k je nach der Wandbeschaffenheit verschieden groß ist. Man erkennt aus Gl. (146), daß im Falle dieser sogenannten Wandrauhigkeit *das Gefälle J proportional dem Quadrat der Geschwindigkeit ist* (quadratisches Widerstandsgesetz, vgl. S. 91).

Im Gegensatz dazu ist bei der sogenannten *Wandwelligkeit* die Widerstandsziffer ψ Funktion der REYNOLDSschen Zahl und bei gleicher Wandbeschaffenheit unabhängig vom Profilradius. Das Rohr verhält sich dann ähnlich wie ein glattes, allerdings ist ψ größer als der entsprechende Wert ψ_g des glatten Rohres, d. h. es ist

$$\psi = \psi_g\,\xi, \quad \text{mit} \quad \xi > 1 .$$

Wandwelligkeit liegt vor bei kleinerer Rauhigkeit bzw. dann, wenn die einzelnen Rauhigkeitselemente sanftere Übergänge aufweisen.

In Abschnitt d) wurde bereits darauf hingewiesen, daß der Übergang der turbulenten Strömung zur Wand hin über eine schmale laminare Schicht von der Dicke δ erfolgt, die sowohl bei glatten als auch bei rauhen Rohren vorhanden ist. Es ist nun einleuchtend, daß die Frage glatt oder rauh offenbar von dem Verhältnis der Dicke δ zur Größe k der Wandunebenheit abhängt. Nach S. 84 ist $\delta = \text{const}\dfrac{\nu}{v^*}$, also

$$\frac{k}{\delta} = \text{const}\,\frac{k\,v_*}{\nu} . \tag{167}$$

Je größer dieser Verhältniswert ist, desto rauher ist das Rohr. Sind nun die unvermeidlichen Wandunebenheiten so klein, daß sie von der laminaren Schicht vollkommen eingehüllt werden, dann hat die Wandrauhigkeit auf den turbulenten Strömungsvorgang überhaupt keinen Einfluß. Das Rohr wird in diesem Falle als *hydraulisch glatt* bezeichnet, und es gelten die oben dafür abgeleiteten Gesetze. Ragen dagegen die Rauhigkeitselemente über die mit wachsender Re-Zahl schmaler werdende Laminarschicht hinaus, dann setzen sie der turbulenten Strömung zusätzliche Widerstände entgegen. Ein solches Rohr wird als *rauh* bezeichnet, und es gelten dafür andere Gesetzmäßigkeiten. Zwischen diesen beiden Bereichen gibt es noch ein Übergangsgebiet, in dem nur ein Teil der Wandunebenheiten von der Laminarschicht eingehüllt wird, während ein anderer noch in die turbulente Zone hineinragt. Auch dieser Bereich macht sich in der Größe der Widerstandsziffer bemerkbar. Ihm entspricht etwa die oben eingeführte „Wandwelligkeit", während die „Wandrauhigkeit" den vorstehenden Fall des *rauhen* Rohres umfaßt.

Zur Ableitung eines Gesetzes der voll ausgebildeten Rauhigkeitsströmung in *kreiszylindrischen Rohren* kann nach TH. v. KÁRMÁN[2] die oben abgeleitete Gl. (154) herangezogen werden. Ist, wie hier vorausgesetzt wird, die mittlere Wandunebenheit k groß gegenüber der Dicke δ der laminaren Wandschicht, so darf angenommen werden, daß der Mischungsweg l am Rande dieser Schicht weniger von deren Dicke δ als vielmehr von der Größe k der Wandunebenheiten abhängt, so daß l proportional k gesetzt werden darf. Andererseits muß der Mischungsweg l am Rande der Laminarschicht von τ_0, ϱ und ν abhängen und demnach der aus diesen Größen gebildeten Länge $\dfrac{\nu}{\sqrt{\tau_0/\varrho}}$ proportional sein.

---

[1] HOPF, L.: in Handb. d. Physik von GEIGER u. SCHEEL Bd. 7 (1927) S. 146 bis 151.
[2] Siehe Fußn. 1 auf S. 76.

Daraus folgt aber, daß auch k proportional $\dfrac{v}{\sqrt{\tau_0/\varrho}} = \dfrac{v}{v_*}$ ist. Führt man diese Bedingung in Gl. (159) ein, so geht diese für sehr rauhe Rohre mit einer anderen Konstanten über in

$$\frac{v_{max}}{v_*} = \frac{1}{\varkappa}\left(\ln\frac{r}{k} + \text{const}\right). \tag{168}$$

Nun ist nach den Ausführungen auf S. 88 $\dfrac{v_{max}}{v_*} = \sqrt{\dfrac{2}{\varphi}}$, wobei φ eine etwas anders als λ definierte Widerstandsziffer bezeichnet. Damit lautet (168)

$$\frac{\varkappa\sqrt{2}}{\sqrt{\varphi}} = \ln\frac{r}{k} + \text{const}, \tag{169}$$

worin $\dfrac{k}{r}$ die auf den Kreishalbmesser r bezogene „relative Rauhigkeit" darstellt. Der vorstehende Ausdruck spricht also — ähnlich wie Gl. (166) — die Gültigkeit des *quadratischen Widerstandsgesetzes* aus, da φ nur noch von $\dfrac{k}{r}$, nicht aber von

der REYNOLDSschen Zahl abhängt. Dieses v. KÁRMÁN-sche Gesetz konnte von PRANDTL[1] auf anderem Wege unter Zugrundelegung seiner früher abgeleiteten Gl. (141) bestätigt werden. Für glatte Rohre führte diese Gleichung zu dem durch (161 c) dargestellten Ausdruck für die maximale Geschwindigkeit v_{max}, welcher — wie dort bereits bemerkt wurde — mit der KÁRMÁNschen Gl. (159) prinzipiell übereinstimmt. Durch ähnliche

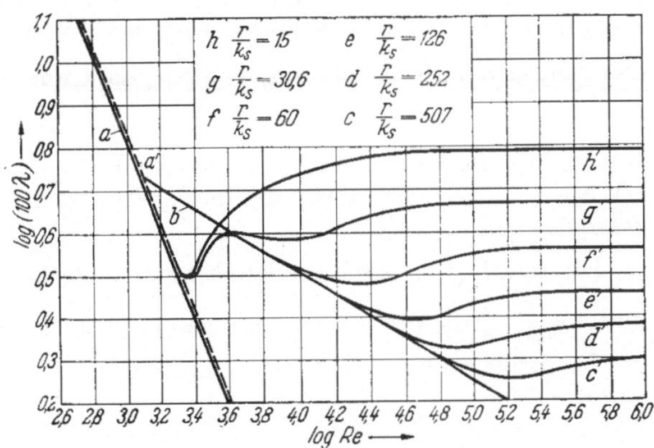

Abb. 64. Widerstandsgesetz für rauhe Rohre nach PRANDTL und NIKURADSE

Überlegungen wie die, welche hier zu dem Gesetz (169) führten, gelangt PRANDTL zu der für die Rechnung etwas bequemeren Formel

$$\frac{1}{\sqrt{\lambda}} = a\log\frac{r}{k} + b. \tag{170}$$

Eingehende Messungen zur Erforschung des Widerstandsgesetzes in rauhen Rohren wurden in der Göttinger Versuchsanstalt vorgenommen[2]. Sie erstrecken sich über den laminaren und turbulenten Bereich bis zu REYNOLDSschen Zahlen von $Re = \dfrac{\bar{v}\,d}{v} = 10^6$. Als Versuchsrohre wurden gezogene Messingrohre verwendet, deren Innenwand durch ein Gemisch aus Lack und Sand von bestimmter Korngröße künstlich rauh gemacht wurde (sogenannte *Sandkornrauhigkeit*). Als relative Rauhigkeit wurde das Verhältnis $\dfrac{k_s}{r}$ eingeführt[3]. Die Versuchsergebnisse zeigt Abb. 64, in der die Widerstandsziffer λ als Funktion der REYNOLDS-

[1] PRANDTL, L.: Neuere Ergebnisse der Turbulenzforschung. Z. VDI (1933) Nr. 5, S. 105 ff.

[2] NIKURADSE, J.: Über turbulente Wasserströmungen usw. Vorträge aus dem Gebiete der Aerodynamik und verwandter Gebiete, herausgeg. von GILLES, HOPF u. v. KÁRMÁN (1930) S. 63 und VDI-Forsch.-Heft 361 (1933).

[3] k_s soll dabei die der Sandkornrauhigkeit entsprechende Rauhigkeitsgröße bezeichnen, im Gegensatz zu einer anderen Rauhigkeit k.

schen Zahl Re im logarithmischen Maßstab aufgetragen ist. Die stark geneigte
Gerade a stellt λ im laminaren Bereich für glatte Rohre dar, die ihr parallele gestrichelte Gerade a' die Widerstandsziffern im gleichen Bereich für rauhe Rohre.
Wie man sieht, unterscheiden sich die entsprechenden λ-Werte praktisch nicht
voneinander. Als kritische REYNOLDSsche Zahl wurde für rauhe Rohre $Re = 2160$
bis 2410 gefunden; also etwa der gleiche Wert wie für glatte Rohre (S. 67). Die
übrigen Kurven entsprechen der turbulenten Strömungsform, und zwar stellt b
die Widerstandsziffer für glatte Rohre nach BLASIUS dar, während c bis h für
rauhe Rohre bei wachsender relativer Rauhigkeit gelten.

Dabei entspricht

Kurve	c	d	e	f	g	h
$\dfrac{k_s}{r} =$	0,00197	0,00397	0,00794	0,0167	0,0327	0,0667

Alle λ-Werte für rauhe Rohre liegen höher als diejenigen für glatte. Außerdem
erkennt man, daß bei größeren Re-Werten für alle untersuchten Rauhigkeiten
das *quadratische Widerstandsgesetz gilt*, da λ nur noch von $\dfrac{k_s}{r}$ abhängt, und zwar
wird dieses Gesetz um so eher erreicht, je größer $\dfrac{k_s}{r}$ ist. Bei kleiner relativer
Rauhigkeit besteht zunächst eine ziemlich genaue Übereinstimmung mit den
λ-Werten für glatte Rohre, ehe das quadratische Widerstandsgesetz zur Geltung
gelangt.

Die in Gl. (170) zum Ausdruck kommende lineare Abhängigkeit der Werte $\dfrac{1}{\sqrt{\lambda}}$
und $\log \dfrac{r}{k_s}$ wird durch die oben beschriebenen Messungen von NIKURADSE sehr
gut bestätigt, wobei sich die Konstanten zu $a = 2,0$ und $b = 1,74$ ergeben. Damit
lautet (170)[1]

$$\frac{1}{\sqrt{\lambda}} = 2 \log \frac{r}{k_s} + 1,74 \tag{171a}$$

oder

$$\lambda = \frac{1}{\left(2 \log \dfrac{r}{k_s} + 1,74\right)^2}. \tag{171}$$

Die in vorstehender Gleichung auftretenden Konstanten gelten zunächst nur
für Rauhigkeiten von der Art, wie sie den obigen Versuchen zugrunde liegen (Sandkornrauhigkeit). Um nun Gl. (171) auch für die in der Technik vorkommenden
andersgearteten Rauhigkeiten verwenden zu können, empfiehlt es sich, den entsprechenden Rauhigkeitsgrößen k eine „äquivalente Sandkornrauhigkeit" zu-
zuordnen, d.h. eine solche, die nach Gl. (171) dieselbe Widerstandsziffer λ liefert
wie die im jeweils vorliegenden Falle vorhandene tatsächliche Rauhigkeit.

Ungefähre Anhaltspunkte über die Größe der äquivalenten Sandkornrauhigkeit für eine Anzahl technisch wichtiger Rauhigkeiten liefert die nachstehende
Tabelle, welche aus Messungen der älteren Hydrauliker und neueren Messungen
von MOODY[2] zusammengestellt wurde.

Systematische Messungen der äquivalenten Sandkornrauhigkeit für eine
größere Anzahl von regelmäßig angeordneten Rauhigkeitselementen in Kugel-,
Kalotten- und Kegelform wurden von SCHLICHTING[3] in einem eigens dafür

---

[1] Vgl. hierzu die von L. PRANDTL gegebene Ableitung in der Z. VDI (1933) S. 110.
[2] MOODY, L. F.: Trans. Amer. Soc. mech. Engrs. (1944) S. 671.
[3] SCHLICHTING, H.: Ing.-Arch. Bd. 7 (1936) S. 1; vgl. auch H. SCHLICHTING: Grenzschichttheorie, 3. Aufl. (1958) S. 490.

hergestellten Meßkanal von rechteckigem Querschnitt durchgeführt. Die dabei gefundenen k_s-Werte bewegen sich in der Größenordnung von 0,03 bis 1,56 cm und lassen insbesondere erkennen, wie stark diese Werte von der Form und Verteilung der einzelnen Wandunebenheiten abhängig sind. Überhaupt zeigt die nebenstehende Tabelle die große Unsicherheit, welche in der richtigen Wahl von k_s bei allen technischen — d. h. natürlichen, im Gegensatz zu künstlich im Laboratorium hergestellten — Rauhigkeiten besteht. Es wird also stets von dem Geschick und der Erfahrung des Konstrukteurs abhängen, die richtigen Werte zu wählen. Eine weitere Schwierigkeit liegt in der dauernden Veränderung, welche die Innenwand der Rohre im Betriebszustand durch Rostbildung, Verschleimung, Verkrustung, chemische Einwirkung von Säuren u. dgl. erleidet, wodurch nicht nur die Wandbeschaffenheit, sondern auch bis zu einem gewissen Grade der Durchflußquerschnitt beeinflußt wird. Man wird also guttun, beim Entwurf einer technischen Rohranlage derartige Einflüsse von vornherein in Rechnung zu setzen[1].

Tabelle der äquivalenten k_s-Werte

Material	k_s [cm]
Bau- und Schmiedestahl	0,0045
Asphaltiertes Eisen	0,012
Verzinktes Eisen	0,015
Gußeisen, neu	0,03 bis 0,10
Gußeisen, angerostet	0,10 „ 0,15
Gußeisen, verkrustet	0,15 „ 0,30 und mehr
Zement, geglättet	0,03 bis 0,08
Zement, unbearbeitet	0,10 „ 0,20
Eisenbeton	0,03 „ 0,30
Holz	0,02 „ 0,09
Rauhe Bretter	0,10 „ 0,25
Backsteinmauerwerk, gut gefugt	0,12 „ 0,25
Bruchsteinmauerwerk, bearbeitet	0,15 „ 0,30
Roher Bruchstein	0,8 „ 1,5

Einen überschläglichen Anhalt für eine erste Abschätzung der Widerstandsziffer λ liefert der von DUPUIT angegebene Wert $\lambda = 0,03$, der für neue Rohre zu groß ist, aber für gebrauchte mit dünner Ansatzschicht bei mittleren Geschwindigkeiten von 0,5 bis $1\,\frac{m}{s}$ ungefähr zutrifft.

Zur praktischen Berechnung der Widerstandsziffer λ lassen sich aus dem vorstehend Gesagten und besonders im Hinblick auf Abb. 64 etwa folgende Gesichtspunkte herausschälen: Man hat drei Bereiche von Re-Zahlen zu unterscheiden. Für kleine Werte von Re verhalten sich alle rauhen Rohre praktisch genauso wie glatte. Sämtliche Rauhigkeitserhebungen liegen innerhalb der laminaren Wandschicht (vgl. S. 90). Die Widerstandsziffer ist somit nur Funktion von Re und kann entweder nach Gl. (151) für $Re \leqq 10^5$ oder nach (164) berechnet werden. An diesen Bereich schließt sich ein Übergangsgebiet an, in dem λ sowohl von Re als auch der relativen Rauhigkeit abhängt. Schließlich folgt bei entsprechend großen Re-Zahlen der Bereich der voll ausgebildeten Rauhigkeitsströmung, in dem λ nur noch Funktion der relativen Rauhigkeit ist und der durch Gl. (171) beherrscht wird.

Eine Unsicherheit liegt noch vor, wenn man sich im Übergangsgebiet zwischen „glatt" und „rauh" befindet. Um diese Lücke zu schließen, hat C. F. COLEBROOK[2] eine Interpolationsformel angegeben, welche mit d als Rohrdurchmesser lautet

$$\frac{1}{\sqrt{\lambda}} = -2 \log\left(\frac{2,51}{Re\,\sqrt{\lambda}} + \frac{k_s}{3,71\,d}\right), \tag{172}$$

---

[1] Vgl. dazu Hütte Bd. 1, 28. Aufl. (1955) S. 780 bis 784.

[2] COLEBROOK, C. F.: J. Instn. civ. Engrs. London Bd. 11 (1938/39) S. 133 bis 156. Vgl. dazu auch O. KIRSCHNER: Reibungsverluste in geraden Rohrleitungen. MAN-Forsch.-Heft (1951) S. 93 bis 95.

wobei wieder k_s die für praktische Rohrwandungen maßgebende äquivalente Wandrauhigkeit gemäß der obigen Tabelle ist.

Schreibt man nämlich die für *glatte* Rohre geltende Gl. (164) in der Form

$$\frac{1}{\sqrt{\lambda}} = 2\log\left(Re\,\sqrt{\lambda}\right) - 0{,}8 = 2\log\left(\frac{Re\,\sqrt{\lambda}}{2{,}51}\right) \tag{172a}$$

und entsprechend die für *rauhe* Rohre geltende Gl. (171a)

$$\frac{1}{\sqrt{\lambda}} = 2\log\frac{r}{k_s} + 1{,}74 = 2\log 3{,}71\,\frac{d}{k_s}. \tag{172b}$$

so erkennt man sofort, daß für $k_s \to 0$ (glattes Rohr) die obige Gl. (172) in (172a) übergeht, während Gl. (172) für $Re \to \infty$ (rauhes Rohr) die Form (172b) annimmt.

Nachstehend möge noch eine kurze Bemerkung über die *Geschwindigkeitsverteilung in rauhen Rohren* folgen. Bei der Ableitung von Gl. (141), die für die Bewegung einer Flüssigkeit längs einer ebenen Wand gilt, war die Frage nach der Wandbeschaffenheit zunächst vollständig offengelassen. Diese Abhängigkeit muß offenbar in der Integrationskonstanten C zum Ausdruck kommen. Bei *glatter* Wand spielt dabei, wie dort gezeigt wurde, die Dicke der laminaren Wandschicht eine entscheidende Rolle. Bei *rauhen* Rohren und großen Re-Zahlen dagegen tritt an deren Stelle das Rauhigkeitsmaß k, da jetzt die Dicke der Laminarschicht gegenüber k erheblich zurücktritt. Man hat also bei der ausgebildeten Rauhigkeitsströmung in der Größe k eine charakteristische Länge, die zur Bestimmung der Integrationskonstanten C herangezogen werden kann[1]. Setzt man nun in (141) für die Integrationskonstante $C = \varkappa C' - \ln k$, so geht diese Gleichung über in

$$\frac{v}{v_*} = \frac{1}{\varkappa}\ln\frac{z}{k} + C',$$

woraus mit $\varkappa = 0{,}4$ und $\ln\dfrac{z}{k} = 2{,}3026\log\dfrac{z}{k}$ folgt

$$\frac{v}{v_*} = 5{,}75\log\frac{z}{k} + C'.$$

Es gilt also auch hier — ähnlich wie beim glatten Rohr [Gl. (161a)], nur mit einer anderen Konstanten — das logarithmische Geschwindigkeitsgesetz. Aus den schon verschiedentlich erwähnten Geschwindigkeitsmessungen von NIKURADSE[2] ergibt sich die Konstante C' für die bei den Messungen verwendete Sandkornrauhigkeit zu $C' = 8{,}5$. Weiter liefern diese Messungen auch darüber Aufschluß, wann ein Rohr als „hydraulisch glatt" und wann als „hydraulisch rauh" anzusehen ist. Das Maß dafür gibt die durch Gl. (167) dargestellte dimensionslose Größe $\dfrac{k\,v_*}{v}$, und zwar ist ein Rohr als glatt anzusehen, wenn $\dfrac{k_s\,v_*}{v} < 4$ ist, dagegen als vollkommen rauh für $\dfrac{k_s\,v_*}{v} > 80$. Zwischen diesen beiden Zahlen liegt das bereits oben erwähnte Übergangsgebiet.

g) Rohre von nichtkreisförmigem Querschnitt

Es entsteht jetzt die Frage, wieweit die vorstehenden Überlegungen auch auf andere praktisch vorkommende Querschnitte, wie regelmäßige Polygone, Rechtecke, Dreiecke und Trapeze, angewandt werden können. Für die ersteren darf man wohl die obigen Gesetze ohne weiteres als gültig ansehen, wenn es sich dabei um eine genügend große Zahl von Polygonseiten handelt, wodurch das Profil dem Kreis stark angenähert ist.

Im Bereich nicht zu großer REYNOLDSscher Zahlen werden sich nach den beim Kreisrohr gewonnenen Erkenntnissen auch Rohre von nichtkreisförmigen Querschnitten als „hydraulisch glatt" erweisen, so daß die Widerstandsziffer

---

[1] PRANDTL, L.: Neuere Ergebnisse der Turbulenzforschung. Z. VDI (1933) S. 105 ff. und L. PRANDTL: Führer durch die Strömungslehre, 3. Aufl. (1949) S. 122.

[2] VDI-Forsch.-Heft 361 (1933).

in der Hauptsache eine Funktion der REYNOLDSschen Zahl ist. Da aber bei beliebig gestalteter Querschnittsform zunächst nicht angenommen werden darf, daß alle Elemente des benetzten Umfanges in gleichem Maße an der Übertragung der Wandschubspannung beteiligt sein werden, so müßte man strenggenommen die Widerstandsziffer auch in Abhängigkeit von den Querschnittsabmessungen bringen, wodurch das Widerstandsgesetz wesentlich kompliziert würde. Tatsächlich haben Versuche von SCHILLER[1] (gleichseitiges Dreieck, Quadrat, Rechteck, Wellenrohr), FROMM[2] (sehr breites Rechteck) und NIKURADSE[3] (Dreieck und Trapez) gezeigt, daß bei vollgefüllten Rohrleitungen der Einfluß der Querschnittsform gegenüber demjenigen der REYNOLDSschen Zahl nur eine untergeordnete Bedeutung besitzt und daß man das BLASIUSsche Widerstandsgesetz bei nicht zu großen Re-Zahlen auch auf Dreieck-, Trapez- und Rechteckquerschnitte anwenden kann, wenn man an Stelle des Rohrdurchmessers d den hydraulischen

Radius $r_h = \dfrac{F}{U}$ einführt (S. 80). Mit $d = 4\,r_h$ und $\lambda = 4\,\psi$

geht Gl. (151) über in

$$\psi = \frac{0{,}0559}{\sqrt[4]{\dfrac{\bar{v}\,r_h}{\nu}}} = \frac{0{,}0559}{\sqrt[4]{Re'}},$$

wenn hier die auf den hydraulischen Radius bezogene REYNOLDSsche Zahl $Re' = \dfrac{\bar{v}\,r_h}{\nu}$ an Stelle von $Re = \dfrac{\bar{v}\,d}{\nu}$

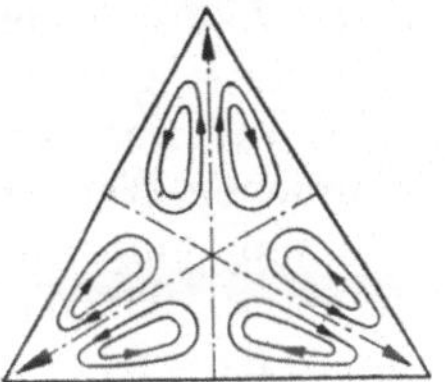

Abb. 65. Sekundärströmung in Rohren mit Dreiecksquerschnitt

beim Kreisrohr eingeführt wird. Die Versuche von SCHILLER und NIKURADSE bestätigen im wesentlichen den obigen Ansatz, während FROMM seine Ergebnisse in der davon etwas abweichenden Form

$$\psi = \frac{0{,}0705}{Re'^{0{,}27}}$$

zusammenfaßt.

NIKURADSE[4] hat auch die Geschwindigkeitsverteilung in recht- und dreieckförmigen Querschnitten durch Messung bestimmt. Dabei hat sich gezeigt, daß in den Querschnittsecken relativ hohe Geschwindigkeiten auftreten, was auf Sekundärbewegungen der Flüssigkeit innerhalb des Querschnitts etwa nach Abb. 65 zurückzuführen ist (vgl. dazu auch S. 104)[5].

19. Praktische Rohraufgaben

Für die Lösung praktischer Rohraufgaben stehen zunächst zwei Gleichungen zwischen dem sekundlichen Durchflußvolumen Q, der mittleren Geschwindigkeit $\bar{v}$, dem Rohrdurchmesser d und dem Gefälle J zur Verfügung. Es sind dies die Durchflußgleichung

$$Q = \bar{v}\,F = \bar{v}\,\frac{\pi\,d^2}{4} \tag{173}$$

und wegen (149) und (106) die Widerstandsgleichung

$$J = \frac{p_1 - p_2}{\gamma\,l} + \frac{h}{l} = \lambda\,\frac{\bar{v}^2}{2\,g\,d}. \tag{174}$$

[1] SCHILLER, L.: Z. angew. Math. Mech. (1923) S. 2.
[2] FROMM, K.: Z. angew. Math. Mech. (1923) S. 339.
[3] NIKURADSE, J.: Ing.-Arch. (1930) S. 326.
[4] VDI-Forsch.-Heft 281 (1926).
[5] Hinsichtlich einer einfachen Durchflußformel für Rohrleitungen von dreieckigem Querschnitt bei *laminarer* Strömung vgl. Z. VDI Bd. 96 (1954) S. 1179. Ref. von H. W. HAHNEMANN.

Die in (174) auftretende Widerstandsziffer λ ist nach den oben dafür abgeleiteten Formeln einzuführen. Sie hängt i. allg. von der REYNOLDSschen Zahl $Re = \dfrac{\bar{v}\,d}{v}$ und der relativen Rauhigkeit $\dfrac{k}{r}$ ab, so daß zu den vorstehend genannten, die Strömung im Rohre bestimmenden Größen Q, $\bar{v}$, d, J noch die mit der Temperatur veränderliche kinematische Zähigkeit v und die Wandrauhigkeit k treten. Die letzteren beiden Werte können bei bestimmtem Rohrmaterial und gegebener Temperatur als bekannt angesehen werden. Von den vier erstgenannten Größen müssen also zwei gegeben sein, damit die beiden übrigen berechnet werden können. Am einfachsten gestaltet sich die Rechnung, wenn $\bar{v}$ und d unmittelbar gegeben sind oder aus (173) berechnet werden können, da sich aus ihnen die Widerstandsziffer λ mit einiger Sicherheit bestimmen läßt. Ist dieses nicht der Fall — z. B. wenn Q und J gegeben sind —, so muß man λ zunächst schätzen, dann in (174) $\bar{v}$ durch d ausdrücken und diesen Wert in (173) einsetzen. Nachdem v und d — und damit Re — gefunden sind, hat man zu prüfen, ob die gemachte Annahme für λ richtig war (was i. allg. nicht zutreffen wird), andernfalls mit den in erster Näherung gewonnenen Werten $\bar{v}$ und d den neuen λ-Wert zu bestimmen usw. Für eine erste Schätzung empfiehlt sich bei nicht zu großen Rauhigkeiten der DUPUITsche Wert $\lambda = 0{,}03$. Wie man im einzelnen zu verfahren hat, soll nachstehend an einigen Beispielen gezeigt werden.

a) Gegeben sind Q und d, gesucht J und $\bar{v}$

Aufgabe. Eine horizontal verlegte, gerade gußeiserne Rohrleitung von 800 m Länge und 50 cm lichtem Durchmesser soll in der Stunde bei stationärem Dauerbetrieb 1000 m³ Wasser von 10 °C fördern. Welche mittlere Geschwindigkeit besitzt das Wasser im Rohre, wie groß ist das erforderliche Druckgefälle und damit die zur Aufrechterhaltung der stationären Strömung erforderliche Pumpenleistung?

Aus (173) folgt sofort

$$\bar{v} = \frac{4\,Q}{\pi\,d^2} = \frac{4\cdot 1000}{\pi\cdot 0{,}25\cdot 3600} = 1{,}41\ \frac{\text{m}}{\text{s}}\,.$$

Für Wasser von 10 °C ist $v = 0{,}0131\ \dfrac{\text{cm}^2}{\text{s}}$. Demnach wird

$$Re = \frac{\bar{v}\,d}{v} = \frac{141\cdot 50}{0{,}0131} = 538\,000\,.$$

Hier gilt im Hinblick auf Abb. 64 vermutlich bereits das quadratische Widerstandsgesetz, so daß λ nach Gl. (171) berechnet werden kann. Man erhält dafür mit $k_s = 0{,}3$ cm für während des Betriebes verkrustete gußeiserne Leitung

$$\lambda = \frac{1}{\left(2\log\dfrac{25}{0{,}3} + 1{,}74\right)^2} = 0{,}032\,.$$

Damit erhält man für das erforderliche Druckgefälle in der Leitung nach (174) wegen $h = 0$

$$J = \frac{p_1 - p_2}{\gamma\,l} = 0{,}032\cdot \frac{1{,}41^2}{2\cdot 9{,}81\cdot 0{,}5} = 0{,}0065\,.$$

Die Leistung der Pumpe muß also mit F als Rohrquerschnitt sein

$$L = (p_1 - p_2)\,F\,\bar{v} = J\,\gamma\,l\,F\,\bar{v} = J\,\gamma\,l\,Q\,,$$

woraus mit $\gamma = 1000\ \dfrac{\text{kp}}{\text{m}^3}$ und $Q = \dfrac{1000}{3600}\ \dfrac{\text{m}^3}{\text{s}}$ folgt

$$L = \frac{0{,}0065\cdot 1000\cdot 800\cdot 1000}{3600} = 1444\ \frac{\text{mkp}}{\text{s}}$$

oder

$$N = \frac{1444}{75} = 19,3\,\text{PS}\,.$$

Sofern über die Größe von λ noch Zweifel bestehen, kann man den oben dafür errechneten Wert mit Hilfe der Gl. (172) überprüfen und gegebenenfalls noch eine entsprechende Korrektur vornehmen.

b) Gegeben sind d und J, gesucht $\overline{v}$ und Q

Aufgabe. Für ein Wasser führendes Rohr aus asphaltiertem Eisenblech von $d = 15$ cm nutzbarem Durchmesser steht ein Gefälle $J = 0,002$ zur Verfügung. Wie groß sind im stationären Zustand die mittlere Geschwindigkeit und die sekundliche Durchflußmenge, wenn das Wasser eine Temperatur von $20°$ C besitzt?

Für asphaltiertes Eisen ist nach der obigen Tabelle die Rauhigkeit der Rohrwand kleiner als für Gußeisen, so daß die Widerstandsziffer voraussichtlich kleiner sein wird als der DUPUITsche Wert. Es möge deshalb zunächst $\lambda = 0,02$ geschätzt werden. Damit ergibt sich aus (174) als mittlere Geschwindigkeit

$$\overline{v} = \sqrt{\frac{2\,g\,d\,J}{\lambda}} = 0,543\,\frac{\text{m}}{\text{s}}\,.$$

Dann ist mit $v = 0,01\,\frac{\text{cm}^2}{\text{s}}$ (vgl. S. 66) $Re = \frac{54,3 \cdot 15}{0,01} = 81\,450$. Bei dieser Re-Zahl gilt das BLASIUSsche Gesetz (151),

$$\lambda = \frac{0,3164}{\sqrt[4]{81\,450}} = 0,018\,.$$

Damit folgt als zweite Näherung für die Geschwindigkeit

$$\overline{v} = 0,543\,\sqrt{\frac{0,02}{0,018}} = 0,573\,\frac{\text{m}}{\text{s}}$$

und somit

$$Re = \frac{57,3 \cdot 15}{0,01} = 85\,950\,.$$

Als dritte Näherung liefert die BLASIUSsche Formel die Widerstandsziffer $\lambda = 0,0185$, d. h. nur noch eine unbedeutende Abweichung von der zweiten. Zur Kontrolle möge dieser λ-Wert auf der rechten Seite von Gl. (164) eingesetzt werden. Dann wird

$$\frac{1}{\sqrt{\lambda}} = 2\log\left(85\,950\,\sqrt{0,0185}\right) - 0,8 = 7,336$$

oder $\lambda = 0,0186$, also praktisch der gleiche Wert wie nach BLASIUS. Als mittlere Geschwindigkeit der betrachteten Rohrströmung erhält man nun endgültig

$$\overline{v} = 0,573\,\sqrt{\frac{0,018}{0,0185}} = 0,565\,\frac{\text{m}}{\text{s}}$$

und damit als sekundliche Durchflußmenge

$$Q = \overline{v}\,\frac{\pi\,d^2}{4} = 0,01\,\frac{\text{m}^3}{\text{s}} = 10\,\frac{\text{Liter}}{\text{s}}\,.$$

c) Gegeben sind J und Q, gesucht d und $\overline{v}$

Aufgabe[1]. Am Fuße einer Sperrmauer soll ein horizontal liegendes Grundablaßrohr von $l = 30$ m Länge eingebaut werden, dessen Durchmesser so zu

---

[1] Vgl. dazu O. STRECK: Aufgaben aus dem Wasserbau (1924) S. 146.

berechnen ist, daß der Wasserstand im Staubecken bei der zu erwartenden größten Zuflußmenge von $5\,\frac{m^3}{s}$ nicht höher als $H = 35\,m$ ansteigt (Abb. 66). Welcher Rohrdurchmesser ist zu wählen, wenn ein gußeisernes Rohr verwendet wird, bei dem eine öftere Reinigung vorgesehen ist?

Würde die Bewegung im Rohre AB reibungslos erfolgen, so würde die gesamte verfügbare Druckhöhe in Geschwindigkeitshöhe umgesetzt, d. h. für die Austrittsgeschwindigkeit bei B würde — wenn man den Geschwindigkeitsbeiwert φ in Gl. (71 a) gleich „eins" setzt — die Beziehung $H = \frac{\bar{v}^2}{2\,g}$ gelten. In Wirklichkeit wird jedoch ein Teil von H durch die Reibung im Ablaßrohr verbraucht, nämlich die „Verlusthöhe" $h_v = Jl$ (Gl. 147), so daß

$$H - h_v = \frac{\bar{v}^2}{2\,g}.$$

Setzt man hier h_v bzw. J nach (174) ein, so folgt

$$H = \lambda\,\frac{\bar{v}^2}{2\,g\,d}\,l + \frac{\bar{v}^2}{2\,g} = \frac{\bar{v}^2}{2\,g}\left(1 + \lambda\,\frac{l}{d}\right)$$

oder mit $\bar{v} = \dfrac{4\,Q}{\pi\,d^2}$

$$H = \frac{8\,Q^2}{\pi^2\,d^4\,g}\left(1 + \lambda\,\frac{l}{d}\right)$$

bzw.

$$\frac{H\,\pi^2\,g}{8\,Q^2}\,d^4 - \left(\lambda\,\frac{l}{d} + 1\right) = 0.$$

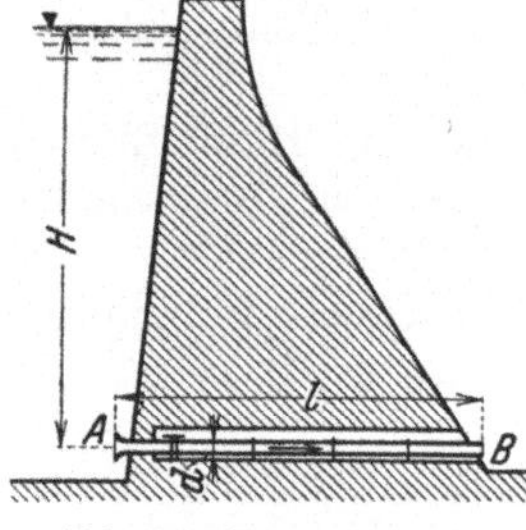

Abb. 66. Sperrmauer mit Grundablaßrohr

In diesen Ausdruck führe man jetzt λ nach Gl. (171) ein. Dann wird

$$\frac{H\,\pi^2\,g\,d^4}{8\,Q^2} - \left[\frac{l}{d}\,\frac{1}{\left(2\log\dfrac{d}{2\,k_s} + 1{,}74\right)^2} + 1\right] = f(d) = 0,$$

wobei nach der Tabelle auf S. 93 für Gußeisenrohr (leicht angerostet) $k_s = 0{,}1$ cm gesetzt werden soll. Die Auflösung dieser Gleichung nach d erfolgt zweckmäßig graphisch, indem für verschiedene Werte von d die Funktion $f(d)$ bestimmt wird.

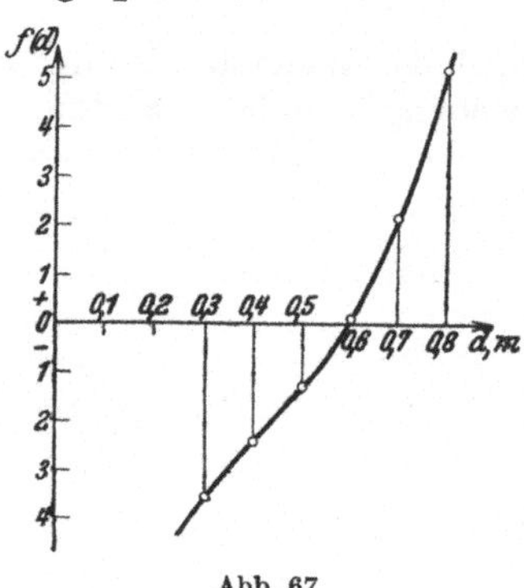

Abb. 67

$d\,[m]$	$\dfrac{H\,\pi^2\,g\,d^4}{8\,Q^2}$	$\dfrac{l}{d}\,\dfrac{1}{\left(2\log\dfrac{d}{2\,k_s} + 1{,}74\right)^2} + 1$	$f(d)$
0,8	6,942	1,779	5,16
0,7	4,070	1,919	2,15
0,6	2,197	2,134	0,06
0,5	1,059	2,392	— 1,33
0,4	0,434	2,865	— 2,43
0,3	0,137	3,695	— 3,56

Trägt man die in vorstehender Tabelle gefundenen Funktionswerte $f(d)$ über d auf, so ergibt sich eine Kurve (Abb. 67), deren Schnittpunkt mit der Abszissenachse den gesuchten Durchmesser d liefert. Man findet dafür $d \approx 0{,}58\,m$ und wählt zweckmäßig $0{,}6\,m$. Damit ist auch die mittlere Geschwindigkeit im Ablaßrohr bekannt, für die man erhält

$$\bar{v} = \frac{4\,Q}{\pi\,d^2} = 17{,}7\,\frac{m}{s}\,.$$

Die REYNOLDSsche Zahl der Strömung für Wasser von 10 °C ist $Re = \dfrac{1770 \cdot 60}{0{,}0131}$

$= 8{,}12 \cdot 10^6$, und der reziproke Wert der relativen Rauhigkeit wird $\dfrac{r}{k_s} = \dfrac{30}{0{,}1} = 300$.

Aus Abb. 64 geht hervor, daß in diesem Falle in der Tat das quadratische Widerstandsgesetz gilt, so daß Gl. (171) zur Bestimmung von λ zu Recht angewandt wurde.

20. Besondere Widerstände in geschlossenen Leitungen[1]

Die unter Ziffer 18 dieses Abschnitts angestellten Überlegungen zur Berechnung der Widerstandsziffer λ bzw. der daraus abgeleiteten „Verlusthöhe" h_v [Gl. (149 a)] gelten zunächst nur für *gerade*, kreiszylindrische Rohre. Bei ausgeführten Leitungsanlagen handelt es sich indessen meistens nicht nur um ein einziges gerades Rohr, sondern um mehrere gerade Rohrstücke, die zum Zwecke der Querschnitts- oder Richtungsänderung durch Zwischenstücke miteinander verbunden sind und für den Betrieb der Leitung häufig noch besondere Einbauten, wie Schieber, Hähne, Ventile usw., aufweisen. Alle diese Zwischenstücke und Einbauten haben gewisse Strömungsverluste zur Folge, die — ähnlich wie der eigentliche Reibungsverlust in geraden Rohren — durch eine weitere Verlusthöhe dargestellt werden können. Die Größe dieser zusätzlichen Verluste hängt wesentlich von der Art der durch den betreffenden Einbau usw. bedingten Flüssigkeitsbewegung ab. Ihre theoretische Bestimmung begegnet erheblichen Schwierigkeiten.

Da die Verlusthöhe aus Reibung in einem geraden Rohr von der Länge l durch den Ausdruck $h_v = \lambda \dfrac{\bar{v}^2}{2\,g\,d}\, l$ dargestellt wird, liegt es nahe, alle übrigen Verluste auf eine ähnliche Form zu bringen, indem man für jeden Einbau oder dergleichen eine Verlust- oder Widerstandshöhe $h_v' = \zeta \dfrac{\bar{v}^2}{2g}$ einführt. Darin bezeichnet ζ eine dimensionslose Größe, die — außer von der besonderen Art der Störungsquelle — i. allg. von der REYNOLDSschen Zahl abhängig sein wird, während unter $\bar{v}$ die mittlere Geschwindigkeit im Rohr *hinter* dem betreffenden Einbau verstanden werden soll[2]. Im übrigen ist h_v' genauso zu behandeln wie h_v, so daß jetzt die erweiterte BERNOULLISche Gl. (102) für stationäre Strömung lautet

$$\frac{\bar{v}_1^2}{2g} + \frac{p_1}{\gamma} + z_1 = \frac{\bar{v}_2^2}{2g} + \frac{p_2}{\gamma} + z_2 + h_v + \sum h_v', \tag{175}$$

wobei hier wieder die Geschwindigkeit v durch den Mittelwert $\bar{v}$ ersetzt ist. Handelt es sich um ein Rohr, das aus mehreren geraden Stücken von verschiedenen Durchmessern besteht, so ist $h_v = \sum \left(\lambda \dfrac{\bar{v}^2}{2\,g\,d}\, l\right)$ zu setzen, wobei die Summe über alle geraden Teilstücke erstreckt werden muß. Bei langen Rohren ist h_v wesentlich größer als $\sum h_v'$. Für die Berechnung der Verlusthöhe h_v' ist die Kenntnis der Widerstandsziffer ζ erforderlich, bei deren Bestimmung man in der Hauptsache auf Versuche angewiesen ist. In Einzelfällen führen auch theoretische Überlegungen wenigstens zu einer ungefähren Abschätzung der Größe von ζ, wie nachstehend gezeigt wird.

a) Ausfluß aus Behältern durch Ansatzrohre

Setzt man vor die Ausflußöffnung eines weiten Gefäßes ein zylindrisches Ansatzrohr mit scharfkantigem Übergang von der Gefäßwand zur Rohrwandung

---

[1] Vgl. hierzu Hütte Bd. 1, 28. Aufl. (1955) S. 785ff.
[2] Selbstverständlich könnte man ebensogut die Geschwindigkeit *vor* dem Einbau oder auch an einer anderen Stelle wählen und ζ auf diese beziehen.

(Abb. 68), so findet beim Eintritt in das Rohr zunächst eine Einschnürung des Flüssigkeitsstrahles statt (vgl. S. 43), der sich dann aber wieder erweitert und an die Rohrwand anlegt. Zwischen dem eingeschnürten Strahl und der Rohrwand entsteht ein Totwassergebiet. Beim Austritt aus dem Ansatzrohr sind — hinreichend große Rohrlänge vorausgesetzt — die einzelnen Stromfäden parallel und stehen unter dem äußeren Druck p_0. Da nun die Geschwindigkeit $\bar{v}_e$ an der Einschnürungsstelle aus Gründen der Kontinuität größer ist als die Ausflußgeschwindigkeit $\bar{v}$, so muß an der Einschnürungsstelle ein Unterdruck ($p_e < p_0$) herrschen.

Nach dem TORRICELLIschen Theorem (71) ist die ideelle Ausflußgeschwindigkeit $\bar{v} = \sqrt{2\,g\,h}$, wenn hier an Stelle von v_i der Mittelwert $\bar{v}$ eingeführt wird. Damit wäre (theoretisch) die sekundliche Ausflußmenge $Q = F\bar{v} = F\sqrt{2\,g\,h}$, wenn F den Ausfluß- bzw. Rohrquerschnitt bezeichnet. Tatsächlich zeigt sich

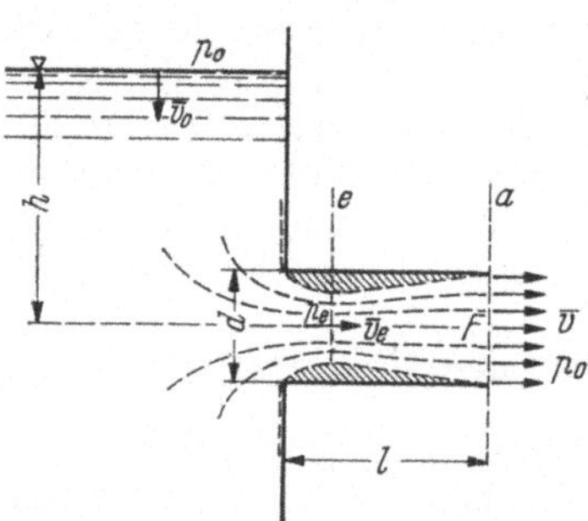

Abb. 68. Ausfluß durch Ansatzrohr

jedoch, daß Q kleiner wird als der theoretische Wert. Das hat seinen Grund darin, daß im Ansatzrohr beim Übergang von der Geschwindigkeit $\bar{v}_e$ auf den Wert $\bar{v}$ durch Vermischung des eingeschnürten Strahls mit dem ihn umgebenden Totwasser ein Verlust an Strömungsenergie eintritt.

Man kann diesen Verlust angenähert berechnen, wenn man sich in Abb. 68 das durch die Linien e und a eingeschlossene Flüssigkeitsgebiet abgegrenzt denkt und auf dieses den Impulssatz anwendet. Dann muß — stationäre Strömung vorausgesetzt — der Überschuß des aus diesem Bereiche pro Zeiteinheit austretenden Impulses über den eintretenden Impuls gleich der Summe der in der Strömungsrichtung auf die abgegrenzte Masse wirkenden Kräfte sein. In dem Totwasser, das den Flüssigkeitsstrahl umgibt, ohne an der Ausflußbewegung beteiligt zu sein, herrscht der gleiche Druck wie im Strahl selbst, da dies an der Strahlgrenze der Fall ist. Außerdem können Wandschubspannungen auf das Totwasser nicht übertragen werden, so daß als äußere Kräfte lediglich die auf die Stirnflächen des abgetrennten Zylinders wirkenden Drücke in Frage kommen. Man erhält also die Impulsgleichung

$$(p_e - p_0)\,F = \varrho\,Q\,(\bar{v} - \bar{v}_e) = \varrho\,F\,\bar{v}\,(\bar{v} - \bar{v}_e).$$

Andererseits ist nach Gl. (175), wenn man lediglich die Verlusthöhe h'_v aus der Vermischung betrachtet,

$$\frac{p_e - p_0}{\gamma} = \frac{\bar{v}^2 - \bar{v}_e^2}{2\,g} + h'_v.$$

Demnach erhält man als Verlusthöhe in dem Bereiche $e - a$ durch Verbindung der beiden Gleichungen

$$h'_v = \frac{(\bar{v}_e - \bar{v})^2}{2\,g} = \frac{\bar{v}^2}{2\,g}\left(\frac{\bar{v}_e}{\bar{v}} - 1\right)^2 = \zeta\,\frac{\bar{v}^2}{2\,g}.$$

Die Widerstandsziffer ζ wird also durch die Größe $\left(\dfrac{\bar{v}_e}{\bar{v}} - 1\right)^2$ dargestellt. Zwischen den Geschwindigkeiten $\bar{v}$ und $\bar{v}_e$ besteht wegen der Kontinuität die Beziehung $F\bar{v} = F_e\bar{v}_e$, wenn F_e den eingeschnürten Strahlquerschnitt bezeichnet. Für diesen gilt (S. 43) $F_e = \psi F$, womit $\dfrac{\bar{v}_e}{\bar{v}} = \dfrac{1}{\psi}$ wird. Als Verlusthöhe ergibt sich demnach

$$h'_v = \frac{\bar{v}^2}{2\,g}\left(\frac{1}{\psi} - 1\right)^2.$$

Wendet man jetzt auf einen Punkt des Behälterspiegels und einen Punkt der Achse des austretenden Strahles die Gl. (175) an, so wird, wenn man $\bar{v}_0 \approx 0$ setzt,

$$\frac{p_0}{\gamma} + h = \frac{\bar{v}^2}{2\,g} + \frac{p_0}{\gamma} + h'_v$$

oder

$$h = \frac{\bar{v}^2}{2\,g}\left(2 + \frac{1}{\psi^2} - \frac{2}{\psi}\right) = \frac{\bar{v}^2}{2\,g\,\psi^2}(2\,\psi^2 - 2\,\psi + 1)$$

und damit die Ausflußgeschwindigkeit

$$\bar{v} = \frac{\psi}{\sqrt{2\,\psi^2 - 2\,\psi + 1}}\,\sqrt{2\,g\,h}\,.$$

Bei scharfkantiger Öffnung in der Behälterwand ist $\psi \approx 0{,}62$ (S. 43), so daß $\bar{v} = 0{,}85\,\sqrt{2\,g\,h}$ wird, gegenüber dem Torricellischen Wert $\sqrt{2\,g\,h}$.

Als sekundlich aus dem Behälter austretende Wassermenge erhält man somit $Q = 0{,}85\,F\,\sqrt{2\,g\,h}$. Dieser Wert ist kleiner als der theoretische (s. oben), aber größer als der entsprechende Wert beim scharfkantigen Austritt *ohne* Ansatzrohr (S. 43), was auf die Saugwirkung an der Einschnürungsstelle e zurückzuführen ist.

Macht man das Ansatzrohr länger als zum Anlegen des anfangs eingeschnürten Strahles an die Rohrwand erforderlich ist, so treten zusätzliche Verluste aus Rohrreibung auf, und $\bar{v}$ nimmt weiter ab. Dem oben berechneten Ge-

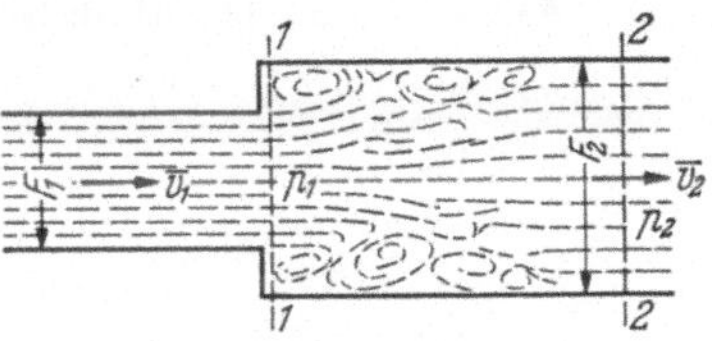

Abb. 69. Plötzliche Querschnittserweiterung

schwindigkeitsbeiwert 0,85 entspricht etwa ein Verhältnis $l/d = 2{,}5$ bis 3. Bei kleineren Ansatzstutzen kommt der austretende Strahl an der Rohrwand nicht mehr zum Anliegen, und für $l/d \leqq 1$ wird Q etwa nur noch so groß wie beim Austritt ohne Ansatzrohr.

b) Querschnittsänderungen

Bei der *plötzlichen Erweiterung* eines Rohres vom Querschnitt F_1 auf den größeren Querschnitt F_2 (Abb. 69 und 69a) tritt die strömende Flüssigkeit nicht

Abb. 69a. Strömung bei plötzlicher Rohrerweiterung

als geschlossener, von ruhender Flüssigkeit umgebener Strahl aus dem engeren in den weiteren Querschnitt ein, sondern sie vermischt sich unter starker Wirbelbildung mit der sie umgebenden Flüssigkeit, die dadurch z. T. mitgerissen wird, und erst am Ende eines gewissen Übergangsgebietes stellt sich wieder eine nahezu gleichförmige Strömung mit der kleineren Geschwindigkeit $\bar{v}_2$ ein. Der durch diesen Mischvorgang erzeugte Verlust an Strömungsenergie kann in

ähnlicher Weise wie bei dem Beispiel von Ziffer a) mittels des Impulssatzes berechnet werden. Zu diesem Zwecke denke man sich in Abb. 69 den Bereich
zwischen den Ebenen $1-1$ und $2-2$ abgegrenzt. Dann liefert der Impulssatz
die Beziehung

$$p_1 - p_2 = \varrho\,\bar v_2\,(\bar v_2 - \bar v_1)$$

oder

$$\frac{p_1 - p_2}{\gamma} = \frac{1}{g}\,(\bar v_2^2 - \bar v_2\,\bar v_1)\,.$$

Aus Gl. (175) folgt, wenn nur die Verlusthöhe h_v' aus dem Mischvorgang berücksichtigt wird,

$$\frac{p_1 - p_2}{\gamma} = \frac{1}{2\,g}\,(\bar v_2^2 - \bar v_1^2) + h_v'$$

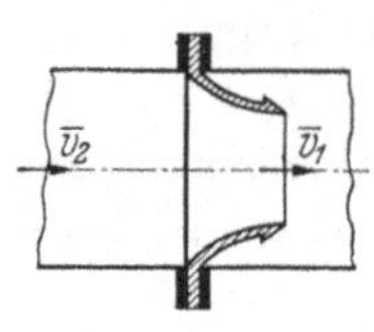

und aus der Verbindung beider Gleichungen

$$h_v' = \frac{(\bar v_1 - \bar v_2)^2}{2\,g}\,. \tag{176}$$

Da aber aus Gründen der Kontinuität $\dfrac{\bar v_1}{\bar v_2} = \dfrac{F_2}{F_1}$ ist, so wird

$$h_v' = \frac{\bar v_2^2}{2\,g}\left(\frac{\bar v_1}{\bar v_2} - 1\right)^2 = \frac{\bar v_2^2}{2\,g}\left(\frac{F_2}{F_1} - 1\right)^2 = \zeta\,\frac{\bar v_2^2}{2\,g}\,,$$

Abb. 69 b

mit

$$\zeta = \left(\frac{F_2}{F_1} - 1\right)^2\,.$$

Durch Versuche von H. Schütt[1] mittels in eine Rohrleitung eingebauter Düsen
(Abb. 69 b) ist die Brauchbarkeit der Carnotschen Gl. (176) zur Berechnung des
Energieverlustes infolge plötzlicher Querschnittserweiterung bestätigt worden.
Wichtig ist dabei die Feststellung, daß der Mischvorgang von der Erweiterungs-
stelle ab eine Längenausdehnung von etwa $l = 8\,d_2$ besitzt, wenn d_2 den Durch-

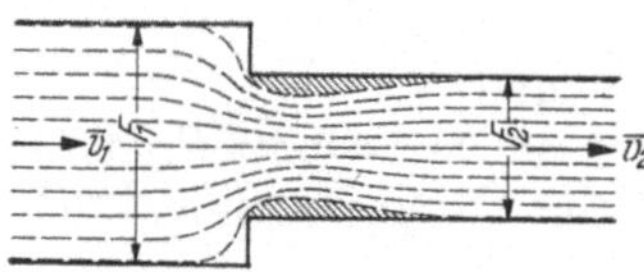

Abb. 70. Plötzliche Querschnittsverengung

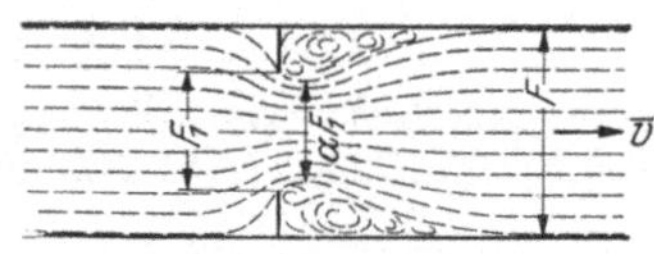

Abb. 71 Drosselscheibe

messer des erweiterten Rohres bezeichnet. Erst dort hat sich wieder ein normaler
Strömungszustand eingestellt.

Bei *plötzlicher Verengung* eines Rohrquerschnitts (Abb. 70) entsteht ähnlich
wie unter Ziffer a) eine *Strahleinschnürung*, die von einem Totwassergebiet umgeben ist. Auch hier tritt ein Verlust an Strömungsenergie auf, der jedoch kleiner
ist als bei der plötzlichen Erweiterung. Man kann die Verlusthöhe wieder auf die
Form bringen

$$h_v' = \zeta\,\frac{\bar v_2^2}{2\,g} = \eta\left(1 - \frac{F_2}{F_1}\right)^2\frac{\bar v_2^2}{2\,g}\,,$$

wo nach Versuchen von Weisbach[2] $\eta = 0{,}4$ bis $0{,}5$ zu setzen ist.

Bei einer *Drosselung* des Strahles nach Abb. 71 erfährt der Strahl unmittelbar
hinter der Drosselscheibe eine Einschnürung auf den Querschnitt αF_1, wenn F_1
die lichte Öffnung der Scheibe angibt. Bezeichnet $\bar v_e$ die Geschwindigkeit des

---

[1] Mitt d. Hydr. Inst. der T. H. München (1926) Heft 1, S. 42.
[2] v. Mises, R.: Elemente der technischen Hydromechanik (1914) S. 170.

eingeschnürten Strahles, so kann die Verlusthöhe nach Gl. (176) berechnet werden, und zwar wird wegen $\bar{v}_e = \dfrac{\bar{v}\,F}{\varkappa\,F_1}$

$$h_v' = \frac{(\bar{v}_e - \bar{v})^2}{2\,g} = \frac{\bar{v}^2}{2\,g}\left(\frac{F}{\varkappa\,F_1} - 1\right)^2,$$

worin nach WEISBACH[1] $\varkappa = 0{,}63 + 0{,}37\left(\dfrac{F_1}{F}\right)^3$ ist.

Durch *allmähliche Querschnittsänderungen* können die oben angegebenen Verluste wesentlich herabgesetzt werden. Bei *stetiger Erweiterung* des Querschnitts (Abb. 72) tritt Druckanstieg in der Strömungsrichtung ein, da die Geschwindigkeit mit wachsendem Querschnitt kleiner wird. Die durch die Wandreibung stark abgebremsten Flüssigkeitsteilchen werden aufgestaut und stören dadurch den theoretischen (der idealen Flüssigkeit entsprechenden) Druckanstieg.

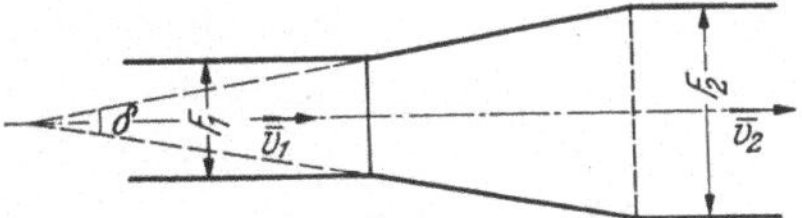

Abb. 72. Allmähliche Querschnittserweiterung

Es entsteht also ein Druckverlust. Ist der Öffnungswinkel δ in Abb. 72 zu groß, so findet eine „Ablösung" der Hauptströmung von der Wand statt (vgl. S. 236), was weitere Energieverluste zur Folge hat (Abb. 72a). Der günstigste Öffnungswinkel ist etwa $\delta = 8°$, während bei 10° in rechteckigen Kanälen bereits Ablösungserscheinungen eintreten[2]. Für $\delta = 8°$ kann

$$h_v' = \eta\,\frac{\bar{v}_2^2}{2\,g}\left[\left(\frac{F_2}{F_1}\right)^2 - 1\right]$$

mit $\eta = 0{,}15$ bis $0{,}2$ gesetzt werden[3].

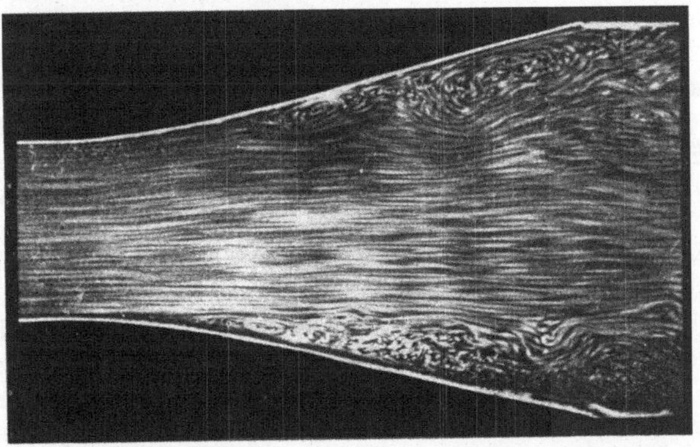

Abb. 72a. Ablösung der Strömung bei zu großem Öffnungswinkel

Bei *stetiger Verengung* des Querschnitts entstehen demgegenüber nur geringe Energieverluste, da hier die Flüssigkeit im Sinne *fallenden* Druckes strömt. Die durch die Wandreibung verzögerten Flüssigkeitsteilchen erhalten durch das vorhandene Druckgefälle ständig neuen Antrieb, so daß die Vorwärtsbewegung auch in der wandnahen Reibungsschicht aufrechterhalten bleibt.

---

[1] v. MISES, R.: Elemente der technischen Hydromechanik (1914) S. 170; vgl. auch Hütte Bd. 1, 28. Aufl. (1955) S. 785.

[2] NIKURADSE, J.: Untersuchungen über die Strömung des Wassers in konvergenten und divergenten Kanälen. VDI-Forsch.-Heft 289 (1929).

[3] Hütte Bd. 1, 28. Aufl. (1955) S. 787.

c) Richtungsänderungen

Ähnliche Erscheinungen treten auch bei Richtungsänderungen eines Rohres auf und haben entsprechende Verluste zur Folge.

Bei *Krümmern* wächst der Druck an der Außenseite des Rohreinlaufs A (Abb. 73) infolge Krümmung der Stromlinien und der damit verbundenen Fliehkraft von dem ungestörten Werte p_0 der Parallelströmung bis zu einem Größtwert bei B, so daß im Bereich $A-B$ die Flüssigkeit gegen *steigenden* Druck strömt. Auf der Innenseite sinkt entsprechend der Druck zunächst bis zum Punkt C und steigt dann im Auslauf wieder an. Im Bereiche

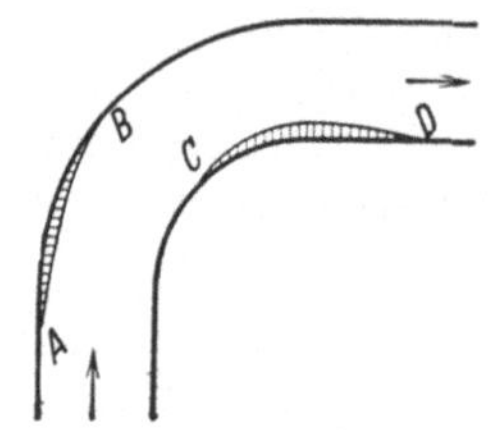

Abb. 73. Druckanstieg in den Gebieten $A-B$ und $C-D$

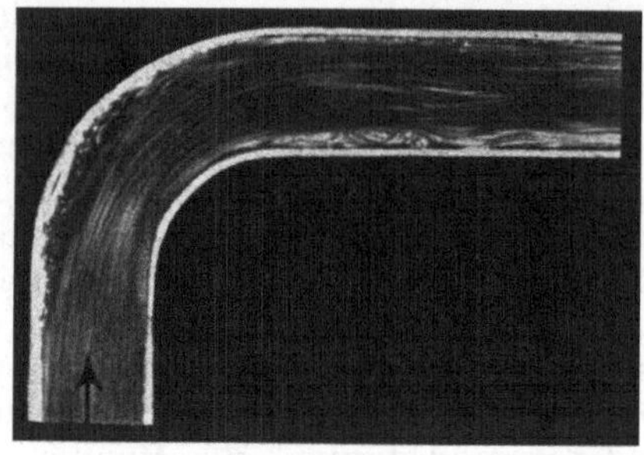

Abb. 73a. Ablösung der Strömung an einer Krümmerwand

$C-D$ der Innenwand strömt also die Flüssigkeit ebenfalls gegen steigenden Druck. Es liegen demnach ähnliche Verhältnisse vor wie im Falle eines konisch erweiterten Rohres, die zu Ablösung und damit verbundener Wirbelbildung führen (Abb. 73a). Letztere hat einen Verlust an Strömungsenergie zur Folge, dessen Größe wesentlich von der Stärke der Krümmung abhängig ist.

Abgesehen von diesen Verlusten und dem durch die Wandreibung erzeugten hat man es bei Krümmern aber noch mit einer anderen Erscheinung zu tun, welche zu *Sekundärströmungen* innerhalb der einzelnen Querschnitte führt, die

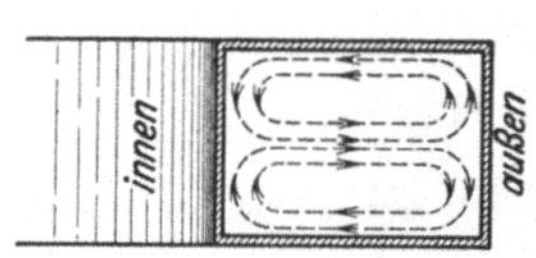

Abb. 74. Doppelwirbel in einem Krümmer von rechteckigem Querschnitt

zunächst an einem rechteckigen Kanal betrachtet werden sollen. Nach Gl. (68a) ist im Krümmer ein radiales Druckgefälle von der Außen- zur Innenwand des Kanals hin vorhanden. Da nun die zähe Flüssigkeit an den Kanalwandungen haftet, so werden die der oberen und unteren Kanalwand benachbarten, nur langsam vorwärts bewegten Teilchen dem bestehenden Druckgefälle folgend von außen nach innen wandern, während sich in der Querschnittsmitte ein Rückstrom einstellt. Auf diese Weise entsteht eine Nebenströmung in Gestalt eines Doppelwirbels (Abb. 74), die sich der Hauptströmung überlagert und mit dieser ein spiralförmiges Strömungsbild liefert (Abb. 74a)[1]. Ganz ähnliche Verhältnisse wie für den hier zunächst betrachteten Rechteckquerschnitt gelten auch für Kreisquerschnitte (Abb. 75).

Eingehende Versuche zur Ermittlung der Verluste in 90°-Rohrkrümmern mit konstantem Querschnitt (Abb. 75a) wurden von A. Hofmann[2] für glatte und rauhe Rohre durchgeführt. Dabei wurde die Verlusthöhe wieder in der Form $h_v' = \zeta\,\dfrac{\bar{v}^2}{2\,g}$ dargestellt und die Widerstandsziffer ζ in Abhängigkeit von der Reynoldsschen Zahl $Re = \dfrac{\bar{v}d}{\nu}$ für verschiedene Verhältnisse $\dfrac{R}{d}$ bestimmt

---

[1] Nach A. Hinderks: Z. VDI Bd. 71 (1927) S. 1779.

[2] Hofmann, A.: Mitt. d. Hydr. Inst. der T. H. München Heft 2 und 3 (1928 u. 1929).

($R = $ Krümmungsradius, $d = $ Rohrdurchmesser). Die ζ-Werte ergaben sich um so größer, je kleiner $\dfrac{R}{d}$ gewählt wurde. Sie waren für rauhe Rohre mit einer relativen Rauhigkeit $\dfrac{k}{r} \approx 0{,}012$ bei $Re = 150\,000$ etwa doppelt so groß wie für

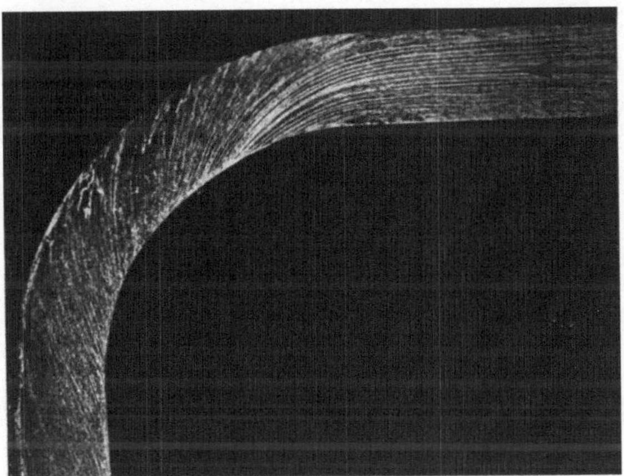

Abb. 74a. Spiralströmung in einem Krümmer

glatte. Im übrigen nahmen die ζ-Werte bei glatten Rohren mit wachsendem Re ab, während sie sich bei rauhen Rohren schnell einem konstanten Wert näherten. Einen Anhaltspunkt für ζ gibt die nachstehende Tabelle, die für $Re = 225 \cdot 10^3$ gilt.

Durch Unterteilung eines rechteckigen Krümmerquerschnitts mittels besonderer Führungen (Umlenkschaufeln, Leitapparate, Abb. 76) kann der Krümmerverlust nicht unwesentlich herabgesetzt werden. Voraussetzung ist dabei allerdings richtige Formgebung der Leitschaufeln, die zweckmäßig durch Modellversuche bestimmt wird[1].

R/d	1	2	4	6	10
Glatt . . .	0,21	0,14	0,11	0,09	0,11
Rauh	0,51	0,30	0,23	0,18	0,20

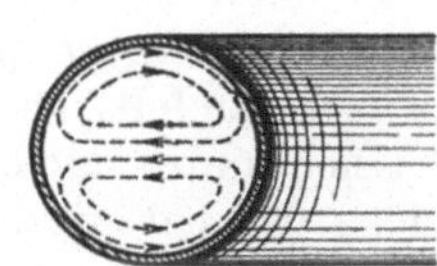

Abb. 75. Doppelwirbel in einem Krümmer mit Kreisquerschnitt

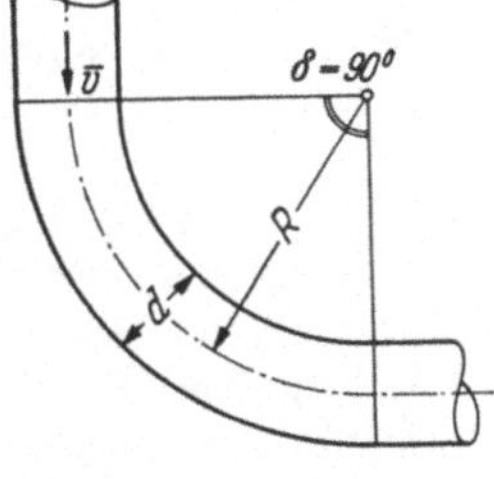

Abb. 75a. 90°-Rohrkrümmer

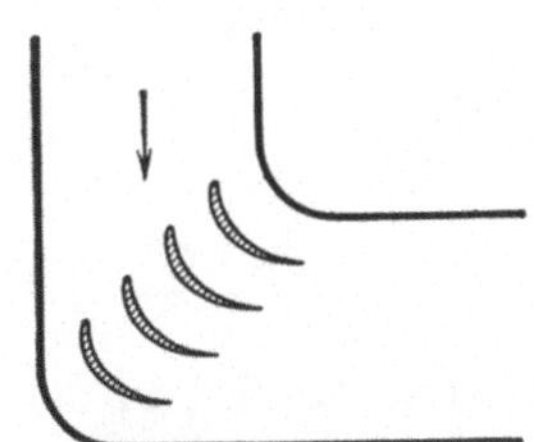

Abb. 76. Umlenkschaufeln zur Verminderung der Strömungsverluste

Für die Durchführung von Versuchen an Rohrkrümmern ist noch besonders zu beachten, daß zur Rückbildung der Krümmerströmung in die normale Parallel-

---

[1] Ergebn. d. Aerodyn. Versuchsanstalt zu Göttingen, 1. Lief. (1923) S. 17, ferner G. Kröber: Schaufelgitter zur Umlenkung von Flüssigkeitsströmungen mit geringem Energieverlust. Ing.-Arch. Bd. 3 (1932) S. 516.

strömung des geraden Rohres nach den HOFMANNschen Versuchen eine Rohrlänge von etwa 50 bis 70 d hinter dem Krümmer erforderlich ist. Man muß also die Meßstelle hinter dem Krümmer entsprechend weit stromabwärts legen, da andernfalls nur ein Teil des Krümmerverlustes erfaßt wird[1].

Ähnliche Verhältnisse liegen bei sogenannten *Kniestücken* vor (vgl. dazu Hütte Bd. 1, 28. Aufl. S. 788).

21. Rohrverzweigung

Im Falle einer Rohrgabelung nach Abb. 77 tritt außer dem früher behandelten Reibungsverlust noch ein „Abzweigverlust" auf, der für die Gabelrohre i. allg. verschieden groß ist. Die zugehörige Verusthöhe soll wieder in der Form $\zeta \dfrac{\bar{v}^2}{2g}$ dargestellt und für das Rohr BC mit $h'_{v_1} = \zeta_1 \dfrac{\bar{v}^2}{2g}$, für das Rohr BD mit $h'_{v_2} = \zeta_2 \dfrac{\bar{v}^2}{2g}$ bezeichnet werden. (Man beachte, daß hier sowohl ζ_1 als auch ζ_2 auf die mittlere Geschwindigkeit $\bar{v}$ im Hauptrohr AB bezogen sind.)

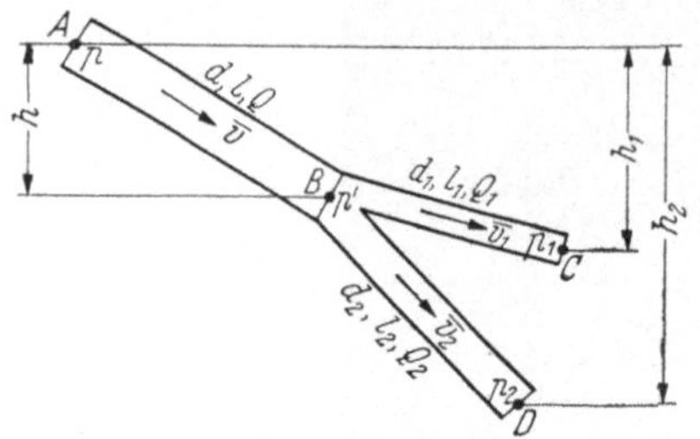

Abb. 77. Rohrgabelung

Mit den Bezeichnungen der Abb. 77 lautet die erweiterte BERNOULLIsche Gl. (175) bei stationärer Strömung für einen durch A, B, C gehenden Stromfaden

$$\frac{\bar{v}^2}{2g} + \frac{p}{\gamma} + h_1 = \frac{\bar{v}_1^2}{2g} + \frac{p_1}{\gamma} + \lambda \frac{\bar{v}^2}{2gd} l + \lambda_1 \frac{\bar{v}_1^2}{2gd_1} l_1 + \zeta_1 \frac{\bar{v}^2}{2g},$$

woraus folgt

$$\frac{p - p_1}{\gamma} + h_1 = \frac{\bar{v}^2}{2g}\left(\lambda \frac{l}{d} + \zeta_1 - 1\right) + \frac{\bar{v}_1^2}{2g}\left(\lambda_1 \frac{l_1}{d_1} + 1\right). \tag{177}$$

Entsprechend erhält man für den Stromfaden A, B, D

$$\frac{p - p_2}{\gamma} + h_2 = \frac{\bar{v}^2}{2g}\left(\lambda \frac{l}{d} + \zeta_2 - 1\right) + \frac{\bar{v}_2^2}{2g}\left(\lambda_2 \frac{l_2}{d_2} + 1\right). \tag{178}$$

Zu diesen beiden Gleichungen treten noch die Ausdrücke

$$\bar{v} = \frac{4Q}{\pi d^2}; \quad \bar{v}_1 = \frac{4Q_1}{\pi d_1^2}; \quad \bar{v}_2 = \frac{4Q_2}{\pi d_2^2} \tag{179}$$

und die Kontinuitätsgleichung

$$Q = Q_1 + Q_2.$$

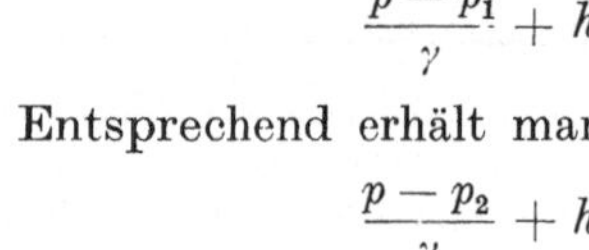
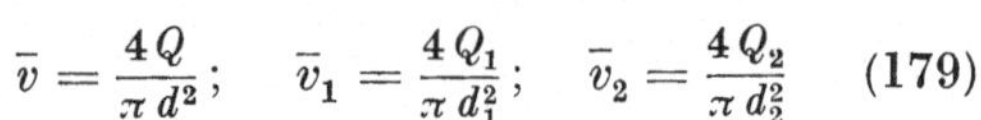

Abb. 77a. Rohrvereinigung

In analoger Weise hat man zu verfahren, wenn es sich um die *Vereinigung* zweier Rohre nach Abb. 77a handelt. Die weitere Rechnung richtet sich nun danach, welche Größen in den obigen Gleichungen gegeben und welche gesucht sind. Dabei wird es i. allg. notwendig sein, im ersten Rechnungsgang die λ-Werte zu schätzen (vgl. S. 95 ff.). Außerdem ist noch die Kenntnis der Widerstandsziffern ζ_1 und ζ_2 erforderlich.

Systematische Versuche zur Erforschung dieser Werte sind von G. VOGEL und F. PETERMANN[2] angestellt worden, die eine durchgehende Hauptleitung von

---

[1] Weitere Angaben über Krümmerströmung sind zu finden bei N. NIPPERT: VDI-Forsch.-Heft 320 (1929); W. SPALDING: Z. VDI (1933) S. 143; M. ADLER: Strömung in gekrümmten Rohren. Diss. München 1933 und Z. angew. Math. Mech. (1934) S. 257.

[2] Mitt. d. Hydr. Inst. der T. H. München Heft 1, 2, 3 (1926, 1928, 1929).

konstantem Durchmesser (ohne Knick bei B, Abb. 77) verwendeten und von dieser ein Gabelrohr unter den Winkeln $\delta = 90°$ (VOGEL) und $\delta = 45°$ (PETERMANN) seitlich abzweigten. Der Durchmesser des Abzweigrohres wurde variiert, um den Einfluß des Durchmesserverhältnisses zwischen Haupt- und Abzweigrohr auf die Größe ζ verfolgen zu können. Weitere Varianten wurden erreicht durch Abrundung der Anschlußkanten bzw. durch konisch ausgebildete Übergänge vom Haupt- zum Nebenrohr. Bei allen Versuchen zeigte sich, daß ζ innerhalb des Bereiches der Meßgenauigkeit nur von dem Verhältnis der Wassermenge Q_a im Abzweigrohr zur Wassermenge Q im Hauptrohr vor der Abzweigung abhängig ist. Die größten Verluste traten auf bei rechtwinkligem Anschluß ($\delta = 90°$) und großem Verhältnis des Hauptrohrdurchmessers zu demjenigen des Abzweigrohres, die kleinsten bei $\delta = 45°$ und gleichen Durchmessern von Haupt- und Abzweigrohr. Durch Abrundung der Übergangsstellen bzw. konischen Anschluß des Abzweigrohres können die Verluste herabgesetzt werden. Angaben über die Größe von ζ sind in der angegebenen Quelle sowie in der Hütte Bd. 1, 28. Aufl. S. 789 zu finden.

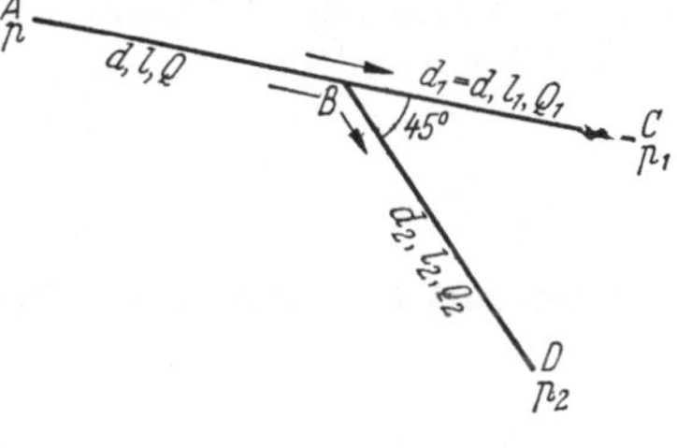

Abb. 77 b

Beispiel. Gegeben seien nach Abb. 77 b der bei A zur Verfügung stehende Druck p, die sekundlichen Wassermengen Q und Q_2, ferner l, l_1, l_2, außerdem seien die Drücke p_1 und p_2 vorgeschrieben. Es sollen die erforderlichen Durchmesser d und d_2 berechnet werden, wenn das Rohrsystem in einer horizontalen Ebene verlegt wird und der Rohrstrang ABC konstanten Durchmesser d besitzt.

Zunächst ist $Q_1 = Q - Q_2$, ferner

$$\bar{v}^2 = \frac{16\,Q^2}{\pi^2\,d^4}\,; \qquad \bar{v}_1^2 = \frac{16\,Q_1^2}{\pi^2\,d^4}\,; \qquad \bar{v}_2^2 = \frac{16\,Q_2^2}{\pi^2\,d_2^4}\,.$$

Führt man diese Werte in (177) ein, so erhält man

$$\frac{p - p_1}{\gamma} = \frac{8\,Q^2}{g\,\pi^2\,d^4}\left(\lambda\,\frac{l}{d} + \zeta_1 - 1\right) + \frac{8\,Q_1^2}{g\,\pi^2\,d^4}\left(\lambda_1\,\frac{l_1}{d} + 1\right),$$

woraus folgt

$$d^5\,\frac{p - p_1}{\gamma} = \frac{8\,Q^2}{g\,\pi^2}(\lambda\,l + \zeta_1\,d - d) + \frac{8\,Q_1^2}{g\,\pi^2}(\lambda_1\,l_1 + d)$$

oder

$$d^5 = \frac{8\,d}{g\,\pi^2}\,\frac{Q^2\,(\zeta_1 - 1) + Q_1^2}{\dfrac{p - p_1}{\gamma}} + \frac{8}{g\,\pi^2}\,\frac{Q^2\,\lambda\,l + Q_2^2\,\lambda_1\,l_1}{\dfrac{p - p_1}{\gamma}}, \tag{180}$$

d. h. ein Ausdruck von der Form $d^5 = a\,d + b$.

In ähnlicher Weise erhält man aus Gl. (178)

$$d_2^5 = \frac{Q_2^2\,d_2 + Q_2^2\,\lambda_2\,l_2}{\dfrac{g\,\pi^2}{8}\,\dfrac{p - p_2}{\gamma} - \dfrac{Q^2}{d^4}\left(\lambda\,\dfrac{l}{d} + \zeta_2 - 1\right)}\,. \tag{181}$$

Die Widerstandsziffern ζ_1 und ζ_2 können durch die oben beschriebenen Versuche als bekannt angesehen werden. Dagegen sind die λ-Werte im ersten Rechnungsgang nach den Angaben von Ziffer 18 vorerst zu schätzen. Tut man dieses, dann sind die Konstanten a und b in (180) bekannt, und man kann diese Gleichung graphisch nach d auflösen. Den so gefundenen Wert d setzt man in (181) ein und berechnet in entsprechender Weise den Durchmesser d_2. Mit d und d_2 sind auch die Geschwindigkeiten $\bar{v}$, $\bar{v}_1$ und $\bar{v}_2$ wegen (179) und damit die entsprechenden Re-Zahlen in den einzelnen Rohrteilen bekannt. Man hat jetzt zu prüfen, ob die getroffene Wahl der λ-Werte richtig war (was i. allg. nicht der Fall sein wird), andernfalls mit den aus Re und der relativen Rauhigkeit nach Ziffer 18 neu bestimmten λ-Werten die Rechnung zu wiederholen. Bei großen Rohrlängen spielen die Abzweigverluste gegenüber den Rohrreibungsverlusten nur eine untergeordnete Rolle, zumal dann, wenn das Durchmesserverhältnis d/d_2 nicht sehr groß ist. In solchen Fällen können ζ_1 und ζ_2 in den obigen Gleichungen angenähert gleich Null gesetzt werden.

22. Instationäre Strömung in geschlossenen Leitungen

Die instationäre Rohrströmung ist insofern für die theoretische Behandlung ein recht schwieriges Problem, als infolge des sich mit der Zeit ständig ändernden Mittelwertes $\bar{v}$ der Geschwindigkeit auch die REYNOLDSsche Zahl eine Funktion der Zeit wird. Das bedeutet aber, daß überall da, wo die Widerstandsziffer λ der Rohrreibung von Re abhängig ist (vgl. Ziffer 18), auch λ mit der Zeit veränderlich ist. Untersuchungen dieser Frage von F. SCHULTZ-GRUNOW[1] haben gezeigt, daß dabei ähnliche Strömungsverhältnisse auftreten wie bei der *stationären* Strömung in stetig verengten und erweiterten Rohren (vgl. S. 103), und zwar dergestalt, daß die beschleunigte Strömung der stationären Strömung im *konvergenten* Rohr entspricht, die *verzögerte* dagegen der Strömung im *divergenten* Rohr. Bei nicht zu großen zeitlichen Geschwindigkeitsänderungen unterscheiden sich dabei die zeitlichen Mittelwerte von λ nicht allzusehr von den entsprechenden Werten der stationären Rohrströmung. In der Folge soll deshalb von einer Veränderlichkeit der λ-Werte mit der Zeit abgesehen werden.

Schwingungen in kommunizierenden Rohren und Gefäßen

Zwei mit Flüssigkeit gefüllte, oben offene zylindrische Gefäße von den Querschnitten F_1 und F_2 seien durch ein Rohr vom Querschnitt F_3 gemäß Abb. 78

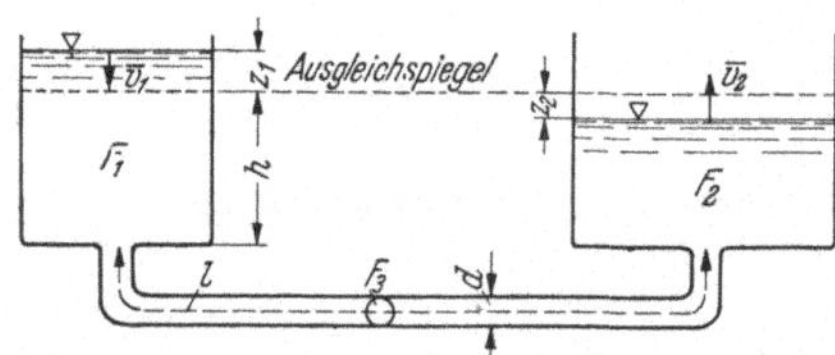

Abb. 78. Schwingungen in prismatischen Gefäßen

miteinander verbunden. Im Ruhezustand steht die Flüssigkeit nach dem Gesetz der kommunizierenden Gefäße (S. 12) in beiden Behältern gleich hoch. Denkt man sich das Gleichgewicht durch eine äußere Ursache vorübergehend gestört, so führt die sich selbst überlassene Flüssigkeit nach Entfernung der Störung Schwingungen aus, die je nach der Art, in welcher man die Reibung berücksichtigt, verschiedenen Charakter haben.

Nach der BERNOULLIschen Gl. (103) für nichtstationäre Strömung ist für die beiden Spiegelquerschnitte, wenn man die über die Querschnitte genommenen Mittelwerte der Geschwindigkeiten einführt, wegen $p_1 = p_2$ (atmosphärischer Luftdruck),

$$\frac{\bar{v}_1^2}{2g} + z_1 = \frac{\bar{v}_2^2}{2g} - z_2 + \sum h_v + \frac{1}{g} \int\limits_{s=s_1}^{s=s_2} \frac{\partial \bar{v}}{\partial t}\, ds . \tag{182}$$

In dieser Gleichung bezeichnen $\bar{v}_1$ und $\bar{v}_2$ die Spiegelgeschwindigkeiten, $\bar{v}$ die Geschwindigkeit an einer beliebigen Stelle s zwischen den beiden Spiegeln, z_1 und z_2 die Abweichungen der Spiegel zu einer beliebigen Zeit t vom Ausgleichsspiegel, $\sum h_v$ die Gesamtheit der Verlusthöhen und ds ein Längenelement, gemessen in der Strömungsrichtung. Wegen $\bar{v}_1 F_1 = \bar{v}_2 F_2$ und $z_1 F_1 = z_2 F_2$ folgt aus (182)

$$\frac{\bar{v}_1^2}{2g}\left[1 - \left(\frac{F_1}{F_2}\right)^2\right] + z_1\left(1 + \frac{F_1}{F_2}\right) = \sum h_v + \frac{1}{g}\int\limits_{s_1}^{s_2}\frac{\partial \bar{v}}{\partial t}\, ds$$

oder mit den abkürzenden Bezeichnungen

$$\frac{1}{2}\left[1 - \left(\frac{F_1}{F_2}\right)^2\right] = \varkappa_1; \quad 1 + \frac{F_1}{F_2} = \varkappa_2 \tag{183}$$

---

[1] SCHULTZ-GRUNOW, F.: Forsch. Ing.-Wes. (1940) Heft 11, S. 170 und (1941) Heft 12, S. 117.

und wegen $\bar{v}_1 = -\dfrac{dz_1}{dt}$ (Abwärtsbewegung)

$$\varkappa_1 \left(\frac{dz_1}{dt}\right)^2 + \varkappa_2\, g\, z_1 = g \sum h_v + \int\limits_{s_1}^{s_2} \frac{\partial \bar{v}}{\partial t}\, ds\,. \tag{184}$$

Nun ist $\bar{v} = \bar{v}_1 \dfrac{F_1}{F}$, wenn F den Querschnitt an der beliebigen Stelle s der Anordnung bezeichnet.

Damit wird

$$\frac{\partial \bar{v}}{\partial t} = \frac{\partial}{\partial t}\left(\frac{\bar{v}_1 F_1}{F}\right) = \frac{F_1}{F}\frac{\partial \bar{v}_1}{\partial t} = \frac{F_1}{F}\frac{d\bar{v}_1}{dt}\,,$$

weil einerseits die Gefäßquerschnitte von der Zeit unabhängig sind (starre Behälter), andererseits aber bei der hier betrachteten Bewegung $\bar{v}_1$ nicht vom Orte (s), sondern nur von der Zeit t abhängt ($F_1 = \text{const}$).

Das in (184) auftretende Integral kann also wie folgt geschrieben werden

$$\int\limits_{s_1}^{s_2} \frac{\partial \bar{v}}{\partial t}\, ds = F_1 \frac{d\bar{v}_1}{dt} \int\limits_{s_1}^{s_2} \frac{ds}{F}\,.$$

Setzt man noch wegen $z_2 = z_1 \dfrac{F_1}{F_2}$

$$F_1 \int\limits_{s_1}^{s_2} \frac{ds}{F} = \sigma + z_1 - z_2 \frac{F_1}{F_2} = \sigma + z_1\left[1 - \left(\frac{F_1}{F_2}\right)^2\right] = f(z_1)\,, \tag{185}$$

wo $\sigma = \text{const}$ den Wert von $f(z_1)$ für die Spiegelgleiche angibt, so wird

$$\int\limits_{s_1}^{s_2} \frac{\partial \bar{v}}{\partial t}\, ds = f(z_1) \frac{d\bar{v}_1}{dt} = -f(z_1)\frac{d^2 z_1}{dt^2}\,.$$

Mit diesem Ausdruck geht (184) über in

$$f(z_1)\frac{d^2 z_1}{dt^2} + \varkappa_1\left(\frac{dz_1}{dt}\right)^2 + \varkappa_2\, g\, z_1 = g\sum h_v\,. \tag{186}$$

An Verlusthöhen kommen diejenigen aus Reibung in den Behältern und im Verbindungsrohr sowie Eintritts- und Austrittsverluste an den Anschlußstellen des Rohres in Betracht. Bei entsprechender Abrundung dieser Stellen sind die letztgenannten Verluste nur gering und mögen hier vernachlässigt werden. Bezüglich der Flüssigkeitsreibung sollen drei verschiedene Fälle behandelt werden.

a) Die Reibung wird vollkommen vernachlässigt

Dann lautet (186) wegen $\sum h_v = 0$

$$f(z_1)\frac{d^2 z_1}{dt^2} + \varkappa_1\left(\frac{dz_1}{dt}\right)^2 + \varkappa_2\, g\, z_1 = 0\,. \tag{187}$$

Am einfachsten gestaltet sich die Rechnung, wenn die Behälterquerschnitte F_1 und F_2 gleich groß sind. In diesem Falle wird wegen (183) $\varkappa_1 = 0$, weshalb das quadratische Glied verschwindet. Außerdem ist $\varkappa_2 = 2$, und nach (185) $f(z_1) = \sigma = \text{const}$. Damit geht (187) über in die bekannte Differentialgleichung der einfachen harmonischen Schwingung

$$\frac{d^2 z_1}{dt^2} + \frac{2g}{\sigma} z_1 = 0\,,$$

die bereits in Ziffer 7 dieses Abschnitts behandelt worden ist. Mit den oben ge-
machten Annahmen wird nämlich $\sigma = 2\,h + \dfrac{F_1}{F_3}\,l$ (Abb. 78), speziell ist für ein
U-Rohr von konstantem Querschnitt $\sigma = l'$, wenn l' die gesamte Rohrlänge vom
Spiegel 1 zum Spiegel 2 bezeichnet.

b) Die Reibung ist proportional der Geschwindigkeit

Hier sollen wieder die Gefäßquerschnitte F_1 und F_2 gleich groß angenommen
werden, so daß wie unter a) $\varkappa_1 = 0$, $\varkappa_2 = 2$ und $\sigma = $ const wird. Dann geht die
allgemeine Gl. (186) über in

$$\frac{d^2 z_1}{d t^2} + \frac{2\,g}{\sigma}\,z_1 = \frac{g}{\sigma}\sum h_v\,. \tag{188}$$

Sind, was i. allg. der Fall sein wird, die Behälterquerschnitte sehr viel größer als
der Querschnitt F_3 des Verbindungsrohres, dann spielen die Strömungsverluste
in den Behältern gegenüber demjenigen im Verbindungsrohr nur eine untergeordnete Rolle (zumal wenn dieses entsprechend lang ist) und sollen deshalb
hier unterdrückt werden. Dann wird

$$\sum h_v \approx \lambda\,\frac{\bar v^2}{2\,g\,d}\,l$$

mit $\bar v = \bar v_1\,\dfrac{F_1}{F_3}$ als Rohrgeschwindigkeit und d als Rohrdurchmesser. Bei *laminarer*
Strömung ist $\lambda = 64\,\dfrac{v}{\bar v\,d}$ (vgl. S. 81), weshalb

$$\sum h_v = \frac{32\,\bar v\,v\,l}{g\,d^2} = \frac{\bar v_1\,F_1}{F_3}\,\frac{32\,v\,l}{g\,d^2} = -\frac{d z_1}{d t}\,\frac{32\,v\,l}{g\,d^2}\,\frac{F_1}{F_3}\,,$$

und man erkennt, daß bei laminarer Strömung die Verlusthöhe in der Tat der
Geschwindigkeit proportional ist. Mit dem vorstehenden Ausdruck geht Gl. (188)
über in

$$\frac{d^2 z_1}{d t^2} + \frac{d z_1}{d t}\,\frac{32\,v\,l}{\sigma\,d^2}\,\frac{F_1}{F_3} + \frac{2\,g}{\sigma}\,z_1 = 0\,. \tag{189}$$

Dies ist die bekannte *Differentialgleichung einer gedämpften Schwingung* mit
einer der Geschwindigkeit proportionalen Dämpfung.

Setzt man zur Abkürzung

$$\frac{32\,v\,l}{\sigma\,d^2}\,\frac{F_1}{F_3} = a\,; \qquad \frac{2\,g}{\sigma} = b\,,$$

wobei der erste Ausdruck den auf die Masseneinheit bezogenen „Dämpfungs-
faktor", der zweite die „Federkonstante" bezeichnet, so lautet Gl. (189)

$$\frac{d^2 z_1}{d t^2} + a\,\frac{d z_1}{d t} + b\,z_1 = 0\,.$$

Das allgemeine Integral dieser Gleichung ist

$$z_1 = A\,e^{r_1 t} + B\,e^{r_2 t}\,,$$

wo r_1 und r_2 die Wurzeln der „charakteristischen Gleichung"

$$r^2 + a\,r + b = 0$$

sind. Setzt man nun $\sqrt{\dfrac{a^2}{4} - b} = \varrho$, so folgt daraus

$$r_1 = -\frac{a}{2} + \varrho\,; \quad r_2 = -\frac{a}{2} - \varrho\,,$$

und somit wird

$$z_1 = e^{-\frac{a}{2}t}\,(A\,e^{\varrho t} + B\,e^{-\varrho t})\,. \tag{190}$$

Wählt man den Beginn der Zeit t in dem Augenblick, wo die Behälterspiegel durch die Gleichgewichtslage gehen, so wird $z_1 = 0$ für $t = 0$, womit aus (190) folgt $B = -A$, so daß

$$z_1 = A\, e^{-\frac{a}{2}t}\,(e^{\varrho t} - e^{-\varrho t}) = 2\, A\, e^{-\frac{a}{2}}\,\mathfrak{Sin}\,(\varrho\, t)\,. \tag{191}$$

Je nachdem, ob ϱ reell oder imaginär ist, ergeben sich zwei verschiedene Bewegungsarten. Im ersten Falle, d. h. für $\dfrac{a^2}{4} > b$, ist z_1 keine periodische Funktion von t, da z_1 mit wachsendem t sein Vorzeichen nicht ändert. Man hat es mit einer *aperiodischen* Bewegung zu tun, bei welcher sich die Spiegel asymptotisch wieder in die Gleichgewichtslage zurückbewegen.

Ist dagegen ϱ imaginär, so setze man $\varrho = i\sqrt{b - \dfrac{a^2}{4}} = i\,\varrho'$, wo ϱ' reell wird. Mit diesem Ausdruck geht (191) über in

$$z_1 = 2\, A\, e^{-\frac{a}{2}t}\,\mathfrak{Sin}\,(i\,\varrho'\,t) = 2\, A\, i\, e^{-\frac{a}{2}t}\,\sin\,(\varrho'\,t)\,. \tag{192}$$

Das Produkt $A\,i$ hat eine einfache mechanische Bedeutung. Bezeichnet $\bar{v}_0$ die Geschwindigkeit $\bar{v}_1$ zur Zeit $t = 0$, so folgt durch Differentiation von (192) für $t = 0$

$$-\bar{v}_0 = 2\, A\, i\, \varrho'\,,$$

weshalb $\qquad\qquad z_1 = -\dfrac{\bar{v}_0}{\varrho'}\, e^{-\frac{a}{2}t}\,\sin\,(\varrho'\,t) \qquad$ (Abwärtsbewegung) .

Man erhält also eine gedämpfte Schwingung mit der Schwingungsdauer

$$T = \frac{2\,\pi}{\varrho'} = \frac{2\,\pi}{\sqrt{b - \dfrac{a^2}{4}}}\,.$$

c) Die Reibung ist proportional dem Geschwindigkeitsquadrat

Bezüglich der Querschnitte F_1, F_2 und F_3 werden dieselben Annahmen gemacht wie unter b). Dann gilt auch hier die Gl. (188), nur mit einem anderen Verlustglied. Da für die zu untersuchende Bewegung die Gültigkeit des quadratischen Widerstandsgesetzes vorausgesetzt wird, kann die Widerstandsziffer λ für das Verbindungsrohr unmittelbar nach Gl. (171) berechnet werden und ist damit als eine bekannte Größe anzusehen. Man erhält also nach (188), wenn wieder nur die Reibung im Verbindungsrohr berücksichtigt wird,

$$\frac{d^2 z_1}{d t^2} + \frac{2\,g}{\sigma}\, z_1 = \frac{g}{\sigma}\,\frac{\lambda\,\bar{v}^2}{2\,g\,d}\,l$$

oder, wegen $\quad \bar{v} = \bar{v}_1\,\dfrac{F_1}{F_3} = -\dfrac{d z_1}{dt}\,\dfrac{F_1}{F_3}\,,$

$$\frac{d^2 z_1}{d t^2} - \frac{\lambda\,l}{2\,\sigma\,d}\left(\frac{F_1}{F_3}\right)^2\left(\frac{d z_1}{dt}\right)^2 + \frac{2\,g}{\sigma}\, z_1 = 0\,.$$

Setzt man noch zur Abkürzung

$$\frac{\lambda\,l}{2\,\sigma\,d}\left(\frac{F_1}{F_3}\right)^2 = p\,; \qquad \frac{2\,g}{\sigma} = q\,,$$

dann geht obige Gleichung über in

$$\frac{d^2 z_1}{d t^2} - p\left(\frac{d z_1}{dt}\right)^2 + q\, z_1 = 0\,. \tag{193}$$

Das hier gewählte Vorzeichen von p bezieht sich auf die in Abb. 78 eingetragene Richtung von $\bar{v}_1$. Bei der rückläufigen Bewegung wäre das Vorzeichen umzukehren. Das erste Integral von (193) lautet[1]

$$\frac{dz_1}{dt} = \pm \frac{\sqrt{C - 2q \int (z_1 e^{-2pz_1} dz_1)}}{e^{-pz_1}},$$

wo C eine Integrationskonstante darstellt. Wegen

$$\int (z_1 e^{-2pz_1} dz_1) = -\frac{1}{4p^2} [e^{-2pz_1} (2pz_1 + 1)]$$

folgt daraus nach einfacher Umformung

$$\frac{dz_1}{dt} = \pm \sqrt{C e^{2pz_1} + \frac{q}{2p^2} (2pz_1 + 1)}. \tag{194}$$

Bezeichnet Z_1 den größten Wert von z_1, so entspricht diesem $\frac{dz_1}{dt} = 0$ (Umkehrstelle). Damit erhält man aus (194)

$$C = -\frac{q}{2p^2} e^{-2pZ_1} (2pZ_1 + 1) \tag{195}$$

und somit

$$\frac{dz_1}{dt} = \pm \sqrt{\frac{q}{2p^2} [2pz_1 + 1 - e^{2p(z_1 - Z_1)} (2pZ_1 + 1)]}. \tag{194a}$$

$\frac{dz_1}{dt}$ ist aber auch für jede andere Umkehrstelle gleich Null. Bezeichnet nun Z_1' die auf Z_1 folgende Umkehrstelle des Spiegels 1, und zwar so, daß p zwischen Z_1 und Z_1' sein Vorzeichen nicht ändert (Hingang), so folgt aus (195)

$$e^{-2pZ_1} (2pZ_1 + 1) = e^{-2pZ_1'} (2pZ_1' + 1)$$

oder, nach Logarithmierung und einfacher Umstellung[2],

$$2pZ_1 - \ln(2pZ_1 + 1) = 2pZ_1' - \ln(2pZ_1' + 1).$$

Mit Hilfe dieser Gleichung ist man in der Lage, Z_1' zu berechnen, wenn Z_1 gegeben ist. Z_1' wird negativ und ist — absolut — kleiner als Z_1. Sieht man dann für den Rückgang Z_1' als bekannt an, so kann die auf Z_1' folgende Umkehrordinate Z_1'' in entsprechender Weise gefunden werden, usw. Eine graphische Lösung obiger Gleichung hat v. Mises gegeben[3].

Zur Berechnung eines Hin- oder Rückganges kann Gl. (194a) integriert werden. Man erhält damit

$$t = \int\limits_{z_1 = Z_n}^{z_1 = Z_{n+1}} \frac{dz_1}{\sqrt{\frac{q}{2p^2} [2pz_1 + 1 - e^{2p(z_1 - Z_n)} (2pZ_n + 1)]}},$$

wo Z_n und Z_{n+1} zwei aufeinanderfolgende Umkehrordinaten bezeichnen. Das vorstehende Integral läßt sich nicht in geschlossener Form darstellen, so daß man auf eine mechanische Auswertung angewiesen ist[4].

---

[1] Vgl. etwa L. Kiepert: Integralrechnung Bd. 2, 14. Aufl. (1929) S. 167.

[2] Prašil, F.: Schweiz. Bauztg. Bd. 52 (1908) S. 334; vgl. auch Ph. Forchheimer: Hydraulik, 3. Aufl. (1930) S. 437.

[3] v. Mises, R.: Elemente der technischen Hydromechanik (1914) S. 188.

[4] Weitergehende Ausführungen sind zu finden bei J. Frank: Nichtstationäre Vorgänge in den Zuleitungs- und Ableitungskanälen von Wasserkraftwerken, 2. Aufl. (1957).

Entleerung eines Behälters mit Ausflußrohr

Abb. 79 zeigt einen zylindrischen, oben offenen Flüssigkeitsbehälter, an den ein langes Ausflußrohr von der Länge l und dem Durchmesser d angeschlossen ist. Der Rohrausfluß erfolgt bei a in die freie Atmosphäre (Druck p_0). Es soll der zeitliche Verlauf des Ausflußvorganges untersucht werden.

Zur Zeit $t = t_1$ habe der Behälterspiegel die Höhe $z = z_1$ über der Ausflußöffnung a erreicht. Faßt man die ganze Flüssigkeit vom Spiegel F_1 bis zum Rohrausfluß F_a wieder als „Stromfaden" auf und rechnet mit über den jeweiligen Querschnitt „gemittelten" Geschwindigkeiten $\bar{v}$, so gilt auch hier Gl. (103), welche für die Querschnitte F_1 und F_a wegen $p_1 = p_2 = p_0$ lautet

$$\frac{\bar{v}_1^2}{2\,g} + z_1 = \frac{\bar{v}_a^2}{2\,g} + \frac{1}{g} \int\limits_{s=s_1}^{s=s_a} \frac{\partial \bar{v}}{\partial t}\,ds + h_v \,.$$

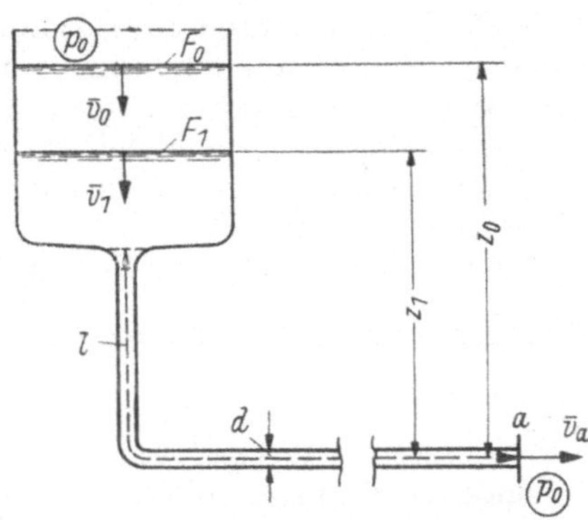

Abb. 79. Behälter mit Ausflußrohr

Da $F_1 = F_0 \gg F_a$ sein soll, ist die Spiegelbeschleunigung nur gering, weshalb das instationäre, $\dfrac{\partial \bar{v}}{\partial t}$ enthaltende Glied unbedenklich vernachlässigt werden kann (vgl. S. 54). Außerdem spielen die Reibungsverluste im Behälter gegenüber demjenigen im Ansatzrohr nur eine unbedeutende Rolle, so daß $h_v \approx \lambda\,\dfrac{\bar{v}_a^2}{2\,g\,d}\,l$ gesetzt werden darf. Schließlich ist $\bar{v}_1^2 \ll \bar{v}_a^2$ wegen der Kontinuitätsbedingung $\bar{v}_1 F_1 = \bar{v}_a F_a$. Unter Beachtung dieser Vereinfachungen liefert die obige BERNOULLI-Gleichung

$$z_1 = \frac{\bar{v}_a^2}{2\,g}\left(1 + \lambda\,\frac{l}{d}\right),$$

woraus folgt

$$\bar{v}_a = \sqrt{2\,g\,z_1}\,\frac{1}{\sqrt{1 + \lambda\,\dfrac{l}{d}}} = n\,\sqrt{2\,g\,z_1} \tag{196}$$

mit

$$n = \frac{1}{\sqrt{1 + \lambda\,\dfrac{l}{d}}}\,.$$

Setzt man noch

$$\bar{v}_a = \bar{v}_1\,\frac{F_1}{F_a} = \bar{v}_1\,\frac{F_0}{F_a}\,,$$

so wird

$$\bar{v}_1 = -\frac{dz_1}{dt} = n\,\frac{F_a}{F_0}\,\sqrt{2\,g\,z_1}$$

oder

$$dt = -\frac{F_0}{F_a}\,\frac{1}{n\,\sqrt{2\,g}}\,\frac{dz_1}{z_1^{1/2}}\,,$$

woraus durch Integration folgt

$$t = -2\,\frac{F_0}{F_a}\,\frac{z_1^{1/2}}{n\,\sqrt{2\,g}} + C\,.$$

Zur Zeit $t = 0$ sei der Behälter bis zur Höhe $z_1 = z_0$ gefüllt (Anfangszustand). Dann bestimmt sich die Integrationskonstante C aus der Bedingung $t = 0$ für

$$z_1 = z_0 \quad \text{zu} \quad C = 2\frac{F_0}{F_a}\frac{z_0^{1/2}}{n\sqrt{2\,g}}, \quad \text{so daß}$$

$$t = t_1 = 2\frac{F_0}{F_a}\frac{1}{n\sqrt{2\,g}}\,(z_0^{1/2} - z_1^{1/2})$$

die Zeit angibt, nach welcher der Behälterspiegel um die Höhe $z_0 - z_1$ abgesunken ist.

Handelt es sich um einen kegel- oder kugelförmigen Behälter, so ist F_1 als Funktion von z_1 in die Rechnung einzuführen. Im übrigen bleibt der Rechnungsgang der gleiche.

Über die Widerstandsziffer λ läßt sich zunächst nichts aussagen. Man kann sie indessen, da die Spiegelsenkung nur langsam erfolgt, während des Ausflußvorganges als angenähert konstant ansehen. Betrachtet man nun eine mittlere Spiegelhöhe $z_1 = z_m$ des Behälters und nimmt zunächst einen geschätzten Wert $\lambda = \lambda'$ an, so kann jetzt das zugehörige $\bar{v}_a'$ aus Gl. (196) bestimmt werden, nämlich

$$\bar{v}_a' = \sqrt{2\,g\,z_m}\,\frac{1}{\sqrt{1 + \lambda'\dfrac{l}{d}}}.$$

Nun berechnet man mit $\bar{v}_a'$ die Re-Zahl $Re = \dfrac{\bar{v}_a'\,d}{\nu}$ und darauf nach Ziffer 18 den verbesserten Wert λ''. Das Verfahren ist so lange zu wiederholen, bis die vorstehende Gleichung erfüllt ist.

23. Strömung in offenen Gerinnen[1]

a) Einführung

Die Bewegung einer Flüssigkeit in offenen Gerinnen (Kanälen, Flüssen usw.) hat mancherlei gemeinsame Kennzeichen mit der Strömung in geschlossenen Leitungen. Während jedoch bei vollgefüllten Rohren die Flüssigkeit allseitig von festen Wandungen umgeben ist, hat man es bei offenen Gerinnen außer mit festen Wänden auch noch mit einer „freien Oberfläche" zu tun. In der Mehrzahl der praktisch wichtigen Fälle stellt diese eine Trennungsfläche zwischen Wasser und Luft dar, so daß an ihr überall der als konstant anzusehende atmosphärische Luftdruck herrscht. Eine neue Schwierigkeit entsteht bei *natürlichen* Gerinnen (Flüssen und Bächen), wenn der Abflußvorgang mit einer *Geschiebebewegung* verbunden ist, d. h. wenn der Fluß bei seinem Laufe vom Gebirge talabwärts mehr oder weniger grobe, bewegliche Körper (Sand, Kies, ja sogar größere Steinblöcke) mit sich führt. In solchen Fällen können die Gerinnewandungen (im Gegensatz zur Strömung in Rohren) nicht mehr als vollkommen fest angesehen werden. Es ist einleuchtend, daß bei derartigen Vorgängen die Schwierigkeiten, die sich schon bei der Rohrströmung hinsichtlich einer genaueren Definition der „Wandrauhigkeit" ergeben, noch wesentlich größer werden, ja, daß dann z. T. ganz neue Vorstellungen Platz greifen müssen, um diese Erscheinungen einigermaßen richtig zu erfassen[2]. Bei den nachstehenden Betrachtungen sollen derartige Geschiebebewegungen ausgeschlossen, d. h. die Gerinnewandungen als starr angesehen werden.

---

[1] Vgl. hierzu das Referat von F. Eisner im Handb. d. Experimentalphysik von Wien u. Harms, Bd. 4 Teil 4, S. 211 ff.

[2] Vgl. dazu Ph. Forchheimer: Hydraulik, 3. Aufl. (1930) S. 527. — Neményi: Wasserbauliche Strömungslehre (1933) S. 115. — F. Eisner: Offene Gerinne, in Handb. d. Experimentalphysik Bd. 4 Teil 4 (1932) S. 420.

Die Bewegung in offenen Gerinnen kann *stationär* sein, also unabhängig von der Zeit, sie kann aber auch *instationär* sein, z. B. beim Hochwasserablauf, beim Öffnen und Schließen gewisser Absperrvorrichtungen (Schieber, Schütze) usw. Die stationäre Strömung ist dadurch gekennzeichnet, daß durch jeden Querschnitt des Gerinnes zu jeder Zeit die gleiche Wassermenge Q fließt. Eine solche Bewegung ist *gleichförmig*, wenn die Querschnitte überall gleich groß sind (Abb. 80a). Sie ist *beschleunigt*, wenn die Querschnitte in der Strömungsrichtung kleiner werden (Senkung, Abb. 80b), oder *verzögert*, wenn sie größer werden (Stau, Abb. 80c).

Wie bei der Strömung in geschlossenen Leitungen hat man auch hier grundsätzlich zu unterscheiden zwischen *laminarer* und *turbulenter* Strömung. Indessen

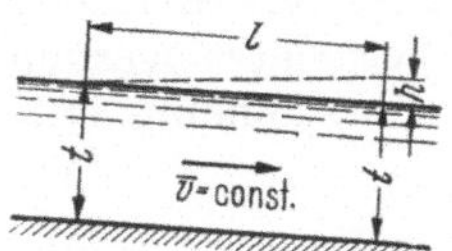

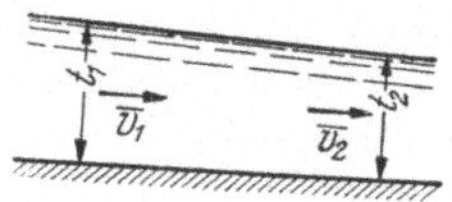

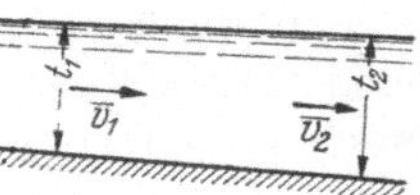

Abb. 80a. Gleichförmige Strömung, $\bar{v}$ = const

Abb. 80b. Beschleunigte Strömung $\bar{v_2} > \bar{v_1}$

Abb. 80c. Verzögerte Strömung $\bar{v_2} < \bar{v_1}$

kommt bei den praktisch interessierenden Geschwindigkeiten und Gerinneabmessungen fast ausschließlich die turbulente Fließart in Frage, da hier die kritische REYNOLDSsche Zahl in der Regel bei weitem überschritten wird. Man bezieht letztere gewöhnlich auf den *hydraulischen Radius* $r_h = \dfrac{F}{U}$ (F = wassererfüllter Querschnitt, U = benetzter Umfang, Abb. 81), stellt sie also in der Form

$$Re_{(h)} = \frac{\bar{v}\, r_h}{v}$$

dar, wo $\bar{v} = \dfrac{Q}{F}$ den über den Querschnitt gebildeten Mittelwert der Geschwindigkeit und v die kinematische Zähigkeit bezeichnen. Wie bei Rohren beträgt die kritische REYNOLDSsche Zahl $Re_{(h)kr} \approx 500$ bis 600*.

Bei den offenen Gerinnen unterscheidet man zwischen *künstlichen* und *natürlichen* Gerinnen. Zu den ersteren gehören die Kanäle und Gräben mit mehr oder weniger regelmäßigen Querschnitten (Rechteck, Trapez, Parabel usw.), zu den letzteren die Flüsse und Bäche mit häufig stark veränderlichen Querschnitten.

Abb. 81. Zur Definition des „hydraulischen Radius"

Die Bewegung des Wassers in offenen Gerinnen ist eine Folge des vorhandenen *Gefälles*, wobei i. allg. zwischen *Spiegel-* und *Sohlengefälle* zu unterscheiden ist. Bei gleichförmiger Bewegung und unter der Voraussetzung eines prismatischen Bettes ist das Spiegel- gleich dem Sohlengefälle und hat die Größe

$$J = \frac{h}{l}, \tag{197}$$

wenn h den Höhenunterschied zweier Punkte des Spiegels im Abstand l — gemessen in der Bewegungsrichtung — bezeichnet (Abb. 80a). Ein Druckgefälle (S. 62) ist bei gleichförmiger Bewegung nicht vorhanden, da an der freien Oberfläche überall der Atmosphärendruck herrscht und im übrigen der Druck in einem zur Strömungsrichtung senkrechten Querschnitt als statisch verteilt angenommen

---

* Bei der Rohrströmung ist $Re_{kr} = \dfrac{\bar{v}\, d}{v} = 2320$ und $d = 4\, r_h$ (vgl. S. 80), so daß $Re_{(h)kr} = \dfrac{2320}{4}$.

werden darf. Die höher liegenden Flüssigkeitsteilchen (im Oberlauf) besitzen eine bestimmte potentielle Energie, die beim Abwärtsfließen in Bewegungsenergie umgesetzt wird und zur Überwindung der infolge innerer und Wandreibung auftretender Strömungswiderstände dient. Der Strömungszustand hängt also — ähnlich wie bei der Rohrströmung — wesentlich ab von der Größe des vorhandenen Gefälles und von der Flüssigkeitsreibung.

b) Gleichförmige Bewegung in Gerinnen mit fester Sohle

Bei *prismatischen* Gerinnen mit festen Wänden führen ganz ähnliche Überlegungen, wie sie weiter oben für die Rohrströmungen durchgeführt wurden, zur Darstellung des *Widerstandsgesetzes der gleichförmigen Bewegung.* Die dort gewonnenen Erkenntnisse können zum größten Teil unmittelbar übernommen werden, wobei jetzt ausschließlich turbulente Strömungen betrachtet werden sollen. Dann kann die *Widerstandsziffer* ψ einer solchen Gerinneströmung entsprechend Gl. (146) durch den Ausdruck

$$J = \psi \, \frac{\bar{v}^2}{2\,g\,r_h} \tag{198}$$

definiert werden, wobei für das Gefälle J der Wert (197) einzusetzen ist. Es kommt also jetzt wieder darauf an, die *Widerstandsziffer* ψ in Abhängigkeit von den die Strömung bestimmenden Größen darzustellen. Wie bei rauhen Rohren ist ψ offenbar eine Funktion der REYNOLDSschen Zahl und der relativen Wandrauhigkeit, wobei indessen nicht ohne weiteres gesagt werden kann, in welcher Form letztere in diese Funktion eingeht. Aus der Erfahrung und in Analogie zur Rohrströmung ist bekannt, daß ψ bei großen Re-Zahlen praktisch von Re unabhängig ist (quadratisches Widerstandsgesetz), so daß in solchen Fällen lediglich die Wandrauhigkeit und die Querschnittsform von Einfluß auf ψ sind. Man kann also setzen

$$\psi = \psi\left(\frac{k}{r_h}\right), \tag{199}$$

wo k eine Rauhigkeitslänge bezeichnet, die i.allg. nicht einfach der Mittelwert aller Wandunebenheiten sein, sondern noch von deren gegenseitigem Abstand im Verhältnis zu ihrer Höhe und von ihrer „Anstellung" gegen die Strömung (d. h. von der *Form* der Unebenheiten) abhängen wird. Dazu muß bemerkt werden, daß die *Querschnittsform* durch den hydraulischen Radius r_h noch nicht eindeutig gekennzeichnet ist, da einem bestimmten Werte von r_h verschiedene Querschnitte entsprechen können[1]. Zu jeder anderen (nicht ähnlichen) Querschnittsform gehört deshalb strenggenommen eine andere Funktion $\psi\left(\frac{k}{r_h}\right)$, da zunächst nicht angenommen werden kann, daß alle Elemente des benetzten Umfanges — unabhängig von der Querschnittsform — in gleichem Maße an der Übertragung der Wandschubspannung beteiligt sind. Es müßte also auf der rechten Seite von (199) besser noch ein Formfaktor hinzugefügt werden. Bei großen Re-Zahlen scheint die Abhängigkeit von der Profilform indessen nur von untergeordneter Bedeutung zu sein[2].

Besonders schwierig ist die Angabe der relativen Rauhigkeit bei natürlichen Gerinnen, da bei ihnen nicht allein die eigentlichen Wandunebenheiten eine Rolle spielen, sondern auch die vielseitigen Bettunregelmäßigkeiten, welche einen Flußlauf begleiten. Hier ist man weitgehend auf Erfahrungswerte angewiesen.

---

[1] So hat z. B. ein Rechteck von der Breite 5 m und der Höhe 1 m (bei freiem Wasserspiegel) dasselbe r_h wie ein Rechteck von der Breite 2 m und der Höhe 2,5 m, obwohl die Querschnittsformen verschieden sind.

[2] v. MISES, R.: Elemente der technischen Hydromechanik (1914) S. 89 bis 92.

Für die „mittlere" Geschwindigkeit einer Gerinneströmung erhält man aus (198) den Ausdruck

$$\bar{v} = \sqrt{\frac{2g}{\psi}}\,\sqrt{J\,r_h}\,, \tag{200}$$

der in der Hydraulik unter dem Namen DE CHÉZYsche Gleichung bekannt ist. Der Wert $\sqrt{\dfrac{2g}{\psi}}$, welcher die Dimension $[\text{m}^{1/2}\,\text{s}^{-1}]$ besitzt, ist für Wassertiefen von $1/2$ bis 3 m in geraden Kanälen von der Größenordnung 80 bis 20 $[\text{m}^{1/2}\text{s}^{-1}]$, je nachdem man es mit relativ glatten oder sehr rauhen Kanalwandungen zu tun hat. Bei hydraulisch rauhen, künstlichen Gerinnen, bei denen die Gültigkeit des quadratischen Widerstandsgesetzes angenommen werden darf, findet die „neue BAZINsche Formel" (1897) vielfach Verwendung, wonach

$$\psi = 0{,}0026 \left(1 + \sqrt{\frac{k'}{r_h}}\right)^2. \tag{201}$$

Führt man diesen Ausdruck in (200) ein, so wird

$$\bar{v} = \sqrt{\frac{2g}{0{,}0026}}\;\frac{\sqrt{J\,r_h}}{1 + \sqrt{\dfrac{k'}{r_h}}}$$

oder, wenn alle Längen in Metern und die Zeit in Sekunden ausgedrückt werden,

$$\bar{v} = \frac{87}{1 + \dfrac{\alpha}{\sqrt{r_h}}}\,\sqrt{J\,r_h}\;\left[\frac{\text{m}}{\text{s}}\right]. \tag{202}$$

Darin ist für die Konstante α zu setzen[1]:

Glatter Verputz und gehobeltes Holz	$\alpha = 0{,}06\ \text{m}^{1/2}$
Nicht gehobeltes Holz, Quader und Ziegel	$\alpha = 0{,}16$ „
Bruchsteinmauerwerk	$\alpha = 0{,}46$ „
Pflaster, regelmäßiges Erdbett	$\alpha = 0{,}85$ „
Erdkanäle üblichen Zustands	$\alpha = 1{,}30$ „
Erdkanäle mit großem Reibungswiderstand	$\alpha = 1{,}75$ „
Flußläufe mit Geröll	$\alpha = 2{,}00$ „

Vielfach sind auch sogenannte *Potenzformeln* in Gebrauch, bei denen

$$\bar{v} = k\,r_h^n\,J^m$$

gesetzt wird. Hier bezeichnet k wieder eine Rauhigkeitsgröße, während n und m verschiedene Zahlenwerte darstellen. Für Werkkanäle hat FORCHHEIMER[2] z. B. vorgeschlagen

$$\bar{v} = k\,r_h^{0,7}\,J^{0,5}.$$

Die Dimension der Rauhigkeitsgröße k ist dabei so zu wählen, daß die rechte Seite dieser Gleichung die Dimension $[\text{m}\,\text{s}^{-1}]$ besitzt. Für die Konstante k können nach FORCHHEIMER folgende Werte gesetzt werden:

Geglätteter Beton	$k = 90\text{—}80\ \text{m}^{0,3}\ \text{s}^{-1}$
Neuer Beton	$k = 60$ „
Angegriffener Beton	$k = 50$ „
Künstlich hergestellte Erdgräben	$k = 42\text{—}30$ „
Natürliche Flüsse	$k = 30\text{—}24$ „

Auf die Angabe weiterer in der Praxis verwendeter Gebrauchsformeln muß hier verzichtet werden. Leser, die sich darüber genauer unterrichten wollen, seien auf die einschlägige Literatur verwiesen.

---

[1] Nach Ph. FORCHHEIMER: Hydraulik, 3. Aufl. (1930). S. 148.
[2] FORCHHEIMER, Ph.: Hydraulik, 3. Aufl. (1930) S. 148.

Beispiel[1]. Ein mit Bruchsteinmauerwerk ausgekleideter, symmetrischer Kanal führt eine sekundliche Wassermenge $Q\left[\dfrac{\text{m}^3}{\text{s}}\right]$. Seine Sohle soll unter Beibehaltung der seitlichen Wandneigung und der Fülltiefe t derart verbreitert werden, daß er bei gleichem Gefälle die Wassermenge $Q'\left[\dfrac{\text{m}^3}{\text{s}}\right]$ führen kann. Welche Verbreiterung ist dazu erforderlich (Abb.82)? Zunächst erhält man für Q, wenn die mittlere Geschwindigkeit aus (202) eingesetzt wird,

$$Q = \bar{v}\,F = \frac{87\,F}{1 + \dfrac{\alpha}{\sqrt{r_h}}}\,\sqrt{J\,r_h}\,,$$

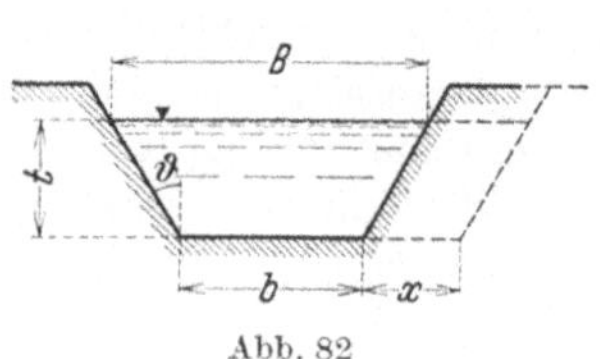

Abb. 82

woraus für das Gefälle folgt

$$J = \frac{Q^2}{87^2\,F^2\,r_h}\left(1 + \frac{\alpha}{\sqrt{r_h}}\right)^2.$$

Nach der Verbreiterung lautet die entsprechende Gleichung

$$J = \frac{Q'^2}{87^2\,F'^2\,r_h'}\left(1 + \frac{\alpha}{\sqrt{r_h'}}\right)^2,$$

und durch Gleichsetzen beider Ausdrücke erhält man

$$\frac{Q^2}{F^2\,r_h}\left(1 + \frac{\alpha}{\sqrt{r_h}}\right)^2 = \frac{Q'^2}{F'^2\,r_h'}\left(1 + \frac{\alpha}{\sqrt{r_h'}}\right)^2.$$

Nun ist

$$F' = F + x\,t = \frac{b+B}{2}\,t + x\,t; \qquad r_h = \frac{F}{U} = \frac{F}{2\dfrac{t}{\cos\vartheta} + b}\,; \qquad r_h' = \frac{F + x\,t}{U + x}\,,$$

womit die vorstehende Gleichung übergeht in

$$\frac{Q}{Q'}\,\frac{F + x\,t}{F} = \frac{r_h}{r_h'}\,\frac{\sqrt{r_h'} + \alpha}{\sqrt{r_h} + \alpha}$$

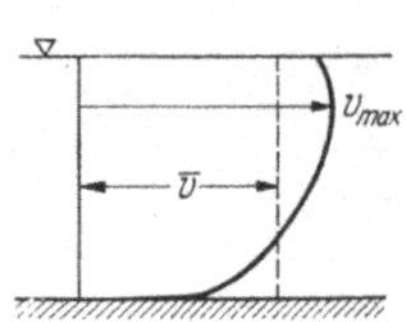

oder nach Einführung der Werte für den Quotienten $\dfrac{r_h}{r_h'}$

$$\frac{Q}{Q'}\,\frac{(F + x\,t)^2}{U + x}\,\frac{U}{F^2} = \frac{\sqrt{r_h'} + \alpha}{\sqrt{r_h} + \alpha}\,. \tag{203}$$

Abb. 83. Geschwindigkeitsverteilung bei turbulenter Gerinneströmung

Setzt man noch

$$\frac{\sqrt{r_h'} + \alpha}{\sqrt{r_h} + \alpha} = \varkappa\,,$$

so läßt sich (203) auf die Form bringen

$$x^2 + x\left(\frac{2F}{t} - \frac{\varkappa F^2}{U\,t^2}\,\frac{Q'}{Q}\right) = \frac{F^2}{t^2}\left(\varkappa\,\frac{Q'}{Q} - 1\right). \tag{204}$$

Die Auflösung dieser Gleichung kann durch Probieren erfolgen, indem man zunächst r_h' abschätzt und damit $\varkappa$ bestimmt. Darauf wird aus (204) x berechnet, womit ein neuer Wert r_h' bzw. $\varkappa$ bestimmt wird, der nun wieder in (204) eingesetzt wird usw., bis das richtige x gefunden ist.

Wesentlich schwieriger als bei Rohrströmungen ist die Aufstellung eines theoretisch einigermaßen begründeten Gesetzes für die *Geschwindigkeitsverteilung* der turbulenten Gerinneströmung, da jetzt nicht mehr die Symmetrieeigenschaften vorhanden sind, welche die Rohrströmung auszeichnen. Es ist einleuchtend, daß diese Verteilung um so unbestimmter ausfällt, je unregelmäßiger die Querschnitte sind. Das Geschwindigkeitsprofil für eine Lotrechte hat etwa die aus Abb. 83 ersichtliche Gestalt. Die maximale Geschwindigkeit liegt in der Regel nicht genau

[1] WITTENBAUER: Aufgaben aus der techn. Mech. Bd. 3 (1911) S. 46.

im Wasserspiegel, wie man eigentlich vermuten könnte, sondern etwas unterhalb desselben, bei rechteckigen Kanälen etwa in ein Fünftel der Kanaltiefe[1]. Bei unsymmetrischen Querschnitten tritt das Maximum auch nicht in der Gerinnemitte auf, sondern mehr oder weniger seitlich verschoben. An der Sohle ist nach genauen Laboratoriumsversuchen die Geschwindigkeit Null. Der Abfall erfolgt allerdings in einer sehr schmalen Randzone so schnell, daß bei praktischen Messungen gewöhnlich eine gewisse Sohlengeschwindigkeit festgestellt wird. Auch von der Mitte nach den seitlichen Wandungen hin nimmt die Geschwindigkeit ab und erreicht am Rande wieder (theoretisch, s. oben) den Wert Null.

Bei Flußläufen ist wegen der bestehenden Unregelmäßigkeiten eine rechnerische Bestimmung der Geschwindigkeitsverteilung so gut wie ausgeschlossen. Man ist hier ausschließlich auf Messungen angewiesen. Zu diesem Zwecke werden u. a. sogenannte *hydrometrische Flügel* verwendet (Abb. 84)[2], bei denen mittels eines Flügelrades durch Betätigung eines Zählwerkes od. dgl. die Wassergeschwindigkeit gemessen wird. Für Laboratoriumsversuche benutzt man gewöhnlich ein PRANDTLsches Staurohr (vgl. S. 49). Hat man auf diese Weise die Wassergeschwindigkeit für eine Anzahl gesetzmäßig festgelegter Punkte des Querschnitts bestimmt, so kann man alle Punkte gleicher Geschwindigkeit miteinan-

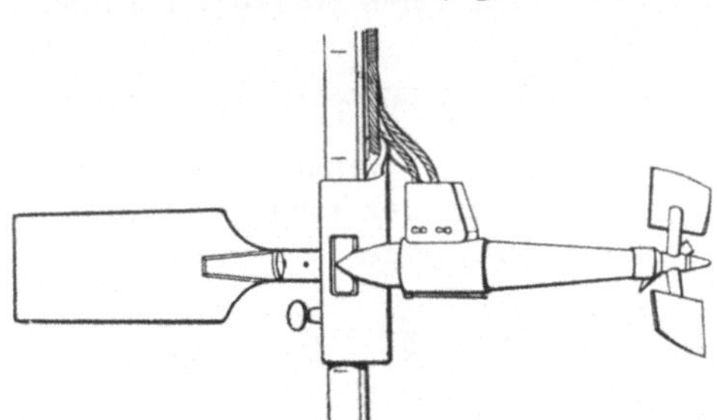

Abb. 84. Hydrometrischer Flügel

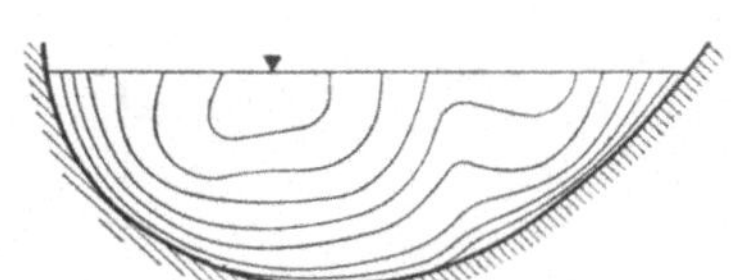

Abb. 85. Isotachen

der verbinden und erhält auf diese Weise eine Anzahl von Kurven, die sogenannten *Isotachen*, welche ein anschauliches Bild der Geschwindigkeitsverteilung liefern (Abb. 85). Besonders leicht läßt sich die Oberflächengeschwindigkeit mit Hilfe von Schwimmern bestimmen. Das Verhältnis der „mittleren" Geschwindigkeit $\bar{v}$ zur größten Oberflächengeschwindigkeit v_0 beträgt bei Flüssen ungefähr $\bar{v}/v_0 = 0{,}7$ bis $0{,}8$. Es nimmt mit wachsender Rauhigkeit ab.

c) Strömende und schießende Bewegung

Der nachfolgenden Betrachtung sei zunächst ein rechteckiges, offenes Gerinne von der Breite b und der Wassertiefe t zugrunde gelegt. Für einen beliebigen Querschnitt dieses Gerinnes sei $\bar{v}$ die „mittlere" Wassergeschwindigkeit. Denkt man sich eine ideelle Stromlinie, der diese Geschwindigkeit $\bar{v}$ entsprechen würde, und ordnet ihr den Druck p zu, so ist, wenn t' den lotrechten Abstand dieser Stromlinie von der Gerinnesohle bezeichnet, die auf die Sohle bezogene „hydraulische Höhe" durch den Ausdruck

$$H = \frac{\bar{v}^2}{2g} + \frac{p}{\gamma} + t'$$

definiert. H stellt dabei die auf die Gewichtseinheit bezogene „Strömungsenergie" dar (vgl. S. 41). Nimmt man nun einen über die Tiefe des Gerinnes statisch verteilten Druck an, so wird mit p_0 als Atmosphärendruck (Abb. 86)

$$p = p_0 + \gamma t'',$$

---

[1] NIKURADSE, J.: Untersuchung über die Geschwindigkeitverteilung in turbulenten Strömungen. VDI-Forsch.-Heft 281 (1926).
[2] Diese Abbildung stellt eine Ausführung der Firma A. Ott, Kempten, dar.

so daß H wegen $t = t' + t''$ übergeht in

$$H = \frac{\bar{v}^2}{2\,g} + \frac{p_0}{\gamma} + t\,.$$

Da für alle Punkte des Spiegels der gleiche atmosphärische Luftdruck p_0 vorhanden ist, so spielt dieser beim Vergleich der hydraulischen Höhen verschiedener Querschnitte keine Rolle und soll deshalb in dem Ausdruck für H weggelassen werden. Es wird also für die Folge einfacher

$$H = \frac{\bar{v}^2}{2\,g} + t \tag{205}$$

geschrieben. Die Endpunkte der für verschiedene aufeinanderfolgende Querschnitte von der Gerinnesohle aus aufgetragenen Höhen H bestimmen einen Linienzug, der in der Hydraulik als *Energielinie* bezeichnet wird. Die Neigung der Energielinie gegen die Horizontale bestimmt die auf die Gerinnelänge l bezogene „Verlusthöhe" h_v der Strömung (Abb. 86), was sofort aus der für nichtideale Flüssigkeiten verallgemeinerten BERNOULLIschen Gl. (102) gefolgert werden kann. Bei *gleichförmiger* Bewegung stimmt das „Gefälle" $J_e = \sin \alpha = \frac{h_v}{l}$

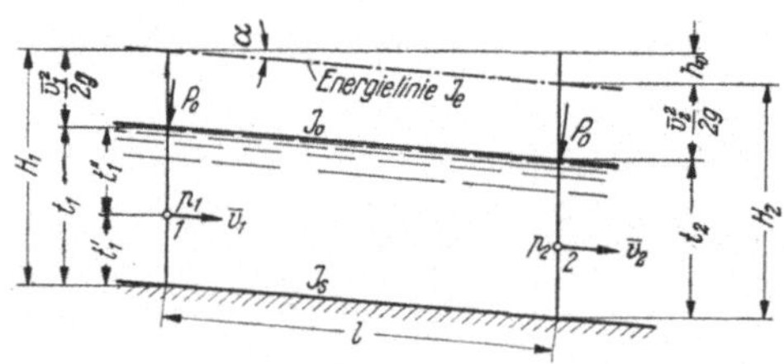

Abb. 86. „Energielinie"

der Energielinie wegen $t_1 = t_2$ und $\bar{v}_1 = \bar{v}_2$ mit demjenigen des Spiegels (J_0) und der Sohle (J_s) überein. Andernfalls wird

$$J_e\, l + \frac{\bar{v}_2^2}{2\,g} = J_0\, l + \frac{\bar{v}_1^2}{2\,g}$$

oder

$$J_e = J_0 + \frac{\bar{v}_1^2 - \bar{v}_2^2}{2\,g\,l}\,.$$

Man erkennt daraus, daß bei *verzögerter* Bewegung ($\bar{v}_2 < \bar{v}_1$) das Gefälle J_e *größer* ist als J_0, bei *beschleunigter* Bewegung ($\bar{v}_2 > \bar{v}_1$) dagegen *kleiner* als J_0*.

Führt man in Gl. (205) das sekundliche Durchflußvolumen $Q = F\bar{v} = bt\,\bar{v}$ ein, so geht diese über in

$$H = \frac{Q^2}{2\,g\,b^2\,t^2} + t\,, \tag{206}$$

woraus mit der Abkürzung

$$k = \frac{Q^2}{2\,g\,b^2} \tag{207}$$

folgt

$$t^3 - H\,t^2 + k = 0\,.$$

Für diese Gleichung dritten Grades existieren drei reelle Wurzeln (casus irreducibilis), von denen eine negativ ist. Den zwei positiven Wurzeln entsprechen bei gleicher Wassermenge Q und gleichem H zwei verschiedene Abflußtiefen t_1 und t_2, und diesen zwei verschiedene Abflußgeschwindigkeiten $\bar{v}_1$ und $\bar{v}_2$. Man unterscheidet danach zwischen „*schießendem Abfluß*" (Wildbäche) — großes $\bar{v}$ bei kleinem t — und „*strömendem Abfluß*" (Flüsse) — kleines $\bar{v}$ bei großem t.

Trägt man $H = \dfrac{t^3 + k}{t^2}$ bei konstant gehaltenem k als Funktion von t auf, so ergibt sich die aus Abb. 87 ersichtliche Kurve, nach der H bei einem Grenzwert

---

* Böss, P.: VDI-Forsch.-Heft 284 (1927).

$t = t_{gr}$ ein Minimum erreicht. Um t_{gr} zu erhalten, differenziere man in (206) H nach t und setzte $\dfrac{dH}{dt} = 0$, also für $t = t_{gr}$

$$0 = 1 - \frac{Q^2}{g\, b^2\, t_{gr}^3}.$$

Daraus ergibt sich die gesuchte Grenztiefe zu

$$t_{gr} = \sqrt[3]{\frac{Q^2}{g\, b^2}}. \tag{208}$$

Die dazugehörige *Grenzgeschwindigkeit* $\bar{v}_{gr}$ erhält man, wenn in (208) $Q = \bar{v}_{gr}\, b\, t_{gr}$ gesetzt und nach $\bar{v}_{gr}$ aufgelöst wird. Das gibt

$$\bar{v}_{gr} = \sqrt{g\, t_{gr}}. \tag{209}$$

Führt man in Gl. (205) den hier berechneten Grenzwert $\bar{v}_{gr}$ ein, so erhält man als Grenzwert der hydraulischen Höhe

$$H_{gr} = H_{\min} = \frac{\bar{v}_{gr}^2}{2\,g} + t_{gr} = \frac{3}{2}\, t_{gr},$$

d. h. das Minimum der Energielinienhöhe (Abb. 87) beträgt 3/2 der Grenztiefe.

Die vorstehenden Überlegungen gelten zunächst nur für *rechteckige* Gerinne. Es bereitet aber — wie EISNER gezeigt hat — grundsätzlich keine Schwierigkeiten, sie auch auf Gerinne von beliebiger Querschnittsform zu erweitern[1].

Eine einfache Beziehung läßt sich noch für das Grenzgefälle J_{gr} ableiten, wenn man Gerinne betrachtet, deren Breite b groß ist gegenüber der Tiefe t. In solchen Fällen kann angenähert $t = r_h$ gesetzt und somit die Grenzgeschwindigkeit nach (209) in der Form $\bar{v}_{gr} = \sqrt{g\, r_{h(gr)}}$ angeschrieben werden. Geht man mit diesem Ausdruck in Gl. (200) ein, so ergibt sich

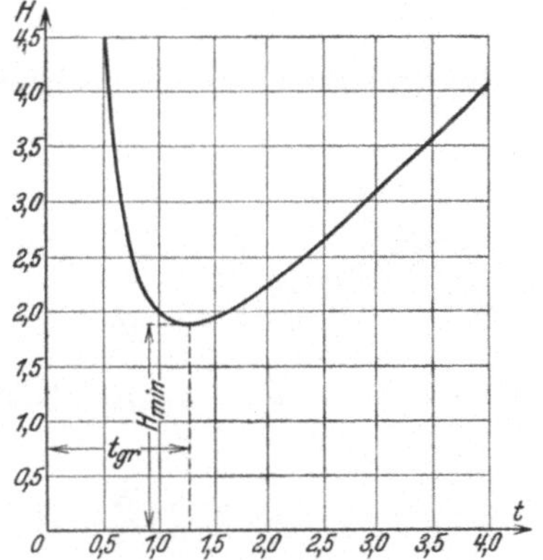

Abb. 87. Energielinienhöhe H in Abhängigkeit von der Gerinnetiefe t

$$g\, r_{h(gr)} = \frac{2\,g}{\psi}\, J_{gr}\, r_{h(gr)}$$

oder

$$J_{gr} = \frac{\psi}{2}.$$

Beim „Schießen" ist $J > J_{gr}$, beim „Strömen" $J < J_{gr}$.

d) Ungleichförmige Bewegung[2]

In einem prismatischen, offenen Gerinne denke man sich durch Einbau eines Hindernisses — etwa eines Wehres — den gleichförmigen Abfluß gestört. Dann muß diese Störung offenbar einen Einfluß auf den Verlauf des Wasserspiegels vor bzw. hinter der Störungsstelle ausüben. Zur Bestimmung dieses Spiegelverlaufs soll zunächst vorausgesetzt werden, daß die jetzt vorhandene ungleichförmige Bewegung *stationär* und *turbulent* sei, was praktisch in der Regel der Fall

---

[1] EISNER, F.: Offene Gerinne, in Handb. d. Experimentalphysik von WIEN u. HARMS, Bd. 4 Teil 4 (1932) S. 293.

[2] Vgl. dazu J. BOUSSINESQ: Mémoires présentés par divers savants Bd. 23, Paris 1877.

sein wird. Weiter sei angenommen, daß die Störung sich gleichmäßig über die ganze Gerinnebreite erstreckt, so daß alle Spiegelpunkte eines Querschnitts die gleiche Erhöhung oder Senkung gegenüber der ungestörten Lage erfahren. Abb. 88 zeigt ein Längenelement ds des Gerinnes, dessen Sohle unter dem (kleinen) Winkel α gegen die Horizontale geneigt sei. Ihr Gefälle ist $J_s = \dfrac{dh}{ds} = \sin\alpha$, wofür man bei kleiner Neigung angenähert setzen kann $J_s \approx \dfrac{dh}{dx}$. Entsprechend wird das Spiegelgefälle mit den Bezeichnungen der Abb. 88

$$J_0 = \frac{y + dh - (y + dy)}{dx} = \frac{dh}{dx} - \frac{dy}{dx} = J_s - \frac{dy}{dx}. \tag{210}$$

Wendet man jetzt auf einen Stromfaden $A - B$ die BERNOULLIsche Gleichung mit Verlustglied an, so wird

$$\frac{p_A}{\gamma} + z_A - \left(\frac{p_B}{\gamma} + z_B\right) = \frac{v_B^2 - v_A^2}{2g} + h_v. \tag{211}$$

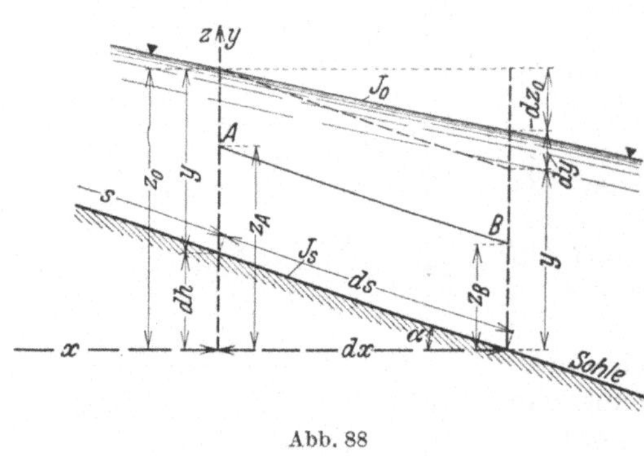

Abb. 88

Unter der Voraussetzung, daß der Druck in jedem Querschnitt statisch verteilt ist (vgl. S. 11) und unter Vernachlässigung einer Krümmung der Stromfäden[1] wird

$$\frac{p_A}{\gamma} + z_A = \frac{p_0}{\gamma} + (y + dh);$$

$$\frac{p_B}{\gamma} + z_B = \frac{p_0}{\gamma} + (y + dy).$$

Damit geht Gl. (211) über in

$$dh - dy = \frac{v_B^2 - v_A^2}{2g} + h_v. \tag{212}$$

An Stelle der Geschwindigkeiten v_A und v_B mögen jetzt die über die Querschnitte genommenen Mittelwerte $\bar{v}$ und $\bar{v} + d\bar{v}$ gesetzt werden. Dann wird

$$\frac{v_B^2 - v_A^2}{2g} = \frac{(\bar{v} + d\bar{v})^2 - \bar{v}^2}{2g}\beta = \frac{2\bar{v}\,d\bar{v}}{2g}\beta = \frac{\beta}{2g}\,d(\bar{v}^2), \tag{213}$$

wenn das Glied $(d\bar{v})^2$ als klein höherer Ordnung vernachlässigt wird und β einen Korrekturfaktor bezeichnet, durch den die ungleichmäßige Verteilung der Geschwindigkeit über den Querschnitt berücksichtigt werden soll. Bei nicht zu stark veränderlichen Strömungen kann $\beta = 1,08$ bis $1,15$ gesetzt werden[2]. Die Verlusthöhe h_v, bezogen auf die Länge dx, kann in ähnlicher Weise wie bei der Rohrströmung in der Form

$$h_v = \frac{\psi\,\bar{v}^2}{2g\,r_h}\,dx \tag{214}$$

angeschrieben werden.

Führt man jetzt die Ausdrücke (213) und (214) in Gl. (212) ein, so geht diese unter Beachtung von (210) über in

$$J_s - \frac{dy}{dx} = \frac{\beta}{2g}\,\frac{d(\bar{v}^2)}{dx} + \frac{\psi\,\bar{v}^2}{2g\,r_h}. \tag{215}$$

---

[1] Wegen einer Berücksichtigung der Stromfadenkrümmung vgl. R. v. MISES: Elemente der technischen Hydromechanik (1914) S. 107ff.

[2] v. MISES, R.: Elemente der technischen Hydromechanik (1914) S. 111.

Nach S. 120 ist das Spiegelgefälle der gleichförmigen Strömung gleich dem Sohlengefälle J_s, weshalb wegen (198) gesetzt werden kann

$$J_s = \frac{\psi_0\,\bar{v}_0^2}{2\,g\,r_{h_0}} = \frac{\psi_0\,\bar{v}_0^2}{2\,g}\,\frac{U_0}{F_0}\,,\tag{216}$$

wobei alle mit dem Index 0 behafteten Größen auf die *gleichförmige* Bewegung (ohne Hindernis) bezogen sein sollen. Da ferner aus Kontinuitätsgründen $\bar{v} = \bar{v}_0\,\dfrac{F_0}{F}$ ist, so wird

$$\bar{v}^2 = \bar{v}_0^2\,\frac{F_0^2}{F^2} \quad \text{und} \quad \frac{d(\bar{v}^2)}{dx} = -\frac{2\,\bar{v}_0^2\,F_0^2}{F^3}\,\frac{dF}{dx}\,,$$

womit (215) übergeht in

$$J_s - \frac{dy}{dx} - \psi\,\frac{\bar{v}_0^2\,F_0^2}{2\,g\,r_h\,F^2} = -\frac{\beta}{g}\,\frac{\bar{v}_0^2\,F_0^2}{F^3}\,\frac{dF}{dx}\,.\tag{217}$$

Nun ist (Abb. 89) $dF = b\,dy$, also $\dfrac{dF}{dx} = b\,\dfrac{dy}{dx}$ und $r_h = \dfrac{F}{U}$, womit (217) auch wie folgt geschrieben werden kann

$$\frac{dy}{dx}\left(F^3 - \frac{\beta}{g}\,\bar{v}_0^2\,F_0^2\,b\right) = J_s\left(F^3 - \psi\,\frac{\bar{v}_0^2\,F_0^2\,U}{2\,g\,J_s}\right).\tag{218}$$

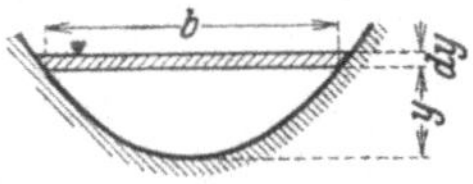

Setzt man weiter

$$\frac{\beta}{g}\,\bar{v}_0^2\,F_0^2\,b = F_0^3\,\frac{b}{b'}\,,$$

wo

$$\frac{1}{b'} = \frac{\beta\,\bar{v}_0^2}{g\,F_0}\tag{219}$$

als gegeben anzusehen ist, und beachtet, daß wegen (216)

$$\frac{\psi\,\bar{v}_0^2\,F_0^2\,U}{2\,g\,J_s} = F_0^3\,\frac{\psi\,U}{\psi_0\,U_0}$$

wird, so erhält man aus (218) einfacher

$$\frac{dy}{dx}\left(F^3 - F_0^3\,\frac{b}{b'}\right) = J_s\left(F^3 - F_0^3\,\frac{\psi\,U}{\psi_0\,U_0}\right)$$

oder

$$\frac{dy}{dx} = J_s\,\frac{F^3 - F_0^3\,\dfrac{\psi\,U}{\psi_0\,U_0}}{F^3 - F_0^3\,\dfrac{b}{b'}}\,.\tag{220}$$

Dies ist die *Differentialgleichung der Spiegelkurve* für prismatische Gerinne bei Vernachlässigung der Stromfadenkrümmung.

Sind F, U und b als Funktionen von y gegeben (bekannte Querschnittsform), so kann bei gegebener Wandrauhigkeit auch ψ durch y ausgedrückt werden [etwa nach Gl. (201)]. Dann läßt sich aus (220) y als Funktion von x darstellen, d. h. die Änderung der Spiegelhöhe an jeder Stelle x berechnen.

Ohne zunächst an die Integration der Gl. (220) für spezielle Fälle heranzugehen, kann man sie doch benutzen, um einige allgemeine Aussagen über den möglichen Verlauf der Spiegelkurve zu machen. Da es sich hier lediglich um grundlegende Betrachtungen handelt, soll der Einfachheit halber ein rechteckiger Querschnitt von konstanter Breite $b = b_0$ angenommen werden, und zwar sei b_0 überall groß gegenüber der Tiefe y. Dann kann $U \approx U_0 \approx b_0$ und $\psi \approx \psi_0$ gesetzt werden.

Außerdem ist $F = b_0 y$ und $F_0 = b_0 y_0$, womit (220) übergeht in

$$\frac{dy}{dx} = J_s \frac{y^3 - y_0^3}{y^3 - y_0^3 \dfrac{\beta \bar{v}_0^2}{g y_0}} = J_s \frac{y^3 - y_0^3}{y^3 - h_0^3}, \tag{221}$$

wenn zur Abkürzung

$$y_0^3 \frac{\beta \bar{v}_0^2}{g y_0} = h_0^3 \tag{222}$$

gesetzt wird. Indem man jetzt den Ausdruck (221) in die Gefällegleichung (210) einführt, erhält man

$$J_0 = J_s \left(1 - \frac{y^3 - y_0^3}{y^3 - h_0^3}\right) = J_s \frac{y_0^3 - h_0^3}{y^3 - h_0^3}. \tag{223}$$

Aus vorstehender Gleichung folgt nun sofort, daß das Spiegelgefälle $J_0 \gtrless 0$ werden kann, je nachdem der Faktor von $J_s \lessgtr 0$ ist. Speziell wird $J_0 = 0$ für $y_0 = h_0$ und $y \lessgtr h_0$.

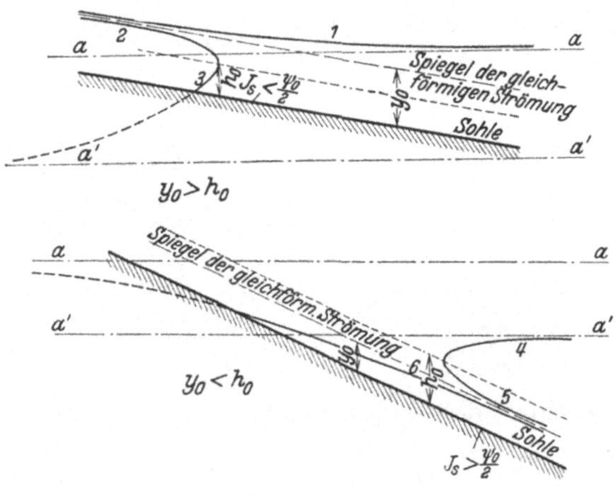

Aus (216) folgt wegen $U_0 \approx b_0$ und $F_0 = b_0 y_0$

$$y_0 = \frac{\psi_0 \bar{v}_0^2}{2 g J_s},$$

womit Gl. (222) — wenn darin angenähert $\beta = 1$ gesetzt wird — auch wie folgt geschrieben werden kann

$$y_0^3 \frac{2 J_s}{\psi_0} = h_0^3.$$

Ist nun $J_s < \dfrac{\psi_0}{2}$, so wird $y_0 > h_0$; dagegen wird $y_0 < h_0$, wenn $J_s > \dfrac{\psi_0}{2}$. Der erste Fall liegt nach den Ausführungen auf S. 121 vor bei *strömendem* Abfluß

Abb. 90. Formen der Spiegelkurve bei „strömendem" und „schießendem" Abfluß

(Flüsse), der zweite dagegen bei *schießendem* (Wildbäche). Diesen beiden Fällen entsprechen voneinander abweichende Spiegelkurven, welche ihrerseits wieder je nach den vorliegenden Störungsursachen der gleichförmigen Bewegung verschiedene Form haben können.

In Abb. 90 sind die den Fällen $y_0 > h_0$ und $y_0 < h_0$ entsprechenden Lösungen der Differentialgleichung (221) generell dargestellt. Hinsichtlich des Kurvenverlaufes lassen sich mit Hilfe von (221) und (223) folgende Aussagen machen, wobei durchweg ein positives Sohlengefälle ($J_s > 0$) vorausgesetzt wird. Zunächst sei noch bemerkt, daß $\dfrac{dy}{dx} = 0$ nach (210) einem Spiegelgefälle J_0 entspricht, das gerade gleich dem Sohlengefälle J_s ist. $\dfrac{dy}{dx} > 0$ bedeutet eine Zunahme von y bzw. eine verzögerte Strömung, $\dfrac{dy}{dx} < 0$ eine Abnahme von y bzw. eine beschleunigte Strömung. Dabei kann das Spiegelgefälle positiv (fallend) oder negativ (steigend) sein. Nach diesen Erläuterungen erkennt man leicht folgende Zusammenhänge für die einzelnen Äste der Spiegelkurven (Abb. 90)

a) $y_0 > h_0$ (Fluß).

         $y > y_0$; $\dfrac{dy}{dx} > 0$ (verzögert); $J_0 > 0$ (Ast *1*).

$$y_0 > y > h_0; \qquad \frac{dy}{dx} < 0 \text{ (beschleunigt)}; \qquad J_0 > 0 \quad \text{(Ast 2)}.$$

$$y < h_0; \qquad \frac{dy}{dx} > 0 \text{ (verzögert)}; \qquad J_0 < 0 \quad \text{(Ast 3)}.$$

b) $\qquad y_0 < h_0$ (Wildbach).

$$y > h_0; \qquad \frac{dy}{dx} > 0 \text{ (verzögert)}; \qquad J_0 < 0 \quad \text{(Ast 4)}.$$

$$h_0 > y > y_0; \qquad \frac{dy}{dx} < 0 \text{ (beschleunigt)}; \qquad J_0 > 0 \quad \text{(Ast 5)}.$$

$$y < y_0; \qquad \frac{dy}{dx} > 0 \text{ (verzögert)}; \qquad J_0 > 0 \quad \text{(Ast 6)}.$$

Für $y = h_0 = y_0 \sqrt[3]{\dfrac{\beta \bar{v}_0^2}{g\, y_0}}$ [Gl. (222)] wird nach (221) $\dfrac{dy}{dx} = \pm \infty$. Es sind dieses die beiden Punkte, in denen die Äste 2 und 3 bzw. 4 und 5 aneinander schließen. Weiter wird nach (223) $J_0 = 0$ für $y = \pm \infty$. Dieser Bedingung entspricht der asymptotische Verlauf der Äste 1 und 3 bzw. 4 und 6 an die Geraden $a - a$ und $a' - a'$. Schließlich stellen auch die Spiegel der gleichförmigen Strömung Asym-

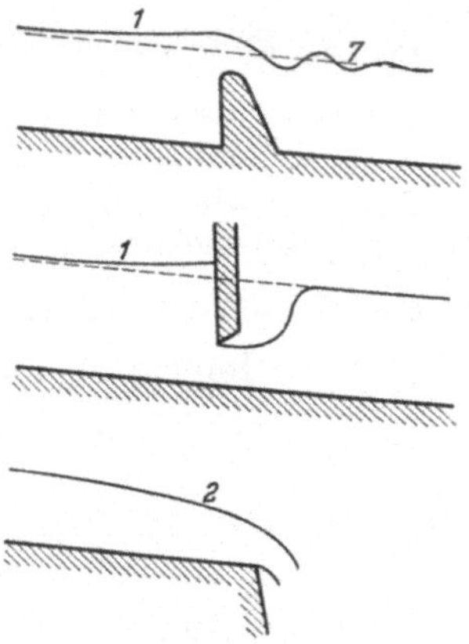

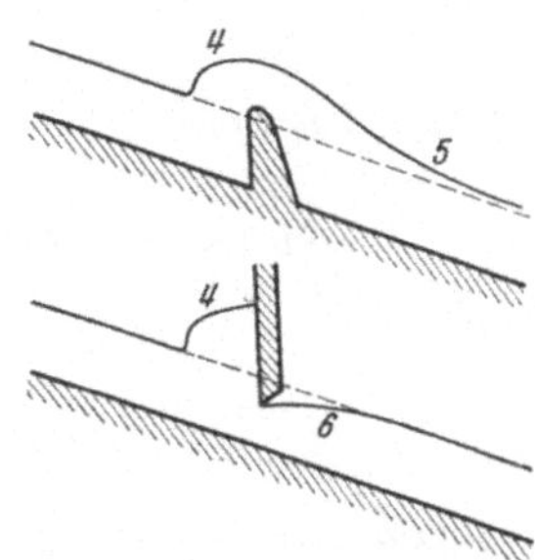

Abb. 91. Verschiedene Spiegelkurven bei „strömender" Bewegung

Abb. 92. Verschiedene Spiegelkurven bei „schießender" Bewegung

ptoten dar, was man durch Integration der Differentialgleichung (221) feststellen kann, indem man diese auf die Form bringt

$$J_s\, dx = dy \left(1 + \frac{y_0^3 - h_0^3}{y^3 - y_0^3}\right) \tag{221a}$$

und beiderseits integriert. Die weitere Rechnung dazu möge hier übergangen werden. Aus Abb. 90 ist ersichtlich, daß die Spiegel der gleichförmigen Bewegung Asymptoten für die Äste 1 und 2 bzw. 5 und 6 sind. Die in Abb. 90 dargestellten theoretischen Formen der Spiegelkurve werden in der Praxis tatsächlich beobachtet. Einige charakteristische Fälle sind in Abb. 91 und 92 angegeben.

Störungen der gleichförmigen Strömung, wie sie im *Wasserbau* besonders häufig vorkommen, werden u. a. verursacht durch Stauwehre, Sohlenstufen, Gefällsknicke, Schütze, Pfeilereinbauten u. dgl. Bei Wildbächen vollzieht sich der Übergang aus der gleichförmigen in die ungleichförmige Bewegung gemäß Abb. 92 kurz oberhalb der Störungsstelle in Gestalt einer nahezu plötzlichen Erhebung des Wasserspiegels, die als *Wassersprung* bezeichnet wird. Derartige Erscheinungen können auch auftreten, wenn sich in der Gerinnesohle ein Knick befindet, und zwar dergestalt, daß oberhalb des Knickes ein größeres Sohlengefälle und damit größere Wassergeschwindigkeit vorhanden ist als unterhalb des Knickes (Abb. 93).

Zur Untersuchung dieses Vorganges kann man den Impulssatz (Ziffer 8) benutzen. Zu diesem Zwecke trenne man den durch die Ebenen $1-1$ und $2-2$ gekennzeichneten Bereich ab, der den Wassersprung enthält, und bestimme (stationäre Strömung vorausgesetzt) den Überschuß des in der Zeiteinheit austretenden über den eintretenden Impuls. Bezeichnen nun b die Breite des als rechteckig angenommenen Gerinnes, $\bar{v}_1$ und $\bar{v}_2$ die mittleren Geschwindigkeiten vor bzw. hinter dem Wassersprung, so ist die zeitliche Impulsänderung $\varrho\, Q(\bar{v}_2 - \bar{v}_1)$, wo $Q = t_1 b\, \bar{v}_1 = t_2 b\, \bar{v}_2$ das sekundliche Durchflußvolumen angibt. Diese Impulsänderung muß gleich der Summe aller in der Bewegungsrichtung auf die abgegrenzte Flüssigkeitsmasse wirkenden äußeren Kräfte sein. Hinsichtlich dieser Kräfte können folgende vereinfachende Annahmen gemacht werden: Die in die Strömungsrichtung fallende Schwerekomponente darf bei der relativ geringen Sohlenneigung vernachlässigt werden. Dasselbe gilt für die am Gerinnerand auf

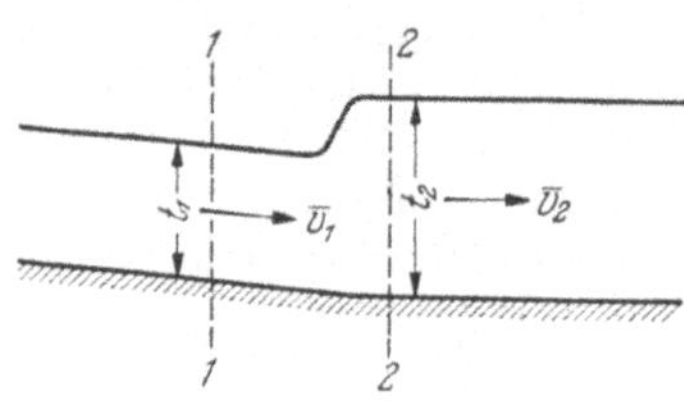
Abb. 93. Wassersprung

das strömende Wasser übertragenen Reibungskräfte, da der Bereich, in dem der Wassersprung auftritt, nur eine geringe Längsausdehnung besitzt. Die Drücke in den Querschnitten $1-1$ und $2-2$ werden nach der Tiefe als „statisch verteilt" angenommen ($p = \gamma z$, wo z vom Spiegel aus nach abwärts gerechnet wird). Dann entfällt auf den Querschnitt $1-1$ die Druckkraft $D_1 = \frac{1}{2}\gamma\, t_1^2\, b$, auf den Querschnitt $2-2\ D_2 = \frac{1}{2}\gamma\, t_2^2\, b$ (S. 19). Mit diesen Kräften liefert der Impulssatz folgende Beziehung

$$\frac{1}{2}\,\gamma\, b\, (t_1^2 - t_2^2) = \varrho\, Q\, (\bar{v}_2 - \bar{v}_1) = \varrho\, t_1 b\, \bar{v}_1 (\bar{v}_2 - \bar{v}_1),$$

woraus wegen $\bar{v}_2 = \bar{v}_1 \dfrac{t_1}{t_2}$ folgt

$$\varrho\, t_1\, \bar{v}_1^2 \left(\frac{t_1}{t_2} - 1\right) = \frac{1}{2}\gamma\, t_2^2 \left(\frac{t_1^2}{t_2^2} - 1\right)$$

oder

$$t_1\, \bar{v}_1^2 = \frac{1}{2}\, g\, t_2^2 \left(\frac{t_1}{t_2} + 1\right). \tag{224}$$

Löst man diese Gleichung nach t_2 auf, so erhält man

$$t_2 = -\frac{t_1}{2} + \sqrt{\frac{t_1^2}{4} + \frac{2\, t_1\, \bar{v}_1^2}{g}}\,. \tag{224a}$$

Bei bekannten Werten t_1 und $\bar{v}_1$ im Zulauf kann also die Tiefe t_2 hinter dem Wassersprung und damit die „Sprunghöhe" $h = t_2 - t_1$ berechnet werden.

Obwohl die Voraussetzungen, welche der Ableitung dieser Gleichung zugrunde liegen, immerhin ziemlich grob sind, steht das gewonnene Ergebnis doch in guter Übereinstimmung mit der Erfahrung[1].

Um festzustellen, unter welcher Bedingung ein solcher Wassersprung überhaupt auftreten kann, setze man in (224) $t_2 = t_1$. Dann wird

$$\bar{v}_1 = \sqrt{g\, t_1} = \bar{v}_{gr}.$$

---

[1] Vgl. dazu K. Safranez: Bauingenieur (1927) S. 898. — O. Flachsbart: Bauingenieur (1929) S. 297.

Solange die Geschwindigkeit $\bar{v}_1$ im Oberlauf — d. h. oberhalb der Störungsstelle — kleiner ist als die *Grenzgeschwindigkeit* $\bar{v}_{gr}$, kann sich ein Sprung nicht einstellen. Wie man sieht, ist dieses gerade der Grenzwert zwischen „strömendem" und „schießendem" Abfluß [vgl. G. (209)]. Die zugehörige „Grenztiefe" ist durch Gl. (208) bestimmt.

Bei größeren Sprunghöhen ist der Wassersprung von einem starken Wirbel, der sogenannten *Deckwalze*, überlagert (Abb. 94), die mit erheblichen Energieverlusten verbunden ist[1].

Von besonderer Bedeutung für die Praxis ist die Bestimmung der *Form des gestauten Wasserspiegels* eines Flusses durch ein Wehr. Allgemein läßt sich dazu in Anlehnung an die weiter oben darüber angestellten Überlegungen sagen, daß die Staukurve für $J_s < \frac{\psi_0}{2}$ (Fluß) im Unterlauf eine horizontale Asymptote besitzt, während sie sich im Oberlauf asymptotisch dem Spiegel der gleichförmigen Bewegung nähert (Abb.90 oben). Theoretisch erstreckt sich demnach der Stau unendlich weit stromauf-

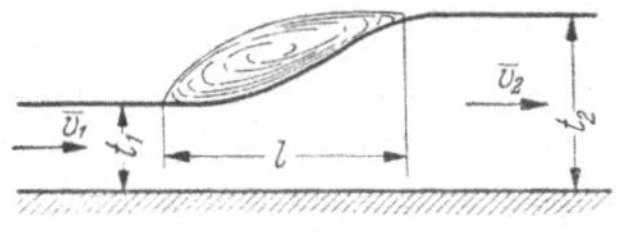

Abb. 94. Wassersprung mit Deckwalze

wärts. Praktisch kann man jedoch sagen, daß er beendet ist, wenn die Höhe y des gehobenen Spiegels diejenige der gleichförmigen Bewegung nur noch um einen geringen Prozentsatz übertrifft. Von dieser Festsetzung hängt die „Stauweite" ab.

Für den rechteckigen Querschnitt von großer Breite kann die Funktion $y = f(x)$ unmittelbar durch Integration der Gl. (221a) gefunden werden. Die dabei auftretende Integrationskonstante läßt sich etwa aus der Bedingung ermitteln, daß man kurz oberhalb des Wehres eine bestimmte Stauhöhe $y = y_1$ vorschreibt und in diese Stelle den Anfangspunkt der x-Achse legt. Die Bedingung $y = y_1$ für $x = 0$ liefert dann die Integrationskonstante.

Bei Querschnitten von nicht rechteckiger Form, welche praktisch die Regel bilden, geht man zweckmäßig von (220) aus, indem man dort die Differentiale durch endliche Längen ersetzt, also

$$\Delta y = J_s \, \frac{F^3 - F_0^3 \, \dfrac{\psi \, U}{\psi_0 \, U_0}}{F^3 - F_0^3 \, \dfrac{b}{b'}} \cdot \Delta x \, . \qquad (225)$$

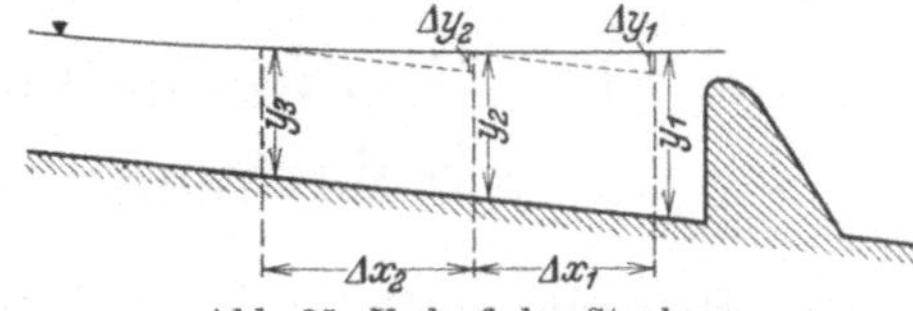

Abb. 95. Verlauf der Staukurve

Dabei sind die Größen J_s, $\bar{v}_0$, F_0, U_0, ψ_0 als gegeben anzusehen, also wegen (219) auch b', ferner die Querschnittsform und die Stauhöhe $y = y_1$ kurz oberhalb des Wehres. Die ohnehin nicht sehr scharf bestimmbare Widerstandsziffer ψ wird man angenähert gleich ψ_0 setzen können, jedoch macht eine genauere Berücksichtigung nach den früheren Angaben [Gl. (201)] keine Schwierigkeit. Man kann nun aus der gegebenen Querschnittsform für $y = y_1$ die zugehörigen Werte F, b, U (gegebenenfalls auch ψ) bestimmen und aus (225) Δy_1 als diejenige Abnahme von y_1 berechnen, die zu einem bestimmten Intervall Δx_1 gehört. Damit ist $y_2 = y_1 - \Delta y_1$ gefunden, und durch wiederholte Anwendung des Verfahrens läßt sich die Staukurve punktweise festlegen (Abb.95). Es liegt auf der Hand, daß das Ergebnis um so genauer ausfällt, je kleiner man die Intervalle Δx wählt, jedoch genügen praktisch meistens schon Intervalle von 100 m und mehr.

Bei *Profiländerungen* des Gerinnes, wie sie etwa durch das Vorhandensein einer Sohlenstufe, durch Pfeilervor- bzw. -einbauten, Querschnittserweiterungen

---

[1] Safranez, K.: Bauingenieur (1930) H. 20.

oder -verengungen u. dgl. entstehen, kann je nach den vorliegenden Umständen die ungleichförmige Bewegung ohne oder mit einem Wechsel der Fließweise (Strömen oder Schießen) vor sich gehen. Einer theoretischen Behandlung solcher Aufgaben, besonders des sogenannten „Pfeilerstaus", stehen i. allg. erhebliche Schwierigkeiten entgegen, da es sich hier um ein Widerstandsproblem handelt, bei dem nicht nur die Flüssigkeitsreibung eine Rolle spielt, sondern auch die Vorgänge an der freien Oberfläche (Wellenwiderstand)[1]. Vielfach kann auch, wie Böss[2] gezeigt hat, die „Energielinie" (vgl. S. 120) mit Vorteil verwendet werden, wenn man sich ein Bild über den ungefähren Verlauf des Wasserspiegels verschaffen will.

Bei den bisherigen Betrachtungen handelte es sich durchweg um Vorgänge, die von der Zeit unabhängig sind (stationäre Bewegungen). Dabei wurde unterschieden zwischen *gleichförmigen* Bewegungen, bei denen die Erscheinungen unabhängig von Zeit und Ort waren, und *ungleichförmigen*, bei denen eine Abhängigkeit vom Orte, d. h. von der Lage des Querschnitts, bestand. Bei den *von der Zeit abhängigen* — nichtstationären — Strömungen ist die theoretische Behandlung der einzelnen Vorgänge wesentlich verwickelter als bei den stationären. Alle an der freien Oberfläche eines Gerinnes beobachtbaren nichtstationären Erscheinungen können im weiteren Sinne als *Wellen* aufgefaßt werden (vgl. S. 175). Hierzu gehören z. B. die kleinen Anschwellungen, welche durch vorübergehende Störung einer an sich stationären Strömung entstehen, sowie die Wasserbewegungen, die sich in Kanälen und Werkgräben beim Öffnen und Schließen von Abschlußorganen ausbilden, und die man gewöhnlich als *Schwall* oder *Sunk* (Hebung bzw. Senkung des Wasserspiegels) bezeichnet. Auch die Frage nach dem Verlauf des Hochwassers in Flüssen sowie des als „Flutwelle" flußaufwärts wandernden Schwalles beim Eindringen der Flut in Flußmündungen u. a. m. gehört in den Gedankenkreis dieser Betrachtungen. Im übrigen muß hier auf die einschlägige Literatur verwiesen werden[3].

II. Allgemeine Theorie der zwei- und dreidimensionalen Strömung

A. Grundbegriffe und Grundgesetze der idealen Strömung

Vorbemerkung

Während in dem vorhergehenden I. Teil gewisse Flüssigkeitsbewegungen lediglich unter dem vereinfachenden Gesichtspunkt eindimensionaler Strömung behandelt wurden, wobei es im wesentlichen auf die Untersuchung der „Hauptbewegung" (etwa in Richtung einer Rohrachse od. dgl.) ankam, sollen jetzt die wichtigsten Gesetze der *allgemeinen* (mehrdimensionalen) Bewegung von Flüssigkeiten besprochen werden. Ihre Darstellung finden diese Gesetze durch partielle Differentialgleichungen, und zwar soll in diesem Buche zu deren Ableitung die

---

[1] Vgl. dazu F. EISNER: Widerstandsmessungen an umströmten Zylindern von Kreis- und Brückenpfeilerquerschnitt (1929).

[2] Böss, P.: Berechnung der Wasserspiegellage. VDI-Forsch.-Heft Nr. 284 (1927).

[3] Vgl. dazu insbesondere PH. FORCHHEIMER: Hydraulik, 3. Aufl. (1930), wo umfangreiche Literaturangaben darüber zu finden sind; ferner R. v. MISES: Elemente der technischen Hydromechanik (1914) S. 201 und W. KAUFMANN: Angew. Hydromechanik Bd. 2 (1934) S. 138. Siehe auch das Literaturzitat 4 von S. 112.

bereits in der Einführung zum dritten Abschnitt angedeutete EULERsche Betrachtungsweise gewählt werden. Die strömende Flüssigkeit wird dabei zunächst wieder als *ideal* vorausgesetzt, d.h. als *reibungsfrei* und *raumbeständig* angesehen.

1. Kontinuitätsgleichung. Satz von Gauß

Die Kontinuitätsgleichung der idealen Flüssigkeit ist die mathematische Formulierung der Bedingung, daß durch die Begrenzungsflächen eines Raumelements im Innern der Flüssigkeit in einer bestimmten Zeit nicht mehr Flüssigkeit eintreten kann, als in der gleichen Zeit aus dem Element austritt. Zur Ableitung dieser Gleichung denke man sich ein unendlich kleines Flüssigkeitsteilchen von den Kantenlängen dx, dy, dz abgegrenzt (Abb. 96), dessen Lage in bezug auf ein rechtwinkliges Achsenkreuz durch die Koordinaten x, y, z gegeben sei. Bezeichnen nun u, v, w die Komponenten des Geschwindigkeitsvektors $\mathfrak{v}$ in Richtung der Koordinatenachsen, so tritt in der Zeiteinheit durch die untere Quaderfläche (in Richtung der z-Achse) die Flüssigkeitsmenge $w\,dx\,dy$ ein, während durch die obere Fläche die Menge

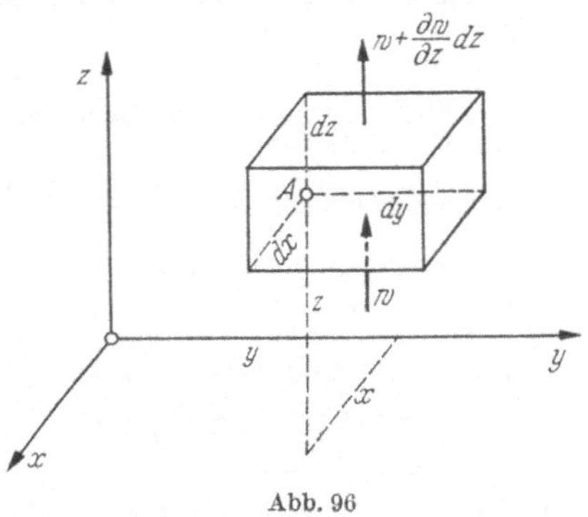
Abb. 96

$\left(w + \dfrac{\partial w}{\partial z}\,dz\right) dx\,dy$ austritt. Der Überschuß der in der z-Richtung aus dem Teilchen austretenden über die eintretende Flüssigkeitsmenge beträgt also $\dfrac{\partial w}{\partial z}\,dx\,dy\,dz$.

Da bei dreidimensionaler Bewegung entsprechende Beiträge in den übrigen beiden Achsrichtungen auftreten, so erhält man als Gesamtüberschuß des Austritts über den Eintritt

$$\left(\frac{\partial u}{\partial x} + \frac{\partial v}{\partial y} + \frac{\partial w}{\partial z}\right) dx\,dy\,dz\,.$$

Unter der hier getroffenen Voraussetzung der *Raumbeständigkeit* kann ein solcher Überschuß jedoch nicht auftreten, es muß also ein

$$\frac{\partial u}{\partial x} + \frac{\partial v}{\partial y} + \frac{\partial w}{\partial z} = 0\,. \tag{226}$$

Dies ist der *Ausdruck der Kontinuität*.

Die linke Seite der vorstehenden Gleichung ist offenbar von der Wahl des in Abb. 96 eingeführten Koordinatensystems vollkommen unabhängig, ist also eine *invariante* Größe. In der Vektorsprache nennt man die skalare Summe der drei partiellen Differentialquotienten in (226) die *Divergenz* des Vektors $\mathfrak{v}$ und schreibt dafür

$$\operatorname{div}\mathfrak{v} = \frac{\partial u}{\partial x} + \frac{\partial v}{\partial y} + \frac{\partial w}{\partial z}\,, \tag{227}$$

so daß die Kontinuitätsgleichung in vektorieller Schreibweise lautet

$$\operatorname{div}\mathfrak{v} = 0\,. \tag{226a}$$

In dem betrachteten Flüssigkeitsbereich denke man sich einen endlichen, geschlossenen Raum R abgegrenzt. Bezeichnet $\mathfrak{e}$ den Einheitsvektor der positiv nach außen angenommenen Normalen zu einem Oberflächenelement dF dieses Raumes, so stellt $\mathfrak{v}\,\mathfrak{e}\,dF = \mathfrak{v}\,d\mathfrak{F}$ das durch dieses Element in der Zeiteinheit austretende Flüssigkeitsvolumen, auch kurz als *Fluß* bezeichnet, dar. Demnach ist

$$\int\limits_{(O)} \mathfrak{v}\,d\mathfrak{F} = \int\limits_{(O)} (u\cos\alpha + v\cos\beta + w\cos\gamma)\,dF$$

der Fluß durch die gesamte Oberfläche O des Raumes R, wenn α, β, γ die Richtungswinkel der Flächennormalen gegen die Koordinatenachsen bezeichnen. Im Falle konstanter Dichte ϱ (raumbeständige Flüssigkeit) ist der Überschuß des aus einem Raumelement $dx\,dy\,dz$ in der Zeiteinheit austretenden Flüssigkeitsvolumens über das eintretende nach dem oben darüber Gesagten $\left(\dfrac{\partial u}{\partial x} + \dfrac{\partial v}{\partial y} + \dfrac{\partial w}{\partial z}\right) dx\,dy\,dz$. Es muß also sein

$$\int\limits_{(O)} \mathfrak{v}\, d\mathfrak{F} = \iiint\limits_{(R)} \left(\frac{\partial u}{\partial x} + \frac{\partial v}{\partial y} + \frac{\partial w}{\partial z}\right) dx\,dy\,dz\,,$$

wobei rechts die Integration über den gesamten Raum R zu erstrecken ist. Mit $dx\,dy\,dz = dV$ kann man dafür unter Beachtung von (227) einfacher schreiben

$$\int\limits_{(O)} \mathfrak{v}\, d\mathfrak{F} = \int\limits_{(R)} \operatorname{div} \mathfrak{v}\, dV\,.$$

Die vorstehende Gleichung wird als *Gaußscher Integralsatz* bezeichnet. Aus ihm folgt für raumbeständige Flüssigkeit wegen (226a)

$$\int\limits_{(O)} \mathfrak{v}\, d\mathfrak{F} = 0\,,$$

d. h. der „Fluß" durch die Oberfläche des abgegrenzten Raumes R ist gleich Null. Wendet man diesen Satz auf ein von zwei Querschnitten begrenztes Stück eines Stromfadens an (vgl. Abb. 31), so erhält man sofort — wie bereits früher gezeigt wurde —

$$|\,\mathfrak{v}\,|\, F = \text{const}\,,$$

da durch den Mantel des Stromfadens Flüssigkeit weder ein- noch austreten kann. Aus dieser Tatsache kann weiter gefolgert werden, daß in einer endlich begrenzten raumbeständigen Flüssigkeit ein Stromfaden — und demnach auch eine Stromlinie — weder beginnen noch enden kann, wohl aber kann sie in sich zurücklaufen.

Trifft die Voraussetzung der Raumbeständigkeit nicht zu, so nimmt die Kontinuitätsgleichung eine von (226) etwas abweichende Form an. Man gelangt dazu, indem man jetzt die Forderung nach *Erhaltung der Masse* aufstellt. Durch die untere Quaderfläche der Abb. 96 tritt im Zeitelement dt die Masse $\varrho w\,dx\,dy\,dt$ ein, wenn ϱ wieder die Dichte der Flüssigkeit bezeichnet, während oben die Masse $\left(\varrho w + \dfrac{\partial(\varrho w)}{\partial z}\,dz\right) dx\,dy\,dt$ austritt. Entsprechende Ausdrücke gelten für die x- und y-Richtung. Der Überschuß an austretender Masse aus dem Element $dx\,dy\,dz$ während der Zeit dt über die eintretende Masse ist also

$$\left[\frac{\partial(\varrho u)}{\partial x} + \frac{\partial(\varrho v)}{\partial y} + \frac{\partial(\varrho w)}{\partial z}\right] dx\,dy\,dz\,dt\,.$$

Während der gleichen Zeit findet in dem betrachteten Element infolge Dichteänderung eine Massenabnahme $-\dfrac{\partial \varrho}{\partial t}\,dt\,dx\,dy\,dz$ statt. Da beide Ausdrücke nach dem Prinzip von der Erhaltung der Masse einander gleich sein müssen, folgt als Kontinuitätsgleichung der *kompressiblen* (nicht raumbeständigen) Flüssigkeit

$$\frac{\partial \varrho}{\partial t} + \frac{\partial(\varrho u)}{\partial x} + \frac{\partial(\varrho v)}{\partial y} + \frac{\partial(\varrho w)}{\partial z} = 0 \qquad\qquad (228)$$

oder

$$\frac{\partial \varrho}{\partial t} + \operatorname{div}(\varrho\,\mathfrak{v}) = 0\,. \qquad\qquad (228\text{a})$$

Mit $\varrho = \text{const}$ geht (228) wieder in die speziellere Gl. (226) der raumbeständigen Flüssigkeit über.

2. Die Eulerschen Bewegungsgleichungen

Zur Aufstellung der Bewegungsgleichungen in der EULERschen Form betrachte man wieder ein Massenelement von den Kantenlängen dx, dy, dz, das sich augenblicklich im Raumpunkte $A\,(x,\,y,\,z)$ befindet. Die auf dieses Element wirkenden

Kräfte bestehen aus Massenkräften und den Normaldrücken der umgebenden Flüssigkeit, wenn von Flüssigkeitsreibung zunächst abgesehen wird. Es sind dies die gleichen Kräfte, die bereits bei der Ableitung der Gleichgewichtsbedingungen im zweiten Abschnitt, Ziffer 1, eingeführt wurden. Sie liefern z. B. in der z-Richtung gemäß Abb. 3 die resultierende Kraft

$$Z\,dm - \frac{\partial p}{\partial z}\,dz\,dx\,dy\,,$$

wo Z *die auf die Masseneinheit bezogene Komponente der Massenkraft,* $p = p(x, y, z)$ der Druck am Orte A und $dm = \varrho\,dx\,dy\,dz$ ist. Entsprechende Kräfte wirken in den beiden anderen Koordinatenrichtungen. Auf das betrachtete Flüssigkeitsteilchen wende man nun die Newtonschen Kraftgleichungen an und erhält mit $\frac{du}{dt}, \frac{dv}{dt}$ und $\frac{dw}{dt}$ als *substantiellen* Beschleunigungen in Richtung der x, y, z-Achse nach Division durch die Masse dm

$$\left. \begin{aligned} X - \frac{1}{\varrho}\frac{\partial p}{\partial x} &= \frac{du}{dt}, \\[4pt] Y - \frac{1}{\varrho}\frac{\partial p}{\partial y} &= \frac{dv}{dt}, \\[4pt] Z - \frac{1}{\varrho}\frac{\partial p}{\partial z} &= \frac{dw}{dt}. \end{aligned} \right\} \tag{229}$$

Setzt man hier die Beschleunigungen gemäß Gl. (60) ein, so folgen daraus die *Eulerschen Bewegungsgleichungen*

$$\left. \begin{aligned} u\frac{\partial u}{\partial x} + v\frac{\partial u}{\partial y} + w\frac{\partial u}{\partial z} + \frac{\partial u}{\partial t} &= X - \frac{1}{\varrho}\frac{\partial p}{\partial x}, \\[4pt] u\frac{\partial v}{\partial x} + v\frac{\partial v}{\partial y} + w\frac{\partial v}{\partial z} + \frac{\partial v}{\partial t} &= Y - \frac{1}{\varrho}\frac{\partial p}{\partial y}, \\[4pt] u\frac{\partial w}{\partial x} + v\frac{\partial w}{\partial y} + w\frac{\partial w}{\partial z} + \frac{\partial w}{\partial t} &= Z - \frac{1}{\varrho}\frac{\partial p}{\partial z}. \end{aligned} \right\} \tag{230}$$

Die Gln. (226) und (230) genügen in Verbindung mit den Randbedingungen der Aufgabe zur Bestimmung der vier Unbekannten u, v, w, p.

Bei den technisch wichtigen Strömungen liegen die Verhältnisse i. allg. so, daß gewisse feste oder bewegte Wände gegeben sind, längs denen die Strömung vor sich gehen soll, und mitunter auch freie Oberflächen, in denen der Druck vorgegeben ist. Als Rand- oder Grenzbedingungen kommen somit die folgenden in Betracht: Da die strömende Flüssigkeit nicht in die Wand eindringen kann (poröse Wände sollen hier ausgeschlossen sein), so muß an einer *ruhenden* Wand die zur Wandrichtung normale Geschwindigkeitskomponente verschwinden, dagegen an einer *bewegten* Wand gleich der entsprechenden Komponente der Wandgeschwindigkeit sein. (Tangential zur Wand kann sich die *ideale* Flüssigkeit bewegen!) An einer freien Oberfläche — worunter im folgenden i. allg. eine an die Luft grenzende Flüssigkeitsoberfläche verstanden wird — muß der Flüssigkeitsdruck aus Stetigkeitsgründen gleich dem auf diese Fläche wirkenden äußeren Druck sein, i. allg. also gleich dem Atmosphärendruck p_0.

Unter Beachtung der Ausführungen auf S. 10 können die drei Komponentengleichungen (229) durch die Vektorgleichung

$$\mathfrak{K} - \frac{1}{\varrho}\operatorname{grad} p = \frac{d\mathfrak{v}}{dt} \tag{229a}$$

ersetzt werden, wo $\mathfrak{K}$ die auf die Masseneinheit bezogene Massenkraft ist. Lassen sich ferner die Massenkräfte aus einem Potential U ableiten (vgl. S. 9), dergestalt, daß

$$X = -\frac{\partial U}{\partial x}; \qquad Y = -\frac{\partial U}{\partial y}; \qquad Z = -\frac{\partial U}{\partial z} \tag{231}$$

ist, was z. B. immer zutrifft, wenn es sich um Schwerkräfte handelt, so wird

$$\mathfrak{K} = \mathfrak{i}\, X + \mathfrak{j}\, Y + \mathfrak{k}\, Z = -\left(\mathfrak{i}\,\frac{\partial U}{\partial x} + \mathfrak{j}\,\frac{\partial U}{\partial y} + \mathfrak{k}\,\frac{\partial U}{\partial z}\right) = -\operatorname{grad} U, \tag{231a}$$

womit (229a) übergeht in

$$\frac{d\mathfrak{v}}{dt} + \frac{1}{\varrho}\operatorname{grad} p + \operatorname{grad} U = 0\,\text{*}.$$

3. Wirbelbewegung und wirbelfreie Bewegung

Für die Folge ist die Feststellung von Bedeutung, daß die Bewegungen idealer Flüssigkeiten sich in zwei Hauptklassen einteilen lassen, die sich sowohl im physikalischen Sinne als auch hinsichtlich ihrer mathematischen Behandlung wesentlich voneinander unterscheiden. Es sind dieses sogenannte *Wirbelbewegungen* und *wirbelfreie* oder *Potentialbewegungen*.

Zwecks Ableitung der für diese beiden Strömungsarten kennzeichnenden Merkmale betrachte man zunächst in einer *ebenen* Strömung einen kleinen Bereich der bewegten Flüssigkeit um den beliebigen Punkt $O\,(x,\,y)$, der augenblicklich die Geschwindigkeit $\mathfrak{v}\,(x,\,y)$ haben möge. Zur gleichen Zeit besitzt der in dem kleinen Abstand $d\mathfrak{r}$ von O befindliche Punkt O' die Geschwindigkeit

$$\mathfrak{v}' = \mathfrak{v} + d\mathfrak{v}$$

mit den Komponenten

$$\left.\begin{aligned} u' &= u + \frac{\partial u}{\partial x}\,dx + \frac{\partial u}{\partial y}\,dy, \\[2mm] v' &= v + \frac{\partial v}{\partial x}\,dx + \frac{\partial v}{\partial y}\,dy. \end{aligned}\right\} \tag{232}$$

Setzt man hier zur Abkürzung

$$a = \frac{\partial u}{\partial x}; \qquad b = \frac{\partial v}{\partial y}; \qquad c = \frac{1}{2}\left(\frac{\partial v}{\partial x} + \frac{\partial u}{\partial y}\right) \tag{233}$$

und

$$\zeta = \frac{1}{2}\left(\frac{\partial v}{\partial x} - \frac{\partial u}{\partial y}\right), \tag{234}$$

so können die Gln. (232) in leicht ersichtlicher Weise auch wie folgt geschrieben werden:

$$\left.\begin{aligned} u' &= u + a\,dx + c\,dy - \zeta\,dy, \\[2mm] v' &= v + b\,dy + c\,dx + \zeta\,dx. \end{aligned}\right\} \tag{235}$$

Um die mechanische Bedeutung der einzelnen Glieder des vorstehenden Ausdruckes beurteilen zu können, stelle man sich ein rechteckiges Flüssigkeitsteilchen vor, dessen einer Eckpunkt der Punkt O und dessen gegenüberliegender Eckpunkt O' sei (Abb. 97). Dann geben offenbar u und v die Komponenten der Translationsgeschwindigkeit an ($a = b = c = \zeta = 0$), drücken also eine *Parallelverschiebung* des Teilchens ohne Formänderung aus. Die Glieder $a\,dx$ und $b\,dy$ stellen wegen (233) zunächst die Änderung der Geschwindigkeit auf den Wegen dx bzw. dy dar. Da aber Geschwindigkeit gleich Weg pro Zeiteinheit ist, so geben $a\,dx$ und $b\,dy$ die zeitlichen Änderungen der Kantenlängen des betrachteten

---

* Vgl. hierzu auch S. 140.

Teilchens in den beiden Koordinatenrichtungen an. Aus Abb. 97 liest man weiter die Beziehungen

$$\gamma_1 = \frac{\partial v}{\partial x}; \quad \gamma_2 = \frac{\partial u}{\partial y} \tag{236}$$

ab, so daß wegen (233)

$$\gamma_1 + \gamma_2 = \frac{\partial v}{\partial x} + \frac{\partial u}{\partial y} = 2\,c \tag{236a}$$

die Änderung des ursprünglich rechten Kantenwinkels des Teilchens am Orte $O\,(x,\,y)$ bestimmt. Die mit a, b, c behafteten Glieder der Gln. (235) beschreiben also zusammen eine *Deformation* des Teilchens.

Denkt man sich dieses vorübergehend erstarrt, setzt also $a = b = c = 0$, dann müßte wegen (233) $\frac{\partial v}{\partial x} = -\frac{\partial u}{\partial y}$ sein, oder wegen (236) $\gamma_1 = -\gamma_2$. Das bedeutet aber noch nicht, daß deshalb auch ζ verschwindet. Vielmehr ergibt sich aus (234) und (236) in diesem Falle

$$2\,\zeta = \gamma_1 - \gamma_2 = 2\,\gamma_1\,.$$

Das Teilchen erfährt dabei offenbar eine Drehung um eine der z-Richtung parallele, durch O gehende Momentanachse. Beachtet man, daß der Winkel γ_1 die Dimension $\left[\frac{1}{s}\right]$ hat, also eine Winkeländerung pro Zeiteinheit, d. h. eine Winkelgeschwindigkeit darstellt, so ist $\zeta = \gamma_1 = \frac{1}{2}\left(\frac{\partial v}{\partial x} - \frac{\partial u}{\partial y}\right)$ identisch mit der

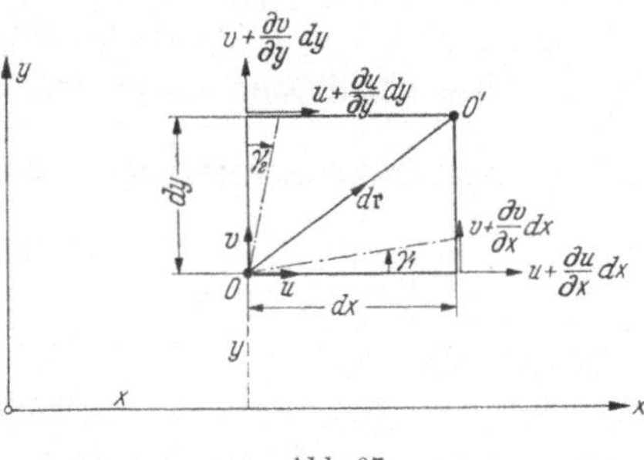

Abb. 97

Winkelgeschwindigkeit, mit der sich das erstarrte Teilchen um die der z-Achse parallele Achse O dreht.

Die hier zunächst auf *ebene* Bewegung beschränkte Untersuchung über den augenblicklichen Bewegungszustand läßt sich in ganz analoger Weise auch auf den dreidimensionalen Fall erweitern. Als Ergebnis dieser Betrachtung findet man, daß sich die allgemeinste Bewegung eines Flüssigkeitsteilchens aus einer *Translation*, einer *Deformation* und einer *Rotation* darstellen läßt[1]. Dabei treten bei der *räumlichen* Bewegung zu dem *einen* Drehungsglied (234) noch zwei analoge Ausdrücke für die beiden anderen Drehachsen, so daß in diesem Falle die gesamte Drehung durch die Größen

$$\left.\begin{aligned} \xi &= \frac{1}{2}\left(\frac{\partial w}{\partial y} - \frac{\partial v}{\partial z}\right), \\[2mm] \eta &= \frac{1}{2}\left(\frac{\partial u}{\partial z} - \frac{\partial w}{\partial x}\right), \\[2mm] \zeta &= \frac{1}{2}\left(\frac{\partial v}{\partial x} - \frac{\partial u}{\partial y}\right) \end{aligned}\right\} \tag{237}$$

beschrieben wird. Eine Flüssigkeitsbewegung, bei der die Ausdrücke ξ, η, ζ (oder wenigstens einer von ihnen) einen von Null verschiedenen Wert haben, wird als *Wirbelbewegung* bezeichnet. Der Vektor

$$\mathfrak{u} = \mathfrak{i}\,\xi + \mathfrak{j}\,\eta + \mathfrak{k}\,\zeta \tag{237a}$$

heißt *Wirbelvektor*; ξ, η, ζ sind seine Komponenten nach den drei Koordinatenachsen x, y, z, während $\mathfrak{i}, \mathfrak{j}, \mathfrak{k}$ die „Einheitsvektoren" in Richtung dieser Achsen bezeichnen. In der Vektoranalysis heißt der Vektor $2\,\mathfrak{u}$, dessen Komponenten

---

[1] HELMHOLTZ, H.: Crelles J. Bd. 55 (1858) S. 25.

$2\,\xi,\,2\,\eta,\,2\,\zeta$ sind, der *Rotor* von $\mathfrak{v}$, symbolisch geschrieben rot $\mathfrak{v}$*, so daß der Wirbelvektor $\mathfrak{u}$ und der Geschwindigkeitsvektor $\mathfrak{v}$ durch die Beziehung

$$\mathfrak{u} = \frac{1}{2}\,\text{rot}\,\mathfrak{v} \tag{238}$$

miteinander verknüpft sind. Die Richtung des Vektors $\mathfrak{u}$ ist durch die momentane Drehachse des Teilchens bestimmt, seine Größe ist

$$|\mathfrak{u}| = \sqrt{\xi^2 + \eta^2 + \zeta^2}\,.$$

Eine Flüssigkeitsbewegung, für welche in dem betrachteten Gebiet der Wirbelvektor $\mathfrak{u}$ bzw. seine Komponenten ξ, η, ζ überall verschwinden, für die also nach (237)

$$\frac{\partial w}{\partial y} - \frac{\partial v}{\partial z} = 0;\qquad \frac{\partial u}{\partial z} - \frac{\partial w}{\partial x} = 0;\qquad \frac{\partial v}{\partial x} - \frac{\partial u}{\partial y} = 0 \tag{239}$$

ist, heißt *wirbel-* oder *drehungsfrei*. Aus (239) folgt, daß sich in diesem Falle die Geschwindigkeiten u, v, w als die partiellen Ableitungen einer Funktion $\varphi\,(x, y, z, t)$ nach den Ortskoordinaten darstellen lassen, nämlich

$$u = \frac{\partial \varphi}{\partial x};\qquad v = \frac{\partial \varphi}{\partial y};\qquad w = \frac{\partial \varphi}{\partial z}, \tag{240}$$

wovon man sich durch Einsetzen von u, v, w in Gl. (239) sofort überzeugt. An Stelle der drei Bedingungen (240) kann man einfacher auch schreiben

$$\mathfrak{v} = \text{grad}\,\varphi, \tag{240a}$$

da die vektorielle Summe der drei Differentialquotienten der „Gradient" von φ ist. Die Funktion φ heißt das *Geschwindigkeitspotential*, im Falle *stationärer* Strömung ist es von der Zeit unabhängig und damit eine reine Ortsfunktion[1].

Führt man die Werte für u, v, w aus (240) in die *Kontinuitätsgleichung* (226) der raumbeständigen Flüssigkeit ein, so lautet diese für *wirbelfreie* Strömungen

$$\frac{\partial^2 \varphi}{\partial x^2} + \frac{\partial^2 \varphi}{\partial y^2} + \frac{\partial^2 \varphi}{\partial z^2} \equiv \Delta\varphi = 0\,. \tag{241}$$

Darin stellt Δ den LAPLACEschen Operator dar, weshalb man die Kontinuitätsgleichung (241) auch als LAPLACEsche Gleichung bezeichnet. Da, wie gezeigt, bei wirbelfreien Strömungen die Geschwindigkeit $\mathfrak{v}$ aus einem Potentiale φ abgeleitet werden kann, nennt man derartige Bewegungen gewöhnlich *Potentialströmungen*.

4. Zirkulation. Satz von Thomson

Eine in Bewegung befindliche ideale Flüssigkeit erfülle vollständig einen in bestimmter Weise begrenzten Raum. Die augenblickliche Geschwindigkeit $\mathfrak{v}$ sei an jeder Stelle des Raumes bekannt. Man verbinde nun zwei in diesem Raume liegende Punkte A und B durch eine beliebige Kurve, bilde für jedes Linienelement $d\mathfrak{s}$ das innere Produkt $\mathfrak{v}\,d\mathfrak{s}$ (Abb. 98) und integriere (bei festgehaltener Zeit) über die ganze Kurve $A\,B$. Das so entstehende *Linienintegral* von $\mathfrak{v}$ heißt die „Strömung" längs des Weges $A\,B$. Es ist (wie jedes innere Produkt) ein Skalar und hat den Wert

$$\int\limits_{A}^{B} \mathfrak{v}\,d\mathfrak{s} = \int\limits_{A}^{B} (u\,dx + v\,dy + w\,dz)\,,$$

---

* Allgemein ist rot $\mathfrak{A} = \mathfrak{i}\left(\dfrac{\partial A_z}{\partial y} - \dfrac{\partial A_y}{\partial z}\right) + \mathfrak{j}\left(\dfrac{\partial A_x}{\partial z} - \dfrac{\partial A_z}{\partial x}\right) + \mathfrak{k}\left(\dfrac{\partial A_y}{\partial x} - \dfrac{\partial A_x}{\partial y}\right).$

[1] Verschiedene Autoren, z. B. A. SOMMERFELD [Vorl. über theoret. Physik Bd. 2 (1945) S. 84], setzen an Stelle von φ den Wert $-\varphi$, in Analogie zum Kräftepotential (s. oben).

wenn dx, dy, dz die Komponenten von $d\mathfrak{s}$ sind. Fällt der Endpunkt der Kurve AB mit dem Anfangspunkt zusammen, bildet also AB eine *geschlossene Linie* innerhalb des betrachteten Flüssigkeitsbereiches, so heißt das obige Linienintegral von $\mathfrak{v}$, nämlich

$$\Gamma = \oint \mathfrak{v}\, d\mathfrak{s} = \oint (u\, dx + v\, dy + w\, dz)\,, \tag{242}$$

die *Zirkulation* längs der geschlossenen Linie.

Ist die betrachtete Strömung *wirbelfrei*, d. h. lassen sich die Geschwindigkeitskomponenten u, v, w aus einem Potentiale φ ableiten, dann wird wegen (240)

$$\int\limits_A^B (u\, dx + v\, dy + w\, dz) = \int\limits_A^B \left(\frac{\partial \varphi}{\partial x}\, dx + \frac{\partial \varphi}{\partial y}\, dy + \frac{\partial \varphi}{\partial z}\, dz\right) = \varphi_B - \varphi_A\,, \tag{243}$$

d. h. gleich der Differenz der Werte, welche die Funktion φ in den Punkten B und A besitzt. Die „Strömung" zwischen A und B ist also unabhängig vom Integrationswege und eindeutig bestimmt, sofern φ selbst innerhalb des betrachteten Gebietes einwertig und endlich ist.

Es sei jetzt wieder eine *geschlossene* Linie betrachtet, für die jedoch insofern eine Einschränkung gemacht werden soll, als der Flüssigkeitsbereich, in dem sie liegt, einen *einfach zusammenhängenden Raum* bilden möge. Mit andern Worten heißt das: die geschlossene Linie soll nur Flüssigkeit umschließen. Man kann sie sich also auf jeden Punkt des von ihr eingeschlossenen Gebietes zusammengezogen denken, ohne daß sie dabei dieses Gebiet verläßt (im Gegensatz etwa zur Strömung um einen Kreiszylinder, bei

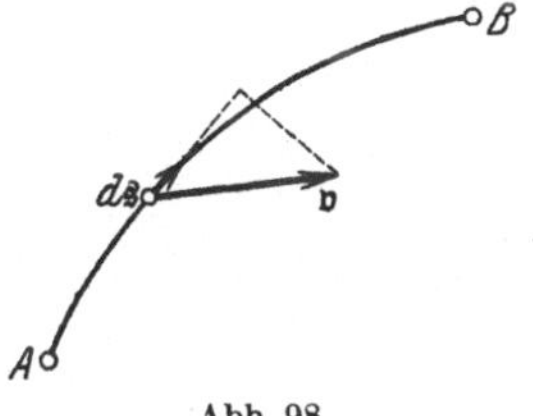

Abb. 98

dem man geschlossene Linien zeichnen kann, die außer Flüssigkeit auch den Zylinder umschließen). Bildet man nun die Zirkulation längs der geschlossenen Linie in einer *wirbelfreien* Strömung, dann muß nach (243)

$$\Gamma = \oint \mathfrak{v}\, d\mathfrak{s} = 0$$

sein, da wegen des Zusammenfallens der Punkte A und B die Differenz $\varphi_A - \varphi_B$ verschwindet. Es ergibt sich also der wichtige Satz: *In einem einfach zusammenhängenden Raume, in dem überall Potentialströmung herrscht, ist die Zirkulation längs jeder geschlossenen Linie gleich Null.*

Um den Unterschied zwischen wirbelbehafteter und wirbelfreier Strömung an einem einfachen Beispiel zu erläutern, sei jetzt ein Flüssigkeitsgebiet betrachtet, das sich wie ein starrer Körper mit der Winkelgeschwindigkeit ω um eine zur Bildebene lotrechte Achse O dreht (Abb. 99). Dem Halbmesser r_2 entspricht dann die Umfangsgeschwindigkeit $u_2 = \omega\, r_2$, dem Halbmesser r_1 die Geschwindigkeit $u_1 = \omega\, r_1$. Für die Zirkulation längs der geschlossenen Linie, welche den in Abb. 99 schraffierten Bereich umhüllt, ergibt sich, da die beiden radialen Linien keinen Beitrag liefern,

$$\Gamma = u_2\, r_2\, \varphi - u_1\, r_1\, \varphi = \varphi\, \omega\, (r_2^2 - r_1^2)\,.$$

Der Inhalt der betrachteten Fläche ist

$$F = \int\limits_{r_1}^{r_2} (r\, \varphi)\, dr = \frac{\varphi}{2}\, (r_2^2 - r_1^2)\,,$$

weshalb

$$\Gamma = 2\, \omega\, F\,.$$

Die Zirkulation ist also gleich dem doppelten Produkt aus der Winkelgeschwindigkeit ω und der eingeschlossenen Fläche F. Die hier angestellte Überlegung gilt offenbar für jeden beliebigen — auch unendlich kleinen — Kreisausschnitt, wobei die Winkelgeschwindigkeit ω für alle Flächenteile die gleiche ist. Da aber ω nach den Ausführungen auf S. 133 identisch ist mit der Komponente ζ des Wirbelvektors (hier sind ξ und η gleich Null), so sind alle Teilchen des betrachteten Flüssigkeitsgebietes wirbelbehaftet, und zwar hat der Wirbelvektor aller Teilchen den gleichen Betrag ω [1].

Als Gegenstück dazu sei jetzt eine Strömung betrachtet, bei der die Stromlinien ebenfalls konzentrische Kreise um O sind, bei der aber die Umfangsgeschwindigkeit u die Größe $\dfrac{c}{r}$ hat ($c = $ const). Bildet man wieder die Zirkulation längs des Randes der schraffierten Fläche in Abb. 99, so wird wegen $ur = c$

$$\Gamma = u_2\, r_2\, \varphi - u_1\, r_1\, \varphi = 0\,.$$

Das hier betrachtete Flüssigkeitsgebiet ist also *wirbelfrei*. Man stellt leicht fest, daß diese Überlegung für jeden beliebigen Linienzug a—b—c—d—a gilt, der den Mittelpunkt O ausschließt (Abb. 99a). Bildet man dagegen die Zirkulation längs eines *geschlossenen* Kreises um O, so wird

$$\Gamma' = 2\,\pi\,r\,\frac{c}{r} = 2\,\pi\,c = \text{const}\,.$$

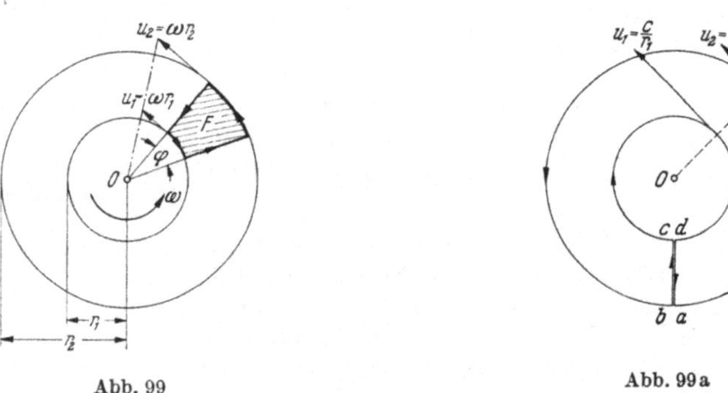

Abb. 99   Abb. 99a

Diese Zirkulation ist unabhängig von r und gibt die physikalische Bedeutung der Konstanten c an. Da Γ' einen von Null verschiedenen Wert hat, so muß im Punkte O (bzw. in der durch O dargestellten Achse) ein Wirbel vorhanden sein. Der Punkt O ist ein „singulärer" Punkt, für den $u = \left[\dfrac{c}{r}\right]_{r\to 0}$ unendlich groß wird (vgl. dazu S. 161).

Die oben gemachte Einschränkung, daß die geschlossene Linie einen einfach zusammenhängenden Bereich umschließen soll, ist notwendig, wenn das Geschwindigkeitspotential φ in diesem Bereich eindeutig und endlich sein soll. Bei mehrfach zusammenhängenden Räumen ist das Potential φ dagegen mehrdeutig, da man nach einem Umlauf auf der betreffenden geschlossenen Linie nicht wieder zu demselben Wert wie am Anfang gelangt. Für diese gilt also der obige Satz nicht (vgl. das Beispiel auf S. 161).

Im Anschluß an die vorstehend besprochene Definition der *Zirkulation* soll jetzt ein von W. Thomson (Lord Kelvin) angegebener Satz abgeleitet werden, wonach in *einer idealen, homogenen* [2] *Flüssigkeit die Zirkulation längs einer geschlossenen „flüssigen" Linie zeitlich konstant ist, sofern auf die Flüssigkeit nur Massenkräfte wirken, die sich aus einem Potentiale ableiten lassen* (konservative Kräfte). Unter einer „flüssigen Linie" soll dabei eine Linie verstanden werden,

---

[1] Bezeichnen u_x und u_y die Komponenten von u nach den Koordinatenachsen x und y, dann ist $u_x = -\omega y$, $u_y = \omega x$, also $\zeta = \dfrac{1}{2}\left(\dfrac{\partial u_y}{\partial x} - \dfrac{\partial u_x}{\partial y}\right) = \omega$.

[2] In einer „homogenen" Flüssigkeit ist die Dichte ϱ entweder konstant (raumbeständige Flüssigkeit) oder lediglich eine Funktion des Druckes p.

welche sich mit der Flüssigkeit so bewegt, daß sie immer von denselben Flüssigkeitsteilchen gebildet wird.

Um die zeitliche Änderung der Zirkulation zu berechnen, hat man das Integral auf der rechten Seite von (242) nach der Zeit t zu differenzieren, d. h. den Ausdruck

$$\frac{d\Gamma}{dt} = \frac{d}{dt} \oint (u\,dx + v\,dy + w\,dz) \tag{244}$$

zu bilden. Das geschieht offenbar dadurch, daß man das Integral über die geschlossene flüssige Linie zur Zeit t von dem Integral über die flüssige Linie zur Zeit $t + dt$ abzieht und die Differenz durch dt dividiert. Da jede dieser Integrationen bei festgehaltener Zeit vorgenommen wird ($t = \text{const}$ bzw. $t + dt = \text{const}$), kann an Stelle von (244) auch gesetzt werden

$$\frac{d\Gamma}{dt} = \oint \frac{d}{dt} (u\,dx + v\,dy + w\,dz). \tag{244a}$$

Nun ist zunächst

$$\frac{d}{dt} (u\,dx) = \frac{du}{dt}\,dx + u\,\frac{d}{dt}(dx). \tag{245}$$

Entsprechende Ausdrücke gelten für die beiden andern Summanden in (244a). Nach Gl. (229) wird

$$\frac{du}{dt}\,dx = X\,dx - \frac{1}{\varrho}\,\frac{\partial p}{\partial x}\,dx$$

oder, wenn die Massenkraft $\mathfrak{K}\,(X,\,Y,\,Z)$ ein Potential besitzt, nach (231)

$$\frac{du}{dt}\,dx = -\frac{\partial U}{\partial x}\,dx - \frac{1}{\varrho}\,\frac{\partial p}{\partial x}\,dx. \tag{246}$$

Zur Berechnung des zweiten Summanden von (245) betrachte man ein Linienelement $d\mathfrak{s}$ zur Zeit t, das durch die Punkte *1* und *2* der flüssigen Linie begrenzt ist (Abb. 100). Die diesen Punkten entsprechenden augenblicklichen Geschwindigkeiten seien $\mathfrak{v}_1$ und $\mathfrak{v}_2$. Während der kleinen Zeit Δt bewege sich das Element in die Lage $d\mathfrak{s}'$, wobei die Punkte *1* und *2* die Wege $\mathfrak{v}_1\Delta t$ bzw. $\mathfrak{v}_2\Delta t$ durchlaufen. Projiziert man die Linienelemente $d\mathfrak{s}$ und $d\mathfrak{s}'$ sowie die Wege $\mathfrak{v}_1\Delta t$ und $\mathfrak{v}_2\Delta t$ auf die x-Richtung, so besteht nach Abb. 100 folgende geometrische Beziehung.

$$u_1\,\Delta t + dx' = dx + u_2\,\Delta t,$$

oder

$$\frac{dx' - dx}{\Delta t} = u_2 - u_1.$$

Vollzieht man jetzt den Grenzübergang $\Delta t \to dt$, so wird $\lim \dfrac{dx' - dx}{\Delta t} = \dfrac{d\,(dx)}{dt}$ und $\lim (u_2 - u_1) = du$, so daß

$$\frac{d}{dt}(dx) = du.$$

Damit lautet der zweite Summand von (245)

$$u\,\frac{d}{dt}(dx) = u\,du = \frac{1}{2}\,d\,(u^2). \tag{247}$$

Führt man die gleiche Überlegung für die y- und z-Richtung durch, so erhält man mit (246) und (247) und den entsprechenden Ausdrücken für die beiden anderen Koordinatenachsen

$$\frac{d}{dt}(u\,dx + v\,dy + w\,dz) = -\left(\frac{\partial U}{\partial x}dx + \frac{\partial U}{\partial y}dy + \frac{\partial U}{\partial z}dz\right) -$$

$$-\frac{1}{\varrho}\left(\frac{\partial p}{\partial x}dx + \frac{\partial p}{\partial y}dy + \frac{\partial p}{\partial z}dz\right) + \frac{1}{2}d(u^2 + v^2 + w^2)$$

$$= -dU - \frac{1}{\varrho}dp + \frac{1}{2}d(\bar{v}^2),$$

wenn hier und im folgenden der „Betrag" des Geschwindigkeitsvektors $\mathfrak{v}$ mit $\bar{v} = \sqrt{u^2 + v^2 + w^2}$ bezeichnet wird. Durch Integration längs der geschlossenen Linie $(A\,BC \ldots A)$ folgt daraus nach (244 a)

$$\frac{d\Gamma}{dt} = -\left[U + \frac{p}{\varrho} - \frac{\bar{v}^2}{2}\right]_A^A.$$

Sind nun, wie hier vorausgesetzt, U, p und $\bar{v}$ eindeutige Funktionen von x, y, z, so wird der vorstehende Ausdruck — und damit die zeitliche Änderung der Zirkulation längs der geschlossenen flüssigen Linie — zu Null (Satz von THOMSON).

Dieser Satz gilt für jede Strömung einer *idealen* Flüssigkeit, sofern nur *konservative Kräfte* wirksam sind. War nun eine solche Strömung anfangs wirbelfrei, die Zirkulation innerhalb des betreffenden Gebietes also gleich Null, so bleibt sie auch im weiteren Verlauf wirbelfrei, da die Zirkulation sich nach dem obigen Satze nicht ändern kann[1].

5. Der Integralsatz von Stokes

Zwecks Ableitung einer wichtigen Beziehung zwischen der Zirkulation längs einer geschlossenen Linie und der innerhalb dieses Gebietes vorhandenen Wirbelung sei jetzt eine beliebig gestaltete (also auch krumme) Fläche F betrachtet, die

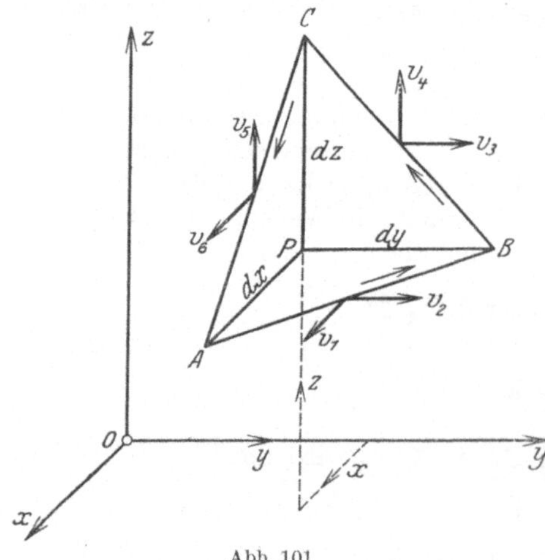

Abb. 101

vollständig in einem von Flüssigkeit erfüllten Raume liegen soll und deren Randkurve s sei. Dabei sei wieder vorausgesetzt, daß die Geschwindigkeit an jeder Stelle des betrachteten Bereiches einen stetigen und eindeutigen Wert besitzt. Die Fläche F denke man sich auf ein räumliches Achsenkreuz bezogen und in lauter unendlich kleine Dreiecke dF zerlegt, von denen jedes mit den drei zu den Koordinatenebenen gelegten Parallelebenen ein unendlich kleines Tetraeder bildet (Abb. 101). Die Geschwindigkeitskomponenten des Eckpunktes $P(x, y, z)$ eines dieser Elementartetraeder seien u, v, w. Es soll jetzt die Zirkulation längs des Linienzuges $A\,B\,C\,A$ bestimmt werden[2]. Unter Beachtung der Bezeichnungen von Abb. 101 erhält man für die Geschwindigkeiten in den Seitenmitten der schrägen Tetraederfläche nachstehende Werte (wobei nur die Komponenten angeschrieben werden, die zur Zirkulation einen Beitrag liefern):

---

[1] In einer *zähen* Flüssigkeit gilt dieser Satz nicht. Vgl. dazu S. 292.
[2] Vgl. dazu H. LORENZ: Techn. Hydromechanik (1910) S. 273.

$$v_1 = u + \frac{1}{2}\frac{\partial u}{\partial x}dx + \frac{1}{2}\frac{\partial u}{\partial y}dy; \qquad v_2 = v + \frac{1}{2}\frac{\partial v}{\partial x}dx + \frac{1}{2}\frac{\partial v}{\partial y}dy;$$

$$v_3 = v + \frac{1}{2}\frac{\partial v}{\partial y}dy + \frac{1}{2}\frac{\partial v}{\partial z}dz; \qquad v_4 = w + \frac{1}{2}\frac{\partial w}{\partial y}dy + \frac{1}{2}\frac{\partial w}{\partial z}dz;$$

$$v_5 = w + \frac{1}{2}\frac{\partial w}{\partial x}dx + \frac{1}{2}\frac{\partial w}{\partial z}dz; \qquad v_6 = u + \frac{1}{2}\frac{\partial u}{\partial x}dx + \frac{1}{2}\frac{\partial u}{\partial z}dz.$$

v_1 bis v_6 stellen die Mittelwerte der Geschwindigkeitskomponenten längs der drei betrachteten Tetraederkanten dar. Für die Zirkulation längs des Linienzuges $ABCA$ (in dem aus Abb. 101 ersichtlichen Sinne) ergibt sich somit

$$\Gamma = (v_6 - v_1)\,dx + (v_2 - v_3)\,dy + (v_4 - v_5)\,dz$$

$$= \frac{1}{2}\left(\frac{\partial u}{\partial z}dz\,dx - \frac{\partial u}{\partial y}dy\,dx + \frac{\partial v}{\partial x}dx\,dy - \frac{\partial v}{\partial z}dz\,dy + \frac{\partial w}{\partial y}dy\,dz - \frac{\partial w}{\partial x}dx\,dz\right)$$

oder in etwas anderer Schreibweise

$$\Gamma = \frac{1}{2}\left(\frac{\partial w}{\partial y} - \frac{\partial v}{\partial z}\right)dy\,dz + \frac{1}{2}\left(\frac{\partial u}{\partial z} - \frac{\partial w}{\partial x}\right)dx\,dz + \frac{1}{2}\left(\frac{\partial v}{\partial x} - \frac{\partial u}{\partial y}\right)dx\,dy.$$

Bezeichnen nun α, β, γ die Winkel, welche die Normale zur Fläche dF (Dreieck ABC) mit den Koordinatenrichtungen bildet, so gelten die Gln. (10), womit der vorstehende Ausdruck übergeht in

$$\Gamma = \left[\left(\frac{\partial w}{\partial y} - \frac{\partial v}{\partial z}\right)\cos\alpha + \left(\frac{\partial u}{\partial z} - \frac{\partial w}{\partial x}\right)\cos\beta + \left(\frac{\partial v}{\partial x} - \frac{\partial u}{\partial y}\right)\cos\gamma\right]dF.$$

Hinsichtlich des Sinnes, in dem die Zirkulation gerechnet wird, sei festgesetzt, daß sie mit der Richtung der Flächennormalen eine Rechtsschraube bestimmen soll (Abb. 101, in der diese Normale nach auswärts gerichtet ist). Bildet man nun die Zirkulation um alle Dreiecke dF, aus denen die Fläche F besteht, indem man sie alle im gleichen Sinne umfährt, so heben sich offenbar alle Beiträge längs der inneren Trennungslinien der Elementardreiecke paarweise auf, und es bleibt nur die Zirkulation längs des Randes s der Fläche übrig. Man erhält somit

$$\oint_{(s)} (u\,dx + v\,dy + w\,dz) = \int_{(F)}\left[\left(\frac{\partial w}{\partial y} - \frac{\partial v}{\partial z}\right)\cos\alpha + \left(\frac{\partial u}{\partial z} - \frac{\partial w}{\partial x}\right)\cos\beta + \right.$$

$$\left. + \left(\frac{\partial v}{\partial x} - \frac{\partial u}{\partial y}\right)\cos\gamma\right]dF. \tag{248}$$

Die Differenzen in den runden Klammern stellen nach (237) und (237a) die doppelten Komponenten des Wirbelvektors $\mathfrak{u}$ bzw. die Komponenten des Rotors von $\mathfrak{v}$ dar. Man kann also (248) auch in Vektorform wie folgt schreiben

$$\oint_{(s)} \mathfrak{v}\,d\mathfrak{s} = 2\int_{(F)} \mathfrak{u}\,d\mathfrak{F} = \int_{(F)} \operatorname{rot}\mathfrak{v}\,d\mathfrak{F}, \tag{248a}$$

wo $\int \mathfrak{u}\,d\mathfrak{F} = \int \mathfrak{u}\,\mathfrak{e}\,dF$, wenn $\mathfrak{e}$ den Einheitsvektor der Flächennormalen bezeichnet.

Dies ist der wichtige Integralsatz von STOKES, der eine Beziehung zwischen der Zirkulation längs der geschlossenen Linie s und der Wirbelung innerhalb der durch s berandeten Fläche F darstellt (vgl. dazu S. 186). Da im Falle einer *Potentialströmung* $\mathfrak{u} = 0$ ist, folgt aus (248a) unmittelbar $\oint \mathfrak{v}\,d\mathfrak{s} = 0$, wie früher bereits auf anderem Wege gezeigt wurde[1].

---

[1] Der STOKESsche Satz, der hier für eine Flüssigkeitsbewegung abgeleitet wurde, gilt übrigens auch für jeden anderen Vektor $\mathfrak{A}$, der in dem betrachteten Bereich einen stetigen Verlauf hat. Voraussetzung dafür ist, daß für *jeden* infinitesimalen Bereich der betrachteten Fläche F die Bedingung

$$\lim_{dF \to 0}\oint \mathfrak{v}\,d\mathfrak{s} = \lim_{dF \to 0}\operatorname{rot}\mathfrak{v}\,d\mathfrak{F} \quad \text{erfüllt ist.}$$

6. Die Bernoullische Druckgleichung

Zwecks Integration der EULERschen Gleichungen (230) sollen zunächst die konvektiven Glieder dieser Gleichungen etwas umgeformt werden. Wie man leicht feststellt, ist

$$u\frac{\partial u}{\partial x} + v\frac{\partial u}{\partial y} + w\frac{\partial u}{\partial z} = \frac{1}{2}\frac{\partial}{\partial x}(u^2 + v^2 + w^2) - v\left(\frac{\partial v}{\partial x} - \frac{\partial u}{\partial y}\right) + w\left(\frac{\partial u}{\partial z} - \frac{\partial w}{\partial x}\right),$$

wobei

$$u^2 + v^2 + w^2 = \bar{v}^2.$$

Ferner ist nach (237)

$$\frac{\partial v}{\partial x} - \frac{\partial u}{\partial y} = 2\,\zeta; \qquad \frac{\partial u}{\partial z} - \frac{\partial w}{\partial x} = 2\,\eta.$$

Wegen (237a) und (238) können die beiden letzten Ausdrücke auch wie folgt geschrieben werden

$$\frac{\partial v}{\partial x} - \frac{\partial u}{\partial y} = \operatorname{rot}\mathfrak{v}_z; \qquad \frac{\partial u}{\partial z} - \frac{\partial w}{\partial x} = \operatorname{rot}\mathfrak{v}_y,$$

da sie — wie oben bereits bemerkt wurde — die Komponenten des Rotors von $\mathfrak{v}$ nach der z- bzw. y-Richtung darstellen.

Somit wird

$$u\frac{\partial u}{\partial x} + v\frac{\partial u}{\partial y} + w\frac{\partial u}{\partial z} = \frac{\partial}{\partial x}\left(\frac{\bar{v}^2}{2}\right) - (v\operatorname{rot}\mathfrak{v}_z - w\operatorname{rot}\mathfrak{v}_y) = \frac{\partial}{\partial x}\left(\frac{\bar{v}^2}{2}\right) - [\mathfrak{v}\operatorname{rot}\mathfrak{v}]_x*.$$

$$\tag{249}$$

Zwei entsprechende Ausdrücke gelten für die y- bzw. z-Richtung. Damit erhält man durch vektorielle Addition der Gln. (230) und unter Beachtung von (231)[1]

$$\frac{\partial\mathfrak{v}}{\partial t} + \operatorname{grad}\frac{\bar{v}^2}{2} - [\mathfrak{v}\operatorname{rot}\mathfrak{v}] = -\operatorname{grad}U - \frac{1}{\varrho}\operatorname{grad}p. \tag{249a}$$

a) Im Falle *wirbelfreier* Strömung ist nach (238) rot $\mathfrak{v} = 0$ und nach (240a)

$$\frac{\partial\mathfrak{v}}{\partial t} = \operatorname{grad}\frac{\partial\varphi}{\partial t}.$$

Damit geht (249) über in

$$\operatorname{grad}\left(\frac{\partial\varphi}{\partial t} + \frac{\bar{v}^2}{2} + U\right) + \frac{1}{\varrho}\operatorname{grad}p = 0,$$

woraus durch Integration folgt

$$\frac{\partial\varphi}{\partial t} + \frac{\bar{v}^2}{2} + U + \int\frac{dp}{\varrho} = F(t). \tag{250}$$

Hier ist $F(t)$ eine zunächst willkürliche Funktion der Zeit und $\int\frac{dp}{\varrho}$ bei nicht raumbeständiger (kompressibler) Flüssigkeit eine Funktion des Druckes p.

Im Falle *stationärer* Strömung verschwindet $\frac{\partial\varphi}{\partial t}$, und $F(t)$ nimmt einen konstanten Wert an. Ist außerdem noch $\varrho = $ const, so erhält man aus (250) als erstes Integral der EULERschen Bewegungsgleichungen (230) die *Bernoullische Gleichung für inkompressible Flüssigkeiten*

$$\frac{\bar{v}^2}{2} + \frac{p}{\varrho} + U = \operatorname{const}. \tag{250a}$$

Für die hier ins Auge gefaßten Anwendungen kommt als Massenkraft fast ausschließlich die Schwere in Betracht. Dann ist (bezogen auf die Masseneinheit, vgl.

---

* Bekanntlich ist $[\mathfrak{v}\operatorname{rot}\mathfrak{v}] = \mathfrak{i}\,(v\operatorname{rot}\mathfrak{v}_z - w\operatorname{rot}\mathfrak{v}_y) + \mathfrak{j}\,(w\operatorname{rot}\mathfrak{v}_x - u\operatorname{rot}\mathfrak{v}_z) + \mathfrak{k}\,(u\operatorname{rot}\mathfrak{v}_y - v\operatorname{rot}\mathfrak{v}_x).$

[1] SOMMERFELD, A.: Vorl. über theoret. Physik Bd. 2 (1945) S. 81.

S. 11) $X = Y = 0$ und $Z = -g$, also $U = g\,z$ (die z-Achse ist positiv nach aufwärts angenommen). In diesem Falle erhält man aus (250a), wenn man diese noch durch g dividiert,

$$\frac{\bar{v}^2}{2g} + \frac{p}{\gamma} + z = C\,.\tag{251}$$

Die in dieser Gleichung auftretende Konstante C besitzt — der obigen Ableitung entsprechend — für das gesamte Flüssigkeitsgebiet, in dem die hier gemachten Voraussetzungen gültig sind, einen einheitlichen Wert.

b) Eine Integration der Gl. (249a) ist auch dann noch möglich, wenn die Bewegung *nicht wirbelfrei* ist, sofern nur das Integral über [$\mathfrak{v}$ rot $\mathfrak{v}$] verschwindet. Dies ist der Fall, wenn die *Integration längs einer Stromlinie* ausgeführt wird, da der Vektor [$\mathfrak{v}$ rot $\mathfrak{v}$] $\perp$ $\mathfrak{v}$ steht und somit keinen Beitrag zum Integral liefern kann.

Für *stationäre* Strömung und *raumbeständige* Flüssigkeit gilt also auch jetzt noch Gl. (251), die nun in der Form

$$\frac{\bar{v}^2}{2g} + \frac{p}{\gamma} + z = C'\tag{251a}$$

geschrieben werden soll. Zwischen diesen beiden Gleichungen besteht nämlich der wichtige Unterschied, daß die Konstante C von (251) *für das gesamte Strömungsfeld* den gleichen Wert besitzt, während die Konstante C' von (251a) — der Ableitung dieser Gleichung entsprechend — *für verschiedene Stromlinien i. allg. verschieden* ist. Gl. (251a) ist damit identisch mit der früher abgeleiteten Gl. (69a), welche die Konstanz der Strömungsenergie längs einer Stromlinie zum Ausdruck bringt.

c) In Absatz a) wurde das Verschwinden des Vektorprodukts der Gl. (249a) dadurch herbeigeführt, daß rot $\mathfrak{v} = 0$ gesetzt, d. h. die Strömung als *wirbelfrei* angesehen wurde. Indessen besteht auch bei *wirbelbehafteter* Strömung die Möglichkeit, daß [$\mathfrak{v}$ rot $\mathfrak{v}$] $\equiv 0$ wird, nämlich dann, wenn die Wirbellinien mit den Stromlinien zusammenfallen. Es gilt dann (unter den dort gemachten Voraussetzungen) wieder die Gl. (251) mit der einheitlichen Konstanten C für das ganze Strömungsfeld. Dieser Fall spielt eine wichtige Rolle in der von L. Prandtl entwickelten „Tragflügeltheorie", bei der unter gewissen Annahmen die hinter dem Flügel entstehenden „freien" Wirbellinien zugleich Stromlinien sind[1].

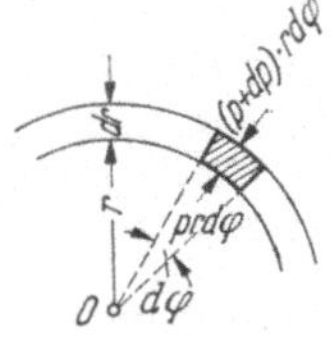

Abb. 102

Um den Unterschied zwischen den Betrachtungsweisen von Absatz a) und Absatz b) anschaulich zu machen, sei noch einmal auf die beiden an Hand von Abb. 99 und 99a besprochenen Strömungen in konzentrischen Kreisen zurückgegriffen, von denen die erste dem Geschwindigkeitsgesetz $u = \omega\,r$, die zweite dem Gesetz $u = \dfrac{c}{r}$ gehorchen sollte. Auf ein von zwei differentiell benachbarten Radien und zwei entsprechenden Kreisbogen begrenztes Flächendifferential (Abb. 102) wirkt als radiale Druckkraft nach dem Kreismittelpunkt hin, und zwar bezogen auf die Tiefe „eins", die Kraft $d p\, r\, d\varphi$, welche gleich der Zentripetalkraft $d m\,\dfrac{u^2}{r}$ sein muß. Da aber das Massenelement dm den Wert $\varrho\,dr \cdot r\,d\varphi$ besitzt, so wird

$$d p = \varrho\,\frac{u^2}{r}\,d r\,.\tag{252}$$

a) Es sei nun (s. oben) $u = \omega\,r$. Dann wird

$$d p = \varrho\,\omega^2\,r\,d r$$

und somit

$$p = \frac{\varrho\,\omega^2}{2}\,r^2 + C\,.$$

---

[1] Prandtl, L.: Nachr. Ges. Wiss. Göttingen, math.-phys. Kl. (1918) S. 451 bis 477, wieder abgedruckt in Vier Abhandl. zur Hydrodynamik und Aerodynamik (zus. mit A. Betz), S. 9, Göttingen 1927.

Bezeichnet p_0 den Druck für den Kreis vom Halbmesser r_0, dann ist

$$p_0 = \frac{\varrho\,\omega^2}{2}\,r_0^2 + C,$$

und durch Differenzbildung ergibt sich

$$p_0 - p = \frac{\varrho\,\omega^2}{2}\,(r_0^2 - r^2),$$

also ein Druckabfall nach 0 hin.

    Wie weiter oben gezeigt war, ist diese Strömung in dem ganzen betrachteten Gebiet *nicht* wirbelfrei, die BERNOULLIsche Gleichung gilt also nicht, wenn man vom Kreise r_0 auf den Kreis r übergeht. Würde man sie dafür anwenden, dann würde sich ergeben (Massenkräfte werden hier vernachlässigt)

$$\frac{u_0^2}{2\,g} + \frac{p_0}{\gamma} = \frac{u^2}{2\,g} + \frac{p}{\gamma}$$

bzw., wenn $u = r\,\omega$ eingesetzt wird,

$$p_0 - p = \frac{\varrho}{2}\,\omega^2\,(r^2 - r_0^2),$$

was zu dem obigen Ergebnis offenbar in Widerspruch steht. Außerdem müßte danach der Druck nach 0 hin ansteigen.

    b) Setzt man dagegen in das Druckdifferential (252) die Geschwindigkeit $u = \dfrac{c}{r}$ ein, so wird

$$d\,p = \varrho\,\frac{c^2}{r^3}\,d\,r$$

und somit

$$p = -\varrho\,\frac{c^2}{2\,r^2} + C$$

bzw.

$$p_0 = -\varrho\,\frac{c^2}{2\,r_0^2} + C.$$

Daraus folgt

$$p_0 - p = \frac{\varrho\,c^2}{2}\left(\frac{1}{r^2} - \frac{1}{r_0^2}\right).$$

Diese Strömung ist aber, wie oben bewiesen wurde, in dem ganzen Bereich *wirbelfrei*, mit Ausnahme der singulären Stelle 0. Es darf also für Punkte der Kreise r_0 und r die BERNOULLIsche Gleichung angewandt werden. Diese lautet jetzt mit $u = \dfrac{c}{r}$

$$\frac{c^2}{2\,g\,r_0^2} + \frac{p_0}{\gamma} = \frac{c^2}{2\,g\,r^2} + \frac{p}{\gamma},$$

woraus folgt

$$p_0 - p = \frac{\varrho}{2}\,c^2\left(\frac{1}{r^2} - \frac{1}{r_0^2}\right)$$

in Übereinstimmung mit dem obigen Ausdruck.

7. Ebene Potentialströmung

Ebene Strömungen, d. h. Bewegungen, bei denen die Geschwindigkeit $\mathfrak{v}$ zu jeder Zeit einer festen Ebene E parallel und in allen auf einer Normalen zu dieser Ebene liegenden Punkten die gleiche ist, kommen strenggenommen in der Natur nicht vor. Vielmehr treten an den Grenzen des betreffenden Flüssigkeitsgebietes immer gewisse Abweichungen von der ebenen Strömungsform auf (vgl. das Kapitel über „zähe" Flüssigkeiten). In vielen Fällen ist es jedoch aus Gründen der Vereinfachung vorteilhaft, zunächst von einer *ebenen* Strömung auszugehen und nachträglich eine entsprechende Korrektur an den Rändern des Bereiches vorzunehmen, sofern das erforderlich ist.

Macht man die Ebene E zur Koordinatenebene x, y, so sind sowohl die Geschwindigkeitskomponente w des Vektors $\mathfrak{v}$ als auch die Ableitungen $\dfrac{\partial u}{\partial z}$ und $\dfrac{\partial v}{\partial z}$ gleich Null. Weiter sei angenommen, daß die betrachtete Strömung *stationär* und *wirbelfrei* ist. Dann gelten für die Geschwindigkeitskomponenten u und v nach (240) wieder die Ausdrücke

$$u = \frac{\partial \varphi}{\partial x}; \quad v = \frac{\partial \varphi}{\partial y}. \tag{253}$$

Außerdem lautet jetzt die *Kontinuitätsgleichung*

$$\frac{\partial u}{\partial x} + \frac{\partial v}{\partial y} = 0 \tag{254}$$

oder nach Einführung der Werte (253)

$$\frac{\partial^2 \varphi}{\partial x^2} + \frac{\partial^2 \varphi}{\partial y^2} \equiv \varDelta \varphi = 0. \tag{254a}$$

Schließlich erhält man als *Bedingung der Wirbelfreiheit* nach (239)

$$\frac{\partial v}{\partial x} - \frac{\partial u}{\partial y} = 0. \tag{255}$$

Denkt man sich jetzt alle Punkte der xy-Ebene, für welche das Geschwindigkeitspotential $\varphi(x, y)$ den gleichen Wert $\varphi = C = \text{const}$ besitzt, miteinander verbunden, so erhält man eine Linie gleichen Potentials, eine sogenannte *Äquipotentiallinie* bzw. eine Schar solcher Kurven, wenn man C alle möglichen Werte beilegt. Jedem anderen Werte von C entspricht eine andere Äquipotentiallinie. Da beim Fortschreiten auf einer solchen Linie eine Änderung von φ nicht eintritt, so muß

$$d\varphi = \frac{\partial \varphi}{\partial x}\,dx + \frac{\partial \varphi}{\partial y}\,dy = u\,dx + v\,dy = 0$$

sein, wobei dx und dy die Komponenten des Linienelements $d\mathfrak{s}$ der Potentiallinie bezeichnen. Die linke Seite des vorstehenden Ausdrucks stellt offenbar das innere Produkt der Vektoren $\mathfrak{v}$ und $d\mathfrak{s}$ dar, so daß

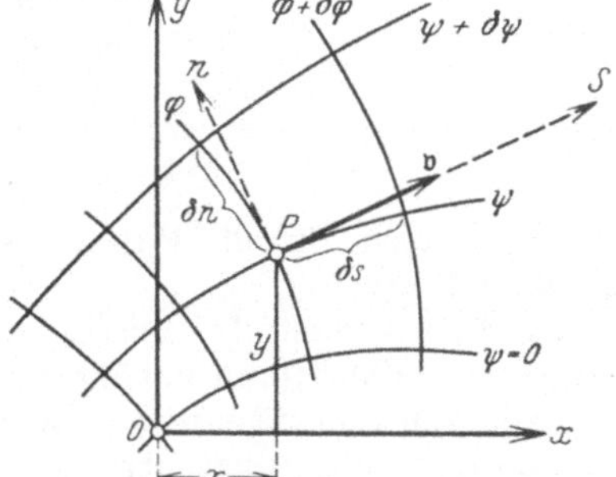
Abb. 103. Orthogonales Netz von Strom- und Äquipotentiallinien

$$\mathfrak{v}\,d\mathfrak{s} = 0.$$

Dieses Produkt kann bekanntlich nur verschwinden, wenn die beiden es bildenden Vektoren zueinander senkrecht stehen. Daraus folgt also, daß eine Äquipotentiallinie an jedem Orte $P(x, y)$ rechtwinklig zu dem dort herrschenden Geschwindigkeitsvektor steht. Da dessen Richtung aber auch die Richtung der *Stromlinie* am Orte $P(x, y)$ ist, so erkennt man, daß *innerhalb des ganzen Flüssigkeitsbereiches Stromlinien und Äquipotentiallinien zwei Scharen sich rechtwinklig schneidender Kurven bilden* (s. Abb. 103).

Die Kontinuitätsbedingung (254) wird offenbar befriedigt, wenn man die Geschwindigkeitskomponenten u und v in der Form

$$u = \frac{\partial \psi}{\partial y}; \quad v = -\frac{\partial \psi}{\partial x} \tag{256}$$

anschreibt, wobei $\psi(x, y)$ eine zunächst unbekannte Funktion der Ortskoordinaten x, y ist, die als *Stromfunktion* bezeichnet wird. Setzt man die Ausdrücke (256) in die Gl. (255) ein, so geht diese über in

$$\frac{\partial^2 \psi}{\partial x^2} + \frac{\partial^2 \psi}{\partial y^2} = \Delta \psi = 0, \qquad (257)$$

und man erkennt, daß auch die vorstehend definierte Stromfunktion $\psi(x, y)$ der LAPLACEschen Gleichung genügen muß. Außerdem liefert der Vergleich von (253) und (256) die sogenannten CAUCHY-RIEMANNschen Differentialgleichungen

$$\frac{\partial \varphi}{\partial x} = \frac{\partial \psi}{\partial y}; \qquad \frac{\partial \varphi}{\partial y} = -\frac{\partial \psi}{\partial x}, \qquad (258)$$

welche für die mathematische Behandlung der ebenen Potentialströmungen von grundlegender Bedeutung sind, wie die nachfolgenden Ausführungen zeigen werden.

Es mögen jetzt dx und dy *die Komponenten eines Linienelements $d\mathfrak{s}$ der Stromlinie* bezeichnen. Da nun der $\mathfrak{v}$-Vektor Tangente an die Stromlinie im Punkte $P(x, y)$ ist, so besteht zwischen seinen Komponenten u und v einerseits und dx und dy andererseits aus Ähnlichkeitsgründen die einfache Beziehung

$$\frac{u}{v} = \frac{dx}{dy},$$

woraus sich als *Gleichung der Stromlinie* ergibt

$$u\,dy = v\,dx. \qquad (259)$$

Setzt man hier die Geschwindigkeiten nach (256) ein, so wird

$$\frac{\partial \psi}{\partial y}\,dy + \frac{\partial \psi}{\partial x}\,dx = d\psi = 0$$

oder

$$\psi = \text{const}.$$

Das heißt also: für alle Punkte der Stromlinie besitzt die Stromfunktion ψ den gleichen Wert.

In Abb. 103 ist das orthogonale Netz der Äquipotential- und Stromlinien dargestellt. Führt man vorübergehend für den Punkt $P(x, y)$ die „natürlichen" Koordinaten s (Tangente an die Stromlinie) und n (Normale zur Stromlinie = Tangente an die Äquipotentiallinie) ein, so liest man aus der Figur unter Beachtung der Gln. (258) folgende Beziehungen ab

$$\left.\begin{array}{l} |\mathfrak{v}| = \bar{v} = \dfrac{\partial \varphi}{\partial s} = \dfrac{\partial \psi}{\partial n}, \\[2mm] 0 = \dfrac{\partial \varphi}{\partial n} = \dfrac{\partial \psi}{\partial s}, \end{array}\right\} \qquad (260)$$

da gemäß Definition φ längs der Äquipotentiallinie und ψ längs der Stromlinie konstant, also $\frac{\partial \varphi}{\partial n}$ und $\frac{\partial \psi}{\partial s}$ gleich Null sind.

Für die Stromfunktion ψ läßt sich eine einfache physikalische Deutung geben, wenn man die Durchflußmenge zwischen zwei Stromlinien, bezogen auf die Tiefe „eins", betrachtet. Bezeichnet δn den Abstand zweier sehr nahe beieinander liegender Stromlinien ψ und $\psi + \delta \psi$, so ist wegen (260)

$$\bar{v}\,\delta n = \delta \psi,$$

so daß sich als Durchflußvolumen zwischen zwei im endlichen Abstand liegenden Stromlinien ψ_i und ψ_k ergibt

$$\int_{\psi=\psi_i}^{\psi=\psi_k} \bar{v}\,\delta n = \psi_k - \psi_i. \qquad (261)$$

Das sekundliche Durchflußvolumen zwischen den beiden betrachteten Stromlinien ist also gleich der Differenz der Werte ψ_k und ψ_i, welche die Stromfunktion längs dieser Stromlinien besitzt.

Für die mathematische Behandlung der ebenen Potentialströmungen kann, wie nachstehend gezeigt wird, mit Vorteil die Theorie der komplexen Funktionen benutzt werden, welche es ermöglicht, eine ganze Reihe technisch wichtiger Strömungsbilder anzugeben.

Kurze Erinnerung an die Darstellung komplexer Zahlen.

Nach dem Vorgang von GAUSS werden die komplexen Zahlen in einer *Zahlenebene* dargestellt, indem man die komplexe Zahl $z = x + iy$ durch denjenigen Punkt P der xy-Ebene — auch z-Ebene genannt — deutet, dessen rechtwinklige Koordinaten x und y sind (Abb. 104). Die Gerade $y = 0$ (x-Achse) wird als *reelle*, die Gerade $x = 0$ (y-Achse) als *imaginäre* Achse bezeichnet. Der Betrag r des Vektors $\overrightarrow{OP}$, welcher den Punkt P in der z-Ebene festlegt, heißt der absolute Betrag $|z|$ der komplexen Zahl z, der Richtungswinkel ϑ von $\overrightarrow{OP}$ gegen die x-Achse das *Argument* von z.

Wegen $x = r \cos \vartheta$ und $y = r \sin \vartheta$ ist

$$z = r\,(\cos \vartheta + i \sin \vartheta) = r\,e^{i\vartheta}. \tag{262}$$

Zwei komplexe Zahlen, deren Realteile die gleichen sind, während sich die imaginären nur im Vorzeichen unterscheiden, also

und

$$\left.\begin{array}{l} z = x + iy \\ \bar{z} = x - iy, \end{array}\right\} \tag{263}$$

heißen *konjugiert komplex*. Geometrisch stellt der die Zahl $\bar{z}$ bestimmende Punkt $\bar{P}$ das Spiegelbild des die Zahl z bestimmenden Punktes P in bezug auf die reelle Achse dar (Abb. 104). Der Gl. (262) entspricht dann der Ausdruck

$$\bar{z} = r\,(\cos \vartheta - i \sin \vartheta) = r\,e^{-i\vartheta}.$$

Multipliziert man die komplexe Zahl $z = r e^{i\vartheta}$ mit i und beachtet, daß i im Sinne der obigen Definition einen Vektor vom Betrage „eins" darstellt, dessen Richtung die y-Richtung, sein Argument also $\dfrac{\pi}{2}$ ist, so erhält man wegen (262)

$$z\,i = r\,e^{i\vartheta} \cdot 1 \cdot e^{i\frac{\pi}{2}} = r\,e^{i\left(\vartheta + \frac{\pi}{2}\right)}. \tag{262a}$$

Die vorgenommene Multiplikation entspricht also einer Drehung des Vektors $\overrightarrow{OP}$ um 90°.

Von den vorstehend angegebenen Beziehungen wird in der Folge häufig Gebrauch gemacht.

Die CAUCHY-RIEMANNschen Differentialgleichungen (258), welche — wie oben dargelegt — für jede ebene wirbelfreie Strömung gelten, werden erfüllt durch den Ansatz

$$\varphi + i\psi = \omega = \omega\,(z), \tag{264}$$

wo

$$\omega\,(z) = f\,(x + iy)$$

eine „analytische" Funktion der komplexen Veränderlichen $z = x + iy$ ist, während $\varphi\,(x, y)$ und $\psi\,(x, y)$ nebst ihren partiellen Ableitungen nach x und y stetige, reelle Funktionen von x und y sein sollen. Die besondere Eigenschaft einer solchen analytischen Funktion besteht darin, daß sie an jeder Stelle des betrachteten Bereichs differenzierbar ist. Mit andern Worten heißt das: der Quotient $\dfrac{d\omega}{dz}$ muß an jeder Stelle der xy-Ebene (z-Ebene) einen von der Größe und Richtung des Elements dz unabhängigen Wert haben.

Die komplexe Zahl $z = x + iy$ entspricht — wie oben erläutert — einem bestimmten Punkt P der z-Ebene (Abb. 105). Entsprechend läßt sich die komplexe Größe $\omega = \varphi + i\psi$ in einer ω-Ebene darstellen, wobei φ die reelle und ψ die imaginäre Achse bezeichnen (Abb. 106).

Die Änderung $dz = dx + idy$ ist durch die Änderungen dx und dy bestimmt. Soll also — wie oben gefordert — $\dfrac{d\omega}{dz}$ von dz unabhängig sein, so heißt das: $\dfrac{d\omega}{dz}$ muß unabhängig von dem Verhältnis $\dfrac{dx}{dy}$ sein. Bildet man nun

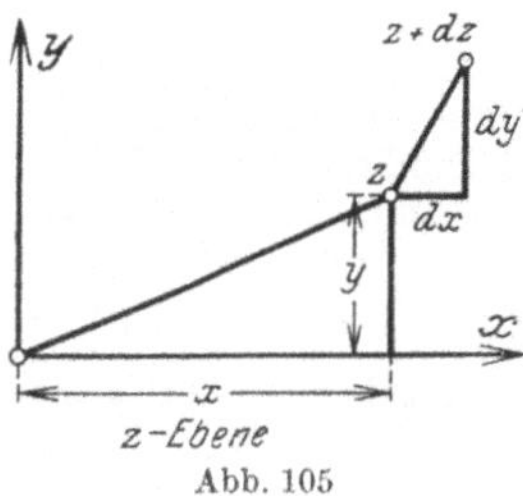

Abb. 105

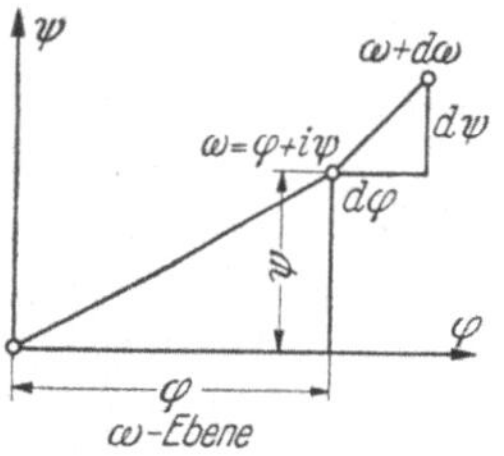

Abb. 106

$$\frac{d\omega}{dz} = \frac{d\varphi + i\,d\psi}{dx + i\,dy} = \frac{\dfrac{\partial\varphi}{\partial x}\,dx + \dfrac{\partial\varphi}{\partial y}\,dy + i\left(\dfrac{\partial\psi}{\partial x}\,dx + \dfrac{\partial\psi}{\partial y}\,dy\right)}{dx + i\,dy}$$

oder, etwas anders geschrieben,

$$\frac{d\omega}{dz} = \frac{\left(\dfrac{\partial\varphi}{\partial x} + i\,\dfrac{\partial\psi}{\partial x}\right)dx + \left(\dfrac{1}{i}\dfrac{\partial\varphi}{\partial y} + \dfrac{\partial\psi}{\partial y}\right)i\,dy}{dx + i\,dy},$$

so ist die gestellte Bedingung offenbar erfüllt, wenn

$$\frac{\partial\varphi}{\partial x} + i\,\frac{\partial\psi}{\partial x} = \frac{1}{i}\frac{\partial\varphi}{\partial y} + \frac{\partial\psi}{\partial y} \tag{265}$$

wird, da in diesem Falle

$$\frac{d\omega}{dz} = \frac{\partial\varphi}{\partial x} + i\,\frac{\partial\psi}{\partial x}, \tag{266}$$

also unabhängig von $\dfrac{dx}{dy}$ ist. Setzt man in (265) noch die reellen bzw. imaginären Glieder einander gleich, so wird

$$\frac{\partial\varphi}{\partial x} = \frac{\partial\psi}{\partial y}; \qquad \frac{\partial\varphi}{\partial y} = -\frac{\partial\psi}{\partial x}$$

in Übereinstimmung mit (258), was zu beweisen war.

Aus dem Ansatz (264) ergibt sich somit die für die Folge wichtige Feststellung, daß der Real- bzw. Imaginärteil einer beliebigen analytischen Funktion der komplexen Veränderlichen $z = x + iy$ als Geschwindigkeitspotential φ bzw. als Stromfunktion ψ einer ebenen, wirbelfreien Strömung aufgefaßt werden können. Die Funktion $\omega = \varphi + i\psi$ heißt dabei das *komplexe Strömungspotential*.

Die Kurven $\varphi = $ const stellen die Äquipotentiallinien, die Kurven $\psi = $ const die Stromlinien dar. Beide Kurvenscharen schneiden sich an jeder Stelle unter einem rechten Winkel. Da aber die Gln. (258) unverändert erhalten bleiben, wenn man in (259) $i(\varphi + i\psi) = i\varphi - \psi$ an Stelle von $\varphi + i\psi$ setzt, was nach Gl. (262a) einer Drehung des Koordinatensystems um 90° entspricht, so können auch die Kurven $\psi = $ const als Äquipotentiallinien, $\varphi = $ const als Stromlinien gedeutet werden (natürlich handelt es sich jetzt um eine andere Strömung als im ersten Falle). Jede analytische Funktion $f(x + iy)$ stellt also zwei mögliche — wenn auch nicht immer realisierbare — Formen einer ebenen, wirbelfreien Strömung dar. Bei der praktischen Behandlung derartiger Aufgaben kommt es wesentlich darauf an, solche Ansätze zu finden, deren Strömungsbilder den vorgeschriebenen Randbedingungen der Aufgabe gerecht werden.

Führt man in Gl. (266) die Geschwindigkeitskomponenten aus (253) bzw. (256) ein, so wird

$$\frac{d\omega}{dz} = u - iv = \bar{\mathfrak{v}}, \tag{267}$$

wo $\bar{\mathfrak{v}} = \bar{\mathfrak{v}}(z)$ ebenfalls eine analytische Funktion von z ist. Der Vektor $\bar{\mathfrak{v}}$ stellt nach (263) das Spiegelbild des Geschwindigkeitsvektors $\mathfrak{v}$ an der reellen Achse dar und wird als *konjugierte* Geschwindigkeit bezeichnet (Abb. 107). Da nun offenbar $|\mathfrak{v}| = |\bar{\mathfrak{v}}|$ ist, so erkennt man, daß der „Betrag" des Vektors $\mathfrak{v}$ durch den „Betrag" von $\dfrac{d\omega}{dz}$ dargestellt wird, also

$$|\mathfrak{v}| = \left|\frac{d\omega}{dz}\right|. \tag{268}$$

Damit ist die Geschwindigkeit an jeder Stelle des betrachteten Flüssigkeitsbereiches bekannt, sobald die Funktion $\omega = \omega(z)$ gegeben ist.

8. Konforme Abbildung

Der in Ziffer 7 besprochene Zusammenhang zwischen den Äquipotential- und Stromlinien einer ebenen, wirbelfreien Strömung einerseits und der Theorie komplexer Funktionen andererseits ermöglicht die Anwendung der in der Funktionentheorie entwickelten Methode der *konformen Abbildung* auf ebene Strömungsprobleme. Mit ihrer Hilfe gelingt es insbesondere, aus einer bekannten Flüssigkeitsströmung (z. B. um einen Kreiszylinder oder eine Platte) kompliziertere Strömungsbilder in einfacher Weise abzuleiten.

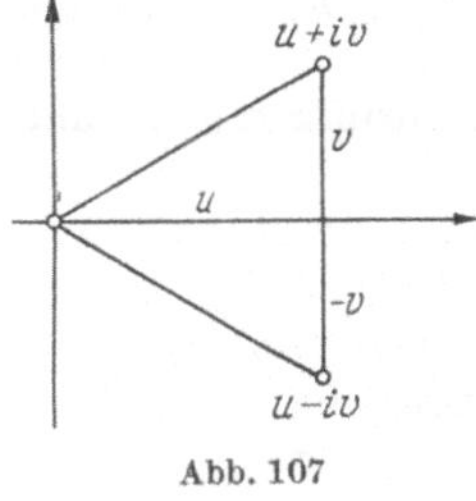

Abb. 107

Zur Erklärung dieses für spätere Anwendungen wichtigen Verfahrens betrachte man wieder die in Abb. 105 und 106 dargestellte z- und ω-Ebene. Ist dann $\omega = \omega(z)$ gegeben, so bedeutet dies, daß jedem Punkte z der z-Ebene ein Punkt ω der ω-Ebene zugeordnet ist. Einem bestimmten Bereiche der z-Ebene entspricht also ein ganz bestimmter Bereich der ω-Ebene. Man sagt deshalb: durch die Funktion $\omega = \omega(z)$ werden beide Bereiche aufeinander abgebildet; der eine ist das „Bild" des andern.

Diese Abbildung nimmt einen ganz speziellen Charakter an, wenn $\omega = \omega(z)$ *analytisch* ist, d. h. wenn die CAUCHY-RIEMANNschen Differentialgleichungen (258) erfüllt sind. In diesem Falle hat (s. oben) $\dfrac{d\omega}{dz}$ an jeder Stelle des betrachteten Bereiches einen bestimmten Wert, der sich von der Richtung des Elements dz als unabhängig erweist. Er stellt das Verzerrungsverhältnis an der betreffenden Stelle dar.

Man betrachte jetzt das als unendlich klein angenommene Dreieck $P_1 P_2 P_3$ mit den Seitenlängen δz_1, δz_2, δz_3, das von drei sich schneidenden Kurven *1, 2, 3*

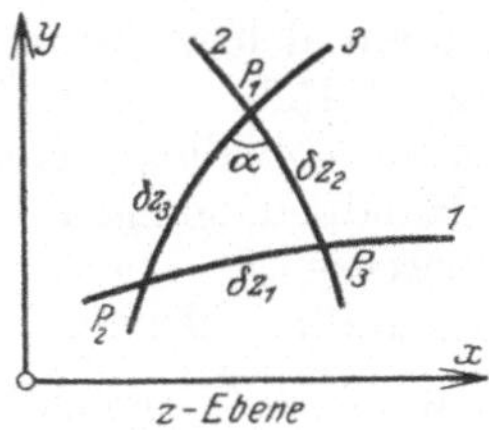

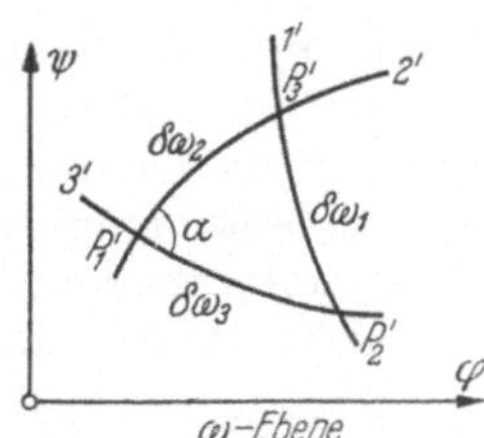

Abb. 108

in der z-Ebene gebildet wird (Abb. 108). $\delta\omega_1$, $\delta\omega_2$, $\delta\omega_3$ seien die durch die analytische Funktion $\omega = \omega(z)$ vermittelten Abbildungen von δz_1, δz_2, δz_3 auf die ω-Ebene. Da nun bei einer *analytischen* Funktion $\dfrac{d\omega}{dz}$ z. B. an der Stelle P_1 einen ganz bestimmten Wert hat, so ist

$$\frac{\delta\,\omega_2}{\delta\,z_2} = \frac{\delta\,\omega_3}{\delta\,z_3} \quad \text{oder} \quad \frac{\delta\,z_3}{\delta\,z_2} = \frac{\delta\,\omega_3}{\delta\,\omega_2}.$$

Betrachtet man den Punkt P_2 der z-Ebene, so gilt analog

$$\frac{\delta\,z_3}{\delta\,z_1} = \frac{\delta\,\omega_3}{\delta\,\omega_1},$$

und man erkennt, daß das unendlich kleine Dreieck $P_1 P_2 P_3$ der z-Ebene durch $\omega = \omega\,(z)$ in ein unendlich kleines *ähnliches* Dreieck $P_1' P_2' P_3'$ der ω-Ebene transformiert wird. Es besteht also *Ähnlichkeit in den kleinsten Teilen* (endliche Bereiche brauchen nicht ähnlich zu sein, da sich das Verzerrungsverhältnis i. allg. von Punkt zu Punkt ändert). Insbesondere bilden zwei sich schneidende Kurven der z-Ebene denselben Winkel wie ihre Bilder in der ω-Ebene (winkeltreue oder isogonale Abbildung). Eine derartige Abbildung wird nach Gauss als *konforme Abbildung* bezeichnet. Stellt der Bereich W der ω-Ebene das mittels $\omega = \omega\,(z)$ gewonnene Bild eines Bereiches Z der z-Ebene dar, so kann umgekehrt auch Z als konforme Abbildung von W angesehen werden.

In der Funktionentheorie wird weiter durch den *Riemannschen Abbildungssatz* gezeigt, daß es immer möglich ist, eine beliebig gestaltete Kontur konform auf einen Kreis abzubilden, und zwar so, daß einem beliebigen Punkte der Kreisperipherie ein Punkt der gegebenen Kontur, dem Kreismittelpunkt ein Punkt im Innern der Kontur entspricht. Dieser Satz ist besonders geeignet, Strömungsbilder um beliebig gestaltete Konturen (z. B. Tragflügelprofile) zu vermitteln, indem man die Strömung um die vorgelegte Kontur mittels einer analytischen Funktion auf die bekannte Strömung um einen Kreis zurückführt.

Allgemein kann man dabei folgendermaßen vorgehen: Ist die Strömung in der z-Ebene bekannt, so unterwerfe man sie durch Einführung einer analytischen Funktion

$$\zeta = \xi + i\,\eta = \zeta\,(z) \tag{269}$$

einer Transformation, wodurch die Strömung der z-Ebene samt ihrer Begrenzung auf eine ζ-Ebene abgebildet wird. Führt man nun in das komplexe Strömungspotential $\omega\,(z) = \varphi + i\,\psi$ der z-Ebene die „inverse" Funktion $z = z\,(\zeta)$ von (269) ein, so erhält man als neue Strömungsfunktion einen Ausdruck von der Form

$$\omega\,[z\,(\zeta)] = \Phi\,(\xi,\eta) + i\,\Psi\,(\xi,\eta), \tag{270}$$

wobei dann $\Phi\,(\xi,\eta)$ und $\Psi\,(\xi,\eta)$ Geschwindigkeitspotential bzw. Stromfunktion der neuen Strömung in der ζ-Ebene darstellen (vgl. S. 158).

Es kommt also immer darauf an, die die konforme Abbildung vermittelnde Funktion so zu bestimmen, daß die jeweiligen Randbedingungen befriedigt werden, was mitunter erhebliche Schwierigkeiten bereitet[1].

Die oben besprochene Ähnlichkeit zwischen unendlich kleinen Bereichen der z- und ω-Ebene hört in denjenigen Punkten auf, in denen $\frac{d\,\omega}{d\,z}$ gleich Null oder unendlich groß wird. Solche Stellen heißen *singuläre* Punkte. In der Hydrodynamik entspricht ihnen nach Gl. (268) eine Geschwindigkeit von der Größe Null bzw. unendlich.

---

[1] Eine eingehende Darstellung der komplexen Methoden mit vielen praktisch wichtigen Anwendungen ist in dem Buch von A. Betz: Konforme Abbildung, Berlin/Göttingen/Heidelberg: Springer 1948, zu finden.

9. Einige Anwendungen des komplexen Potentials

a) Quell- bzw. Senkenströmung

In dem Ausdruck

$$\omega = c\,\ln z; \quad c = \text{const} \tag{271}$$

ist ω eine *analytische* Funktion von z, da der Differentialquotient

$$\frac{d\omega}{dz} = \frac{c}{z} = \frac{c}{x + iy}$$

einen von der Neigung dy/dx des Elements dz unabhängigen Wert besitzt. Unter Beachtung der Gl. (262) kann (271) auch in der Form

$$\omega = c\,\ln(r\,e^{i\vartheta}) = c\,\ln r + c\,i\,\vartheta$$

geschrieben werden. Da $z = r\,e^{i\vartheta} = r\,e^{i(\vartheta + 2k\pi)}$ ist ($k = 0, 1, 2, \ldots$), so erkennt man, daß *einem* Werte z beliebig viele Werte $\omega_k = c\,\ln r + c\,i\,(\vartheta + 2\,k\pi)$ entsprechen, die sich lediglich um $2\,c\,i\,k\pi$ unterscheiden. In der Folge soll nur der „Hauptwert" $\omega = c\,\ln r + c\,i\,\vartheta$ weiter betrachtet werden. Aus diesem erhält man nach (264) unmittelbar

$$\varphi = c\,\ln r; \quad \psi = c\,\vartheta \tag{272}$$

als Geschwindigkeitspotential bzw. Stromfunktion einer ebenen, wirbelfreien Strömung.

In Abb. 109 sind die z-Ebene und die ω-Ebene dargestellt. Den Parallelen zur ψ-Achse der ω-Ebene entsprechen wegen $\varphi = c\,\ln r = \text{const}$, d.h. $r = \text{const}$, in der z-Ebene Kreise um den Ursprung 0, wogegen den Parallelen zur φ-Achse wegen $\psi = c\,\vartheta = \text{const}$ in der z-Ebene durch 0 gehende Strahlen zugeordnet sind. Überstreicht ein solcher Strahl der z-Ebene *einmal* den Winkelraum von $\vartheta = 0$ bis $\vartheta = 2\pi$, so entspricht dem in der ω-Ebene eine Verschiebung der Geraden $\psi = 0$ in die Lage $\psi = 2\,c\pi$. Für $r = 1$ wird $\varphi = 0$, d. h.: dem „Einheitskreis" der z-Ebene entspricht die ψ-Achse der ω-Ebene. Wird $r > 1$, so ist φ positiv, während φ für $r < 1$ negativ wird. Das Äußere des Einheitskreises der z-Ebene entspricht somit dem Streifen von der Breite $2\,c\pi$ über der positiven φ-Achse, das Innere dieses Kreises dagegen dem Streifen über der negativen φ-Achse.

Faßt man die Linien $\varphi = \text{const}$ und $\psi = \text{const}$ der ω-Ebene als Äquipotential- bzw. Stromlinien einer einfachen Parallelströmung auf, so stellt diese Strömung die durch den Ansatz (271) vermittelte konforme Abbildung einer Strömung der z-Ebene dar, bei welcher die von 0 ausgehenden Strahlen die Stromlinien und die konzentrischen Kreise um 0 die Äquipotentiallinien bilden. Der durch die Geraden $\varphi = \text{const}$ und $\psi = \text{const}$ erzeugten Einteilung der ω-Ebene in ein Netz von Quadraten entspricht in der z-Ebene ein quadratähnliches Netz, sofern nur die Quadrateinteilung der ω-Ebene hinreichend klein gewählt wird.

Da die Geschwindigkeit an einer beliebigen Stelle P in die Richtung der Stromlinie fällt, so erhält man ihren Betrag mittels der ersten Gleichung von (260), indem man φ nach r differenziert, also

$$\bar{v} = \frac{\partial \varphi}{\partial r} = \frac{c}{r}, \tag{273}$$

d. h. $\bar{v}$ ist dem Abstand des Punktes P von O umgekehrt porportional. Ist nun die Geschwindigkeit $\bar{v}_0$ an irgendeiner beliebigen Stelle des Strömungsfeldes bekannt, so wird wegen $\bar{v}\,r = \bar{v}_0\,r_0$

$$\bar{v} = \bar{v}_0\,\frac{r_0}{r}.$$

Insbesondere geht $\bar{v} \to \infty$, wenn $r \to 0$ geht. Der Punkt O stellt also einen *singulären Punkt* dar.

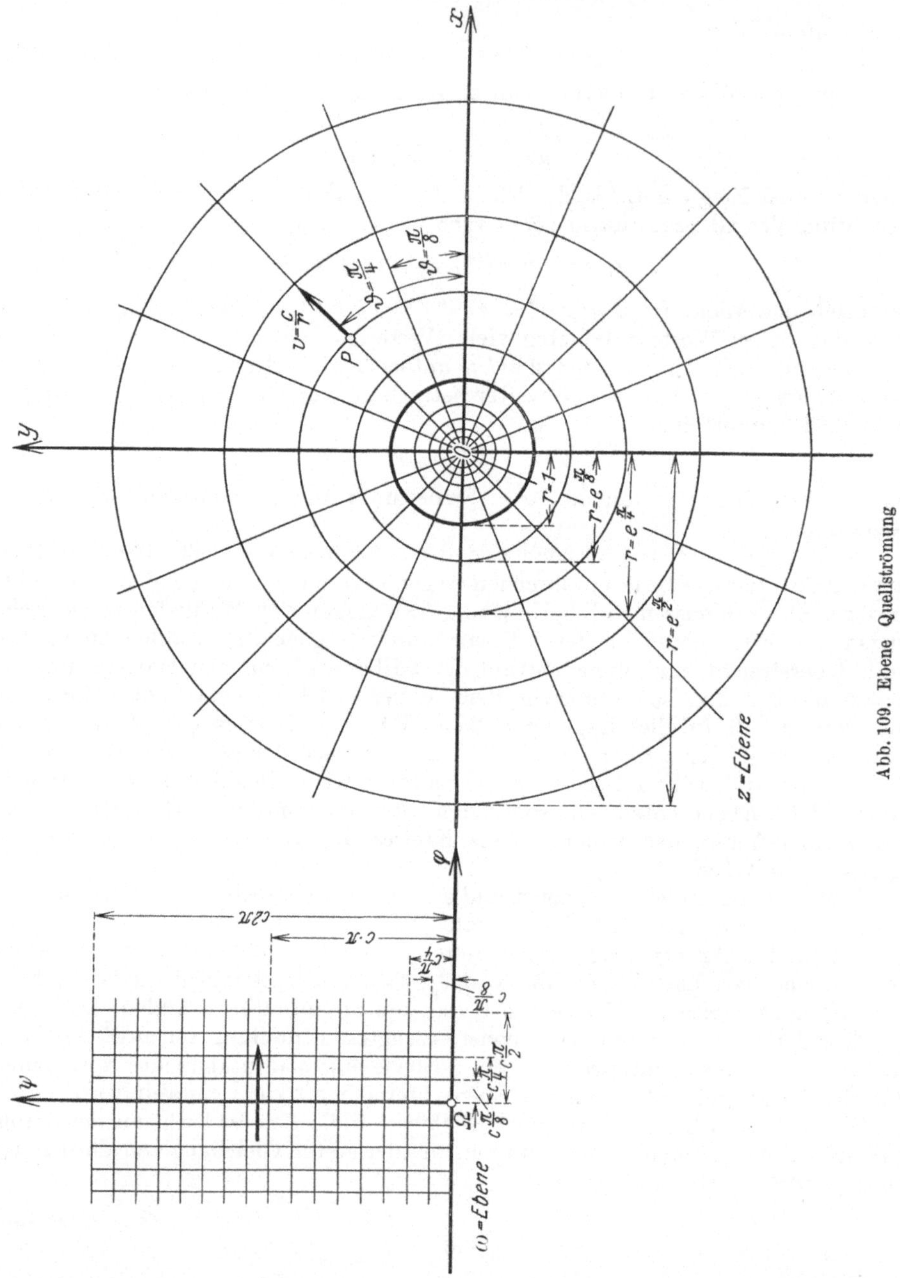

Abb. 109. Ebene Quellströmung

Bewegt sich die Strömung in der z-Ebene strahlenförmig vom Punkt O weg, so spricht man von einer ebenen *Quellströmung*, bewegt sich die Strömung dagegen zum Punkte O hin, so hat man es mit einer *Senkenströmung* zu tun. Der Punkt O selbst wird als *Quelle* bzw. *Senke* bezeichnet. Damit sich eine derartige

Strömung tatsächlich einstellen kann, ist am Orte O ein ständiger Zu- oder Abfluß erforderlich. (Man kann sich den Vorgang etwa so vorstellen, daß sich in einer mit der x-Achse zusammenfallenden Horizontalebene, welche das Flüssigkeitsgebiet nach unten abgrenzt, ein schmaler Spalt befindet, durch den die oberhalb der x-Achse liegende Flüssigkeit nach unten austritt.)

Unter der *Ergiebigkeit E* einer Quelle bzw. Senke versteht man die Flüssigkeitsmenge, welche in der Sekunde durch den Umfang eines Kreises vom Halbmesser r um 0 hindurchtritt. (Aus Kontinuitätsgründen muß diese Menge für alle Kreise die gleiche sein.) Man erhält dann unter Beachtung von (273)

$$E = 2\pi r \bar{v} = 2\pi c \left[\frac{\mathrm{m^2}}{\mathrm{s}}\right], \tag{274}$$

wodurch zugleich die Konstante c ihre physikalische Erklärung findet.

b) Strömung in einem von zwei ebenen Wänden gebildeten Winkelraum

Eine derartige Strömung wird bestimmt durch den Ansatz

$$\omega = c\, z^{\pi/\alpha}; \quad c = \text{const},$$

wobei α den von den Wänden eingeschlossenen Winkel bezeichnet. Mit $z = re^{i\vartheta}$ folgt daraus

$$\omega = c\, r^{\pi/\alpha}\, e^{i\vartheta\,\pi/\alpha} = c\, r^{\pi/\alpha}\left(\cos\frac{\pi\vartheta}{\alpha} + i\sin\frac{\pi\vartheta}{\alpha}\right) = \varphi + i\psi,$$

weshalb

$$\varphi = c\, r^{\pi/\alpha} \cos\frac{\pi\vartheta}{\alpha}; \quad \psi = c\, r^{\pi/\alpha} \sin\frac{\pi\vartheta}{\alpha}.$$

Für $\vartheta = 0$ und $\vartheta = \alpha$ wird $\psi = 0$, d. h. die Linien $\vartheta = 0$ und $\vartheta = \alpha$ gehören derselben Stromlinie $\psi = 0$ an und können damit als Begrenzung der hier betrachteten Strömung aufgefaßt werden (Abb. 110).

Speziell wird für $\alpha = \dfrac{\pi}{2}$ wegen $x = r\cos\vartheta$ und $y = r\sin\vartheta$

$$\varphi = c\, r^2 \cos(2\vartheta) = c\, r^2 (\cos^2\vartheta - \sin^2\vartheta) = c\,(x^2 - y^2),$$
$$\psi = c\, r^2 \sin(2\vartheta) = 2c\, r^2 \sin\vartheta\cos\vartheta = 2c\,xy.$$

Weiter erhält man als Geschwindigkeitskomponenten u und v

$$u = \frac{\partial\varphi}{\partial x} = 2c\,x; \quad v = \frac{\partial\varphi}{\partial y} = -2c\,y$$

und somit

$$\bar{v} = \sqrt{u^2 + v^2} = \sqrt{4c^2 x^2 + 4c^2 y^2} = 2c\,r.$$

Den Linien $\varphi = C$ ($C = \text{const}$) der ω-Ebene entspricht in der z-Ebene wegen $x^2 - y^2 = \text{const}$ eine Schar gleichseitiger Hyperbeln, deren Hauptachse die x-Achse ist, den Linien $\varphi = -C$ dagegen wegen $y^2 - x^2 = \text{const}$ eine Schar gleichseitiger Hyperbeln mit der y-Achse als Hauptachse (Abb. 111). Weiter entspricht den Linien $\psi = C$ der ω-Ebene wegen $2xy = \text{const}$

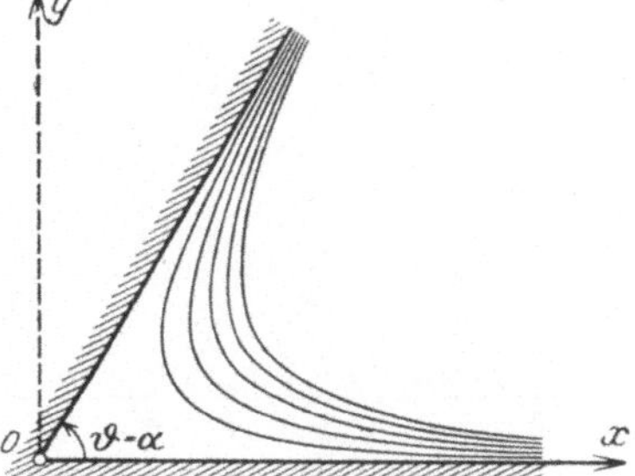

Abb. 110. Potentialströmung durch einen von zwei Ebenen gebildeten Winkelraum

im 1. und 3. Quadranten der z-Ebene eine Schar gleichseitiger Hyperbeln, deren Asymptoten die Koordinatenachsen sind, den Linien $\psi = -C$ eine Schar gleichseitiger Hyperbeln im 2. und 4. Quadranten. Faßt man die positiven Äste der Koordinatenachsen als feste Wände auf, so erhält man die Strömung in einem rechtwinkligen Knie mit der Geschwindigkeit $\bar{v} = 2c\,r$, wo r den Abstand vom

Koordinatenursprung O bezeichnet. Für letzteren ist $\bar{v} = 0$ wegen $r = 0$. Mit $\alpha = \pi$ wird $\omega = cz$, und dieser Ausdruck stellt die Strömung längs einer ebenen Wand (parallel der Achse) mit der Geschwindigkeit $u = c$, $v = 0$ dar. Ist dagegen $\alpha > \pi$, so erhält man die Strömung um eine vorspringende Ecke gemäß Abb. 112.

c) Quelle und Senke von gleicher Ergiebigkeit

In Abb. 113 bezeichne der Punkt B_1 eine *Quelle* mit der Ergiebigkeit $E_1 = 2\pi c$ [Gl. (274)] und B_2 eine *Senke* mit der gleich großen — aber negativen — Ergiebigkeit $E_2 = -2\pi c$. Überlagert man beide Strömungen, dann lautet das komplexe Strömungspotential nach (271)

$$\omega = c\,(\ln z_1 - \ln z_2), \quad (275)$$

wobei jetzt z_1 auf den Quellpunkt B_1 und z_2 auf den Senkenpunkt B_2 zu beziehen ist. Mit $z_1 = r_1 e^{i\vartheta_1}$ und $z_2 = r_2 e^{i\vartheta_2}$

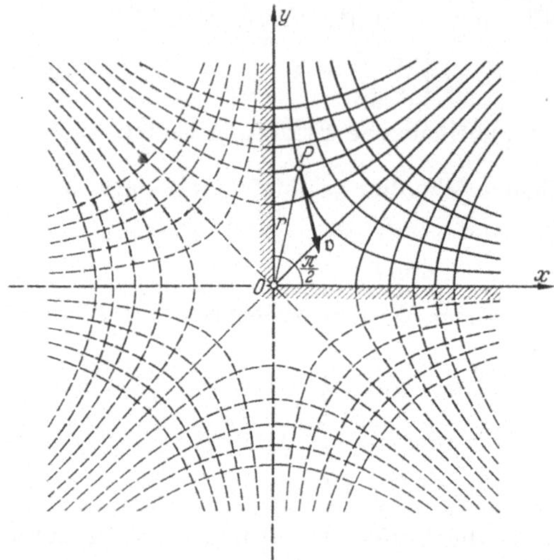

Abb. 111. Potentialströmung in einem rechtwinkligen Knie

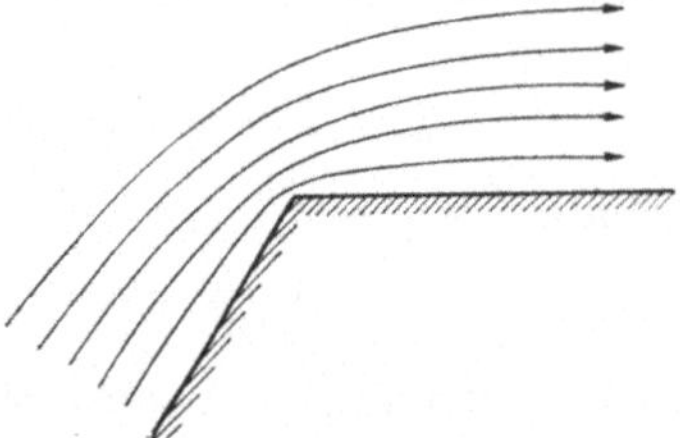

Abb. 112. Potentialströmung um eine vorspringende Ecke

geht vorstehender Ausdruck über in

$$\omega = c\,(\ln r_1 + i\,\vartheta_1 - \ln r_2 - i\,\vartheta_2) = c\,\ln\frac{r_1}{r_2} + i\,c\,(\vartheta_1 - \vartheta_2),$$

woraus unter Beachtung von (264) sofort folgt

$$\varphi = c\,\ln\frac{r_1}{r_2}; \quad \psi = c\,(\vartheta_1 - \vartheta_2). \quad (276)$$

Den Achsenparallelen $\psi = \text{const}$ der ω-Ebene entspricht wegen $\vartheta_1 - \vartheta_2 = \text{const}$ in der z-Ebene eine Schar von Kreisen durch die Punkte B_1 und B_2, deren Mittelpunkte auf der y-Achse liegen, und die den Winkel $\vartheta_1 - \vartheta_2 = \gamma$ als Peripheriewinkel haben. Für die Radien dieser Kreise erhält man nach Abb. 113

$$R = \frac{l}{\sin\gamma} = \frac{l}{\sin\dfrac{\psi}{c}}.$$

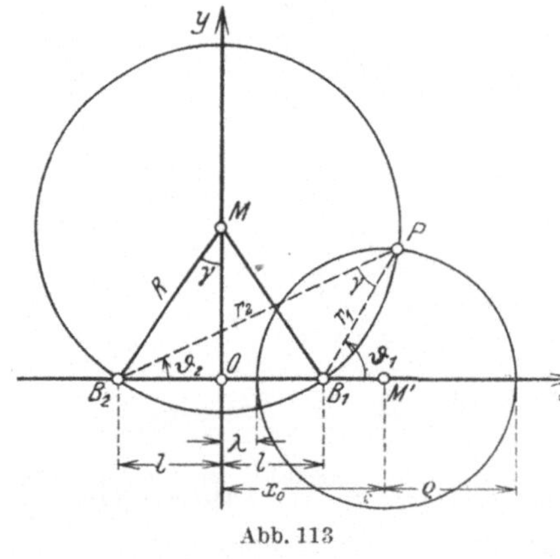

Abb. 113

Den Geraden $\varphi = \text{const}$ der ω-Ebene entsprechen wegen (276) in der z-Ebene Punkte, für die das Verhältnis $\dfrac{r_1}{r_2} = \mu$ konstant ist. Schreibt man dafür $r_1^2 = \mu^2\,r_2^2$ und drückt r_1 und r_2 durch die Koordinaten x, y des Punktes P aus, so wird nach Abb. 113

$$(x - l)^2 + y^2 = \mu^2\,[(x + l)^2 + y^2]$$

oder nach einfacher Umformung

$$x^2 + y^2 - 2\,l\,x\,\frac{1+\mu^2}{1-\mu^2} + l^2 = 0\,.$$

Dieser Ausdruck stellt die Gleichung eines Kreises dar, dessen Mittelpunkt auf der x-Achse liegt. Schreibt man dafür in bekannter Weise

$$(x - x_0)^2 + y^2 = \varrho^2\,,$$

wo ϱ den Kreisradius und x_0 die x-Koordinate des Kreismittelpunktes M' bezeichnen, und vergleicht beide Ausdrücke miteinander, so findet man

$$x_0 = l\,\frac{1+\mu^2}{1-\mu^2} = l\,\varepsilon\,, \tag{277}$$

$$\varrho = \sqrt{x_0^2 - l^2} = l\,\sqrt{\varepsilon^2 - 1}\,. \tag{277a}$$

Durch x_0 und ϱ ist der zu $\varphi = \text{const}$ — d.h. $\dfrac{r_1}{r_2} = \mu = \text{const}$ — gehörige Kreis in der z-Ebene festgelegt. Einem positiven Werte $\dfrac{\varphi}{c} = \ln\dfrac{r_1}{r_2}$ entspricht $r_1 > r_2$ bzw. $\mu > 1$. Daraus folgt $\varepsilon < 0$ und somit $x_0 < 0$, d.h. der Mittelpunkt des diesem Werte $\dfrac{\varphi}{c}$ entsprechenden Kreises liegt auf dem negativen Ast der x-Achse. Umgekehrt entspricht einem Werte $\dfrac{\varphi}{c} < 0$ ein positiver Wert von x_0. Das Gesamtbild der Äquipotential- und Stromlinien zeigt Abb. 114.

Zur Berechnung der am Orte $P(x, y)$ herrschenden Geschwindigkeit bilde man gemäß Gl. (267) $\dfrac{d\omega}{dz}$, wodurch zunächst die „konjugierte" Geschwindigkeit bestimmt ist, deren Betrag nach (268) gleich demjenigen der Geschwindigkeit am Orte P ist. Aus Gl. (275) folgt durch Differentiation nach z

$$\frac{d\omega}{dz} = c\left(\frac{1}{z_1}\frac{dz_1}{dz} - \frac{1}{z_2}\frac{dz_2}{dz}\right).$$

Nun ist aber (Abb. 113) $z_1 = z - l$ und $z_2 = z + l$, weshalb

$$\frac{d\omega}{dz} = c\left(\frac{1}{z_1} - \frac{1}{z_2}\right) = \frac{c}{r_1}e^{-i\vartheta_1} - \frac{c}{r_2}e^{-i\vartheta_2}.$$

In Abb. 115 sind die beiden gerichteten Größen $\dfrac{c}{r_1}e^{-i\vartheta_1}$ und $\dfrac{c}{r_2}e^{-i\vartheta_2}$ von O aus aufgetragen. Ihre Differenz ist gleich $\dfrac{d\omega}{dz}$. Der absolute Betrag ergibt sich also zu

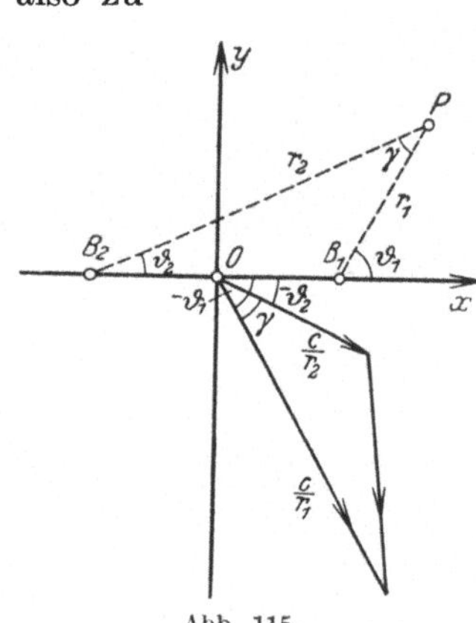

Abb. 115

$$\left|\frac{d\omega}{dz}\right| = \bar{v} = \sqrt{\frac{c^2}{r_1^2} + \frac{c^2}{r_2^2} - \frac{2c^2}{r_1 r_2}\cos\gamma}.$$

Andererseits folgt aus dem Dreieck $B_1 P B_2$

$$2\cos\gamma = \frac{r_1^2 + r_2^2 - 4l^2}{r_1 r_2},$$

so daß

$$\bar{v} = c\sqrt{\frac{1}{r_1^2} + \frac{1}{r_2^2} - \frac{r_1^2 + r_2^2 - 4l^2}{r_1^2 r_2^2}} = \frac{2cl}{r_1 r_2}. \tag{278}$$

Bei gegebener Ergiebigkeit $E = 2\pi c$ kann somit die Geschwindigkeit an jeder beliebigen Stelle $P(x, y)$ sofort berechnet werden.

Läßt man die beiden Punkte B_1 und B_2 immer näher an O heranrücken, bis sie schließlich nur noch den unendlich kleinen Abstand dx voneinander haben, und vergrößert gleichzeitig die Ergiebigkeit E so, daß $E\,dx = M$ einen endlichen Wert annimmt, so erhält man nach (276) als Geschwindigkeitspotential, wenn man dort $\varphi = c(\ln r_1 - \ln r_2)$ schreibt,

$$\varphi = -c\,dx\,\frac{d(\ln r)}{dx} = -\frac{E\,dx}{2\pi}\frac{1}{r}\frac{dr}{dx}.$$

Wegen

$$\frac{dr}{dx} = \frac{d(x^2 + y^2)^{1/2}}{dx} = \frac{x}{\sqrt{x^2 + y^2}} = \cos\vartheta$$

folgt daraus

$$\varphi = -\frac{M}{2\pi}\frac{\cos\vartheta}{r}.$$

Entsprechend erhält man als Stromfunktion

$$\psi = \frac{M}{2\pi}\frac{\sin\vartheta}{r}.$$

Man nennt ein solches Strömungsbild eine *Doppelquelle* oder ein *Quellpaar*. $M = E\,dx$ heißt das *Moment des Quellpaares*. Für die Geschwindigkeiten u und v dieser Strömung am Orte $P(x, y)$ ergibt sich durch Differentiation von φ wegen $\cos\vartheta = \dfrac{x}{r}$

$$u = \frac{\partial\varphi}{\partial x} = -\frac{M}{2\pi}\frac{\partial}{\partial x}\frac{x}{x^2+y^2} = -\frac{M}{2\pi}\frac{y^2-x^2}{r^4},$$

$$v = \frac{\partial\varphi}{\partial y} = -\frac{M}{2\pi}\frac{\partial}{\partial y}\frac{x}{x^2+y^2} = \frac{M}{2\pi}\frac{2xy}{r^4},$$

und daraus folgt als Betrag der resultierenden Geschwindigkeit

$$\bar{v} = \sqrt{u^2 + v^2} = \frac{M}{2\pi r^2}.$$

d) Parallelströmung um einen Kreiszylinder

Ein (theoretisch) unendlich langer Kreiszylinder sei in einer unendlich ausgedehnten Flüssigkeit festgehalten und werde von dieser rechtwinklig zu seiner Achse angeströmt. Diese Strömung läßt sich durch die analytische Funktion

$$\omega = c\left(z + \frac{a^2}{z}\right); \qquad c = \text{const} \tag{279}$$

beschreiben, wobei a den Zylinderhalbmesser bezeichnet.

Wegen $z = x + iy$ und $\omega = \varphi + i\psi$ wird

$$\varphi + i\psi = c\left(x + iy + a^2\,\frac{x - iy}{x^2+y^2}\right)$$

oder

$$\varphi = c\left(x + \frac{a^2 x}{x^2+y^2}\right); \qquad \psi = c\left(y - \frac{a^2 y}{x^2+y^2}\right). \tag{280}$$

Aus φ erhält man sofort die Geschwindigkeitskomponenten u und v durch Differentiation nach x bzw. y, also

$$u = \frac{\partial\varphi}{\partial x} = c\left[1 + a^2\,\frac{y^2-x^2}{(x^2+y^2)^2}\right]; \qquad v = \frac{\partial\varphi}{\partial y} = -c\,a^2\,\frac{2xy}{(x^2+y^2)^2}. \tag{281}$$

Für $x = \infty$ und $y = \infty$ wird $u_\infty = c$ und $v_\infty = 0$. Das besagt, daß in hinreichend großer Entfernung vom Zylinder eine *Parallelströmung mit der Geschwindigkeit* $u_\infty = c$ herrscht. Der Geraden $\psi = 0$ der ω-Ebene entspricht in der z-Ebene wegen der zweiten Gl. (280) entweder $y = 0$ oder $x^2 + y^2 = a^2$. Die zu $\psi = 0$ gehörige Stromlinie der z-Ebene wird also gebildet von der x-Achse und dem Kreisumfang des Zylinderschnittes. Sie teilt sich beim Auftreffen auf den Zylinder am *vorderen Staupunkt A*, während sich beide Äste am *hinteren Staupunkt B* wieder vereinigen. Für die Staupunkte liefern die Gln. (281) mit $x = \pm a$, $y = 0$ die Geschwindigkeiten $u_a = v_a = 0$. Das Bild der Äquipotential- und Stromlinien ist in Abb. 116 dargestellt.

Von besonderem Interesse ist noch die Größe der Geschwindigkeit am Umfang des Zylinderquerschnitts. Da dieser eine Stromlinie darstellt, so kann die Geschwindigkeit an jeder Stelle des Kreisumfangs nur tangential verlaufen. Sie ist also bestimmt, wenn ihr *Betrag* bekannt ist. Für diesen gilt nach Gl. (268) und unter Beachtung von (279), wo jetzt $c = u_\infty$ und $z = ae^{i\vartheta}$ gesetzt werden kann,

$$\bar{v} = |\mathfrak{v}| = \left|\frac{d\omega}{dz}\right| = u_\infty\left|\left(1 - \frac{a^2}{z^2}\right)\right| = u_\infty\left|(1 - 1\cdot e^{-2i\vartheta})\right|.$$

In Abb. 117 ist die Vektordifferenz $1 - 1\cdot e^{-2i\vartheta}$ dargestellt. Ihr Betrag ist, wie man leicht feststellt, $2 \sin \vartheta$, so daß die Geschwindigkeit am Kreisumfang die Größe

$$\bar{v} = 2\,u_\infty \sin\vartheta \qquad\qquad (282)$$

besitzt.

Die hier besprochene Strömung ist *stationär*. Das Bezugssystem hat man sich dabei mit dem ruhenden Zylinder verbunden zu denken. An dem Strömungsbild

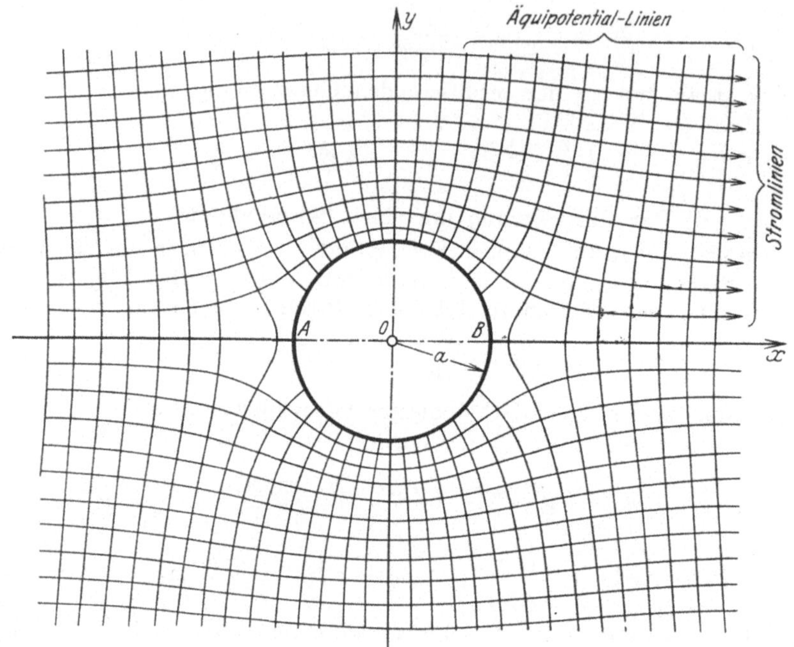

Abb. 116. Parallelströmung um einen Kreiszylinder

ändert sich offenbar nichts, wenn man die Flüssigkeit im Unendlichen ruhend annimmt und den Zylinder mit der Geschwindigkeit $U = -c$; $V = 0$ relativ gegen sie bewegt, sofern nur jetzt das Bezugssystem die Bewegung des Zylinders mit ausführt. Vom Zylinder aus gesehen ist dann die Strömung die gleiche wie vorher. Will man also die *relative* Strömung einer im ungestörten Zustande ruhenden Flüssigkeit (z. B. Luft) gegen einen in ihr bewegten Körper untersuchen, so kommt es auf dasselbe hinaus, wenn man den Körper ruhend annimmt und die Flüssigkeit gegen ihn mit der entgegengesetzten Geschwindigkeit anströmen läßt[1].

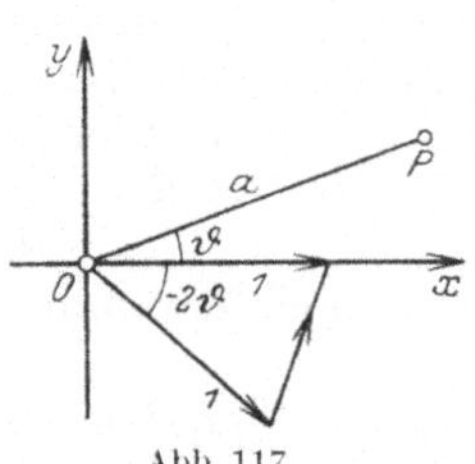

Abb. 117

Die Bewegung eines Körpers in einer an sich ruhenden Flüssigkeit ist *instationär*, da sich ja mit dem Fortschreiten des Körpers die Geschwindigkeit an einem bestimmten Orte $P(x, y)$ ständig ändert. (Das Bezugssystem hat man sich dabei mit der ruhenden Flüssigkeit fest verbunden zu denken.) Will man also die *absolute* Geschwindigkeit dieser Flüssigkeitsbewegung (gesehen von einem mit der ruhenden Flüssigkeit fest verbunden Koordinatensystem aus) bestimmen, so hat man den oben angegebenen Geschwindigkeiten (281) die Werte $U = -c$,

---

[1] Voraussetzung ist dabei allerdings, daß die strömende Flüssigkeit vollkommen *gleichförmig*, d. h. nicht durch turbulente Schwankungen gestört ist (vgl. „Turbulenzgrad", S. 263).

$V = 0$ zu überlagern, wodurch die Grenzbedingungen $u_\infty = 0$ und $v_\infty = 0$ erfüllt werden. Man erhält dann aus (281)

$$u = c\,a^2\,\frac{y^2 - x^2}{(x^2 + y^2)^2}; \qquad v = -\,c\,a^2\,\frac{2\,x\,y}{(x^2 + y^2)^2}.$$

Für das Geschwindigkeitspotential und die Stromfunktion dieser Strömung ergibt sich

$$\varphi = c\,a^2\,\frac{x}{x^2 + y^2}; \qquad \psi = -\,c\,a^2\,\frac{y}{x^2 + y^2},$$

wovon man sich leicht überzeugen kann, wenn man $u = \dfrac{\partial \varphi}{\partial x}$ und $v = \dfrac{\partial \varphi}{\partial y}$ bildet.

Den Geraden $\varphi = \text{const}$ der ω-Ebene entsprechen in der z-Ebene zwei Kreisscharen $x^2 + y^2 - \dfrac{c\,a^2\,x}{\varphi} = 0$ durch den Ursprung O, deren Mittelpunkte auf der x-Achse im Abstand $x_0 = \dfrac{c\,a^2}{2\,\varphi}$ von O liegen, den Geraden $\psi = \text{const}$ zwei Kreisscharen durch O, deren Mittelpunkte auf der y-Achse im Abstande $y_0 = -\dfrac{c\,a^2}{2\,\psi}$ liegen (Abb. 118). Letztere stellen die Stromlinien der im Unendlichen ruhenden Flüssigkeit dar.

Die oben berechneten Geschwindigkeitskompo-

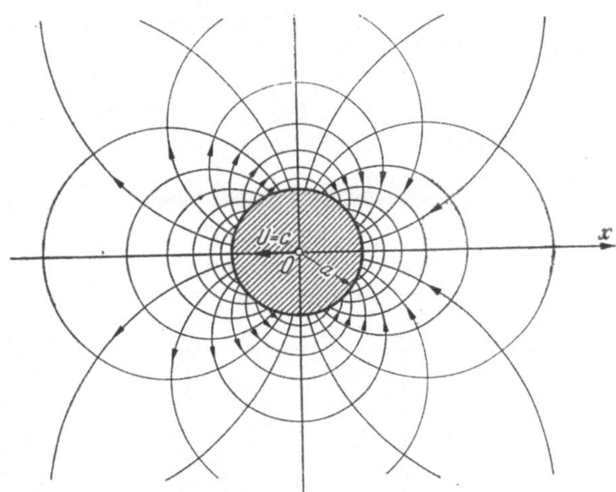

Abb. 118. Strom- und Äquipotentiallinien bei der Translation eines Kreiszylinders in ruhender Flüssigkeit

nenten stimmen unter entsprechender Deutung der Konstanten mit den unter Absatz c) berechneten Geschwindigkeiten eines *Quellpaares* überein. Das hier besprochene Strömungsbild ist also mit demjenigen des Quellpaares identisch.

e) Potentialströmung um eine rechteckige Platte

Die Strömung um eine senkrecht zur Strömungsrichtung angestellte rechteckige Platte, deren Dicke man sich unendlich klein vorzustellen hat, und deren Länge quer zur Strömung unendlich groß sei (ebenes Problem), kann mittels einer konformen Abbildung aus der Parallelströmung um den Kreiszylinder (Absatz d) abgeleitet werden. Als Abbildungsfunktion der z-Ebene (x, y) auf die ζ-Ebene (ξ, η) dient die analytische Funktion

$$\zeta = z - \frac{a^2}{z}, \tag{283}$$

wobei a den Halbmesser des Kreiszylinders bezeichnet. Läßt man hier $z \to \infty$ gehen, so geht $\zeta \to z$, d. h. im Unendlichen stimmt die Strömung in der z-Ebene mit derjenigen in der ζ-Ebene überein (ungestörte Parallelströmung). Um die dem Umfang des Zylinderquerschnitts entsprechenden Bildpunkte in der ζ-Ebene zu bestimmen, setze man in Gl. (283) $z = a e^{i\vartheta}$ (vgl. S. 156), womit diese wegen $\zeta = \xi + i\eta$ übergeht in

$$\xi + i\eta = a\,e^{i\vartheta} - a\,e^{-i\vartheta}.$$

Da aber

$$e^{i\vartheta} = \cos\vartheta + i\sin\vartheta; \qquad e^{-i\vartheta} = \cos\vartheta - i\sin\vartheta,$$

so folgt daraus

$$\xi + i\eta = 2\,i\,a\,\sin\vartheta$$

oder

$$\xi = 0; \qquad \eta = 2\,a\,\sin\vartheta = 2\,y.$$

Das heißt: der Kreis vom Halbmesser a wird in eine in die y-Richtung fallende, doppelt durchlaufene Gerade von der Höhe $4a$ abgebildet (Rechteckplatte $\perp$ Strömung, Abb. 119). Durch die Transformation (283) bildet sich damit auch das orthogonale Netz der Äquipotential- und Stromlinien der Zylinderströmung auf die ζ-Ebene ab und ergibt dort die entsprechenden Linien der Plattenströmung. Nach Gl. (270) erhält man das komplexe Strömungspotential $\omega(\zeta)$ der ζ-Ebene, wenn man in Gl. (279) für z die „inverse" Funktion von (283)

$$z = z(\zeta) = \frac{\zeta}{2} + \sqrt{\frac{\zeta^2}{4} + a^2}$$

einsetzt. Durch Trennung der reellen und imaginären Glieder in dem Ausdruck $\omega[z(\zeta)]$ ergeben sich dann gemäß (270) das Geschwindigkeitspotential $\Phi(\xi,\eta)$ und die Stromfunktion $\Psi(\xi,\eta)$ der Plattenströmung.

Zur Bestimmung der Geschwindigkeit dieser Strömung geht man zweckmäßig von Gl. (267) aus. Schreibt man diese in der Form

$$\frac{d\omega(z)}{dz} = \frac{d\omega(\zeta)}{d\zeta}\frac{d\zeta}{dz} = \overline{\mathfrak{v}}_{(z)} = ,$$

so wird

$$\frac{d\omega(\zeta)}{d\zeta} = \overline{\mathfrak{v}}_{(\zeta)} = \overline{\mathfrak{v}}_{(z)}\frac{dz}{d\zeta}.$$

Aus (283) folgt

$$\frac{d\zeta}{dz} = 1 + \frac{a^2}{z^2},$$

so daß

$$\overline{\mathfrak{v}}_{(\zeta)} = \frac{\overline{\mathfrak{v}}_{(z)}}{1 + \dfrac{a^2}{z^2}}. \tag{284}$$

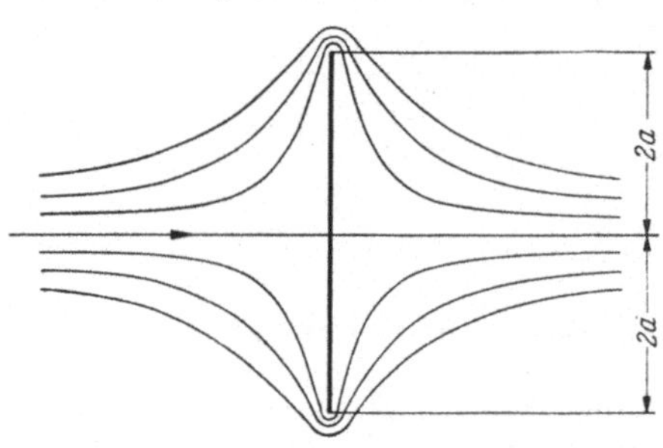

Abb. 119. Potentialströmung um eine rechteckige Platte

Dieser Ausdruck stellt die „konjugierte" Geschwindigkeit in der ζ-Ebene dar, deren Betrag gleich demjenigen von $\mathfrak{v}_{(\zeta)}$ ist (Gl. 268). Um den Betrag des Quotienten zweier komplexer Größen zu bestimmen, stelle man letztere in der Form $z_1 = r_1 e^{i\vartheta_1}$ bzw. $z_2 = r_2 e^{i\vartheta_2}$ dar und bilde

$$z' = \frac{z_1}{z_2} = \frac{r_1}{r_2}\,e^{i(\vartheta_1 - \vartheta_2)} = r'\,e^{i\vartheta'},$$

wobei jetzt $r' = \dfrac{r_1}{r_2}$ den „Betrag" des Quotienten darstellt, der also mit dem Quotienten der Beträge beider komplexer Größen übereinstimmt.

Hier interessiert besonders die *Geschwindigkeit längs des Plattenrandes*. Um diese zu bestimmen, hat man im Zähler der Gl. (284) für $|\overline{v}_{(z)}|$ nach (282) den Wert $2u_\infty \cdot \sin\vartheta$ einzusetzen. Um den Betrag des Nenners zu bekommen, beachte man, daß für den Kreisumfang (Bild des Plattenrandes) $z = a e^{i\vartheta}$ und somit

$$1 + \frac{a^2}{z^2} = 1 + 1 \cdot e^{-2i\vartheta}$$

ist. Bildet man diese vektorielle Summe (Abb. 120), so findet man

$$\left|\,(1 + e^{-2i\vartheta})\,\right| = 2\cos\vartheta.$$

Damit ergibt sich die Größe der *Geschwindigkeit längs des Plattenrandes* gemäß (284)

$$\left|\mathfrak{v}_{(\zeta)}\right| = \frac{2\,u_\infty \sin\vartheta}{2\cos\vartheta} = u_\infty\,\mathrm{tg}\,\vartheta.$$

Man erkennt, daß die Punkte $\vartheta = 0$ und $\vartheta = \pi$ wie beim Zylinder so auch bei der Platte Staupunkte sind ($\left|\mathfrak{v}_{(\zeta)}\right| = 0$). Für $\vartheta = \dfrac{\pi}{2}$ und $\vartheta = \dfrac{3}{2}\pi$ dagegen wird $\left|\mathfrak{v}_{(\zeta)}\right| = \infty$. Man hat also an den Rändern der Platte singuläre Stellen. Beim Überschreiten dieser Grenzstellen wechselt $\left|\mathfrak{v}_{(\zeta)}\right|$ sein Vorzeichen, wodurch zum Ausdruck kommt, daß einem Aufwärtsströmen an der Vorderseite eine Abwärtsbewegung an der Rückseite entspricht bzw. umgekehrt.

Bezeichnen nun u_∞ die Anströmungsgeschwindigkeit im Unendlichen und p_∞ den zugehörigen Druck, so folgt nach der BERNOULLIschen Gleichung unter Vernachlässigung der Schwere

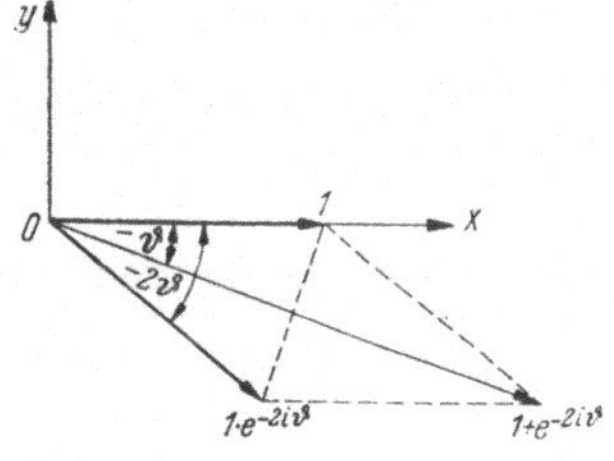

Abb. 120

$$\frac{\varrho}{2}\,u_\infty^2 + p_\infty = \frac{\varrho}{2}\,\mathfrak{v}_{(\zeta)}^2 + p_{(\zeta)},$$

wo $\mathfrak{v}_{(\zeta)}$ und $p_{(\zeta)}$ Geschwindigkeit und Druck in einem Punkte der Platte bezeichnen. Da aber an den Plattenrändern $\mathfrak{v}_{(\zeta)} = \infty$ ist, so würde sich dort ein unendlich großer negativer Druck ergeben, was in einer natürlichen Flüssigkeit unmöglich ist. Worauf diese Unstimmigkeit zurückzuführen ist und wie sie sich insbesondere erklären läßt, darüber wird in Ziffer 18c berichtet.

f) Überlagerung verschiedener Strömungsbilder

Zwei (oder mehrere) Potentialströmungen können überlagert werden, indem man die Geschwindigkeiten der einzelnen Strömungen an jedem Orte $P(x, y)$ vektoriell addiert. Auf diese Weise lassen sich aus einfachen Strömungsbildern durch Superposition verwickeltere Strömungen ableiten. Zur Erläuterung eines graphischen Verfahrens sei zunächst Abb. 121 betrachtet, in der zwei beliebige Stromlinien der Strömung „1" und zwei ebensolche der Strömung „2" aufgetragen sind. Die Differenzen $\delta\psi_1$ und $\delta\psi_2$ der beiden zugehörigen Stromfunktionen ψ_1 bzw. ψ_2 sollen hinreichend klein und einander gleich gewählt werden, also $\delta\psi_1 = \delta\psi_2$. (In Abb. 121 sind die Stromlinien

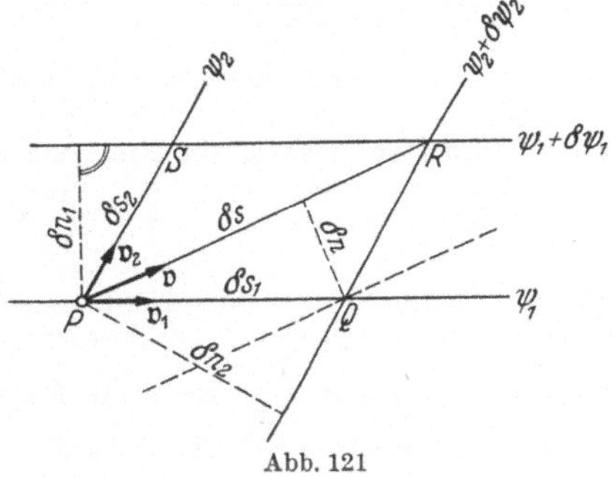

Abb. 121

geradlinig gezeichnet, da nur ein entsprechend kleiner Bereich dargestellt ist. Die Überlegung gilt aber auch für beliebig gekrümmte Stromlinien.) Am Orte $P(x, y)$ ist nach Gl. (260)

$$\bar{v}_1 = \frac{\delta\psi_1}{\delta n_1}; \qquad \bar{v}_2 = \frac{\delta\psi_2}{\delta n_2},$$

woraus wegen $\delta\psi_1 = \delta\psi_2$ folgt $\bar{v}_1 : \bar{v}_2 = \delta n_2 : \delta n_1$. Andererseits ist nach Abb. 121

$$\delta n_2 : \delta n_1 = \delta s_1 : \delta s_2, \text{ so daß } \bar{v}_1 : \bar{v}_2 = \delta s_1 : \delta s_2 \text{ und}$$

$$\frac{\bar{v}_1}{\delta s_1} = \frac{\bar{v}_2}{\delta s_2} = \frac{\bar{v}}{\delta s},$$

wenn $\bar{v}$ die resultierende Geschwindigkeit am Orte P und δs die Länge der Diagonale PR des Parallelogramms $PSRQ$ bezeichnet, das von den beiden Stromlinienpaaren gebildet wird. Der resultierende Geschwindigkeitsvektor $\mathfrak{v}$ fällt also in die Richtung der Diagonalen $\overrightarrow{PR}$, welche somit ein Längenelement der Stromlinie der aus den beiden Strömungen „1" und „2" resultierenden Strömung darstellt. Auf diese Weise läßt sich aus dem Netz der beiden Stromlinienscharen durch Eintragung der Parallelogrammdiagonalen das neue Strömungsbild konstruieren. In ähnlicher Weise kann man mit den Äquipotentiallinien verfahren, wobei stets zu beachten ist, daß Strom- und Äquipotentiallinien sich überall rechtwinklig schneiden.

Einfaches Beispiel. Eine Parallelströmung in Richtung der negativen x-Achse wird durch das komplexe Potential

$$\omega_1 = \varphi_1 + i\,\psi_1 = -c_1 z = -c_1\,(x + i\,y)$$

dargestellt ($c_1 = $ const). Daraus ergibt sich $\varphi_1 = -c_1 x$; $\psi_1 = -c_1 y$, $u_1 = \dfrac{\partial \varphi_1}{\partial x} = -c_1$; $v_1 = \dfrac{\partial \varphi_1}{\partial y} = 0$. c_1 ist also die konstante Strömungsgeschwindigkeit.

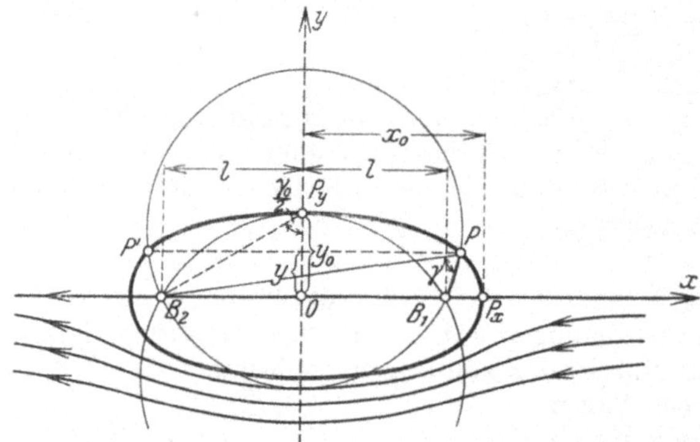

Abb. 122. Potentialströmung um eine ovale Kontur

Dieser Strömung sollen jetzt eine Quelle und Senke gleicher Ergiebigkeit E überlagert werden (Absatz c), und zwar möge die Quelle im Punkte B_1, die Senke im Punkte B_2 der x-Achse liegen (Abb. 122). Für diese Strömung nehmen φ und ψ nach Gl. (276) folgende Werte an:

$$\varphi_2 = \frac{E}{2\,\pi} \ln \frac{r_1}{r_2};$$

$$\psi_2 = \frac{E}{2\,\pi}\,(\vartheta_1 - \vartheta_2) = \frac{E}{2\,\pi}\,\gamma.$$

Für die resultierende Strömung erhält man somit durch Überlagerung, wenn man dabei für c_1 den absoluten Wert u_0 (in Richtung der negativen x-Achse) setzt,

$$\varphi = \varphi_1 + \varphi_2 = -u_0\,x + \frac{E}{2\,\pi} \ln \frac{r_1}{r_2}; \qquad \psi = \psi_1 + \psi_2 = -v_0\,y + \frac{E}{2\,\pi}\,\gamma.$$

Der Konstanten $\psi = 0$ entspricht also eine Stromlinie, die einerseits durch die x-Achse gebildet wird ($y = 0$; $\gamma = 0$), andererseits durch eine ovale Kontur (Wandstromlinie), welche der Gleichung $u_0 y = \dfrac{E}{2\,\pi}\,\gamma$ gehorcht. Man kann diese Kontur zeichnen, indem man die Schar von Kreisen, welche durch die Punkte B_1 und B_2 gehen und γ zum Peripheriewinkel haben, mit den Parallelen zur x-Achse im Abstand $y = \dfrac{E\,\gamma}{2\,\pi\,u_0}$ zum Schnitt bringt (Abb. 122)[1]. Für die Schnittpunkte P_y der Kontur mit der y-Achse erhält man die Beziehung

$$\operatorname{tg} \frac{\gamma_0}{2} = \operatorname{tg} \frac{u_0\,y_0\,\pi}{E} = \frac{l}{y_0},$$

während die Schnittpunkte P_x mit der x-Achse sich aus der Bedingung ergeben, daß in den „Staupunkten" (Schnittpunkten der Kontur mit der x-Achse) die Geschwindigkeit $u = 0$

---

[1] MÜLLER, W.: Mathematische Strömungslehre (1928) S. 77.

sein muß. Demnach wird mit Rücksicht auf (278) wegen $c = \dfrac{E}{2\,\pi}$

$$O = -u_0 + \frac{E\,l}{\pi\,(x_0 - l)\,(x_0 + l)}\,,$$

woraus folgt

$$x_0 = \sqrt{l^2 + \frac{E\,l}{\pi\,u_0}}\,.$$

(Vgl. hierzu auch S. 169.)

10. Strömung mit Zirkulation

a) Strömung in konzentrischen Kreisen

Durch Vertauschung der Strom- und Äquipotentiallinien der unter Ziffer 9, a besprochenen Quellströmung entsteht in der z-Ebene eine Strömung, bei welcher die Stromlinien Kreise um den Ursprung O, die Äquipotentiallinien dagegen von O ausgehende Strahlen sind (Abb. 123). Faßt man nun einen dieser Stromlinienkreise als Querschnitt eines Kreiszylinders auf, so erhält man eine ebene Strömung, die in konzentrischen Kreisen um diesen Kreiszylinder vor sich geht. Das komplexe Strömungspotential ergibt sich aus demjenigen der Quellströmung durch Multiplikation mit i, was einer Vertauschung der Achsen bzw. einer Drehung um 90° entspricht. Demnach wird

$$\omega = \varphi + i\,\psi = i\,c\ln z =$$
$$i\,c\ln\left(r\,e^{i\vartheta}\right) = i\,c\ln r - c\,\vartheta \qquad (285)$$

und somit

$$\varphi = -c\,\vartheta = -c\,\operatorname{arc\,tg}\frac{y}{x}\,; \qquad \psi = c\ln r\,.$$
$$(285\,\mathrm{a})$$

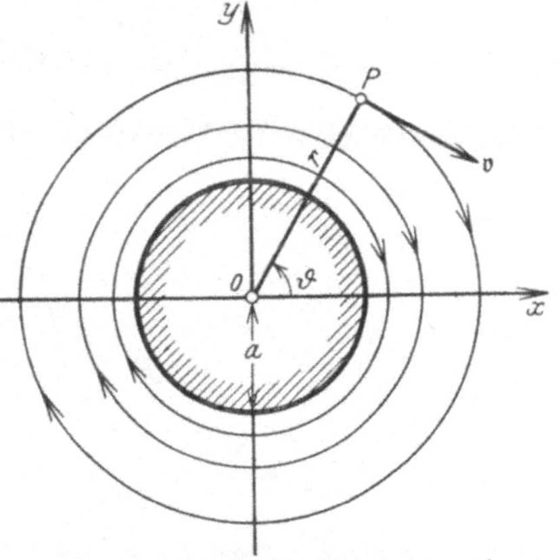

Abb. 123. Zirkulationsströmung um einen Kreiszylinder

Für die Geschwindigkeit an einer beliebigen Stelle P des Strömungsfeldes ergibt sich daraus

$$\bar{v} = \frac{\partial \psi}{\partial r} = \frac{c}{r}\,. \qquad (286)$$

Sie hat also längs jeder Stromlinie einen konstanten Betrag.

Die vorliegende Strömung unterscheidet sich von den bisher betrachteten Potentialbewegungen wesentlich dadurch, daß die Zirkulation längs eines Kreises um O hier *nicht* Null ist. Sie nimmt vielmehr den Wert an

$$\Gamma = \oint \bar{v}\,ds = \frac{c}{r}\oint ds = 2\,\pi\,c\,, \qquad (287)$$

ist also wegen $c = $ const für alle Stromlinien gleich groß.

Unter Ziffer 4 dieses Abschnitts war gezeigt, daß eine Strömung innerhalb eines *einfach* zusammenhängenden Raumes wirbelfrei (d. h. eine Potentialströmung) ist, wenn die Zirkulation für jede geschlossene Linie innerhalb dieses Raumes verschwindet. Das steht aber nicht im Widerspruch zu dem obigen Ergebnis, da es sich hier um einen *zweifach* zusammenhängenden Raum handelt, in dem die Stromlinien nicht nur Flüssigkeit, sondern auch einen festen Körper (den Kreiszylinder) umschließen. Außerdem erkennt man aus (285a), daß das Potential φ hier vieldeutig ist, da einem beliebigen Punkte $P(x, y)$ beliebig viele

<table><tr><td>Kaufmann, Hydro- und Aeromechanik, 3. Aufl.</td><td>11</td></tr></table>

Werte $\varphi_0 = -c\,\vartheta$; $\varphi_1 = -c\,(\vartheta + 2\pi)$; $\varphi_k = -c\,(\vartheta + 2\pi k)$ entsprechen ($k = 1$, 2, 3, . . .). Eine solche Strömung wird als *Zirkulationsströmung* bezeichnet. Daß sie außerhalb des Kreiszylinders *wirbelfrei*, also eine Potentialströmung ist, wurde bereits an dem auf S. 142 behandelten Beispiel gezeigt (vgl. die Abb. 99a).

b) Parallelströmung und Zirkulation

Durch Überlagerung der in Ziffer 9,d und 10,a besprochenen Strömungsbilder erhält man eine Parallelströmung mit Zirkulation um den Kreiszylinder. Für diese lautet das komplexe Strömungspotential wegen (279) und (285)

$$\omega = c_1 \left(z + \frac{a^2}{z}\right) + i\,c_2 \ln z\,.$$

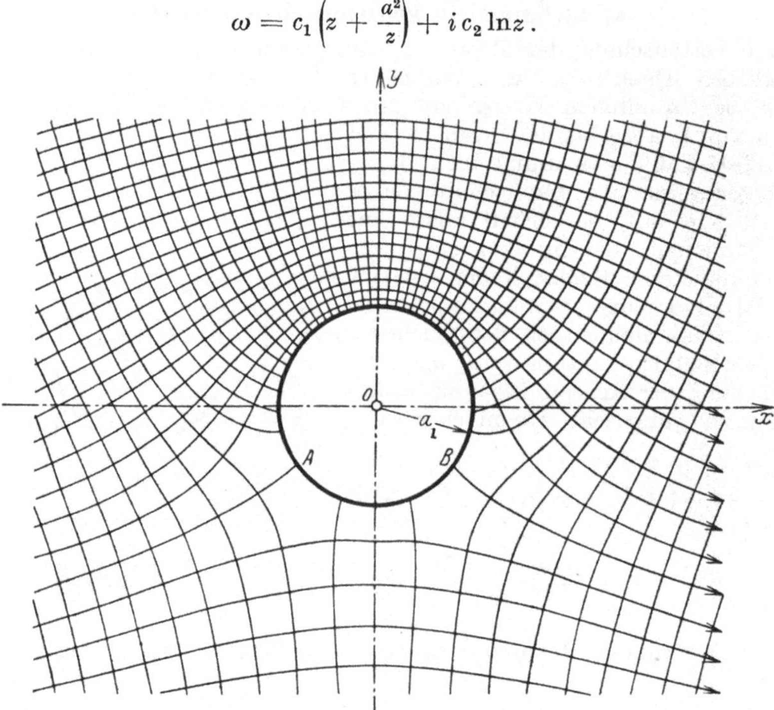

Abb. 124. Parallelströmung mit Zirkulation um einen Kreiszylinder

Dabei stellt die Konstante c_1 die ungestörte Anströmungsgeschwindigkeit u_∞ der Parallelströmung in Richtung der x-Achse dar, während c_2 nach (287) die durch 2π dividierte Zirkulation Γ der Zirkulationsbewegung angibt, so daß

$$\omega = u_\infty \left(z + \frac{a^2}{z}\right) + \frac{i\,\Gamma}{2\pi} \ln z\,. \tag{288}$$

Daraus folgt wegen (280) und 285a)

$$\varphi = u_\infty\, x \left(1 + \frac{a^2}{x^2 + y^2}\right) - \frac{\Gamma}{2\pi}\,\vartheta\,; \qquad \psi = u_\infty\, y \left(1 - \frac{a^2}{x^2 + y^2}\right) + \frac{\Gamma}{2\pi}\,\ln r\,.$$

Die so definierte Strömung ist in Abb. 124 dargestellt, welche nach der unter Ziffer 9, f) besprochenen Methode konstruiert wurde. Der Verlauf der Stromlinien ist wesentlich abhängig von der Stärke der Zirkulation Γ. Insbesondere verschieben sich die „Staupunkte" A und B je nach der Größe von Γ mehr oder weniger nach abwärts. Die vorliegende Strömung ist von besonderer Bedeutung für die theoretische Behandlung der Strömung um Tragflügelprofile, wie in dem nachfolgenden Beispiel gezeigt werden soll.

Zunächst möge jedoch noch eine Umformung der Gl. (288) für den Fall vorgenommen werden, daß die aus dem Unendlichen kommende Strömung im Gegensatz zu Abb. 116 mit der x-Achse den Winkel β bildet (Abb. 124a). Da die Zirkulationsströmung hiervon unabhängig ist, so erleidet nur das erste Glied von (288) dadurch eine Veränderung. Zu ihrer Feststellung zerlege man die Anströmungsgeschwindigkeit $\mathfrak{v}_\infty$ nach den Achsen in die Komponenten u_∞ und v_∞ und superponiere nun eine Strömung in der x-Richtung mit der Geschwindigkeit u_∞ und eine solche in der y-Richtung mit der Geschwindigkeit v_∞. Für erstere wird nach (279)

$$\omega' = u_\infty \left(z + \frac{a^2}{z}\right).$$

Für letztere läßt sich der entsprechende Ausdruck ω'' aus ω' durch Drehung um 90° und Vertauschung von u_∞ mit v_∞ ableiten (vgl. S. 145). Setzt man also vorübergehend $\zeta = iz$, wodurch die Strömung ω' auf eine ζ-Ebene abgebildet wird, und führt den Wert $z = \frac{1}{i}\zeta$ in den Ausdruck für ω' ein, in dem außerdem u_∞ durch v_∞ ersetzt wird, so erhält man

$$\omega'' = v_\infty \left(\frac{1}{i}\zeta + \frac{i\,a^2}{\zeta}\right) = -\,i\,v_\infty\left(\zeta - \frac{a^2}{\zeta}\right)$$

oder, wenn man jetzt wieder die z-Ebene mit der ζ-Ebene zusammenfallen läßt,

$$\omega'' = -\,i\,v_\infty\left(z - \frac{a^2}{z}\right).$$

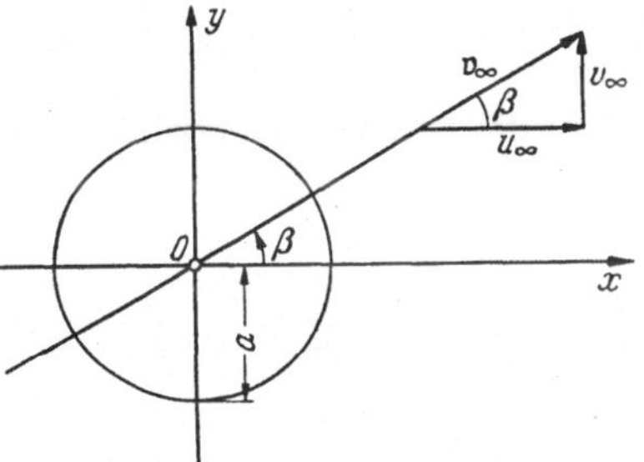

Abb. 124a

Das komplexe Strömungspotential der unter dem Winkel β gegen die x-Richtung geneigten Strömung mit Zirkulation, bezogen auf das x, y-Koordinatensystem, lautet also

$$\omega = \omega' + \omega'' + \frac{i\,\Gamma}{2\,\pi}\ln z = (u_\infty - i\,v_\infty)z + (u_\infty + i\,v_\infty)\frac{a^2}{z} + \frac{i\,\Gamma}{2\,\pi}\ln z. \qquad (289)$$

Daraus ergibt sich für die konjugierte Geschwindigkeit $\bar{\mathfrak{v}}$ am Orte $P(x, y)$ der Ausdruck

$$\bar{\mathfrak{v}} = \frac{d\omega}{dz} = (u_\infty - i\,v_\infty) - (u_\infty + i\,v_\infty)\frac{a^2}{z^2} + \frac{i\,\Gamma}{2\,\pi z}, \qquad (290)$$

deren Betrag $|\bar{\mathfrak{v}}|$ nach Gl. (268) gleich dem Betrag des Geschwindigkeitsvektors $\mathfrak{v}(x, y)$ ist.

c) Ebene Strömung um ein Joukowskysches Tragflügelprofil

Bei der unter Absatz b) betrachteten Strömung um den Kreiszylinder wird durch die Zirkulation die Geschwindigkeit der Parallelströmung auf der Oberseite des Zylinders vergrößert, auf der Unterseite dagegen verkleinert. Aus der Druckgleichung (250a) folgt also unter Vernachlässigung von Massenkräften (vgl. S. 47), daß auf der Unterseite ein größerer Druck auftritt als oben, so daß als resultierender Gesamtdruck ein „Auftrieb" entsteht, der den Zylinder zu heben sucht. Bei der einfachen Parallelströmung der Abb. 116 ist ein solcher Auftrieb wegen der bestehenden Symmetrie der Druckverteilung nicht vorhanden. Man erkennt daraus, daß die Zirkulation in Verbindung mit einer Parallelströmung den Auftrieb eines Körpers bewirkt.

Bei der Strömung der Luft um einen Tragflügel treten ähnliche Verhältnisse auf wie bei der Strömung mit Zirkulation um den Kreiszylinder. Die Unterschiede sind lediglich durch die Unterschiede der Konturen bedingt. Auf welche Weise dabei überhaupt eine Zirkulationsströmung entsteht, wird später erläutert werden (vgl. S. 307). Gelingt es also, das vorgelegte Tragflügelprofil vermittels einer analytischen Funktion konform auf einen Kreis abzubilden, so liefert die Strömung um den Kreiszylinder sofort die gesuchte Strömung um den Flügel, dessen „Spannweite" man sich dabei wieder unendlich groß vorzustellen hat (ebene Strömung).

Eine solche Abbildung wird z. B. geleistet durch die Funktion

$$\zeta = z + \frac{a^2}{z}, \tag{291}$$

wobei ζ die Ebene des Tragflügelprofils und z diejenige des Kreises bezeichnet.

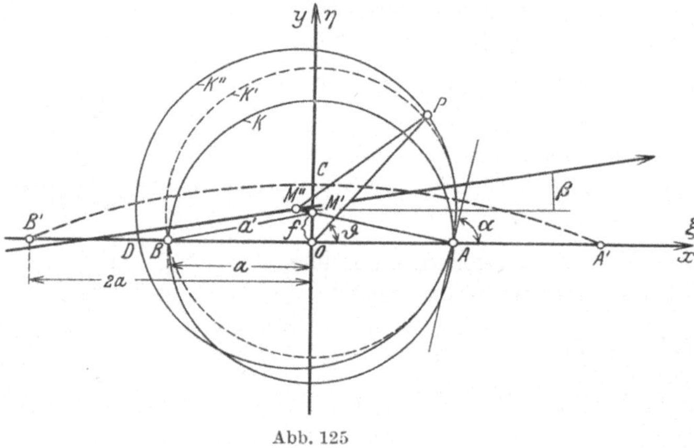

Abb. 125

In Abb. 125 stellt K einen Kreis vom Halbmesser a um den Ursprung O der z-Ebene dar. Die ζ-Ebene (ξ, η) ist mit der z-Ebene zusammenfallend angenommen, und zwar so, daß die Koordinatenachsen sich decken. Wendet man nun auf diesen Kreis die Transformation (291) an, so erhält man wegen $\zeta = \xi + i\eta$ und $z = a e^{i\vartheta}$ (Kreisperipherie)

$$\xi + i\eta = a e^{i\vartheta} + a e^{-i\vartheta} = 2 a \cos\vartheta = 2 x,$$

somit

$$\xi = 2 x; \qquad \eta = 0 .$$

Alle Punkte des Kreises K bilden sich also in die doppelt durchlaufene Gerade $A'-B'-A'$ ab, welche in der ζ-Ebene die Länge $4a$ besitzt. Man kann sich nun die Gerade $A'-B'$ als eine unendlich dünne Platte vorstellen, die einen Auftrieb erzeugt, wenn sie unter einem kleinen Winkel β gegen die x-Achse angeströmt wird, da bei einer solchen Strömung sich automatisch eine Zirkulation einstellt, wie später gezeigt wird.

Eine bessere Annäherung an ein Tragflügelprofil erhält man, wenn als Bildkreis ein Kreis K' vom Halbmesser a' gewählt wird (Abb. 125), dessen Mittelpunkt M' auf der y-Achse um die Strecke f von der x-Achse entfernt liegt und der durch die Punkte $A(+a, 0)$ und $B(-a, 0)$ geht. Wendet man auf diesen Kreis die Transformation (291) an, so ergibt sich als Bild ein doppelt durchlaufener Kreisbogen $A' - C - B' - C - A'$ zwischen den Punkten $(2a, 0)$ und $(-2a, 0)$ mit der Pfeilhöhe $2f$ (KuTTAsche Abbildung). Man kann diesen Kreisbogen als eine gewölbte Platte auffassen, die einen günstigeren Auftrieb erzeugt als die ebene Platte.

Will man z. B. die Bildpunkte der beiden Punkte A und B des Kreises K' bestimmen, so hat man in (291) für z die Werte $z_A = a$ bzw. $z_B = -a$ einzusetzen. Dann erhält man für die entsprechenden Bildpunkte $\zeta_A = 2a$; $\zeta_B = -2a$. Um die Bilder der Scheitelpunkte $z_0 = i(a' + f)$ bzw. $z_u = -i(a' - f)$ des Kreises K' zu bekommen, setze man diese Werte für z in (291) ein. Dann wird für den oberen Scheitelpunkt

$$\zeta_0 = i\,(a' + f) + \frac{a^2}{i\,(a' + f)} = i\,\frac{a'^2 + 2\,a'\,f + f^2 - a^2}{a' + f}$$

oder, wegen $a'^2 - a^2 = f^2$,

$$\zeta_0 = i\,\frac{2\,a'\,f + 2\,f^2}{a' + f} = 2\,i\,f\,.$$

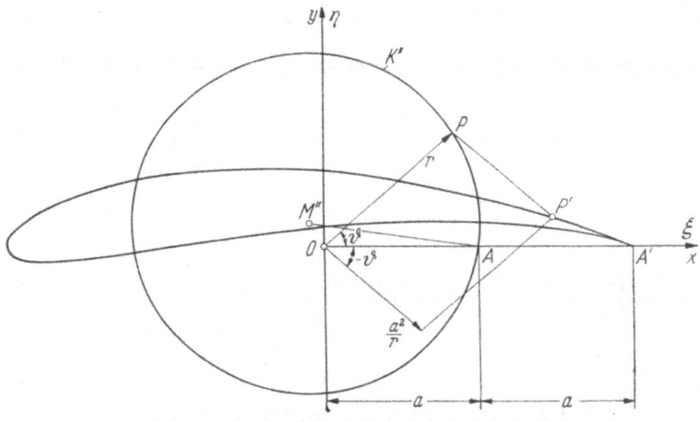

Abb. 125a. JOUKOWSKY-Profil

Entsprechend findet man als Bild des unteren Scheitelpunktes, wenn man $z = z_u = -i(a' - f)$ in (291) einsetzt, den gleichen Wert

$$\zeta_u = 2\,i\,f\,,$$

d. h. in beiden Fällen den gleichen Punkt C.

Verlängert man jetzt den Radius $A\,M'$ über M' um die kleine Strecke $\overline{M'\,M''} = \delta$ und wendet auf den um M'' mit dem Radius $\overline{M''A}$ gelegten Kreis K'' die Transformation (291) an, so erhält man als Bild dieses Kreises in der ζ-Ebene eine geschlossene Kontur, welche den Kreisbogen $A' - C - B'$ der vorhergehenden Transformation umschließt und im Punkte $A'(+2a, 0)$ eine Spitze hat (Abb. 125a). Diese Kontur besitzt im wesentlichen die Form eines Tragflügelumrisses und kann übrigens je nach der Wahl der Längen f und δ beliebig variiert werden (JOUKOWSKYsche Abbildung).

Bezeichnet man den Abstand eines beliebigen Punktes P der Kreisperipherie von O mit r und den Polarwinkel mit ϑ, so kann für diesen Punkt $z = r\,e^{i\vartheta}$ gesetzt werden. Den Bildpunkt P' von P in der ζ-Ebene erhält man, wenn man diesen Ausdruck für z in Gl. (291) einführt, also

$$\zeta = r\,e^{i\vartheta} + \frac{a^2}{r\,e^{i\vartheta}} = r\,e^{i\vartheta} + \frac{a^2}{r}\,e^{-i\vartheta}\,.$$

Durch graphische Addition der beiden Vektoren $r e^{i\vartheta}$ und $\dfrac{a^2}{r} e^{-i\vartheta}$ läßt sich der gesuchte Bildpunkt Γ' unmittelbar bestimmen (Abb. 125a)[1].

Das komplexe Strömungspotential für das Joukowsky-Profil läßt sich nun aus demjenigen für den Kreiszylinder sofort ableiten, wobei die Strömung im Unendlichen gegen die x-Achse den Winkel β bilden möge. Das Strömungspotential für den Kreiszylinder, dessen Achse durch den Koordinatenursprung O geht (Kreis K in Abb. 125), ist durch Gl. (289) gegeben. Es muß zunächst für den Kreiszylinder K'' mit der Achse M'' umgeformt werden. Setzt man in Abb. 125 $\overline{M'M''} = \lambda a'$, wo $a' = \overline{AM'}$ ist, dann wird

$$\overrightarrow{OM''} = -[\lambda a - i f(1 + \lambda)]$$

und

$$\overline{AM''} = a'(1 + \lambda) = (1 + \lambda)\sqrt{a^2 + f^2}\,.$$

Das komplexe Potential der Strömung um den Kreis K'' erhält man nun aus (289) durch den Ansatz $z' = \overrightarrow{OM''} + z$, was einer Verschiebung des Kreismittelpunktes aus der Lage O nach M'' entspricht. Ersetzt man außerdem den Radius a durch $\overline{AM''}$, dann liefert Gl. (289) mit $z = z' - \overrightarrow{OM''}$ und $a = \overline{AM''}$ unter Beachtung der oben angegebenen Werte

$$\omega' = (u_\infty - i v_\infty)[z' + \lambda a - i f(1 + \lambda)] +$$
$$+ (u_\infty + i v_\infty)\frac{(1 + \lambda)^2 (a^2 + f^2)}{z' + \lambda a - i f(1 + \lambda)} + \frac{i \Gamma}{2\pi} \ln[z' + \lambda a - i f(1 + \lambda)], \qquad (292)$$

worin nachträglich wieder z' durch z ersetzt werden kann, indem man die z'-Ebene mit der z-Ebene zusammenfallen läßt. Damit ist zunächst das komplexe Strömungspotential um den Kreis K'' bei einer Anströmungsgeschwindigkeit mit den Komponenten u_∞ und v_∞ bekannt. Löst man nun Gl. (291) nach z auf, also

$$z = \frac{\zeta}{2} + \sqrt{\frac{\zeta^2}{4} - a^2}\,, \qquad (293)$$

so liefert Gl. (292) (mit $z' = z$) das komplexe Strömungspotential um das Joukowsky-Profil in der ζ-Ebene, wenn man für z die Transformationsgleichung (293) einsetzt[2]. Damit ist aber die Strömung um ein derartiges Profil vollkommen bestimmt (vgl. dazu auch die Ausführungen auf S. 311).

11. Drehsymmetrische Potentialströmung

Den vorstehend behandelten *ebenen* Potentialströmungen nahe verwandt sind die *drehsymmetrischen* Strömungen, bei denen die Flüssigkeitsbewegung in Ebenen vor sich geht, die sich sämtlich in einer festen Achse schneiden und bei denen die Bewegung in all diesen Ebenen die gleiche ist. Es genügt dann, wenn der Strömungsverlauf in einer Meridianebene bestimmt wird. In Abb. 126 bezeichne P einen Punkt dieser Meridianebene. Die senkrecht zur Bildebene durch O gehende Achse z sei die Symmetrieachse und r der Abstand des Punktes P von dieser. Mit den weiteren Bezeichnungen der Abb. 126 können die Geschwindigkeitskomponenten u und v des Punktes P durch die Radialgeschwindigkeit v_r wie folgt ausgedrückt werden (regen $v_t = 0$)

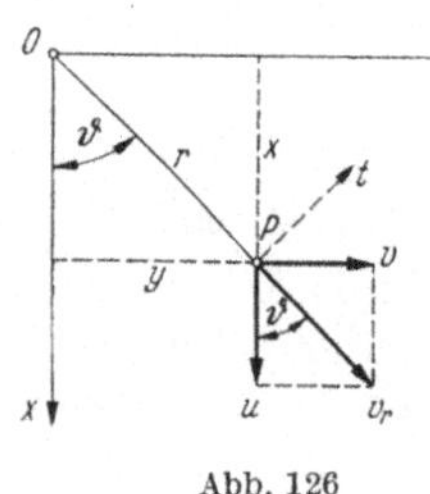

Abb. 126

$$u = v_r \cos\vartheta; \qquad v = v_r \sin\vartheta. \qquad (294)$$

Durch Differentiation von u nach der Richtung r ergibt sich, da $u = f(x, y)$ ist,

$$\frac{\partial u}{\partial r} = \frac{\partial u}{\partial x}\frac{\partial x}{\partial r} + \frac{\partial u}{\partial y}\frac{\partial y}{\partial r}\,.$$

---

[1] Ein allgemeines Verfahren zur Konstruktion der Joukowskyschen Abbildung ist von E. Trefftz angegeben. Vgl. Z. Flugtechn. (1913) S. 130.

[2] Vgl. hierzu R. Grammel: Die hydrodynam. Grundlagen des Fluges (1917) S. 69f.

Wegen $x = r \cos \vartheta$ und $y = r \sin \vartheta$ folgt

$$\frac{\partial x}{\partial r} = \cos \vartheta; \quad \frac{\partial y}{\partial r} = \sin \vartheta,$$

so daß

$$\frac{\partial u}{\partial r} = \frac{\partial u}{\partial x} \cos \vartheta + \frac{\partial u}{\partial y} \sin \vartheta. \tag{295}$$

Entsprechend wird

$$\frac{\partial u}{\partial t} = \frac{\partial u}{\partial x} \frac{\partial x}{\partial t} + \frac{\partial u}{\partial y} \frac{\partial y}{\partial t}.$$

Setzt man hier $\partial t = r \partial \vartheta$, so ist $\frac{\partial x}{\partial t} = \frac{1}{r} \frac{\partial x}{\partial \vartheta} = -\sin \vartheta$ und $\frac{\partial y}{\partial t} = \frac{1}{r} \frac{\partial y}{\partial \vartheta} = \cos \vartheta$, so daß

$$\frac{\partial u}{\partial t} = \frac{1}{r} \frac{\partial u}{\partial \vartheta} = -\frac{\partial u}{\partial x} \sin \vartheta + \frac{\partial u}{\partial y} \cos \vartheta. \tag{296}$$

Multipliziert man schließlich (295) mit $\cos \vartheta$, (296) mit $-\sin \vartheta$ und addiert beide Ausdrücke, so ergibt sich

$$\frac{\partial u}{\partial x} = \frac{\partial u}{\partial r} \cos \vartheta - \frac{1}{r} \frac{\partial u}{\partial \vartheta} \sin \vartheta.$$

In gleicher Weise findet man

$$\frac{\partial v}{\partial y} = \frac{\partial v}{\partial r} \sin \vartheta + \frac{1}{r} \frac{\partial v}{\partial \vartheta} \cos \vartheta.$$

Führt man auf der rechten Seite dieser Gleichungen für u und v die Werte (294) ein, so wird

$$\frac{\partial u}{\partial x} = \frac{\partial v_r}{\partial r} \cos^2 \vartheta - \frac{\sin \vartheta}{r} \left(\frac{\partial v_r}{\partial \vartheta} \cos \vartheta - v_r \sin \vartheta \right)$$

$$= \frac{\partial v_r}{\partial r} \cos^2 \vartheta - \frac{1}{r} \frac{\partial v_r}{\partial \vartheta} \sin \vartheta \cos \vartheta + \frac{1}{r} v_r \sin^2 \vartheta$$

und

$$\frac{\partial v}{\partial y} = \frac{\partial v_r}{\partial r} \sin^2 \vartheta + \frac{\cos \vartheta}{r} \left(\frac{\partial v_r}{\partial \vartheta} \sin \vartheta + v_r \cos \vartheta \right)$$

$$= \frac{\partial v_r}{\partial r} \sin^2 \vartheta + \frac{1}{r} \frac{\partial v_r}{\partial \vartheta} \sin \vartheta \cos \vartheta + \frac{1}{r} v_r \cos^2 \vartheta.$$

Mit diesen Ausdrücken geht die allgemeine *Kontinuitätsgleichung* (226) für drehsymmetrische Strömungen über in

$$\frac{\partial v_r}{\partial r} + \frac{1}{r} v_r + \frac{\partial w}{\partial z} = 0, \tag{297}$$

wofür man auch schreiben kann

$$\frac{\partial (r v_r)}{\partial r} + \frac{\partial (r w)}{\partial z} = 0. \tag{297a}$$

w bezeichnet hier die Axialgeschwindigkeit in Richtung der z-Achse.

Die Bedingung für die *Wirbelfreiheit* der Strömung erhält man unmittelbar aus (239), wenn man die betrachtete Meridianebene mit der yz-Ebene zusammenfallen läßt. Dann reduzieren sich, wie man leicht einsieht, die drei Bedingungen (239) auf die *eine* Gleichung

$$\frac{\partial w}{\partial r} - \frac{\partial v_r}{\partial z} = 0, \tag{298}$$

welche für drehsymmetrische Strömungen die Bedingung der Wirbelfreiheit ausdrückt. Sie besagt, daß v_r und w sich aus einem Geschwindigkeitspotentiale φ

ableiten lassen, derart, daß

$$w = \frac{\partial \varphi}{\partial z}; \qquad v_r = \frac{\partial \varphi}{\partial r}$$

ist, wovon man sich durch Einsetzen in (298) sofort überzeugt.

Mit diesen Ausdrücken für w und v_r liefert die Kontinuitätsgleichung (297) für das Geschwindigkeitspotential φ die Differentialgleichung

$$\frac{\partial^2 \varphi}{\partial r^2} + \frac{\partial^2 \varphi}{\partial z^2} + \frac{1}{r}\frac{\partial \varphi}{\partial r} = 0. \tag{299}$$

Ganz ähnlich wie bei der ebenen Strömung lassen sich die Geschwindigkeitskomponenten w und v_r auch noch in der Form

$$w = \frac{1}{r}\frac{\partial \psi}{\partial r}; \qquad v_r = -\frac{1}{r}\frac{\partial \psi}{\partial z} \tag{300}$$

darstellen, da diese Ausdrücke die Kontinuitätsbedingung (297) befriedigen. Setzt man die Werte (300) in die Bedingung der Wirbelfreiheit (298) ein, so erhält man für ψ die Differentialgleichung

$$\frac{\partial^2 \psi}{\partial r^2} + \frac{\partial^2 \psi}{\partial z^2} - \frac{1}{r}\frac{\partial \psi}{\partial r} = 0. \tag{301}$$

ψ heißt die *Stokessche Stromfunktion* und besitzt für drehsymmetrische Strömungen eine analoge Bedeutung wie die Stromfunktion der ebenen Strömung.

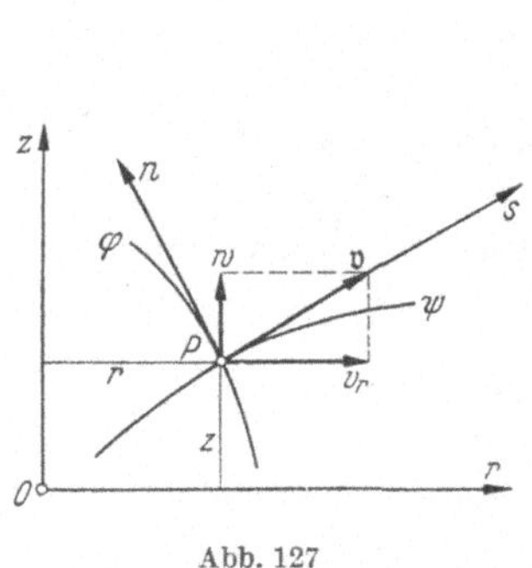

Abb. 127

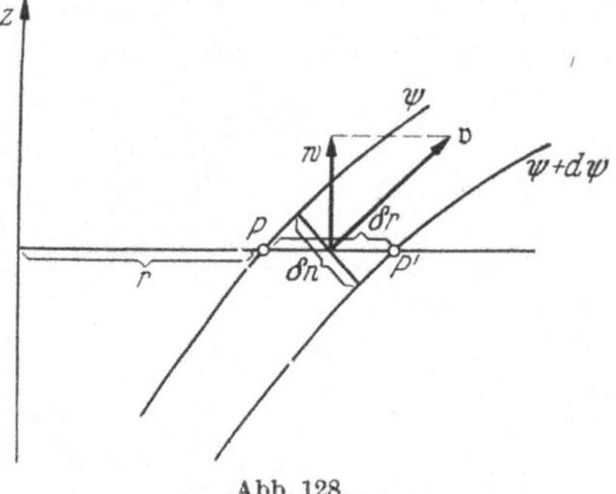

Abb. 128

Insbesondere stellen die Kurven $\psi = \text{const}$ wieder die Stromlinien dar, welche die Äquipotentiallinien $\varphi = \text{const}$ (in der Meridianebene) an jeder Stelle rechtwinklig schneiden (Abb. 127). Der Beweis hierfür kann in ähnlicher Weise geführt werden wie in Ziffer 7. Für die Größe $\bar{v}$ der aus w und v_r resultierenden Geschwindigkeit erhält man aus (300)

$$\bar{v} = \sqrt{v_r^2 + w^2} = \frac{1}{r}\sqrt{\left(\frac{\partial \psi}{\partial z}\right)^2 + \left(\frac{\partial \psi}{\partial r}\right)^2} = \frac{1}{r}\frac{\partial \psi}{\partial n},$$

wenn n wieder die Richtung der Normalen zur Stromlinie angibt. Da andererseits $\bar{v} = \frac{\partial \varphi}{\partial s}$ ist ($s = $ Richtung der Stromlinie), so wird

$$\left.\begin{array}{l} \bar{v} = \dfrac{\partial \varphi}{\partial s} = \dfrac{1}{r}\dfrac{\partial \psi}{\partial n}, \\[2ex] 0 = \dfrac{\partial \varphi}{\partial n} = \dfrac{\partial \psi}{\partial s}. \end{array}\right\} \tag{302}$$

Betrachtet man nun in der Meridianebene zwei benachbarte Stromlinien ψ und $\psi + \delta\psi$ und legt zur Symmetrieachse z eine rechtwinklige Ebene, welche diese Stromlinien in den Punkten P und P' schneidet (Abb. 128), so ist der sekundliche Fluß durch den Kreisring, der durch P und P' bei der drehsymmetrischen Strömung bestimmt wird,

$$dQ = 2\pi\, r\, \delta r\, w.$$
(303)

Da aber zwischen w und $\bar{v}$ aus Ähnlichkeitsgründen die einfache Beziehung $\dfrac{w}{\bar{v}} = \dfrac{\delta n}{\delta r}$ besteht, so wird unter Beachtung der ersten Gleichung von (302)

$$dQ = 2\pi\, r\, \delta n\, \bar{v} = 2\pi\, \delta\psi.$$
(303a)

Somit erhält man als sekundliches Durchflußvolumen durch einen Kreis vom Halbmesser $r = r_0$

$$Q = 2\pi \int\limits_{r=0}^{r=r_0} \delta\psi = 2\pi\left(\psi_{(r=r_0)} - \psi_{(r=0)}\right).$$

Potentialströmung um Rotationskörper

Bei der Untersuchung der Strömung um Rotationskörper beliebiger Gestalt, welche in eine unendlich ausgedehnte Flüssigkeit eingetaucht sind, kann mit Vorteil eine von RANKINE[1] begründete Methode angewandt werden, die auf folgender Überlegung beruht: Kombiniert man eine Parallelströmung mit einer Anzahl Quellen und Senken, deren Gesamtergiebigkeit Null ist, so stellt sich, wie man zeigen kann, eine geschlossene Stromlinienfläche ein, in deren Innenraum die Quellen und Senken liegen. Die Form der Fläche, speziell ihr Streckungsverhältnis, hängt dabei wesentlich von der Stärke der gewählten Einzelströmungen ab. Um diese Stromlinienfläche bewegt sich die Flüssigkeit wie um einen starren Körper. Man kann also, ohne an der äußeren Strömung etwas zu ändern, diesen Raum durch einen starren Körper — nämlich den zu untersuchenden — ersetzen, und es kommt jetzt nur darauf an, durch entsprechende Wahl der Strömungsintensitäten von Parallel- und Quell-Senk-Strömung die Gestalt der obengenannten Stromlinienfläche so zu bestimmen, daß sie mit derjenigen des starren Körpers so gut wie möglich übereinstimmt.

Bevor die Anwendung des Verfahrens an einem Beispiel erläutert wird, sollen zunächst noch einige Bemerkungen über *räumliche* Quellen bzw. Senken gemacht werden (vgl. dazu auch Ziffer 9, a dieses Abschnitts).

Bei einer *punktförmigen Quelle* im Raume bewegt sich die Flüssigkeit (ähnlich wie in der Ebene) vom Quellpunkte aus radial nach allen Richtungen des Raumes. Die „Ergiebigkeit" E der Quelle ist gleich dem Durchflußvolumen, das in der Zeiteinheit durch die Oberfläche einer um den Quellpunkt gelegten Kugel vom Halbmesser ϱ geht, also

$$E = 4\pi\, \varrho^2\, \bar{v} = 4\pi\, \varrho^2\, \frac{\partial\varphi}{\partial\varrho},$$

woraus als Geschwindigkeitspotential φ folgt

$$\varphi = -\frac{E}{4\pi\varrho}.$$
(304)

Entsprechend gilt für die punktförmige Senke

$$\varphi = \frac{E}{4\pi\varrho}.$$
(304a)

---

[1] RANKINE, W.: On plane water-lines in two dimensions. Phil. Trans. roy. Soc. (1864) S. 369.

Eine Quelle Q_1 und eine Senke Q_2 von entgegengesetzt gleicher Ergiebigkeit erzeugen ein Strömungsfeld, für welches

$$\varphi = -\frac{E}{4\pi}\left(\frac{1}{\varrho_1} - \frac{1}{\varrho_2}\right) \tag{305}$$

ist, wenn ϱ_1 bzw. ϱ_2 die Abstände eines beliebigen Feldpunktes P von der Quelle bzw. Senke bezeichnen (Abb. 129). Läßt man Q_1 und Q_2 bis auf den unendlich kleinen Abstand ds aneinanderrücken (Abb. 130), während gleichzeitig E so vergrößert wird, daß $E\,ds = M$ einen endlichen Grenzwert besitzt, so erhält man eine *Doppelquelle*, deren Potential sich nach (305) zu

$$\varphi = -\frac{E}{4\pi} d\left(\frac{1}{\varrho}\right) = -\frac{E\,ds}{4\pi}\frac{d\left(\frac{1}{\varrho}\right)}{ds}$$

ergibt. Nun ist $\varrho = \sqrt{r^2 + s^2}$, also

$$\frac{d\left(\frac{1}{\varrho}\right)}{ds} = \frac{d}{ds}(r^2 + s^2)^{-1/2} = -\frac{s}{(r^2+s^2)^{3/2}} = -\frac{s}{\varrho^3} = -\frac{1}{\varrho^2}\cos\vartheta,$$

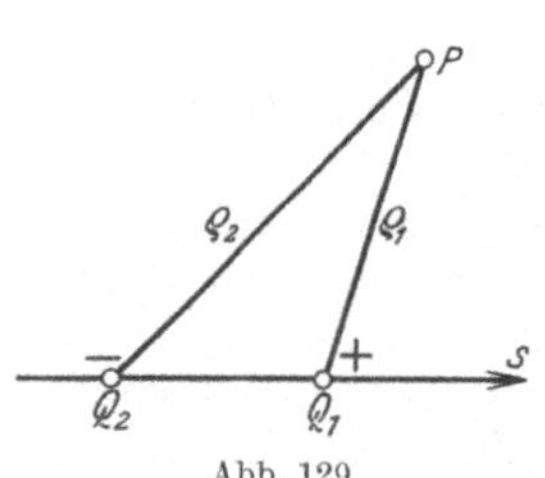

Abb. 129

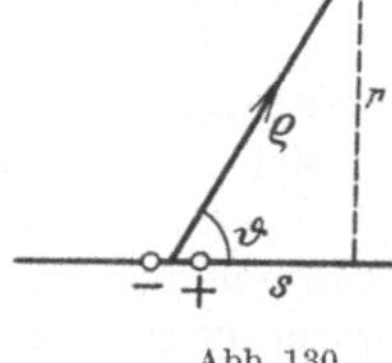

Abb. 130

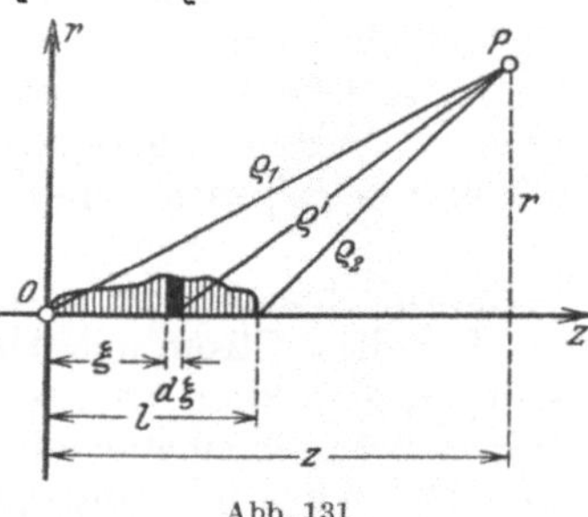

Abb. 131

wenn ϑ den Winkel bezeichnet, den der nach P gerichtete Strahl ϱ mit der Richtung s einschließt. Damit erhält man wegen $E\,ds = M$

$$\varphi = \frac{M}{4\pi\varrho^2}\cos\vartheta. \tag{306}$$

M heißt das *Moment*, s die *Achse* der Doppelquelle.

Neben den hier besprochenen punktförmigen Quellen und Senken werden zur Lösung der oben gestellten Aufgabe auch Quell- und Senkenströmungen benutzt, die *kontinuierlich* längs einer Strecke verteilt sind. Bezeichnet dann $\varepsilon(\xi)$ die auf die Längeneinheit bezogene Ergiebigkeit einer solchen Quelle und l die Länge der im Nullpunkt O beginnenden Quellstrecke (Abb. 131), so wird das Geschwindigkeitspotential dieser Strömung wegen (304)

$$\varphi = -\frac{1}{4\pi}\int_{\xi=0}^{\xi=l}\frac{\varepsilon(\xi)\,d\xi}{\varrho'} \tag{307}$$

mit

$$\varrho' = \sqrt{r^2 + (z-\xi)^2} \,.$$

Für den Sonderfall $\varepsilon = \text{const} = \dfrac{E}{l}$ folgt daraus

$$\varphi = -\frac{E}{4\pi l}\int_{\xi=0}^{\xi=l}\frac{d\xi}{\varrho'}.$$

Beispiel. Strömung um Luftschiffkörper. Das vorstehend geschilderte Verfahren ist von G. FUHRMANN[1] benutzt worden, um durch passende Anordnung von Quellen und Senken in einer Parallelströmung geschlossene Stromlinienflächen von der Gestalt eines Luftschiffkörpers zu erzeugen. Als Beispiel möge hier der einfache Fall besprochen werden, bei dem eine Punktquelle mit einer gleichmäßigen Streckensenke verbunden wird, deren Anfangspunkt mit der Punktquelle zusammenfällt (Abb. 132). Für die Stromfunktion der Punktquelle erhält man nach (303) und (303a) $\delta\psi = r\,\delta r\,w$ und somit wegen $w = \dfrac{\partial\varphi}{\partial z}$

$$\psi_P = \int\limits_{r=0}^{r=r} r\,\delta r\,\frac{\partial\varphi}{\partial z}.$$

Setzt man hier φ aus (304) ein, so wird

$$\psi_P = -\frac{E}{4\pi}\int\limits_0^r r\,\delta r\,\frac{\partial}{\partial z}\left(\frac{1}{\varrho}\right).$$

Nun ist $\varrho = \sqrt{r^2 + z^2}$, also $\dfrac{\partial}{\partial z}\left(\dfrac{1}{\varrho}\right) = -\dfrac{z}{(r^2+z^2)^{3/2}}$, womit folgt

$$\psi_P = \frac{E\,z}{8\pi}\int\limits_0^r \frac{\delta(r^2)}{(r^2+z^2)^{3/2}} = -\left[\frac{E\,z}{4\pi\,\sqrt{r^2+z^2}}\right]_{r=0}^{r=r} = \frac{E}{4\pi}\left(1 - \frac{z}{\varrho}\right). \tag{308}$$

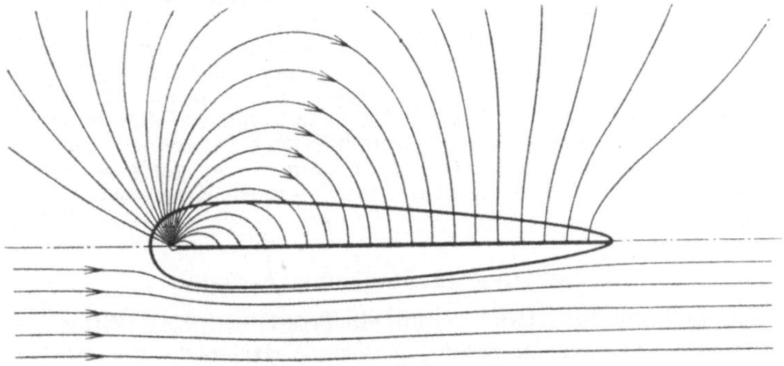

Abb. 132. Strömung um einen Luftschiffkörper
Oben: Stromlinien des gewählten Quell-Senken-Systems. — Unten: Stromlinien der resultierenden Strömung

Die Stromfunktion der Streckensenke mit der Ergiebigkeit E erhält man aus vorstehendem Ausdruck wie folgt: Zunächst ist für die Elementarsenke im Abstand ξ vom Ursprung (Abb. 131), der hier mit der Punktquelle zusammenfällt,

$$d\psi_s = -\frac{E}{4\pi l}\,d\xi\left(1 - \frac{z-\xi}{\varrho'}\right),$$

wo

$$\varrho' = \sqrt{(z-\xi)^2 + r^2}.$$

Demnach wird

$$\psi_s = -\frac{E}{4\pi l}\int\limits_{\xi=0}^{\xi=l}\left(1 - \frac{z-\xi}{\varrho'}\right)d\xi = -\frac{E}{4\pi}\left\{1 - \frac{1}{l}\int\limits_{\xi=0}^{\xi=l}\frac{z-\xi}{[(z-\xi)^2+r^2]^{1/2}}\,d\xi\right\}$$

$$= -\frac{E}{4\pi}\left\{1 + \frac{1}{l}\left(\sqrt{(z-l)^2+r^2} - \sqrt{z^2+r^2}\right)\right\}.$$

Mit

$$\varrho_1 = \sqrt{z^2+r^2}; \qquad \varrho_2 = \sqrt{(z-l)^2+r^2}$$

(Abb. 131) folgt daraus

$$\psi_s = -\frac{E}{4\pi}\left(1 + \frac{\varrho_2 - \varrho_1}{l}\right). \tag{309}$$

---

[1] FUHRMANN, G.: Jb. Motorluftschiff-Studiengesellsch. (1911/12) S. 63.

Überlagert man nun Punktquelle und Streckensenke mit einer Parallelströmung, für welche nach (300) mit $w = w_0$ die Stromfunktion $\psi_0 = w_0 \dfrac{r^2}{2}$ wird, so erhält man schließlich als Stromfunktion der Kombination

$$\psi = \psi_P + \psi_s + \psi_0 = \frac{w_0 r^2}{2} - \frac{E}{4\pi}\left(\frac{z}{\varrho} + \frac{\varrho_2 - \varrho_1}{l}\right).$$

Der Konstanten $\psi = 0$ entspricht eine Stromlinie, die einerseits durch die reelle z-Achse (Symmetrieachse) gebildet wird ($r = 0$) und die andererseits in einer Rotationsfläche liegt, welche das Quellsenkensystem von der Gesamtergiebigkeit Null umschließt. Die Gleichung dieser Fläche lautet

$$\frac{w_0 r^2}{2} = \frac{E}{4\pi}\left(\frac{z}{\varrho} + \frac{\varrho_2 - \varrho_1}{l}\right).$$

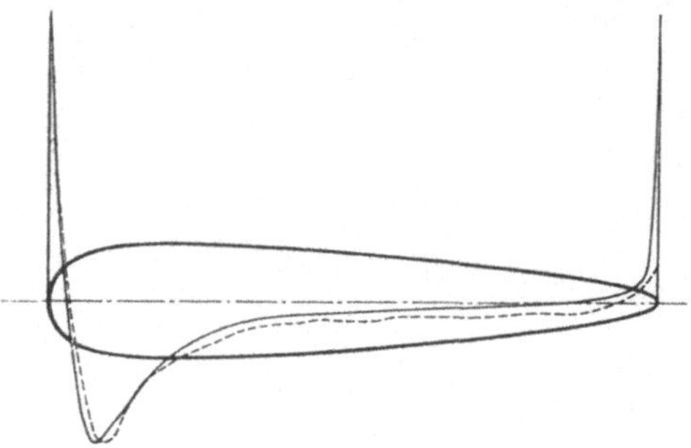

Abb. 133. Druckverteilung an einem Luftschiffkörper. Ausgezogene Linie gibt den berechneten, punktierte Linie den gemessenen Druck an

Nachdem ψ bekannt ist, können die Geschwindigkeitskomponenten w und v_r nach (300) berechnet werden.

In Abb. 132 ist die Meridiankurve mit den Stromlinien des Quell-Senken-Systems (oben) und den Stromlinien der Gesamtströmung (unten) dargestellt. Ermittelt man für eine Anzahl von Punkten der Rotationsfläche mit Hilfe der BERNOULLIschen Gleichung die zugehörigen Drücke, so erhält man das in Abb. 133 dargestellte Druckdiagramm (ausgezogene Linie), das mit dem durch Messung gefundenen (gestrichelte Linie) recht befriedigend übereinstimmt bis auf das hintere Ende, an dem als Folge von Reibungseinflüssen der theoretische Druckanstieg nicht mehr erreicht wird (vgl. dazu Ziffer 18c). Die vorstehend für drehsymmetrische Körper besprochene Quell-Senken-Methode kann in analoger Weise auch zur Untersuchung *ebener* Strömungen um beliebig gestaltete zylindrische Konturen benutzt werden[1, 2]. (Vgl. S. 160.)

12. Der hydrodynamische Auftrieb

Bei der Besprechung der Strömung um ein Tragflügelprofil (Ziffer 10, c) wurde bereits angedeutet, daß zur Entstehung des „Auftriebs", d. h. einer quer zur ungestörten Strömung gerichteten Kraft, das Vorhandensein einer Parallel- und einer Zirkulationsströmung erforderlich ist. Die Grundlage zur Berechnung dieser Kraft liefert der *Kutta-Joukowskysche Auftriebssatz*[3]. Im Hinblick auf spätere Anwendungen soll dieser Satz zunächst nicht — wie es naheliegend wäre — für einen einzelnen Flügel, sondern für ein „gerades Flügelgitter" abgeleitet werden[4], worunter man ein aus unendlich vielen, gleichgroßen Flügeln bestehendes System versteht, bei dem die einzelnen Flügel sämtlich einander parallel sind, sowie gleiches Profil und gleichen Abstand voneinander besitzen (Abb. 134). Dabei soll wieder eine

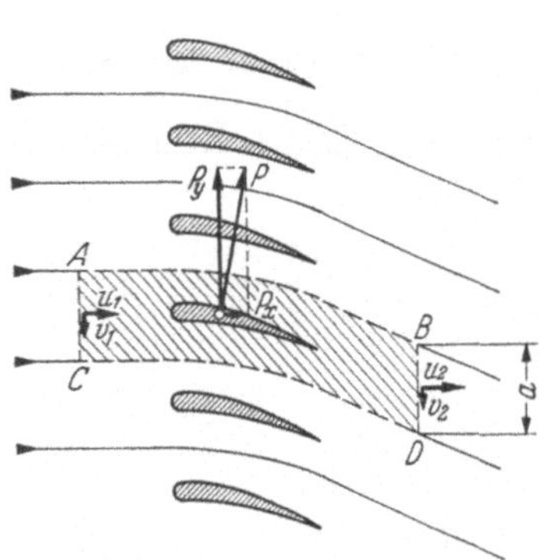

Abb. 134. Gerades Flügelgitter

---

[1] FÖTTINGER, H.: Jb. schiffbautechn. Ges. (1924) S. 306.

[2] Vgl. auch F. RIEGELS: Die Strömung um schlanke, fast drehsymmetrische Körper. Mitt. Max-Planck-Inst. f. Strömungsforsch. Nr. 5, Göttingen 1952.

[3] KUTTA, W.: Über eine mit den Grundlagen des Flugproblems in Beziehung stehende zweidimensionale Strömung. Bayer. Akad. Wiss., math.-phys. Kl., München 1910, und Über ebene Zirkulationsströmungen nebst flugtechnischen Anwendungen, ebenda 1911. — N. JOUKOWSKY: Aerodynamique, Paris 1916.

[4] PRANDTL, L.: Führer durch die Strömungslehre, 3. Aufl. (1949) S. 78.

ebene Strömung bzw. unendlich große Spannweite der Flügel vorausgesetzt werden.

Um eine *stationäre* Strömung zu bekommen, sei angenommen, das Gitter befinde sich in Ruhe und werde von einer stationären Parallelströmung getroffen. Da bei einem aus unendlich vielen Flügeln bestehenden Gitter an jedem Flügel sich der gleiche Strömungsvorgang einstellt, herrschen längs zweier kongruenter Stromlinien AB und CD, deren Abstand in Richtung der Gitterebene (y-Achse) mit a bezeichnet sei, die gleichen Geschwindigkeiten und Drücke. Zur Berechnung der resultierenden Kraft P, die von der strömenden Flüssigkeit auf jeden Flügel des Gitters ausgeübt wird, kann der Impulssatz in Verbindung mit der BERNOULLIschen Gleichung benutzt werden. Zu diesem Zwecke betrachte man gemäß Abb. 134 einen Flüssigkeitsbereich, der in der Bildebene von den beiden kongruenten Stromlinien AB und CD sowie zwei der Gitterebene parallelen Geraden AC und BD vor bzw. hinter dem betrachteten Flügel begrenzt wird. Senkrecht zur Bildebene habe dieser Bereich die Tiefe „eins". Die Geraden AC und BD seien so weit vom Gitter entfernt, daß die Geschwindigkeit über die Länge a praktisch konstant ist (was *zwischen* den Flügeln offenbar nicht zutrifft). Die Geschwindigkeit rechtwinklig zur Gitterebene (x-Richtung) sei vor dem Gitter u_1, hinter ihm u_2, entsprechend bezeichnen v_1 und v_2 die Geschwindigkeitskomponenten parallel der Gitterebene. Ferner mögen P_x und P_y die Komponenten der von der strömenden Flüssigkeit auf den Flügel ausgeübten Kraft $\mathfrak{P}$ darstellen, d. h. das Entgegengesetzte derjenigen Kraft, welche der Flügel auf die Flüssigkeit überträgt. Die Strömung selbst wird als reibungs- und wirbelfrei angesehen.

Nach dem Impulssatz ist im Falle stationärer Strömung der Überschuß des aus dem abgegrenzten Bereich $ABDC$ in der Zeiteinheit austretenden Impulses über den eintretenden Impuls gleich der geometrischen Summe der auf die abgegrenzte Masse wirkenden äußeren Kräfte. Da die beiden kongruenten Stromlinien AB und CD vollkommen gleiche Strömungszustände aufweisen, so können sie weder zur Impulsänderung noch zur äußeren Kraft einen Beitrag liefern. Die weitere Betrachtung beschränkt sich also auf die Vorgänge an den beiden Geraden AC und BD. Für die beiden Richtungen x und y erhält man somit — unter Beachtung des oben über den Sinn von P_x und P_y Gesagten — folgende Impulsgleichungen:

$$\varrho\,Q\,(u_2 - u_1) = -\,P_x + (p_1 - p_2)\,a, \tag{310}$$

$$\varrho\,Q\,(v_2 - v_1) = P_y. \tag{311}$$

Darin bezeichnet Q das sekundliche Durchflußvolumen durch die Querschnitte AC und BD, während p_1 und p_2 die diesen Querschnitten entsprechenden Drücke darstellen. Der Einfluß der Schwere wird hier vernachlässigt, da diese lediglich einen *statischen* Auftrieb zur Folge hat. Nun ist aus Kontinuitätsgründen

$$Q = a\,u_1 = a\,u_2,$$

also

$$u_1 = u_2 = u,$$

womit (310) übergeht in

$$P_x = (p_1 - p_2)\,a.$$

Weiter liefert die BERNOULLIsche Gleichung, angewandt auf Punkte der Querschnitte AC und BD,

$$\frac{\varrho}{2}\,(u_1^2 + v_1^2) + p_1 = \frac{\varrho}{2}\,(u_2^2 + v_2^2) + p_2$$

oder, wegen $u_2 = u_1$,

$$p_1 - p_2 = \frac{\varrho}{2}\left(v_2^2 - v_1^2\right),$$

so daß jetzt P_x in der Form

$$P_x = a\,\frac{\varrho}{2}\left(v_2^2 - v_1^2\right) \tag{312}$$

geschrieben werden kann.

Zur weiteren Umformung der Ausdrücke (311) und (312) bilde man die *Zirkulation* um den betrachteten Flügelschnitt. Da diese bei der Potentialströmung vom Integrationswege unabhängig ist, kann jeder den Flügel umschlingende Linienzug benutzt werden, also auch die Randlinie $ABDCA$ des abgegrenzten Flüssigkeitsbereiches. Bei der Bildung der Zirkulation wird die Stromlinie AB im entgegengesetzten Sinne durchlaufen wie die Stromlinie CD. Wegen der bestehenden Kongruenz beider Linien können sie zusammen keinen Beitrag zur Flügelzirkulation liefern. Es bleiben demnach nur die Beiträge der Linien BD und CA übrig, so daß

$$\Gamma = a\left(v_2 - v_1\right). \tag{313}$$

Führt man diesen Wert in (311) und (312) ein, so erhält man wegen $Q = a\,u$

$$P_y = \varrho\,\Gamma\,u \tag{314}$$

und

$$P_x = \frac{\varrho}{2}\,\Gamma\left(v_1 + v_2\right). \tag{315}$$

Damit sind die gesuchten Kraftkomponenten durch die Flügelzirkulation und die Geschwindigkeitskomponenten vor und hinter dem Flügel ausgedrückt.

Bildet man aus (314) und (315) den Verhältniswert

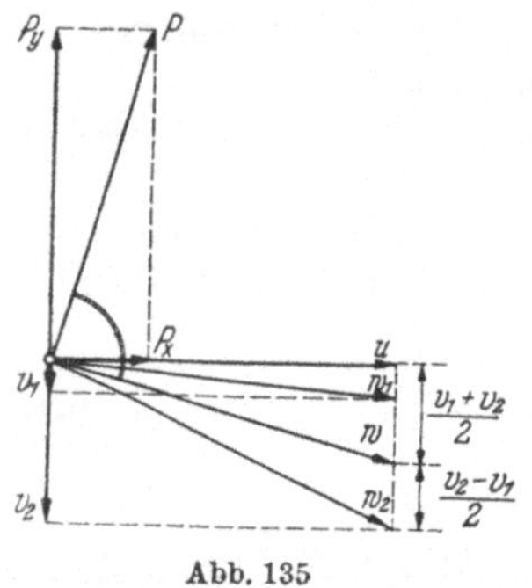
Abb. 135

$$\frac{P_y}{P_x} = \frac{u}{\dfrac{1}{2}\left(v_1 + v_2\right)},$$

so erkennt man aus Abb. 135 leicht, daß die resultierende Kraft $P = \sqrt{P_x^2 + P_y^2}$ rechtwinklig zu der aus u und $\frac{1}{2}\left(v_1 + v_2\right)$ gebildeten Geschwindigkeitsresultante

$$w = \sqrt{u^2 + \left[\frac{1}{2}\left(v_1 + v_2\right)\right]^2}$$

steht und die Größe

$$P = \varrho\,\Gamma\,w \tag{316}$$

besitzt[1]. Die Geschwindigkeit w kann gemäß Abb. 135 als „vektorielles Mittel" aus den resultierenden Geschwindigkeiten w_1 (vor dem Gitter) und w_2 (hinter dem Gitter) ermittelt werden. Die Frage, weshalb am Flügel eine Zirkulationsströmung überhaupt auftritt und wie man die Größe der Zirkulation Γ berechnen kann, wird später behandelt (vgl. dazu Ziffer 26).

Der Übergang vom Flügelgitter zum *Einzelflügel* läßt sich nun leicht dadurch bewirken, daß man die Gitterteilung $a \to \infty$ gehen läßt. Da die Zirkulation Γ endlich bleibt (vgl. Ziffer 10, a), so muß jetzt in Gl. (313) $v_2 - v_1 = 0$ werden. Setzt man also $v_2 = v_1 = v$, so werden die resultierenden Geschwindigkeiten w_1 und w_2 vor und hinter dem Flügel gleich groß, und zwar gleich der ungestörten

---

[1] Das Zeichen w für die „resultierende" Geschwindigkeit kann hier gebraucht werden, da die Strömung eben ist, also keine Geschwindigkeit in der z-Richtung auftritt.

Anströmungsgeschwindigkeit w_∞ in großer Entfernung vor dem Flügel. An Stelle von Gl. (316) ergibt sich somit für die — auf die Längeneinheit der Flügelspannweite bezogene — resultierende *Auftriebskraft*

$$P = \varrho \Gamma w_\infty \left[\frac{\text{kp}}{\text{m}}\right]. \tag{317}$$

Ihre Richtung ist gegen die Anströmungsgeschwindigkeit $\mathfrak{w}_\infty$ *um 90° gegen den Uhrzeigersinn gedreht, falls die Zirkulation* Γ *im Uhrzeigersinn positiv gerechnet wird.* Dies ist der nach seinen Entdeckern benannte *Kutta-Joukowskysche Auftriebssatz* für den einzelnen Tragflügel. Beachtenswert bei diesem Ergebnis ist besonders die Tatsache, daß von der strömenden Flüssigkeit auf den Körper lediglich eine Kraft *senkrecht* zur Anströmungsrichtung ausgeübt werden kann, während *in* der Strömungsrichtung keine Kraftkomponente vorhanden ist. Mit anderen Worten heißt das: *ein in einer idealen Flüssigkeit festgehaltener Körper setzt der (ebenen) Strömung keinen Widerstand entgegen.* Wohl aber kann die Flüssigkeit am Körper einen *Auf-* oder *Quertrieb* erzeugen. Voraussetzung dazu ist das Vorhandensein einer Zirkulation Γ. Ist diese gleich Null, dann übt die ideale Flüssigkeit auf den Körper überhaupt keine (resultierende) Kraft aus (D'ALEMBERTsches Paradoxon). Dieses Ergebnis steht offenbar in Widerspruch zu den bei *natürlichen* Flüssigkeiten gemachten Erfahrungen. Der bei diesen sich tatsächlich einstellende Bewegungswiderstand läßt sich — wie früher bereits bei der eindimensionalen Bewegung erkannt wurde — nur durch das Vorhandensein der *Flüssigkeitsreibung* erklären.

Im Zusammenhang mit der obigen Auftriebstheorie steht eine Erscheinung, die unter dem Namen MAGNUS-Effekt bekannt ist und bei der Parallelströmung um einen rotierenden Zylinder beobachtet wird. Infolge der Oberflächenreibung am Zylinder wird die ihn umgebende Flüssigkeit (Luft) in eine zirkulatorische Bewegung versetzt, so daß beim Anströmen des Zylinders durch eine senkrecht zu seiner Achse gerichtete Strömung ganz ähnliche Verhältnisse entstehen, wie sie der Gl. (317) zugrunde liegen. Es tritt dabei ein *Quertrieb* auf, der auch bereits bei der von FLETTNER ausgeführten Konstruktion von Rotoren zum Antrieb von Schiffen technisch verwertet worden ist[1].

13. Oberflächenwellen[2]

Die Gesamtheit der nichtstationären Erscheinungen, welche man in der Hydrodynamik als „Wellenbewegungen" bezeichnet, kann man zunächst rein äußerlich unterteilen in *stehende* und *fortschreitende* Wellen. Zu den ersteren gehören diejenigen Vorgänge, bei denen dieselbe Erscheinung am gleichen Orte periodisch wiederkehrt (Schwingungsknoten und Schwingungsbäuche bleiben an derselben Stelle), während die letzteren durch ein seitliches Fortschreiten der Erscheinung gekennzeichnet sind, das aber nicht mit einem Fortschreiten der Substanz identisch ist. Die einzelnen Teilchen beschreiben vielmehr geschlossene — oder doch nahezu geschlossene — Bahnen (Orbitalbewegung), vorausgesetzt, daß keine translatorische Bewegung der ganzen Flüssigkeit vorhanden ist. Gerade dieser Unterschied zwischen dem Fortschreiten der Welle einerseits und

---

[1] Vgl. dazu L. PRANDTL: Naturwiss. (1925) S. 93; A. BETZ: Z. VDI (1925) S. 9.

[2] Zusammenfassende Darstellungen über diesen Gegenstand sind u. a. zu finden bei LAMB: Lehrbuch der Hydrodynamik S. 291, 424. Deutsch von J. FRIEDEL. Leipzig u. Berlin 1907. — AUERBACH-HORT: Handb. d. phys. u. techn. Mechanik Bd. 5 (1931) S. 300. Die experimentellen Methoden sind eingehend in dem Referat von F. EISNER über „Offene Gerinne" im Handb. d. Experimentalphysik von WIEN u. HARMS, Bd. 4 Teil 4, S. 337 behandelt. Vgl. weiter THORADE: Probleme der Wasserwellen, Hamburg 1931.

der Teilchenbewegung andererseits ist charakteristisch für das Wesen der fortschreitenden Wellen.

Als Entstehungsursache für Flüssigkeitswellen kommen in der Hauptsache in Betracht: Störungen der Flüssigkeit durch das Eintauchen, Herausziehen oder Fortbewegen fester Körper, Entnahme oder Zuführung von Flüssigkeit, Wirkung des Windes, Gleichgewichtsstörungen durch Erschütterungen, Anziehung durch andere Weltkörper u. a. m. Aus dieser Aufzählung geht hervor, daß Wellen fast ausschließlich an der Oberfläche einer Flüssigkeit erzeugt werden. Eine Ausnahme bilden die etwa durch Sprengungen oder Eruptionsvorgänge unter Wasser erzeugten Wellen, die hier jedoch nicht betrachtet werden sollen. Mit wachsender Entfernung von der Oberfläche klingen die Wellenbewegungen ziemlich schnell ab, weshalb man gewöhnlich nur von *Oberflächenwellen* spricht.

Den Ausgangspunkt für die theoretische Behandlung der Wellenbewegung liefern die allgemeinen Bewegungsgleichungen der Hydrodynamik in Verbindung mit der Kontinuitätsgleichung und den Randbedingungen. Letztere sind bestimmt durch das Vorhandensein einer „freien Oberfläche", d. h. bei den hier interessierenden Fällen einer Trennungsfläche zwischen Wasser und Luft, sowie durch die festen Wände — speziell die Sohle —, welche die Flüssigkeit begrenzen. Letztere wird dabei als *ideal* angesehen, was bei Vorgängen an der Oberfläche wegen des geringen Reibungseinflusses wohl zulässig sein dürfte. Leider sind unsere theoretischen Kenntnisse über diesen Gegenstand noch in mancherlei Hinsicht lückenhaft, so daß die nachstehend unter Zuhilfenahme gewisser Vereinfachungen abgeleiteten Gesetze die wirklichen Vorgänge nur zum Teil richtig wiedergeben.

a) Gerade, fortschreitende Schwerewellen [1]

Vorausgesetzt wird eine ideale Flüssigkeit mit freier Oberfläche, welche nach unten durch eine horizontale Sohle im Abstand h vom ungestörten Spiegel begrenzt ist. Die zu untersuchende Wellenbewegung soll als *eben* angesehen werden, d. h. es wird angenommen, daß alle Wellenkämme quer zur Fortpflanzungsrichtung einander parallel sind (gerade Wellen) und daß in allen zu dieser Richtung parallelen Ebenen derselbe Bewegungszustand herrscht. Der Koordinatenursprung sei in die ungestörte Spiegelfläche gelegt, die x-Achse falle in die Fortschreitungsrichtung, die y-Achse sei lotrecht nach abwärts gerichtet.

Da die Strömung aus dem Zustand der Ruhe unter dem Einfluß konservativer Kräfte (Schwere) erfolgt, so ist diese Bewegung nach dem Satz von THOMSON (Ziffer 4) wirbelfrei. Es existiert also ein Geschwindigkeitspotential, womit die Kontinuitätsgleichung die Form

$$\frac{\partial^2 \varphi}{\partial x^2} + \frac{\partial^2 \varphi}{\partial y^2} = 0 \tag{318}$$

annimmt [Gl. (254a)]. Für das Geschwindigkeitspotential $\varphi(x, y, t)$, welches die vorstehende Gleichung befriedigen muß, wird der Ansatz

$$\varphi = Y \cos(\alpha x - \beta t) \tag{319}$$

gemacht, worin α und β Konstante bezeichnen, während Y eine reine Funktion von y sein soll. Mit diesem Ausdruck für φ geht (318) über in

$$-\alpha^2 Y \cos(\alpha x - \beta t) + \frac{\partial^2 Y}{\partial y^2} \cos(\alpha x - \beta t) = 0,$$

---

[1] Die nachstehende Theorie ist im wesentlichen von AIRY begründet worden (Tides and Waves 1845, § 160ff.). In neuerer Zeit haben LEVI-CIVITA und seine Schüler die Theorie weiter ausgebaut. Vgl. „Fragen der klassischen und relativistischen Mechanik", Berlin 1924; Math. Ann. 1924 u. 1925; A. WEINSTEIN: Verhandl. d. 2. Internat. Kongr. f. Techn. Mech. S. 445, Zürich 1926.

woraus folgt

$$\frac{\partial^2 Y}{\partial y^2} - \alpha^2 Y = 0.$$

Die allgemeine Lösung dieser Differentialgleichung lautet bekanntlich

$$Y = A\,e^{\alpha y} + B e^{-\alpha y},$$

wo A und B willkürliche Konstante sind, so daß man an Stelle von (319) schreiben kann

$$\varphi = (A\,e^{\alpha y} + B e^{-\alpha y}) \cos (\alpha\,x - \beta\,t). \tag{320}$$

An der Sohle des Flüssigkeitsgebietes muß die Vertikalgeschwindigkeit offenbar verschwinden. Somit erhält man dort als Randbedingung $v = \dfrac{\partial \varphi}{\partial y} = 0$ für $y = h$. Aus (320) folgt also

$$0 = [\alpha\,(A\,e^{\alpha y} - B e^{-\alpha y}) \cos (\alpha\,x - \beta\,t)]_{(y=h)}$$

oder

$$A\,e^{\alpha h} = B e^{-\alpha h},$$

womit (320) in der Form

$$\varphi = A\,e^{\alpha h}\,[e^{\alpha(y-h)} + e^{\alpha(h-y)}] \cos (\alpha\,x - \beta\,t)$$
$$= A\,e^{\alpha h}\,[e^{\alpha(h-y)} + e^{-\alpha(h-y)}] \cos (\alpha\,x - \beta\,t)$$

geschrieben werden kann.

Beachtet man noch, daß

$$e^{\alpha(h-y)} + e^{-\alpha(h-y)} = 2\,\mathfrak{Cof}\,[\alpha\,(h - y)]$$

ist und führt die neue Konstante $C = 2\,A\,e^{\alpha h}$ ein, so wird schließlich

$$\varphi = C\,\mathfrak{Cof}\,[\alpha\,(h - y)] \cos (\alpha\,x - \beta\,t). \tag{321}$$

Für die Geschwindigkeiten u und v der Teilchenbewegung erhält man aus (321) sofort

$$u = \frac{dx}{dt} = \frac{\partial \varphi}{\partial x} = - \alpha\,C\,\mathfrak{Cof}\,[\alpha\,(h - y)] \sin (\alpha\,x - \beta\,t),$$

$$v = \frac{dy}{dt} = \frac{\partial \varphi}{\partial y} = - \alpha\,C\,\mathfrak{Sin}\,[\alpha\,(h - y)] \cos (\alpha\,x - \beta\,t).$$

Beschränkt man sich hier auf die Betrachtung sehr kleiner Amplituden, so kann man auf der rechten Seite dieser Gleichungen x und y angenähert durch die Koordinaten x_1 und y_1 der mittleren Lage des betrachteten Teilchens ersetzen. Durch Integration der vorstehenden Ausdrücke nach t erhält man dann

$$x = - \frac{\alpha}{\beta}\,C\,\mathfrak{Cof}\,[\alpha\,(h - y_1)] \cos (\alpha\,x_1 - \beta\,t) + c_1,$$

$$y = \quad \frac{\alpha}{\beta}\,C\,\mathfrak{Sin}\,[\alpha\,(h - y_1)] \sin (\alpha\,x_1 - \beta\,t) + c_2,$$

wo c_1 und c_2 konstante Längen darstellen.

Quadriert man die beiden Gleichungen und addiert darauf, so ergibt sich

$$\frac{(x - c_1)^2}{\left\{\dfrac{\alpha}{\beta}\,C\,\mathfrak{Cof}\,[\alpha\,(h - y_1)]\right\}^2} + \frac{(y - c_2)^2}{\left\{\dfrac{\alpha}{\beta}\,C\,\mathfrak{Sin}\,[\alpha\,(h - y_1)]\right\}^2} = 1,$$

d. h. die Gleichung einer Ellipse mit den Halbachsen

$$a = \frac{\alpha}{\beta}\,C\,\mathfrak{Cof}\,[\alpha\,(h - y_1)]; \qquad b = \frac{\alpha}{\beta}\,C\,\mathfrak{Sin}\,[\alpha\,(h - y_1)]\,*.$$

---

* LORENZ, H.: Techn. Hydromechanik (1910) S. 309.

Die einzelnen Teilchen beschreiben danach in Vertikalebenen geschlossene Ellipsen, deren Halbachsen mit der Tiefe y_1 veränderlich sind. Speziell wird für $y_1 = h$ die kleine Halbachse $b = 0$. An der Sohle sind also, wie es der oben eingeführten Randbedingung entsprechen muß, keine vertikalen Teilchenbewegungen vorhanden.

Für Wellen von *endlicher* Amplitude sind, entgegen dem vorstehenden Ergebnis, die Teilchenbahnen keine vollständig geschlossenen Kurven, was seinen Grund darin hat, daß in den Wellenbergen die Vorwärtsbewegung stärker ist als die Rückwärtsbewegung in den Wellentälern. Die einzelnen Flüssigkeitsteilchen bleiben also im Mittel nicht am gleichen Orte, wie es der oben dargelegten Theorie von AIRY entsprechen würde, sondern es findet ein — wenn auch geringer — *Massentransport* in der Welle statt (vgl. dazu LEVI-CIVITA, Literaturzitat auf S. 176 und EISNER, Literaturzitat auf S. 175).

Zur Berechnung der *Fortpflanzungsgeschwindigkeit* der Wellen kann die Energiegleichung (250) der nichtstationären Strömung benutzt werden. Diese lautet für raumbeständige Flüssigkeit, wenn man die willkürliche Funktion $F(t)$ in den Wert von $\dfrac{\partial \varphi}{\partial t}$ einschließt und für das Kräftepotential $U = -gy$ setzt (die allein wirkende Massenkraft ist die Schwere),

$$\frac{\bar{v}^2}{2} + \frac{\partial \varphi}{\partial t} + \frac{p}{\varrho} - gy = 0\,.$$

Unter der Annahme kleiner Ausschläge der Teilchen kann $\bar{v}^2$ vernachlässigt werden, weshalb an Stelle des vorstehenden Ausdrucks angenähert

$$\frac{\partial \varphi}{\partial t} + \frac{'p}{\varrho} - gy = 0 \tag{322}$$

gesetzt werden soll. Bezeichnet nun η die Erhebung der Oberfläche über den ungestörten Spiegel, so folgt aus (322) mit $y = -\eta$ und $p = p_a = $ const, wenn man den Atmosphärendruck p_a für alle Oberflächenpunkte gleich groß annimmt,

$$\eta = -\left(\frac{1}{g}\frac{\partial \varphi}{\partial t} + \frac{p_a}{\gamma}\right)_{(y\,=\,-\eta)},$$

wofür man bei kleinen Ausschlägen η angenähert setzen kann

$$\eta = -\left(\frac{1}{g}\frac{\partial \varphi}{\partial t} + \frac{p_a}{\gamma}\right)_{(y\,=\,0)}. \tag{323}$$

Die Normalkomponente der Oberflächengeschwindigkeit ist gleich der Normalkomponente der Teilchengeschwindigkeit. Es muß also sein

$$\frac{\partial \eta}{\partial t} = -v = -\left[\frac{\partial \varphi}{\partial y}\right]_{(y\,=\,0)}.$$

Führt man hier η aus (323) ein, so erhält man wegen $p_a = $ const

$$\frac{1}{g}\left[\frac{\partial^2 \varphi}{\partial t^2}\right]_{(y\,=\,0)} = \left[\frac{\partial \varphi}{\partial y}\right]_{(y\,=\,0)},$$

woraus mit Rücksicht auf (321) folgt

$$-\beta^2\,C\,\mathfrak{Cof}\,(\alpha h)\,\cos\,(\alpha x - \beta t) = -\alpha g\,C\,\mathfrak{Sin}\,(\alpha h)\,\cos\,(\alpha x - \beta t)$$

oder

$$\left(\frac{\beta}{\alpha}\right)^2 = \frac{g}{\alpha}\,\mathfrak{Tg}\,(\alpha h)\,. \tag{324}$$

Die Bedeutung der Konstanten α und β geht aus folgender Überlegung hervor: Führt man in Gl. (323) das Geschwindigkeitspotential φ aus (321) ein, so erhält man mit $y = 0$ und unter Weglassung der für alle Oberflächenpunkte gleichen Konstanten $\frac{pa}{\gamma}$

$$\eta' = \frac{\beta}{g} \, C \mathfrak{Cof} \, (\alpha \, h) \sin (\alpha \, x - \beta t),$$

oder, wenn noch zur Abkürzung

$$\frac{\beta}{g} \, C \mathfrak{Cof} \, (\alpha \, h) = A_0$$

gesetzt wird,

$$\eta' = A_0 \sin (\alpha \, x - \beta t) \tag{325}$$

als Gleichung der freien Oberfläche.

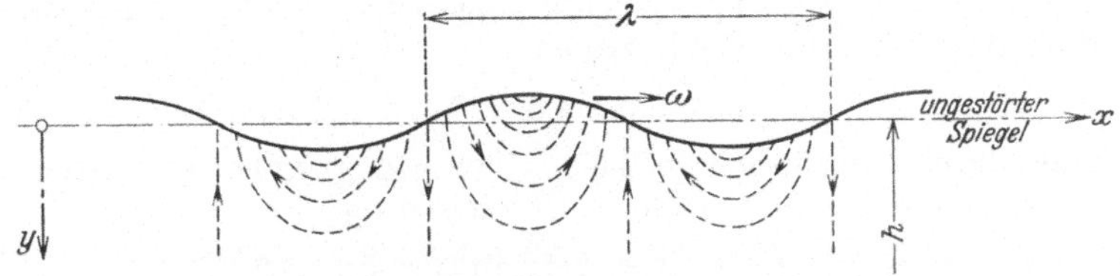

Abb. 136. Stromlinienverlauf einer geraden, fortschreitenden Welle

Wie man sieht, nimmt η' bei festgehaltener Zeit den gleichen Wert wieder an, wenn man x um $\frac{2\pi}{\alpha}$ wachsen läßt. Die zugehörige Länge

$$\lambda = \frac{2\pi}{\alpha} \tag{326}$$

stellt also die *Wellenlänge* dar, womit $\alpha = \frac{2\pi}{\lambda}$ definiert ist. Weiter folgt aus (325), daß η' seinen Wert beibehält, wenn x während der Zeit $\varDelta t$ um die Länge $\frac{\beta}{\alpha} \varDelta t$ geändert wird, da ja

$$\alpha \, x - \beta t = \alpha \left(x + \frac{\beta}{\alpha} \varDelta t\right) - \beta \, (t + \varDelta t)$$

ist. Das heißt aber, daß *die Wellenform sich mit der Geschwindigkeit* $\omega = \beta/\alpha$ *im Sinne der x-Achse verschiebt.* Unter Beachtung von (324) und (326) erhält man somit als *Fortpflanzungsgeschwindigkeit der Welle*

$$\omega = \sqrt{\frac{g\lambda}{2\pi} \, \mathfrak{Tg} \, \frac{2\pi h}{\lambda}}. \tag{327}$$

Für flache Wellen auf seichtem Wasser, d. h. bei kleinem $\frac{h}{\lambda}$, folgt daraus, wenn man angenähert $\mathfrak{Tg} \, \frac{2\pi h}{\lambda} \approx \frac{2\pi h}{\lambda}$ setzt,

$$\omega = \sqrt{gh}. \tag{327a}$$

Ist dagegen $\frac{2h}{\lambda} > 1$, so kann $\mathfrak{Tg} \, \frac{2\pi h}{\lambda} \approx 1$ gesetzt werden, womit (327) übergeht in

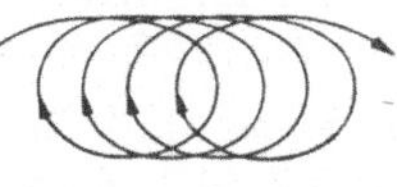

Abb. 136a

$$\omega = \sqrt{\frac{g\lambda}{2\pi}} = \sqrt{\frac{g}{\alpha}}. \tag{327b}$$

Diese Formel gilt also für Wellen, deren Länge λ kleiner ist als die doppelte Wassertiefe. Wie man sieht, ist hier ω wesentlich von der Wellenlänge abhängig, woraus folgt, daß in tiefem Wasser lange Wellen schneller fortschreiten als kurze[1].

---

[1] Diese Abhängigkeit der Fortpflanzungsgeschwindigkeit von der Wellenlänge wird — einem Sprachgebrauch aus der Optik folgend — als *Dispersion* bezeichnet.

Den aus der vorstehenden Näherungstheorie sich ergebenden Stromlinienverlauf bei der Wellenbewegung zeigt Abb. 136. Der wirkliche Verlauf ist davon etwas abweichend, da — wie oben bereits erwähnt — die Teilchenbahnen keine geschlossenen Kurven sind, sondern etwa nach der (übertrieben gezeichneten) Skizze 136a verlaufen.

b) Stehende Wellen

Nach (325) lautet die Gleichung der freien Oberfläche für einen Wellenzug, der sich mit der Geschwindigkeit ω im Sinne der positiven x-Achse fortpflanzt,

$$\eta_1' = A_0 \sin(\alpha x - \beta t).$$

Trifft dieser Wellenzug auf einen zweiten von gleicher Amplitude, gleicher Wellenlänge und gleich großer, aber entgegengesetzt gerichteter Fortpflanzungsgeschwindigkeit, derart, daß für letzteren

$$\eta_2' = A_0 \sin(\alpha x + \beta t)$$

ist, so werden durch Interferenz der beiden sich begegnenden Wellenzüge *stehende Wellen* erzeugt. Da sich nämlich durch Überlagerung

$$\eta' = \eta_1' + \eta_2' = 2 A_0 \sin(\alpha x) \cos(\beta t)$$

ergibt, so wird η' für $\alpha x = k\pi$ $(k = 1, 2, 3, \ldots)$ unabhängig von der Zeit stets zu Null. In den durch

$$x = \frac{k\pi}{\alpha} = \frac{k\lambda}{2}$$

bestimmten Punkten liegen Schwingungsknoten, deren Abstände gleich der halben Länge der fortschreitenden Welle sind. Die Dauer einer vollen Schwingung ist

$$T = \frac{2\pi}{\beta} = \frac{\lambda}{\omega}.$$

Für Wellen, deren Länge klein gegen die ungestörte Wassertiefe h ist, folgt daraus mit Rücksicht auf (327b)

$$T = \sqrt{\frac{2\pi\lambda}{g}}.$$

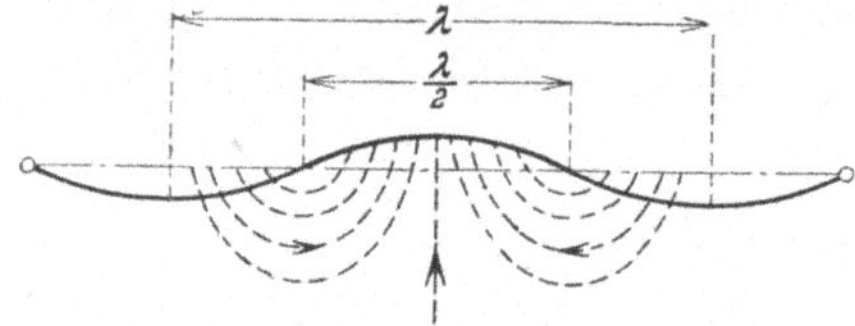

Abb. 137. Stromlinienverlauf einer stehenden Welle

Den generellen Verlauf einer *stehenden Welle* zeigt Abb. 137. In den Schwingungsbäuchen findet lediglich eine Vertikalbewegung der Teilchen statt. Denkt man sich also durch einen Schwingungsbauch eine lotrechte Wand gelegt, so erhält man eine stehende Welle, wie sie (unter Vernachlässigung aller Verluste) etwa durch Interferenz einer gegen die Wand fortschreitenden und der durch die Wand reflektierten Welle erzeugt wird. Legt man noch durch einen zweiten Schwingungsbauch eine lotrechte Wand, so ergeben sich stehende Wellen, wie sie z. B. in einem rechteckigen Trog auftreten können. Voraussetzung ist dabei allerdings, daß die Breite des Troges gerade gleich $k\frac{\lambda}{2}$ ist, wo k eine beliebige ganze Zahl bedeutet.

c) Wellengruppen[1]

Von der Fortpflanzungsgeschwindigkeit ω eines Wellenkopfes wohl zu unterscheiden ist diejenige Geschwindigkeit, mit der eine *Wellengruppe* als Ganzes betrachtet fortschreitet, und die man als *Gruppengeschwindigkeit* bezeichnet. Man erhält die einfachste Form einer solchen Wellengruppe durch Überlagerung

---

[1] Lord RAYLEIGH: Theory of Sound, § 191.

zweier im gleichen Sinne fortschreitender Wellenzüge vom Typus der Gl. (325), die gleiche Amplitude, aber etwas voneinander verschiedene Fortpflanzungsgeschwindigkeit und Wellenlänge besitzen. Bezeichnet man die entsprechenden Werte der zweiten Welle mit α' und β', so ergibt sich durch Überlagerung beider Ausdrücke als Gleichung der freien Oberfläche

$$\eta_g = A_0 \left[\sin(\alpha x - \beta t) + \sin(\alpha' x - \beta' t) \right],$$

wofür man gemäß dem Additionstheorem

$$\sin \varphi + \sin \psi = 2 \sin \frac{\varphi + \psi}{2} \cos \frac{\varphi - \psi}{2}$$

auch schreiben kann

$$\eta_g = 2 A_0 \sin \left(\frac{\alpha + \alpha'}{2} x - \frac{\beta + \beta'}{2} t \right) \cos \left(\frac{\alpha - \alpha'}{2} x - \frac{\beta - \beta'}{2} t \right). \tag{328}$$

Sind nun, wie vorausgesetzt, die Werte α und α' bzw. β und β' nur wenig voneinander verschieden, so ändert sich der Cosinus des vorstehenden Ausdrucks nur langsam. Gl. (328) kann also als eine Sinuswelle aufgefaßt werden, deren Amplitude

$$A = 2 A_0 \cos \left(\frac{\alpha - \alpha'}{2} x - \frac{\beta - \beta'}{2} t \right) \tag{328a}$$

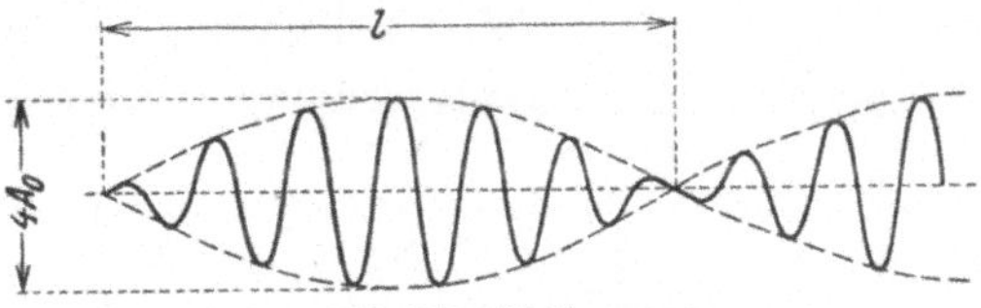

Abb. 138. Wellengruppe

langsam zwischen Null und $2 A_0$ schwankt (Abb. 138). Die Länge l der Wellengruppe ist durch zwei aufeinanderfolgende Abszissen x bestimmt, für welche die Amplitude A, d. h. der Cosinus in (328a), zu Null wird. Diese Punkte erhält man, wenn man das Argument gleich $\frac{\pi}{2}$, $\frac{3}{2}\pi$, ... werden läßt. So ergibt sich z. B. aus

$$\frac{\alpha - \alpha'}{2} x_1 - \frac{\beta - \beta'}{2} t = \frac{\pi}{2}: \qquad x_1 = \frac{\pi}{\alpha - \alpha'} + \frac{\beta - \beta'}{\alpha - \alpha'} t,$$

$$\frac{\alpha - \alpha'}{2} x_2 - \frac{\beta - \beta'}{2} t = \frac{3}{2}\pi: \qquad x_2 = \frac{3\pi}{\alpha - \alpha'} + \frac{\beta - \beta'}{\alpha - \alpha'} t,$$

woraus als Länge der Gruppe folgt

$$l = x_2 - x_1 = \frac{2\pi}{\alpha - \alpha'}. \tag{329}$$

Weiter ergibt sich aus (328) für die Zeit, welche die Gruppe braucht, um die Länge l zu durchlaufen,

$$\frac{\beta - \beta'}{2} t = \pi \quad \text{oder} \quad t = \frac{2\pi}{\beta - \beta'}. \tag{330}$$

Aus (329) und (330) erhält man somit als *Gruppengeschwindigkeit*

$$\omega^* = \frac{l}{t} = \frac{\beta - \beta'}{\alpha - \alpha'},$$

wofür man bei kleinen Differenzen bzw. langen Wellengruppen auch schreiben kann

$$\omega^* = \frac{d\beta}{d\alpha} = \frac{d(\omega \alpha)}{d\alpha}, \tag{331}$$

wo ω die Fortpflanzungsgeschwindigkeit des einzelnen Wellenkopfes darstellt. Für flache Wellen, deren Länge groß ist im Verhältnis zur Wassertiefe h, wird also wegen (327 a)

$$\omega^* = \frac{d\,(\alpha\,\sqrt{g\,h})}{d\,\alpha} = \sqrt{g\,h}\,,$$

d. h. die Gruppengeschwindigkeit stimmt in diesem Sonderfall überein mit der Geschwindigkeit der Einzelwellen.

Wichtiger ist der *Fall großer Wassertiefe* im Verhältnis zur Wellenlänge. Dann ergibt sich aus (331) unter Beachtung der Gl. (327 b)

$$\omega^* = \frac{d\,(\alpha\,\sqrt{g/\alpha})}{d\,\alpha} = \frac{1}{2}\,\sqrt{\frac{g}{\alpha}} = \frac{\omega}{2}\,,$$

wonach jetzt die Gruppengeschwindigkeit nur noch gleich der *halben* Geschwindigkeit der Einzelwellen ist. Letztere wandern also gewissermaßen durch die Gruppe hindurch. Zwischen den einzelnen Gruppen befinden sich Streifen, in denen die Oberfläche nahezu glatt ist. Es sind dies die Stellen, wo die Amplituden A gleich Null oder wenig davon verschieden sind. In der Natur können derartige Wellengruppen auf Seen und Meeren häufig beobachtet werden.

d) Einfluß der Oberflächenspannung

Bei Wellen von geringer Länge macht sich außer der Schwere auch die Oberflächenspannung bemerkbar und hat einen wesentlichen Einfluß auf die Größe der Fortpflanzungsgeschwindigkeit. Es ist dies auf das Vorhandensein eines in die Richtung der Flächennormalen fallenden *Krümmungs- oder Kapillardruckes* zurückzuführen, welcher die Resultante der nach dieser Richtung genommenen Komponenten der Oberflächenspannung darstellt, die an einem gekrümmten Flächenelement wirksam ist. Auf die Flächeneinheit bezogen hat dieser Kapillardruck die durch Gl. (42) gegebene Größe. An der freien Oberfläche herrscht also jetzt nicht nur der als konstant anzusehende atmosphärische Luftdruck p_a, sondern es tritt noch der von der Krümmung herrührende Kapillardruck hinzu.

Der Einfluß der Kapillarkraft auf die Wellengeschwindigkeit ist zuerst von W. Thomson[1] untersucht worden. Ohne hier auf die Theorie näher einzugehen, sei nur bemerkt, daß die Fortpflanzungsgeschwindigkeit einer geraden Welle an der Oberfläche eines tiefen Wassers unter Berücksichtigung der Kapillarkräfte sich angenähert in der Form

$$\omega = \sqrt{\frac{\lambda g}{2\,\pi} + T\,\frac{2\,\pi}{\lambda\,\varrho}} \tag{332}$$

darstellen läßt, wo T die Kapillaritätskonstante und ϱ die Dichte des Wassers bezeichnen. Man erkennt, daß in dieser Formel der erste Summand unter der Wurzel der Wellenlänge λ direkt, der zweite dagegen umgekehrt proportional ist. Bei *großen* Wellenlängen ist der zweite Summand gegenüber dem ersten bedeutungslos. Man erhält dann genau genug die obige Gl. (327 b) und nennt diese von der Oberflächenspannung unabhängigen Wellen *Schwerewellen*.

Bei sehr kleinen Wellenlängen dagegen hängt ω fast ausschließlich von dem zweiten Summanden in (332) ab, weshalb für die sogenannten *Kapillar- oder Kräuselwellen* gilt

$$\omega = \sqrt{T\,\frac{2\,\pi}{\lambda\,\varrho}}\,. \tag{333}$$

Differenziert man (332) nach λ, so erhält man

$$\frac{d\,\omega}{d\,\lambda} = \frac{1}{2}\left(\frac{\lambda g}{2\,\pi} + T\,\frac{2\,\pi}{\lambda\,\varrho}\right)^{-1/2}\left(\frac{g}{2\,\pi} - \frac{2\,\pi\,T}{\lambda^2\,\varrho}\right).$$

---

[1] Thomson, W. (Lord Kelvin): Hydrokinetic Solutions and Observations. Phil. Mag. [4] Bd. 42 (1871) S. 368, 374.

Daraus folgt, daß $\dfrac{d\omega}{d\lambda} = 0$, also ω zu einem Minimum wird, wenn

$$\frac{g}{2\pi} = \frac{2\pi T}{\lambda^2 \varrho}$$

ist, d. h. wenn die beiden Summanden unter der Wurzel von (332) gerade gleich groß sind. Die diesem Minimum entsprechende Wellenlänge ist

$$\lambda_0 = 2\pi \sqrt{\frac{T}{\varrho g}},$$

womit (332) als *Minimum der Wellengeschwindigkeit* liefert

$$\omega_{\min} = \sqrt[4]{\frac{4 T g}{\varrho}}. \tag{334}$$

Für Wasser gegen Luft ist $T = 0,077 \cdot 10^{-1}\,\dfrac{\mathrm{kp}}{\mathrm{m}}$ (S. 27), $\varrho g = \gamma = 10^3\,\dfrac{\mathrm{kp}}{\mathrm{m^3}}$ und $\varrho \approx 10^2\,\dfrac{\mathrm{kp\,s^2}}{\mathrm{m^4}}$. Damit wird $\lambda_0 = 1,74$ cm und $\omega_{\min} = 23,4\,\dfrac{\mathrm{cm}}{\mathrm{s}}$. Diese Grenze ist besonders beachtenswert für die Ausführung von Modellversuchen zur Erforschung von Strömungserscheinungen, welche mit Wellenbildung verbunden sind, z. B. bei der Bewegung eines Schiffes in ruhendem Wasser oder bei der Strömung um ein in fließendem Wasser festgehaltenes Hindernis. Da die Wellengeschwindigkeit den Wert $\omega_{\min}$ nicht unterschreiten kann, hat man die Modellgeschwindigkeiten entsprechend zu wählen, damit Oberflächenwellen überhaupt auftreten können[1].

Beachtenswert ist noch die Größe der Gruppengeschwindigkeit bei reinen Kapillarwellen. Für diese erhält man aus (331) unter Beachtung von (333) und wegen $\alpha = \dfrac{2\pi}{\lambda}$

$$\omega^* = \frac{d}{d\alpha}\left(\frac{T}{\varrho}\alpha^3\right)^{1/2} = \frac{3}{2}\sqrt{\frac{T\alpha}{\varrho}} = \frac{3}{2}\sqrt{\frac{2\pi T}{\varrho\lambda}} = \frac{3}{2}\,\omega,$$

d. h. die Gruppengeschwindigkeit ist hier das $1\tfrac{1}{2}$fache der Fortpflanzungsgeschwindigkeit ω der Einzelwellen, im Gegensatz zu den Schwerewellen. Darauf ist eine Erscheinung zurückzuführen, die man mitunter an einem ruhenden Hindernis in strömendem Wasser beobachten kann, dessen Geschwindigkeit wenig größer ist als $\omega_{\min}$. Es zeigen sich dabei oberhalb des Hindernisses Kapillarwellen, unterhalb Schwerewellen. Die Kapillarwellen eilen also der Störungsstelle voraus. Entsprechendes gilt, wenn das Wasser ruht und das Hindernis in ihm mit konstanter Geschwindigkeit bewegt wird.

e) Schiffswellen

Bei der Bewegung eines Schiffes in hinreichend tiefem Wasser beobachtet man zwei vom Bug und Heck ausgehende Wellenzüge, die dem Schiffe folgen und als *Schiffswellen* bezeichnet werden. Die Form dieser Wellen hat große Ähnlichkeit mit denjenigen, welche durch eine punktförmige Druckstörung hervorgerufen werden, die sich mit konstanter Geschwindigkeit vorwärts bewegt. Die theoretische Untersuchung einer derartigen Druckstörung ist zuerst von Lord Kelvin[2] durchgeführt und hat folgendes wichtiges Ergebnis geliefert (Abb. 139). An der Oberfläche eines tiefen Wassers bildet sich hinter dem Druckpunkt ein System von leicht gekrümmten Quer- und Seitenwellen aus, die miteinander

---

[1] Vgl. dazu: F. Eisner: Offene Gerinne, S. 232, Literaturzitat von S. 175, und H. Lamb: Hydrodynamik (1907) S. 546.

[2] Lord Kelvin: Popular Lectures and Adresses III. London 1891. Vgl. auch H. Lamb: Hydrodynamik (1907) S. 505 sowie Hogner: Proceedings of the Intern. Congr. for Applied Mechanics S. 146, Delft 1924.

interferieren und mit dem Druckpunkt fortschreiten. Der Abstand der Querwellen, d. h. deren Wellenlänge, ist nach (327 b)

$$\lambda = \frac{2\,\pi\,\omega^2}{g},$$

wobei ω die Fortschrittsgeschwindigkeit der Druckstörung bezeichnet. Der Winkel, welcher das ganze Wellengebilde einschließt, beträgt bei größerer Wassertiefe $\alpha = 39°$.

Ganz ähnliche Verhältnisse liegen bei der Bewegung eines Schiffes vor. Die Druckänderungen gegenüber dem ungestörten Zustand sind hier am größten am Bug und am Heck, so daß man sich an diesen beiden Stellen je einen der oben genannten Druckpunkte konzentriert denken kann. Auf diese Weise entstehen zwei miteinander interferierende Wellensysteme, welche in großen Zügen die Form der Abb. 139 zeigen. Voraussetzung ist dabei, daß die Geschwindigkeit des Schiffes größer ist als der oben ermittelte Kleinstwert für die Fortschrittsgeschwindigkeit eines Wellenzuges.

Zur Erzeugung der Schiffswellen wird ständig Energie verbraucht, die vom Schiffsantrieb geleistet werden muß. Der entsprechende Widerstand wird deshalb als *Wellenwiderstand* bezeichnet, der neben dem durch die Flüssigkeitsreibung bedingten *Reibungs- und Druckwiderstand* (vgl. S. 264) einen Teil des gesamten Schiffswiderstandes bildet.

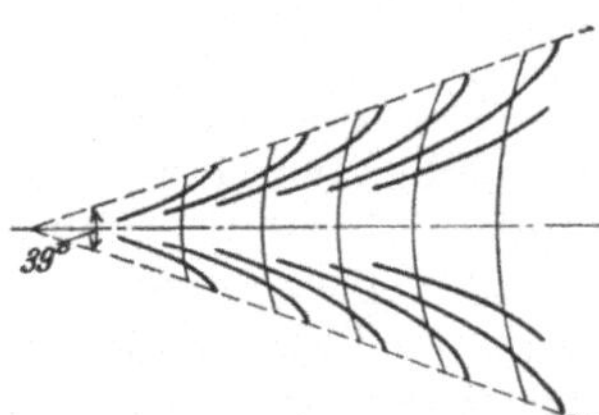
Abb. 139. Durch eine punktförmige Störung hervorgerufene Wellen

f) Das Froudesche Ähnlichkeitsgesetz

Im Abschnitt d) war bereits darauf hingewiesen, daß bei Modellversuchen, die zum Studium der mit Wellenbildung verbundenen Strömungsvorgänge angestellt werden, die oben ermittelte Grenzgeschwindigkeit ω_{min} nicht unterschritten werden darf. Abgesehen davon hat man jedoch bei derartigen Versuchen auch die Gesetze der Ähnlichkeitsmechanik zu beachten. Auf die prinzipielle Bedeutung dieser Gesetze war bereits bei der Besprechung des REYNOLDSschen Ähnlichkeitsgesetzes hingewiesen (S. 69). Dieses Gesetz ist jedoch nur dann anwendbar, wenn die betreffende Strömung außer von Trägheitskräften fast ausschließlich von der *Flüssigkeitsreibung* beherrscht wird. Bei den Bewegungsvorgängen an einer „freien" Oberfläche, z. B. bei der Bewegung der Schiffe, tritt der Einfluß der Reibung indessen gegen denjenigen der *Schwere* wesentlich zurück, da letztere — neben den Kapillarkräften (s. oben) — für den Verlauf der Oberflächenwellen und damit für die Größe des Wellenwiderstandes in der Hauptsache verantwortlich ist.

Das Zusammenwirken von Trägheitskräften und Schwerekräften findet seinen Ausdruck in dem sogenannten *Froudeschen Modellgesetz*, zu dem man gelangt, indem man — ähnlich wie beim REYNOLDSschen Gesetz — die dimensionslose Verhältniszahl der Trägheitskräfte $\varkappa = \frac{\varrho_a}{\varrho_b}\frac{\lambda^4}{\vartheta^2}$ [Gl. (114)] für Modell und Hauptausführung gleich der entsprechenden, aus den Schwerekräften gebildeten Verhältniszahl $\varkappa = \frac{m_a\,g_a}{m_b\,g_b} = \frac{\varrho_a}{\varrho_b}\frac{g_a}{g_b}\,\lambda^3$ setzt.

Man erhält dann

$$\left(\frac{\lambda}{\vartheta}\right)^2 = \left(\frac{v_a}{v_b}\right)^2 = \frac{g_a}{g_b}\,\lambda = \frac{g_a}{g_b}\frac{l_a}{l_b}$$

oder

$$\frac{v_a^2}{g_a\,l_a} = \frac{v_b^2}{g_b\,l_b}. \tag{335}$$

Das bedeutet, daß die beiden betrachteten, unter dem Einfluß von Trägheits-
und Schwerekräften stehenden Strömungen dynamisch ähnlich verlaufen, wenn
für beide — neben geometrischer Ähnlichkeit — die *Froudesche Zahl*

$$F = \frac{v^2}{lg} \qquad (335\,\mathrm{a})$$

die gleiche ist. Im Schiffbau, wo das FROUDEsche Modellgesetz eine besondere
Rolle spielt, wird gewöhnlich an Stelle von F der Wurzelwert

$$F' = \frac{v}{\sqrt{lg}}$$

als Kennzahl eingeführt. Bei der Bewegung in offenen Gerinnen findet das
Gesetz u. a. Anwendung zur Untersuchung von Vorgängen, die durch besondere
Einbauten (z. B. Brückenpfeiler usw.) bedingt sind.

Aus Gl. (335) folgt bei gleichem g für Modell und Hauptausführung

$$\frac{v_a}{v_b} = \sqrt{\frac{l_a}{l_b}},$$

d. h. die entsprechenden Geschwindigkeiten (z. B. Schiffsgeschwindigkeiten)
müssen sich bei dynamischer Ähnlichkeit der Wellenbewegung zueinander verhalten wie die Wurzeln aus den entsprechenden Längen. Man erkennt daraus,
daß REYNOLDSsche und FROUDEsche Modellähnlichkeit nicht gleichzeitig verwirklicht werden kann, denn nach dem REYNOLDSschen Gesetz würden sich bei
gleicher kinematischer Zähigkeit entsprechende Geschwindigkeiten umgekehrt
verhalten müssen wie die zugehörigen Längen [Gl. (116)].

Bei Modellversuchen an Schiffen wird deshalb — soweit es sich um die Untersuchung des Wellenwiderstandes handelt — lediglich das FROUDEsche Gesetz
beachtet, während der Einfluß der Flüssigkeitsreibung durch besondere Überlegungen, in der Hauptsache auf Grund von Erfahrungswerten, erfaßt wird.

14. Wirbelbewegung[1]

a) Grundgesetze und Grundbegriffe

Der Begriff der „Wirbelbewegung" wurde bereits in Ziffer 3 dieses Abschnitts
erläutert. Es zeigte sich dort, daß die Gesamtheit der Bewegungen einer „idealen"
Flüssigkeit in zwei Klassen unterteilt werden kann: *Wirbelfreie oder Potentialströmungen*, für welche ein Geschwindigkeitspotential $\varphi(x, y, z, t)$ existiert,
und *Wirbelbewegungen*, bei denen dies nicht der Fall ist. Letztere unterscheiden
sich von den ersteren dadurch, daß bei den wirbeligen Bewegungen entweder
alle Flüssigkeitsteilchen oder doch eine gewisse Gruppe von ihnen Elementar-
rotationen um eine durch das betreffende Teilchen gehende Achse ausführen,
während die Potentialströmungen in diesem Sinne „drehungsfrei" sind. Ihren
Ausdruck findet eine derartige Elementarrotation durch die Angabe des *Wirbelvektors*

$$\mathfrak{u} = \mathfrak{i}\,\xi + \mathfrak{j}\,\eta + \mathfrak{k}\,\zeta, \qquad (336)$$

dessen Komponenten die Größen

$$\xi = \frac{1}{2}\left(\frac{\partial w}{\partial y} - \frac{\partial v}{\partial z}\right); \qquad \eta = \frac{1}{2}\left(\frac{\partial u}{\partial z} - \frac{\partial w}{\partial x}\right); \qquad \zeta = \frac{1}{2}\left(\frac{\partial v}{\partial x} - \frac{\partial u}{\partial y}\right) \qquad (337)$$

haben (vgl. Ziffer 3). Der Vektor $\mathfrak{u}$ fällt in die Richtung der Drehachse des betreffenden Flüssigkeitselements. Sein Betrag, d. h. die Winkelgeschwindigkeit

---

[1] Vgl. dazu: Handb. d. Physik von GEIGER u. SCHEEL Bd. 7 (1927) S. 26 u. f.. — Handb.
d. phys. u. techn. Mech. von AUERBACH-HORT Bd. 5, I (1931) S. 115 u. f. — PRANDTL-
TIETJENS: Hydro- u. Aeromechanik Bd. 1, 2. Aufl. (1944) S. 175 u. f.

der Drehbewegung, ist

$$|\mathfrak{u}| = \sqrt{\xi^2 + \eta^2 + \zeta^2}\,.$$

Differenziert man die Ausdrücke (337) der Reihe nach partiell nach x, y, z und addiert, dann erhält man

$$\frac{\partial \xi}{\partial x} + \frac{\partial \eta}{\partial y} + \frac{\partial \zeta}{\partial z} = 0\,. \tag{338}$$

Diese Gleichung bildet ein Analogon zur Kontinuitätsgleichung (226) der raumbeständigen Flüssigkeit. Man kann dafür vektoriell auch schreiben

$$\operatorname{div} \mathfrak{u} = 0 \tag{338a}$$

oder mit Rücksicht auf Gl. (238)

$$\operatorname{div} \operatorname{rot} \mathfrak{v} = 0\,.$$

Die Linien, welche an jeder Stelle eines mit wirbelnder Flüssigkeit erfüllten Raumes in Richtung des Wirbelvektors (bzw. der Drehachse) verlaufen, heißen *Wirbellinien* und sind bestimmt durch die Gleichungen

$$\xi : \eta : \zeta = dx : dy : dz \tag{339}$$

[vgl. dazu Gl. (259)]. Die Gesamtheit der durch eine kleine geschlossene Kurve gelegten Wirbellinien bezeichnet man als *Wirbelröhre*, den flüssigen Inhalt derselben als *Wirbelfaden* (entsprechend den Bezeichnungen der Stromröhre und des Stromfadens, S. 37).

Die grundlegenden Gesetze der Wirbelbewegung *idealer* Flüssigkeiten sind von HELMHOLTZ[1] abgeleitet und wie folgt formuliert worden[2]:

1. Kein Flüssigkeitsteilchen kommt in Rotation, welches nicht von Anfang an in Rotation begriffen ist.

2. Die Flüssigkeitsteilchen, welche zu irgendeiner Zeit einer Wirbellinie angehören, bleiben auch, indem sie sich fortbewegen, immer zu derselben Wirbellinie gehörig.

3. Das Produkt aus dem Querschnitt und der Rotationsgeschwindigkeit eines Wirbelfadens ist längs der ganzen Länge des Fadens konstant und behält auch bei der Fortbewegung des Fadens denselben Wert. Die Wirbelfäden müssen deshalb innerhalb der Flüssigkeit in sich zurücklaufen, oder sie können nur an ihren Grenzen enden. Die vorstehenden Gesetze sollen jetzt unter Benutzung der Sätze von THOMSON (Ziffer 4) und von STOKES (Ziffer 5) bewiesen werden.

Nach dem THOMSONschen Satz ist — unter der Voraussetzung, daß die äußeren Kräfte ein Potential besitzen — die Zirkulation Γ um eine geschlossene Linie, die dauernd von denselben Flüssigkeitsteilchen gebildet wird, von der Zeit unabhängig $\left(\frac{d\Gamma}{dt} = 0\right)$. Umgrenzt nun diese geschlossene Linie einen Flüssigkeitsbereich, in dem die Strömung zur Zeit $t = 0$ „wirbelig“ verläuft, so besitzt die Zirkulation längs der geschlossenen Linie einen von Null verschiedenen Wert. Nach dem THOMSONschen Satz muß diese Strömung auch für alle darauffolgenden Zeiten wirbelig bleiben, da Γ sich nicht ändern kann.

Eine wichtige Beziehung zwischen der Zirkulation Γ und dem Wirbelvektor $\mathfrak{u}$ liefert der STOKESsche Satz (Ziffer 5), wonach

$$\Gamma = \oint \mathfrak{v}\, d\mathfrak{s} = 2 \int \mathfrak{u}\, d\mathfrak{F} = 2 \int \mathfrak{u}\, \mathfrak{e}\, dF\,. \tag{340}$$

Bezeichnet man in Analogie zu $\int \mathfrak{v}\, d\mathfrak{F}$ (Ziffer 1) das Integral $\int \mathfrak{u}\, d\mathfrak{F}$ als *Wirbelfluß* durch eine bestimmte Fläche F, so spricht die vorstehende Gleichung den Satz aus, daß die Zirkulation um die Randkurve s einer beliebigen Fläche F gleich dem doppelten Wirbelfluß durch diese Fläche ist.

---

[1] HELMHOLTZ, H.: Crelles J. Bd. 55 (1858) S. 25.

[2] Vgl. dazu auch PRANDTL-TIETJENS: Hydro- und Aeromechanik Bd. 1, 2. Aufl. (1944) S. 184 ff.

Dieser Satz sei jetzt auf irgendeine geschlossene Linie auf der Oberfläche eines Wirbelfadens oder, was auf dasselbe hinausläuft, auf die Mantelfläche einer Wirbelröhre angewandt. Da nach Definition $\mathfrak{u}$ stets in die Mantelfläche fallen muß, so steht die Normalenrichtung $\mathfrak{e}$ irgendeines Flächenelements dieser Mantelfläche rechtwinklig zu $\mathfrak{u}$, weshalb nach (340) die Zirkulation Γ längs der geschlossenen Linie verschwindet. Nach dem Satz von Thomson bleibt sie aber dauernd gleich Null, woraus folgt, daß ein „Wirbelfluß" durch die Mantelfläche nicht stattfinden kann. Die Flüssigkeitsteilchen einer Wirbelröhre müssen demnach dauernd eine Wirbelröhre bilden. Dasselbe gilt auch von der *Wirbellinie* als dem elementaren Bestandteil der Wirbelröhre. *Sie wird stets von denselben Flüssigkeitsteilchen gebildet, auch wenn sie sich fortbewegt oder ihre Form ändert.*

Man betrachte jetzt zwei auf einer Wirbelröhre liegende, diese umschlingende Linien A und B. Verbindet man diese Linien gemäß Abb. 140 durch eine in die Mantelfläche der Röhre fallende Doppellinie LL' und wendet auf die so entstehende geschlossene Linie $ALBL'$ den Satz von Stokes an, so wird, wie oben bereits erläutert wurde, die Zirkulation dieser Linie gleich Null. Es ist also, da L und L' unendlich nahe beieinanderliegen und außerdem im entgegengesetzten Sinne durchlaufen werden,

$$\Gamma = \oint_{(A)} \mathfrak{v}\, d\mathfrak{s} + \oint_{(B)} \mathfrak{v}\, d\mathfrak{s} = 0$$

oder

$$\oint_{(A)} \mathfrak{v}\, d\mathfrak{s} = \oint_{(B)} \mathfrak{v}\, d\mathfrak{s}\,,$$

d. h. *die Zirkulation hat für jede eine Wirbelröhre umschlingende Linie den gleichen Wert.*

Ist der Wirbelfaden hinreichend dünn (Abb. 141), dann kann $\mathfrak{u}$ für jeden Punkt eines Fadenquerschnitts als konstant angenommen werden und steht überall rechtwinklig zum Querschnitt. In diesem Falle liefert (340)

$$\Gamma = 2\,\omega\,f\,, \tag{341}$$

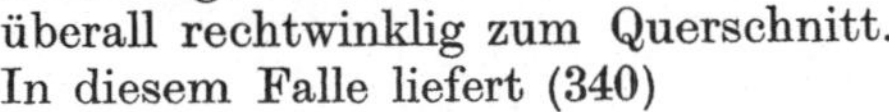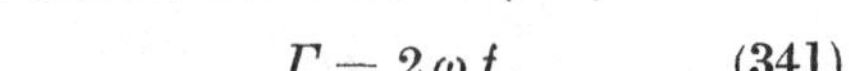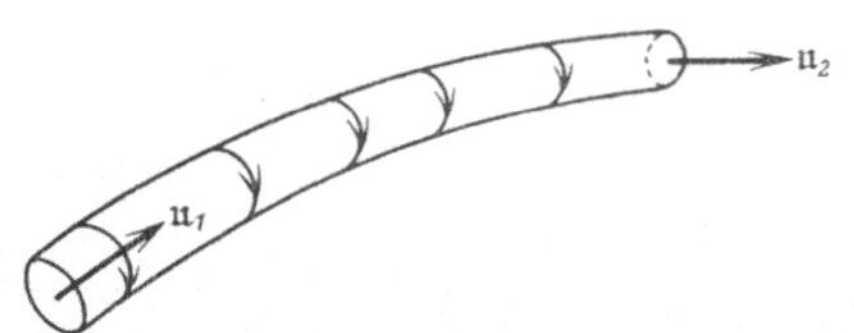

<table>
<tr><td>Abb. 140. Wirbelröhre</td><td>Abb. 141. Wirbelfaden</td></tr>
</table>

wenn jetzt f den Fadenquerschnitt bezeichnet und $|\mathfrak{u}| = \omega$ gesetzt wird. Da aber die Zirkulation längs jeder Querschnittsberandung den gleichen Wert hat, so folgt

$$\omega\,f = \text{const} \tag{342}$$

oder in Worten: Das Produkt aus der Winkelgeschwindigkeit ω und dem Fadenquerschnitt f — das sogenannte *Wirbelmoment* — ist längs des Fadens konstant. Da aber Γ nach dem Satz von Thomson auch *zeitlich* konstant ist, so kann der vorstehende Satz noch wie folgt erweitert werden: *Das Wirbelmoment ωf ist für jeden Wirbelfaden zeitlich und räumlich unveränderlich.*

Aus (342) kann weiter gefolgert werden, daß ein Wirbelfaden im Innern einer Flüssigkeit weder beginnen noch enden kann. Wäre dieses der Fall, so könnte an dieser Stelle die Kontinuitätsbedingung (338 a) nicht erfüllt sein. Ein Wirbelfaden bzw. eine Wirbellinie muß sich also entweder bis an die Grenzen der Flüssigkeit erstrecken oder, in sich zurücklaufend, einen geschlossenen Wirbelring bilden.

b) Das Geschwindigkeitsfeld einer Wirbelbewegung. Biot-Savartsches Gesetz

Vorausgesetzt sei eine im Unendlichen ruhende, quellenfreie *ideale* Flüssigkeit, die von einzelnen Wirbelfäden durchsetzt ist — d. h. von Flüssigkeitsgebieten, für welche in (238) rot $\mathfrak{v} \neq 0$ ist —, während die übrige Flüssigkeit als drehungsfrei angesehen wird. Es soll jetzt der Zusammenhang untersucht werden, welcher zwischen den Zirkulationen Γ dieser Wirbelfäden und dem zugehörigen Geschwindigkeitsfeld besteht[1].

Da bei einer quellenfreien Strömung der „Fluß" $\int_{(\mathfrak{F})} \mathfrak{v}\, d\mathfrak{F}$ durch zwei beliebige offene Flächen, die in dieselbe Randkurve s eingespannt sind, der gleiche ist, so liegt der Gedanke nahe, diesen Fluß durch ein Linienintegral $\oint_{(s)} \mathfrak{q}\, d\mathfrak{s}$ längs dieser Kurve darzustellen, wobei $\mathfrak{q}$ ein noch näher zu bestimmendes Vektorpotential bezeichnet. Man erhält dann

$$\int \mathfrak{v}\, d\mathfrak{F} = \oint \mathfrak{q}\, d\mathfrak{s}\,.$$

Da aber nach dem Satz von STOKES [Gl. (248a)]

$$\oint \mathfrak{q}\, d\mathfrak{s} = \int \operatorname{rot} \mathfrak{q}\, d\mathfrak{F}$$

ist, so folgt

$$\int \mathfrak{v}\, d\mathfrak{F} = \int \operatorname{rot} \mathfrak{q}\, d\mathfrak{F}$$

oder

$$\mathfrak{v} = \operatorname{rot} \mathfrak{q}\,. \tag{343}$$

Beachtet man, daß zwischen dem Wirbelvektor $2\mathfrak{u}$ und dem Geschwindigkeitsvektor $\mathfrak{v}$ die analoge Beziehung (238) besteht, wobei die Komponenten von $\mathfrak{u}$ durch die Gln. (237) gegeben sind, so lassen sich hier die Komponenten von $\mathfrak{v}$ in der Form darstellen

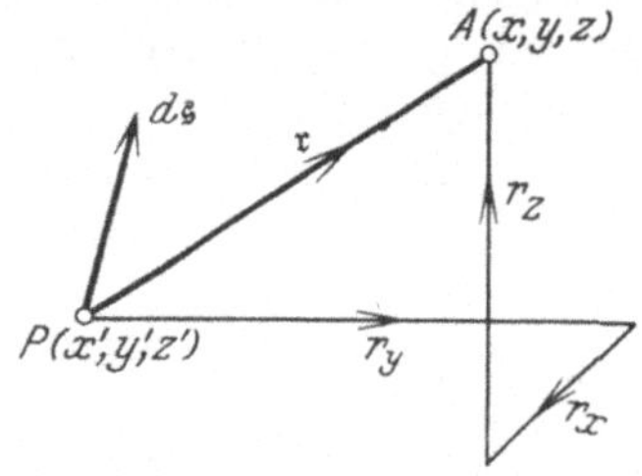

$$\left.\begin{aligned} u &= \frac{\partial q_z}{\partial y} - \frac{\partial q_y}{\partial z}\,;\\[4pt] v &= \frac{\partial q_x}{\partial z} - \frac{\partial q_z}{\partial x}\,;\\[4pt] w &= \frac{\partial q_y}{\partial x} - \frac{\partial q_x}{\partial y}\,. \end{aligned}\right\} \tag{344}$$

Abb. 142

Diese erfüllen die Kontinuitätsbedingung (226) bzw. (226a), da nach einem allgemeinen Satz der Vektorrechnung die Divergenz der Rotation immer gleich Null wird, so daß wegen (343) auch div $\mathfrak{v} = 0$ ist. Zur Bestimmung der Funktion $\mathfrak{q}$ bzw. ihrer Komponenten stehen jetzt die folgenden Gleichungen zur Verfügung: Zunächst ist nach (237) und (344)

$$2\,\xi = \frac{\partial w}{\partial y} - \frac{\partial v}{\partial z} = \frac{\partial^2 q_y}{\partial x\, \partial y} - \frac{\partial^2 q_x}{\partial y^2} - \frac{\partial^2 q_x}{\partial z^2} + \frac{\partial^2 q_z}{\partial x\, \partial z} = \frac{\partial}{\partial x}\left(\frac{\partial q_x}{\partial x} + \frac{\partial q_y}{\partial y} + \frac{\partial q_z}{\partial z}\right) - \varDelta q_x\,,$$

wo

$$\varDelta q_x = \frac{\partial^2 q_x}{\partial x^2} + \frac{\partial^2 q_x}{\partial y^2} + \frac{\partial^2 q_x}{\partial z^2}\,.$$

Zwei entsprechende Ausdrücke gelten für $2\,\eta$ und $2\,\zeta$. Diese drei Gleichungen werden befriedigt, wenn man

$$q_x = \frac{1}{2\pi}\int \frac{\xi}{r}\, dV\,; \qquad q_y = \frac{1}{2\pi}\int \frac{\eta}{r}\, dV\,; \qquad q_z = \frac{1}{2\pi}\int \frac{\zeta}{r}\, dV \tag{345}$$

setzt, wobei r die Entfernung zwischen einem variablen Punkt P, in dem das

---

[1] Diese Frage ist von STOKES und HELMHOLTZ beantwortet worden. Vgl. dazu H. LAMB: Hydrodynamik, deutsch von J. FRIEDEL (1907) S. 245.

Volumenelement dV liegt, und einem festen Punkt A bezeichnet, dessen Geschwindigkeit bestimmt werden soll (Abb. 142). Die Integration ist über alle Raumelemente zu erstrecken, die wirbelbehaftet sind[1]. Es läßt sich nämlich zeigen, daß die Ausdrücke (345) einerseits partielle Integrale der Gleichungen

$$2\,\xi = -\,\varDelta q_x; \quad 2\,\eta = -\,\varDelta q_y; \quad 2\,\zeta = -\,\varDelta q_z$$

darstellen, andererseits aber auch den Ausdruck $\left(\dfrac{\partial q_x}{\partial x} + \dfrac{\partial q_y}{\partial y} + \dfrac{\partial q_z}{\partial z}\right)$ zu Null machen[2]. Durch Verbindung der Gln. (343) und (345) folgt schließlich die entsprechende Geschwindigkeit der vorhandenen Wirbelung am Orte $A\,(x, y, z)$

$$\mathfrak{v} = \frac{1}{2\,\pi}\,\mathrm{rot} \int (\mathfrak{i}\,\xi + \mathfrak{j}\,\eta + \mathfrak{k}\,\zeta)\,\frac{dV}{r} = \frac{1}{2\,\pi}\,\mathrm{rot} \int \frac{\mathfrak{u}\,dV}{r}\,. \tag{346}$$

Mit Rücksicht auf spätere Anwendungen soll das hier gefundene Ergebnis zunächst nur auf einen einzelnen, in einer im übrigen wirbelfreien Flüssigkeit liegenden Wirbelfaden von hinreichend kleinem Querschnitt f angewandt werden. In diesem Falle ist

$$\mathfrak{u}\,dV = \mathfrak{u}\,f\,ds = \omega\,f\,d\mathfrak{s}\,,$$

wobei jetzt $d\mathfrak{s}$ das (in die Richtung von $\mathfrak{u}$ fallende) „gerichtete" Linienelement des Wirbelfadens bezeichnet. Unter Beachtung von (341) kann also im vorliegenden Falle

$$\mathfrak{u}\,dV = \omega\,f\,d\mathfrak{s} = \frac{1}{2}\,\varGamma\,d\mathfrak{s}$$

gesetzt werden, wo $\varGamma$ längs des ganzen Wirbelfadens konstant ist, so daß jetzt Gl. (346) übergeht in

$$\mathfrak{v} = \frac{\varGamma}{4\,\pi}\,\mathrm{rot} \int \frac{d\mathfrak{s}}{r}\,.$$

Dabei hat sich die Integration über die gesamte Länge des Wirbelfadens zu erstrecken.

Zunächst soll der Beitrag

$$\delta\mathfrak{v} = \frac{\varGamma}{4\,\pi}\,\mathrm{rot}\,\frac{d\mathfrak{s}}{r} \tag{347}$$

berechnet werden, den ein Linienelement $d\mathfrak{s}$ des Wirbelfadens zur Geschwindigkeit $\mathfrak{v}$ am Orte $A\,(x, y, z)$ liefert. Dieses Linienelement befinde sich am Orte $P\,(x', y', z')$ und habe die Komponenten dx', dy', dz' (Abb. 142). Dann wird (vgl. S. 134)

$$\mathrm{rot}\,\frac{d\mathfrak{s}}{r} = \mathfrak{i}\left(\frac{\partial}{\partial y}\,\frac{dz'}{r} - \frac{\partial}{\partial z}\,\frac{dy'}{r}\right) + \mathfrak{j}\left(\frac{\partial}{\partial z}\,\frac{dx'}{r} - \frac{\partial}{\partial x}\,\frac{dz'}{r}\right) + \mathfrak{k}\left(\frac{\partial}{\partial x}\,\frac{dy'}{r} - \frac{\partial}{\partial y}\,\frac{dx'}{r}\right).$$

Nun ist

$$\frac{1}{r} = [(x - x')^2 + (y - y')^2 + (z - z')^2]^{-1/2},$$

also

$$\frac{\partial}{\partial x}\,\frac{1}{r} = -\,\frac{x - x'}{r^3} = -\,\frac{r_x}{r^3}; \quad \frac{\partial}{\partial y}\,\frac{1}{r} = -\,\frac{r_y}{r^3}; \quad \frac{\partial}{\partial z}\,\frac{1}{r} = -\,\frac{r_z}{r^3}\,,$$

so daß

$$\mathrm{rot}\,\frac{d\mathfrak{s}}{r} = -\,\frac{1}{r^3}\,[\mathfrak{i}\,(r_y\,dz' - r_z\,dy') + \mathfrak{j}\,(r_x\,dx' - r_x\,dz') + \mathfrak{k}\,(r_x\,dy' - r_y\,dx')].$$

Da nun die eckige Klammer offenbar das äußere Produkt der Vektoren $\mathfrak{r} = \mathfrak{i}\,r_x + \mathfrak{j}\,r_y + \mathfrak{k}\,r_z$ und $d\mathfrak{s} = \mathfrak{i}\,dx' + \mathfrak{j}\,dy' + \mathfrak{k}\,dz'$ darstellt, so kann die vorstehende Gleichung einfacher auch wie folgt geschrieben werden

$$\mathrm{rot}\,\frac{d\mathfrak{s}}{r} = -\,\frac{1}{r^3}\,[\mathfrak{r}\,d\mathfrak{s}] = \frac{1}{r^3}\,[d\mathfrak{s}\,\mathfrak{r}],$$

---

[1] Nach dem 3. HELMHOLTZschen Satz (S. 186) sind Wirbel in der idealen Flüssigkeit dauernd an die einzelnen Flüssigkeitsteilchen gebunden.

[2] Vgl. H. LAMB: Hydrodynamik (1907) S. 246.

womit (347) übergeht in

$$\delta \mathfrak{v} = \frac{\Gamma}{4\pi}\frac{[d\mathfrak{s}\,\mathfrak{r}]}{r^3}\,.$$

Damit ist die Geschwindigkeit am Orte $A(x, y, z)$ bestimmt, welche dem Element $d\mathfrak{s}$ des betrachteten Wirbelfadens entspricht. Diese Geschwindigkeit steht rechtwinklig zu der von $d\mathfrak{s}$ und $\mathfrak{r}$ gebildeten Ebene und ist so gerichtet, daß $d\mathfrak{s}$, $\mathfrak{r}$ und $\delta\mathfrak{v}$ ein Rechtssystem im Raume beschreiben. Bezeichnet nun ε den von $d\mathfrak{s}$ und $\mathfrak{r}$ eingeschlossenen Winkel (Abb. 143), so ist $ds\,r\sin\varepsilon$ der Betrag des äußeren Produkts von $d\mathfrak{s}$ und $\mathfrak{r}$, weshalb sich als Betrag des Vektors $\delta\mathfrak{v}$ ergibt

$$\left|\delta\mathfrak{v}\right| = \frac{\Gamma}{4\pi r^2}\,ds\sin\varepsilon\,. \tag{348}$$

Dieser Ausdruck stellt das hydrodynamische Analogon zum BIOT-SAVARTschen Gesetz der Elektrodynamik dar. Dem stromdurchflossenen Leiter entspricht hier der Wirbelfaden, der Stromstärke die Zirkulation und dem Magnetfeld des Stromes das zum Wirbelfaden gehörige Geschwindigkeitsfeld.

Für einen *geraden Wirbelfaden* (Abb. 144) ist wegen $ds\sin\varepsilon = r\,d\varepsilon$

$$\left|\delta\mathfrak{v}\right| = \frac{\Gamma}{4\pi r}\,d\varepsilon = \frac{\Gamma}{4\pi a}\sin\varepsilon\,d\varepsilon\,, \tag{349}$$

wenn $a = r\sin\varepsilon$ das Lot von A auf die Wirbelachse bezeichnet. Da in diesem Sonderfall alle Wirbelelemente $d\mathfrak{s}$ in der durch den Wirbelfaden und die Radien-

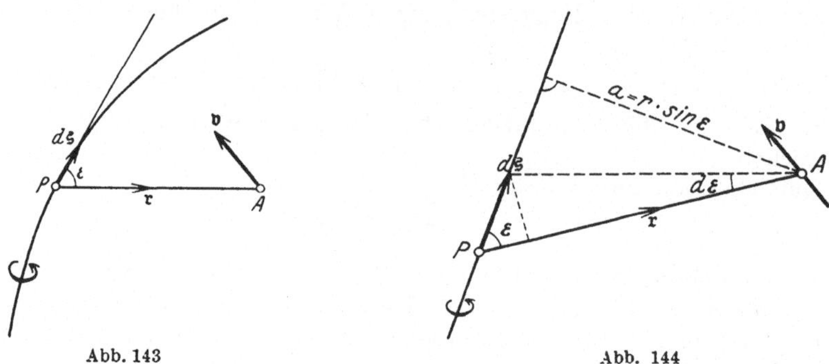

Abb. 143 Abb. 144

vektoren $\mathfrak{r}$ bestimmten Ebene liegen, sind alle Elementarbeiträge $\delta\mathfrak{v}$ der einzelnen Wirbelelemente gleichgerichtet. Man kann also, um die zu einem endlichen Wirbelfadenstück gehörige Geschwindigkeit $\mathfrak{v}$ am Orte A zu bekommen, den Ausdruck (349) skalar integrieren, und man erhält dafür

$$\left|\mathfrak{v}\right| = \bar{v} = \frac{\Gamma}{4\pi a}\int_{\varepsilon_1}^{\varepsilon_2}\sin\varepsilon\,d\varepsilon = \frac{\Gamma}{4\pi a}\left(\cos\varepsilon_1 - \cos\varepsilon_2\right)\,. \tag{350}$$

Speziell folgt daraus für den beiderseits *unendlich langen, geraden Wirbelfaden* mit $\varepsilon_1 = 0$ und $\varepsilon_2 = \pi$

$$\bar{v} = \frac{\Gamma}{2\pi a}\,. \tag{350a}$$

Danach haben alle Punkte im gleichen Abstand a von der Wirbelachse gleich große Geschwindigkeiten. Die den Wirbelfaden bildende Strömung besitzt kreisförmige Stromlinien um den Faden, deren Ebenen normal zur Wirbelachse stehen. Geht $a \to 0$, so geht $\bar{v} \to \infty$ (singulärer Punkt). Dagegen wird $\bar{v}$ mit wachsendem a immer kleiner. Auf der Wirkung derartiger Wirbel beruhen die als Wind- bzw. Wasserhose bekannten Naturerscheinungen. Infolge der sehr großen Geschwindigkeit in unmittelbarer Nähe der Wirbelachse entstehen dort erhebliche Unterdrücke, durch welche Sand, Wasser, Staub, ja selbst feste Gegenstände angesaugt und in kreisende Bewegung versetzt werden.

Das einen einzelnen geraden Wirbelfaden in einer ihn umgebenden wirbelfreien Flüssigkeit darstellende Geschwindigkeitsfeld besitzt, wie man erkennt, alle Eigenschaften der unter Ziffer 10, a besprochenen Zirkulationsströmung um einen Kreiszylinder, wenn man sich in dessen Achse den Wirbelfaden vorstellt. Außerhalb des Fadens herrscht Potentialströmung, und für diese gelten die früher dafür abgeleiteten Gesetze. Man bezeichnet deshalb derartige Wirbel auch als *Potentialwirbel* oder *Stabwirbel*.

c) Mehrere geradlinige, parallele Wirbelfäden in einer sonst drehungsfreien Flüssigkeit[1]

Man denke sich jetzt eine unendlich ausgedehnte Flüssigkeit von einer Anzahl gerader, der z-Achse paralleler Wirbelfäden von unendlich kleinem Querschnitt durchsetzt, die sämtlich im Endlichen liegen sollen. Dann geht die ihnen entsprechende Potentialströmung nach dem oben Gesagten in Ebenen vor sich, welche der xy-Ebene parallel sind, so daß es genügt, wenn man lediglich die Strömung in dieser Ebene betrachtet. Die Wirbelfäden projizieren sich dann in die xy-Ebene als *Wirbelpunkte*, von denen jeder mit einer bestimmten Zirkulation Γ behaftet ist. Unter Absatz b) wurde gezeigt, daß die zu einem einzelnen derartigen Wirbelfaden gehörige Strömung identisch ist mit der früher besprochenen Zirkulationsströmung. Für diese ist mit den Bezeich-

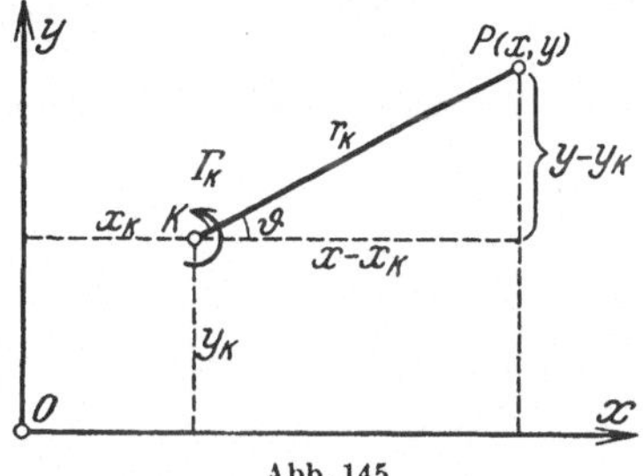

Abb. 145

nungen der Abb. 145, in welcher K einen „Wirbelpunkt" und Γ_K die zugehörige Zirkulation darstellt, nach (285) das komplexe Strömungspotential

$$\omega = \varphi + i\psi = -\frac{i\,\Gamma_K}{2\,\pi} \ln\left[(x - x_K) + i(y - y_K)\right] = -i\frac{\Gamma_K}{2\,\pi} \ln(z - z_K) \;*, \quad (351)$$

während Geschwindigkeitspotential und Stromfunktion nach (285a) durch

$$\varphi = \frac{\Gamma_K}{2\,\pi} \operatorname{arc\,tg} \frac{y - y_K}{x - x_K}; \qquad \psi = -\frac{\Gamma_K}{2\,\pi} \ln r_K \qquad (351\,a)$$

bestimmt sind. Daraus berechnen sich die Geschwindigkeitskomponenten in einem beliebigen Punkte $P(x, y)$ zu

$$u = \frac{\partial \varphi}{\partial x} = -\frac{\Gamma_K}{2\,\pi} \frac{y - y_K}{r_K^2}; \qquad v = \frac{\partial \varphi}{\partial y} = \frac{\Gamma_K}{2\,\pi} \frac{x - x_K}{r_K^2}. \qquad (352)$$

Handelt es sich nicht nur um einen, sondern um beliebig viele Wirbelpunkte, so erhält man aus (352) durch Summierung die Geschwindigkeitskomponenten am Orte $P(x, y)$

$$u = -\frac{1}{2\,\pi}\sum_K \Gamma_K \frac{y - y_K}{r_K^2}; \qquad v = \frac{1}{2\,\pi}\sum_K \Gamma_K \frac{x - x_K}{r_K^2} \qquad (K = 1, 2, 3, \ldots)\,. \quad (353)$$

Multipliziert man die Geschwindigkeitskomponenten $u_1, u_2, u_3, \ldots$ der einzelnen Wirbelpunkte der Reihe nach mit ihren Zirkulationen $\Gamma_1, \Gamma_2, \Gamma_3, \ldots$, so erhält man unter Beachtung der ersten Gleichung von (353)

---

[1] KIRCHHOFF, G.: Vorl. über Mechanik, 4. Aufl. (1897) S. 258 u. f.

* Das negative Zeichen steht hier, weil die Zirkulation entgegengesetzt dreht wie in Abb. 123.

$$\Gamma_1 u_1 + \Gamma_2 u_2 + \Gamma_3 u_3 + \cdots = -\frac{\Gamma_1}{2\pi}\left(\Gamma_2 \frac{y_1 - y_2}{r_{12}^2} + \Gamma_3 \frac{y_1 - y_3}{r_{13}^2} + \cdots\right) -$$

$$- \frac{\Gamma_2}{2\pi}\left(\Gamma_1 \frac{y_2 - y_1}{r_{12}^2} + \Gamma_3 \frac{y_2 - y_3}{r_{23}^2} + \cdots\right) - \frac{\Gamma_3}{2\pi}\left(\Gamma_1 \frac{y_3 - y_1}{r_{13}^2} + \Gamma_2 \frac{y_3 - y_2}{r_{23}^2} + \cdots\right) - \cdots.$$

Darin bezeichnet allgemein r_{iK} den Abstand des Wirbelpunktes Γ_i von Γ_K.

Wie man leicht feststellt, heben sich die Glieder der rechten Seite von vorstehender Gleichung paarweise auf, so daß

$$\Gamma_1 u_1 + \Gamma_2 u_2 + \cdots = \sum^K \Gamma_K u_K = 0$$

wird. Eine entsprechende Überlegung für die y-Richtung liefert

$$\sum^K \Gamma_K v_K = 0.$$

Faßt man nun die Zirkulationen $\Gamma_1, \Gamma_2, \ldots$ als Massen auf, mit denen die einzelnen Wirbelpunkte behaftet sind, so sprechen die vorstehenden Bedingungen aus, daß die Bewegungsgröße dieses idealen Massenpunktsystems verschwindet bzw. daß der „Massenmittelpunkt" bei der Bewegung der einzelnen Massenpunkte seine Lage unverändert beibehält. Dieser so definierte Punkt mit den Koordinaten

$$x_0 = \frac{\sum^K \Gamma_K x_K}{\sum^K \Gamma_K}; \qquad y_0 = \frac{\sum^K \Gamma_K y_K}{\sum^K \Gamma_K} \qquad (354)$$

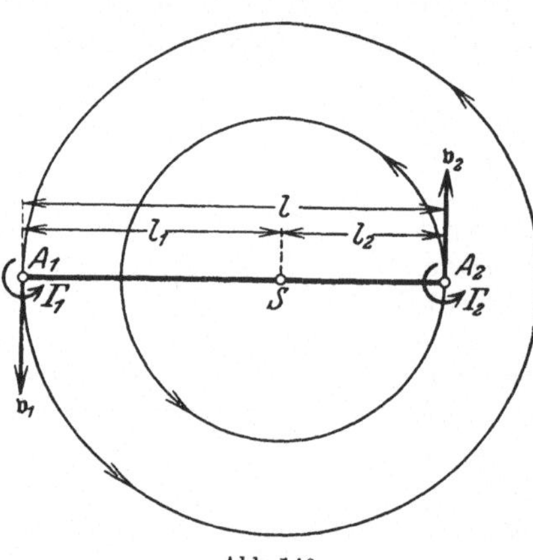

Abb. 146

wird als „*Schwerpunkt*" des Wirbelsystems bezeichnet. Dabei ist hinsichtlich der Berechnung von x_0 und y_0 zu beachten, daß die Zirkulationen Γ_K je nach ihrem Drehsinn in (354) positiv oder negativ eingeführt werden müssen. Überlagert man dem Wirbelsystem eine Potentialströmung (etwa eine einfache Parallelströmung), so führt der Schwerpunkt des Wirbelsystems eine Bewegung aus, welche allein durch die überlagerte Strömung bestimmt ist. Relativ zu ihm bleibt die Bewegung der Wirbelpunkte unverändert bestehen. Die Wirbel „schwimmen" dann in der Flüssigkeit, was man in fließendem Wasser häufig beobachten kann[1].

Handelt es sich lediglich um *zwei* Wirbelpunkte A_1 und A_2 mit den Zirkulationen Γ_1 und Γ_2, so „erteilt" jeder dem andern eine Geschwindigkeit, die rechtwinklig zur Verbindungsgeraden $A_1 A_2$ steht (Abb. 146). Die Beträge dieser Geschwindigkeiten sind nach (350a) mit $\overline{A_1 A_2} = l$

$$\bar{v}_1 = \frac{\Gamma_2}{2\pi l}; \qquad \bar{v}_2 = \frac{\Gamma_1}{2\pi l}.$$

Der Schwerpunkt S dieses Wirbelsystems liegt auf der Geraden $A_1 A_2$, und zwar *zwischen* den beiden Wirbelpunkten, wenn Γ_1 und Γ_2 gleichen Drehsinn haben, andernfalls *außerhalb* auf der Seite der größeren Zirkulation. Um den Punkt S (bzw. um die durch S gehende Achse) rotieren die beiden Wirbelpunkte auf konzentrischen Kreisen. Die Winkelgeschwindigkeit dieser Rotationsbewegung ist $\omega = \dfrac{v_2}{l_2} = \dfrac{v_1}{l_1}$. (Es mag noch bemerkt werden, daß das Flüssigkeitsteilchen,

---

[1] Die vorstehende Überlegung setzt voraus, daß die Wirbel dauernd an die einzelnen Flüssigkeitsteilchen gebunden sind (3. HELMHOLTZscher Wirbelsatz). In der *zähen* Flüssigkeit ist dieses jedoch *nicht* der Fall (vgl. S. 289).

welches sich augenblicklich an der Stelle S befindet, i. allg. nicht ruht, sondern eine Geschwindigkeit besitzt, die nach (352) berechnet werden kann.)

Haben Γ_1 und Γ_2 verschiedenen Drehsinn, und ist außerdem $\Gamma_1 = \Gamma_2 = \Gamma$, so sind die Geschwindigkeiten $\mathfrak{v}_1$ und $\mathfrak{v}_2$ gleich groß und gleich gerichtet. Die Wirbelpunkte, welche jetzt als *Wirbelpaar* bezeichnet werden, bewegen sich mit gleicher Geschwindigkeit rechtwinklig zur Geraden $A_1 A_2$. Der Schwerpunkt S liegt im Unendlichen.

In Ziffer 10, a wurde bereits darauf hingewiesen, daß sich die „Zirkulationsströmung" — und damit das Geschwindigkeitsfeld eines einzelnen „Stabwirbels" — aus der ebenen Quellströmung ergibt, wenn man die Strom- und Äquipotentiallinien miteinander vertauscht. Daraus folgt aber, daß sich das Strömungsbild eines „Wirbelpaares", das aus zwei Stabwirbeln von entgegengesetzt drehender Zirkulation besteht, aus demjenigen für die Quelle und Senke von gleicher Ergiebigkeit $\pm E$ ableiten läßt, das in Ziffer 9, c besprochen wurde. Man hat zu diesem Zwecke in Abb. 114 nur Strom- und Äquipotentiallinien zu vertauschen. Für das Wirbelpaar sind also die Kreise, deren Mittelpunkte auf der x-Achse liegen, Stromlinien, die diese senkrecht schneidenden Kreise dagegen Äquipotentiallinien. Die Punkte B_1 und B_2 stellen jetzt die beiden „Wirbelpunkte" dar. Denkt man sich in Abb. 114 die Mittelebene zwischen den beiden Wirbeln durch eine feste Wand ersetzt (y-Achse) und betrachtet nur den oberen Teil der Figur, so erhält man das (momentane!) Stromlinienbild eines einzelnen Wirbelfadens, der sich längs einer festen Wand mit der Geschwindigkeit $\bar{v} = \dfrac{\Gamma}{4\,\pi\,e}$ bewegt, wobei e den Abstand des Wirbels von der Wand bezeichnet (in Abb. 114 ist $l = e$). Diese Strömung ist nicht stationär, da die gezeichneten Stromlinien der relativen Bewegung um den Wirbel entsprechen, der sich selbst noch mit der angegebenen Geschwindigkeit bewegt.

d) Wirbelschichten und Trennungsflächen

Befindet sich in einer Flüssigkeit eine Folge dicht nebeneinanderliegender Wirbelfäden, für welche das Produkt aus Zirkulation und Fadenabstand einen endlichen Wert besitzt, so nennt man eine derartige kontinuierliche Wirbelverteilung eine *Wirbelschicht* (Abb. 147). Eine solche Schicht kann in einer krummen Fläche liegen, sie kann aber auch eine Ebene bilden. Die auf die Längeneinheit der Schicht (gemessen in der Breitenausdehnung) bezogene Zirkulation sei mit $\gamma \left[\dfrac{\text{cm}}{\text{s}}\right]$ bezeichnet. Hier möge zunächst von einer *ebenen* Wirbelschicht die Rede sein, für

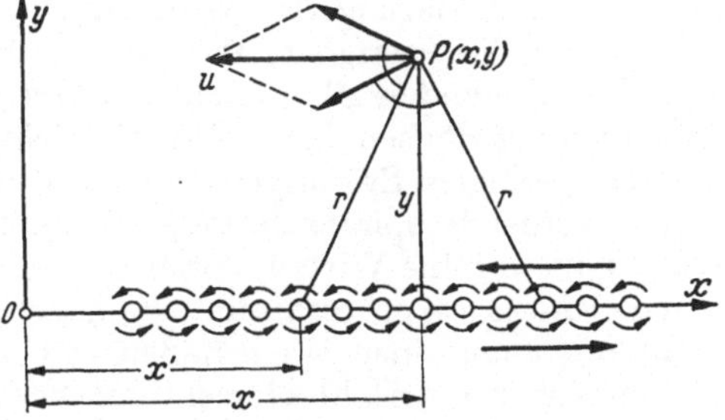
Abb. 147. Wirbelschicht

welche außerdem γ einen konstanten Wert haben soll. In diesem Fall liegen sämtliche Wirbelfäden in einer Ebene und sind einander parallel. In der Bildebene der Abb. 147 möge die „Spur" der Wirbelschicht mit der x-Achse zusammenfallen. Bezeichnet x' die Abszisse eines beliebigen Elementarwirbels, dann ist $d\Gamma = \gamma\, d x'$ seine Zirkulation. Im übrigen sei die Wirbelschicht beiderseits als unbegrenzt angenommen. Dann verläuft die in einem Punkte P (x, y) außerhalb der Schicht vorhandene Geschwindigkeit offenbar der x-Achse parallel, da die zu zwei zum Punkte P symmetrisch liegenden Elementarwirbeln gehörigen y-Komponenten sich paarweise aufheben. Für die x-Komponente der Geschwindigkeit erhält man nach (353) durch Grenzübergang

$$u = -\frac{\gamma\, y}{2\,\pi} \int\limits_{x'=-\infty}^{x'=\infty} \frac{d\,x'}{(x-x')^2 + y^2} = \frac{\gamma}{2\,\pi}\, \text{arc tg}\left[\frac{x-x'}{y}\right]_{x'=-\infty}^{x'=\infty} = \mp\frac{\gamma}{2}.$$

Das negative Zeichen bezieht sich auf Punkte oberhalb, das positive auf Punkte unterhalb der x-Achse. Überlagert man der hier betrachteten Strömung in der x-Richtung eine einfache Parallelströmung mit der Geschwindigkeit u_0, so werden

$$u_1 = u_0 - \frac{\gamma}{2}; \quad u_2 = u_0 + \frac{\gamma}{2}$$

die Geschwindigkeiten ober- bzw. unterhalb der x-Achse. Durch entsprechende Wahl von u_0 und γ kann man es erreichen, daß u_1 und u_2 vorgeschriebene Werte

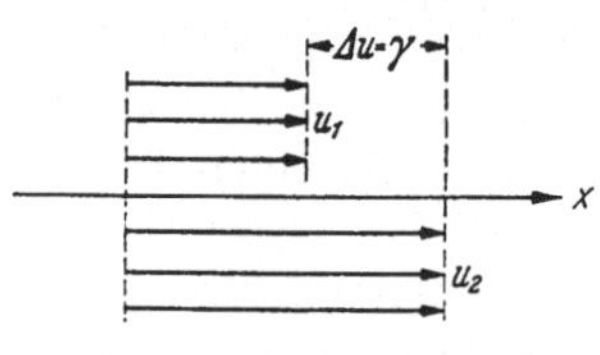

Abb. 147 a

annehmen. Danach stellt die durch die x-Achse senkrecht zur Bildebene gelegte Ebene eine *Unstetigkeits-* oder *Trennungsfläche* der Strömung dar, bei deren Durchschreitung sich die Geschwindigkeit unstetig (sprunghaft) um die endliche Größe

$$\Delta u = u_2 - u_1 = \gamma = \frac{d\,\Gamma}{d\,x'}$$

ändert (Abb. 147 a).

Trennungsflächen der oben geschilderten Art können sich z. B. in einer idealen Flüssigkeit einstellen, wenn ein starrer, zur Strömungsrichtung unsymmetrischer Körper mit scharfer Hinterkante umströmt wird, wobei die von der Ober- und Unterseite her kommenden Flüssigkeitsströme bei ihrer Wiedervereinigung an der Körperhinterkante mit verschieden großen Geschwindigkeiten aufeinander treffen. Von der Hinterkante aus entwickelt sich dann eine Unstetigkeitsfläche, die in dem oben geschilderten Sinne als Wirbelschicht aufgefaßt werden kann. Derartige Unstetigkeitsflächen waren bereits HELMHOLTZ bekannt, der sie zur Erklärung des Widerstandes, den ein in einer Flüssigkeit bewegter Körper von dieser erfährt, und zur Berechnung eines durch den Spalt einer festen Wand austretenden Flüssigkeitsstrahles in die Theorie einführte[1].

Trennungsflächen bzw. Wirbelschichten sind *instabil*. Sie rollen sich schon bei nur geringen Störungen (Ausbuchtungen, Erschütterungen usw.) in immer enger werdende spiralenförmige Windungen auf und zerfallen schließlich vollständig in einzelne Wirbel, deren Wirbelmoment und damit auch die Zirkulation einen *endlichen* Wert annimmt. Es handelt sich bei diesen *konzentrierten* Wirbeln nicht mehr um einen Wirbelfaden von unendlich kleinem Querschnitt, sondern um eine ganze Anzahl elementarer Fäden, die zusammen einen „*Wirbelkern*" von *endlichem* Querschnitt bilden. Über die Verteilung der Zirkulation in einem derartigen Kern — und damit auch über die Geschwindigkeitsverteilung — kann zunächst nichts Genaueres ausgesagt werden (vgl. dazu S. 295 und 334).

In diesem Zusammenhang ist noch eine Bemerkung zu machen, die sich auf den früher besprochenen THOMSONschen Satz (Ziffer 4) bezieht. Nach diesem Satz bleibt eine aus dem Zustand der Ruhe *unter dem Einfluß konservativer Kräfte* entstehende Bewegung einer idealen Flüssigkeit ständig wirbelfrei. Dieser Schluß ergibt sich daraus, daß in einer drehungsfreien Flüssigkeit die Zirkulation längs einer geschlossenen Linie, die immer von denselben Flüssigkeitsteilchen

---

[1] HELMHOLTZ, H.: Über diskontinuierliche Flüssigkeitsbewegungen. Monatsber. Akad. Wiss. Berlin 1868. Zwei hydrodynam. Abhandl. Ostwalds Klassiker, Nr. 79.

gebildet wird und einen einfach zusammenhängenden Bereich umschließt, dauernd Null sein muß. Nun zeigt aber die obige Überlegung, daß in einer reibungsfreien Flüssigkeit unter gewissen Voraussetzungen Trennungsflächen und damit auch Wirbel entstehen können. Die Erklärung dieses scheinbaren Widerspruches ist von PRANDTL[1] dahingehend gegeben worden, daß alle flüssigen Linien, die im Innern der ruhenden Flüssigkeit einen einfach zusammenhängenden Bereich bilden, sich nur so bewegen bzw. verformen, daß sie einer sich unter gegebenen Voraussetzungen bildenden Trennungsfläche *ausweichen*, d. h. diese nicht schneiden. In die geschlossene flüssige Linie können demnach niemals Teile der Trennungsfläche (bzw. Wirbelschicht) hineingelangen, so daß der von ihr begrenzte Flüssigkeitsbereich ständig drehungsfrei bleibt, wenn er dies anfangs war.

Bei den „natürlichen" Flüssigkeiten treten an die Stelle der theoretischen Trennungs*flächen* wirkliche Trennungs*schichten*, durch welche — ähnlich wie bei einem Walzenlager — das relative Gleiten der Flüssigkeitsströme ober- bzw. unterhalb der Schicht ermöglicht wird. Wie sich später zeigen wird, ist die Flüssigkeitsreibung für die Entstehung dieser Trennungsschichten verantwortlich zu machen (vgl. dazu S. 236).

e) Wirbelstraßen (Kármánsche Wirbel)

Wird ein prismatischer oder zylindrischer Körper senkrecht zu seiner Achse gleichförmig mit der Geschwindigkeit U in einer ruhenden Flüssigkeit bewegt, so bildet sich bei geeigneten Werten von U und entsprechenden Körperabmes-

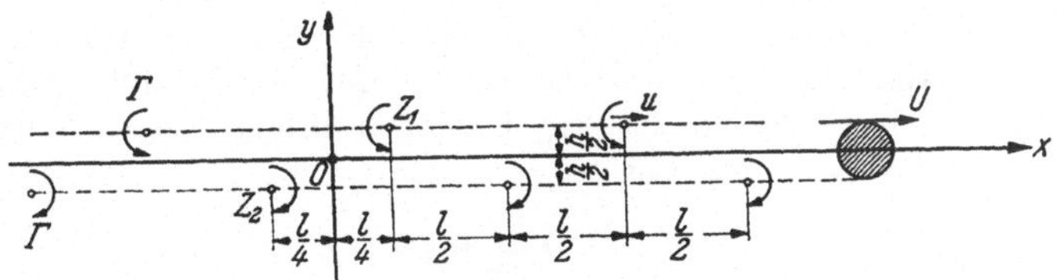

Abb. 148. Wirbelstraße

sungen hinter dem Körper ein System von Einzelwirbeln in bestimmten Abständen auf zwei (nahezu) parallelen Geraden aus. Es entsteht, wie man sagt, eine *Wirbelstraße*, die dem Körper — als Ganzes betrachtet — mit der kleineren Geschwindigkeit $u < U$ folgt. Zwischen den beiden Wirbelreihen stellt sich eine pendelnde Bewegung der Flüssigkeit ein. Man kann eine solche Wirbelstraße auffassen als Endprodukt zweier zerfallener HELMHOLTZscher Unstetigkeitsflächen, die sich hinter dem Körper bei seiner Bewegung ausbilden, aber infolge ihrer Instabilität nicht erhalten bleiben können (s. oben).

Diese in Wasserrinnen zu beobachtende Erscheinung veranlaßte v. KÁRMÁN[2], die Stabilität einer derartigen Wirbelkonfiguration genauer zu studieren, wobei er folgende idealisierende Annahmen machte: 1. Die Flüssigkeit wird als *ideal* angesehen. 2. Der bewegte Körper ist senkrecht zur Strömung unendlich lang (ebenes Problem). 3. Die einzelnen Wirbelfäden werden als „Potentialwirbel" senkrecht zur Strömungsrichtung eingeführt. Ihre Zirkulationen sind sämtlich gleich groß, haben aber in den beiden Reihen der Straße entgegengesetzten Drehsinn (Abb. 148). 4. Außerhalb dieser Wirbelfäden herrscht Potentialströmung.

---

[1] PRANDTL, L.: Über die Entstehung von Wirbeln in der idealen Flüssigkeit usw. Vortr. aus dem Gebiete der Hydro- und Aerodynamik, Innsbruck 1922, S. 18. Vgl. auch L. PRANDTL: Führer durch die Strömungslehre, 3. Aufl. (1949) S. 57.

[2] v. KÁRMÁN, TH.: Über den Mechanismus des Widerstandes, den ein bewegter Körper in einer Flüssigkeit erfährt. Nachr. Ges. Wiss. Göttingen 1911/12; Phys. Z. Bd. 13 (1912) S. 49, zus. mit H. RUBACH.

5. Die Wirbelstraße wird als beiderseits unendlich lang angenommen. Die Frage nach der Entstehung der Wirbel bleibt dabei offen. Unter diesen Voraussetzungen fand v. KÁRMÁN, daß nur die aus Abb. 148 ersichtliche Wirbelanordnung gegen kleine Störungen der Anfangslage stabil ist, bei welcher die Wirbelfäden der beiden Reihen um die Strecke $\frac{l}{2}$ gegeneinander verschoben sind[1].

Dabei ergibt sich für das Verhältnis zwischen dem Abstand h der beiden Wirbelreihen und dem seitlichen Wirbelabstand l der von der speziellen Querschnittsform des Körpers unabhängige Wert[2]

$$\mathfrak{Cof}\frac{h\,\pi}{l} = \sqrt{2} \quad \text{bzw.} \quad \frac{h}{l} = 0{,}2806\,. \tag{355}$$

Die auf diese Weise gekennzeichnete stabile Anordnung der Wirbelstraße bildet sich derart aus, daß sich abwechselnd gegensinnig drehende Wirbel zu beiden Seiten des erzeugenden Körpers loslösen, wodurch eine periodisch pendelnde Bewegung entsteht. Man stellt leicht fest, daß ein beliebiger Wirbel infolge aller übrigen Wirbel derselben (unendlich langen) Reihe keine Geschwindigkeit erlangen kann. Infolge der andern Reihe erhält er eine der x-Richtung parallele Geschwindigkeit, da die zu je zwei symmetrisch zu ihm liegenden Einzelwirbeln gehörigen y-Komponenten sich paarweise aufheben. Bei unendlich langen Reihen hat jeder Wirbelpunkt die gleiche Geschwindigkeit. Das ganze Wirbelsystem bewegt sich also mit konstanter Geschwindigkeit u in Richtung der x-Achse.

Zur Berechnung dieser Geschwindigkeit soll zunächst das komplexe Strömungspotential angeschrieben werden. Bezeichnet in Abb. 148 z_1 die Lage eines Wirbels der oberen Reihe, so ist das Potential infolge dieses Wirbels an dem beliebigen Orte $P(x, y)$ nach (351)

$$\omega = -\,i\,\frac{\Gamma}{2\,\pi}\ln(z - z_1)$$

und somit infolge *aller* Wirbel der oberen Reihe

$$\omega_1 = -\frac{i\,\Gamma}{2\,\pi}\ln[(z - z_1)\,(z - z_1 - l)\,(z - z_1 + l)\,(z - z_1 - 2\,l)\,(z - z_1 + 2\,l)\cdots]$$

$$= -\frac{i\,\Gamma}{2\,\pi}\ln\left\{(z - z_1)\prod_{n=1}^{n=\infty}[(z - z_1)^2 - (n\,l)^2]\right\}$$

$$= -\frac{i\,\Gamma}{2\,\pi}\ln\left\{(z - z_1)\prod_{n=1}^{n=\infty}\left[1 - \frac{(z - z_1)^2}{n^2\,l^2}\right](-\,n^2\,l^2)\right\},$$

wo $\prod_{n=1}^{n=\infty}$ das Zeichen für das unendliche Produkt angibt. Infolge der unteren Reihe ist entsprechend

$$\omega_2 = \frac{i\,\Gamma}{2\,\pi}\ln\left\{(z - z_2)\prod_{n=1}^{n=\infty}\left[1 - \frac{(z - z_2)^2}{n^2\,l^2}\right](-\,n^2\,l^2)\right\}.$$

Wählt man das Koordinatensystem gemäß Abb. 148, so gilt für entsprechend zur y-Achse liegende Wirbelpunkte $z_2 = -\,z_1$, weshalb vorstehender Ausdruck

---

[1] Auf die Möglichkeit, daß bei ganz speziellen Störungen auch die Wirbelanordnung nach Abb. 148 instabil sein kann, hat C. SCHMIEDEN hingewiesen. Vgl. Ing.-Arch. Bd. 7 (1936) S. 215.

[2] Eine Verallgemeinerung des KÁRMÁNschen Stabilitätskriteriums hat A. W. MAUE in der Z. angew. Math. Mech. Bd. 20 (1940) S. 130 gegeben. Vgl. dazu auch U. DOMM: Über die Wirbelstraßen von geringster Instabilität. Z. angew. Math. Mech. Bd. 36 (1956) S. 367.

auch wie folgt geschrieben werden kann:

$$\omega_2 = \frac{i\,\Gamma}{2\,\pi} \ln \left\{ (z + z_1) \prod_{n=1}^{n=\infty} \left[1 - \frac{(z+z_1)^2}{n^2\,l^2} \right] (-\,n^2\,l^2) \right\} .$$

Somit hat man infolge *beider* Reihen an der Stelle z das komplexe Potential

$$\omega = \omega_1 + \omega_2 = \frac{i\,\Gamma}{2\,\pi} \ln \frac{(z+z_1)\prod_1^{\infty}\left[1 - \frac{(z+z_1)^2}{n^2\,l^2}\right]}{(z-z_1)\prod_1^{\infty}\left[1 - \frac{(z-z_1)^2}{n^2\,l^2}\right]} . \tag{356}$$

Nun ist allgemein

$$\sin x = x \prod_{n=1}^{n=\infty} \left(1 - \frac{x^2}{(n\,\pi)^2} \right) ,$$

also wird

$$\sin\left[(z + z_1)\,\frac{\pi}{l} \right] = (z + z_1)\,\frac{\pi}{l} \prod_{n=1}^{n=\infty} \left[1 - \frac{(z+z_1)^2}{n^2\,l^2} \right] ,$$

so daß (356) auch in der Form geschrieben werden kann

$$\omega = \frac{i\,\Gamma}{2\,\pi} \ln \frac{\sin\left[(z+z_1)\,\frac{\pi}{l}\right]}{\sin\left[(z-z_1)\,\frac{\pi}{l}\right]} .$$

Für die konjugierte Geschwindigkeit im Feldpunkt $P(x, y)$ erhält man daraus

$$\bar{v} = \frac{d\,\omega}{d\,z} = \frac{i\,\Gamma}{2\,l} \left\{ \operatorname{ctg}\left[(z + z_1)\,\frac{\pi}{l} \right] - \operatorname{ctg}\left[(z - z_1)\,\frac{\pi}{l} \right] \right\} . \tag{357}$$

Zu dieser Geschwindigkeit liefern alle Wirbelpunkte beider Reihen einen Beitrag sofern z nicht gerade mit einem Wirbelpunkt zusammenfällt.

Um die Geschwindigkeit u eines beliebigen Wirbelpunktes und damit diejenige der Wirbelstraße zu bekommen, beachte man, daß diese Geschwindigkeit parallel der x-Achse gerichtet ist und daß die Bewegung dieses Wirbels durch sein eigenes Geschwindigkeitspotential nicht beeinflußt wird. Läßt man nun den Feldpunkt z mit einem Wirbelpunkt zusammenfallen, so liefert $\bar{v}$ die Geschwindigkeit dieses Wirbels zuzüglich der Geschwindigkeit infolge des eigenen Geschwindigkeitspotentials, welch letztere nach (350a) unendlich groß ist. Für einen Wirbel der oberen Reihe ist $z = z_1 + k\,l$ (k von $-\infty$ bis ∞). Setzt man diesen Wert in (357) ein, so erhält man unter Beachtung des vorher Gesagten wegen

$$\operatorname{ctg}\left[(z - z_1)\,\frac{\pi}{l} \right]\bigg| = \infty \quad \text{als } \textit{Geschwindigkeit der Wirbelstraße}$$

$$u = \frac{i\,\Gamma}{2\,l} \operatorname{ctg}\left[(2\,z_1 + k\,l)\,\frac{\pi}{l} \right] = \frac{i\,\Gamma}{2\,l} \operatorname{ctg}\frac{2\,z_1\,\pi}{l}$$

oder, wegen $2\,z_1 = \frac{l}{2} + i\,h$,

$$u = \frac{i\,\Gamma}{2\,l} \operatorname{ctg}\left(\frac{\pi}{2} + \frac{i\,h\,\pi}{l} \right) = -\frac{i\,\Gamma}{2\,l} \operatorname{tg}\frac{i\,h\,\pi}{l} = \frac{\Gamma}{2\,l}\operatorname{\mathfrak{Tg}}\frac{h\,\pi}{l} .$$

Führt man hier schließlich noch die Stabilitätsbedingung (355) ein, so wird wegen

$$\operatorname{\mathfrak{Sin}}\frac{h\,\pi}{l} = \sqrt{\operatorname{\mathfrak{Cof}}^2\frac{h\,\pi}{l} - 1} = 1$$

$$u = \frac{\Gamma}{2\,l}\,\frac{1}{\operatorname{\mathfrak{Cof}}\frac{h\,\pi}{l}} = \frac{\Gamma}{l\,\sqrt{8}} . \tag{358}$$

Das nach der KÁRMÁNschen Theorie berechnete Stromlinienbild zeigt Abb. 149. Bei kleinen Geschwindigkeiten U und kleinen Körperabmessungen stimmt es — besonders in einiger Entfernung hinter dem Körper — gut mit den von KÁRMÁN und RUBACH[1] angestellten Versuchen überein (Abb. 150). Als Versuchskörper wurden dabei ein Kreiszylinder und eine dünne rechteckige Platte durch ruhendes Wasser geschleppt, dessen Oberfläche zur Sichtbarmachung der Stromlinien mit

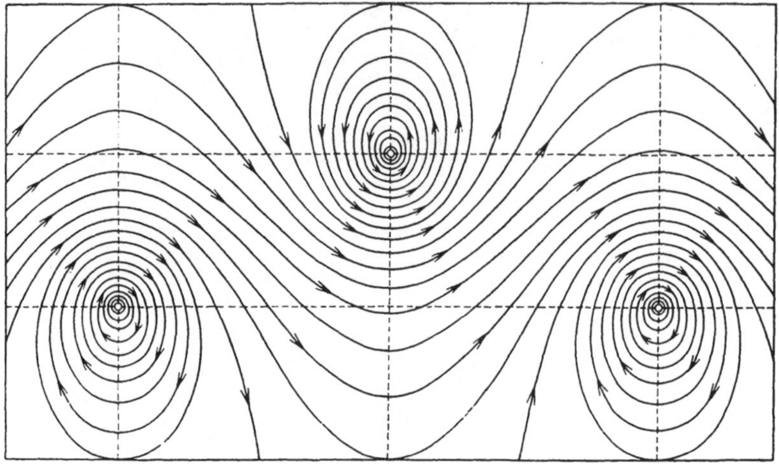

Abb. 149. Stromlinienbild der stabilen Wirbelstraße

Lykopodiumsamen bestreut war. Beim Kreiszylinder ergab sich ein Längenverhältnis von $\frac{h}{l} = 0{,}282$, bei der Platte im Mittel $\frac{h}{l} = 0{,}306$. Diese Werte zeigen, zumindest beim Zylinder, eine befriedigende Übereinstimmung mit dem theoretischen Wert von Gl. (355).

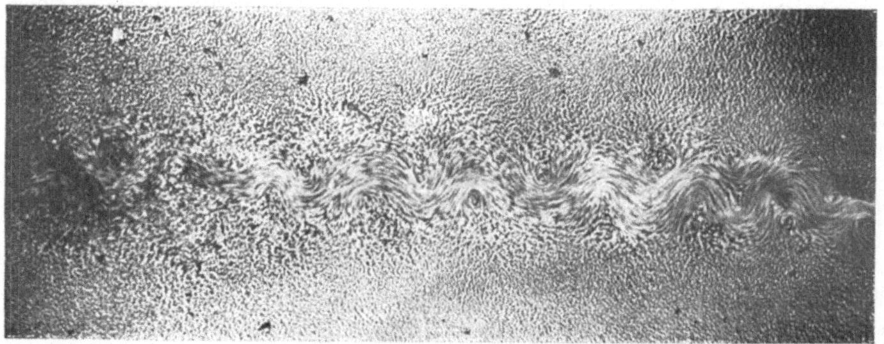

Abb. 150. Wirbelstraße bei $Re = \dfrac{U\,d}{\nu} = 4{,}75 \cdot 10^2$

Demgegenüber kann man bei Laboratoriumsversuchen mit größeren Geschwindigkeiten U (größeren Re-Zahlen) trotz sorgfältigen Experimentierens bereits vom dritten oder vierten Wirbelpaar ab ein Zerflattern der Wirbelstraße, mitunter sogar eine ganz unregelmäßige Wirbelbildung beobachten (Abb. 150a),

---

[1] Vgl. das Literaturzitat 2 auf S. 195.

was darauf schließen läßt, daß Einflüsse vorhanden sind, welche die für die „ideale" Strömung nachgewiesene Stabilität stören. Die Ursachen hierzu sind noch nicht genügend geklärt, gewöhnlich wird die Flüssigkeitsreibung dafür verantwortlich gemacht. Man kann jedoch zeigen, daß diese bei wenig zähen Flüssigkeiten dynamisch überhaupt nicht in Erscheinung tritt, sofern man, wie oben geschehen, die Bewegung der Wirbelstraße als „Potentialströmung" ansieht (vgl. Ziffer 15). Nun sind aber bei „natürlichen" Flüssigkeiten die einzelnen Wirbel der Abb. 148 keine „Potentialwirbel", sondern haben „Wirbelkerne" von endlichem Querschnitt, zu denen sich die vom bewegten Körper ausgehenden Wirbelschichten spiralartig aufgerollt haben. Innerhalb dieser Wirbelkerne herrscht keine Potentialströmung, und es besteht die Wahrscheinlichkeit, daß

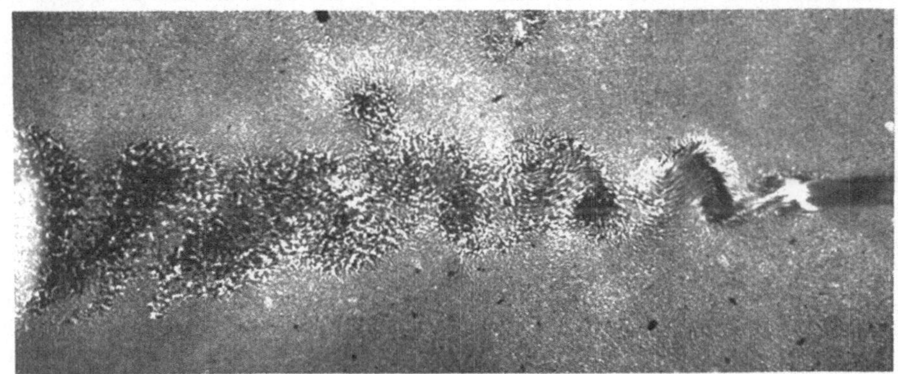

Abb. 150a. Wirbelstraße bei $Re = \dfrac{U\,d}{\nu} = 9{,}64 \cdot 10^2$

von den Kernrändern her Störungen in die Außenströmung hineingetragen werden, die eine allmähliche Veränderung des theoretischen Strömungsbildes zur Folge haben[1].

Die Unsymmetrie der Strömung vor und hinter dem Körper, welche infolge der Wirbelstraße entsteht, legt die Vermutung nahe, daß man sie benützen kann, um zu einer gewissen Aussage über den *Flüssigkeitswiderstand* zu gelangen, der sich der Bewegung des Körpers entgegensetzt. Diese Aufgabe ist von Kármán unter Benutzung des Impulssatzes in Angriff genommen worden[2]. Als Ergebnis seiner Rechnung, auf die hier nicht weiter eingegangen werden kann, fand er für den zeitlichen Mittelwert der Kraft P, die notwendig ist, um den Körper mit der konstanten Geschwindigkeit U in der Flüssigkeit vorwärtszubewegen, den Wert

$$P = \varrho\, l\, U^2 \left[0{,}794\, \frac{u}{U} - 0{,}314 \left(\frac{u}{U} \right)^2 \right].$$

Durch diesen Ausdruck ist allerdings für die zahlenmäßige Bestimmung der Kraft P insofern noch nichts gewonnen, als die darin auftretenden Größen u und l zunächst nicht bekannt sind. Sie können vorläufig nur durch Messung bestimmt werden. Wie Gl. (358) zeigt, hängen beide mit der Wirbelzirkulation Γ zusammen, und gerade über diese für das ganze Problem äußerst wichtige Größe vermag die Idealtheorie nichts auszusagen. Weiter oben wurde bereits darauf hingewiesen, daß die Wirbelkerne das Endprodukt einer aufgewickelten Wirbelschicht darstellen. Bevor nicht der Aufwickelungsvorgang dieser Wirbelschicht in allen Einzelheiten bekannt ist, kann auch die Zirkulation Γ nicht angegeben werden, die andererseits dazu dienen könnte, aus Gl. (358) u zu berechnen, wenn l bekannt ist. Dazu könnte die Stabilitätsbedingung (355) benützt werden, sobald die Breite h der Wirbelstraße bekannt wäre. Aber

---

[1] Vgl. dazu W. Kaufmann: Über den Mechanismus der Wirbelkerne einer Kármánschen Wirbelstraße. Ing.-Arch. Bd. 19 (1951) S. 192ff.

[2] Vgl. das Literaturzitat 2 auf S. 195. Siehe auch W. Kaufmann: Angew. Hydromechanik Bd. 1 (1931) S. 195.

auch über diese Größe vermag die Kármánsche Theorie nichts auszusagen. Man darf vielleicht (unter allem Vorbehalt) die Vermutung aussprechen, daß h von dem Durchmesser der Wirbelkerne abhängt, so daß man auch von diesem Gesichtspunkt aus wieder auf den Aufwickelungsvorgang zurückgreifen müßte. Das ist aber eine Frage, die in das Gebiet der zähen Flüssigkeit gehört.

Eingehende Untersuchungen der hinter Kreiszylindern entstehenden Wirbelstraßen wurden von A. Roshko[1] in einem Windkanal des *California Institute of Technology, Pasadena*, im Bereich Reynoldsscher Zahlen von $Re = \dfrac{U d}{v} = 40$ bis 10000 durchgeführt ($U =$ Anströmgeschwindigkeit, $d =$ Zylinderdurchmesser, $v =$ kinematische Zähigkeit). Dabei zeigte sich, daß die Ausbildung und Form der Wirbelstraßen wesentlich von der Größe der Re-Zahl abhängig ist. Bei $Re = 40$ bis 150 stellt sich ein stabiler Zustand (ohne turbulente Störungen) ein, in dem die theoretische Kármánsche Wirbelstraße beobachtet wird. Zwischen $Re = 150$ bis $Re = 300$ bildet sich ein laminar-turbulentes Übergangsgebiet mit einzelnen Störungen der stabilen Form der Straße aus, während bei $Re > 300$ ein mehr oder weniger unregelmäßiger Zustand entsteht. Dieser ist dadurch gekennzeichnet, daß die periodische Anordnung der freien Einzelwirbel von turbulenten Geschwindigkeitsschwankungen überlagert ist, die im weiteren Verlauf zu einem Zerflattern der Wirbel führen. Dabei vergrößert sich die Breite h der Straße stromabwärts ständig, während gleichzeitig die Zirkulation der Einzelwirbel abnimmt.

Die vorstehenden Beobachtungen decken sich weitgehend mit Hitzdrahtmessungen, die im Windkanal des Instituts für Strömungsmechanik der T. H. München durchgeführt wurden[2] und die sich auf Re-Zahlbereiche bis zu $Re = 2{,}5 \cdot 10^5$ erstrecken. Durch die vorstehenden Meßergebnisse dürfte wohl die oben auf Grund theoretischer Überlegungen ausgesprochene Vermutung über den Mechanismus der Wirbelkerne eine gewisse Bestätigung finden[3].

f) Die kinetische Energie ebener Wirbelfelder

In einer unendlich ausgedehnten, idealen Flüssigkeit denke man sich eine beliebige Anzahl gerader, der z-Achse paralleler Wirbelfäden, die sich in einem im Endlichen liegenden Flüssigkeitsbereich befinden sollen. Nach dem Biot-Savartschen Gesetz entspricht jedem dieser Wirbelfäden an einem beliebigen Orte $P(x, y)$ eine Geschwindigkeit, die gemäß Gl. (350a) von der Größe der Wirbelzirkulation abhängig ist. Die dadurch entstehende Bewegung ist außerhalb der Wirbelfäden eine *ebene* Potentialströmung. Nachstehend soll die kinetische Energie eines derartigen (ebenen) Geschwindigkeitsfeldes untersucht werden.

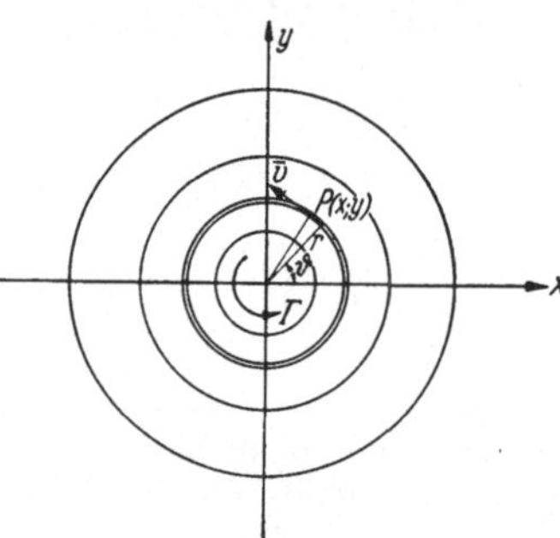

Abb. 151. Stromlinienbild eines geraden Wirbelfadens

Das Energiefeld eines einzelnen Wirbelfadens: In Abb. 151 ist das Stromlinienbild dieser Strömung dargestellt. Bezeichnet dF ein Flächendifferential der xy-Ebene, so wird die auf die Tiefe „eins" bezogene kinetische Energie des Feldes wegen $dm = \varrho\, dF$

$$E = \frac{\varrho}{2} \int\limits_{(F)} \bar{v}^2\, dF ,$$

wobei $\bar{v}$ die Geschwindigkeit am Orte $P(x, y)$ angibt, und das Integral über die ganze xy-Ebene zu erstrecken ist. Als Flächendifferential dF wird ein Element

[1] Roshko, A.: On the development of turbulent wakes from vortex streets. National Advisory Comm. for Aeronautics, Rep. 1191 (1954).

[2] Frimberger, R.: Experimentelle Untersuchungen an Kármánschen Wirbelstraßen. Diss. T. H. München 1954, sowie Z. Flugwissensch. Bd. 5 (1957) S. 355. Vgl. dazu auch: R. Wille: Über Strömungserscheinungen im Übergangsgebiet von geordneter zu ungeordneter Bewegung. Jb. schiffbautechn. Ges. Bd. 46 (1952) S. 176.

[3] Hinsichtlich der Ausbildung von Wirbelstraßen in Überschallströmungen sei auf folgende Arbeit verwiesen: A. Naumann u. H. Pfeiffer: Über die Grenzschichtablösung am Zylinder bei hohen Geschwindigkeiten. Second International Congress of the Aeronautical Sciences, Zürich 1960, Printed by Pergamon Press, London.

gewählt, das durch zwei differentiell benachbarte Radien und zwei differentiell benachbarte Stromlinienkreise gebildet wird, weshalb $dF = dr\,ds$ ist, wenn r die radiale und s die Umfangsrichtung angibt. Damit kann E auch wie folgt geschrieben werden

$$E = \frac{\varrho}{2} \underbrace{\iint}_{(F)} (\bar{v}\,dr\;\bar{v}\,ds)\,. \tag{359}$$

Der Ausdruck $\bar{v}\,dr$ stellt nach Gl. (261) das sekundliche Durchflußvolumen zwischen den beiden benachbarten Stromlinien dar und ist als solches für einen Umlauf von $\vartheta = 0$ bis $\vartheta = 2\pi$ konstant. Die Stromfunktion der hier betrachteten Zirkulationsströmung ist nach Gl. (351a)

$$\psi = -\frac{\Gamma}{2\,\pi}\ln r\,, \tag{360}$$

welche mit wachsendem r abnimmt. Es ist also $\bar{v}\,dr = -d\psi$, und dieser Wert kann, da er für einen Umlauf konstant ist, vor das innere Integral von (359) gesetzt werden, so daß

$$E = -\frac{\varrho}{2}\int\limits_{(r)} d\psi \int\limits_{\vartheta=0}^{\vartheta=2\pi} \bar{v}\,ds \tag{361}$$

wird. Weiter ist

$$\int\limits_{\vartheta=0}^{\vartheta=2\pi} \bar{v}\,ds = \Gamma$$

die Zirkulation um den betrachteten Wirbelfaden, welche für das gesamte Potentialfeld einen konstanten Wert hat [Gl. (287)]. Damit folgt aus (361) und (360)

$$E = -\frac{\varrho\,\Gamma}{2}\Big[\psi\Big]_{r=r_0}^{r=\infty} = \frac{\varrho\,\Gamma^2}{4\,\pi}(\ln\infty - \ln r_0) = \frac{\varrho\,\Gamma^2}{4\,\pi}\ln\frac{\infty}{r_0}\,*. \tag{362}$$

Betrachtet man zunächst einen Potentialwirbel von unendlich kleinem Querschnitt, so geht in dem vorstehenden Ausdruck $r_0 \to 0$, und die kinetische Energie des gesamten Wirbelfeldes ergibt sich als unendlich groß, was in einer physikalischen Flüssigkeit offenbar nicht möglich ist. Nimmt man einen Wirbelkern von *endlichem* Querschnitt an, so ist zwar $r_0 > 0$, aber die Energie bleibt trotzdem unendlich.

Man hat dann an Stelle von (362) zu schreiben

$$E = \frac{\varrho\,\Gamma^2}{4\,\pi}\ln\frac{\infty}{r_0} + E_K\,, \tag{362a}$$

wobei E_K die endliche Energie des Wirbelkernes angibt.

Ohne auf die Entstehungsgeschichte eines derartigen Wirbels zunächst weiter einzugehen, kann aus dem vorstehenden Ergebnis gefolgert werden, daß ein einzelner Wirbelfaden in einer natürlichen Flüssigkeit allein nicht auftreten kann.

Zwei Wirbelfäden mit gleichsinnig drehender Zirkulation.

In diesem Falle lautet die Stromfunktion

$$\psi = -\frac{1}{2\,\pi}(\Gamma_1 \ln r_1 + \Gamma_2 \ln r_2)\,, \tag{363}$$

wenn r_1 und r_2 die Abstände des Feldpunktes $P(x, y)$ von den beiden Wirbelfäden angeben (Abb. 145). Setzt man $\Gamma_1 = \alpha_1\Gamma_0$; $\Gamma_2 = \alpha_2\Gamma_0$, wo Γ_0 einen

---

* Man kann diesen Ausdruck auch unmittelbar ableiten, wenn man in Gl. (359) $\bar{v} = \dfrac{\Gamma}{2\,\pi\,r}$ und $ds = r\,d\vartheta$ setzt.

beliebigen Festwert bezeichnet, so wird

$$\psi = - \frac{\Gamma_0}{2\pi}(\alpha_1 \ln r_1 + \alpha_2 \ln r_2) = - \frac{\Gamma_0}{2\pi}\ln(r_1^{\alpha_1} r_2^{\alpha_2}) . \tag{364}$$

Da ψ für jede Stromlinie einen konstanten Wert besitzt, liefert die Bedingung $\psi = $ const, bzw. $r_1^{\alpha_1} r_2^{\alpha_2} = $ const die Gleichung der Stromlinie, die durch den Punkt $P(x, y)$ geht. Abb. 152 zeigt den Verlauf der Stromlinien für den Fall, daß $\Gamma_1 = 2\,\Gamma_0 = 2\Gamma_2$, also $\alpha_1 = 2$, $\alpha_2 = 1$ und somit $\psi = - \frac{\Gamma_2}{2\pi}(\ln r_1^2 r_2)$ ist.

Die beiden Wirbel grenzen ihre Gebiete durch eine „Grenzstromlinie" ψ_{gr} ab, die am Orte O einen Schnittpunkt aufweist. An dieser Stelle ist die Geschwindigkeit gleich Null. Die Zirkulationen um die Einzelwirbel innerhalb von ψ_{gr} sind Γ_1 bzw. Γ_2, außerhalb von ψ_{gr} ist die Zirkulation längs jeder Stromlinie gleich $\Gamma_1 + \Gamma_2$, das Wirbelsystem verhält sich also in großer Entfernung von den Wirbelpunkten genauso als wäre nur *ein* Wirbel mit der Zirkulation $\Gamma_1 + \Gamma_2$ vorhanden.

Zur Berechnung der Feldenergie betrachte man in jedem der drei Bereiche I, II und III, welche durch die Grenzstromlinie gegeneinander abgegrenzt sind, ein

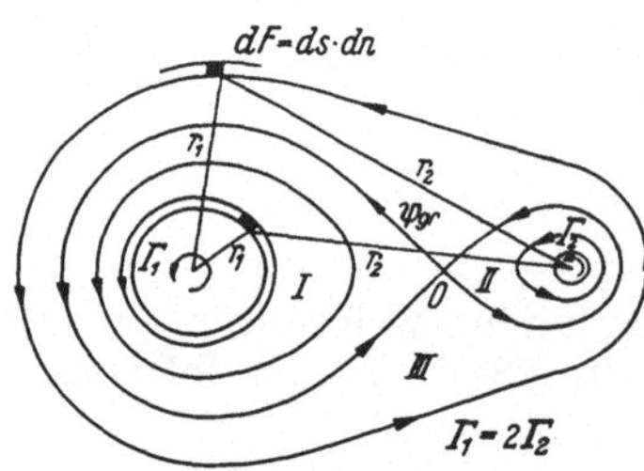

Abb. 152. Stromlinienbild zweier Wirbelfäden mit den Zirkulationen Γ_1 und $\Gamma_2 = \frac{1}{2}\Gamma_1$

Flächenelement, das durch ein Längenelement ds der Stromlinie und durch den Normalenabstand dn zweier benachbarter Stromlinien gebildet wird, also $dF = ds\,dn$. Dann erhält man als kinetische Energie des gesamten Feldes

$$E = \frac{\varrho}{2}\int_{(F)} \bar{v}^2\, dF = \frac{\varrho}{2}\underbrace{\iint_{(F)}}(\bar{v}\,dn\,\bar{v}\,ds),$$

wo wieder $\bar{v}\,dn = -d\psi$ den jeweiligen Durchfluß zwischen zwei benachbarten Stromlinien angibt, während $\oint(\bar{v}\,ds) = \Gamma$ die Zirkulation längs einer Stromlinie in dem entsprechenden Bereich ist. Damit kann die Energie des gesamten Feldes wie folgt geschrieben werden

$$E = - \frac{\varrho}{2}\Big[\Gamma_1 \underset{(I)}{\int} d\psi + \Gamma_2 \underset{(II)}{\int} d\psi + (\Gamma_1 + \Gamma_2)\underset{(III)}{\int} d\psi\Big].$$

Nimmt man hier wieder *endliche* Wirbelkerne an, so erhält man daraus

$$E = - \frac{\varrho}{2}\Big\{\Gamma_1\big[\psi\big]_{\psi R_1}^{\psi_{gr}} + \Gamma_2\big[\psi\big]_{\psi R_2}^{\psi_{gr}} + (\Gamma_1 + \Gamma_2)\big[\psi\big]_{\psi_{gr}}^{\psi_\infty}\Big\} + \sum_1^2 E_K . \tag{365}$$

Die Integrationsgrenzen sind in den Bereichen I und II durch die Stromfunktionen ψ_{R_1} bzw. ψ_{R_2} der *Kernränder* und durch die Grenzstromlinie ψ_{gr}, im Bereich III durch ψ_{gr} und ψ_∞ festgelegt. $\sum_1^2 E_K$ bezeichnet die Energie der „Wirbelkerne", in denen keine Potentialströmung herrscht. Über diese läßt sich zunächst nichts aussagen. Setzt man in (365) die angegebenen Integrationsgrenzen ein, so erhält man

$$E = \frac{\varrho}{2}\big[\Gamma_1 \psi_{R_1} + \Gamma_2 \psi_{R_2} - (\Gamma_1 + \Gamma_2)\psi_\infty\big] + \sum_1^2 E_K . \tag{366}$$

Es zeigt sich also, daß die Funktion ψ_{gr} in den Ausdruck für E überhaupt nicht eingeht. Dieser ist vielmehr nur von den Stromfunktionen ψ_{R_1} und ψ_{R_2} an den Kernrändern und von der Stromfunktion ψ_∞ $\underset{(r_1=r_2\to\infty)}{}$ abhängig.

Nach (364) sind ψ_{R_1} und ψ_{R_2} für endliche Kernquerschnitte jedenfalls endlich. Dagegen wird $\psi_\infty = -\infty$ und somit $E = \infty$, was nach dem oben über das Verhalten des Wirbelsystems im Unendlichen Gesagten zu erwarten war.

Zwei Wirbelfäden von gegensinnig drehender Zirkulation.

Bezeichnet Γ_1 den Betrag der im Sinne der Abb. 151 positiv drehenden Zirkulation des Wirbelfadens *1* und Γ_2 den Betrag der negativ drehenden Zirkulation des Wirbelfadens *2*, so lautet in diesem Falle die Stromfunktion

$$\psi = -\frac{1}{2\pi}\left(\Gamma_1 \ln r_1 - \Gamma_2 \ln r_2\right) = -\frac{\Gamma_0}{2\pi}\ln\frac{r_1^{\alpha_1}}{r_2^{\alpha_2}}, \tag{367}$$

und die Stromlinien können aus der Bedingung $\dfrac{r_1^{\alpha_1}}{r_2^{\alpha_2}} = \text{const}$ berechnet werden

Abb. 153 zeigt das Stromlinienbild für den Fall, daß wieder $\alpha_1 = 2$, $\alpha_2 = 1$ und

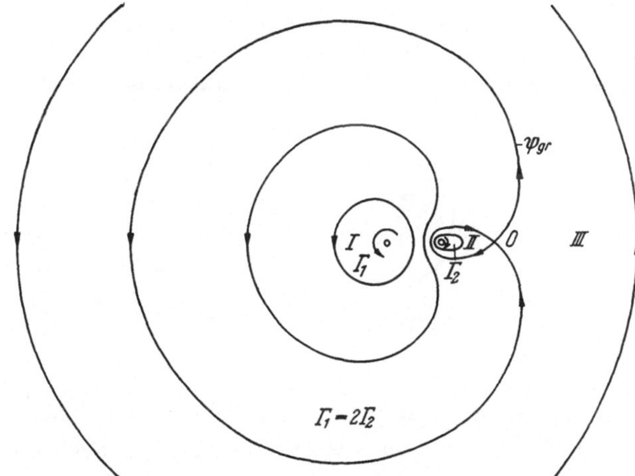

Abb. 153. Stromlinienbild zweier Wirbelfäden mit den Zirkulationen Γ_1 und $\Gamma_2 = -\frac{1}{2}\Gamma_1$

somit $\psi = -\dfrac{\Gamma_2}{2\pi}\ln\dfrac{r_1^2}{r_2}$ ist. Auch hier grenzen die beiden Wirbel ihre Gebiete durch eine „Grenzstromlinie" ψ_{gr} ab, die am Orte O einen Schnittpunkt aufweist. Innerhalb der Gebiete I und II sind die Zirkulationen Γ_1 bzw. $-\Gamma_2$ maßgebend, außerhalb von ψ_{gr} ist die Zirkulation längs jeder Stromlinie gleich $\Gamma_1 - \Gamma_2$. Die Feldenergie ergibt sich jetzt unmittelbar aus Gl. (366), wenn man Γ_2 mit seinem negativen Vorzeichen einsetzt. Man erhält also

$$E = \frac{\varrho}{2}\left[\Gamma_1\psi_{R_1} - \Gamma_2\psi_{R_2} - (\Gamma_1 - \Gamma_2)\psi_\infty\right] + \sum_1^2 E_K.$$

Ist nun, wie bei dem hier gewählten Beispiel, $\Gamma_1 > \Gamma_2$, also auch $\alpha_1 > \alpha_2$, dann wird wieder $\psi_\infty = -\infty$ und somit $E = \infty$. Auch dieses Wirbelsystem ist demnach physikalisch nicht möglich.

Eine Ausnahme bildet lediglich der Fall, bei dem $|\Gamma_1| = |\Gamma_2|$ ist. Dann wird $\alpha_1 = \alpha_2$ und $\psi_\infty = 0$, so daß

$$E = \frac{\varrho}{2}\left[\Gamma_1\psi_{R_1} - \Gamma_2\psi_{R_2}\right] + \sum_1^2 E_K. \tag{368}$$

Ein solches Wirbelsystem wird als „*Wirbelpaar*" bezeichnet (S. 193). Da ψ_{R_1} und ψ_{R_2} offenbar endliche Werte annehmen, sofern die Wirbelkerne endliche Querschnitte haben, liefert das Wirbelpaar eine *endliche* Energie.

Setzt man in Gl. (367) $\alpha_1 = \alpha_2 = 1$ und $\Gamma_1 = \Gamma_2 = \Gamma_0$, so wird mit den Bezeichnungen der Abb. 154

$$\psi_{R_1} = - \frac{\Gamma_0}{2\,\pi} \ln \frac{a_1}{a_2} = \frac{\Gamma_0}{2\,\pi} \ln \frac{a_2}{a_1} = - \psi_{R_2}$$

und somit

$$E = \frac{\varrho\,\Gamma_0^2}{2\,\pi} \ln \frac{a_2}{a_1} + \sum_1^2 E_K\,. \tag{369}$$

Wie man sieht, nimmt die Energie des Wirbelpaares mit endlichen Kernquerschnitten einen endlichen Wert an. Im Gegensatz zu den vorher besprochenen Wirbelsystemen *stellt also das Wirbelpaar ein physikalisch mögliches Gebilde dar*, eine Erkenntnis, die auch durch den Versuch bestätigt wird.

Die im vorhergehenden gefundenen Ergebnisse lassen sich offenbar auf eine beliebig große Anzahl paralleler Wirbelfäden, die sämtlich im Endlichen liegen,

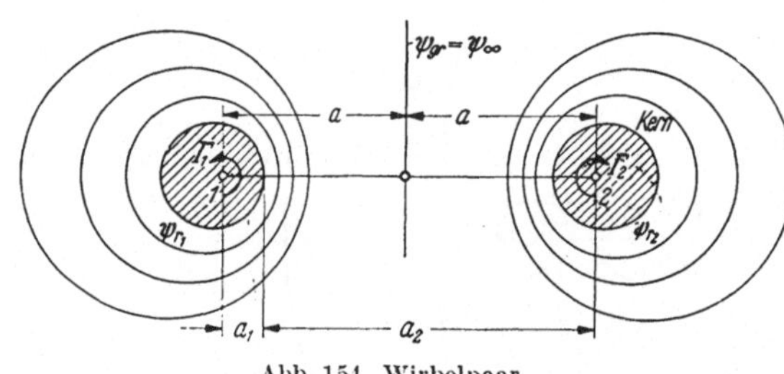

Abb. 154. Wirbelpaar

ausdehnen. Setzt man allgemein $\Gamma_i = \alpha_i \Gamma_0$, wo Γ_0 eine beliebige, konstante Zirkulation darstellt, so erhält man als Stromfunktion eines solchen Wirbelsystems in Erweiterung der Gl. (364),

$$\psi = - \frac{\Gamma_0}{2\,\pi} \ln \left(r_1^{\alpha_1}\, r_2^{\alpha_2}\, r_3^{\alpha_3} \ldots \right),\tag{370}$$

wobei die Zahlen α_i entsprechend dem Drehsinn der zugehörigen Zirkulation Γ_i positive oder negative Vorzeichen haben $(i = 1, 2, 3, \ldots)$. Als Gesamtenergie des Feldes erhält man analog zu Gl. (366)

$$E = \frac{\varrho}{2} \left[\sum i\, (\Gamma_i \psi_{R_i}) - \psi_\infty \sum i\, \Gamma_i \right] + \sum i\, E_{K_i}\,. \tag{371}$$

Darin stellen die Größen ψ_{R_i} die Stromfunktionen an den Kernrändern bei *endlichen* Kernquerschnitten und E_{K_i} die Energie der einzelnen Wirbelkerne dar. Die Zirkulationen Γ_i sind mit ihren Vorzeichen einzusetzen. Die Energie eines solchen Wirbelfeldes kann nur dann einen endlichen Wert annehmen, wenn $\sum i \Gamma_i = 0$ ist, d. h. wenn die Gesamtzirkulation aller im Endlichen liegenden Wirbelfäden verschwindet, da nur in diesem einen Falle ψ_∞ nicht unendlich groß wird. Da nämlich wegen $\sum i \Gamma_i = 0$ auch $\sum i\, \alpha_i$ zu Null wird, ergibt sich aus (370)

$$\psi_\infty \atop (r_i \to \infty) = - \frac{\Gamma_0}{2\,\pi} \ln r_i^{\sum \alpha_i} \atop (r_i \to \infty) = - \frac{\Gamma_0}{2\,\pi} \ln 1 = 0\,.$$

Daraus folgt allgemein, daß in einer realen Flüssigkeit *nur solche, sämtlich im Endlichen liegende, gerade Wirbelfäden möglich sind, die endliche Kernquerschnitte besitzen und deren Gesamtzirkulation gleich Null ist.* Die Energie eines solchen Wirbelfeldes kann nach (371) in der einfachen Form

$$E = \frac{\varrho}{2} \sum i\, (\Gamma_i \psi_{R_i}) + \sum i\, E_{K_i} \tag{372}$$

dargestellt werden.

Um also die Gesamtenergie eines solchen Wirbelfeldes numerisch berechnen zu können, muß man einerseits die Energie der Wirbelkerne, andererseits die Stromfunktionen ψ_{R_i} der Kernränder kennen. Beide Größen hängen offenbar mit der *Gestalt* der Kerne und der Größe der Zirkulationen Γ_i zusammen. Um darüber etwas aussagen zu können, muß die *Entstehungsgeschichte der Kerne* bekannt sein, die — wie früher bereits erläutert wurde — das Endprodukt einer aufgewickelten Wirbelschicht darstellen. Innerhalb der Kerne fällt die Zirkulation von dem Randwert Γ_i nach dem Wirbelzentrum hin auf den Wert Null ab. Da allgemein $\Gamma = \oint v\,d\mathfrak{s}$ ist, hängt auch die Geschwindigkeit innerhalb eines Kernes — und damit die Größe der Kernenergie — von dieser Zirkulationsverteilung ab.

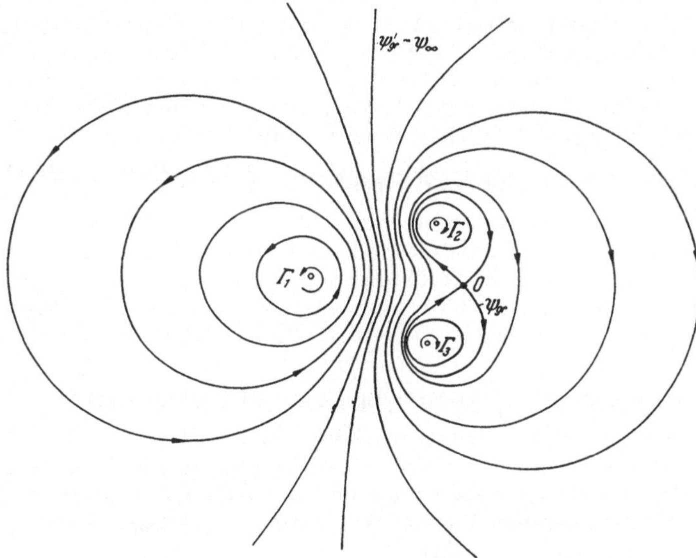

Abb. 155. Stromlinienbild dreier Wirbelfäden mit den Zirkulationen Γ_1 und $\Gamma_2 = \Gamma_3 = -\dfrac{1}{2}\,\Gamma_1$

Die Lösung dieser hier aufgeworfenen Frage ist bis heute in allgemeiner Form noch nicht gelungen. Für einen Sonderfall aus der Tragflügeltheorie hat W. KAUFMANN[1] ein Näherungsverfahren zur Berechnung der Kernenergie für reibungsfreie Flüssigkeit angegeben.

Abschließend ist in Abb. 155 noch ein Wirbelsystem aufgetragen, das aus drei Wirbeln mit den Zirkulationen $\Gamma_1 = -2\,\Gamma_2 = -2\,\Gamma_3$ besteht, bei dem also $\Sigma i\,\Gamma_i = 0$ ist. Die Wirbel $-\Gamma_2$ und $-\Gamma_3$ grenzen ihre Bereiche zunächst wieder durch eine „Grenzstromlinie" ψ_{gr} ab, die einen Geschwindigkeitsnullpunkt 0 aufweist (vgl. Abb. 152). In größerer Entfernung verhalten sich diese beiden Wirbel wie ein Einzelwirbel mit der Zirkulation $-(\Gamma_2 + \Gamma_3)$, der sich mit dem Wirbel Γ_1 zu einem „Wirbelpaar" ergänzt. Die Grenzstromlinie ψ'_{gr} zwischen diesen beiden Systemen ist zugleich ψ_∞ (vgl. Abb. 154).

---

[1] KAUFMANN, W.: Die energetische Berechnung des induzierten Widerstandes. Ing.-Arch. Bd. 17 (1949) S. 187 und Bd. 18 (1950) S. 139.

B. Bewegung zäher Flüssigkeiten

Vorbemerkung

In dem vorhergehenden Abschnitt A wurden diejenigen Strömungen untersucht, die sich einstellen würden, wenn in einer raumbeständigen (inkompressiblen) Flüssigkeit keine Tangentialkräfte zwischen den einzelnen Flüssigkeitselementen wirksam wären. Die Erfahrung hat gelehrt, daß durch diese Hypothese gewisse Strömungsvorgänge *wenig zäher* Flüssigkeiten in guter Übereinstimmung mit der Wirklichkeit erklärt werden können, andere dagegen nicht. Das letztere gilt besonders dann, wenn es sich um Strömungen in der Nähe fester Körper handelt. Diese Erscheinungen wurden bereits bei der Behandlung der „eindimensionalen" Bewegung (Strömung in Rohren und Gerinnen) festgestellt und die *Flüssigkeitsreibung* (Zähigkeit oder Viskosität) als Ursache des abweichenden Verhaltens von der Idealtheorie erkannt. Als Elementaransatz für die Flüssigkeitsreibung wurde dort das NEWTONsche Reibungsgesetz (104) eingeführt, wonach die zwischen den Flüssigkeitsteilchen bei ihrer mit Formänderung verbundenen Bewegung auftretenden Tangential- oder „Reibungsspannungen" τ proportional der *Formänderungsgeschwindigkeit* der Teilchen sein sollen (im Gegensatz zur Festigkeitslehre, wo die Spannungen den Formänderungen proportional sind. HOOKEsches Gesetz). Diese dem NEWTONschen Reibungsansatz zugrunde liegende Vorstellung soll nun auch für die dreidimensionale (allgemeinste) Bewegung einer zähen Flüssigkeit übernommen und entsprechend erweitert werden. Die Flüssigkeit wird dabei zunächst wieder als *raumbeständig* angesehen ($\varrho = $ const).

15. Die Navier-Stokesschen Bewegungsgleichungen

Bei der Ableitung der Bewegungsgleichungen zäher Flüssigkeiten geht man im Prinzip in der gleichen Weise vor wie dieses früher bei der Aufstellung der EULERschen Gleichungen geschehen ist. Nur hat man eben jetzt außer den am Flüssigkeitselement wirkenden Massenkräften und Druckspannungen auch die Reibungsspannungen zu berücksichtigen.

Abb. 156 zeigt ein Flüssigkeitsteilchen mit den Kantenlängen dx, dy, dz, für dessen Eckpunkt $A(x, y, z)$ der *Spannungszustand* angegeben werden soll. In den Seitenflächen dieses Parallelepipeds wirken jetzt außer den Normalspannungen auch Tangential- (Reibungs-) Spannungen. Im Gegensatz zur idealen Flüssigkeit sind die Normalspannungen in den durch A gelegten Schnittflächen nun aber nicht mehr von der Schnittrichtung unabhängig, was man ohne weiteres einsieht, wenn man den hier vorliegenden Spannungszustand mit dem „hydrostatischen" der Abb. 2 vergleicht. In Abb. 156 stellen p die Normalspannungen dar, die hier zunächst als *Zug*spannungen eingeführt werden, τ die Tangentialspannungen. Richtung und Bezeichnung dieser Spannungen sind im übrigen so gewählt wie es in der Festigkeitslehre üblich ist. (Der Übersichtlichkeit halber sind in der hinteren Quaderfläche die Spannungen nicht eingetragen.)

Der Spannungszustand im „Punkte" $A(x, y, z)$ ist gemäß Abb. 156 durch neun skalare Größen gekennzeichnet, nämlich drei Normalspannungen p_x, p_y, p_z und sechs Tangentialspannungen $\tau_{xy}, \tau_{xz}, \tau_{yx}, \tau_{yz}, \tau_{zx}, \tau_{zy}$, die einen *Spannungstensor* bilden, dessen *Matrix* durch das Schema

$$\begin{pmatrix} p_x & \tau_{xy} & \tau_{xz} \\ \tau_{yx} & p_y & \tau_{yz} \\ \tau_{zx} & \tau_{zy} & p_z \end{pmatrix}$$

dargestellt wird. Nach dem „Satz von der Gleichheit der einander zugeordneten Schubspannungen" der Festigkeitslehre, welcher das *Drehungsgleichgewicht* am Element zum Ausdruck bringt und in gleicher Weise auch hier gilt, ist

$$\tau_{xy} = \tau_{yx}; \qquad \tau_{xz} = \tau_{zx}; \qquad \tau_{yz} = \tau_{zy},$$

weshalb sich die *neun* unbekannten Komponenten des Spannungstensors auf *sechs* reduzieren. Die obige Spannungsmatrix ist also symmetrisch gegen die Diagonale. Bezeichnet man nun die *Spannungsresultierenden* in Richtung der Koordinatenachsen mit S_x, S_y, S_z, so lauten diese, wie man sofort aus Abb. 156 abliest,

$$\left.\begin{aligned}
S_x &= \left(\frac{\partial p_x}{\partial x} + \frac{\partial \tau_{yx}}{\partial y} + \frac{\partial \tau_{zx}}{\partial z}\right) dx\, dy\, dz, \\
S_y &= \left(\frac{\partial p_y}{\partial y} + \frac{\partial \tau_{zy}}{\partial z} + \frac{\partial \tau_{xy}}{\partial x}\right) dx\, dy\, dz, \\
S_z &= \left(\frac{\partial p_z}{\partial z} + \frac{\partial \tau_{xz}}{\partial x} + \frac{\partial \tau_{yz}}{\partial y}\right) dx\, dy\, dz,
\end{aligned}\right\} \qquad (373)$$

und es kommt jetzt darauf an, geeignete Ansätze für die Größen p und τ einzuführen, die dem Verhalten der zähen Flüssigkeiten Rechnung tragen.

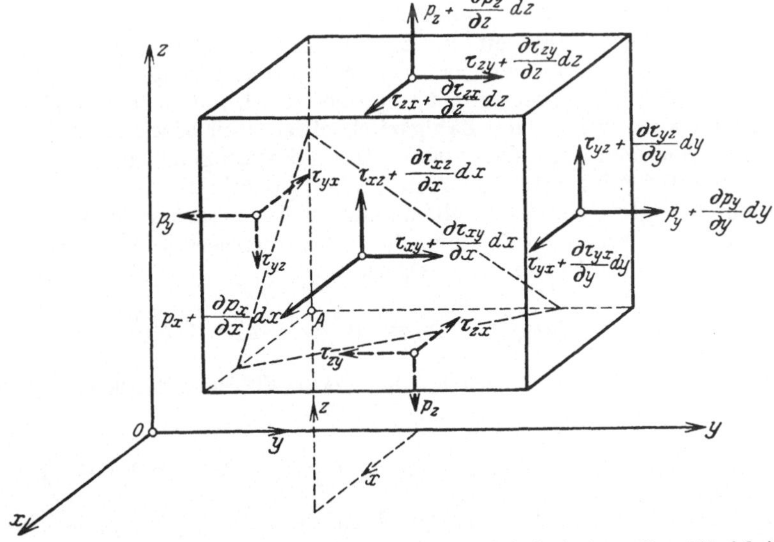

Abb. 156. Spannungszustand am unendlich kleinen Parallelepiped einer zähen Flüssigkeit

Bei der *idealen* Flüssigkeit herrscht in einem beliebigen Punkte A nach der Hypothese von Euler nach allen Richtungen der gleiche Flüssigkeitsdruck, bei der *zähen* Flüssigkeit dagegen sind in drei durch A gelegten Schnittrichtungen drei verschiedene Normal- und drei Tangentialspannungen vorhanden. Man kann sich nun vorstellen, daß sich diese Spannungskomponenten zusammensetzen lassen aus dem Eulerschen Druck p, der normal zu jeder Schnittfläche steht, und bestimmten normal bzw. tangential gerichteten Zusatzgliedern, welche bei der *Deformation* der Flüssigkeitsteilchen infolge der Zähigkeitswirkung ausgelöst werden.

Für den einfachen Fall der Bewegung in *Schichten* hat sich, wie gezeigt, der Ansatz

$$\tau = \mu \frac{dv}{dz} \qquad (374)$$

gut bewährt. Dabei bezeichnet $\dfrac{dv}{dz}$ die Winkelgeschwindigkeit, mit der sich der ursprünglich rechte Kantenwinkel eines Flüssigkeitselements bei der Bewegung verformt (Abb. 157), und man erkennt, daß τ dieser Deformationsgeschwindigkeit proportional ist.

Für die *ebene* Bewegung ist die Frage der Deformation bereits in Ziffer 3 dieses Abschnitts behandelt worden. Es zeigte sich dort, daß die auf die Zeiteinheit bezogene Deformation eines Flüssigkeitsteilchens durch die mit a, b und c behafteten Glieder der Gln. (235) gekennzeichnet wird, und zwar stellen

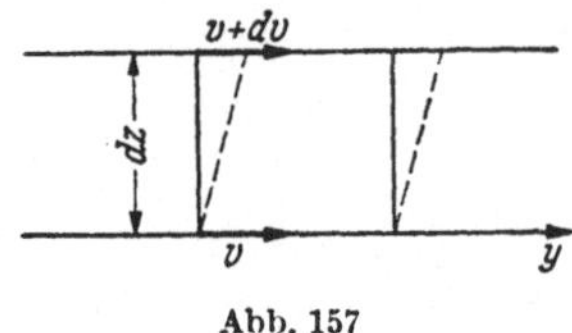

Abb. 157

$$a = \frac{\partial u}{\partial x}, \qquad b = \frac{\partial v}{\partial y}$$

die beiden Dehnungsgeschwindigkeiten nach den Koordinatenachsen dar, während

$$c = \frac{1}{2}\left(\frac{\partial v}{\partial x} + \frac{\partial u}{\partial y}\right)$$

wegen (236a) die Hälfte der auf die Zeiteinheit bezogenen Änderung des ursprünglich rechten Kantenwinkels angibt.

Die oben erwähnten Zusatzglieder, welche in Verbindung mit dem EULERschen Druck p die Gesamtheit der Spannungen am Flüssigkeitselement liefern sollen, setzt man nun — wie bei der Schichtenströmung [Gl. (374)] — den Deformationsgeschwindigkeiten a, b, c proportional, indem man letztere mit 2μ multipliziert, wo μ wieder den Zähigkeitskoeffizienten bezeichnet. Der Faktor 2 ist dabei erforderlich, um einerseits den Gln. (235) zu genügen, andererseits aber auch Übereinstimmung mit dem Ansatz (374) zu erhalten.

Die vorstehende Überlegung gilt analog für die beiden anderen Koordinatenebenen. Danach erhält man aus den Dehnungsgeschwindigkeiten folgende „Zusatzdrücke" zum EULERschen Druck p

$$p'_x = 2\,\mu\frac{\partial u}{\partial x}; \qquad p'_y = 2\,\mu\frac{\partial v}{\partial y}; \qquad p'_z = 2\,\mu\frac{\partial w}{\partial z},$$

so daß also die wirklichen Drücke der *zähen* Flüssigkeit folgende Werte annehmen:

$$p_x = -p + 2\,\mu\frac{\partial u}{\partial x}; \qquad p_y = -p + 2\,\mu\frac{\partial v}{\partial y}; \qquad p_z = -p + 2\,\mu\frac{\partial w}{\partial z}. \tag{375}$$

Der EULERsche Druck ist hier negativ einzuführen, da p_x, p_y, p_z in Abb. 156 als positiv angenommen wurden.

Entsprechend ergeben sich aus den Änderungsgeschwindigkeiten der rechten Kantenwinkel des Teilchens folgende Schubspannungen:

$$\left.\begin{aligned}
\tau_{xy} &= \tau_{yx} = \mu\left(\frac{\partial v}{\partial x} + \frac{\partial u}{\partial y}\right), \\[2mm]
\tau_{xz} &= \tau_{zx} = \mu\left(\frac{\partial u}{\partial z} + \frac{\partial w}{\partial x}\right), \\[2mm]
\tau_{yz} &= \tau_{zy} = \mu\left(\frac{\partial w}{\partial y} + \frac{\partial v}{\partial z}\right).
\end{aligned}\right\} \tag{376}$$

Für eine *Schichten*-Strömung in der yz-Ebene, die parallel zur y-Achse erfolgt (Abb. 157), wird $u = w = 0$ und $\dfrac{\partial v}{\partial x} = 0$. In diesem Sonderfalle reduzieren sich die Gln. (376) auf die einzige Gl. (374).

Es sei noch bemerkt, daß die Normalspannungen p_x, p_y, p_z i. allg. zwar voneinander verschieden sind, aber ihre Summe

$$p_x + p_y + p_z = -3\,p + 2\,\mu\left(\frac{\partial u}{\partial x} + \frac{\partial v}{\partial y} + \frac{\partial w}{\partial z}\right)$$

ist mit Rücksicht auf die Kontinuitätsgleichung (226) dieselbe wie bei der idealen Flüssigkeit. Das arithmetische Mittel der drei Normalspannungen wird also gerade gleich dem Eulerschen Druck p.

Mit den Spannungskomponenten (375) und (376) können nun auch die Spannungsresultierenden S_x, S_y, S_z angeschrieben werden. So erhält man für die erste von ihnen, wenn man sie jetzt *auf die Raumeinheit bezieht*, nach (373)

$$S'_x = -\frac{\partial p}{\partial x} + \mu\left(\frac{\partial^2 u}{\partial x^2} + \frac{\partial^2 u}{\partial y^2} + \frac{\partial^2 u}{\partial z^2}\right) + \mu\,\frac{\partial}{\partial x}\left(\frac{\partial u}{\partial x} + \frac{\partial v}{\partial y} + \frac{\partial w}{\partial z}\right).$$

Setzt man hier wieder

$$\frac{\partial^2 u}{\partial x^2} + \frac{\partial^2 u}{\partial y^2} + \frac{\partial^2 u}{\partial z^2} \equiv \Delta u,$$

berücksichtigt die Kontinuitätsgleichung (226) und fügt für die beiden anderen Koordinatenachsen die entsprechenden Gleichungen hinzu, so erhält man

$$\left.\begin{aligned}
S'_x &= -\frac{\partial p}{\partial x} + \mu\,\Delta u,\\[1mm]
S'_y &= -\frac{\partial p}{\partial y} + \mu\,\Delta v,\\[1mm]
S'_z &= -\frac{\partial p}{\partial z} + \mu\,\Delta w.
\end{aligned}\right\} \qquad (377)$$

Die allgemeinen Bewegungsgleichungen der zähen, raumbeständigen Flüssigkeiten ergeben sich nun sofort, wenn man in den Eulerschen Gln. (230) $-\frac{\partial p}{\partial x}$, $-\frac{\partial p}{\partial y}$, $-\frac{\partial p}{\partial z}$ durch die Größen S'_x, S'_y, S'_z aus (377) ersetzt. Man erhält dann die sogenannten *Navier-Stokesschen Gleichungen*[1]

$$\left.\begin{aligned}
u\,\frac{\partial u}{\partial x} + v\,\frac{\partial u}{\partial y} + w\,\frac{\partial u}{\partial z} + \frac{\partial u}{\partial t} &= X - \frac{1}{\varrho}\frac{\partial p}{\partial x} + \frac{\mu}{\varrho}\,\Delta u,\\[1mm]
u\,\frac{\partial v}{\partial x} + v\,\frac{\partial v}{\partial y} + w\,\frac{\partial v}{\partial z} + \frac{\partial v}{\partial t} &= Y - \frac{1}{\varrho}\frac{\partial p}{\partial y} + \frac{\mu}{\varrho}\,\Delta v,\\[1mm]
u\,\frac{\partial w}{\partial x} + v\,\frac{\partial w}{\partial y} + w\,\frac{\partial w}{\partial z} + \frac{\partial w}{\partial t} &= Z - \frac{1}{\varrho}\frac{\partial p}{\partial z} + \frac{\mu}{\varrho}\,\Delta w.
\end{aligned}\right\} \qquad (378)$$

Der Quotient $\frac{\mu}{\varrho} = \nu$ stellt dabei die *kinematische Zähigkeit* dar. In vektorieller Form kann man an Stelle der Gln. (378) entsprechend dem Ausdruck (229 a) auch schreiben

$$\frac{d\mathfrak{v}}{dt} = \mathfrak{K} - \frac{1}{\varrho}\,\mathrm{grad}\,p + \frac{\mu}{\varrho}\,\Delta\mathfrak{v}. \qquad (378\,\mathrm{a})$$

Dazu tritt für raumbeständige Flüssigkeiten noch die Kontinuitätsgleichung

$$\frac{\partial u}{\partial x} + \frac{\partial v}{\partial y} + \frac{\partial w}{\partial z} = \mathrm{div}\,\mathfrak{v} = 0. \qquad (379)$$

Die hydrodynamischen Grundgleichungen der *zähen* Flüssigkeiten unterscheiden sich also, wie man sieht, von denen der *idealen* Flüssigkeit lediglich in dem Reibungsglied $\frac{\mu}{\varrho}\,\Delta\mathfrak{v}$. Vom mathematischen Standpunkt aus ist dieser Unterschied jedoch insofern wesentlich, als die Euler-Gleichungen nur *erste* Ableitungen

---

[1] Navier, M.: Mem. de l'Acad. Royale des Sciences Bd. 6 (1827) S. 389. — Stokes, G.: Trans. Cambr. Phil. Soc. Bd. 8 (1845).

der Geschwindigkeiten enthalten, die NAVIER-STOKESschen dagegen in den Reibungsgliedern auch die *zweiten* Ableitungen. Die letzteren sind also von höherer Ordnung als die ersteren.

Dieser Unterschied wird auch vom *physikalischen* Standpunkt aus verständlich, wenn man die *Randbedingungen* betrachtet, die in den Flächen erfüllt sein müssen, in denen die zähe Flüssigkeit an *feste* Körper grenzt. Wie bereits bei der „eindimensionalen" Strömung verschiedentlich bemerkt wurde, *haftet* die zähe Flüssigkeit an einer festen Wand. Es muß also dort die Geschwindigkeit der Flüssigkeit mit derjenigen des Körpers übereinstimmen. Ruht der feste Körper, so ist an der Berührungsstelle auch die Geschwindigkeit der Flüssigkeit gleich Null. Es müssen also sowohl die normale als auch die tangentiale Komponente von $\mathfrak{v}$ verschwinden ($v_n = 0$, $v_t = 0$), während dies bei der reibungsfreien Flüssigkeit nur für die Normalkomponente v_n der Fall ist. Für die EULER-Gleichungen genügt diese eine Randbedingung, für die um eine Ordnung höheren NAVIER-STOKESschen Gleichungen dagegen nicht. Aus diesem Grunde ist es also nicht zulässig — selbst bei sehr kleinen Werten von ν — die Reibungsglieder in den Differentialgleichungen zu streichen, wenn man das wirkliche Verhalten der zähen Flüssigkeit an den Rändern richtig beschreiben will.

Durch die Gln. (378) in Verbindung mit der Kontinuitätsbedingung (379) und den Randbedingungen ist die Bewegung zäher Flüssigkeiten vollkommen bestimmt, sofern man die oben eingeführte Hypothese hinsichtlich der Proportionalität von Spannungen und Formänderungsgeschwindigkeiten als zutreffend ansieht. Darüber kann jedoch nur der Versuch entscheiden. Eine Vergleichsmöglichkeit mit der Theorie wird allerdings dadurch erschwert, als bis heute eine strenge Lösung der Gln. (378) in allgemeiner Form nicht gelungen ist, was in den großen mathematischen Schwierigkeiten der Aufgabe begründet liegt. Die an Sonderfällen — insbesondere der früher besprochenen laminaren Rohrströmung — vorgenommenen Vergleiche der Theorie mit dem Versuch bestätigen die Richtigkeit der obigen Spannungshypothese, so daß auch die Gültigkeit der NAVIER-STOKESschen Gleichungen — z. Z. wenigstens — als gesichert erscheint[1].

Es sei an dieser Stelle noch vermerkt, daß die Reibungsglieder der NAVIER-STOKESschen Gleichungen dynamisch dann *nicht* in Erscheinung treten, wenn angenommen werden darf, daß die Flüssigkeit eine Potentialströmung ausführt, was praktisch bei Flüssigkeiten von geringer Zähigkeit (Wasser, Luft) in größerer Entfernung von festen Körpern der Fall ist[2]. Betrachtet man z. B. eine *ebene* Bewegung (xy-Ebene), so gilt zunächst die Kontinuitätsgleichung

$$\frac{\partial u}{\partial x} + \frac{\partial v}{\partial y} = 0,$$

und wegen der vorausgesetzten Wirbelfreiheit [Gl. (255)] ist außerdem

$$\frac{\partial u}{\partial y} - \frac{\partial v}{\partial x} = 0.$$

Differenziert man die erste dieser Gleichungen nach x, die zweite nach y und addiert die so entstehenden Ausdrücke, so wird

$$\frac{\partial^2 u}{\partial x^2} + \frac{\partial^2 u}{\partial y^2} = \varDelta u = 0.$$

Entsprechendes gilt für $\varDelta v$, und bei dreidimensionaler Bewegung auch für $\varDelta w$. Damit entfallen aber die Reibungsglieder in (378). Das bedeutet aber nicht, daß die Schubspannungen verschwinden, da diese nicht vom Wirbelvektor abhängen, sondern von den Deformationsgeschwindigkeiten.

---

[1] Hinsichtlich dieser besonders für die turbulente Strömungsform wichtigen Frage vgl. A. SOMMERFELD: Vorl. über theoret. Physik Bd. 2 (1945) S. 109 u. 261.

[2] Dazu ist allerdings zu sagen, daß eine zähe Flüssigkeit exakt nur dann wirbelfrei ist wenn dabei ganz bestimmte Randbedingungen erfüllt sind (vgl. S. 286 und 291).

Schwierigkeiten bei der Integration der Gln. (378) treten besonders dann auf, wenn die auf der linken Seite stehenden (nichtlinearen) Beschleunigungs- bzw. „Trägheitsglieder" von der gleichen Größenordnung sind wie die rechts stehenden „Reibungsglieder", was besonders bei kleiner kinematischer Zähigkeit v bzw. großer Reynoldsscher Zahl der Fall ist. Aber selbst dann, wenn die Reibungsglieder sehr klein sind, bleiben die Schwierigkeiten bestehen, da — wie oben erläutert — die Randbedingungen eben nur bei Berücksichtigung der Reibung befriedigt werden können. Dagegen können bei sehr langsamen, sogenannten „*schleichenden*" Bewegungen, d. h. Strömungen mit kleiner *Re*-Zahl oder großem v-Wert, die Trägheitsglieder i. allg. gegenüber den Reibungsgliedern vernachlässigt werden. In dieses Gebiet gehören von den technischen Anwendungen besonders die früher besprochenen Laminarströmungen in Rohren und Gerinnen, ferner die Grundwasserbewegung und die sogenannte Schmiermittelreibung. Im übrigen sind die meisten praktisch interessierenden Strömungsvorgänge von Trägheits- *und* Reibungskräften beherrscht, wobei die letzteren sich besonders in der Nähe fester Wände bemerkbar machen, auch wenn die Flüssigkeit nur geringe Zähigkeit besitzt.

Zur Untersuchung gewisser Strömungsvorgänge — besonders drehsymmetrischer — empfiehlt sich die Umformung der Navier-Stokesschen Gleichungen (378) und der Kontinuitätsgleichung (379) in *Zylinderkoordinaten*. Zu diesem Zwecke werden an Stelle der rechtwinkligen Koordinaten x, y, z die Koordinaten r in radialer, ϑ in tangentialer und z (unverändert) in axialer Richtung eingeführt (vgl. Abb. 126). Die entsprechenden Geschwindigkeiten sollen mit v_r, v_ϑ und $v_z = w$ bezeichnet werden.

Dann lassen sich mit

$$u = v_r \cos\vartheta; \qquad v = v_r \sin\vartheta; \qquad w = v_z$$

und

$$x = r \cos\vartheta; \qquad y = r \sin\vartheta; \qquad z = z$$

die Gln. (378) und (379) auf Zylinderkoordinaten umrechnen[1]. Hier sollen — im Hinblick auf spätere Anwendungen (s. S. 281) — dabei die folgenden einschränkenden Voraussetzungen getroffen werden: Die Strömung sei stationär, Massenkräfte werden vernachlässigt, alle Geschwindigkeiten und Drücke seien nur Funktionen von r und z, dagegen unabhängig von ϑ. Unter diesen Voraussetzungen lauten die *Navier-Stokesschen Gleichungen in Zylinderkoordinaten* wie folgt:

$$\left.\begin{aligned}
v_r \frac{\partial v_r}{\partial r} - \frac{v_\vartheta^2}{r} + v_z \frac{\partial v_r}{\partial z} &= -\frac{1}{\varrho}\frac{\partial p}{\partial r} + \frac{\mu}{\varrho}\left[\frac{\partial^2 v_r}{\partial r^2} + \frac{1}{r}\frac{\partial v_r}{\partial r} - \frac{v_r}{r^2} + \frac{\partial^2 v_r}{\partial z^2}\right], \\
v_r \frac{\partial v_\vartheta}{\partial r} + \frac{v_r v_\vartheta}{r} + v_z \frac{\partial v_\vartheta}{\partial z} &= \frac{\mu}{\varrho}\left[\frac{\partial^2 v_\vartheta}{\partial r^2} + \frac{1}{r}\frac{\partial v_\vartheta}{\partial r} - \frac{v_\vartheta}{r^2} + \frac{\partial^2 v_\vartheta}{\partial z^2}\right]. \\
v_r \frac{\partial v_z}{\partial r} + v_z \frac{\partial v_z}{\partial z} &= -\frac{1}{\varrho}\frac{\partial p}{\partial z} + \frac{\mu}{\varrho}\left[\frac{\partial^2 v_z}{\partial r^2} + \frac{1}{r}\frac{\partial v_z}{\partial r} + \frac{\partial^2 v_z}{\partial z^2}\right].
\end{aligned}\right\} \quad \text{(378 b)}$$

und die Kontinuitätsgleichung

$$\frac{\partial v_r}{\partial r} + \frac{v_r}{r} + \frac{\partial v_z}{\partial z} = 0. \qquad\qquad (379\,\text{a})$$

Letztere ist identisch mit der bereits in Ziffer 11 abgeleiteten Gl. (297).

An die Stelle der Gln. (376) treten jetzt folgende Ausdrücke für die Schubspannungen:

$$\tau_{r\vartheta} = \mu\, r \frac{\partial}{\partial r}\left(\frac{v_\vartheta}{r}\right); \qquad \tau_{\vartheta z} = \mu \frac{\partial v_\vartheta}{\partial z}; \qquad \tau_{rz} = \mu\left(\frac{\partial v_r}{\partial z} + \frac{\partial v_z}{\partial r}\right). \qquad (379\,\text{b})$$

---

[1] Die allgemeinste Form dieser Gleichungen findet man im Handb. d. Physik von Geiger u. Scheel Bd. 7 (1927) S. 95. Vgl. dazu auch W. Müller: Einführung in die Theorie der zähen Flüssigkeiten, Leipzig 1932, S. 27.

Zur Integration obiger Gleichungen können nach v. KÁRMÁN[1] folgende Ansätze für die Geschwindigkeiten und den Druck gemacht werden:

$$v_r = r\,f(z); \qquad v_\vartheta = r\,g(z); \qquad v_z = h(z); \qquad p = p(z). \qquad (380)$$

Durch Einführung dieser Ausdrücke in die Gln. (378b) und (379a) ergibt sich mit $\nu = \dfrac{\mu}{\varrho}$ das folgende System *gewöhnlicher* Differentialgleichungen

$$\left.\begin{aligned}
f^2 - g^2 + h\,\frac{df}{dz} &= \nu\,\frac{d^2 f}{dz^2}; \qquad 2\,f\,g + h\,\frac{dg}{dz} = \nu\,\frac{d^2 g}{dz^2}, \\
\frac{dh}{dz} + 2\,f &= 0; \qquad\qquad h\,\frac{dh}{dz} = -\frac{1}{\varrho}\,\frac{dp}{dz} + \nu\,\frac{d^2 h}{dz^2}.
\end{aligned}\right\} \qquad (380\,a)$$

Durch dieses Gleichungssystem, in Verbindung mit den jeweils vorgegebenen Randbedingungen, ist die Strömung vollständig bestimmt.

In diesem Buche sollen — abgesehen von den früher behandelten „eindimensionalen" Bewegungen zäher Flüssigkeiten — in der Hauptsache die beiden Grenzfälle sehr kleiner und sehr großer REYNOLDSscher Zahlen besprochen werden, wobei der letzteren Gruppe praktisch die größere Bedeutung zukommt[2].

16. Die durch innere Reibung in Wärme umgesetzte Energie (Dissipation)

In einer zähen, inkompressiblen Flüssigkeit wird von der an einem Flüssigkeitsteilchen bei dessen Bewegung von den Spannungen geleisteten Arbeit nur ein Teil in mechanische Energie umgesetzt, der Rest dagegen in Wärme verwandelt. Wie man an Hand der Abb. 96 und 156 leicht feststellt, ist die in Richtung der z-Achse von den Normal- und Schubspannungen am Volumenelement $dx\,dy\,dz$ pro Zeiteinheit geleistete Arbeit

$$\begin{aligned}
\left(\frac{dA}{dt}\right)_z =\; & \left[-p_z w + \left(p_z + \frac{\partial p_z}{\partial z}\,dz\right)\left(w + \frac{\partial w}{\partial z}\,dz\right)\right]dx\,dy + \\
& + \left[-\tau_{yz}w + \left(\tau_{yz} + \frac{\partial \tau_{yz}}{\partial y}\,dy\right)\left(w + \frac{\partial w}{\partial y}\,dy\right)\right]dx\,dz + \\
& + \left[-\tau_{xz}w + \left(\tau_{xz} + \frac{\partial \tau_{xz}}{\partial x}\,dx\right)\left(w + \frac{\partial w}{\partial x}\,dx\right)\right]dy\,dz \\
=\; & \left[\frac{\partial}{\partial z}(p_z w) + \frac{\partial}{\partial y}(\tau_{yz} w) + \frac{\partial}{\partial x}(\tau_{xz} w)\right]dx\,dy\,dz.
\end{aligned}$$

Fügt man zu diesem Ausdruck die entsprechenden für die x- und y-Richtung, so erhält man als Arbeit aller Spannungskomponenten pro Zeiteinheit den Wert

$$\begin{aligned}
\frac{dA}{dt} =\; & \left[\frac{\partial}{\partial x}(p_x u + \tau_{xy} v + \tau_{xz} w) + \frac{\partial}{\partial y}(\tau_{yx} u + p_y v + \tau_{yz} w) + \right. \\
& \left. + \frac{\partial}{\partial z}(\tau_{zx} u + \tau_{zy} v + p_z w)\right]dx\,dy\,dz.
\end{aligned}$$

Dieser Ausdruck läßt sich wie folgt aufspalten:

$$\left.\begin{aligned}
\frac{dA}{dt} =\; & \left[u\left(\frac{\partial p_x}{\partial x} + \frac{\partial \tau_{yx}}{\partial y} + \frac{\partial \tau_{zx}}{\partial z}\right) + v\left(\frac{\partial \tau_{xy}}{\partial x} + \frac{\partial p_y}{\partial y} + \frac{\partial \tau_{zy}}{\partial z}\right) + \right. \\
& \left. + w\left(\frac{\partial \tau_{xz}}{\partial x} + \frac{\partial \tau_{yz}}{\partial y} + \frac{\partial p_z}{\partial z}\right)\right]dx\,dy\,dz +
\end{aligned}\right\} \qquad (381)$$

---

[1] v. KÁRMÁN, TH.: Über laminare und turbulente Reibung. Z. angew. Math. Mech. Bd. 1 (1921) S. 245.

[2] Leser, die sich ausführlicher über die allgemeine Theorie der zähen Flüssigkeiten unterrichten wollen, seien auf das Buch von W. MÜLLER: Einführung in die Theorie der zähen Flüssigkeiten, Leipzig 1932, verwiesen.

$$+ \left[p_x \frac{\partial u}{\partial x} + \tau_{xy} \frac{\partial v}{\partial x} + \tau_{xz} \frac{\partial w}{\partial x} + \tau_{yx} \frac{\partial u}{\partial y} + p_y \frac{\partial v}{\partial y} + \tau_{yz} \frac{\partial w}{\partial y} + \right.$$
$$\left. + \tau_{zx} \frac{\partial u}{\partial z} + \tau_{zy} \frac{\partial v}{\partial z} + p_z \frac{\partial v}{\partial z} \right] dx\,dy\,dz. \tag{382}$$

Aus den allgemeinen Grundgleichungen (229) ergeben sich unmittelbar die Bewegungsgleichungen der *zähen*, inkompressiblen Flüssigkeit, wenn man dort für $-\dfrac{\partial p}{\partial x}$, $-\dfrac{\partial p}{\partial y}$, $-\dfrac{\partial p}{\partial z}$ die durch $dx\,dy\,dz$ dividierten Spannungsresultierenden (373) einsetzt. Man erhält dann

$$\varrho \frac{du}{dt} = \frac{\partial p_x}{\partial x} + \frac{\partial \tau_{yx}}{\partial y} + \frac{\partial \tau_{zx}}{\partial z} + \varrho X$$
$$\varrho \frac{dv}{dt} = \frac{\partial p_y}{\partial y} + \frac{\partial \tau_{zy}}{\partial z} + \frac{\partial \tau_{xy}}{\partial x} + \varrho Y \tag{383}$$
$$\varrho \frac{dw}{dt} = \frac{\partial p_z}{\partial z} + \frac{\partial \tau_{xz}}{\partial x} + \frac{\partial \tau_{yz}}{\partial y} + \varrho Z.$$

Multipliziert man jetzt die erste dieser Gleichungen mit u, die zweite mit v, die dritte mit w und addiert alle Gleichungen, so folgt

$$\varrho \frac{d}{dt} \frac{u^2 + v^2 + w^2}{2} - \varrho(uX + vY + wZ) = u\left(\frac{\partial p_x}{\partial x} + \frac{\partial \tau_{yx}}{\partial y} + \frac{\partial \tau_{zx}}{\partial z}\right) +$$
$$+ v\left(\frac{\partial p_y}{\partial y} + \frac{\partial \tau_{zy}}{\partial z} + \frac{\partial \tau_{xy}}{\partial x}\right) + w\left(\frac{\partial p_z}{\partial z} + \frac{\partial \tau_{xz}}{\partial x} + \frac{\partial \tau_{yz}}{\partial y}\right),$$

und man erkennt daraus, daß der Ausdruck (381) die zeitliche Änderung der kinetischen und potentiellen Energie des Raumelementes $dx\,dy\,dz$ darstellt. Der Ausdruck (382) gibt demnach den Anteil der Arbeit $\dfrac{dA}{dt}$ an, der in der Zeiteinheit durch die Flüssigkeitsreibung in Wärme umgesetzt wird, d. h. mechanisch „verloren" geht.

Setzt man in (382) die Werte (375) und (376) für die Spannungen ein, so erhält man nach einfacher Zusammenfassung und unter Beachtung der Kontinuitätsgleichung (379) als Reibungsarbeit

$$\frac{dA_r}{dt} = 2\mu\left[\left(\frac{\partial u}{\partial x}\right)^2 + \left(\frac{\partial v}{\partial y}\right)^2 + \left(\frac{\partial w}{\partial z}\right)^2 + \frac{1}{2}\left(\frac{\partial v}{\partial x} + \frac{\partial u}{\partial y}\right)^2 + \right.$$
$$\left. + \frac{1}{2}\left(\frac{\partial u}{\partial z} + \frac{\partial w}{\partial x}\right)^2 + \frac{1}{2}\left(\frac{\partial w}{\partial y} + \frac{\partial v}{\partial z}\right)^2\right] dx\,dy\,dz \tag{384}$$

oder

$$\frac{dA_r}{dt} = \mu\,\Phi\,dx\,dy\,dz, \tag{384a}$$

worin Φ als *Dissipationsfunktion* bezeichnet wird. Durch Subtraktion des wegen (379) geltenden Ausdrucks

$$2\mu\left(\frac{\partial u}{\partial x} + \frac{\partial v}{\partial y} + \frac{\partial w}{\partial z}\right)^2 = 0$$

von Gl. (384) geht diese über in[1]

$$\frac{dA_r}{dt} = \mu\left[\left(\frac{\partial w}{\partial y} - \frac{\partial v}{\partial z}\right)^2 + \left(\frac{\partial u}{\partial z} - \frac{\partial w}{\partial x}\right)^2 + \left(\frac{\partial v}{\partial x} - \frac{\partial u}{\partial y}\right)^2 + 4\left\{\left(\frac{\partial w}{\partial y}\frac{\partial v}{\partial z} - \frac{\partial v}{\partial y}\frac{\partial w}{\partial z}\right) + \right.\right.$$
$$\left.\left. + \left(\frac{\partial u}{\partial z}\frac{\partial w}{\partial x} - \frac{\partial w}{\partial z}\frac{\partial u}{\partial x}\right) + \left(\frac{\partial v}{\partial x}\frac{\partial u}{\partial y} - \frac{\partial u}{\partial x}\frac{\partial v}{\partial y}\right)\right\}\right] dx\,dy\,dz. \tag{385}$$

---

[1] Vgl. dazu H. Lamb: Lehrbuch der Hydrodynamik, deutsche Ausgabe von J. Friedel: Leipzig und Berlin 1907, S. 667—669.

Speziell folgt daraus für *ebene* Strömung (x, y-Ebene)

$$\frac{dA_r}{dt} = \mu\left[\left(\frac{\partial v}{\partial x} - \frac{\partial u}{\partial y}\right)^2 + 4\left(\frac{\partial v}{\partial x}\frac{\partial u}{\partial y} - \frac{\partial u}{\partial x}\frac{\partial v}{\partial y}\right)\right]dx\,dy. \tag{385a}$$

Dieser Ausdruck wird besonders dann einfach, wenn die Strömung *wirbelfrei* ist, da in diesem Falle die erste Klammer von (385a) mit Rücksicht auf (237) verschwindet.

Hinsichtlich der Anwendung von (385a) sei auf Ziffer 25, Absatz c) dieses Abschnitts verwiesen, woraus die Bedeutung der Dissipation für reibende Flüssigkeiten besonders ersichtlich ist.

17. Strömungen mit sehr kleinen *Re*-Zahlen (Schleichende Bewegung)

a) Stationäre Parallelströmung um eine ruhende Kugel

Vernachlässigt man unter der Voraussetzung sehr großer Zähigkeit oder sehr kleiner REYNOLDSscher Zahlen in den Gln. (378) die links stehenden Trägheitsglieder gegenüber den Reibungsgliedern und sieht außerdem von Massenkräften ab, so erhält man im Falle stationärer Strömung die folgenden Bewegungsgleichungen

$$\frac{\partial p}{\partial x} = \mu\,\varDelta u\,; \qquad \frac{\partial p}{\partial y} = \mu\,\varDelta v\,; \qquad \frac{\partial p}{\partial z} = \mu\,\varDelta w\,, \tag{386}$$

zu denen wieder die Kontinuitätsgleichung (379) tritt. Bildet man aus (386) den Ausdruck

$$\varDelta p = \frac{\partial^2 p}{\partial x^2} + \frac{\partial^2 p}{\partial y^2} + \frac{\partial^2 p}{\partial z^2},$$

so stellt man bei Ausführung der Differentiation fest, daß $\varDelta p$ zu Null wird. Von der Richtigkeit dieser Aussage kann man sich auch durch folgende Überlegung überzeugen: Durch vektorielle Addition folgt aus (386) wegen $\mathfrak{v} = \mathfrak{i}u + \mathfrak{j}v + \mathfrak{k}w$

$$\operatorname{grad} p = \mathfrak{i}\frac{\partial p}{\partial x} + \mathfrak{j}\frac{\partial p}{\partial y} + \mathfrak{k}\frac{\partial p}{\partial z} = \mu\,\varDelta\mathfrak{v}\,.$$

Nun ist

$$\operatorname{div}\operatorname{grad} p = \varDelta p$$

und somit

$$\varDelta p = \mu\,\operatorname{div}\,(\varDelta\mathfrak{v}) = \mu\,\varDelta\,(\operatorname{div}\mathfrak{v})\,.$$

Da aber nach (379) für raumbeständige Flüssigkeiten $\operatorname{div}\mathfrak{v} = 0$ ist, so wird auch

$$\varDelta p = 0\,. \tag{386a}$$

Der Druck p erfüllt danach die LAPLACEsche Differentialgleichung. Die vorstehenden Ausdrücke gelten für *jede* stationäre Strömung, bei welcher die Trägheitsglieder vernachlässigbar klein gegenüber den Reibungsgliedern sind.

Die Anwendung der Gln. (386) auf die stationäre Parallelströmung um eine in der Flüssigkeit festgehaltene Kugel ist zuerst von STOKES[1] durchgeführt, dem es damit gelang, einen Ausdruck für den *Flüssigkeitswiderstand* anzugeben.

Als Ursprung des Koordinatensystems wird der Kugelmittelpunkt gewählt; $r = \sqrt{x^2 + y^2 + z^2}$ bezeichne den Abstand eines Feldpunktes $P(x, y, z)$ von diesem. Die Richtung der ungestörten Strömung falle mit der x-Richtung zusammen, ihre Geschwindigkeit im Unendlichen sei U. Bezeichnet ferner a den

---

[1] STOKES, G.: Trans. Cambr. Phil. Soc. Bd. 9 (1850).

Kugelhalbmesser, so ergeben sich für die betrachtete Strömung folgende Randbedingungen:

$$u = v = w = 0 \quad \text{für} \quad r = a,$$

$$u = U; \quad v = w = 0; \quad p = p_0 \quad \text{für} \quad r = \infty.$$

Die Lösung der Aufgabe, auf die hier im einzelnen nicht eingegangen werden soll, kann mit Hilfe von Kugelfunktionen durchgeführt werden[1]. Es ergeben sich dabei für die Geschwindigkeiten folgende Werte

$$u = U \left[\frac{3}{4} \frac{a\,x^2}{r^3} \left(\frac{a^2}{r^2} - 1 \right) + 1 - \frac{3}{4} \frac{a}{r} - \frac{1}{4} \frac{a^3}{r^3} \right],$$

$$v = U \frac{3}{4} \frac{a\,x\,y}{r^3} \left(\frac{a^2}{r^2} - 1 \right),$$

$$w = U \frac{3}{4} \frac{a\,x\,z}{r^3} \left(\frac{a^2}{r^2} - 1 \right)$$

und für den Druck

$$p = p_0 - \frac{3}{2} \frac{\mu\,U a\,x}{r^3}.$$

Man überzeugt sich leicht, daß der Druck p die Potentialgleichung (386a), und daß u, v, w, p auch die oben angegebenen Randbedingungen befriedigen. Im vorderen Staupunkt der Kugel $x = -a$ herrscht der Druck

$$p_{(x=-a)} = p_0 + \frac{3}{2} \frac{\mu\,U}{a} \quad \text{(Überdruck)},$$

im hinteren Staupunkt

$$p_{(x=a)} = p_0 - \frac{3}{2} \frac{\mu\,U}{a} \quad \text{(Unterdruck)}.$$

Daraus ist schon ersichtlich, daß die Flüssigkeit auf die Kugel eine Kraft in Richtung der x-Achse ausübt. Um die Größe dieser Kraft zu erhalten, hat man aus den obigen Werten für u, v, w, p die Spannungskomponenten (375) und (376) zu berechnen und über die Kugeloberfläche zu integrieren. Dabei ergibt sich eine in die x-Richtung fallende Kraftresultante von der Größe

$$P = 6\,\mu\,\pi\,a\,U \quad \text{(Stokessche Formel)} . \tag{387}$$

Eine gleich große, aber entgegengesetzte Kraft muß man aufwenden, um die Kugel in ruhender Flüssigkeit mit der Geschwindigkeit $-U$ zu bewegen, da die Strömung relativ zur Kugel die gleiche bleibt wie vorher.

Die Stokessche Formel liefert nur für sehr kleine Reynoldssche Zahlen eine befriedigende Übereinstimmung mit dem Experiment. Definiert man die Reynoldssche Zahl für die Kugelströmung durch $Re = \dfrac{U\,d}{\nu}$, wo d den Kugeldurchmesser bezeichnet, dann gilt Gl. (387) nur für $Re < 1$*. Das sind aber Re-Zahlen, die lediglich in zähen Ölen vorkommen, oder bei Flüssigkeiten mit geringer Zähigkeit nur dann, wenn der Kugeldurchmesser d sehr gering ist, etwa bei winzigen Nebeltröpfchen in der Atmosphäre.

Die von Stokes angegebene Lösung der Kugelströmung ist insofern unbefriedigend, als in hinreichend großer Entfernung von der Kugel die vernachlässigten Trägheitsglieder gar nicht klein gegenüber den Reibungsgliedern sind,

---

[1] Vgl. dazu H. Lamb: Lehrb. d. Hydrodynamik, deutsch von J. Friedel (1907) S. 682.
* Vgl. H. Schlichting: Grenzschichttheorie, 3. Aufl. (1958) S. 93.

wovon man sich überzeugen kann, wenn man die Größenordnung der Glieder $U \frac{\partial u}{\partial x}$ und $\varDelta u$ bei sehr großem r abschätzt und miteinander vergleicht[1].

Eine Verbesserung der STOKESschen Theorie hat OSEEN[2] dadurch vorgenommen, daß er die x-Komponente der Geschwindigkeit in der Form

$$u = U + u'$$

einführt, woraus folgt

$$u \frac{\partial u}{\partial x} = U \frac{\partial u}{\partial x} + u' \frac{\partial u}{\partial x}; \quad u \frac{\partial v}{\partial x} = U \frac{\partial v}{\partial x} + u' \frac{\partial v}{\partial x}; \quad u \frac{\partial w}{\partial x} = U \frac{\partial w}{\partial x} + u' \frac{\partial w}{\partial x}.$$

Sieht man nun bei sehr kleinen Re-Zahlen in den Differentialgleichungen (378) nur diejenigen Glieder der linken Seite als wesentlich an, welche die ungestörte Geschwindigkeit U enthalten, so gehen diese Gleichungen bei Vernachlässigung von Massenkräften wegen $U = $ const über in

$$\varrho\, U \frac{\partial u'}{\partial x} = -\frac{\partial p}{\partial x} + \mu\, \varDelta u',$$

$$\varrho\, U \frac{\partial v}{\partial x} = -\frac{\partial p}{\partial y} + \mu\, \varDelta v,$$

$$\varrho\, U \frac{\partial w}{\partial x} = -\frac{\partial p}{\partial z} + \mu\, \varDelta w.$$

Auch diese Gleichungen sind ebenso wie die Gln. (386) noch linear und damit der Lösung leichter zugänglich. Diese ist von OSEEN für die Kugelströmung angegeben, wobei allerdings die Randbedingungen an der Kugeloberfläche nur angenähert befriedigt werden. Für die Größe des Widerstandes der Flüssigkeit gegen die in ihr bewegte Kugel fand OSEEN den Wert

$$W = 6\,\mu\,\pi\,a\,U \left(1 + \frac{3}{8}\,\frac{\varrho\,a\,U}{\mu}\right),$$

wobei der zweite Summand in der Klammer das Korrekturglied gegenüber der STOKESschen Gl. (387) angibt. Nach den vorliegenden Versuchsergebnissen gilt die OSEENsche Formel etwa bis zur REYNOLDSschen Zahl $Re \leqq 5$*. Prinzipiell ist aus der OSEENschen Theorie erkennbar, daß auch bei noch so kleiner Re-Zahl bei derartigen Strömungen die Trägheitsglieder nicht vernachlässigt werden dürfen.

b) Strömung zwischen zwei nahe nebeneinander stehenden, parallelen ebenen Platten

Eine weitere, zuerst von STOKES[3] angegebene spezielle Lösung der NAVIER-STOKESschen Gleichungen bezieht sich auf die stationäre Bewegung einer zähen Flüssigkeit zwischen zwei festen, eng nebeneinander stehenden planparallelen Platten (etwa Glasplatten).

Der Plattenabstand sei h, die Plattenrichtung horizontal und der xy-Ebene parallel (Abb. 158). Setzt man die Geschwindigkeitskomponente w in der z-Rich-

---

[1] OSEEN, C. W.: Arkiv för mat. astron. fysik Bd. 6 (1910) Nr. 29. — F. NÖTHER: Z. Math. Phys. 1911. — Handb. d. Physik von GEIGER u. SCHEEL Bd. 7 (1927) S. 109.

[2] OSEEN, C. W.: Vortr. aus dem Gebiet der Hydro- und Aerodynamik (Innsbruck 1922) Berlin 1924, S. 127, und Hydrodynamik (1927) S. 166.

* Vgl. H. SCHLICHTING: Grenzschichttheorie, 3. Aufl. (1958) S. 95 und Handb. d. Physik Bd. 7 (1927) S. 110.

[3] Vgl. dazu H. LAMB: Hydrodynamik (1907) S. 671.

tung gleich Null und sieht außerdem von Massenkräften in der x- und y-Richtung ab, so daß als einzige Massenkraft $Z = g$ wirksam ist, so gehen die Gln. (378) über in

$$u\,\frac{\partial u}{\partial x} + v\,\frac{\partial u}{\partial y} = -\,\frac{1}{\varrho}\,\frac{\partial p}{\partial x} + \frac{\mu}{\varrho}\left(\frac{\partial^2 u}{\partial x^2} + \frac{\partial^2 u}{\partial y^2} + \frac{\partial^2 u}{\partial z^2}\right),$$

$$u\,\frac{\partial v}{\partial x} + v\,\frac{\partial v}{\partial y} = -\,\frac{1}{\varrho}\,\frac{\partial p}{\partial y} + \frac{\mu}{\varrho}\left(\frac{\partial^2 v}{\partial x^2} + \frac{\partial^2 v}{\partial y^2} + \frac{\partial^2 v}{\partial z^2}\right). \qquad (388)$$

$$0 = g - \frac{1}{\varrho}\,\frac{\partial p}{\partial z}.$$

Aus der dritten Gleichung folgt unmittelbar

$$p = g\,\varrho\,z + f(x,\,y)\,,$$

und man erkennt, daß $\dfrac{\partial p}{\partial x}$ und $\dfrac{\partial p}{\partial y}$ von z unabhängig sind.

An den festen Wänden haftet die Flüssigkeit, so daß bei der Strömung zwischen den eng gestellten Platten offenbar große Geschwindigkeitsgefälle $\dfrac{\partial u}{\partial z}$ und $\dfrac{\partial v}{\partial z}$ auftreten werden, denen gegenüber die Werte $\dfrac{\partial u}{\partial x}, \dfrac{\partial u}{\partial y}, \dfrac{\partial v}{\partial x}$ und $\dfrac{\partial v}{\partial y}$ i. allg. als vernachlässigbar klein angesehen werden können. Läßt man dieses zu, dann gehen die beiden ersten Gleichungen von (388) über in

$$\frac{\partial p}{\partial x} = \mu\,\frac{\partial^2 u}{\partial z^2}; \qquad \frac{\partial p}{\partial y} = \mu\,\frac{\partial^2 v}{\partial z^2}\,,$$

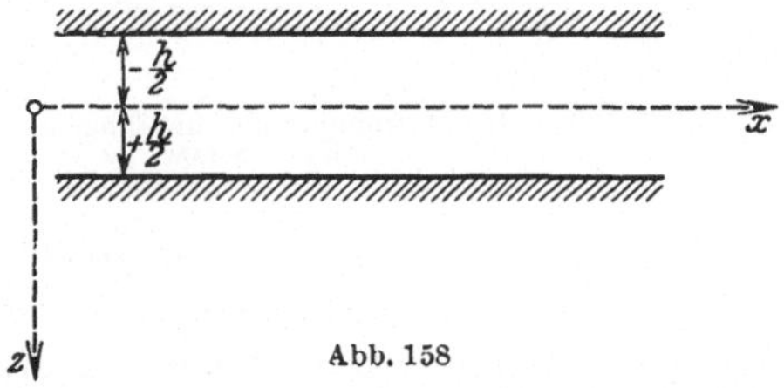

aus denen durch Integration folgt $\left(\text{da } \dfrac{\partial p}{\partial x}\right.$ und $\dfrac{\partial p}{\partial y}$ von z unabhängig sind$\bigg)$

$$u = \frac{1}{\mu}\,\frac{\partial p}{\partial x}\,\frac{z^2}{2} + C_1\,z + C_2\,,$$

$$v = \frac{1}{\mu}\,\frac{\partial p}{\partial y}\,\frac{z^2}{2} + C_1'\,z + C_2'.$$

Abb. 158

Legt man die xy-Ebene gemäß Abb. 158 in die Mitte zwischen den beiden Platten, so bestimmen sich die Integrationskonstanten aus den Randbedingungen $u = v = 0$ für $z = \pm\,h/2$ zu $C_1 = C_1' = 0$; $C_2 = -\,\dfrac{1}{\mu}\,\dfrac{\partial p}{\partial x}\,\dfrac{h^2}{8}$; $C_2' = -\,\dfrac{1}{\mu}\,\dfrac{\partial p}{\partial y}\,\dfrac{h^2}{8}$.

Damit wird

$$u = \frac{1}{2\,\mu}\,\frac{\partial p}{\partial x}\left(z^2 - \frac{h^2}{4}\right); \qquad v = \frac{1}{2\,\mu}\,\frac{\partial p}{\partial y}\left(z^2 - \frac{h^2}{4}\right).$$

Für die über den Plattenspalt (parallel der z-Achse) gemittelten Geschwindigkeiten erhält man daraus wegen

$$u_m\,h = 2\int_{z=0}^{z=h/2} u\,dz; \qquad v_m\,h = 2\int_{z=0}^{z=h/2} v\,dz$$

die Werte

$$u_m = -\,\frac{h^2}{12\,\mu}\,\frac{\partial p}{\partial x}; \qquad v_m = -\,\frac{h^2}{12\,\mu}\,\frac{\partial p}{\partial y}.$$

Man erkennt, daß sich diese Geschwindigkeitskomponenten aus einem Potentiale

$$\varphi = -\,\frac{h^2}{12\,\mu}\,p$$

ableiten lassen, daß sich also die *zähe* Flüssigkeit bezüglich u_m und v_m analog verhält wie eine *ideale* bei ebener, wirbelfreier Strömung. Das hier gewonnene

Ergebnis setzt allerdings (im Hinblick auf die oben vorgenommenen Vereinfachungen der Differentialgleichungen) voraus, daß der Wandabstand hinreichend klein und die Strömungsgeschwindigkeit nicht zu groß ist[1].

Bringt man nun, wie dies zuerst von HELE SHAW[2] durchgeführt wurde, zwischen die parallelen Platten irgendeinen (dünnen) zylindrischen Körper von beliebigem Querschnitt, der den Plattenspalt vollkommen ausfüllt, so wird die Flüssigkeit gezwungen, diesen Körper zu umströmen, und es bilden sich dabei ganz ähnliche Stromlinien aus wie im Falle der ebenen Potentialströmung. Man kann diese Stromlinien durch Zuführung von Farbstoff sichtbar machen und erhält dann eine sehr gute Annäherung an die Potentialströmung um den betreffenden Körper (Abb. 159, welche die Potentialströmung um ein Tragflügelprofil darstellt). In einer wandnahen Zone, deren Dicke etwa der Größe des Plattenabstandes h entspricht, treten allerdings gewisse Abweichungen auf, die auf das Haften der Flüssigkeit an der Körperberandung zurückzuführen sind.

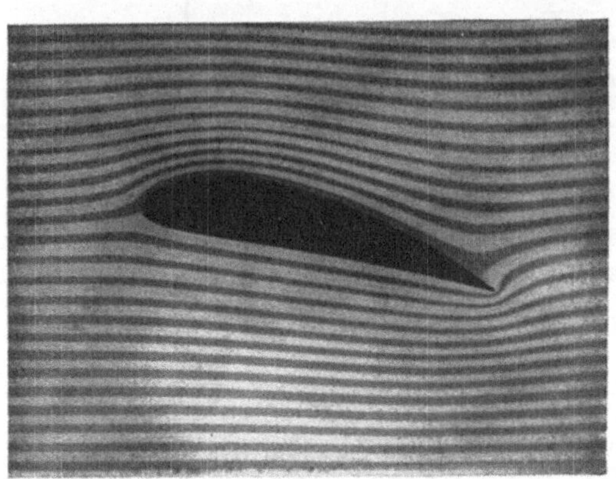

Abb. 159. Potentialströmung um ein Tragflügelprofil nach HELE SHAW

c) Grundwasserbewegung[3]

Die stationäre Bewegung des Wassers durch poröses Erdreich (insbesondere feinkörnigen Sand) besitzt einen ähnlichen Strömungscharakter wie die *laminare* Bewegung in engen Rohren (vgl. S. 61). Bei einer derartigen Strömung (infolge eines vorhandenen Druck- oder Spiegelgefälles) sind nämlich sowohl die Geschwindigkeit, mit der das Wasser durch die einzelnen Poren des Erdreichs fließt, als auch die Porendurchmesser in der Regel sehr klein, so daß die Voraussetzung für die Laminarbewegung — kleine REYNOLDSsche Zahl — auch hier i. allg. erfüllt ist.

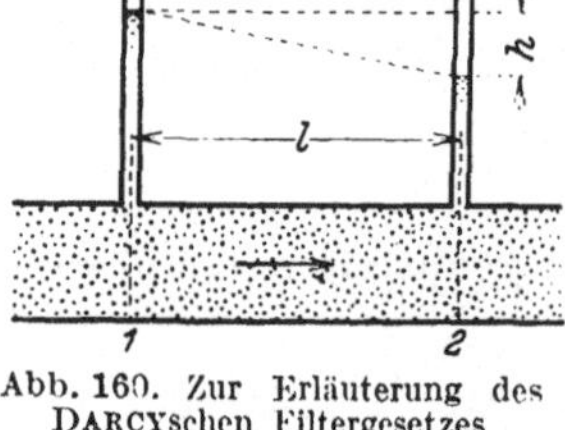

Abb. 160. Zur Erläuterung des DARCYschen Filtergesetzes

Das besondere Merkmal der laminaren Rohrströmung ist die Proportionalität zwischen dem „Gefälle" und der sekundlichen Durchflußmenge [Gl. (108)]. Daß ein analoges Gesetz bei kleinen Re-Zahlen auch für die Grundwasserbewegung gilt, zeigt der folgende Filterversuch. Abb. 160 stellt ein mit feinem Sand gefülltes, horizontal liegendes Rohr dar, an das zwei senkrecht stehende, oben offene „Standrohre" im Abstand l voneinander angeschlossen sind. Läßt man nun durch das mit Sand gefüllte Rohr in der angedeuteten Richtung vermöge eines linksseitigen Überdruckes Wasser strömen, so steigt dieses, entsprechend den in den Querschnitten 1 und 2 herrschenden Drücken, in den Standrohren verschieden

---

[1] Vgl. dazu F. RIEGELS: Z. angew. Math. Mech. (1938) S. 95.

[2] HELE SHAW: Trans. Instn. naval Archit. Bd. 40 (1898).

[3] Eine ausführliche Darstellung dieser Bewegung ist zu finden bei PH. FORCHHEIMER: Hydraulik, 3. Aufl. (1930) S. 51, ferner im Handb. der phys. u. techn. Mech. von AUERBACH-HORT Bd. 5 S. 1097. Vgl. auch K. TERZAGHI: Theoretical Soil Mechanics (Fifth printing 1948, USA) S. 235.

hoch. Der Unterschied h der Standrohrspiegel ist dabei gleich dem Verlust an Druckhöhe auf der Länge l, d. h.

$$h = \frac{p_1 - p_2}{\gamma}.$$

Bezogen auf die Längeneinheit erhält man daraus bei konstantem Druckgefälle

$$\frac{h}{l} = \frac{p_1 - p_2}{\gamma\, l} = -\frac{1}{\gamma}\frac{\partial p}{\partial x},$$

wenn x die Richtung der horizontalen Rohrachse angibt.

Als sekundliche Durchflußmenge sei hier diejenige Wassermenge eingeführt, welche in der Sekunde durch die Flächeneinheit quer zur Strömungsrichtung fließt. Sie wird, da sie von der Dimension $\left[\frac{\text{m}^3}{\text{s}\,\text{m}^2}\right] = \left[\frac{\text{m}}{\text{s}}\right]$ ist, als *Filtergeschwindigkeit* bezeichnet und ist nicht identisch mit der Geschwindigkeit, welche das Wasser beim Durchströmen der einzelnen Poren besitzt.

Der obige Versuch zeigt nun, daß die Filtergeschwindigkeit u (in Richtung der Sandrohrachse) den Wert

$$u = k\frac{h}{l} = -\frac{k}{\gamma}\frac{\partial p}{\partial x} \qquad (389)$$

besitzt, wobei k einen Proportionalitätsfaktor — die sogenannte *Durchlässigkeit* — bezeichnet, deren Dimension die einer Geschwindigkeit ist.

Das Gesetz (389) ist zuerst von H. Darcy für feinen Sand nachgewiesen und wird nach ihm als *Darcysches Filtergesetz* bezeichnet. Voraussetzung für seine Gültigkeit ist ein Erdmaterial, in dem sich in der Tat die oben angedeutete Laminarströmung ausbilden kann[1]. Wie aus Gl. (389) hervorgeht, ist die Durchlässigkeit k die dem Gefälle „Eins" entsprechende Filtergeschwindigkeit. Ihre Größe hängt wesentlich von der Korngröße des Sandes bzw. Erdmaterials, von dessen Dichtigkeit (Porenvolumen) und von dem Umstand ab, ob das Erdmaterial frei von tonigen Beimengungen ist oder nicht. Im letzteren Falle kann die Durchlässigkeit k stark absinken. Es ist also empfehlenswert, k von Fall zu Fall durch vorherige Versuche zu bestimmen. Verschiedene Versuchsanordnungen sind in der oben zitierten Arbeit von Ehrenberger zu finden. Im übrigen muß auf die einschlägige Spezialliteratur verwiesen werden[2].

Gl. (389) gilt unter den obigen Voraussetzungen nicht nur für einen horizontal gerichteten Grundwasserstrom, sondern sie läßt sich auch für eine beliebige Strömungsrichtung entsprechend erweitern, indem man die Filtergeschwindigkeit $\mathfrak{v}\,(x, y, z)$ in der Form anschreibt

$$\mathfrak{v} = -\frac{k}{\gamma}\,\text{grad}\,(p + \gamma\,z) \qquad (390)$$

oder in Komponentenform

$$u = -\frac{k}{\gamma}\frac{\partial p}{\partial x}; \qquad v = -\frac{k}{\gamma}\frac{\partial p}{\partial y}; \qquad w = -\frac{k}{\gamma}\frac{\partial}{\partial z}\,(p + \gamma\,z). \qquad (390\,\text{a})$$

---

[1] Nach Ehrenberger gilt das Darcysche Gesetz unter normalen Verhältnissen für $u < 0{,}3$ bis $0{,}4$ cm/s. Z. öst. Ing.- u. Archit.-Ver. (1928) Heft 9 bis 14. Neuerdings hat G. Kling an Hand des zur Verfügung stehenden Versuchsmaterials verschiedener Autoren festgestellt, daß bei der Strömung durch *Kugelschüttungen* aus den verschiedensten Materialien laminare Strömung nur bei Reynoldsschen Zahlen $\dfrac{u\,d}{\nu} \leqq 10$ vorhanden ist, wobei u die Filtergeschwindigkeit und d den Kugeldurchmesser bezeichnen. Nur in diesem Bereich wäre danach das Darcysche Gesetz gültig. Vgl. dazu G. Kling: Druckverlust von Kugelschüttungen. Z. VDI (1940) S. 85.

[2] Vgl. dazu J. Kozeny: Über Grundwasserbewegung. Wasserkr. u. Wasserwirtsch. (1927) S. 67.

Der zweite Summand in der Gleichung für w gibt dabei den Einfluß der Schwere an, wenn die z-*Koordinate* lotrecht nach aufwärts angenommen wird.

Gl. (390a) zeigt, daß sich die Komponenten der Filtergeschwindigkeit $\mathfrak{v}$ darstellen lassen als die partiellen Ableitungen einer Funktion

$$\varphi = -\frac{k}{\gamma}\,(p + \gamma\,z) \tag{391}$$

der Ortskoordinaten x, y, z, welche somit für die hier vorliegende Aufgabe die Bedeutung eines *Geschwindigkeitspotentials* besitzt [vgl. Gl. (240)]. Daraus folgt aber, daß alle für Potentialströmungen entwickelten Rechenverfahren auch im vorliegenden Falle zur Anwendung gelangen können.

Als *Randbedingungen* stehen dabei zunächst folgende zur Verfügung: An jeder Stelle einer das Grundwasser begrenzenden undurchlässigen Schicht muß die Geschwindigkeit der Grundwasserbewegung in die Richtung des Randes dieser Schicht fallen. An der freien Oberfläche des Grundwasserstromes ist der Druck konstant. Er wird dort gewöhnlich gleich Null gesetzt und im übrigen nur der Überdruck bestimmt. Die freie Oberfläche besteht aus lauter Stromlinien, sie bildet also eine „Stromfläche". Weitere Randbedingungen sind von Fall zu Fall gesondert anzusetzen. Ihre richtige Formulierung kann mitunter erhebliche Schwierigkeiten bereiten.

Für die praktische Durchführung derartiger Rechnungen nach der Potentialtheorie kommen in der Hauptsache *ebene* und *drehsymmetrische* Vorgänge in Betracht, da diese der mathematischen Behandlung am ehesten zugänglich sind. Insbesondere kann für *ebene* Strömungen wieder die Methode der konformen Abbildung angewandt werden[1].

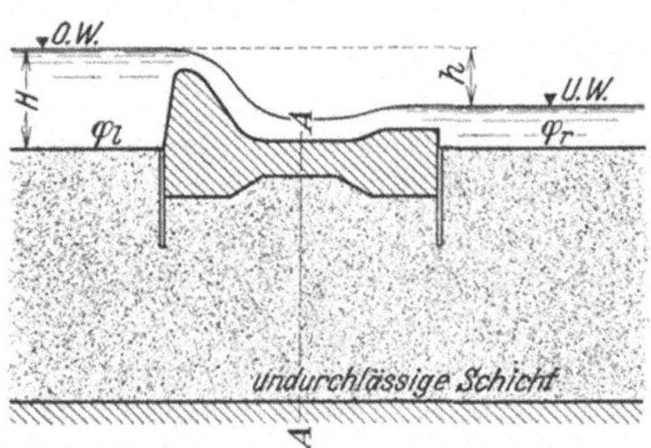

Abb. 161. Sickerströmung unter einem Wehrkörper

Bei der ebenen Potentialströmung bilden die Stromlinien $\psi = $ const und die Äquipotentiallinien $\varphi = $ const ein Netz sich rechtwinklig schneidender Kurven (vgl. Ziffer 7 dieses Abschnitts), das insbesondere in ein „quadratisches" übergeht, wenn die Unterschiede $\delta\psi$ und $\delta\varphi$ überall gleich groß gemacht werden. Bei gegebener fester Berandung des Grundwasserstromes kann dieses Netz zur Untersuchung der Geschwindigkeits- und Druckverhältnisse in dem von Grundwasser durchströmten Gebiet benutzt werden, wie nachstehend an einem Beispiel erläutert werden soll[2].

Abb. 161 zeigt einen Wehrkörper, der auf einer wasserdurchlässigen Erdschicht ruht, die ihrerseits nach unten durch eine horizontale, undurchlässige Schicht begrenzt ist. Es soll die zwischen dem Wehrkörper und der undurchlässigen Schicht stattfindende Durchsickerung untersucht werden.

Zunächst zeichnet man das quadratische Netz der Äquipotential- und Stromlinien (Abb. 161a), wobei zu beachten ist, daß die Unterkante des Wehrkörpers und die undurchlässige Schicht Stromlinien der Potentialströmung sind. Dagegen stellt die Flußsohle rechts und links des Wehrkörpers Äquipotentiallinien dar, da das Sickerwasser die Flußsohle in senkrechter Richtung durchfließt. Die Stromlinien der Sickerströmung stehen also rechtwinklig zur Flußsohle. Zur schnellen Auftragung der Stromlinien kann man sich eines Modellversuches

---

[1] Vgl. z. B. Hopf u. Trefftz: Z. angew. Math. Mech. (1921) S. 290.
[2] Nach Ph. Forchheimer: Hydraulik, 3. Aufl. (1930) S. 82.

nach der unter Absatz b) besprochenen Methode von HELE SHAW bedienen. Die Stromlinien der Abb. 161a sind nach entsprechenden Korrekturen auf diese Weise gefunden worden. Dabei kann man die Eigenschaft des „quadratischen" Netzes benutzen, wonach bei entsprechend kleiner Teilung die Diagonalen eines „Quadrates" (angenähert) gleich lang sind und aufeinander senkrecht stehen. (Streng genommen gilt dies nur für unendlich kleine Werte von $\delta\psi$ und $\delta\varphi$.)

Nimmt man den Druck im Fluß als statisch verteilt über die Höhe an, so kann — wenn die xy-Ebene in die Flußsohle gelegt wird — das Potential der

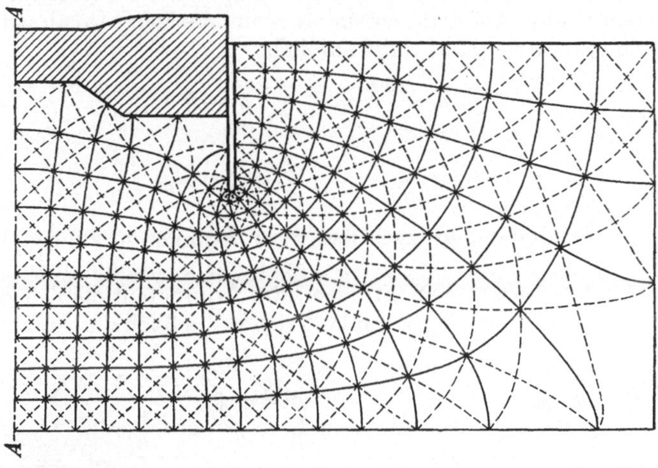

Abb. 161a. Äquipotential- und Stromlinien für die Sickerströmung unter dem Wehrkörper

linksseitigen Sohle nach (391) wegen $z = 0$ und $p = \gamma H$ (Abb. 161) in der Form

$$\varphi_l = -kH$$

angeschrieben werden. Entsprechend wird für die rechtsseitige Sohle

$$\varphi_r = -k\,(H - h),$$

woraus als Potentialdifferenz folgt

$$\varphi_r - \varphi_l = k\,h. \tag{392}$$

Wie oben bereits bemerkt wurde, ist beim „quadratischen" Netz der Potentialunterschied $\delta\varphi$ je zweier Äquipotentiallinien konstant. Hat man also den ganzen Bereich zwischen φ_l und φ_r in n Potentialintervalle (Streifen zwischen je zwei Potentiallinien) zerlegt, so folgt aus (392)

$$\delta\varphi = \frac{\varphi_r - \varphi_l}{n} = \frac{k\,h}{n}. \tag{393}$$

Bezeichnet nun gemäß Abb. 162 δs die Länge eines beliebigen Netzquadrates, so ist nach der ersten Gleichung von (260)

$$\bar{v} = \frac{\delta\varphi}{\delta s}.$$

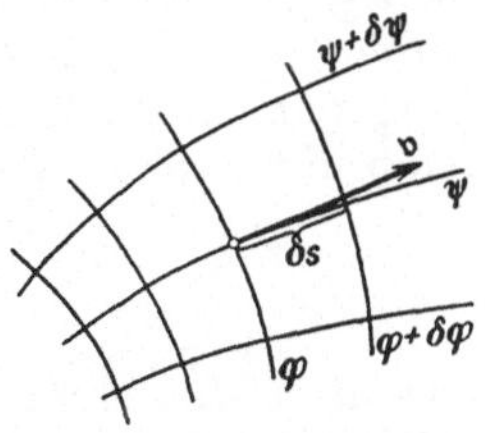

Abb. 162

Durch diesen Ausdruck ist in Verbindung mit (393) die Geschwindigkeit an jedem Orte des betrachteten Strömungsgebietes festgelegt, sofern die „Durchlässigkeit" k bekannt ist. Kleinen Quadraten entsprechen danach große Geschwindigkeiten und umgekehrt.

Im quadratischen Netz ist $\delta\varphi = \delta\psi$, weshalb durch (393) auch die sekundliche Durchflußmenge zwischen zwei benachbarten Stromlinien gegeben ist. Um also die gesamte unter dem Wehr durchsickernde Wassermenge Q zu bestimmen, hat man nur $\delta\psi$ mit der Anzahl m der Streifen zu multiplizieren, in welche der ganze Bereich zwischen Wehr und undurchlässiger Schicht zerlegt ist. Als sekundliches Durchflußvolumen, bezogen auf die Tiefe „Eins" (senkrecht zur Bildebene) erhält man somit nach (393)

$$Q = m \cdot 1 \cdot \delta\psi = k\,h\,\frac{m}{n}\,.$$

Von Wichtigkeit ist noch die Bestimmung des Flüssigkeitsdruckes auf die Wehrsohle (Auftrieb). Auch diesen kann man aus dem Quadratnetz leicht bestimmen. Aus (391) und (393) folgt nämlich

$$\delta\varphi = \frac{k\,h}{n} = -\frac{k}{\gamma}\,\delta p - k\,\delta z$$

oder

$$\delta p = -\gamma\left(\frac{h}{n} + \delta z\right),$$

womit der Druckunterschied zwischen zwei Äquipotentiallinien bestimmt ist. Man kann also, ausgehend von der linksseitigen Flußsohle, den Druck $p + \delta p$ für alle die Punkte bestimmen, in denen die Äquipotentiallinien die Wehrsohle schneiden. Aus dem Druckdiagramm läßt sich schließlich der Auftrieb berechnen.

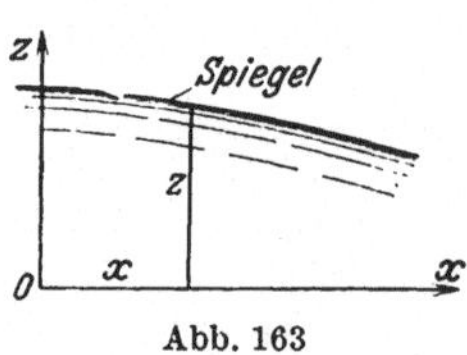

Abb. 163

Abb. 164. Durchsickerung eines Dammes

Die strenge Behandlung der Grundwasserbewegung in dem vorstehend besprochenen Sinne bereitet immer dann erhebliche Schwierigkeiten, wenn der Grundwasserstrom eine „freie" Oberfläche besitzt, deren Gestalt — wie im Falle der Abb. 163 — unbekannt ist. Man ist deshalb bei derartigen Untersuchungen i. allg. auf Näherungslösungen angewiesen.

Handelt es sich um einen waagerechten Untergrund der wasserführenden Schicht, wie z. B. bei dem in Abb. 164 gezeichneten Damm, der unter linksseitigem Überdruck steht, so kann bei nicht zu starker Neigung der Stromlinien nach DUPUIT die Filtergeschwindigkeit für alle Punkte einer Lotrechten angenähert gleich groß angenommen werden. Bei „ebenen" Strömungen ergibt sich unter dieser Voraussetzung an Stelle der Gl. (389)

$$u = -k\,\frac{dz}{dx}\,,$$

wenn z die Höhenkoordinate der Spiegelpunkte über dem undurchlässigen Untergrund bezeichnet.

Mit Hilfe dieses Ansatzes läßt sich eine Reihe praktisch wichtiger Aufgaben behandeln. Die daraus gefundenen Ergebnisse können jedoch, besonders wegen der Unsicherheit der jeweils vorliegenden Randbedingungen, nur als mehr oder weniger grobe Näherungen gewertet werden[1]. Eine verallgemeinerte Theorie der

---

[1] Vgl. dazu PH. FORCHHEIMER: Hydraulik, 3. Aufl. (1930) S. 70ff. sowie die dort angegebene Literatur, ferner G. NAHRGANG: Zur Theorie des vollkommenen und unvollkommenen Brunnens, Berlin/Göttingen/Heidelberg: Springer 1954.

Grundwasserströmung, insbesondere der Spiegelbewegung bei instationären Strömungen, ist von HEINRICH und DESOYER entwickelt worden[1].

d) Hydrodynamische Theorie der Schmiermittelreibung

Zwei relativ gegeneinander bewegte, aufeinander Druckkräfte ausübende Maschinenteile werden bekanntlich zur Verhütung schneller Abnützung ihrer Lagerflächen und zur Herabsetzung der Reibungsverluste durch eine dünne Schmierschicht (Ölschicht) voneinander getrennt. Die Erfahrung hat gelehrt, daß die in den „geschmierten" Lagern auftretenden Reibungswiderstände wesentlich anderen Gesetzen folgen als bei der „trockenen" Reibung ohne Schmierschicht. Während im letzteren Falle nach dem COULOMBschen Gesetz die Reibung in der Hauptsache abhängig ist vom Normaldruck und von der Oberflächenbeschaffenheit der sich berührenden Körper, zeigt sich bei der „vollkommenen Schmierung", daß die Reibungskraft von der Oberflächenbeschaffenheit der Körper unabhängig ist, daß sie dagegen wesentlich von der Zähigkeit des Schmiermittels, von der Größe der Gleitgeschwindigkeit und von der Dicke der Schmierschicht abhängt. Da die zähe Flüssigkeit an den Wandungen der von ihr getrennten Körper haftet, so wird diese Gleitgeschwindigkeit auch auf die Flüssigkeit übertragen. Die Schmiermittelreibung ist also auf die Flüssigkeitsreibung in der Schmierschicht zurückzuführen und somit — wenigstens bei *vollständiger* Trennung der beiden gegeneinander bewegten Körperflächen durch den Schmierfilm — ein Problem der Hydrodynamik.

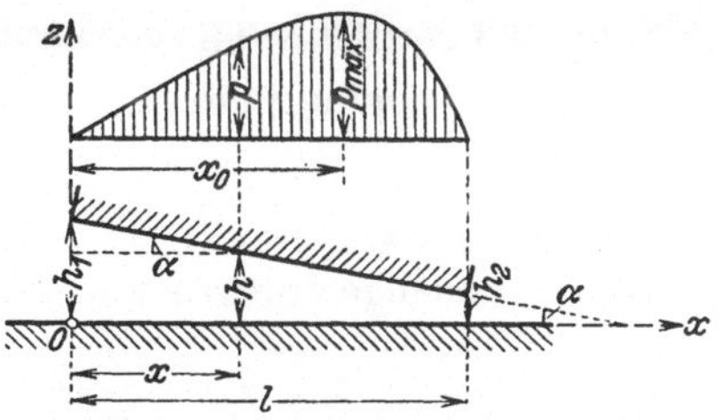

Abb. 165. Gleitschuh auf ebener Führung und zugehörige Druckverteilung

Bei den hier in Frage kommenden Flüssigkeitsbewegungen handelt es sich durchweg um Querschnitte von sehr geringer Höhe und Flüssigkeiten von großer Zähigkeit (Öl). Die REYNOLDSsche Zahl wird also immer sehr klein sein, so daß man in den NAVIER-STOKESschen Gleichungen in erster Näherung die Trägheitsglieder gegenüber den Reibungsgliedern vernachlässigen und die Bewegung des Schmiermittels als eine „schleichende" ansehen kann.

Die zweidimensionale Theorie der Schmiermittelreibung ist zuerst von REYNOLDS[2] behandelt worden. Dabei zeigte sich, daß zur Übertragung eines Lagerdruckes zwischen Zapfen und Lager eine Schmierschicht von *veränderlicher Dicke* vorhanden sein muß, damit die im Schmiermittel entstehende Spannungsresultante dem Zapfendruck Gleichgewicht zu halten vermag.

Der sich dabei einstellende Strömungszustand läßt sich am leichtesten übersehen bei der Bewegung eines *Gleitschuhs* auf ebener Führung, dessen Breite zwecks Erzeugung einer (annähernd) ebenen Strömung hinreichend groß angenommen wird.

In Abb. 165 stelle die obere Berandung den unteren Teil des Gleitschuhes dar, der gegen eine ruhende Stützebene mit der konstanten Geschwindigkeit U nach links bewegt werde. Der zwischen beiden Körpern vorhandene (nicht parallele) Spalt sei vollkommen von dem Schmiermittel erfüllt. Zwecks Erlangung einer *stationären* Strömung soll der Gleitschuh als ruhend und die Stützebene

---

[1] HEINRICH, G., u. K. DESOYER: Ing.-Arch. Bd. 23 (1955) S. 73; Bd. 24 (1956) S. 81; Bd. 26 (1958) S. 30.

[2] REYNOLDS, O.: Phil. Trans. roy. Soc. 1886 Part. I. Vgl. auch A. SOMMERFELD: Z. Math. Phys. Bd. 50 (1904) S. 97 und Vorl. über theoret. Physik Bd. 2 (1945) S. 244.

mit der Relativgeschwindigkeit U nach *rechts* bewegt werden. In dem festen xz-Koordinatensystem der Abb. 165 befindet sich also der Gleitschuh in Ruhe.

Mit den Bezeichnungen dieser Figur läßt sich die Spalthöhe h als Funktion von x wie folgt darstellen

$$h = h_1 - \alpha x, \tag{394}$$

wobei α den (kleinen) Spaltöffnungswinkel angibt.

Zunächst gelten hier für die Strömung im Spalt wieder die Gln. (386), die sich indessen noch vereinfachen, wenn man die z-Komponente w der Geschwindigkeit gegenüber der x-Komponente u vernachlässigt und weiter beachtet, daß bei *ebener* Bewegung auch $v = 0$ ist. Man erhält dann aus (386)

$$\frac{\partial p}{\partial x} = \mu \,\varDelta u; \quad \frac{\partial p}{\partial y} = \frac{\partial p}{\partial z} = 0. \tag{395}$$

Danach ist $p = p(x)$ lediglich eine Funktion von x, für einen bestimmten Querschnitt also konstant, so daß $\frac{\partial p}{\partial x} = \frac{dp}{dx}$ gesetzt werden kann. Beachtet man ferner, daß die Änderung der Geschwindigkeit u in der z-Richtung sehr viel stärker ist als in der x-Richtung, so kann $\frac{\partial^2 u}{\partial x^2}$ gegen $\frac{\partial^2 u}{\partial z^2}$ vernachlässigt werden $\left(\frac{\partial^2 u}{\partial y^2}\right.$ ist bei ebener Strömung ohnehin gleich Null), womit die erste Gleichung von (395) übergeht in

$$\frac{dp}{dx} = \mu \,\frac{d^2 u}{dz^2}.$$

Durch zweimalige Integration nach z folgt daraus

$$\frac{dp}{dx}\frac{z^2}{2} = \mu u + C_1 z + C_2. \tag{396}$$

Für $z = 0$ ist $u = U$, für $z = h$ ist $u = 0$. Das gibt $C_1 = \frac{dp}{dx}\frac{h}{2} + \mu \frac{U}{h}$ und $C_2 = -\mu U$, womit (396) übergeht in

$$u = U\left(1 - \frac{z}{h}\right) - \frac{dp}{dx}\frac{h z - z^2}{2\mu}. \tag{397}$$

Mit Hilfe dieses Ausdrucks läßt sich die sekundliche Durchflußmenge durch einen Querschnitt der Schmierschicht berechnen. Man erhält dafür nach einfacher Integration, bezogen auf die Tiefe „Eins“,

$$Q = \int\limits_{z=0}^{z=h} u\,dz = \frac{U h}{2} - \frac{dp}{dx}\frac{h^3}{12\mu}.$$

Führt man hier für h den Ausdruck (394) ein und löst nach $\frac{dp}{dx}$ auf, so wird

$$\frac{dp}{dx} = \frac{6\mu U}{(h_1 - \alpha x)^2} - \frac{12\mu Q}{(h_1 - \alpha x)^3}. \tag{398}$$

Durch Integration nach x ergibt sich, da Q konstant sein muß,

$$p = \frac{6\mu U}{\alpha\,(h_1 - \alpha x)} - \frac{12\mu Q}{2\alpha\,(h_1 - \alpha x)^2} + C.$$

Für $x = 0$ ist $p = p_0$ (atm. Luftdruck), so daß

$$C = p_0 - \frac{6\mu U}{\alpha h_1} + \frac{12\mu Q}{2\alpha h_1^2}.$$

Damit erhält man für die Druckverteilung in der x-Richtung

$$p = p_0 + \frac{6\mu U}{\alpha}\left[\frac{1}{h_1 - \alpha x} - \frac{1}{h_1}\right] - \frac{6\mu Q}{\alpha}\left[\frac{1}{(h_1 - \alpha x)^2} - \frac{1}{h_1^2}\right]. \tag{399}$$

Da aber auch $p = p_0$ für $x = l$ werden muß, so liefert die vorstehende Gleichung unmittelbar die sekundliche Durchflußmenge, wenn man beachtet, daß wegen (394) $h_2 = h_1 - \alpha l$ ist.

Damit wird

$$Q = U \frac{h_1 h_2}{h_1 + h_2} . \tag{400}$$

Führt man diesen Ausdruck in (398) ein, so läßt sich zunächst $\dfrac{dp}{dx}$ und damit die Geschwindigkeit u nach (397) berechnen, worauf hier indessen nicht weiter eingegangen werden soll.

Weiter erhält man aus (399), wenn man dort den Wert für Q einsetzt, nach einigen Zwischenrechnungen

$$p = p_0 + \frac{6\,\mu\,U\,x\,(l - x)\,(h_1 - h_2)}{l\,h^2\,(h_1 + h_2)} . \tag{401}$$

Bei parallelen Begrenzungsflächen der Schmierschicht wäre $h_1 = h_2$ und somit $p = p_0 = $ const. Ein Überdruck über den äußeren Luftdruck könnte somit nicht entstehen, eine Last also nicht übertragen werden (vgl. die diesbezügliche Bemerkung auf S. 223).

In Abb. 165 ist oben der Verlauf des Überdruckes schematisch dargestellt. Das Druckmaximum findet man, wenn man in Gl. (398) $\dfrac{dp}{dx} = 0$ setzt. Zur Bestimmung des resultierenden Überdruckes auf 1 m Breite des Gleitlagers bilde man

$$P = \int\limits_{x=0}^{x=l} (p - p_0)\,dx = \frac{6\,\mu\,U\,(h_1 - h_2)}{l\,(h_1 + h_2)} \int\limits_{x=0}^{x=l} \frac{l\,x - x^2}{h^2}\,dx . \tag{402}$$

In das Integral rechts substituiere man nach (394) $x = \dfrac{h_1 - h}{\alpha}$ und $dx = -\dfrac{dh}{\alpha}$, so daß

$$\int\limits_{x=0}^{x=l} \frac{l\,x - x^2}{h^2}\,dx = - \int\limits_{h=h_1}^{h=h_2} \left(\frac{h_1 - h}{h^2}\,\frac{l}{\alpha^2} - \frac{h_1^2 - 2\,h_1\,h + h^2}{\alpha^3\,h^2} \right) dh .$$

Nach Ausführung der Integration ergibt sich damit aus (402)

$$P = \frac{6\,\mu\,U\,(h_1 - h_2)}{\alpha^3\,l\,(h_1 + h_2)} \left[(h_1 + h_2)\,\ln\frac{h_1}{h_2} - 2\,(h_1 - h_2) \right] .$$

Auch hier zeigt sich, daß $P = 0$ wird, wenn $h_1 = h_2$, die Spalthöhe also konstant ist.

Setzt man schließlich noch $\alpha l = h_1 - h_2$ und $\dfrac{h_1}{h_2} = c$, so wird nach einigen Kürzungen

$$P = \frac{6\,\mu\,U\,l^2}{h_2^2\,(c - 1)^2} \left(\ln c - 2\,\frac{c - 1}{c + 1} \right) .$$

Die resultierende Druckkraft P liegt, wie man aus dem Diagramm der Abb. 165 erkennt, nicht in Lagermitte, sondern hinter dieser, was für die praktische Anwendung der Gleitlager besonders beachtenswert ist.

Die Bedingung $\dfrac{dP}{dc} = 0$ liefert den Verhältniswert $c = \dfrac{h_1}{h_2} \approx 2{,}2$, für den P ein Maximum erreicht, und zwar wird

$$P_{\max} = \frac{0{,}16\,\mu\,U\,l^2}{h_2^2} .$$

Man erkennt aus dieser Gleichung, daß ein derartiges Lager in der Tat eine große Druckkraft übertragen kann, wenn die Schmierschicht eine geringe Dicke besitzt.

Sind also die Lagerbelastung und die Länge l gegeben, so kann aus der obigen Gleichung auch die Spalthöhe bestimmt werden.

Zur Berechnung der Schubspannung an der oberen Wand bilde man nach Gl. (104) $\tau_{(h)} = -\mu \left(\dfrac{d u}{d z}\right)_{(z=h)}$ *, worin u aus (397) einzuführen ist. Dann wird

$$\tau_{(h)} = \mu \frac{U}{h} - \frac{h}{2} \frac{d p}{d x}.$$

Nun ist nach (398) und (394)

$$\frac{d p}{d x} = \frac{6\,\mu\,U}{h^2} - \frac{12\,\mu Q}{h^3}$$

oder wegen (400)

$$\frac{d p}{x} = \frac{6\,\mu\,U}{h^2} - \frac{12\,\mu\,U}{h^3} \frac{h_1 h_2}{h_1 + h_2},$$

womit

$$\tau_{(h)} = -\frac{2\,\mu\,U}{h} + \frac{6\,\mu\,U}{h^2} \frac{h_1 h_2}{h_1 + h_2}.$$

Der gesamte Reibungswiderstand, bezogen auf die Tiefe „Eins", wird also

$$T = \int_{x=0}^{x=l} \tau_{(h)}\, d x = -2\,\mu\,U \int_{x=0}^{x=l} \frac{d x}{h} + \frac{6\,\mu\,U\,h_1 h_2}{h_1 + h_2} \int_{x=0}^{x=l} \frac{d x}{h^2}.$$

Setzt man hier wieder $d x = -\dfrac{d h}{\alpha}$ (s. oben), so liefert die Integration zwischen den Grenzen h_1 für $x = 0$ und h_2 für $x = l$, wenn wieder $\dfrac{h_1}{h_2} = c$ gesetzt wird,

$$T = \frac{2\,\mu\,U}{\alpha}\left(3\frac{c-1}{c+1} - \ln c\right).$$

Man kann hier noch α durch h_2 ausdrücken und erhält dafür

$$\operatorname{tg}\alpha \approx \alpha = \frac{h_1 - h_2}{l} = \frac{h_2}{l}(c - 1).$$

Setzt man schließlich den für $P_{\max}$ gefundenen Zahlenwert $c = 2{,}2$ ein, so folgt aus obiger Gleichung

$$T = 0{,}56\,\frac{\mu\,U\,l}{h_2}.$$

Der Reibungswiderstand ist also proportional der Gleitgeschwindigkeit und dem Zähigkeitskoeffizienten μ, dagegen umgekehrt proportional der Schichtdicke.

Wegen der Neigung des oberen Spaltrandes liefert auch P einen Beitrag zum gesamten Horizontalwiderstand H des Lagers, nämlich $P\alpha$. Man erhält also, wenn man den oben berechneten Wert für $P = P_{\max}$ einsetzt,

$$H = 0{,}56\,\frac{\mu\,U\,l}{h_2} + \frac{0{,}16\,\mu\,U\,l^2}{h_2^2}\frac{h_2}{l}(c - 1)$$

oder mit $c = 2{,}2$

$$H = 0{,}75\,\frac{\mu\,U\,l}{h_2}.$$

Zu dem gleichen Ergebnis gelangt man, wenn man die auf die Unterstützungsebene ausgeübte Reibungskraft aus

$$H = \int_{x=0}^{x=l} \tau_{(z=0)}\, d x$$

berechnet, wo $\tau_{(z=0)} = -\mu \left(\dfrac{\partial u}{\partial z}\right)_{(z=0)}$ zu setzen ist.

---

* Das negative Zeichen muß hier stehen, wenn die Reibungskraft positiv gerechnet werden soll.

Die aus der vorstehenden Theorie gewonnenen Erkenntnisse, insbesondere der Umstand, daß die Gleitflächen zur Erzeugung großer spezifischer Drücke gegeneinander um einen gewissen Winkel α geneigt sein müssen, finden Anwendung bei den MICHELLschen Spurlagern[1]. Indessen ist dabei zu beachten, daß die oben abgeleiteten Formeln nur für *ebene* Strömung gelten, d. h. für Lager von sehr großer Breite, während die wirklichen Lager eine endliche Plattenbreite besitzen.

MICHELL[2] hat auch den ebenen Gleitschuh von endlicher Breite als dreidimensionales Problem untersucht. In diesem Falle strömt das Öl nicht nur in der Gleitrichtung des Lagers, sondern es fließt auch eine gewisse Menge nach den Seiten hin, was eine *Abnahme des Druckes* zur Folge hat. Nach der MICHELLschen Rechnung ändert sich der Druck bei endlicher Lagerbreite b gemäß nachstehender Tabelle:

$\dfrac{b}{l} =$	∞	1	$^1/_3$
Überdruck $=$	P	$0{,}422\ P$	$0{,}031\ P$

In Abb. 166 sind die Druckverteilung und der ungefähre Verlauf der Stromlinien unter einem solchen Gleitschuh dargestellt.

Zapfenlager. Die vorstehend angestellten Überlegungen können prinzipiell auch auf den sich in einer Lagerschale drehenden Lagerzapfen übertragen werden, wenn man — was praktisch immer der Fall ist — annimmt, daß der zwischen Zapfen und Lagerschale vorhandene, von dem Schmiermittel ausgefüllte Spalt sehr eng, d. h. wesentlich kleiner als der Zapfenhalbmesser ist. Um dabei zu möglichst übersichtlichen Verhältnissen zu gelangen, sei eine den Zapfen voll umschließende Lagerschale vorausgesetzt und — zunächst wenigstens — eine unmittelbare Berührung beider Körper an keiner Stelle zugelassen. Außerdem sei wieder *ebene* Strömung im Spalt angenommen[3].

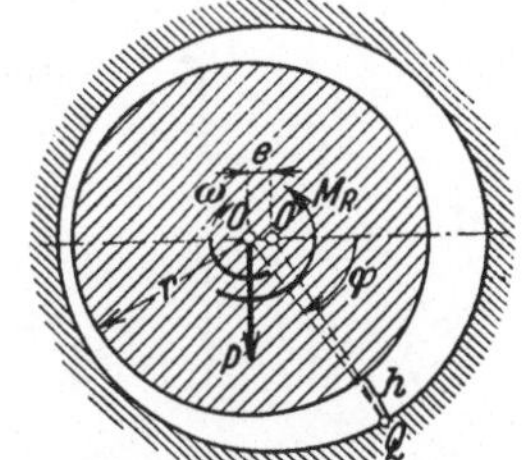

--→ *Stromlinien*
—— *Linien gleichen Druckes*
D = Druckmittelpunkt

Abb. 166. Gleitschuh von endlicher Breite

Es bezeichne R den Radius der Lagerschale, r denjenigen des Zapfens und $\delta = R - r$ den Unterschied beider Radien, d. h. die Spaltweite, für den Fall, daß der Zapfen zentrisch in der Lagerschale liegen würde. Die Erfahrung hat jedoch gelehrt — und die Theorie bestätigt dieses — daß beim *belasteten* Zapfen eine zentrale Lage nicht möglich ist, daß in diesem Falle vielmehr eine Verschiebung des Zapfenmittelpunktes eintritt, und zwar seitlich in entgegengesetzter Richtung wie bei der „trockenen" Reibung.

Infolge dieser Verschiebung des Zapfenmittelpunktes O aus der zentralen Lage O', die hier zunächst in horizontaler Richtung angenommen werde, wird der Spielraum h zwischen Zapfen und Lager veränderlich, was der Keilwirkung des Spaltes in Abb. 165 entspricht. Der sich drehende Zapfen schleppt dabei das Schmiermittel ständig von der weiteren Seite des Lagerspieles zur engeren hin. Es bezeichne nun $e = \overline{OO'}$ die Exzentrizität des Zapfenmittelpunktes und φ den Winkel, den ein beliebiger Radius im Sinne der Drehung mit der Horizontalen durch O einschließt. Dann folgt

Abb. 167. Exzentrische Lage des Lagerzapfens (theoretisch)

---

[1] Vgl. dazu COMMENTZ: Z. VDI (1919) S.965 und KRAFT: Neuere Spurlager. Masch.-Bau (1928) S. 357.

[2] MICHELL, A. G. H.: Z. Math. Phys. (1905) S.123. Vgl. auch K. BAUER: Forsch.-Ing.-Wes. Bd. 14 (1943).

[3] Die nachstehende Theorie ist von A. SOMMERFELD entwickelt. Z. Math. Phys. Bd. 50 (1904) S. 97; Z. techn. Phys. Bd. 2 (1921) S. 58.

aus Abb. 167 wegen der Kleinheit des Winkels $O'QO$

$$r + h = e\cos\varphi + R = e\cos\varphi + r + \delta$$

oder

$$h = e\cos\varphi + \delta. \tag{403}$$

Die hier betrachtete Spaltströmung, welche durch den sich mit konstanter Umfangsgeschwindigkeit U drehenden Zapfen erzeugt wird, ist stationär. Der Zapfen entspricht dabei der mit der Geschwindigkeit U bewegten Stützebene der Abb. 165.

Da $h \ll r$ ist, kann man angenähert ein Längenelement $rd\varphi$ der Spaltflüssigkeit als *eben* ansehen und darauf den Ausdruck (398) für das Druckgefälle anwenden. Dann wird wegen (394)

$$\frac{dp}{r\,d\varphi} = \frac{6\,\mu}{h^3}\,(U\,h - 2Q), \tag{404}$$

worin nach (403) $h = h(\varphi)$. Schließt man, wie oben bereits bemerkt, eine metallische Berührung zwischen Zapfen und Lager aus (Vollschmierung), so ist p eine stetige und periodische von Funktion von φ, d. h.

$$p(0) = p(2\,\pi). \tag{405}$$

Mit Hilfe dieser Bedingung läßt sich zunächst Q berechnen. Dazu bilde man unter Beachtung von (403) bis (405)

$$p(2\,\pi) - p(0) = 6\,\mu\,U\,r \int\limits_{\varphi=0}^{\varphi=2\pi} \frac{d\varphi}{(e\cos\varphi + \delta)^2} - 12\,\mu\,Q\,r \int\limits_{\varphi=0}^{\varphi=2\pi} \frac{d\varphi}{(e\cos\varphi + \delta)^3} = 0,$$

woraus folgt

$$U \int\limits_0^{2\pi} \frac{d\varphi}{(e\cos\varphi + \delta)^2} = 2Q \int\limits_0^{2\pi} \frac{d\varphi}{(e\cos\varphi + \delta)^3}. \tag{406}$$

Nun ist für $\delta^2 > e^2$

$$J_1 = \int\limits_0^{2\pi} \frac{d\varphi}{e\cos\varphi + \delta} = \frac{2}{\sqrt{\delta^2 - e^2}}\,\operatorname{arc\,tg}\left|\sqrt{\frac{\delta - e}{\delta + e}}\,\operatorname{tg}\frac{\varphi}{2}\right|_0^{2\pi} = \frac{2\pi}{\sqrt{\delta^2 - e^2}}.$$

Ferner wird

$$J_2 = \int\limits_0^{2\pi} \frac{d\varphi}{(e\cos\varphi + \delta)^2} = -\int\limits_0^{2\pi} \frac{\partial}{\partial\delta}\left(\frac{d\varphi}{e\cos\varphi + \delta}\right) = -\frac{\partial J_1}{\partial\delta} = \frac{2\pi\delta}{(\sqrt{\delta^2 - e^2})^3}$$

und

$$J_3 = \int\limits_0^{2\pi} \frac{d\varphi}{(e\cos\varphi + \delta)^3} = -\frac{1}{2}\frac{\partial J_2}{\partial\delta} = \frac{\pi(2\delta^2 + e^2)}{(\sqrt{\delta^2 - e^2})^5}.$$

Mit J_2 und J_3 liefert (406)

$$\frac{2\pi U\delta}{(\sqrt{\delta^2 - e^2})^3} = \frac{2\pi Q(2\delta^2 + e^2)}{(\sqrt{\delta^2 - e^2})^5},$$

woraus folgt

$$Q = \frac{U\,\delta\,(\delta^2 - e^2)}{2\delta^2 + e^2}. \tag{407}$$

Damit ist aber nach (404) auch das Druckgefälle im Spalt festgelegt. Man erhält dafür

$$\frac{dp}{d\varphi} = \frac{6\,\mu\,r\,U}{h^3}\left[h - \frac{2\delta(\delta^2 - e^2)}{2\delta^2 + e^2}\right]. \tag{408}$$

Ist nun die Lage des Zapfens im Lager — und damit die Exzentrizität e — bekannt, so können die Stellen größten und kleinsten Druckes aus (408) bestimmt werden, indem $\dfrac{d\,p}{d\,\varphi}=0$ gemacht wird. Für den Sonderfall $e=0$ und damit $h=\delta=$ const ergibt sich aus (408) $\left(\dfrac{d\,p}{d\,\varphi}\right)_{(e=0)}=0$, also $p=$ const. Das Druckintegral kann in diesem Fall aus Symmetriegründen keine Resultante liefern, die dem Zapfendruck Gleichgewicht halten könnte.

Die wieder positiv gerechnete Schubspannung am Umfang des Zapfens ergibt sich mit Hilfe von Gl. (397), die man hier übernehmen kann, zu

$$\tau = -\mu\left(\frac{d\,u}{d\,z}\right)_{(z=0)} = \frac{\mu U}{h} + \frac{h}{2}\frac{d\,p}{d\,x}\,*,$$

wo $\dfrac{d\,p}{d\,x}=\dfrac{d\,p}{r\,d\,\varphi}$ aus (404) einzusetzen ist. Damit wird

$$\tau = \frac{2\,\mu}{h^2}(2\,U\,h - 3\,Q) \qquad\qquad (409)$$

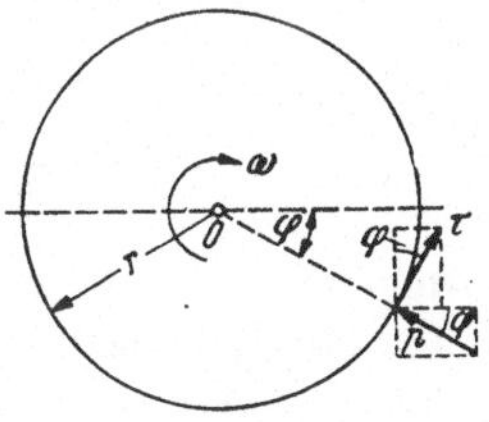

und somit das *auf die Längeneinheit des Zapfens bezogene Reibungsmoment*

$$M_R = \int\limits_{\varphi=0}^{\varphi=2\pi} \tau\,r^2\,d\varphi = 4\,\mu\,U\,r^2\int\limits_0^{2\pi}\frac{d\varphi}{h} - 6\,\mu\,Q\,r^2\int\limits_0^{2\pi}\frac{d\varphi}{h^2}.$$

Abb. 168

Führt man hier den Ausdruck Q aus (407) sowie die obigen Integrale J_1 und J_2 unter Beachtung von (403) ein, so erhält man nach einfacher Zwischenrechnung

$$M_R = \frac{4\,\mu\,r^2\,U\,\pi}{\sqrt{\delta^2 - e^2}}\cdot\frac{\delta^2 + 2\,e^2}{2\,\delta^2 + e^2}. \qquad\qquad (410)$$

Mit $e=0$ (zentrisch gelagerter Zapfen) geht dieser Ausdruck über in

$$M_R' = \frac{2\,\mu\,r^2\,U\,\pi}{\delta}, \qquad\qquad (410\,\mathrm{a})$$

der aber, wie oben bereits bemerkt wurde, nur für den *unbelasteten* Zapfen gilt.

Um eine Beziehung zwischen dem auf die Längeneinheit bezogenen Zapfendruck P, der Umfangsgeschwindigkeit U und der Exzentrizität e zu erhalten, soll jetzt die Summe der Vertikalkomponenten aus den über den Zapfenumfang verteilten Druck- und Schubspannungen gebildet werden. Mit den Bezeichnungen der Abb. 168 erhält man dafür

$$\sum V = r\int\limits_0^{2\pi} p\sin\varphi\,d\varphi + r\int\limits_0^{2\pi}\tau\cos\varphi\,d\varphi. \qquad\qquad (411)$$

Nun ist

$$\int\limits_0^{2\pi} p\sin\varphi\,d\varphi = -\int\limits_0^{2\pi} p\,d(\cos\varphi) = -[p\cos\varphi]_0^{2\pi} + \int\limits_0^{2\pi}\cos\varphi\,d\varphi\,\frac{d\,p}{d\,\varphi},$$

wo $[p\cos\varphi]_0^{2\pi}=0$ wegen der Periodizität von p und $\cos\varphi$. Damit geht (411) über in

$$\sum V = r\int\limits_0^{2\pi}\cos\varphi\left(\frac{d\,p}{d\,\varphi} + \tau\right)d\varphi. \qquad\qquad (412)$$

Aus (404) und (409) folgt

$$\frac{d\,p}{d\,\varphi} + \tau = \frac{6\,\mu\,r}{h^3}(U\,h - 2\,Q) + \frac{2\,\mu}{h^2}(2\,U\,h - 3\,Q).$$

In diesem Ausdruck ist der zweite Summand der rechten Seite gegen den ersten klein im Verhältnis $h:r$. Er kann also bei den hier vorausgesetzten kleinen Spalt-

---

* Hier ist z vom Zapfenrand positiv nach außen angenommen.

höhen h vernachlässigt werden. Setzt man noch h aus (403) ein, so geht (412) mit der angegebenen Vernachlässigung über in

$$\sum V = 6\,\mu\,r^2 \left[U \int_0^{2\pi} \frac{\cos\varphi\,d\varphi}{(e\cos\varphi + \delta)^2} - 2\,Q \int_0^{2\pi} \frac{\cos\varphi\,d\varphi}{(e\cos\varphi + \delta)^3} \right]. \tag{413}$$

Nun ist

$$\int_0^{2\pi} \frac{\cos\varphi\,d\varphi}{(e\cos\varphi + \delta)^2} = \frac{1}{e} \int_0^{2\pi} \frac{d\varphi}{e\cos\varphi + \delta} - \frac{\delta}{e} \int_0^{2\pi} \frac{d\varphi}{(e\cos\varphi + \delta)^2}$$

und

$$\int_0^{2\pi} \frac{\cos\varphi\,d\varphi}{(e\cos\varphi + \delta)^3} = \frac{1}{e} \int_0^{2\pi} \frac{d\varphi}{(e\cos\varphi + \delta)^2} - \frac{\delta}{e} \int_0^{2\pi} \frac{d\varphi}{(e\cos\varphi + \delta)^3}.$$

Führt man hier die obigen Integrale J_1 bis J_3 ein und ersetzt Q durch den Ausdruck (407), so liefert schließlich Gl. (413) den Wert $\sum V$, der aus Gleichgewichtsgründen gleich dem Zapfendruck P sein muß, nämlich

$$\sum V = P = \frac{12\,\mu\,\pi\,U\,r^2\,e}{(2\,\delta^2 + e^2)\,\sqrt{\delta^2 - e^2}}. \tag{414}$$

Man kann in ähnlicher Weise auch die Resultante der horizontalen Spannungskomponenten am Zapfenumfang berechnen, für welche sich $\sum H = 0$ ergibt, womit das Gleichgewicht gegen Verschieben des Zapfens aus der in Abb. 167 angenommenen Lage sichergestellt ist.

Mit Gl. (414) ist die gesuchte Beziehung zwischen P, U und e gefunden. Bei endlicher Umfangsgeschwindigkeit U und verschwindender Exzentrizität e wird $\sum V = 0$, d. h. ein Zapfendruck kann in diesem Falle nicht übertragen werden. Andererseits wird bei konstant gehaltenem P die Exzentrizität e mit wachsendem U immer kleiner und geht gegen Null für $U \to \infty$.

Nach dem Coulombschen Reibungsgesetz wird das Reibungsmoment bei „trockener" Reibung in der Form $M_R = f\,Pr$ dargestellt, wenn f den „Reibungskoeffizienten" bezeichnet. Um einen entsprechenden Wert f für die Schmiermittelreibung zu bekommen, hat man in dem Ausdruck $f = \dfrac{M_R}{Pr}$ die Größen für M_R und P aus (410) und (414) einzusetzen. Man erhält dann

$$f = \frac{\delta^2 + 2e^2}{3\,r\,e}.$$

Das Minimum des Reibungsmomentes ergibt sich daraus, wenn man $\dfrac{df}{de} = 0$ setzt, also für $e = \dfrac{\delta}{\sqrt{2}}$. Dann wird

$$f_{\min} = \frac{2\,\delta}{3\,r}\,\sqrt{2} = 0{,}94\,\frac{\delta}{r}$$

und somit

$$M_{R\min} = 0{,}94\,P\,\delta.$$

Eine für die Schmiermittelreibung wichtige Beziehung läßt sich noch aus Gl. (414) ableiten, wenn man diese in der Form schreibt

$$\frac{P\,\delta^2}{2\,\mu\,\pi\,U\,r^2} = \frac{6\,e/\delta}{\left[2 + \left(\dfrac{e}{\delta}\right)^2\right]\sqrt{1 - \left(\dfrac{e}{\delta}\right)^2}}.$$

Führt man hier die „relative" Exzentrizität $\varepsilon = \dfrac{e}{\delta}$ ein, so wird

$$\frac{P}{2\,\mu\,\pi\,U}\left(\frac{\delta}{r}\right)^2 = \frac{6\,\varepsilon}{(2 + \varepsilon^2)\,\sqrt{1 - \varepsilon^2}}. \tag{415}$$

Danach ist die relative Exzentrizität ε durch den Verhältniswert $\frac{\delta}{r}$ und die den Betriebszustand kennzeichnenden Größen μ, P und U eindeutig festgelegt. Insbesondere bleibt ε unverändert, wenn bei gegebenem Verhältniswert $\frac{\delta}{r}$ zwar die Größen P, μ und U im einzelnen verändert werden, der Quotient $\frac{P}{\mu U}$ aber der gleiche bleibt (*Sommerfeldsches Ähnlichkeitsgesetz*).

Man kann die linke Seite von (415) noch in etwas anderer Form schreiben, wenn man den „mittleren" Lagerdruck $p_m = \frac{P}{2r}$ einführt. Damit geht (415) über in

$$\frac{p_m\,\delta^2}{\mu\,\pi\,U\,r} = L\,(\varepsilon)\,.$$

Diese dimensionslose Größe wird häufig als „Lagerzahl" oder „Lagerkennzahl" bezeichnet[1]. Sie kann sowohl für vergleichende Betrachtungen als auch besonders für experimentelle Untersuchungen mit Vorteil verwendet werden.

Bei sehr kleiner relativer Exzentrizität ε, d. h. bei großen Umfangsgeschwindigkeiten U und schwach belastetem Zapfen, ist ε angenähert proportional der Lagerzahl, was man sofort feststellt, wenn in (415) ε^2 als klein gegen „eins" gestrichen wird.

Es erhebt sich nun die Frage wie weit die SOMMERFELDsche Theorie mit den wirklichen Vorgängen an Lagerzapfen übereinstimmt. Zunächst mögen hier noch einmal die Voraussetzungen dieser Theorie kurz zusammengefaßt werden. Diese waren: Unendlich langer Lagerzapfen (ebenes Problem), voll den Zapfen umschließende Lagerschale und allseitige Schmierung des Zapfens, konstanter — d. h. temperaturunabhängiger — Zähigkeitskoeffizient μ und schließlich Vernachlässigung aller Trägheitskräfte im Schmierfilm gegenüber den Reibungskräften. Es ist einleuchtend, daß diese Voraussetzungen in Wirklichkeit niemals streng erfüllt sein werden. Durch die *endliche* Länge des Zapfens müssen bestimmte Grenzbedingungen für die Geschwindigkeits- und Druckverteilung an den Zapfenenden erfüllt sein. Durch entsprechende Ölzufuhr ist dafür zu sorgen, daß das Schmiermittel den Spalt zwischen Zapfen und Lagerschale voll ausfüllt. Bei hohen Zapfendrücken wird die Temperatur des Schmiermittels erhöht, wodurch seine Zähigkeit entsprechend abnimmt[2]. Auch muß damit gerechnet werden, daß insbesondere bei kleinem Lagerspiel an den Stellen der geringsten Spalthöhe h wegen der unvermeidbaren Rauhigkeiten von Zapfen und Schale eine metallische Berührung beider stattfindet. In solchen Fällen erfolgt die Lastaufnahme nur zum Teil durch das zwischen den Rauhigkeitselementen durchfließende Öl, zum andern Teil durch unmittelbare Berührung der Rauhigkeitserhebungen. Es liegt dann sogenannte „Mischreibung" vor. Schließlich können auch bei großen Drehzahlen und hohen Lagertemperaturen (kleines μ) die Trägheitskräfte Werte annehmen, die gegenüber den Reibungskräften nicht mehr vernachlässigbar klein sind[3].

Trotz all dieser Vorbehalte bilden die klassischen Theorien von REYNOLDS und SOMMERFELD auch heute noch Grundlage und Ausgangspunkt für alle theoretischen und experimentellen Untersuchungen über die Schmiermittelreibung.

---

[1] Neuerdings wird für den Ausdruck $\frac{p_m\,\delta^2}{\mu\,\pi\,U\,r}$ auch die Bezeichnung „SOMMERFELDsche Zahl" gebraucht.

[2] Der Einfluß veränderlicher Zähigkeit wurde von G. VOGELPOHL [VDI-Forsch.-Heft 386 (1937)] und F. NAHME [Ing.-Arch. (1940) S. 191] untersucht.

[3] Vgl. dazu W. KAHLERT: Ing.-Arch. (1948) S. 321.

Insbesondere hat sich gezeigt, daß in der Nähe des Reibungsminimums die oben abgeleiteten Gesetze durch die Versuche gut bestätigt werden. Abweichungen treten dagegen auf bei kleinen und sehr großen „Lagerzahlen" $L(\varepsilon)$. Weiter sei darauf hingewiesen, daß eine Verschiebung des Zapfenmittelpunktes O aus der zentralen Lage O' der Abb. 167 i. allg. nicht nur in horizontaler, sondern auch in vertikaler Richtung erfolgt, so daß die Verbindungslinie $O'O$ geneigt ist. Der von der Richtung des Zapfendruckes und der Geraden OO' eingeschlossene Winkel ψ ist allerdings i. allg. nicht viel von $\pi/2$ verschieden (Abb. 169). Eine Ergänzung der SOMMERFELDschen Theorie zwecks Vermeidung des Auftretens negativer Drücke im Schmierfilm ist von GÜMBEL[1] vorgenommen worden. Weitere Untersuchungen über das Zapfenlager von endlicher Breite und über die Ähnlichkeitsbeziehungen der Lagerreibung stammen von VOGELPOHL[2]. Neuere experimentelle Forschungen über die Gesetzmäßigkeit der „Mischreibung" hat W. ALTROGGE durchgeführt. (Dissertation T. H. München 1950.)

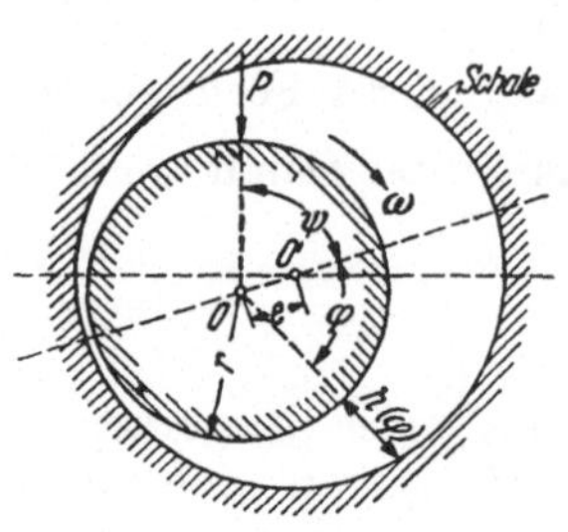

Abb. 169. Schiefe Verschiebung des Zapfenmittelpunktes

18. Die Prandtlsche Grenzschichttheorie[3]
a) Grundsätzliche Bemerkungen

In Ziffer 15 dieses Abschnitts wurde bereits darauf hingewiesen, daß eine strenge Lösung der NAVIER-STOKESschen Bewegungsgleichungen (378) bis heute noch nicht gelungen ist. Insbesondere gilt dies für den Fall, daß die Reibungs- und Trägheitskräfte im ganzen Strömungsgebiet von der gleichen Größenordnung sind, so daß keine Kraftart gegen die andere vernachlässigt werden darf. Bei den „schleichenden" Bewegungen der Ziffer 17 wurde den Reibungskräften die überwiegende Bedeutung zuerkannt und auf diese Weise die Lösung einer Anzahl praktisch wichtiger Strömungsvorgänge ermöglicht. Es handelte sich dabei durchweg um Bewegungen mit sehr kleinen REYNOLDSschen Zahlen. Nunmehr soll der entgegengesetzte Fall betrachtet werden, der — abgesehen von den Vorgängen in unmittelbarer Nähe fester Wände — durch sehr große REYNOLDSsche Zahlen bzw. durch sehr kleine kinematische Zähigkeit der strömenden Flüssigkeit gekennzeichnet ist.

Von einer Flüssigkeit mit geringer Zähigkeit μ (Wasser, Luft) darf angenommen werden, daß sie sich in größerer Entfernung von einer festen Wand (bzw. von der Oberfläche eines in sie eingetauchten festen Körpers) nahezu wie eine reibungsfreie Flüssigkeit verhält. Ist nämlich μ sehr klein, dann kann die Reibung mit Rücksicht auf (375) und (376) nur dann einen merklichen Einfluß ausüben, wenn ein großes Geschwindigkeitsgefälle vorhanden ist. In der „freien" Strömung ist das i. allg. nicht der Fall, wohl aber in unmittelbarer Nähe einer festen Wand. An dieser haftet bekanntlich die Flüssigkeit, hat also dort die relative Geschwindigkeit Null. Dagegen besitzt sie bereits in geringem Abstand von der Wand an-

<hr>

[1] GÜMBEL-EVERLING: Reibung und Schmierung im Maschinenbau, Berlin 1925.

[2] VOGELPOHL, G.: Ing.-Arch. (1943) S.192; Z. VDI (1949) S.379. Vgl. dazu auch H. SASSENFELD und A. WILLERS: Gleitlagerberechnungen. VDI-Forsch.-Heft 441 (1954), sowie G. VOGELPOHL: Betriebssichere Gleitlager, Berechnungsverfahren für Konstruktion und Betrieb. Berlin/Göttingen/Heidelberg: Springer 1958.

[3] Eine ausführliche Darstellung dieser Theorie samt der daraus gezogenen Folgerungen gibt H. SCHLICHTING in seinem Buche „Grenzschichttheorie", 3. Aufl. (1958). Über die neueste Entwicklung berichtet das Buch von H. GÖRTLER u. W. TOLLMIEN: 50 Jahre Grenzschichttheorie. Eine Festschrift in Originalbeiträgen. Braunschweig 1955, sowie H. SCHLICHTING: Entwicklung der Grenzschichttheorie in den letzten drei Jahrzehnten. Z. f. Flugwissensch. Bd. 8 (1960) S. 93ff.

nähernd den Wert der reibungsfreien Bewegung. Zwischen der Wand einerseits und der „äußeren" (annähernd reibungsfreien) Strömung andererseits befindet sich also eine dünne Übergangsschicht — die sogenannte *Grenz- oder Reibungsschicht* — in welcher ein starker Geschwindigkeitsanstieg von dem Werte Null auf den Wert der äußeren Strömung stattfindet. Danach kann das von der Flüssigkeit durchströmte Gebiet in zwei — allerdings nicht scharf trennbare — Bereiche eingeteilt werden: a) den „äußeren" Bereich, in dem angenähert *reibungsfreie* Bewegung herrscht, und in dem (bei Wirbelfreiheit) die Gesetze der Potentialströmung gelten, b) die „Grenzschicht", für welche die Gesetze der *zähen Flüssigkeit* (d. h. die Navier-Stokesschen Gleichungen) maßgebend sind, da in der Grenzschicht wegen des starken Geschwindigkeitsgradienten trotz kleinem μ doch erhebliche Reibungswirkungen ausgelöst werden. Es ist das große Verdienst von L. Prandtl[1], diese Trennung zuerst vorgenommen und die Vorgänge in der Grenzschicht einer theoretischen Behandlung zugänglich gemacht zu haben.

Physikalisch kann man sich die Entstehung der Grenzschicht leicht klarmachen, wenn man die Strömung um ein prismatisches Profil betrachtet, das in einer wenig zähen Flüssigkeit festgehalten ist (Abb. 170). Im vorderen Staupunkt O ist die Geschwindigkeit Null, und es findet dort eine Verzweigung der Stromlinien nach der Ober- und Unterseite des Profils statt (vgl. S. 46). In geringem Abstande von der Körperoberfläche herrscht angenähert Potentialströmung, am Profilrand dagegen ist die Geschwindigkeit Null. Der sehr starke Geschwindig-

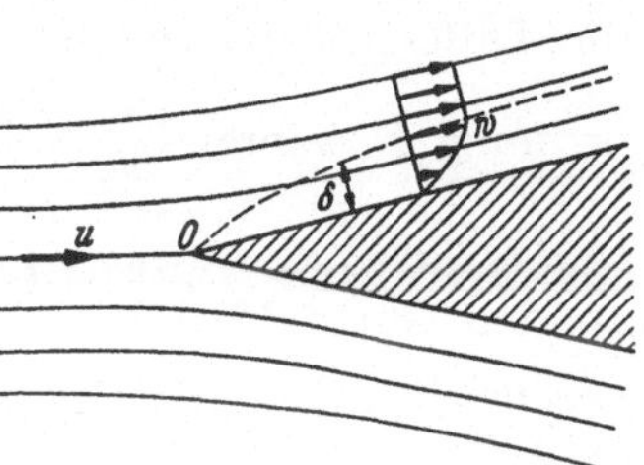

Abb. 170. Entstehung der Grenzschicht

keitsabfall von den Werten der Potentialströmung zum Randwert Null vollzieht sich in einer schmalen Grenzschicht, deren Dicke am vorderen Staupunkt Null ist und im weiteren Verlauf allmählich zunimmt. Der Übergang von der Grenzschicht- zur Außenströmung ist jedoch nicht scharf begrenzt, er erfolgt vielmehr asymptotisch. Zur Definition der Grenzschichtdicke ist deshalb i. allg. eine bestimmte Festsetzung erforderlich. So wird häufig als Dicke δ derjenige Wert angenommen, für welchen die Geschwindigkeit w der Grenzschicht nur noch um 1% kleiner ist als die Geschwindigkeit der äußeren Potentialströmung. Diese Festsetzung hat indessen nur vom mathematischen Standpunkt aus Bedeutung. Physikalisch wichtig ist allein die Tatsache, daß bereits in einem kleinen Abstand von der Wand praktisch die Geschwindigkeit der Potentialströmung erreicht ist, und daß in dieser schmalen Wandzone starke Reibungskräfte übertragen werden.

b) Die Differentialgleichungen der ebenen Grenzschichtströmung

Die hier anzustellenden Überlegungen seien auf *ebene* Strömungen beschränkt. Außerdem soll vorerst eine gerade Begrenzungslinie der Wand angenommen werden. Das Koordinatensystem werde so gewählt, daß die x-Achse in die Wandrichtung fällt und die y-Achse senkrecht dazu steht. Sieht man von Massenkräften ab, dann lauten die Bewegungsgleichungen (378) für das ebene Problem

$$\left.\begin{aligned}
\left(\overset{1}{u}\overset{1}{\frac{\partial u}{\partial x}} + \overset{\varepsilon}{v}\overset{1/\varepsilon}{\frac{\partial u}{\partial y}} + \overset{1}{\frac{\partial u}{\partial t}}\right) &= -\frac{1}{\varrho}\frac{\partial p}{\partial x} + \frac{\mu}{\varrho}\left(\overset{1}{\frac{\partial^2 u}{\partial x^2}} + \overset{1/\varepsilon^2}{\frac{\partial^2 u}{\partial y^2}}\right), \\[2mm]
\left(\underset{1}{u}\underset{\varepsilon}{\frac{\partial v}{\partial x}} + \underset{\varepsilon}{v}\underset{1}{\frac{\partial v}{\partial y}} + \underset{\varepsilon}{\frac{\partial v}{\partial t}}\right) &= -\frac{1}{\varrho}\frac{\partial p}{\partial y} + \frac{\mu}{\varrho}\left(\underset{\varepsilon}{\frac{\partial^2 v}{\partial x^2}} + \underset{1/\varepsilon}{\frac{\partial^2 v}{\partial y^2}}\right),
\end{aligned}\right\} \quad (416)$$

---

[1] Prandtl, L.: Verh. des 3. Intern. Math. Kongr. Heidelberg 1904 sowie Vier Abhandlungen zur Hydrodynamik und Aerodynamik (zus. mit A. Betz), Göttingen 1927, S. 1.

wozu noch die Kontinuitätsgleichung

$$\frac{\partial u}{\partial x} + \frac{\partial v}{\partial y} = 0 \tag{417}$$

tritt.

Die beiden Gln. (416) erfahren nun, wie eine Betrachtung der Größenordnung der einzelnen Glieder zeigt, für die Grenzschichtströmung eine wesentliche Vereinfachung, und darin liegt die große Bedeutung der PRANDTLschen Überlegung. Da nach Voraussetzung die Grenzschichtdicke δ an jeder Stelle der Wand sehr gering ist, so muß — abgesehen von der Stelle $x = 0$, an welcher die Grenzschicht beginnt — $\delta(x) \ll x$ sein und damit auch $dy \ll dx$. Es bezeichne jetzt $\varepsilon \ll 1$ die Größenordnung der Grenzschichtdicke δ. Dann ist (innerhalb der Grenzschicht) auch $y \sim \varepsilon$. (Das Zeichen $\sim$ bedeutet hier „von der Größenordnung".) Weiter soll die Größenordnung der Werte x und u gleich 1 gesetzt werden. Für die Differentialquotienten $\dfrac{\partial u}{\partial x}$ und $\dfrac{\partial^2 u}{\partial x^2}$ ergibt sich damit ebenfalls die Größenordnung 1, während $\dfrac{\partial u}{\partial y} \sim \dfrac{1}{\varepsilon}$ und $\dfrac{\partial^2 u}{\partial y^2} \sim \dfrac{1}{\varepsilon^2}$ sind. Aus der Kontinuitätsbedingung (417) folgt $\dfrac{\partial u}{\partial v} = -\dfrac{\partial x}{\partial y} \sim \dfrac{1}{\varepsilon}$, d. h. $v \sim \varepsilon$ und $\dfrac{\partial v}{\partial x} \sim \varepsilon$, $\dfrac{\partial v}{\partial y} \sim 1$, $\dfrac{\partial^2 v}{\partial x^2} \sim \varepsilon$, $\dfrac{\partial^2 v}{\partial y^2} \sim \dfrac{1}{\varepsilon}$. In den Gln. (416) ist zu den entsprechenden Gliedern die Größenordnung angeschrieben. Die „lokale" Beschleunigung $\dfrac{\partial u}{\partial t}$ kann ebenso wie die „konvektive" $u\dfrac{\partial u}{\partial x} \sim 1$ angenommen werden, wenn sehr plötzliche Beschleunigungen (z. B. Druckwellen) ausgeschlossen bleiben. Dann ist $\dfrac{\partial v}{\partial t} \sim \varepsilon$.

Wie bereits verschiedentlich betont wurde, soll es sich hier um Flüssigkeiten von sehr geringer Zähigkeit handeln. Damit nun die Reibungsglieder von gleicher Größenordnung sind wie die Trägheitsglieder, muß — wie aus der ersten der Gln. (416) folgt — $\dfrac{\mu}{\varrho} \sim \varepsilon^2$ sein. Dann wird nämlich $\dfrac{\mu}{\varrho}\dfrac{\partial^2 u}{\partial y^2} \sim 1$, wogegen das Glied $\dfrac{\mu}{\varrho}\dfrac{\partial^2 u}{\partial x^2} \sim \varepsilon^2$ als klein höherer Ordnung verschwindet.

Weiter folgt jetzt aus der zweiten Gleichung, daß $\dfrac{1}{\varrho}\dfrac{\partial p}{\partial y} \sim \varepsilon$ d. h. klein gegen 1 ist, während in der ersten Gleichung $\dfrac{1}{\varrho}\dfrac{\partial p}{\partial x}$ i. allg. endliche Werte besitzt, also $\dfrac{1}{\varrho}\dfrac{\partial p}{\partial x} \sim 1$. Innerhalb der Grenzschicht ist also der Druck (näherungsweise) unabhängig von y. Er darf demnach über den Querschnitt als konstant angesehen und gleich dem durch die reibungsfreie Strömung am äußeren Rande der Grenzschicht bestimmten Werte gesetzt werden. In den Gln. (416) erscheint er somit als eine bekannte, eingeprägte Kraft, die lediglich eine Funktion der Längenkoordinate und — bei instationärer Strömung — der Zeit t ist.

Unter Beachtung des oben Gesagten kann die erste der Gln. (416) jetzt in der vereinfachten Form geschrieben werden

$$u\frac{\partial u}{\partial x} + v\frac{\partial u}{\partial y} + \frac{\partial u}{\partial t} = -\frac{1}{\varrho}\frac{\partial p}{\partial x} + \frac{\mu}{\varrho}\frac{\partial^2 u}{\partial y^2}. \tag{418}$$

In Verbindung mit der Kontinuitätsgleichung (417) und den Randbedingungen

$u = v = 0$ für $y = 0$

$u = U = $ Geschwindigkeit der reibungsfreien Bewegung am äußeren Rande
　　　　der Grenzschicht[1]

genügt (418) zur Berechnung der beiden Unbekannten u und v des Problems. Die zweite Gleichung von (416) wird also gar nicht benötigt.

---

[1] Theoretisch ist, wegen des asymptotischen Verlaufs der Grenzschicht, $u = U$ erst für $y \to \infty$.

Im Falle *stationärer* Strömung wird $\dfrac{\partial u}{\partial t} = 0$ und $\dfrac{\partial p}{\partial x} = \dfrac{dp}{dx}$ womit (418) wegen $\nu = \mu/\varrho$ einfacher lautet

$$u\,\frac{\partial u}{\partial x} + v\,\frac{\partial u}{\partial y} = -\frac{1}{\varrho}\frac{dp}{dx} + \nu\,\frac{\partial^2 u}{\partial y^2}. \tag{418a}$$

Da jetzt nach der Bernoullischen Gleichung

$$p + \frac{\varrho}{2}\,U^2 = \text{const}$$

ist, wird $\dfrac{dp}{dx} = -\varrho\,U\dfrac{dU}{dx}$, so daß (418a) auch wie folgt geschrieben werden kann

$$u\,\frac{\partial u}{\partial x} + v\,\frac{\partial u}{\partial y} = U\,\frac{dU}{dx} + \nu\,\frac{\partial^2 u}{\partial y^2}. \tag{418b}$$

Für Wandpunkte erhält man daraus wegen $u = v = 0$ für $y = 0$

$$\left(\frac{\partial^2 u}{\partial y^2}\right)_{y=0} = -\frac{1}{\nu}\,U\,\frac{dU}{dx}. \tag{419}$$

Aus der weiter oben gefundenen Beziehung $\dfrac{\mu}{\varrho} = \nu \sim \varepsilon^2$ folgt, daß die Grenzschichtdicke $\delta \sim \sqrt{\nu}$ ist (da ε die Größenordnung von δ angibt). Die Grenzschicht wird also um so dünner je kleiner die kinematische Zähigkeit ν ist (vgl. hierzu S. 243).

Die vorstehenden Betrachtungen gelten zunächst nur für eine *ebene* Wand. Sie lassen sich aber ohne große Schwierigkeiten auch auf gekrümmte Wände übertragen[1]. Man führt dazu ein krummliniges Koordinatensystem ein, bei dem als x-Koordinate die Bogenlänge der Wand gewählt wird, während die y-Achse jeweils senkrecht zur Wand steht. Eine genauere Diskussion der entsprechenden Grenzschichtgleichungen zeigt, daß auch bei gekrümmten Wänden die obigen Gln. (418) und (417) beibehalten werden können, sofern die Grenzschichtdicke als klein gegen den Krümmungsradius der Wand angesehen werden darf, was bei mäßig gekrümmten Wänden (ohne scharfe Kanten) der Fall ist. Dabei zeigt sich allerdings, daß jetzt $\dfrac{\partial p}{\partial y}$ nicht mehr von der Größenordnung ε, sondern von der Ordnung 1 wird. Da jedoch bei sehr dünnen Grenzschichten der Druckunterschied zwischen der Wand und dem äußeren Rand der Grenzschicht nur gering ist, kann auch hier der Druck über einen Querschnitt der Grenzschicht angenähert noch als konstant angesehen werden.

c) Folgerungen aus den Grenzschichtgleichungen

Ohne zunächst auf die Integration der Grenzschichtgleichungen weiter einzugehen, lassen sich aus ihnen bereits einige wichtige Schlüsse ziehen. Dabei sollen vorläufig nur stationäre Strömungen betrachtet werden. Zunächst folgt aus (418a) für Punkte der Wand ($y = 0$) wegen $u = v = 0$

$$\left(\frac{\partial^2 u}{\partial y^2}\right)_{(y=0)} = \frac{1}{\mu}\,\frac{dp}{dx}. \tag{420}$$

Man kann nun je nach der Art der Wandkrümmung drei Fälle unterscheiden: a) Druckabfall in Strömungsrichtung, d. h. $\dfrac{dp}{dx} < 0$ (z. B. auf der Vorderseite des Kreiszylinders in Abb. 116), b) $\dfrac{dp}{dx} = 0$ (Strömung längs einer ebenen Platte), c) Druckanstieg in Strömungsrichtung, $\dfrac{dp}{dx} > 0$ (z. B. Rückseite des Kreiszylinders).

---

[1] Vgl. W. Tollmien: Handb. d. Experimentalphys. von W. Wien u. F. Harms Bd. 4, 1. Teil (1931) S. 248.

Im Falle a) ist $\left(\dfrac{\partial^2 u}{\partial y^2}\right)_0 < 0$, das Geschwindigkeitsprofil der Grenzschicht an der Wand ist also im Sinne der x-Achse konvex gekrümmt, im Falle c) dagegen konkav. Findet eine Druckänderung in der Strömungsrichtung nicht statt (Fall b), so wird nach (419) $\left(\dfrac{\partial^2 u}{\partial y^2}\right)_0 = 0$, und das Geschwindigkeitsprofil besitzt an der Stelle $y = 0$ einen Wendepunkt.

Wie läßt sich nun diese Verschiedenheit der Profilkrümmungen erklären? Die sich in der Grenzschicht bewegenden Flüssigkeitsteilchen erfahren infolge der Wandreibung eine ständige Verzögerung, werden also in ihrer Bewegung gehemmt. Hand in Hand damit geht eine Verminderung der kinetischen Energie dieser Teilchen. Besteht nun in der Strömungsrichtung ein Druckabfall $\left(\dfrac{dp}{dx} < 0\right)$, so kann diese Verzögerung durch das vorhandene Druckgefälle wettgemacht werden, so daß die Vorwärtsbewegung längs der Wand aufrechterhalten bleibt. Bei Druckanstieg dagegen $\left(\dfrac{dp}{dx} > 0\right)$ wird die oben angedeutete Verzögerung des Grenzschichtmaterials weiter verstärkt. Die so verzögerten Flüssigkeitsteilchen werden zunächst von der äußeren Strömung noch mitgeschleppt, wobei die Grenzschicht ständig an Dicke zunimmt, bei weiter steigendem Drucke aber zum Stillstand gelangen, ja sogar zur Umkehr gezwungen. Diese rückläufige Strömung schiebt sich zwischen Körperoberfläche und Grenzschicht, wodurch die Außenströmung vom Körper abgedrängt oder „abgelöst" wird. Zwischen beiden Strömungen entsteht eine „Unstetigkeitsfläche" (vgl. S. 194), die sich jedoch wegen ihrer Labilität spiralartig in Einzelwirbel auflöst, welche ihrerseits von der äußeren Strömung mit fortgeführt werden. Die zur Erzeugung dieser Wirbel verbrauchte Energie ist im wesentlichen mechanisch „verloren". Sie findet ihr Äquivalent in einem entsprechenden Widerstand, den der Körper der Flüssigkeit entgegensetzt.

Der vorstehend geschilderte, physikalisch aus der Grenzschichthypothese ohne weiteres einleuchtende Vorgang liefert nun auch die Erklärung der Verschiedenheit der Geschwindigkeitsprofile in Wandnähe. Solange $\dfrac{dp}{dx} < 0$ ist, findet in der gesamten Grenzschicht eine Vorwärtsbewegung statt, d. h., die Geschwindigkeiten sind durchweg im Sinne der x-Achse gerichtet (konvexes Profil). Der Differentialquotient $\left(\dfrac{\partial u}{\partial y}\right)_{(y=0)}$ ist positiv. Bei Druckanstieg in Strömungsrichtung $\left(\dfrac{dp}{dx} > 0\right)$ wird die Vorwärtsbewegung anfangs noch aufrechterhalten, d. h. auch jetzt ist noch $\left(\dfrac{\partial u}{\partial y}\right)_{(y=0)} > 0$, das Geschwindigkeitsprofil ist jedoch an der Stelle $y = 0$ konkav, $\left(\dfrac{\partial^2 u}{\partial y^2}\right)_{(y=0)} > 0$. Da aber nach dem äußeren Rande der Grenzschicht hin $\dfrac{\partial u}{\partial y}$ gegen Null gehen, und somit dort $\dfrac{\partial^2 u}{\partial y^2} < 0$ werden muß, besitzt dieses Profil offenbar zwischen $y = 0$ und $y = \delta$ einen Wendepunkt (W.P.). Mit wachsendem x wird ein Punkt A erreicht, in dem $\left(\dfrac{\partial u}{\partial y}\right)_{(y=0)} = 0$ wird. Dieser Punkt stellt offenbar die Grenze zwischen Vor- und Rückströmung in der Grenzschicht dar. Man kann deshalb die Stelle A als *Ablösungspunkt der Grenzschicht* definieren. Für noch größere x wird $\left(\dfrac{\partial u}{\partial y}\right)_{(y=0)} < 0$ (Rückströmung) und $\left(\dfrac{\partial^2 u}{\partial y^2}\right)_{(y=0)} > 0$. Die hier mitgeteilten Zusammenhänge sind in Abb. 171 schematisch für eine schwach gekrümmte Wand dargestellt. Unter den schraffierten Geschwindigkeitsprofilen ist der Druckverlauf aufgetragen.

Dem Geschwindigkeitsmaximum entspricht das Druckminimum M. Die gestrichelten Linien geben die Stromlinien an. Die Linie AB stellt die Trennungslinie zwischen Vor- und Rückströmung dar.

Wie aus dieser Darstellung bereits jetzt erkennbar ist, hat die bei Druckanstieg in Strömungsrichtung auftretende „Ablösung" der Außenströmung von der Körperwandung ganz erhebliche Folgen auf den weiteren Strömungsverlauf. Insbesondere schließt die Potentialströmung am rückwärtigen Körperende wegen des dort vorhandenen Wirbelgebietes nicht wieder zusammen, wie dies bei reibungsfreier Strömung der Fall ist. Der bei letzterer vorhandene Druck wird also am rückwärtigen Körperende nicht mehr erreicht, sondern weitgehend abgebaut. Außerdem ändern sich wegen des Ablösens der Grenzschicht auch die Randbedingungen vollständig. Dies ist insofern von Bedeutung, als jetzt das Druckgefälle $\dfrac{dp}{dx}$ der Gl. (418a) nicht mehr ohne weiteres aus der äußeren Potential-

strömung entnommen werden kann, da diese ja hinter der Ablösungsstelle durch den Ablösungsvorgang wesentlich beeinflußt wird. Man ist dann gezwungen, für $\dfrac{dp}{dx}$ entweder plausible Annahmen zu machen oder den Druckverlauf an der Körperoberfläche durch Messung zu bestimmen[1]. Außerdem wächst in dem Gebiete steigenden Druckes die Grenzschichtdicke erheblich, so daß die der Theorie zugrunde liegende Voraussetzung kleiner Werte von δ nur noch sehr angenähert erfüllt ist. Bei hinreichender

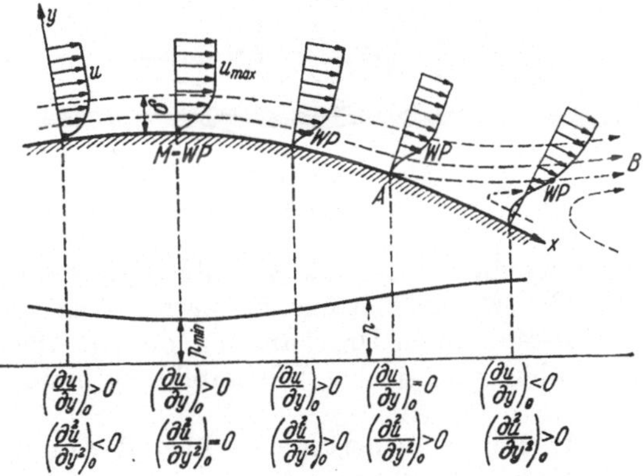

$$\left(\frac{\partial u}{\partial y}\right)_0 > 0 \qquad \left(\frac{\partial u}{\partial y}\right)_0 > 0 \qquad \left(\frac{\partial u}{\partial y}\right)_0 > 0 \qquad \left(\frac{\partial u}{\partial y}\right)_0 = 0 \qquad \left(\frac{\partial u}{\partial y}\right)_0 < 0$$

$$\left(\frac{\partial^2 u}{\partial y^2}\right)_0 < 0 \qquad \left(\frac{\partial^2 u}{\partial y^2}\right)_0 = 0 \qquad \left(\frac{\partial^2 u}{\partial y^2}\right)_0 > 0 \qquad \left(\frac{\partial^2 u}{\partial y^2}\right)_0 > 0 \qquad \left(\frac{\partial^2 u}{\partial y^2}\right)_0 > 0$$

Abb. 171. Verschiedene Grenzschichtprofile bei Druckabfall und Druckanstieg

„Schlankheit" eines Körpers kann die Ablösung fast vollständig vermieden werden, insbesondere findet längs einer ebenen Platte $\left(\dfrac{dp}{dx} = 0\right)$ Ablösung überhaupt nicht statt (Abb. 173).

Grundsätzlich läßt sich die Ablösungsstelle aus der Bedingung $\left(\dfrac{\partial u}{\partial y}\right)_{(y=0)} = 0$ (siehe oben) berechnen. Dazu ist die Integration der Grenzschichtdifferentialgleichung erforderlich, durch welche $u = u(x, y)$ gefunden wird.

Der vorstehend qualitativ angedeutete Strömungsvorgang wird durch das Experiment bestätigt. Hält man z. B. einen unendlich langen Kreiszylinder (ebenes Problem) in einer anfangs ruhenden Flüssigkeit fest und setzt diese dann in Bewegung, so stellt sich im ersten Moment eine Potentialbewegung um den Zylinder ein. Die Geschwindigkeit ist im vorderen Staupunkt Null, steigt von dort auf der Vorderseite oben und unten zu ihrem Maximalwert an und fällt auf der Rückseite wieder auf den Wert Null im hinteren Staupunkt ab (vgl. Ziffer 9, d). Vorn herrscht also nach der BERNOULLIschen Gleichung Druck-

---

[1] So haben Arbeiten von H. BLASIUS [Z. Math. Phys. (1908) S. 13] und E. BOLTZE (Diss. Göttingen 1908) gezeigt, daß die Entnahme der *Druckverteilung aus der Potentialströmung* um einen Kreiszylinder zu falschen Ergebnissen führt. Dagegen lieferten *Druckmessungen,* die K. HIEMENZ (Diss. Göttingen 1911) an einem Kreiszylinder durchführte, befriedigende Ergebnisse. Siehe auch F. HOMANN: Forsch. Ing.-Wes. Bd. 7 (1936) S. 1.

abfall, hinten Druckanstieg, der im weiteren Verlauf zu einer Ablösung der Grenzschicht vom Zylinder führt (Abb. 172a und b)[1]. Durch weitere Ansammlung des abgebremsten Grenzschichtmaterials wird die Ablösungsstelle so lange nach vorn verschoben, bis sich schließlich ein quasi-stationärer Zustand einstellt. Die Fortbewegung der Wirbel im Kielwasser erfolgt jedoch nicht paarweise symmetrisch oben und unten, sondern unsymmetrisch, dergestalt, daß abwechselnd oben und unten ein freier Wirbel in den Kielwasserstrom gelangt (vgl. Ziffer 14, e).

Besitzt der umströmte Körper vorspringende Ecken oder scharfe Kanten, so findet die Ablösung der Grenzschicht an den Ecken oder Kanten statt. Setzt man z. B. eine dünne rechteckige Platte einem Flüssigkeitsstrome rechtwinklig zur Plattenebene aus, so stellt sich zunächst Potentialströmung nach Abb. 119 ein. An den Kanten oben und unten tritt theoretisch eine unendlich große Ge-

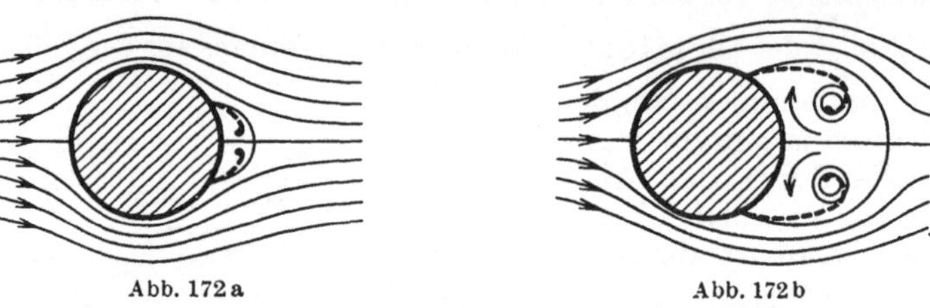

Abb. 172a   Abb. 172b

Abb. 172a und b. Wirbelbildung hinter einem Kreiszylinder

schwindigkeit auf, die am hinteren Staupunkt wieder auf Null abfällt. Auf der rückwärtigen Plattenseite herrscht also am oberen und unteren Plattenrande ein sehr starker Druckanstieg, der zur Ablösung der Grenzschicht an den Plattenrändern und starker Wirbelbildung hinter der Platte Veranlassung gibt.

d) Einige Bemerkungen über die Integration der Grenzschichtgleichungen

Wie oben bereits bemerkt wurde, genügt die Grenzschichtdifferentialgleichung (418) in Verbindung mit der Kontinuitätsbedingung (417) und den Randbedingungen grundsätzlich zur Bestimmung der beiden Geschwindigkeitskomponenten u und v der Grenzschicht. Der Druck p wird der äußeren Potentialströmung entnommen, ist somit als gegeben anzusehen. Sobald aber $u(x, y, t)$ gefunden ist, kann auch die Schubspannung $\tau_{xy} = \tau_{yx} = \tau$ (ebenes Problem) berechnet werden. Für diese folgt aus (376), wegen der nach der Grenzschichthypothese vorgenommenen Vereinfachungen $\left(\text{hier } \dfrac{\partial v}{\partial x} \ll \dfrac{\partial u}{\partial y}\right)$, $\tau = \mu \dfrac{\partial u}{\partial y}$, so daß die *Wandschubspannung* (Wandreibung) durch den Ausdruck

$$\tau_0 = \mu \left(\frac{\partial u}{\partial y}\right)_{(y=0)} \tag{421}$$

bestimmt ist. Dieser gilt allerdings nur für *laminare* Reibung. Bei turbulenter sind dafür besondere Überlegungen erforderlich (vgl. S. 254).

Zur Berechnung der Oberflächenreibung τ_0 an einem in eine wenig zähe Flüssigkeit getauchten Körper ist zunächst die Integration der Gln. (417) und (418) erforderlich. Strenge Lösungen dieser Gleichungen sind bislang nur für einige Sonderfälle gelungen, und auch für diese ist der rechnerische Aufwand bei der Auswertung der Ergebnisse i. allg. recht erheblich. Es können deshalb an dieser Stelle nur einige allgemeine Bemerkungen über die Integration gemacht werden, aus denen hervorgehen dürfte, welcher Art die dabei auftretenden Schwierigkeiten sind (vgl. im übrigen S. 249).

---

[1] Nach L. PRANDTL: Fußn. 1, S. 233.

Die Kontinuitätsgleichung (417) wird bekanntlich dadurch befriedigt, daß man die Geschwindigkeiten u und v durch eine Stromfunktion $\psi(x, y, t)$ in der Form

$$u = \frac{\partial \psi}{\partial y}; \quad v = -\frac{\partial \psi}{\partial x} \tag{422}$$

darstellt (vgl. Ziffer 7 dieses Abschnitts). Setzt man diese Werte in (418) ein, so ergibt sich

$$\frac{\partial \psi}{\partial y} \frac{\partial^2 \psi}{\partial x \partial y} - \frac{\partial \psi}{\partial x} \frac{\partial^2 \psi}{\partial y^2} + \frac{\partial^2 \psi}{\partial t \partial y} = -\frac{1}{\varrho} \frac{\partial p}{\partial x} + \nu \frac{\partial^3 \psi}{\partial y^3}. \tag{423}$$

Dies ist eine partielle Differentialgleichung dritter Ordnung für die Unbekannte $\psi(x, y, t)$. Da an der Körperoberfläche die Flüssigkeit haftet, müssen dort u und v verschwinden. Als Randbedingungen erhält man also $\left(\frac{\partial \psi}{\partial y}\right)_{(y=0)} = \left(\frac{\partial \psi}{\partial x}\right)_{(y=0)} = 0$. Am äußeren Rande der Grenzschicht geht u in die Geschwindigkeit der äußeren Potentialströmung über. Außerdem muß im Falle instationärer Strömung die Geschwindigkeitsverteilung zu einer bestimmten Zeit (etwa $t = 0$) vorgegeben sein.

Eine Methode, welche gestattet die *partielle* Differentialgleichung (423) auf eine *gewöhnliche* Differentialgleichung zurückzuführen, bilden die sogenannten „ähnlichen" Lösungen[1]. Solche Lösungen sind möglich, wenn die Geschwindigkeitsverteilung der vorgegebenen Potentialströmung um einen festen Körper einer Potenz der Lauflänge x längs des Körperrandes, gerechnet vom vorderen Staupunkt aus, proportional, d. h. wenn $U(x) = \text{const} \cdot x^m$ ist. Derartige Geschwindigkeitsverteilungen treten bei einigen praktisch wichtigen Strömungen tatsächlich auf.

Die „ähnlichen" Lösungen sind dadurch gekennzeichnet, daß die dafür in Frage kommenden Strömungen „affine" Geschwindigkeitsprofile $u(x, y)$ aufweisen, worunter Profile zu verstehen sind, welche für alle Abstände vom vorderen Staupunkt aus zur Deckung gebracht werden können, wenn man sie mit bestimmten Maßstabsfaktoren für u und v dimensionslos macht[2].

Ausgangspunkt dieser Betrachtungen sind die Gln. (422) und (423). Im Falle *stationärer* Strömung, die hier allein betrachtet werden soll, lautet die letztere, wenn man noch (wie oben in Gl. 418b) $-\frac{1}{\varrho} \frac{dp}{dx}$ durch $U \frac{dU}{dx}$ ausdrückt,

$$\frac{\partial \psi}{\partial y} \frac{\partial^2 \psi}{\partial x \partial y} - \frac{\partial \psi}{\partial x} \frac{\partial^2 \psi}{\partial y^2} = U \frac{dU}{dx} + \nu \frac{\partial^3 \psi}{\partial y^3}. \tag{424}$$

Es läßt sich nun allgemein beweisen, daß bei geeigneter Wahl der Maßstabsfaktoren die vorstehende *partielle* Differentialgleichung auf eine *gewöhnliche* zurückgeführt werden kann. Auch diese Gleichung kann i. allg. nicht in geschlossener Form gelöst werden, weshalb für die Lösung gewöhnlich Reihenentwicklungen benutzt werden. Mit Hilfe dieser Methode sind u. a. folgende Aufgaben behandelt worden: Die Strömung längs einer dünnen ebenen Platte, die ebene Strömung gegen eine senkrecht dazu stehende Wand (ebene Staupunktströmung), die ebene

---

[1] Eine ausführliche Darstellung dieses Problems gibt H. SCHLICHTING in seinem Buch „*Grenzschichttheorie*" 3. Aufl. (1958) S. 110 u. 123, auf das in den folgenden Ausführungen vielfach Bezug genommen wird.

[2] Die ähnlichen Lösungen sind von S. GOLDSTEIN [Proc. Cambr. Phil. Soc. Bd. 35 (1939) S. 338] und von W. MANGLER [Z. angew. Math. Mech. Bd. 23 (1943) S. 243] genauer untersucht worden, nachdem vorher bereits H. BLASIUS [Z. Math. Phys. Bd. 56 (1908) S. 1] den Fall der längsangeströmten ebenen Platte auf diese Weise gelöst hatte. Vgl. dazu auch H. SCHUH in „50 Jahre Grenzschichtforschung" (1955) S. 147 sowie die Bemerkung dazu von TH. GEIS: Z. angew. Math. Mech. Bd. 36 (1956) S. 396.

Strömung um einen keilförmig zugespitzten prismatischen Körper und die ebene Strömung in einem konvergenten Kanal.

Hier soll lediglich die erste der vorstehend genannten Aufgaben etwas eingehender besprochen werden, da diese von H. Blasius[1] als erstes Beispiel der Grenzschichttheorie gegebene Lösung das Grundsätzliche der Methode erkennen läßt, und da außerdem die damit gewonnenen Erkenntnisse für die praktische Anwendung der Grenzschichttheorie von besonderer Wichtigkeit sind.

Betrachtet wird eine dünne ebene Platte, die in einer mit der ungestörten Geschwindigkeit U_∞ strömenden wenig zähen Flüssigkeit festgehalten wird, und zwar so, daß die Richtung von U_∞ in die Plattenebene fällt[2]. Der Koordinatenursprung sei in die Vorderkante gelegt, die x-Achse sei parallel zu U_∞, die y-Achse normal zur Plattenebene (Abb. 173). Da hier die Geschwindigkeit $U = U_\infty$ der Potentialströmung konstant ist, verschwindet in Gl. (424) das Glied mit $\dfrac{dU}{dx}$, so daß diese einfacher lautet

$$\frac{\partial \psi}{\partial y}\frac{\partial^2 \psi}{\partial x \partial y} - \frac{\partial \psi}{\partial x}\frac{\partial^2 \psi}{\partial y^2} = \nu \frac{\partial^3 \psi}{\partial y^3}. \tag{425}$$

Die Randbedingungen sind

$$u = \frac{\partial \psi}{\partial y} = 0; \quad v = -\frac{\partial \psi}{\partial x} = 0 \quad \text{für} \quad y = 0,$$

$u = U_\infty$ für $y \to \infty$ (wegen des asymptotischen Charakters der Grenzschicht).

Als dimensionslose Größen werden jetzt eingeführt[3]: Für die dimensionslose Querkoordinate als unabhängige Veränderliche

$$\eta = \frac{y}{\sqrt{\dfrac{\nu x}{U_\infty}}} \tag{426}$$

Abb. 173. Grenzschicht an einer dünnen ebenen Platte

und für die dimensionslose Stromfunktion als abhängige Veränderliche

$$\zeta = \zeta(\eta) = \frac{\psi}{\sqrt{\nu x U_\infty}}. \tag{427}$$

Damit lassen sich die Geschwindigkeitskomponenten wegen $\psi = \zeta(\eta)\sqrt{\nu x U_\infty}$ wie folgt darstellen:

$$u = \frac{\partial \psi}{\partial y} = \frac{\partial \psi}{\partial \eta}\frac{\partial \eta}{\partial y} = \frac{d\zeta(\eta)}{d\eta}\sqrt{\nu x U_\infty}\sqrt{\frac{U_\infty}{\nu x}} = U_\infty \frac{d\zeta}{d\eta}, \tag{428}$$

$$v = -\frac{\partial \psi}{\partial x} = -\frac{\partial}{\partial x}\left[\zeta(\eta)\sqrt{\nu x U_\infty}\right] = -\left[\frac{\partial \zeta}{\partial \eta}\frac{\partial \eta}{\partial x}\sqrt{\nu x U_\infty} + \frac{\zeta}{2}\sqrt{\frac{\nu U_\infty}{x}}\right].$$

Da aber

$$\frac{\partial \eta}{\partial x} = -\frac{1}{2}\frac{y}{x\sqrt{\dfrac{\nu x}{U_\infty}}} = -\frac{1}{2}\frac{\eta}{x},$$

so wird

$$v = \frac{1}{2}\sqrt{\frac{\nu U_\infty}{x}}\left(\eta\frac{d\zeta}{d\eta} - \zeta\right). \tag{429}$$

---

[1] Blasius, H.: Grenzschichten in Flüssigkeiten mit kleiner Reibung. Z. Math. Phys. Bd. 56 (1908) S. 1.

[2] Hier ist also die oben für „ähnliche" Lösungen als notwendig erkannte Potentialströmung $U(x) = U_\infty x^0 = U_\infty$.

[3] Prandtl, L.: in W. F. Durand: Aerodyn. Theorie Bd. 3, S. 85.

Durch die Ausdrücke (426) und (428) sind jetzt die Maßstabsfaktoren zur dimensionslosen Auftragung des Geschwindigkeitsprofils $u(x, y)$ bestimmt, sobald $\zeta = \zeta(\eta)$ gefunden ist.

Bildet man nun mit Hilfe von $u = \dfrac{\partial \psi}{\partial y}$ noch die zweiten Differentialquotienten $\dfrac{\partial^2 \psi}{\partial x\, \partial y}$ und $\dfrac{\partial^2 \psi}{\partial y^2}$, sowie den dritten $\dfrac{\partial^3 \psi}{\partial y^3}$ und setzt alle Ausdrücke in (425) ein, so erhält man eine gewöhnliche nichtlineare Differentialgleichung dritter Ordnung in $\zeta(\eta)$ von der Form

$$-\frac{U_\infty^2}{2x}\frac{d^2\zeta}{d\eta^2}\frac{d\zeta}{d\eta}\,\eta + \frac{U_\infty^2}{2x}\left(\eta\frac{d\zeta}{d\eta} - \zeta\right)\frac{d^2\zeta}{d\eta^2} = \frac{U_\infty^2}{x}\frac{d^3\zeta}{d\eta^3}.$$

Diese läßt sich noch wie folgt zusammenfassen

$$\frac{d^3\zeta}{d\eta^3} + \frac{1}{2}\frac{d^2\zeta}{d\eta^2}\zeta = 0. \tag{430}$$

Die zugehörigen Randbedingungen sind mit Rücksicht auf (428) und (429)

$$\zeta = \frac{d\zeta}{d\eta} = 0 \quad \text{für} \quad \eta = 0,$$

$$\frac{d\zeta}{d\eta} = 1 \qquad \text{für} \quad \eta \to \infty.$$

Die weitere Aufgabe besteht nun darin, diese Gleichung zu integrieren. Man benutzt dazu zweckmäßig für wandnahe Punkte (kleine η) eine Potenzreihe von der Form

$$\zeta = A_0 + A_1\eta + \frac{A_2}{2!}\eta^2 + \frac{A_3}{3!}\eta^3 + \cdots, \tag{431}$$

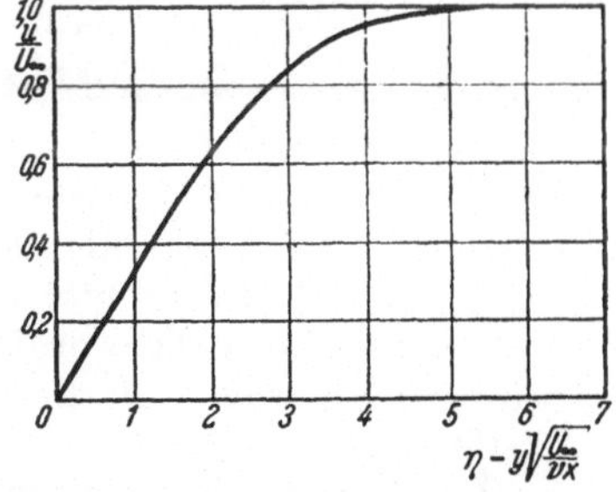

Abb. 174. Laminarprofil nach Blasius

worin .die Werte A_n Konstante darstellen. Wegen der beiden ersten Randbedingungen muß $A_0 = A_1 = 0$ sein. Führt man nun ζ in die Differentialgleichung (430) ein, so zeigt sich, daß nur die Konstanten $A_2, A_5, A_8, \ldots$ von Null verschieden sind, und daß diese sich sämtlich durch A_2 ausdrücken lassen. Dann kann ζ wie folgt angeschrieben werden, wenn noch $A_2 = \alpha$ gesetzt wird:

$$\zeta = \sum_{n=0}^{n=\infty}\left(-\frac{1}{2}\right)^n\frac{\alpha^{n+1}\,C_n}{(3n+2)!}\,\eta^{3n+2} \qquad \text{(mit } C_0 = 1\text{)}.$$

Die Koeffizienten $C_1, C_2, C_3 \ldots$ können aus dem Vergleich mit (431) berechnet werden. Indessen ist α noch unbekannt, da die dritte Randbedingung $\dfrac{d\zeta}{d\eta} = 1$ für $\eta \to \infty$ noch nicht erfüllt ist. Um diese benutzen zu können, führt man nach Blasius eine asymptotische Näherung für $\eta \to \infty$ durch und schließt beide Bereiche, d. h. den vorstehend für kleine η besprochenen und den asymptotischen Bereich, so aneinander, daß beide η sowie ihre ersten und zweiten Ableitungen übereinstimmen. Auf diese Weise gelingt es, die gesuchte Funktion $\zeta = \zeta(\eta)$ numerisch zu berechnen. Damit ist aber wegen (428) auch $\dfrac{u}{U_\infty}$ bekannt und kann jetzt über der Dimensionslosen $\eta = y\sqrt{\dfrac{U_\infty}{\nu x}}$ aufgetragen werden (Abb. 174). Die sehr sorgfältigen Messungen, welche J. Nikuradse[1] zur Untersuchung der laminaren Reibungsschicht angestellt hat, zeigen eine nahezu vollständige Übereinstimmung zwischen der Blasiusschen Theorie und dem Versuch.

---

[1] Nikuradse, J.: Laminare Reibungsschichten an der längsangeströmten Platte. Zentrale für wissenschaftl. Berichtswesen. Berlin 1942.

Eine „Ablösung" der Grenzschicht kommt bei der längsangeströmten ebenen Platte nicht in Frage, da hier $\frac{dp}{dx} = 0$, also an keiner Stelle Druckanstieg vorhanden ist.

Mit Hilfe der Geschwindigkeitsverteilung in der Grenzschicht kann nun auch der Geschwindigkeitsgradient an der Platte $\left(\frac{\partial u}{\partial y}\right)_{(y=0)}$ und damit nach (421) die Wandschubspannung τ_0 berechnet werden. Zunächst folgt aus (428) und (426)

$$\frac{\partial u}{\partial y} = U_\infty \frac{\partial}{\partial y}\left(\frac{d\zeta}{d\eta}\right) = U_\infty \frac{d^2\zeta}{d\eta^2}\frac{\partial\eta}{\partial y} = U_\infty \sqrt{\frac{U_\infty}{\nu x}}\frac{d^2\zeta}{d\eta^2}.$$

Weiter erhält man aus (431) sofort

$$\left(\frac{d^2\zeta}{d\eta^2}\right)_{(\eta=0)} = A_2 = \alpha,$$

wobei der Zahlenwert aus der BLASIUSschen Rechnung sich zu $\alpha = 0,332$ ergibt. Damit wird nach (421)

$$\tau_0 = \mu\left(\frac{\partial u}{\partial y}\right)_{(y=0)} = \mu U_\infty \sqrt{\frac{U_\infty}{\nu x}}\,\alpha = 0,332 \sqrt{\frac{\mu\varrho U_\infty^3}{x}}. \tag{432}$$

Bemerkenswert ist an diesem Ausdruck, daß sich danach die Wandschubspannung an der Plattenvorderkante als unendlich groß ergeben würde. Man erkennt daraus, daß für sehr kleine x die obige Theorie nicht gültig ist. (Hier gilt die oben für die Grenzschicht gemachte Voraussetzung $dy \ll dx$ offenbar nicht. Vgl. S. 234.) Um die Vorgänge am vorderen Plattenrand genauer zu studieren, müßte man wohl auf die exakten NAVIER-STOKESschen Gleichungen zurückgreifen.

Der gesamte Reibungswiderstand einer dünnen Platte von der Länge l und der Breite b ergibt sich aus (432), wenn τ_0 über die Oberfläche *beiderseitig* nach x integriert wird. Dann erhält man

$$W = 2b\int_{x=0}^{x=l} \tau_0\,dx = 0,664\,b\sqrt{\mu\varrho U_\infty^3}\int_{x=0}^{x=l} x^{-\frac{1}{2}}\,dx = 1,328\,b\sqrt{\mu\varrho U_\infty^3\,l}. \tag{432a}$$

In der Praxis wird vielfach zur Berechnung des Widerstandes eine dimensionslose „*Widerstandsziffer*"

$$c_f = \frac{W}{2\,bl\,\frac{\varrho}{2}\,U_\infty^2} \tag{433}$$

eingeführt, die auf den ungestörten Staudruck $\frac{\varrho}{2}U_\infty^2$ bezogen ist. Setzt man hier W aus (432a) ein, so wird

$$c_f = 1,328\sqrt{\frac{\nu}{U_\infty l}} = \frac{1,328}{\sqrt{Re_{(l)}}}, \tag{434}$$

wenn

$$Re_{(l)} = \frac{U_\infty l}{\nu} \tag{434a}$$

die auf die Plattenlänge l bezogene REYNOLDSsche Zahl bezeichnet. Die Widerstandsziffer nimmt also mit wachsender Re-Zahl ab. Dieses Gesetz gilt, seiner Herleitung entsprechend, nur für *laminare Reibung*, für turbulente dagegen wird c_f wesentlich größer als der Wert (434). Vgl. dazu S. 256.

Mittels der vorstehenden Theorie konnte bisher noch nichts Genaueres über die *Grenzschichtdicke* δ ausgesagt werden, da die Grenzschicht, wie früher bereits bemerkt wurde, ein asymptotisches Verhalten aufweist. Weiter unten (S. 248) wird sich zeigen, daß δ proportional der Länge $\sqrt{\dfrac{\nu x}{U_\infty}}$ ist. Setzt man nun (ziemlich willkürlich) fest, daß die Zähigkeit μ keinen merklichen Einfluß auf die Strömung mehr hat, wenn $u(x, y) = 0{,}99\, U_\infty$ geworden ist, so kann aus dem Geschwindigkeitsdiagramm Abb. 174 als ungefähre Grenzschichtdicke der Wert

$$\delta \approx 5 \sqrt{\frac{\nu x}{U_\infty}} \tag{435}$$

bestimmt werden.

Wegen dieser wenig scharfen Definition von δ verwendet man neuerdings zur Kennzeichnung der Grenzschicht die sogenannte *„Verdrängungsdicke"*, zu welcher man durch folgende Überlegung geführt wird: Infolge der Reibungswirkung in der Grenzschicht vermindert sich das sekundlich durch einen Querschnitt (ober- oder unterhalb der Platte) tretende Flüssigkeitsvolumen gegenüber der Potentialströmung um den Wert $\int\limits_{y=0}^{y\to\infty} (U_\infty - u)\, dy$. Setzt man diesen Ausdruck gleich $U_\infty\, \delta^*$, so kann δ^* als diejenige Querkoordinate aufgefaßt werden, um welche die Potentialströmung infolge der Grenzschichtwirkung von der Wand abgedrängt wird. Danach wird die Verdrängungsdicke durch den Ansatz definiert

$$U_\infty\, \delta^* = \int\limits_{y=0}^{y\to\infty} (U_\infty - u)\, dy, \tag{436}$$

woraus folgt

$$\delta^* = \int\limits_{y=0}^{y\to\infty} \left(1 - \frac{u}{U_\infty}\right) dy. \tag{436a}$$

Aus der Blasiusschen Theorie ergibt sich dieser Wert zu

$$\delta^* = 1{,}73 \sqrt{\frac{\nu x}{U_\infty}}\, {}^*. \tag{436b}$$

Die oben angegebene Formel (432) für die Wandschubspannung τ_0 kann (im laminaren Fall) angenähert auch noch bei *flach gekrümmten Wänden* benutzt werden. Während nun aber bei ebenen Platten wegen $\dfrac{dp}{dx} = 0$ Ablösung *nicht* auftreten kann, ist dies an gekrümmten Wänden in *den* Zonen möglich, welche einen Druckanstieg der Potentialströmung aufweisen $\left(\dfrac{dp}{dx} > 0\right)$, und zwar beginnt die Ablösung an derjenigen Stelle, an welcher $\left(\dfrac{\partial u}{\partial y}\right)_{(y=0)} = 0$ ist [vgl. Absatz c)]. Die Bestimmung des Ablösungspunktes ist von entscheidender Bedeutung für die Berechnung des Widerstandes, den ein fester Körper einer strömenden Flüssigkeit entgegensetzt (vgl. S. 264).

Für die praktische Anwendung haben die *ebenen Strömungen um zylindrische Körper* eine besondere Bedeutung. (Dazu gehört z. B. auch die ebene Strömung um Tragflügelprofile.) Es bestand deshalb das Bedürfnis, die Grenzschichtgleichungen auch für solche Fälle zu lösen, um — abgesehen von der Berechnung der Wandschubspannung — insbesondere eine Möglichkeit für die Ermittlung des Ablösungspunktes zu bekommen. Dazu ist die genaue Kenntnis des Geschwindigkeitsprofils in der Grenzschicht erforderlich (vgl. Abb. 171).

---

* Schlichting, H.: Grenzschichttheorie, 3. Aufl. (1958) S. 117.

16*

H. BLASIUS hat in der oben zitierten Arbeit auch ein Berechnungsverfahren entwickelt, mit dessen Hilfe die Ablösungsstelle der Grenzschicht an einem zylindrischen Körper prinzipiell bestimmt werden kann[1].

Der seiner Methode zugrunde liegende Gedankengang ist kurz folgender[2]: Für die am äußeren Rande der Grenzschicht herrschende Potentialströmung wird eine Potenzreihe von der Form

$$U(x) = a_1\,x + a_3\,x^3 + a_5\,x^5 + \cdots \tag{437}$$

angesetzt, worin $a_1, a_3, a_5, \ldots$ Konstante sind, die nur von der Körperkontur abhängen, während x wieder die krummlinige Koordinate längs des Randes, gerechnet vom vorderen Staupunkt aus, bezeichnet.

Da aber (s. oben) zufolge der BERNOULLISchen Gleichung

$$-\frac{1}{\varrho}\frac{d\,p}{d\,x} = U\frac{d\,U}{d\,x} \tag{438}$$

ist, so bestimmt Gl. (437) auch die Druckverteilung $\dfrac{d\,p}{d\,x}$ in der Grenzschicht. Zur Erfüllung der Grenzschichtdifferentialgleichung (418b) (stationärer Fall), sind jetzt noch geeignete Ausdrücke für die Geschwindigkeitskomponenten u und v erforderlich. Zu diesem Zwecke wird wieder die Stromfunktion $\psi\,(x, y)$ eingeführt, durch welche u und v mittels Gl. (422) ausgedrückt werden können. Als geeigneter Ansatz für ψ hat sich eine Potenzreihe erwiesen, bei der jedoch im Gegensatz zu (437) die Koeffizienten der Größen x Funktionen von y sind, nämlich der Ausdruck

$$\psi = \sqrt{\frac{v}{a_1}}\,[a_1\,x\,f_1\,(\eta) + 4\,a_3\,x^3\,f_3\,(\eta) + 6\,a_5\,x^5\,f_5\,(\eta) + 8\,a_7\,x^7\,f_7\,(\eta) + \cdots], \tag{439}$$

wobei als Querkoordinate die Dimensionslose

$$\eta = y\,\sqrt{\frac{a_1}{v}} \tag{440}$$

eingeführt ist. Aus (439) erhält man jetzt die Geschwindigkeitskomponenten

$$\left.\begin{aligned} u &= \frac{\partial\psi}{\partial y} = \frac{\partial\psi}{\partial\eta}\frac{\partial\eta}{\partial y} = a_1\,x\,\frac{df_1}{d\eta} + 4\,a_3\,x^3\,\frac{df_3}{d\eta} + 6\,a_5\,x^5\,\frac{df_5}{d\eta} + 8\,a_7\,x^7\,\frac{df_7}{d\eta} + \cdots, \\[2mm] v &= -\frac{\partial\psi}{\partial x} = -\sqrt{\frac{v}{a_1}}\,[a_1\,f_1\,(\eta) + 12\,a_3\,x^2\,f_3\,(\eta) + 30\,a_5\,x^4\,f_5\,(\eta) + 56\,a_7\,x^6\,f_7\,(\eta) + \cdots]. \end{aligned}\right\} \tag{441}$$

Bildet man jetzt aus (441) die Ableitungen $\dfrac{\partial u}{\partial x}$, $\dfrac{\partial u}{\partial y}$, $\dfrac{\partial^2 u}{\partial y^2}$, sowie aus (437) den Druckgradienten (438) und setzt alle Werte in die Differentialgleichung (418a) ein, so erhält man daraus durch Vergleich der Koeffizienten ein System von gewöhnlichen Differentialgleichungen dritter Ordnung für die Funktionen $f_1(\eta)$, $f_3(\eta)$, $\ldots$ Jeder dieser Gleichungen entsprechen drei Randbedingungen, die sich aus der Haftbedingung $u = v = 0$ für $y = 0$ und aus $u = U$ für $y \to \infty$ ergeben.

Nach Ausführung der Integration dieser Gleichungen sind alle Funktionen $f(\eta)$ bekannt, so daß jetzt die Geschwindigkeitsverteilung $u(x, y)$ aus (441) berechnet werden kann.

Bei der Durchführung der Rechnung geht man — wie L. HOWARTH[3] gezeigt hat — zweckmäßig so vor, daß man die Funktionen $f_5(\eta)$, $f_7(\eta)$, $f_9(\eta)$ in mehrere Glieder aufteilt, wodurch diese Funktionen von den Konstanten $a_1, a_3, a_5 \ldots$ unabhängig gemacht werden können.

Vom physikalischen Standpunkt aus bestehen gegenüber der obigen Theorie insofern Bedenken, als die wirkliche Druckverteilung am Zylinderrand — zumindest in den Gebieten mit starkem Druckanstieg — von der potentialtheoretischen erheblich abweicht. Dieser Tatsache hat HIEMENZ[4] dadurch Rechnung getragen, daß er die durch *Messung* bestimmte

---

[1] Vgl. dazu das Literaturzitat 1 auf S. 240 sowie L. HOWARTH: Aeronautical Research Committee Reports and Memoranda, London 1632 (1935).

[2] Eine eingehende Darstellung findet man bei H. SCHLICHTING: Grenzschichttheorie (1958) S. 138ff. auf die hier Bezug genommen wird. Vgl. auch H. GÖRTLER: Z. angew. Math. Mech. (1952) S. 270.

[3] Literaturzitat 1, vgl. auch A. ULRICH: Die ebene laminare Reibungsschicht an einem Zylinder. Arch. d. Math. Bd. 2 (1949) S. 33.

[4] Literaturzitat S. 237.

Druckverteilung in die Rechnung einführte. Über die starke Abweichung der Druckverteilung an Kreiszylindern (besonders bei laminarer Reibung) von der theoretischen Verteilung geben die sehr genauen Messungen von O. Flachsbart Aufschluß[1].

Abgesehen davon hat sich gezeigt, daß man bei schlanken Körperkonturen (z. B. Tragflügelprofilen) sehr viele Glieder der obigen Potenzreihen berücksichtigen müßte, um die erforderliche Konvergenz bis zur Ablösungsstelle zu erreichen. Damit ist aber, wie schon aus der obigen Darstellung hervorgehen dürfte, ein kaum mehr tragbarer Rechenaufwand verbunden.

Dessenungeachtet bietet das Blasiussche Rechenverfahren die Möglichkeit, die Geschwindigkeitsverteilung wenigstens für den vorderen Teil der Grenzschicht (vom vorderen Staupunkt aus) recht genau festzulegen. Das hat insofern praktische Bedeutung, als man aus dem damit für einen bestimmten Ausgangsquerschnitt $x = x_0$ bekannten Geschwindigkeitsprofil $u(x_0, y)$ den weiteren Verlauf der Geschwindigkeitsverteilung für Querschnitte $x > x_0$ durch das sogenannte *Fortsetzungsverfahren* berechnen kann, sofern der Druckgradient $\dfrac{d\,p}{d\,x} = f(x)$ bekannt ist.

Der Gedanke dieses zuerst von Prandtl[2] im Prinzip angegebenen und später von ihm und Görtler[3] weiter entwickelten Verfahrens ist kurz folgender:

Von der an der Stelle $x = x_0$ gegebenen Geschwindigkeitsverteilung $u(x_0, y)$ kann man zur Verteilung an der Stelle $x = x_0 + \varDelta x$ durch den Ansatz

$$u\,[(x_0 + \varDelta x),\, y] = u\,(x_0,\, y) + \frac{\partial u}{\partial x}\,(x_0,\, y)\,\varDelta x$$

gelangen, von diesem Profil in entsprechender Weise auf das Profil $u\,[(x_0 + 2\,\varDelta x),\, y]$ schließen und, in dieser Weise fortfahrend, den ganzen Bereich der Grenzschicht durchlaufen. Auf die weitere Durchführung des Verfahrens sowie die dabei notwendigen Bedingungen, welche das vorgegebene Geschwindigkeitsprofil erfüllen muß, kann hier nicht weiter eingegangen werden. Bemerkt sei lediglich, daß die Methode nur dann brauchbar ist, wenn die Strömungsgeschwindigkeit innerhalb der Grenzschicht stets positiv bleibt, d. h. lediglich bis zur Ablösungsstelle. Im übrigen muß auf die unten zitierte Literatur verwiesen werden.

Schließlich sei noch erwähnt, daß W. Mangler[4] die Entwicklung einer Methode gelungen ist, welche gestattet, die Grenzschichtströmung um symmetrisch angeströmte *Rotationskörper* auf *ebene* Strömungen zurückzuführen.

e) Impulssatz für die Grenzschicht (v. Kármáns Integralbedingung)[5]

Bei der hier anzustellenden Überlegung gelten zunächst die gleichen für die Grenzschicht getroffenen Voraussetzungen wie oben. Besonders soll wieder der Druck in der Grenzschicht als eine bekannte Funktion von x angesehen werden. Die Strömung wird als *stationär* und *eben*, die Flüssigkeit als *raumbeständig* vorausgesetzt. Massenkräfte sollen außer Betracht bleiben.

In Abb. 175 ist ein Längenelement $d x$ der Grenzschicht dargestellt, deren Dicke $\delta = \delta(x)$ Funktion von x ist. Auf den durch die beiden Querschnitte x und $x + d x$ abgegrenzten Bereich der Grenzschicht soll nun der *Impulssatz* angewandt werden, wonach (bei stationärer Strömung) der zeitliche Überschuß des aus dem Bereich $a - b - c - d$ austretenden x-Impulses über den eintretenden gleich der Summe der in der x-Richtung wirkenden äußeren Kräfte ist. Der in der Zeiteinheit durch den Querschnitt x der Grenzschicht — bezogen auf die Tiefe „eins" — tretende x-Impuls ist

$$J = \varrho \int\limits_{y=0}^{y=\delta} u^2\,d y,$$

<hr>

[1] Flachsbart, O.: Ergebn. Aerodyn. Versuchsanst. Göttingen, IV. Lief. (1932) S. 134.

[2] Prandtl, L.: Vgl. Literaturzitat auf S. 233.

[3] Prandtl, L.: Z. angew. Math. Mech. (1938) S. 77 u. H. Görtler: ebenda (1939) S. 129 sowie Ing.-Arch. (1948) S. 173.

[4] Mangler, W.: Zusammenhang zwischen ebenen und rotationssymmetrischen Grenzschichten in kompressiblen Flüssigkeiten. Z. angew. Math. Mech. Bd. 28 (1948) S. 97.

[5] v. Kármán, Th.: Über laminare und turbulente Reibung. Z. angew. Math. Mech. Bd. 1 (1921) S. 233.

demnach der Unterschied des bei $x + dx$ austretenden über den bei x eintretenden Impuls

$$\frac{\partial J}{\partial x} dx = \varrho \frac{\partial}{\partial x} \left[\int_{y=0}^{y=\delta} u^2 dy \right] dx.$$

Durch den Querschnitt x der Grenzschicht tritt in der Zeiteinheit das Flüssigkeitsvolumen

$$Q = \int_{y=0}^{y=\delta} u\, dy.$$

Demnach ergibt sich als Überschuß des bei $x + dx$ austretenden über das bei x eintretende Volumen

$$\frac{\partial Q}{\partial x} dx = \frac{\partial}{\partial x} \left[\int_{y=0}^{y=\delta} u\, dy \right] dx.$$

Mit Rücksicht auf die Kontinuität der Strömung muß ein gleich großes Flüssigkeitsvolumen in der Zeiteinheit durch den äußeren Rand der Grenzschicht in das Gebiet $a-b-c-d$ eintreten. Der dadurch eintretende x-Impuls ergibt ich, da dort $u = U$ ist, zu

$$\varrho\, U \frac{\partial Q}{\partial x} dx = \varrho\, U \frac{\partial}{\partial x} \left[\int_{y=0}^{y=\delta} u\, dy \right] dx.$$

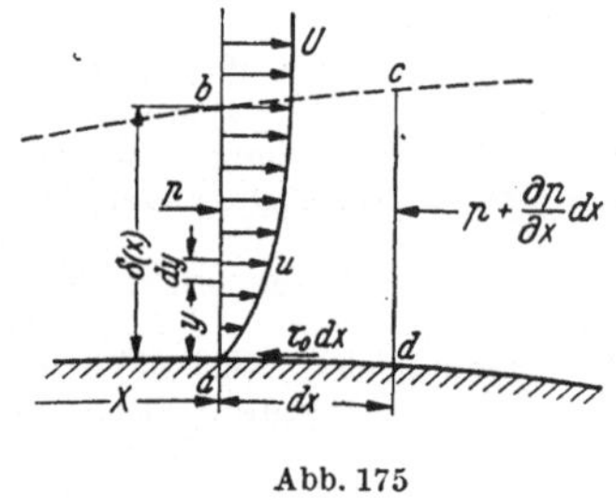

Abb. 175

An äußeren Kräften in der x-Richtung kommen in Betracht (da p über den Querschnitt konstant ist) die Druckdifferenz $-\dfrac{dp}{dx} dx\, \delta$ und die Wandreibung $-\tau_0\, dx$, wenn wieder τ_0 die Wandschubspannung (für $y = 0$) bezeichnet. Setzt man nun den Überschuß des aus dem Bereich $a-b-c-d$ austretenden Impulses über den eintretenden gleich der auf die abgegrenzte Masse wirkenden Kraft, so erhält man als *Impulssatz für die Grenzschicht*[1]

$$\varrho \frac{\partial}{\partial x} \left[\int_{y=0}^{y=\delta} u^2\, dy \right] - \varrho\, U \frac{\partial}{\partial x} \left[\int_{y=0}^{y=\delta} u\, dy \right] = -\frac{dp}{dx} \delta - \tau_0. \qquad (442)$$

Der vorstehende Ausdruck gilt ganz allgemein für laminare *und* turbulente Strömung, wobei jedoch zu beachten ist, daß bei letzterer die Wandschubspannung τ_0 *nicht* dem nur für laminare Strömung maßgebenden Gesetz (421) folgt. In diesem Falle ist für τ_0 ein anderer, der turbulenten Wandreibung entsprechender Wert einzusetzen.

    An und für sich ist mit Gl. (442) nicht viel gewonnen, solange die Geschwindigkeitsverteilung über die Grenzschichtdicke nicht bekannt ist. Verzichtet man aber auf eine strenge Integration der Grenzschichtdifferentialgleichungen (417) und (418a), wählt vielmehr für u einen geeigneten *Näherungsansatz*, durch den alle Randbedingungen befriedigt werden, dann können die in (442) auftretenden Integrationen ohne weiteres ausgeführt werden. Man erhält auf diese Weise eine *gewöhnliche* Differentialgleichung für $\delta = \delta(x)$, aus welcher die Grenzschichtdicke berechnet werden kann, wie weiter unten gezeigt werden soll.

    Im Zusammenhang mit dem Impulssatz wird neuerdings neben der oben bereits eingeführten „*Verdrängungsdicke*" δ^* [Gl. (436a)] noch die sogenannte „*Impulsverlustdicke*" ϑ benutzt. Man erhält diese, wenn man den Impulsverlust der Grenzschichtströmung betrachtet, welcher infolge der Reibungswirkung

---

[1] Eine andere Schreibweise des Impulssatzes findet man auf S. 249.

gegenüber der Potentialströmung eintritt. Damit wird die Impulsverlustdicke wie folgt definiert:

$$\varrho\, U_\infty^2\, \vartheta = \varrho \int\limits_{y=0}^{y\to\infty} u\,(U_\infty - u)\, dy, \qquad (443)$$

woraus folgt

$$\vartheta = \int\limits_{y=0}^{y\to\infty} \frac{u}{U_\infty}\left(1 - \frac{u}{U_\infty}\right) dy. \qquad (443a)$$

Als Beispiel für die Anwendung des Impulssatzes auf laminare Grenzschichtprobleme soll jetzt noch einmal die längsangeströmte Platte behandelt werden. Aus dem Vergleich mit der strengen Theorie von BLASIUS (s. oben) wird sich dann zeigen, wie weit beide Theorien übereinstimmen.

Für die Geschwindigkeitsverteilung $u\,(y)$ über die Grenzschichtdicke kann nach POHLHAUSEN[1] folgender Ansatz gemacht werden:

$$u\,(y) = a_0 + a_1\, y + a_2\, y^2 + a_3\, y^3 + a_4\, y^4. \qquad (444)$$

Zur Bestimmung der fünf Konstanten a_0 bis a_4 stehen folgende fünf Randbedingungen zur Verfügung

$$y = 0: \quad u = 0; \quad \frac{\partial^2 u}{\partial y^2} = 0; \quad \left[\text{wegen Gl. (419), da hier } \frac{dU}{dx} = 0\right],$$

$$y = \delta; \quad u = U_\infty; \quad \frac{\partial u}{\partial y} = 0; \quad \frac{\partial^2 u}{\partial y^2} = 0,$$

die beiden letzten Bedingungen, um dem asymptotischen Anschluß an die Außenströmung nach Möglichkeit Rechnung zu tragen. Aus diesen fünf Bedingungen, welche zur Befriedigung der Differentialgleichung (418b) erforderlich sind, ergeben sich die Konstanten des Ansatzes (444) wie folgt:

$$a_0 = 0; \quad a_1 = 2\frac{U_\infty}{\delta}; \quad a_2 = 0; \quad a_3 = -2\frac{U_\infty}{\delta^3}; \quad a_4 = \frac{U_\infty}{\delta^4},$$

weshalb (444) jetzt lautet

$$u\,(y) = U_\infty\left(2\frac{y}{\delta} - 2\frac{y^3}{\delta^3} + \frac{y^4}{\delta^4}\right). \qquad (445)$$

Darin ist $\delta = \delta(x)$ die Grenzschichtdicke an der Stelle x (Abb. 173). Mit diesem Ausdruck für u erhält man für die beiden Integrale von (442)

$$\int\limits_0^\delta u^2\, dy = \frac{367}{630} U_\infty^2\, \delta; \quad \int\limits_0^\delta u\, dy = \frac{7}{10} U_\infty\, \delta;$$

außerdem ergibt sich für die laminare Wandschubspannung τ_0 nach (421) sofort

$$\tau_0 = \mu\left(\frac{\partial u}{\partial y}\right)_{(y=0)} = \frac{2\,\mu\, U_\infty}{\delta}. \qquad (446)$$

Da bei der längsangeströmten Platte $\frac{dp}{dx} = 0$ ist, so geht die Impulsgleichung (442) jetzt mit den vorstehenden Ausdrücken wegen $\mu = \nu\varrho$ und $\frac{\partial\delta}{\partial x} = \frac{d\delta}{dx}$ über in

$$\frac{37}{630} U_\infty\frac{d\delta}{dx} = \frac{\nu}{\delta},$$

bzw.

$$\delta d\delta = \frac{630}{37}\frac{\nu}{U_\infty}\, dx,$$

---

[1] POHLHAUSEN, K.: Zur näherungsweisen Integration der Differentialgleichungen der laminaren Grenzschicht. Z. angew. Math. Mech. Bd. 1 (1921) S. 252.

woraus durch Integration (wegen $\delta = 0$ für $x = 0$) als Grenzschichtdicke folgt

$$\delta = \delta(x) = 5{,}83 \sqrt{\frac{\nu x}{U_\infty}} \,. \tag{447}$$

Man erkennt daraus, daß dieser Wert nicht wesentlich von dem durch (435) dargestellten abweicht, welcher einer immerhin ziemlich willkürlichen Festsetzung entspringt (vgl. dort).

Als „Verdrängungsdicke" erhält man aus (436a) und (445), wenn man hier statt $y \to \infty$ als obere Grenze $y = \delta$ einsetzt,

$$\delta^* = \int\limits_{y=0}^{y=\delta} \left(1 - \frac{2y}{\delta} + 2\frac{y^3}{\delta^3} - \frac{y^4}{\delta^4}\right) dy = 0{,}3\,\delta$$

oder wegen (447)

$$\delta^* = 1{,}75 \sqrt{\frac{\nu x}{U_\infty}} \tag{447a}$$

gegenüber dem genaueren Wert (436b).

Für die beiderseitig an der Platte wirkende Reibungskraft wird wegen (446) und (447)

$$W = 2b \int\limits_{x=0}^{x=l} \tau_0\, dx = \frac{4\,\mu\, b\, U_\infty}{5{,}83} \int\limits_{x=0}^{x=l} \sqrt{\frac{U_\infty}{\nu x}}\, dx,$$

wenn b wieder die Plattenbreite bezeichnet. Nach Ausführung der Integration folgt daraus

$$W = 1{,}372\, b \sqrt{\mu\, \varrho\, U_\infty^3\, l}$$

in befriedigender Übereinstimmung mit dem BLASIUSschen Wert (432a). Damit ist aber die Brauchbarkeit des Verfahrens erwiesen.

Wie aus der vorstehenden Rechnung hervorgeht, sind die in Gl. (442) auftretenden Integrale Funktionen von $\delta = \delta(x)$. Man kann diese Gleichung also wegen $-\frac{1}{\varrho}\frac{dp}{dx} = U\frac{dU}{dx}$ auch wie folgt schreiben

$$\frac{d}{dx} \int\limits_0^\delta u^2\, dy - U\frac{d}{dx} \int\limits_0^\delta u\, dy - U\frac{dU}{dx} \int\limits_0^\delta dy = -\frac{\tau_0}{\varrho} \,. \tag{442a}$$

Nun ist

$$U\frac{d}{dx} \int\limits_0^\delta u\, dy = \frac{d}{dx}\left(U \int\limits_0^\delta u\, dy\right) - \frac{dU}{dx} \int\limits_0^\delta u\, dy = \frac{d}{dx} \int\limits_0^\delta U u\, dy - \frac{dU}{dx} \int\limits_0^\delta u\, dy,$$

weshalb (442a) übergeht in

$$\frac{d}{dx} \int\limits_0^\delta u\,(U - u)\, dy + \frac{dU}{dx} \int\limits_0^\delta (U - u)\, dy = \frac{\tau_0}{\varrho} \,.$$

Da nun für Ordinaten $y \geq \delta$ offenbar $U - u = 0$ wird, so kann als obere Grenze der Integrale auch $y \to \infty$ gesetzt werden, also

$$\frac{d}{dx} \int\limits_{y=0}^{y\to\infty} u\,(U - u)\, dy + \frac{dU}{dx} \int\limits_{y=0}^{y\to\infty} (U - u)\, dy = \frac{\tau_0}{\varrho} \,.$$

Führt man hier noch gemäß (436) und (443) die Verdrängungsdicke δ^* und die Impulsverlustdicke ϑ ein, so geht vorstehende Gleichung über in

$$\frac{d}{dx}(U^2\,\vartheta) + \frac{dU}{dx}\,U\,\delta^* = \frac{\tau_0}{\varrho}. \tag{442b}$$

In dieser Form wird der Impulssatz jetzt gewöhnlich verwendet[1].

Für die ebene, längsangeströmte Platte folgt daraus wegen $\dfrac{dU}{dx} = 0$ und $U = U_\infty$

$$U_\infty^2\,\frac{d\vartheta}{dx} = \frac{\tau_0}{\varrho}.$$

Mit dem Ansatz (445) für die Geschwindigkeitsverteilung $u(y)$ der Grenzschicht kann aus (443a) die Impulsverlustdicke ϑ berechnet werden, wobei die Grenzschichtdicke $\delta = \delta(x)$ als endliche Länge anzusehen, und deshalb in (443a) $y = \delta$ als obere Integrationsgrenze einzuführen ist. Man erhält dann $\vartheta = \vartheta(x)$ als Funktion von $\delta = \delta(x)$ und kann jetzt aus der Impulsgleichung die Grenzschichtdicke δ genau wie vorher berechnen. Die Schubspannung τ_0 ist durch (446) gegeben.

Das vorstehend am Beispiel der längsangeströmten Platte erläuterte Näherungsverfahren kann sinngemäß auch auf Grenzschichtströmungen mit Druckgradient angewendet werden, wobei man von der allgemeinen Form des Impulssatzes (442) bzw. (442b) auszugehen hat. Man benutzt dabei wieder den Pohlhausenschen Ansatz (444), welcher mit dem dimensionslosen Wandabstand $\eta = \dfrac{y}{\delta(x)}$ auch wie folgt geschrieben werden kann

$$\frac{u}{U_\infty} = a_0 + a_1\,\eta + a_2\,\eta^2 + a_3\,\eta^3 + a_4\,\eta^4.$$

Es ändert sich dabei nur die zweite Randbedingung, die jetzt wegen (419) lautet

$$y = 0:\ v\,\frac{\partial^2 u}{\partial y^2} = -\,U\,\frac{dU}{dx} = \frac{1}{\varrho}\,\frac{dp}{dx}.$$

Durch diese Bedingung wird die Krümmung des Geschwindigkeitsprofils an der Wand festgelegt (vgl. dazu S. 235). Die fünf zur Verfügung stehenden Randbedingungen reichen aus zur Berechnung der Konstanten a_0 bis a_4. Nachdem auf diese Weise $u(y)$ bestimmt ist, läßt sich wie früher die Grenzschichtdicke δ aus einer gewöhnlichen Differentialgleichung berechnen. Eine Verbesserung dieses Pohlhausenschen Verfahrens haben Holstein und Bohlen[2] angegeben.

f) Der Energiesatz und seine Verbindung mit dem Impulssatz

Wie aus den Betrachtungen von Absatz d) schon erkennbar ist, erfordern die Methoden, welche zur strengen Lösung der Grenzschichtgleichung (418) in Verbindung mit der Kontinuitätsbedingung (417) entwickelt wurden, bereits für laminare Grenzschichten einen erheblichen Rechenaufwand. Aus diesem Grunde werden für praktische Rechnungen gewöhnlich Näherungslösungen bevorzugt, die auf dem Kármánschen Impulssatz basieren und ohne Schwierigkeit z. B. die Größe der Grenzschicht- bzw. Impulsverlustdicke in Abhängigkeit von der Lauflänge x liefern. Für feinere Untersuchungen, insbesondere die Berechnung der eventuellen Ablösungsstelle der Grenzschicht von der Körperwandung, sind sie dagegen wenig geeignet, da es hier auf eine sehr genaue Kenntnis des Geschwindigkeitsprofils ankommt.

In dem Bestreben, zu genaueren Ergebnissen zu gelangen — ohne indessen auf die strenge Integration der Gl. (418) angewiesen zu sein —, hat K. Wieg-

---

[1] Gruschwitz, E.: Die turbulente Reibungsschicht in ebener Strömung bei Druckabfall und Druckanstieg. Ing.-Arch. Bd. 2 (1931) S. 321.

[2] Holstein, H., u. T. Bohlen: Lilienthal-Bericht S 10 (1940) S. 5.

HARDT[1] einen *Energiesatz* abgeleitet, welcher auf der Vorstellung beruht, daß der Verlust an mechanischer Energie in der Grenzschichtströmung (gegenüber der Potentialströmung) gleich der durch die Flüssigkeitsreibung in Wärme umgesetzten Energie sein muß. Dieser Energiesatz ermöglicht, wenn man ihn *zusätzlich* zum Impulssatz in die Grenzschichtrechnung einführt, eine bessere Annäherung an die strenge Lösung, als dies der Impulssatz allein vermag.

In der Folge wird wieder eine ebene, inkompressible und stationäre Strömung vorausgesetzt. Außerdem soll die Grenzschicht laminar verlaufen.

Ausgangspunkt der Betrachtung ist die Grenzschichtgleichung (418b), welche nach Multiplikation mit u lautet

$$u^2 \frac{\partial u}{\partial x} + u v \frac{\partial u}{\partial y} - u U \frac{dU}{dx} = \nu u \frac{\partial^2 u}{\partial y^2}$$

mit den Randbedingungen $u = v = 0$ für $y = 0$ und $u = U$ für $y = \delta$. Durch Integration der Kontinuitätsgleichung (417) über den Wandabstand y ergibt sich

$$v = -\int\limits_0^y \frac{\partial u}{\partial x} \, dy.$$

Führt man diesen Wert in die obige Gleichung ein und integriert letztere über den Wandabstand von $y = 0$ bis $y = \delta$, so ergibt sich

$$\int\limits_0^\delta \left[u^2 \frac{\partial u}{\partial x} - u \frac{\partial u}{\partial y} \left(\int\limits_0^y \frac{\partial u}{\partial x} dy \right) - u U \frac{dU}{dx} \right] dy = \nu \int\limits_0^\delta \left(u \frac{\partial^2 u}{\partial y^2} \right) dy. \tag{448}$$

Die einzelnen hier auftretenden Integrale können wie folgt umgeformt werden. Es ist

$$\int\limits_0^\delta u^2 \frac{\partial u}{\partial x} dy = \frac{1}{3} \int\limits_0^\delta \frac{\partial(u^3)}{\partial x} \, dy.$$

Für den zweiten Summanden erhält man durch partielle Integration

$$-\int\limits_0^\delta \left[u \frac{\partial u}{\partial y} \left(\int\limits_0^y \frac{\partial u}{\partial x} dy \right) \right] dy = -\frac{1}{2} \int\limits_0^\delta \left[\frac{\partial(u^2)}{\partial y} \left(\int\limits_0^y \frac{\partial u}{\partial x} dy \right) \right] dy$$

$$= -\frac{1}{2} \left[u^2 \int\limits_0^y \frac{\partial u}{\partial x} dy - \int u^2 \frac{\partial u}{\partial x} dy \right]_0^\delta$$

$$= -\frac{1}{2} U^2 \int\limits_0^\delta \frac{\partial u}{\partial x} dy + \frac{1}{6} \int\limits_0^\delta \frac{\partial(u^3)}{\partial x} \, dy.$$

Ferner ist

$$-\int\limits_0^\delta u U \frac{dU}{dx} dy = -\frac{1}{2} \int\limits_0^\delta u \frac{d(U^2)}{dx} dy = -\frac{1}{2} \int\limits_0^\delta \frac{\partial(u U^2)}{\partial x} dy + \frac{1}{2} U^2 \int\limits_0^\delta \frac{\partial u}{\partial x} dy.$$

Schließlich erhält man für das rechtsseitige Glied von (448) durch partielle Integration

$$\nu \int\limits_0^\delta \left(u \frac{\partial^2 u}{\partial y^2} \right) dy = \nu \left[\left(u \frac{\partial u}{\partial y} \right)_0^\delta - \int\limits_0^\delta \left(\frac{\partial u}{\partial y} \right)^2 dy \right] = -\nu \int\limits_0^\delta \left(\frac{\partial u}{\partial y} \right)^2 dy.$$

---

[1] WIEGHARDT, K.: Über einen Energiesatz zur Berechnung *laminarer* Grenzschichten. Ing.-Arch. Bd. 16 (1948) S. 231.

Hier verschwindet das Glied $\left(u\,\dfrac{\partial u}{\partial y}\right)_0^\delta$ wegen $u = 0$ für $y = 0$ und $\dfrac{\partial u}{\partial y} = 0$ für $y = \delta$ (Rand der Grenzschicht).

Mit diesen hier angeschriebenen Integralen, die sämtlich am Orte x zu bilden sind, ergibt sich aus (448), wenn noch $v = \dfrac{\mu}{\varrho}$ gesetzt wird, als *Energiesatz*

$$\frac{\varrho}{2}\,\frac{d}{d\,x} \int\limits_0^\delta u\,(U^2 - u^2)\,d\,y = \mu \int\limits_0^\delta \left(\frac{\partial u}{\partial y}\right)^2 d\,y. \qquad (449)$$

Da für Ordinaten $y \geqq \delta$ nach Definition der Grenzschichtdicke sowohl $U^2 - u^2 = 0$ als auch $\dfrac{\partial u}{\partial y} = 0$ ist, kann die obere Integrationsgrenze wieder durch $y \to \infty$ ersetzt werden.

Man definiert nun nach WIEGHARDT eine sogenannte *Energieverlustdicke* ϑ^* durch den Ansatz

$$U^3\,\vartheta^* = \int\limits_0^\infty u\,(U^2 - u^2)\,d\,y, \qquad (450)$$

d. h.

$$\vartheta^* = \int\limits_0^\infty \frac{u}{U}\left[1 - \left(\frac{u}{U}\right)^2\right] d\,y, \qquad (450\,\mathrm{a})$$

und kann damit den Energiesatz für *laminare* Grenzschichten in der einfacheren Form anschreiben

$$\frac{\varrho}{2}\,\frac{d}{d\,x}\,(U^3\,\vartheta^*) = \mu \int\limits_0^\infty \left(\frac{\partial u}{\partial y}\right)^2 d\,y. \qquad (449\,\mathrm{a})$$

In den Gln. (449) und (449a) stellt die linke Seite den zeitlichen Verlust an mechanischer Energie der Grenzschicht je Längeneinheit der x-Achse dar, während die rechte Seite die zugehörige *Dissipation*, d. h. die in Wärme verwandelte Reibungsarbeit, angibt (vgl. dazu S. 212).

Die auf der Anwendung des *Impulssatzes* beruhenden Näherungsverfahren sind dadurch gekennzeichnet, daß sie für die Geschwindigkeitsverteilung $u(y)$ über die Grenzschichtdicke einen Ansatz von der Form

$$\frac{u}{U} = f\!\left(\frac{y}{\vartheta}\right)$$

benutzen, in dem ϑ die Impulsverlustdicke bezeichnet, und der so eingerichtet ist, daß er die aus der Grenzschichtvorstellung erforderlichen Randbedingungen an der Wand und am äußeren Rande der Grenzschicht so gut als möglich befriedigt. [In dem POHLHAUSENschen Ansatz (445) wurde an Stelle von ϑ noch die weniger scharf definierte Grenzschichtdicke δ benutzt, indessen hat sich inzwischen gezeigt, daß die Verwendung der Impulsverlustdicke demgegenüber wesentliche Vorteile bietet.] Der zunächst noch offene Parameter ϑ (gewöhnlich als *Dickenparameter* bezeichnet) kann dabei, nachdem aus der äußeren Potentialströmung der Druckgradient bestimmt ist, mit Hilfe des Impulssatzes berechnet werden. Damit ist aber die Geschwindigkeitsverteilung $u(y)$ bekannt, insbesondere wegen (421) auch die Wandschubspannung τ_0. Indessen wird durch ein derartiges Verfahren die Grenzschichtdifferentialgleichung (418) nur insofern erfüllt, als dadurch lediglich der „Mittelwert" der Grenzschichtbewegung richtig angegeben werden kann.

Der WIEGHARDTsche Energiesatz (449a) bietet nun die Möglichkeit, durch eine zweite „Mittelwertbildung" die Berechnung der Geschwindigkeitsprofile dadurch wesentlich zu verbessern, daß man neben dem Parameter ϑ (bzw. der aus diesem gebildeten dimensionslosen Größe $\varkappa = \dfrac{dU}{dx}\dfrac{\vartheta^2}{\nu}$) noch einen weiteren, die Profilform kennzeichnenden *Formparameter*, etwa die dimensionslos gemachte Wandtangente $\varepsilon = \dfrac{\vartheta}{U}\left(\dfrac{\partial u}{\partial y}\right)_{y=0}$ (WIEGHARDT), einführt und nun das Geschwindigkeitsprofil $u(y)$ mit den *zwei* freien Parametern $\varkappa$ und ε ansetzt. Zur Berechnung dieser Parameter stehen jetzt *zwei* gewöhnliche simultane Differentialgleichungen zur Verfügung, eben der Impuls- und der Energiesatz. Das dazu nötige Rechenverfahren ist von WIEGHARDT in der oben genannten Arbeit in allen Einzelheiten angegeben. Es erfordert notwendigerweise einen größeren Rechenaufwand als die nur den Parameter ϑ benutzenden Methoden, liefert dafür aber besonders im Gebiet der Ablösungsstelle [$\varepsilon = \varepsilon(x) = 0$] sehr große Genauigkeit.

Eine Vereinfachung des WIEGHARDTschen Verfahrens hat A. WALZ[1] angegeben.

Neuerdings wurde von E. TRUCKENBRODT[2] ein *Quadraturverfahren* entwickelt, das ebenfalls auf dem Impuls- und Energiesatz aufgebaut ist und *das sowohl auf ebene als auch auf rotationssymmetrische, laminare und turbulente Grenzschichten* angewandt werden kann. Es ist insbesondere dadurch gekennzeichnet, daß die Impulsverlustdicke direkt durch *Integration des Energiesatzes* gewonnen wird, während die Bestimmung des Formparameters aus einer durch Koppelung des Impuls- und Energiesatzes gebildeten neuen Bedingung erfolgt. Wegen der Bedeutung, welche dem TRUCKENBRODTschen Verfahren besonders für die praktische Anwendung zukommen dürfte, seien nachstehend noch einige Angaben darüber gemacht, die sich jedoch auf *ebene, laminare* Strömung beschränken sollen.

Durch Division der Impulsgleichung (442b) mit U^2 ergibt sich

$$\frac{1}{U^2}\frac{d}{dx}(U^2\vartheta) + \frac{\delta^*}{U}\frac{dU}{dx} = \frac{\tau_0}{\varrho\,U^2} \tag{451}$$

mit ϑ als Impulsverlustdicke [Gl. (443a)] und δ^* als Verdrängungsdicke [Gl. (436a)]. Weiter folgt aus der Energiegleichung (449a) nach Division mit U^3 und wegen $\tau = \mu\dfrac{\partial u}{\partial y}$

$$\frac{1}{U^3}\frac{d}{dx}(U^3\vartheta^*) = \frac{2}{\varrho}\int_0^\delta \frac{\tau}{U^2}\frac{\partial}{\partial y}\left(\frac{u}{U}\right)dy, \tag{452}$$

mit ϑ^* als Energieverlustdicke [Gl. (450a)], wobei jetzt rechts als obere Grenze des Integrals wieder die Grenzschichtdicke δ gesetzt ist. Führt man nun die Dickenverhältnisse

$$H = \frac{\delta^*}{\vartheta} \quad \text{und} \quad H^* = \frac{\vartheta^*}{\vartheta}$$

ein, dann gehen die Gln. (451) und (452) über in

$$\frac{1}{U^2}\frac{d}{dx}(U^2\vartheta) + \frac{H\vartheta}{U}\frac{dU}{dx} = \frac{\tau_0}{\varrho\,U^2} \tag{453}$$

---

[1] WALZ, A.: Anwendung des Energiesatzes von WIEGHARDT auf einparametrige Geschwindigkeitsprofile in laminaren Grenzschichten. Ing.-Arch. Bd. 16 (1948) S. 243.

[2] TRUCKENBRODT, E.: Ein Quadraturverfahren zur Berechnung der laminaren und turbulenten Reibungsschicht bei ebener und rotationssymmetrischer Strömung. Ing.-Arch. Bd. 20 (1952) S. 211.

und

$$\frac{1}{U^3}\frac{d}{dx}(U^3 H^* \vartheta) = e,\qquad(454)$$

wobei

$$e = \frac{2}{\varrho}\int_0^\delta \frac{\tau}{U^2}\frac{\partial}{\partial y}\left(\frac{u}{U}\right)dy\qquad(454\,\text{a})$$

gesetzt ist. Schließlich folgt durch Subtraktion der mit H^* multiplizierten Gl. (453) von Gl. (454) nach einigen einfachen Umformungen

$$\vartheta\frac{dH^*}{dx} = (H-1)\frac{H^*\vartheta}{U}\frac{dU}{dx} + e - \frac{H^*\tau_0}{\varrho U^2}.\qquad(455)$$

Für das Geschwindigkeitsprofil senkrecht zur Wand wird folgender Ansatz gemacht

$$\frac{u}{U} = f\left(\frac{y}{\vartheta},\ H\right).$$

Daraus folgt — wie man leicht feststellt — für die dimensionslose Wandschubspannung

$$\frac{\tau_0}{\varrho U^2} = \frac{\alpha(H)}{\dfrac{U\vartheta}{\nu}}\quad\text{mit}\quad \alpha = \left(\frac{\partial\left(\dfrac{u}{U}\right)}{\partial\left(\dfrac{y}{\vartheta}\right)}\right)_{y=0},$$

entsprechend für die Schubspannungsarbeit e (s. oben)

$$e = \frac{2\beta(H)}{\dfrac{U\vartheta}{\nu}}\quad\text{mit}\quad \beta = \int_0^{\frac{\delta}{\vartheta}}\left(\frac{\partial\left(\dfrac{u}{U}\right)}{\partial\left(\dfrac{y}{\vartheta}\right)}\right)^2 d\left(\frac{y}{\vartheta}\right).$$

Diese beiden Größen erscheinen somit als Funktionen der mit ϑ als Länge gebildeten Re-Zahl $\dfrac{U\vartheta}{\nu}$ und der Zahl H, d. h. es ist

$$\frac{\tau_0}{\varrho U^2} = f\left(\frac{U\vartheta}{\nu},\ H\right);\quad e = g\left(\frac{U\vartheta}{\nu},\ H\right).$$

Da außerdem zwischen H und H^* ein fester Zusammenhang $H^* = h(H)$ besteht, erhält man in (454) und (455) zwei gewöhnliche Differentialgleichungen für die beiden freien Parameter ϑ und H.

Schließlich ist wegen (436a) und (450a)

$$H = \frac{\delta^*}{\vartheta} = \int_0^{\frac{\delta}{\vartheta}}\left(1-\frac{u}{U}\right)d\left(\frac{y}{\vartheta}\right)$$

und

$$H^* = \frac{\vartheta^*}{\vartheta} = \int_0^{\frac{\delta}{\vartheta}}\frac{u}{U}\left[1-\left(\frac{u}{U}\right)^2\right]d\left(\frac{y}{\vartheta}\right),$$

wobei die obere Grenze des Integrals wieder durch δ (statt ∞) ersetzt wurde.

Für die Auswertung der vorstehenden Formeln legt Truckenbrodt die sogenannten Hartree-Profile zugrunde, für welche die Geschwindigkeit der Potentialströmung am äußeren Rande der Grenzschicht durch den Ansatz $U(x) = Cx^m$ ($C = $ const, vgl. S. 239) gegeben ist.

Unter Benutzung bekannter, theoretisch gefundener Zusammenhänge $[\alpha = \alpha(H)$; $\beta = \beta(H)$; $H^* = h(H)]$ und einiger zulässiger Näherungen gelingt es, mit Hilfe der obigen Ansätze die Impulsverlustdicke ϑ unmittelbar durch Integration der Energiegleichung (454) zu bestimmen.

Zur Berechnung des Formparameters H^* kann schließlich Gl. (455) herangezogen werden, nachdem ϑ bereits bekannt ist. Wegen der Einzelheiten des Rechnungsganges muß auf die oben zitierte Originalarbeit verwiesen werden, wo auch die wichtigsten Angaben über die einschlägige Literatur zu finden sind[1].

19. Turbulente Grenzschichten

a) Allgemeine Bemerkungen

Aus der Theorie der Rohrströmung ist bekannt, daß man zwei verschiedene Strömungsarten zu unterscheiden hat: die *laminare* und die *turbulente* Strömung. Das genauere Studium der Grenzschichtströmungen, insbesondere der Vergleich theoretisch gefundener Ergebnisse mit entsprechenden Versuchen, hat nun gezeigt, daß auch in den Grenzschichten sowohl die laminare als auch die turbulente Fließart auftreten kann. Bei der laminaren Strömung sind die Vorgänge durch die Zähigkeit und die Trägheit bestimmt und damit physikalisch vollkommen übersehbar. Bei der turbulenten treten, wie bereits früher dargelegt wurde, zu den stationären Mittelwerten der Geschwindigkeiten noch zusätzliche „Schwankungskomponenten", durch welche turbulente (scheinbare) Schubspannungen ausgelöst werden, die nicht durch die Zähigkeit, sondern durch die entstehende „Mischbewegung" bedingt sind (vgl. S. 70). Es war deshalb notwendig, das Problem der Grenzschichtströmung auch auf die Möglichkeit der turbulenten Fließart hin genauer zu studieren.

Wie bei der Rohrströmung hängt auch hier der Strömungszustand laminar oder turbulent von einer gewissen kritischen REYNOLDSschen Zahl $Re = \dfrac{u\,l}{\nu}$ ab, wo u, l und ν eine entsprechende Bedeutung haben wie früher. Insbesondere ist l irgendeine kennzeichnende Körperabmessung, etwa der Durchmesser einer Kugel oder eines Kreiszylinders, die Profiltiefe eines Tragflügels oder einfach die Lauflänge der Grenzschicht von einem bestimmten Anfangspunkt aus. Mitunter wird auch die Grenzschichtdicke δ als Bezugslänge gewählt. Zu der oben erörterten Frage nach dem *Ablösungspunkt* der laminaren Grenzschicht vom Körper tritt jetzt noch die Frage nach dem *Umschlagspunkt*, d. h. der Stelle, an welcher die laminare in die turbulente Grenzschichtströmung umschlägt (falls sich die laminare Grenzschicht nicht bereits vorher abgelöst hat). Es ist nämlich nicht so, daß die Grenzschicht längs der Berandung eines festen Körpers (Zylinder, Tragflügel usw.) bereits vom vorderen Staupunkt ab *entweder* laminar *oder* turbulent strömt. Sie wird vielmehr anfangs, d. h. bei geringer Lauflänge x, laminar sein und bei größer werdendem x unter gegebenen Voraussetzungen turbulent werden. An welcher Stelle $x = x_0$ der Umschlag erfolgt, kann zunächst nicht ohne weiteres angegeben werden. Im allgemeinen ist es auch hier wie bei der Rohrströmung so, daß sich bei kleinen Re-Zahlen die laminare, bei großen dagegen die turbulente Fließart einstellt. Da nun die bei turbulenter Strömung an der Körperwandung auftretenden Reibungswiderstände wesentlich größer sind als bei laminarer Strömung, kommt der Bestimmung des Umschlagspunktes eine ganz

---

[1] Vgl. dazu auch L. SPEIDEL u. N. SCHOLZ: Untersuchungen über die Strömungsverluste in ebenen Schaufelgittern. VDI-Forsch.-Heft 464 (1957). J. WEISSINGER: Mitt. des Inst. f. angew. Math. der T.H. Karlsruhe, Nr. 9 (1958), sowie N. SCHOLZ: Ergänzungen zum Grenzschichtquadraturverfahren von E. TRUCKENBRODT: Ing.-Arch. Bd. 29 (1960) S. 82ff.

erhebliche Bedeutung zu. Es handelt sich hier um die Lösung eines *Stabilitäts-problems,* welches eine der schwierigsten Aufgaben der ganzen Hydrodynamik darstellt. Als ungefähren Anhaltspunkt kann man sich jetzt schon merken, daß der *Umschlagspunkt angenähert mit der Stelle des Druckminimums der Potential-strömung* zusammenfällt. In Ziffer 20 wird diese wichtige Frage nochmals auf-gegriffen.

Die exakte Berechnung der Geschwindigkeitsprofile in der turbulenten Grenz-schicht aus den Grenzschichtdifferentialgleichungen bereitet ungleich größere Schwierigkeiten als im laminaren Falle und ist bisher noch nicht gelungen. Es ist dies besonders darauf zurückzuführen, daß auch bei turbulenter Fließart in unmittelbarer Nähe der Wand eine sehr schmale Zone vorhanden ist, in welcher die Flüssigkeit laminar strömt (vgl. I, Ziffer 17), und daß die Strömungsvorgänge in dem Übergangsgebiet zwischen laminarer und turbulenter Zone noch nicht ausreichend geklärt sind[1]. Man ist deshalb bei allen Fragen der turbulenten Grenzschicht auf die Anwendung von Näherungsverfahren angewiesen, deren Grundlage z. Z. noch fast ausschließlich der *Impuls-* und *Energiesatz* bilden.

Sofern — wie bei der ebenen, längsangeströmten Platte — der Druckgradient $\dfrac{dp}{dx} = 0$ ist, spielt außer der Ermittlung des turbulenten Geschwindigkeitsprofils und der Wandschubspannung nur die Lage der *Umschlagstelle* eine Rolle. Da-gegen kann (ebenso wie im rein laminaren Fall) Ablösung nicht eintreten. Dies ändert sich jedoch, wenn $\dfrac{dp}{dx} > 0$ wird, die Flüssigkeit also gegen steigenden Druck strömt. In diesem Fall kann auch die turbulente Grenzschicht zur Ab-lösung gezwungen werden, so daß es notwendig wird, sich nicht nur über den Umschlagspunkt laminar-turbulent, sondern auch über die Lage der *Ablösungsstelle* Gewißheit zu verschaffen.

Aus den vorstehenden Bemerkungen dürfte bereits die große Bedeutung klar werden, welche dem Studium der turbulenten Grenzschichten im Hinblick auf das gesamte Widerstandsproblem zukommt.

b) Die längsangeströmte dünne Platte

Der Betrachtung wird wieder eine Anordnung gemäß Abb. 173 zugrunde gelegt. Ausgangspunkt für die Rechnung ist die Impulsgleichung (442), und zwar ohne das Druckglied, da hier, ebenso wie bei laminarer Grenzschicht, kein Druck-gradient vorhanden ist. Zunächst wird angenommen, daß die Grenzschicht bereits von der Plattenvorderkante ($x = 0$) ab turbulent sei. Während nun bei der laminaren Strömung zur Lösung der Aufgabe lediglich ein Ansatz für die *Ge-schwindigkeitsverteilung* $u(y)$ gemacht werden mußte, ist bei der turbulenten außerdem noch eine Annahme für die *Wandschubspannung* τ_0 erforderlich. Man kann nun nach PRANDTL[2] von der Vorstellung ausgehen, daß die Grenzschicht-strömung längs der Platte sich nicht wesentlich von derjenigen in einem Rohr unterscheiden wird. Im Zustand der ausgebildeten Turbulenz hat man sich nämlich die Rohrströmung als eine Grenzschichtströmung vorzustellen, wobei die Dicke der Grenzschicht die Größe des Rohrhalbmessers erreicht hat und die maximale Geschwindigkeit in Rohrmitte der Potentialgeschwindigkeit U_∞ bei der Platte entspricht. Ein wesentlicher Unterschied besteht allerdings insofern, als die Rohrströmung mit Druckabfall verbunden ist, während dies bei der

---

[1] Einen Vorstoß in dieser Richtung hat W. SZABLEWSKI in seiner Arbeit „Berechnung der turbulenten Strömung längs der ebenen Platte" unternommen. Z. angew. Math. Mech. Bd. 31 (1951) S. 309.

[2] PRANDTL, L.: Ergebn. Aerodyn. Versuchsanst. Göttingen, I. Lief. (1921) S. 136, III. Lief. (1927); IV. Lief. (1932).

Platte nicht zutrifft. Immerhin hat sich gezeigt, daß bei Re-Zahlen $\dfrac{U_\infty l}{\nu} < 10^6$ die Geschwindigkeitsverteilung $u(y)$ der Plattengrenzschicht einem Potenzgesetz ähnlich dem für die Rohrströmung gefundenen Gesetz (161 d) folgt, wonach $u(y) \sim y^{1/7}$ ist ($\sim$ bedeutet proportional). Man kann deshalb die Geschwindigkeitsverteilung über einen Querschnitt der Grenzschicht in der Form ansetzen[1]

$$\frac{u(y)}{U_\infty} = \left(\frac{y}{\delta}\right)^{1/7},\qquad (456)$$

wo $\delta = \delta(x)$ die mit x veränderliche Grenzschichtdicke bezeichnet, und die zugehörige Wandschubspannung nach Gl. (155 a) durch

$$\tau_0 = 0{,}0225\,\varrho\,u^{7/4}\left(\frac{\nu}{y}\right)^{1/4}\qquad (457)$$

ausdrücken. Damit lautet die Impulsgleichung (442) wegen $\dfrac{dp}{dx} = 0$

$$U_\infty^2\,\varrho\,\frac{d}{dx}\int\limits_{y=0}^{y=\delta}\left(\frac{y}{\delta}\right)^{2/7}dy - U_\infty^2\,\varrho\,\frac{d}{dx}\int\limits_{y=0}^{y=\delta}\left(\frac{y}{\delta}\right)^{1/7}dy = -0{,}0225\,U_\infty^2\,\varrho\left(\frac{\nu}{U_\infty\delta}\right)^{1/4}.$$

Mit

$$\int\limits_0^{\delta}\left(\frac{y}{\delta}\right)^{2/7}dy = \frac{7}{9}\,\delta;\qquad \int\limits_0^{\delta}\left(\frac{y}{\delta}\right)^{1/7}dy = \frac{7}{8}\,\delta$$

geht obiger Ausdruck über in

$$\frac{7}{72}\,\frac{d\delta}{dx} = 0{,}0225\left(\frac{\nu}{U_\infty\delta}\right)^{1/4}$$

bzw.

$$\delta^{1/4}\,d\delta = \frac{72}{7}\cdot 0{,}0225\left(\frac{\nu}{U_\infty}\right)^{1/4}dx,$$

woraus sich durch Integration als *Grenzschichtdicke* der Wert

$$\delta = 0{,}37\left(\frac{\nu}{U_\infty}\right)^{1/5}\cdot x^{4/5}\qquad (458)$$

ergibt.

Für die beiderseitige Reibungskraft an der Platte erhält man mit Hilfe der Ausdrücke (456) und (457) den Wert

$$W = 2\,b\int\limits_{x=0}^{x=l}\tau_0\,dx = 0{,}045\,b\,\varrho\,U_\infty^2\left(\frac{\nu}{U_\infty}\right)^{1/4}\int\limits_{x=0}^{x=l}\frac{dx}{\delta^{1/4}}.$$

Unter Beachtung von (458) folgt daraus

$$W = \frac{0{,}045}{0{,}37^{1/4}}\,b\,\varrho\,U_\infty^2\left(\frac{\nu}{U_\infty}\right)^{1/5}\int\limits_{x=0}^{x=l} x^{-1/5}\,dx = 0{,}072\,\varrho\,U_\infty^2\,b\,l\left(\frac{\nu}{U_\infty l}\right)^{1/5}.$$

Als *Widerstandsziffer* der Platte erhält man damit nach der Definition (433)

$$c_f = 0{,}072\left(\frac{\nu}{U_\infty l}\right)^{1/5} = \frac{0{,}072}{Re_{(l)}^{1/5}}.$$

Auf Grund der Meßergebnisse wird die Zahl 0,072 besser durch 0,074 ersetzt, so daß

$$c_f = \frac{0{,}074}{Re_{(l)}^{1/5}}\qquad (459)$$

wird, wo $Re_{(l)} = \dfrac{U_\infty l}{\nu}$ ist.

---

[1] v. KÁRMÁN, TH.: Über laminare und turbulente Reibung. Z. angew. Math. Mech. (1921) S. 233.

Die hier eingeführte Wandschubspannung τ_0 ist auf Grund des BLASIUSschen Gesetzes (151) berechnet worden, das — wie früher angegeben — nur für Re-Zahlen $\frac{\bar{v}\,d}{\nu} < 10^5$ Gültigkeit besitzt. Man muß also erwarten, daß auch Gl. (459) nur einen beschränkten Gültigkeitsbereich besitzt. Weiter ist zu bedenken, daß bei einer vorn zugespitzten Platte am vorderen Ende zunächst Laminarströmung herrscht, die erst später in die turbulente Form umschlägt. PRANDTL[1] hat deshalb vorgeschlagen, an Stelle von Gl. (459) einen Ausdruck von der Form

$$c_f = \frac{0{,}074}{Re_{(l)}^{1/5}} - \frac{1700}{Re_{(l)}} \tag{460}$$

zu verwenden. SCHLICHTING[2] variiert die Zahl 1700 für verschiedene kritische Re-Zahlen. Der Wert 1700 entspricht einem $Re_{krit} = 5 \cdot 10^5$.

Um den Umschlag der laminaren Strömungsart in die turbulente zu kennzeichnen, bezieht man die REYNOLDSsche Zahl häufig auch auf die Grenzschichtdicke, setzt also

$$Re_{(\delta)} = \frac{U_\infty \delta}{\nu}\,. \tag{461}$$

Nach Messungen von BURGERS und VAN DER HEGGE ZIJNEN[3] schwankt der kritische Wert $Re_{(\delta)}$ etwa zwischen 1650 und 3500, während HANSEN[4] für den Umschlag $Re_{(\delta)} = 3100$ fand.

Setzt man nun in (461) die Grenzschichtdicke nach Gl. (435) ein, so würde dem kritischen Wert

$$Re_{(\delta)\,krit} \approx 3000$$

eine auf die Lauflänge x bezogene Re-Zahl $Re_{(x)krit} = \left(\frac{U_\infty x}{\nu}\right)_{krit} = 3{,}6 \cdot 10^5$ entsprechen. Bei sehr störungsfreien Luftströmen kann dieser Wert nach amerikanischen Messungen (s. Lit.-Zitat 1 auf S. 263) zu etwa $3 \cdot 10^6$ angenommen werden.

Um auch für größere Re-Zahlen brauchbare Werte für c_f zu bekommen, kann man an Stelle des $1/7$ Potenzgesetzes der Geschwindigkeitsverteilung, wie es der obigen Berechnung zugrunde gelegt wurde, das *logarithmische Gesetz* (161a) der Rohrströmung in die Impulsgleichung (442) einführen, das für beliebig große Re-Zahlen gilt. Auf Grund dieser Rechnung gibt SCHLICHTING[5] die folgende Interpolationsformel für die Widerstandsziffer der turbulenten Plattengrenzschicht an

$$c_f = \frac{0{,}455}{[\log Re_{(l)}]^{2{,}58}}; \qquad Re_{(l)} = \frac{U_\infty l}{\nu}\,. \tag{462}$$

Soll auch hier der laminare Bereich an der Plattenvorderkante berücksichtigt werden, so kann man — ähnlich wie in (460) — an Stelle von (462) setzen

$$c_f = \frac{0{,}455}{[\log Re_{(l)}]^{2{,}58}} - \frac{1700}{Re_{(l)}}\,, \tag{462a}$$

wobei der Zahlenwert 1700 entsprechend einem Umschlag der laminaren Strömung bei $\frac{U_\infty x}{\nu} = 5 \cdot 10^5$ gewählt wurde[6]. Das vorstehende Gesetz gilt für Re-Zahlen bis etwa $\frac{U_\infty l}{\nu} = 10^9$.

---

[1] PRANDTL, L.: Ergebn. Aerodyn. Versuchsanst. Göttingen, I. Lief. (1923) S. 136.
[2] SCHLICHTING, H.: Grenzschichttheorie (1958) S. 501.
[3] BURGERS, J. M., u. B. G. VAN DER HEGGE ZIJNEN: Measurements of the velocity distribution in the boundary layer along a plane surface, Delft 1924.
[4] HANSEN, M.: Abhandl. aus dem Aerodyn. Inst. d. T. H. Aachen (1928) Heft 8, S. 39.
[5] SCHLICHTING, H.: Ergebn. Aerodyn. Versuchsanst. Göttingen, IV. Lief. (1932) S. 18.
[6] SCHLICHTING, H.: Grenzschichttheorie (1958) S. 503.

In Abb. 176 ist c_f als Funktion von $Re_{(l)}$ auf Grund der obigen Formeln aufgetragen[1]. Die Gerade *1* bezeichnet den laminaren Bereich, die Kurve *2* das Übergangsgebiet und *3* den turbulenten Bereich (wegen Kurve *4* vgl. S. 276).

Die vorstehenden Überlegungen beziehen sich ausschließlich auf hydraulisch *glatte* Platten. Bei *rauhen* Platten treten — ähnlich wie bei den Rohrströmungen — erhebliche Abweichungen in den Ergebnissen ein. Als „relative Rauhigkeit" kann man bei Platten die dimensionslose Größe $\frac{k}{\delta}$ einführen, wo k[cm] eine Rauhigkeitslänge bezeichnet. Während nun bei Rohrströmungen die relative Rauhigkeit über die ganze Rohrlänge konstant ist (konstantes k vorausgesetzt), ändert sich dieser Wert bei Platten entsprechend der Veränderlichkeit von $\delta = \delta(x)$. Man hat dann im vorderen Plattenteil (kleines δ) ein großes, stromabwärts dagegen ein ständig kleiner werdendes $\frac{k}{\delta}$. Zur Berechnung des Widerstandsbeiwertes rauher Platten kann man wieder die bei Rohrströmungen gefundenen Gesetzmäßigkeiten auf die Platte umrechnen, wobei man zunächst zweckmäßig von der „Sandkornrauhigkeit" ausgeht (vgl. I, Ziffer 18, f). Derartige Rechnungen sind von PRANDTL und SCHLICHTING[2], entsprechende Messungen von SCHULTZ-GRUNOW[3] und KEMPF[4] durchgeführt worden[5].

c) Turbulente Grenzschichten mit Druckgradienten

Bei der Strömung längs einer ebenen Platte ist die Geschwindigkeit U_∞ der Potentialströmung am äußeren Rande der Grenzschicht konstant, der Druckgradient in der Grenzschicht also gleich Null. Bei den praktisch wichtigen Körperformen von Schiffen, Flugzeugtragflügeln, Turbinenschaufeln usw. ist dies jedoch nicht der Fall. Vielmehr tritt bei der Umströmung derartiger Körper teilweise Druckabfall, teilweise Druckanstieg auf. Bei letzterem besteht aber, wie schon die Betrachtungen an laminaren Grenzschichten gezeigt haben, die Möglichkeit der *Ablösung* der Grenzschicht von der Körperwand. Die bisherigen Rechnungen an der ebenen Platte geben darüber keine Auskunft, da dort niemals

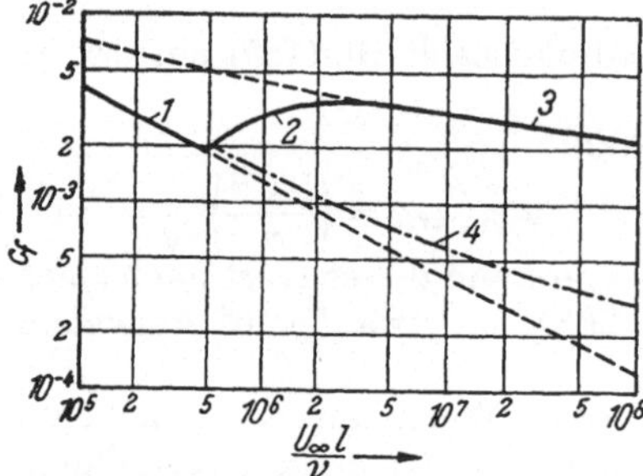

Abb. 176. Widerstandsziffer c_f der ebenen Platte im laminaren (*1*) und turbulenten (*3*) Bereich

der Fall $\left(\frac{\partial u}{\partial y}\right)_{(y=0)} = 0$ auftreten kann, welcher für den Beginn der Ablösung maßgebend ist (vgl. Ziffer 18, c). Bei *mäßigen* Krümmungen der Körperwand können die obigen Gesetze für die Wandschubspannung τ_0 bzw. die Widerstandsziffer c_f noch verwendet werden, solange keine wesentliche Ablösung auftritt. Bei größerem Druckanstieg dagegen muß die Frage geklärt werden, ob und an welcher Stelle gegebenenfalls eine Ablösung der Grenzschicht stattfindet. Zur Lösung dieser Frage ist man noch weitgehend auf die Benutzung halbempirischer Ansätze angewiesen, besonders hinsichtlich der Form der Geschwindigkeits-

---

[1] Umfangreiche experimentelle Untersuchungen sind von J. NIKURADSE durchgeführt und in einem Bericht „Turbulente Reibungsschichten an der Platte" zusammengestellt, der von der Zentrale für wissensch. Berichtswesen d. Luft.-Forschg. herausgegeben wurde (München u. Berlin: R. Oldenbourg 1942). Vgl. dazu auch S. DHAWAN: Direct measurements of skin friction, NACA-Rep. 1121 (1953).

[2] PRANDTL, L., u. H. SCHLICHTING: Das Widerstandsgesetz rauher Platten. Werft Reed. Hafen (1934) S. 1 bis 4.

[3] SCHULTZ-GRUNOW, F.: Jb. schiffbautechn. Ges. Bd. 39 (1938) S. 176 bis 199.

[4] KEMPF, G.: Jb. schiffbautechn. Ges. Bd. 38 (1937) S. 159 u. 233.

[5] Vgl. dazu auch K. WIEGHARDT: Betrachtungen zum Zähigkeitswiderstand von Schiffen, Jb. schiffbautechn. Ges. Bd. 52 (1958) S. 184 ff.

profile und der Wandschubspannung, die beide wesentlich vom Druckgradienten abhängen. Ausgangspunkt all dieser Rechnungen sind wieder der Impuls- und Energiesatz der Grenzschicht. Eine abgeschlossene Theorie dieses äußerst schwierigen Problems liegt heute noch nicht vor, weshalb auf Einzelheiten an dieser Stelle nicht weiter eingegangen werden soll[1].

20. Über die Entstehung der Turbulenz

Bei den früheren Betrachtungen sowohl über turbulente Rohrströmungen als auch über turbulente Grenzschichten wurde bislang nur *die ausgebildete Turbulenz* ins Auge gefaßt. Dieser Zustand wurde zunächst als eine gegebene physikalische Tatsache angesehen, ohne daß dabei die Frage nach der *Entstehung der Turbulenz* diskutiert wurde. Wie man weiß, stellen die laminaren Strömungen auch für beliebig große REYNOLDSsche Zahlen eine strenge Lösung der hydrodynamischen Gleichungen dar. Da sie aber unter gegebenen Voraussetzungen (großen Re-Zahlen) nicht beobachtet werden, sprach REYNOLDS wohl als erster die Vermutung aus, daß die Laminarbewegung gegebenenfalls *instabil* wird und in die turbulente Strömungsform umschlägt. Unterstellt man diese Annahme als richtig, so kann man zur Erklärung des Phänomens theoretisch folgendermaßen vorgehen: Man denkt sich der anfangs laminaren Bewegung kleine Störungen überlagert. Klingen diese mit der Zeit bzw. im weiteren Verlauf der Bewegung ab, so ist die Laminarbewegung stabil, vergrößern sie sich dagegen in zunehmendem Maße, dann ist sie instabil und *kann* in die turbulente Form umschlagen. Die Frage nach der Entstehung der Turbulenz ist nach dieser Anschauung ein *Stabilitätsproblem* (ähnlich dem Knick- oder Beulproblem der Elastizitätstheorie)[2]. Zu seiner Lösung kann die Methode der kleinen Schwingungen herangezogen werden.

Der Behandlung dieser für die ganze Hydrodynamik äußerst wichtigen Frage ist seit REYNOLDS von vielen bedeutenden Forschern große Aufmerksamkeit geschenkt worden. Ohne hier auf die historische Entwicklung näher eingehen zu können, soll der grundlegende Gedanke nachstehend wenigstens andeutungsweise angegeben werden, wobei als Ziel der Aufgabe die theoretische Bestimmung der kritischen REYNOLDSschen Zahl anzusehen ist.

Der Betrachtung sei eine *ebene* Bewegung zugrunde gelegt, für welche bei Vernachlässigung von Massenkräften die hydrodynamischen Grundgleichungen (416) und (417) gelten. [Die über bzw. unter die beiden Gln. (416) gesetzten Maßstabsgrößen denke man sich fortgelassen.] Die stationäre laminare Grundströmung habe die Geschwindigkeitskomponenten $\bar{u}$, $\bar{v}$ und den Druck $\bar{p}$, denen jetzt die Störungskomponenten $u'(x, y, t)$, $v'(x, y, t)$, $p'(x, y, t)$ überlagert werden sollen, so daß

$$u = \bar{u} + u'; \quad v = \bar{v} + v'. \quad p = \bar{p} + p' \tag{463}$$

die entsprechenden Werte der gestörten Gesamtbewegung sind, welche jetzt die Gln. (416) und (417) zu erfüllen haben. Dabei sollen u', v' p' sehr viel kleiner als $\bar{u}$, $\bar{v}$, $\bar{p}$ sein. Der Einfachheit halber sei noch angenommen, daß $\bar{u} = \bar{u}(y)$ nur Funktion von y und $\bar{v} = 0$ ist (Schichtenströmung). Setzt man jetzt die Ausdrücke (463) mit $\bar{u} = \bar{u}(y)$ und $\bar{v} = 0$ in die Gln. (416) und (417) ein, so erhält

---

[1] Eine zusammenfassende Darstellung dieses Gebietes findet man bei H. SCHLICHTING: Grenzschichttheorie (1958) S. 529ff., wo auch die einschlägige Literatur angegeben ist. Vgl. auch E. TRUCKENBRODT: Ing.-Arch. Bd. 22 (1952) S. 212, sowie Ziffer 18 f dieses Buches.

[2] Eine Erklärung der Turbulenz auf statistischer Grundlage hat W. HEISENBERG gegeben. Z. Phys. Bd. 124 (1948) S. 628.

man aus der ersten Gleichung von (416) wegen $\dfrac{\mu}{\varrho} = \nu$

$$(\bar{u} + u')\frac{\partial u'}{\partial x} + v'\frac{\partial}{\partial y}(\bar{u} + u') + \frac{\partial u'}{\partial t} = -\frac{1}{\varrho}\frac{\partial}{\partial x}(\bar{p} + p') + \nu\left[\frac{\partial^2 u'}{\partial x^2} + \frac{\partial^2 (\bar{u} + u')}{\partial y^2}\right].$$

Für die laminare Grundströmung allein muß aber auch die erste Gleichung von (416) gelten, d. h. es muß sein (unter den oben gemachten Annahmen)

$$0 = -\frac{1}{\varrho}\frac{\partial \bar{p}}{\partial x} + \nu\frac{\partial^2 \bar{u}}{\partial y^2}.$$

Damit nimmt der vorhergehende Ausdruck, in dem nach Voraussetzung u' als klein gegen $\bar{u}$ gestrichen werden kann, die Form an

$$\bar{u}\frac{\partial u'}{\partial x} + v'\frac{\partial \bar{u}}{\partial y} + \frac{\partial u'}{\partial t} = -\frac{1}{\varrho}\frac{\partial p'}{\partial x} + \nu\left(\frac{\partial^2 u'}{\partial x^2} + \frac{\partial^2 u'}{\partial y^2}\right). \tag{464}$$

Entsprechend liefert die zweite NAVIER-STOKESsche Gleichung, wenn das quadratische Glied $v'\dfrac{\partial v'}{\partial y}$ als klein vernachlässigt wird,

$$\bar{u}\frac{\partial v'}{\partial x} + \frac{\partial v'}{\partial t} = -\frac{1}{\varrho}\frac{\partial p'}{\partial y} + \nu\left(\frac{\partial^2 v'}{\partial x^2} + \frac{\partial^2 v'}{\partial y^2}\right), \tag{465}$$

während die Kontinuitätsgleichung lautet

$$\frac{\partial u'}{\partial x} + \frac{\partial v'}{\partial y} = 0. \tag{466}$$

Zu diesen drei Gleichungen in u', v', p' treten noch die Randbedingungen, wonach u' und v' an der festen Berandung der Strömung (Rohr, Platte), und, bei einer Grenzschichtströmung, auch in großer Entfernung von der Wand ($y \to \infty$) verschwinden müssen.

Eliminiert man aus (464) und (465) den Druck p', indem man die erste Gleichung nach y, die zweite nach x differenziert und dann (465) von (464) subtrahiert, so entsteht eine Gleichung, die nur noch u' und v' als Unbekannte enthält. Diese können aber zwecks Befriedigung der Kontinuitätsgleichung (466) wieder durch Einführung einer Stromfunktion $\psi(x, y, t)$ wie folgt dargestellt werden

$$u' = \frac{\partial \psi}{\partial y}; \quad v' = -\frac{\partial \psi}{\partial x}. \tag{467}$$

Setzt man diese Ausdrücke in die durch Elimination des Druckes p' aus (464) und (465) gewonnene Gleichung ein, so entsteht eine Differentialgleichung vierter Ordnung, die als einzige Unbekannte die Stromfunktion ψ enthält.

Um nun mit Hilfe dieser Gleichung etwas über die Stabilität der laminaren Grundströmung aussagen zu können, muß zunächst eine Festsetzung über die Art der Störungsbewegung gemacht werden. Als solche soll eine in der x-Richtung verlaufende Wellenbewegung eingeführt werden, die sich auf FOURIERsche Art in einzelne Partialschwingungen aufspalten läßt. Für die Stromfunktion einer solchen Schwingung kann der Ansatz

$$\psi = f(y)\, e^{i(\alpha x - \beta t)} \tag{468}$$

gemacht werden, wobei an Stelle einer trigonometrischen Funktion die exponentiell komplexe Schreibweise gewählt wird. (Physikalisch kommt für die Schwingung nur der reelle Anteil dieses Ausdrucks in Frage.)

In (468) bezeichnen $f(y)$ die Amplitudenfunktion der Störungsbewegung, $\alpha = \dfrac{2\pi}{\lambda}$ die Anzahl der Wellenlängen λ auf 2π Längeneinheiten, d. h. $\lambda = \dfrac{2\pi}{\alpha}$

die Wellenlänge der Schwingung, und

$$\beta = \beta_1 + i\,\beta_2$$

eine komplexe Größe, deren reeller Teil β_1 die Kreisfrequenz der Schwingung, und deren imaginäres Glied β_2 eine Anfachungs- bzw. Dämpfungsgröße darstellt. Der Quotient $\frac{\beta_1}{\alpha}$ gibt die Fortpflanzungsgeschwindigkeit der Störung an. Setzt man

$$e^{i(\alpha\,x-\beta\,t)} = e^{i[\alpha\,x-(\beta_1+i\,\beta_2)t]},$$

so erkennt man, daß für $\beta_2 > 0$ der reelle Teil des Exponenten positiv wird. In diesem Falle wächst ψ mit der Zeit, die Schwingungen werden also *angefacht*, was gleichbedeutend ist mit einer *Instabilität* der laminaren Grundströmung. Dagegen tritt für $\beta_2 < 0$ *Dämpfung* ein, die Strömung ist also *stabil*. Schließlich gibt der Wert $\beta_2 = 0$ die Grenze der Stabilität an. Die ihm entsprechenden Schwingungen werden als „neutrale Schwingungen" bezeichnet.

Setzt man nun den Ausdruck (468) in die oben aus (464), (465) und (467) gewonnene Gleichung für ψ ein, so erhält man eine gewöhnliche lineare Differentialgleichung für $f(y)$ von der Form

$$(\alpha\,\bar{u}-\beta)\left[\frac{d^2 f(y)}{d y^2} - \alpha^2 f(y)\right] - \alpha\,\frac{d^2\bar{u}}{d y^2}\,f(y)$$
$$= -i\,\nu\left[\frac{d^4 f(y)}{d y^4} - 2\,\alpha^2\,\frac{d^2 f(y)}{d y^2} + \alpha^4 f(y)\right], \qquad (469)$$

welche als *Differentialgleichung der Störungsbewegung* bezeichnet wird. Man kann diese Gleichung noch dimensionslos machen, indem man alle Längen auf eine charakteristische Länge d und alle Geschwindigkeiten auf eine charakteristische Geschwindigkeit $\bar{u}_m$ der Grundströmung bezieht (etwa die maximale oder mittlere Geschwindigkeit). Dann erscheint in (469) neben den drei Parametern α, β_1, β_2 noch die REYNOLDSsche Zahl $Re = \dfrac{\bar{u}_m\,d}{\nu}$.

Aufgabe der Stabilitätsuntersuchung ist nun die Lösung der Gl. (469) für eine vorgegebene Laminarströmung mit verschiedenen Geschwindigkeitsprofilen $\bar{u}(y)$, wobei Re als bekannt anzusehen ist. Es handelt sich dabei um ein Eigenwertproblem, bei dem für vorgegebene Re-Zahlen und ebenfalls gegebene Wellenlängen λ die zugehörigen Eigenwerte $\beta = \beta_1 + i\beta_2$ und Eigenfunktionen (Eigenlösungen) $f(y)$ zu bestimmen sind. Aus dem Vorzeichen von β_2 läßt sich dann erkennen, ob die Laminarströmung unter den gemachten Voraussetzungen stabil ist oder nicht (s. oben).

Die mathematische Behandlung des vorstehend in seinen Grundzügen skizzierten Problems ist äußerst schwierig und hat lange nicht zu dem erhofften Erfolge geführt, was z. T. auf unzulässige Vereinfachungen der Gl. (469) zurückzuführen war. Erst im Jahre 1929 gelang es TOLLMIEN[1] durch eine entsprechende Verfeinerung der Theorie, besonders hinsichtlich des Einflusses der Zähigkeit auf die Störungsbewegung, eine kritische REYNOLDSsche Zahl für die längsangeströmte ebene Platte theoretisch zu bestimmen. Später wurde diese Theorie durch andere namhafte Forscher systematisch weiter ausgebaut. Eine Darstellung des gesamten Fragenkomplexes findet man bei SCHLICHTING[2], wo auch umfangreiche Literaturangaben über die neuste Entwicklung zu finden sind[3].

---

[1] TOLLMIEN, W.: Über die Entstehung der Turbulenz. Nachr. Ges. Wiss. Göttingen, math.-phys. Kl. (1929) S. 21; Z. angew. Math. Mech. (1947) S. 33 u. 70. Vgl. dazu auch H. SCHLICHTING: Zur Entstehung der Turbulenz bei der Plattenströmung. Nachr. Ges. Wiss. Göttingen, math.-phys. Kl. (1933) S. 182 u. (1935) S. 47; Z. angew. Math. Mech. Bd. 13 (1933) S. 171, sowie Amplitudenverteilung und Energiebilanz der kleinen Störungen bei der Plattenströmung. Nachr. Ges. Wiss. Göttingen, math.-phys. Kl. Fachgruppe I (1935) S. 47 bis 78.   [2] SCHLICHTING, H.: Grenzschichttheorie, 3. Aufl. (1958) S. 346 bis 427.

[3] Vgl. auch den zusammenfassenden Bericht in Forsch. Ing.-Wes. Bd. 16 (1950) S. 65.

Welches sind nun die Ergebnisse dieser Stabilitätstheorie? Zunächst sei bemerkt, daß man auf Grund der Tollmienschen Rechnungen eine sogenannte „*Indifferenzkurve*" angeben kann, durch die sich der stabile vom instabilen Bereich abtrennen läßt. Abb. 177 zeigt die Indifferenzkurve für die längsangeströmte ebene Platte mit dem von Blasius angegebenen Geschwindigkeitprofil $\bar{u}(y)$ der Laminarströmung[1]. Als Abszisse ist die auf die Verdrängungsdicke δ^* und die ungestörte Anströmungsgeschwindigkeit U_∞ bezogene Re-Zahl $\dfrac{U_\infty \delta^*}{\nu}$ aufgetragen, als Ordinate $\alpha \, \delta^* = \dfrac{2\,\pi}{\lambda}\,\delta^*$ (λ = Wellenlänge der Störung). Die Kurve $\beta_2 = 0$ bestimmt die Grenze des stabilen Bereichs der Strömung. Durch die Tangente an die Indifferenzkurve parallel zur Ordinatenachse wird die kritische Re-Zahl festgelegt, unterhalb welcher die Störungen gedämpft verlaufen. Danach ist

$$Re_{krit} = \left(\frac{U_\infty \delta^*}{\nu}\right)_{krit} = 420 \, .$$

Setzt man hier die Verdrängungsdicke δ^* aus (436 b) ein, so entspricht dem obigen Wert eine auf die Lauflänge x bezogene kritische Re-Zahl $\dfrac{U_\infty \, x}{\nu} \approx 0{,}59 \cdot 10^5$. Auf

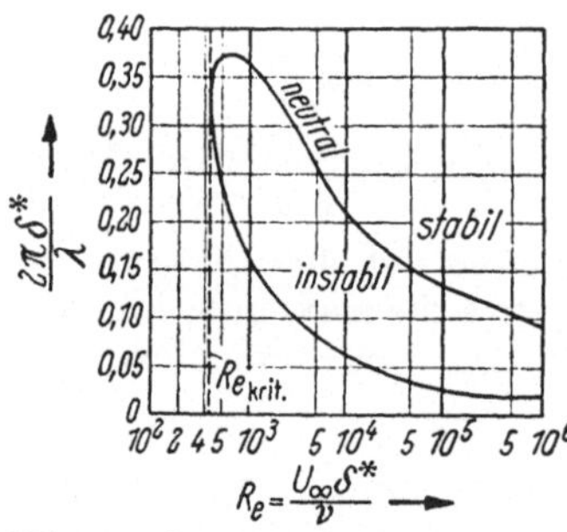

Abb. 177. „Indifferenzkurve" für die Grenzschicht an der ebenen Platte

S. 257 wurde die durch Messung bestimmte kritische $Re_{(x)}$-Zahl zu $3{,}6 \cdot 10^5$ angegeben. Dieser nicht unerhebliche Unterschied läßt sich daraus erklären, daß die berechneten Störungswellen, welche zur Instabilität führen, sehr langgestreckt sind, im Gegensatz zur eigentlichen Turbulenz, die wesentlich kurzwelliger ist. Die errechnete kritische Re-Zahl gibt also erst die *Grenze der Stabilität* an, aber noch nicht den *Umschlag* in die turbulente Strömungsform. *Dieser erfolgt stets erst in einem gewissen Abstand stromabwärts vom theoretisch berechneten Instabilitätspunkt.*

Ein wichtiges *Stabilitätskriterium*, das mit der Form des Geschwindigkeitsprofils $\bar{u}\,(y)$ in unmittelbarem Zusammenhang steht, konnte ebenfalls von Tollmien[2] nachgewiesen werden. Es besagt, daß bei *hinreichend großen Re-Zahlen Geschwindigkeitsprofile mit Wendepunkt instabil sind* (vgl. Abb. 171). Wendepunkte treten — wie früher bereits erklärt — bei Strömungen mit *Druckanstieg* auf, während bei Druckabfall die Profile frei sind von Wendepunkten. *Druckabfall bedeutet also Stabilität, Druckanstieg dagegen Labilität.*

Bei der längsangeströmten Platte besitzt das laminare Geschwindigkeitsprofil einen Wendepunkt am Plattenrand $y = 0$ $\left[\text{vgl. Gl. (419) wegen } \dfrac{d\,U}{d\,x} = 0\right]$. Es liegt also ein Grenzfall des Wendepunktkriteriums vor. Daß hier trotzdem bei entsprechend großen Re-Zahlen Instabilität auftritt, ist auf eine anfachende Wirkung der Zähigkeit zurückzuführen, durch welche Energie von der Hauptbewegung an die Störungsbewegung abgegeben wird.

Die Ergebnisse der Tollmienschen Theorie konnten zunächst durch den Versuch nicht bestätigt werden, so daß vielfach Zweifel an der Gültigkeit dieser Theorie entstanden. Auf Grund von Windkanalmessungen wurde die Vermutung ausgesprochen, daß der Umschlag der Laminarströmung auf Störungen in der Luftzuführung zurückzuführen sei, nicht aber auf die der Theorie zugrunde liegenden Störungswellen.

---

[1] Nach Schlichting: Grenzschichttheorie (1958) S. 368.

[2] Tollmien, W.: Ein allgemeines Kriterium der Instabilität laminarer Grenzschichten. Nachr. Ges. Wiss. Göttingen, math.-phys. Kl. Fachgr. I (1935) S. 79.

Als Maß für die Störungen eines Luftstrahls führt man den *Turbulenzgrad*

$$T = \frac{1}{U_\infty} \sqrt{\frac{1}{3}\left(\overline{u'^2} + \overline{v'^2} + \overline{w'^2}\right)}$$

ein, wobei die Wurzel das arithmetische Mittel aus den quadratischen Mittelwerten der turbulenten Schwankungskomponenten (vgl. S. 72) darstellt. Durch die experimentellen Arbeiten, welche G. B. Schubauer und H. K. Skramstad[1] in einem äußerst turbulenzarmen Windkanal des „National-Bureau of Standard" in Washington ausführten, wurde 1943 festgestellt, daß die von der Theorie abweichenden Meßergebnisse auf zu große Turbulenzgrade der Windkanäle — die normalerweise etwa 1 % betragen — zurückzuführen sind. Würde man nämlich ausschließlich den Turbulenzgrad T der Luftströmung für den Umschlag laminar — turbulent verantwortlich machen, so müßte die kritische Re-Zahl immer größer werden, wenn man T ständig verkleinert. Die von den amerikanischen Forschern angestellten Untersuchungen zeigten nun folgendes Ergebnis: Zuerst nimmt Re_{krit} (wie erwartet) mit kleiner werdendem T tatsächlich zu. Sobald jedoch der Turbulenzgrad den geringen Wert von 0,1 % erreicht hat (kritischer Turbulenzgrad)[2], bleibt Re_{krit} bei weiter fallendem Turbulenzgrad konstant. Das heißt: oberhalb 0,1 % wird der Umschlag durch *äußere* Störungen herbeigeführt, *unterhalb* dieses Wertes dagegen durch die von der Theorie vorausgesetzten sinusförmigen Störungswellen. Der kritische $Re_{(x)}$-Wert, bei welchem der *Umschlag* eintrat, wurde zu $Re_{(x)} \approx 3 \cdot 10^6$ festgestellt. Weitere Messungen ergaben auch hinsichtlich der Wellenlänge und Frequenz der Störungswellen gute Übereinstimmung mit der Theorie, die damit durch diese Versuche eine starke Stütze gefunden hat.

In diesem Zusammenhang sei noch auf eine besondere Eigenart der in Windkanälen auftretenden Turbulenz hingewiesen, da diese maßgebend ist für die Übertragbarkeit von an Modellen gefundenen Meßergebnissen auf Großausführungen (vgl. S. 156). Das gilt besonders dann, wenn die Strömung um Körper untersucht werden soll, die nicht — wie im Windkanal — ruhen, sondern in ruhender Luft bewegt werden (Flugzeuge, Automobile usw.). Man ist deshalb daran interessiert, die Windkanalturbulenz möglichst gering zu halten. Umfangreiche Messungen mit Hitzdrahtsonden von H. L. Dryden und seinen Mitarbeitern[3] haben gezeigt, daß in einiger Entfernung von den zur Beruhigung des Luftstromes eingebauten Sieben oder Gittern die Mittelwerte der turbulenten Schwankungsgrößen nach allen Richtungen gleich groß sind, weshalb der *Turbulenzgrad* sich einfacher in der Form

$$T = \frac{1}{U_\infty} \sqrt{\overline{u'^2}}$$

darstellen läßt. Man bezeichnet diese Erscheinung als *isotrope Turbulenz*. Der Turbulenzgrad ist wesentlich abhängig von der Maschenweite der im Windkanal eingebauten Siebe oder Gitter. Durch Verwendung mehrerer entsprechend feinmaschiger Siebe läßt sich T auf die geringen oben angegebenen Werte herabsetzen. Im übrigen haben die Messungen von Dryden und seinen Mitarbeitern gezeigt, daß der Turbulenzmechanismus nicht allein von der Größe der Schwankungsgeschwindigkeit abhängt, sondern außerdem von einer charakteristischen Länge L, welche mit der Größe der „Turbulenzballen" in Zusammenhang steht und ebenso wie T von der Maschenweite der Gitter abhängt. Theoretische Arbeiten hierüber liegen vor von G. J. Taylor und Th. v. Kármán[4].

Die Tollmien-Schlichtingschen Rechnungen wurden zunächst nur für die *Plattengrenzschicht* $\left(\dfrac{dp}{dx} = 0\right)$ durchgeführt. Untersuchungen an *Grenzschichten mit Druckgradienten*, die Schlichting und Ulrich[5] sowie Pretsch[6] nach der Tollmienschen Methode angestellt haben, zeigten, daß die kritischen Re-Zahlen bei Druckanstieg erheblich kleiner, bei Druckabfall entsprechend größer sind als bei der Platte, was aus den früheren Betrachtungen zu erwarten war.

Ein neues wichtiges Anwendungsgebiet der Stabilitätstheorie ist die Untersuchung der Grenzschichtströmung für *kompressible* Flüssigkeiten, die in der

---

[1] NACA-Geheimbericht, April 1943 (jetzt freigegeben) und J. aeronaut. Sci. Bd. 14 (1947) S. 69. Vgl. auch NACA-Rep. 909 (1948).

[2] Vgl. hierzu auch H. Stefaniak: Bemerkungen zu dem Begriff „kritischer Turbulenzgrad". Z. angew. Math. Mech. Bd. 32 (1952) S. 275.

[3] Rep. nat. Advisory Committee Aeronautics, Washington Nr. 320, 342, 448, 581.

[4] Vgl. dazu L. Prandtl: Führer durch die Strömungslehre, 3. Aufl. (1949) S. 125 u. 132. wo auch entsprechende Literaturhinweise zu finden sind.

[5] Schlichting, H., u. A. Ulrich: Jb. dtsch. Luftf.-Forschg. I 8 (1942).

[6] Pretsch, J.: Jb. dtsch. Luftf.-Forschg. I 58 (1941).

Gasdynamik eine erhebliche Rolle spielt (vgl. S. 385). Dabei hat sich gezeigt, daß der Einfluß der Kompressibilität auf die Größe der kritischen *Re*-Zahl gering ist, solange kein Wärmeübergang von der Wand zur strömenden Flüssigkeit stattfindet. Im andern Falle dagegen macht sich ein erheblicher Einfluß auf die Stabilität der Strömung bemerkbar[1].

Zum Abschluß dieser Betrachtungen möge noch eine Bemerkung über die *stabilisierende (bzw. destabilisierende) Wirkung der Zentrifugalkräfte in gekrümmten Grenzschichten* folgen. Bei der Strömung längs einer konvex gekrümmten Wand unterliegen die wandnahen Teilchen der Grenzschicht infolge ihrer geringen Geschwindigkeit im Gegensatz zu den äußeren Teilchen nur kleinen Zentrifugalkräften. Sie wirken also stabilisierend, was einer Abschwächung der turbulenten Vermischung entspricht. Das Entgegengesetzte tritt ein bei konkav gekrümmten Wänden, da jetzt die schnelleren Teilchen nach innen zu wandern suchen und damit die Vermischung in der Grenzschicht verstärken[2].

Über die neuere Entwicklung der Turbulenzforschung gibt auch ein zusammenhängender Bericht von W. Tollmien Auskunft[3].

21. Flüssigkeitswiderstand und Widerstandsziffer

a) Allgemeine Bemerkungen über den Flüssigkeitswiderstand

Aus der Erfahrung ist bekannt, daß ein fester Körper bei der Bewegung in einer natürlichen Flüssigkeit einen Widerstand zu überwinden hat. Die gewöhnliche Potentialtheorie vermag die Entstehung eines solchen Widerstandes nicht zu erklären (D'Alembertsches Paradoxon, vgl. Ziffer 12). Bei der ebenen Strömung mit „Zirkulation" — z. B. um einen Tragflügel — ergibt sich in der reibungsfreien Flüssigkeit wohl ein „Auftrieb", rechtwinklig zur Strömungsrichtung, aber kein Widerstand.

Einen Versuch, den Flüssigkeitswiderstand auf potentialtheoretische Weise zu bestimmen, stellen die Kármánschen Untersuchungen an den sogenannten „Wirbelstraßen" dar. Diese Theorie liefert zwar unter bestimmten Voraussetzungen eine befriedigende Übereinstimmung mit der Wirklichkeit. Sie kann aber dabei nicht auf die experimentelle Bestimmung gewisser, ihr eigentümlicher Größen verzichten, welche gerade mit dem *nichtidealen* Verhalten der Flüssigkeit in Zusammenhang stehen (vgl. Ziffer 14e).

Eine physikalische Erklärung des Widerstandsproblems läßt sich nur geben, wenn auf die *Flüssigkeitsreibung* Rücksicht genommen wird, wie bereits aus den speziellen Betrachtungen der vorhergehenden Kapitel ersichtlich ist. Indessen handelt es sich dabei um Sonderfälle, wie z. B. die „schleichenden" Bewegungen der Ziffer 17 oder die mit Hilfe der Grenzschichttheorie berechneten *Wandschubspannungen* an Platten oder gewölbten Körperformen.

Das Studium der Grenzschichtströmung führte zu der Erkenntnis, daß sich die Grenzschicht unter gewissen Voraussetzungen von der Körperwand „ablöst", was zu meist starken Wirbelbildungen hinter dem Körper führt, die ihr Äquivalent in einem entsprechenden Widerstand haben. An der rückwärtigen Körperseite werden nämlich die der Potentialströmung entsprechenden Drücke nicht mehr erreicht, so daß eine *Druckdifferenz* in Strömungsrichtung entsteht (Ziffer 18c).

---

[1] Lees, L., u. C. C. Lin: Investigation of the stability of the laminar boundary layer in a compressible fluid. Technical Note of the National Advisory Committee for Aeronautics. Washington 1115 (1946).

[2] Prandtl, L.: Einfluß stabilisierender Kräfte auf die Turbulenz. Vortr. aus d. Gebiete d. Aerodynamik, Aachen 1929, S. 5. Vgl. auch H. Wilcken: Ing.-Arch. Bd. 1 (1930) S. 357 und H. Görtler: Z. angew. Math. Mech. Bd. 21 (1941) S. 250.

[3] Tollmien, W.: Z. angew. Math. Mech. Bd. 33 (1953) S. 200.

Der dadurch bedingte Widerstand — d. h. die vektorielle Summe aller Druck-spannungen — wird als *Druckwiderstand* bezeichnet. Er bildet zusammen mit dem aus den Wandschubspannungen resultierenden *Reibungs- oder Oberflächen-widerstand* den *Gesamtwiderstand des Körpers*[1].

Der *Reibungswiderstand* hängt — wie oben ausführlich erläutert wurde — abgesehen von der Güte der Körperoberfläche (hydraulisch glatt oder rauh) wesentlich davon ab, ob die Grenzschicht laminar oder turbulent strömt. Da laminare Grenzschichten erheblich kleinere Wandschubspannungen erzeugen als turbulente, wird man zwecks Kleinhaltung des Reibungswiderstandes bestrebt sein müssen, die laminare Grenzschicht möglichst lange am Körper zu erhalten oder, anders gesprochen, den „Umschlagpunkt" möglichst weit nach strom-abwärts zu verlegen. Diese Frage ist besonders für die Flugtechnik wichtig, wo man sogenannte *Laminarprofile* für die Tragflügel entwickelt hat, die durch lange laminare Lauflängen gekennzeichnet sind. Da nach Ziffer 19a der Umschlag-punkt in der Nähe des Druckminimums (bzw. Geschwindigkeitsmaximums) der Potentialströmung liegt, ist es nötig, die Stelle der größten Profildicke möglichst weit nach rückwärts zu verlegen (vgl. dazu S. 276).

Um den *Druckwiderstand* klein zu halten, muß der in der Flüssigkeit bewegte Körper eine solche Form erhalten, daß das hinter ihm entstehende Wirbelgebiet (Kielwasser) möglichst klein wird. Hydrodynamisch gesprochen heißt das: Die „Ablösungsstelle" der Grenzschicht muß soweit als möglich nach rückwärts verlegt werden. Eine nach hinten spitz bzw. schlank verlaufende Körperform liefert also unter sonst gleichen Voraussetzungen einen geringeren Druckwider-stand als eine mehr oder weniger stumpf abschneidende, da ja die Ablösungsstelle wesentlich von der Größe des Druckgradienten in der Grenzschicht abhängt. Bei entsprechend schlanken Körperformen kann man es erreichen, daß der Druckwiderstand in sehr geringen Grenzen gehalten wird (vgl. hierzu die Druck-verteilung in Abb. 133, die derjenigen aus der Potentialströmung sehr nahe kommt).

b) Die Widerstandsziffer

Obwohl die Vorgänge, die zur Entstehung des Flüssigkeitswiderstandes führen, physikalisch vollkommen geklärt sind, ist die theoretische Bestimmung des Gesamtwiderstandes eines Körpers von beliebiger Form z. Z. noch nicht möglich. Bereits NEWTON konnte feststellen, daß dieser Widerstand proportional der größten Querschnittsfläche F des Körpers quer zur Bewegungsrichtung (Hauptspant), der Flüssigkeitsdichte ϱ und dem Quadrat der Körpergeschwin-digkeit U (bei ruhend angenommener Flüssigkeit) ist. Man erkennt sofort, daß das Produkt $\varrho U^2 F$ die Dimension einer Kraft [kp] hat. Den dimensionslosen Proportionalitätsfaktor c — die sogenannte *Widerstandsziffer* oder *Widerstands-zahl* — nahm NEWTON als eine Konstante an, die nur von der Gestalt des Körpers auf der *Vorderseite* abhängen sollte. Heute weiß man dagegen (s. oben), daß für die Größe des Widerstandes — und damit auch für c — besonders die *rück-wärtige* Ausbildung der Körperform maßgebend ist, und daß c außerdem i. allg. von der die Strömung kennzeichnenden REYNOLDSschen Zahl abhängt. Nach dem REYNOLDSschen Ähnlichkeitsgesetz ist c bei *geometrisch ähnlichen* Körpern nur so lange konstant, als die Re-Zahl $\dfrac{U\,l}{\nu}$ (l = charakteristische Längen-abmessung des Körpers) dieselbe bleibt. Über die Größe c selbst kann man, von einigen Sonderfällen abgesehen, allerdings zunächst nichts aussagen.

---

[1] Diese Definition bezieht sich zunächst nur auf Körper, die vollkommen in Flüssigkeit eingetaucht sind (Flugzeuge, U-Boote, Kraftfahrzeuge usw.). Bei Schiffen, die an einer freien Oberfläche bewegt werden, tritt dazu noch der *Wellenwiderstand*, welcher durch das am Bug und Heck entstehende Wellensystem erzeugt wird (vgl. Ziffer 13 e).

Es ist heute fast allgemein üblich als Proportionalitätsfaktor nicht c, sondern $c = \dfrac{c_w}{2}$ zu setzen und das Widerstandsgesetz in der Form

$$W = c_w \frac{\varrho}{2} U^2 F \qquad (470)$$

anzuschreiben. Das hat den Vorteil, daß jetzt der Faktor $\dfrac{\varrho}{2} U^2$ auftritt, der — besonders in der Aerodynamik — als *Staudruck* bezeichnet und durch das Zeichen $q = \dfrac{\varrho}{2} U^2$ ausgedrückt wird, so daß

$$W = c_w q F. \qquad (470\,\text{a})$$

Gl. (470) ist noch kein „Gesetz" im physikalischen Sinne, sondern lediglich eine Definition der Widerstandsziffer, die ihrerseits die Unbekannte des Problems darstellt. Ihre Ermittlung für beliebig gestaltete Körper (z. B. Automobile, Brückenträger, Bauwerke aller Art) ist z. Z. nur auf experimentellem Wege — insbesondere durch Messung in Windkanälen — möglich.

Die oben angedeutete Abhängigkeit der Widerstandsziffer von der REYNOLDS-schen Zahl zeigte sich bereits bei den in Ziffer 18d und 19 durchgeführten Rechnungen an laminaren und turbulenten Grenzschichten ebener Platten [Gl. (434) und (460)][1]. Sie ist aber auch bei *gewölbten* Körperformen wie Kugeln, Zylindern, Ellipsoiden usw. vorhanden, bei denen über die relative Lage der Ablösungsstelle von vornherein nichts Bestimmtes ausgesagt werden kann. Es kommt dabei wesentlich darauf an, ob die Grenzschichtströmung laminar oder turbulent verläuft. Früher wurde bereits bemerkt, daß die turbulente Grenzschicht länger an der Körperoberfläche haftet als die laminare. Bei laminarer Ablösung liegt die Ablösungsstelle in der Nähe des größten Körperquerschnitts, und es bildet sich hinter dem Körper ein breites Wirbelgebiet aus, das einen großen Druckwiderstand und damit großes c_w zur Folge hat. Dieser Fall tritt ein bei kleinen Re-Zahlen. Bei größerer Geschwindigkeit bzw. großer Re-Zahl schlägt die laminare Grenzschichtströmung, bevor sie sich vom Körper ablöst, in die turbulente Form um, und zwar mitunter ganz plötzlich, d. h. ohne ein wesentliches Übergangsgebiet. Die Ablösungsstelle verschiebt sich dabei weiter stromabwärts, und das Wirbelgebiet wird entsprechend schmaler. Die Folge davon ist ein fast plötzliches Absinken des c_w-Wertes. Man spricht in solchen Fällen von einem *unterkritischen* und einem *überkritischen Gebiet*. Abb. 178 gibt die Verhältnisse für einen unendlich langen Kreiszylinder wieder (ebene Strömung), der senkrecht zu seiner Achse angeströmt wird[2]. Die REYNOLDssche Zahl $\dfrac{U d}{\nu}$ ist dabei auf den Zylinderdurchmesser bezogen; U ist die ungestörte Anströmungsgeschwindigkeit. Zwischen $Re = 15000$ und 180000 ist c_w nahezu konstant. Der Widerstand wird also in diesem Bereich nach (470) ungefähr proportional dem Geschwindigkeitsquadrat. Der oben erwähnte Umschlag beginnt bei etwa $Re = 2 \cdot 10^5$. Man erkennt den scharfen Sprung in der Widerstandskurve, wonach c_w von etwa $1,2$ auf $0,3$ abfällt. Ähnliche Verhältnisse liegen vor bei anderen gewölbten Körpern.

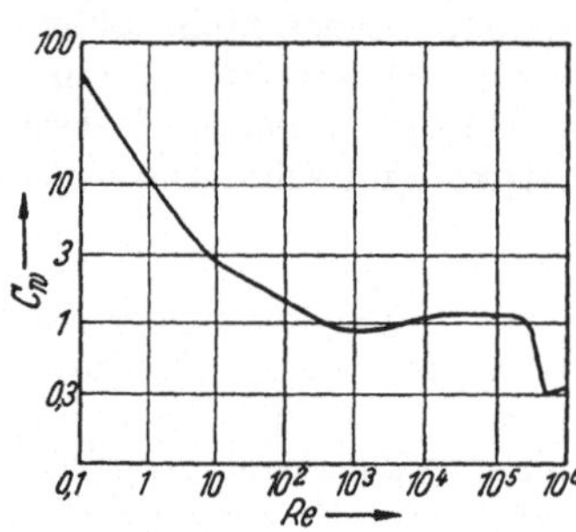

Abb. 178. Widerstandsziffer $c_w = f(Re)$ für den unendlich langen Kreiszylinder

---

[1] Die Widerstandsziffer wurde dort mit c_f bezeichnet, da es sich nur um *Reibungswiderstand* handelt (f von Friktion = Reibung).

[2] Ergebn. Aerodyn. Versuchsanst. Göttingen, II. Lief. (1923) S. 22ff.

Entsprechende Zahlenangaben über die Größe von c_w sind in Hütte Bd. 1, 28. Aufl. 1955 S. 796 zu finden[1].

Für *Kugeln* wurde in Windkanälen die kritische Re-Zahl $\left(\dfrac{U\,d}{v}\right)_{krit}$ (d = Kugeldurchmesser) etwa zwischen $1{,}5 \cdot 10^5$ bis $3{,}5 \cdot 10^5$ gemessen. Dieses unterschiedliche Verhalten ist auf die Verschiedenheit des Turbulenzgrades T der betreffenden Kanäle zurückzuführen (vgl. S. 263). Bei großem Turbulenzgrad wird der Umschlag laminar-turbulent eher erfolgen als bei kleinem und damit eine kleinere kritische Re-Zahl beobachtet. Messungen in der freien Atmosphäre (vom Flugzeug aus) haben gezeigt, daß Re_{krit} etwa bei $3{,}9 \cdot 10^5$ liegt, und zwar unabhängig von atmosphärischen Schwankungen. Das läßt darauf schließen, daß die großen Turbulenzballen der atmosphärischen Luft die Vorgänge in der Grenzschicht praktisch überhaupt nicht beeinflussen. Der Wert $Re_{krit} = 3{,}9 \cdot 10^5$ entspricht damit praktisch einem turbulenzfreien (oder doch sehr turbulenzarmen) Luftstrom. Aus diesem Grunde wird häufig das Verhältnis dieses Wertes zu der in einem Windkanal gemessenen kritischen Re-Zahl als ein Maß für die Turbulenz des betreffenden Kanals verwendet. Als kritische Re-Zahl der Kugel gilt dabei diejenige, für welche die Widerstandsziffer $c_w = \dfrac{W}{q\,F} = 0{,}3$ ist $\left(F = \dfrac{\pi\,d^2}{4}\right)$. Der Wert

$$\varphi = \frac{3{,}9 \cdot 10^5}{Re_{krit\,(Kanal)}} \geqq 1$$

kann somit als „Turbulenzfaktor" definiert werden. Je größer φ ist, desto turbulenzreicher ist der betreffende Kanal. Der Turbulenzfaktor φ läßt sich leichter durch Messung bestimmen als der auf S. 263 eingeführte Turbulenzgrad T, ist aber weniger eindeutig als letzterer.

In denjenigen Fällen, wo der Reibungswiderstand klein ist gegenüber dem Druckwiderstand, ist eine merkliche Abhängigkeit des c_w-Wertes von der REYNOLDSschen Zahl nicht vorhanden. Die Widerstandsziffer ist dann für eine bestimmte Körperform eine Konstante, und es gilt das *quadratische* Widerstandsgesetz. Das trifft z. B. zu für dünne Platten, deren Ebene senkrecht zur Strömungsrichtung steht. Hier ist c_w lediglich ein Formfaktor, der nicht von Re, wohl aber vom Seitenverhältnis der Platte abhängt. So ist z. B. für *rechteckige Platten* von der Breite b und der Höhe h

$$\text{für } \frac{b}{h} = 1 \qquad 2 \qquad 4 \qquad 10 \qquad 18 \qquad \infty,$$
$$c_w = 1{,}10 \quad 1{,}15 \quad 1{,}19 \quad 1{,}29 \quad 1{,}40 \quad 2{,}01\,.$$

Für die *Kreisplatte* ist — unabhängig vom Durchmesser — $c_w = 1{,}11$.

Die Unabhängigkeit der Widerstandsziffer von der Re-Zahl ist in solchen Fällen darauf zurückzuführen, daß erstens der Reibungswiderstand klein ist gegenüber dem Druckwiderstand und daß zweitens die Grenzschichtablösung unabhängig von Re stets an der gleichen Stelle, nämlich an den scharfen Kanten erfolgt. Diese Erscheinung gilt danach nicht nur für Platten, sondern für alle Körper mit quer überströmten scharfen Kanten. Ausgeschlossen sind dabei lediglich Strömungen mit sehr kleinen Re-Zahlen. So wird z. B. bei Kreisscheiben für $Re < 80$ eine merkliche Abhängigkeit des c_w-Wertes von der Re-Zahl beobachtet[2].

Neuerdings spielt bei den ständig wachsenden Geschwindigkeiten der Kraftfahrzeuge der Luftwiderstand auch auf diesem Gebiet der Technik eine große Rolle. Bei Geschwindigkeiten $U \leqq 70\,\dfrac{km}{h}$ ist er noch relativ gering gegenüber dem sogenannten *Rollwiderstand*, steigt dann aber schnell an, da er ungefähr quadratisch mit der Geschwindigkeit wächst. Man ist deshalb heute bestrebt, den Kraftfahrzeugen Formen zu geben, die auf möglichste Kleinhaltung des Luftwiderstandes hinzielen. Während bei älteren Bauformen die c_w-Werte noch bei etwa 0,6 bis 0,5 lagen (bei offenen Wagen noch höher) sind diese Werte bei den modernen Wagentypen auf 0,3 bis 0,25 herabgedrückt worden.

---

[1] Über den Einfluß der Kompressibilität vgl. A. NAUMANN: Luftwiderstand der Kugel bei hohen Unterschallgeschwindigkeiten. Allg. Wärmetechnik (1953) Heft 10, S. 217.

[2] PRANDTL, L.: Führer durch die Strömungslehre, 3. Aufl. (1949) S. 178.

Häufig interessiert man sich — besonders im Hinblick auf die Festigkeitsuntersuchungen — nicht nur für den Gesamtwiderstand eines Körpers, sondern auch für die *Druckverteilung* über die Körperoberfläche. Das gilt — abgesehen von Tragflügeln u. dgl., über die später noch zu sprechen sein wird — besonders für *Bauwerke* der verschiedensten Art, die unter dem *Einfluß von Windkräften* stehen. Sofern es sich dabei um Körperformen mit quer überströmten scharfen Kanten handelt — was in der Regel[1] der Fall ist — wird c_w praktisch unabhängig von der REYNOLDSschen Zahl, so daß Modellversuche ohne weiteres auf die Großausführung übertragen werden können. Gewisse Fehlerquellen sind bei dieser Übertragung allerdings unvermeidbar. Sie rühren einerseits daher, daß es sich bei dem natürlichen Wind nicht um eine *stationäre* Strömung handelt, wie sie der Gl. (470) zugrunde liegt, sondern um eine sowohl nach Richtung und Stärke als auch der Höhe nach mehr oder weniger veränderliche Bewegung, weshalb man geeignete Mittelwerte für U anzunehmen hat. Andererseits spielt auch die Bodenbeschaffenheit (Rauhigkeit) in der Umgebung des Bauwerks eine wesentliche Rolle, die sich im Modellversuch nur schwer nachahmen läßt.

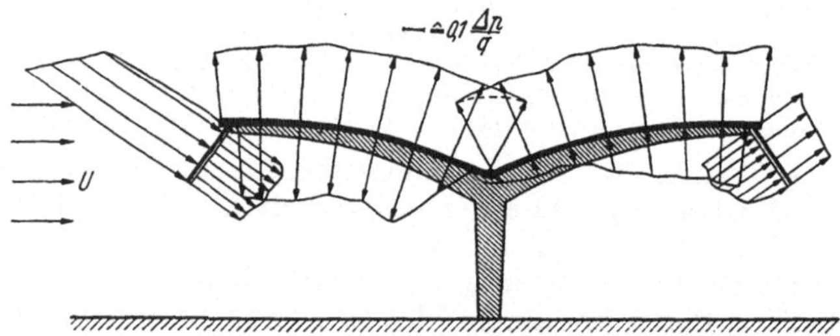

Abb. 179a. Windkraftverteilung auf eine frei stehende Bahnsteigüberdachung

Winddruckverteilungen über die Oberfläche eines (geometrisch ähnlichen) Bauwerksmodelles können in Windkanälen manometrisch gemessen werden. Dies geschieht entweder dadurch, daß an dem Modell feine Bohrungen angebracht werden, die den an der betreffenden Stelle herrschenden Druck mittels eines Schlauches an das Manometer weiterleiten, oder man verwendet unmittelbar sehr feine Drucksonden, die mit einem Manometer in Verbindung stehen (vgl. dazu I, Ziffer 5).

Die Abb. 179a bis c zeigen das Ergebnis derartiger Messungen an einer Bahnsteigüberdachung[2]. In allen drei dargestellten Fällen ist Wind von links auf die beiderseits mit Glasschürzen versehene Überdachung angenommen. Die längs des Daches und der Schürzen eingetragene Pfeilrichtung gibt an, ob es sich jeweils um Über- oder Unterdruck $\Delta p = p - p_0$ handelt. Alle Druckordinaten sind auf den ungestörten Staudruck $q = \dfrac{\varrho}{2}\, U^2$ bezogen. Die kleinen Unregelmäßigkeiten in den Druckdiagrammen sind auf Ungenauigkeiten der Modelloberfläche zurückzuführen. Während Abb. 179a die frei stehende Überdachung zeigt, sind in Abb. 179b und c außerdem in den Bahnhof eingefahrene Züge dargestellt, und zwar einmal auf der linken, das andere Mal auf der rechten Seite. Man

---

[1] Ausnahmen bilden z. B. Schornsteine und Flüssigkeitsbehälter von kreisförmigem Querschnitt.

[2] Die Versuche wurden im Auftrag der Deutschen Bundesbahn im Institut für Strömungsmechanik der T.H. München von R. FRIMBERGER mit dem Ziele durchgeführt, die besonderen Verhältnisse zu klären, die bei Annahme eines im Bahnhof haltenden Zuges entstehen, da über diese Frage die bestehenden Vorschriften keine Auskunft geben. Das Versuchsmodell wurde von der Deutschen Bundesbahn freundlicherweise zur Verfügung gestellt.

erkennt aus den Figuren den starken Einfluß dieser Züge auf die Winddruckverteilung an der Bahnsteigüberdachung.

Als weiteres Beispiel dieser Art seien hier noch die Druckverteilungsmessungen angegeben, welche im Institut für Strömungsmechanik der T. H. München an Modellen für das Kuppelgebäude des in der Nähe von München erstellten Versuchsreaktors durchgeführt wurden. Es handelt sich dabei um ein Bauwerk, das angenähert die Form eines halben Rotationsellipsoides von der Höhe $h = 30$ m

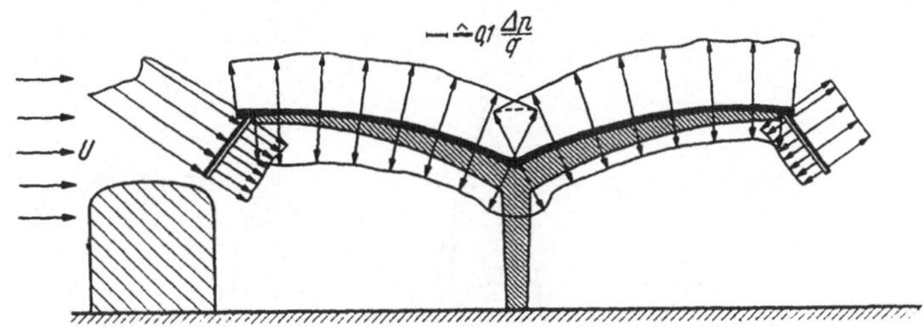

Abb. 179b. Überdachung mit links eingefahrenem Zug

und dem Durchmesser $d = 30$ m besitzt. Da das Windkanalmodell im Maßstab 1 : 100 hergestellt werden mußte, um tunlichst alle störenden Einflüsse des Strahlrandes auszuschalten (der Strahldurchmesser des Windkanals beträgt 1,5 m), mußte zunächst geprüft werden, ob eine Übertragung der am Modell gewonnenen Meßergebnisse auf die Großausführung zulässig ist. Zu diesem Zwecke wurden sowohl die Druckverteilungen als auch Gesamtauftrieb und Widerstand der Kuppel in Abhängigkeit von der REYNOLDSschen Zahl $Re = \dfrac{U\,d}{\nu}$ bestimmt. Es

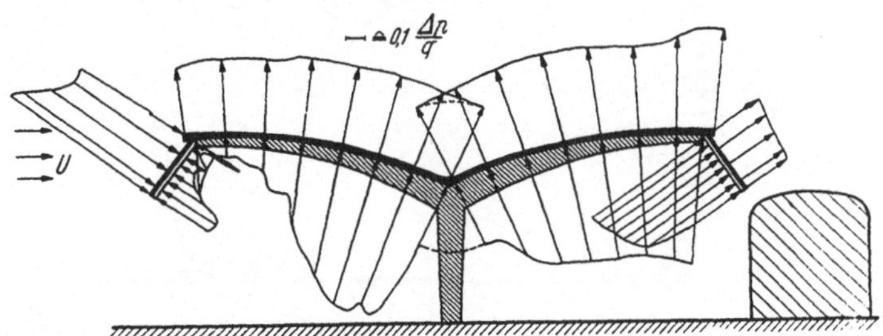

Abb. 179c. Überdachung mit rechts eingefahrenem Zug

ergab sich bei allen Messungen eine sehr ausgeprägte Umschlagstelle vom unterkritischen ins überkritische Gebiet. Im letzteren, das bei den für das Bauwerk eventuell gefährlich werdenden Windgeschwindigkeiten allein in Frage kommt, zeigte sich eine praktisch vollkommene Unabhängigkeit von der Re-Zahl, so daß eine Übertragung der Modellmessungen auf das wirkliche Bauwerk zulässig ist, da in diesem Bereich das quadratische Widerstandsgesetz gilt. [Die kritische Re-Zahl lag etwa bei $Re_{krit} = \left(\dfrac{U\,d}{\nu}\right)_{krit} = 4 \cdot 10^5$.]

Abb. 180a zeigt die (überkritische) Druckverteilung über den in der Anströmungsrichtung liegenden Meridianschnitt der vollkommen geschlossenen Kuppel (Vorder- und Rückseite). Die Unregelmäßigkeiten des Druckdiagramms am unteren Ende sind auf Grenzschichteinflüsse am Boden zurückzuführen. Auffällig ist besonders der starke Unterdruck in der Umgebung des Kuppelscheitels.

In Abb. 180b ist die Druckverteilung über den zur Anströmungsrichtung senkrechten Meridian aufgetragen. Man erkennt, daß es sich dabei durchweg um Unterdruck handelt. Auch hier sind die durch die Bodengrenzschicht be-

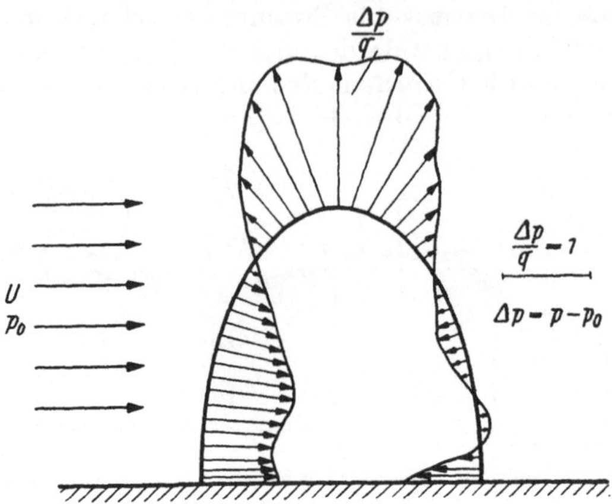

Abb. 180a. Windkraftverteilung über den in Strömungsrichtung liegenden Meridian eines Halbellipsoids

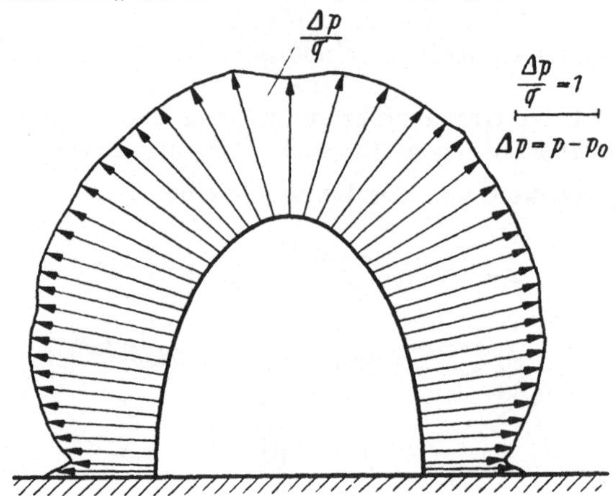

Abb. 180b. Windkraftverteilung über den zur Anströmungsrichtung senkrechten Meridian

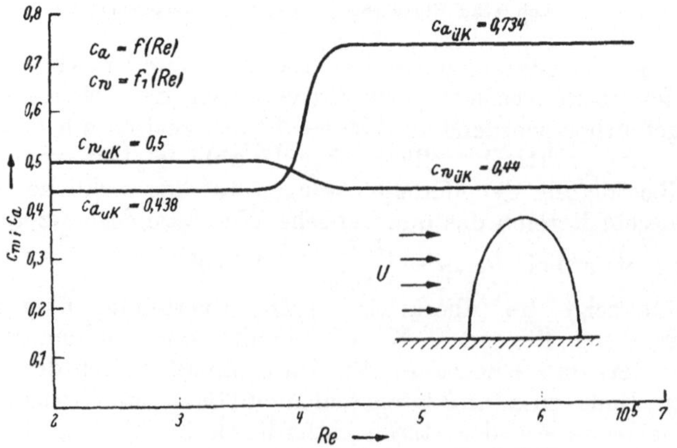

Abb. 180c. c_a und c_w als Funktion der Re-Zahl

wirkten Unregelmäßigkeiten am Fuße der Kuppel deutlich erkennbar. Bereits aus diesen beiden Diagrammen ist ersichtlich, in welcher Weise sich die Kuppel unter dem Einfluß der Windkraft verformen wird, ein Ergebnis, das für die Festigkeitsberechnung von Bedeutung ist und das auf theoretischem Wege wohl kaum gefunden werden kann.

Schließlich sind in Abb. 180c noch der Auftriebsbeiwert $c_a = \dfrac{A}{qF}$ und der Widerstandsbeiwert $c_w = \dfrac{W}{qF}\left(F = \dfrac{\pi d^2}{4}\right)$ über der Re-Zahl aufgetragen, woraus der plötzliche Umschlag vom unter- zum überkritischen Gebiet ersichtlich ist. Legt man als höchste Anströmungsgeschwindigkeit $U = 50$ m/s zugrunde, so ist $q = \dfrac{\varrho}{2}U^2 \approx 156\,\dfrac{\text{kp}}{\text{m}^2}$. Mit $F = 707$ m² ergibt sich daraus der erstaunlich hohe Auftrieb $A \approx 81 \cdot 10^3$ kp, während der Widerstand nur $W \approx 48{,}6 \cdot 10^3$ kp beträgt.

Aus den vorstehenden Beispielen dürfte wohl klar hervorgehen, daß nur systematische Messungen im Windkanal ein richtiges Bild von den wirklichen Druckverteilungen an derartigen Bauwerken liefern[1].

c) Experimentelle Bestimmung des Profilwiderstandes

Bei Körpern, deren Länge quer zur Strömungsrichtung wesentlich größer ist als ihre Querschnittsabmessungen — also z. B. bei Tragflügeln — nennt man die aus *Reibungs-* und *Druckwiderstand* gebildete Summe gewöhnlich den *Profilwiderstand*, da dieser ganz entscheidend von der *Profilform* des Körpers abhängt[2]. Seine exakte theoretische Ermittlung bereitet heute noch erhebliche Schwierigkeiten, was aus dem oben insbesondere über den Druckwiderstand Gesagten ohne weiteres einleuchten dürfte. Man ist deshalb zu seiner Bestimmung noch vielfach auf Messungen angewiesen[3].

Der Profilwiderstand steht in engem Zusammenhang mit der Verminderung der Strömungsenergie hinter dem Körper, so daß es möglich erscheint, aus dem Mechanismus der sogenannten *Nachlaufströmung* einen Schluß auf die Größe dieses Widerstandes zu ziehen. Am besten erkennt man dies, wenn man die Geschwindigkeitsverteilung unmittelbar hinter einer längsangeströmten Platte betrachtet (vgl. Abb. 173). Während vor der Platte überall die gleiche Geschwindigkeit U_∞ vorhanden ist, weist das Geschwindigkeitsprofil am hinteren Plattenende infolge der Grenzschicht eine Einbuchtung auf (Nachlaufdelle), die in weiterem Abstand hinter der Platte allmählich wieder ausgeglichen wird. Zwischen der Größe dieser „Delle" und dem Reibungswiderstand besteht ein ursächlicher Zusammenhang.

Die gleiche Überlegung kann man auch auf einen Körper von beliebigem Querschnitt (Profil) anwenden, bei dem die Nachlaufdelle außer durch die Grenzschicht selbst auch noch durch deren eventuelle Ablösung vom Körper bestimmt wird. Der Einfachheit halber soll nachstehend nur der Fall der *ebenen* Bewegung behandelt werden.

Betrachtet wird ein in der Strömung festgehaltener zylindrischer Körper, dessen Länge quer zur Strömungsrichtung man sich unendlich groß vorzustellen hat. Die ungestörte Anströmung sei stationär und habe wieder die Geschwindig-

---

[1] Vgl. hierzu auch O. Flachsbart: Die Belastung von Bauwerken durch Windkräfte in W. Kaufmann: Angew. Hydromechanik Bd. 2 (1934) S. 269.

[2] Es wird später gezeigt (S. 328), daß bei Tragflügeln außer dem Profilwiderstand noch ein von der endlichen Spannweite der Flügel abhängiger Widerstandsanteil auftritt.

[3] Sofern keine Ablösung der Grenzschicht eintritt, kann der Profilwiderstand mit Hilfe der Grenzschichttheorie in guter Übereinstimmung mit Versuchen *theoretisch* bestimmt werden. Vgl. dazu E. Truckenbrodt: Die Berechnung des Profilwiderstandes aus der vorgegebenen Profilform. Ing.-Arch. Bd. 21 (1953) S. 176 bis 186.

keit U_∞. In Abb. 181 bezeichne K den ruhend gedachten Körper, auf welchen durch die strömende Flüssigkeit in der x-Richtung eine Kraft P ausgeübt wird.

Zur Berechnung dieser Kraft, welche offenbar das Entgegengesetzte des Profilwiderstandes W ist, kann der *Impulssatz* angewandt werden, welcher es ermöglicht, die gesuchte Kraft W lediglich durch Ausmessung des „statischen Druckes" p und des „Gesamtdruckes" p_g über die Nachlaufdelle zu ermitteln. Diese Aufgabe ist auf zwei in der Methode etwas voneinander abweichende Arten gelöst worden, zuerst von A. Betz[1], später von B. M. Jones[2]. Beide Verfahren sind in ihrem Endergebnis als gleichwertig anzusehen. Da das von Jones in der Beweisführung und auch in der rechnerischen Auswertung das einfachere ist, soll dieses nachstehend besprochen werden.

Um den in Abb. 181 dargestellten Körper K denke man sich eine Kontrollfläche gelegt, die durch die beiden Ebenen $a-a'$ und $c-c'$ senkrecht zur Strömungsrichtung, sowie die beiden Ebenen $a-c$ und $a'-c'$ parallel zur Strömung bestimmt wird. In der Ebene $a-a'$, die in großer Entfernung vor dem Körper angenommen wird, bezeichnen p_∞ den ungestörten statischen Druck, $p_{g\infty}$ den Gesamtdruck, so daß $p_{g\infty} = p_\infty + \frac{\varrho}{2}\,U_\infty^2$ ist (vgl. S. 46). Die Ebene $c-c'$ sei so weit hinter dem Körper angenommen, daß die durch ihn verursachten Druckstörungen in dieser Ebene bereits abgeklungen sind, weshalb $p_1 = p_\infty$ gesetzt

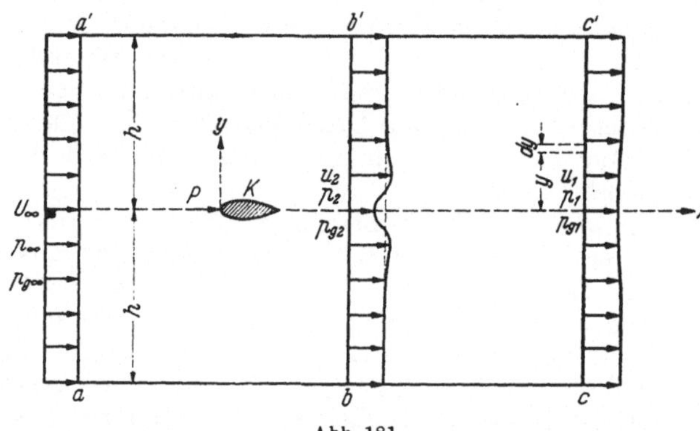

Abb. 181

werden kann. Das bedeutet aber nicht, daß dort die Geschwindigkeiten u_1 auch gleich U_∞ sind. Die Nachlaufgeschwindigkeiten klingen wesentlich langsamer ab als die Drücke. Für den Gesamtdruck der Ebene $c-c'$ erhält man somit

$$p_{g1} = p_\infty + \frac{\varrho}{2}\,u_1^2.$$

Da die Strömung stationär ist, muß nach dem Impulssatz der in der Zeiteinheit durch die Kontrollfläche austretende Impulsüberschuß in Richtung der x-Achse gleich der auf die abgegrenzte Flüssigkeitsmasse in der x-Richtung wirkenden Kraft sein.

Als Impulsüberschuß durch die Ebenen $a-a'$ und $c-c'$ ergibt sich, bezogen auf die Tiefe „Eins", $\varrho \int\limits_{y=-h}^{y=h} (u_1^2 - U_\infty^2)\,dy$. Weiter ist der Überschuß des durch $c-c'$ austretenden Flüssigkeitsvolumens über das durch $a-a'$ eintretende gleich $\int\limits_{y=-h}^{y=h} (u_1 - U_\infty)\,dy$. Wegen der Kontinuität muß ein gleich großes Volumen durch die Begrenzungsebenen $a-c$ und $a'-c'$ eintreten, das einen entsprechenden x-Impuls mitbringt, nämlich $\varrho U_\infty \int\limits_{y=-h}^{y=h} (u_1 - U_\infty)\,dy$. Dabei ist der Abstand h

---

[1] Betz, A.: Ein Verfahren zur direkten Ermittlung des Profilwiderstandes. Flugtechn. u. Motorluftsch. Bd. 16 (1925) S. 42; vgl. auch Prandtl-Tietjens: Hydro- u. Aeromechanik Bd. 2 (1931) S. 141 ff.

[2] Jones, B. M.: The measurement of profile drag by the pitot traverse method. Aeronaut. Research Committee Reports London (1936) S. 1688.

der beiden Kontrollebenen von der x-Achse so groß angenommen, daß dort die x-Komponente der Geschwindigkeit gleich dem ungestörten Wert U_∞ gesetzt werden kann.

Der gesamte austretende Impulsüberschuß ergibt sich jetzt zu

$$J = \varrho \int_{y=-h}^{y=h} (u_1^2 - U_\infty^2)\, dy - \varrho\, U_\infty \int_{y=-h}^{y=h} (u_1 - U_\infty)\, dy = \varrho \int_{y=-h}^{y=h} u_1 (u_1 - U_\infty)\, dy\,.$$

Da nach Voraussetzung der Druck p_1 in der Ebene $c-c'$ gleich dem ungestörten Druck p_∞ sein soll, liefern die Drücke keinen Beitrag zur Impulsgleichung. Als einzige auf die abgegrenzte Flüssigkeitsmasse wirkende Kraft kommt also der Widerstand W in Frage, der das Entgegengesetzte der Kraft P ist. Man erhält somit die Impulsgleichung

$$-W = \varrho \int_{y=-h}^{y=h} u_1 (u_1 - U_\infty)\, dy$$

oder

$$W = \varrho \int_{y=-h}^{y=h} u_1 (U_\infty - u_1)\, dy \quad \left[\frac{\text{kp}}{\text{m}}\right]. \tag{471}$$

In dieser Form ist der Ausdruck W für Messungen im Windkanal i. allg. noch nicht zu gebrauchen, da u_1 in einem zu großen Abstand vom Körper bestimmt werden müßte, damit $p_1 = p_\infty$ wird.

Man denke sich jetzt eine Ebene $b-b'$ nahe hinter dem Körper gelegt, in welcher die entsprechenden Werte u_2, p_2 und $p_{g\,2}$ maßgebend sind. Betrachtet man einen schmalen Stromfaden zwischen den Ebenen $b-b'$ und $c-c'$, so muß aus Kontinuitätsgründen $u_1\, dy = u_2\, dy'$ sein, wenn dy die Fadendicke in der Ebene $c-c'$ und dy' die zugehörige Dicke in der Ebene $b-b'$ ist. Damit kann (471) auch wie folgt geschrieben werden

$$W = \varrho \int_{y'=-h}^{y'=h} (U_\infty - u_1)\, u_2\, dy'. \tag{472}$$

Die Geschwindigkeiten U_∞ und u_1 lassen sich durch die oben angegebenen *Gesamtdrücke* wie folgt ausdrücken

$$U_\infty = \sqrt{\frac{2}{\varrho}\,(p_{g\infty} - p_\infty)}\,; \qquad u_1 = \sqrt{\frac{2}{\varrho}\,(p_{g1} - p_\infty)}\,.$$

Entsprechend gilt für u_2

$$u_2 = \sqrt{\frac{2}{\varrho}\,(p_{g2} - p_2)}\,.$$

Setzt man diese Werte in (472) ein, so wird

$$W = 2 \int_{y'=-h}^{y'=h} \sqrt{p_{g2} - p_2}\left(\sqrt{p_{g\infty} - p_\infty} - \sqrt{p_{g1} - p_\infty}\right) dy'.$$

Unter der Voraussetzung, daß die Strömung zwischen den Ebenen $b-b'$ und $c-c'$ *verlustlos* vor sich geht, ist nach der BERNOULLIschen Gleichung der Gesamtdruck $p_{g1} = p_{g\,2}$ (Annahme von JONES), womit schließlich die vorstehende Gleichung, in der nun wieder y an Stelle von y' geschrieben werden kann, übergeht in

$$W = 2 \int_{y=-h}^{y=h} \sqrt{p_{g2} - p_2}\left(\sqrt{p_{g\infty} - p_\infty} - \sqrt{p_{g2} - p_\infty}\right) dy. \tag{473}$$

Die ungestörten Werte $p_{g\infty}$ und p_∞ sind als gegeben anzusehen. Es kommt somit zur Berechnung von W jetzt nur noch auf die Messung des Gesamtdrucks $p_{g\,2}$ und des statischen Druckes p_2 über den Querschnitt $b-b'$ an. Da aber *außerhalb* der Nachlaufdelle der Integrand von (473) wegen $p_{g\,2} = p_{g\infty}$ verschwindet.

so hat man das *Integral nur über die Delle zu erstrecken*, worauf der große Vorteil dieser Methode beruht. (Entsprechendes gilt auch für das oben erwähnte Verfahren von BETZ.)

22. Maßnahmen zur Grenzschichtbeeinflussung

Die in den Ziffern 18 bis 21 angestellten Überlegungen haben gezeigt, welch entscheidenden Einfluß das Verhalten der Grenzschicht auf die Größe des Widerstandes ausübt, den ein fester Körper in einer Strömung erfährt. Insbesondere ging daraus hervor, daß die rein laminare Grenzschicht ohne Ablösung den geringsten Widerstand liefert und daß andererseits frühzeitige Ablösung der Grenzschicht von der Körperwand ein großes Wirbelgebiet hinter dem Körper und damit einen besonders hohen Druckwiderstand zur Folge hat. Man hat deshalb nach Mitteln gesucht, durch welche die Grenzschicht derart beeinflußt wird, daß a) eine Ablösung entweder ganz verhindert oder in ihrer Auswirkung wesentlich abgeschwächt wird und b) daß die nicht abgelöste Grenzschicht möglichst lange laminar bleibt.

Daß man durch entsprechende Formgebung der Körper, insbesondere des stromabwärts liegenden Teiles, bereits zu einer relativen Verminderung des Widerstandes gelangen kann, wurde weiter oben schon hervorgehoben. Insbesondere sind die früher erwähnten „Laminarprofile" der Flugzeuge dafür ein typisches Beispiel (vgl. S. 265). Bei Strömungen mit größeren Druckgradienten läßt sich jedoch eine Ablösung ohne besondere Maßnahmen i. allg. nicht vermeiden.

Das optimal Erreichbare wäre es, wenn durch konstruktive Mittel die Ausbildung einer Grenzschicht überhaupt unmöglich gemacht werden könnte. Das wäre offenbar dann der Fall, wenn die Körperoberfläche sich an jeder Stelle mit der gleichen Geschwindigkeit bewegen würde wie die umgebende Flüssigkeit. Es ist einleuchtend, daß sich eine derartige Maßnahme praktisch niemals vollkommen verwirklichen läßt. Man erhält jedoch davon eine Vorstellung, wenn man einen senkrecht zu seiner Achse angeströmten Zylinder in Rotation versetzt. Durch entsprechende Wahl der Winkelgeschwindigkeit kann man erreichen, daß auf der Seite, auf welcher Flüssigkeit und Körperumfang sich gleichsinnig bewegen, überhaupt keine Ablösung auftritt. Auf der gegenüberliegenden Seite dagegen wird die Grenzschicht infolge der Drehung des Zylinders abgebremst und kommt zur Ablösung bzw. Wirbelbildung. Man erhält dann ein Strömungsbild, das sich nur wenig von dem Idealbild der Abb. 124 unterscheidet, und das zu dem bereits früher besprochenen *Magnuseffekt* führt (vgl. S. 175). Danach entsteht eine Kraft *quer* zur Strömungsrichtung (Quertrieb), während der Widerstand in Strömungsrichtung nur gering ist. Abgesehen von dem schon in Ziffer 12 erwähnten FLETTNER-*Rotor* hat dieses Verfahren, das zuerst von PRANDTL zur Prüfung seiner Grenzschichttheorie angewandt wurde, bisher keine praktische Bedeutung erlangt.

Eine weitere Möglichkeit zur Verhinderung der Grenzschichtablösung besteht darin, daß die gegen steigenden Druck strömenden Flüssigkeitsteilchen der Grenzschicht durch besondere Maßnahmen *beschleunigt* werden. Bei Tragflügeln hat man dies durch Ausblasen von Frischluft auf der Flügeloberseite aus dem Innern des Flügels zu erreichen versucht[1] (Abb. 182). Jedoch hat dieses Verfahren den Nachteil, daß eine anfangs noch laminare Grenzschicht durch den ausgeblasenen Luftstrom stark gestört und damit turbulent wird, was eine Erhöhung des Reibungswiderstandes zur Folge hat. Auch bereitet die Unterbringung des Gebläses im Flügelinnern gewisse konstruktive Schwierigkeiten.

---

[1] SEEWALD, F.: Z. Flugtechn. u. Motorluftsch. Bd. 18 (1927) S. 350.

Mit Vorteil werden dagegen in der Flugtechnik sogenannte *Schlitzflügel*[1] verwendet. Das sind Flügel, bei denen vor dem eigentlichen Tragflügel ein *Vorflügel* in geeigneter Stellung so angeordnet ist, daß ein düsenförmiger Spalt zwischen beiden Flügeln entsteht (Abb. 182a). Die durch den Schlitz mit großer Geschwindigkeit eindringende Luft führt der gegen steigenden Druck strömenden Grenzschicht neue Energie zu und verhindert damit ihre Ablösung. Da diese Anordnung auch noch bei großen „Anstellwinkeln" der Flügel wirksam ist, lassen sich damit besonders große Flügelauftriebswerte erzielen (vgl. dazu S. 309). Das gleiche Prinzip liegt dem sogenannten TOWNEND-Ring zugrunde, einem kreisförmig gebogenen Vorflügel, der besonders zur Herabsetzung des Stirnwider-

Abb. 182. Ausblasen von Frischluft zur Grenzschichtbeeinflussung

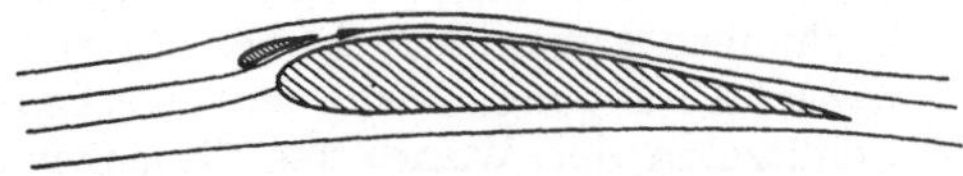

Abb. 182a. Anordnung eines „Schlitzflügels" vor dem Hauptflügel

standes von Körpern mit mehr oder weniger stumpf ausgebildeter Vorderseite (z. B. Sternmotoren bei Flugzeugen) verwendet werden kann.

Hilfsflügel werden auch bei verschiedenen anderen Strömungsvorgängen benützt, die ohne eine derartige Maßnahme mit starker Ablösung und Wirbelbildung verbunden wären. In diesem Zusammenhange sei nur auf die bereits früher besprochene Anordnung von *Umlenkschaufeln* in stark gekrümmten Kanälen (z. B. Windkanälen) hingewiesen (Abb. 76). Durch diese Maßnahme wird erreicht, daß der Druckanstieg an der Krümmerwand wesentlich herabgesetzt und damit eine Ablösung verhindert oder doch stark gemildert wird. Auch bei Kanalströmungen, in welche vorn oder hinten stumpf ausgebildete Körper eingebaut sind, können Hilfsflügel zur Herabsetzung des Widerstandes mit Vorteil verwendet werden, wenn damit die Ablösung der Grenzschicht vermieden wird. Ein Beispiel dafür zeigt Abb. 183, in der die Möglichkeit angedeutet ist, wie sich durch Anordnung von Vorflügeln die Ablösungserscheinungen stark herabsetzen lassen[2].

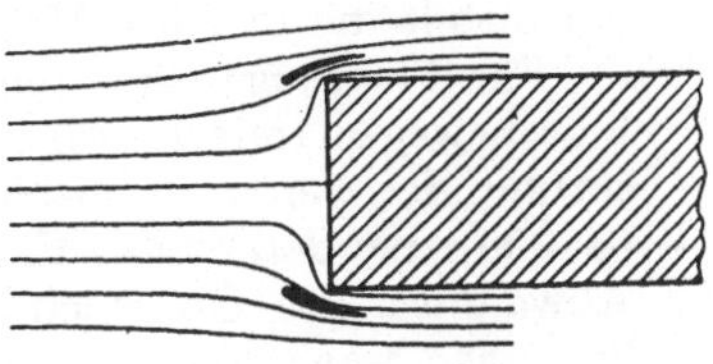

Eine Methode, die nach den neueren Erfahrungen den größten Erfolg zu versprechen

Abb. 183. Vorflügel zur Herabsetzung des Stirnwiderstandes

scheint, ist das *Absaugen der Grenzschicht*. Dieses Verfahren ist zuerst von PRANDTL[3] angewandt worden, um die Ablösung der Grenzschicht im Druckanstiegsgebiet von Zylindern und an stark erweiterten Diffusorwandungen (Abb. 72a) zu verhindern. Zu diesem Zwecke wurden ein oder mehrere Schlitze in der Wand eines hohl ausgeführten Zylinders bzw. in der Diffusorwand angeordnet. Durch das Absaugen des im Druckanstiegsgebiet bereits stark abgebremsten Grenzschichtmaterials wird vor den Schlitzen eine Druckminderung erzeugt, so daß die sich hinter dem Schlitz neu bildende Grenzschicht jetzt in die Lage versetzt wird, den neuerlichen Druckanstieg zu überwinden. Auf diese Weise kann bei entsprechender Anordnung des Schlitzes eine Ablösung vollkommen vermieden werden. Auch zur Leistungssteigerung von Flugzeugtragflächen ist dieses Verfahren verwandt worden, da sich bei Vermeidung der Ab-

---

[1] HANDLAY-PAGE: Engineering Bd. 111 (1921) S. 274. Vgl. auch A. BETZ: Ber. u. Abhandl. der Wissensch. Gesellsch. f. Luftfahrt (1922) Heft 6.

[2] Vgl. dazu G. FLÜGEL: Jb. schiffbautechn. Ges. (1930) S. 87.

[3] Vgl. dazu L. PRANDTL: Führer durch die Strömungslehre, 3. Aufl. (1949) S. 135.

lösung an der Flügeloberseite (Saugseite) eine entsprechende Vergrößerung des Flügelauftriebs erreichen läßt[1]. Vom praktischen Standpunkt aus gesehen bereitet natürlich die Unterbringung der erforderlichen Absaugevorrichtung im Innern der Flügel gewisse Schwierigkeiten.

Kam es bei den vorstehend angedeuteten Maßnahmen in erster Linie darauf an, eine *Ablösung der Grenzschicht* zu verhindern, so hat man neuerdings erkannt, daß sich durch Grenzschichtabsaugung auch eine *Verschiebung der Umschlagstelle laminar-turbulent*, und damit eine *Verminderung des Reibungswiderstandes* erreichen läßt. Diese Frage spielt vor allem in der Flugtechnik eine große Rolle und ist deshalb in letzter Zeit Gegenstand umfangreicher theoretischer Untersuchungen geworden[2]. Dabei hat sich insbesondere gezeigt, daß bei *kontinuierlicher* Absaugung durch entsprechend nahe beieinanderliegende Löcher oder Schlitze in der Wand das Geschwindigkeitsprofil der laminaren Grenzschicht völliger wird als im Falle ohne Absaugung. Damit besitzt aber die Strömung eine größere Stabilität, wodurch der Umschlagpunkt erheblich stromabwärts verlagert wird. Auf diese Weise kann die kritische REYNOLDSsche Zahl um ein bis zwei Zehnerpotenzen vergrößert werden. Die Folge davon ist ein längeres Laminarbleiben der Grenzschicht und somit geringere Oberflächenreibung. Es ist einleuchtend, daß bei all diesen Überlegungen auch die Frage nach dem *Leistungsbedarf* für die Absaugung eine Rolle spielt, denn eine große Absaugeleistung würde ja den Leistungsgewinn infolge Laminarhaltung der Grenzschicht ganz oder doch zu einem wesentlichen Teil wieder aufheben. Entsprechende Rechnungen zur Ermittlung der für die Laminarhaltung mindestens erforderlichen Absaugemenge haben jedoch gezeigt, daß dazu nur relativ geringe Mengen benötigt werden. Die durch derartige Maßnahmen erzielte Widerstandsersparnis ist bei schnellen Flugzeugen (großen *Re*-Zahlen) recht erheblich. Eine Vorstellung davon vermittelt die in Abb. 176 eingetragene Kurve *4*.

Für Flugzeuge, die sich mit Geschwindigkeiten nahe der Schallgeschwindigkeit bewegen (mit MACH-Zahlen wenig kleiner als ,,eins''), werden zur Verbesserung der aerodynamischen Eigenschaften sogenannte *Pfeilflügel* verwendet (S. 395). Bei derartigen Flügelformen findet aber erfahrungsgemäß ein seitliches Abwandern des Grenzschichtmaterials von der Flügelwurzel nach den Enden hin statt, was zu einer Vergrößerung der Grenzschichtdicke in dieser Zone und damit verbundener frühzeitiger Ablösung führt. Zur Verhinderung des seitlichen Abwanderns der Grenzschicht verwendet man neuerdings bei Pfeilflügeln mit Vorteil einen sogenannten *Grenzschichtzaun*[3], worunter eine auf der Flügeloberseite — quer zur Flügellängsachse und beiderseits etwa je in der Mitte einer Flügelhälfte — aufgesetzte Blechwand (ähnlich einem Bretterzaun) zu verstehen ist. Auch auf diese Weise kann eine günstige Beeinflussung der Grenzschichtströmung erzielt werden[4].

23. Freie Turbulenz

Bei den bisher besprochenen turbulenten Strömungen handelte es sich durchweg um Bewegungen längs fester Wände (Rohr, Platte, umströmter Körper).

---

[1] BETZ, A.: Beeinflussung der Reibungsschicht und ihre praktische Verwertung. Schriften d. dtsch. Akad. d. Luftf.-Forschg. (1939) Heft 49 und J. ACKERET: Grenzschichtabsaugung, Z. VDI Bd. 35 (1926) S. 1153.

[2] SCHLICHTING, H.: Grenzschichttheorie (1958) S. 250 und 395ff., wo auch die einschlägigen Literaturangaben zu finden sind. — TRUCKENBRODT, E.: Ein einfaches Näherungsverfahren zum Berechnen der laminaren Reibungsschicht mit Absaugung. Forschung VDI Bd. 2 (1956) S. 147.   [3] LIEBE, W.: Der Grenzschichtzaun. Interavia 7 (1952) Nr. 4.

[4] Vgl. dazu auch SCHLICHTING-TRUCKENBRODT: Aerodynamik des Flugzeuges Bd. 1 (1959) S. 264.

Nun wird aber Turbulenz auch dann beobachtet, wenn zwei Flüssigkeitsgebiete aneinander grenzen, die sich beiderseits der Berührungsfläche mit verschieden großen Geschwindigkeiten bewegen. Letztere bildet dann eine Unstetigkeitsfläche, die nach den Ausführungen von Ziffer 14 d instabil ist und sich — bei hinreichend großen REYNOLDSschen Zahlen — in eine *turbulente* Vermischungszone auflöst, in welcher der Geschwindigkeitsausgleich erfolgt. Derartige Erscheinungen beobachtet man z. B. beim Austritt eines Luftstrahles durch die Öffnung einer Behälterwand in die ihn umgebende ruhende Luft (Abb. 184). Ähnliche Vorgänge treten auf, wenn eine anfangs längs einer festen Wand geführte Flüssigkeit plötzlich ohne Führung weiterströmt und dann an ihrem „freien" (d. h. nicht mehr geführten) Rande mit der sie umgebenden Flüssigkeit in Berührung tritt. An der „freien Strahlgrenze" findet auch hier eine Vermischung statt, die zur allmählichen Auflösung des Strahlrandes führt (Abb. 185). Auch die sogenannte „Nachlaufströmung", d. h. die Strömung, welche sich hinter einem durch ruhende Flüssigkeit geschleppten Körper einstellt (Ziffer 20 c), gehört zu diesem Problemkreis.

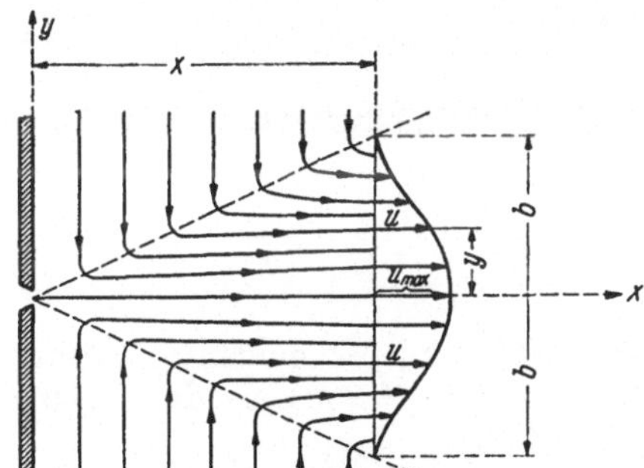

Abb. 184. Austritt eines Strahles durch eine kleine Behälteröffnung

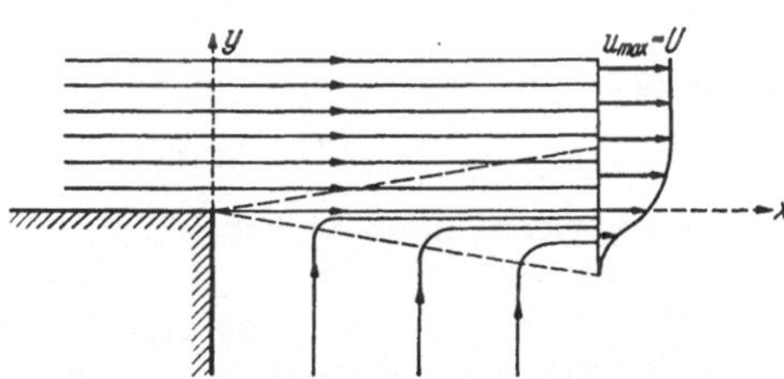

Abb. 185. Auflösung eines „freien" Strahlrandes

Die in den Trennungsflächen sich abspielenden Vorgänge sind nahe verwandt mit der Strömung in einer Grenzschicht. Hier wie dort ist der Geschwindigkeitsgradient $\dfrac{\partial u}{\partial y}$ quer zur Strömungsrichtung groß und die Dicke der Vermischungszone klein gegen die Strahllänge. Zur theoretischen Untersuchung des Vermischungsvorganges kann man deshalb die PRANDTLschen Grenzschichtgleichungen heranziehen. Diese erfahren im vorliegenden Falle noch insofern eine Vereinfachung, als im ganzen Gebiet des Strahles der Druck nahezu konstant, nämlich gleich dem Druck seiner Umgebung ist. Beschränkt man sich auf *ebene*, stationäre Vorgänge, so lauten die Grenzschichtdifferentialgleichungen mit $\dfrac{\partial p}{\partial x} = 0$ und $\tau = \mu \dfrac{\partial u}{\partial y}$ nach (417) und (418)

$$u\frac{\partial u}{\partial x} + v\frac{\partial u}{\partial y} = \frac{1}{\varrho}\frac{\partial \tau}{\partial y}, \tag{474}$$

$$\frac{\partial u}{\partial x} + \frac{\partial v}{\partial y} = 0. \tag{475}$$

Wie oben bereits bemerkt wurde, verläuft die Strömung bei nicht zu kleinen *Re*-Zahlen turbulent, weshalb jetzt für τ ein entsprechender Ansatz eingeführt werden muß. Da bei der *freien* Turbulenz die turbulenten (scheinbaren) Schubspannungen sehr viel größer sind als die aus reinen Zähigkeitseinflüssen resultierenden (im Gegensatz zu den Strömungen längs einer festen Wand, wo in unmittelbarer Wandnähe eine laminare Unterschicht vorhanden ist), kann für τ die aus der Rohrströmung bekannte Gl. (132) benutzt werden, in welcher l den

PRANDTLschen Mischungsweg darstellt. In der hier verwendeten Schreibweise lautet diese Gleichung

$$\tau = \varrho\, l^2 \left|\frac{\partial u}{\partial y}\right| \frac{\partial u}{\partial y}. \tag{476}$$

Bei der Integration des Gleichungssystems (474) bis (476) ergeben sich wesentliche Vereinfachungen, wenn man von vornherein gewisse Zusammenhänge beachtet, die zwischen der Abszisse x einerseits und der Breite der Vermischungszone sowie der Maximalgeschwindigkeit am Orte x andererseits bestehen.

Aus Abb. 184 erkennt man, daß infolge der turbulenten Vermischung des dargestellten Strahles mit der ihn umgebenden Flüssigkeit die Strahlbreite mit wachsendem x ständig zunimmt, da immer neue Flüssigkeit aus der Umgebung des Strahls mitgerissen wird. Die durch den Strahlquerschnitt pro Zeiteinheit tretende Flüssigkeit wird also mit wachsendem x immer größer. Nimmt man den Mischungsweg l proportional der jeweiligen Strahlbreite an, setzt also

$$\frac{l}{b} = \alpha = \mathrm{const}, \tag{477}$$

so läßt sich zeigen[1], daß die Strahlbreite proportional der Länge ist, also

$$b = \beta\, x, \quad \text{mit} \quad \beta = \mathrm{const}. \tag{478}$$

Aus (477) und (478) folgt also

$$l = (\beta\,\alpha)\, x = c\, x, \quad \text{mit} \quad c = \mathrm{const}. \tag{479}$$

Es sei übrigens noch vermerkt, daß die Strahlbreite b keine eindeutig definierte Größe ist (ähnlich wie die Grenzschichtdicke δ, vgl. S. 233), so daß auch die Größen β und c keine absoluten Konstanten sind.

Da, wie oben bereits hervorgehoben wurde, der Druck im ganzen Strahl als konstant angesehen werden kann, muß bei stationärer Strömung der pro Zeiteinheit durch einen Strahlquerschnitt tretende Impuls konstant, d. h. unabhängig von x sein[2]. Man erhält also

$$J = \varrho \int\limits_{(F)} u^2\, dF = \mathrm{const}, \tag{480}$$

wobei das Integral über den Strahlquerschnitt F zu erstrecken ist.

Für den durch einen langen schmalen Schlitz austretenden Strahl (ebenes Problem) soll der Rechnungsgang nachstehend kurz angegeben werden. Bezieht man den zeitlichen Impuls auf die Tiefe „eins", so lautet (480) einfacher

$$J' = 2\,\varrho \int\limits_{y=0}^{y=b} u^2\, d\,y = \mathrm{const}. \tag{480a}$$

Setzt man jetzt unter der Annahme „affiner" Geschwindigkeitsprofile (vgl. Ziffer 18d) $u(x, y)$ in der Form an

$$u = u\,(x)_{\max} f\left(\frac{y}{b}\right) = u\,(x)_{\max} f\,(\eta), \tag{481}$$

wo $u(x)_{\max}$ die Maximalgeschwindigkeit in dem betreffenden Querschnitt (am Orte x) bezeichnet, so kann (480a) auch wie folgt geschrieben werden

$$J' = 2\,\varrho\, b\, u^2\,(x)_{\max} \int\limits_{\eta=0}^{\eta=1} f^2\,(\eta)\, d\,\eta = \varkappa\, b\, \varrho\, u^2\,(x)_{\max}.$$

[1] PRANDTL, L.: Führer durch die Strömungslehre, 3. Aufl. (1949) S. 116.

[2] Man erkennt dies, wenn man eine Kontrollfläche legt, die von zwei die Strahlachse senkrecht schneidenden und zwei außerhalb des Strahles liegenden Parallelebenen gebildet wird, und darauf den Impulssatz anwendet.

Darin stellt $\varkappa$ eine Zahl dar, die für jeden Querschnitt denselben Wert hat. Man erhält also

$$u\,(x)_{\mathrm{max}} = \frac{1}{\sqrt{b}}\,\sqrt{\frac{J'}{\varkappa\,\varrho}}$$

oder, wegen (478),

$$u\,(x)_{\mathrm{max}} = \varkappa'\,\frac{1}{\sqrt{x}}\sqrt{\frac{J'}{\varrho}} \qquad (\varkappa' = \text{Zahl}) \qquad (482)$$

Unter Beachtung von (481) und (478) läßt sich jetzt mit $C = \text{const}$ die Geschwindigkeit $u(x, y)$ wie folgt anschreiben

$$u\,(x,\,y) = \frac{C}{\sqrt{x}}\,f\!\left(\frac{y}{\beta\,x}\right) = \frac{1}{\sqrt{x}}\,\varphi\,(\xi), \qquad (483)$$

mit

$$\xi = \frac{y}{x} \qquad (483\,\mathrm{a})$$

als neuer Variabler.

Die Kontinuitätsgleichung (475) wird wieder durch Einführung einer Stromfunktion $\psi(x, y)$ befriedigt. Für diese erhält man nach (422), wenn man jetzt den vorstehenden Wert für u einsetzt,

$$\psi = \int u\,dy = \int \frac{1}{\sqrt{x}}\,\varphi\,(\xi)\,dy = \int \frac{x}{\sqrt{x}}\,\varphi\,(\xi)\,d\xi = \sqrt{x}\,F\,(\xi), \qquad (484)$$

woraus sich weiter ergibt

$$v\,(x,\,y) = -\frac{\partial\psi}{\partial x} = -\frac{1}{2\sqrt{x}}\,F\,(\xi) + \sqrt{x}\,F'\,(\xi)\,\frac{y}{x^2}$$

oder

$$\left.\begin{aligned} v\,(x,\,y) &= -\frac{1}{2\sqrt{x}}\,F\,(\xi) + \frac{1}{\sqrt{x}}\,\xi\,F'\,(\xi) \\[2mm] u\,(x,\,y) &= \frac{\partial\psi}{\partial y} = \frac{1}{\sqrt{x}}\,F'\,(\xi). \end{aligned}\right\} \qquad (485)$$

und

Dabei ist $F'(\xi)$ die Ableitung von $F(\xi)$ nach ξ.

Setzt man nun diese Ausdrücke für u und v in die Bewegungsgleichung (474) ein, so erhält man eine gewöhnliche Differentialgleichung dritter Ordnung in $F(\xi)$, in welcher außerdem nur die Konstante c [Gl. (479)] auftritt.

Die Randbedingungen sind: $v = 0$ und $\dfrac{\partial u}{\partial y} = 0$ für $y = 0$ (Strahlmitte), sowie $u = 0$ für $y \to \infty$, woraus folgt $F(\xi) = 0$ und $F''(\xi) = 0$ für $\xi = 0$, sowie $F'(\xi) = 0$ für $\xi \to \infty$.

Nachdem die Funktion $F(\xi)$ durch Integration der Differentialgleichung gefunden ist, lassen sich aus (485) die Geschwindigkeiten für jeden Strahlquerschnitt berechnen. Die noch offene Konstante c kann nur durch den Versuch bestimmt werden.

W. Tollmien[1] hat als erster die theoretische Behandlung derartiger Strahlprobleme, darunter auch den vorstehend besprochenen Fall des *ebenen* Strahles, unter Benutzung des Ansatzes (476) für die Schubspannung τ in Angriff genommen. Neben dem ebenen hat er auch den *runden* Strahl als rotationssymmetrisches

---

[1] Tollmien, W.: Berechnung turbulenter Ausbreitungsvorgänge. Z. angew. Math. Mech. Bd. 6 (1926) S. 468.

Problem behandelt, sowie die Vermischung eines homogenen Luftstromes mit der angrenzenden ruhenden Luft (Abb. 185).

Sehr sorgfältige Messungen zur Erforschung der freien Turbulenz wurden von H. REICHARDT[1] durchgeführt, welche die theoretisch gewonnenen TOLLMIENschen Ergebnisse im wesentlichen bestätigt haben, wenn auch gewisse systematische Abweichungen festgestellt werden konnten. Angeregt durch diese Meßergebnisse hat L. PRANDTL[2] speziell für die freie Turbulenz einen Ansatz für die „scheinbare kinematische Zähigkeit" (vgl. S. 74) gemacht, welcher lautet:

$$\varepsilon = \varkappa\, b\, (\bar{u}_{\max} - \bar{u}_{\min}).$$

Dabei bezeichnet wieder b die Breite der Vermischungszone, $\varkappa$ eine reine Zahl und $(\bar{u}_{\max} - \bar{u}_{\min})$ den maximalen Unterschied des zeitlichen Mittelwertes der Geschwindigkeiten (also etwa U und „Null" in Abb. 185).

Als turbulente Schubspannung ergibt sich damit nach (125)

$$\tau = \varrho\, \varkappa\, b\, (\bar{u}_{\max} - \bar{u}_{\min})\, \frac{d\bar{u}}{dy}.$$

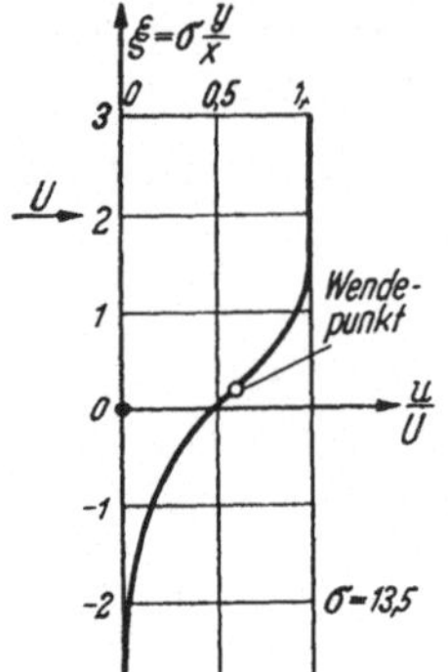

Abb. 186a. Geschwindigkeitsverteilung in der Vermischungszone eines „freien" Strahlrandes nach GÖRTLER

Die Benutzung dieses Ansatzes zur Berechnung der ebenen Vermischungszone zweier Strahlen sowie der ebenen Strahlausbreitung durch H. GÖRTLER[3] ergab eine gute Übereinstimmung mit den REICHHARDTschen Messungen[4].

Abschließend sollen noch einige Ergebnisse der GÖRTLERschen Theorie mitgeteilt werden. In Abb. 186a ist die Geschwindigkeitsverteilung für die Vermischung eines freien ebenen Strahles mit der umgebenden Luft (s. Abb. 185) in dimensionsloser Darstellung aufgetragen. Dabei ist $\xi = \sigma\frac{y}{x}$, wo σ (ähnlich wie oben c) eine offene Konstante bezeichnet. Aus den REICHARDTschen Messungen wurde sie zu $\sigma = 13,5$ bestimmt. Eine streng begrenzte Breite b der Vermischungszone läßt sich nicht angeben, da sich die Zustände an den Randgebieten theoretisch nicht genau erfassen lassen. Im übrigen kann man als Breite b diejenige Ordinate ansehen, an deren Enden die Geschwindigkeit u nur noch um einen kleinen Betrag von den ungestörten Werten U (oben) bzw. „Null" (unten) abweicht.

Abb. 186b zeigt die Geschwindigkeitsverteilung im ebenen *Freistrahl* nach GÖRTLER. Als Ordinate ist hier wieder $\xi = \sigma\frac{y}{x}$ gewählt, wobei jetzt $\sigma = 7,67$ aus den REICHARDTschen Messungen entnommen wurde. U_s bezeichnet die Geschwindigkeit in Strahlmitte an einer bestimmten Stelle $x = s$. Diese Geschwindigkeit kann

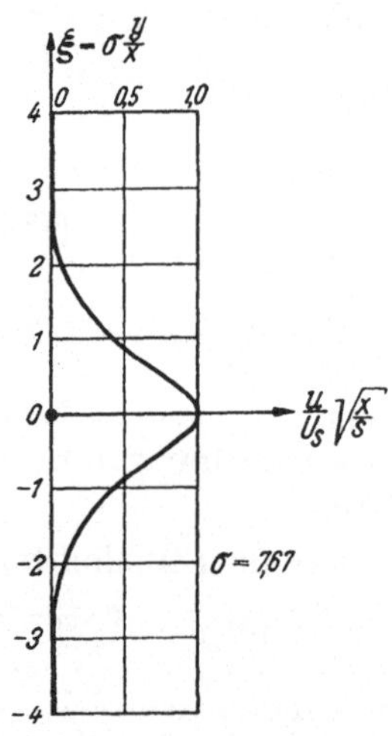

Abb. 186b. Geschwindigkeitsverteilung in einem ebenen „Freistrahl" nach GÖRTLER

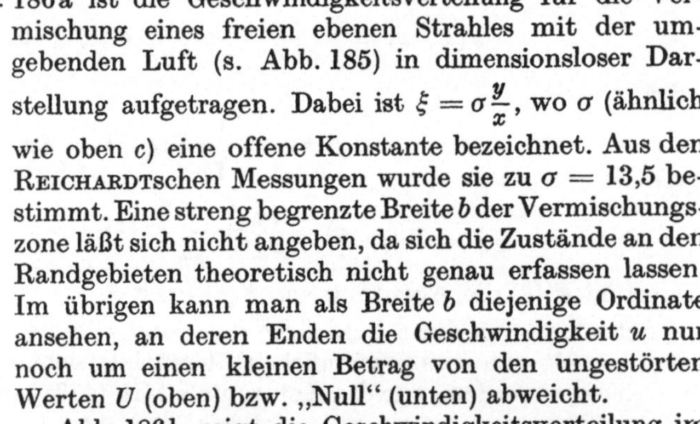

---

[1] REICHARDT, H.: Gesetzmäßigkeiten der freien Turbulenz. VDI-Forsch.-Heft Nr. 414, Ausgabe B (1942).

[2] PRANDTL, L.: Bemerkungen zur Theorie der freien Turbulenz. Z. angew. Math. Mech. Bd. 22 (1942) S. 241.

[3] GÖRTLER, H.: Berechnung von Aufgaben der freien Turbulenz auf Grund eines neuen Näherungsansatzes. Z. angew. Math. Mech. Bd. 22 (1942) S. 244.

[4] Vgl. auch H. SCHLICHTING: Grenzschichttheorie (1958) S. 555ff., sowie S. J. PAI: Fluid Dynamics of Jets, New York 1954.

durch den konstanten Strahlimpuls J' (s. oben) ausgedrückt werden, sobald $u(x, y)$ bekannt ist. Bezüglich der Strahlbreite b gilt das gleiche wie oben. Die von Görtler theoretisch gefundenen Ergebnisse stimmen, abgesehen von den Randzonen, sehr gut mit den Messungen von Reichardt überein[1].

24. In ruhender Flüssigkeit rotierende Scheiben und Zylinder

a) Rotierende Scheibe in unendlich ausgedehnter Flüssigkeit

In einer an sich ruhenden Flüssigkeit führe eine Kreisscheibe um die durch den Scheibenmittelpunkt gehende, zur Scheibenebene lotrechte Achse z eine gleichförmige Drehbewegung mit der Winkelgeschwindigkeit ω aus. Die Drehachse (z) sei — was an sich unerheblich ist — senkrecht angenommen, der Koordinatenursprung liegt im Scheibenmittelpunkt. Infolge des Haftens der Flüssigkeit an der Scheibe werden die wandnahen Teilchen bei der Drehbewegung der Scheibe mitgerissen, gleichzeitig aber durch die Wirkung der Fliehkräfte nach außen geschleudert, so daß eine spiralenförmige Bewegung entsteht. Als Ersatz für die zentrifugal abwandernden Flüssigkeitsteilchen findet aus Gründen der Kontinuität ständig ein Zustrom in axialer (z-) Richtung nach der Scheibe hin statt, der, in Wandnähe angekommen, immer wieder das gleiche Schicksal erleidet. Es ist einleuchtend, daß bei Flüssigkeiten von geringer Zähigkeit v die von der Scheibe abgeschleuderte Flüssigkeitsschicht nur eine geringe „Dicke" δ besitzen wird, so daß es sich bei dieser Bewegung um Vorgänge handelt, die denen der früher besprochenen „Grenzschichtströmung" längs einer festen Wand vergleichbar sind.

Für die „Dicke" der laminaren Grenzschicht längs einer ebenen Platte ergab sich nach Gl. (447) der Wert

$$\delta_{\text{lam}} \sim \sqrt{\frac{v\,x}{U_\infty}},$$

(das Zeichen $\sim$ bedeutet proportional) mit x als „Lauflänge" der Grenzschicht und U_∞ als ungestörter Anströmungsgeschwindigkeit. Es darf vermutet werden, daß für die Dicke der mitgerissenen Schicht bei der rotierenden Scheibe eine analoge Beziehung besteht. Die kennzeichnende Geschwindigkeit dieser Bewegung ist die Winkelgeschwindigkeit ω. Da der Vorgang offenbar auch von der Zähigkeit v abhängen wird, so ergibt sich als mögliche Kombination von ω und v, die zu einer Länge (Dicke) führt, der Ausdruck[2]

$$\delta_S \sim \sqrt{\frac{v}{\omega}}.$$

Wesentlich ist dabei, daß δ_S unabhängig von r ist (r = Abstand von der Drehachse). Weiter erkennt man, daß δ_S bei konstantem ω um so kleiner wird, je geringer die kinematische Zähigkeit ist. Nach der Kármánschen Näherungsrechnung (s. unten) ist $\delta_S = 2{,}58 \sqrt{\frac{v}{\omega}}$.

Die Berechnung der hier kurz angedeuteten Flüssigkeitsbewegung kann durch eine strenge Integration der Navier-Stokesschen Gleichungen erfolgen, wobei man sich zweckmäßig der auf Zylinderkoordinaten umgeformten Gln. (378a) und (379a) bedient[3]. Wie in Ziffer 15 gezeigt wurde, können diese mit den An-

---

[1] Hinsichtlich der turbulenten Ausbreitung von Heißluftstrahlen vgl. W. Szablewski: Z. angew. Math. Mech. Bd. 39 (1959) S. 50ff.

[2] Eine schärfere Begründung dieses Wertes hat L. Prandtl gegeben. Vgl. Führer durch die Strömungslehre, 3. Aufl. (1949) S. 342.

[3] v. Kármán, Th.: Über laminare und turbulente Reibung. Z. angew. Math. Mech. Bd. 1 (1921) S. 245ff.

sätzen (380) in die vier gewöhnlichen Differentialgleichungen (380a) umgeformt werden. Die dazu gehörigen Randbedingungen sind

$$z = 0: \quad v_r = 0; \quad v_\vartheta = r\,\omega; \quad v_z = 0.$$

$$z = \infty: \quad v_r = 0; \quad v_\vartheta = 0.$$

Der Scheibenhalbmesser $r = r_0$ wird zunächst als unendlich groß angesehen. Da aber in allen praktisch interessierenden Fällen $r_0 \gg \delta_S$ ist, so können die Ergebnisse der Rechnung mit guter Näherung auch für Scheiben von *endlichem* Halbmesser benutzt werden.

Für die Durchführung der Rechnung erweist es sich als zweckmäßig, den Abstand z von der Scheibenebene durch die dimensionslose Größe

$$\zeta = z\,\sqrt{\frac{\omega}{\nu}}, \tag{486}$$

und die Funktionen $f(z)$, $g(z)$, $h(z)$ in (380) durch $F(\zeta) = \dfrac{f(z)}{\omega}$, $G(\zeta) = \dfrac{g(z)}{\omega}$, $H(\zeta) = \dfrac{h(z)}{\sqrt{\nu\,\omega}}$ zu ersetzen. Damit nehmen die Geschwindigkeiten nach Gl. (380) folgende Werte an:

$$v_r = r\,\omega\,F(\zeta); \quad v_\vartheta = r\,\omega\,G(\zeta); \quad v_z = \sqrt{\nu\,\omega}\,H(\zeta), \tag{486a}$$

und die obigen Randbedingungen lauten jetzt

$$\zeta = 0: \quad F(\zeta) = 0; \quad G(\zeta) = 1; \quad H(\zeta) = 0.$$

$$\zeta = \infty: \quad F(\zeta) = 0; \quad G(\zeta) = 0.$$

Unter der Annahme, daß sich die Funktionen $F(\zeta)$ und $G(\zeta)$ im Abstand der (konstanten) Grenzschichtdicke δ_S von der Scheibenebene nur wenig von Null unterscheiden, hat v. KÁRMÁN (s. oben) eine Näherungsrechnung zur Lösung des Gleichungssystems (380a) — mit den jetzt neu eingeführten Funktionen $F(\zeta)$, $G(\zeta)$, $H(\zeta)$ — durchgeführt, indem er (ähnlich wie POHLHAUSEN auf S. 247) über die Grenzschichtdicke von $\zeta = 0$ bis $\zeta = \delta_S\,\sqrt{\dfrac{\omega}{\nu}}$ integriert. Dabei werden für die Unbekannten $F(\zeta)$ und $G(\zeta)$ Näherungsansätze gemacht, welche die Grenzbedingungen erfüllen. Auf diese Weise gelingt es, die Grenzschichtdicke δ_S (s. oben), die axiale Zuströmungsgeschwindigkeit $(v_z)_\infty$ und das Reibungsmoment, welches sich der Scheibendrehung entgegensetzt, zu berechnen.

Eine genauere Berechnung wurde von W. G. COCHRAN[1] durch numerische Integration der Bewegungsgleichungen durchgeführt. Die dabei für die Funktionen $F(\zeta)$, $G(\zeta)$ und $H(\zeta)$ errechneten Werte sind aus nachstehender Tabelle ersichtlich[2].

ζ	$F(\zeta)$	$G(\zeta)$	$-H(\zeta)$	ζ	$F(\zeta)$	$G(\zeta)$	$-H(\zeta)$
0	0	1,0	0	2,2	0,104	0,171	0,617
0,2	0,084	0,878	0,018	2,4	0,091	0,143	0,656
0,4	0,136	0,762	0,063	2,6	0,078	0,120	0,690
0,6	0,166	0,656	0,124	2,8	0,068	0,101	0,721
0,8	0,179	0,561	0,193	3,0	0,058	0,083	0,746
1,0	0,180	0,468	0,266				
				3,2	0,050	0,071	0,768
1,2	0,173	0,404	0,336	3,4	0,042	0,059	0,786
1,4	0,162	0,341	0,404	3,6	0,036	0,050	0,802
1,6	0,148	0,288	0,466	4,0	0,026	0,035	0,826
1,8	0,133	0,242	0,522	4,4	0,018	0,024	0,844
2,0	0,118	0,203	0,572	∞	0	0	0,886

[1] COCHRAN, W. G.: Proc. Cambr. Phil. Soc. Bd. 30 (1934) S. 365.
[2] Nach H. SCHLICHTING: Grenzschichttheorie (1958) S. 84.

Mit Hilfe der vorstehenden Tabelle können die Geschwindigkeiten in beliebigen Abständen $z = \zeta \sqrt{\dfrac{v}{\omega}}$ von der Scheibe nach Gl. (486a) sofort angegeben werden.

Die Berechnung des Reibungsmomentes M, das von der Flüssigkeit auf die rotierende Scheibe ausgeübt wird, läßt sich nun leicht wie folgt durchführen. Dabei kann der Scheibenhalbmesser r_0 als endlich angenommen werden, solange die Grenzschichtdicke δ_S wesentlich kleiner ist als r_0. In dem dünnen Ringstreifen der Abb. 187 wird das Reibungsmoment der *einseitig benetzten Scheibe*

$$dM = \tau_{z\vartheta}\, 2\,\pi\, r^2\, dr$$

mit

$$\tau_{z\vartheta} = \mu \left[\frac{\partial v_\vartheta}{\partial z}\right]_{z=0} = \mu \left[\frac{\partial v_\vartheta}{\partial \zeta}\, \frac{\partial \zeta}{\partial z}\right]_{\zeta=0}$$

[nach der zweiten Gleichung von (379b)].

Nun ist nach (486) und (486a)

$$\frac{\partial \zeta}{\partial z} = \omega^{1/2} v^{-1/2} \quad \text{und} \quad \left[\frac{\partial v_\vartheta}{\partial \zeta}\right]_{\zeta=0} = r\, \omega\, [G'(\zeta)]_{\zeta=0}\;.$$

Für den Differentialquotienten $G'(\zeta)$ der Funktion $G(\zeta)$ am Orte $\zeta = 0$ erhält man nach Cochran $G'(\zeta)_0 = -0,616$. Das Vorzeichen ist hier unerheblich und weist nur darauf hin, daß $\tau_{z\vartheta}$ im entgegengesetzten Sinne von ω dreht (Abb. 187). Mit den vorstehenden Ausdrücken ergibt sich als *Reibungsmoment der beiderseits benetzten Scheibe vom Halbmesser* r_0, wenn noch $\mu = v\varrho$ gesetzt wird,

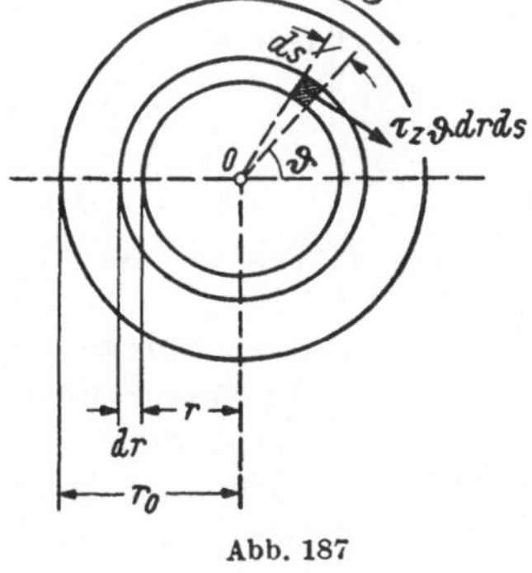

Abb. 187

$$M = 4 \cdot 0{,}616\, \pi\, \varrho\, \omega^{3/2} v^{1/2} \int\limits_0^{r_0} r^3\, dr$$

oder

$$M = 0{,}616\, \pi\, \varrho\, r_0^4\, (\omega^3 v)^{1/2}\;.$$

Die vorstehende Formel, wonach das Reibungsmoment proportional $\omega^{3/2}$ ist, wird durch Messungen[1] bis zu Reynoldsschen Zahlen $Re = \dfrac{\omega r_0^2}{v} \approx 3 \cdot 10^5$ gut bestätigt. Bei größeren Winkelgeschwindigkeiten (bzw. höheren Re-Zahlen) tritt erfahrungsgemäß eine schnellere Zunahme von M mit der Drehzahl auf. Es ist anzunehmen, daß die Reibungsschicht an der Scheibe unterhalb der kritischen Re-Zahl *laminar* strömt, dann aber, nach einem gewissen Übergangsgebiet, *turbulent* wird.

Auch dieser Fall ist bereits von Kármán in der oben zitierten Arbeit unter Benutzung des Impulssatzes behandelt worden. Er führte dabei — ähnlich wie bei der längsangeströmten Platte [Gl. (456)] — für die Geschwindigkeitsverteilung in der Grenzschicht das „$\dfrac{1}{7}$ — Potenzgesetz" ein und fand für das Reibungsmoment der *beiderseits* benetzten Scheibe

$$M = 0{,}0728\, r_0^5\, \omega^2\, \varrho \left(\frac{v}{r_0^2\, \omega}\right)^{1/5}\;.$$

Dieses Gesetz wurde für $Re = \dfrac{\omega r_0^2}{v} > 3 \cdot 10^5$ durch Versuche von Schmidt[2] und Kempf[3] gut bestätigt.

---

[1] Theodorson, Th., u. A. Regier: NACA-Rep. 793 (1944).
[2] Schmidt, W.: Z. VDI Bd. 65 (1921) S. 441.
[3] Kempf, G.: Vortr. auf dem Gebiet der Hydro- und Aerodynamik (Innsbruck 1922), Berlin 1924, S. 168.

b) Die in einem Gehäuse rotierende Scheibe

Bei der Rotation einer Scheibe in einem zylindrischen Gehäuse (Abb. 188) ergeben sich ähnliche Verhältnisse wie bei der „frei" rotierenden Scheibe. Je nachdem, ob dabei die Spaltweite s (zwischen Scheibe und Gehäuseinnenwand) sehr klein ist oder nicht, können jedoch unterschiedliche Strömungszustände eintreten.

Besonders einfach gestaltet sich die Berechnung bei sehr *kleiner* Spaltweite. Sofern angenommen werden darf, daß s kleiner ist als die Grenzschichtdicke, hat man es mit einer Strömung zu tun, die nahe verwandt ist der laminaren Strömung zwischen zwei parallelen Wänden (COUETTE-Strömung), von denen die eine ruht, während die andere mit vorgeschriebener Geschwindigkeit bewegt wird (vgl. S. 65). Man kann die Schubspannung im Abstand r von der Drehachse in der Form ansetzen

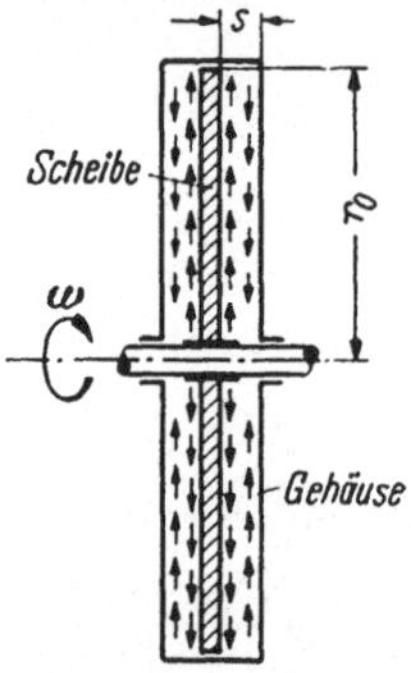

$$\tau = \mu \frac{r\,\omega}{s}$$

und erhält damit als *beiderseits* wirkendes Reibungsmoment der Scheibe

$$M = 2 \int_0^{r_0} \tau\, 2\,\pi\, r^2\, dr = \frac{\pi\,\mu\,\omega\, r_0^4}{s}.$$

Bis zu $Re = \dfrac{\omega\, r_0^2}{\nu} \approx 10^4$ wird dieser Wert durch Versuche von ZUMBUSCH[1] gut bestätigt.

Abb. 188. Rotierende Scheibe im Gehäuse

Bei größeren Spaltweiten, bei denen s ein Mehrfaches der Grenzschichtdicke ist, hat der Strömungsverlauf zwischen Scheibe und Gehäusewand einen anderen Charakter. Dieser Zustand wurde von SCHULTZ-GRUNOW[1] theoretisch behandelt und auch durch Versuche überprüft. Wesentlich dabei ist, daß jetzt die Spaltweite s überhaupt nicht mehr in die Formel für das Reibungsmoment eingeht (s. unten). Infolge der Fliehkräfte entsteht an der *Scheibenwand* eine von der Drehachse nach außen gerichtete Grenzschichtströmung, während an der *Gehäusewand* eine entsprechende Rückströmung stattfindet (Abb. 188). Die zwischen den beiden Grenzschichten befindliche Flüssigkeit rotiert mit kleinerer Winkelgeschwindigkeit als ω und besitzt keine wesentlichen Radialgeschwindigkeiten.

Für den *laminaren* Fall ($Re < 2 \cdot 10^5$) ergibt sich als Reibungsmoment (beiderseits benetzt) nach SCHULTZ-GRUNOW

$$M = 1{,}334\, \varrho\, r_0^4\, (\omega^2\, \nu)^{1/2}$$

während bei *turbulenter* Strömung ($Re > 3 \cdot 10^5$) das Moment

$$M = 0{,}0311\, \varrho\, \omega^2\, r_0^5 \left(\frac{\nu}{r_0^2\, \omega}\right)^{1/5}$$

entsteht.

Nach den SCHULTZ-GRUNOWschen Messungen ist dieser Wert um etwa 17% zu klein, was wohl auf die der Theorie zugrunde liegenden Annahmen hinsichtlich der Größe der Wandschubspannungen zurückzuführen ist.

c) Strömung zwischen zwei konzentrischen, gegeneinander bewegten Zylindern

Betrachtet werden zwei konzentrische Kreiszylinder, die mit verschiedener, aber jeweils konstanter Winkelgeschwindigkeit rotieren und zwischen denen sich

---

[1] Vgl. F. SCHULTZ-GRUNOW: Der Reibungswiderstand rotierender Scheiben in Gehäusen. Z. angew. Math. Mech. Bd. 15 (1935) S. 191.

eine zähe Flüssigkeit befindet. Es soll die Strömung untersucht werden, die zwischen den Zylindermänteln stattfindet, wobei zur Vereinfachung der Aufgabe die Zylinder als unendlich lang angesehen werden sollen (ebenes Problem).

Dann gehen die NAVIER-STOKESschen Gln. (378b) wegen $v_r = v_z = 0$ und $\dfrac{\partial v_\vartheta}{\partial z} = 0$, wenn noch die Umfangsgeschwindigkeit v_ϑ mit u bezeichnet wird, über in

$$\frac{u^2}{r} = \frac{1}{\varrho}\frac{dp}{dr}; \qquad \frac{d^2 u}{dr^2} + \frac{1}{r}\frac{du}{dr} - \frac{u}{r^2} = 0.$$

Von der ersten dieser Gleichungen wird hier kein Gebrauch gemacht. Die allgemeine Lösung der zweiten Gleichung lautet mit A und B als Integrationskonstanten

$$u = u(r) = A\,r + \frac{B}{r}, \tag{487}$$

wovon man sich durch Ausdifferenzieren leicht überzeugen kann. Bezeichnen r_1 und r_2 die Halbmesser, ω_1 und ω_2 die Winkelgeschwindigkeiten des inneren bzw. des äußeren Zylinders, dann stehen folgende Randbedingungen zur Verfügung

$$u = r_1\,\omega_1 \quad \text{für} \quad r = r_1; \quad u = r_2\,\omega_2 \quad \text{für} \quad r = r_2.$$

Damit bestimmen sich die Konstanten A und B zu

$$A = \frac{\omega_1 r_1^2 - \omega_2 r_2^2}{r_1^2 - r_2^2}; \quad B = (\omega_1 - \omega_2)\frac{r_1^2 r_2^2}{r_2^2 - r_1^2},$$

womit auch die Geschwindigkeitsverteilung $u(r)$ zwischen den Zylindern bekannt ist.

Es sei jetzt angenommen, daß der *innere* Zylinder (Radius r_1) ruht. Dann wird wegen $\omega_1 = 0$

$$A = \frac{\omega_2 r_2^2}{r_2^2 - r_1^2}; \quad B = -\omega_2\frac{r_1^2 r_2^2}{r_2^2 - r_1^2}.$$

Das zur Bewegung des *äußeren* Zylinders mit der Winkelgeschwindigkeit ω_2 erforderliche Drehmoment M_2 ist gleich dem Reibungsmoment, das von der strömenden Flüssigkeit auf den inneren (ruhenden) Zylinder übertragen wird. Für letzteres erhält man

$$M_2 = \left|\,\tau_{r\vartheta}\,\right|_{(r_1)} 2\,\pi\,r_1^2\,h,$$

wo $\left|\,\tau_{r\vartheta}\,\right|_{(r_1)}$ die Schubspannung am Orte $r = r_1$ und h die Zylinderlänge bezeichnen. Nun ist nach (379b) mit $v_\vartheta = u$ und unter Beachtung von (487)

$$\left|\,\tau_{r\vartheta}\,\right|_{(r_1)} = \mu\left|\,r\frac{d}{dr}\left(\frac{u}{r}\right)\right|_{(r_1)} = -\frac{2\,\mu\,B}{r_1^2},$$

womit folgt

$$M_2 = -4\,\mu\,\pi\,h\,B.$$

Setzt man schließlich hier den obigen Wert für $B_{(\omega_1 = 0)}$ ein, so erhält man mit $r_2\omega_2 = U_2$ als Umfangsgeschwindigkeit des äußeren Zylinders das Drehmoment

$$M_2 = 4\,\mu\,\pi\,h\,U_2\frac{r_1^2 r_2}{r_2^2 - r_1^2}.$$

Entsprechend ergibt sich als Drehmoment, das zur Bewegung des *inneren* Zylinders bei ruhendem äußeren Zylinder ($\omega_2 = 0$) erforderlich ist, mit $r_1\omega_1 = U_1$

$$M_1 = 4\,\mu\,\pi\,h\,U_1\frac{r_2^2 r_1}{r_2^2 - r_1^2}. \tag{488}$$

Bei *sehr kleinem Spalt* $\delta = r_2 - r_1$ zwischen beiden Zylindern folgt daraus mit $r_2 \approx r_1$

$$M_1 \approx 4\,\mu\,\pi\,h\,U_1 \frac{r_1^3}{2\,r_1\,\delta} = \frac{2\,\mu\,\pi\,h\,U_1\,r_1^2}{\delta}.$$

Wie man sieht, stimmt dieser Ausdruck überein mit Gl. (410a) für den unbelasteten Tragzapfen ($h = 1$ m).

Für den Sonderfall, daß nur *ein* Zylinder (r_1) in unendlich ausgedehnter Flüssigkeit rotiert, ergibt sich aus (488) mit $r_2 \to \infty$ und $\omega_2 = 0$

$$M_1 = 4\,\mu\,\pi\,h\,U_1\,r_1.$$

Dann erhält man als Geschwindigkeit $u = u(r)$ der Strömung nach (487) wegen $A = 0$ und $B = \omega_1 r_1^2$

$$u = \frac{\omega_1\,r_1^2}{r} = \frac{\text{const}}{r}.$$

Dies ist aber nach (350a) die gleiche Geschwindigkeit wie diejenige des Wirbelfeldes eines geraden Wirbelfadens mit der Zirkulation $\Gamma = 2\,\pi\,r_1^2\,\omega$ am Orte $r = a$

Den vorstehenden Rechnungen liegt die Voraussetzung *laminarer* Strömungsform zugrunde, d. h., die dabei auftretenden Schubspannungen sind lediglich eine Folge der *Zähigkeit*, ohne daß dabei auf eventuelle Schwankungskomponenten der Hauptbewegung Rücksicht genommen wurde. Die Erfahrung hat indessen gezeigt, daß auch hier bei größeren REYNOLDSschen Zahlen eine Instabilität der Strömung eintreten kann, die zur Turbulenz und damit zu größeren Reibungsmomenten führt. Bei der Strömung zwischen rotierenden Zylindern wird der Umschlag vom laminaren zum turbulenten Strömungszustand wesentlich durch das Auftreten von Zentrifugalkräften beeinflußt. Eine theoretische Erklärung dieser Erscheinung hat bereits PRANDTL[1] gegeben, mit dem Ergebnis, daß die Turbulenz durch die Zentrifugalkräfte *abgeschwächt* wird, wenn die Geschwindigkeit vom Krümmungsmittelpunkt der Wand nach außen hin *zunimmt*, daß sie dagegen *verstärkt* wird bei nach außen hin *abnehmender* Geschwindigkeit. Der erste Fall liegt vor, wenn der innere Zylinder ruht und der äußere bewegt wird der zweite Fall dann, wenn der äußere Zylinder stillsteht und der innere rotiert

Sofern die Halbmesserdifferenz $\delta = r_2 - r_1$ klein gegen r_1 ist, ergibt sich bei ruhendem inneren und gedrehtem äußeren Zylinder nach Versuchen von COUETTE als kritische Re-Zahl

$$Re_{kr} = \left(\frac{U_2\,\delta}{\nu}\right)_{kr} = 1900,$$

wenn U_2 wieder die Umfangsgeschwindigkeit des Zylinders bezeichnet. Bei größeren Spaltweiten macht sich die *stabilisierende* Wirkung der Zentrifugalkräfte dahingehend bemerkbar, daß die kritische Re-Zahl größer wird als der vorstehende Wert.

Der umgekehrte Fall — gedrehter innerer und ruhender äußerer Zylinder — bei dem nach den obigen Darlegungen die Zentrifugalkräfte *destabilisierend* wirken, weist eine besondere Art von Instabilität auf, die von G. I. TAYLOR eingehend theoretisch und experimentell untersucht wurde. Dabei treten — als Sekundärströmung zwischen den Zylinderwänden — oberhalb einer gewissen Re-Zahl ganz bestimmt ausgeprägte, abwechselnd links und rechts drehend Wirbel von der Breite des Spaltes δ und ungefähr gleicher Höhe auf, mit Achsen

---

[1] PRANDTL, L.: Einfluß stabilisierender Kräfte auf die Turbulenz. Vortr. aus d. Gebiet d. Aerodynamik u. verw. Gebiete, Aachen 1929, Berlin 1930, S. 1.

[2] COUETTE, M.: Ann. Chim. phys. [6] Bd. 21 (1890) S. 433. Vgl. dazu auch H. SCHLICHTING: Über die Stabilität der COUETTE-Strömung. Ann. Phys. V, 905 (1932).

[3] TAYLOR, G. I.: Phil. Trans. (A) Bd. 223, S. 289.

die der Umfangsrichtung parallel sind. Als kritische *Re*-Zahl für den hier beschriebenen Sonderfall hat L. Prandtl[1] aus den Taylorschen Rechnungen folgende Näherungsformel abgeleitet

$$Re_{kr} = \left(\frac{U_1\delta}{\nu}\right)_{kr} \approx 41,2\,\sqrt{\frac{r_m}{\delta}}\,,$$

mit

$$r_m = \frac{r_1 + r_2}{2} \quad \text{und} \quad \delta = r_2 - r_1\,.$$

Umfangreiche Messungen der turbulenten Strömung zwischen zwei rotierenden koaxialen Zylindern wurden von F. Wendt[2] durchgeführt, welche die Taylorsche Theorie vollkommen bestätigen[3].

25. Wirbel in zähen, inkompressiblen Flüssigkeiten

a) Die Wirbeldifferentialgleichung

Wesentlich schwieriger als bei reibungsfreien Flüssigkeiten gestaltet sich die Untersuchung der Wirbelbewegungen, wenn der Einfluß der Zähigkeit auf den Strömungsverlauf berücksichtigt werden soll. Eine allgemeine Theorie dafür existiert bis heute noch nicht. Jedoch können immerhin einige grundsätzliche Aussagen über die dabei auftretenden Fragen gemacht werden, wie nachstehend gezeigt werden soll.

Nach Einführung des Kräftepotentials U gemäß Gl. (231 a) lauten die Navier-Stokesschen Gleichungen (378 a) mit $\nu = \dfrac{\mu}{\varrho}$ ($\varrho = $ const) in Vektorform

$$\frac{d\mathfrak{v}}{dt} = -\operatorname{grad} U - \frac{1}{\varrho}\operatorname{grad} p + \nu\,\varDelta\mathfrak{v}\,. \tag{489}$$

Unter Beachtung von (249) lassen sich die konvektiven Glieder von (378) in der Form darstellen

$$u\frac{\partial u}{\partial x} + v\frac{\partial u}{\partial y} + w\frac{\partial u}{\partial z} = \frac{1}{2}\frac{\partial}{\partial x}(v^2) - [\mathfrak{v}\operatorname{rot}\mathfrak{v}]_x \quad \text{usw.}$$

Führt man dies in (378) ein, so folgt daraus nach vektorieller Addition

$$\frac{\partial\mathfrak{v}}{\partial t} + \frac{1}{2}\operatorname{grad}(\bar{v}^2) - [\mathfrak{v}\operatorname{rot}\mathfrak{v}] = -\operatorname{grad} U - \frac{1}{\varrho}\operatorname{grad} p + \nu\,\varDelta\mathfrak{v}\,. \tag{489a}$$

Man kann hier U und p eliminieren, wenn man beiderseits die Operation rot . . . vornimmt. Da bekanntlich

$$\operatorname{rot}\operatorname{grad}\ldots = 0$$

ist, so geht Gl. (489 a) nach Bildung der Rotation über in

$$\frac{\partial}{\partial t}\operatorname{rot}\mathfrak{v} - \operatorname{rot}[\mathfrak{v}\operatorname{rot}\mathfrak{v}] = \nu\operatorname{rot}\varDelta\mathfrak{v}\,. \tag{489b}$$

Nun gilt nach (238) für den Wirbelvektor $\mathfrak{u}$

$$\operatorname{rot}\mathfrak{v} = 2\mathfrak{u}\,. \tag{490}$$

Ferner wird wegen div $\mathfrak{v} = 0$ [Gl. 226a)]

$$\varDelta\mathfrak{v} = \operatorname{grad}\operatorname{div}\mathfrak{v} - \operatorname{rot}\operatorname{rot}\mathfrak{v} = -2\operatorname{rot}\mathfrak{u}\,. \tag{490a}$$

Mit (490) und (490a) folgt aus (489 b)

$$\frac{\partial\mathfrak{u}}{\partial t} - \operatorname{rot}[\mathfrak{v}\,\mathfrak{u}] = -\nu\operatorname{rot}\operatorname{rot}\mathfrak{u}\,.$$

---

[1] Prandtl, L.: Führer durch die Strömungslehre, 3. Aufl. (1949) S. 124.
[2] Wendt, F.: Ing.-Arch. Bd. 4 (1933) S. 577.
[3] Vgl. dazu auch F. Schultz-Grunow: Beitr. zur Couette-Strömung. Z. Flugwiss. Bd. 4 (1956) S. 28, sowie F. Schultz-Grunow u. H. Hein: Forschungsber. d. Landes Nordrhein-Westfalen Nr. 684 (1959).

Da aber — in Analogie zu (490a) — wegen $\operatorname{div} \mathfrak{u} = 0$ [Gl. (338a)]

$$- \operatorname{rot} \operatorname{rot} \mathfrak{u} = \varDelta \mathfrak{u}, \tag{490b}$$

so wird

$$\frac{\partial \mathfrak{u}}{\partial t} - \operatorname{rot} [\mathfrak{v}\, \mathfrak{u}] = \nu\, \varDelta \mathfrak{u}. \tag{491}$$

Diese Gleichung soll jetzt noch etwas umgeformt werden. Zunächst ist wegen $\operatorname{div} \mathfrak{v} = 0$ und $\operatorname{div} \mathfrak{u} = 0$

$$\operatorname{rot} [\mathfrak{v}\, \mathfrak{u}] = (\mathfrak{u}\, \nabla)\, \mathfrak{v} - (\mathfrak{v}\, \nabla)\, \mathfrak{u}^*, \tag{491a}$$

wo

$$\nabla = \mathfrak{i}\frac{\partial \dots}{\partial x} + \mathfrak{j}\frac{\partial \dots}{\partial y} + \mathfrak{k}\frac{\partial \dots}{\partial z}$$

den vektoriellen Differentiator „Nabla" bezeichnet. Beachtet man noch, daß

$$\frac{\partial \mathfrak{u}}{\partial t} + (\mathfrak{v}\, \nabla)\, \mathfrak{u} = \frac{d \mathfrak{u}}{d t} \tag{491b}$$

ist, so erhält man schließlich aus (491) mit (491a) und (491b) die für den Wirbelvektor $\mathfrak{u}$ maßgebende Differentialgleichung:

$$\frac{d \mathfrak{u}}{d t} = (\mathfrak{u}\, \nabla)\, \mathfrak{v} + \nu\, \varDelta \mathfrak{u}. \tag{492}$$

Mit $\nu = 0$ (reibungsfreie Flüssigkeit) stellt (492) die Ausgangsgleichung für die HELMHOLTZschen Wirbelsätze (S. 186) dar[1]. Beim *ebenen* Problem verschwindet in (492) das Glied $(\mathfrak{u}\, \nabla)\, \mathfrak{v}$, da jetzt der Wirbelvektor $\mathfrak{u}$ überall normal zur Geschwindigkeitsebene (x, y) steht. Man erhält dann mit $|\mathfrak{u}| = \omega$ einfacher

$$\frac{d \omega}{d t} = \nu\, \varDelta \omega. \tag{492a}$$

b) Der Oseensche Wirbel

Die allgemeine Lösung der Differentialgleichung (492) ist schwierig und bis heute noch nicht gelungen. Dagegen kennt man ein exaktes Integral der Gl. (492a), durch welches die *Ausbreitung* eines Wirbels in einer unbegrenzten, zähen Flüssigkeit dargestellt wird, der im Anfangszustand $(t = 0)$ aus einem (zur x, y-Ebene senkrecht stehenden) geraden, linearen Wirbelfaden mit der Zirkulation $\varGamma_0$ besteht. Dieses Integral lautet mit den hier gewählten Bezeichnungen[2,3]

$$\omega = \omega(r, t) = \frac{\varGamma_0}{8 \pi \nu t}\, e^{\frac{-r^2}{4 \nu t}}, \tag{493}$$

wo ω die Wirbelstärke (Rotation) eines im Abstand r vom Wirbelzentrum liegenden Feldpunktes zur Zeit t ist.

Das durch (493) definierte Wirbelfeld soll hinfort als *Oseenscher Wirbel* bezeichnet werden.

Nach dem STOKESschen Integralsatz (340) ergibt sich mit (493) als Zirkulation längs eines konzentrischen Kreises vom Halbmesser r um das Wirbelzentrum zur Zeit $t > 0$

$$\varGamma(r, t) = 2 \int_0^r \omega \cdot 2 \pi r\, dr = \varGamma_0 \left(1 - e^{\frac{-r^2}{4 \nu t}}\right) \tag{494}$$

---

* Vgl. Hütte Bd. 1, 28. Aufl. (1955) S. 126.

[1] Vgl. dazu O. TIETJENS: Hydro- und Aeromechanik, nach Vorlesungen von L. PRANDTL, 1. Bd., 2. Aufl. (1944) S. 184 bis 185.

[2] OSEEN, C. W.: Arkiv för Mat., Astron., och Fys. Bd. 7 (1911) Nr. 14 und Neuere Methoden und Ergebnisse in der Hydrodynamik, Leipzig 1927, S. 86.

[3] Vgl. auch W. MÜLLER: Einführung in die Theorie der zähen Flüssigkeiten, Leipzig 1952, S. 105ff.

und daraus die (tangentiale) Geschwindigkeit

$$v_\varphi(r,\,t) = \frac{\Gamma_0}{2\pi\,r}\left(1 - e^{\frac{-r^2}{4\nu t}}\right). \tag{494a}$$

Radiale Geschwindigkeiten treten bei der hier vorausgesetzten *laminaren* Strömungsform nicht auf $\left(v_r = \dfrac{dr}{dt} = 0\right)$. Mit $\nu = 0$ geht (494a) in die Geschwindigkeit des entsprechenden Feldpunktes eines Potentialwirbels mit der Zirkulation Γ_0 über, sofern $r^2/t \neq 0$ ist.

Wie aus (494) und (494a) ersichtlich ist, besitzt der OSEENsche Wirbel eine Eigenschaft, die ihn grundsätzlich vom Potentialwirbel der reibungsfreien Flüssigkeit unterscheidet: Der anfangs in der Geraden $r = 0$ konzentrierte lineare Wirbelfaden breitet sich nämlich mit der Zeit — und zwar plötzlich beginnend — in radialer Richtung aus, wobei die Zirkulation $\Gamma(r,\,t)$ nach (494) die zeitliche Änderung

$$\frac{d\,\Gamma(r,\,t)}{dt} = \frac{\partial\,\Gamma(r,\,t)}{\partial t} = -\frac{\Gamma_0 r^2}{4\nu\,t^2}\,e^{-\frac{r^2}{4\nu t}} \tag{495}$$

erfährt. Der zeitliche Erhaltungssatz der Zirkulation von W. THOMSON, welcher für *reibungsfreie* Flüssigkeiten gilt (Ziffer 4), trifft also hier nicht mehr zu. Als Folge davon ist die Strömung des Wirbelfeldes — ebenfalls im Gegensatz zum Potentialwirbel — *instationär*. Indessen geht durch die Wirbelausbreitung insgesamt keine Zirkulation „verloren", da die über die ganze $x,\,y$-Ebene genommene Zirkulation für endliche Zeiten nach (494) den anfänglichen Wert

$$\Gamma(r,\,t)_{(r\to\infty)} = \Gamma_0$$

beibehält.

Während nun nach (494a) die Geschwindigkeit v_φ — und damit auch die kinetische Energie des Wirbels — mit wachsender Zeit ständig abnimmt, ist dies nach dem oben Gesagten für die Gesamtzirkulation nicht der Fall. Daraus muß gefolgert werden, daß — im Gegensatz zur Energie — die Wirbel nicht an die Masse der Flüssigkeitsteilchen gebunden sind. Denn die Ausbreitung des Wirbels erfolgt in *radialer* Richtung und ist *nicht identisch mit einem Fortschreiten der Substanz*, da die Massenteilchen — sofern keine translatorische Bewegung der gesamten Flüssigkeit damit verbunden ist — nach wie vor ihre *Kreisbewegung* um die Wirbelachse ausführen. Man hat es danach bei der Wirbelausbreitung offenbar mit einer Erscheinung zu tun, die — in abgewandelter Form — kennzeichnend für alle Wirbelbewegungen in zähen Flüssigkeiten ist.

Auf die Frage nach der Realisierbarkeit des dem OSEENschen Wirbel zugrundeliegenden Anfangszustandes (durch eine Gerade verkörperter Wirbelfaden mit ihn umgebender Potentialströmung) soll hier nicht weiter eingegangen werden. Bei der Lösung technischer Aufgaben handelt es sich nämlich (bei wenig zähen Flüssigkeiten) i. allg. um Wirbelfäden von praktisch *endlichen*, nahezu kreisförmigen Querschnitten, wobei die einzelnen Wirbelelemente zur Zeit $t = 0$ kontinuierlich über ein relativ eng begrenztes Gebiet verteilt sind. Unter dieser Voraussetzung kann ein derartiger Wirbel im Anfangszustand dargestellt werden durch einen drehungsbehafteten inneren Teil, den sogenannten „Wirbelkern" vom Halbmesser r_0, und das ihn umgebende „Wirbelfeld", in dem anfangs (nahezu) Potentialströmung herrscht. Dieser Wirbelkern breitet sich mit der Zeit unter dem Einfluß der Schubspannungen immer weiter in das ihn umgebende Wirbel-

feld aus und vergrößert damit ständig seinen Halbmesser r_0*. Dieses Problem
hat bereits Oseen für den geraden Wirbelfaden theoretisch behandelt[1] und dabei
die Strömungsgeschwindigkeiten u, v der x, y-Ebene durch Integralformeln dargestellt. Die Auswertung dieser Integrale ist jedoch schwierig und für die praktische Anwendung wenig geeignet. Im Abschnitt f) dieses Kapitels wird die Frage
der Ausbreitung derartiger Wirbel noch etwas eingehender besprochen.

c) Kinetische Energie und Dissipation des Oseenschen Wirbels

Bekanntlich ist die kinetische Energie E_k des Potentialwirbelfeldes in einer
unbegrenzten, idealen Flüssigkeit unendlich groß (vgl. Ziffer 14f). Ein solcher
Wirbel besitzt also — von diesem Standpunkt aus gesehen — keine physikalische
Realität.

Es erhebt sich nun die Frage, ob dieses auch für den Oseenschen Wirbel zutrifft bzw. in welcher Form sich der Einfluß der Reibung auf den Energieinhalt
eines derartigen Wirbelfeldes auswirkt.

Unter Beachtung von (494a) wird — bezogen auf die Tiefe „eins" —

$$E_k = \frac{\varrho}{2} \int\limits_{r}^{r \to \infty} v_\varphi^2 \cdot 2\pi r \, dr = \frac{\varrho \, \Gamma_0^2}{4\pi} \int\limits_{r}^{r \to \infty} \frac{1}{r} \left(1 - e^{-\frac{r^2}{4\nu t}}\right)^2 dr,$$

wobei die untere Grenze des Integrals ($r > 0$) zunächst noch offen bleiben soll.
Mit der Abkürzung

$$\frac{\varrho \, \Gamma_0^2}{4\pi} = c \tag{496}$$

folgt daraus

$$E_k = c \left[(\ln r)_r^{r \to \infty} + \int\limits_{r}^{r \to \infty} \frac{1}{r^2} \left(-2 e^{-\frac{r^2}{4\nu t}} + e^{-\frac{r^2}{2\nu t}} \right) \frac{d(r^2)}{2} \right]$$

oder, wenn vorübergehend

$$\frac{r^2}{4\nu t} = x; \quad \frac{r^2}{2\nu t} = z = 2x \tag{497}$$

gesetzt wird,

$$E_k = c \left[\ln \frac{r \to \infty}{r} + \int\limits_{\infty}^{x} \frac{1}{x} e^{-x} dx - \frac{1}{2} \int\limits_{\infty}^{z} \frac{1}{z} e^{-z} dz \right].$$

Nun ist[2]

$$\int\limits_{\infty}^{x} \frac{e^{-x}}{x} dx = \ln x - x + \frac{x^2}{2 \cdot 2!} - \frac{x^3}{3 \cdot 3!} + - \cdots + C,$$

wo $C = 0{,}577216$ die „Eulersche Konstante" bezeichnet. Damit wird

$$E_k = c \left[\ln \frac{r \to \infty}{r} + \left(\ln x - x + \frac{x^2}{2 \cdot 2!} - \frac{x^3}{3 \cdot 3!} + - \cdots + C \right) - \right.$$

$$\left. - \frac{1}{2} \left(\ln z - z + \frac{z^2}{2 \cdot 2!} - \frac{z^3}{3 \cdot 3!} + - \cdots + C \right) \right]. \tag{498}$$

Hier stellt das erste Glied der eckigen Klammer offenbar die kinetische Energie
des Potentialwirbels dar, während die beiden runden Klammern den Beitrag der

---

* Vgl. dazu A. Betz: Einführung in die Theorie der Strömungsmaschinen, Karlsruhe
1958, S. 18 bis 20.

[1] Vgl. dazu das Literaturzitat 2 auf S. 288.

[2] Vgl. etwa R. Rothe: Höhere Mathematik Teil II, 11. Aufl., S. 137 bis 138.

Zähigkeitsglieder angeben. Nun ist wegen (497)

$$\ln x - \frac{1}{2}\ln z = \frac{1}{2}\left(\ln\frac{r^2}{4\nu t} - \ln 2\right).$$

Damit geht (498) über in

$$E_k = c\left[\frac{1}{2}\ln\left(\frac{r_\infty}{r}\right)^2 + \frac{1}{2}\ln\frac{r^2}{4\nu t} - \frac{1}{2}\ln 2 + \frac{1}{2}C + \right.$$
$$\left. + \left(-x + \frac{x^2}{2\cdot 2!} - \frac{x^3}{3\cdot 3!} + - \cdots\right) - \frac{1}{2}\left(-z + \frac{z^2}{2\cdot 2!} - \frac{z^3}{3\cdot 3!} + - \cdots\right)\right] \quad (499)$$

oder, wegen (496) und mit $\ln 2 - C = C'$, in

$$E_k = \frac{\varrho\, \Gamma_0^2}{8\pi}\left[\ln\frac{r_\infty^2}{4\nu t} - C' + 2f(x) - g(z)\right]. \quad (499\,\text{a})$$

Läßt man jetzt $r \to 0$ gehen, so wird $x = z = 0$, und man erhält

$$E_k = \frac{\varrho\, \Gamma_0^2}{8\pi}\left(\ln\frac{r_\infty^2}{4\nu t} - C'\right). \quad (499\,\text{b})$$

Die beiden in den runden Klammern von (499) stehenden Funktionen $f(x)$ und $g(z)$ sind konvergent für alle x bzw. $z < \infty$, was unmittelbar aus dem Vergleich mit der konvergenten Reihe für e^x folgt. Demnach wird die kinetische Energie des OSEENschen Wirbels für endliche Zeiten t unendlich groß, und zwar auch dann, wenn man von dem Gesamtfeld einen Kreis vom Halbmesser $0 < r < \infty$ um die Wirbelachse ($r = 0$) ausschließt. Maßgebend dafür ist die Annahme eines allseitig unbegrenzten Feldes ($r \to \infty$). Man hat es hier also wohl mit einer mathematisch exakten Lösung der Wirbeldifferentialgleichung (492a) zu tun, nicht aber mit einer physikalisch möglichen, da im letzteren Falle stets ein im Endlichen liegender Rand vorhanden ist. Von der Art der dort herrschenden Randbedingungen hängt es ab, in welcher Weise der Rand das Geschwindigkeitsfeld (494a) beeinflussen wird. Jedenfalls muß dies so geschehen, daß E_k einen endlichen Wert annimmt. Allerdings wird Gl. (495) bei hinreichend großem·Randabstand vom Wirbelzentrum den Ausbreitungsvorgang qualitativ richtig beschreiben, quantitativ werden aber gewisse Abweichungen davon auftreten. Bei einem *Wirbelpaar* ist die kinetische Energie endlich, da dies ja schon für die *ideale* Flüssigkeit bei Einführung zweier „Wirbelkerne" nachgewiesen wurde (Ziffer 14f) und somit erst recht für die *zähe* gelten dürfte.

Aus (499b) erhält man durch Differentiation nach t als zeitliche Änderung der kinetischen Energie des Gesamtfeldes

$$\frac{dE_k}{dt} = -\frac{\varrho\, \Gamma_0^2}{8\pi t}, \quad (500)$$

woraus eine ständige Abnahme von E_k ersichtlich ist, ohne daß dadurch E_k jedoch innerhalb einer endlichen Zeit einen endlichen Wert erreicht.

Eine einfache Energiebetrachtung lehrt nun, daß — bei Vernachlässigung von Massenkräften — die in der Zeiteinheit an den Grenzflächen des Feldes von den *äußeren* Kräften geleistete Arbeit gleich der Summe aus der zeitlichen Änderung der kinetischen und der durch innere Reibung „verzehrten", d. h. in Wärme umgewandelten Energie des Feldes ist. (Vgl. dazu Ziffer 16.)

Um die Arbeit der äußeren Kräfte in der Zeiteinheit zu berechnen, betrachte man zunächst ein Gebiet, das nach außen von einem beliebigen Kreis $r > 0$ um das Wirbelzentrum begrenzt ist. Da die Normalspannungen am Kreisrand bei inkompressibler Flüssigkeit keine Arbeit leisten, so erhält man als sekundliche Arbeit der äußeren Kräfte

$$\frac{dA}{dt} = \tau_{r\varphi} \cdot 2\pi r \cdot v_\varphi,$$

wo

$$\tau_{r\varphi} = \nu \varrho \, r \frac{\partial}{\partial r}\left(\frac{v_\varphi}{r}\right)$$

nach (379 b) die tangential gerichtete Schubspannung (mit $\varphi \equiv \vartheta$) und v_φ die durch (494a) gegebene Umfangsgeschwindigkeit bezeichnen. Somit wird wegen

$$\frac{\partial}{\partial r}\left(\frac{v_\varphi}{r}\right) = \frac{\Gamma_0}{2\pi}\left[-\frac{2}{r^3}\left(1 - e^{-\frac{r^2}{4\nu t}}\right) + \frac{1}{2\nu t r}e^{-\frac{r^2}{4\nu t}}\right]$$

$$\frac{dA}{dt} = \frac{\nu \varrho \, \Gamma_0^2}{2\pi}\left[-\frac{2}{r^2}\left(1 - e^{-\frac{r^2}{4\nu t}}\right) + \frac{1}{2\nu t}e^{-\frac{r^2}{4\nu t}}\right]\left(1 - e^{-\frac{r^2}{4\nu t}}\right)$$

und, wenn man jetzt zur Grenze $r \to \infty$ übergeht,

$$\left(\frac{dA}{dt}\right)_{r\to\infty} = 0.$$

Da somit von den äußeren Kräften des Gesamtfeldes keine Arbeit geleistet wird, muß nach dem oben Gesagten die durch (500) dargestellte zeitliche Änderung der kinetischen Energie absolut gleich der *Dissipation* infolge innerer Reibung sein. Um diese Aussage zu prüfen, soll nachstehend noch die Dissipation des Gesamtfeldes berechnet werden.

Nach (385a) wird diese bei der hier vorliegenden *ebenen* Strömung

$$\frac{dA_r}{dt} = \mu \iint\left[\left(\frac{\partial v}{\partial x} - \frac{\partial u}{\partial y}\right)^2 + 4\left(\frac{\partial v}{\partial x}\frac{\partial u}{\partial y} - \frac{\partial u}{\partial x}\frac{\partial v}{\partial y}\right)\right]dx\,dy.$$

An den Grenzflächen des Feldes ($r \to \infty$) ist $u = v = 0$, da dort nach (494a) $v_\varphi = 0$ wird. In diesem Falle verschwindet nach einer partiellen Integration der Beitrag der zweiten Klammer des Integranden[1].

Weiter ist nach (337)

$$\frac{\partial v}{\partial x} - \frac{\partial u}{\partial y} = 2\zeta = 2\omega,$$

so daß unter Beachtung von (493) folgt

$$\frac{dA_r}{dt} = \mu \int\limits_{r=0}^{r\to\infty} 4\omega^2 \cdot 2\pi r\,dr = \nu \varrho \, \frac{\Gamma_0^2}{16\pi^2\nu^2 t^2}\int\limits_0^\infty e^{-\frac{r^2}{4\nu t}}\cdot 2\pi r\,dr,$$

d. h.

$$\frac{dA_r}{dt} = \frac{\varrho \, \Gamma_0^2}{8\pi t}.$$

Der Vergleich mit (500) zeigt, daß in der Tat die zeitliche Abnahme der kinetischen Energie gleich der Dissipation des Feldes ist. Der zeitliche Ausbreitungsvorgang des Wirbels ist also eindeutig auf die Wirkung der Schubspannungen zurückzuführen.

d) Die zeitliche Änderung der Zirkulation beliebiger Wirbelströmungen[2]

Wie oben in Absatz b) am Beispiel des OSEENschen Wirbels erläutert wurde, ist in zähen Flüssigkeiten bei einem Einzelwirbel die zeitliche Änderung der

---

[1] Vgl. dazu H. LAMB: Lehrbuch der Hydrodynamik, deutsche Ausgabe von J. FRIEDEL, Leipzig und Berlin 1907, S. 667 bis 669.

[2] Vgl. dazu W. KAUFMANN: Die Erweiterung des Zirkulationssatzes von W. THOMSON auf zähe (viskose) Flüssigkeiten. Z. Flugwissensch. Bd. 7 (1959) S. 103ff.

Zirkulation längs eines Kreises vom Halbmesser r *nicht* gleich Null [s. Gl. (495)]. Nachstehend soll nun gezeigt werden, daß diese Aussage unter einer gewissen, noch zu klärenden Bedingung für *alle* reibungsbehafteten Wirbelströmungen gilt. Der Beweis kann in einfacher Weise in Anlehnung an die Ableitung des THOMSONschen Satzes in Ziffer 4 dieses Abschnitts erbracht werden, wobei hier der Einfachheit halber die Vektordarstellung gebraucht wird.

Zunächst gilt [s. Gl. (244a) und (245)]

$$\frac{d\Gamma}{dt} = \oint_{(s)} \frac{d}{dt}\,(\mathfrak{v}\,d\mathfrak{s}) = \oint_{(s)} \mathfrak{v}\,\frac{d}{dt}\,(d\mathfrak{s}) + \oint_{(s)} \frac{d\mathfrak{v}}{dt}\,d\mathfrak{s},$$

wobei [Gl. (247)]

$$\oint_{(s)} \mathfrak{v}\,\frac{d}{dt}\,(d\mathfrak{s}) = \frac{1}{2}\oint_{(s)} d(\mathfrak{v}^2) = 0,$$

da dieses Integral über die *geschlossene* Linie s zu nehmen ist. Damit wird

$$\frac{d\Gamma}{dt} = \oint_{(s)} \frac{d\mathfrak{v}}{dt}\,d\mathfrak{s}.$$

Hier ist $\dfrac{d\mathfrak{v}}{dt}$ die *substantielle*, d. h. an das Massenteilchen gebundene Beschleunigung. Setzt man dafür Gl. (489) ein, so wird

$$\frac{d\Gamma}{dt} = \oint_{(s)} \left[-\operatorname{grad} U - \frac{1}{\varrho}\operatorname{grad} p + v\,\Delta\mathfrak{v} \right] d\mathfrak{s}. \tag{501}$$

Da aber in einer homogenen Flüssigkeit mit eindeutigen Werten von U, p und ϱ das Linienintegral des Gradienten beim Umlauf um die geschlossene Linie s verschwindet[1], so erhält man als zeitliche Änderung der Zirkulation

$$\frac{d\Gamma}{dt} = v\oint_{(s)} \Delta\mathfrak{v}\,d\mathfrak{s}. \tag{501a}$$

In Komponentendarstellung wurde dieser Ausdruck bereits von H. POINCARÉ angegeben[2].

Mit $v = 0$ (reibungsfreie Flüssigkeit) folgt aus (501a) der Satz von THOMSON (Ziffer 4).

Um einen besseren Einblick in die physikalische Bedeutung des Integrals von (501a) zu erhalten, soll dieses noch etwas umgeformt werden. Zunächst folgt aus dem STOKESschen Satz (248a) und unter Beachtung von Gl. (490a)

$$\oint_{(s)} \Delta\mathfrak{v}\,d\mathfrak{s} = -2\oint_{(s)} \operatorname{rot}\mathfrak{u}\,d\mathfrak{s} = -2\int_{(F)} (\operatorname{rot}\operatorname{rot}\mathfrak{u})\,\mathfrak{e}\,dF.$$

Hierbei bezeichnet F eine beliebige (auch gekrümmte) Fläche, welche in die „flüssige" Linie s eingespannt ist, und $\mathfrak{e}$ den Einheitsvektor der Flächennormalen[3]. Beachtet man noch, daß nach (490b)

$$-\operatorname{rot}\operatorname{rot}\mathfrak{u} = \Delta\mathfrak{u}$$

ist, so geht Gl. (501a) mit diesen Werten über in

$$\frac{d\Gamma}{dt} = 2v\int_{(F)} \Delta\mathfrak{u}\,\mathfrak{e}\,dF. \tag{501b}$$

---

[1] Es ist ja bekanntlich $\oint \operatorname{grad} U\,d\mathfrak{s} = \oint dU = 0$.

[2] POINCARÉ, H.: Théorie des Tourbillons. Georges Carré, Éditeur, Paris 1893, S. 191.

[3] Hinsichtlich der Anwendbarkeit des STOKESschen Satzes auf das hier vorliegende Problem sei auf die einschränkende Bemerkung in Fußnote 1 auf S. 139 verwiesen.

Nun ist nach Gl. (340)

$$\Gamma = 2 \int\limits_{(F)} \mathfrak{u} \, \mathfrak{e} \, dF,$$

wobei das Integral den „Wirbelfluß" durch die Fläche F angibt. Mit Rücksicht auf (501 b) wird also

$$\frac{d}{dt} \int\limits_{(F)} \mathfrak{u} \, \mathfrak{e} \, dF = \nu \int\limits_{(F)} \varDelta \mathfrak{u} \, \mathfrak{e} \, dF.$$

Man erkennt daraus, daß in der *zähen* Flüssigkeit (im Gegensatz zur *idealen*) eine *zeitliche Änderung des Wirbelflusses stattfindet*, sofern das rechte Integral der vorstehenden Gleichung einen von Null verschiedenen Wert besitzt. So gesehen, stellt Gl. (501 b) eine Integralform der allgemeinen Wirbeldifferentialgleichung (492) dar.

Ebene Strömung. Die Anwendung der Gln. (501 a) und (501 b) führt — z. Z. wenigstens — nur dann zu einfachen Ergebnissen, wenn man sich dabei auf *ebene* Strömungen beschränken kann, bei denen alle Wirbelfäden normal zur Bewegungsebene (x, y) stehen. In diesem Falle sind die Wirbelkomponenten $\xi = \eta = 0$, und $\mathfrak{u}$ geht über in die z-Komponente $\zeta = \omega$ des Wirbelvektors. Der Geschwindigkeitsvektor $\mathfrak{v}(u, v)$ von (501 a) liegt in der x, y-Ebene, und an Stelle von Gl. (501 b) tritt der einfachere Ausdruck

$$\frac{d\Gamma}{dt} = 2\nu \int\limits_{(F)} \varDelta \omega \, dF. \tag{501 c}$$

Bei vielen Aufgaben der technischen Hydro- und Aerodynamik hat man es — wie in Abschnitt b) bereits angedeutet wurde — mit *ebenen* Strömungen zu tun, bei denen die einzelnen Wirbelfäden anfangs kontinuierlich über ein verhältnismäßig kleines Gebiet, den „Wirbelkern" verteilt sind, während die diesen umgebende Flüssigkeit praktisch drehungsfrei ist. Derartige Wirbelfäden entstehen z. B. bei der „Ablösung" von Grenzschichten hinter starren Körpern, die in einer translatorisch bewegten Flüssigkeit festgehalten sind (etwa KÁRMÁNsche Wirbelstraßen, Ziffer 14 e), bei der seitlichen Aufwickelung von Trennungsflächen, welche sich hinter Tragflügeln von endlicher Spannweite ausbilden (vgl. Ziffer 26, Absatz c), usw. Die Querschnitte dieser Wirbel sind — wie Versuch und Theorie zeigen — gewöhnlich so ausgebildet, daß die „Wirbelstärke" ω der kontinuierlich über die Querschnittsfläche verteilten Elementarwirbel im „Kernschwerpunkt" ein Maximum besitzt und nach dem „Kernrand" hin stetig und stetig differenzierbar auf Null abfällt, wobei der Kern i. allg. kein Kreis zu sein braucht.

Es sei jetzt (s. oben) die Annahme gemacht, daß ein derartiger Wirbelfaden zur Zeit $t = 0$ von einer drehungsfreien Strömung umgeben ist. Dann muß, da innerhalb dieser Potentialströmung überall $\omega = 0$ und somit auch $\varDelta \omega = 0$ ist, $\frac{d\Gamma}{dt}$ für eine Fläche F', welche durch eine *außerhalb* des Kerns verlaufende geschlossene Linie s' begrenzt ist, wegen (501 c) den gleichen Wert haben wie für den Kernquerschnitt F_k. Wendet man aber auf die Linie s' die mit (501 c) identische Gl. (501 a) an, so ergibt sich offenbar $\frac{d\Gamma}{dt} = 0$, da in der vorausgesetzten Potentialströmung wegen $\omega = 0$ nach (490 a) auch $\varDelta \mathfrak{v} = 0$ wird. Daraus folgt, daß in einer *zähen* Flüssigkeit ein von einer Potentialströmung umgebener Wirbelfaden mit endlichem Querschnitt nur dann bestehen bleibt, wenn das Integral von (501 c) verschwindet, was — wie in Absatz f) noch gezeigt wird — auf die Dauer nicht möglich ist. Es findet also auch hier — ähnlich wie beim

OSEENschen Wirbel — eine zeitliche Ausbreitung des Wirbelfadens in das ihn umgebende Strömungsfeld statt, wodurch die anfangs als drehungsfrei angesehenen Flüssigkeitsteilchen in Rotation geraten. Aus Gl. (501c) ist ersichtlich, daß sich dieser Vorgang um so schneller vollzieht, je größer die kinematische Zähigkeit v ist.

Für die Folge sollen nur Wirbelfäden von *kreisförmigen* Querschnitten betrachtet werden, die außerdem eine *kreissymmetrisch verteilte* Wirbelstärke $\omega(r)$ aufweisen, bei gegebener Gesamtzirkulation Γ_0 über den Wirbelquerschnitt. Dann ergibt sich als zeitliche Änderung der Zirkulation $\Gamma(r)$ längs eines beliebigen innerhalb des Wirbelkerns liegenden, konzentrischen Kreises vom Halbmesser r mit der (tangentialen) Geschwindigkeit $v_\varphi(r)$ nach Gl. (501a)

$$\frac{d\Gamma(r)}{dt} = v \, \Lambda v_\varphi(r) \cdot 2\pi \, r. \qquad (501\,\mathrm{d})$$

Wegen

$$\Lambda v_\varphi = \frac{d^2 v_\varphi}{dr^2} + \frac{1}{r}\frac{dv_\varphi}{dr} - \frac{v_\varphi}{r^2}$$

folgt daraus

$$\frac{d\Gamma}{dt} = 2\pi v \left(r\frac{d^2 v_\varphi}{dr^2} + \frac{dv_\varphi}{dr} - \frac{v_\varphi}{r} \right).$$

Nun ist

$$v_\varphi = \frac{\Gamma}{2\pi r},$$

womit die vorstehende Gleichung übergeht in

$$\frac{d\Gamma}{dt} = v \left(\frac{d^2\Gamma}{dr^2} - \frac{1}{r}\frac{d\Gamma}{dr} \right).$$

Nach dem STOKESschen Integralsatz (340), angewandt auf einen konzentrischen Kreisring von der Breite dr, ist

$$d\Gamma = 2\omega \cdot 2\pi \, r \, dr. \qquad (502)$$

Führt man hieraus $\dfrac{d\Gamma}{dr}$ und $\dfrac{d^2\Gamma}{dr^2}$ in $\dfrac{d\Gamma}{dt}$ ein, so erhält man

$$\frac{d\Gamma}{dt} = 4\pi v \, r \frac{d\omega}{dr} \qquad (503)$$

und daraus als zeitliche Änderung der Geschwindigkeit v_φ den einfachen Wert:

$$\frac{dv_\varphi}{dr} = 2v \frac{d\omega}{dt}. \qquad (503\,\mathrm{a})$$

Wurde oben gesagt, daß die Wirbelausbreitung um so schneller erfolgt je größer v ist, so erkennt man jetzt aus (503), daß dies außerdem an derjenigen Stelle r der Fall ist, an welcher $\dfrac{d\omega}{dr}$ einen möglichst großen Wert besitzt. Mit (503) ist somit bei gegebener $\omega(r)$-Verteilung über den Wirbelquerschnitt bereits ein wichtiger Einblick in den Ausbreitungsmechanismus gewonnen.

e) Der Anfangszustand des kreiszylindrischen Wirbels

Um die Gln. (492a), (503) und (503a) zur Beschreibung der zeitlichen Wirbelausbreitung verwenden zu können, bedarf es noch der Angabe eines *Anfangszustandes* ($t = 0$), welcher offenbar von der Entstehungsgeschichte des Wirbels abhängt. Darüber können nur von Fall zu Fall verbindliche Angaben gemacht werden. Immerhin läßt sich einiges über die Wirbelstärke $\omega(r)$ an den Grenzen $r = 0$ und $r = r_0$ (Halbmesser des Wirbelkerns) aussagen, was für alle derartigen Wirbel Gültigkeit besitzt.

Die Geschwindigkeitsverteilung innerhalb des Wirbelkerns hat aus Stetig-keitsgründen generell den aus Abb. 189 ersichtlichen Verlauf. Am Orte $r = 0$ ist $v_\varphi = 0$, bei $r = r_0$ ist v_φ gleich der entsprechenden Geschwindigkeit des Potentialwirbels (Außenströmung). Da bei der Ausbreitung des Wirbels die Ge-schwindigkeit am Orte $r = 0$ auch weiterhin Null bleiben muß, folgt aus (503a)

$$\frac{dv_\varphi}{dt}_{(r=0)} = 2\nu \frac{d\omega}{dr}_{(r=0)} = 0,$$

d.h. es muß zu jeder Zeit $\frac{d\omega}{dr}_{(r=0)}$ verschwinden. Die *Größe* von $\omega_{(r=0)}$ ist — wie später noch gezeigt wird — durch die Größe Γ_0 der Gesamtzirkulation des Wirbels mit bestimmt. Zwei weitere Bedingungen für $\omega(r)$ ergeben sich daraus, daß am Orte $r = r_0$ wegen des stetigen Überganges vom Wirbelkern zur Außenströmung

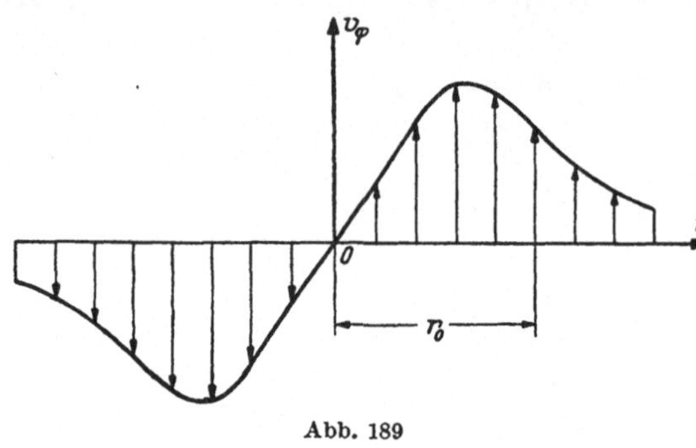

Abb. 189

$$\omega_{(r=r_0)} = 0$$

und

$$\frac{d\omega}{dr}_{(r=r_0)} = 0$$

sein muß.

Unter Beachtung des vor-stehend Gesagten wird für die zur Zeit $t = 0$ vorhandene $\omega(r)$-Verteilung folgender Ansatz ge-macht:

$$\omega = a_0 + a_1 r + a_2 r^2 + a_3 r^3,$$

mit den Grenzbedingungen

$$\frac{d\omega}{dr}_{(r=0)} = 0 = a_1 + 2a_2 r + 3a_3 r^2; \quad \text{d.h.} \quad a_1 = 0$$

$$\omega_{(r=r_0)} = 0 = a_0 + a_2 r_0^2 + a_3 r_0^3$$

$$\frac{d\omega}{dr}_{(r=r_0)} = 0 = 2a_2 r_0 + 3a_3 r_0^2.$$

Aus den beiden letzten Gleichungen folgt

$$a_2 = -3 \frac{a_0}{r_0^2}; \quad a_3 = 2 \frac{a_0}{r_0^3}.$$

Somit wird

$$\omega = a_0 \left[1 - 3 \left(\frac{r}{r_0} \right)^2 + 2 \left(\frac{r}{r_0} \right)^3 \right]. \tag{504}$$

Die noch offene Konstante a_0 ist durch Γ_0 bestimmt. Aus (502) folgt nämlich unter Beachtung von (504)

$$\Gamma = 4\pi a_0 r^2 \left[\frac{1}{2} - \frac{3}{4} \left(\frac{r}{r_0} \right)^2 + \frac{2}{5} \left(\frac{r}{r_0} \right)^3 \right] \tag{505}$$

und daraus mit $r = r_0$

$$a_0 = \frac{5}{3} \frac{\Gamma_0}{\pi r_0^2} = \omega_{(r=0)}. \tag{506}$$

Zur vollständigen Bestimmung von $\omega(r)$ ist noch eine Angabe über den Wirbel-halbmesser r_0 erforderlich, sofern dieser nicht vorgegeben ist, was i. a. nicht der Fall sein wird. Ein charakteristischer Längenparameter für das vorliegende Problem ist die Abszisse r_m des Geschwindigkeitsmaximums $v_{\varphi\text{max}}$. Aus (505) folgt

$$v_\varphi = \frac{\Gamma}{2\pi r} = 2a_0 r \left[\frac{1}{2} - \frac{3}{4} \left(\frac{r}{r_0} \right)^2 + \frac{2}{5} \left(\frac{r}{r_0} \right)^3 \right] \tag{507}$$

und daraus

$$\frac{dv_\varphi}{dr} = 2\,a_0\left[\frac{1}{2} - \frac{3}{4}\left(\frac{r}{r_0}\right)^2 + \frac{2}{5}\left(\frac{r}{r_0}\right)^3 + r\left(-\frac{6}{4}\frac{r}{r_0^2} + \frac{6}{5}\frac{r^2}{r_0^3}\right)\right].$$

Die Abszisse r_m ist also bestimmt durch die Bedingung

$$\frac{dv_\varphi}{dr}\,(r = r_m) = 0 = \left(\frac{r_m}{r_0}\right)^3 - \frac{45}{32}\left(\frac{r_m}{r_0}\right)^2 + \frac{5}{16}. \tag{508}$$

Die Auflösung dieser Gleichung liefert drei reelle Wurzeln, von denen hier nur diejenige in Frage kommt, für welche

$$0 < \frac{r_m}{r_0} < 1$$

ist, da $v_{\varphi\mathrm{max}}$ offenbar zwischen $r = 0$ und $r = r_0$ liegen muß (s. Abb. 189). Diese Wurzel ist

$$\frac{r_m}{r_0} = 0{,}634, \tag{509}$$

woraus folgt

$$r_0 = 1{,}577\,r_m. \tag{509a}$$

Die Größe von r_m hängt im einzelnen von dem jeweiligen Mechanismus des Wirbels ab und muß, sofern keine anderen Angaben darüber vorliegen, experi-

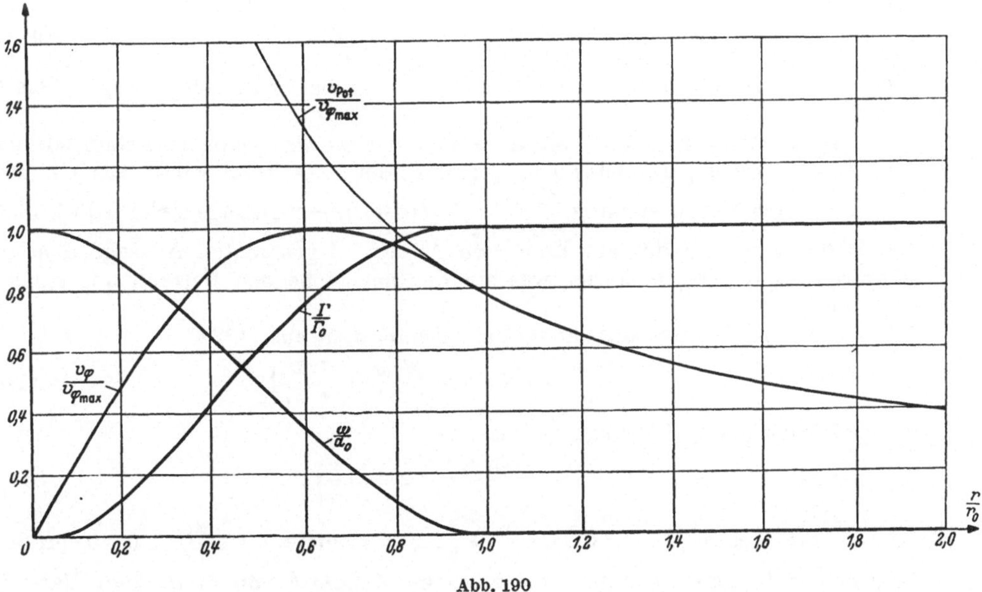

Abb. 190

mentell bestimmt werden, was einfacher und genauer möglich ist als die direkte Messung von r_0. Mit a_0 und r_0 sind dann nach (504), (505) und (507) auch $\omega(r)$, $\Gamma(r)$ und $v_\varphi(r)$ bestimmt. Abb. 190 zeigt die dimensionslosen Größen $\frac{\omega}{\omega_0}$, $\frac{\Gamma}{\Gamma_0}$ und $\frac{v_\varphi}{v_{\varphi\mathrm{max}}}$ als Funktionen von $\frac{r}{r_0}$ für den durch r_m gekennzeichneten Anfangszustand $t = 0$. Zum Vergleich ist in dieser Figur noch die auf $v_{\varphi\mathrm{max}}$ bezogene Geschwindigkeit v_{Pot} des Potentialwirbels eingetragen, woraus deutlich der Einfluß der *flächenhaft* über den Wirbelkern verteilten Wirbelstärke auf das Geschwindigkeitsfeld erkennbar ist.

f) Die zeitliche Wirbelausbreitung

Für den vorstehend definierten Anfangszustand des Wirbels lassen sich mit Hilfe der Gl. (503a) einige wichtige Aussagen machen. Bildet man aus (504)

$$\frac{d\omega}{dr} = a_0\left(-\frac{6r}{r_0^2} + \frac{6r^2}{r_0^3}\right),$$ (510)

so folgt aus (503a)

$$\frac{dv_\varphi}{dt} = -\frac{12 a_0 v}{r_0}\left[\frac{r}{r_0} - \left(\frac{r}{r_0}\right)^2\right].$$ (511)

Dieser Wert ist ersichtlich im ganzen Bereich $0 < r < r_0$ negativ. Wegen (503a) tritt das Maximum der Geschwindigkeitsabnahme für *den* Halbmesser r auf, für welchen $\frac{d^2\omega}{dr^2} = 0$ ist, d. h. an *der* Stelle, wo die $\omega(r)$-Verteilung einen Wendepunkt besitzt. Aus (510) folgt

$$\frac{d^2\omega}{dr^2} = a_0\left(-\frac{6}{r_0^2} + \frac{12 r}{r_0^3}\right).$$ (512)

Damit wird der Halbmesser der maximalen Geschwindigkeitsabnahme $r = \frac{1}{2} r_0$ und somit nach (511)

$$\left(\frac{dv_\varphi}{dt}\right)_{\max} = -\frac{3 a_0 v}{r_0}.$$ (513)

Setzt man hier noch a_0 aus (506) ein, so wird

$$\left(\frac{dv_\varphi}{dt}\right)_{\max} = -\frac{5 v \Gamma_0}{\pi r_0^3}.$$ (513a)

Die zeitliche Abnahme von v_φ ist danach um so größer, je kleiner r_0 bei gleichem Γ_0 wird.

Bemerkenswert ist noch, daß zur Zeit $t = 0$ *momentan* keine zeitliche Änderung der Zirkulation Γ_0 am Orte $r = r_0$ stattfindet, was unmittelbar aus Gl. (503) folgt, da nach Voraussetzung $\frac{d\omega}{dr}_{(r=r_0)} = 0$ ist. Diese Aussage steht jedoch nicht im Widerspruch zu der am Ende von Absatz b) gemachten Aussage über die Ausbreitung des Wirbelkerns, was aus der nachstehenden Betrachtung ersichtlich wird.

Da ω von φ und z unabhängig ist, erhält man aus (492a)

$$\frac{d\omega}{dt} = v\,\Delta\omega = v\left(\frac{d^2\omega}{dr^2} + \frac{1}{r}\frac{d\omega}{dr}\right).\quad{}^*$$ (514)

Wegen (510) und (512) folgt daraus

$$\frac{d\omega}{dt} = \frac{6 v a_0}{r_0^2}\left(-2 + 3\frac{r}{r_0}\right).$$ (514a)

Dieser Ausdruck wird zu Null für $\frac{r}{r_0} = \frac{2}{3}$. Für kleinere $\frac{r}{r_0}$ ist $\frac{d\omega}{dt} < 0$, für größere dagegen > 0. Das bedeutet eine zeitliche *Zunahme* von ω in dem Bereiche $\frac{2}{3} < \frac{r}{r_0} \leqq 1$. Speziell wird für $r = r_0$

$$\frac{d\omega}{dt}_{(r=r_0)} = \frac{6 v a_0}{r_0^2}.$$

Danach ist nach Ablauf einer endlichen Zeit Δt am Orte $r = r_0$ eine *positive* Wirbelstärke ω entstanden, während in dem Bereich $\frac{r}{r_0} < \frac{2}{3}$ gleichzeitig eine *Abnahme* von ω erfolgt. Aus dieser zeitlichen Verlagerung von ω nach dem Wirbelrand hin ist bereits der Beginn der Wirbelausbreitung erkennbar.

---

* Hier ist ω als *Skalar* anzusehen, im Gegensatz zu v_φ auf S. 295.

Um sich über den weiteren Verlauf dieses Vorganges ein Bild zu verschaffen, kann man wie folgt vorgehen. In dem auf $t = 0$ folgenden, hinreichend kleinen, aber endlichen Zeitintervall Δt ändert sich die Geschwindigkeit $v_\varphi^{(0)}$ um den Betrag

$$\Delta v_\varphi^{(0)} = \frac{dv_\varphi^{(0)}}{dt}\, \Delta t,$$

wobei der Zeiger (0) auf die Zeit $t = 0$ hinweisen soll. Damit erhält man die Geschwindigkeit zur Zeit $t_1 = \Delta t$

$$v_\varphi^{(1)} = v_\varphi^{(0)} + \frac{dv_\varphi^{(0)}}{dt}\, \Delta t$$

oder wegen (511)

$$v_\varphi^{(1)} = v_\varphi^{(0)} - \frac{12 a_0^{(0)} \nu\, \Delta t}{r_0^{(0)}} \left[\frac{r}{r_0^{(0)}} - \left(\frac{r}{r_0^{(0)}} \right)^2 \right]. \tag{515}$$

Bildet man jetzt

$$\frac{dv_\varphi^{(1)}}{dr} = \frac{dv_\varphi^{(0)}}{dr} - \frac{12 a_0^{(0)} \nu\, \Delta t}{r_0^{(0)\,2}} \left[1 - 2\, \frac{r}{r_0^{(0)}} \right],$$

so wird die Tangentenneigung des Geschwindigkeitsprofils am Orte $r = r_m^{(0)}$

$$\frac{dv_\varphi^{(1)}}{dr}\,(r = r_m^{(0)}) = -\frac{12 a_0^{(0)} \nu\, \Delta t}{r_0^{(0)\,2}} \left[1 - 2\, \frac{r_m^{(0)}}{r_0^{(0)}} \right],$$

da wegen (508)

$$\frac{dv_\varphi^{(0)}}{dr}\,(r = r_m^{(0)}) = 0$$

ist. Schließlich wird unter Beachtung von (509)

$$\frac{dv_\varphi^{(1)}}{dr}\,(r = r_m^{(0)}) = \frac{12 a_0^{(0)} \nu\, \Delta t}{r_0^{(0)\,2}} \cdot 0{,}268 > 0 .$$

Man ersieht daraus, daß nach Ablauf der Zeit Δt das Geschwindigkeitsprofil sein Maximum erst an einer Stelle $r_m^{(1)} > r_m^{(0)}$ erreicht bzw. daß die Stelle der Maximalgeschwindigkeit mit wachsender Zeit nach außen wandert.

Man kann nun aus (515) die zu $t_1 = \Delta t$ gehörige Abszisse $r_m^{(1)}$ bestimmen und — im Sinne der vorher besprochenen Näherungstheorie — einen neuen, durch $r_m^{(1)}$ gekennzeichneten „Anfangszustand" für die $\omega^{(1)}$-Verteilung betrachten, für diesen nach (509a) den neuen Wirbelhalbmesser $r_0^{(1)}$ bestimmen, mit letzterem die obige Rechnung wiederholen, usf.

Es ist einleuchtend, daß dieses „Anstückelungsverfahren" um so genauer ist, je kleiner die Zeitintervalle Δt gewählt werden. Sofern der Ausbreitungsvorgang auf längere Zeit hin verfolgt werden soll, ist diese Methode jedoch ziemlich mühsam.

Nachstehend soll deshalb noch ein anderer Weg beschritten werden, der nichts anderes bedeutet als eine Rückführung des vorliegenden Problems auf Gl. (493), wobei jetzt aber als „Anfangszustand" nicht der OSEENsche, sondern wie oben ein durch die Abszisse r_m des Geschwindigkeitsmaximums $v_{\varphi\,\text{max}}$ gekennzeichneter Zustand betrachtet wird. Zu diesem Zwecke wird für die Zirkulation $\Gamma(r)$ folgender Ansatz gemacht

$$\Gamma = \Gamma_0 \left[1 - e^{-\left(\frac{r}{\lambda}\right)^2} \right], \tag{516}$$

worin λ eine zunächst unbekannte Länge bezeichnet. Wegen

$$v_\varphi = \frac{\Gamma_0}{2\pi r}\left[1 - e^{-\left(\frac{r}{\lambda}\right)^2}\right] \tag{516a}$$

wird

$$\frac{dv_\varphi}{dr} = \frac{\Gamma_0}{2\pi}\left\{-\frac{1}{r^2}\left[1 - e^{-\left(\frac{r}{\lambda}\right)^2}\right] + \frac{2}{\lambda^2}e^{-\left(\frac{r}{\lambda}\right)^2}\right\}.$$

Somit gilt für $r = r_m$

$$0 = -\left[1 - e^{-\left(\frac{r_m}{\lambda}\right)^2}\right] + 2\left(\frac{r_m}{\lambda}\right)^2 e^{-\left(\frac{r_m}{\lambda}\right)^2}$$

oder

$$2\left(\frac{r_m}{\lambda}\right)^2 + 1 = e^{\left(\frac{r_m}{\lambda}\right)^2},$$

woraus folgt

$$\left(\frac{r_m}{\lambda}\right)^2 = 1{,}257 \quad \text{d.\,h.} \quad \lambda = \frac{r_m}{\sqrt{1{,}257}}. \tag{517}$$

Durch diese Länge λ ist der Anfangszustand bei gegebenem r_m festgelegt. Als $\omega(r)$-Verteilung erhält man aus (502) und (516)

$$\omega = \frac{\Gamma_0}{2\pi\lambda^2} \cdot e^{-\left(\frac{r}{\lambda}\right)^2}. \tag{518}$$

Vergleicht man diesen Ausdruck mit dem OSEENschen Wert (493), so erkennt man, daß beide übereinstimmen, wenn

$$\lambda^2 = 4\nu\, t_0$$

mit $t = t_0$ gesetzt wird. Das bedeutet: Die Wirbelverteilung (518) zur Zeit $t' = 0$ (Anfangszustand des hier betrachteten Wirbels) ist identisch mit derjenigen des OSEENschen Wirbels, welche letzterer zur Zeit

$$t_0 = \frac{\lambda^2}{4\nu}$$

aufweist. Entsprechendes gilt für die Ausdrücke (516) und (516a). Setzt man also in die OSEENschen Formeln (493), (494) und (494a)

$$4\nu\, t = 4\nu(t_0 + t') = \lambda^2 + 4\nu\, t'$$

ein, so erhält man die entsprechenden Werte

$$\omega(r,\, t') = \frac{\Gamma_0}{2\pi(\lambda^2 + 4\nu t')} \cdot e^{-\frac{r^2}{\lambda^2 + 4\nu t'}} \tag{518a}$$

$$\Gamma(r,\, t') = \Gamma_0\left(1 - e^{-\frac{r^2}{\lambda^2 + 4\nu t'}}\right)$$

$$v_\varphi(r,\, t') = \frac{\Gamma_0}{2\pi r}\left(1 - e^{-\frac{r^2}{\lambda^2 + 4\nu t'}}\right)$$

für den hier betrachteten Wirbel zu der auf den Anfangszustand ($t' = 0$) folgenden Zeit t'.

Aus (518a) folgt für $t' = 0$ und $r = 0$

$$\omega_{(r=0)} = \frac{\Gamma_0}{2\pi\lambda^2}.$$

Drückt man hier λ^2 nach (517) durch r_m^2 und letzteres nach (509) durch r_0^2 aus, so wird $\lambda^2 = 0{,}319\,r_0^2$ und damit

$$\omega_{(r=0)} = \frac{\Gamma_0}{\pi\,r_0^2} \cdot 1{,}567\;.$$

Dagegen folgt aus (506)

$$\omega_{(r=0)} = \frac{\Gamma_0}{\pi\,r_0^2} \cdot 1{,}667\;.$$

Wie man sieht, weichen diese beiden, den vollkommen verschiedenen Ansätzen (518) und (504) entsprechenden Werte nicht wesentlich voneinander ab. Die Differenz erklärt sich vor allem wohl daraus, daß nach (504) die Wirbelstärke zur Zeit $t' = 0$ nur über einen *endlichen* Bereich (Kreisquerschnitt r_0) verteilt ist, während sie sich nach (518) — bei gleicher Gesamtzirkulation Γ_0 — über die ganze Ebene ($r \to \infty$) erstreckt.

In Abb. 191 sind die aus den Gln. (504) und (518) folgenden dimensionslosen Größen $\dfrac{\omega\,\pi\,r_0^2}{\Gamma_0}$ über $\dfrac{r}{r_0}$ aufgetragen. Man erkennt daraus eine befriedigende Über-

einstimmung beider Ansätze. Insbesondere rechtfertigt der Vergleich wohl die in der Praxis übliche Annahme einer im Anfangszustand auf einen relativ kleinen Bereich konzentrierten Wirbelverteilung mit äußerer Potentialströmung. Nur muß man sich darüber im klaren sein, daß es sich dabei um eine mehr oder weniger gute *Näherung* handelt, da ja die einzelnen Wirbelelemente bereits während der Bildung des Gesamtwirbels eine Ausbreitung erfahren, so daß auch die „Außenströmung" in Wahrheit nicht ganz drehungsfrei ist.

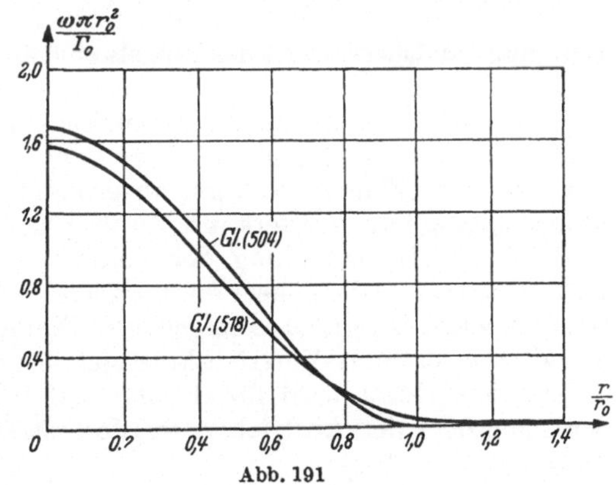

Abb. 191

Versuche, die im Institut für Strömungsmechanik der Technischen Hochschule München durch Messung der Geschwindigkeitsverteilung innerhalb der „Randwirbel" an Flugzeugtragflügeln (vgl. dazu Ziffer 26c) durchgeführt wurden, zeigten eine recht befriedigende Übereinstimmung der vorstehenden Theorie mit den Meßergebnissen[1].

26. Der Tragflügel[2]

a) Grundbegriffe und Bezeichnungen

Bei der Besprechung der mit Zirkulation verbundenen Parallelströmung um ein JOUKOWSKYsches Tragflügelprofil in Ziffer 10, c wurde bereits darauf hingewiesen, daß ein derartiger Flügel durch die strömende Luft einen „Auftrieb" A, d. h. eine zur Bewegungsrichtung rechtwinklig stehende Kraft erhält. Die theoretische Berechnung dieser Kraft liefert der KUTTA-JOUKOWSKYsche Auf-

---

[1] Vgl. dazu W. KAUFMANN: Über die Ausbreitung kreiszylindrischer Wirbel in zähen (viskosen) Flüssigkeiten. Ing.-Arch. Bd. 31 (1962) S. 1.

[2] Eine eingehende Darstellung aller mit der Tragflügelströmung zusammenhängenden Fragen findet man bei SCHLICHTING-TRUCKENBRODT: Aerodynamik des Flugzeuges Bd. 1 1959) u. Bd. 2 (1960).

triebssatz (Ziffer 12). In einer natürlichen, d. h. zähen Flüssigkeit tritt zu dem Auftrieb infolge der Reibungswirkung noch ein in die Bewegungsrichtung fallender Widerstand W, der (bei *ebener* Strömung) aus Druck- und Reibungswiderstand zusammengesetzt ist. Bei *Tragflügeln* kann man es durch entsprechende Formgebung erreichen, daß der bei der Vorwärtsbewegung allein Energie verzehrende Widerstand gegenüber dem Auftrieb A möglichst klein gehalten wird, so daß die aus beiden gebildete resultierende Kraft R im wesentlichen aus dem Auftrieb besteht. Darauf beruht die Bedeutung des „Tragflügels", nicht nur für Flugzeuge, sondern auch für Strömungsmaschinen der verschiedensten Art (Windmühlen, Turbinen, Propeller usw.).

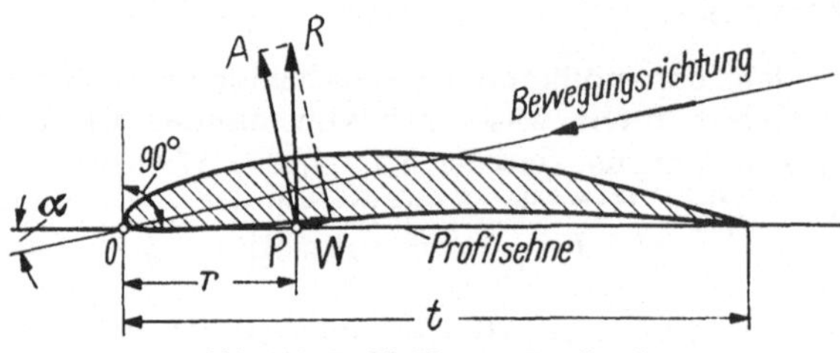

Abb. 192. Luftkräfte am Tragflügel

Zur Erzeugung der für die Entstehung eines Auftriebes notwendigen Zirkulation muß der Querschnitt des Flügels eine entsprechende Profilform erhalten. Verwendet werden i. allg. Profile mit verschiedener Krümmung der Ober- und Unterseite. Jedoch können auch symmetrische Profile benutzt werden, wenn sie um einen kleinen Winkel gegen die Strömung geneigt („angestellt") werden. Sie sind vorn, an der „Flügelnase", gut abgerundet und besitzen eine mehr oder weniger scharf zugespitzte Hinterkante (Abb. 192). Am Flugzeug dient der Tragflügelauftrieb zur Überwindung der Schwere, während der Widerstand durch die Antriebsorgane (Propeller oder andere Schub erzeugende Triebwerke) überwunden wird. Bei gleichförmiger, geradliniger Bewegung stehen Auftrieb, Widerstand, Schwere und Vortriebskraft gerade im Gleichgewicht.

Ein Tragflügel wird für die ihm zufallende Aufgabe um so besser geeignet sein, je größer der Auftrieb A im Verhältnis zum Widerstand W ist. Der dieses Verhältnis ausdrückende Quotient

$$\varepsilon = \frac{W}{A} \tag{519}$$

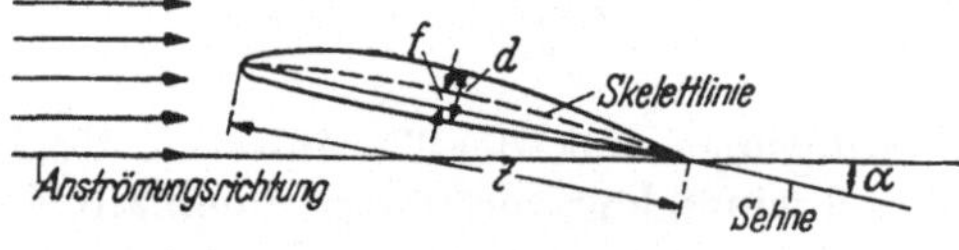

Abb. 193. Flügelprofil mit Skelettlinie

wird als *Gleitzahl* bezeichnet. Diese hängt außer von der Flügelform wesentlich ab vom „Anstellwinkel" α, worunter man denjenigen Winkel versteht, den die „Profilsehne" mit der Bewegungsrichtung einschließt (Abb. 192). Beim ruhenden, einem gleichförmigen Luftstrom ausgesetzten Flügel (etwa im Windkanal) ist α der entsprechende Winkel zwischen der Profilsehne und der Anströmungsrichtung der ungestörten Flüssigkeit. Für gute Flügelprofile und kleine Anstellwinkel ist ε ein kleiner Wert, da in solchen Fällen A um ein Vielfaches größer wird als W (vgl. Abb. 194 und 195).

Zur Kennzeichnung der Profilform benutzt man vielfach die sogenannte „Skelettlinie", worunter man die Mittellinie zwischen Ober- und Unterkante des Profils versteht. Ist die Unterseite (im Gegensatz zu Abb. 192) ebenfalls konvex (nach außen) gewölbt. so wird als Profilsehne die Sehne der Skelettlinie gewählt und der Anstellwinkel α auf diese bezogen (Abb. 193).

Die größte Ausdehnung des Flügels heißt seine *Spannweite* (b), während man unter der *Profiltiefe* (t) die größte Länge des Profils versteht, im Gegensatz zur *Profildicke* (d), die senkrecht zur Profilsehne gemessen wird. Schließlich spielt auch die *Wölbung* (*f*) des Profils bzw. seiner Skelettlinie eine Rolle. Dicke und Wölbung werden i. allg. durch die Verhältniswerte $\frac{d}{t}$ bzw. $\frac{f}{t}$ ausgedrückt.

In Ziffer 21, b wurde gezeigt, daß man den Widerstand, den ein gleichförmig bewegter Körper in einer ruhenden Flüssigkeit von dieser erfährt, in der Form schreiben kann

$$W = c_w \frac{\varrho}{2} U^2 F, \tag{520}$$

worin F die größte Querschnittsfläche des Körpers senkrecht zur Bewegungsrichtung, U seine Geschwindigkeit, ϱ die Flüssigkeitsdichte und c_w die *Widerstandsziffer* bezeichnen. Man kann diese Darstellung auch für den Tragflügel benutzen, jedoch ist es dabei wegen der Veränderlichkeit der Bezugsfläche F mit dem Anstellwinkel α zweckmäßig, eine konstante Fläche zu verwenden. Als solche wählt man die sogenannte *Flügelfläche*, worunter man die größte Projektionsfläche des Flügels versteht, die z. B. beim Rechteckflügel $F = bt$ ist. Mit

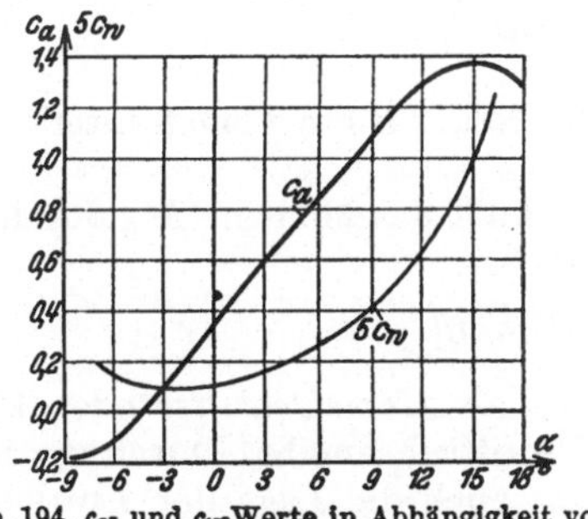

Abb. 194. c_a- und c_w-Werte in Abhängigkeit vom Anstellwinkel α

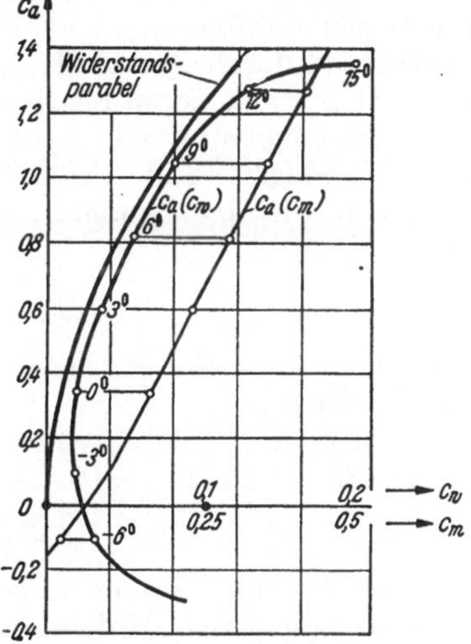

Abb. 195. Polardiagramm

$U = u_\infty$ als ungestörter Anströmungsgeschwindigkeit, $q = \frac{\varrho}{2} u_\infty^2$ als „Staudruck" und F als „Flügelfläche" läßt sich somit der Widerstand des Flügels in der Form

$$W = c_w q F \tag{521}$$

darstellen. In analoger Weise bildet man für den Auftrieb

$$A = c_a q F \tag{522}$$

und nennt die darin auftretende dimensionslose Größe c_a die *Auftriebsziffer* oder den *Auftriebsbeiwert*. c_a und c_w sind Funktionen des Anstellwinkels. Ihr Quotient

$$\varepsilon = \frac{c_w}{c_a}$$

gibt wegen (519) die *Gleitzahl* des Flügels an.

Die Abhängigkeit der „Beiwerte" c_a und c_w vom Anstellwinkel α wird durch Messung im Windkanal festgestellt und ist für verschiedene Flügelformen verschieden. In Abb. 194 sind c_a und c_w als Funktionen von α (für einen bestimmten Flügel) aufgetragen. Man erkennt daraus, daß c_a innerhalb des praktisch wichtigen Anstellwinkelbereiches von $\alpha = -4°$ bis etwa $\alpha = 12°$ nahezu geradlinig ansteigt, bei 15° ein Maximum erreicht und darauf mit weiter wachsendem α schnell abfällt. Der Widerstandsbeiwert c_w ist innerhalb der oben genannten

Grenzen wesentlich kleiner als c_a und folgt eher einem quadratischen Gesetz. Sein Minimum liegt etwa bei $\alpha = -2°$; bei größeren Anstellwinkeln steigt c_w sehr rasch an.

Eine andere, heute meist verwendete Darstellung der Beiwerte c_a und c_w erfolgt in dem sogenannten *Polardiagramm*, in dem c_a als Funktion von c_w aufgetragen und α als Parameter auf der $c_a - c_w$-Kurve angegeben wird[1]. Der Maßstab von c_w wird dabei i. allg. 5mal so groß gewählt wie für c_a (Abb. 195)[2]. Der Name dieser Kurve rührt daher, weil der vom „Pol" O nach einem bestimmten Anstellwinkel α gezogene „Polstrahl" die Resultante aus c_a und c_w darstellt, welche nach Multiplikation mit qF (unter Beachtung der verschiedenen Maßstäbe von c_a und c_w in Abb. 195) die resultierende Luftkraft R angibt. Aus dem Polardiagramm kann die zu jedem Anstellwinkel gehörige Gleitzahl sofort entnommen werden.

Während durch A und W Größe und Richtung der resultierenden Luftkraft bestimmt sind, ist deren relative *Lage* zum Tragflügel noch unbekannt. Zu ihrer Kennzeichnung benutzt man das Moment von R in bezug auf eine ausgezeichnete Achse des Flügels, z. B. die aus Abb. 192 ersichtliche Achse O. Bezeichnet r den Abstand des in der Symmetrieebene des Flügels liegenden *Druckpunktes P*, in dem die Richtungslinie der Kraft R die Profilsehne schneidet, so ist nach Abb. 192

$$M_0 = r\,(A\cos\alpha + W\sin\alpha), \tag{523}$$

wobei hier M_0 *positiv* gerechnet ist, wenn die Kraft R die Flügelhinterkante zu heben versucht.

Ähnlich wie A und W wird in der Flugtechnik das Moment M_0 durch einen Ansatz von der Form

$$M_0 = c_m\,q\,F\,t \quad [\text{mkp}] \tag{524}$$

dargestellt, worin die dimensionslose Größe c_m als *Momentenziffer* oder *Momentenbeiwert* bezeichnet wird, während t die Profiltiefe angibt. Durch c_m ist das Moment M_0 bestimmt und damit nach (523) auch die Lage der Luftkraft R, sobald A und W bekannt sind. In Abb. 195 ist auch c_a als Funktion von c_m aufgetragen (bzw. umgekehrt, wenn c_a als unabhängige Veränderliche angesehen wird)[3]. Die c_m-Werte sind dabei in 2facher Vergrößerung (gegenüber c_a) aufgetragen.

Wie aus der Figur ersichtlich ist, verläuft c_m innerhalb des praktisch besonders wichtigen Anstellwinkelbereichs nahezu linear. Der Abstand r des Druckpunktes P vom Momentenbezugspunkt O ist i. allg. mit dem Anstellwinkel α veränderlich, so daß in derartigen Fällen eine „Druckpunktwanderung" eintritt. Bei symmetrischen Flügelprofilen, d. h. solchen, deren Skelettlinie eine Gerade ist, liegt P unabhängig von α etwa im Abstand $\frac{t}{4}$ von O. Derartige Profile heißen „druckpunktfest". Die Frage der Druckpunktwanderung ist von Bedeutung für die Untersuchung der Stabilität eines Flugzeuges.

Auftrieb und Widerstand stellen die Resultierenden aller auf die Flügeloberfläche wirkenden Druck- und Schubspannungen senkrecht bzw. parallel zur Bewegungsrichtung dar, und zwar sind alle Druckspannungen normal, alle Schubspannungen tangential zur Oberfläche gerichtet. Infolge der „Anstellung"

---

[1] Diese Darstellung ist vermutlich bereits von O. LILIENTHAL benutzt worden.

[2] Polardiagramme für eine große Anzahl von Flügelprofilen sind in den Ergebn. Aerodyn. Versuchsanst. Göttingen I. Lief. (1923) sowie in den NACA-Reports (Reports of the National Advisory Committee for Aeronautics, Washington) zu finden.

[3] Wegen der mit „Widerstandsparabel" bezeichneten Kurve vgl. Ziffer 26 c.

des Flügelprofils unter einem gewissen Winkel α, der im normalen Fluge (c_a groß gegen c_w) nur in einem relativ kleinen Bereich veränderlich ist, und infolge der i. allg. stärkeren Krümmung der Profiloberseite gegenüber der Unterseite stellen sich auf ersterer (abgesehen von einem kleinen Gebiet in unmittelbarer Nähe der Hinterkante) Unterdrücke, auf letzterer dagegen Überdrücke ein (vgl. dazu die Strömung mit Zirkulation um den Kreiszylinder, S. 162). Bestimmt man die Vertikalkomponenten dieser Drücke und trägt sie über der Profiltiefe t auf, so erhält man bei einem mittelgroßen Anstellwinkel α etwa den in Abb. 196

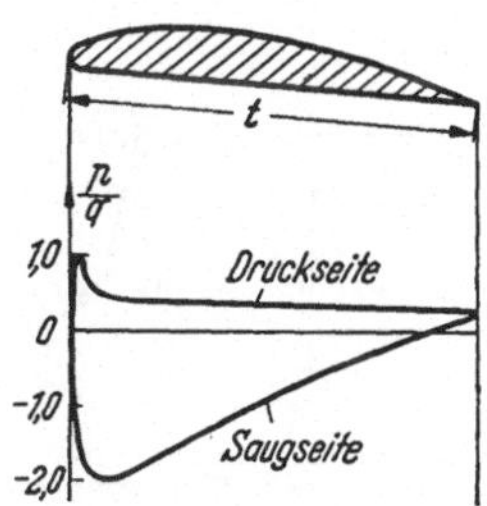

generell dargestellten Verlauf (der natürlich nur für ein bestimmtes Profil und einen bestimmten Winkel α gilt). Man erkennt daraus, daß im normalen Flugbereich die Unterdrücke (absolut) wesentlich größer sind als die Überdrücke [1]. Der Flächeninhalt des dargestellten Druckdiagramms liefert im wesentlichen den Auftrieb A. Wegen dieses unterschiedlichen Verhaltens von Flügelober- und Unterseite nennt man die erstere gewöhnlich die „Saugseite", die letztere dagegen die „Druckseite" des Flügels. Dabei können die Unterdrücke auf der Saugseite in der Nähe der Flügelnase bei größeren Anstellwinkeln Werte annehmen, welche das Zwei- bis Dreifache des Staudruckes der ungestörten Strömung erreichen.

Abb. 196.   Druckverteilung
über die Profiltiefe

Die Ermittlung der oben eingeführten Beiwerte c_a, c_w, c_m erfolgt in der Regel im Windkanal, indem man zunächst an Flügelmodellen mittels einer besonderen Wägevorrichtung Auftrieb, Widerstand und Moment mißt. Abb. 197 zeigt die generelle Darstellung eines derartigen Kanals Göttinger Bauart [2], in dem das ruhend aufgehängte Modell M einem Luftstrom von bekannter Geschwindigkeit ausgesetzt ist. Durch die Schraube S (Ventilator) wird die Luft in Bewegung gesetzt und durchströmt in der angedeuteten Richtung den Kanal, an dessen Ecken besondere Umlenkvorrichtungen vorgesehen sind (vgl. S. 105). Um den Druck längs der Kanalachse nahezu konstant zu halten, besitzt der Kanal in der Strömungsrichtung eine allmähliche Erweiterung. Vor dem Eintritt in die Düse D, welche die Luft dem Modell zuführt, befindet sich ein Gleichrichter G, dessen Aufgabe es ist, die dem ankommenden Luftstrom anhaftenden Drehgeschwindigkeiten tunlichst auszuschalten. Schließlich wird die Luft hinter dem Modell durch den Auffang-
trichter T wieder in den Kanal geleitet und beginnt ihren Kreislauf von neuem.

Zwecks Messung der auf einen Flügel ausgeübten Luftkräfte hängt man den Flügel (mitunter ein ganzes Flugzeugmodell) etwa mittels Drähten, die an Waagen befestigt sind, so auf, daß bei symmetrischer Ausbildung des Modells und der

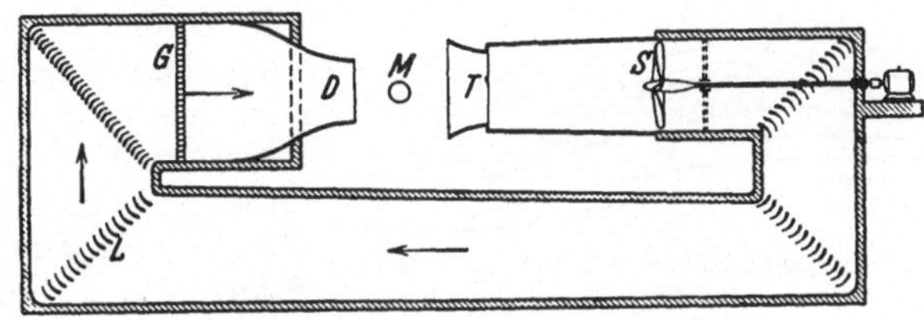

Abb. 197. Schema einer Windkanalanordnung

Anströmung die resultierende Luftkraft R in drei Komponenten zerlegt wird (Dreikomponentenwaage). In Abb. 198 ist der Flügel umgekehrt aufgehängt, um in den Drähten, welche durch angehängte Gewichte G eine geeignete Vorspannung erhalten, Zugkräfte zu bekommen. An drei Waagen lassen sich dann die Kräfte S_1, S_2 und S_3 ablesen, womit Größe, Richtung und Lage der Kraft R

---

[1] Vgl. dazu: Ergebn. Aerodyn. Versuchsanst. Göttingen, II. Lief. (1923).
[2] PRANDTL, L.: Ergebn. Aerodyn. Versuchsanst. Göttingen, I. Lief. (1923).

bestimmt sind. Die Untersuchung ist für verschiedene Anstellwinkel durchzuführen. Bei unsymmetrischer Anströmung (räumliches Problem) kann in entsprechender Weise eine Sechskomponentenwaage verwendet werden[1].

Um die Ergebnisse der Windkanalmessungen an Modellen unmittelbar auf die Großausführung übertragen zu können, müßte strenggenommen das REYNOLDSsche Ähnlichkeitsgesetz beachtet werden. Dazu wäre (bei gleicher kinematischer Zähigkeit der Luft für Versuch und Großausführung) im Windkanal eine Luftgeschwindigkeit erforderlich, die im Verhältnis λ der Längenmaßstäbe größer wäre als die Geschwindigkeit bei der Großausführung (vgl. S. 70), was in den meisten Fällen praktisch nicht zu verwirklichen ist. Man ist aus diesem Grunde gezwungen, i. allg. von der Einhaltung einer mechanischen Ähnlichkeit abzusehen, zumal auch an den Grenzen des Luftstromes im Windkanal andere Strömungsverhältnisse

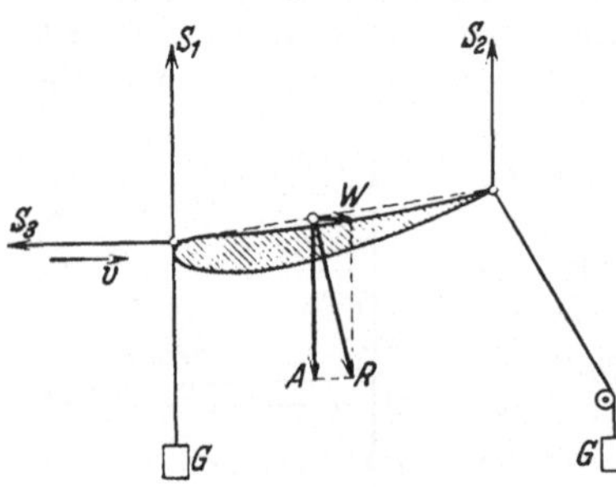

Abb. 198. Aufhängung eines Tragflügels im Windkanal

herrschen als in der freien Atmosphäre. Auf die Frage, welchen Einfluß die Außerachtlassung des REYNOLDSschen Ähnlichkeitsgesetzes auf die Übertragbarkeit von Modellmessungen auf die Großausführung besitzt, wird in dem folgenden Kapitel noch kurz eingegangen (S. 310)[2].

b) Der Tragflügel in ebener Strömung

α) Auftrieb und Zirkulation. Der nachstehenden Betrachtung wird ein Tragflügel von überall gleichem Querschnitt (Profil) und unendlich großer Spannweite (oder ein solcher von endlicher Spannweite mit seitlicher Begrenzung durch parallele Wände) zugrunde gelegt. Außerdem sollen alle Flügelschnitte unter dem gleichen Winkel α gegen die Strömung angestellt sein (unverwundener Flügel). Dann hat man es mit einer *ebenen* Strömung zu tun, und es genügt, die Vorgänge für einen beliebigen Querschnitt zu untersuchen.

Setzt man einen derartigen Flügel einer Parallelströmung aus, so stellt sich nach den Lehren der Potentialtheorie ein Stromlinienbild nach Abb. 199 ein mit einem hinteren Staupunkt S auf der Flügeloberseite (vgl. dazu Abb. 159 und die dort zu dieser Strömung gemachten Ausführungen). Die scharfe Hinterkante wird dabei von unten her mit unendlich großer Geschwindigkeit umströmt, die nach dem Staupunkt S hin auf den Wert Null abfällt. Eine resultierende Einzelkraft auf den Flügel

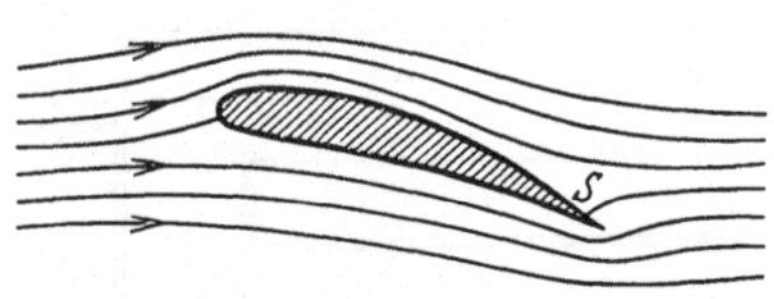

Abb. 199. Potentialströmung um ein Flügelprofil

wird durch diese Potentialströmung nicht erzeugt. Damit überhaupt ein Auftrieb — d. h. eine Kraft senkrecht zur Strömungsrichtung — entstehen kann, muß nach dem KUTTA-JOUKOWSKYschen Auftriebssatz

$$A = \varrho\,\Gamma\,u_\infty \left[\frac{\mathrm{kp}}{\mathrm{m}}\right] \tag{525}$$

---

[1] Vgl. dazu Ergebn. Aerodyn. Versuchsanst. Göttingen, IV. Lief. (1932) S. 8.

[2] Vgl. hierzu H. SCHLICHTING: Die Entwicklung der Windkanäle in den letzten beiden Jahrzehnten, Jb. wiss. Ges. Luftfahrt (1952) S. 35, sowie A. NAUMANN: Aerodynamische Gesichtspunkte der Windkanalentwicklung, Jb. wiss. Ges. Luftfahrt (1954) S. 235. In der letztgenannten Arbeit werden speziell die Windkanäle für hohe Geschwindigkeiten behandelt.

(vgl. II, Ziffer 12) außer der in Abb. 199 angedeuteten Parallelströmung, deren ungestörte Anströmungsgeschwindigkeit mit u_∞ bezeichnet sei, noch eine Zirkulationsströmung entsprechend Abb. 200 überlagert werden, für welche das Linienintegral $\oint v\, d\mathfrak{s}$ die Zirkulation $\Gamma\left[\dfrac{m^2}{s}\right]$ liefert.

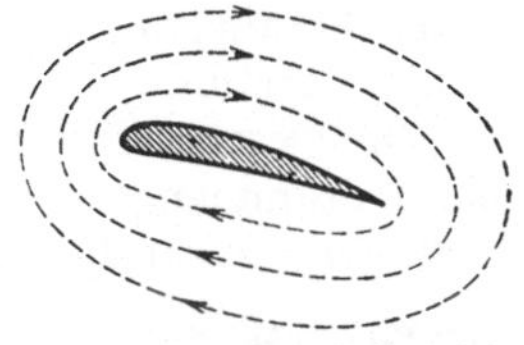

Abb. 200. Zirkulationsströmung um den Tragflügel

Die Berechnung des auf die Längeneinheit der Flügelspannweite bezogenen Auftriebs A setzt also die Kenntnis der Zirkulation Γ voraus. Über ihre Größe, die wesentlich von der Profilform und dem Anstellwinkel α abhängt, vermag der KUTTA-JOUKOWSKYsche Satz selbst nichts auszusagen. Ihre Entstehung läßt sich überhaupt nur erklären, wenn man die Flüssigkeitsreibung in Betracht zieht. Auch hier liefert die PRANDTLsche Grenzschichttheorie den gewünschten Aufschluß.

Beim Beginn der Bewegung stellt sich zunächst eine Potentialströmung nach Abb. 199 ein, und auch bei den *natürlichen* Flüssigkeiten Wasser und Luft, deren Zähigkeit nur gering ist, kann man im ersten Augenblick ein rasches Umströmen der Profilhinterkante beobachten. Da aber die Geschwindigkeit

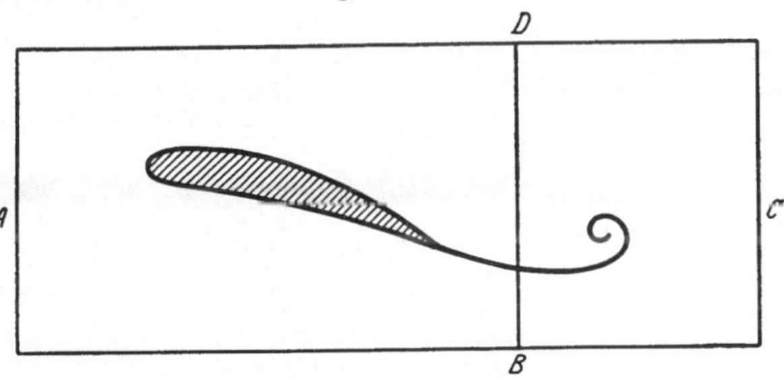

Abb. 201. Anfahrwirbel

von der Hinterkante bis zum Staupunkt S sehr schnell auf den Wert Null abfällt, so herrscht in diesem Bereich nach der BERNOULLIschen Gleichung ein sehr starker Druckanstieg, den die verzögert strömende Grenzschicht nicht zu überwinden vermag. Sie löst sich also an der Hinterkante vom Flügel ab und wickelt sich zu einem starken Einzelwirbel, dem sogenannten *Anfahrwirbel*, auf (Abb. 201).

Denkt man sich nun um den Flügel in hinreichend großem Abstande eine geschlossene Linie $A-B-C-D$ gelegt, welche diesen samt dem abgehenden Wirbel umfaßt, so ist die Zirkulation längs dieser „flüssigen" Linie nach dem Satz von THOMSON (vgl. S. 136 sowie die entsprechende Bemerkung auf S. 194) gleich Null, da sie anfangs gleich Null war*. Da nun in dem Gebiete $B-C-D$ ein Wirbel vorhanden ist, muß sich zum Ausgleich in dem Gebiete $A-D-B$ eine Zirkulation Γ um den Tragflügel von entgegengesetzt gleicher Wirbelstärke ausbilden. Der Anfahrwirbel wächst so lange — und zwar sehr schnell — bis die Geschwindigkeiten auf beiden Seiten des Flügelprofils an der Hinterkante gleich

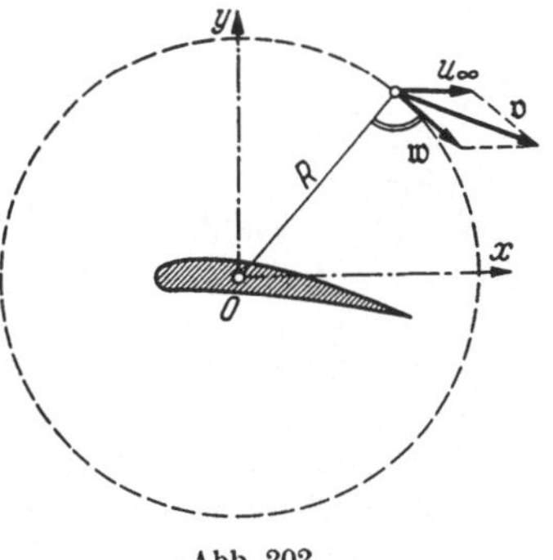

Abb. 202

groß geworden sind, so daß ein Umströmen der Kante nicht mehr stattfindet. Der Staupunkt S von Abb. 199 wird dadurch gerade in die Profilhinterkante verschoben. Dieses Verhalten der Strömung liefert somit eine Bedingung, mit deren Hilfe die Flügelzirkulation bei gegebener Profilform, Anstellung α und Anströmungsgeschwindigkeit u_∞ berechnet werden kann (KUTTAsche Abflußbedin-

---

* Dabei wird die Flüssigkeit längs der Linie $A-B-C-D$ als reibungsfrei angesehen.

gung). Nach Entfernung des Anfahrwirbels, der weiter stromabwärts wandert, stellt sich am Tragflügel ein (nahezu) stationärer Zustand ein, bestehend aus einer Parallelströmung mit Zirkulation, durch welche der Flügelauftrieb zustande kommt.

Die Geschwindigkeit $\mathfrak{v}$ der resultierenden Strömung um den Flügel kann man sich zusammengesetzt denken aus der Geschwindigkeit u_∞ der Parallelströmung und einer zusätzlichen Geschwindigkeit $\mathfrak{w}$ (Abb. 202). Von letzterer läßt sich zeigen, daß sie mit wachsendem Abstande R vom Flügel mindestens wie $\dfrac{1}{R}$ kleiner wird, für hinreichend große Werte R senkrecht zu R steht und auf dem Kreise mit R um O einen konstanten Betrag

$$w = \frac{\Gamma}{2\pi R} \tag{526}$$

hat[1]. Es ist dies offenbar die Geschwindigkeit, welche einem geraden, unendlich langen Wirbelfaden O im Abstand R von der Achse entspricht [Gl. (350a)].

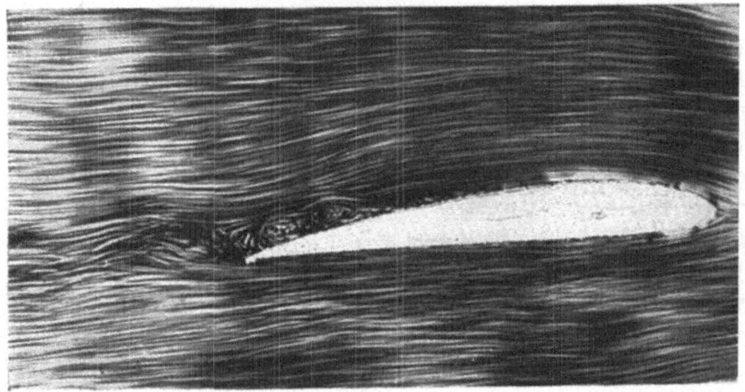

Abb. 203. „Gesunde" Strömung (kleines Totwassergebiet)

Man kann demnach zur Beschreibung der Strömung in größerer Entfernung vom Flügel (praktisch bereits in einer Entfernung von der Größe der Profiltiefe t) den Flügel näherungsweise durch einen Wirbelfaden von der Zirkulation Γ ersetzen, dessen Achse parallel der Flügellängsachse ist und durch den Schnittpunkt des Auftriebs mit der Skelettlinie geht. Dieser, den Tragflügel ersetzende (hypothetische) Wirbel, wird im Gegensatz zu den „freien" Wirbeln als „gebundener" oder „tragender" Wirbel bezeichnet.

Der auf Grund obiger Überlegungen berechnete Auftrieb (Absatz β) stimmt, wie Versuche von A. BETZ[2] an einem JOUKOWSKY-Profil gezeigt haben, gut mit den Versuchswerten überein. Der gemessene Auftrieb fällt dabei etwas kleiner aus als der aus der Theorie gewonnene, was auf die Reibungswirkung in der Grenzschicht zurückzuführen ist. Durch die besonders auf der Saugseite des Profils nach hinten zu sich verbreiternde Reibungsschicht wird nämlich die äußere Potentialströmung etwas vom Flügel abgedrängt, und diese Verschiebung wirkt sich ähnlich aus wie eine Verkleinerung des Anstellwinkels α und damit ein Absinken des Auftriebs. Der Unterschied zwischen Theorie und Messung ist um so größer, je größer die Gleitzahl ist.

[1] GRAMMEL, R.: Die hydrodyn. Grundl. des Fluges (1917) S. 11 u. 34.
[2] BETZ, A.: Z. Flugtechn. Bd. 6 (1915) S. 173.

Während nach der Idealtheorie ein Profilwiderstand nicht auftritt, wird bei den Messungen naturgemäß ein solcher festgestellt, was aus den früheren Betrachtungen über den Flüssigkeitswiderstand ohne weiteres verständlich ist. Bei gut geformten Flügelprofilen und kleinen Anstellwinkeln liegt die Strömung am Flügel gut an („gesunde" Strömung, Abb. 203), und der Widerstand besteht in der Hauptsache aus Reibungswiderstand an der Flügeloberfläche, der durch entsprechende Formgebung in geringen Grenzen gehalten werden kann (vgl. S. 265, Laminarprofile).

Bei einer allmählichen Vergrößerung des Anstellwinkels vergrößert sich zunächst auch die Zirkulation, jedoch nicht in dem Maße, wie es theoretisch

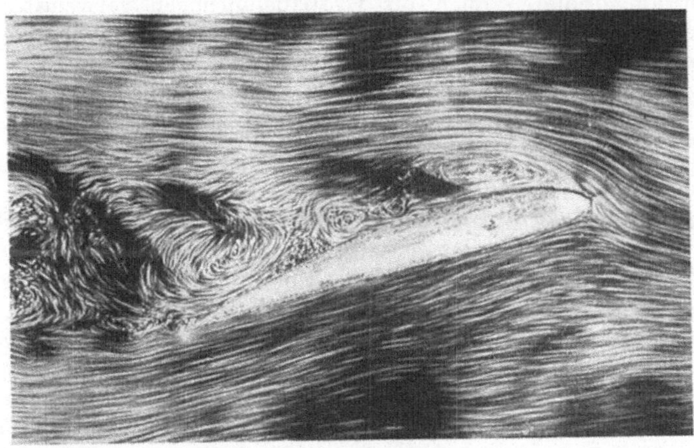

Abb. 204. Abgerissene Strömung (großes Totwassergebiet)

der Fall sein müßte, da gleichzeitig eine Verbreiterung des „Totwassergebietes" auf der Flügeloberseite eintritt, wodurch nach dem oben Gesagten die Zirkulation wieder herabgedrückt wird.

Die wirkliche Zirkulation — und damit der Auftrieb — erreicht bei einem gewissen von der Profilform abhängigen Anstellwinkel ein Maximum (vgl. Abb. 194), dem bei normalen Profilen c_a-Werte von etwa 1,0 bis 1,5 entsprechen. Bei weiterer Vergrößerung von α reißt die Strömung vom Flügel ab und bildet ein breites Totwassergebiet (Abb. 204), während gleichzeitig der Auftrieb stark abfällt. In diesem Anstellwinkelbereich verliert die obige Zirkulationstheorie ihre Gültigkeit.

Große c_a-Werte können durch stärkere Wölbung der Profile erzielt werden, was besonders für die Vorgänge beim Starten und Landen (großer Auftrieb bei kleiner Fluggeschwindigkeit) erwünscht ist [vgl. Gl. (522)]. Da aber derartige Profile auch große c_w-Werte aufweisen, sind sie für schnelle Flugzeuge wenig geeignet. In solchen Fällen werden vielfach drehbare Flügelklappen verwendet, die beim Starten und Landen ausgefahren werden, wodurch künstlich eine stärkere Wölbung des Profils erzeugt wird. Abb. 205 zeigt eine sogenannte „Spaltklappe", die zur weiteren Auftriebsvergrößerung mitunter auch in Verbindung mit einem Vorflügel nach Abb. 182a verwendet wird. Durch derartige „Start- bzw. Landehilfen" können c_a-Werte von etwa 2,3 bis 3,0 erreicht werden. Eine weitere Möglichkeit zur Auftriebssteigerung bietet die früher bereits besprochene Grenzschichtabsaugung[1] (s. S. 275).

Abb. 205. Flügel mit „Spaltklappe"

---

[1] Vgl. dazu O. SCHRENK: Z. Flugtechn. Bd. 22 (1931) S. 259 und Luftf.-Forschg. Bd. 12 (1935) S. 10 sowie A. BETZ: Schriften d. dtsch. Akad. d. Luftf.-Forschg. (1939) S. 51.

Weiter oben wurde bereits darauf hingewiesen, daß mit der Verbreiterung des „Totwassers" auf der Saugseite eine relative Verminderung der Zirkulation — und damit nach (525) auch des Auftriebs — verbunden ist. Dieses Totwasser ist von entscheidendem Einfluß auf die Vorgänge in der Grenzschicht, von denen andererseits wieder die Größe des Reibungswiderstandes abhängt. Daraus kann gefolgert werden, daß zwischen Auftrieb und Reibungswiderstand ein ursächlicher Zusammenhang bestehen muß[1]. In den Ziffern 18 und 19 dieses Abschnittes wurde gezeigt, daß der Verlauf der Grenzschichtströmung (laminar oder turbulent, Ablösung oder nicht) wesentlich von der REYNOLDSschen Zahl abhängt. Damit erhebt sich aber die oben bereits angeschnittene Frage, wie weit die in Windkanälen gemessenen Flügelpolaren auch für Großausführungen verwendbar sind, für welche andere Re-Zahlen gelten als die den Messungen zugrunde liegenden. Die REYNOLDSsche Zahl wird dabei i. allg. auf die Profiltiefe t als charakteristische Länge bezogen, also $Re = \dfrac{u_\infty\, t}{\nu}$ gesetzt, mit u_∞ als ungestörter Anströmungsgeschwindigkeit.

Beim Tragflügel mit guter Abrundung an der Profilnase entsteht auf der Saugseite vom vorderen Staupunkt aus zunächst eine laminare Grenzschicht. Daran schließt sich mit dicker werdender Grenzschicht i. allg. ein Übergangsgebiet bis zur vollständigen Ausbildung der turbulenten Grenzschicht, die bei gesunder Strömung bis zur Profilhinterkante läuft. Bei größeren Anstellwinkeln (starkem Druckanstieg) reißt die Strömung vom Flügel ab.

Man erkennt schon aus dieser rein qualitativen Beschreibung des Strömungsvorganges, daß für die Größe des *Profilwiderstandes* die Lage der Umschlagstelle und des eventuellen Ablösungspunktes der Reibungsschicht von ausschlaggebender Bedeutung sind. Da nun diese Vorgänge wesentlich von der REYNOLDSschen Zahl abhängen, so ist bei der Verwendung der aus Modellversuchen gewonnenen c_w-Werte eine gewisse Vorsicht am Platze. Eine entscheidende Rolle spielt dabei auch der *Turbulenzgrad* der strömenden Luft (vgl. S. 263). So ist z. B. einleuchtend, daß bei hohem Turbulenzgrad die laminare Strömung früher in die turbulente umschlägt, was einen entsprechend höheren Reibungswiderstand zur Folge hat. Modellversuche, die bei zu kleinen Re-Zahlen durchgeführt sind (bei größeren Flugzeugen ist Re im Schnellflug von der Größenordnung 10^7 und mehr) liefern zu ungünstige Werte für den Profilwiderstand, da c_w bei vollausgebildeter Turbulenz mit wachsendem Re kleiner wird. Auch die relative Wandrauhigkeit (vgl. S. 89) spielt dabei eine Rolle, denn die turbulente Strömung wird durch Wandunebenheiten erheblich beeinflußt (vgl. S. 258). Entsprechendes gilt für das *Auftriebsmaximum*. Auch dieses ist, wie oben bereits angedeutet wurde, vom Turbulenzgrad und der Re-Zahl abhängig, da diese Größen die Entwicklung der Reibungsschicht — insbesondere auch ihre Ablösung bei großen Anstellwinkeln — beeinflussen. Darauf sind u. a. die Abweichungen zurückzuführen, die in Windkanälen verschiedener Bauart (besonders mit verschiedenem Turbulenzgrad) beobachtet werden konnten. Allgemein darf gesagt werden, daß bei nicht zu stark gewölbten Profilen der Maximalauftrieb mit zunehmender Re-Zahl etwas ansteigt. Dasselbe ist der Fall bei erhöhter Turbulenz des Luftstromes. Bei Re-Zahlen $\dfrac{u_\infty t}{\nu} < 0{,}8 \cdot 10^5$ bis 10^5 zeigt sich ein starker Abfall der $c_{a\,\mathrm{max}}$- und ein Anstieg der c_w-Werte, was eine erhebliche Verschlechterung der Gleitzahl zur Folge hat. Dieser Vorgang ist daraus zu erklären, daß die laminare Grenzschicht, welche keinen größeren Druckanstieg überwinden kann ohne tur-

---

[1] BETZ, A. u. J. LOTZ: Verminderung d. Auftr. von Tragflügeln durch den Widerstand. Z. Flugtechn. Bd. 23 (1932) S. 277.

bulent zu werden, schon frühzeitig auf der Saugseite abreißt und damit die oben genannten Erscheinungen zur Folge hat. Man hat es dann mit einem „unterkritischen" Gebiet zu tun, ähnlich wie bei der Umströmung eines Zylinders (vgl. S. 266). Bei größeren Re-Zahlen findet der Umschlag in die turbulente Strömung bereits vor der laminaren Ablösungsstelle statt. Da aber die turbulente Grenzschicht länger am Flügel haftet als die laminare, erfolgt die Ablösung — wenn überhaupt — erst wesentlich weiter stromabwärts, was eine größere Zirkulation (größeres c_a) und einen kleineren Profilwiderstand zur Folge hat[1].

β) **Profiltheorie.** Die Theorie des Tragflügels von unendlich großer Spannweite (ebenes Problem) in einer als reibungsfrei angesehenen Flüssigkeit läßt sich auf zwei verschiedenen Wegen durchführen. Die erste Methode ist die *konforme Abbildung* des vorgelegten Tragflügelprofils auf einen Kreis, dessen Umströmung bereits bekannt ist (Ziffer 10b). Bei der zweiten Methode, gewöhnlich als *Singularitätenverfahren* bezeichnet, denkt man sich das umströmte Profil durch ein System von „Singularitäten" ersetzt, worunter Wirbel, Quellen und Senken zu verstehen sind, und bestimmt das diesen Singularitäten zugehörige Strömungsfeld unter Beachtung der durch die Profilkontur vorgeschriebenen Randbedingungen. Das Geschwindigkeitsfeld innerhalb des Profils ist dabei ohne Belang (vgl. dazu die Beispiele auf S. 160 und 171).

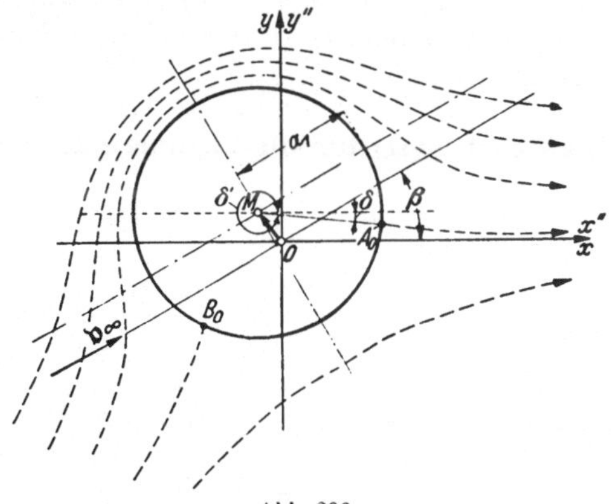

Abb. 206

Das erste Verfahren ist mathematisch exakt, bei ganz beliebiger Profilform i. allg. aber ziemlich umständlich, das zweite dagegen ist mehr oder weniger ein Näherungsverfahren, in seiner Durchführung aber erheblich einfacher.

Konforme Abbildung und Berechnung der Zirkulation. Man geht dabei aus von der ebenen Parallelströmung mit Zirkulation um einen Kreiszylinder und sucht diejenige Abbildungsfunktion auf, welche die Strömung um das vorgelegte Flügelprofil konform in die bekannte Strömung um den Kreiszylinder überführt. Die einfachste Abbildung nach KUTTA und JOUKOWSKY ist bereits in Ziffer II, 10, c besprochen worden. Hier sollen jetzt noch einige ergänzende Bemerkungen folgen, aus denen sich u. a. ergeben wird, wie man die Größe der *Tragflügelzirkulation* berechnen kann.

Zunächst soll das komplexe Strömungspotential für eine Kreiszylinderströmung mit Zirkulation angegeben werden, bei welcher der Kreismittelpunkt M um die Strecke $\overrightarrow{OM} = \mathfrak{u}$ aus dem Koordinatenursprung O heraus verschoben ist (Abb. 206). Außerdem sei eine Anströmungsgeschwindigkeit $\mathfrak{v}_\infty$ angenommen, welche mit der x-Achse den Winkel β einschließt. Dieses Potential ist bereits in Gl. (292) angegeben, soll aber jetzt in etwas einfacherer Form dargestellt werden. Nach den Angaben von Ziffer 10, c und Abb. 125, die sich speziell auf JOUKOWSKY-Profile bezogen, ist mit den in Abb. 206 gewählten Bezeichnungen der Kreishalbmesser ($\overline{AM''}$ in Abb. 125) $a_1 = (1 + \lambda) \sqrt{a^2 + f^2}$, und die gerichtete Strecke $\overrightarrow{OM}$ ($\overrightarrow{OM''}$ in Abb. 125) hat die Größe $\mathfrak{u} = -[\lambda a - if(1 + \lambda)]$. Außer-

<hr>

[1] Vgl. dazu die Untersuchungen von F. W. SCHMITZ: Aerodynamik des Flugmodells 1952 sowie B. ECK: Techn. Strömungslehre, 4. Aufl. (1954) S. 329.

dem ist in Gl. (292) $u_\infty + i v_\infty = \mathfrak{v}_\infty = |\,\mathfrak{v}_\infty\,|\, e^{i\beta}$, wenn $|\,\mathfrak{v}_\infty|$ den Betrag des Vektors der Anströmungsgeschwindigkeit bezeichnet, und $u_\infty - i v_\infty = \bar{\mathfrak{v}}_\infty = |\bar{\mathfrak{v}}_\infty| e^{-i\beta}$ die „konjugierte" Anströmungsgeschwindigkeit. Setzt man diese Ausdrücke in Gl. (292) ein, so erhält man als komplexes Potential der in Abb. 206 dargestellten Strömung

$$\omega(z) = |\,\mathfrak{v}_\infty|\left[(z - \mathfrak{u})\,e^{-i\beta} + \frac{a_1^2}{z - \mathfrak{u}}\,e^{i\beta}\right] + \frac{i\,\Gamma}{2\,\pi}\ln(z - \mathfrak{u}). \tag{527}$$

Gelingt es nun, eine analytische Funktion $z = z(\zeta)$ anzugeben, durch welche das zu untersuchende Tragflügelprofil der ζ-Ebene konform in den Kreis $M,\,a_1$ der z-Ebene transformiert wird, so erhält man aus (527) durch Einführung der Funktion $z = z(\zeta)$ das komplexe Potential

$$\omega[z(\zeta)] = \Phi(\xi,\,\eta) + i\Psi(\xi,\,\eta), \tag{528}$$

wobei $\Phi(\xi,\eta)$ und $\Psi(\xi,\eta)$ Geschwindigkeitspotential und Stromfunktion der Tragflügelströmung in der ζ-Ebene darstellen ($\zeta = \xi + i\eta$, vgl. **Ziffer 8** dieses Abschnitts).

Um die Geschwindigkeit $\mathfrak{v}(\xi,\eta)$ der ζ-Ebene zu bestimmen, beachte man, daß nach (267) für die „konjugierte" Geschwindigkeit gilt

$$v_\xi - iv_\eta = \frac{d\,\omega(\zeta)}{d\zeta}.$$

Nun ist

$$\frac{d\,\omega(\zeta)}{d\zeta} = \frac{d\,\omega(z)}{dz}\,\frac{dz}{d\zeta} = \frac{\bar{\mathfrak{v}}(z)}{\dfrac{d\zeta}{dz}},$$

wo $\bar{\mathfrak{v}}(z)$ die konjugierte Geschwindigkeit der z-Ebene, im vorliegenden Falle also der Zylinderströmung, bezeichnet. Als *Betrag* $\bar{v} = |\mathfrak{v}|$ der Geschwindigkeit $\mathfrak{v}(\xi,\eta)$ erhält man demnach

$$\bar{v}(\xi,\,\eta) = \frac{\bar{v}(x,y)}{\left|\dfrac{d\zeta}{dz}\right|}. \tag{529}$$

Am Kreisumfang ist $\bar{v}(x,y)$ tangential gerichtet, da der Kreis eine Stromlinie darstellt. Es überlagern sich dort die Geschwindigkeitsbeträge aus der Parallel- und aus der Zirkulationsströmung. Für erstere ist, wenn ϑ den Winkel bezeichnet, den der Halbmesser a_1 nach einem Punkte P der Kreisperipherie mit der Anströmungsrichtung einschließt, $\bar{v}'_P = 2|\mathfrak{v}_\infty|\sin\vartheta$ [Gl. (282)], für letztere folgt aus (286) und (287) $\bar{v}''_P = \dfrac{\Gamma}{2\,\pi\,a_1}$, so daß

$$\bar{v}_P = 2\,|\mathfrak{v}_\infty|\sin\vartheta + \frac{\Gamma}{2\,\pi\,a_1}.$$

Kennt man die Abbildungsfunktion $z = z(\zeta)$, so kann die „inverse" Funktion $\zeta = \zeta(z)$ gebildet und daraus $\dfrac{d\zeta}{dz}$ berechnet werden.

Da nun alle Punkte der Kreisperipherie „Bilder" von Punkten der Tragflügelkontur sind (und umgekehrt), so sind jetzt durch (529) auch die Geschwindigkeiten längs des Tragflügelprofils festgelegt. Mit Hilfe der BERNOULLIschen Gleichung lassen sich schließlich die entsprechenden Drücke am Profilrand bestimmen, womit der Druckverlauf der Potentialströmung am Profil grundsätzlich bekannt ist.

Um diese Rechnung durchführen zu können, bedarf es — außer der Kenntnis von $\dfrac{d\zeta}{dz}$ — noch einer Angabe über die Größe der Zirkulation Γ. Zu ihrer Bestim-

mung geht man von der auf S. 307 bereits angedeuteten Kuttaschen Abflußbedingung aus, wonach die Zirkulation eine solche Größe annehmen muß, daß die
Strömung an der scharfen Hinterkante glatt abfließen kann. Mit anderen Worten
heißt das: der hintere Staupunkt der Flügelströmung muß mit der Profilhinterkante
zusammenfallen. Durch die Abbildungsfunktion $z = z(\zeta)$ ist diesem ein ganz
bestimmter Punkt des Kreises in der z-Ebene zugeordnet, nämlich der hintere
Staupunkt A_0 in Abb. 206. Durch Differentiation von (527) folgt

$$\frac{d\,\omega\,(z)}{dz} = \bar{\mathfrak{v}}\,(z) = \bar{v}_\infty \left(e^{-i\beta} - \frac{a_1^2}{(z-\mathfrak{u})^2}\,e^{i\beta} \right) + \frac{i\,\Gamma}{2\,\pi}\,\frac{1}{z-\mathfrak{u}}. \tag{530}$$

Der Betrag $\left| \dfrac{d\,\omega\,(z)}{dz} \right|$ muß an der Stelle A_0 verschwinden, da dort die Geschwin-
digkeit Null sein muß. Bezeichnet nun δ' in Abb. 206 den Winkel, den der Radius
$M A_0$ gegen die x-Achse bildet, so wird der Punkt A_0 der z-Ebene festgelegt
durch $z = \mathfrak{u} + a_1 e^{i\delta'}$. Für diesen Wert muß die rechte Seite von (530) zu Null
werden, wenn A_0 hinterer Staupunkt sein soll. Daraus folgt

$$\frac{i\,\Gamma}{2\,\pi} = \bar{v}_\infty\,a_1\,[e^{i(\beta-\delta')} - e^{-i(\beta-\delta')}] = 2\,\bar{v}_\infty\,a_1\,i\,\sin\,(\beta - \delta')$$

oder

$$\Gamma = 4\,\pi\,\bar{v}_\infty\,a_1\,\sin\,(\beta - \delta').$$

Setzt man schließlich noch $\delta' = 2\pi - \delta$ (Abb. 206), so erhält man als Zirkulation
den Wert

$$\Gamma = 4\,\pi\,\bar{v}_\infty\,a_1\,\sin\,(\beta + \delta). \tag{531}$$

Sie ist also bekannt, sobald außer der Anströmungsgeschwindigkeit $(\bar{v}_\infty, \beta)$
der Halbmesser a_1 des Bildkreises und der Winkel δ vorgeschrieben sind. Damit
erhält man für den auf die Einheit der Flügelspannweite bezogenen Auftrieb
nach (525)

$$A = 4\,\pi\,\varrho\,\bar{v}_\infty^2\,a_1\,\sin\,(\beta + \delta) \quad \left[\frac{\mathrm{kp}}{\mathrm{m}} \right]. \tag{531a}$$

Der Auftrieb wird zu Null, wenn $\beta = -\delta$ ist, d. h., wenn die Anströmungsrichtung parallel zur Bildachse $M A_0$ verläuft (Abb. 206). Diese ausgezeichnete
Achse wird als „Nullauftriebsrichtung" bezeichnet (vgl. dazu Abb. 223).

Bei der Bestimmung der Abbildungsfunktionen $z = z(\zeta)$, durch welche das vorgelegte
Tragflügelprofil konform in den Kreis transformiert wird, leistet — wie R. v. Mises[1] gezeigt
hat — ein von L. Bieberbach aufgestellter Satz aus der Funktionentheorie gute Dienste.
Danach hat die Funktion, durch welche der Außenraum einer einfach geschlossenen, im übrigen
aber beliebig gestalteten Kontur in der ζ-Ebene eindeutig auf den Außenraum eines Kreises
in der z-Ebene abgebildet wird, die Form

$$z = \zeta + \frac{c_1}{\zeta} + \frac{c_2}{\zeta^2} + \frac{c_3}{\zeta^3} + \cdots. \tag{532}$$

Die darin auftretenden Konstanten $c_1, c_2 \ldots$ sind i. allg. komplex, können aber in speziellen
Fällen auch reell sein. Läßt man in (532) $\zeta \to \infty$ gehen, so geht $z \to \zeta$, d. h. bei der Abbildung
mittels der Funktion (532) bleibt das unendlich Ferne unverändert. Die Konstanten $c_1, c_2 \ldots$
sowie der Radius des Bildkreises, in den die gegebene Kontur (Flügelprofil) durch (532)
übergeführt wird, sind durch die Form der Kontur eindeutig bestimmt. Dasselbe gilt für den
Kreismittelpunkt, wenn man beide Bildebenen mit den Bezugsachsen aufeinanderlegt.
Einen speziellen Fall von (532) bildet die in Ziffer 10, c bereits besprochene Kutta-
Joukowskysche Abbildung mittels der Funktion

$$\zeta = z + \frac{a^2}{z}. \tag{533}$$

---

[1] v. Mises, R.: Z. Flugtechn. (1917) S. 157; (1920) S. 68 u. 87 sowie Z. angew. Math. Mech.
(1922) S. 71.

Löst man nämlich diesen Ausdruck nach z auf, also

$$z = \frac{\zeta}{2} \pm \frac{\zeta}{2}\left(1 - \frac{4\,a^2}{\zeta^2}\right)^{\frac{1}{2}},$$

und entwickelt die Wurzel nach einer binomischen Reihe, so erhält man, da $z = \zeta$ für $z = \infty$ sein soll,

$$z = \zeta - \frac{a^2}{\zeta} - \frac{a^4}{\zeta^3} - \frac{2\,a^6}{\zeta^5} - \cdots,$$

d. h. die Reihe (532), wenn dort $c_1 = -a^2$; $c_2 = 0$; $c_3 = -a^4$; ... gesetzt wird.

R. v. MISES (s. oben) und W. MÜLLER[1] haben die geometrischen Eigenschaften der Flügelprofile genauer untersucht und dabei eine Reihe wichtiger Zusammenhänge zwischen Auftrieb, Profilform und Anstellwinkel dargelegt.

Die mit Hilfe der Funktion (533) gefundenen JOUKOWSKY-Profile (Ziffer 10, c) sind für die praktische Verwendung wenig geeignet, da sie am hinteren Ende eine Schneide mit dem Kantenwinkel „Null" zwischen Ober- und Unterseite liefern, was für die Herstellung solcher Flügel bedeutende Schwierigkeiten bereitet. Außerdem zeigen sie auch eine beträchtliche Druckpunktwanderung, die aus Gründen der Stabilität unerwünscht ist. Die erste Schwierigkeit läßt sich vermeiden, wenn man an Stelle von (533) die Abbildungsfunktion

$$\frac{\zeta + n\,a}{\zeta - n\,a} = \left(\frac{z + a}{z - a}\right)^n \tag{534}$$

anwendet[2], worin der Exponent $n = 2 - \dfrac{\tau}{\pi}$ (τ = hinterer Kantenwinkel) wenig kleiner ist als 2. Für $\tau = 0$ wird $n = 2$, und (534) geht in die JOUKOWSKYsche Funktion (533) über, wovon man sich durch Ausmultiplizieren überzeugen kann. Das „Skelett" dieser Profile (vgl. Ziffer 26, a) ist ebenso wie beim JOUKOWSKY-Profil ein Kreisbogen (die Ursache der starken Druckpunktwanderung). Demgegenüber liegt bei den praktisch verwendeten Flügelprofilen die größte Wölbung i. allg. weiter nach der Profilnase zu, wodurch die Druckpunktwanderung vermindert wird. A. BETZ und F. KEUNE[3] haben eine Verallgemeinerung der KÁRMÁN-TREFFTZ-Profile dadurch erreicht, daß sie dem kreisförmigen Skelett einen „S-Schlag" überlagerten, wodurch wesentlich druckpunktfestere Profile erzeugt werden können. Im übrigen mag noch bemerkt werden, daß grundsätzlich die Potentialströmung mit funktionstheoretischen Mitteln für jedes beliebig gestaltete Profil angegeben werden kann[4], wenn auch die rechnerische (bzw. graphische) Durchführung dieser Aufgabe mitunter erhebliche Schwierigkeiten bereitet.

Singularitätenverfahren. Bei *dünnen Profilen*, wie sie häufig für Strömungsmaschinen Verwendung finden, empfiehlt sich zur Berechnung der Potentialströmung die sogenannte *Skeletttheorie* deren Grundgedanken nachstehend kurz erläutert werden sollen.

Auf S. 308 wurde bereits darauf hingewiesen, daß man das Strömungsfeld in einiger Entfernung vom Flügel angenähert durch das Feld eines den Flügel ersetzenden „gebundenen" Wirbels mit der Flügelzirkulation Γ darstellen kann (Abb. 202). Eine wesentlich bessere Näherung ergibt sich, wenn man statt des *einen* Wirbels eine kontinuierlich über das „Flügelskelett" verteilte Wirbelbelegung benutzt, deren Gesamtzirkulation gleich der Flügelzirkulation Γ gemacht wird. Man ersetzt also den Flügel (bzw. sein Skelett) durch eine (gebundene) Wirbelschicht (Ziffer 14, d), deren Zirkulationsdichte γ so zu wählen ist, daß die resultierende Geschwindigkeit aus der ungestörten Anströmung und den Zusatz-

---

[1] MÜLLER, W.: Z. angew. Math. Mech. (1924) S. 213 und Math. Strömungslehre (1928) S. 148.

[2] v. KÁRMÁN, TH., u. E. TREFFTZ: Z. Flugtechn. Bd. 9 (1918) S. 111.

[3] BETZ, A., u. F. KEUNE: Luftf.-Forschg. (1936) S. 336.

[4] Vgl. dazu TH. THEODORSON u. J. E. GARRICK: NACA-Rep. (1931) Nr. 411 u. (1933) Nr. 452 sowie A. BETZ: Konforme Abbildung (1948) S. 259.

geschwindigkeiten der Wirbelbelegung (Singularitäten) an jeder Stelle in die Richtung der Tangente des Flügelskeletts fällt[1].

Zur Erläuterung des Verfahrens sei ein Flügel*skelett* betrachtet (als Ersatz für das dünne Flügel*profil*), dessen „Sehne" mit der x-Achse eines rechtwinkligen Koordinatensystems zusammenfällt. Der Koordinatenursprung O falle in die Mitte der Profiltiefe t (Abb. 207). $\gamma(x)\left[\dfrac{\mathrm{m}}{\mathrm{s}}\right]$ bezeichne die auf die Längeneinheit der x-Achse bezogene Zirkulation im Abstand x von O, und u_0 sei die gegen die Profilsehne unter dem Winkel α geneigte ungestörte Anströmungsgeschwindigkeit. Der Wölbungspfeil f des Skeletts wird als klein gegenüber der Profiltiefe t vorausgesetzt, desgleichen soll der „Anstellwinkel" α entsprechend den früheren Annahmen als klein angesehen werden. Bei der weiteren Rechnung kommt es im wesentlichen auf die Störungsgeschwindigkeiten an, welche durch die Wirbelschicht senkrecht zur x-Achse „erzeugt" werden. Wegen der oben vorausgesetzten geringen Krümmung des Skeletts kann man sich, ohne einen gröberen Fehler zu begehen, die Wirbelschicht auch in die x-Achse gelegt denken.

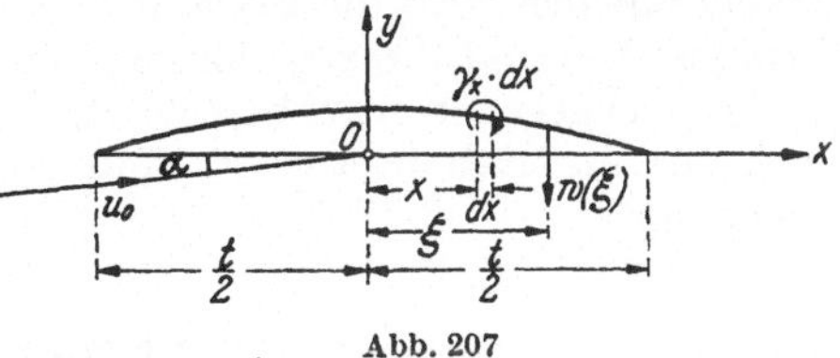

Abb. 207

Dann ergibt sich als Gesamtzirkulation des betrachteten Profils

$$\Gamma = \int_{x=-\frac{t}{2}}^{x=\frac{t}{2}} \gamma(x)\,dx\,. \tag{535}$$

Nach dem BIOT-SAVARTschen Gesetz [Gl.(350 a)] entspricht einem Elementarwirbel von der Zirkulation $\gamma(x)dx$ am Orte $x=\xi$ eine *abwärts* gerichtete Geschwindigkeit von der Größe

$$dw(\xi) = \frac{\gamma(x)\,dx}{2\pi(\xi-x)}\,,$$

der ganzen Wirbelschicht also die Geschwindigkeit

$$w(\xi) = \frac{1}{2\pi}\int_{x=-t/2}^{x=t/2} \frac{\gamma(x)\,dx}{\xi-x} \tag{536}$$

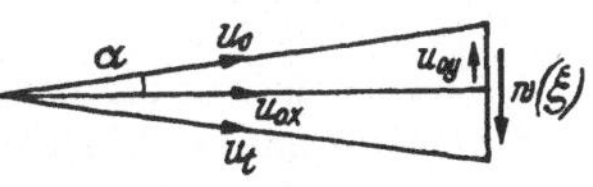

Abb. 208

Unter Beachtung der obigen Annahme bezüglich der geringen Profilkrümmung stellt dieser Ausdruck bis auf eine kleine Größe höherer Ordnung auch die Störungsgeschwindigkeit an dem entsprechenden Punkte des Profilskeletts dar.

Da die Resultante aus u_0 und der Störungsgeschwindigkeit $w(\xi)$ an jeder Stelle ξ des Profils die Richtung der Profiltangente haben muß, so ergibt sich die „kinematische Bedingung" (Abb. 208)

$$-\frac{dy}{d\xi} = \frac{w(\xi)-u_{0y}}{u_{0x}}\,,$$

wobei u_{0x} und u_{0y} die Komponenten von u_0 sind. (Das negative Zeichen steht hier, weil die y-Achse nach oben gerichtet ist.) Etwas anders geschrieben lautet dieser

---

[1] Vgl. dazu W. BIRNBAUM: Die tragende Wirbelfläche als Hilfsmittel zur Behandlung des ebenen Problems der Tragflügeltheorie. Z. angew. Math. Mech. Bd. 3 (1923) S. 290. Diese Arbeit berichtet über einige Rechnungen, die ACKERMANN auf Anregung von PRANDTL durchgeführt hat.

Ausdruck

$$\frac{dy}{d\xi} = \mathrm{tg}\,\alpha - \frac{w(\xi)}{u_{0x}}$$

oder, da α ein kleiner Winkel sein soll,

$$\frac{dy}{d\xi} = \alpha - \frac{w(\xi)}{u_0}. \tag{537}$$

Die Gln. (535) bis (537) reichen prinzipiell aus zur vollständigen Lösung der Aufgabe. Dabei ergeben sich zwei verschiedene Fragestellungen: Ist $\gamma(x)$ vorgeschrieben, dann kann aus (536) $w(\xi)$ berechnet und mit Hilfe von (537) die zu dieser Wirbelverteilung gehörige Profilform bestimmt werden (1. Hauptaufgabe). Im allgemeinen wird die Frage jedoch umgekehrt lauten, d.h., es wird die Profilform gegeben und die zugehörige $\gamma(x)$-Verteilung gesucht sein (2. Hauptaufgabe)

Ist $\gamma(x)$ gegeben bzw. berechnet, dann ist durch (535) Γ und damit nach (525) auch der Auftrieb bestimmt. Man erhält dafür mit den hier verwendeten Bezeichnungen

$$A = \varrho\,u_0 \int\limits_{-\frac{t}{2}}^{\frac{t}{2}} \gamma(x)\,dx \quad \left[\frac{\mathrm{kp}}{\mathrm{m}}\right]. \tag{538}$$

Es läßt sich dann auch das Auftriebsmoment, bezogen auf einen beliebigen Punkt des Profils, sofort anschreiben. Wählt man als Bezugspunkt den Koordinatenursprung O (Abb. 207), so wird wegen $dA = \varrho u_0 \gamma(x)dx$

$$M_0 = \varrho\,u_0 \int\limits_{-\frac{t}{2}}^{\frac{t}{2}} x\,\gamma(x)\,dx \quad [\mathrm{kp}]. \tag{539}$$

Beide Ausdrücke gelten für die Längeneinheit der Flügelspannweite.

Da, wie ersichtlich, durch $\gamma(x)$ auch $\dfrac{dA}{dx}$ bestimmt ist, so bietet das hier besprochene Verfahren die Möglichkeit, die *Auftriebsverteilung über die Profiltiefe* zu berechnen.

Wichtig ist noch die Bemerkung, daß durch γ bzw. w auch die Größe u_t der resultierenden Geschwindigkeit längs des Profilrandes festgelegt ist. Dabei hat man zu beachten, daß beiderseits der Wirbelschicht ein Geschwindigkeitssprung auftritt, der durch die am Orte x vorhandene Zirkulation $\gamma(x)$ bestimmt ist (vgl. S. 194). Man erhält also, wenn man die Zirkulation um das Längenelement dx bildet, auf der Profiloberseite eine *Zusatzgeschwindigkeit* $u_x = \dfrac{\gamma}{2}$, auf der Unterseite $u_x = -\dfrac{\gamma}{2}$. Damit ergibt sich als resultierende Tangentialgeschwindigkeit

$$u_t = \sqrt{\left(u_{0x} \pm \frac{\gamma}{2}\right)^2 + (w - u_{0y})^2}.$$

Hierin ist die Störungsgeschwindigkeit w positiv einzusetzen, wenn sie nach abwärts gerichtet ist (s. oben). In der ersten Klammer gilt das positive Zeichen für die Saug-, das negative für die Druckseite.

Nachstehend sollen zwei einfache Beispiele besprochen werden, bei denen es sich darum handelt, zu einer gegebenen $\gamma(x)$-Verteilung die zugehörige Profilform zu berechnen.

1. Die Zirkulation sei über die Profiltiefe nach einer Halbellipse verteilt. Dann ist

$$\gamma(x) = \gamma_0 \sqrt{1 - \left(\frac{2x}{t}\right)^2}, \tag{540}$$

wo $\gamma_0 \left[\dfrac{m}{s}\right]$ eine noch zu bestimmende Konstante darstellt. Aus (536) folgt

$$w(\xi) = \frac{\gamma_0}{2\pi} \int\limits_{x=-\frac{t}{2}}^{x=\frac{t}{2}} \frac{\sqrt{1-\left(\frac{2x}{t}\right)^2}}{\xi - x}\, dx = \frac{\gamma_0}{2\pi} \int\limits_{x=-\frac{t}{2}}^{x=\frac{t}{2}} \frac{\sqrt{1-\left(\frac{2x}{t}\right)^2}}{\frac{2\xi}{t} - \frac{2x}{t}}\, d\left(\frac{2x}{t}\right).$$

Führt man als neue Variable $\dfrac{2x}{t} = \cos\varphi$ ein, so geht vorstehender Ausdruck mit $\dfrac{2\xi}{t} = \cos\psi$ über in

$$w(\xi) = -\frac{\gamma_0}{2\pi} \int\limits_{\varphi=\pi}^{\varphi=0} \frac{\sin^2\varphi\, d\varphi}{\cos\psi - \cos\varphi} = \frac{\gamma_0}{4\pi} \int\limits_{\varphi=0}^{\varphi=\pi} \frac{1 - \cos(2\varphi)}{\cos\psi - \cos\varphi}\, d\varphi.$$

Nun ist allgemein[1]

$$\int\limits_{\varphi=0}^{\varphi=\pi} \frac{\cos(n\varphi)}{\cos\psi - \cos\varphi}\, d\varphi = -\pi\, \frac{\sin(n\psi)}{\sin\psi}, \tag{541}$$

so daß

$$w(\xi) = \frac{\gamma_0}{4}\, \frac{\sin(2\psi)}{\sin\psi} = \frac{\gamma_0}{2}\cos\psi = \frac{\gamma_0}{t}\,\xi. \tag{542}$$

Für die weitere Rechnung wird der Anstellwinkel $\alpha = 0$ gesetzt, d. h. die Anströmung erfolgt in Richtung der x-Achse. Dann erhält man aus (537), wenn man dort für $w(\xi)$ den Ausdruck (542) einsetzt,

$$\frac{dy}{d\xi} = -\frac{\gamma_0}{u_0 t}\,\xi$$

und durch Integration

$$y = -\frac{\gamma_0}{u_0 t}\,\frac{\xi^2}{2} + C.$$

Bezeichnet $y = f$ den Wölbungspfeil am Orte $\xi = 0$, so ergibt sich $C = f$, und die Gleichung des Profilskeletts lautet

$$y = f - \frac{\gamma_0}{2\,u_0 t}\,\xi^2.$$

Das zu der oben angenommenen $\gamma(x)$-Verteilung beim Anstellwinkel $\alpha = 0$ gehörige *Skelett ist also eine Parabel* mit dem Scheitel $\xi = 0$; $y = f$. Mit $y = 0$ für $\xi = \pm\dfrac{t}{2}$ ergibt sich daraus

$$\gamma_0 = \frac{8\,u_0 f}{t}.$$

In der Gl. (538) stellt das Integral wegen der elliptischen Verteilung von $\gamma(x)$ offenbar den Flächeninhalt einer Halbellipse mit den Halbachsen $\dfrac{t}{2}$ und γ_0 dar, so daß man als *Auftrieb* des Flügels den Wert

$$A = \varrho\, u_0\, \frac{\pi}{4}\,\gamma_0 t = 2\pi\varrho\, u_0^2 f \tag{543}$$

und als Auftriebsziffer nach (522) mit $q = \dfrac{\varrho}{2}\,u_0^2$ und $F = 1 \cdot t$ (ebenes Problem) den Wert

$$c_a = \frac{A}{\frac{\varrho}{2}\,u_0^2 t} = 4\pi\,\frac{f}{t} \tag{543a}$$

erhält. Für das Moment in bezug auf 0 (Abb. 207) wird nach (539) und (540)

$$M_0 = \varrho\, u_0 \gamma_0 \int\limits_{-t/2}^{t/2} x\sqrt{1 - \left(\frac{2x}{t}\right)^2}\, dx.$$

---

[1] GLAUERT, H.: Die Grundlagen der Tragflügel- und Luftschraubentheorie (1929) S. 82. Deutsch von H. HOLL.

Führt man hier wieder als neue Variable $\dfrac{2\,x}{t} = \cos\varphi$ ein, so stellt man fest, daß $M_0 = 0$ wird. Das heißt aber: der „Druckpunkt" liegt in der Mitte der Profiltiefe t.

2. Die Zirkulationsverteilung sei durch den Ansatz

$$\gamma(x) = \gamma_0' \sqrt{\frac{1 - \dfrac{2\,x}{t}}{1 + \dfrac{2\,x}{t}}} \tag{544}$$

gegeben. Die Rechnung läßt sich in ganz ähnlicher Weise durchführen wie unter 1 und liefert für die Störungsgeschwindigkeit

$$w(\xi) = \frac{\gamma_0'}{2\,\pi} \int\limits_{x=-\frac{t}{2}}^{x=\frac{t}{2}} \frac{1 - 2\,\dfrac{x}{t}}{\sqrt{1 - \left(\dfrac{2\,x}{t}\right)^2}} \frac{d\left(\dfrac{2\,x}{t}\right)}{\dfrac{2\,\xi}{t} - \dfrac{2\,x}{t}} = -\frac{\gamma_0'}{2\,\pi} \int\limits_{\pi}^{0} \frac{(1 - \cos\varphi)\,d\varphi}{\cos\psi - \cos\varphi} = \frac{\gamma_0'}{2}\,.$$

Damit folgt aus (537) an der Stelle $x = \xi$

$$\frac{dy}{d\xi} = \alpha - \frac{\gamma_0'}{2\,u_0} = \text{const}$$

und durch Integration

$$y = \left(\alpha - \frac{\gamma_0'}{2\,u_0}\right)\xi + C\,,$$

d. h. die Gleichung einer Geraden. Soll diese durch den Koordinatenursprung 0 gehen, so wird mit $\xi = 0$, $y = 0$ auch $C = 0$, also

$$y = \left(\alpha - \frac{\gamma_0'}{2\,u_0}\right)\xi\,.$$

Damit $y = 0$ für $\xi = \pm\,\dfrac{t}{2}$ wird, muß $\alpha - \dfrac{\gamma_0'}{2\,u_0} = 0$ sein, somit

$$\gamma_0' = 2\,u_0\,\alpha\,. \tag{545}$$

Das zu der obigen $\gamma(x)$-Verteilung gehörige Profil ist also *eine in die x-Achse fallende Gerade*, gegen welche die Anströmungsrichtung den Winkel α bildet. Wird $\alpha = 0$, dann ist auch $\gamma_0' = 0$, und ein Auftrieb kann in diesem Sonderfall nicht entstehen. Für $\alpha \neq 0$ liefert Gl. (538) mit den Ausdrücken (544) und (545) nach einfacher Rechnung

$$A = \varrho\,u_0^2\,\alpha\,t\,\pi \quad \left[\frac{\text{kp}}{\text{m}}\right]\,, \tag{546}$$

woraus durch Vergleich mit $A = c_a\,\dfrac{\varrho}{2}\,u_0^2\,t$ folgt

$$c_a = 2\,\pi\,\alpha\,. \tag{546a}$$

Zur Berechnung des *Druckpunktes* wird wieder aus (539) das Moment in bezug auf den Koordinatenursprung 0 gebildet, wofür sich der Wert

$$M_0 = -\frac{\varrho\,u_0^2\,\pi\,t^2\,\alpha}{4}$$

ergibt. Damit läßt sich die Druckpunktlage aus der Beziehung

$$x_D = \frac{M_0}{A} = -\frac{t}{4}$$

berechnen. Der Druckpunkt liegt danach im Abstand $\dfrac{t}{4}$ von der Profilvorderkante (Nase), seine Lage ist unabhängig von α.

Aus den vorstehenden Rechnungen zeigt sich, daß durch den Ansatz (540) die *Profilwölbung* bei Anstellung $\alpha = 0$, durch (544) dagegen die *Anstellung* eines Profils von der Wölbung $f = 0$ erfaßt wird. Man kann nun nach Birnbaum (s. oben) die beiden Fälle linear überlagern und auf diese Weise die Strömung um das Parabelprofil mit „Anstellung" finden (Abb. 209). Man erhält dafür unter Beachtung von (543a) und 546a)

$$c_a = 2\,\pi\left(\alpha + 2\,\frac{f}{t}\right).$$

Auf diese Weise läßt sich auch die Druckpunktlage des „angestellten" Profils leicht berechnen. Dazu hat man nur das Moment der beiden Auftriebsgrößen (543) und (546) in bezug auf 0 gleich dem Moment ihrer Resultante zu setzen, also

$$0 - \frac{\varrho\,u_0^2\,\alpha\,t^2\,\pi}{4} = \varrho\,u_0^2\,\pi\,(2\,f + \alpha\,t)\,x_D,$$

woraus folgt

$$x_D = -\frac{t}{4}\,\frac{\alpha}{2\,\dfrac{f}{t} + \alpha}. \tag{547}$$

Zu diesen Ergebnissen sei bemerkt, daß die Ausdrücke für c_a und x_D bei *kleiner* Wölbung $\dfrac{f}{t}$ und *kleinem* Anstellwinkel α auch für das Kreisbogenskelett gelten.

Zur Erreichung einer größeren Mannigfaltigkeit von Profilskeletten kann man nach BIRNBAUM (s. oben) den Zirkulationsverteilungen (540) und (544) noch eine weitere überlagern, die durch den Ansatz

$$\gamma\,(x) = \gamma_0''\,\frac{2\,x}{t}\,\sqrt{1 - \left(\frac{2\,x}{t}\right)^2}$$

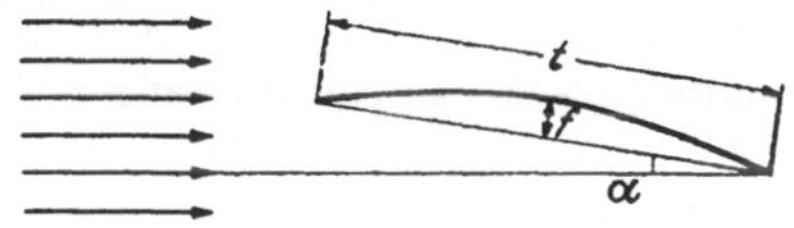

bestimmt ist. Letztere führt zu einer S-förmig gekrümmten Skelettlinie, deren Krümmung durch geeignete Wahl der Konstanten γ_0'' entsprechend variiert werden kann. Auf diese Weise wird es möglich, eine gegebene Skelettlinie recht befriedigend durch eine Kurve dritter Ordnung anzunähern und damit Auftrieb und Moment in der oben angegebenen Form zu berechnen.

Abb. 209

An Hand der vorstehenden Beispiele wurde gezeigt, wie man zu einer gegebenen $\gamma\,(x)$-Verteilung das zugehörige Profilskelett berechnen kann. Die Behandlung der umgekehrten Aufgabe, nämlich die Berechnung der Zirkulationsverteilung für ein vorgegebenes Profilskelett, läuft auf die Lösung der aus (536) und (537) entstehenden Integralgleichung

$$\frac{d\,y}{d\,\xi} = \alpha - \frac{1}{2\,\pi\,u_0}\int\limits_{x=-\frac{t}{2}}^{x=\frac{t}{2}}\frac{\gamma\,(x)\,d\,x}{\xi - x}$$

hinaus, wobei $\dfrac{d\,y}{d\,\xi}$ durch die vorgelegte Skelettlinie gegeben ist.

Mit der Lösung dieser „Hauptgleichung" des Problems, welche für praktische Zwecke i. allg. nur numerisch durchführbar ist, haben sich verschiedene Autoren beschäftigt, von denen hier neben BIRNBAUM[1] u. a. GLAUERT[2] und FUCHS[3] genannt seien. Das gemeinsame Kennzeichen dieser älteren Arbeiten ist die Lösung der Integralgleichung mit Hilfe von Reihenentwicklungen für die als gegeben anzusehenden Profilkoordinaten $y\,(\xi)$ bzw. die gesuchten Wirbelsingularitäten $\gamma\,(x)$.

Einen entscheidenden Fortschritt erzielte RIEGELS[4], welcher zeigte, daß sich eine FOURIER-Entwicklung durch Anwendung des GAUSSschen Verfahrens der mechanischen Quadratur vermeiden läßt. Indem er dabei die Profilordinaten y_P an einzelnen diskreten Punkten der x-Achse vorgibt, lassen sich die Zirkulationen γ

---

[1] BIRNBAUM, W.: Z. angew. Math. Mech. Bd. 3 (1923) S. 290.

[2] GLAUERT, H.: Die Grundlagen der Tragflügel- und Luftschraubentheorie S. 76 (1929).

[3] FUCHS-HOPF-SEEWALD: Aerodynamik Bd. 2 (1935) S. 82.

[4] RIEGELS, F., u. H. WITTICH: Zur Berechnung der Druckverteilung von Profilen. Jb. dtsch. Luftf.-Forsch. (1942) S. I 120 und F. RIEGELS: Das Umströmungsproblem bei inkompressiblen Potentialströmungen. Ing.-Arch. Bd. 17 (1949) S. 94.

an diesen Stellen durch einfache Summen ausdrücken, in welche nur die y_P-Ordinaten und bestimmte, ein für allemal zu berechnende Koeffizienten eingehen. Neuerdings haben JAECKEL[1] und KAUFMANN[2] zwei Verfahren zur Auswertung der obigen Integralgleichung mit Hilfe von Interpolationsformeln angegeben, bei denen sie gewissen Gedankengängen von MULTHOPP[3] folgten, welche dieser zur Berechnung der Auftriebsverteilung längs der Flügelspannweite entwickelt hat (vgl. dazu S. 337).

Auf *dünne Profile von beliebig großer Wölbung* wurde die Skelett-Theorie von V. DENK (Dissertation T.H. München 1958) und von H. KRÜGER (Unveröffentl. Bericht des Max-Planck-Instituts für Strömungsforschung) angewendet.

Eine Erweiterung des Singularitätsverfahrens auf *Profile von endlicher Dicke* kann dadurch erfolgen, daß als Singularitäten außer den oben verwendeten Wirbelverteilungen über das Profilskelett auch noch kontinuierlich angeordnete Quell- bzw. Senkenverteilungen im Innern des Profils eingeführt werden (vgl. dazu S. 171).

Ein *symmetrisches* Profil von endlicher Dicke wird als *Profiltropfen* bezeichnet (im Gegensatz zu dem oben besprochenen Profilskelett). Macht man die Symmetrielinie des Profiltropfens zur x-Achse, so kann die Strömung um ein derartiges Profil dadurch bestimmt werden, daß man längs der Profiltiefe t eine mit x veränderliche Quell-Senkenverteilung $q(x)$ anordnet und das daraus resultierende Strömungsfeld einer Parallelströmung überlagert (ähnlich wie in Abb. 132). Durch entsprechende Wahl der Quell-Senkenverteilung $q(x)$ kann man erreichen, daß die Profilkontur eine Stromlinie wird, außerhalb deren die Umströmung des Profils erfolgt. Dazu ist notwendig, daß die „Gesamtergiebigkeit" der Elementarquellen und Senken den Wert Null annimmt, d. h. es muß sein

$$\int\limits_{(t)} q(x)\,dx = 0.$$

Die Umströmung eines *gewölbten* Profils von endlicher Dicke kann dadurch bestimmt werden, daß man das Strömungsfeld aus den Skelettsingularitäten demjenigen aus den Singularitäten des Profiltropfens und der Parallelströmung überlagert. Ist der Profiltropfen gegen die Parallelströmung „angestellt", so tritt zu diesen Geschwindigkeitsbeiträgen noch ein weiterer hinzu, welcher dem Anstellwinkel α und der Profildicke d proportional ist.

Die Anwendung des Singularitätsverfahrens auf die Umströmung von Flügelprofilen ist in den beiden letzten Jahrzehnten insbesondere durch die Arbeiten von HELMBOLD und KEUNE[4], RIEGELS[5], ALLEN[6], TRUCKENBRODT[7] und anderen in erschöpfender Weise dargelegt worden. Auf die Wiedergabe von Einzelheiten muß hier jedoch verzichtet werden.

---

[1] JAECKEL, K.: Auswertung der ACKERMANN-BIRNBAUMschen Integralgleichung mit Hilfe einer Interpolationsformel. Z. Flugwissensch. Bd. 3 (1955) S. 46.

[2] KAUFMANN, W.: Zur Berechnung der Zirkulationsverteilung bei der ebenen, inkompressiblen Umströmung dünner Flügelprofile. Z. Flugwissensch. Bd. 3 (1955) S. 373 und Bd. 4 (1956) S. 280.

[3] MULTHOPP, H.: Die Berechnung der Auftriebsverteilung von Tragflügeln. Luftf.-Forsch. Bd. 15 (1938) S. 153.

[4] HELMBOLD, H. B., u. F. KEUNE: Beiträge zur Profilforschung. Luftfahrtforschung Bd. 20 (1943) S. 77.

[5] s. Fußn. 4, S. 319.

[6] ALLEN, J.: General theory of airfoil sections having arbitrary shape or pressure distribution. NACA-Rep. 833 (1945) S. 715.

[7] TRUCKENBRODT, E.: Ergänzungen zu F. RIEGELS: Das Umströmungsproblem bei inkompressiblen Potentialströmungen. Ing.-Arch. Bd. 18 (1950) S. 324, und Die Berechnung der Profilform bei vorgegebener Geschwindigkeitsverteilung. Ing.-Arch. Bd. 19 (1951) S. 365.

Eine zusammenfassende Darstellung findet der Leser bei SCHLICHTING-TRUCKENBRODT: Aerodynamik des Flugzeuges, Bd. 1 (1959), wo auch die einschlägige Literatur angegeben ist. Schließlich sei noch auf die Bücher von F. W. RIEGELS: Aerodynamische Profile (1958) sowie I. H. ABBOTT und A. E. VON DOENHOFF: Theory of wing sections, New York 1949, verwiesen, in denen u. a. Vergleiche zwischen den Ergebnissen der Theorie mit Messungen angestellt sind.

c) Der Tragflügel von endlicher Spannweite[1]

α) Bildung einer Unstetigkeitsfläche hinter dem Flügel. Die unter b) behandelten Vorgänge beziehen sich lediglich auf den unendlich langen (oder durch parallele Seitenwände begrenzten) Flügel. Dabei zeigte sich, daß durch Überlagerung einer Parallelströmung und einer Zirkulation an der Flügeloberseite Unterdruck, an der Unterseite dagegen Überdruck, und damit als resultierende Kraft der Auftrieb entsteht. Beim Tragflügel von endlicher Spannweite bewirken diese Druckunterschiede ein Umströmen der seitlichen Flügelenden in

Abb. 210. Umströmung der seitlichen Flügelränder

dem aus Abb. 210 ersichtlichen Sinne. Die Folge davon ist eine Verminderung der Druckunterschiede nach den seitlichen Flügelenden hin. An den Enden selbst ist dieser Druckunterschied gleich Null. Demnach muß auch der Auftrieb, welcher unter Absatz b) stets je Längeneinheit der Flügelspannweite berechnet wurde, nach einem zunächst unbekannten Gesetz von der Mitte nach den Enden hin stetig bis auf den Wert Null abfallen. Die durch das seitliche Abfließen bedingte Sekundärströmung, welche sich der Hauptströmung überlagert, hält auch dann noch an, wenn die entsprechenden Flüssigkeitsteilchen den Tragflügel (bei dessen Fortschreiten) bereits wieder verlassen haben, so daß hinter dem Flügel zwei Flüssigkeitsschichten vorhanden sind, die mit verschiedenen Geschwindigkeiten aneinander vorbeifließen. Es entsteht somit eine *Unstetigkeitsfläche*, die man nach Ziffer 14 d als *Wirbelschicht* auffassen kann, deren Elementarzirkulationen links und rechts der Flügelmitte entgegengesetzten Drehsinn haben (Abb. 211).

Auf S. 308 wurde gezeigt, daß man zur Beschreibung der Vorgänge in einiger Entfernung vom Flügel diesen durch einen „tragenden Wirbel" von der Zirkulation $\varGamma$ ersetzen kann. Ein solcher Wirbelfaden kann im Innern der Flüssigkeit nach den HELMHOLTZschen Wirbelsätzen (Ziffer 14, a) weder beginnen noch enden. Er muß sich also entweder bis an die Grenzen der Flüssigkeit erstrecken — wie beim unendlich langen Flügel — oder, in sich zusammenlaufend, einen geschlossenen „Wirbelring"

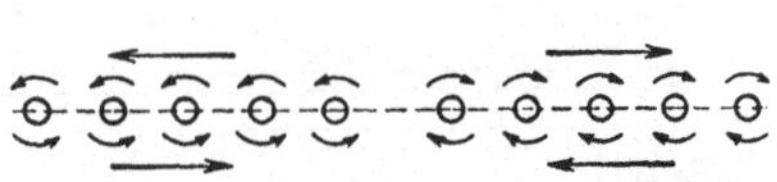

Abb. 211. Wirbelschicht hinter dem Tragflügel

bilden. Nimmt man beim *endlich* langen Tragflügel zunächst einmal eine über die Spannweite gleichmäßig verteilte Zirkulation — und demnach auch gleichmäßig verteilten Auftrieb — an, so findet der „tragende Wirbel" nach rückwärts seine Fortsetzung in Gestalt zweier „Randwirbel", die von den seitlichen Flügelenden ausgehen. Bei einem unendlich langen Flugwege enden diese Randwirbel (und damit der ganze Wirbelfaden) erst im Unendlichen. Es entsteht dann ein sogenannter „Hufeisenwirbel" (Abb. 212). Bei endlichem Flugwege bilden der „tragende" Wirbel und die beiden „Randwirbel" zusammen mit dem „Anfahrwirbel" (S. 307) einen geschlossenen Wirbelring (Abb. 213).

---

[1] PRANDTL, L.: Nachr. Ges. Wiss. Göttingen, math.-phys.Kl. (1918) u. (1919); wieder abgedruckt in Vier Abhandlungen zur Hydrodynamik und Aerodynamik (zus. mit A. BETZ), Göttingen 1927. Ferner A. BETZ im Handbuch d. Physik von GEIGER u. SCHEEL Bd. 7 (1927). S. 239ff.

Außerhalb der Achse dieses Wirbelringes herrscht (bei reibungsfreier Flüssigkeit) Potentialströmung. Zieht man also gemäß Abb. 214 eine geschlossene Linie, die einen einfach zusammenhängenden Bereich umschließt (man kann sie auf einen Punkt zusammenziehen, ohne daß sie die Wirbelachse schneidet), so muß das Linienintegral der Geschwindigkeit längs dieser Linie verschwinden (Ziffer 4). Für den Fall, daß die Punkte a und b differentiell nahe aneinanderrücken, ist dieses Integral längs der Kurve I identisch mit der Zirkulation des tragenden Wirbels (Tragflügels), weshalb das Linienintegral für die Kurve II gleich $-\Gamma$ sein muß. Daraus folgt aber, daß die Zirkulation des Randwirbels in Abb. 212 und 213 ebenfalls gleich Γ ist (entgegengesetzter Drehsinn).

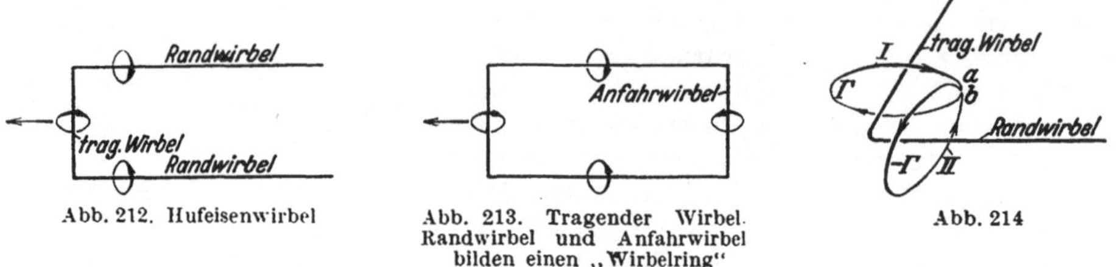

Abb. 212. Hufeisenwirbel   Abb. 213. Tragender Wirbel. Randwirbel und Anfahrwirbel bilden einen „Wirbelring"   Abb. 214

In Wirklichkeit liegen die Verhältnisse nicht so einfach wie vorstehend geschildert, da der Auftrieb — und mit ihm die Zirkulation — bei endlicher Flügelspannweite *nicht* gleichmäßig über die Spannweite verteilt ist (s. oben). Dementsprechend werden sich unmittelbar hinter dem Flügel auch nicht nur die beiden oben erwähnten Randwirbel ausbilden, die ja die Fortsetzung der plötzlich aufhörenden Flügelzirkulation darstellen sollen, sondern es wird ein ganzes System paralleler Stabwirbel hinter dem Flügel entstehen, deren Verteilung und Intensität von der Verteilung der Zirkulation längs des Tragflügels abhängig sein wird, da jeder Änderung der Zirkulation ein vom Flügel nach rückwärts abgehender Wirbelfaden entsprechen muß.

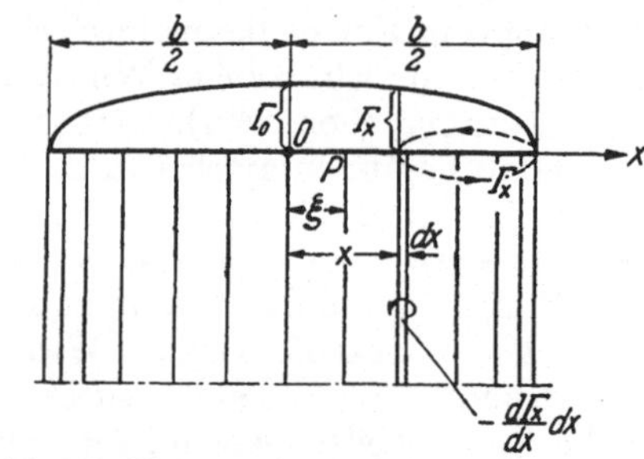

Abb. 215. Überlagerung mehrerer Hufeisenwirbel   Abb. 216. Nicht aufgewickelte Wirbelschicht hinter dem Tragflügel

Man kann sich von diesem Wirbelsystem eine Vorstellung machen, wenn man sich gemäß Abb. 215 mehrere Hufeisenwirbel überlagert denkt, was einer stufenartigen Verteilung der Zirkulation längs der Flügelspannweite entsprechen würde. Bei *stetiger* Änderung der Zirkulation bilden die abgehenden Wirbelfäden die eingangs bereits erwähnte *Wirbelschicht*. Aus der Darstellung von Abb. 215 kann geschlossen werden, daß jede Änderung der Zirkulation $\Gamma = \Gamma(x)$ am Orte x um die Größe $d\Gamma(x)$ längs des Elementes dx der Flügelspannweite einen rückwärts abgehenden Wirbelfaden von der Zirkulation $d\Gamma(x)$ zur Folge hat. Ist also das Verteilungsgesetz $\Gamma = \Gamma(x)$ bekannt — und das ist der Fall, wenn die Auftriebsverteilung über die Spannweite bekannt ist — so kann auch die Intensität des Wirbelbandes hinter dem Tragflügel angegeben werden.

Abb. 216 zeigt diese Wirbelschicht, wobei der Tragflügel jetzt als gerader, in die x-Achse fallender Stab von der Länge b angenommen ist. Die über b aufgetragene Kurve gibt die Zirkulationsverteilung Γ_x längs der Flügelspannweite b an, $-\dfrac{d\Gamma_x}{dx}\,dx$ bezeichnet die Zirkulation eines Elementarwirbels der Wirbelschicht am Orte x. Das negative Zeichen steht hier, weil $\dfrac{d\Gamma_x}{dx}$ negativ ist, der Wirbel aber bereits mit dem positiven Drehsinn eingezeichnet wurde.

Die durch diese Wirbelschicht repräsentierte Unstetigkeitsfläche wird beim Fortschreiten des Tragflügels ständig in voller Breite der Flügelspannweite neu gebildet. Sie ist indessen nicht stabil, sondern rollt sich hinter dem Flügel von den seitlichen Enden her spiralartig auf (vgl. S. 194), bis schließlich allein zwei isolierte Wirbel mit nach innen drehender Zirkulation übrigbleiben[1]. Der zeitliche Verlauf dieses Aufspulvorganges ist aus den vier in Abb. 217 angedeuteten Stadien erkennbar. Es entsteht auf diese Weise in einiger Entfernung hinter dem Flügel ein *Wirbelpaar* (Ziffer 14, c), das sich theoretisch bis ins Unendliche erstreckt. Da Zirkulation in reibungsfreier Strömung nicht verlorengehen kann, so ist die Zirkulation jedes der beiden gegenläufigen Wirbel gleich der Zirkulation einer Hälfte der Unstetigkeitsfläche, aus der sie entstehen, d. h. gleich der maximalen Zirkulation Γ_0 in Flügelmitte (Abb. 216).

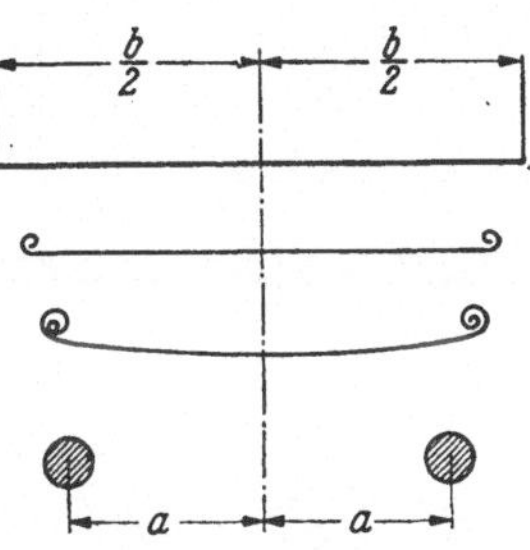

Abb. 217. Aufspulung der Unstetigkeitsfläche in verschiedenen Stadien

Die theoretische Behandlung des vorstehend kurz skizzierten Aufspulvorganges ist schwierig und in ihren Einzelheiten noch nicht vollständig gelungen [2, 3, 4]. Insbesondere ist die Frage noch offen, in welchem Abstand l hinter dem Flügel die Aufwicklung der Wirbelschicht zu zwei Einzelwirbeln beendet ist. Lediglich über den Mechanismus dieses Wirbelpaares läßt sich bei *symmetrischer Auftriebsverteilung* über die Flügelspannweite b eine konkrete Angabe machen. Dabei sollen die beiden Einzelwirbel zunächst als Wirbelfäden von unendlich kleinem Querschnitt (Potentialwirbel) aufgefaßt und die Flüssigkeit — wie oben — als reibungsfrei angesehen werden.

In Abb. 218 sind der Tragflügel (bzw. der „tragende" Wirbel) von der Spannweite b, das Aufrollgebiet und die beiden Einzelwirbel schematisch dargestellt, u_∞ bezeichnet die ungestörte, horizontale Anströmungsgeschwindigkeit. Man denke sich nun um das System Flügel—Wirbel eine „Kontrollfläche" von der Form eines Parallelepipeds gelegt, dessen Vertikalebenen den in Abb. 218 um das System gezeichneten punktierten Linien entsprechen, während die Horizontalebenen den lotrechten Abstand $z = \pm H$ vom Flügel haben mögen.

Die durch den „tragenden Wirbel" (Flügel) erzeugten Störungsgeschwindigkeiten nehmen nach dem BIOT-SAVARTschen Gesetz [Gl. (350a)] mit dem Abstand vom Flügel ab und gehen in großer Entfernung vor und hinter ihm

---

[1] Vgl. dazu A. BETZ: Wie entsteht ein Wirbel in einer wenig zähen Flüssigkeit? Die Naturwiss. Bd. 37 (1950) S. 193 bis 196.

[2] Vgl. dazu H. KADEN: Aufwicklung einer unstabilen Unstetigkeitsfläche. Ing.-Arch. Bd. 2 (1932) S. 140.

[3] KAUFMANN, W.: Über die Aufwickelung einer instabilen Wirbelschicht von endlicher Breite. Sitzungsber. Bayer. Akad. Wiss. Math.-Naturwiss. Abt. (1946) S. 109.

[4] KAUFMANN, W.: Der zeitliche Verlauf des Aufspulvorganges einer instabilen Unstetigkeitsfläche von endlicher Breite. Ing.-Arch. Bd. 19 (1951) S. 1 bis 11.

gegen Null. Legt man nun die beiden zur y-Achse (Abb. 218) senkrechten Kon-
allelepipeds hinreichend weit vor bzw. hinter den Flügel, so
t durch die vordere Quaderfläche mit der ungestörten Ge-
den Kontrollraum ein, während sich in der hinteren Quader-

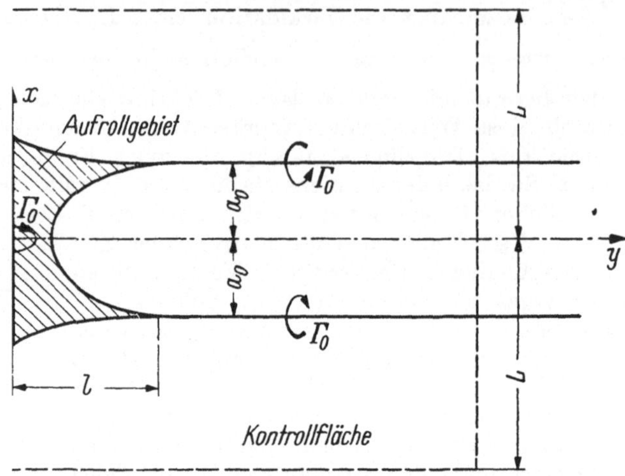

Abb. 218. Aufgespulte Wirbelschicht

digkeit u_∞ ein Geschwindigkeitsfeld überlagert, welches durch
ch unendlich langen Einzelwirbel bedingt ist.
ist erfahrungsgemäß die Eigengeschwindigkeit des Wirbel-
lein gegenüber der Geschwindigkeit u_∞. Somit kann in erster

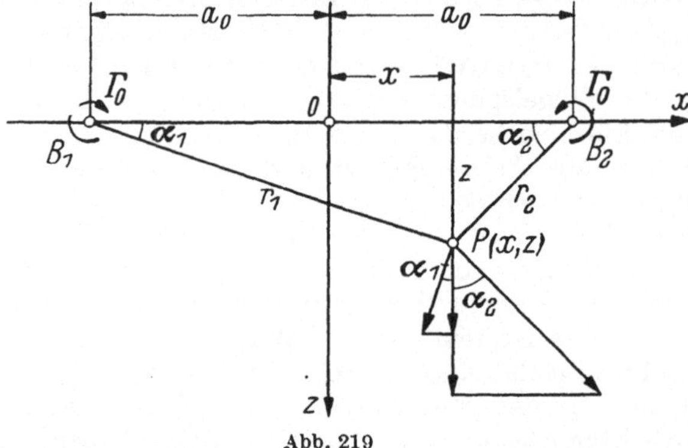

Abb. 219

Näherung die Annahme gemacht werden, daß das Wirbelpaar in der durch den
Flügel und die Richtung von u_∞ bestimmten Horizontalebene liegt, weshalb die
dem Wirbelpaar entsprechenden Störungsgeschwindigkeiten in größerer Entfernung hinter dem Flügel (also auch in der hinteren Kontrollebene) in Quer-
ebenen senkrecht zu u_∞ liegen.

Zur Bestimmung des Abstandes $2a_0$ der beiden Einzelwirbel wende man nun
nach PRANDTL[1] auf das durch das Parallelepiped abgegrenzte Flüssigkeitsgebiet

---

[1] PRANDTL, L.: Vier Abhandlungen zur Hydrodynamik und Aerodynamik (zus. mit
A. BETZ), Göttingen (1927), S. 59. Vgl. auch PRANDTL-TIETJENS: Hydro- und Aeromechanik
Bd. 2 (1931) S. 179.

den Impulssatz an. Danach muß im Falle *stationärer* Strömung der Überschuß des je Zeiteinheit aus dem Kontrollgebiet nach abwärts austretenden Impulses über den eintretenden Impuls gleich dem auf den Flügel wirkenden Auftrieb A sein, sofern eine allseits unendlich ausgedehnte Flüssigkeit vorausgesetzt wird.

In Abb. 219 ist die stromabwärts senkrecht zur y-Achse gelegte Kontrollebene des Parallelepipeds dargestellt. B_1 und B_2 sind die Spuren der beiden Einzelwirbel mit gegensinnig drehenden Zirkulationen Γ_0; $P(x, z)$ stellt einen beliebigen Aufpunkt *zwischen* den beiden Wirbelpunkten dar.

Bezeichnet nun w die lotrechte (z-) Komponente der dem Wirbelpaar entsprechenden Störungsgeschwindigkeit am Orte $P(x, z)$, so wird der durch die hintere Quaderfläche aus dem Kontrollgebiet austretende z-Impuls

$$J_z = \varrho\, u_\infty \int\limits_{F(y)} w\, dF\,,$$

wobei das Integral über die zur y-Achse lotrechte Quaderfläche zu erstrecken ist. Da aber an der vorderen Quaderfläche keine z-Komponente der Geschwindigkeit vorhanden ist, so stellt J_z den Überschuß des an der Hinterseite des Quaders austretenden z-Impulses über den an der Vorderseite eintretenden dar.

Mit den Bezeichnungen der Abb. 219 erhält man nach (350a) als z-Komponente der Störungsgeschwindigkeit am Orte $P(x, z)$

$$w = \frac{\Gamma_0}{2\,\pi\,r_1}\cos\alpha_1 + \frac{\Gamma_0}{2\,\pi\,r_2}\cos\alpha_2$$

oder

$$w = \frac{\Gamma_0}{2\,\pi}\left[\frac{a_0 + x}{(a_0 + x)^2 + z^2} + \frac{a_0 - x}{(a_0 - x)^2 + z^2}\right]$$

und damit den *zwischen den beiden Wirbeln* ($x \leqq a_0$) austretenden Impuls wegen $dF = dx\, dz$

$$J_z = \frac{4\,\varrho\,u_\infty\,\Gamma_0}{2\,\pi}\left[\int\limits_{x=0}^{x=a_0}(a_0 + x)\,dx\int\limits_{z=0}^{z=H}\frac{dz}{(a_0 + x)^2 + z^2} + \int\limits_{x=0}^{x=a_0}(a_0 - x)\,dx\int\limits_{z=0}^{z=H}\frac{dz}{(a_0 - x)^2 + z^2}\right].$$

Die „4" steht hier vor der Klammer, weil das Integral aus Symmetriegründen nur über *einen* Quadranten genommen wird.

Nun ist

$$\int\frac{dz}{(a_0 + x)^2 + z^2} = \frac{1}{a_0 + x}\,\text{arc tg}\,\frac{z}{a_0 + x}\,;\quad \int\frac{dz}{(a_0 - x)^2 + z^2} = \frac{1}{a_0 - x}\,\text{arc tg}\,\frac{z}{a_0 - x}\,,$$

womit folgt

$$J_z = \frac{2\,\varrho\,u_\infty\,\Gamma_0}{\pi}\left[\int\limits_0^{a_0}dx\,\text{arc tg}\,\frac{H}{a_0 + x} + \int\limits_0^{a_0}dx\,\text{arc tg}\,\frac{H}{a_0 - x}\right].$$

Läßt man schließlich $H \to \infty$ gehen, so wird der *zwischen den beiden Wirbelfäden* austretende z-Impuls

$$J_z = \frac{2\,\varrho\,u_\infty\,\Gamma_0}{\pi}\left[\frac{\pi}{2}\,a_0 + \frac{\pi}{2}\,a_0\right] = 2\,\varrho\,u_\infty\,\Gamma_0\,a_0\,. \tag{548}$$

Der Bereich *außerhalb der beiden Wirbelfäden* ist in gleicher Weise zu behandeln, nur lautet jetzt die Störungsgeschwindigkeit für einen Punkt P dieses Gebietes $(x \geqq a_0)$

$$w = \left[\frac{x + a_0}{(x + a_0)^2 + z^2} - \frac{x - a_0}{(x - a_0)^2 + z^2}\right]\frac{\Gamma_0}{2\pi}.$$

Damit wird der aus diesem Bereich austretende z-Impuls, wenn man jetzt auch die *seitlichen* Enden der Kontrollebene ins Unendliche verlegt,

$$J_z' = \frac{2\,\varrho\,u_\infty\,\Gamma_0}{\pi}\left[\frac{\pi}{2}\int\limits_{x=a_0}^{x\to\infty} d\,x - \frac{\pi}{2}\int\limits_{x=a_0}^{x\to\infty} d\,x\right] = 0.$$

Da nun alle vier zur y-Achse parallelen Kontrollebenen des oben eingeführten Parallelepipeds im Unendlichen liegen, so herrscht in ihnen überall die ungestörte Geschwindigkeit u_∞, weshalb keine dieser Ebenen einen Beitrag zum z-Impuls liefern kann. Gl. (548) stellt also den gesamten aus dem betrachteten Flüssigkeitsgebiet austretenden z-Impuls dar und somit nach dem oben Gesagten auch den Auftrieb[1]

$$A = 2\,\varrho\,u_\infty\,\Gamma_0\,a_0. \tag{548a}$$

Damit ist der Abstand $2a_0$ der beiden Einzelwirbel, zu denen sich die Wirbelschicht hinter dem Tragflügel aufwickelt, durch A ausgedrückt, nämlich

$$2\,a_0 = \frac{A}{\varrho\,u_\infty\,\Gamma_0}. \tag{549}$$

Aus Messungen, die zur experimentellen Bestimmung des Wirbelabstandes $2a$ an Rechteck- und Trapezflügeln im Institut für Strömungsmechanik der T.H. München durchgeführt wurden[2], ist erkennbar, daß der nach (549) berechnete Wert a_0 gegenüber dem experimentell gefundenen zu *klein* ist. Die Ursache dieser Abweichung darf wohl in den oben gemachten Annahmen — Wirbel von unendlich kleinem Querschnitt und Vernachlässigung der Reibung beim Aufspulvorgang — gesucht werden. Einer Vergrößerung von a_0 in Gl. (549) müßte bei festgehaltenem Auftrieb A notwendigerweise eine Verkleinerung von Γ_0 (im vorliegenden Falle also der Zirkulation Γ_e der beiden Einzelwirbel) entsprechen.

Nimmt man an, daß der Aufspulvorgang (infolge der Flüssigkeitsreibung) nicht „verlustlos" vor sich geht, so würde dies eine Energieverminderung der Störungsbewegung des Wirbelpaares zur Folge haben. Nun ist — wie auf S. 334 gezeigt wird — die auf die Längeneinheit der y-Achse (Abb. 218) bezogene Energie dieser Bewegung in großer Entfernung hinter dem Flügel proportional dem Quadrat der Zirkulation Γ_e der Einzelwirbel. Ein durch den Aufspulvorgang der Wirbelschicht bedingter Energieverlust müßte also eine Verkleinerung der Wirbelzirkulation ($\Gamma_e < \Gamma_0$) in größerem Abstand hinter dem Flügel zur Folge haben. Damit würden die obengenannten Meßergebnisse — zunächst wenigstens qualitativ — ihre Erklärung finden[3].

---

[1] Vgl. dazu H. B. Helmbold: Z. Flugtechn. Bd. 16 (1925) S. 292.

[2] Rohne, E.: Experimentelle Untersuchungen über die Aufspullänge der instabilen Unstetigkeitsfläche hinter einem Tragflügel von endlicher Spannweite. Dissertation T. H. München 1957 sowie Z. Flugwissensch. Bd. 5 (1957) S. 365.

[3] Vgl. hierzu W. Kaufmann: Betrachtungen zum Aufspulvorgang der hinter einem Tragflügel beim Geradeausflug entstehenden Wirbelschicht. Z. Flugwissensch. Bd. 5 (1957) S. 327.

In Ziffer 14f (S. 203) wurde gezeigt, daß die kinetische Energie des von einem Wirbelpaar erzeugten Strömungsfeldes nur dann einen endlichen Wert annimmt, wenn die beiden das Paar bildenden Einzelwirbel — im Gegensatz zu der oben gemachten Annahme — „Wirbelkerne" von endlichem Querschnitt besitzen, welche nach erfolgter Aufspulung das gesamte Flüssigkeitsmaterial der anfangs vorhandenen Wirbelschicht enthalten (vgl. Abb. 217). Außerhalb dieser Wirbelkerne herrscht Potentialströmung. Die Kernränder müssen also Randstromlinien dieser Strömung sein. Nach Ziffer 14c sind die Stromlinien der zu einem Wirbelpaar gehörigen Potentialströmung Kreise, deren Mittelpunkte auf der x-Achse von Abb. 114 liegen, aber *nicht* mit den Wirbelachsen zusammenfallen. Strenggenommen gilt dieses allerdings nur für ein Wirbelpaar, bei dem die gesamte Zirkulation in den Wirbelachsen konzentriert ist. Es wird aber auch für Wirbel mit endlichem Kern um so genauer zutreffen, je stärker die Konzentration der Zirkulation um die Achsen der Wirbelkerne ist. Dahingehende theoretische Überlegungen haben gezeigt, daß dieses in der Tat der Fall ist. Das zu dem Wirbelpaar in größerer Entfernung hinter dem Flügel gehörige Strömungsfeld läßt sich danach mit guter An-

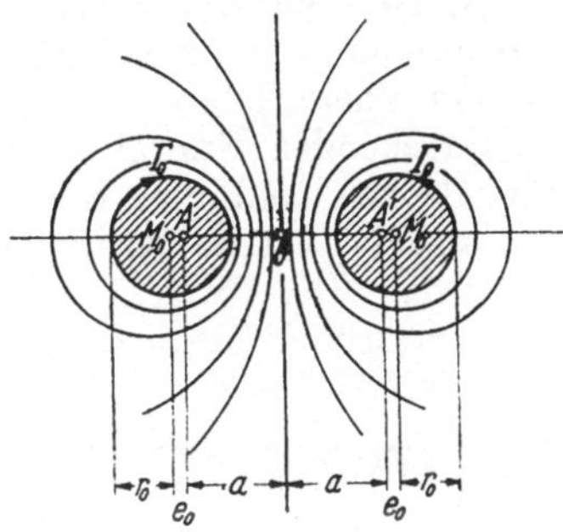

Abb. 220. Wirbelfeld in großer Entfernung hinter dem Flügel

näherung durch Abb. 220 beschreiben. Darin stellen die schraffierten Kreise die Wirbelkerne dar, deren Halbmesser sich theoretisch zu

$$r_0 = a \sqrt[4]{\frac{3}{4}} \tag{550}$$

ergibt[1], worin $a = a_0$ den durch (549) bestimmten (theoretischen) Abstand der Wirbelachse von der Flügelmitte bezeichnet. Weiter hat die Theorie gezeigt, daß sich die Exzentrizität e_0 des Mittelpunktes M_0 der Randstromlinie gegen die theoretische Wirbelachse A bzw. A' mit guter Annäherung durch den Ausdruck

$$e_0 = a \left[\sqrt{1 + \left(\frac{r_0}{a}\right)^2} - 1 \right] \tag{551}$$

darstellen läßt. Damit ist aber das Feld der Störungsbewegung in größerer Entfernung hinter dem Flügel vollständig bestimmt, sobald a bekannt ist. (Bezüglich der Wirbelkerne vgl. S. 334).

Schwieriger läßt sich die Frage beantworten, in welchem Abstand l hinter dem Flügel der Aufspulvorgang der Wirbelschicht beendet ist. Als sicher darf man annehmen, daß l von der „Flügelstreckung" $\Lambda = \dfrac{b^2}{F}$ ($F = $ „Flügelfläche" s. S. 303) und von der Auftriebsziffer c_a abhängt. Aus theoretischen Überlegungen ergibt sich[2]

$$l = \left(\frac{b}{2} - a\right) \frac{\pi}{\psi c_a} \frac{b^2}{F} \varkappa,$$

---

[1] KAUFMANN, W.: Fußn. 3 auf S. 323. Gl. (550) gilt allerdings nur unter der Annahme einer *reibungsfreien* Flüssigkeit. In *zähen* Flüssigkeiten folgt der Geschwindigkeitsverlauf innerhalb des „Wirbelkerns" einem anderen Gesetz (vgl. dazu S. 287).

[2] KAUFMANN, W.: Fußn. 4 auf S. 323. Vgl. auch dazu R. WURZBACH: Das Geschwindigkeitsfeld hinter einer Quer- oder Auftrieb erzeugenden Tragfläche von endlicher Spannweite. Dissertation T.H. München 1952 sowie Z. Flugwissensch. Bd. 5 (1957) S. 360.

worin $\psi > 1$ eine Zahl bedeutet, die von der Zirkulationsverteilung über den Flügel abhängt (vgl. S. 332). Aus den oben zitierten Messungen von E. Rohne an Tragflügelmodellen mit rechteckigem und trapezförmigem Umriß vom Streckungsverhältnis $\Lambda = 5$ ergibt sich, daß in einem Bereich von $c_a \approx 0{,}35$ bis $c_a \approx 1{,}1$ näherungsweise

$$\varkappa = 1{,}5\, c_a + 0{,}9$$

gesetzt werden kann.

β) Der induzierte Widerstand. Die vorstehend beschriebene Unstetigkeitsfläche oder, was dasselbe ist, das ihr entsprechende System freier Wirbel wird bei der Vorwärtsbewegung des Flügels ständig neu gebildet, was offenbar einen entsprechenden Energieaufwand notwendig macht. Zur Vorwärtsbewegung des Flügels von endlicher Spannweite ist somit — und zwar auch in der *idealen* Flüssigkeit — eine Arbeitsleistung am Flügel erforderlich. Anders ausgedrückt heißt das: Der Flügel muß einen *Widerstand* überwinden, und zwar zusätzlich zu dem früher besprochenen, durch die Flüssigkeitsreibung erzeugten Profilwiderstand. Dieser durch die *endliche* Spannweite des Flügels bedingte Widerstand wird als *induzierter* oder *Randwiderstand* bezeichnet und bildet zusammen mit dem Profilwiderstand den Gesamtwiderstand des Tragflügels. Seine theoretische Erklärung stammt von L. Prandtl[1]. Bereits vorher hatte F. W. Lanchester[2] eine qualitative Darstellung des Problems gegeben.

Zur Berechnung des induzierten Widerstandes kann man so vorgehen, daß man die Störungsbewegung infolge der Unstetigkeitsfläche unmittelbar hinter dem Flügel untersucht. Nach dem Biot-Savartschen Gesetz (350a) ist die zu einem beiderseits unendlich langen Wirbelfaden mit der Zirkulation Γ gehörige Geschwindigkeit im Abstand a vom Faden bekannt. Im vorliegenden Falle handelt es sich jedoch nicht um *einen* Wirbelfaden, sondern um ein System von Fäden, die zusammen die Wirbelschicht hinter dem Flügel bilden. Diese Wirbelfäden erstrecken sich aber vom Orte des Flügel nur *einseitig* (nach rückwärts) ins Unendliche, so daß jedem nur der *halbe* Wert der Störungsgeschwindigkeit von Gl. (350a) am Orte des Flügels entspricht. Die Wirbelschicht soll dabei zunächst als *nicht* aufgewickelt angenommen werden, was nach den unter α) gemachten Ausführungen strenggenommen nur für sehr kleine c_a-Werte gilt.

Betrachtet man jetzt einen Punkt P der Flügelhinterkante im Abstand ξ von der Mitte (Abb. 216), so entspricht einem Elementarfaden von der Zirkulation $-\dfrac{d\Gamma_x}{dx}\,dx$ nach dem oben Gesagten am Orte P die *abwärts* gerichtete Störungsgeschwindigkeit

$$dw_\xi = -\frac{d\Gamma_x}{dx}\frac{dx}{4\pi(x-\xi)}.$$

Die Störungsgeschwindigkeit infolge *aller* Elementarwirbel der Wirbelschicht am Orte P wird also

$$w_\xi = -\frac{1}{4\pi}\int\limits_{x=-\frac{b}{2}}^{x=\frac{b}{2}} \frac{d\Gamma_x}{dx}\frac{dx}{x-\xi}. \tag{552}$$

Diese vom Tragflügel „induzierte" Geschwindigkeit hat zur Folge, daß der Flügelschnitt am Orte P nicht mehr unter dem Einfluß der ungestörten Anströmungs-

---

[1] Prandtl, L.: Fußn. 1 auf S. 321.
[2] Lanchester, F. W.: Aerodynamics, London 1907. Deutsche Übersetzung von C. u. A. Runge, Leipzig 1909.

geschwindigkeit u_∞ steht, sondern unter dem Einfluß der aus u_∞ und w_ξ resultierenden Geschwindigkeit u_r (Abb. 221)[1]. Nach dem Kutta-Joukowskyschen Auftriebssatz steht die durch die Flügelzirkulation bedingte Kraft dR_ξ senkrecht zur Zuströmungsrichtung, hier also zu u_r. Sie ist demnach um den Winkel φ_ξ, den u_r und u_∞ miteinander bilden, nach rückwärts gedreht. Zerlegt man dR_ξ in seine Komponenten dA_ξ, senkrecht zur ungestörten Geschwindigkeit u_∞, und $dW_{i\xi}$, in Richtung von u_∞, so liefert dA_ξ den *Flügelauftrieb* am Orte P, während $dW_{i\xi}$ den entsprechenden *indu-zierten Widerstand* angibt. Nun ist nach Kutta-Joukowsky

$$d A_\xi = d R_\xi \cos\varphi_\xi = \varrho\, \Gamma_\xi\, u_\infty\, d\xi\,.$$

Außerdem folgt aus Abb. 221

$$\frac{d A_\xi}{d W_{i\xi}} = \frac{u_\infty}{w_\xi}\,,$$

so daß

$$dW_{i\xi} = d A_\xi\, \frac{w_\xi}{u_\infty} = \varrho\, \Gamma_\xi\, w_\xi\, d\xi\,.$$

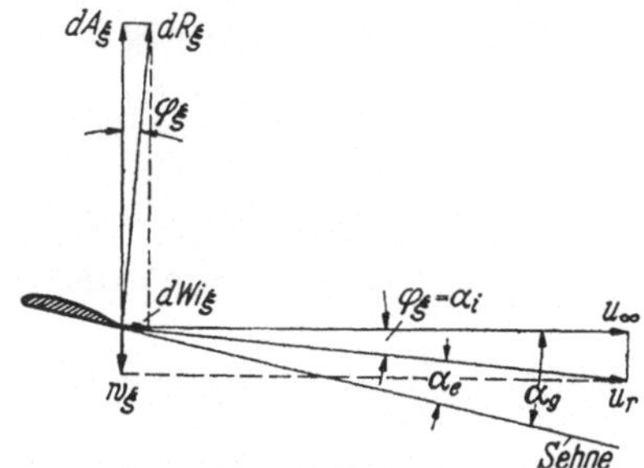

Abb. 221. Auftrieb und induzierter Widerstand am Flügelelement

Daraus erhält man als *induzierten Wider-stand des ganzen Flügels* durch Integration über die Flügelspannweite

$$W_i = \varrho \int\limits_{\xi=-\frac{b}{2}}^{\xi=\frac{b}{2}} \Gamma_\xi\, w_\xi\, d\xi \tag{553}$$

oder, wenn man hier w_ξ aus (552) einführt,

$$W_i = -\frac{\varrho}{4\pi} \int\limits_{\xi=-\frac{b}{2}}^{\xi=\frac{b}{2}} \Gamma_\xi\, d\xi \int\limits_{x=-\frac{b}{2}}^{x=\frac{b}{2}} \frac{d\Gamma_x}{dx}\, \frac{dx}{x-\xi}\,. \tag{554}$$

Wie aus Abb. 221 ersichtlich ist, bewirkt die „induzierte" Geschwindigkeit w_ξ am Orte P der Flügelhinterkante eine Neigung der Stromlinien um den Winkel φ_ξ. Da erfahrungsgemäß $w_\xi \ll u_\infty$ ist, so besitzt φ_ξ stets einen kleinen Wert. Diese Neigung der Stromlinien hat zur Folge, daß der „wirksame" oder „effektive" Anstellwinkel α_e des Profils am Orte P kleiner wird als dies bei ungestörter Anströmung (ebenes Problem) der Fall wäre. Bezeichnet nun allgemein α_g den „geometrischen", d. h. den der ungestörten Strömung entsprechenden Anstellwinkel, so wird der *effektive Anstellwinkel*

$$\alpha_e = \alpha_g - \alpha_i\,, \tag{555}$$

wenn jetzt unter $\varphi = \alpha_i$ der *induzierte Anstellwinkel* verstanden wird. Er hat die Größe (Abb. 221)

$$\alpha_i \approx \mathrm{tg}\,\varphi_\xi = \frac{w_\xi}{u_\infty} \tag{556}$$

und ist somit i. allg. eine Funktion von ξ.

---

[1] Der Flügel ist dabei als ruhend angenommen und wird mit der Geschwindigkeit u_∞ angeblasen.

Die Berechnung des induzierten Widerstandes nach Gl. (554) setzt die Kenntnis der Zirkulationsverteilung über die Flügelspannweite voraus. Ein besonders einfacher Wert von W_i ergibt sich, wenn die Flügelzirkulation nach einer *Halbellipse über die Spannweite b verteilt*, d. h. wenn

$$\Gamma_x = \Gamma_0 \sqrt{1 - \left(\frac{2\,x}{b}\right)^2} \tag{557}$$

ist, wobei Γ_0 die maximale Zirkulation in Flügelmitte bezeichnet (Abb. 216). Bildet man daraus

$$\frac{d\,\Gamma_x}{d\,x} = -\frac{2\,\Gamma_0}{b}\,\frac{\dfrac{2\,x}{b}}{\sqrt{1 - \left(\dfrac{2\,x}{b}\right)^2}}$$

und führt diesen Ausdruck in (552) ein, so wird

$$w_\xi = \frac{\Gamma_0}{2\,\pi\,b} \int\limits_{x=-\frac{b}{2}}^{x=\frac{b}{2}} \frac{\dfrac{2\,x}{b}}{\sqrt{1 - \left(\dfrac{2\,x}{b}\right)^2}}\,\frac{d\,x}{x - \xi} \cdot$$

Mit den Bezeichnungen

$$\bar{x} = \frac{2\,x}{b}\,; \qquad \bar{\xi} = \frac{2\,\xi}{b}$$

folgt daraus

$$w_\xi = \frac{\Gamma_0}{2\,\pi\,b} \int\limits_{\bar{x}=-1}^{\bar{x}=1} \frac{\bar{x}}{\bar{x} - \bar{\xi}}\,\frac{d\,\bar{x}}{\sqrt{1 - \bar{x}^2}}\,,$$

wofür man wegen

$$\frac{\bar{x}}{\bar{x} - \bar{\xi}} = 1 + \frac{\bar{\xi}}{\bar{x} - \bar{\xi}}$$

auch schreiben kann

$$w_\xi = \frac{\Gamma_0}{2\,\pi\,b} \left[\int\limits_{\bar{x}=-1}^{\bar{x}=1} \frac{d\,\bar{x}}{\sqrt{1 - \bar{x}^2}} + \bar{\xi} \int\limits_{\bar{x}=-1}^{\bar{x}=1} \frac{d\,\bar{x}}{(\bar{x} - \bar{\xi})\,\sqrt{1 - \bar{x}^2}} \right] \cdot \tag{558}$$

Für das erste Integral erhält man sofort

$$\int\limits_{\bar{x}=-1}^{\bar{x}=1} \frac{d\,\bar{x}}{\sqrt{1 - \bar{x}^2}} = \arcsin\bar{x}\,\Big|_{-1}^{1} = \pi \cdot$$

In dem zweiten Integral wird der Integrand für $\bar{x} = \bar{\xi}$ unendlich groß (uneigentliches Integral). Um den Wert dieses Integrals zu bekommen, hat man den Grenzwert

$$\lim_{\lambda \to 0} \left\{ \int\limits_{\bar{x}=-1}^{\bar{x}=\bar{\xi}-\lambda} \cdots + \int\limits_{\bar{x}=\bar{\xi}+\lambda}^{\bar{x}=1} \cdots \right\}$$

zu bilden und erhält auf diese Weise dafür den Wert *Null*. Somit folgt aus (558)

$$w_\xi = w = \frac{\Gamma_0}{2\,b} \cdot \tag{559}$$

Es ergibt sich also das bemerkenswerte Resultat, daß *die induzierte Geschwindigkeit bei elliptischer Zirkulationsverteilung längs der Flügelspannweite konstant ist.*

Führt man (559) in Gl. (553) ein, so wird

$$W_i = \frac{\varrho\,\Gamma_0}{2\,b} \int\limits_{\xi=-\frac{b}{2}}^{\xi=\frac{b}{2}} \Gamma_\xi\,d\xi,$$

woraus mit (557), wenn man dort $x = \xi$ setzt, folgt

$$W_i = \frac{\varrho\,\Gamma_0}{2\,b}\,\frac{\pi}{4}\,\Gamma_0\,b = \frac{\varrho\,\Gamma_0^2\,\pi}{8}. \tag{560}$$

Um hier noch Γ_0 zu eliminieren, beachte man, daß bei elliptischer Zirkulationsverteilung

$$A = \varrho\,u_\infty \int\limits_{x=-\frac{b}{2}}^{x=\frac{b}{2}} \Gamma_x\,d x = \varrho\,u_\infty\,\frac{\pi}{4}\,\Gamma_0\,b$$

ist. Drückt man also Γ_0 durch A aus und setzt diesen Wert in (560) ein, so wird

$$W_i = \frac{2\,A^2}{\varrho\,u_\infty^2\,\pi\,b^2} = \frac{A^2}{q\,\pi\,b^2}, \tag{561}$$

wo wieder $q = \frac{\varrho}{2}\,u_\infty^2$ den ungestörten Staudruck bezeichnet.

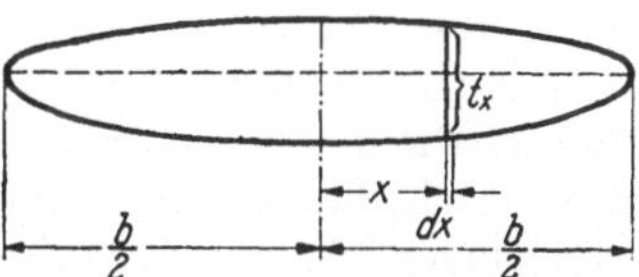

Abb. 222. Elliptischer Flügel

Die vorstehend vorausgesetzte *elliptische* Auftriebs- bzw. Zirkulationsverteilung ist bei einem Tragflügel vorhanden, dessen Vorder- und Hinterkante durch Halbellipsen gebildet werden (Abb. 222), sofern der Flügel durchweg geometrisch ähnliche Profile besitzt mit gleichem geometrischem Anstellwinkel (unverwundener Flügel). In diesem Falle ist wegen $w = \text{const}$ für alle Profile der „effektive" Anstellwinkel und damit der örtliche Auftriebsbeiwert c_a derselbe. Da nun der auf das Längenelement dx des Flügels entfallende Auftrieb die Größe

$$dA = \varrho\,\Gamma_x u_\infty\,d x = c_a\,q\,t_x\,d x$$

besitzt, so ist Γ_x proportional der Tiefe t_x am Orte x, also elliptisch verteilt. Ergänzend sei dazu bemerkt, daß eine elliptische Γ_x-Verteilung auch bei Flügeln mit nichtelliptischer Flügelfläche erzeugt werden kann (etwa Trapezflügel), wenn der Flügel eine entsprechende „Verwindung" erfährt, d. h. wenn die einzelnen Profile verschieden „angestellt" werden.

Es läßt sich nun allgemein beweisen[1], daß der induzierte Widerstand bei gegebenem Gesamtauftrieb A und gegebener Flügelfläche F dann am kleinsten wird, wenn die am Flügel von der Unstetigkeitsfläche induzierte Geschwindigkeit $w_\xi = w = \text{const}$ ist. Der hier besprochene Fall *elliptischer* Auftriebsverteilung liefert also das *Minimum des induzierten Widerstandes*. Bei ihm bewegt sich die Unstetigkeitsfläche wegen $w = \text{const}$ wie ein *starres Gebilde* nach abwärts.

In der Flugtechnik werden statt elliptisch geformter Flügelflächen i. allg. trapezförmige (mitunter auch rechteckige) Flügel bevorzugt. Bei diesen ergibt sich unter der Voraussetzung des gleichen Auftriebs A nach dem oben Gesagten für W_i ein Wert, der *größer* ist als derjenige nach Gl. (561). Nach Rechnungen von A. BETZ [2] erhält man für *Rechteckflügel* von verschiedenen „Flügelstreckungen"

---

[1] MUNK, M.: Isoperimetrische Aufgaben aus der Theorie des Fluges. Dissertation Göttingen 1919. A. BETZ im Handbuch d. Physik von GEIGER u. SCHEEL Bd. 7 (1927) S. 245.

[2] BETZ, A.: Beiträge zur Tragflügeltheorie. Dissertation Göttingen 1919.

$\dfrac{b}{t}$ folgende Verhältniswerte (b = Spannweite, t = Profiltiefe):

$\dfrac{b}{t} =$	3	5	8	10
$\dfrac{W_i}{W_{i\,min}} =$	1,02	1,04	1,07	1,09

Man erkennt daraus, daß die Abweichungen vom Optimalwert bei nicht zu großen Werten $\dfrac{b}{t}$ nicht erheblich sind.

Wie früher für den Gesamtwiderstand (S. 303), so kann man jetzt auch für den induzierten Widerstand eine Widerstandsziffer c_{wi} definieren, indem man

$$W_i = c_{wi}\, q F$$

setzt. Führt man hier W_i aus (561) ein, so ergibt sich mit $A = c_a q F$

$$c_{wi} = \frac{c_a^2}{\pi}\frac{F}{b^2}. \tag{562}$$

Dabei wird die Zahl F/b^2 als „Seitenverhältnis" des Flügels, ihr reziproker Wert b^2/F als „Flügelstreckung" bezeichnet[1]. Nach (562) ist die Abhängigkeit des c_{wi}-Wertes von c_a durch eine Parabel, die sogenannte *Widerstandsparabel*, festgelegt, die in Abb. 195 als solche eingetragen ist. Die gesamte Widerstandsziffer c_w setzt sich danach zusammen aus derjenigen für den *Profilwiderstand* (c_{wp}) und derjenigen für den *induzierten Widerstand*, weshalb

$$c_w = c_{wi} + c_{wp} = \frac{c_a^2}{\pi}\frac{F}{b^2} + c_{wp} \tag{563}$$

gesetzt werden kann. Aus (562) ist ersichtlich, daß c_{wi} wesentlich vom *Seitenverhältnis* abhängt, während c_{wp} erfahrungsgemäß fast ausschließlich von der *Profilform* abhängig ist.

Gl. (563) gilt — ihrer Ableitung entsprechend — strenggenommen nur für *elliptische* Auftriebsverteilung. Bei anderer Verteilung wird der induzierte Widerstand größer als $W_{i\,min}$ und damit auch c_{wi} größer als der durch (562) dargestellte Wert. Man kann in solchen Fällen setzen

$$c_{wi} = \psi\,\frac{c_a^2}{\pi}\frac{F}{b^2}, \tag{562a}$$

wo $\psi > 1$ ist. Aus den obigen Zahlenangaben über das Verhältnis von $\dfrac{W_i}{W_{i\,min}}$ geht aber bereits hervor, daß die Zahl ψ sich nicht wesentlich von „eins" unterscheidet, solange die Flügelstreckung nicht zu groß ist[2].

Gl. (563) ermöglicht nun in einfacher Weise die *Umrechnung der Polarkurve* eines Flügels in diejenige eines Flügels von gleichem Profil, aber anderem Seitenverhältnis. Für zwei derartige Flügel *1* und *2* gilt nämlich nach (563)

$$c_{w_1} = \frac{c_{a_1}^2}{\pi}\frac{F_1}{b_1^2} + c_{wp_1},$$

$$c_{w_2} = \frac{c_{a_2}^2}{\pi}\frac{F_2}{b_2^2} + c_{wp_2}.$$

---

[1] Mitunter wird $\dfrac{b^2}{F}$ auch als Seitenverhältnis bezeichnet, so bei SCHLICHTING-TRUCKENBRODT: Aerodynamik des Flugzeuges Bd. 1 (1959) S. 329, Bd. 2 (1960) S. 10.
[2] Vgl. dazu J. HUEBER: Z. Flugtechn. Bd. 24 (1933) S. 249 bis 251 u. 269 bis 272.

Da bei gleicher Profilform $c_{wp_1} \approx c_{wp_2}$ gesetzt werden kann (s. oben), so folgt aus vorstehenden Gleichungen für gleiche c_a-Werte $c_{a_1} = c_{a_2} = c_a$ unmittelbar

$$c_{w_2} = c_{w_1} + \frac{c_a^2}{\pi}\left(\frac{F_2}{b_2^2} - \frac{F_1}{b_1^2}\right). \tag{564}$$

Man kann danach aus einer vorliegenden Polarkurve (Abb. 195) für jedes c_a das zugehörige c_w des Flügels mit anderem Seitenverhältnis sofort berechnen. Dabei entspricht den $c_a - c_w$-Werten der neuen Polare allerdings ein anderer Anstellwinkel α als für die vorgelegte Polare. Der Querschnitt eines Tragflügels von *endlicher* Spannweite verhält sich nämlich genauso als ob er zu einem Flügel von unendlich großer Spannweite (ebenes Problem) mit dem „effektiven" Anstellwinkel α_e gehörte. Demnach sind bei allen Seitenverhältnissen (gleiches Profil vorausgesetzt) die örtlichen c_a-Werte nur dann die gleichen, wenn die entsprechenden Werte α_e einander gleich sind. Nun ist nach (555) und (556) sowie unter Beachtung von Abb. 221

$$\alpha_e = \alpha_g - \frac{w}{u_\infty} = \alpha_g - \frac{dW_i}{dA} = \alpha_g - \frac{c_{wi}}{c_a},$$

woraus wegen (562) folgt, wenn man jetzt wieder $\alpha_g = \alpha$ setzt,

$$\alpha_e = \alpha - \frac{c_a}{\pi}\frac{F}{b^2}.$$

Sollen also die effektiven Anstellwinkel beider Flügel die gleichen sein (bei gleichen c_a-Werten), dann muß

$$\alpha_1 - \frac{c_a}{\pi}\frac{F_1}{b_1^2} = \alpha_2 - \frac{c_a}{\pi}\frac{F_2}{b_2^2}$$

sein, oder

$$\alpha_2 = \alpha_1 + \frac{c_a}{\pi}\left(\frac{F_2}{b_2^2} - \frac{F_1}{b_1^2}\right). \tag{565}$$

Die Winkel α_1 und α_2 sind dabei im Bogenmaß (als Zahlen) einzusetzen. Für Seitenverhältnisse $\frac{F}{b^2} < \frac{1}{2}$ stimmen die Formeln (564) und (565) gut mit den Versuchsergebnissen überein[1], und zwar auch dann noch, wenn die Flügelform nichtelliptisch sondern annähernd rechteckig ist[2].

Eine andere Möglichkeit zur Erklärung des induzierten Widerstandes als die vorstehend besprochene ergibt sich, wenn man die Energiezunahme des aufgewickelten Wirbelbandes betrachtet. Auf S. 327 wurde gezeigt, daß in großer Entfernung hinter dem Flügel die durch den Flügel verursachte Störungsbewegung durch das Strömungsfeld eines „Wirbelpaares" bestimmt ist. Betrachtet man nun ein Gebiet dieses Feldes, das hinreichend weit vom Anfang und vom Ende der Unstetigkeitsfläche entfernt liegt, so wächst dieses Gebiet bei der Vorwärtsbewegung des Flügels in der Zeiteinheit um die Länge u, wenn u die Fluggeschwindigkeit bezeichnet (u = Weg pro Zeiteinheit). Demnach wird die Zunahme an kinetischer Energie der Störungsbewegung gleich dem Energieinhalt aus den Störungsgeschwindigkeiten zwischen zwei im Abstand u senkrecht zu den Wirbelachsen gelegten Ebenen. Sieht man die Flüssigkeit zunächst als „ideal" an, so ist zur Vorwärtsbewegung des Flügels nach dem Energiesatz eine Kraft erforderlich, die gleich dem induzierten Widerstand sein muß, da wegen des Fehlens aller Zähigkeitseinflüsse ein Profilwiderstand nicht auftreten kann. Die Berechnung von W_i läuft danach einfach auf die Bestimmung dieser Energiezunahme hinaus. Dazu steht die Energiegleichung

$$W_i u = u\,\frac{\varrho}{2}\int\limits_{(Q)} w^2\,dF \tag{566}$$

[1] Betz, A.: Im Handbuch d. Physik von Geiger u. Scheel Bd. 7 (1927) S. 249 u. 286.

[2] Hinsichtlich der Größe der Abweichungen vgl. J. Hueber (s. S. 332), ferner F. Weinig: Z. VDI Bd. 80 (1936) S. 299 und H. Glauert: Die Grundlagen der Tragflügel- und Luftschraubentheorie (1929) S. 131. Deutsch von H. Holl.

zur Verfügung, wenn w die Störungsgeschwindigkeit infolge des Wirbelpaares in der Querebene Q bezeichnet und das Integral über diese Ebene erstreckt wird. Die Fluggeschwindigkeit, d. h. der Arbeitsweg, hebt sich — wie man sieht — aus dieser Gleichung heraus.

Das auf die Tiefe „eins" bezogene Energieintegral für ein Wirbelpaar ist durch Gl. (369) bestimmt und lautet mit den Bezeichnungen der Abb. 154

$$\frac{\varrho}{2} \int\limits_{(Q)} w^2 \, dF = \frac{\varrho \, \Gamma_0^2}{2 \, \pi} \ln \frac{a_2}{a_1} + 2 \, E_K \, . \tag{567}$$

wo E_K die Energie *eines* Wirbelkernes angibt. Aus den Abb. 154 und 220 entnimmt man die Ausdrücke

$$a_1 = r_0 - e_0; \quad a_2 = 2 \, a - a_1 \, .$$

so daß

$$\frac{a_2}{a_1} = \frac{2 \, a}{r_0 - e_0} - 1 \, .$$

Setzt man hier r_0 und e_0 aus (550) und (551) ein, so wird $\frac{a_2}{a_1} = 2{,}542$, womit der erste Summand von (567) lautet

$$\frac{\varrho \, \Gamma_0^2}{2 \, \pi} \ln \frac{a_2}{a_1} = 0{,}466 \, \frac{\varrho \, \Gamma_0^2}{\pi} \, . \tag{568}$$

Dieser Ausdruck ist, wie man sieht, nicht von der speziellen Auftriebsverteilung längs der Flügelspannweite abhängig, sondern nur von der maximalen Flügelzirkulation Γ_0.

Zwecks Berechnung der Energie E_K eines Wirbelkernes kann man von folgender Vorstellung ausgehen: Nach erfolgter Aufwickelung bewegt sich die Flüssigkeit in den Kernen angenähert auf Kreisbahnen vom Halbmesser r um die Wirbelachsen, so daß man nach (359)

$$E_K = \frac{\varrho}{2} \int\limits_{r=0}^{r=r_0} w \, dr \int\limits_{\vartheta=0}^{\vartheta=2\pi} w \, ds \tag{569}$$

setzen kann, da $w \, dr$ längs eines Umlaufs aus Kontinuitätsgründen konstant ist. Faßt man jetzt

$$w = \frac{\Gamma_r}{2 \, \pi \, r}$$

als „mittlere" Umfangsgeschwindigkeit längs eines Kreises vom Halbmesser r auf und beachtet weiter, daß

$$\int\limits_{\vartheta=0}^{\vartheta=2\pi} w \, ds = \Gamma_r$$

die Zirkulation längs dieses Kreises ist, so geht (569) über in

$$E_K = \frac{\varrho}{2} \int\limits_{r=0}^{r=r_0} \frac{\Gamma_r^2}{2 \, \pi \, r} \, dr \, . \tag{570}$$

Darin ist Γ_r eine zunächst unbekannte Funktion von r. Bei *elliptischer* Verteilung der Zirkulation Γ_x längs der Flügelspannweite kann Γ_r mit sehr guter Annäherung als elliptisch über r verteilt angesehen werden[1]. Wählt man also dafür den Ansatz

$$\Gamma_r = \Gamma_0 \sqrt{2 \, \frac{r}{r_0} - \left(\frac{r}{r_0}\right)^2} \, ,$$

so geht (570) über in

$$E_K = \frac{\varrho \, \Gamma_0^2}{4 \, \pi \, r_0^2} \int\limits_{r=0}^{r=r_0} (2 \, r_0 - r) \, dr \, .$$

woraus folgt

$$E_K = \frac{3}{8} \, \frac{\varrho \, \Gamma_0^2}{\pi} \, . \tag{571}$$

Mit den beiden Ausdrücken (568) und (571) erhält man schließlich als *induzierten Widerstand* nach (566) und (567) den Wert

$$W_i = 1{,}216 \, \frac{\varrho \, \Gamma_0^2}{\pi} \, .$$

---

[1] Kaufmann, W.: Fußn. 3 auf S. 323.

Bringt man diesen Ausdruck auf die PRANDTLsche Form (560), so ergibt sich

$$W_i = 0{,}986 \frac{\varrho \, \Gamma_0^2 \, \pi}{8} \, ,$$

und man erkennt die gute Übereinstimmung beider Werte trotz der sehr verschiedenen Voraussetzungen, nach denen sie berechnet wurden[1].

γ) **Zusammenhang zwischen Zirkulationsverteilung und Flügelgestalt.** Für eine Reihe flugmechanischer Fragen sowie für die Beurteilung der Festigkeit eines Tragflügels ist die Kenntnis der Auftriebs- bzw. Zirkulationsverteilung längs der Flügelspannweite von besonderer Bedeutung. Nach dem KUTTA-JOUKOWSKYschen Auftriebssatz hat die auf die Längeneinheit entfallende Auftriebskraft am Orte x die Größe

$$\frac{dA}{dx} = \varrho \, \Gamma(x) \, u_\infty \, ,$$

und aus der Definitionsgleichung der Auftriebsziffer ergibt sich

$$\frac{dA}{dx} = c_a(x) \, \frac{\varrho}{2} \, u_\infty^2 \, t(x) \, ,$$

wo $\Gamma(x)$, $c_a(x)$, $t(x)$ Funktionen von x sind (Abb. 222). Aus der Verbindung beider Ausdrücke folgt

$$\Gamma(x) = \frac{1}{2} \, c_a(x) \, u_\infty \, t(x) \, . \tag{572}$$

Für die Folge sei angenommen, daß die Profilform des Flügels an jeder Stelle (x) die gleiche bleibt. Dagegen soll eine „Verwindung", d. h. eine Änderung der „Anstellung" der einzelnen Profile gegen die ungestörte Strömung zugelassen werden. Bei *ebener* Strömung (unendlich langer Flügel) ist erfahrungsgemäß c_a im Bereich der „gesunden" Strömung linear von α abhängig. Bezeichnet nun allgemein

$$\Lambda = \frac{b^2}{F}$$

die Flügelstreckung, so kann

$$(c_a)_{\Lambda \to \infty} = \left(\frac{d c_a}{d \alpha}\right)_{\Lambda \to \infty} \cdot \alpha$$

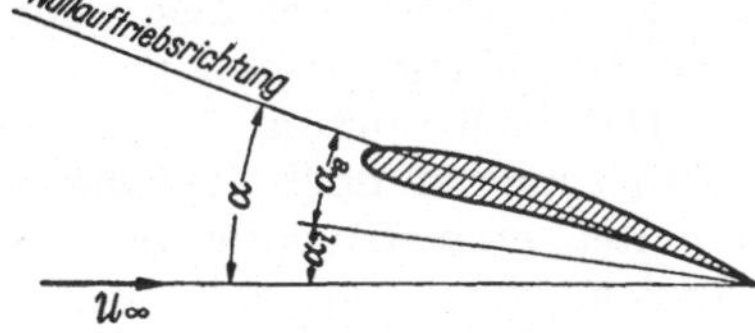

Abb. 223. Nullauftriebsrichtung[2]

gesetzt werden, *wenn man unter α den geometrischen Anstellwinkel versteht, welcher von derjenigen Anströmungsrichtung aus gemessen wird, für welche der Auftrieb „Null" ist* (Nullauftriebsrichtung, Abb. 223). Der Differentialquotient $\left(\frac{d c_a}{d \alpha}\right)_{\Lambda \to \infty}$ ist eine für das „Profil" charakteristische Konstante (für ebene Platten z. B. gleich 2π, vgl. S. 318). Beim Tragflügel von *endlicher* Spannweite tritt bei der Berechnung von $c_a(x)$ an die Stelle des „geometrischen" der „effektive" Anstellwinkel α_e, weshalb

$$c_a(x) = \left(\frac{d c_a}{d \alpha}\right)_{\Lambda \to \infty} \cdot \alpha_e(x)$$

zu setzen ist oder wegen (555)

$$c_a(x) = \left(\frac{d c_a}{d \alpha}\right)_{\Lambda \to \infty} \cdot [\alpha(x) - \alpha_i(x)] \, .$$

$\alpha(x)$ bezeichnet dabei den geometrischen Anstellwinkel des Flügelschnittes gegen die Nullauftriebsrichtung am Orte x.

---

[1] Vgl. dazu W. KAUFMANN: Die energetische Berechnung des induzierten Widerstandes. Ing.-Arch. Bd. 17 (1949) S. 187 und Bd. 18 (1950) S. 139.

[2] Vgl. dazu S. 313.

Mit der Abkürzung

$$c = \frac{1}{2}\left(\frac{d\,c_a}{d\,\alpha}\right)_{A \to}$$

geht nunmehr Gl. (572) über in

$$\Gamma(x) = c\,u_\infty\,t(x)\,[\alpha(x) - \alpha_i(x)]\,. \tag{573}$$

Der induzierte Anstellwinkel $\alpha_i(x)$ ist durch die Ausdrücke (556) und (552) festgelegt. Vertauscht man hier die Abszissen ξ und x miteinander, so wird

$$\alpha_i(x) = \frac{w(x)}{u_\infty} = \frac{-1}{4\,\pi\,u_\infty} \int\limits_{\xi=-\frac{b}{2}}^{\xi=\frac{b}{2}} \frac{d\,\Gamma(\xi)}{d\,\xi}\,\frac{d\,\xi}{\xi - x}\,, \tag{574}$$

womit schließlich (573) übergeht in

$$\Gamma(x) = c\,u_\infty\,t(x)\left[\alpha(x) + \frac{1}{4\,\pi\,u_\infty} \int\limits_{-\frac{b}{2}}^{\frac{b}{2}} \frac{d\,\Gamma(\xi)}{d\,\xi}\,\frac{d\,\xi}{\xi - x}\right]. \tag{575}$$

Diese zuerst von PRANDTL[1] angegebene Integralgleichung bildet die Grundlage für die Berechnung der Auftriebsverteilung längs der Flügelspannweite, da sie den Zusammenhang zwischen der Zirkulation, der Profiltiefe und dem jeweiligen Anstellwinkel liefert. Bezüglich der Auswertung des darin auftretenden Integrals sei auf die entsprechende Bemerkung von S. 330 verwiesen.

Mit Hilfe der Gl. (575) lassen sich zwei verschiedene Fragestellungen beantworten, nämlich a) welche Form muß ein Tragflügel erhalten, damit eine ihm vorgeschriebene Auftriebsverteilung entsteht, und b) welche Auftriebsverteilung bildet sich aus, wenn die Form des Tragflügels durch Profiltiefe $t(x)$ und Anstellung $\alpha(x)$ an jedem Orte x vorgegeben ist?

Die Beantwortung der Frage a) ist insofern nicht eindeutig möglich, als in (575) zunächst noch $t(x)$ und $\alpha(x)$ offen sind. Um eine eindeutige Lösung zu erhalten, muß also entweder $t(x)$ oder $\alpha(x)$ an jedem Orte der Spannweite gewählt werden. Geht man etwa von einer bestimmten Grundrißform aus [bekanntes $t(x)$], so kann $\alpha(x)$ und damit die Verwindung des Flügels berechnet werden. Umgekehrt läßt sich $t(x)$ bestimmen, wenn $\alpha(x)$ vorgegeben wird. Allerdings sind dabei gewisse Einschränkungen zu beachten: So muß die Zirkulationsverteilung $\Gamma(x)$ und ihre erste Ableitung längs der Spannweite stetig sein, und außerdem muß $\Gamma(x)$ an den Flügelenden den Wert Null annehmen. Ferner dürfen bei vorgeschriebener $\Gamma(x)$-Verteilung nur solche Anstellwinkelverteilungen gewählt werden, die zu positiven Profiltiefen $t(x)$ führen. Es muß also nach (573) an jeder Stelle x

$$\frac{\Gamma(x)}{\alpha(x) - \alpha_i(x)} > 0$$

sein.

Praktisch wichtiger, aber auch wesentlich schwieriger, ist die Beantwortung der Frage b), wobei jetzt überall $t(x)$ und $\alpha(x)$ gegeben sind, während $\Gamma(x)$ gesucht wird. Mit der zu diesem Zweck notwendigen Lösung der Integralgleichung (575) haben sich zahlreiche Forscher beschäftigt[2], deren Arbeiten im wesentlichen auf geeignete Reihenentwicklungen für die Zirkulation $\Gamma(x)$ hinauslaufen und

---

[1] Fußn. 1 auf S. 321.

[2] Einen Überblick über diese und eigene Arbeiten gibt J. LOTZ in der Z. Flugtechn. Bd. 22 (1931) S. 189.

damit i. allg. erhebliche rechnerische Schwierigkeiten verschiedener Art mit sich bringen. Einen beachtlichen Fortschritt in dieser Richtung brachte eine Arbeit von H. MULTHOPP[1], dem es gelang, derartige Reihenentwicklungen zu umgehen und die Rechenarbeit auf ein auch in komplizierten Fällen (z. B. Ausschlag von Rudern oder Klappen) stets iterationsfähiges Gleichungssystem zu beschränken.

Der grundsätzliche Gedankengang der MULTHOPPschen Methode soll nachstehend in kurzen Zügen angegeben werden.

Den Ausgangspunkt bilden dabei wieder die Gln. (573) und (574), die sich mit den dimensionslosen Bezeichnungen

$$\gamma = \frac{\Gamma(x)}{b\,u_\infty}; \qquad \overline{\xi} = \frac{2\,\xi}{b}; \qquad \overline{x} = \frac{2\,x}{b}$$

— unter vorläufiger Weglassung der funktionalen Abhängigkeit — auch wie folgt schreiben lassen

$$\gamma = c\,\frac{t}{b}\,(\alpha - \alpha_i)\;*. \tag{576}$$

$$\alpha_i = \frac{1}{2\,\pi}\int\limits_{\overline{\xi}=-1}^{\overline{\xi}=1} \frac{d\gamma}{d\overline{\xi}}\,\frac{d\overline{\xi}}{\overline{x}-\overline{\xi}}. \tag{577}$$

Das erste Ziel der Aufgabe besteht jetzt darin, α_i aus einzelnen vorgegebenen Zirkulationswerten mittels einer geeigneten Interpolationsformel für γ zu berechnen. Letztere muß so beschaffen sein, daß γ an den Flügelenden verschwindet und außerdem an bestimmten Stellen $\overline{x}$ die als bekannt vorausgesetzten Werte besitzt. Unter Benutzung älterer Ansätze von PRANDTL, BETZ und TREFFTZ entwickelt MULTHOPP für die Zirkulationsverteilung den Ausdruck

$$\gamma = \frac{2}{m+1}\sum_{n=1}^{n=m}\gamma_n\sum_{\mu=1}^{\mu=m}\sin\mu\,\vartheta_n\,\sin\mu\,\vartheta. \tag{578}$$

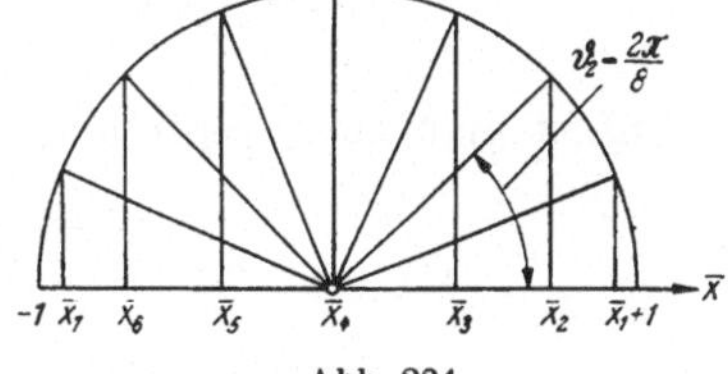

Abb. 224

Darin bezeichnen γ_n die als bekannt angenommenen Zirkulationen an m verschiedenen Stellen $\overline{x}_n$, während der Winkel ϑ mit $\overline{x}$ durch die Beziehung

$$\overline{x} = \cos\vartheta$$

verknüpft ist (n und $\mu = 1, 2, 3, \ldots, m$). Die Stellen $\overline{x}_n$, an denen γ_n gegeben ist, sind jedoch nicht willkürlich zu nehmen, sondern gehorchen der Bedingung

$$\overline{x}_n = \cos\vartheta_n = \cos\frac{n\,\pi}{m+1}.$$

Dieser Zusammenhang ist aus Abb. 224 ersichtlich, in welcher $m = 7$ gewählt wurde.

Mit der neuen Variablen $\overline{x} = \cos\vartheta$ bzw. $\overline{\xi} = \cos\vartheta'$ geht (577) über in

$$\alpha_i = \frac{1}{2\,\pi}\int\limits_{\vartheta'=0}^{\vartheta'=\pi} \frac{d\gamma}{d\vartheta'}\,\frac{d\vartheta'}{\cos\vartheta' - \cos\vartheta}. \tag{579}$$

---

[1] MULTHOPP, H.: Die Berechnung der Auftriebsverteilung von Tragflügeln. Luftf.-Forschg. Bd. 15 (1938) S. 153.

* Hier ist c als konstant angesehen. Es bereitet jedoch, worauf MULTHOPP hinweist, keine Schwierigkeit, auch $c = c(x)$ als veränderlich anzunehmen.

Differenziert man jetzt in (578) γ nach ϑ', indem dort $\gamma(\vartheta) = \gamma(\vartheta')$ gesetzt wird, so erhält man

$$\frac{d\gamma}{d\vartheta'} = \frac{2}{m+1} \sum_{n=1}^{n=m} \gamma_n \sum_{\mu=1}^{\mu=m} \mu \sin(\mu\vartheta_n) \cos(\mu\vartheta'),$$

womit (579) übergeht in

$$\alpha_i = \frac{1}{\pi(m+1)} \int_{\vartheta'=0}^{\vartheta'=\pi} \sum_{n=1}^{n=m} \gamma_n \sum_{\mu=1}^{\mu=m} \mu \sin(\mu\vartheta_n) \frac{\cos(\mu\vartheta')}{\cos\vartheta' - \cos\vartheta} \, d\vartheta'.$$

Unter Beachtung von (541) folgt daraus

$$\alpha_i = \frac{1}{m+1} \sum_{n=1}^{n=m} \gamma_n \sum_{\mu=1}^{\mu=m} \mu \sin(\mu\vartheta_n) \frac{\sin(\mu\vartheta)}{\sin\vartheta}.$$

Es sollen jetzt die Anstellwinkel α_i an m verschiedenen Stellen ν der Spannweite b angeschrieben werden, und zwar erweist es sich dabei als vorteilhaft, die gleichen Stellen (n) zu wählen, für welche die Zirkulationen γ_n als bekannt vorausgesetzt wurden. Dann ist für eine derartige Stelle

$$\alpha_{i\nu} = \frac{1}{(m+1)\sin\vartheta_\nu} \sum_{n=1}^{n=m} \gamma_n \sum_{\mu=1}^{\mu=m} \mu \sin(\mu\vartheta_n) \sin(\mu\vartheta_\nu),$$

wofür man auch schreiben kann

$$\alpha_{i\nu} = \frac{1}{(m+1)\sin\vartheta_\nu} \left[\gamma_\nu \sum_{\mu=1}^{\mu=m} \mu \sin^2(\mu\vartheta_\nu) + \sum_{\substack{n=1 \\ (n\neq\nu)}}^{n=m} \gamma_n \sum_{\mu=1}^{\mu=m} \mu \sin(\mu\vartheta_n) \sin(\mu\vartheta_\nu) \right].$$

Setzt man zur Abkürzung

$$b_{\nu\nu} = \frac{1}{(m+1)\sin\vartheta_\nu} \sum_{\mu=1}^{\mu=m} \mu \sin^2(\mu\vartheta_\nu) \tag{580}$$

und

$$b_{\nu n} = -\frac{1}{(m+1)\sin\vartheta_\nu} \sum_{\mu=1}^{\mu=m} \mu \sin(\mu\vartheta_n) \sin(\mu\vartheta_\nu), \tag{581}$$

so wird

$$\alpha_{i\nu} = \gamma_\nu b_{\nu\nu} - \sum_{n=1}^{n=m}{}' (\gamma_n b_{\nu n}). \tag{582}$$

Die Ausdrücke (580) und (581) lassen sich, wie MULTHOPP gezeigt hat, noch weiter vereinfachen, so zwar, daß

$$b_{\nu\nu} = \frac{m+1}{4\sin\vartheta_\nu} \tag{580a}$$

und

$$b_{\nu n} = \frac{\sin\vartheta_n}{(\cos\vartheta_n - \cos\vartheta_\nu)^2} \cdot \frac{1 - (-1)^{n-\nu}}{2(m+1)}$$

wird. Ist $|n-\nu|$ eine *gerade* Zahl, dann wird $b_{\nu n} = 0$, also kann gesetzt werden

$$\left.\begin{array}{l} b_{\nu n} = \dfrac{\sin\vartheta_n}{(\cos\vartheta_n - \cos\vartheta_\nu)^2} \dfrac{1}{m+1}; \quad |n-\nu| = 1, 3, 5, \ldots \\[2mm] b_{\nu n} = 0; \quad |n-\nu| = 2, 4, 6, \ldots \end{array}\right\} \tag{581a}$$

Dabei ist (s. oben)

$$\vartheta_n = \frac{n\pi}{m+1}; \quad \vartheta_\nu = \frac{\nu\pi}{m+1}.$$

Die Koeffizienten (580a) und (581a) können also, nachdem über die Zahl m verfügt ist, ein für allemal berechnet werden, da sie von den sonstigen die Zirkulationsverteilung bestimmenden Größen vollkommen unabhängig sind. Die entsprechenden Zahlenwerte sind von MULTHOPP in der oben zitierten Arbeit für $m = 3, 7, 15$ und 31 berechnet worden.

Nachdem diese Vorarbeit geleistet ist, bereitet nun die Bestimmung der Auftriebsverteilung keine Schwierigkeiten mehr. Zunächst gilt für den Flügelschnitt am Orte v nach (576)

$$\gamma_v = c \frac{t_v}{b} (\alpha_v - \alpha_{i\,v}), \qquad (583)$$

wobei der Zusammenhang zwischen v und der Abszisse $\bar{x}$ durch

$$\bar{x} = \cos \frac{v\pi}{m+1}$$

gegeben ist (Abb. 224). t_v bezeichnet die Profiltiefe am Orte v, α_v den zugehörigen geometrischen Anstellwinkel. Setzt man in (583) den Ausdruck (582) ein, so wird

$$\gamma_v = \frac{c\,t_v}{b} \Big[\alpha_v - \gamma_v b_{vv} + \sum_{n=1}^{n=m}{}' (\gamma_n\, b_{vn}) \Big],$$

wofür man mit

$$b_v = b_{vv} + \frac{b}{c\,t_v}$$

auch schreiben kann

$$\gamma_v\, b_v = \alpha_v + \sum_{n=1}^{n=m}{}' (\gamma_n\, b_{vn}) . \qquad (584)$$

Man erhält auf diese Weise m Gleichungen für γ_v ($v = 1, 2, 3, \ldots, m$), aus denen die m unbekannten Zirkulationen γ_v berechnet werden können. Damit sind aber auch die wirklichen Zirkulationen $\Gamma = \gamma\, b\, u_\infty$ und nach (525) auch die zugehörigen Auftriebswerte A (bezogen auf die Einheit der Flügelspannweite) bekannt.

Solange m nicht zu groß ist (etwa für Überschlagsrechnungen, wo man mit $m = 7$ auskommt), kann das Gleichungssystem (584) direkt durch Elimination gelöst werden. Im Falle *symmetrischer* Auftriebsverteilung vereinfacht sich dabei die Rechnung erheblich. Über weitere Vereinfachungen gibt die MULTHOPPsche Arbeit Aufschluß. Bei größerer Punktzahl m empfiehlt es sich, die Lösung durch *Iteration* vorzunehmen[1].

δ) Erweiterung der Prandtlschen Tragflügeltheorie. Die vorstehend behandelte Theorie des Tragflügels von endlicher Spannweite hat sich für Flügel von hinreichend großer Streckung $\left(\Lambda = \frac{b^2}{F} \geqq 6\right)$ und unter der Voraussetzung, daß die Anströmung senkrecht zur „tragenden Linie" erfolgt, sehr gut bewährt. Kennzeichnend für diese Theorie war der Ersatz des Tragflügels durch einen (an den Flügel) „gebundenen" oder „tragenden" Wirbel von veränderlicher Zirkulation $\Gamma = \Gamma(x)$ und die Einführung eines von der Flügelhinterkante nach rückwärts in Anströmungsrichtung (y) verlaufenden Systems „freier" Wirbel (Wirbelschicht, Abb. 216). Bei „gepfeilten" Flügeln, d. h. solchen, bei denen die tragende Linie keine Gerade ist, sondern in Flügelmitte einen Knick aufweist, und ebenfalls beim „schiebenden" Flügel, dessen tragende Linie *nicht* senkrecht zur Anströmungsrichtung steht, versagt diese Theorie, da in solchen Fällen der Ausdruck für die induzierte Geschwindigkeit, welcher an die Stelle von Gl. (552)

---

[1] Einige Erweiterungen des MULTHOPPschen Verfahrens gibt J. WEISSINGER in folgenden Arbeiten: „Die Berechnung der Auftriebsverteilung elastisch verdrehbarer Tragflügel." Ing.-Arch. Bd. 18 (1950) S. 255. — „Über die Einschaltung zusätzlicher Punkte beim Verfahren von MULTHOPP." Ing.-Arch. Bd. 20 (1952) S. 163. — „Die Auftriebsverteilung von Tragflügeln mit Tiefensprung." Ebenda S. 166.

treten würde, gegen Unendlich geht. Die „einfache (PRANDTLsche) Traglinientheorie" führt aber auch dann zu ungenauen Ergebnissen, wenn die Flügelstreckung zu klein, d. h. die Spannweite b nicht mehr hinreichend groß gegenüber
der mittleren Profiltiefe t ist. Der Grund hierfür ist aus folgender Überlegung
erkennbar: In der „einfachen" Traglinientheorie wird angenommen (vgl. S. 333),
daß sich der Querschnitt eines Flügels von *endlicher* Spannweite genauso verhält
als wenn er zu einem *unendlich langen* Flügel gehört, der mit dem „effektiven"
Anstellwinkel $\alpha_e = \alpha_g - \alpha_i$ angeblasen wird [Gl. (555)]. Der nach Gl. (556) berechnete Anstellwinkel α_i ist zwar i. allg. in Spannweitenrichtung veränderlich,
$\alpha_i = \alpha_i(x)$, weist aber keine Abhängigkeit von der Profiltiefe t auf.

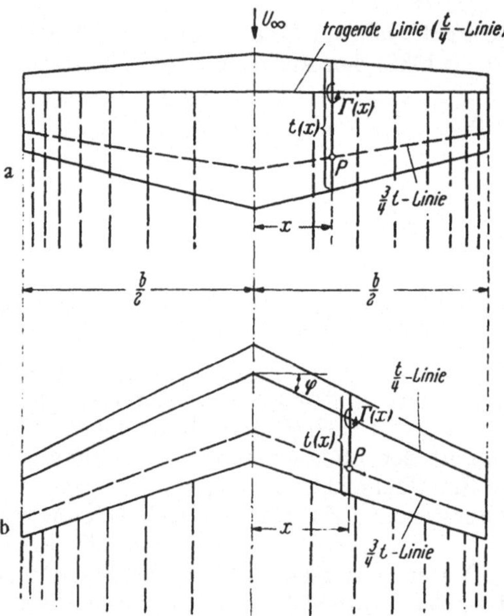

Abb. 225. a) Nicht gepfeilter, b) gepfeilter Trapezflügel

Um diese Schwierigkeiten zu beheben, sind in letzter Zeit eine
Reihe von Berechnungsverfahren
entwickelt worden, welche sich im
wesentlichen in zwei Gruppen einteilen lassen, und die man unter der
Sammelbezeichnung „erweiterte
Traglinientheorie" und „Tragflächentheorie" zusammenfassen
kann. Einen mit zahlreichen Litera-
turzitaten versehenen Bericht über
den heutigen Stand hat kürzlich
J. WEISSINGER gegeben, der selbst
an dieser Entwicklung wesentlich
beteiligt gewesen ist[1]. Im Rahmen
des vorliegenden Buches ist es leider
nicht möglich, im einzelnen auf die
neuen Verfahren genauer einzugehen. Indessen sollen wenigstens
die grundlegenden Gedankengänge
der beiden genannten Theorien-
gruppen nachstehend kurz gestreift
werden.

1. Die erweiterte Traglinientheorie. Bei dieser Methode wird zwar das Gedankenmodell der tragenden Linie beibehalten, dem tragenden Wirbel aber
innerhalb des Flügels eine ganz bestimmte Lage zugewiesen, nämlich im Abstand
$\frac{1}{4} t$ von der Profilnase (Abb. 225). In diesem diskreten Wirbel denkt man sich
wieder die gesamte Zirkulation $\Gamma(x)$ des Flügelschnittes am Orte x konzentriert. Von dem so definierten Wirbel geht das System der „freien" Wirbel mit
der (in Strömungsrichtung konstanten) Zirkulation $\dfrac{d\Gamma(x)}{dx}$ nach rückwärts ab. Ihm
entsprechen also bereits innerhalb der Profiltiefe bestimmte Störungsgeschwindigkeiten, im Gegensatz zur „einfachen" Traglinientheorie, wo die freien Wirbel
erst an der Flügelhinterkante beginnen. Entscheidend für die Anwendung der
erweiterten Traglinientheorie ist nun die von PISTOLESI[2] begründete Vorstellung,
daß der Auftrieb eines *Profils* angenähert durch den (örtlichen) Anstellwinkel im

---

[1] WEISSINGER, J.: Neuere Entwicklungen in der Tragflügeltheorie bei inkompressibler
Strömung. Z. Flugwissensch. Bd. 4 (1956) S. 225 bis 236.

[2] PISTOLESI, E.: Betrachtungen über die gegenseitige Beeinflussung von Tragflügel-
systemen. Vortr. der Hauptversammlg. der Lilienthalgesellschaft f. Luftfahrtforschung (1937)
S. 214 bis 219.

Abstand $\frac{3}{4} t$ von der Profilnase („Dreiviertelpunkt") bestimmt ist. Weiter läßt sich zeigen[1], daß bei bestimmten Zirkulationsverteilungen längs der Profiltiefe (vgl. dazu S. 314) die *kontinuierliche* Wirbelverteilung zur Berechnung der „induzierten" Geschwindigkeit im Dreiviertelpunkt durch einen *diskreten* Wirbel von der Gesamtzirkulation des Flügelschnittes ersetzt werden kann, der im Abstand $\frac{1}{4} t$ von der Profilnase liegt (s. oben).

In einer *strengen* Tragflügeltheorie wäre zur Berechnung der Zirkulationsverteilung die „Strömungsbedingung" zu erfüllen, daß die aus Anblasung (u_∞) und Flügelinduktion entstehende resultierende Geschwindigkeit in *jedem* Flügelpunkt tangential zur Flügeloberfläche verläuft (vgl. dazu die entsprechenden Ausführungen beim *ebenen* Problem auf S. 315). Da diese Forderung beim heutigen Stande der Theorie in *allgemeiner* Form nicht erfüllbar ist, beschränkt man sich darauf, ihr wenigstens an bestimmten Punkten der Flügelfläche gerecht zu werden. In der erweiterten Traglinientheorie geschieht dies im Dreiviertelpunkt P jedes Flügelschnittes (Abb. 225), und zwar derart, daß in diesen Punkten der „Abwindwinkel" α_w gleich dem negativen „Anstellwinkel" α gesetzt wird. Dabei ist $\alpha_w = \dfrac{w}{u_\infty}$, wenn w die Normalkomponente der durch das gesamte (den Flügel ersetzende) Wirbelsystem am Orte P induzierten Geschwindigkeit bezeichnet, während α den Winkel zwischen der Anströmungs- und Nullauftriebsrichtung des betreffenden Flügelschnittes angibt (vgl. dazu S. 335). Die Berechnung der Geschwindigkeitskomponente w erfolgt wie früher mit Hilfe des BIOT-SAVART-schen Gesetzes. Daß beim schiebenden und beim Pfeilflügel die Geschwindigkeit w am Orte der tragenden Linie $\left(\frac{t}{4}\text{-Linie}\right)$ auch hier $\to\infty$ geht, ist belanglos, da w nur für die $\frac{3}{4} t$-Linie zu berechnen ist. Das Verfahren läßt sich auf ungepfeilte und gepfeilte Flügel von beliebiger Grundrißfläche mit und ohne Verwindung der Flügel anwenden[2].

2. Die Tragflächentheorie. In dem Bestreben, die obengenannte „Strömungs-" oder „Abwindbedingung" noch besser zu erfüllen als beim erweiterten Traglinienverfahren, hat man das Gedankenmodell der tragenden *Linie* fallengelassen und ist zur tragenden *Fläche* übergegangen. Das geschieht derart, daß die Flügelzirkulation $\Gamma(x)$ eines Flügelschnittes nicht mehr in einem Punkt konzentriert angenommen, sondern kontinuierlich über die Flügeltiefe verteilt wird (in ähnlicher Weise wie beim ebenen Problem auf S. 314). Der Flügel wird dadurch zur „Stromfläche", in welcher die Wirbeldichten sowohl in Richtung der Spannweite als auch in Richtung der Flügeltiefe kontinuierlich verteilt sind. Dabei ist außer der „Abwindbedingung" noch die KUTTAsche Abflußbedingung zu erfüllen, wonach die Wirbeldichte an der Flügelhinterkante den Wert Null annehmen muß. Ohne hier auf die historische Entwicklung genauer einzugehen (vgl. das Literaturzitat 1 auf S. 340), darf wohl gesagt werden, daß für die numerische Behandlung der Aufgabe am besten die von MULTHOPP[3] und TRUCKENBRODT[4]

---

[1] WEISSINGER, J.: S. 52 des nachstehenden Literaturzitats.

[2] Wegen Einzelheiten der Rechnung sei insbesondere verwiesen auf J.WEISSINGER: Über eine Erweiterung der PRANDTLschen Theorie der tragenden Linie, Math. Nachr. Bd. 2 (1949) S. 45 bis 106, und E. TRUCKENBRODT: Beiträge zur erweiterten Traglinientheorie, Z. Flugwissensch. Bd. 1 (1953) S. 31 bis 37. — Vgl. auch K. H. GRONAU: Theoretische und experimentelle Untersuchungen an schiebenden Flügeln, insbesondere Pfeil- und Deltaflügeln. Jb. wiss. Ges. Luftfahrt (1956) S. 133.

[3] MULTHOPP, H.: Methods for calculating the lift distribution of wings. R.A.E. Rep. Aero 2353 (1950).   [4] TRUCKENBRODT, E.: Tragflächentheorie bei inkompressibler Strömung. Jb. wiss. Ges. Luftfahrt (1953) S. 40 bis 65.

entwickelten Rechenverfahren geeignet sind, die — obwohl unabhängig voneinander entstanden — doch eine gewisse Verwandtschaft aufweisen.

Hinsichtlich der Verteilung der einzelnen Wirbelelemente über die Flügelfläche kann man dabei nach TRUCKENBRODT folgendermaßen vorgehen: Man denkt sich den gegebenen Tragflügel aus lauter Elementarflügeln von der Breite dx und der (örtlichen) Tiefe $t(x)$ aufgebaut (Abb. 226) und ersetzt diese Flügel jeweils durch eine längs der Flügeltiefe gegeneinander verschobene Schar von „Hufeisenwirbeln" gemäß Abb. 226a. Dabei stellen die in Spannweitenrichtung verlaufenden Wirbelelemente „gebundene", die senkrecht dazu, in y-Richtung verlaufenden, „freie" Wirbel dar (vgl. dazu Abb. 215). Für die Wirbelverteilung längs der Flügeltiefe (also in y-Richtung) kann nun eine Reihe mit von x abhängigen Koeffizienten angesetzt werden, die der Verteilung beim ebenen Problem (S. 314) entspricht. Mit Hilfe des BIOT-SAVARTschen Gesetzes lassen sich dann wieder die dem *gesamten* Wirbelsystem des Flügels entsprechenden Ge-

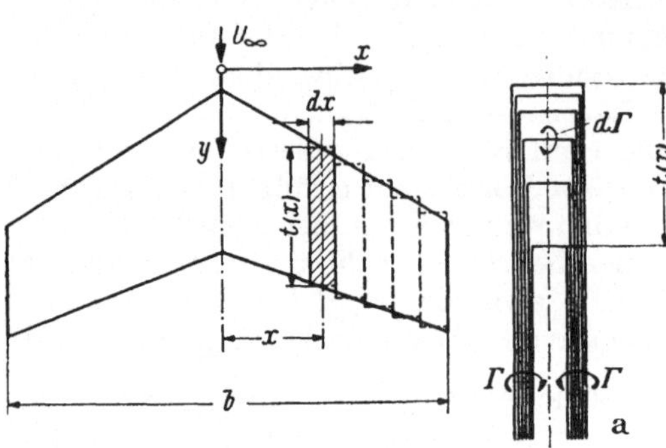

Abb. 226. Zur Tragflächentheorie

schwindigkeiten berechnen und die oben angegebene „Abwindbedingung" erfüllen. Die Anzahl der Glieder der vorstehend genannten Reihe bestimmt die Anzahl der Punkte eines Flügelschnittes, in denen die Abwindbedingung erfüllt werden kann. Praktisch genügen i. allg. schon die beiden ersten Glieder dieser Reihe. Das Verfahren ist auch auf „schiebende" Flügel anwendbar.

27. Flügelgitter[1]

a) Problemstellung und Bezeichnungen

Als Anwendungsgebiet für die in Ziffer 26 besprochene Tragflügelströmung kommen neben den Flugzeugen insbesondere auch die „Laufräder" und „Leitapparate" von Strömungsmaschinen, z. B. Turbinen, Windräder, Schraubenpumpen, Verdichter, Propeller usw. in Frage. Bei diesen führen die Laufräder — die eigentlichen Arbeitsorgane solcher Maschinen — eine drehende Bewegung um eine feste Achse aus, während die feststehenden „Leiträder" der Zu- oder Ableitung des strömenden Mediums dienen (Abb. 227).

Sofern die Flüssigkeit wesentlich in axialer Richtung durch das Laufrad strömt, spricht man dabei von *axial beaufschlagten Rädern* oder Axialrädern (Abb. 228). Erfolgt die Durchströmung des Laufrades dagegen im wesentlichen radial, so hat man es mit *radial beaufschlagten Rädern* (Radialrädern) zu tun (Abb. 229).

Bei letzteren kann das System der Laufradschaufeln als *kreisförmiges Flügelgitter* aufgefaßt werden, das durch symmetrische Anordnung der als „Flügel" ausgebildeten (i. allg. räumlich gekrümmten) Schaufeln auf einem Kreise gekennzeichnet ist (vgl. Abb. 53). Im Gegensatz dazu lassen sich *Axialräder* durch ein *gerades Flügelgitter* idealisieren.

Denkt man sich nämlich in Abb. 228 durch das Laufrad einen koaxialen Zylinderschnitt $t-t$ gelegt und wickelt den Zylindermantel auf eine Ebene ab,

---

[1] Eine ausführliche Darstellung dieses Fragenkomplexes findet man bei A. BETZ: Einführung in die Theorie der Strömungsmaschinen, Karlsruhe 1959. S. 72ff.

so erhält man als Schnittfigur der Laufradschaufeln eine gerade Flügelreihe (Abb. 228 unten). Legt man jetzt sehr nahe zum Schnitt $t-t$ einen zweiten Zylinderschnitt $t'-t'$ und wickelt diesen ebenfalls ab, so kann man die Strömung zwischen beiden Zylindermänteln als „eben" ansehen, sofern alle radialen Geschwindigkeitskomponenten im Arbeitsraum des Laufrads als klein gegenüber den axialen Komponenten vernachlässigt werden[1]. Dabei wiederholt sich an jedem Flügel der gleiche Vorgang, genauso als handle es sich um eine unendlich lange, gerade Flügelreihe (vgl. dazu auch Abb. 134).

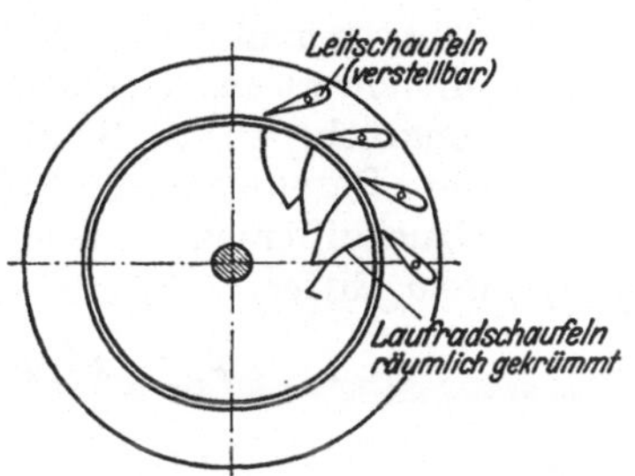

Abb. 227. Lauf- und Leitrad einer Radialturbine

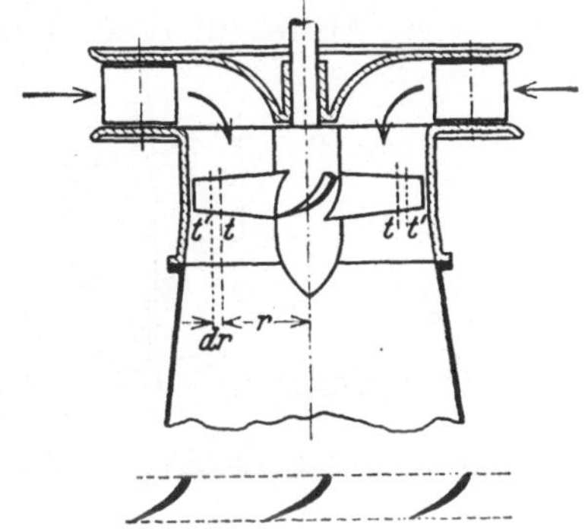

Abb. 228. Axialturbine

Die Flügelgitter können verschiedenen Zwecken dienen, je nachdem ob sie Energie von dem strömenden Medium aufnehmen (z. B. Turbinen) oder aber an dieses abgeben (z. B. Propeller). Sofern dabei Druck in Geschwindigkeit umgesetzt wird (Turbinen), spricht man auch von *Beschleunigungsgittern*, im andern Falle von *Verzögerungsgittern* (z. B. bei Pumpen). In beiden Fällen wird man bestrebt sein, die bei dieser Energieumsetzung auftretenden Strömungsverluste durch entsprechende Form und Anordnung der Flügel (Schaufeln) in möglichst geringen Grenzen zu halten.

Hier sollen nur solche Gitter ins Auge gefaßt werden, für welche die Voraussetzungen der „gesunden" Tragflügelströmung — insbesondere also die Gültigkeit der „Zirkulationstheorie" — erfüllt sind. Das ist der Fall, wenn bei dem betreffenden Gitter nur Profile mit nicht zu starker „Wölbung" und „Anstellung" verwendet werden (vgl. S. 309).

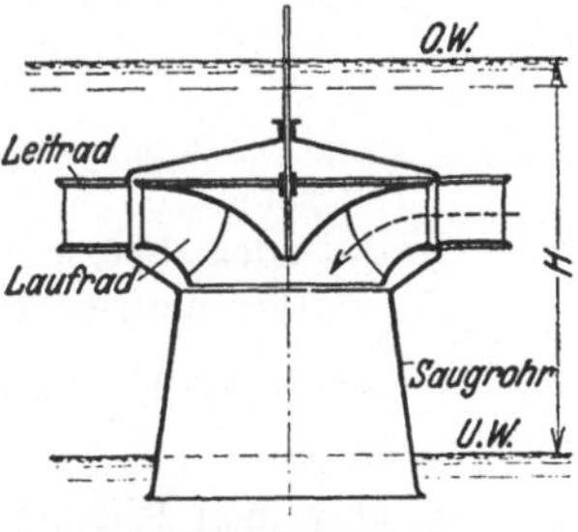

Abb. 229. Radialturbine

b) Strömung durch eine gerade, unendlich lange Flügelreihe

Abb. 230 zeigt ein „gestaffeltes" Flügelgitter mit lauter kongruenten Flügeln, welche hier der Einfachheit halber durch ihre „Skelettlinien" ersetzt sind. Der Winkel β wird als „Staffelungswinkel" bezeichnet, der Profilabstand T als „Gitterteilung", während t wie früher die Profiltiefe angeben soll. Das Gitter sei zwecks Erlangung stationärer Bewegung als ruhend angenommen und mit der Geschwindigkeit w_1 (in großer Entfernung vor dem Gitter) angeblasen.

Im Falle *ebener, reibungsfreier* Strömung, die hier als gegeben vorausgesetzt wird, lassen sich, wie bereits in Ziffer 12 gezeigt wurde, die Kräfte P_x und P_y, welche von der strömenden Flüssigkeit auf jeden einzelnen Flügel des Gitters ausgeübt werden, mit Hilfe des Impulssatzes durch die Geschwindigkeiten weit vor und hinter dem Gitter ausdrücken. Nach Gl. (314) und (315) erhält man

---

[1] Vgl. dazu die diesbezügliche Bemerkung am Schluß des folgenden Abschnittes b).

dafür, bezogen auf die Längeneinheit des Flügels,

$$P_x = \frac{\varrho}{2}\,\Gamma(v_1 + v_2); \qquad P_y = \varrho\,\Gamma u, \tag{585}$$

und zwar ist nach (313) mit $a = T$

$$\Gamma = T(v_2 - v_1) \tag{586}$$

die Zirkulation *eines* Flügels. Aus der Kontinuitätsbedingung ergab sich $u = u_1 = u_2$. Als resultierende Kraft erhält man nach (316)

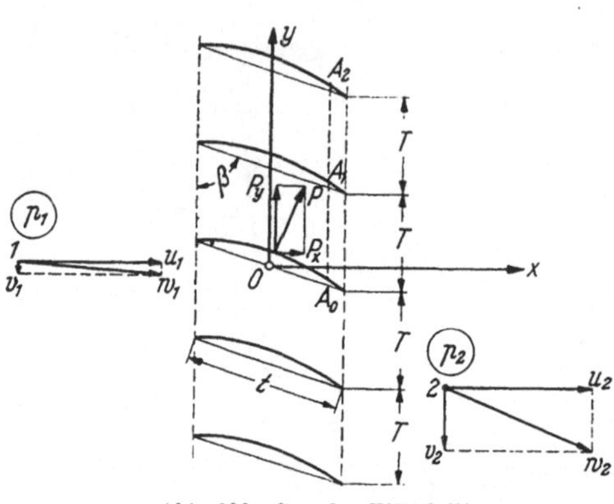

Abb. 230. Gerades Flügelgitter

$$P = \varrho\,\Gamma w,$$

wo w gemäß Abb. 135 der vektorielle Mittelwert aus w_1 und w_2 ist. P steht senkrecht zu w. Schließlich lieferte die BERNOULLIsche Gleichung als Druckdifferenz weit vor und hinter dem Gitter

$$p_1 - p_2 = \frac{\varrho}{2}\,(v_2^2 - v_1^2). \tag{587}$$

Für $p_1 > p_2$ wird $v_2 > v_1$, also, wegen $u_1 = u_2$, auch $w_2 > w_1$ (Beschleunigungsgitter), für $p_1 < p_2$ ist $w_2 < w_1$ (Verzögerungsgitter). Bei der hier zunächst angenommenen Reibungsfreiheit erfolgt die Energieumsetzung „verlustlos". In einer „natürlichen" Flüssigkeit tritt dagegen beim Durchströmen des Gitters stets ein *Druckverlust* auf, so daß an Stelle von (587)

$$p_1 - p_2 = \frac{\varrho}{2}\,(v_2^2 - v_1^2) + p' \tag{587a}$$

zu setzen ist, wenn p' diesen Druckverlust bezeichnet. Über seine Größe vermag die Idealtheorie keine Aussage zu machen.

Wie man sieht, sind die Ausdrücke (585) und 587) von der Form der Flügel sowie vom Teilungsverhältnis $\dfrac{T}{t}$ und vom Staffelungswinkel β vollkommen unabhängig. Nun ist aber einleuchtend, daß der Strömungsverlauf zwischen den einzelnen Flügeln sicherlich durch diese speziellen Profil- und Gitterparameter beeinflußt wird, was sich besonders auf die Geschwindigkeits- und Druckverteilung in der Grenzschicht auswirken muß. Letztere ist aber, wie die früheren Untersuchungen gelehrt haben, von entscheidendem Einfluß auf die Größe des Profilwiderstandes der einzelnen Flügel. Um also über den oben erwähnten Druckverlust etwas Genaueres aussagen zu können, muß zunächst Klarheit über den Verlauf der Potentialströmung zwischen den Flügeln gewonnen werden[1].

Zur Lösung dieser Frage kann grundsätzlich wieder die *Methode der konformen Abbildung* verwendet werden, indem man zunächst die z-Ebene der Abb. 230 mittels der Funktion $\zeta = e^{\frac{2\pi z}{T}}$ konform auf eine ζ-Ebene abbildet ($\zeta = \xi + i\eta$). Durch diese Transformation wird ein Streifen der z-Ebene von der Breite T in die ganze ζ-Ebene überführt, so daß als Bild der gesamten Flügelreihe von Abb. 230 nur ein einziger — allerdings entsprechend verzerrter — Flügel in der ζ-Ebene entsteht. Man überzeugt sich davon leicht, wenn man für entsprechend gelegene

---

[1] Vgl. dazu H. SCHLICHTING u. N. SCHOLZ: Über die theoretische Berechnung der Strömungsverluste eines ebenen Schaufelgitters. Ing.-Arch. Bd. 19 (1951) S. 42.

Punkte A_0, A_1, A_2, ... der einzelnen Flügel (Abb. 230) $z = x + i(y + nT)$ setzt
($n = 0$, ± 1, ± 2, ...) und diesen Wert in die obige Abbildungsfunktion einführt. Der auf diese Weise entstehende Flügel der ζ-Ebene läßt sich nun weiter
konform auf einen Kreis (bzw. auf eine unendliche Gerade) abbilden, so zwar,
daß der Außenraum dieses Flügels in das Äußere des Kreises (bzw. der Halb-
ebene) transformiert wird[1]. Die rechnerische Durchführung dieser Aufgabe ist
jedoch, selbst für einfache Profilformen, sehr umständlich, zumal bei der Untersuchung von axialen Flügelrädern die Potentialströmung für eine ganze Reihe
von Schnitten $t-t$ (Abb. 228) bestimmt werden muß.

Aus diesem Grunde ist es zweckmäßiger, sich zur Darstellung der potentialtheoretischen Druckverteilung längs der Flügelkonturen des früher für den
Einzelflügel bereits besprochenen *Singularitätenverfahrens* zu bedienen (Ziffer 26, b), besonders dann, wenn es sich um „dünne" Profile
handelt, bei denen das Profil durch das Flügelskelett ersetzt werden kann. Bei der Anwendung
dieses Verfahrens auf Flügelgitter werden die
gleichen Voraussetzungen hinsichtlich Profilwölbung und Anstellwinkel gemacht wie früher,
insbesondere sollen auch hier die Wirbelsingularitäten wieder auf den Profilsehnen der einzelnen Flügel angenommen werden.

In Abb. 231 ist das gestaffelte Flügelgitter
noch einmal dargestellt, jetzt aber auf das
Koordinatensystem ξ, η orientiert, dessen ξ-
Achse den Profilsehnen parallel läuft. Die

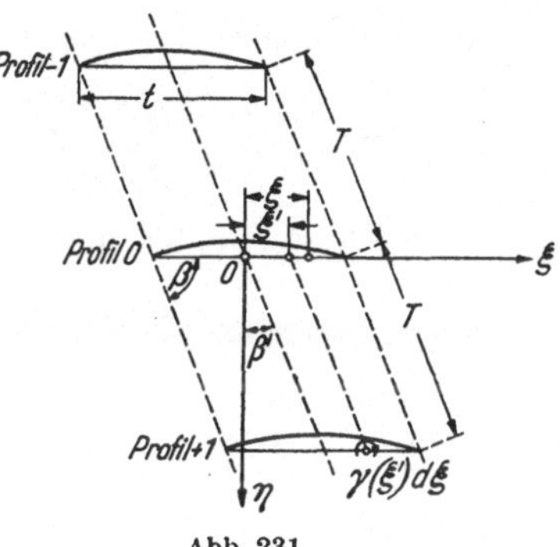

Abb. 231

Wirbelbelegung $\gamma(\xi)$ der Profilsehnen wird für alle Flügel gleich angenommen.

Nach Gl. (351) ist das komplexe Strömungspotential eines Elementarwirbels
$\gamma(\xi')d\xi'$, der sich am Orte ζ' befindet,

$$\omega = -i \frac{\gamma(\xi')\,d\xi'}{2\,\pi} \ln(\zeta - \zeta')$$

und damit nach (267) die zu diesem Wirbel am Orte ζ gehörige, konjugierte
Geschwindigkeit

$$d\overline{w}_i = \frac{d\omega}{d\zeta} = -i \frac{\gamma(\xi')}{2\,\pi} \frac{d\xi'}{\zeta - \zeta'}.$$

Mit den Bezeichnungen der Abb. 231 gilt für den Ort ζ' eines auf einer Profilsehne
liegenden Elementarwirbels

$$\zeta' = \xi' + nT\sin\beta' + inT\cos\beta' = \xi' + inT(\cos\beta' - i\sin\beta') = \xi' + inTe^{-i\beta'},$$

wo $n = 0$, ± 1, ± 2, ... die Ordnungsnummer der einzelnen Flügel angibt
und $\beta' = \frac{\pi}{2} - \beta$ ist. Der Gesamtheit aller Elementarwirbel $\gamma(\xi')d\xi'$ der unendlichen Flügelreihe, welche die gleiche relative Lage auf den verschiedenen
Profilsehnen haben, entspricht somit am Orte ζ die Geschwindigkeit

$$\sum d\overline{w}_i = -\frac{i\,\gamma(\xi')\,d\xi'}{2\,\pi} \sum_{n=-\infty}^{n=\infty} \frac{1}{\zeta - (\xi' + inTe^{-i\beta'})}$$

$$= -\frac{i\,\gamma(\xi')\,d\xi'}{2\,\pi} \frac{e^{i\beta'}}{iT} \sum_{n=-\infty}^{n=\infty} \frac{1}{\frac{\zeta - \xi'}{iT}e^{i\beta'} - n}. \tag{588}$$

---

[1] Eine ausführliche Darstellung dieser Abbildung gibt A. Betz in seinem Buche „Konforme Abbildung" (1948) S. 214ff., wo auch weitere Literaturangaben zu finden sind.

Es soll jetzt zunächst die Summe weiterbehandelt werden. Setzt man zur Abkürzung

$$\frac{\zeta - \xi'}{i\,T}\, e^{i\beta'} = \bar{\zeta}\,, \tag{589}$$

so wird

$$\sum_{n=-\infty}^{n=\infty} \frac{1}{\bar{\zeta} - n} = \frac{1}{\bar{\zeta}} + \left(\frac{1}{\bar{\zeta}-1} + \frac{1}{\bar{\zeta}+1}\right) + \left(\frac{1}{\bar{\zeta}-2} + \frac{1}{\bar{\zeta}+2}\right) + \cdots$$

$$= \frac{1}{\bar{\zeta}} + 2\,\bar{\zeta}\sum_{n=1}^{n=\infty} \frac{1}{\bar{\zeta}^2 - n^2} = \pi\,\mathrm{ctg}\,(\pi\,\bar{\zeta})\,*$$

und somit wegen $\frac{1}{i}\,\mathrm{ctg}\,(\pi\,\bar{\zeta}) = \mathfrak{Ctg}\,(i\,\pi\,\bar{\zeta})$ und unter Beachtung von (589)

$$\frac{e^{i\beta'}}{i\,T}\sum_{n=-\infty}^{n=\infty}\frac{1}{\bar{\zeta}-n} = \frac{\pi\,e^{i\beta'}}{T}\,\mathfrak{Ctg}\left(\pi\frac{\zeta-\xi'}{T}\,e^{i\beta'}\right).$$

Mit diesem Ausdruck geht (588) über in

$$\sum d\bar{\mathfrak{w}}_i = -\frac{i\,\gamma\,(\xi')\,d\xi'}{2\,T}\,e^{i\beta'}\,\mathfrak{Ctg}\left(\pi\frac{\zeta-\xi'}{T}\,e^{i\beta'}\right),$$

und schließlich erhält man durch Integration über die Profiltiefe t die am Orte ζ infolge *aller* Wirbelbelegungen vorhandene konjugierte Geschwindigkeit

$$\bar{\mathfrak{w}}_i = w_{i\xi} - i\,w_{i\eta} = -\frac{i\,e^{i\beta'}}{2\,T}\int_{\xi'=-\frac{t}{2}}^{\xi'=\frac{t}{2}}\left[\gamma\,(\xi')\,\mathfrak{Ctg}\left(\pi\frac{\zeta-\xi'}{T}\,e^{i\beta'}\right)\right]d\xi'. \tag{590}$$

Damit ist prinzipiell die zur Wirbelbelegung aller Profilsehnen gehörige Geschwindigkeit an jedem beliebigen Orte der ξ,η-Ebene bestimmt, sobald $\gamma\,(\xi)$ bekannt ist.

Besonders einfach läßt sich der Strömungszustand am *ungestaffelten Gitter* übersehen. Für dieses gilt nach (590) mit $\beta' = 0$

$$w_{i\xi} - i\,w_{i\eta} = -\frac{i}{2\,T}\int_{\xi'=-\frac{t}{2}}^{\xi'=\frac{t}{2}}\left[\gamma\,(\xi')\,\mathfrak{Ctg}\,\frac{\pi\,(\zeta-\xi')}{T}\right]d\xi'.$$

Speziell wird für Punkte der ξ-Achse (Profilsehne) mit $\zeta = \xi$ die rechte Seite des vorstehenden Ausdrucks rein imaginär, weshalb

$$w_{i\eta} = \frac{1}{2\,T}\int_{\xi'=-\frac{t}{2}}^{\xi'=\frac{t}{2}}\left[\gamma\,(\xi')\,\mathfrak{Ctg}\,\frac{\pi\,(\xi-\xi')}{T}\right]d\xi'. \tag{591}$$

Dieser Störungsgeschwindigkeit ist nun die ungestörte Anströmungsgeschwindigkeit w_1 zu überlagern, um die Strömung längs der Profilkontur zu bekommen. Es besteht also — ähnlich wie in Ziffer 26, b, Gl. (537) — für diese die folgende kinematische Bedingung (Abb. 232)

$$\frac{d\eta}{d\xi} = \frac{w_{i\eta} - w_{1\eta}}{w_{1\xi}} = \frac{w_{i\eta}}{w_{1\xi}} - \mathrm{tg}\,\alpha\,,$$

---

* Siehe etwa K. Knopp: Theorie und Anwendung der unendlichen Reihen, 4. Aufl. (1947) S. 433.

wenn $w_{1\xi}$ und $w_{1\eta}$ die Komponenten der ungestörten Anströmungsgeschwindigkeit und α den Anstellwinkel dieser Strömung gegen die Profilsehne bezeichnen. Bei dem hier vorausgesetzten kleinen Anstellwinkel α kann man statt dessen auch schreiben

$$\frac{d\eta}{d\xi} = \frac{w_{i\eta}}{w_1} - \alpha \,. \tag{592}$$

Der weitere Rechnungsgang unterscheidet sich nun im Prinzip nicht mehr von demjenigen in Ziffer 26, b für den Einzelflügel. Bei der numerischen Durchführung dieser Rechnung empfiehlt es sich, Gl. (591) auf folgende Form zu bringen[1]

$$w_{i\eta} = \frac{1}{2\pi} \int\limits_{\xi'=-\frac{t}{2}}^{\xi'=\frac{t}{2}} \frac{\gamma(\xi')\,d\xi'}{\xi-\xi'} + \frac{1}{2T} \int\limits_{\xi'=-\frac{t}{2}}^{\xi'=\frac{t}{2}} \gamma(\xi')\left[\mathfrak{Ctg}\,\frac{\pi(\xi-\xi')}{T} - \frac{T}{\pi(\xi-\xi')}\right]d\xi'. \tag{593}$$

Das erste Integral dieses Ausdrucks ist offenbar identisch mit Gl. (536) und gibt somit den Einfluß des Einzelflügels auf $w_{i\eta}$ längs der Profilsehne an. Das zweite Integral dagegen stellt den Einfluß aller übrigen Flügel dar. Für $T \to \infty$ verschwindet es, so daß auf diese Weise der Übergang vom Gitter zum Einzelflügel hergestellt werden kann.

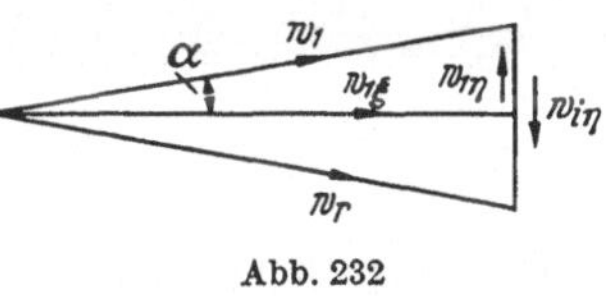

Abb. 232

Das Verfahren läßt sich auch auf Profile von endlicher Dicke erweitern, wenn man als Singularitäten außer Wirbeln auch noch Quellen- und Senkenverteilungen verwendet (vgl. S. 320).

Das Singularitätenverfahren ermöglicht in relativ einfacher und übersichtlicher Weise die Berechnung der Potentialströmung an der Schaufelkontur und damit unter Zuhilfenahme der BERNOULLIschen Gleichung auch der dieser Strömung entsprechenden Druckverteilung. Damit sind aber die Voraussetzungen geschaffen, auch die beim Durchströmen des Gitters entstehenden *Druckverluste* auf rechnerischem Wege zu bestimmen, wie SCHLICHTING und SCHOLZ in der oben zitierten Arbeit gezeigt haben. Denn diese Verluste entstehen, wie bereits früher ausführlich dargelegt wurde, im wesentlichen in den laminaren oder turbulenten Grenzschichten der Schaufelkonturen und in der Nachlaufströmung hinter dem Gitter und können mit grenzschichttheoretischen Methoden berechnet werden. Dabei zeigt sich besonders die aus der Erfahrung bekannte Erscheinung, daß bei Beschleunigungsgittern, mit Druckabfall in der Strömungsrichtung, die Verluste wegen der i. allg. gut anliegenden, dünnen Grenzschichten relativ gering sind, während bei Verzögerungsgittern (Druckanstieg) dicke Grenzschichten mit Ablösung auf beiden Seiten der Schaufeln entstehen, die zu entsprechend großen Strömungsverlusten führen[2].

Freilich ist es bislang noch nicht möglich gewesen, auch den Einfluß der Zentrifugalkraft bei rotierenden Axialrädern theoretisch zu erfassen, so daß allen

---

[1] SCHLICHTING, H., u. N. SCHOLZ: Ing.-Arch. (1951) S. 47.

[2] Über den neuesten Stand der Gittertheorie berichtet H. SCHLICHTING in einer Arbeit: „Berechnung der reibungslosen inkompressiblen Strömung für ein vorgegebenes ebenes Schaufelgitter", VDI-Forsch.-Heft 447, Ausg. B, Bd. 21 (1955). Vgl. dazu auch N. SCHOLZ: Strömungsuntersuchungen an Schaufelgittern, VDI-Forsch.-Heft 442, Ausg. B, Bd. 20 (1954) sowie „Über die Durchführung systematischer Messungen an ebenen Schaufelgittern", Z. Flugwissensch. Bd. 4 (1956) S. 313. Über das Verhalten *kompressibler* Medien bei der Strömung durch gerade Schaufelgitter berichten M. LUDEWIG: Forsch. Ing.-Wes. Bd. 22 (1956) Nr. 6 S. 181, sowie H. SCHLICHTING u. E. G. FEINDT: Berechnung der reibungslosen Strömung für ein vorgegebenes ebenes Schaufelgitter bei hohen Unterschallgeschwindigkeiten, Forsch. Ing.-Wes. Bd. 24 (1958) S. 19.

bisher entwickelten Theorien in dieser Hinsicht eine entsprechende Unsicherheit anhaftet. Versuche von HIMMELSKAMP[1] an einem umlaufenden Propeller haben denn auch gezeigt, daß die Vorgänge in der Grenzschicht bei gewissen Betriebszuständen durch die Rotation erheblich beeinflußt werden.

Für die praktische Berechnung von Axialrädern hat sich bei beschleunigenden und auch bei nicht zu stark verzögernden Gittern ein von W. BAUERSFELD[2] vorgeschlagenes Verfahren gut bewährt, das sich der an Einzelflügeln gewonnenen c_a- und c_w-Werte bedient und diese in geeigneter Form für die Flügel im Gitterverband verwendet. Ist für ein bestimmtes Profil, welches für das betreffende Axialrad verwendet werden soll, die Flügelpolare des Einzelflügels bekannt, so hat man diese zunächst auf unendlich große Spannweite umzurechnen, da die Strömung zwischen den beiden Zylinderschnitten in Abb. 228 als „eben" angesehen werden soll. Man erhält dann nach (564)

$$c_{w\infty} = c_w - \frac{c_u^2}{\pi} \frac{F}{b^2},$$

wo $\frac{F}{b^2}$ das Seitenverhältnis des Modellflügels darstellt. Ist dieser ein Rechteckflügel, dann kann vorstehender Ausdruck wegen $\frac{F}{b^2} = \frac{t}{b}$ (t = Profiltiefe, b = Spannweite) auch wie folgt geschrieben werden

$$c_{w\infty} = c_w - \frac{c_a^2}{\pi} \frac{t}{b}, \tag{594}$$

und entsprechend erhält man für den Anstellwinkel nach (565)

$$\alpha_\infty = \alpha - \frac{c_a}{\pi} \frac{t}{b}. \tag{595}$$

Nun ist allerdings zu beachten, daß die an Einzelflügeln gewonnenen Ergebnisse — also auch die Gln. (594) und (595) — nicht ohne weiteres auf Flügelgitter übertragen werden dürfen, da sich hier eine Beeinflussung der einzelnen Flügel durch die Nachbarflügel bemerkbar macht, die je nach dem Teilungsverhältnis $\frac{T}{t}$ des Gitters eine Änderung der Flügelkräfte zur Folge hat [was man sofort aus Gl. (593) erkennt]. Um also die Werte (594) und 595 verwenden zu können, muß man zunächst den Verhältniswert

$$k = \frac{c_{a\,g}}{c_{a\,e}}$$

kennen, welcher angibt wie sich die Auftriebsziffer ($c_{a\,g}$) eines Flügels von bestimmter Form im Gitterverband zu derjenigen eines Einzelflügels ($c_{a\,e}$) mit dem gleichen Profil verhält. Dieser Wert k kann prinzipiell mit Hilfe des Singularitätenverfahrens berechnet werden[3]. Es bereitet aber auch keine Schwierigkeit, diese $c_{a\,g}$-Werte durch entsprechende Windkanalmessungen zu bestimmen.

In Abb. 233 ist noch einmal ein Stück der (abgewickelten) Flügelreihe dargestellt. w_1 und w_2 sind die Relativgeschwindigkeiten vor und hinter dem Gitter, u bezeichnet die Umfangsgeschwindigkeit eines Elementarflügels im Abstand r von der Drehachse (Abb. 228), c_1 und c_2 sind die Resultanten aus w_1 bzw. w_2

---

[1] HIMMELSKAMP, H.: Profiluntersuchungen an einem umlaufenden Propeller. Mitt. Max-Planck-Inst. Strömungsforschg. Göttingen (1950).

[2] BAUERSFELD, W.: Die Grundlagen zur Berechnung schnellaufender Kreiselräder. Z. VDI (1922) S. 461.

[3] Vgl. dazu M. SCHILHANSL: Näherungsweise Berechnung von Auftrieb und Druckverteilung in Flügelgittern. Jb. wiss. Ges. Luftfahrt (1927) S. 151. — LIEBLEIN, V.: Ing.-Arch. Bd. 18 (1950) S. 287. — WEINIG, F.: Die Strömung um die Schaufeln von Turbomaschinen, Leipzig 1935.

und u. Schließlich geben dA und dW Auftrieb und Widerstand auf diesen Elementarflügel an, deren Resultante dR ist. Mit den sonstigen Bezeichnungen der Abb. 233 erhält man als Leistung der auf die z Schraubenflügel entfallenden Kräfte dR am Elementarflügel von der Länge dr

$$dL = z\,dR\,u\,\sin(\vartheta - \lambda)\,.$$

Wegen

$$dA = c_a\,\frac{\varrho}{2}\,w^2\,t\,dr = dR\cos\lambda$$

folgt daraus

$$dL = z\,c_a\,\frac{\varrho}{2}\,w^2\,t\,u\,dr\,\frac{\sin(\vartheta - \lambda)}{\cos\lambda}\,. \tag{596}$$

Hier ist w wieder das vektorielle Mittel aus w_1 und w_2 (Abb. 233) und c_a stellt den Gitterauftriebsbeiwert dar (s. oben).

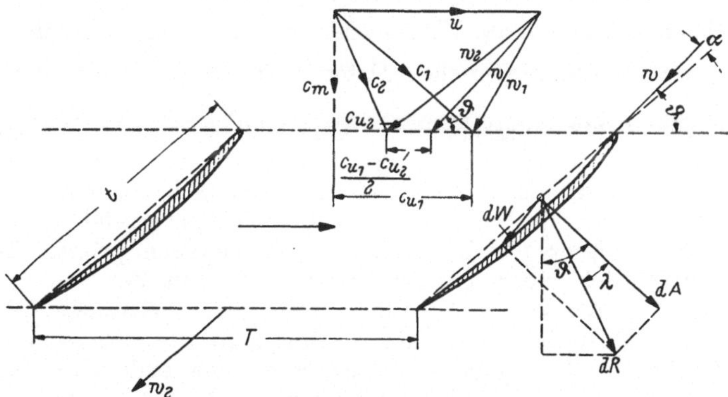

Abb. 233. Auftrieb und Widerstand am Flügelblattelement eines Gitters

Die *hydraulische Leistung* des ganzen Laufrades ist durch die EULERsche Turbinengleichung (101a) von S. 59 bestimmt, worin $c_1\cos\delta_1 = c_{u1}$ und $c_2\cos\delta_2 = c_{u2}$ die tangentialen Komponenten der Absolutgeschwindigkeiten vor bzw. hinter dem Laufrad darstellen. Da außerdem bei den hier betrachteten Axialrädern $u_1 = u_2 = u$ ist, so geht (101a) über in

$$L = \varrho\,Q\,u\,(c_{u1} - c_{u2})\,. \tag{597}$$

Auf die Schraubenkreisfläche, die dem Zylinderschnitt ll' in Abb. 228 entspricht, entfällt die sekundliche Durchflußmenge $dQ = 2\pi\,r\,dr\,c_m$, wenn c_m die bei Vernachlässigung von Radialkomponenten axial gerichtete Meridiangeschwindigkeit bezeichnet (Abb. 233). Mit diesem Wert für dQ lautet Gl. (597)

$$dL = 2\pi\,r\,\varrho\,u\,c_m\,(c_{u1} - c_{u2})\,dr\,,$$

so daß aus dem Vergleich mit (596) folgt

$$c_a = \frac{4\pi\,r\,c_m\,(c_{u1} - c_{u2})}{z\,w^2\,t}\,\frac{\cos\lambda}{\sin(\vartheta - \lambda)}\,.$$

Setzt man noch für $\dfrac{2\pi r}{z}$ die Schaufelteilung T ein und beachtet, daß nach Abb. 233 $c_m = w\sin\vartheta$ ist, so folgt schließlich als Auftriebsbeiwert im Abstand r von der Drehachse

$$c_a = 2\,\frac{c_{u1} - c_{u2}}{w}\,\frac{T}{t}\,\frac{\sin\vartheta\cos\lambda}{\sin(\vartheta - \lambda)}\,. \tag{598}$$

Die vorstehende Rechnung ist für eine Anzahl Zylinderschnitte $l-l$ in verschiedenen Abständen r von der Drehachse durchzuführen.

Für den Entwurf eines derartigen Flügelrades sind i. allg. c_{u1}, c_{u2} und c_m durch die Hauptabmessungen der Maschine, das nutzbare Gefälle, die sekundliche Durchflußmenge und die Drehzahl bestimmt. Wählt man jetzt für einen Flügelschnitt am Orte r ein bestimmtes Profil, so sind auch die für den betreffenden Anstellwinkel α maßgebenden Beiwerte c_a und c_w festgelegt.

Für den Winkel ϑ erhält man nach Abb. 233

$$\operatorname{tg} \vartheta = \frac{c_m}{u - \dfrac{c_{u1} + c_{u2}}{2}},$$

so daß ϑ daraus berechnet werden kann. Damit ist aber auch

$$w = \frac{c_m}{\sin \vartheta}$$

bekannt, während λ durch die Gleitzahl des Profils $\varepsilon = \dfrac{dW}{dA} = \operatorname{tg} \lambda$ bestimmt ist. Damit kann schließlich aus (598) auch das Gitterteilungsverhältnis $\dfrac{T}{t}$ berechnet werden, womit alle technischen Daten zum Entwurf eines derartigen Rades festliegen[1].

Die auf S. 343 vorgenommene Vernachlässigung der radialen Geschwindigkeitskomponenten im Arbeitsraum des Laufrades gilt strenggenommen nur, wenn $r \to \infty$ geht, also für das gerade, unendlich lange Schaufelgitter. Wie M. STRSCHELETZKY am Beispiel der KAPLAN-Turbine gezeigt hat[2], führt die Vernachlässigung dieser Geschwindigkeiten zu gewissen prinzipiellen Schwierigkeiten hinsichtlich einer hydrodynamisch richtigen Berechnung der Laufradschaufeln. Nur bei kurzen Schaufeln und großer Schaufelzahl ($z \geqq 10$) spielt der Einfluß der Radialkomponenten nach Ansicht des Verfassers bei der Berechnung der Schaufelform eine untergeordnete Rolle, andernfalls ist eine Berücksichtigung dieser Geschwindigkeiten erforderlich. Ein entsprechendes Berechnungsverfahren wird in der zitierten Arbeit angegeben[3].

c) Kreisförmige Flügelgitter

Die Grundlage zur Berechnung derartiger Gitter, durch welche insbesondere die Laufräder von Radialmaschinen (z. B. Francisturbinen, Abb. 229) idealisiert werden können, bildet noch immer die *Eulersche Turbinengleichung* (101a), welche, wie unter b) erklärt wurde, auch in der Form

$$L = \varrho\, Q\,(c_{u1} u_1 - c_{u2} u_2)$$

geschrieben werden kann oder, wegen $u_1 = r_1 \omega$ und $u_2 = r_2 \omega$,

$$L = \varrho\, Q\, \omega\,(c_{u1} r_1 - c_{u2} r_2)\,. \tag{599}$$

Hierin stellen $c_{u1} r_1$ und $c_{u2} r_2$ offenbar *die statischen Momente der Bewegungsgröße* — bzw. die *Drallwerte* — eines Flüssigkeitsteilchens von der Masse $m = 1$ vor bzw. hinter dem Laufrad in bezug auf die Drehachse dar. Aus (599) geht also hervor, daß die *hydraulische Leistung L des Laufrades dieser Dralldifferenz proportional ist*. Sie wird bei gegebenem c_{u1} am größten, wenn die tangentiale

---

[1] Eingehendere Darstellungen der Berechnungsverfahren von Axialrädern haben gegeben: C. KELLER: Axialgebläse vom Standpunkt der Tragflügeltheorie, Zürich 1934. P. RUDEN: Untersuchungen über einstufige Axialgebläse. Luftf.-Forschg. Bd. 14 (1937) S. 325. Vgl. auch das Zitat 1 auf S. 342.

[2] STRSCHELETZKY, M.: Bedeutung der radialen Geschwindigkeitskomponente im Arbeitsraum der Kaplan-Turbinen. Voith-Forschung und Konstruktion (1955) Nr. 1.

[3] Vgl. dazu auch H. SCHÄFFER: Untersuchungen über die dreidimensionale Strömung durch axiale Schaufelgitter mit zylindrischen Schaufeln. Forsch. Ing.-Wes. Bd. 21 (1955) S. 9 bis 49.

Komponente $c_{u\,2}$ beim Austritt aus dem Laufrad verschwindet, d. h. wenn der ganze vor dem Laufrad verfügbare Drall vom Laufrad vernichtet wird.

Wie man sieht, ist (599) vollkommen unabhängig von der Anzahl und besonderen Form der Laufradschaufeln. In dieser Hinsicht verhält sich der Ausdruck für die Leistung L also ähnlich wie die Gln. (585) der Schaufelkräfte beim geraden Flügelgitter. Vom Standpunkt der Stromfadentheorie aus, welche ja der Ableitung von Gl. (599) zugrunde liegt, ist dies vollkommen verständlich. Danach muß die Schaufelform so gewählt werden, daß alle Verluste aus Reibung, Querschnitts- und Richtungsänderung der Schaufelkanäle sowie die unvermeidlichen „Spaltverluste" möglichst klein bleiben. Daneben wird man bestrebt sein müssen, die Schaufelform so auszubilden, daß auf der Saugseite wegen Kavitationsgefahr (S. 47) keine unzulässig hohen Geschwindigkeiten auftreten.

Nach Gl. (102) stellt die Differenz der „hydraulischen Höhen" (vgl. S. 41)

$$h_v = \frac{v_1^2}{2g} + \frac{p_1}{\gamma} + z_1 - \left(\frac{v_2^2}{2g} + \frac{p_2}{\gamma} + z_2\right)$$

die „Verlusthöhe" längs einer Stromlinie auf dem Wege $1—2$ bei reibender Flüssigkeit dar. Man kann h_v auch auffassen als den auf die Einheit der Schwere bezogenen Verlust an Strömungsenergie. Bezeichnet nun Q das sekundliche Durchflußvolumen eines Stromfadens, so gibt offenbar

$$\gamma Q\,(H_1 - H_2) = \gamma Q\,h_v = V \quad \left[\frac{\text{m kp}}{\text{s}}\right] \tag{600}$$

den *Leistungsverlust auf dem Wege 1—2 an.* Hier ist zur Abkürzung $H = \dfrac{v^2}{2g} + \dfrac{p}{\gamma} + z$ gesetzt, wobei jetzt unter v und p die über den Querschnitt gemittelten Werte von Geschwindigkeit und Druck zu verstehen sind. Faßt man nun als Endquerschnitte aller Stromfäden, die von sämtlichen Schaufelkanälen gebildet werden, das Eintrittsgebiet (e) vor dem Laufrad und das Austrittsgebiet (a) hinter ihm auf und beachtet, daß das strömende Medium beim Durchgang durch das Laufrad einen weiteren Leistungsverlust durch die an die Laufradachse abgegebene hydraulische Leistung L erfährt, so erhält man aus (599) und (600) nach Division mit γQ

$$H_e - H_a = \frac{V}{\gamma Q} + \frac{\omega}{g}\,(c_{u_1} r_1 - c_{u_2} r_2).$$

In dem Ausdruck $\dfrac{V}{\gamma Q}$, der ebenso wie H eine Höhe darstellt, können alle hydraulischen Verluste auf dem Wege durch die Strömungsmaschine zusammengefaßt werden. Setzt man also

$$\frac{V}{\gamma Q} = \sum h_v$$

und beachtet noch, daß $\omega r = u$ ist, so wird schließlich

$$H_e - H_a - \sum h_v = \frac{1}{g}\,(c_{u_1} u_1 - c_{u_2} u_2).$$

Dieser Ausdruck wird gewöhnlich als *Hauptgleichung der Kreiselräder* bezeichnet.

Das vorstehend besprochene, auf der „Stromfadentheorie" aufbauende Verfahren gibt die wirklichen Vorgänge um so besser wieder, je größer die Schaufelzahl ist, da in diesem Falle die Schaufelkanäle am ehesten noch als „Stromröhren" (S. 37) aufgefaßt werden können. Bei kleiner Schaufelzahl, z. B. bei den unter b) besprochenen Axialrädern, sind diese Voraussetzungen i. allg. nicht mehr erfüllt. Dagegen liefert die Stromfadentheorie bei den vielflügeligen Radialrädern erfahrungsgemäß ganz brauchbare Ergebnisse, die allerdings einer entsprechenden

Korrektur durch vergleichende Betrachtungen an ausgeführten Maschinen nicht entbehren können.

In dem Bestreben, für die Untersuchung der Strömung in Radialrädern strengere Berechnungsgrundlagen zu schaffen als die oben angegebenen, sind von verschiedenen Autoren Verfahren entwickelt worden, durch welche auch die individuelle Wirkung der einzelnen Schaufeln potentialtheoretisch erfaßt werden soll[1]. Indessen müssen sich auch diese Verfahren zur Erreichung des gesteckten Zieles gewisser Idealisierungen der wirklichen Vorgänge bedienen. Eine rationelle Theorie der kreisförmigen Flügelgitter, in welcher auch die Reibungsverluste an den Schaufelkonturen, die Mischverluste hinter dem Gitter und der Einfluß der Zentrifugalkräfte auf die Grenzschichtströmung längs der Schaufelränder erfaßt werden können, existiert z. Z. noch nicht. Eine zusammenfassende Darstellung des gesamten Gebietes hat F. WEINIG in seinem Buch „Die Strömung um die Schaufeln von Turbomaschinen", Leipzig 1935, gegeben, worin auch ein reichhaltiges Literaturverzeichnis zu finden ist. Vgl. auch das Zitat 1 auf S. 342.

28. Schraubenpropeller[2]

a) Einführung

Schraubenpropeller — oder kurz Propeller — sind Vortriebsorgane, denen die Aufgabe zufällt, Luft- oder Wasserfahrzeuge vorwärts zu bewegen, indem sie das von einer mit dem Fahrzeug verbundenen Kraftquelle (Motor) gelieferte Drehmoment in axialen Schub umsetzen. Diese Umsetzung erfolgt dadurch, daß der sich drehende Propeller ständig neue Flüssigkeitsmassen erfaßt und nach rückwärts in Bewegung setzt, wodurch nach dem Impulssatz eine vorwärts gerichtete Kraft — der *Propellerschub S* — ausgelöst wird.

Die Wirkungsweise der Propeller beruht im wesentlichen auf dem Tragflügelprinzip, jedoch mit dem Unterschied, daß der „Schraubenflügel" eine aus der Vorwärtsbewegung des Fahrzeuges und der Drehbewegung des Propellers resultierende Schraubenbewegung ausführt (daher der Name). Bei der Ausbildung der Propellerflügel spielen also ähnliche Überlegungen eine Rolle wie in der Tragflügeltheorie, besonders hinsichtlich einer günstigen *Gleitzahl*, die nach früherem das Verhältnis des Widerstandes zum Auftrieb darstellt. In den nachstehenden Überlegungen wird lediglich der „alleinfahrende" Propeller betrachtet. Die Beeinflussung der Strömung durch das Fahrzeug, an dem er befestigt ist, steht dabei nicht zur Diskussion. Die Wechselwirkung zwischen Propeller und Fahrzeug wird i. allg. durch Modellversuche studiert, wozu in den Modellversuchsanstalten besondere Verfahren entwickelt worden sind[3].

b) Die einfache Strahltheorie[4]

Bei der Drehung des Propellers wird ständig neue Flüssigkeit durch die Propellerebene nach rückwärts geworfen. Es entsteht auf diese Weise ein „Flüssigkeitsstrahl", der relativ zu der übrigen Flüssigkeit nicht nur eine fortschreitende, sondern auch eine drehende Bewegung ausführt und dessen Querschnitt von den Propellerabmessungen abhängt. Man kann sich nun vorstellen, daß jedes durch die

---

[1] Vgl. z. B. W.-H. ISAY: Beitrag zur Potentialströmung durch radiale Schaufelgitter. Ing.-Arch. Bd. 22 (1954) S. 203.

[2] Eine zusammenfassende Darstellung dieses Gebietes findet man in dem Buche von F. WEINIG: Aerodynamik der Luftschraube, Berlin 1940. Vgl. ferner A. BETZ im Handbuch d. Physik Bd. 7 (1927) S. 259ff. und Einf. in die Theorie der Strömungsmaschinen, Karlsruhe 1959, S. 198ff.

[3] Vgl. dazu F. WEINIG: Aerodynamik der Luftschraube, Berlin 1940, S. 303ff.

[4] RANKINE: Trans. Instn. naval Archit. Bd. 6 (1865) S. 13. — FROUDE: Ebenda Bd. 30 (1889) S. 390.

Propellerebene F hindurchtretende Flüssigkeitsteilchen eine Druckerhöhung $\varDelta p$ erleidet, und zwar so, daß der Integralwert $\int_{(F)} \varDelta p\, dF$ das Äquivalent des Propellerschubes S darstellt.

Diese von RANKINE begründete „Strahltheorie" geht von folgenden vereinfachenden Annahmen aus: 1. Die oben erwähnte Strahldrehung sowie alle Energieverluste durch Reibung und Mischvorgänge werden in erster Näherung vernachlässigt. 2. Der Propellerschub wird als gleichmäßig über die Fläche F des von der Schraube beschriebenen Kreises verteilt angenommen, was einer unendlichen Anzahl von Flügeln entsprechen würde, so daß

$$S = F\,\varDelta p. \qquad (601)$$

Auf Grund dieser vereinfachenden Vorstellung eines Idealpropellers, dessen Abmessungen in axialer Richtung außerdem vernachlässigbar klein seien, lassen sich über die Geschwindigkeits- und Druckverhältnisse des Strahles nachstehende Aussagen machen.

Zur Erlangung einer stationären Strömung wird die Schraubenachse als ruhend angenommen und der Propeller mit einer (ungestörten) Geschwindigkeit v angeblasen, die das Entgegengesetzte der Fahrgeschwindigkeit der

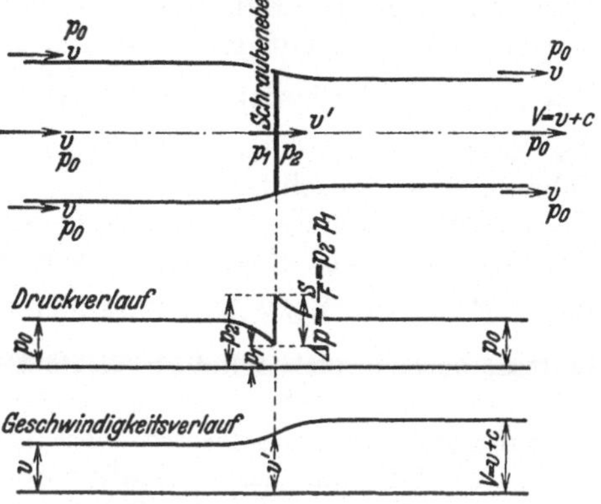

Abb. 234. RANKINEscher Schraubenstrahl

Schraube im ruhend gedachten Medium darstellt (Abb. 234). Außerhalb des Schraubenstrahles sowie in hinreichender Entfernung vor und hinter der Schraube herrscht überall der ungestörte Druck p_0. Dem Drucksprung $\varDelta p = p_2 - p_1$ in der Propellerebene entspricht eine erhöhte Abströmgeschwindigkeit

$$V = v + c,$$

wobei c die Geschwindigkeitszunahme gegenüber der Zuströmgeschwindigkeit v bezeichnet. Die Geschwindigkeit v', mit der die Schraubenebene durchströmt wird, ist größer als v, aber kleiner als V. Zur Bestimmung der Druckdifferenz $\varDelta p$ wende man nacheinander den Energiesatz auf das Gebiet *vor* und *hinter* der Schraubenebene an. Dann wird mit den Bezeichnungen der Abb. 234

$$\frac{\varrho}{2}\,(v^2 - v'^2) = p_1 - p_0$$

und

$$\frac{\varrho}{2}\,(V^2 - v'^2) = p_2 - p_0,$$

woraus folgt

$$\varDelta p = p_2 - p_1 = \frac{\varrho}{2}\,(V^2 - v^2) = \varrho c\left(v + \frac{c}{2}\right). \qquad (602)$$

Unter Beachtung von (601) ergibt sich damit als Propellerschub

$$S = \varrho c F\left(v + \frac{c}{2}\right). \qquad (603)$$

Eine zweite Gleichung für S liefert der *Impulssatz*, angewandt auf eine Flüssigkeitsmasse, die seitlich durch die Randstromlinien des Strahles, vorn und hinten durch zwei Querschnittsebenen in hinreichend weitem Abstand von der Schraubenebene begrenzt wird. Da die Drücke auf diese abgegrenzte Masse sich gegenseitig aufheben, so kommt bei Vernachlässigung aller tangentialen Reibungskräfte als äußere Kraft in der Strömungsrichtung nur der vom Propeller auf die Flüssigkeit übertragene Schub S in Betracht. Mit $Q = F v'$ als sekundliches Durchflußvolumen erhält man somit nach dem Impulssatz

$$S = \varrho F v' (V - v) = \varrho F v' c, \tag{604}$$

woraus in Verbindung mit (603) folgt

$$v' = v + \frac{c}{2} = \frac{V + v}{2}. \tag{605}$$

Danach ist also die axiale Geschwindigkeit v', mit welcher der Strahl die Schraubenebene durchströmt, gleich dem arithmetischen Mittel aus V und v (Theorem von FROUDE). Außerdem besagt (605), daß der Geschwindigkeitszuwachs $\frac{c}{2}$ an der Schraubenebene halb so groß ist wie in größerer Entfernung hinter der Schraube. Der Geschwindigkeits- und Druckverlauf ist aus Abb. 234 ersichtlich. Der zunehmenden Geschwindigkeit entspricht nach dem Kontinuitätsgesetz eine *Strahleinschnürung*[1]. Setzt man noch für die den Propeller idealisierende Kreisfläche $F = \pi \dfrac{d^2}{4}$, wo d den Schraubendurchmesser (doppelte Länge eines Flügelblattes) bezeichnet, so liefert Gl. (604) in Verbindung mit (605) eine Beziehung zwischen Schub, Schraubendurchmesser und Fahrgeschwindigkeit.

Zur Ermittlung des *theoretischen Wirkungsgrades* des hier betrachteten Idealpropellers bilde man das Verhältnis der Nutzleistung L_n zur effektiven Leistung L_e. Erstere ist, wenn v die Relativgeschwindigkeit des Fahrzeuges gegen das Medium bezeichnet, $L_n = S v$, letztere dagegen $L_e = S v'$. Demnach wird

$$\eta_{th} = \frac{L_n}{L_e} = \frac{v}{v'} = \frac{v}{v + \dfrac{c}{2}} = \frac{1}{1 + \dfrac{c}{2v}}. \tag{606}$$

Bei der Berechnung dieses Wertes ist, wie oben bereits hervorgehoben wurde, auf Strahldrehung und Flüssigkeitsreibung keine Rücksicht genommen, so daß der für η_{th} gefundene Wert sicher zu hoch ist. Immerhin darf aber aus (606) gefolgert werden, daß der Wirkungsgrad eines Propellers — innerhalb gewisser Grenzen — um so höher ausfällt, je kleiner der Geschwindigkeitszuwachs c ist, bzw. daß er wegen (604) bei vorgeschriebenem Schub S um so größer wird, je größer das sekundlich durch die Schraube tretende Flüssigkeitsvolumen $F v'$ ist.

Da bei wirklichen Schrauben weitere Verluste infolge der Vorgänge an den einzelnen Flügelblättern unvermeidlich sind, so gibt η_{th} einen *oberen Grenzwert* an, welcher mit dem wirklichen Wirkungsgrad durch die Beziehung

$$\eta = \zeta \, \eta_{th} \tag{607}$$

verknüpft ist, wobei der „Gütegrad" ζ einen Erfahrungswert bezeichnet, der für gut durchgebildete Schrauben etwa 0,85 bis 0,90 beträgt.

Schreibt man Gl. (605) in der Form

$$c = V - v = 2 (v' - v)$$

und führt diesen Wert in (604) ein, so wird

$$S = 2 \varrho F (v'^2 - v' v) = \frac{\varrho}{2} v^2 F \cdot 4 \left(\frac{v'^2}{v^2} - \frac{v'}{v} \right). \tag{608}$$

Der Quotient

$$\sigma = \frac{S}{\dfrac{\varrho}{2} v^2 F}$$

---

[1] Diese wird in der obigen Rechnung als hinreichend gering angesehen.

wird als *Belastungsgrad* der Schraube bezeichnet. Mit ihm liefert (608), nach $\frac{v'}{v}$ aufgelöst,

$$\frac{v'}{v} = \frac{1}{2}\left(1 + \sqrt{1+\sigma}\right),$$

so daß wegen (606)

$$\eta_{th} = \frac{v}{v'} = \frac{2}{1 + \sqrt{1+\sigma}}.$$

Damit ist noch ein weiterer Ausdruck für den theoretischen Wirkungsgrad gefunden, aus dem insbesondere hervorgeht, daß η_{th} mit wachsendem Belastungsgrad abnimmt.

Bei *Schrauben im Stand* — etwa beim Anfahren oder auf Prüfständen — ist die Zuströmgeschwindigkeit $v = 0$, womit nach (606) auch $\eta_{th} = 0$ wird.

Dasselbe gilt für *Hubschrauben*, die dazu dienen, Lasten entweder schwebend zu erhalten oder mit geringer Geschwindigkeit anzuheben, so daß auch hier $v \approx 0$ gesetzt werden kann. In solchen Fällen ist keine (oder nur eine sehr kleine) Nutzleistung L_n vorhanden, wohl aber muß eine gewisse Leistung $L = Sv'$ zum Heben des Gewichtes G aufgewendet werden ($S = G$). In diesem Falle folgt aus (604) und (605) wegen $v = 0$

$$S = 2\varrho F v'^2$$

und wegen $v' = \dfrac{L}{S}$ (s. oben)

$$S = 2\varrho F \frac{L^2}{S^2},$$

so daß

$$L = \sqrt{\frac{S^3}{2\varrho F}}.$$

Diese Leistung wird also bei gegebenem Schub um so kleiner, je größer F gewählt wird. Allerdings sind der Wahl von F aus konstruktiven Gründen stets gewisse Grenzen gesetzt, besonders auch im Hinblick auf das damit zunehmende Gewicht der Schraube.

Aus den vorstehenden Überlegungen geht hervor, daß die hier besprochene „Strahltheorie" wohl einen oberen Wert des Wirkungsgrades liefert, daß sie jedoch keinen Aufschluß über den Einfluß der Flügelzahl und der Profilform der Schraubenblätter zu geben vermag. Dazu kommt, daß die Annahme eines drehungsfreien, zylindrischen Strahles, der sich mit einer bestimmten Geschwindigkeit durch die ihn umgebende Flüssigkeit bewegen soll, physikalisch unbefriedigend ist.

c) Die Flügelblatttheorie

Der wirkliche Charakter des Schraubenstrahls tritt klarer zutage, wenn man die Wirbelbildung verfolgt, die durch die Bewegung der einzelnen Propellerflügel bedingt ist. Es gelten hier ganz ähnliche Überlegungen wie beim Tragflügel, nur mit dem Unterschied, daß dieser lediglich eine Parallelverschiebung ausführt, während beim Propellerblatt außerdem noch eine Drehung hinzukommt.

Betrachtet man zunächst einen Propeller mit konstanter Auftriebsverteilung über die Flügel, wobei der Auftrieb an den Flügelspitzen plötzlich auf Null abfällt, so ergibt sich infolge der auf S. 322 geschilderten Verhältnisse an jedem Schraubenflügel ein Wirbelgebilde, das dem „Hufeisenwirbel" des Tragflügels entspricht und etwa die in Abb. 235 schematisch dargestellte Form hat[1]. Die

<hr>

[1] Föttinger, H.: Vortr. auf d. flugwissensch. Versammlung zu Göttingen 1911, München 1912, S. 40, und Neue Grundl. für die theoret. u. exper. Behandlung des Propellerproblems. Jb. schiffbautechn. Ges. Bd. 19 (1918) S. 385.

äußeren, von den Flügelspitzen ausgehenden schraubenförmigen Wirbel umschlingen dabei den durch den Propeller tretenden „Flüssigkeitsstrahl". Die
einzelnen Flügelblätter bilden die „gebundenen" Wirbel von zunächst konstant
angenommener Zirkulation $+\Gamma$. Sie setzen sich an der Nabe in einem gemeinsamen „Nabenwirbel" und an den Flügelenden in den „Spitzenwirbeln" fort.

Um eine Vorstellung von den am Flügel auftretenden Kräften und Geschwindigkeiten zu bekommen, sei zunächst ein Flügelelement von der Länge dr im
Abstand r von der Schraubenachse betrachtet, das man sich als Element eines
unendlich langen Flügels vorstellen kann (Abb. 236). Die axiale Vorwärtsgeschwindigkeit der Schraube sei v, ihre Winkelgeschwindigkeit ω, so daß die resultierende
(störungsfreie) Geschwindigkeit des betrachteten Elements $v_0 = \sqrt{v^2 + r^2\omega^2}$

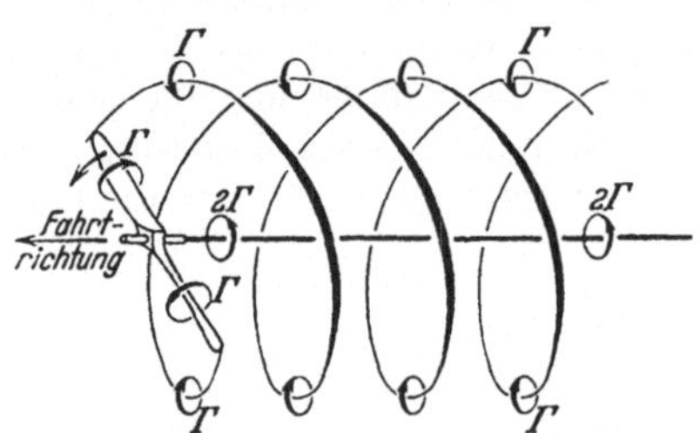

Abb. 235. Spitzen- und Nabenwirbel eines Propellers

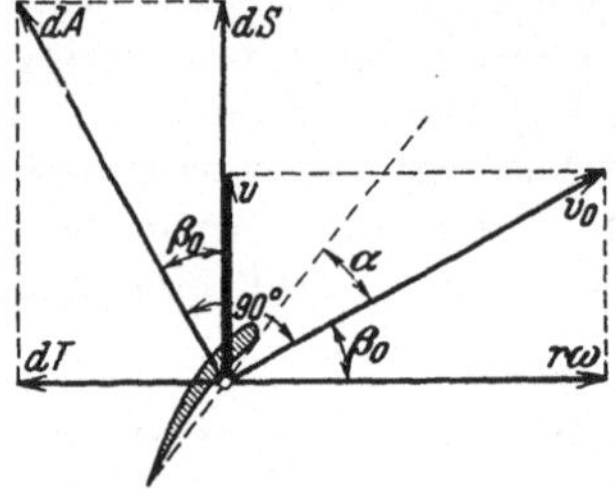

Abb. 236. Auftrieb am Flügelblattelement bei verlustfreier Strömung

beträgt, die um den Anstellwinkel α gegen die Profilsehne geneigt ist. Die ungestörte Flüssigkeit wird als ruhend angenommen. Sofern zunächst alle Reibungseinflüsse außer Betracht bleiben, kann ein Widerstand am Flügelelement nicht
auftreten. Dieses erfährt bei seiner Bewegung also nur einen Auftrieb $dA = \varrho v_0 \Gamma dr$,
der senkrecht zur Geschwindigkeit v_0 steht. Seine Komponenten in axialer und
tangentialer Richtung liefern den Schub $dS = dA\cos\beta_0 = \varrho r\omega\Gamma dr$ und die
Tangentialkraft $dT = dA\sin\beta_0 = \varrho v\Gamma dr$. Um den *gesamten Schub* des Flügels
zu erhalten, hat man über die Flügelspannweite b zu integrieren und erhält (für
einen Flügel)

$$S = \varrho\,\omega \int\limits_{(b)} r\,\Gamma\,dr. \tag{609}$$

Entsprechend ergibt sich für das *Drehmoment*

$$M = \int\limits_{(b)} dT\,r = \varrho\,v \int\limits_{(b)} r\,\Gamma\,dr. \tag{610}$$

Die Nutzleistung der Schraube ist Sv, die Motorleistung $M\omega$. Aus dem Vergleich
von (609) und (610) folgt, daß bei verlustfreier Bewegung beide Leistungen einander gleich sind.

Bei einem Flügelblatt von endlicher Länge treten nun infolge der oben
erläuterten Spitzen- und Nabelwirbel Störungs-, d. h. Zusatzgeschwindigkeiten
auf, welche eine Drehung der auf das Blattelement wirkenden resultierenden
Kraft und damit die Entstehung eines *induzierten Widerstandes* zur Folge haben.
Das Geschwindigkeits- und Kraftfeld an dem betrachteten Flügelelement erfährt
damit die aus Abb. 237 ersichtliche Abänderung, wobei jetzt die Relativgeschwindigkeiten gegen den *ruhend* gedachten Flügel angegeben sind.

Die resultierende Störungsgeschwindigkeit w_r setzt sich mit v_0 zur Geschwindigkeit v_0' zusammen. Senkrecht zu dieser steht die auf das Blattelement entfallende Kraft dP, deren Komponente nach der Richtung von v_0 den induzierten
Widerstand dW_i liefert. Andererseits kann dP zerlegt werden in den axialen
Schub dS und die Tangentialkraft dT. Der durch den induzierten Widerstand

bedingte Leistungsverlust findet sein Äquivalent in der hinter der Schraube pro Zeiteinheit zurückbleibenden kinetischen Energie des Wirbelgebildes, die für den Bewegungsvorgang als „verloren" anzusehen ist (induzierte Verlustenergie).

Die in Abb. 235 zunächst gemachte Annahme einer über den Flügel konstanten Auftriebsverteilung trifft in Wirklichkeit nicht zu, da an den seitlichen Flügelenden der zur Entstehung des Auftriebs erforderliche Druckunterschied auf der Ober- und Unterseite des Flügels durch Umströmen der Flügelränder ausgeglichen wird. Ähnlich wie beim Tragflügel hat man es hier also mit einer veränderlichen Auftriebs- bzw. Zirkulationsverteilung zu tun, so daß nicht nur von den Flügelenden, sondern von allen Stellen des Flügels Wirbelfäden abgehen, die eine kontinuierliche, schraubenförmige Unstetigkeitsfläche bilden. Durch Übertragung der entsprechenden Gedankengänge vom Tragflügel auf den Schraubenflügel hat A. Betz[1] einige für die Propellertheorie wichtige Gesetzmäßigkeiten abgeleitet. Insbesondere konnte er zeigen, daß die für Tragflügel geltende Bedingung für

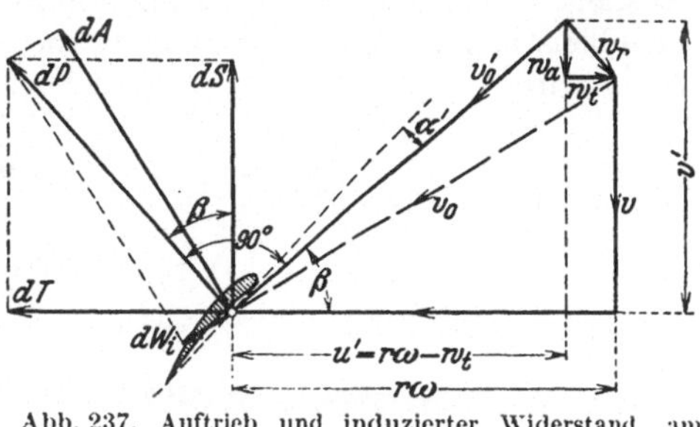

Abb. 237. Auftrieb und induzierter Widerstand am Flügelblattelement

das *Minimum des induzierten Widerstandes* (S. 331) in erweiterter Form auch für Schraubenflügel gilt. Diese Bedingung lautet für *schwach belastete* isolierte Propeller in der Formulierung von Betz: „Die Strömung hinter einer Schraube mit geringstem Energieverlust ist so, wie wenn die von jedem Schraubenflügel durchlaufene Bahn (Schraubenfläche) erstarrt wäre und sich mit einer bestimmten Geschwindigkeit nach hinten verschiebt oder sich mit einer bestimmten Winkelgeschwindigkeit um die Schraubenachse dreht." Wenn nun auch dieser Idealzustand bei praktischen Ausführungen nie ganz erreicht werden kann, so weichen doch die Strömungsvorgänge bei gut arbeitenden Propellern nicht allzuviel davon ab, so daß die aus der obigen Bedingung gezogenen Folgerungen dem wirklichen Zustand immerhin ziemlich nahe kommen dürften.

Zur Berechnung des *Wirkungsgrades* sei zunächst wieder eine Schraube von unendlich großer Flügelzahl betrachtet. Weiter soll angenommen werden, daß die den rückwärts abgehenden Wirbelbändern zugehörigen Störungsgeschwindigkeiten klein gegenüber der Fahrgeschwindigkeit v sind. Insbesondere sei im einzelnen: 1. die Tangentialkomponente w_t (Abb. 237) so klein, daß die mit der Strahldrehung verbundenen Zentrifugalkräfte in radialer Richtung kein merkliches Druckgefälle erzeugen; 2. sei die Änderung w_a der Axialkomponente so gering, daß die damit verbundene Strahleinschnürung (S. 354) praktisch bedeutungslos ist, und 3. sollen alle Radialkomponenten unberücksichtigt bleiben. Unter diesen einschränkenden Voraussetzungen, die bei nicht zu hohen Belastungsgraden einigermaßen erfüllt sind (bei Schiffsschrauben mit ihren hohen Belastungsgraden treffen sie nicht mehr zu), lassen sich einige wichtige Aussagen über den theoretischen Wirkungsgrad machen, wobei zunächst wieder alle Reibungseinflüsse außer Betracht bleiben sollen.

Infolge der obigen Annahmen kann, wie bei der einfachen Strahltheorie, die axiale Störungskomponente w_a am Ort des betrachteten Flügelblattelements

---

[1] Betz, A.: Schraubenpropeller mit geringstem Energieverlust. Nachr. Ges. Wiss. Göttingen, math.-phys. Kl. (1919) S. 193, abgedruckt in Vier Abhandlungen zur Hydrodynamik und Aerodynamik von Prandtl und Betz (Göttingen 1927) mit einem Zusatz von Prandtl.

gleich der Hälfte der axialen Geschwindigkeitszunahme c' weit hinter der Schraube gesetzt werden. In gleicher Weise läßt sich mit Hilfe des Impulsmomentensatzes zeigen, daß auch die tangentiale Störungskomponente w_t die halbe Größe der entsprechenden Geschwindigkeit c'' im ausgebildeten Schraubenstrahl besitzt, also

$$w_a = \frac{c'}{2}; \quad w_t = \frac{c''}{2}. \tag{611}$$

Zur Bestimmung des theoretischen Wirkungsgrades für das Blattelement im Abstand r von der Drehachse bilde man jetzt den Quotienten aus der nutzbaren Schubleistung $dS\,v$ und der aufgewandten Leistung des Drehmomentes $dT\,r\omega$. Dann wird

$$\eta_{th} = \frac{dS\,v}{d\,T\,r\,\omega}.$$

Nun ist nach Abb. 237

$$\frac{dS}{dT} = \operatorname{ctg}\beta = \frac{r\,\omega - w_t}{v + w_a},$$

weshalb

$$\eta_{th} = \frac{r\,\omega - w_t}{r\,\omega}\,\frac{v}{v + w_a} \tag{612}$$

oder, wenn zur Abkürzung $r\omega = u$; $r\omega - w_t = u'$ und $v + w_a = v'$ gesetzt wird,

$$\eta_{th} = \frac{u'}{u}\,\frac{v}{v'}. \tag{612a}$$

Bei Vernachlässigung der Strahldrehung wird $w_t = 0$ und $w_a = \frac{c}{2}$, so daß

$$\eta_{th} \approx \frac{v}{v + \dfrac{c}{2}}. \tag{612b}$$

d. h. man erhält den theoretischen Wirkungsgrad (606) der einfachen Strahltheorie.

Bei der Ableitung der Ausdrücke (612) und 612a) war auf die Flüssigkeitsreibung und den dadurch bedingten *Profilwiderstand* zunächst keine Rücksicht genommen. Diese Gleichungen enthalten demnach nur die Verluste infolge der Störungsgeschwindigkeiten w_a und w_t der reibungsfreien Bewegung.

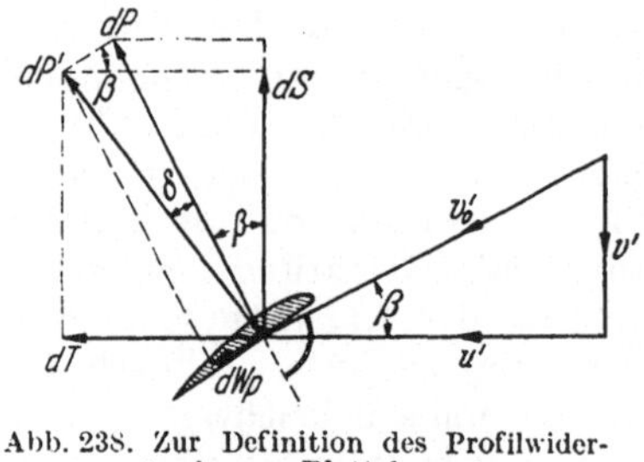

In Abb. 238 bezeichne dW_p den in die Richtung der wirklichen Anströmrichtung v_0' fallenden Profilwiderstand des Flügelelements im Abstand r von der Achse und dP' die aus Auftrieb und Widerstand resultierende Kraft. Wäre ein Profilwiderstand nicht vorhanden (reibungsfreie Bewegung), dann würde $dP' = dP$ normal zu v_0' stehen (Abb. 237), so aber weicht es von dieser Normalen um den Winkel δ ab, und zwar ist

Abb. 238. Zur Definition des Profilwiderstandes am Blattelement

$$\operatorname{tg}\delta = \frac{dW_p}{dP} = \varepsilon \tag{613}$$

die (auf ebene Strömung bezogene) Profilgleitzahl des Blattelements. Zerlegt man wieder dP' in seine axiale und tangentiale Komponente, so wird, wenn β den Winkel zwischen v_0' und u' bezeichnet,

$$\left.\begin{aligned}
dS &= dP\cos\beta - dW_p\sin\beta, \\
dT &= dP\sin\beta + dW_p\cos\beta.
\end{aligned}\right\} \tag{614}$$

Der *Gesamtwirkungsgrad* des Blattelements ist also mit $r\omega = u$

$$\eta_r = \frac{dS\,v}{dT\,u} = \frac{v}{u}\,\frac{dP\cos\beta - dW_p\sin\beta}{dP\sin\beta + dW_p\cos\beta}.$$

Teilt man hier im Zähler und Nenner durch $dP\cos\beta$, so wird mit Rücksicht auf (613)

$$\eta_r = \frac{v}{u}\,\frac{1 - \varepsilon\,\mathrm{tg}\,\beta}{\mathrm{tg}\,\beta + \varepsilon}$$

oder, wegen $\mathrm{tg}\,\beta = \dfrac{v'}{u'}$,

$$\eta_r = \frac{v}{v'}\,\frac{u'}{u}\,\frac{1 - \varepsilon\,\dfrac{v'}{u'}}{1 + \varepsilon\,\dfrac{u'}{v'}}.$$

Unter Beachtung von (612a) kann man dafür auch schreiben

$$\eta_r = \eta_{th}\,\frac{1 - \varepsilon\,\dfrac{v'}{u'}}{1 + \varepsilon\,\dfrac{u'}{v'}},$$

und man erkennt, daß der *Einfluß des Profilwiderstandes* im Gesamtwirkungsgrad durch den Ausdruck

$$\eta_p = \frac{1 - \varepsilon\,\dfrac{v'}{u'}}{1 + \varepsilon\,\dfrac{u'}{v'}}$$

dargestellt wird, während der andere Faktor den theoretischen Wirkungsgrad angibt.

Der Profilwirkungsgrad η_p ist offenbar mit r veränderlich, da i. allg. sowohl ε als auch v' und u' Funktionen von r sind. Dagegen wird η_{th} praktisch unabhängig von r, wenn man w_t als klein gegenüber w_a ansieht, was bei kleinem Belastungsgrad annähernd zutrifft. In diesem Falle kann η_{th} durch den Ausdruck (612b) ersetzt werden, der von r unabhängig ist.

Um nun den *Wirkungsgrad η der ganzen Schraube* zu bestimmen, hat man über den Radius R des Flügelblattes zu integrieren. Dann wird

$$\frac{S\,v}{\eta} = v\int_{r=0}^{r=R}\frac{\dfrac{dS}{dr}\,dr}{\eta_{th}\,\eta_p},$$

woraus folgt, wenn man η_{th} als unabhängig von r ansieht,

$$\eta = \eta_{th}\,\frac{S}{\displaystyle\int_{r=0}^{r=R}\frac{dS}{dr}\frac{dr}{\eta_p}}. \tag{615}$$

Als „Fortschrittsgrad“ der Schraube bezeichnet man den Quotienten

$$\lambda = \frac{v}{R\,\omega}.$$

Setzt man noch

$$\lambda' = \frac{\lambda}{\eta_{th}} = \frac{v}{R\,\omega\,\eta_{th}},$$

so kann, wie BIENEN und v. KÁRMÁN[1] gezeigt haben, der Schraubenwirkungsgrad unter der Voraussetzung einer für den ganzen Radius R konstanten Profilgleitzahl ε angenähert auch in der Form

$$\eta = \eta_{th}\, \frac{1 - 2\,\varepsilon\,\lambda'}{1 + \dfrac{2}{3}\,\dfrac{\varepsilon}{\lambda'}}$$

dargestellt werden.

Für die Störungsgeschwindigkeiten w_a und w_t besteht unter den oben gemachten Voraussetzungen eine einfache Beziehung zu der Verschiebungsgeschwindigkeit c der starr zu denkenden Unstetigkeitsflächen (Minimumsbedingung für schwach belastete Propeller, S. 357). Diese lautet, wie hier ohne Beweis angegeben wird[2],

$$w_a = \frac{c}{2}\,\frac{u^2}{u^2 + v^2}; \qquad w_t = \frac{c}{2}\,\frac{u\,v}{u^2 + v^2}.$$

Außerdem läßt sich c durch den Fortschrittsgrad λ und den Belastungsgrad σ der Schraube (s. oben) wie folgt ausdrücken

$$c = \frac{\sigma\,v}{2\left[1 - \lambda^2 \ln\left(1 + \dfrac{1}{\lambda^2}\right)\right]}.$$

Damit sind auch $u' = r\,\omega - w_t$ und $v' = v + w_a$ durch c bzw. λ und σ festgelegt. Bei bekannter Schubverteilung $\dfrac{dS}{dr}$ über den Radius R kann somit η aus (615) berechnet werden.

Nach Gl. (614) und (613) ist

$$dS = dP\,(\cos\beta - \varepsilon \sin\beta).$$

Dafür kann man wegen $dP = c_a \dfrac{\varrho}{2}\,v_0'^2 t\,dr$ (Abb. 238) auch schreiben

$$\frac{dS}{dr} = c_a\,\frac{\varrho}{2}\,v_0'^2\,t\,(\cos\beta - \varepsilon \sin\beta),$$

wo t die Profiltiefe und c_a die Auftriebsziffer bezeichnen. Wegen $v_0'\cos\beta = u'$ und $v_0'\sin\beta = v'$ folgt daraus

$$\frac{dS}{dr} = c_a\,\frac{\varrho}{2}\,t\,v_0'\,(u' - \varepsilon\,v').$$

Damit ist die Schubverteilung durch lauter bekannte Größen ausgedrückt, sobald c_a und ε bekannt und die Betriebsgrößen v, ω, σ und λ vorgeschrieben sind. Als Überschlagswert kann man dafür setzen[3]

$$\frac{dS}{dr} = c_a\,\frac{\varrho}{2}\,t\,(r\,\omega)^2.$$

Bezüglich der *günstigsten* Schubverteilung und des Einflusses der endlichen Flügelzahl sowie anderer Einzelheiten sei auf die unten zitierten Arbeiten verwiesen[4].

Bei *stark belasteten Schrauben* (z. B. Schiffsschrauben) treten gegenüber den obigen Ausführungen insofern gewisse Schwierigkeiten auf, als jetzt die Störungsgeschwindigkeiten nicht mehr klein gegenüber der Fahrgeschwindigkeit sind. Der Schraubenstrahl erfährt dann eine stärkere Einschnürung, so daß sein Querschnitt wesentlich kleiner ist als die Schrauben-

---

[1] Z. VDI (1924) S. 1240.   [2] Vgl. A. BETZ: Fußn. 1, S. 357.
[3] Hütte Bd. 1, 28. Aufl. (1955) S. 811.
[4] BETZ, A.: Literaturzitat von S. 357 sowie Z. Flugtechn. (1920) S. 105. — HELMBOLD, H. B.: Werft Reed. Hafen (1926) S. 565, 588. — BIENEN u. v. KÁRMÁN: Z. VDI (1924) S. 1237. — WEINIG, F.: Aerodynamik der Luftschraube (s. oben). Berlin 1940. — TIETJENS, O.: Beiträge zur Propellertheorie. Jb. wiss. Ges. Luftfahrt (1955) S. 236.

kreisfläche F. Die Folge davon ist, daß die Radien der sich am Propeller und im Schraubenstrahl entsprechenden Punkte verschieden groß werden. Infolge der stärkeren Strahldrehung im Strahlinnern treten dann merkliche Unterdrücke auf, was von Einfluß auf die sekundlich durch die Schraubenkreisfläche tretende Flüssigkeitsmenge sein muß. Diese hier angedeuteten Erscheinungen sind theoretisch nur schwer erfaßbar, wenn auch verschiedene Ansätze nach dieser Richtung bereits vorliegen[1].

Auf eine für den Propellerentwurf wichtige Erscheinung, die bei großen Geschwindigkeiten auftritt, sei hier noch hingewiesen: die *Kavitation* bei Wasserschrauben, und bei Luftschrauben die *starke Dichteänderung der Luft* bei Annäherung an die Schallgeschwindigkeit. Bei Erreichung großer Geschwindigkeiten sinkt nach der BERNOULLIschen Gleichung der Druck, so daß dieser bei Wasserschrauben gegebenenfalls bis auf den Dampfdruck abfallen kann. Das Wasser scheidet dann unter Hohlraumbildung Dampf- und Luftblasen aus (vgl. S. 47), was zu einem Abreißen der Strömung an den Flügelblättern und damit zur Verschlechterung des Wirkungsgrades, ja sogar zu Materialbeschädigungen (Korrosion), führen kann. Derartige Schrauben müssen zur tunlichen Vermeidung dieser Erscheinung wenig gewölbte Profile und kleine Anstellwinkel erhalten, damit die Unterdrücke auf der Saugseite klein bleiben. Dementsprechend sind breite Flügelblätter zur Erzeugung des gewünschten Schubes erforderlich. Bei schnellen Flugzeugen und großen Drehzahlen (die zwecks Verwendung leichter Motoren erwünscht sind), wird die Schallgeschwindigkeit zuerst an den Propellerspitzen erreicht, was ebenfalls mit einer erheblichen Verschlechterung des Wirkungsgrades verbunden ist. Damit sind sowohl der Wahl des Propellerdurchmessers als auch der Drehzahl gewisse Grenzen gesetzt. Auch für derartige Luftschrauben kommen im wesentlichen (besonders nach den Blattspitzen zu) flach gewölbte Profile in Frage, wobei allerdings wegen der großen Staudrücke nur relativ kleine Profiltiefen (geringe Blattbreiten) verwendet werden können. Zur besseren Anpassung solcher Schrauben an die verschiedenen Betriebsbedingungen (Start, Schnellflug, Steigen und Landen) ist man zur Verwendung von *Verstellpropellern* übergegangen. Im übrigen spielen natürlich auch Festigkeits- und Schwingungsfragen beim Entwurf der Propeller eine nicht unwesentliche Rolle.

III. Grundlagen der Dynamik kompressibler Flüssigkeiten (Gasdynamik)

1. Einführung

In Ziffer 1 des ersten Abschnitts wurde bereits darauf hingewiesen, daß tropfbar-flüssige Körper, d. h. Flüssigkeiten im engeren Sinne, selbst unter hohen Drücken nur sehr geringe Volumenänderungen erfahren, so daß sie praktisch als unzusammendrückbar (*inkompressibel*) angesehen werden können. Sie bilden das eigentliche Anwendungsgebiet der *Hydrodynamik*.

Im Gegensatz zu ihnen sind *Gase* und *Dämpfe kompressibel*, also nicht raumbeständig. Ihre Dichte ist nicht mehr konstant, sondern wesentlich vom Druck und von der Temperatur abhängig. Der Zusammenhang zwischen diesen Größen wird durch die Zustandsgleichung (4) des ersten Abschnitts dargestellt.

Aus der Erfahrung ist bekannt (vgl. dazu S. 49), daß die Dichteänderung eines Gases nur gering ist, solange die bei der strömenden Bewegung auftretenden

---

[1] BETZ, A., u. H. B. HELMBOLD: Zur Theorie stark belasteter Schraubenpropeller. Ing.-Arch. Bd. 3 (1932) S. 1. Vgl. dazu auch M. STRSCHELETZKY: Hydrodynamische Grundlagen zur Berechnung der Schiffsschrauben, Karlsruhe 1950, sowie die in Fußn. 4 auf S. 360 zitierte Arbeit von O. TIETJENS.

Druckunterschiede in geringen Grenzen bleiben. In solchen Fällen kann das Gas angenähert als inkompressibel angesehen und theoretisch genauso behandelt werden wie eine tropfbare Flüssigkeit. Bei der Bewegung von Gasen (speziell der Luft) relativ gegen feste Körper trifft dieses zu, solange die Strömungsgeschwindigkeit an jeder Stelle des Raumes wesentlich kleiner ist als die *Schallgeschwindigkeit* in dem betreffenden Gase. Welche Bedeutung letztere in diesem Zusammenhang besitzt, wird später noch genauer erläutert.

Hat man es jedoch mit größeren Druck- bzw. Volumenänderungen zu tun, so genügen die früher abgeleiteten hydrodynamischen Grundgleichungen nicht mehr zur Beschreibung des Strömungsvorganges. Vielmehr ändert sich jetzt bei Annäherung der Strömungsgeschwindigkeit an die Schallgeschwindigkeit wegen des Zusammenhanges zwischen Druck und Geschwindigkeit auch der Stromlinienverlauf, und zwar um so stärker, je größer die Annäherung an die Schallgeschwindigkeit ist. Nach Überschreitung letzterer hat man es sogar mit einem wesentlich veränderten Strömungscharakter zu tun. Physikalisch ist dieses Verhalten dadurch begründet, daß Störungen in der Druckverteilung nach Überschreitung der Schallgeschwindigkeit sich nicht mehr nach allen Seiten hin fortpflanzen können, sondern nur noch in ein bestimmtes, stromabwärts liegendes Gebiet. Als Maß der Annäherung der Strömungsgeschwindigkeit $\bar{v}$ an die Schallgeschwindigkeit a (bzw. deren Überschreitung) dient das Verhältnis

$$Ma = \frac{\bar{v}}{a}, \tag{616}$$

das zu Ehren von E. MACH[1] als *Machsche Zahl* bezeichnet wird. Ist also $Ma < 1$, so hat man es mit Unterschall-, für $Ma > 1$ dagegen mit Überschallströmung zu tun.

Strömungen mit wesentlichen Volumenänderungen treten außer bei den vorher erwähnten großen Geschwindigkeiten der Gasbewegung besonders auch in der freien Atmosphäre infolge der Schwere und der damit verbundenen Druckabhängigkeit von der Höhe auf (vgl. S. 29). Diese Vorgänge gehören in das Gebiet der Meteorologie und können hier — abgesehen von den früher besprochenen *statischen* Zuständen — als außerhalb des Rahmens dieses Buches liegend nicht behandelt werden. Dasselbe gilt von denjenigen *nichtstationären* Vorgängen, bei denen in einem (ruhenden oder strömenden) Gase örtlich große Beschleunigungen erzeugt werden, z. B. Explosionen, plötzliches Abdrosseln der Strömung durch Drosselklappen, schnelles Öffnen und Schließen von Ventilen u. dgl. mehr.

Gegenstand dieses Kapitels sind also nur Strömungen von Gasen (mit entsprechend großen Geschwindigkeiten) in geschlossenen Leitungen bzw. um feste Körper. Im letzteren Falle ist es einerlei, ob der Körper ruht und einem Gasstrom von großer Geschwindigkeit ausgesetzt ist oder ob er sich selbst mit großer Geschwindigkeit in einem ruhenden Gase bewegt. Das Teilgebiet der Strömungsdynamik, das sich mit diesen Fragen befaßt und somit eine Erweiterung der „Hydrodynamik" darstellt, wird gewöhnlich als *Gasdynamik* bezeichnet[2].

---

[1] MACH, E.: Sitzungsber. Wiener Akad. Wiss. (1887) S. 164, (1889) S. 1310 und (1896) S. 605.

[2] Vgl. dazu die folgenden zusammenfassenden Darstellungen: Handb. d. Physik von GEIGER u. SCHEEL Bd. 7 (1927) S. 289 (J. ACKERET); Handb. d. Experimentalphysik von WIEN u. HARMS Bd. 4, 1. Teil (1931) S. 343 (A. BUSEMANN); Aerodynamic Theory von W. F. DURAND Bd. 3 (1935) S. 209 (TAYLOR u. MACCOLL); L. PRANDTL: Führer durch die Strömungslehre, 3. Aufl. (1949) S. 243; R. SAUER: Einführung in die theoret. Gasdynamik, 3. Aufl., Berlin 1960; K. OSWATITSCH: Gasdynamik, Wien 1952; W. R. SEARS: General Theory of High Speed Aerodynamics, Princeton, New Jersey 1954; H. W. LIEPMANN u. A. ROSHKO: Elements of Gasdynamics, New York 1957; A. FERRI: Elements of Aerodynamics of Supersonic Flows, New York 1949.

2. Die Grundgleichungen der Gasdynamik

a) Kontinuitätsbedingung und Bewegungsgleichungen. Dissipation

Die Kontinuitätsgleichung der kompressiblen Flüssigkeit wurde bereits in Ziffer II, 1 abgeleitet. Es ergab sich dafür nach (228) und (228a) die Bedingung

$$\frac{\partial \varrho}{\partial t} + \frac{\partial (\varrho u)}{\partial x} + \frac{\partial (\varrho v)}{\partial y} + \frac{\partial (\varrho w)}{\partial z} = 0 \tag{617}$$

bzw.

$$\frac{\partial \varrho}{\partial t} + \operatorname{div}(\varrho \mathfrak{v}) = 0. \tag{617a}$$

Diese Ausdrücke können also bei der Strömung von Gasen unmittelbar übernommen werden.

Für die *Stromfadentheorie* (eindimensionale Bewegung) läßt sich bei kompressiblen Flüssigkeiten die Kontinuitätsgleichung aus der Bedingung herleiten, daß im Falle stationärer Strömung durch jeden Querschnitt des Fadens in der Zeiteinheit dieselbe *Masse* hindurchtritt. Man erhält somit als *Kontinuitätsbedingung* [vgl. Gl. (62)]

$$\varrho F \bar{v} = \mathrm{const}, \tag{617b}$$

wenn hier $\bar{v}$ die über den Querschnitt des Stromfadens genommene „mittlere" Geschwindigkeit bezeichnet.

Die NAVIER-STOKESschen Bewegungsgleichungen (378) der inkompressiblen Flüssigkeit erfahren für Gase insofern eine Erweiterung, als jetzt in die Druckkomponenten p_x, p_y, p_z [Gl. (375)] noch ein von der Expansionswirkung herrührender Beitrag eingeht, welcher der Expansion $\operatorname{div} \mathfrak{v} = \frac{\partial u}{\partial x} + \frac{\partial v}{\partial y} + \frac{\partial w}{\partial z}$ proportional ist. Mit λ als Proportionalitätsfaktor erhält man also an Stelle von (375) die Ausdrücke

$$p_x = -p - \lambda \left(\frac{\partial u}{\partial x} + \frac{\partial v}{\partial y} + \frac{\partial w}{\partial z} \right) + 2\mu \frac{\partial u}{\partial x} \tag{618}$$

und zwei entsprechende Gleichungen für p_y und p_z.

Bildet man nun die Summe dieser drei Druckkomponenten, so wird

$$p_x + p_y + p_z = -3p + (2\mu - 3\lambda) \left(\frac{\partial u}{\partial x} + \frac{\partial v}{\partial y} + \frac{\partial w}{\partial z} \right). \tag{619}$$

Für inkompressible Flüssigkeiten nimmt diese Summe wegen $\operatorname{div} \mathfrak{v} = 0$ einfach den Wert $-3p$ an. Stellt man die (hypothetische) Forderung auf, daß dies auch für Gase der Fall sein soll[1], so muß offenbar $\lambda = \frac{2}{3}\mu$ sein, womit (618) übergeht in

$$p_x = -p - \frac{2}{3}\mu \left(\frac{\partial u}{\partial x} + \frac{\partial v}{\partial y} + \frac{\partial w}{\partial z} \right) + 2\mu \frac{\partial u}{\partial x}. \tag{620}$$

Entsprechendes gilt für p_y und p_z. Die Schubspannungen τ_{xy}, τ_{xz} und τ_{yz} der Gln. (376) werden dagegen durch die Expansion nicht beeinflußt.

Setzt man den Druck p_x aus (620) und die Schubspannungen τ_{yx} und τ_{zx} aus (376) in die Spannungsresultierenden (373) ein, so erhält man für die erste von ihnen, bezogen auf die Masseneinheit,

$$S_x' = -\frac{\partial p}{\partial x} + \mu \, \Delta u + \frac{1}{3}\mu \frac{\partial}{\partial x} \left(\frac{\partial u}{\partial x} + \frac{\partial v}{\partial y} + \frac{\partial w}{\partial z} \right) \tag{621}$$

und zwei entsprechende Ausdrücke für S_y' und S_z'. Die *gasdynamischen Bewegungsgleichungen* ergeben sich nun sofort aus den EULERschen Gleichungen (230), wenn man dort $-\frac{\partial p}{\partial x}$, $-\frac{\partial p}{\partial y}$, $-\frac{\partial p}{\partial z}$ durch die Werte S_x', S_y' und S_z' ersetzt.

---

[1] Handb. d. Physik von GEIGER u. SCHEEL Bd. 7 (1927) S. 93.

Die erste von ihnen lautet demnach

$$u\frac{\partial u}{\partial x} + v\frac{\partial u}{\partial y} + w\frac{\partial u}{\partial z} + \frac{\partial u}{\partial t}$$

$$= X - \frac{1}{\varrho}\frac{\partial p}{\partial x} + \frac{\mu}{\varrho}\,\Delta u + \frac{1}{3}\frac{\mu}{\varrho}\frac{\partial}{\partial x}\left(\frac{\partial u}{\partial x} + \frac{\partial v}{\partial y} + \frac{\partial w}{\partial z}\right). \qquad (622)$$

Aus dem Vergleich mit (378) erkennt man, daß sich der Expansionseinfluß lediglich in dem letzten Summanden äußert.

Bei der Ableitung von Gl. (622) wurde der Zähigkeitswert μ stillschweigend als eine Konstante angesehen. Tatsächlich ist $\mu = \mu(T)$ eine temperaturabhängige Größe und somit strenggenommen als Variable anzusehen. Da es aber praktisch kaum möglich sein dürfte, diese Veränderlichkeit rechnerisch zu berücksichtigen, soll hier davon vorerst Abstand genommen werden (vgl. jedoch S. 386).

Dissipation. Auch bei Gasen findet — ähnlich wie bei inkompressiblen Flüssigkeiten — infolge der inneren Reibung eine Umsetzung von Strömungsenergie in Wärme statt. Die Größe dieses Reibungsanteiles kann in ähnlicher Weise berechnet werden wie in Ziffer II, 16. Dabei ist allerdings zu beachten, daß bei Gasen die Strömungsenergie sich aus kinetischer, potentieller und *thermischer* Energie zusammensetzt (Wärmeleitung soll hier außer Betracht bleiben, vgl. dazu Ziffer 5). Der Anteil der pro Zeiteinheit am Raumelement $dx\,dy\,dz$ in Wärme umgesetzten Reibungsarbeit kann — wie hier ohne Beweis mitgeteilt wird[1] — wieder in der Form von Gl. (384a)

$$\frac{dA_r}{dt} = \mu\,\Phi'\,dx\,dy\,dz$$

dargestellt werden, wobei aber jetzt die „Dissipationsfunktion" den Wert

$$\Phi' = -\frac{2}{3}\left(\frac{\partial u}{\partial x} + \frac{\partial v}{\partial y} + \frac{\partial w}{\partial z}\right)^2 + 2\left[\left(\frac{\partial u}{\partial x}\right)^2 + \left(\frac{\partial v}{\partial y}\right)^2 + \left(\frac{\partial w}{\partial z}\right)^2 + \right.$$

$$\left. + \frac{1}{2}\left(\frac{\partial v}{\partial x} + \frac{\partial u}{\partial y}\right)^2 + \frac{1}{2}\left(\frac{\partial u}{\partial z} + \frac{\partial w}{\partial x}\right)^2 + \frac{1}{2}\left(\frac{\partial w}{\partial y} + \frac{\partial v}{\partial z}\right)^2\right]$$

besitzt. Die erste Klammer gibt, wie ersichtlich, den Einfluß der endlichen Kompression an.

b) Die zeitliche Änderung der Zirkulation

Fügt man zu der für die x-Richtung geltenden Bewegungsgleichung (622) noch die entsprechenden Ausdrücke für die y- und z-Richtung und addiert alle drei Gleichungen vektoriell, so erhält man unter Beachtung von (231a), (378) und (378a)

$$\frac{d\mathfrak{v}}{dt} = -\operatorname{grad} U - \frac{1}{\varrho}\operatorname{grad} p + \frac{\mu}{\varrho}\,\Delta\mathfrak{v} + \frac{1}{3}\frac{\mu}{\varrho}\operatorname{grad}\operatorname{div}\mathfrak{v}, \qquad (623)$$

wobei hier — im Gegensatz zur inkompressiblen Flüssigkeit —

$$\operatorname{div}\mathfrak{v} = \frac{\partial u}{\partial x} + \frac{\partial v}{\partial y} + \frac{\partial w}{\partial z} \neq 0$$

ist. Nach Ziffer II, 25d läßt sich die zeitliche Änderung der Zirkulation Γ längs einer geschlossen flüssigen Linie s allgemein in der Form

$$\frac{d\Gamma}{dt} = \oint_{(s)}\frac{d\mathfrak{v}}{dt}\,d\mathfrak{s}$$

---

[1] Vgl. dazu H. GEIGER u. K. SCHEEL: Handb. d. Physik Bd. 7, Berlin 1927, S. 293.

darstellen. Setzt man hier $\dfrac{d\mathfrak{v}}{dt}$ aus (623) ein, so wird

$$\frac{d\varGamma}{dt} = \oint\limits_{(s)} \left(-\frac{1}{\varrho}\operatorname{grad}p + \frac{\mu}{\varrho}\varDelta\mathfrak{v} + \frac{1}{3}\frac{\mu}{\varrho}\operatorname{grad}\operatorname{div}\mathfrak{v}\right)d\mathfrak{s}\,, \tag{624}$$

da

$$\oint\limits_{(s)}\operatorname{grad}U\,d\mathfrak{s} = \oint\limits_{(s)} dU = 0\,.$$

Im Falle *reibungsfreier* Flüssigkeit ($\mu = 0$) vereinfacht sich (624) zu

$$\frac{d\varGamma}{dt} = -\oint\limits_{(s)}\frac{1}{\varrho}\operatorname{grad}p\,d\mathfrak{s} = -\oint\limits_{(s)}\frac{dp}{\varrho}\,. \tag{624a}$$

Hat man es dabei mit einem *homogenen* Gase zu tun, bei dem $\varrho = \varrho(p)$ eine einwertige Funktion von p ist, dann verschwindet auch dieses Linienintegral, und die Zirkulation bleibt zeitlich konstant. In diesem Falle gilt also der THOMSON-sche Satz genau so wie bei reibungsfreien *inkompressiblen* Flüssigkeiten.

Nun haben aber die Überlegungen in Ziffer II, 25 gezeigt, daß bei *reibungs-behafteten* Flüssigkeiten (zu denen auch die Gase gehören) unter dem Einfluß der Schubspannungen zeitliche Änderungen der Geschwindigkeiten — und damit auch der Zirkulationen — eintreten, die besonders in der Nähe der Wirbel-zentren erheblich sein können. Um darüber etwas Konkretes aussagen zu können, sollen jetzt nur *ebene* und *kreissymmetrische* Wirbelströmungen betrachtet werden. Dann folgt aus (624) für eine Kreisstromlinie mit $\varrho = \text{const}$ wegen

$$\frac{1}{\varrho}\oint\limits_{(s)}\operatorname{grad}p\,d\mathfrak{s} = 0 \quad\text{und}\quad \frac{1}{\varrho}\oint\limits_{(s)}\operatorname{grad}\operatorname{div}\mathfrak{v}\,d\mathfrak{s} = 0$$

$$\frac{d\varGamma}{dt} = \frac{\mu}{\varrho}\oint\limits_{(s)}\varDelta\mathfrak{v}\,d\mathfrak{s} = \frac{\mu}{\varrho}\varDelta v_\varphi\cdot 2\,\pi\,r$$

in formaler Übereinstimmung mit (501a) und (501d). Der Unterschied besteht lediglich darin, daß hier der Quotient $\dfrac{\mu}{\varrho}$ von Stromlinie zu Stromlinie veränder-lich ist.

Bei kleinen MACH-Zahlen (für Luft etwa $Ma \leqq 0{,}4$) fällt die relative Dichte-änderung $\dfrac{\varDelta\varrho}{\varrho}$ des Gases nicht wesentlich ins Gewicht (vgl. dazu S. 49). In solchen Fällen kann das Gas angenähert als inkompressibel angesehen werden. Das gilt insbesondere für die unmittelbare Umgebung des Wirbelzentrums und für Punkte in größerem Abstand von diesem, da dort — wie aus Abb. 189 ersichtlich — nur relativ kleine Geschwindigkeiten v_φ vorhanden sind. Unter dieser Voraussetzung wird der Strömungsverlauf durch die in Ziffer II, 25 angegebenen Ausdrücke für $\varGamma(r)$, $v_\varphi(r)$ und $\omega(r)$ zumindest *qualitativ* richtig dargestellt. Dabei ist — wie diese Ausdrücke zeigen — die Strömung instationär und im ganzen Bereich ständig verzögert.

Für *große* MACH-Zahlen mit großen relativen Dichteänderungen steht eine praktisch brauchbare Theorie der Wirbelströmung unter Berücksichtigung von Kompressibilität *und* Reibung z. Z. noch aus. Dazu wäre es wohl notwendig, zunächst die der Wirbeldifferentialgleichung (492a) entsprechende Gleichung auf-zustellen, aus der dann weitere Schlüsse gezogen werden könnten.

c) Zustandsgleichungen

Die drei Bewegungsgleichungen (622) usw. und die Kontinuitätsbedingung (617) enthalten (unter der Voraussetzung eines konstanten Zähigkeitsmaßes μ, s. Absatz a) fünf Unbekannte, nämlich die drei Geschwindigkeitskomponenten

u, v, w, den Druck p und die Dichte ϱ. Die Massenkräfte X, Y, Z sind dabei als gegeben anzusehen, im allgemeinen können sie in der Gasdynamik überhaupt außer Betracht bleiben. Es bedarf also noch einer weiteren Angabe, durch welche der Zusammenhang zwischen p und ϱ zum Ausdruck kommt.

Dazu steht für *vollkommene* Gase die thermische Zustandsgleichung (4b) zur Verfügung, welche — ausgedrückt im physikalischen Maßsystem — lautet

$$\frac{p}{\varrho} = R\,T \tag{625}$$

mit $\varrho\left[\dfrac{\text{kg}}{\text{m}^3}\right]$ als Dichte und $R\left[\dfrac{\text{kp m}}{\text{kg grd}}\right]$ als Gaskonstante (vgl. Abschnitt I, Ziffer 3).

Bei *isothermer* Zustandsänderung, d. h. bei gleichbleibender Temperatur der betrachteten Gasmenge, folgt aus (625)

$$\frac{p}{\varrho} = \frac{p_1}{\varrho_1} = \text{const}, \tag{626}$$

und diese Gleichung liefert, sofern die Konstante $\dfrac{p_1}{\varrho_1}$ für einen beliebigen Ausgangszustand vorgegeben ist, sofort die fünfte zur Beschreibung des Bewegungsvorgangs noch erforderliche Bedingung.

Im allgemeinen wird man es jedoch mit nichtisothermen Vorgängen zu tun haben. Dann bedarf es neben (625) noch einer Angabe über die Temperaturverteilung in dem strömenden Gase.

Eine besondere Bedeutung für die gasdynamischen Anwendungen besitzt die ohne Wärmeaustausch mit der Umgebung bei konstanter Entropie erfolgende *isentrope Zustandsänderung*, für welche die POISSONsche Gleichung

$$\frac{p}{\varrho^{\varkappa}} = \text{const} \tag{627}$$

gilt, mit $\varkappa = \dfrac{c_p}{c_v}$ (s. Abschnitt I, Ziffer 3). Bezeichnen wieder p_1 und ϱ_1 die auf einen beliebigen Ausgangszustand bezogenen Werte für Druck und Dichte, so folgt aus (627)

$$\frac{p}{p_1} = \left(\frac{\varrho}{\varrho_1}\right)^{\varkappa} \tag{627a}$$

oder unter Beachtung von (625)

$$\frac{T}{T_1} = \left(\frac{\varrho}{\varrho_1}\right)^{\varkappa - 1} = \left(\frac{p}{p_1}\right)^{\frac{\varkappa - 1}{\varkappa}}, \tag{627b}$$

wo T_1 die zu p_1 und ϱ_1 gehörige Temperatur ist.

Als Zustandsänderungen ohne Wärmeaustausch mit der Umgebung können solche Vorgänge angesehen werden, bei denen entweder das strömende Medium vollständig in eine wärmeundurchlässige Hülle eingeschlossen ist, oder Strömungen, die so schnell ablaufen, daß praktisch kein — oder doch nur ein geringer — Wärmeaustausch mit der Umgebung möglich ist.

Neben den drei oben genannten Zustandsgrößen p, ϱ, T spielen in der Gasdynamik noch zwei weitere eine wichtige Rolle, die bereits jetzt genannt seien. Es sind dies die auf die Masseneinheit bezogene *innere* oder *thermische Energie* $u_*\left[\dfrac{\text{kcal}}{\text{kg}}\right]$ und die ebenfalls auf die Masseneinheit bezogene *Enthalpie* $i\left[\dfrac{\text{kcal}}{\text{kg}}\right]$*. Nach den Lehren der Thermodynamik sind diese für *vollkommene* Gase definiert durch[1]

$$du_* = c_v\,dT; \qquad di = c_p\,dT \tag{628}$$

---

* Dabei ist kcal die Bezeichnung der Kilokalorie.
[1] Vgl. etwa E. SCHMIDT: Einführung in die Technische Thermodynamik, 8. Aufl. (1960) S. 45 u. 46.

Sofern bei den folgenden Überlegungen die *thermischen* Größen $u_*(T)$ und $i(T)$ neben *mechanischen* Energiemengen in einer Gleichung auftreten, sind u_* und i in mechanischen Energie- bzw. Arbeitseinheiten auszudrücken. Das geschieht durch Multiplikation mit dem „mechanischen Wärmeäquivalent" $J \approx 427 \, \dfrac{\text{mkp}}{\text{kcal}}$ [unter Beachtung der Gl. (1) von S. 3], wenn u_* und i in $\left[\dfrac{\text{kcal}}{\text{kg}}\right]$ gemessen sind. In allen diesbezüglichen Gleichungen des vorliegenden Kapitels wird der Einfachheit halber $J = 1$ gesetzt, d. h., es soll auch zur Messung aller *thermischen* Energiebeträge die *mechanische* Energieeinheit verwendet werden.

d) Die Bernoullische Gleichung

Für *reibungs- und wirbelfreie Strömungen* läßt sich — ähnlich wie bei inkompressiblen Flüssigkeiten — ein erstes Integral der Bewegungsgleichungen angeben. Da die Bedingung der Wirbelfreiheit, nämlich

$$\mathfrak{u} = \frac{1}{2}\operatorname{rot}\mathfrak{v} = 0,$$

die Dichte ϱ nicht enthält [Gl. (238)], so gelten auch hier bei Wirbelfreiheit die Bedingungen (239) und (240). Damit ändert sich aber auch nichts an den Überlegungen von Ziffer II, 6, die zu Gl. (250) geführt haben.

Bei Beschränkung auf *stationäre* Strömungen und Vernachlässigung aller Massenkräfte folgt aus (250)

$$\frac{\bar{v}^2}{2} + \int \frac{dp}{\varrho} = \text{const}, \tag{629}$$

mit

$$\bar{v}^2 = u^2 + v^2 + w^2. \tag{629a}$$

Bezeichnen nun $\bar{v}_1, p_1$ und $\bar{v}_2, p_2$ zusammengehörige Werte an verschiedenen Orten 1 und 2 der Strömung, so kann (629) auch in der Form

$$\frac{1}{2}(\bar{v}_1^2 - \bar{v}_2^2) = \int\limits_{p_1}^{p_2} \frac{dp}{\varrho} \tag{630}$$

geschrieben werden. Im Falle *isentroper* Zustandsänderung läßt sich das Druckintegral

$$\int\limits_{p_1}^{p_2} \frac{dp}{\varrho} = \int\limits_{p_1}^{p_2} \frac{dp}{\varrho(p)}$$

leicht bestimmen. Aus (627a) folgt nämlich

$$\varrho = \frac{\varrho_1}{p_1^{1/\varkappa}}\, p^{1/\varkappa},$$

und somit wird

$$\int\limits_{p_1}^{p_2} \frac{dp}{\varrho} = \frac{p_1^{1/\varkappa}}{\varrho_1} \int\limits_{p_1}^{p_2} p^{-1/\varkappa}\, dp = \frac{p_1^{1/\varkappa}}{\varrho_1}\left[\frac{p^{1-1/\varkappa}}{1-1/\varkappa}\right]_{p_1}^{p_2} = \frac{\varkappa}{\varkappa-1}\frac{p_1^{1/\varkappa}}{\varrho_1}\left(p_2^{\frac{\varkappa-1}{\varkappa}} - p_1^{\frac{\varkappa-1}{\varkappa}}\right)$$

oder wegen (630)

$$\int\limits_{p_1}^{p_2} \frac{dp}{\varrho} = \frac{\varkappa}{\varkappa-1}\frac{p_1}{\varrho_1}\left[\left(\frac{p_2}{p_1}\right)^{\frac{\varkappa-1}{\varkappa}} - 1\right] = \frac{1}{2}(\bar{v}_1^2 - \bar{v}_2^2). \tag{630a}$$

e) Die Potentialgleichung für ebene und räumliche Strömungen

Vorausgesetzt wird eine *wirbelfreie* und *stationäre*, ebene Strömung parallel der x, y-Ebene. Dann vereinfacht sich die Kontinuitätsgleichung (617) zu

$$\frac{\partial(\varrho u)}{\partial x} + \frac{\partial(\varrho v)}{\partial y} = u \frac{\partial \varrho}{\partial x} + v \frac{\partial \varrho}{\partial y} + \varrho \left(\frac{\partial u}{\partial x} + \frac{\partial v}{\partial y} \right) = 0. \tag{631}$$

Außerdem lassen sich u und v durch das Geschwindigkeitspotential φ ausdrücken, also

$$u = \frac{\partial \varphi}{\partial x}; \quad v = \frac{\partial \varphi}{\partial y}. \tag{632}$$

Zunächst folgt aus (629) nach Differentiation

$$d\varrho = \frac{d\varrho}{dp} dp = -\frac{d\varrho}{dp} \frac{\varrho}{2} d(\bar{v}^2) = -\frac{d\varrho}{dp} \frac{\varrho}{2} d(u^2 + v^2). \tag{633}$$

Der Quotient $\dfrac{dp}{d\varrho}$ hat die Dimension eines Geschwindigkeitsquadrates. Mit

$$a = \sqrt{\frac{dp}{d\varrho}} \quad \left[\frac{\mathrm{m}}{\mathrm{s}} \right] \tag{634}$$

geht (633) über in

$$d\varrho = -\frac{\varrho}{2 a^2} d(u^2 + v^2),$$

wofür man auch schreiben kann

$$\frac{\partial \varrho}{\partial x} dx + \frac{\partial \varrho}{\partial y} dy = -\frac{\varrho}{2 a^2} \left[\frac{\partial(u^2)}{\partial x} dx + \frac{\partial(u^2)}{\partial y} dy + \frac{\partial(v^2)}{\partial x} dx + \frac{\partial(v^2)}{\partial y} dy \right].$$

Daraus folgt

$$\frac{\partial \varrho}{\partial x} = -\frac{\varrho}{2 a^2} \frac{\partial}{\partial x} (u^2 + v^2); \quad \frac{\partial \varrho}{\partial y} = -\frac{\varrho}{2 a^2} \frac{\partial}{\partial y} (u^2 + v^2).$$

Setzt man diese Ausdrücke in die Kontinuitätsgleichung (631) ein, so geht diese unter Beachtung von (632) über in

$$-\frac{1}{2 a^2} \frac{\partial \varphi}{\partial x} \left(2 \frac{\partial \varphi}{\partial x} \frac{\partial^2 \varphi}{\partial x^2} + 2 \frac{\partial \varphi}{\partial y} \frac{\partial^2 \varphi}{\partial x \partial y} \right) -$$

$$-\frac{1}{2 a^2} \frac{\partial \varphi}{\partial y} \left(2 \frac{\partial \varphi}{\partial x} \frac{\partial^2 \varphi}{\partial y \partial x} + 2 \frac{\partial \varphi}{\partial y} \frac{\partial^2 \varphi}{\partial y^2} \right) + \frac{\partial^2 \varphi}{\partial x^2} + \frac{\partial^2 \varphi}{\partial y^2} = 0$$

oder, nach einfacher Zusammenfassung,

$$\frac{\partial^2 \varphi}{\partial x^2} \left[a^2 - \left(\frac{\partial \varphi}{\partial x} \right)^2 \right] + \frac{\partial^2 \varphi}{\partial y^2} \left[a^2 - \left(\frac{\partial \varphi}{\partial y} \right)^2 \right] - 2 \frac{\partial \varphi}{\partial x} \frac{\partial \varphi}{\partial y} \frac{\partial^2 \varphi}{\partial x \partial y} = 0. \tag{635}$$

Dies ist die gesuchte *Potentialgleichung* der ebenen wirbelfreien Gasströmung für $\varphi(x, y)$. Man erkennt, daß es sich dabei um eine *nichtlineare* Differentialgleichung handelt. In analoger Weise erhält man für die *räumliche* Strömung

$$\frac{\partial^2 \varphi}{\partial x^2} \left[a^2 - \left(\frac{\partial \varphi}{\partial x} \right)^2 \right] + \frac{\partial^2 \varphi}{\partial y^2} \left[a^2 - \left(\frac{\partial \varphi}{\partial y} \right)^2 \right] + \frac{\partial^2 \varphi}{\partial z^2} \left[a^2 - \left(\frac{\partial \varphi}{\partial z} \right)^2 \right] -$$

$$- 2 \left[\frac{\partial \varphi}{\partial x} \frac{\partial \varphi}{\partial y} \frac{\partial^2 \varphi}{\partial x \partial y} + \frac{\partial \varphi}{\partial x} \frac{\partial \varphi}{\partial z} \frac{\partial^2 \varphi}{\partial x \partial z} + \frac{\partial \varphi}{\partial y} \frac{\partial \varphi}{\partial z} \frac{\partial^2 \varphi}{\partial y \partial z} \right] = 0. \tag{635a}$$

In Ziffer 3 wird sich zeigen, daß die oben durch Gl. (634) eingeführte Geschwindigkeit a die *Schallgeschwindigkeit* darstellt, mit der sich kleine Druckstörungen in dem betreffenden Gase fortpflanzen. Dividiert man (635) durch a^2 und läßt $a \to \infty$ gehen, dann verschwinden alle Glieder, welche die Schallgeschwindigkeit enthalten, und man gelangt zur Potentialgleichung (254a) der inkompressiblen Flüssigkeit. Die Vernachlässigung der Kompressibilität wirkt sich also derart aus, daß die Schallgeschwindigkeit in raumbeständigen Flüssigkeiten als unendlich groß erscheint, bzw. daß kleine Druckstörungen sich augenblicklich nach allen Seiten hin fortpflanzen.

3. Fortpflanzung kleiner Störungen, Schallgeschwindigkeit[1]

In einem (unendlich langen) Rohre führe ein Gas eine stationäre Bewegung mit der Geschwindigkeit u aus. ϱ und p seien die zugehörigen Zustandswerte für die Dichte und den Druck. Man denke sich jetzt in einem beliebigen Querschnitt $a-a$ des Rohres (Abb. 239), und über diesen gleichmäßig verteilt, eine plötzliche Druckänderung von geringer Intensität erzeugt, die sich mit der absoluten Geschwindigkeit u' in der Gasmasse fortpflanzen möge. Im Querschnitt $a-a$ wird sich dann eine Unstetigkeit der Geschwindigkeitsgröße (und entsprechend für ϱ und p) einstellen. Die diesbezüglichen Werte seien $u + \Delta u$, $\varrho + \Delta \varrho$, $p + \Delta p$.

Um den Vorgang stationär zu machen, denke man sich ein mit dem Druckstoß bewegtes Koordinatensystem eingeführt und betrachte zwei Querschnitte $1-1$ und $2-2$ vor bzw. hinter $a-a$. Im Querschnitt $1-1$ herrscht dann die (relative) Geschwindigkeit $u - u'$, im Querschnitt $2-2$ entsprechend $u + \Delta u - u'$. Die Kontinuitätsgleichung (617b) liefert also

$$\varrho \, (u - u') = (\varrho + \Delta \varrho)(u + \Delta u - u').\qquad(636)$$

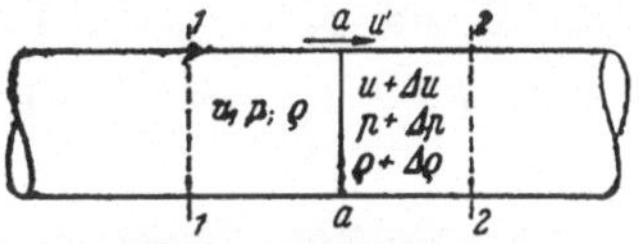

Da es sich hier um *kleine* Druckstörungen handeln soll, kann das Produkt $\Delta \varrho \, \Delta u$ als klein höherer Ordnung vernachlässigt werden, weshalb

$$\varrho \, \Delta u = \Delta \varrho \, (u' - u).\qquad(637)$$

Abb. 239. Druckstörung in einer eindimensionalen Gasströmung

Auf die durch die Querschnitte $1-1$ und $2-2$ abgegrenzte Gasmasse wende man jetzt den Impulssatz an. Dieser liefert mit Rücksicht auf (636)

$$p - (p + \Delta p) = \varrho \, (u - u') \, [u + \Delta u - u' - (u - u')],$$

woraus folgt

$$\Delta p = \varrho \, \Delta u \, (u' - u).$$

Führt man hier $\varrho \, \Delta u$ aus (637) ein, so wird

$$\frac{\Delta p}{\Delta \varrho} = (u' - u)^2.$$

Wegen der vorausgesetzten geringen Druckänderung kann $\dfrac{\Delta p}{\Delta \varrho} = \dfrac{d p}{d \varrho}$ gesetzt werden. Unter Beachtung von (634) wird also

$$u' - u = \pm \sqrt{\frac{d p}{d \varrho}} = \pm a,$$

bzw.

$$u' = u \pm a.\qquad(638)$$

Die absolute Fortpflanzungsgeschwindigkeit u' der oben eingeführten geringen Druckstörung setzt sich demnach zusammen aus der ungestörten Geschwindigkeit u und der durch (634) bestimmten Geschwindigkeit a. Dabei gilt das obere Vorzeichen in (638) für Störungen *in* der Richtung von u, das untere im *Gegensinne*. Man erkennt daraus, daß a — ähnlich wie bei der Schallausbreitung — die Fortpflanzungsgeschwindigkeit kleiner (positiver oder negativer) Druckänderungen relativ zur ungestörten Strömung darstellt. Sie wird deshalb als *Schallgeschwindigkeit* bezeichnet.

Die Schallgeschwindigkeit ist keine Konstante, sondern von der Temperatur bzw. von der Geschwindigkeit des strömenden Gases abhängig. Zunächst folgt

---

[1] Vgl. dazu L. PRANDTL: Führer durch die Strömungslehre, 3. Aufl. (1949) S. 245 und R. SAUER: Z. VDI Bd. 88 (1944) S. 303.

370   Bewegung der Flüssigkeiten

aus (627a) für *isentrope* Zustandsänderung

$$\frac{dp}{d\varrho} = \frac{p_1}{\varrho_1^\varkappa}\,\varkappa\,\varrho^{\varkappa-1} = \varkappa\,\frac{p_1}{\varrho_1}\left(\frac{\varrho}{\varrho_1}\right)^{\varkappa-1} = \varkappa\,\frac{p}{\varrho}. \tag{639}$$

Damit wird wegen (634) einerseits

$$a^2 = \varkappa\,\frac{p}{\varrho} \tag{640}$$

und andererseits wegen (627b)

$$a^2 = \varkappa\,\frac{p_1}{\varrho_1}\,\frac{T}{T_1}, \tag{640a}$$

woraus die Temperaturabhängigkeit von a bei *isentroper* Zustandsänderung ersichtlich ist.

Legt man für *ruhende Luft* vom Normaldruck $p_1 = p_0 = 1{,}0332\,\frac{\mathrm{kp}}{\mathrm{cm}^2} = 10332\,\frac{\mathrm{kp}}{\mathrm{m}^2}$ die Dichte $\varrho_1 = \varrho_0 = 0{,}132\,\frac{\mathrm{kp\,s}^2}{\mathrm{m}^4}$ bei 0 °C zugrunde, so wird am Erdboden mit $T = T_1 = T_0$ und $\varkappa = 1{,}405$

$$a = \sqrt{\varkappa\,\frac{p_0}{\varrho_0}} \approx 332\,\frac{\mathrm{m}}{\mathrm{s}}.$$

Da die Temperatur mit wachsender Höhe abnimmt, so gilt nach (640a) Entsprechendes auch für die Schallgeschwindigkeit. Bei der „Normalatmosphäre" (S. 32) wird eine Temperaturabnahme von 6,5° je 1000 m vorausgesetzt. In 10000 m Höhe würde also $T = T_0 - 65°$ sein, d. h. bei $T_0 = 273°$ (wegen $t = 0°$, s. oben) $T = 208°$. Damit liefert Gl. (640a) als Schallgeschwindigkeit in 10000 m Höhe

$$a \approx 290\,\frac{\mathrm{m}}{\mathrm{s}}.$$

Flugzeuge, die sich in derartigen Höhen bewegen, erreichen also bei gleicher Fluggeschwindigkeit die Schallgrenze früher als in Bodennähe.

Um die Veränderlichkeit von a mit der Strömungsgeschwindigkeit $\bar{v}$ zu erhalten, sei jetzt in Gl. (630) der Zeiger 1 auf den *Ruhezustand* bezogen, also $\bar{v}_1 = 0$, $p_1 = p_0$, $\varrho_1 = \varrho_0$ gesetzt. Dann lautet diese Gleichung mit $\bar{v}_2 = \bar{v}$ und $p_2 = p$

$$\frac{\bar{v}^2}{2} = \int_p^{p_0} \frac{dp}{\varrho}.$$

Setzt man hier den ersten Wert von (630a) ein, so wird

$$\bar{v}^2 = \frac{2\,\varkappa}{\varkappa - 1}\,\frac{p_0}{\varrho_0}\left[1 - \left(\frac{p}{p_0}\right)^{\frac{\varkappa-1}{\varkappa}}\right]. \tag{641}$$

(Formel von SAINT-VENANT und WANTZEL)[1].

Nun folgt aus (634), (639) und (627a)

$$a^2 = \varkappa\,\frac{p_0}{\varrho_0}\left(\frac{p}{p_0}\right)^{\frac{\varkappa-1}{\varkappa}},$$

weshalb

$$\bar{v}^2 = \frac{2\,\varkappa}{\varkappa - 1}\,\frac{p_0}{\varrho_0}\left(1 - \frac{a^2}{\varkappa}\,\frac{\varrho_0}{p_0}\right)$$

oder

$$a^2 = \varkappa\,\frac{p_0}{\varrho_0} - \bar{v}^2\,\frac{\varkappa - 1}{2}. \tag{642}$$

---

[1] DE SAINT-VENANT, B., u. L. WANTZEL: J. école polyt. Bd. 27 (1839) S. 85.

Man erkennt daraus, daß *a sein Maximum im Ruhezustand erreicht*, nämlich

$$a_0 = a_{\max} = \sqrt{\varkappa \frac{p_0}{\varrho_0}} \, . \tag{642a}$$

Eine wichtige Beziehung ergibt sich noch aus (641) für $\bar{v}$, wenn man dort $p = 0$ setzt, d. h. bei Expansion eines Gases bis ins Vakuum. Dann wird die zugehörige Geschwindigkeit

$$\bar{v} = \bar{v}_{\max} = \sqrt{\frac{2\,\varkappa}{\varkappa - 1}\,\frac{p_0}{\varrho_0}} \, . \tag{643}$$

Dieser Wert stellt die *Höchstgeschwindigkeit* dar, welche ein Gas beim Ausströmen aus einem größeren Behälter ins Vakuum von $\bar{v} = 0$ beim Drucke p_0 aus erreichen kann. Für Luft von $t = 15°$ ergibt sich daraus mit $\varrho_0 = 0{,}125\,\dfrac{\text{kp s}^2}{\text{m}^4}$, $p_0 = 10332\,\dfrac{\text{kp}}{\text{m}^2}$ und $\varkappa = 1{,}405$

$$\bar{v}_{\max} = 757\,\frac{\text{m}}{\text{s}} \, .$$

4. Machscher Winkel

In Ziffer 3 wurde gezeigt, daß sich kleine Druckstörungen in einem strömenden Gase relativ zur ungestörten Strömung mit der Schallgeschwindigkeit a fortpflanzen. Als Fortpflanzungsrichtung kommt dabei auf Grund der dort gemachten Annahmen nur die Richtung der Rohrachse in Frage. Aus Gl. (638) folgt nun, daß derartige Störungen sich stromabwärts *und* stromaufwärts fortpflanzen (wenn auch mit verschiedenen Geschwindigkeiten), solange $u < a$ ist (Unterschallgebiet). Wird dagegen $u > a$ (Überschallgebiet), dann ist eine Fortpflanzung stromaufwärts nicht mehr möglich, da u' auf alle Fälle > 0, also stets stromabwärts gerichtet ist. Man erkennt daraus ein wesentlich anderes Verhalten der kompressiblen Flüssigkeit gegenüber der inkompressiblen, für welche nach den Ausführungen auf S. 368 die Schallgeschwindigkeit (theoretisch!) als unendlich groß erscheint, so daß sich Druckstörungen stets stromauf *und* stromab — und zwar momentan — fortpflanzen.

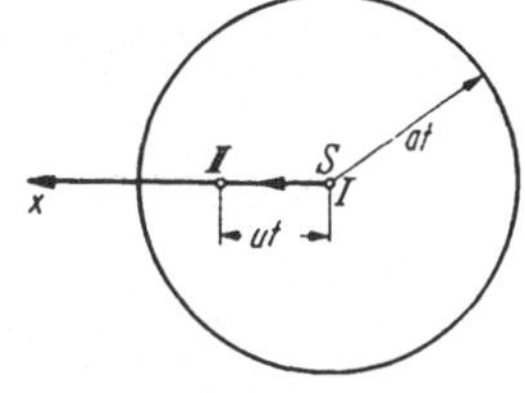

Abb. 240

Die vorstehenden Überlegungen gelten prinzipiell auch für kleine Druckstörungen, die sich von einer punktförmigen Störungsstelle S (etwa einem kleinen Hindernis) aus im dreidimensionalen Raume ausbreiten, allerdings mit dem Unterschied, daß sich jetzt die Druckstörung relativ zum strömenden Gase gleichmäßig *nach allen Seiten hin* mit der Schallgeschwindigkeit a fortpflanzt.

Auch hier ergeben sich dabei verschiedene Strömungszustände, je nachdem ob die Geschwindigkeit u der Gasströmung größer oder kleiner ist als die Schallgeschwindigkeit a.

Zur Erklärung des Vorganges ist es gleichgültig, ob man die Störungsstelle S im Raume festhält und eine ungestörte Gasgeschwindigkeit u annimmt, oder ob man die Störungsstelle mit der Geschwindigkeit $-u$ in einem an sich ruhenden Gase bewegt.

Man denke sich also die Druckstörung durch einen nach links mit der Geschwindigkeit $u < a$ in einem ruhenden Gase bewegten punktförmigen Körper (etwa ein Geschoß) erzeugt, der sich augenblicklich in der Lage I befinden möge (Abb. 240). Dann gehen bei der Bewegung des Körpers von seinem jeweiligen Orte ständig Druckstörungen aus, die sich mit Schallgeschwindigkeit (relativ zu dem ruhenden Gase) ausbreiten. Nach Ablauf der Zeit t erfüllt die von I aus-

24*

gehende Störung eine Kugeloberfläche, deren Radius $r = at$ ist. In der gleichen Zeit hat der Körper den Weg $x = ut$ durchlaufen und befindet sich am Orte *II*, also *innerhalb* der von *I* ausgehenden Kugelwelle. Die Druckwelle eilt demnach dem Körper ständig voraus und erfüllt nach entsprechend langer Zeit den ganzen Raum.

Ein wesentlich anderes Bild ergibt sich für $u > a$ (Abb. 241). Auch jetzt erfüllt die von *I* ausgehende Störung die Kugeloberfläche vom Radius at, der Körper befindet sich aber zur Zeit t am Orte *III* ($x = ut$) und liegt *außerhalb* der von *I* ausgehenden Kugelwelle. Zur Zeit $\dfrac{t}{2}$ befindet er sich in der Lage *II* $\left(x = \dfrac{1}{2} ut\right)$. Druckstörungen, die dort von ihm ausgehen, liegen nach $\dfrac{t}{2}$, also zu der Zeit, zu welcher der Körper bereits die Lage *III* erreicht hat, auf der Kugeloberfläche vom Halbmesser $\dfrac{1}{2} at$, der kleiner ist als der entsprechende Weg $\dfrac{1}{2} ut$ des Körpers. Man erkennt daraus, *daß alle Druckstörungen auf einen Kegel vom Öffnungswinkel 2α beschränkt sind*, der durch den Ausdruck

$$\sin\alpha = \frac{a}{u} \tag{644}$$

bestimmt ist. Außerhalb dieses Kegels können sich Druckstörungen überhaupt nicht bemerkbar machen, solange $u > a$ ist. Der Winkel α wird zu Ehren von E. MACH[1] als *Machscher Winkel*, der Quotient

$$Ma = \frac{u}{a} \tag{644a}$$

als *Machsche Zahl* bezeichnet. Es sei hier noch besonders darauf hingewiesen, daß das oben gefundene Ergebnis nur für *kleine* Druckstörungen gilt, und zwar sowohl für Druckerhöhungen als auch Erniedrigungen. Bei größeren Drucksprüngen, z. B. Explosionen, gelten andere Gesetzmäßigkeiten.

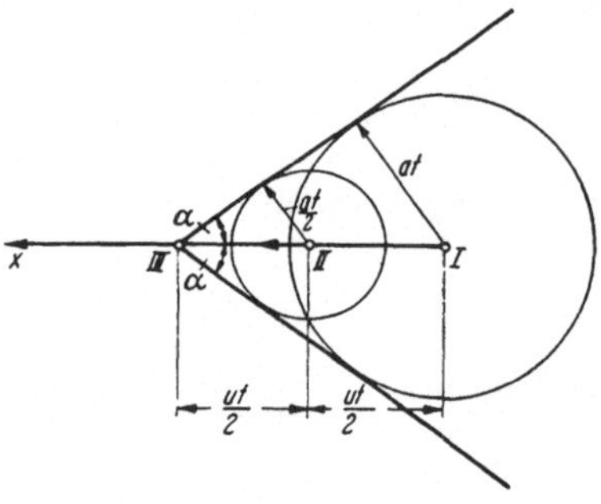

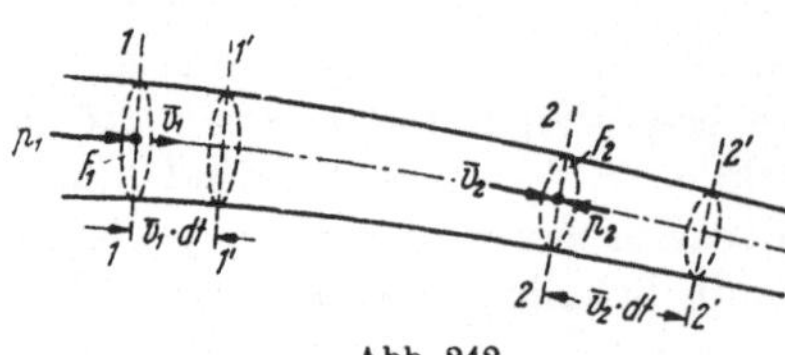

Abb. 241. Zur Definition des MACHschen Winkels

Ähnlich wie der hier betrachtete punktförmige Körper verhalten sich auch mit Überschallgeschwindigkeit fliegende Flugzeuge. Auch bei diesen können sich die von den Tragflächen und Rümpfen ausgehenden Druckstörungen nur nach rückwärts unter dem jeweiligen MACHschen Winkel fortpflanzen. Auf die Konsequenzen, welche sich aus diesem verschiedenen Verhalten im Unter- und Überschallbereich hinsichtlich der Größe der Luftkräfte ergeben, wird später noch eingegangen (Ziffer 8, f)

5. Gasströmungen in eindimensionaler Behandlung (Stromfadentheorie)

a) Der Energiesatz

Um eine Aussage über die Energiebilanz einer stationär strömenden Gasmasse zu erhalten, sei ein „Stromfaden" betrachtet (vgl. S. 37), dessen über die Querschnitte 1—1 bzw. 2—2 gemittelten Geschwindigkeiten die Größen $\bar{v}_1$ bzw. $\bar{v}_2$ haben mögen (Abb. 242). Im Falle der hier vorausgesetzten stationären Strömung kann die im Zeitelement dt erfolgende Energieänderung der augenblicklich durch die Querschnitte 1—1 und 2—2 abgegrenzten Gasmasse ein-

Abb. 242

____
[1] Literaturzitat 1 von S. 362.

fach dadurch angegeben werden, daß man den Überschuß der durch den Querschnitt F_2 in der Zeit dt aus dem abgegrenzten Bereich austretenden Energie über die in der gleichen Zeit eintretende bestimmt. Diese Energieänderung muß nach dem Energieprinzip gleich derjenigen Energie sein, die der abgegrenzten Gasmasse von außen her in der Zeit dt zugeführt wird. Eine derartige Energiezufuhr besteht einerseits in der Arbeit, welche die auf die Querschnitte F_1 und F_2 wirkenden Drücke bei der Verschiebung der Gasmasse leisten, und andererseits in der ihr in der Zeit dt zugeführten Wärmemenge, ausgedrückt im mechanischen Arbeitsmaßstab (vgl. S. 367).

Die in der Zeit dt durch den Querschnitt F_1 tretende Gasmasse ist $dm = \varrho_1 F_1 \bar{v}_1 dt$. Nach der Kontinuitätsgleichung (617b) muß sie gleich der durch F_2 austretenden Masse sein, d. h. es ist

$$\frac{dm}{dt} = \varrho_1 F_1 \bar{v}_1 = \varrho_2 F_2 \bar{v}_2 \,. \tag{645}$$

Die Energie der Masse dm setzt sich zusammen aus der kinetischen Energie $\frac{dm}{2}\,\bar{v}^2$, der potentiellen Energie $dm\,gz$ (wenn hier als Massenkraft nur die Schwerkraft in Betracht gezogen wird, vgl. S. 41) und der inneren, thermischen Energie $dm\,u_*$.

Faßt man nun diese drei Energieformen zusammen, so tritt in der Zeit dt durch F_2 die Energie $dm\left(\frac{\bar{v}_2^2}{2} + g\,z_2 + u_{*2}\right)$ aus, durch F_1 die Energie $dm\left(\frac{\bar{v}_1^2}{2} + g\,z_1 + u_{*1}\right)$ ein. Die Differenz beider muß nach dem oben Gesagten gleich der Druckarbeit und der Wärmezufuhr sein. Erstere wird, da $\bar{v}_1$ bzw. $\bar{v}_2$ die Verschiebungswege der Querschnitte F_1 bzw. F_2 pro Zeiteinheit sind, unter Beachtung von (645)

$$p_1 F_1 \bar{v}_1\,dt - p_2 F_2 \bar{v}_2\,dt = dm\left(\frac{p_1}{\varrho_1} - \frac{p_2}{\varrho_2}\right).$$

Die Wärmemenge, welche der *Masseneinheit* auf dem Wege dl (d. h. in der Zeit dt) zugeführt wird, sei mit $dq\left[\dfrac{\mathrm{kcal}}{\mathrm{kg}}\right]$ bezeichnet. Die gesamte Wärmemenge, welche der durch die Querschnitte F_1 und F_2 abgetrennten Gasmasse in der Zeit dt zugeführt wird, ist somit

$$dQ = \int\limits_{l_1}^{l_2} \int\limits_{(F)} dq\,(\varrho\,dl \cdot dF) = \int\limits_{l_1}^{l_2} dq \int\limits_{(F)} (\varrho\,\bar{v}\,dt \cdot dF) = dt \int\limits_{l_1}^{l_2} dq\,(\varrho\,\bar{v}\,F)$$

oder, da $\varrho\,\bar{v}\,F$ aus Kontinuitätsgründen über die Rohrlänge konstant und somit nach (645) gleich $\dfrac{dm}{dt}$ ist,

$$dQ = dm \int\limits_{l_1}^{l_2} dq \,.$$

Dabei bezeichnet das Integral die der Masseneinheit auf dem Wege $1-2$ zugeführte Wärme.

Als Energiebilanz ergibt sich nunmehr, nachdem der gemeinsame Faktor dm weggehoben ist,

$$\frac{\bar{v}_2^2}{2} + g\,z_2 + u_{*2} + \frac{p_2}{\varrho_2} = \frac{\bar{v}_1^2}{2} + g\,z_1 + u_{*1} + \frac{p_1}{\varrho_1} + \int\limits_{l_1}^{l_2} dq \,.$$

Da aber die Querschnitte $1-1$ und $2-2$ beliebig gewählt werden können, so folgt aus vorstehender Gleichung

$$\frac{\bar{v}^2}{2} + g\,z + u_* + \frac{p}{\varrho} = \mathrm{const} + \int dq \,. \tag{646}$$

In der Thermodynamik wird die Größe

$$i = u_* + \frac{p}{\varrho} \tag{647}$$

als *Enthalpie* bezeichnet. Führt man diese in (646) ein, so erhält man als *Energiesatz der Stromfadentheorie* für *stationäre* Strömung

$$\frac{\bar{v}^2}{2} + gz + i = \int dq + \text{const}. \tag{648}$$

Häufig spielt der Einfluß der Schwere nur eine untergeordnete Rolle, so daß die Ortshöhe z unterdrückt werden kann. Hat man es außerdem mit *adiabatischer* Zustandsänderung zu tun ($dq = 0$), dann wird einfacher

$$\frac{\bar{v}^2}{2} + i = \text{const}. \tag{648a}$$

In differentieller Form lautet diese Gleichung

$$\frac{1}{2} d(\bar{v}^2) + di = 0, \tag{648b}$$

woraus durch Vergleich mit (629) folgt

$$di = \frac{dp}{\varrho}$$

und durch Integration

$$(i - i_0) = \int_{p_0}^{p} \frac{dp}{\varrho}. \tag{649}$$

Die Enthalpie erscheint dabei als Funktion des Druckintegrals.

Aus (647) folgt

$$di = du_* + d\left(\frac{p}{\varrho}\right). \tag{650}$$

Setzt man hier di und du_* aus (628) und $\frac{p}{\varrho}$ aus (625) ein, so wird

$$c_p \, dT = c_v \, dT + R \, dT$$

oder

$$R = c_p - c_v. \tag{651}$$

Es besteht also, wie ersichtlich, ein einfacher Zusammenhang zwischen der Gaskonstante R und den spezifischen Wärmen c_p und c_v.

b) Entropie. Poissonsche Gleichung. Wirbelsatz von Crocco

Schreibt man (629) in differentieller Form, so wird

$$d\left(\frac{\bar{v}^2}{2}\right) = -\frac{1}{\varrho} dp. \tag{652}$$

In gleicher Weise erhält man aus (648) bei Vernachlässigung der Schwere

$$d\left(\frac{\bar{v}^2}{2}\right) + di = dq. \tag{653}$$

Daraus folgt

$$dq = di - \frac{1}{\varrho} dp. \tag{654}$$

Da aber wegen (650)

$$di = du_* + \frac{1}{\varrho} dp + p \, d\left(\frac{1}{\varrho}\right)$$

ist, so wird unter Beachtung von (652) auch

$$dq = du_* + p \, d\left(\frac{1}{\varrho}\right). \tag{654a}$$

Während di und du vollständige Differentiale der Zustandsgrößen i und u_* sind, gilt dieses nicht für dq. Nach den Lehren der Thermodynamik erhält man jedoch ein vollständiges Differential, wenn man den Quotienten $\frac{dq}{T}$ bildet, wo T wieder die absolute Temperatur des Arbeitsgases ist[1]. Dann wird für *reversible* Vorgänge nach (654) und (654a)

$$ds = \frac{dq}{T} = \frac{1}{T}\left(di - \frac{1}{\varrho}\,dp\right) = \frac{1}{T}\left[du_* + p\,d\left(\frac{1}{\varrho}\right)\right]. \tag{655}$$

Die so definierte Größe s stellt eine weitere Zustandsgröße des Gases dar und wird als *Entropie der Masseneinheit* bezeichnet.

Für *vollkommene Gase mit konstanten spezifischen Wärmen* läßt sich (655) wie folgt umformen. Zunächst ist wegen (625) und (651)

$$p\,d\left(\frac{1}{\varrho}\right) = -\frac{p}{\varrho^2}\,d\varrho = -RT\frac{d\varrho}{\varrho} = -(c_p - c_v)\,T\frac{d\varrho}{\varrho}$$

und nach (628)

$$du_* = c_v\,dT.$$

Setzt man diese Ausdrücke in die eckige Klammer von (655) ein, so wird mit $\varkappa = \dfrac{c_p}{c_v}$

$$ds = c_v\frac{dT}{T} + (c_v - c_p)\frac{d\varrho}{\varrho} = c_v\left[\frac{dT}{T} + (1 - \varkappa)\frac{d\varrho}{\varrho}\right].$$

Durch Integration folgt daraus

$$s - s_1 = c_v\left[\ln\frac{T}{T_1} + (1 - \varkappa)\ln\frac{\varrho}{\varrho_1}\right],$$

wobei der Index 1 einen beliebigen Ausgangszustand bezeichnet.

Für den Fall *konstanter Entropie* ist $s - s_1 = 0$ und somit

$$\ln\frac{T}{T_1} = (\varkappa - 1)\ln\frac{\varrho}{\varrho_1}$$

oder wegen (627b)

$$\ln\left|\left(\frac{p}{p_1}\right)^{\frac{\varkappa-1}{\varkappa}}\right| = \frac{\varkappa - 1}{\varkappa}\ln\frac{p}{p_1} = (\varkappa - 1)\ln\frac{\varrho}{\varrho_1}\,.$$

Dieser Ausdruck liefert schließlich die POISSONsche Gleichung (627) der *isentropen Zustandsänderung*

$$\frac{p}{p_1} = \left(\frac{\varrho}{\varrho_1}\right)^{\varkappa} \quad \text{bzw.} \quad \frac{p}{\varrho^{\varkappa}} = \text{const},$$

die damit bewiesen ist.

Nach dem *zweiten Hauptsatz der Thermodynamik* bleibt die Entropie eines abgeschlossenen Systems bei allen umkehrbaren Vorgängen konstant, bei nicht umkehrbaren nimmt sie zu. Danach ist also

$$ds \geqq 0,$$

wobei das Gleichheitszeichen dem *isentropen* Zustand $s = \text{const}$ entspricht. *Vorgänge, bei denen Wärme durch Reibung entsteht, sind nicht umkehrbar*, woraus folgt, daß isentrope Zustandsänderungen ein reibungsfreies Medium voraussetzen.

Wie aus (622) unmittelbar folgt, gelten die EULERschen Gleichungen (230) auch für *reibungsfreie* Gase. Setzt man also in dem aus den NAVIER-STOKESschen Gleichungen — die ja für $\nu = 0$ identisch sind mit den EULER-Gleichungen — abgeleiteten Ausdruck (489a) $\nu = 0$, so kann die Bewegungsgleichung eines reibungsfreien Gases bei *stationärer* Strömung und Vernachlässigung der Massenkräfte auch wie folgt geschrieben werden

$$\frac{1}{2}\operatorname{grad}(\bar{v}^2) - [\mathfrak{v}\operatorname{rot}\mathfrak{v}] = -\frac{1}{\varrho}\operatorname{grad}p\,. \tag{656}$$

---

[1] Vgl. etwa E. SCHMIDT: Einf. in die Techn. Thermodynamik, 8. Aufl. (1960) S. 82.

In Gl. (648a) soll jetzt für die Integrationskonstante der Wert i_0 gesetzt und darunter jene Enthalpie verstanden werden, welche das Gas im Ruhezustand besitzt (Ruhegröße der Enthalpie). Damit wird also

$$\frac{\bar{v}^2}{2} + i = i_0 \, . \tag{657}$$

Stationäre Strömungen, für welche i_0 auf *allen* Stromlinien denselben Wert besitzt, werden als *isoenergetisch* bezeichnet[1]. Für diese gilt also Gl. (657) für das ganze Strömungsfeld. Bildet man in (657) den Gradienten, so wird

$$\frac{1}{2} \operatorname{grad}(\bar{v}^2) = -\operatorname{grad} i \, . \tag{658}$$

Weiter folgt aus dem ersten Ausdruck von (655) wegen

$$d\varphi = \frac{\partial \varphi}{\partial x} dx + \frac{\partial \varphi}{\partial y} dy + \frac{\partial \varphi}{\partial z} dz = \operatorname{grad} \varphi \cdot d\mathfrak{r} \, ,$$

wo $d\mathfrak{r}$ ein „gerichtetes" Linienelement darstellt,

$$\operatorname{grad} i = T \operatorname{grad} s + \frac{1}{\varrho} \operatorname{grad} p$$

und somit aus (658)

$$\frac{1}{2} \operatorname{grad}(\bar{v}^2) = -T \operatorname{grad} s - \frac{1}{\varrho} \operatorname{grad} p \, .$$

Führt man diesen Wert in (656) ein, so erhält man den *Wirbelsatz von Crocco*[2].

$$[\mathfrak{v} \operatorname{rot} \mathfrak{v}] = -T \operatorname{grad} s \tag{659}$$

Danach ist jede stationäre, isoenergetische, reibungsfreie Strömung *im ganzen Strömungsfeld isentrop* ($s = $ const), wenn überall das äußere Produkt aus den Vektoren $\mathfrak{v}$ und $\operatorname{rot} \mathfrak{v}$ verschwindet. Dies ist der Fall, sofern entweder $\operatorname{rot} \mathfrak{v} = 2 \mathfrak{u} = 0$, d. h. die Strömung *wirbelfrei* ist, oder wenn der Geschwindigkeitsvektor $\mathfrak{v}$ und der Wirbelvektor $\mathfrak{u}$ die gleiche Richtung haben.

Weiter zeigt der Croccosche Satz, daß unter den oben genannten Voraussetzungen die Entropie jeder wirbelbehafteten Strömung auch *längs einer Stromlinie* konstant ist. Um dieses zu beweisen, bilde man aus (659)

$$[\mathfrak{v} \operatorname{rot} \mathfrak{v}] d\mathfrak{r} = -T \operatorname{grad} s \cdot d\mathfrak{r} = -T ds \, , \tag{659a}$$

wo $d\mathfrak{r}$ ein (gerichtetes) Linienelement der Stromlinie bezeichnet. Da der Vektor $[\mathfrak{v} \operatorname{rot} \mathfrak{v}] \perp \mathfrak{v}$, und somit auch $\perp d\mathfrak{r}$ steht, verschwindet die linke Seite von (659a). Somit muß längs der Stromlinie auch $ds = 0$, d. h. $s = $ const sein (vgl). hierzu auch S. 140 und 141).

c) Strömung in Rohren mit veränderlichem Querschnitt

Bezeichnet F den Querschnitt an einer beliebigen Stelle des Rohres, $\bar{v}$ die über den Querschnitt gemittelte Geschwindigkeit, ϱ die dort herrschende Dichte und p den zugehörigen Druck, so gilt zunächst die Kontinuitätsgleichung (617b), die man logarithmiert auch wie folgt schreiben kann

$$\ln \varrho + \ln F + \ln \bar{v} = \text{const} \, .$$

Durch Differentiation folgt daraus

$$\frac{d\varrho}{\varrho} + \frac{dF}{F} + \frac{d\bar{v}}{\bar{v}} = 0 \, .$$

Weiter liefert Gl. (629) (nach Differentiation) für reibungsfreie Strömung bei

---

[1] Vgl. K. Oswatitsch: Gasdynamik, Wien 1952, S. 155.

[2] Crocco, L.: Eine neue Stromfunktion für die Erforschung der Bewegung der Gase mit Rotation. ZAMM XVII (1937) S. 1. Vgl. auch W. Tollmien: Ein Wirbelsatz für stationäre, isoenergetische Gasströmung. Luftfahrtforschung XIX (1942) S. 145 und K. Oswatitsch: Zur Ableitung des Croccoschen Wirbelsatzes. Luftfahrtforschung XX (1943) S. 260.

Vernachlässigung von Massenkräften (Schwere) und unter Beachtung von (634)

$$\bar{v}\,d\bar{v} + \frac{dp}{d\varrho}\,\frac{d\varrho}{\varrho} = \bar{v}\,d\bar{v} + a^2\,\frac{d\varrho}{\varrho} = 0\,.$$

Durch Elimination von $\dfrac{d\varrho}{\varrho}$ folgt aus den beiden vorstehenden Ausdrücken die wichtige Beziehung

$$\frac{dF}{F} + \frac{d\bar{v}}{\bar{v}}\left(1 - \frac{\bar{v}^2}{a^2}\right) = 0 \tag{660}$$

(Gleichung von HUGONIOT, 1886). Darin stellt der Quotient $\dfrac{\bar{v}}{a}$ die MACHsche Zahl dar, weshalb (660) auch in der Form

$$\frac{dF}{F} + \frac{d\bar{v}}{\bar{v}}\,(1 - M_a^2) = 0 \tag{660a}$$

geschrieben werden kann. In diesen Gleichungen ist die Schallgeschwindigkeit a nach (642) und (642a) durch

$$a = \sqrt{a_0^2 - \bar{v}^2\,\frac{\varkappa - 1}{2}} \tag{661}$$

bestimmt.

Aus Gl. (660) bzw. (660a) ergibt sich nun folgender wichtiger Zusammenhang: Ist $\bar{v} < a$ (Unterschallbereich), dann wird bei einer stetigen Rohrerweiterung ($dF > 0$) das Differential $d\bar{v}$ negativ, die Geschwindigkeit nimmt also ab. Entsprechend nimmt $\bar{v}$ bei stetiger Rohrverengung zu. Es liegen also prinzipiell die gleichen Erscheinungen vor, wie sie von der inkompressiblen Flüssigkeit her bekannt sind. Ist dagegen $\bar{v} > a$ (Überschallbereich), dann wird bei Rohrerweiterung $d\bar{v}$ positiv, die Geschwindigkeit nimmt also zu. Umgekehrt nimmt $\bar{v}$ bei Rohrverengung ab. Man erkennt daraus als Folge der endlichen Verdichtbarkeit ein vollkommen verschiedenes Verhalten des Gases im Unter- und Überschallbereich.

Ein besonderes Interesse verdient noch der Sonderfall $\bar{v} = a$, für den Gl. (660) die Bedingung $dF = 0$ liefert, was einem Extremwert des Rohrquerschnitts entspricht. Nach den vorhergehenden Betrachtungen kann dieses nur ein Kleinstwert des Querschnitts sein. Da aber dem Werte $dF = 0$ nach

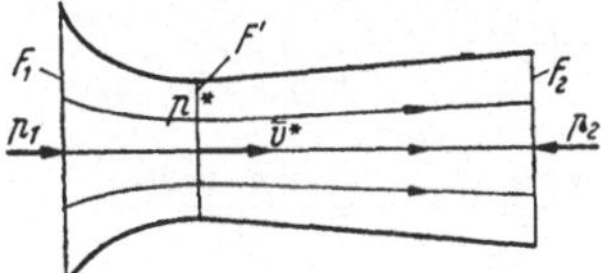

Abb. 243. LAVAL-Düse

(660) die Bedingungen $\bar{v} = a$ oder $d\bar{v} = 0$ entsprechen, so stellt sich im engsten Rohrquerschnitt entweder die der Schallgeschwindigkeit gleiche „*kritische Geschwindigkeit*" $\bar{v}^* = a^*$ ein *oder* die Geschwindigkeit $\bar{v}$ erreicht an dieser Stelle einen Extremwert (vgl. S. 378). Als *kritische Geschwindigkeit* ergibt sich aus (661) mit $a = a^* = \bar{v} = v^*$ der Wert

$$\bar{v}^* = a^* = a_0\sqrt{\frac{2}{\varkappa + 1}}\,. \tag{662}$$

Die vorstehenden Überlegungen finden insbesondere Anwendung bei den nach dem schwedischen Ingenieur DE LAVAL benannten *Lavaldüsen*. Diese bestehen aus einem Rohr, dessen vorderes Stück sich zuerst bis auf einen Kleinstquerschnitt verjüngt und dann in bestimmter Weise wieder stetig erweitert (Abb. 243). Bei entsprechendem Druckgefälle wird im engsten Querschnitt F' die kritische Geschwindigkeit $\bar{v}^* = a^*$ erreicht, die sich im erweiterten Rohrstück weiter vergrößert[1]. Für den „kritischen Druck" p^* im engsten Querschnitt F' ergibt sich aus (641) die Bedingung

$$1 - \left(\frac{p^*}{p_0}\right)^{\frac{\varkappa - 1}{\varkappa}} = \bar{v}^{*2}\,\frac{\varrho_0}{p_0}\,\frac{\varkappa - 1}{2\varkappa}\,.$$

---

[1] Infolge der Zähigkeit des Gases stellt sich a^* tatsächlich erst in einem geringen Abstand *hinter* dem kleinsten Querschnitt ein.

Führt man hier noch die Beziehungen (662) und (642a) ein, so erhält man als *kritisches* Druckverhältnis zum Druck p_0 des ruhenden Gases

$$\frac{p^*}{p_0} = \left(\frac{2}{\varkappa + 1}\right)^{\frac{\varkappa}{\varkappa - 1}}. \tag{663}$$

Für Luft mit $\varkappa \approx 1{,}4$ ergibt sich dieses Verhältnis zu 0,528, für überhitzten Wasserdampf mit $\varkappa \approx 1{,}3$ zu 0,546.

Als „kritische Dichte" findet man aus (627a) und (663) den Wert

$$\frac{\varrho^*}{\varrho_0} = \left(\frac{p^*}{p_0}\right)^{\frac{1}{\varkappa}} = \left(\frac{2}{\varkappa + 1}\right)^{\frac{1}{\varkappa - 1}}. \tag{663a}$$

Die Durchflußverhältnisse durch das Rohr werden durch die Kontinuitätsgleichung

$$M = \varrho F \bar{v} = \text{const}$$

geregelt, wo M die sekundlich durch den Querschnitt F tretende Flüssigkeitsmasse bezeichnet. Die Geschwindigkeit $\bar{v}$ läßt sich nach (641) unter Beachtung von (643) wie folgt anschreiben

$$\bar{v} = \bar{v}_{\max} \sqrt{1 - \left(\frac{p}{p_0}\right)^{\frac{\varkappa - 1}{\varkappa}}},$$

und nach (627b) ist

$$\varrho = \varrho_0 \left(\frac{p}{p_0}\right)^{\frac{1}{\varkappa}}.$$

Für die sekundliche Masse erhält man also den Ausdruck

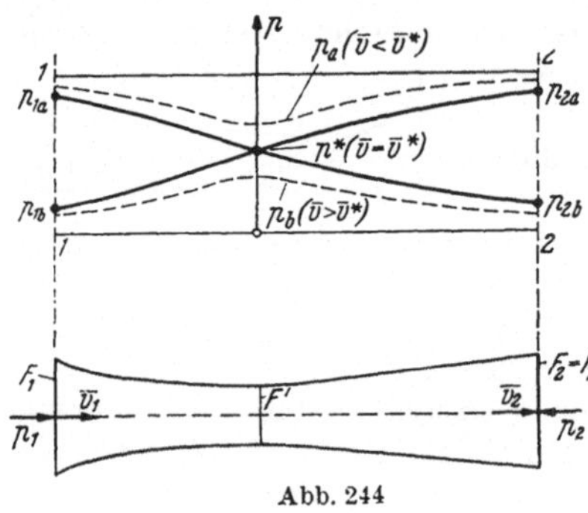

$$M = \varrho_0 F \bar{v}_{\max} \left(\frac{p}{p_0}\right)^{\frac{1}{\varkappa}} \sqrt{1 - \left(\frac{p}{p_0}\right)^{\frac{\varkappa - 1}{\varkappa}}}. \tag{664}$$

Damit kann bei vorgegebenem M für jeden Querschnitt der Druck p berechnet werden. Die zugehörige Dichte ϱ und Geschwindigkeit $\bar{v}$ sind dann ebenfalls bekannt (s. oben), und die Temperatur ist durch (627b) bestimmt.

Abb. 244

Die *größte Durchflußmasse* ergibt sich offenbar, wenn im engsten Querschnitt des Rohres das Produkt $\varrho \bar{v}$ ein Maximum erreicht, d. h. wenn

$$\frac{d(\varrho \bar{v})}{dp} = \bar{v}\frac{d\varrho}{dp} + \varrho\frac{d\bar{v}}{dp} = 0$$

ist. Nun folgt aus (629)

$$\bar{v}\, d\bar{v} = -\frac{dp}{\varrho} \quad \text{oder} \quad \varrho\frac{d\bar{v}}{dp} = -\frac{1}{\bar{v}},$$

weshalb

$$\bar{v} = \sqrt{\frac{dp}{d\varrho}} = a.$$

Man erhält somit $M_{\max}$, wenn im engsten Rohrquerschnitt F' die *kritische* Geschwindigkeit $\bar{v}^* = a^*$ vorhanden ist. Danach bestimmt sich $M_{\max}$ wegen (662), (663a) und (642a) zu

$$M_{\max} = \varrho^* F' \bar{v}^* = F' \left(\frac{2}{\varkappa + 1}\right)^{\frac{1}{\varkappa - 1}} \sqrt{\frac{2\varkappa}{\varkappa + 1} p_0 \varrho_0}. \tag{664a}$$

Die Strömungsvorgänge im Rohr lassen sich besonders leicht übersehen, wenn man ein Rohrstück betrachtet, dessen Anfangs- und Endquerschnitte F_1

und F_2 gleich groß sind (Abb. 244)[1]. Solange $M < M_{max}$ ist, folgt dann aus (664) sofort, daß (unter Vernachlässigung aller Reibungsverluste) $p_1 = p_2$ wird. Es sind jetzt zwei Zustände möglich: a) Bei entsprechend hohen Drücken $p_1 = p_2$ herrscht im ganzen Rohr Unterschallströmung. Die kritische Geschwindigkeit wird wegen $M < M_{max}$ im engsten Querschnitt nicht erreicht, der Druck ist überall größer als der kritische. b) Bei entsprechend niederen Drücken $p_1 = p_2$ (niederer Temperatur gegenüber T_0) herrscht im ganzen Rohr Überschallströmung. Die im Querschnitt F_1 vorhandene Überschallgeschwindigkeit $\bar{v}_1$ nimmt bis zum engsten Querschnitt ab, bleibt aber dort größer als die kritische Geschwindigkeit und steigt im erweiterten Rohrteil wieder an. Der Druck ist überall kleiner als der kritische (vgl. S. 377).

Im Grenzfall $M = M_{max}$ sind die beiden Zustände a) und b) auch möglich, und zwar wird dabei im engsten Querschnitt jeweils die kritische Geschwindigkeit und der kritische Druck erreicht. Die dazu notwendigen Drücke $p_1 = p_2$ mögen jetzt mit $p_{1a} = p_{2a}$ bzw. $p_{1b} = p_{2b}$ bezeichnet werden. Nach den früheren Überlegungen kann aber auch die im verjüngten Rohrstück vorhandene Unterschallströmung a) im erweiterten Rohr in die Überschallströmung b) übergehen. Das ist der Fall, wenn einem hohen Druck p_{1a} im Querschnitt F_1 ein niederer Gegendruck p_{2b} im Querschnitt F_2 gegenübersteht. Das Umgekehrte tritt ein, wenn im Querschnitt F_1 der niedere Druck p_{1b} vorhanden ist und im Querschnitt F_2 der hohe Gegendruck p_{2a}.

Eine durch die vorstehende Theorie nicht zu erklärende Erscheinung läßt sich beobachten, wenn dem hohen Druck p_{1a} ein Gegendruck p_2 gegenübersteht, dessen Größe zwischen p_{2a} und p_{2b} liegt. In diesem Falle findet an einer bestimmten Stelle des erweiterten Rohres eine *unstetige* Dichteänderung statt, die als „*Verdichtungsstoß*" bezeichnet wird (vgl. Ziffer 5, d). Die Lage dieser Unstetigkeit hängt von der Größe des Druckes p_2 ab[2].

Bei einer gewöhnlichen Ausflußdüse (ohne die nachfolgende Erweiterung von Abb. 243) stellt sich bei entsprechendem Druckgefälle im Ausflußquerschnitt ebenfalls die kritische Geschwindigkeit $\bar{v}^*$ ein, sofern der Außendruck p_a gleich oder kleiner als der kritische Druck p^* ist. Die Mündung liefert dann die maximale Durchflußmasse M_{max}, unabhängig vom Außendruck. Für $p_a < p^*$ findet der Druckausgleich erst im Außenraum statt, was zu schwingungsartigen Erscheinungen im austretenden Gasstrahl führt, die mittels der von TÖPLER angegebenen *Schlierenmethode*[3] sichtbar gemacht werden können.

d) Der gerade, stationäre Verdichtungsstoß[4]

Bei den vorhergehenden Untersuchungen wurden lediglich *stetige* Zustandsänderungen mit konstanter Entropie ins Auge gefaßt. Die Erfahrung hat — wie am Ende von Absatz c) bereits angedeutet wurde — gelehrt, daß unter gewissen Voraussetzungen jedoch auch *unstetige*, d.h. sprunghafte Dichteänderungen, sogenannte *Verdichtungsstöße*, auftreten können. Es handelt sich dabei um einen Vorgang, der eine gewisse Ähnlichkeit mit dem auf S. 126 behandelten „Wassersprung" in einem Gerinne besitzt. Wie dort gezeigt wurde, kann sich ein derartiges sprunghaftes Ansteigen der Wassertiefe nur einstellen, wenn die Wasser-

---

[1] Vgl. dazu Handb. d. Physik von GEIGER u. SCHEEL Bd. 7 (1927) S. 300.

[2] Bezüglich einer strengeren Berechnung des Strömungsverlaufs sei auf die Arbeiten von H. GÖRTLER in der Z. angew. Math. Mech. Bd. 19 (1939) S. 325 und Bd. 20 (1940) S. 254 verwiesen.

[3] Vgl. dazu WIEN u. HARMS: Handb. d. Experimentalphys. Bd. 4, 1. Teil (1931) S. 416.

[4] RIEMANN, B.: Ges. Werke, 2. Aufl. (1892) S. 156. — A. STODOLA: Dampf- u. Gasturbinen, 5. Aufl. (1922) S. 68.

geschwindigkeit im Oberlauf größer ist als eine gewisse „Grenzgeschwindigkeit". Dem Wassersprung entspricht hier ein unstetiges Ansteigen von Druck, Dichte und Entropie, das mit einem Abfall der Strömungsgeschwindigkeit verbunden ist, der „Grenzgeschwindigkeit" entspricht hier die Schallgeschwindigkeit.

Zur theoretischen Erklärung des Vorganges sei zunächst die Gasströmung in einem zylindrischen Rohre betrachtet (Abb. 245)[1]. Im Querschnitt $a-b$ des Rohres denke man sich jetzt eine sprunghafte Verdichtung des Gases, wodurch die vor dem Querschnitt $a-b$ vorhandene Geschwindigkeit $\bar{v}_1$ unstetig auf den Wert $\bar{v}_2$ abfällt, während gleichzeitig Druck und Dichte von den Werten p_1 bzw. ϱ_1 auf p_2, ϱ_2 ansteigen. Der Vorgang sei als *stationär* angesehen, alle Reibungswirkungen sowie die Wärmeleitfähigkeit des Gases sollen vorerst außer Betracht bleiben.

Da der Rohrquerschnitt konstant ist, nehmen die Kontinuitätsgleichung und der Impulssatz folgende vereinfachte Form an

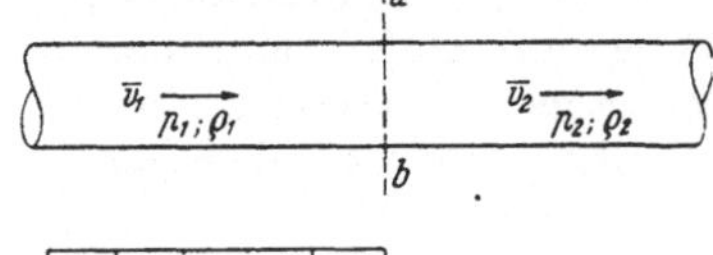

Abb. 245. Gerader Verdichtungsstoß

und

$$\varrho_1 \bar{v}_1 = \varrho_2 \bar{v}_2 \tag{665}$$

$$p_1 - p_2 = \varrho_2 \bar{v}_2^2 - \varrho_1 \bar{v}_1^2. \tag{666}$$

Außerdem liefert die Energiegleichung (648a)

$$\frac{\bar{v}_1^2 - \bar{v}_2^2}{2} = (i_2 - i_1). \tag{667}$$

Darin ist wegen (649)

$$(i_2 - i_1) = \int_{p_1}^{p_2} \frac{dp}{\varrho},$$

und somit nach (630a)

$$(i_2 - i_1) = \frac{\varkappa}{\varkappa - 1} \left[\frac{p_1}{\varrho_1} \left(\frac{p_2}{p_1} \right)^{\frac{\varkappa-1}{\varkappa}} - \frac{p_1}{\varrho_1} \right].$$

Nach einfacher Umformung mit Hilfe von (627a) folgt daraus

$$(i_2 - i_1) = \frac{\varkappa}{\varkappa - 1} \left(\frac{p_2}{\varrho_2} - \frac{p_1}{\varrho_1} \right), \tag{668}$$

womit (667) übergeht in

$$\bar{v}_1^2 - \bar{v}_2^2 = \frac{2\varkappa}{\varkappa - 1} \left(\frac{p_2}{\varrho_2} - \frac{p_1}{\varrho_1} \right). \tag{669}$$

Setzt man nun aus (665) $\varrho_2 = \varrho_1 \dfrac{\bar{v}_1}{\bar{v}_2}$ in Gl. (666) ein, so liefert diese

$$p_2 = p_1 + \varrho_1 \bar{v}_1^2 - \varrho_1 \bar{v}_1 \bar{v}_2.$$

Mit diesen Ausdrücken für ϱ_2 und p_2 geht Gl. (669) über in

$$\bar{v}_1^2 - \bar{v}_2^2 = \frac{2\varkappa}{\varkappa - 1} \left(\frac{p_1}{\varrho_1} \frac{\bar{v}_2}{\bar{v}_1} + \bar{v}_1 \bar{v}_2 - \bar{v}_2^2 - \frac{p_1}{\varrho_1} \right).$$

Durch Auflösung dieser Gleichung nach $\bar{v}_2$ ergibt sich der einfache Ausdruck

$$\bar{v}_2 = \bar{v}_1 \frac{\varkappa - 1}{\varkappa + 1} + \frac{2\varkappa}{\varkappa + 1} \frac{p_1}{\varrho_1 \bar{v}_1}. \tag{670}$$

Die Geschwindigkeit $\bar{v}_1$ läßt sich nach (641) wie folgt darstellen:

$$\bar{v}_1^2 = \frac{2\varkappa}{\varkappa - 1} \left(\frac{p_0}{\varrho_0} - \frac{p_1}{\varrho_0} \,^{\frac{\varkappa-1}{\varkappa}} \, p_0^{\frac{1}{\varkappa}} \right),$$

woraus wegen

$$\varrho_0 = \varrho_1 \left(\frac{p_0}{p_1} \right)^{\frac{1}{\varkappa}}$$

folgt

$$\bar{v}_1^2 = \frac{2\varkappa}{\varkappa - 1} \left(\frac{p_0}{\varrho_0} - \frac{p_1}{\varrho_1} \right). \tag{671}$$

<hr>

[1] Vgl. dazu L. PRANDTL: Führer durch die Strömungslehre, 3. Aufl. (1949) S. 256.

In dieser Gleichung läßt sich $\dfrac{p_0}{\varrho_0}$ nach (662) und (642a) durch die „kritische Schallgeschwindigkeit" ausdrücken, nämlich

$$\frac{p_0}{\varrho_0} = a^{*2}\frac{\varkappa+1}{2\varkappa},$$

womit Gl. (671), nach $\dfrac{p_1}{\varrho_1}$ aufgelöst, liefert

$$\frac{p_1}{\varrho_1} = a^{*2}\frac{\varkappa+1}{2\varkappa} - \bar{v}_1^2\frac{\varkappa-1}{2\varkappa}.$$

Führt man schließlich diesen Ausdruck in (670) ein, so erhält man das bemerkenswerte Resultat[1]

$$\bar{v}_1\,\bar{v}_2 = a^{*2}. \tag{672}$$

Danach ist also beim geraden Verdichtungsstoß die Geschwindigkeit $\bar{v}_1$ immer größer, $\bar{v}_2$ dagegen immer kleiner als die kritische Schallgeschwindigkeit a^*.

Nunmehr kann auch die Druckdifferenz hinter und vor der unstetigen Verdichtung sofort angegeben werden. Man erhält dafür aus der Impulsgleichung (666) und unter Beachtung von (665)

$$p_2 - p_1 = \varrho_1\,\bar{v}_1^2\left(1 - \frac{\bar{v}_2}{\bar{v}_1}\right).$$

Führt man hier noch die Bedingung (672) ein, so wird

$$p_2 - p_1 = \varrho_1\,\bar{v}_1^2\left(1 - \frac{a^{*2}}{\bar{v}_1^2}\right). \tag{673}$$

In Wirklichkeit erfahren die hier zunächst in idealisierter Form dargestellten Vorgänge eine mehr oder weniger starke Abwandlung. Die eine Ursache dazu kann in der Wandreibung und der damit verbundenen Grenzschichtausbildung erblickt werden, die andere in der tatsächlich vorhandenen Wärmeleitfähigkeit des Gases. Die Folge davon ist einerseits ein Absinken der Druckdifferenz $p_2 - p_1$ gegenüber dem theoretischen Wert (673), andererseits erfolgt der Drucksprung in Wirklichkeit nicht plötzlich (was auch den Voraussetzungen der Mechanik der Kontinua widersprechen würde), sondern er verteilt sich über eine gewisse Länge, die allerdings bei größeren Werten $p_2 - p_1$ nur gering ist[2].

Nachstehend soll jetzt noch eine für den Stoßvorgang wichtige Beziehung zwischen den Verhältniswerten $\dfrac{p_2}{p_1}$ und $\dfrac{\varrho_2}{\varrho_1}$ abgeleitet werden.

Mit $\varDelta p = p_2 - p_1$ geht die Impulsgleichung (666) unter Beachtung der Kontinuitätsbedingung (665) über in

$$\varDelta p = \varrho_1\bar{v}_1^2\left(1 - \frac{\varrho_1}{\varrho_2}\right) = \varrho_1\bar{v}_1^2\frac{\varrho_2 - \varrho_1}{\varrho_2},$$

woraus mit $\varDelta\varrho = \varrho_2 - \varrho_1$ folgt

$$\bar{v}_1^2 = \frac{\varDelta p}{\varDelta\varrho}\frac{\varrho_2}{\varrho_1}.$$

Entsprechend wird

$$\bar{v}_2^2 = \frac{\varDelta p}{\varDelta\varrho}\frac{\varrho_1}{\varrho_2}.$$

Mit diesen Werten lautet die Energiegleichung (667)

$$\frac{\varDelta p}{\varDelta\varrho}\left(\frac{\varrho_2}{\varrho_1} - \frac{\varrho_1}{\varrho_2}\right) = \frac{\varDelta p}{\varDelta\varrho}\frac{\varrho_2^2 - \varrho_1^2}{\varrho_1\varrho_2} = 2\,(i_2 - i_1)$$

---

[1] Prandtl, L.: Z. VDI (1904) S. 349.

[2] Vgl. dazu L. Prandtl: Z. ges. Turbinenwesen Bd. 3 (1906) S. 241 und R. Becker: Z. Phys. Bd. 8 (1922) S. 321.

oder, unter Beachtung der Definitionsgleichung (647),

$$\frac{1}{2}\frac{\Delta p}{\Delta \varrho}\frac{\varrho_2^2 - \varrho_1^2}{\varrho_1 \varrho_2} = (u_{*2} - u_{*1}) + \frac{p_2}{\varrho_2} - \frac{p_1}{\varrho_1}. \qquad (674)$$

Führt man jetzt wieder für Δp und $\Delta \varrho$ die Werte $p_2 - p_1$ bzw. $\varrho_2 - \varrho_1$ ein und bringt die beiden letzten Summanden von (674) auf die linke Seite, so kann diese Gleichung auch wie folgt geschrieben werden

$$\frac{1}{2}(p_2 - p_1)\frac{\varrho_2 + \varrho_1}{\varrho_1 \varrho_2} - \frac{p_2 \varrho_1 - p_1 \varrho_2}{\varrho_1 \varrho_2} = (u_{*2} - u_{*1})$$

oder, nach einfacher Zusammenfassung der linksseitigen Glieder,

$$\frac{p_1 + p_2}{2} \cdot \frac{\varrho_2 - \varrho_1}{\varrho_1 \varrho_2} = (u_{*2} - u_{*1}). \qquad (675)$$

Nach (628) gelten für die Größen i und u_* bei *vollkommenen* Gasen — bis auf eine wegen der in (674) vorzunehmenden Differenzbildung unwesentliche Konstante — folgende Beziehungen

$$i = c_p T; \qquad u_* = c_v T.$$

Damit wird wegen $\varkappa = \dfrac{c_p}{c_v}$ unter Beachtung von (647)

$$i - u_* = \frac{p}{\varrho} = T(c_p - c_v) = T c_v (\varkappa - 1) = u_* (\varkappa - 1),$$

woraus folgt

$$u_* = \frac{1}{\varkappa - 1}\frac{p}{\varrho}.$$

Mit diesem Ausdruck geht (675) über in

$$\frac{p_1 + p_2}{2}\frac{\varrho_2 - \varrho_1}{\varrho_1 \varrho_2} = \frac{1}{\varkappa - 1}\left(\frac{p_2}{\varrho_2} - \frac{p_1}{\varrho_1}\right).$$

Erweitert man diese Gleichung mit $\dfrac{\varrho_2}{p_1}$, so wird schließlich

$$\frac{p_2}{p_1} - \frac{\varrho_2}{\varrho_1} = \frac{\varkappa - 1}{2}\left(1 + \frac{p_2}{p_1}\right)\left(\frac{\varrho_2}{\varrho_1} - 1\right)$$

oder mit

$$\frac{p_2}{p_1} = \bar{p} \quad \text{und} \quad \frac{\varrho_2}{\varrho_1} = \bar{\varrho},$$

$$\bar{p} - \bar{\varrho} = \frac{\varkappa - 1}{2}(1 + \bar{p})(\bar{\varrho} - 1). \qquad (676)$$

Damit ist ein einfacher Zusammenhang zwischen den Zustandsgrößen p und ϱ vor und nach dem Stoße gegeben. Die graphische Darstellung der Gl. (676) in Abb. 246 wird als HUGONIOT-Kurve bezeichnet[1]. Wie man aus ihr entnimmt, wächst $\bar{\varrho}$ bei vorgegebenen Werten p_1, ϱ_1 mit steigendem $\bar{p}$, allerdings nur bis zu einem Grenzwert, der erreicht wird, wenn man $\bar{p} \to \infty$ gehen läßt. Durch eine einfache Grenzwertbetrachtung ergibt sich aus (676) als Grenzwert

$$\varrho_{2\,\mathrm{max}} = \frac{\varkappa + 1}{\varkappa - 1}\varrho_1.$$

Für Luft mit $\varkappa = 1{,}405$ (vgl. S. 6) folgt daraus

$$\varrho_{2\,\mathrm{max}} \approx 6\varrho_1.$$

---

[1] HUGONIOT, H.: J. école polyt., Paris 1887, Cahier 57, S. 1 und 1889, Cahier 58, S. 1. Vgl. dazu auch J. ACKERET: Gasdynamik, im Handb. d. Physik von H. GEIGER u. K. SCHEEL Bd. 7 (1927) S. 326.

Danach kann Luft bei einem derartigen Stoße nicht höher als sechsfach verdichtet werden.

In Abb. 246 ist vergleichsweise noch die Gleichung $\bar{p} = \bar{\varrho}^{\varkappa}$ der Isentrope (S. 375) dargestellt. Für $\bar{p} = 1$ wird $\bar{\varrho} = 1$, d. h. derselbe Wert, der sich aus (676) für die HUGONIOT-Kurve ergibt. An dieser Stelle haben beide Kurven einen gemeinsamen Punkt P. Im übrigen liegt die Isentrope ständig unterhalb der HUGONIOT-Kurve. Aus diesem Ergebnis muß gefolgert werden, daß die Annahme gleicher Isentropen vor und nach dem Stoß nur für kleine Werte von $\bar{p} = \dfrac{p_2}{p_1}$ zulässig ist, bei größeren Drucksprüngen $\left(\dfrac{p_2}{p_1} \text{ etwa größer als } 2\right)$ dagegen nicht mehr.

e) Einige Bemerkungen über Rohrreibung und Grenzschichten

Bei den bisherigen Betrachtungen dieses Kapitels wurden Zähigkeitseinflüsse des strömenden Gases — mit Ausnahme von Ziffer 2a) und b) — nicht berücksichtigt. Nun ist aber aus den früheren Untersuchungen an inkompressiblen Flüssigkeiten einleuchtend, daß die Zähigkeit auch auf die Strömung eines Gases nicht ohne Einfluß bleiben wird. Die Schwierigkeiten, welche bei der theoretischen Untersuchung dieses Einflusses auftreten, sind wegen der Verdichtbarkeit des Gases noch größer als bei den raumbeständigen Flüssigkeiten, so daß hier nur einige grundsätzliche Bemerkungen gemacht werden sollen.

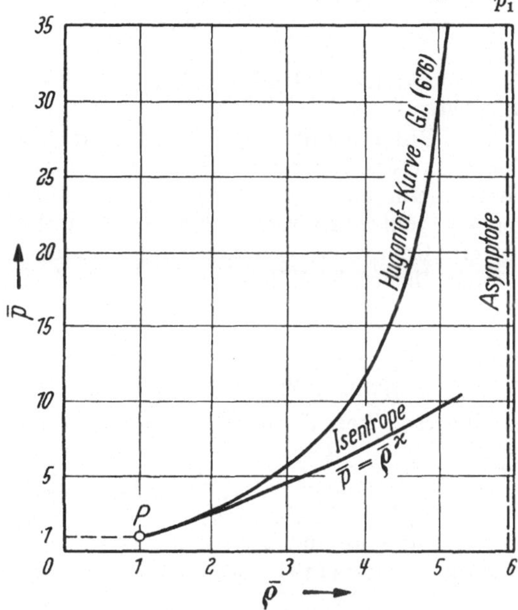

Abb. 246. HUGONIOT-Kurve

Zunächst kann folgendes gesagt werden: Die durch die Zähigkeitswirkung bei der Strömung des Gases geleistete Reibungsarbeit hat eine Verminderung der mechanischen Energie zur Folge, welcher eine gleich große dem Gase zugeführte Wärmeenergie entspricht. Erfolgt nun die Strömung ohne jeden Wärmeaustausch mit der Umgebung (etwa durch Rohrwände), so ist der Vorgang „verlustlos", und die Gesamtenergie der Gasmasse bleibt konstant. Kann dagegen ein Teil der erzeugten Wärme durch die Wände abfließen, so tritt für die Strömung ein entsprechender „Energieverlust" auf, falls nicht eine gleich große Wärmemenge von außen her wieder zugeleitet wird.

α) Strömung in Rohren. Nach dem *ersten Hauptsatz der Thermodynamik* wird die einer bestimmten Gasmasse zugeführte Wärmemenge, also auch die in Wärme verwandelte Reibungsarbeit, zur Erhöhung der (inneren) Wärmeenergie und zur Leistung von Expansionsarbeit verwendet.

Die *auf die Masseneinheit bezogene*, von außen auf dem Wege dl zugeführte Wärme ist nach 5, a) dq, die entsprechende Reibungsarbeit sei mit dR bezeichnet. Ihnen steht die Erhöhung der inneren Energie du_* und die Expansionsarbeit $p\,dv$ gegenüber, wo $v = \dfrac{1}{\varrho}$ das Volumen der *Masseneinheit* darstellt.

Man erhält somit nach dem ersten Hauptsatz

$$dq + dR = du_* + p\,d\!\left(\frac{1}{\varrho}\right).$$ (677)

Aus der Energiegleichung (646) folgt durch Differentiation bei Vernachlässigung der Schwere

$$\bar v\,d\bar v + du_* + \frac{dp}{\varrho} + p\,d\!\left(\frac{1}{\varrho}\right) = dq,$$

und dieser Ausdruck geht mit (677) über in

$$\bar v\,d\bar v + \frac{dp}{\varrho} + dR = 0.$$ (678)

Für reibungsfreie Strömung ($dR = 0$) folgt daraus wieder die BERNOULLIsche Gl. (629).

Zur Untersuchung des Reibungseinflusses soll zunächst die Strömung in einem kreiszylindrischen Rohr bei *isothermer Zustandsänderung* betrachtet werden. Um einen geeigneten Ansatz für die Reibungsarbeit dR machen zu können, geht man wieder von der Wandschubspannung τ_0 aus. Dann ist die auf ein Rohrstück von der Länge „eins" bezogene Reibungskraft mit U als innerem (benetzten) Rohrumfang $\tau_0\,U$. Auf die *Masseneinheit* entfällt also

$$\frac{\tau_0\,U}{\varrho F} = \frac{\tau_0}{\varrho\,r_h} = \frac{4\,\tau_0}{\varrho\,D},$$

wenn $r_h = \dfrac{F}{U} = \dfrac{D}{4}$ den „hydraulischen Radius" des Rohres bezeichnet ($D =$ Rohrdurchmesser, vgl. S. 80). Damit wird die auf dem Wege dl geleistete Reibungsarbeit

$$dR = \frac{4\,\tau_0}{\varrho\,D}\,dl.$$

Übernimmt man für τ_0 noch den bereits für die inkompressible Flüssigkeit benutzten Ansatz (149b), so erhält man schließlich

$$dR = \frac{\lambda\,\bar v^2}{2}\,\frac{dl}{D}.$$

Mit diesem Werte geht (678) über in

$$\bar v\,d\bar v + \frac{dp}{\varrho} + \frac{\lambda\,\bar v^2}{2}\,\frac{dl}{D} = 0,$$

woraus durch Division mit $\bar v^2$ folgt

$$\frac{d\bar v}{\bar v} + \frac{1}{\bar v^2}\,\frac{dp}{\varrho} = -\frac{\lambda}{2D}\,dl.$$ (679)

Setzt man jetzt in die *Isothermengleichung* $p = p_1\dfrac{\varrho}{\varrho_1}$ [Gl. (626)] die Kontinuitätsbedingung $\dfrac{\varrho}{\varrho_1} = \dfrac{\bar v_1}{\bar v}$ ein, so wird

$$p = p_1\frac{\bar v_1}{\bar v}, \quad\text{also}\quad dp = -\frac{p_1\,\bar v_1}{\bar v^2}\,d\bar v,$$

wobei p_1, ϱ_1, $\bar v_1$ zusammengehörige Zustandswerte an der Stelle $l = l_1$ des Rohres bezeichnen sollen. Damit wird unter Beachtung der Kontinuitätsgleichung

$$\frac{dp}{\varrho} = -\frac{p_1}{\varrho_1}\,\frac{d\bar v}{\bar v}.$$

Nach Einführung dieses Ausdrucks in (679) erhält man

$$\frac{\lambda}{2D}\,dl = -\frac{d\bar v}{\bar v} + \frac{p_1}{\varrho_1}\,\frac{d\bar v}{\bar v^3}$$

und durch Integration

$$\frac{\lambda}{2D}\, l = -\ln \bar{v} - \frac{p_1}{\varrho_1}\,\frac{1}{2\,\bar{v}^2} + \text{const}.$$

Dabei ist die Widerstandsziffer λ als konstant angenommen (quadratisches Widerstandsgesetz), was bei den hier i. allg. vorliegenden großen REYNOLDSschen Zahlen mit einiger Genauigkeit zulässig sein dürfte. Nach Rechnungen von M. KOPPE[1] und Messungen von W. FRÖSSEL[2] stimmt die Widerstandsziffer λ mit derjenigen für inkompressible Flüssigkeiten praktisch überein. Nur in der Nähe der Schallgeschwindigkeit treten Abweichungen auf.

Bezeichnen noch p_2, ϱ_2, $\bar{v}_2$ die Zustandsgrößen an der Stelle $l = l_2$, so wird schließlich

$$\frac{\lambda}{2D}\,(l_2 - l_1) = \frac{\lambda}{2D}\, L = \ln \frac{\bar{v}_1}{\bar{v}_2} + \frac{1}{2}\,\frac{p_1}{\varrho_1}\left(\frac{1}{\bar{v}_1^2} - \frac{1}{\bar{v}_2^2}\right),$$

wo L die Länge des betrachteten Rohrstücks zwischen den Querschnitten 1 und 2 darstellt. Mit Hilfe der Isothermengleichung und der Kontinuitätsbedingung können nun $\bar{v}_2, p_2, \varrho_2$ berechnet werden, sofern $\bar{v}_1, p_1, \varrho_1$ gegeben sind. Insbesondere läßt sich dann auch der Druckverlust $p_1 - p_2$ längs der Rohrstrecke L bestimmen.

Die Annahme *isothermer* Zustandsänderung ist nur für sehr lange Leitungen zulässig, da hier ein entsprechender Wärmeaustausch durch die Rohrwandung eintreten kann. Bei kurzen Rohren rechnet man besser mit *adiabatischer Zustandsänderung* $(dq = 0)$. Auch hier bleibt Gl. (679) unverändert verwendbar. Jedoch kann man zu ihrer Integration jetzt neben der Kontinuitätsbedingung als einigermaßen zutreffende Näherung die Gl. (627a) einführen. Auf die Wiedergabe der Rechnung muß hier verzichtet werden[3].

Lediglich eine wichtige Beziehung sei hier noch vermerkt, die sich unmittelbar aus der Energiegleichung (648a) ableiten läßt. In differentieller Form lautet diese

$$\bar{v}\,d\bar{v} + di = 0.$$

Nun ist für vollkommene Gase nach (628)

$$di = c_p\,dT,$$

weshalb

$$\bar{v}\,d\bar{v} + c_p\,dT = 0$$

wird. Durch Integration folgt daraus

$$\frac{\bar{v}^2}{2} + c_p\,T = \text{const}.$$

Damit ist ein einfacher Zusammenhang zwischen Geschwindigkeit und Temperatur in verschiedenen Querschnitten des Rohres gegeben.

$\beta)$ **Kompressible Grenzschichten.** Der Grenzschichtberechnung für *inkompressible* Strömung wurde — ihrer Bedeutung entsprechend — in Absatz II, Ziffer 18 und 19, ein relativ breiter Raum eingeräumt. Wenn hier über die — für die moderne Entwicklung der Gasdynamik nicht weniger wichtigen — Grenzschichten in *kompressibler* Strömung nur einige einführende Bemerkungen gemacht werden können, so liegt das daran, daß die Schwierigkeiten, welche schon bei den früheren Grenzschichtberechnungen auftraten (besonders bei Grenzschichten mit Druckgradienten), im vorliegenden Falle noch wesentlich größer und z. Z. noch nicht hinreichend überwunden sind. Der Grund hierfür ist leicht einzusehen. Während die inkompressible Strömung wesentlich nur durch die

---

[1] KOPPE, M.: Dissertation Göttingen 1946.
[2] FRÖSSEL, W.: VDI-Forsch.-Heft 7 (1936) S. 75.
[3] Weitergehende Ausführungen sind zu finden bei K. OSWATITSCH: Gasdynamik S. 47 (1952). Vgl. hierzu auch C. KÄMMERER: Stationäre Gasströmung durch ein gerades Rohr mit und ohne Wärmedurchgang und Reibung. Österr. Ing.-Arch. Bd. 5 (1951) S. 340.

Zähigkeit beeinflußt wird, tritt hier erschwerend der Einfluß der *Kompressibilität* in Erscheinung. Damit sind aber die Stoffwerte Dichte (ϱ) und Zähigkeit (μ) keine Konstanten mehr, sondern abhängig von der Temperatur (T). Außerdem spielt die (ebenfalls temperaturabhängige) Wärmeleitfähigkeit λ des strömenden Mediums eine Rolle. Solange λ klein ist, und das trifft für Gase zu, findet bei der Strömung längs einer festen Wand eine wesentliche Temperaturerhöhung des Gases durch Reibungswärme nur in einer dünnen Randschicht — der sogenannten *Temperaturgrenzschicht* — statt. Diese und die *Strömungsgrenzschicht* beeinflussen sich gegenseitig. Die vorstehend kurz geschilderten Zusammenhänge können auch folgendermaßen gekennzeichnet werden. Während die inkompressible Grenzschicht wesentlich nur eine Funktion der REYNOLDSschen Zahl $Re = \dfrac{U_\infty l}{\nu}$ ist (S. 257), treten bei der kompressiblen Strömung als weitere Parameter noch die MACHsche Zahl $Ma = \dfrac{U_\infty}{a_\infty}$ und die nach L. PRANDTL benannte PRANDTLsche Zahl $Pr = \dfrac{\mu\, c_p}{\lambda} = \dfrac{\nu}{\bar{a}}$ auf. In letzterer bedeuten $c_p\left[\dfrac{\text{kcal}}{\text{kg grd}}\right]$ die spezifische Wärme bei unveränderlichem Druck, $\lambda\left[\dfrac{\text{kcal}}{\text{m s grd}}\right]$ die Wärmeleitzahl und $\bar{a} = \dfrac{\lambda}{c_p\,\varrho}\left[\dfrac{\text{m}^2}{\text{s}}\right]$ die Temperaturleitfähigkeit des Gases.

Will man nun die PRANDTLsche Vorstellung der „Grenzschicht" auch bei kompressibler Strömung beibehalten, so müssen die früher abgeleiteten Grenzschichtgleichungen (S. 234) wegen des Hinzutretens der Kompressibilität und der Temperaturgrenzschicht eine entsprechende Erweiterung erfahren. Beschränkt man sich dabei wieder auf *ebene, stationäre* Strömung, so lautet die Kontinuitätsbedingung nach (617)

$$\frac{\partial(\varrho u)}{\partial x} + \frac{\partial(\varrho v)}{\partial y} = 0,$$

ferner folgt aus (418) die Strömungsgleichung

$$\varrho\left(u\,\frac{\partial u}{\partial x} + v\,\frac{\partial u}{\partial y}\right) = -\frac{dp}{dx} + \frac{\partial}{\partial y}\left(\mu\,\frac{\partial u}{\partial y}\right),$$

da jetzt μ keine Konstante, sondern eine Funktion der Temperatur und damit auch des Ortes ist.

Eine Aussage über die Temperaturgrenzschicht erhält man durch Anwendung des Energiesatzes (1. Hauptsatz der Wärmetheorie), welcher die Umsetzung von kinetischer Energie in Wärme infolge der Reibung beinhaltet. Er liefert, wenn auch hier entsprechende Vereinfachungen vorgenommen werden wie früher bei der Strömungsgrenzschicht, folgende Differentialgleichung für die Temperaturverteilung bei konstantem c_p, aber veränderlichen Werten von λ und μ[1]

$$\varrho\, c_p\left(u\,\frac{\partial T}{\partial x} + v\,\frac{\partial T}{\partial y}\right) = u\,\frac{dp}{dx} + \frac{\partial}{\partial y}\left(\lambda\,\frac{\partial T}{\partial y}\right) + \mu\left(\frac{\partial u}{\partial y}\right)^2.$$

Zu den vorstehenden drei Gleichungen treten jetzt noch die Zustandsgleichung (625)

$$p = \varrho\, R\, T$$

sowie die Gleichungen

$$\lambda = \lambda\,(T) \quad \text{und} \quad \mu = \mu\,(T),$$

welche die Temperaturabhängigkeit der Wärmeleitzahl λ und der Zähigkeit μ zum Ausdruck bringen. Für letztere wird gewöhnlich die Näherungsformel

$$\frac{\mu}{\mu_0} = \left(\frac{T}{T_0}\right)^\omega \quad \text{mit} \quad \frac{1}{2} < \omega < 1$$

verwendet, wobei $\omega = {}^1\!/_2$ sehr hohen Temperaturen entspricht, während der Wert $\omega \approx 1$ für tiefe Temperaturen gilt[1]. Der Druck $p = p(x)$ ist — wie früher —

---

[1] Vgl. etwa H. SCHLICHTING: Grenzschichttheorie, 3. Aufl. (1958) S. 312 ff.

durch den am Außenrand der Grenzschicht herrschenden Druck gegeben. Zusammen mit den jeweils vorliegenden Randbedingungen sind durch die obigen sechs Gleichungen die Unbekannten des Problems bestimmt. Eine Lösung dieses Gleichungssystems in allgemeiner Form ist jedoch bis heute noch nicht gelungen.

Auf die speziellen Lösungen, die bisher in der Literatur behandelt worden sind, kann hier nicht weiter eingegangen werden. Wertvolle Hinweise dazu findet man in einem Bericht von H. SCHLICHTING: Grenzschichten in kompressibler Strömung, wo auch Angaben über die ausländische Literatur zu finden sind[1]. Lediglich *ein* wichtiges Ergebnis der Theorie sei hier angeführt, das durch Integration des obigen Gleichungssystems für die längsangeströmte ebene Platte gewonnen wird, bei der bekanntlich der Druckgradient $\frac{dp}{dx}$ verschwindet (S. 247). Für den Fall, daß die PRANDTLsche Zahl $Pr = 1$ ist, läßt sich nämlich zeigen[2], daß die Temperaturverteilung nur eine Funktion von u ist. Unter dieser Voraussetzung ergibt sich bei *wärmeundurchlässiger Wand* für die Funktion $T = T(u)$ der einfache Zusammenhang[3]

$$T = T_\infty + \frac{U_\infty^2}{2\,c_p}\left(1 - \frac{u^2}{U_\infty^2}\right),$$

wo T_∞ die zu $u = U_\infty$ (äußerer Grenzschichtrand) gehörige Temperatur bezeichnet. Für die Wandtemperatur folgt daraus mit $u = 0$

$$T_e = T_\infty + \frac{U_\infty^2}{2\,c_p}.$$

Dieser Wert T_e wird als *Eigentemperatur* der Wand bezeichnet. Danach findet also ein *Aufheizen der Wand* gegenüber der Temperatur am äußeren Rand der Grenzschicht (T_∞) statt. Bei großen Anströmungsgeschwindigkeiten U_∞ kann dadurch eine erhebliche Temperaturerhöhung an der Oberfläche des umströmten Körpers eintreten.

Der vorstehende Ausdruck gilt — wie oben bemerkt — zunächst nur für $Pr = 1$. Man kann ihn jedoch nach EMMONS und BRAINERD auch für andere PRANDTLsche Zahlen benutzen, wenn man statt dessen schreibt[3]

$$T_e = T_\infty + \sqrt{Pr}\,\frac{U_\infty^2}{2\,c_p}.$$

Für Luft ist $Pr \approx 0{,}7$, die Wurzel daraus weicht also nicht sehr stark von 1 ab.

Zur praktischen Anwendung der Gleichungen für T_e empfiehlt sich — wie nachstehend gezeigt wird — die Einführung der MACHschen Zahl. Für die Schallgeschwindigkeit a_∞ gilt nach Gl. (640) mit $p_1 = p_\infty$, $\varrho_1 = \varrho_\infty$, $T = T_1 = T_\infty$

$$a_\infty^2 = \varkappa\,\frac{p_\infty}{\varrho_\infty}.$$

Andererseits folgt aus der Zustandsgleichung (625)

$$\frac{p_\infty}{\varrho_\infty} = R\,T_\infty.$$

Nun ist für vollkommene Gase nach (651)

$$R = c_p - c_v,$$

---

[1] Dieser Bericht, welcher reichliches Versuchsmaterial enthält, ist die Zusammenfassung eines von H. SCHLICHTING gehaltenen Vortrages und wurde als Sonderdruck des Instituts für Strömungsmechanik der T. H. Braunschweig herausgegeben.

[2] BUSEMANN, A.: Gasströmung mit laminarer Grenzschicht entlang einer Platte. Z. angew. Math. Mech. Bd. 15 (1935) S. 23.

[3] SCHLICHTING, H.: Grenzschichttheorie (1958) S. 316.

weshalb

$$\frac{p_\infty}{\varrho_\infty} = T_\infty\,(c_p - c_v) = T_\infty\,c_p\,\frac{\varkappa - 1}{\varkappa}$$

und

$$a_\infty^2 = T_\infty\,c_p\,(\varkappa - 1).$$

Wegen $U_\infty = Ma\,a_\infty$ folgt schließlich

$$\frac{U_\infty^2}{2\,c_p} = Ma^2\,T_\infty\,\frac{\varkappa - 1}{2}.$$

Damit geht der obige Ausdruck für die „Eigentemperatur" über in[1]

$$T_e = T_\infty\left(1 + \sqrt{Pr}\;Ma^2\,\frac{\varkappa - 1}{2}\right).$$

Für Luft mit $\varkappa = 1{,}405$ und $Pr \approx 0{,}7$ wird

$$T_e = T_\infty\,(1 + 0{,}169\,Ma^2)\,.$$

Die Differenz

$$T_e - T_\infty = 0{,}169\,T_\infty\,Ma^2$$

gibt somit das Maß der *Aufheizung der Wand infolge der Reibungswärme* an. Für $t_\infty = 0°\,\mathrm{C}$, also $T_\infty = 273°$, und eine MACH-Zahl $Ma = 3$ beträgt

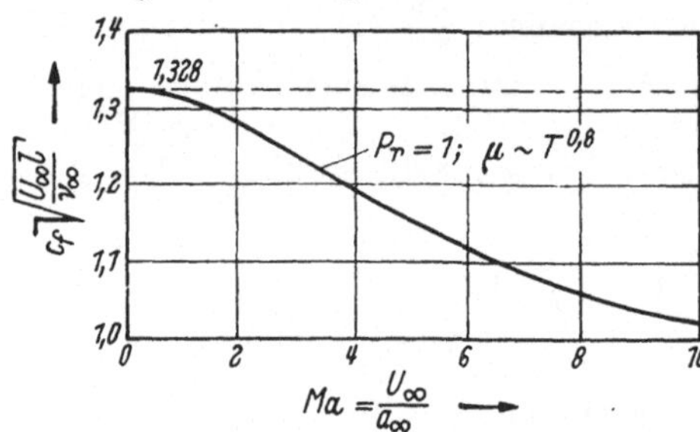

Abb. 247. Widerstandsziffer c_f der laminaren Plattengrenzschicht

demnach die Wandaufheizung etwa $415°\,\mathrm{C}$. Bei Überschallflugzeugen erfordert eine derart starke Erwärmung der Körperoberfläche hinsichtlich der Materialbeanspruchung besondere Beachtung.

Die theoretische Behandlung des obigen Gleichungssystems für die Grenzschicht liefert u. a. die Wandschubspannung $\tau_0 = \left[\mu\,\dfrac{\partial u}{\partial y}\right]_{y=0}$ und damit den Plattenwiderstand.

Bei inkompressibler Strömung ist für die durch Gl. (433) definierte „Widerstandsziffer" einer Platte wegen (434) $c_f\sqrt{\dfrac{U_\infty l}{\nu}} = 1{,}328$. In Abb. 247 sind die entsprechenden Werte für die *kompressible, laminare* Grenzschicht bei *wärmeundurchlässiger* Wand über der MACH-Zahl nach HANTZSCHE und WENDT[2] aufgetragen, wobei die PRANDTL-Zahl $Pr = 1$ und $\mu \sim T^{0,8}$ ist. Man erkennt daraus den allmählichen Abfall von c_f mit wachsender MACH-Zahl.

Bei der Berechnung der *turbulenten* Grenzschichten im kompressiblen Bereich treten aus den eingangs dieses Kapitels erwähnten Gründen noch größere Schwierigkeiten auf, als dies bereits bei der inkompressiblen Strömung geschildert wurde. Immerhin liegt auch hier eine Reihe von Ansätzen und Lösungsversuchen vor, auf die an dieser Stelle nicht näher eingegangen werden kann. Lediglich auf einige Arbeiten von A. WALZ[3] sei hier verwiesen, welcher das Problem nach ähnlichen Gesichtspunkten in Angriff genommen hat, wie sie bereits auf S. 249 und folgende erläutert wurden. WALZ geht dabei wieder vom *Impulssatz* und *Energiesatz* der Grenzschicht aus und benützt für die Wandschubspannung

---

[1] SCHLICHTING, H.: Boundary Layer Theory (1955) S. 285 sowie Grenzschichttheorie (1958) S. 316.

[2] HANTZSCHE, W., u. H. WENDT: Zum Kompressibilitätseinfluß bei der laminaren Grenzschicht an der ebenen Platte. Jb. dtsch. Luftf.-Forschg. 1940, I 517. Vgl. dazu H. SCHLICHTING: Boundary Layer Theory S. 287 sowie Grenzschichttheorie (1958) S. 319.

[3] WALZ, A.: Näherungstheorie für kompressible turbulente Grenzschichten. Z. angew. Math. Mech. Bd. 36 (1956) S. 50. Vgl. dazu auch: Beitrag zur Näherungstheorie kompressibler turbulenter Grenzschichten, Bericht 84 und 136 der Deutschen Versuchsanstalt für Luftfahrt (1959 und 1960).

und die Dissipationsfunktion halbempirische Ansätze, welche er durch eine geeignete Modifikation der entsprechenden Ansätze bei inkompressibler Strömung ableitet. Der von WALZ nach seinem Verfahren berechnete Gesamtwiderstandsbeiwert c_f der längsangeströmten ebenen Platte stimmt bis zu MACH-Zahlen $Ma \approx 3{,}6$ recht befriedigend mit Messungen überein, die in einer Arbeit von CHAPMAN und KESTER angegeben sind[1]. In Abb. 248 sind die Werte c_f im Verhältnis zu c_{fi} (inkompressible Strömung) über der MACH-Zahl aufgetragen. woraus der starke Abfall von c_f bei wachsender MACH-Zahl ersichtlich ist. Damit scheint die Theorie von WALZ — zumindest in dem oben genannten Bereich MACHscher Zahlen — ihre Bestätigung zu finden[2].

Für alle in diesem Buche bisher durchgeführten Rechnungen lautet die Randbedingung der Strömungsgrenzschicht an einer starren, undurchlässigen Wand bekanntlich $u = v = 0$ für $y = 0$. Das gilt indessen nur so lange, als man das strömende Medium als Kontinuum ansehen darf, was für Luft in Erdnähe auch bei großen Geschwindigkeiten noch zutrifft. Handelt es sich jedoch um Flugkörper, die sich in großer Höhe bewegen (z. B. Raketen in Höhen von 50 und mehr Kilometern), dann ist die Luft so stark verdünnt, daß die „mittlere freie Weglänge" L der Gasmoleküle von der Größenordnung der Körperabmessungen (etwa der Grenzschichtdicke) wird. In solchen Fällen ist die oben angeschriebene Randbedingung nicht mehr erfüllt, vielmehr muß jetzt an Stelle des *Haftens* an der Wand eine entsprechende

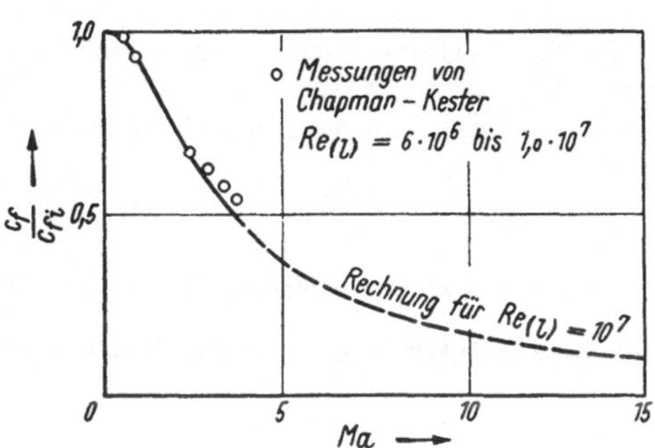

Abb. 248. Widerstandsziffer c_f/c_{fi} der turbulenten Grenzschicht

Gleitbewegung in die Theorie eingeführt werden. Nach H. S. TSIEN[3] ist die Größe $\dfrac{\delta}{L}$ (Grenzschichtdicke zu freier Weglänge) ein Maß für den Beginn einer derartigen molekularen Gleitströmung. Es ist einleuchtend, daß durch diese andersgeartete Randbedingung die Vorgänge in der Grenzschicht wesentlich beeinflußt werden, weshalb auch die aus der bisherigen Grenzschichttheorie gewonnenen Ergebnisse (z. B. für den Reibungswiderstand) in derart extremen Fällen keine Gültigkeit mehr beanspruchen können[4].

6. Strömungen mit Unterschallgeschwindigkeit

a) Linearisierung der Potentialgleichung

Die in Ziffer 2e) abgeleitete nichtlineare Potentialgleichung (635) der *ebenen stationären* Strömung erfährt eine wesentliche Vereinfachung, sofern es sich um Strömungen handelt, deren Geschwindigkeiten an jeder Stelle des Feldes nur um geringe Beträge u', v' von einer ungestörten Grundströmung $\bar{u}$ (parallel der x-Achse) abweichen. Dann wird

$$u = \bar{u} + u'; \quad v = v'; \quad \text{mit} \quad u' \ll \bar{u}; \quad v' \ll \bar{u}. \tag{680}$$

In Gl. (635) ist

$$\frac{\partial \varphi}{\partial x} = u; \quad \frac{\partial \varphi}{\partial y} = v; \quad \frac{\partial^2 \varphi}{\partial x \, \partial y} = \frac{\partial u}{\partial y} = \frac{\partial v}{\partial x}.$$

---

[1] CHAPMAN, D. R., u. R. H. KESTER: Measurements of turbulent skin friction on cylinders in axial flow at subsonic and supersonic speeds. J. aeronaut. Sci. Bd. 20 (1953) S. 441.

[2] In diesem Zusammenhang sei noch verwiesen auf N. SCHOLZ: Zur rationellen Berechnung laminarer und turbulenter kompressibler Grenzschichten mit Wärmeübergang. Z. Flugwissensch. Bd. 7 (1959) S. 33.

[3] TSIEN, H. S.: Superaerodynamics. Mechanics of rarefied gases. J. aeronaut. Sci. Bd. 13/12 (1946) S. 653.

[4] Vgl. auch TH. V. KÁRMÁN: Dimensionslose Größen in Grenzgebieten der Aerodynamik. Z. Flugwissensch. Bd. 4 (1956) S. 3.

Führt man diese Beziehungen in (635) ein und dividiert noch durch a^2, so wird

$$\frac{\partial u}{\partial x}\left(1 - \frac{u^2}{a^2}\right) + \frac{\partial v}{\partial y}\left(1 - \frac{v^2}{a^2}\right) - \frac{u\,v}{a^2}\left(\frac{\partial u}{\partial y} + \frac{\partial v}{\partial x}\right) = 0\,.$$

Die „Linearisierung" dieses Ausdrucks besteht nun darin, daß in ihm alle Glieder unterdrückt werden, die kleiner als von der ersten Ordnung sind. Damit geht die vorstehende Gleichung unter Beachtung von (680) über in

$$\frac{\partial u'}{\partial x}\left(1 - \frac{u^2}{a^2}\right) + \frac{\partial v'}{\partial y} = 0, \tag{681}$$

wo a die „örtliche" (d. h. mit dem Orte veränderliche) Schallgeschwindigkeit bezeichnet.

Im Rahmen der hier durchzuführenden Näherungstheorie ist

$$\frac{u^2}{a^2} \approx \frac{\bar u^2}{\bar a^2}, \tag{681*}$$

wenn $\bar a$ *die auf die Grundströmung* $(\bar u)$ *bezogene Schallgeschwindigkeit* darstellt. Mit der ebenfalls auf $\bar u$ bezogenen MACH-Zahl $\overline{Ma} = \dfrac{\bar u}{\bar a}$ folgt damit aus (681)

$$\frac{\partial u'}{\partial x}\left(1 - \overline{Ma}^2\right) + \frac{\partial v'}{\partial y} = 0\,. \tag{681a}$$

Setzt man noch

$$\varphi = \overline{\varphi} + \varphi'$$

und versteht unter $\overline{\varphi} = \bar u\,x$ das zu $\bar u$ gehörige Geschwindigkeitspotential, so stellt φ' das Potential der Störungsbewegung (u', v') dar, so daß

$$\frac{\partial u'}{\partial x} = \frac{\partial^2 \varphi'}{\partial x^2}\,; \quad \frac{\partial v'}{\partial y} = \frac{\partial^2 \varphi'}{\partial y^2}$$

wird. Damit geht (681a) über in

$$\frac{\partial^2 \varphi'}{\partial x^2}\left(1 - \overline{Ma}^2\right) + \frac{\partial^2 \varphi'}{\partial y^2} = 0\,. \tag{681b}$$

Diese für $\varphi'(x, y)$ *lineare* Differentialgleichung gilt, ihrer Ableitung entsprechend, sowohl für $\overline{Ma} < 1$ (reine Unterschallströmung) als auch für $\overline{Ma} > 1$ (reine Überschallströmung). Indessen erkennt man, daß der Klammerwert für $\overline{Ma} < 1$ positiv wird, für $\overline{Ma} > 1$ dagegen negativ. Im Unterschallbereich ist Gl. (681b) vom *elliptischen* Typus (analog zur inkompressiblen Flüssigkeit), im Überschallbereich dagegen vom *hyperbolischen* Typus. Dadurch kommt auch in mathematischer Hinsicht der Unterschied beider Strömungsarten klar zum Ausdruck. Die Sonderfälle $\overline{Ma} = 1$ und $\overline{Ma} \gg 1$ sollen zunächst ausgeschlossen sein (vgl. dazu S. 397 und S. 413). Das hier vorausgesetzte Strömungsfeld ist — abgesehen von Punkten in der Nähe des vorderen Staupunktes — bei der Umströmung eines Körpers von schlankem Querschnitt vorhanden, dessen Längsausdehnung quer zur Strömungsrichtung entsprechend groß ist (etwa ein Tragflügel in ebener Strömung).

Für *dreidimensionale* Strömungen, bei denen außer (680) noch die Bedingung

$$w' \ll \bar u \tag{680a}$$

erfüllt ist, kann in entsprechender Weise die Linearisierung der Potentialgleichung (635a) durchgeführt werden. Man erhält dann, wie leicht ersichtlich, als *linearisierte Potentialgleichung der räumlichen Strömung*

$$\frac{\partial^2\varphi'}{\partial x^2}\left(1 - \overline{Ma^2}\right) + \frac{\partial^2\varphi'}{\partial y^2} + \frac{\partial^2\varphi'}{\partial z^2} = 0, \tag{682}$$

welche ebenfalls für $\overline{Ma} \lessgtr 1$ gültig ist.

Bei „schallnahen" Strömungen (häufig auch als *transsonische* bezeichnet), bei denen $\overline{Ma}$ sich stark dem Werte eins nähert, können die Gln. (681 b) und (682) nicht ohne weiteres verwendet werden, da jetzt deren Klammerwerte gegen Null gehen, so daß die Gleichungen die Variable x überhaupt nicht mehr enthalten. Es läßt sich jedoch auch für diesen Fall eine entsprechende Potentialgleichung angeben, wenn man in (681) — bzw. in der ihr entsprechenden dreidimensionalen Gleichung — den Quotienten $\frac{u^2}{a^2}$ nicht durch (681') annähert, sondern ihn mit Hilfe von (630a) zunächst weiter umformt.

Für den *dreidimensionalen* Fall lautet (681), wenn wieder die Störungsgeschwindigkeiten durch das Potential $\varphi'(x, y, z)$ ausgedrückt werden,

$$\frac{\partial^2\varphi'}{\partial x^2}\left(1 - \frac{u^2}{a^2}\right) + \frac{\partial^2\varphi'}{\partial y^2} + \frac{\partial^2\varphi'}{\partial z^2} = 0. \tag{683}$$

Zunächst folgt aus (630a), wenn man dort für $\bar{v}_1, p_1, \varrho_1$ die der „Grundströmung" (in großer Entfernung vor dem Störkörper) entsprechenden Werte $\bar{u}, \bar{p}, \bar{\varrho}$ und für $\bar{v}_2, p_2, \varrho_2$ die „örtlichen" Werte $\bar{v} = \sqrt{u^2 + v^2 + w^2}$, p, ϱ einsetzt,

$$\bar{v}^2 - \bar{u}^2 + \frac{2\varkappa}{\varkappa - 1}\frac{\bar{p}}{\bar{\varrho}}\left[\left(\frac{p}{\bar{p}}\right)^{\frac{\varkappa-1}{\varkappa}} - 1\right] = 0. \tag{684}$$

Nun ist nach (627a)

$$\frac{p}{\bar{p}} = \left(\frac{\varrho}{\bar{\varrho}}\right)^{\varkappa} \quad \text{also} \quad \left(\frac{p}{\bar{p}}\right)^{\frac{\varkappa-1}{\varkappa}} = \left(\frac{\varrho}{\bar{\varrho}}\right)^{\varkappa-1}$$

und

$$\bar{p} = p\left(\frac{\bar{\varrho}}{\varrho}\right)^{\varkappa}.$$

Damit wird

$$\frac{\bar{p}}{\bar{\varrho}}\left(\frac{p}{\bar{p}}\right)^{\frac{\varkappa-1}{\varkappa}} = p\left(\frac{\bar{\varrho}}{\varrho}\right)^{\varkappa}\cdot\frac{1}{\bar{\varrho}}\left(\frac{\varrho}{\bar{\varrho}}\right)^{\varkappa-1} = \frac{p}{\varrho},$$

womit (684) übergeht in

$$\bar{v}^2 - \bar{u}^2 + \frac{2\varkappa}{\varkappa - 1}\left(\frac{p}{\varrho} - \frac{\bar{p}}{\bar{\varrho}}\right) = 0.$$

Daraus folgt wegen (640)

$$\bar{v}^2 - \bar{u}^2 + \frac{2}{\varkappa - 1}\left(a^2 - \bar{a}^2\right) = 0.$$

Anders geschrieben lautet diese Gleichung mit $\overline{Ma} = \frac{\bar{u}}{\bar{a}}$

$$\frac{a^2}{\bar{a}^2} = 1 - \frac{\varkappa - 1}{2}\frac{\bar{v}^2 - \bar{u}^2}{\bar{a}^2} = 1 - \frac{\varkappa - 1}{2}\left(\frac{\bar{v}^2}{\bar{a}^2} - \overline{Ma^2}\right)$$

oder

$$\frac{a^2}{\bar{a}^2} = 1 - \frac{\varkappa - 1}{2}\overline{Ma^2}\left(\frac{\bar{v}^2}{\bar{u}^2} - 1\right).$$

Wegen (680) und (680a) ist

$$\bar{v}^2 = (\bar{u} + u')^2 + v'^2 + w'^2 = \bar{u}^2 + 2\bar{u}\,u'.$$

Somit wird

$$\frac{a^2}{\bar{a}^2} = 1 - (\varkappa - 1)\,\overline{Ma}^2\,\frac{u'}{\bar{u}}\,. \tag{685}$$

Weiter ist wegen $\bar{u} = \bar{a}\,\overline{Ma}$

$$\frac{u}{a} = \frac{\bar{u} + u'}{a} = \frac{\bar{u}}{a}\left(1 + \frac{u'}{\bar{u}}\right) = \left(1 + \frac{u'}{\bar{u}}\right)\overline{Ma}\,\frac{\bar{a}}{a}\,,$$

so daß wegen (680) folgt

$$\frac{u^2}{a^2} = \left(1 + \frac{2\,u'}{\bar{u}}\right)\overline{Ma}^2\,\frac{\bar{a}^2}{a^2}\,.$$

Eliminiert man hier rechts die örtliche Schallgeschwindigkeit a mit Hilfe von (685), so läßt sich der vorstehende Ausdruck nach einigen Zwischenrechnungen auf die Form bringen

$$\frac{u^2}{a^2} = \overline{Ma}^2\left[1 + \frac{2\,u'}{\bar{u}}\left(1 + \frac{\varkappa - 1}{2}\,\overline{Ma}^2\right)\right],$$

und damit geht (683) wegen $u' = \dfrac{\partial\varphi'}{\partial x}$ schließlich über in[1]

$$\frac{\partial^2\varphi'}{\partial x^2}(1 - \overline{Ma}^2) + \frac{\partial^2\varphi'}{\partial y^2} + \frac{\partial^2\varphi'}{\partial z^2} = \frac{2}{\bar{u}}\,\overline{Ma}^2\left(1 + \frac{\varkappa - 1}{2}\,\overline{Ma}^2\right)\frac{\partial\varphi'}{\partial x}\,\frac{\partial^2\varphi'}{\partial x^2}\,.$$

Für den *Fall der Anströmung mit* $\overline{Ma} \to 1$ liefert dieser Ausdruck die in $\varphi'(x, y, z)$ *nichtlineare* Differentialgleichung

$$\frac{\partial^2\varphi'}{\partial y^2} + \frac{\partial^2\varphi'}{\partial z^2} - \frac{\varkappa - 1}{\bar{u}}\,\frac{\partial\varphi'}{\partial x}\,\frac{\partial^2\varphi'}{\partial x^2} = 0\,. \tag{686}$$

(Vgl. dazu die Bemerkung am Schluß von Ziffer 7.)

b) Ebene Unterschallströmung um schlanke Profile

Einige wichtige Beziehungen haben, unabhängig voneinander, L. Prandtl[2] und H. Glauert[3] aus Gl. (681 b) abgeleitet, die u. a. von besonderer Bedeutung für die ebene Unterschallströmung um schlanke Profile mit kleinem Anstellwinkel sind[4].

Dem Prandtlschen Gedankengang folgend soll jetzt die vorstehend behandelte *kompressible* Strömung mit einer in einer x_1y_1-Ebene vor sich gehenden *inkompressiblen* verglichen werden, bei welcher die *gleiche* Grundgeschwindigkeit $\bar{u}$ wie oben durch kleine Störungen u_1' und v_1' überlagert ist. Setzt man für das Geschwindigkeitspotential dieser Strömung $\varphi_1 = \bar{\varphi} + \varphi_1'$, wo φ_1' wieder das Potential der Störungsbewegung ist, so muß φ_1' der Potentialgleichung (254a) genügen, also wird

$$\frac{\partial^2\varphi_1'}{\partial x_1^2} + \frac{\partial^2\varphi_1'}{\partial y_1^2} = 0\,. \tag{687}$$

Wie man sich leicht überzeugt, läßt sich die Potentialgleichung (681 b) der linearisierten kompressiblen Strömung in (687) mittels der Transformation

$$x_1 = x;\quad y_1 = y\,\sqrt{1 - \overline{Ma}^2};\quad \varphi_1' = n\varphi' \tag{688}$$

---

[1] Schlichting-Truckenbrodt: Aerodynamik des Flugzeuges Bd. 2 (1960) S. 148.

[2] Prandtl, L.: J. Aeronaut. Res. Inst., Tokyo Imp. Univ. 1930, S. 14. Vgl. auch Führer durch die Strömungslehre, 3. Aufl. (1949) S. 275.

[3] Glauert, H.: Proc. roy. Soc. A Bd. 118 (1928) S. 113.

[4] Vgl. hierzu auch R. Sauer: Einführung in die theoret. Gasdynamik, 3. Aufl. (1960) S. 32 ff.

überführen, wenn man unter n eine zunächst willkürliche, konstante Zahl versteht.

Die Bedingungen (688) besagen, daß bei dieser Transformation die x-Koordinaten in beiden Ebenen die gleichen bleiben, daß aber die y-Koordinaten im Verhältnis $y_1 : y = \sqrt{1 - \overline{Ma}^2}$ verzerrt werden.

Um festzustellen, welche Größe der Zahlenfaktor n haben muß, damit die *Stromlinien* durch die Transformation (688) affin verzerrt werden, sollen jetzt die Neigungswinkel ϑ_1 und ϑ der Stromlinien gegen die x-Achse miteinander verglichen werden. Man erhält in der $x_1 y_1$-Ebene für ϑ_1 die Beziehung

$$\operatorname{tg}\vartheta_1 = \frac{v_1'}{\bar{u} + u_1'} \approx \frac{v_1'}{\bar{u}},$$

wo unter Beachtung von (688)

$$v_1' = \frac{\partial \varphi_1'}{\partial y_1} = n \frac{\partial \varphi'}{\partial y} \frac{1}{\sqrt{1 - \overline{Ma}^2}} = \frac{n\, v'}{\sqrt{1 - \overline{Ma}^2}},$$

weshalb

$$\operatorname{tg}\vartheta_1 = \frac{n}{\sqrt{1 - \overline{Ma}^2}} \frac{v'}{\bar{u}} = \frac{n}{\sqrt{1 - \overline{Ma}^2}} \operatorname{tg}\vartheta . \tag{689}$$

Die Stromlinien beider Strömungen gehen also durch die Transformation (688) nur dann affin ineinander über, wenn

$$n = 1 - \overline{Ma}^2 = \beta^2 \tag{690}$$

ist, da in diesem Sonderfall

$$\operatorname{tg}\vartheta_1 = \sqrt{1 - \overline{Ma}^2}\,\operatorname{tg}\vartheta \tag{690a}$$

wird.

Es erhebt sich jetzt noch die Frage nach dem Verhältnis der Zusatzdrücke gegenüber der ungestörten Strömung in entsprechenden Punkten der beiden Vergleichsebenen. Bezeichnet $\bar{v}$ den Betrag der resultierenden Geschwindigkeit v in der xy-Ebene, so wird wegen der unter a) eingeführten Näherungen

$$\bar{v}^2 = (\bar{u} + u')^2 + v'^2 \approx \bar{u}^2 + 2\,\bar{u}\,u',$$

und somit nach (250) wegen $\bar{u} = \text{const}$ (bei stationärer Strömung)

$$\varrho\,\bar{u}\,du' = -\,dp .$$

Als Zusatzdruck gegenüber der Grundströmung $(\bar{u}, \bar{p}, \bar{\varrho})$ ergibt sich also der Wert

$$\varDelta p = p - \bar{p} = -\,\varrho\,\bar{u} \int\limits_{u'=0}^{u'=u'} du' = -\,\varrho\,\bar{u}\,u' . \tag{691}$$

Entsprechend gilt für die $x_1 y_1$-Ebene

$$\varDelta p_1 = p_1 - \bar{p} = -\,\varrho\,\bar{u}\,u_1' .$$

Da aber unter Beachtung von (688) und (690)

$$u_1' = \frac{\partial \varphi_1'}{\partial x_1} = n \frac{\partial \varphi'}{\partial x} = u'\,(1 - \overline{Ma}^2)$$

ist, so ergibt sich als Verhältnis der Zusatzdrücke

$$\frac{\varDelta p}{\varDelta p_1} = \frac{u'}{u_1'} = \frac{1}{1 - \overline{Ma}^2} = \frac{1}{\beta^2} . \tag{691a}$$

Die Zusatzdrücke der kompressiblen Strömung sind also gegenüber denjenigen der inkompressiblen Strömung um den Faktor $\frac{1}{\beta^2}$ vergrößert. Da durch die vorgenommene Transformation mit $n = \beta^2$ die *Stromlinien* affin verzerrt werden, bezeichnet man den obigen Zusammenhang auch als *Stromlinienanalogie.*

Die vorstehenden Überlegungen können mit Vorteil zur Untersuchung schlanker, vorn und hinten zugespitzter Tragflügelprofile mit kleinem Anstellwinkel in ebener Strömung benutzt werden. Es ergibt sich dabei aus dem oben Gesagten zwischen der (als bekannt angenommenen) Strömung einer *raumbeständigen* Flüssigkeit ($x_1 y_1$-Ebene) um ein Profil I und derjenigen eines *kompressiblen* Gases (xy-Ebene) um ein Profil II bei gleichbleibender Anströmungsgeschwindigkeit $\bar{u}$ im Unterschallbereich ($Ma < 1$) folgender wichtiger Zusammenhang: Durch die Transformation (688) mit der Nebenbedingung (690) geht die Strömung um das Profil I in diejenige um das Profil II über, wenn man alle Abmessungen des Profils II senkrecht zur ungestörten Geschwindigkeit $\bar{u}$ (also speziell die *Dicke* und *Wölbung*) um den Faktor $\dfrac{1}{\sqrt{1 - Ma^2}}$ *größer* ausführt als beim Profil I und — wegen (690a) — auch den *Anstellwinkel* um den gleichen Faktor vergrößert. Die Zusatzdrücke $\varDelta p$ an der Kontur des Profils II sind dabei nach (691a) um den Faktor $\dfrac{1}{1 - Ma^2}$ *größer* als beim Profil I.

Ergänzend mag dazu noch bemerkt werden, daß die unter a) eingeführten Näherungen in der Umgebung der Staupunkte nicht mehr gelten, da an diesen Stellen die Störgeschwindigkeit u' sicher nicht mehr klein gegenüber $\bar{u}$ ist.

Wie man leicht einsieht, ist durch die Bedingung (690) zwar eine affine Verzerrung der Stromlinien gewährleistet, nicht aber eine solche der Potentiallinien. Um letztere zu bekommen, hat man nachträglich lediglich die orthogonalen Linien zu den affin verzerrten Stromlinien einzutragen.

Soll — im Gegensatz zur Stromlinienanalogie — erreicht werden, daß in entsprechenden Punkten P_1 und P der beiden Vergleichsebenen das gleiche Gesamtpotential $\varphi_1 = \varphi$ vorhanden ist, dann ist in (688) der Faktor $n = \beta^2 = 1$ zu setzen. In diesem Falle wird nämlich

$$\varphi_1 = \bar{\varphi} + \varphi_1' = \bar{\varphi} + \varphi' = \varphi \, .$$

Dann werden aber auch die Störungsgeschwindigkeiten der x-Richtung

$$u_1' = \frac{\partial \varphi_1'}{\partial x_1} = \frac{\partial \varphi'}{\partial x} = u'$$

und — wegen (691a) — auch die Zusatzdrücke in beiden Vergleichsebenen einander gleich. Die Stromlinien erhält man darauf als orthogonales Liniensystem zu den nach (688) mit $n = 1$ affin verzerrten Potentiallinien. Für die Neigung der Stromlinien ergibt sich aus (689) mit $n = 1$

$$\operatorname{tg} \vartheta_1 = \frac{1}{\sqrt{1 - Ma^2}} \operatorname{tg} \vartheta \, ,$$

d. h., sie sind bei der kompressiblen Strömung in Richtung der y-Achse um den Faktor $\sqrt{1 - Ma^2}$ stärker zusammengedrückt als in der inkompressiblen Strömung.

Man gelangt also bei dieser *Potentiallinienanalogie* zu folgendem Ergebnis: In einer ebenen Unterschallströmung eines kompressiblen Gases um ein Flügelprofil (II) erhält man — unter der Voraussetzung gleicher Anströmungsgeschwindigkeit $\bar{u}$ — *die gleichen Zusatzdrücke* $\varDelta p = \varDelta p_1$ wie in einer inkompressiblen Strömung gleicher Dichte um ein Profil I, wenn man *die Dicke, die Wölbung und den Anstellwinkel* des Profils II um den Faktor $\beta = \sqrt{1 - \overline{Ma}^2}$ gegenüber dem Profil I *verkleinert.*

Da die Zusatzdrücke Δp maßgebend sind für die Größe der Auftriebsbeiwerte c_a, so sind auch letztere für beide Profile (im Rahmen der obigen Näherungsrechnung) einander gleich.

Wegen der gleichen Druckverteilung an den Profiloberflächen beider Flügel läßt sich jetzt auch die Frage beurteilen, bei welchem Anstellwinkel in der kompressiblen Strömung mit einer etwaigen Ablösung der Grenzschicht auf der Saugseite gerechnet werden muß.

Die obigen Analogien, welche in der Literatur als „PRANDTLsche Regel" oder auch als „PRANDTL-GLAUERTsche Analogie" bezeichnet werden, sind bis zu MACH-Zahlen von etwa $0{,}7 \div 0{,}8$ durch die Versuche gut bestätigt worden.

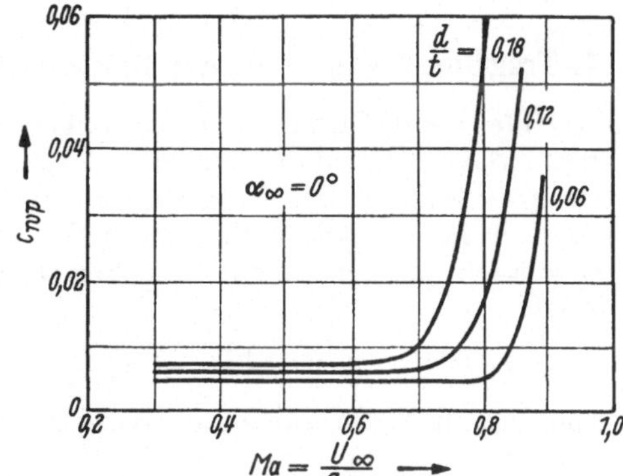

Abb. 249. $c_{wp} = f(Ma)$ bei Annäherung an $Ma \rightarrow 1$

Bei weiterer Vergrößerung der MACH-Zahl, d. h. weiterer Annäherung an die Schallgeschwindigkeit, wachsen die Widerstandsziffern c_w auf das Mehrfache der normalen Werte an, während die Auftriebsziffern c_a abfallen. Man kann diesem Übelstand bis zu einem gewissen Grade dadurch begegnen, daß man sogenannte „Pfeilflügel" verwendet. In Abb. 251 a bezeichne u_∞ die ungestörte Anströmungsgeschwindigkeit eines solchen Flügels (d. i. also das Entgegengesetzte der Fluggeschwindigkeit). Zerlegt man nun u_∞ in seine Normal- und Tangentialkomponente u_n bzw. u_t zur vorderen Flügelkante, so erkennt man, daß u_t keinen Einfluß auf die Flügelumströmung hat, wenn man vorerst von Reibungseinflüssen absieht. Für die Erzeugung der c_a- und c_w-Werte kommt vielmehr nur die Normalkomponente u_n in Frage. Diese ist aber bei entsprechender Stärke der Pfeilung wesentlich kleiner als die Fluggeschwindigkeit ($-u_\infty$). Auf diese Weise ist es möglich, letztere bis zu höheren MACH-Zahlen zu steigern, ohne daß sich die oben angedeutete Verschlechterung der Flügeleigenschaften bereits einstellt.

Eine Vorstellung davon, in welchem Maße sich die c_{wp}- und die c_a-Werte für verschieden dicke, symmetrische NACA-Profile[1] in ebener Strömung

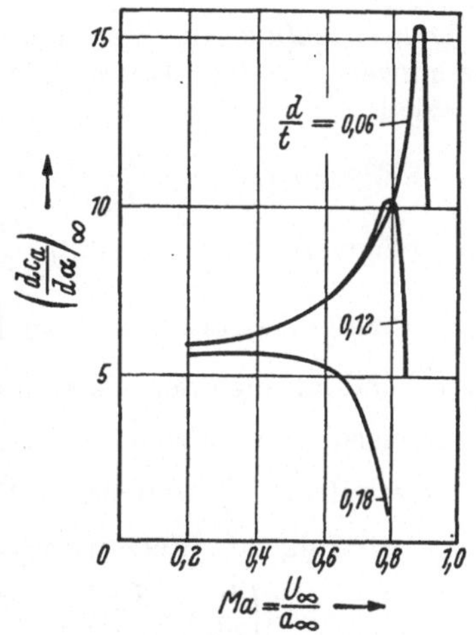

Abb. 250. $\left(\dfrac{d c_a}{d \alpha}\right)_\infty$ bei Annäherung an $Ma \rightarrow 1$

bei Annäherung an die Schallgeschwindigkeit ($Ma \rightarrow 1$) ändern, vermitteln die Abb. 249 und 250[2], in denen das Verhältnis $\dfrac{d}{t}$ die „Profildicke" angibt (S. 302).

Charakteristisch an diesen Abbildungen ist, daß der starke Widerstandsanstieg bei

---

[1] NACA = Abkürzung für National Advisory Committee for Aeronautics (Washington).
[2] GÖTHERT, B.: Forsch.-Ber. Nr. 1490 der Zentr. für wissensch. Berichtswesen (1941) S. 16, 50, 80, 84. Vgl. auch G. SCHULZ: Die Schallmauer. Luftfahrttechnik Bd. 2 (1956) S. 3 u. 4.

steigender MACH-Zahl und der damit Hand in Hand gehende plötzliche Auftriebs-
abfall um so eher stattfindet, je „dicker" das Profil ist. Damit finden die weiter
oben aus der Stromlinienanalogie gezogenen Folgerungen ihre experimentelle
Bestätigung (vgl. auch S. 409).

7. Tragflügel von endlicher Spannweite bei Unterschallanströmung

Mit Hilfe der in Ziffer 6, b besprochenen „Stromlinienanalogie" ist man nun
in den Stand versetzt, den induzierten Widerstand, die Auftriebsverteilung sowie
die Druckverteilung bei Tragflügeln von endlicher Spannweite (räumliches
Problem) in *kompressibler* Strömung bei MACH-Zahlen $\overline{Ma} < 1$ und kleinen
Anstellwinkeln zu berechnen. Mit der Koordinatentransformation [vgl. dazu
Gl. (688)]

$$x_1 = x; \quad y_1 = y\sqrt{1 - \overline{Ma}^2}; \quad z_1 = z\sqrt{1 - \overline{Ma}^2}; \quad \varphi_1' = n\varphi'$$

läßt sich nämlich die für den „Ausgangsflügel" in kompressibler Strömung
geltende Gl. (682) überführen in die Gleichung

$$\frac{\partial^2 \varphi_1'}{\partial x_1^2} + \frac{\partial^2 \varphi_1'}{\partial y_1^2} + \frac{\partial^2 \varphi_1'}{\partial z_1^2} = 0$$

des Störungspotentials φ_1 für einen „Vergleichsflügel" in *inkompressibler* Strömung
($\overline{Ma} \to 0$). Um diesen Vergleichsflügel für die vorgegebene MACH-Zahl (des Aus-
gangsflügels) zu bekommen, hat man unter Beachtung der obigen Transformations-
gleichungen nur alle Abmessungen des Ausgangsflügels *senkrecht zur ungestörten
Anströmungsrichtung* um den Faktor $\sqrt{1 - \overline{Ma}^2}$ zu verkleinern, während alle
Abmessungen *in der Anströmungsrichtung* (x-Richtung) beibehalten werden.

Speziell ergibt sich aus dieser Regel (Abb. 251)

für die Flügelzuspitzung $\left(\dfrac{t_a}{t_i}\right)_1 = \dfrac{t_a}{t_i}$

für die Flügelstreckung (S. 332) $\left(\dfrac{b^2}{F}\right)_1 = \dfrac{b_2}{F}\sqrt{1 - \overline{Ma}^2}$

für den Pfeilwinkel $\operatorname{ctg}\varphi_1 = \operatorname{ctg}\varphi\sqrt{1 - \overline{Ma}^2}$.

Entsprechend ist auch der „Anstellwinkel" wegen (690a) um den gleichen Faktor
zu verkleinern, es ist also $\alpha_1 = \alpha\sqrt{1 - \overline{Ma}^2}$ zu setzen. Schließlich gelten für das
„Dickenverhältnis" $\dfrac{d}{t}$ und das „Wölbungsverhältnis" $\dfrac{f}{t}$ des Flügelprofils (vgl.
S. 303) noch folgende Verzerrungsgrößen

$$\left(\frac{d}{t}\right)_1 = \frac{d}{t}\sqrt{1 - \overline{Ma}^2}; \quad \left(\frac{f}{t}\right)_1 = \frac{f}{t}\sqrt{1 - \overline{Ma}^2}.$$

Zur Berechnung der Auftriebs- und Druckverteilung des Vergleichsflügels
können die auf S. 335 und folgende besprochenen Verfahren unmittelbar verwendet werden. Zwischen den „Druckbeiwerten"

$$c_p = \frac{p - \overset{..}{p}}{q}$$

des Ausgangs- und des Vergleichsflügels besteht wegen (691a) der einfache Zusammenhang

$$c_p = \frac{c_{p_1}}{1 - \overline{Ma}^2}.$$

Dabei bezeichnet $\bar{p}$ den statischen Druck der *Grundströmung* und $\bar{q} = \frac{\varrho}{2}\bar{u}^2$ den zugehörigen Staudruck.

Die so gewonnenen Ergebnisse sind dann unter Beachtung der obigen Transformationsgleichungen auf den Ausgangsflügel zu übertragen.

Wie oben bereits bemerkt wurde (S. 390), erfordert der Fall, bei dem sich die MACH-Zahl der Anströmung dem Werte „eins" stark nähert, eine besondere Betrachtung. Man befindet sich dann im Bereich der „schallnahen" oder „transsonischen" Strömung, in dem die Strömungsverhältnisse äußerst verwickelt und zur Zeit — besonders im Hinblick auf etwa eintretende Verdichtungsstöße — noch nicht vollständig geklärt sind[1].

Bei Anwendung der oben besprochenen Stromlinienanalogie auf den Fall $\overline{Ma} \to 1$ ergibt sich für den Vergleichsflügel die Flügelstreckung $\left(\frac{b^2}{F}\right)_1 \to 0$. Die Berechnung der Auftriebsverteilung und anderer damit in Zusammenhang stehender aerodynamischer Größen des Ausgangsflügels wird möglich, wenn man sich dabei zur Berechnung der inkompressiblen Druckverteilung der Theorie des Flügels von verschwindender Streckung bedient (slenderbody-theory), wonach die Strömung um sehr lange, gegen den Luftstrom „angestellte" Körper in Ebenen senkrecht zur Anströmungsrichtung als zweidimensional aufgefaßt werden kann[2,3]. Nachdem sich bereits eine Anzahl weiterer Forscher mit diesem Problem beschäftigt hat (vgl. das unter 4 angegebene Literaturzitat), wurde neuerdings von E. TRUCKENBRODT[4] ein Rechenverfahren entwickelt, worin dieser die Aufgabe mit Hilfe seiner auf S. 342 besprochenen „Tragflächentheorie" unter Benutzung der PRANDTL-GLAUERTschen Regel behandelt. Dabei

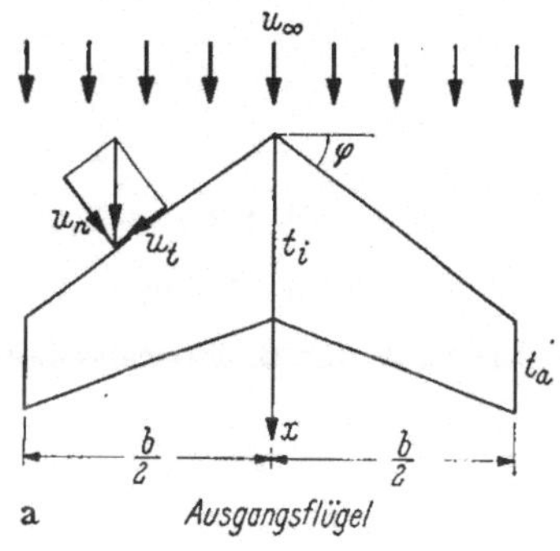

a   *Ausgangsflügel*

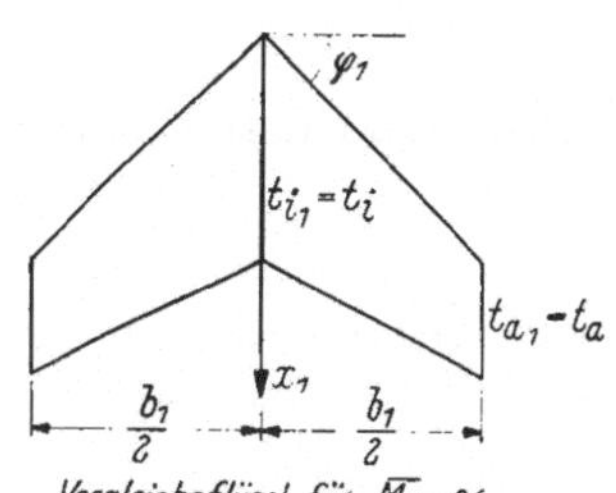

b   *Vergleichsflügel für $\overline{Ma} = 0{,}6$*

Abb. 251. Pfeilflügel

werden zunächst die Grundgleichungen für $Ma < 1$ aufgestellt, und nachträglich wird der Grenzübergang zu $Ma \to 1$ vollzogen. Diese Methode führt auf eine Integralgleichung zur Berechnung der Auftriebsverteilung, welche mittels eines Quadraturverfahrens gelöst werden kann, das dem auf S. 337 besprochenen MULTHOPPschen Verfahren nahe verwandt ist. Die von TRUCKENBRODT gegebene Darstellung kann auf Flügel von beliebigem Grundriß (also auch auf Pfeilflügel) beliebiger Verwindung und beliebiger (kleiner) Wölbung des Profilskeletts angewandt werden. Dagegen bleiben der Einfluß einer endlichen Profildicke sowie das eventuelle Auftreten von Verdichtungsstößen unberücksichtigt.

Für *Schallanströmung* um *flache, affin verdickte Körper* hat v. KÁRMÁN[5] ein

---

[1] Entsprechende Ausführungen sind zu finden bei K. OSWATITSCH: Gasdynamik(1952) S. 335 und K. G. GUDERLEY: Theorie schallnaher Strömungen, Berlin/Göttingen/Heidelberg: Springer 1957.

[2] MUNK, M. M.: The aerodynamic forces on airship hulls. NACA-Rep. 184 (1924).

[3] JONES, R. T.: Properties of low — aspect — ratio pointed wings at speeds below and above the speed of sound. NACA-Rep. 835 (1946).

[4] TRUCKENBRODT, E.: Ein Verfahren zur Berechnung der Auftriebsverteilung an Tragflügeln bei Schallanströmung. Jb. wiss. Ges. Luftfahrt (1956) S. 113.

[5] v. KÁRMÁN, TH.: The similarity law of transonic flow. J. Math. Physics Bd. 26 (1947) S. 182ff.

Ähnlichkeitsgesetz entwickelt, welches der PRANDTL-GLAUERTschen Regel nahe verwandt ist. Man gelangt dazu, indem man etwa zwei Tragflügel von verschiedenem Dickenverhältnis $\delta = \dfrac{d}{t}$ miteinander vergleicht. Zu diesem Zwecke wird die für $\overline{Ma} \to 1$ gültige Potentialgleichung (686) zunächst auf den vorgegebenen „Ausgangsflügel" angewandt und darauf mittels einer Koordinatentransformation (ähnlich wie in Ziffer 6, b) der zugehörige „Vergleichsflügel" bestimmt[1].

Als wesentliches Ergebnis der *Kármánschen Regel* erhält man für die „Druckbeiwerte" (s. oben) die Beziehung

$$c_p = \left(\frac{\delta}{\delta_1}\right)^{2/3} c_{p_1}.$$

Speziell ergibt sich für *ebene* Strömung c_p prop. $\delta^{2/3}$.

8. Strömungen mit Überschallgeschwindigkeit

a) Lösung der linearisierten Potentialgleichung

Wie in Ziffer 6, a bereits bemerkt wurde, gilt Gl. (681 b) sowohl für $\overline{Ma} < 1$ als auch für $\overline{Ma} > 1$. Für Strömungen im Überschallbereich ist der letztere Fall maßgebend, weshalb (681 b) jetzt wie folgt geschrieben werden soll

$$\frac{\partial^2 \varphi'}{\partial x^2}\left(\overline{Ma}^2 - 1\right) - \frac{\partial^2 \varphi'}{\partial y^2} = 0. \tag{692}$$

Die allgemeine Lösung dieser linearen Differentialgleichung lautet:

$$\varphi' = F_1(y - x \operatorname{tg}\overline{\alpha}) + F_2(y + x \operatorname{tg}\overline{\alpha}). \tag{693}$$

Darin bezeichnet $\overline{\alpha}$ den der ungestörten Geschwindigkeit $\overline{u}$ entsprechenden MACHschen Winkel, für welchen nach (644) und (644a) gilt

$$\sin\overline{\alpha} = \frac{\overline{a}}{\overline{u}} = \frac{1}{\overline{Ma}}; \qquad \operatorname{tg}\overline{\alpha} = \frac{1}{\sqrt{\overline{Ma}^2 - 1}}, \tag{693a}$$

während F_1 und F_2 zunächst willkürliche, stetige und zweimal differenzierbare Funktionen der Veränderlichen $(y \mp x \operatorname{tg}\overline{\alpha})$ darstellen, die den jeweiligen Randbedingungen angepaßt werden müssen. Bildet man nämlich

$$\frac{\partial^2 \varphi'}{\partial x^2} = \operatorname{tg}^2\overline{\alpha}\,(F_1'' + F_2'')$$

$$\frac{\partial^2 \varphi'}{\partial y^2} = F_1'' + F_2'',$$

wo $''$ zweimalige Differentiation nach $(y \mp x \operatorname{tg}\overline{\alpha})$ bedeutet, so erkennt man, daß diese Ausdrücke die Potentialgleichung (692) wegen (693a) in der Tat befriedigen.

---

[1] Eine ausführliche Darstellung der *Prandtl-Glauertschen* und der *Kármánschen Regel* sowie ihrer Anwendung in der Tragflügeltheorie hat E. TRUCKENBRODT in der Z. Flugwissensch. Bd. 5 (1957) S. 341 bis 346 gegeben. Vgl. auch SCHLICHTING-TRUCKENBRODT: Aerodynamik des Flugzeuges Bd. 2 (1960) S. 146ff. sowie B. GÖTHERT: Ebene und räumliche Strömung bei hohen Unterschallgeschwindigkeiten. Jahrb. der deutschen Luftfahrtforschung (1941) S I 156 bis 158.

b) Anwendung der vorstehenden Lösung auf ebene Strömungen längs einer schwach geknickten Wand[1]

In Abb. 252 stelle A einen unter dem *kleinen* Winkel $\Delta \delta$ konvex geneigten Knick in einer sonst geradlinig begrenzten Wand dar. Links von A strömt eine Gasmasse parallel zur Wand mit der Überschallgeschwindigkeit $\bar{u}$. Infolge der bei A vorhandenen Kante tritt an dieser Stelle eine kleine Druckstörung auf, die sich unter dem MACHschen Winkel $\bar{\alpha}$ fortpflanzt. Nach den Ausführungen in Ziffer 4 hat diese Druckstörung auf den Strömungsbereich *vor* der „MACHschen Linie" $A-B$ überhaupt keinen Einfluß, wohl aber hinter ihr. Stromabwärts findet infolge des längs der Linie $A-B$ vorhandenen Drucksprunges eine Änderung der Geschwindigkeit nach Größe und Richtung statt.

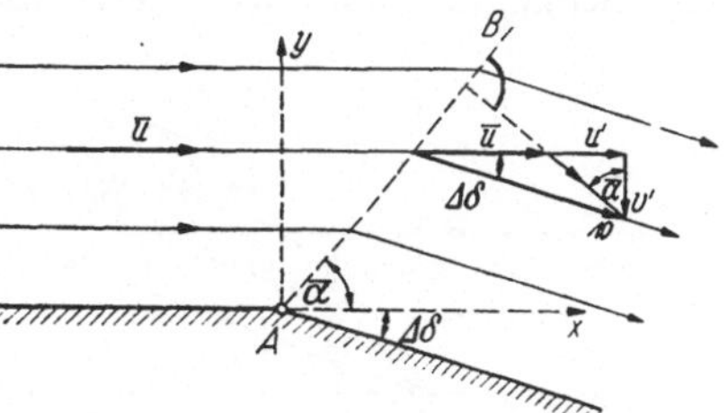

Abb. 252. Linearisierte Strömung längs einer konvex geknickten Wand

Zur Berechnung der „Störungsgeschwindigkeiten" u' und v' kann das Potential φ' nach (693) benutzt werden. Die der Aufgabe entsprechenden Randbedingungen werden befriedigt durch die Ansätze

$$F_1 = 0 \text{ für } (y - x\,\mathrm{tg}\,\bar{\alpha}) > 0 \text{ (Bereich } vor\ A-B)$$
$$F_1 = C\,(y - x\,\mathrm{tg}\,\bar{\alpha}) \text{ für } (y - x\,\mathrm{tg}\,\bar{\alpha}) < 0 \text{ (Bereich } hinter\ A-B).$$
$$F_2 = 0 \text{ für den ganzen Strömungsbereich.}$$

Dann ist im Bereich stromabwärts von $A-B$

$$\varphi' = C\,(y - x\,\mathrm{tg}\,\bar{\alpha})$$

und somit

$$u' = \frac{\partial \varphi'}{\partial x} = -C\,\mathrm{tg}\,\bar{\alpha}; \quad v' = \frac{\partial \varphi'}{\partial y} = C \quad \text{(positiv nach aufwärts).}$$

Die Konstante C folgt aus der Abströmungsbedingung hinter dem Knick

$$\mathrm{tg}\,(\Delta \delta) \approx \Delta \delta = \frac{|v'|}{|\bar{u} + u'|} \approx \frac{|v'|}{|\bar{u}|} = -\frac{C}{|\bar{u}|}\,,$$

weshalb

$$u' = \bar{u}\,\Delta \delta\,\mathrm{tg}\,\bar{\alpha}; \quad v' = -\bar{u}\,\Delta \delta. \tag{694}$$

Mit diesen Werten kann die Geschwindigkeit $\mathfrak{v}$ der durch den Knick abgelenkten Strömung leicht bestimmt werden. Bemerkenswert ist, daß wegen

$$\frac{|u'|}{|v'|} = \mathrm{tg}\,\bar{\alpha}$$

der resultierende Störungsvektor aus u' und v' *normal* zur MACHschen Linie $A-B$ steht.

Schließlich erhält man für den Drucksprung längs dieser Linie nach (691)

$$\Delta p = -\varrho\,\bar{u}^2\,\Delta \delta\,\mathrm{tg}\,\bar{\alpha} < 0.$$

Die Geschwindigkeitszunahme hinter dem Knick bedeutet *Expansion* des Gases, weshalb die Linie $A-B$ als „Verdünnungslinie" bezeichnet werden kann.

Die vorstehenden Überlegungen bleiben auch dann noch gültig, wenn die Wand nicht konvex, sondern konkav geknickt ist (Abb. 253). Man hat in diesem Falle den Neigungswinkel $\Delta \delta$ nur mit dem negativen Vorzeichen in obige Gleichungen einzuführen. Dann nehmen die Störungsgeschwindigkeiten folgende

---

[1] Vgl. dazu R. SAUER: Einführung in die Theoret. Gasdynamik, 3. Aufl. (1960) S. 47.

Werte an (wobei jetzt $\Delta\delta$ absolut genommen ist)

$$u' = -\bar{u}\,\Delta\delta\,\mathrm{tg}\,\bar{\alpha}; \qquad v' = \bar{u}\,\Delta\delta\,, \tag{694a}$$

und für den Drucksprung längs der Linie $A-B$ gilt

$$\Delta p = \bar{\varrho}\,\bar{u}^2\,\Delta\delta\,\mathrm{tg}\,\bar{\alpha} > 0\,.$$

Das Geschwindigkeitsdreieck ist aus Abb. 253 ersichtlich. Die Abströmungsgeschwindigkeit $|\mathfrak{v}|$ wird jetzt kleiner als $\bar{u}$, es findet also Kompression des Gases statt, und $A-B$ ist eine „Verdichtungslinie".

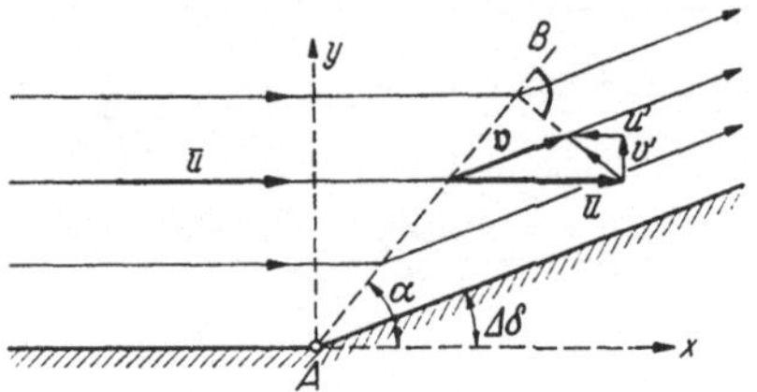

Abb. 253. Linearisierte Strömung längs einer konkav geknickten Wand

c) Stetige Umlenkung an einer konvex geknickten Wand

Die unter Absatz b) durch Integration der linearisierten Potentialgleichung gefundene Lösung führt, wie Abb. 252 zeigt, bei endlichem Winkel $\Delta\delta$ zu einer sprunghaften Änderung des Geschwindigkeitsvektors an der MACHschen Linie $A-B$.

In Wirklichkeit verläuft dieser Vorgang jedoch stetig und kann, wie L. PRANDTL[1] und TH. MEYER[2] gezeigt haben, als Potentialströmung analytisch behandelt werden. Rein physikalisch läßt sich der Vorgang in Anlehnung an die „linearisierte" Strömung (Absatz b) wie folgt erklären (Abb. 254). Nimmt man an, daß von der Kante A ausgehend zunächst eine kleine Druckerniedrigung längs der MACHschen Linie $A-B_1$ eintritt, die zu dem kleinen Ablenkungswinkel $\Delta\delta_1$

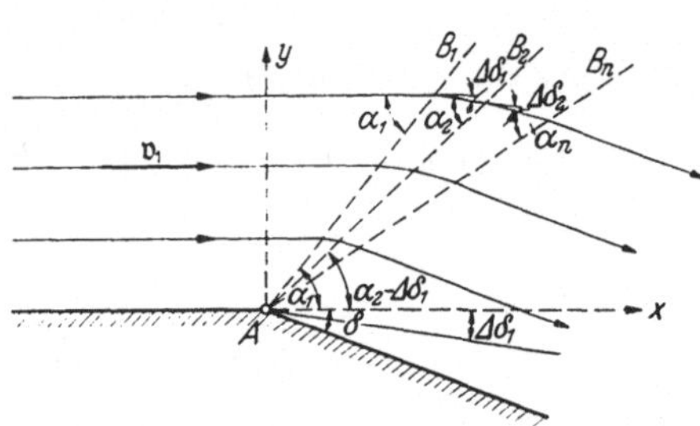

der Strömungsrichtung führen würde, so entspräche dieser Druckstörung eine Geschwindigkeit $|\mathfrak{v}_2| > |\mathfrak{v}_1|$ und somit eine MACH-Zahl Ma_2, die größer ist als die zur Anströmungsgeschwindigkeit $\mathfrak{v}_1$ gehörige Zahl Ma_1. Jetzt denke man sich — von der Ecke A ausgehend — eine weitere unstetige Druckerniedrigung, die sich längs der MACHschen Linie $A-B_2$ fortpflanzt und die zu einer neuerlichen Ablenkung der Strömungsrichtung um den Winkel $\Delta\delta_2$ führt. Die Geschwindig

Abb. 254. Stetige Umlenkung um die Ecke A

keit wird dadurch weiter vergrößert, desgleichen ihre Neigung gegenüber $\mathfrak{v}_1$. Man kann sich diesen Vorgang so lange fortgesetzt denken, bis schließlich die Geschwindigkeit unter dem vorgegebenen Kantenwinkel δ geneigt ist und damit ein glattes Abfließen des Gases an der stromabwärts von A liegenden Wand stattfindet. Durch Übergang zur Grenze $\Delta\delta \to 0$ ergibt sich eine *stetige* Umströmung der Ecke A, bei welcher die Geschwindigkeit von $|\mathfrak{v}_1|$ bis zur Erreichung der dem Kantenwinkel δ entsprechenden Endgeschwindigkeit ständig zunimmt (Expansionsströmung). Die Stromlinien zwischen den beiden MACHschen Linien AB_1 und AB_n, die dem Anfang und Ende der Umlenkung entsprechen, sind stetig gekrümmt. Jeder zwischen AB_1 und AB_n von A aus gezogene Strahl ist eine MACHsche Linie, auf welcher die Geschwindigkeit nach Größe und Richtung konstant ist; das gleiche gilt für den Druck. Bemerkenswert ist dabei, daß in

---

[1] PRANDTL, L.: Phys. Z. Bd. 8 (1907) S. 23; vgl. auch Führer durch die Strömungslehre, 3. Aufl. (1949) S. 266.

[2] MEYER, TH.: VDI-Forsch.-Heft 1908, Nr. 62.

jedcm Falle die Geschwindigkeitskomponente der Strömung, welche *senkrecht* zur zugehörigen MACHschen Linie steht, gleich der Schallgeschwindigkeit ist, was unmittelbar aus der Definition des MACHschen Winkels (693a) hervorgeht.

Für die praktische Anwendung hat die Lösung von PRANDTL und MEYER insofern eine besondere Bedeutung, als man sie ohne weiteres auch auf mehrfach geknickte Wände anwenden kann. So entspricht z. B. in Abb. 255 die MACHsche Linie A_1B_1 dem Beginn der stetigen Umlenkung um die Ecke A_1 in die Wandrichtung A_1-A_2. Die Umlenkung um den Winkel δ_1 ist bei der MACHschen Linie A_1C_1 erreicht. Die Stromlinien verlaufen von da ab parallel zur Wandrichtung A_1-A_2. Jetzt beginnt an der Ecke A_2 eine weitere Umlenkung längs der MACHschen Linie A_2B_2 bis zur Linie A_2C_2. Innerhalb der Keile $A_1B_1C_1$ und $A_2B_2C_2$ sind die Stromlinien gekrümmt, während sie stromabwärts der Linie A_2C_2 wieder geradlinig parallel zur Wandrichtung A_2-A_3 verlaufen usw. Der Grund für dieses Verhalten der Strömung liegt darin, daß eine Störung stromabwärts von der Linie A_1C_1 — also z. B. der

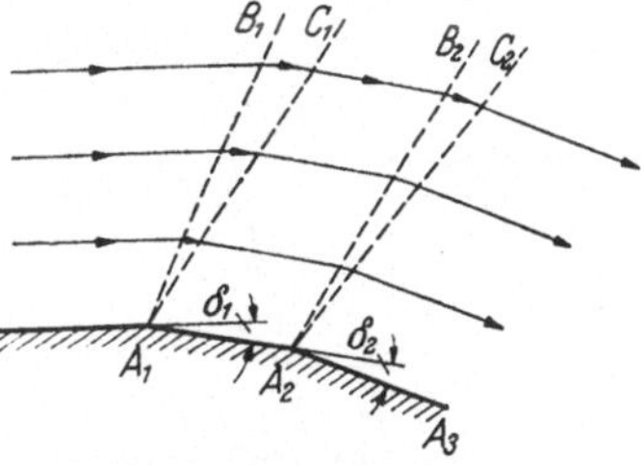

Abb. 255. Strömung längs einer mehrfach geknickten Wand

Knick an der Ecke A_2 — sich bei Überschallgeschwindigkeit nicht in das Gebiet stromaufwärts von A_1C_1 fortpflanzt (Ziffer 4).

Es ist einleuchtend, daß man diese Überlegung auch auf *stetig konvex gewölbte Wände* übertragen kann. In *diesem Falle* hat man sich die Ablenkungswinkel δ_i und die Eckenabstände $\overline{A_iA_{i+1}}$ nur beliebig klein vorzustellen.

d) Strömung längs einer konkav geknickten Wand. Schräger Verdichtungsstoß

Wie bereits aus den Betrachtungen unter Absatz b) für die „linearisierte" Strömung hervorgeht (Abb. 253), stellt sich stromabwärts eines konkaven Knickes eine *Verdichtungsströmung* ein, bei welcher die Abströmungsgeschwindigkeit längs der Wand *kleiner* ist als die Zuströmungsgeschwindigkeit.

Zeichnet man nun (Abb. 256) — der PRANDTL-MEYERschen Überlegung folgend — die der Anströmungsgeschwindigkeit $\mathfrak{v}_1$ und die der Abströmungsgeschwindigkeit $\mathfrak{v}_2$ entsprechenden MACHschen Linien AB_1 und AB_2, so zeigt sich, daß jetzt AB_2 *vor* AB_1 zu liegen kommt, was

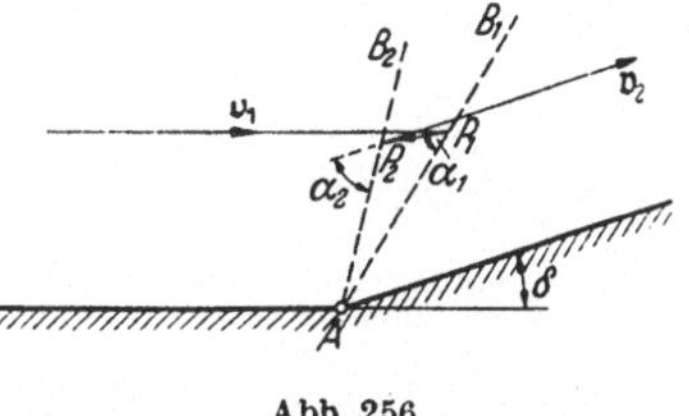

Abb. 256

zwischen den Punkten P_1 und P_2 eine *rückläufige* Strömung zur Folge haben müßte, an die sich dann erst die Abströmung parallel zur Wand anschließen würde. Ein stetiges Übergangsgebiet wie bei der unter c) behandelten konvexen Kante wäre also nicht vorhanden. In Wirklichkeit kann sich diese rückläufige Strömung nicht ausbilden. Es findet vielmehr längs einer zwischen den beiden MACHschen Linien AB_1 und AB_2 liegenden „Stoßlinie" ein „schräger Verdichtungsstoß" — ähnlich dem unter Ziffer 5d behandelten geraden Stoß — statt, bei dem die Geschwindigkeit *unstetig* von $|\mathfrak{v}_1|$ auf $|\mathfrak{v}_2|$ abfällt, während der Druck entsprechend steigt (vgl. dazu auch die Bemerkung auf S. 379).

Eine theoretische Behandlung des schrägen (oder schiefen) Verdichtungsstoßes ist von TH. MEYER[1] durchgeführt worden. An Hand von Abb. 257 seien die wichtigsten Resultate dieser Untersuchung wiedergegeben.

---

[1] MEYER, TH.: Dissertation Göttingen 1908.

Es bezeichnen: σ den Winkel, den die „Stoßlinie" AS mit der Normalen zu $\mathfrak{v}_1$ einschließt, p_1, ϱ_1 und p_2, ϱ_2 die Drücke und Dichten vor bzw. nach dem Stoß, v_{1n}, v_{1t} die normale bzw. tangentiale Komponente von $\mathfrak{v}_1$ bezüglich der Stoßlinie AS, v_{2n} und v_{2t} die entsprechenden Komponenten von $\mathfrak{v}_2$. Trennt man jetzt einen Bereich $abcd$ zwischen zwei Stromlinien ab, und zwar so, daß $a-b$ und $d-c$ parallel der Stoßlinie verlaufen, so lautet die Kontinuitätsbedingung für diesen Stromfaden

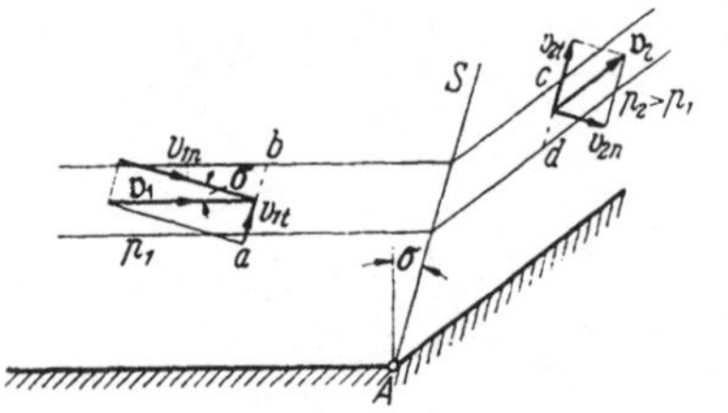

$$\varrho_1 v_{1n} = \varrho_2 v_{2n}.$$

Der Impulssatz liefert für die zur Stoßlinie normale Richtung

$$p_1 - p_2 = \varrho_2 v_{2n}^2 - \varrho_1 v_{1n}^2$$

und für die zur Stoßlinie parallele Richtung

$$\varrho_1 v_{1n} v_{1t} = \varrho_2 v_{2n} v_{2t}.$$

Aus der ersten und dritten Gleichung folgt

$$v_{1t} = v_{2t} = v_t,$$

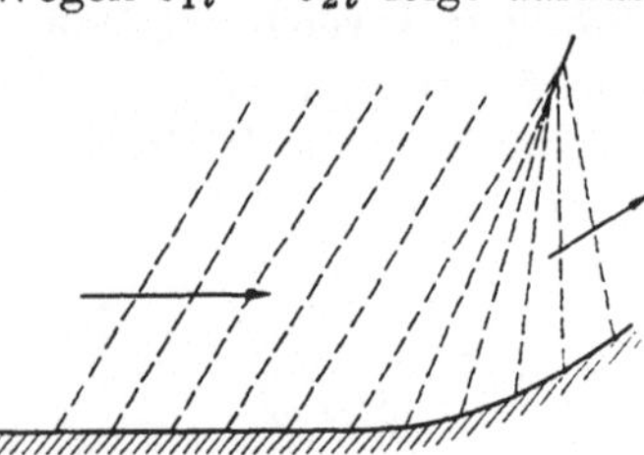

Abb. 257. Schräger Verdichtungsstoß

wonach die zur Stoßlinie parallele Geschwindigkeitskomponente durch den Stoß nicht geändert wird.

Als vierte Gleichung steht noch die Energiegleichung (648a) zur Verfügung, nämlich

$$\frac{\bar{v}_1^2}{2} + i_1 = \frac{v_2^2}{2} + i_2.$$

Wegen $v_{1t} = v_{2t}$ folgt daraus einfacher

$$\frac{v_{1n}^2}{2} + i_1 = \frac{v_{2n}^2}{2} + i_2.$$

Für das Verhältnis der Normalkomponenten vor und nach dem Stoß ergibt sich nach Th. Meyer

$$v_{1n} v_{2n} + \frac{\varkappa - 1}{\varkappa + 1} v_t^2 = a^{*2}, \tag{695}$$

wo a^* die „kritische" Schallgeschwindigkeit bezeichnet. Mit $v_t = 0$ geht dieser Ausdruck in die Prandtlsche Gl. (672) für den geraden Stoß über.

Abb. 258. Strömung längs einer stetig konkav gekrümmten Wand

Schließlich gilt für den Neigungswinkel σ der Stoßlinie gegen die Normale zu $\mathfrak{v}_1$ die Beziehung

$$\cos^2 \sigma = \frac{\left[(\varkappa - 1) + (\varkappa + 1)\dfrac{p_2}{p_1}\right](\varkappa - 1)}{4\,\varkappa\left[\left(\dfrac{p_0}{p_1}\right)^{\frac{\varkappa - 1}{\varkappa}} - 1\right]},$$

worin p_0 den Ruhedruck (bei $\bar{v} = 0$) darstellt $\left(\varkappa = \dfrac{c_p}{c_v}\right)$.

Abschließend sei noch bemerkt, daß der Verdichtungsstoß stets eine Entropievermehrung zur Folge hat. Die damit verbundene Zustandsänderung erfolgt also — im Gegensatz zu den unter Absatz c) besprochenen Strömungen — nicht mehr isentrop.

Hat man es mit einer *stetig* konkav gekrümmten Wand zu tun, so kann man zunächst wie bei der „Verdünnungsströmung" Absatz c) die von der Wand ausgehenden Machschen Linien zeichnen (Abb. 258), die aber jetzt — im Gegensatz zu Abb. 255 — *konvergent* verlaufen und sich demnach in entsprechender Entfernung überschneiden. Von den Schnittstellen gehen jetzt *Verdichtungsstöße* aus, während unterhalb dieser Stellen eine *stetige* Verdichtungsströmung herrscht[1].

e) Das Charakteristikenverfahren von Prandtl und Busemann

Für ebene Potentialströmungen haben L. PRANDTL und A. BUSEMANN[2] ein zeichnerisches Verfahren entwickelt, das zur Konstruktion eines sogenannten „Charakteristendiagramms" führt, mit dessen Hilfe der Ablauf einer beliebigen Überschallströmung leicht festgelegt werden kann, sofern für einen Anfangsquerschnitt die Geschwindigkeitsverteilung und für die Seitenränder entsprechende Randbedingungen gegeben sind. Das Auftreten von „Verdichtungsstößen" soll dabei ausgeschlossen sein. Grundlage der Methode sind folgende zwei Tatsachen:

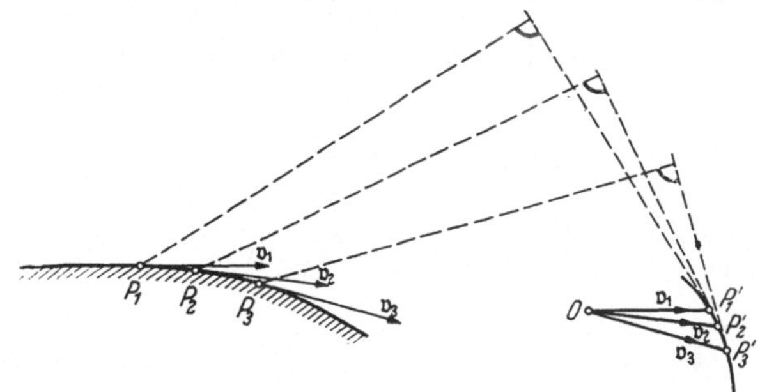

Abb. 259. Verdünnungsströmung mit Hodographenkurve

1. Alle möglichen Geschwindigkeiten im Überschallbereich liegen zwischen der „kritischen Geschwindigkeit" $\bar{v} = a$ und der „maximalen Geschwindigkeit" $\bar{v}_{max}$. Für erstere gilt nach (662), (642a) und (643)

$$\bar{v}^* = a^* = a_0 \sqrt{\frac{2}{\varkappa + 1}} = \sqrt{\frac{2\varkappa}{\varkappa + 1} \frac{p_0}{\varrho_0}} = \bar{v}_{max} \sqrt{\frac{\varkappa - 1}{\varkappa + 1}}, \tag{696}$$

für letztere nach (643)

$$\bar{v}_{max} = \sqrt{\frac{2\varkappa}{\varkappa - 1} \frac{p_0}{\varrho_0}}. \tag{696a}$$

Die Abhängigkeit des Druckes $p = p(\bar{v})$ von der Geschwindigkeit ist durch Gl. (641) bestimmt.

2. Infolge einer kleinen, unstetigen Druckstörung, die sich längs einer MACHschen Linie ausbreitet, erfährt die Geschwindigkeit eine kleine Änderung, deren Vektor stets senkrecht zur zugehörigen MACHschen Linie steht (Abb. 253).

Trägt man nun — etwa für eine Verdünnungsströmung — die längs einer Stromlinie auftretenden Geschwindigkeiten von einem Festpunkt O aus auf (Abb. 259) und verbindet deren Endpunkte, so entsteht ein gebrochener Linienzug, der in eine stetig gekrümmte Kurve übergeht, sofern man die Druckstörungen als stetig annimmt (*Hodographenkurve*). Die Tangenten an diese Kurve stehen jeweils senkrecht zu der zum Geschwindigkeitsvektor $\mathfrak{v}$ gehörigen MACHschen Linie.

Abb. 260 zeigt die beiden konzentrischen Kreise K_1 vom Halbmesser $\bar{v}_{max}$ und K_2 vom Halbmesser a^*, welche in einer „Geschwindigkeitsebene" u, v sämt-

---

[1] Zwei verschieden gerichtete Verdichtungsstöße durchdringen einander beim Zusammentreffen ohne wesentliche gegenseitige Störung, solange die Stoßintensitäten nicht erheblich sind. In anderen Fällen kommt es jedoch vor, daß sich nach dem Zusammentreffen zweier Stöße nur ein einzelner Stoß abzweigt. Man spricht dann von einem *Gabelstoß*. Derartige Erscheinungen sind mitunter — bei gegebenen Voraussetzungen — in Grenzschichten zu beobachten. Einen zusammenfassenden Bericht über diese Vorgänge findet man bei W. WUEST: Theorie des gegabelten Verdichtungsstoßes. Z. angew. Math. Mech. Bd. 28 (1948) S. 74.

[2] PRANDTL, L., u. A. BUSEMANN: Stodola-Festschrift (1929) S. 499. Vgl. dazu auch Handb. d. Experimentalphys. von WIEN u. HARMS Bd. 4, 1. Teil (1931) S. 421 sowie R. SAUER: Theoret. Gasdynamik, 3. Aufl. (1960) S. 103ff.

liche im (ebenen) Überschallbereich möglichen Geschwindigkeiten umfassen. Der von O nach P' gezogene Geschwindigkeitsvektor $\mathfrak{v}$ sei jetzt auf ein u', v'-Koordinatenkreuz bezogen, dessen u'-Achse mit $\mathfrak{v}$ den zu $\mathfrak{v}$ gehörigen MACHschen Winkel α einschließt. Dann ist $\left(\text{wegen } \sin\alpha = \dfrac{a}{|\mathfrak{v}|}\right)$ die v'-Komponente von $\mathfrak{v}$ gleich der zu $\mathfrak{v}$ gehörigen Schallgeschwindigkeit a, so daß

$$\overline{v}^2 = a^2 + u'^2,$$

wenn wieder $\overline{v} = |\mathfrak{v}|$ gesetzt wird. Im Falle *isentroper* Zustandsänderung gilt für vollkommene Gase nach (642) und (643)

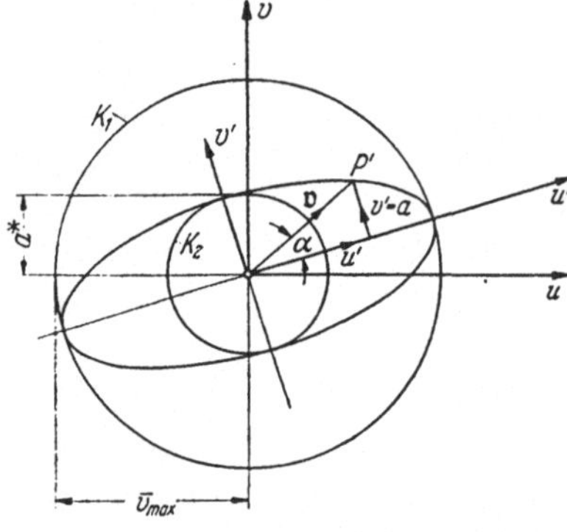
Abb. 260. Ellipse (697)

$$\overline{v}^2 = \overline{v}_{\text{max}}^2 - \frac{2}{\varkappa - 1}\,a^2,$$

weshalb

$$\overline{v}_{\text{max}}^2 = u'^2 + a^2\,\frac{\varkappa + 1}{\varkappa - 1}.$$

Unter Beachtung von (696) folgt daraus

$$\frac{u'^2}{\overline{v}_{\text{max}}^2} + \frac{a^2}{a^{*\,2}} = 1. \tag{697}$$

Dies besagt, daß die Zuordnung $\overline{v} = \overline{v}(\alpha)$ durch eine *Ellipse* mit den Halbachsen $\overline{v}_{\text{max}}$ und a^* festgelegt ist. Letztere berührt also die Kreise K_1 und K_2.

Da nach der oben angegebenen Bedingung 2. die Änderung der Geschwindigkeit $\mathfrak{v}$ stets senkrecht zur MACHschen Linie (hier also der u'-Achse) erfolgt, so muß diese Änderung parallel zur kleinen Ellipsenachse (v') gerichtet sein. Dieser Sachverhalt kann nun dazu benutzt werden, die oben bereits eingeführte Hodographenkurve für eine bestimmte Stromlinie darzustellen. Abb. 261 zeigt wieder die „Geschwindigkeitsebene" u, v mit den beiden Grenzkreisen K_1 und K_2 sowie die durch den beliebigen Punkt P' dieser Ebene gehende Ellipse (697). In dieser Lage gibt das durch P' parallel zur kleinen Achse gelegte Linienstück t die Richtungsänderung des Geschwindigkeitsvektors $\overrightarrow{OP'}$ an und stellt somit die Tangentenrichtung an den Hodographen im Punkte P' dar.

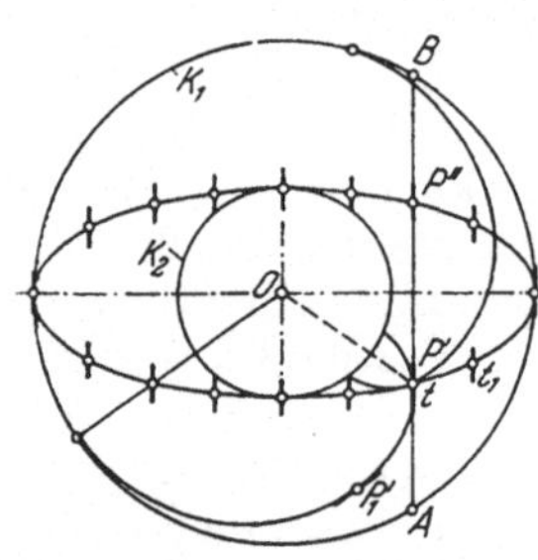
Abb. 261. Zur Konstruktion der Charakteristiken

Man denke sich nun an allen übrigen Punkten der Ellipse gleichfalls kurze Linienstücke parallel zur kleinen Achse angebracht und mit der Ellipse fest verbunden. Dreht man jetzt die Ellipse so lange um O, bis sie durch den Punkt P_1' der Geschwindigkeitsebene geht, so gibt das mitgedrehte Linienstück t_1 der Ellipse die Tangentenrichtung des Hodographen am Orte P_1' an. Auf diese Weise läßt sich bei weiterer Drehung der Ellipse durch das so entstehende „Richtungsfeld" der Hodograph festlegen. Dabei ist zu beachten, daß bei dieser Drehung in jedem Punkte P' des Geschwindigkeitsfeldes zwei verschiedene „Richtungen" erzeugt werden (z. B. wenn der Ellipsenpunkt P'' in die Lage P' kommt). Es gehen also durch jeden Punkt P' zwei sich schneidende Hodographenkurven, die in bezug auf die Gerade OP' spiegelbildlich sind.

Man bezeichnet diese so gewonnenen Kurven kurz als *Charakteristiken*, da sie identisch sind mit den Grundrissen der charakteristischen Kurven einer partiellen

Differentialgleichung, welche aus der Potentialgleichung (635) durch eine LEGENDREsche Transformation abgeleitet werden kann[1].

Wie man leicht feststellt, wird jede Sehne des Kreises K_1 durch die Ellipse (697) in dem konstanten Verhältnis

$$\overline{AB} : \overline{AP'} = 2\bar{v}_{max} : (\bar{v}_{max} - a^*) = \text{const}$$

geteilt (Abb. 262). Zieht man nun von dem beliebigen Punkte A des Kreisumfanges K_1 aus alle Sehnen AB, AC, AD, ... und teilt diese in dem angegebenen Verhältnis, so bestimmen die Teilpunkte P', Q', T' ... einen Kreis K_3 vom Durchmesser $\bar{v}_{max} - a^*$, der den Grenzkreis K_1 des Überschallgebietes in A und den Grenzkreis K_2 in Q' berührt.

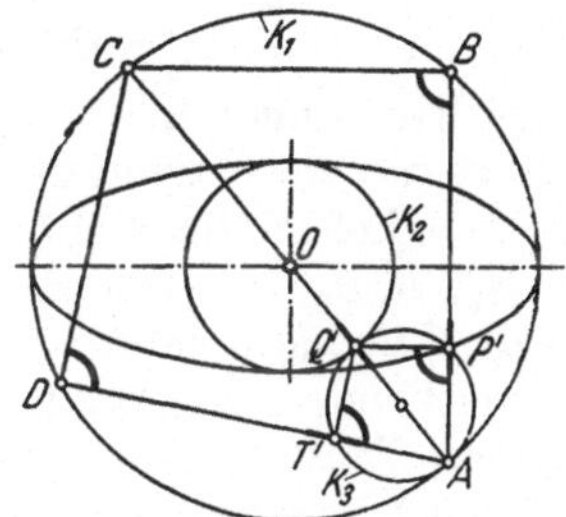

Abb. 262. Darstellung der Charakteristiken als Rollkurven

Die auf den Teilpunkten P', Q', T' ... in Richtung der zugehörigen Sehnen AB, AC, AD, ... angebrachten Linienstücke stehen senkrecht zu den Geraden $Q'P'$, $Q'T''$, ... Läßt man nun den Kreis K_3 längs des Grenzkreises K_2 abrollen, so stellt Q' für die gezeichnete Lage von K_3 den augenblicklichen Drehpol der Rollbewegung dar, und die an den übrigen Teilpunkten angebrachten Linienelemente geben die augenblicklichen Bewegungsrichtungen dieser Punkte an. Letztere erzeugen also bei der Rollbewegung Bahnkurven, welche mit den oben beschriebenen Charakteristiken identisch sind. Nach den Lehren der analytischen Geometrie sind diese Kurven *Epizykloiden*, und da der Kreis K_3 in zwei entgegengesetzten Richtungen abrollen kann, ergeben sich — wie oben bereits festgestellt wurde — für jeden Punkt des Geschwindigkeitsfeldes zwei spiegelbildliche Charakteristiken (Abb. 263).

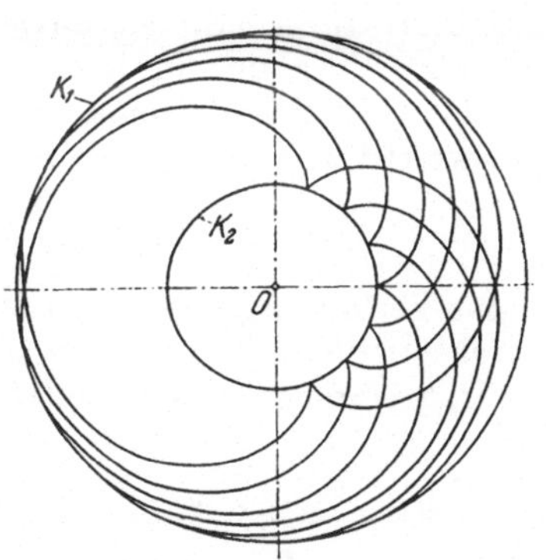

Abb. 263. Zweiparametrige Charakteristikenschar

Mit Hilfe der Charakteristiken ist es nun möglich, die Stromlinienbilder von Überschallströmungen, bei denen keine Verdichtungsstöße auftreten, graphisch darzustellen, sofern die entsprechenden Randbedingungen gegeben sind. Als Beispiel möge noch einmal die ebene Verdünnungsströmung längs einer erhaben gekrümmten Wand besprochen werden (Abb. 264). Die parallele Zulaufströmung habe die Geschwindigkeit $\bar{v}_0 > a^*$. Ihr entspricht im Geschwindigkeitsbild der Vektor $v_0 = \overrightarrow{OP'_0}$. Nachdem die durch P'_0 gelegte Epizykloide in bekannter Weise gezeichnet ist, liefert deren Normale n_0 in P'_0 sofort die Richtung der vom Punkte

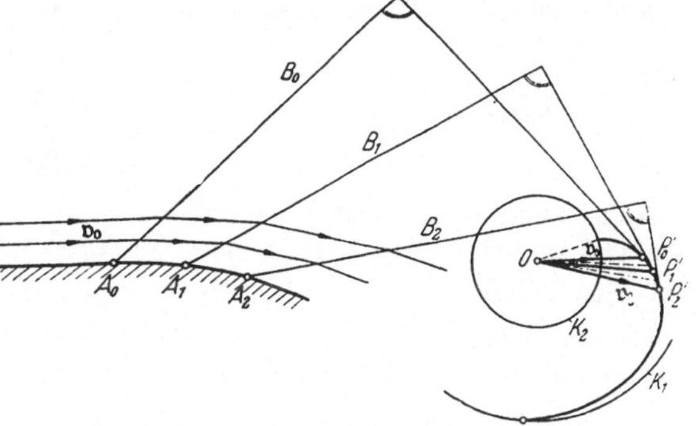

Abb. 264. Ebene Verdünnungsströmung

---

[1] Vgl. dazu Handb. d. Physik von GEIGER u. SCHEEL Bd. 7 (1927) S. 315.

A_0 des Strömungsbildes ausgehenden MACHschen Linie $A_0 B_0$. Auf der Wand werden jetzt in hinreichend kleinen Abständen die Punkte $A_1, A_2, \ldots$ festgelegt. Die Wandtangenten geben, da die Wand eine Stromlinie sein muß, die Richtungen der in $A_1, A_2, \ldots$ vorhandenen Geschwindigkeiten $\mathfrak{v}_1, \mathfrak{v}_2, \ldots$ an. Überträgt man diese Richtungen in die Epizykloide, so erhält man durch die Strahlen $\overrightarrow{OP_1'}, \overrightarrow{OP_2'}, \ldots$ sofort die Geschwindigkeiten $\mathfrak{v}_1, \mathfrak{v}_2, \ldots$ Die Normalen zur Epizykloide in P_1', $P_2', \ldots$ liefern die Richtungen der von $A_1, A_2, \ldots$ ausgehenden MACHschen Linien $A_1 B_1, A_2 B_2, \ldots$ Der Stromlinienverlauf zwischen den MACHschen Linien $A_0 B_0$ und $A_1 B_1$ kann jetzt — bei entsprechend kleinen Abständen $A_0 A_1$ usw. — mit hinreichender Näherung durch die Parallele zur Winkelhalbierenden von $\sphericalangle\, P_0' O P_1'$ dargestellt werden. Entsprechendes gilt für die folgenden MACHschen Linien.

Die Leistungsfähigkeit des Charakteristikenverfahrens ist viel größer als aus diesem einfachen Beispiel hervorgeht. Indessen kann auf weitere Einzelheiten hier nicht eingegangen werden. Der interessierte Leser sei deshalb auf die oben zitierten Arbeiten verwiesen, in denen weitere Anwendungsbeispiele behandelt sind.

Schließlich sei noch auf ein Charakteristikenverfahren hingewiesen, das R. SAUER[1] für eindimensionale, instationäre Gasströmungen (speziell für instationäre Vorgänge in Rohren) entwickelt hat, und das sowohl für Über- als auch für Unterschallströmungen angewandt werden kann. Die dabei auftretenden Charakteristiken sind kongruente, parallele Parabeln[2].

f) Das Busemannsche Stoßpolarendiagramm

Zur Verfolgung von Verdichtungsstößen, welche durch das oben beschriebene Charakteristiken-Verfahren nicht erfaßt werden, hat A. BUSEMANN[3] ein sogenanntes *Stoßpolarendiagramm* entwickelt, welches gestattet, den Betrag der Geschwindigkeit $\mathfrak{v}_2$ *nach* dem Stoß zu bestimmen, sofern die Geschwindigkeit $\mathfrak{v}_1$ *vor* dem Stoß, der zugehörige Ablenkungswinkel δ (d. i. der Winkel zwischen $\mathfrak{v}_1$ und $\mathfrak{v}_2$) und die kritische Schallgeschwindigkeit a [Gl. (696)] bekannt sind. Grundlegend dazu ist die in Absatz d) abgeleitete Gleichung $v_{1t} = v_{2t}$ für die Geschwindigkeitskomponenten parallel zur Stoßlinie S (s. Abb. 257).

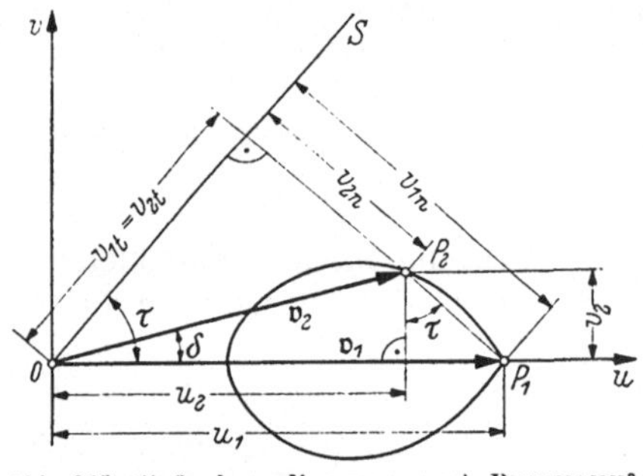

Abb. 265. Stoßpolarendiagramm nach BUSEMANN[3]

Zur Konstruktion des Stoßpolarendiagramms trage man in der Geschwindigkeitsebene u, v (Abb. 265) auf der u-Achse vom Pol O aus die *vor* dem Stoß herrschende Geschwindigkeit $\mathfrak{v}_1 = \overrightarrow{OP_1}$ auf. $\mathfrak{v}_2 = \overrightarrow{OP_2}$ sei die zum Ablenkungswinkel δ gehörige, dem Betrage nach zunächst unbekannte Geschwindigkeit *nach* dem Stoß. Zieht man jetzt den Strahl $\overline{P_1 P_2}$ und fällt auf diesen vom O aus das Lot, so stellt letzteres die Richtung der Stoßlinie S dar, da der Strahl $\overline{P_1 P_2}$ auf S die zu S parallelen Geschwindigkeiten $v_{1t} = v_{2t}$ abschneidet. Damit ist aber auch

---

[1] SAUER, R.: Ing.-Arch. Bd. 13 (1942) S. 79.

[2] Vgl. dazu auch F. SCHULTZ-GRUNOW: Forsch. Ing.-Wes. Bd. 13 (1942) S. 125 und Ing.-Arch. Bd. 14 (1943) S. 21.

[3] BUSEMANN, A.: Vorträge aus dem Gebiete der Aerodynamik, Aachen 1929. Herausgegeben von GILLES, HOPF u. v. KÁRMÁN, Berlin 1930, S. 162. Vgl. auch: Handb. d. Experimentalphys. von WIEN u. HARMS, Bd. 4, 1. Teil (1931) S. 434.

der „Stoßwinkel" τ, d. i. der Winkel, den S mit $\mathfrak{v}_1$ bildet, bestimmt. Trägt man in entsprechender Weise alle möglichen, zu $\mathfrak{v}_1$ und verschiedenen Ablenkungswinkeln δ gehörigen Geschwindigkeiten $\mathfrak{v}_i = \overline{P_1 P_i}$ von O aus auf, so bilden alle Punkte P_i eine durch P_1 gehende, zur u-Achse symmetrische Kurve, welche als *Stoßpolare* bezeichnet wird.

Zur analytischen Darstellung der Stoßpolare kann Gl. (695) herangezogen werden. Wie man aus Abb. 265 entnimmt, gelten für die in (695) auftretenden Geschwindigkeitskomponenten folgende Beziehungen:

$$v_{1t} = v_{2t} = v_t = u_1 \cos\tau; \quad v_{1n} = u_1 \sin\tau; \quad v_{2n} = v_{1n} - \frac{v_2}{\cos\tau}.$$

Damit geht (695) über in

$$u_1^2 \sin^2\tau - u_1 v_2 \operatorname{tg}\tau = a^{*2} - \frac{\varkappa - 1}{\varkappa + 1} u_1^2 \cos^2\tau.$$

Mit

$$\sin^2\tau = \frac{\operatorname{tg}^2\tau}{1 + \operatorname{tg}^2\tau}; \quad \cos^2\tau = \frac{1}{1 + \operatorname{tg}^2\tau}$$

folgt daraus

$$\frac{u_1^2 \operatorname{tg}^2\tau}{1 + \operatorname{tg}^2\tau} - u_1 v_2 \operatorname{tg}\tau = a^{*2} - \frac{\varkappa - 1}{\varkappa + 1} \frac{u_1^2}{1 + \operatorname{tg}^2\tau}.$$

Weiter entnimmt man der Abb. 265

$$\operatorname{tg}\tau = \frac{u_1 - u_2}{v_2}, \quad \text{weshalb} \quad 1 + \operatorname{tg}^2\tau = 1 + \frac{(u_1 - u_2)^2}{v_2^2}.$$

Damit geht die vorstehende Gleichung über in

$$\frac{u_1^2 (u_1 - u_2)^2}{v_2^2 + (u_1 - u_2)^2} - u_1 (u_1 - u_2) = a^{*2} - \frac{\varkappa - 1}{\varkappa + 1} \frac{u_1^2 v_2^2}{v_2^2 + (u_1 - u_2)^2}.$$

Durch Multiplikation mit $v_2^2 + (u_1 - u_2)^2$ und Division durch u_1 folgt daraus

$$u_1 (u_1 - u_2)^2 - (u_1 - u_2)[v_2^2 + (u_1 - u_2)^2] = \frac{a^{*2}}{u_1}[v_2^2 + (u_1 - u_2)^2] - \frac{\varkappa - 1}{\varkappa + 1} u_1 v_2^2$$

und durch eine etwas andere Ordnung der Glieder dieses Ausdrucks

$$(u_1 - u_2)^2 \left(u_2 - \frac{a^{*2}}{u_1}\right) = v_2^2 \left(\frac{a^{*2}}{u_1} - u_2 + \frac{2}{\varkappa + 1} u_1\right).$$

Dies ist die Gleichung der Stoßpolare für die Punkte $P_i (u_i, v_i)$ bei gegebenen Werten $\mathfrak{v}_1$ und a^*. Speziell folgt daraus für $v_2 = 0$ und $u_2 \neq u_1$

$$u_1 u_2 = a^{*2}$$

in Übereinstimmung mit Gl. (672) für den *geraden* Verdichtungsstoß. Dabei ist in (672) $u_1 \equiv \bar{v}_1$ und $u_2 \equiv \bar{v}_2$.

Durch das Stoßpolarendiagramm sind der Geschwindigkeitsvektor $\mathfrak{v}$ nach dem Stoß und der zugehörige Stoßwinkel τ für jeden vorgegebenen Ablenkungswinkel δ vollkommen bestimmt.

Der Zusammenhang zwischen den als gegeben anzusehenden Zustandsgrößen p_1, ϱ_1 *vor* dem Stoß und den entsprechenden Werten p_2, ϱ_2 *nach* dem Stoß folgt nun aus der auf S. 402 für den schiefen Stoß angegebenen Kontinuitätsgleichung

$$\varrho_1 v_{1n} = \varrho_2 v_{2n}$$

und der Energiegleichung

$$\frac{v_{1n}^2 - v_{2n}^2}{2} = i_2 - i_1.$$

Nach (668) kann letztere wie folgt geschrieben werden

$$\frac{v_{1n}^2 - v_{2n}^2}{2} = \frac{\varkappa}{\varkappa - 1}\left(\frac{p_2}{\varrho_2} - \frac{p_1}{\varrho_1}\right).$$

Damit sind aber auch p_2 und ϱ_2 festgelegt[1].

g) Bewegung von Körpern mit Überschallgeschwindigkeit

α) Druckerhöhung vor einem Staupunkt. Geschoßwiderstand. Ein rotationssymmetrischer Körper mit vorn abgerundetem Kopfende möge sich parallel seiner Längsachse mit Überschallgeschwindigkeit in ruhender Luft bewegen. Hinsichtlich der Kraftwirkung der Luft auf den bewegten Körper kommt es auf dasselbe hinaus, wenn man den Körper als ruhend ansieht und ihn mit gleich großer, aber entgegengesetzt gerichteter Geschwindigkeit u_∞ anbläst (Abb. 266).

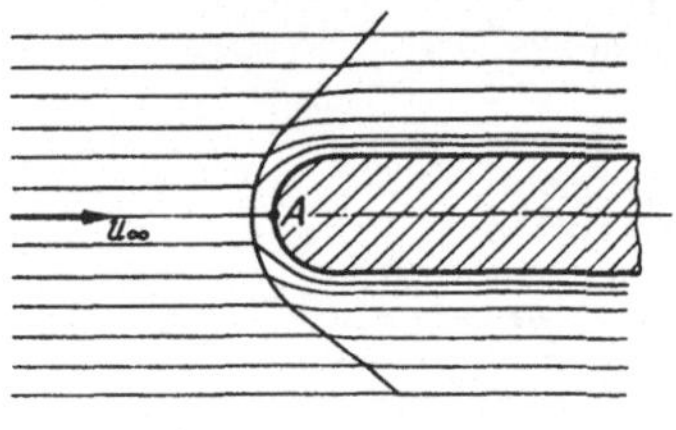

Abb. 266. Kopfwelle vor einem Staupunkt

Der Verzweigungspunkt A der Symmetriestromlinie ist — genauso wie bei inkompressibler Strömung — ein „Staupunkt", in dem die Geschwindigkeit auf den Wert Null absinkt. In unmittelbarer Nähe vor dem Körper herrscht somit Unterschallströmung. Der Übergang von der ungestörten Überschall- zu dieser Unterschallströmung erfolgt durch einen *Verdichtungsstoß*, hinter dem die Anströmungsgeschwindigkeit u_∞ unstetig auf einen entsprechend kleineren Wert abfällt (vgl. dazu Ziffer 5, d und 8, d). Vor dem Körper bildet sich also eine „Kopfwelle" aus, die nach den Seiten hin allmählich in eine normale „Kegelwelle" übergeht (Ziffer 4). Beim Durchgang durch die Kopfwelle steigt der Druck zunächst sprunghaft und darauf in dem jetzt folgenden Unterschallgebiet stetig, bis er im Staupunkt sein Maximum erreicht. Die relative Lage der Kopfwelle zum Körper hängt wesentlich von der Größe der Überschallgeschwindigkeit u_∞ ab.

In Anlehnung an die für inkompressible Flüssigkeiten geltende Gl. (76) läßt sich die Druckerhöhung im Staupunkt A durch den Ansatz

$$p_A - p_\infty = \frac{\varrho}{2} u_\infty^2 \beta$$

darstellen. Darin bezeichnen p_A den Druck im Staupunkt, p_∞ denjenigen der ungestörten Anströmung und β einen von der MACHschen Zahl $\frac{u_\infty}{a}$ abhängigen Proportionalitätsfaktor. Für Luft mit $\varkappa = 1,405$ nimmt β folgende Werte an[2]:

$Ma = \dfrac{u_\infty}{a} =$	0	0,5	1	1,5	2	3	∞
$\beta =$	1	1,065	1,275	1,53	1,655	1,75	1,85

Der durch den Verdichtungsstoß verzehrten mechanischen Energie entspricht ein Widerstand, welcher bei Überschallströmung noch zu dem früher besprochenen Oberflächen- und Druckwiderstand hinzutritt. Er wird als *Wellenwiderstand* (in-

---

[1] Wegen weiterer Einzelheiten über die Stoßpolare sei auf R. SAUER: Einführung in die Theoret. Gasdynamik, 3. Aufl. (1960) S. 141 ff. verwiesen.

[2] PRANDTL, L.: Führer durch die Strömungslehre, 3. Aufl. (1949) S. 282. Vgl. dazu auch R. SAUER: Theoret. Gasdynamik, 3. Aufl. (1960) S. 149 ff.

folge der Kopfwelle) bezeichnet und besitzt eine gewisse Ähnlichkeit mit dem Wellenwiderstand der Schiffe. Es ist einleuchtend, daß dieser Widerstand um so kleiner ausfällt, je spitzer das Kopfende des Körpers ausgebildet wird, da in diesem Falle die in die Bewegungsrichtung fallenden Druckkomponenten entsprechend kleiner sind. Diese Erkenntnis ist von Bedeutung für die Formgebung der Geschosse.

Stellt man — analog zu den inkompressiblen Flüssigkeiten — den Geschoßwiderstand in der Form dar

$$W = c_w \frac{\varrho}{2} u_\infty^2 F \,,$$

mit F als Geschoßquerschnitt und c_w als Widerstandsziffer, so zeigt sich, daß c_w eine Funktion der MACH-schen Zahl $\frac{u_\infty}{a}$ ist und im übrigen bei spitzen Kopfformen wesentlich kleiner wird als bei stumpfen. Abb. 267 zeigt Meßergebnisse für ein spitzes und ein nahezu zylindrisches Geschoß nach Versuchen von CRANZ und BECKER[1].

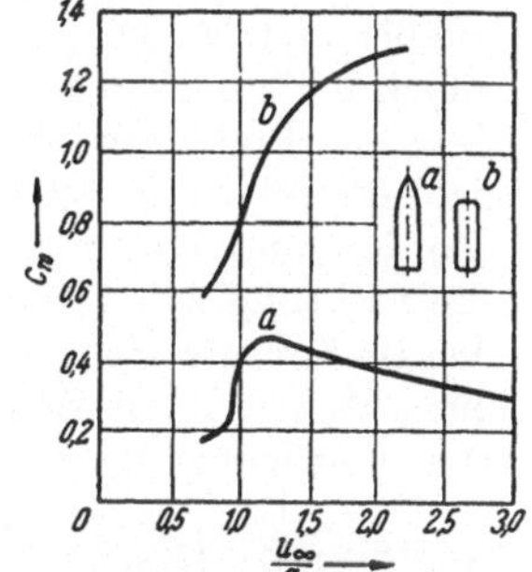

Abb. 267. c_w-Werte für ein spitzes und ein stumpfes Geschoß

β) **Überschallströmung um schlanke Profile.** Bereits die Untersuchung der ebenen Unterschallströmung um schlanke Profile (Ziffer 6, b) führte zu dem Ergebnis, daß zwecks Vermeidung schädlicher Wirbelbildungen infolge Grenzschichtablösung die Profile um so schlanker ausgeführt werden müssen, je größer die MACHsche Zahl wird (vgl. dazu die Abb. 249 und 250). Das gleiche gilt auch für Überschallprofile. Beachtet man noch, daß nach den vorhergehenden Überlegungen der Wellenwiderstand herabgesetzt werden kann, wenn die Profilnase nicht abgerundet, sondern spitz ausgeführt wird, so erkennt man, daß möglichst dünne, vorn und hinten spitz ausgebildete Profile aerodynamisch für Überschallgeschwindigkeiten am günstigsten sind.

Als Idealbild eines Überschallflügels kann demnach die ebene, dünne Platte mit geringem Anstellwinkel ε gegen den Luftstrom angesehen werden (Abb. 268)[2]. Die *ebene* Strömung um eine Rechteckplatte und die daraus resultierenden Oberflächendrücke lassen sich mit Hilfe des Charakteristikendiagramms von PRANDTL

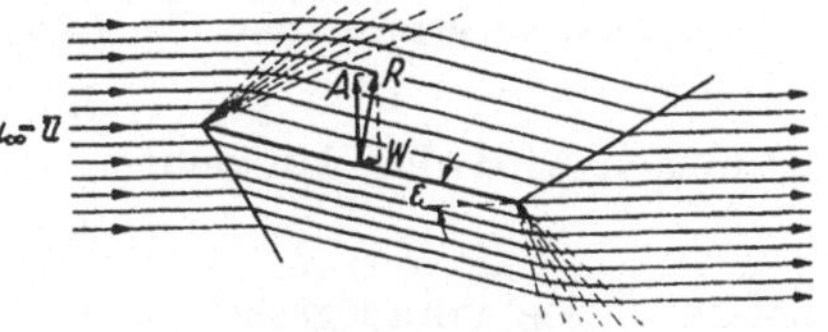

Abb. 268. Ebene Überschallströmung um eine dünne Platte nach BUSEMANN

und BUSEMANN (Ziffer 8, e) leicht verfolgen. Hier möge nur der grundsätzliche Verlauf der Strömung kurz angegeben werden. Ihre Randbedingungen sind bestimmt durch die ungestörte Anströmungsgeschwindigkeit $u_\infty = \bar{u}$, ferner durch die Geschwindigkeitsrichtungen längs der Plattenober- und -unterseite sowie die der Zuströmung parallele Abströmungsgeschwindigkeit hinter der Platte.

Der Strömungsverlauf ist prinzipiell der gleiche wie bei der Strömung um eine schwach konvex (Saugseite) bzw. konkav (Druckseite) geknickte Wand. Auf der Saugseite stellt sich zunächst eine stetige Verdünnungsströmung gemäß Abb. 254 ein, die so lange anhält, bis die Geschwindigkeitsrichtung mit derjenigen der Platte übereinstimmt, d. h., es findet eine Drehung der Stromlinien um den Anstellwinkel ε statt. Auf der Druckseite setzt — beginnend an der

[1] BECKER, K., u. C. CRANZ: Artiller. Mh. Nr. 69 u. 71 (1912); vgl. auch C. CRANZ: Lehrbuch der Ballistik Bd. 1 (1925).

[2] Nach A. BUSEMANN: Gasdynamik, im Handb. d. Experimentalphys. Bd. 4, 1. Teil (1931) S. 432.

Vorderkante — ein Verdichtungsstoß ein (Abb. 257), durch welchen die Strömung unterhalb der Platte *unstetig* in deren Richtung abgelenkt wird. An der Hinterkante ergibt sich das entgegengesetzte Bild insofern, als jetzt der Druckausgleich auf der Oberseite unstetig durch einen Verdichtungsstoß und auf der Unterseite stetig durch eine Verdünnungswelle bewirkt wird.

Auf beiden Seiten der Platte ist die Strömungsgeschwindigkeit längs der „Profiltiefe" konstant, was ohne weiteres aus dem Stromlinienverlauf von Abb. 268 hervorgeht. Demnach sind auch die Drücke über die beiden Plattenseiten gleichmäßig verteilt. Die resultierende Flügelkraft R steht also senkrecht zur Plattenebene und greift in Plattenmitte an, sofern alle Reibungseinflüsse unberücksichtigt bleiben. Praktisch muß man natürlich dem Profil eine endliche Dicke geben, wobei i. allg. eine leicht gewölbte Saugseite zweckmäßig sein wird, während die Vorder- und Hinterkante des Profils möglichst zugespitzt sein sollen. Die obige Betrachtung zeigt, daß bei Überschallströmungen um derartige Profile — auch bei Reibungsfreiheit — stets eine Widerstandskomponente auftritt, deren sekundliche Arbeit nach Busemann[1] das Äquivalent der Entropievergrößerung infolge der Verdichtungsstöße darstellt.

Analytisch lassen sich für den Auftrieb und Widerstand Näherungsformeln aus der linearisierten Potentialgleichung (692) herleiten[2]. Dabei können die für die Strömung längs einer schwach konvex bzw. konkav geknickten Wand in Absatz 8, b angestellten Überlegungen unmittelbar auf die Umströmung der ebenen Platte übertragen werden. Als Druckdifferenz gegenüber der ungestörten Anströmung ergab sich dort

$$\Delta p = \mp \bar{\varrho}\,\bar{u}^2\,\Delta\delta\,\mathrm{tg}\,\bar{\alpha},$$

wobei $\Delta\delta$ den kleinen Knickwinkel der Wand darstellt, dem im vorliegenden Falle der Anstellwinkel ε entspricht. Das negative Vorzeichen gilt für die Verdünnungsströmung der Saugseite, das positive für die Druckseite. $\bar{u}$, $\bar{\varrho}$, $\bar{\alpha}$ stellen die Geschwindigkeit, Dichte und den Machschen Winkel der Anströmung dar.

Da auf der Oberseite der Platte Unterdruck herrscht, auf der Unterseite aber Überdruck, so erhält man als resultierende Flügelkraft mit F als „Flügelfläche"

$$R = 2\,F\,\bar{\varrho}\,\bar{u}^2\,\varepsilon\,\mathrm{tg}\,\bar{\alpha}.$$

Demnach wird der Auftrieb

$$A = R\cos\varepsilon \approx R,$$

sofern ε, wie vorausgesetzt, ein *kleiner* Anstellwinkel ist, und

$$W = R\sin\varepsilon \approx 2\,F\,\bar{\varrho}\,\bar{u}^2\,\varepsilon^2\,\mathrm{tg}\,\bar{\alpha}.$$

Aus diesen Werten ergeben sich als „Auftriebsziffer"

$$c_a = \frac{A}{\frac{\varrho}{2}\,\bar{u}^2\,F} = 4\,\varepsilon\,\mathrm{tg}\,\bar{\alpha} \qquad (698)$$

oder, wegen (693a)

$$c_a = \frac{4\,\varepsilon}{\sqrt{Ma^2 - 1}}$$

und als „Widerstandsziffer"

$$c_w = \frac{W}{\frac{\varrho}{2}\,\bar{u}^2\,F} = 4\,\varepsilon^2\,\mathrm{tg}\,\bar{\alpha} = \frac{4\,\varepsilon^2}{\sqrt{Ma^2 - 1}}. \qquad (699)$$

---

[1] Busemann, A.: Gasdynamik, im Handb. d. Experimentalphys. Bd. 4, 1. Teil (1931) S. 443.
[2] Ackeret, J.: Z. Flugtechn. Bd. 16 (1925) S. 72.

Die „Gleitzahl" $\frac{c_w}{c_a}$ ist somit gerade gleich dem Anstellwinkel ε. Bei Berücksichtigung der Reibung *vergrößert* sich der Widerstand, womit auch die Gleitzahl entsprechend wächst.

Durch Elimination des Anstellwinkels ε aus (698) und (699) ergibt sich die einfache Beziehung

$$c_w = \frac{c_a^2}{4\,\mathrm{tg}\,\overline{\alpha}}, \qquad (700)$$

d. h. eine parabolische Abhängigkeit zwischen c_w und c_a, ähnlich wie die „Widerstandsparabel" des induzierten Widerstandes bei elliptischer Auftriebsverteilung eines Flügels von endlicher Spannweite bei inkompressibler Strömung [Gl. (562)][1].

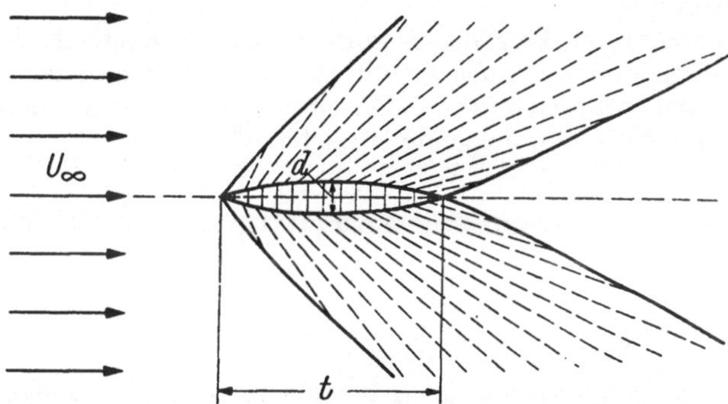

Abb. 269. Symmetrische Umströmung eines Linsenprofils nach BUSEMANN

Als weiteres Beispiel einer linearisierten Überschallströmung sei noch die symmetrische Umströmung eines sogenannten *Linsenprofils* kurz besprochen [Anstellwinkel $\varepsilon = 0$ (Abb. 269)][2]. An der Profilnase entsteht zunächst — und zwar auf beiden Profilseiten — je ein schräger Verdichtungsstoß (vgl. Abb. 257 und 268 unten) mit dahinterliegendem Überdruck. Infolge der Neigung der Profilkanten gehen von diesen Verdünnungswellen aus (vgl. Abb. 255), durch welche der Druck allmählich wieder herabgesetzt und auf der rückwärtigen Profilseite sogar in Unterdruck verwandelt wird. Schließlich treten an der Profilhinterkante nochmals zwei Verdichtungsstöße auf (vgl. Abb. 268 oben), die zu einer neuerlichen Druckerhöhung führen, und zwar angenähert bis zum Druck der ungestörten Anströmung. Die Stromlinien werden dadurch (nahezu) wieder in ihre anfängliche horizontale Lage abgelenkt. Die in Strömungsrichtung genommene Resultante der an der Profiloberfläche wirkenden Druckkräfte liefert (auch bei reibungsfreier Strömung) den *Wellenwider-*

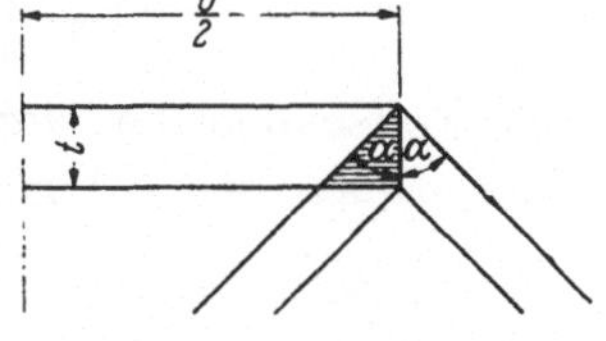

Abb. 270. Von einem Flügelende ausgehende MACHsche Kegel

stand. Letzterer ist proportional dem Quadrat $\left(\frac{d}{t}\right)^2$ des „Dickenverhältnisses",

multipliziert mit $\dfrac{1}{\sqrt{Ma^2-1}}$* .

---

[1] Vgl. dazu auch A. BUSEMANN u. O. WALCHNER im VDI-Forsch.-Heft Nr. 4 (1933) S. 87 und A. BUSEMANN: Luftf.-Forschg. Bd. 12 (1935) S. 210.

[2] Nach A. BUSEMANN: Gasdynamik, im Handb. d. Experimentalphys. Bd. 4, 1. Teil S. 432.

* Vgl. dazu J. ACKERET: Luftkräfte auf Flügel, die mit größerer als Schallgeschwindigkeit bewegt werden. Z. Flugtechn. Bd. 16 (1925) S. 72 bis 74 und K. OSWATITSCH: Gasdynamik (1952) S. 261.

Gl. (700) gilt zunächst nur für die *ebene* Überschallströmung, bei welcher ein „induzierter" Widerstand nicht auftreten kann. Dagegen besitzt ein Flügel von *endlicher* Spannweite auch in Überschallströmung einen gewissen induzierten Widerstand, der aber jetzt nicht mehr den gleichen Gesetzen folgt wie bei der Unterschallströmung, da er wesentlich durch die MACHSchen Kegel beeinflußt wird, die sowohl von der Vorder- als auch von der Hinterkante der beiden seitlichen Flügelenden ausgehen (Abb. 270). Aus diesem Grunde ist es für die praktische Anwendung zweckmäßig, den Wellen- und induzierten Widerstand *zusammen* zu betrachten. Da der Wellenwiderstand (699) vom Seitenverhältnis des Flügels unabhängig ist, wird die Abhängigkeit des gesamten „theoretischen" Widerstandes jetzt vom Seitenverhältnis wesentlich geringer als bei inkompressibler Strömung.

In einer Theorie des Tragflügels von endlicher Spannweite hat H. SCHLICHTING[1] u. a. auch die Auftriebsverteilung am unverwundenen Rechteckflügel untersucht. Dabei ergibt sich für den Zusammenhang zwischen dem Widerstands- und Auftriebskoeffizienten folgende Beziehung[2]

$$c_w = \frac{c_a^2}{4\,\mathrm{tg}\,\bar{\alpha}}\,\frac{1}{1 - \frac{1}{2}\lambda}, \qquad (701)$$

mit

$$\lambda = \frac{t}{b}\,\mathrm{tg}\,\bar{\alpha}$$

als „reduziertem Seitenverhältnis" (t = Flügeltiefe, b = Flügelspannweite). Der Wert c_w umfaßt dabei *sowohl den Wellen- als auch den induzierten Widerstand.* Für $b \to \infty$ geht dieser Ausdruck über in Gl. (700) für ebene Strömung. Die Abhängigkeit vom Seitenverhältnis kommt in Gl. (701) durch den Faktor λ zum Ausdruck.

Ähnlich wie in Ziffer 7 für Tragflügel von endlicher Spannweite bei *Unterschallanströmung* kurz dargelegt wurde, läßt sich die PRANDTL-GLAUERTsche Regel grundsätzlich auch zur Berechnung des Tragflügels bei *Überschallanströmung* verwenden. Man schreibt zu diesem Zwecke die linearisierte Potentialgleichung (682) der räumlichen Strömung in der Form an

$$-\frac{\partial^2 \varphi'}{\partial x^2}(\overline{Ma}^2 - 1) + \frac{\partial^2 \varphi'}{\partial y^2} + \frac{\partial^2 \varphi'}{\partial z^2} = 0, \qquad (702)$$

welche — solange die *lineare* Theorie zulässig ist — für Strömungen mit beliebigen MACH-Zahlen $\overline{Ma} > 1$ gilt. Durch die Koordinatentransformation

$$x_1 = x; \quad y_1 = y\sqrt{\overline{Ma}^2 - 1}; \quad z_1 = z\sqrt{\overline{Ma}^2 - 1}; \quad \varphi_1' = n\varphi' \qquad (703)$$

läßt sich (702) überführen in die Gleichung

$$-\frac{\partial^2 \varphi_1'}{\partial x_1^2} + \frac{\partial^2 \varphi_1'}{\partial y_1^2} + \frac{\partial^2 \varphi_1'}{\partial z_1^2} = 0,$$

welche für $\overline{Ma} = \sqrt{2}$ identisch ist mit (702).

Danach kann, unter der obigen Voraussetzung, jede räumliche Überschallströmung verglichen werden mit der *speziellen* Überschallströmung, deren MACH-Zahl $\overline{Ma} = \sqrt{2}$ beträgt. Man hat dabei in gleicher Weise zu verfahren wie in Ziffer 7, wenn man nur den dort auftretenden Kompressibilitätsfaktor $\beta = \sqrt{1 - \overline{Ma}^2}$

---

[1] SCHLICHTING, H.: Luftf.-Forschg. Bd. 13 (1936) S. 320.

[2] Nach Richtigstellung des Zahlenfaktors im Nenner durch A. FERRI: Elements of Aerodynamics of Supersonic Flows, New York 1949, S. 381.

(S. 393) jetzt durch $\beta' = \sqrt{Ma^2 - 1}$ ersetzt. Während aber bei Unterschall-anströmung (Ziffer 7) der Vergleichsflügel für *inkompressible* Strömung (d. h. für $\overline{Ma} \to 0$) berechnet werden muß, ist bei Überschallströmung die *kompressible* Strömung bei $\overline{Ma} = \sqrt{2}$ als Vergleichsströmung maßgebend. Das setzt allerdings voraus, daß letztere bereits bekannt ist.

In Abb. 271 sind der Ausgangsflügel (oben), welcher mit der MACH-Zahl $\overline{Ma} = 2$ angeströmt wird, und der zugehörige Vergleichsflügel (unten) dargestellt. Da bei diesem Beispiel $\overline{Ma} > \sqrt{2}$ ist, *vergrößert* sich die Flügelstreckung Λ des Vergleichsflügels entsprechend dem Kompressibilitätsfaktor $\beta' = \sqrt{Ma^2 - 1}$, und der Pfeilwinkel wird entsprechend kleiner. Bei weiter wachsender MACH-Zahl wächst auch die Flügelstreckung des Vergleichsflügels. Bei MACH-Zahlen $1 < \overline{Ma} < \sqrt{2}$ *verkleinert* sich dagegen die Flügelstreckung des Vergleichsflügels, und bei $\overline{Ma} = \sqrt{2}$ stimmen Ausgangs- und Vergleichsflügel überein[1].

Die vorstehend besprochene *lineare* Theorie hat zur Voraussetzung, daß die einer ungestörten Grundströmung ($\bar{u}$) überlagerten Störungsgeschwindigkeiten u', v', w' als *klein* gegenüber der Schallgeschwindigkeit angesehen werden dürfen. Dadurch sind die Anwendungsmöglichkeiten dieser Theorie auf einen bestimmten Bereich von MACH-Zahlen $\overline{Ma} > 1$ beschränkt.Bei sehr hohen Geschwindigkeiten von Flugzeugen (besonders in großen Höhen) und sonstigen Flugkörpern (Raketen, Satelliten, Raumschiffen usw.) erreicht die Anströmungsgeschwindigkeit $\bar{u}$ jedoch häufig ein Vielfaches der Schallgeschwindigkeit. In solchen Fällen können zwar die Störungs-·geschwindigkeiten immer noch als klein gegenüber $\bar{u}$ angesehen werden, sie können aber bereits die Größenordnung der Schallgeschwindigkeit erreichen. Für diesen Bereich hoher MACH-Zahlen (etwa $\overline{Ma} > 5$), der als *Hyperschallbereich* (hypersonic flow) bezeichnet wird, gelten die vorstehenden Überlegungen nicht mehr.

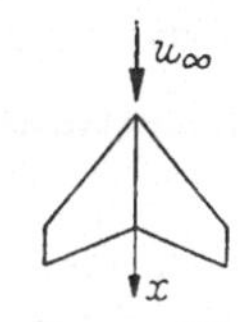

a *Ausgangsflügel*

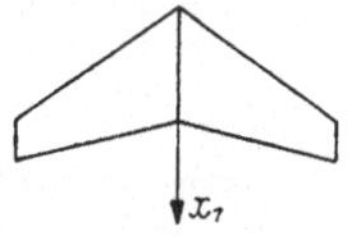

b *Vergleichsflügel für $\overline{Ma} = 2$*

Abb. 271

Hinzu kommt noch, daß bei vorn abgestumpften Flugkörpern infolge der Stauwirkung ein *unstetiger* Übergang von der Über- zur Unterschallströmung in Form eines Verdichtungsstoßes stattfindet (Kopfwelle, vgl. S. 408). Durch die damit verbundene sehr starke Kompression des Gases treten in der Umgebung des Staupunktes extrem hohe Temperaturen auf, die zu wesentlichen Veränderungen der Eigenschaften des der obigen Theorie zugrunde liegenden Idealgases führen können (vgl. dazu auch S. 388 und 389).

Leser, die sich über dieses in jüngster Zeit immer größere Bedeutung erlangende Gebiet der Strömungsmechanik unterrichten wollen, seien auf das unten genannte Buch von SCHLICHTING-TRUCKENBRODT Bd. 2, S. 218 bis 226 verwiesen, wo auch weitere Literaturangaben zu finden sind[2].

---

[1] Weitergehende Untersuchungen über den Tragflügel im Überschallbereich mit praktischen Anwendungen findet man bei SCHLICHTING-TRUCKENBRODT: Aerodynamik des Flugzeuges Bd. 2 (1960) S. 174ff.

[2] Vgl. dazu auch R. SAUER: Theoret. Gasdynamik, 3. Aufl. (1960) S. 181 bis 185 und K. OSWATITSCH: Gasdynamik (1952) S. 302.

Sachverzeichnis